祝贺〈物理学大题典〉
在中国科学技术大学
六十周年校庆之际
再次出版

李政道
二〇一八年五月

物理学大题典①/张永德主编

力　　学

（上册）

（第二版）

强元棨　程稼夫　张鹏飞　编著

科学出版社

中国科学技术大学出版社

内 容 简 介

“物理学大题典”是一套大型工具性、综合性物理题解丛书. 丛书内容涵盖综合性大学本科物理课程内容：从普通物理的力学、热学、光学、电学、近代物理到“四大力学”，以及原子核物理、粒子物理、凝聚态物理、等离子体物理、天体物理、激光物理、量子光学、量子信息等. 内容新颖、注重物理、注重学科交叉、注重与科研结合.

《力学（第二版）》上册共 8 章，包括质点运动学、质点与质点系动力学、振动和波、有心运动、刚体运动学和动力学、流体力学等内容.

本丛书可作为物理类本科生的学习辅导用书、研究生的入学考试参考书和各类高校物理教师的教学参考书.

图书在版编目(CIP)数据

力学. 上册/强元棨，程稼夫，张鹏飞编著.—2 版.—北京：科学出版社，2018.9

（物理学大题典/张永德主编；1）

ISBN 978-7-03-058347-5

Ⅰ. ①力… Ⅱ. ①强…②程…③张… Ⅲ. ①力学–解题 Ⅳ. ①O3-44

中国版本图书馆 CIP 数据核字(2018)第 166205 号

责任编辑：昌 盛 窦京涛/责任校对：彭 涛

责任印制：赵 博/封面设计：华路天然工作室

科学出版社 出版

北京东黄城根北街 16 号

邮政编码：100717

http://www.sciencep.com

中国科学技术大学出版社

安徽省合肥市金寨路 96 号

邮政编码：230026

三河市春园印刷有限公司印刷

科学出版社发行 各地新华书店经销

*

2005 年 9 月第 一 版 开本：787×1092 1/16

2018 年 9 月第 二 版 印张：47 3/4

2024 年11月第十三次印刷 字数：1 126 000

定价：109.00 元

（如有印装质量问题，我社负责调换）

“物理学大题典”编委会

丛书序

这套“物理学大题典”源自20世纪80年代末期的“美国物理试题与解答”,而那套丛书则源自 80 年代的 CUSPEA 项目（China-United States Physical Examination and Application Program). 这套丛书收录的题目主要源自美国各著名大学物理类研究生入学试题，经筛选后由中国科学技术大学近百位高年级学生和研究生解答，再经中科大数十位老师审定. 所以这套丛书是中国改革开放初期中美文化交流的成果，是中美物理教学合作的结晶，是 CUSPEA 项目丰硕成果的一朵花絮.

贯穿整个 80 年代的 CUSPEA 项目是由李政道先生提出的. 1979 年李先生为了配合中国刚刚开始实施的改革开放方针，向中国领导建言，逐步实施美国著名大学在中国高校联合招收赴美攻读物理博士研究生计划. 经李先生与我国各级领导和美国各著名大学反复多次磋商研究，1979 年教育部和中国科学院联合发文《关于推荐学生参加赴美研究生考试的通知》，紧接着同年 7 月 14 日又联合发出补充通知《关于推荐学生参加赴美物理研究生考试的通知》，直到 1980 年 5 月 13 日，教育部和中国科学院再次联合发文《关于推荐学生参加赴美物理研究生考试的通知》，神州大地正式全面启动这一计划.

1979 年最初实施的是 Pre-CUSPEA，从李先生任教的哥伦比亚大学开始，通过考试选录了 5 名同学进入哥大. 此后计划迅速扩大，包括了美国所有著名大学在内的 53 所大学，后期还包括了加拿大的大学，总数达到 97 所. 10 年 CUSPEA 共计录取 915 名中国各高校应届学生，进入所有美国著名大学. 迄今项目过去 30 年，当年赴美的青年学子早已各有所成，展布全球，许多人回国报效，成绩斐然，可喜可慰.

李先生在他总结文章中回忆说①：“ 在 CUSPEA 实施的 10 年中，粗略估计每年都用去了我约三分之一的精力. 虽然这对我是很重的负担，但我觉得以此回报给我创造成长和发展机会的祖国母校和老师是完全应该的. ”文中李先生两次提及他已故夫人秦惠箬女士和助理 Irene 女士，为赴美中国年轻学子勤勤恳恳、默默无闻地做了大量细致的服务工作. 编者读到此处，深为感动！这次丛书再版适逢中国科学技术大学 60 周年校庆，又承李先生题词祝贺，中科大、科学出版社以及丛书编者同仁都十分感谢！

苏轼《花影》诗：“重重叠叠上瑶台，几度呼童扫不开. 刚被太阳收拾去，却教明月送将来.”聚中科大百多位师生之力，历二十余载，唯愿这套丛书对中美教育和文化交流起一点奠基作用，有助于后来学者踏着这些习题有形无迹的斑驳花影，攀登瑶台，观看无边深邃的美景.

张永德　谨识

2018 年 6 月 29 日

① 李政道，《我和 CUSPEA》,载于“知识分子”公众号，2016 年 11 月 30 日.

前　言

物理学，由于它在自然科学中所具有的主导作用，在人类文明史，特别是在人类物质文明史中，占据着极其重要的地位. 经典物理学的诞生和发展曾经直接推动了欧洲物质文明的长期飞跃. 20 世纪初诞生并蓬勃发展起来的近代物理学，又造就了上个世纪物质文明的辉煌. 自 20 世纪末到 21 世纪初的当前时代，物理学正以空前的活力，广阔深入地开创着向化学、生物学、生命科学、材料科学、信息科学和能源科学渗透和应用的新局面. 在本世纪里，物理学再一次直接推动新一轮物质文明飞跃的伟大进程已经开始.

然而，经历长足发展至今的物理学，宽广深厚浩瀚无垠. 教授和学习物理学都是相当艰苦而漫长的过程. 在教授和学习过程许多环节中，做习题是其中必要而又重要的环节. 做习题是巩固所学知识的必要手段，是深化拓展所学知识的重要练习，是锻炼科学思维的体操.

但是，和习题有关的事有时并不被看重，似乎求解和编纂练习题是全部教学活动中很次要的环节. 但丛书编委会同仁们觉得，这件事是教学双方的共同需要，只要是需要的，就是合理的，有益的，应当有人去做. 于是大家本着甘为孺子牛的精神，平时在科研教学中一道题一道题地积累，现在又一道题一道题地编审，花费了大量时间做着这种不起眼的事. 正如一个城市的基础建设，不能只去建地面上摩天大楼和纪念碑等“抢眼球”的事，也同样需要去做修马路、建下水道等基础设施的事.

这套“物理学大题典”的前身是中国科技大学出版社出版的“美国物理试题与解答”丛书(7 卷). 那套丛书于 20 世纪 80 年代后期由张永德发起并组织完成，内容包括普通物理的力、热、光、电、近代物理到四大力学的全部基础物理学. 出版时他选择了“中国科学技术大学物理辅导班主编”的署名方式. 自那套丛书出版之后，历经 10 余年，仍然有不断的需求，于是就有了现在的这套丛书——“物理学大题典”.

“题典”编审的大部分教师仍为原来的，只增加了少许新成员. 经过大家着力重订和大量扩充，耗时近两年而成. 现在这次再版，编审工作又增加了几位新成员，复历一年而再成. 此次再版除在原来基础上适当修订审校之外，还有少量扩充，增加了第 6 卷《相对论物理学》，第 7 卷《量子力学》扩充为上、下两分册. 丛书最终为 8 卷 10 分册. 总计起来，丛书编审历时近 20 年，耗费近 40 位富有科研和教学经验的教授、约 150 位 20 世纪 80 年代和现在的研究生及高年级本科生的巨大辛劳. 丛书确实是众人长期合作辛劳的结晶！

现在的再版，题目主要来源当然依旧是美国所有著名大学物理类研究生的入学试题，但也收录了部分编审老师的积累. 内容除涵盖力、热、光、电、近代物理到四大力学全部基础物理学之外，还包括了原子核物理、粒子物理、凝聚态物理、等离子体物理、天体物理、激光物理、量子光学和量子信息物理. 于是，追踪不断发展的科学轨迹，现在这套丛书仍然大体涵盖了综合性大学全部本科物理课程内容.

这里应当强调指出两点：其一，一般地说，人们过去熟悉的苏联习题模式常常偏重基础知识、偏于计算推导、偏向基本功训练；与此相比，美国物理试题涉及的数学并不繁难，但却或多或少具有以下特色：内容新颖，富于“当代感”，思路灵活，涉及面宽广，方法和结论简单实用，试题往往涉及新兴和边沿交叉学科，不少试题本身似乎显得粗糙但却抓住了物理本质，显得“物理味”很足！纵观比较，编审者深切感到，这些考题的集合在一定程度上体现着美国科学文化个性及思维方式特色！唯鉴于此，大家不惮繁重，集众多人力而不怯，耗漫长岁月而不辍，是值得的！另外，扩充修订中增添的题目，也是本着这种精神，摘自编审老师各自科研工作成果，或是来自各人教学心得，实是点滴聚成.

其二，对于学生，的确有一个正确使用习题集的问题. 有的同学，有习题集也不参考，咬牙硬顶，一个晚上自习时间只做了两道题. 这种精神诚应嘉勉，但效率不高，也容易挫伤积极性，不利于培养学习兴趣；另有些同学，逮到合适解答提笔就抄，这样做是浮躁不踏实的. 两种学习方法都不可取. 编审者认为，正确使用习题集是一个“三步曲”过程：遇到一道题，先自己想一想，想出来了自己做最好；如果认真想了些时间还想不出来，就不要老想了，不妨翻开习题集找寻答案，看懂之后，合上书自己把题目做出来；最后，要是参考习题集做出来的，花费一两分钟时间分析解剖一下自己，找找存在的不足，今后注意. 如此“三步曲”下来，就既踏实又有效率. 本来，效率和踏实是一对矛盾，在这一类“治学小道”之下，它俩就统一起来了. 总之，正确使用之下的习题集肯定能够成为学生们有用的“爬山”拐杖.

丛书第一版是在科学出版社胡升华博士倡议和支持下进行的，同时也获得刘万东教授、杜江峰教授的支持. 没有他们推动和支持，丛书面世是不可能的. 这次再版工作又承科学出版社昌盛先生全力支持，并再次获得中国科技大学物理学院和教务处的支持. 对于这些宝贵支持，编审同仁们表示深切谢意.

※　※　※　※　※　※　※　※

丛书第一版的《力学》卷共计 12 章，题目总数由原来 413 道增扩为 1070 道. 原《美国物理试题与解答 · 力学》由强元棨、顾恩普、程稼夫、李泽华、杨德田编，参加解题的人有马干乘、邓悠平、杨仲侠、季澍、杜英磊、杨德田、王平、李晓平、王琛、强元棨、陈伟、斯其苗、陈兵、李泽华、肖旭东、任勇、董志华、伍昌鸿、杨永安、何小东、黄剑辉、程稼夫、郭志椿. 原《力学》卷题目来自美国几所著名大学(包括普林斯顿大学、麻省理工学院、哥伦比亚大学、加州大学伯克利分校、威斯康星大学、芝加哥大学、纽约州立大学布法罗分校)的试题和 CUSPEA 试题. 本卷对原力学卷作了大幅度的改写. 增加的题目来自强元棨《经典力学》(科学出版社，2003)上、下册全部习题(其中不少选自 E.A.Desloge《Classical Mechanics》、周衍柏《理论力学教程》等，部分是自拟的). 此外，还选自 D.A.Wells《Theory and Problems of Lagrangian Dynamics》、B.B.巴蒂金、И.И.托普蒂金《电动力学习题集》、E.Г.维克斯坦《电动力学习题汇编》和 R.高特里奥、W.萨文《近代物理学理论和习题》等.

第二版修订把原第一版第 12 章狭义相对论力学移出本卷，与丛书另外两卷中的相对论部分一起独立成为《相对论物理学》卷.张鹏飞、潘海俊参与了该卷的修订.我们纠正了所发现的各种疏漏、印刷问题等错误，在文字表达上也作了改进.除了原有 11 章 943 道题全部保留以外，又新增 34 道题.

编审者谨识

2005 年 5 月

2018 年 8 月修改

目　　录

第一章　质点运动学

1.1　速度、加速度、运动学方程和轨道

1.1.1　一物体做直线运动，它的运动学方程为

$$x = at + bt^2 + ct^3$$

其中 a 、 b 、 c 均为常量，x、t 均按确定的单位计. 求：

(1) $t=1\sim2$ 期间的位移，平均速度和平均加速度；

(2) $t=2$ 时的速度和加速度.

解　(1) $t=1\sim2$ 期间位移

$$\begin{aligned}\Delta x &= x(2) - x(1) \\ &= (2a+4b+8c) - (a+b+c) \\ &= a+3b+7c\end{aligned}$$

平均速度

$$\bar{v} = \frac{\Delta x}{\Delta t} = a+3b+7c$$

由题给坐标时间关系(运动学方程)速度为

$$v = \frac{\mathrm{d}x}{\mathrm{d}t} = a+2bt+3ct^2$$

$$\bar{a} = \frac{v(2)-v(1)}{\Delta t} = \frac{(a+4b+12c)-(a+2b+3c)}{1} = 2b+9c$$

(2) $v(2) = \left(a+2bt+3ct^2\right)\big|_{t=2} = a+4b+12c$

$a(2) = (2b+6ct)\big|_{t=2} = 2b+12c$

1.1.2　一质点沿 x 方向做直线运动，t 时刻的坐标为 $x=5t^2-t^3$ ，式中 x 以米计，t 以秒计. 求：

(1) 第 4 秒内的位移和平均速度；

(2) 第 4 秒内质点所走过的路程.

解　(1) $\Delta x = x(4) - x(3) = (80-64) - (45-27) = -2(\mathrm{m})$

$$\bar{v} = \frac{x(4)-x(3)}{4-3} = -2\mathrm{m}\cdot\mathrm{s}^{-1}$$

(2) 先求出速度变号的时刻. 由题给坐标时间关系

$$v = 10t - 3t^2$$

速度变号的时刻 $v=0$ ，此时 $t=\dfrac{10}{3}\mathrm{s}$.

第4秒内走过的路程

$$s=\left|x\left(\frac{10}{3}\right)-x(3)\right|+\left|x(4)-x\left(\frac{10}{3}\right)\right|$$
$$=|18.52-18|+|16-18.52|=3.04(\mathrm{m})$$

1.1.3　一质点$t=0$时从原点出发，以恒定速率沿轨道$x^2+(y-r)^2=r^2$运动，其中r为常量，$t=0$时速度沿x正向. T时又回到原点. 求：

(1) $t=\frac{1}{3}T$时的位矢、速度和加速度；

(2) 在$t=0$至$t=\frac{1}{3}T$期间，质点的位移、平均速度和平均加速度.

解　(1)质点作恒定速率的运动，由轨道方程可知，质点做匀速圆周运动. 再由$t=0$时从原点出发，以速度方向沿x正方向. 可直接写出质点的运动学方程为

$$x=r\sin\omega t$$
$$y=r(1-\cos\omega t)$$

其中ω为常量.

运动学方程也可用解微分方程得到，方法如下：

$$y=r-\sqrt{r^2-x^2}$$

(考虑到$t=0$时，$x=0$，$y=0$，开方时取负号)

$$\dot{y}=+\frac{x}{\sqrt{r^2-x^2}}\dot{x}$$

$$\dot{x}^2+\dot{y}^2=\dot{x}^2+\frac{x^2\dot{x}^2}{r^2-x^2}=\frac{r^2\dot{x}^2}{r^2-x^2}=v^2$$

这里v为速率，是常量.

由于$t=0$时$x=0$，且$\dot{x}>0$，所以

$$r\frac{\mathrm{d}x}{\mathrm{d}t}=v\sqrt{r^2-x^2}$$

(开方时取正号)

$$\int_0^x\frac{r\mathrm{d}x}{\sqrt{r^2-x^2}}=\int_0^t v\mathrm{d}t$$

两边积分得

$$x=r\sin\left(\frac{v}{r}t\right)$$

从而

$$y=r-r\cos\left(\frac{v}{r}t\right)=r\left[1-\cos\left(\frac{v}{r}t\right)\right]$$

由$t=T$时$x=0$、$y=0$，可得

$$x = r\sin\left(\frac{2\pi}{T}t\right)$$

$$y = r\left[1-\cos\left(\frac{2\pi}{T}t\right)\right]$$

$t=\frac{1}{3}T$ 时，

$$x = r\sin\frac{2\pi}{3} = \frac{\sqrt{3}}{2}r$$

$$y = r\left[1-\cos\frac{2\pi}{3}\right] = \frac{3}{2}r$$

$$\boldsymbol{r}\left(\frac{T}{3}\right) = \frac{\sqrt{3}}{2}r\boldsymbol{i} + \frac{3}{2}r\boldsymbol{j}$$

$$\boldsymbol{r}(t) = r\sin\left(\frac{2\pi}{T}t\right)\boldsymbol{i} + r\left[1-\cos\left(\frac{2\pi}{T}t\right)\right]\boldsymbol{j}$$

$$\boldsymbol{v}(t) = \frac{2\pi r}{T}\cos\left(\frac{2\pi}{T}t\right)\boldsymbol{i} + \frac{2\pi r}{T}\sin\left(\frac{2\pi}{T}t\right)\boldsymbol{j}$$

$$\boldsymbol{a}(t) = -\frac{4\pi^2 r}{T^2}\sin\left(\frac{2\pi}{T}t\right)\boldsymbol{i} + \frac{4\pi^2 r}{T^2}\cos\left(\frac{2\pi}{T}t\right)\boldsymbol{j}$$

$$\boldsymbol{v}\left(\frac{T}{3}\right) = -\frac{\pi r}{T}\boldsymbol{i} + \frac{\sqrt{3}\pi r}{T}\boldsymbol{j}$$

$$\boldsymbol{a}\left(\frac{T}{3}\right) = -\frac{2\pi^2 r}{T^2}\left(\sqrt{3}\boldsymbol{i} + \boldsymbol{j}\right)$$

(2) $t=0$ 至 $t=\frac{1}{3}T$ 期间，质点位移、平均速度分别为

$$\Delta\boldsymbol{r} = \boldsymbol{r}\left(\frac{1}{3}T\right) - \boldsymbol{r}(0) = \frac{\sqrt{3}}{2}r\boldsymbol{i} + \frac{3}{2}r\boldsymbol{j}$$

$$\overline{\boldsymbol{v}} = \frac{\Delta\boldsymbol{r}}{\frac{1}{3}T-0} = \frac{3r}{T}\left(\frac{\sqrt{3}}{2}\boldsymbol{i} + \frac{3}{2}\boldsymbol{j}\right)$$

由

$$\boldsymbol{v}(0) = \frac{2\pi r}{T}\boldsymbol{i},\quad \boldsymbol{v}\left(\frac{T}{3}\right) = -\frac{\pi r}{T}\boldsymbol{i} + \frac{\sqrt{3}\pi r}{T}\boldsymbol{j}$$

得平均加速度

$$\overline{\boldsymbol{a}} = \frac{\boldsymbol{v}\left(\frac{1}{3}T\right) - \boldsymbol{v}(0)}{\frac{1}{3}T-0} = -\frac{3\pi r}{T^2}\left(3\boldsymbol{i} - \sqrt{3}\boldsymbol{j}\right)$$

1.1.4　一质点从位矢为 $\boldsymbol{r}(0)=4\boldsymbol{j}$ 的位置以初速度 $\boldsymbol{v}(0)=4\boldsymbol{i}$ 开始运动，其加速度与时

间的关系为$\boldsymbol{a}=3t\boldsymbol{i}-2\boldsymbol{j}$. 所有的长度以米计，时间以秒计. 求：

(1) 经过多长时间质点到达 x 轴；

(2) 到达 x 轴时的位置.

解

$$\boldsymbol{v}(t)=\int_0^t \boldsymbol{a}(t)\mathrm{d}t+\boldsymbol{v}(0)=\left(4+\frac{3}{2}t^2\right)\boldsymbol{i}-2t\boldsymbol{j}$$

$$\boldsymbol{r}(t)=\boldsymbol{r}(0)+\int_0^t \boldsymbol{v}(t)\mathrm{d}t=\left(4t+\frac{1}{2}t^3\right)\boldsymbol{i}+\left(4-t^2\right)\boldsymbol{j}$$

(1) 当$4-t^2=0$，即$t=2\mathrm{s}$时，到达 x 轴.

(2) $t=2\mathrm{s}$ 到达 x 轴时，位矢为

$$\boldsymbol{r}(2)=12\boldsymbol{i}$$

即质点到达 x 轴时的位置为$x=12\mathrm{m}$，$y=0$.

1.1.5 质点沿直线从静止开始运动，其加速度与时间的关系如图 1.1 所示，作出速度与时间的关系及位置与时间关系图.

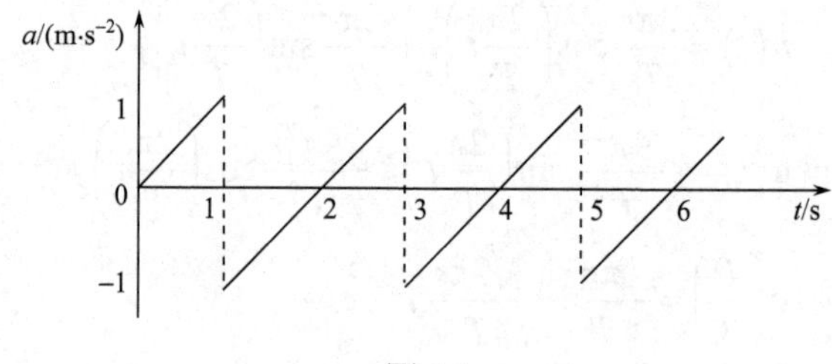

图 1.1

解

$$a(t)=\begin{cases} t, & 0\leqslant t<1 \\ -2+t, & 1<t<3 \\ -4+t, & 3<t<5 \\ -6+t, & 5<t<7 \\ \cdots\cdots \end{cases}$$

$a(t)$可以是不连续的曲线，$v(t)$、$x(t)$的曲线一定是连续的，由此可定出积分常数. 其结果如下：

$$v(t)=\begin{cases} \dfrac{1}{2}t^2, & 0\leqslant t\leqslant 1 \\ 2-2t+\dfrac{1}{2}t^2, & 1\leqslant t\leqslant 3 \\ 8-4t+\dfrac{1}{2}t^2, & 3\leqslant t\leqslant 5 \\ 18-6t+\dfrac{1}{2}t^2, & 5\leqslant t\leqslant 7 \\ \cdots\cdots \end{cases}$$

$$x(t)=\begin{cases}\dfrac{1}{6}t^3, & 0\leqslant t\leqslant 1\\ -1+2t-t^2+\dfrac{1}{6}t^3, & 1\leqslant t\leqslant 3\\ -10+8t-2t^2+\dfrac{1}{6}t^3, & 3\leqslant t\leqslant 5\\ -35+18t-3t^2+\dfrac{1}{6}t^3, & 5\leqslant t\leqslant 7\\ \cdots\cdots \end{cases}$$

v-t 和 x-t 曲线可由上述 $v(t)$、$x(t)$ 的表达式逐点画出(略).

1.1.6　一质点以恒定的径向速度分量 $\dot{r}=4\text{m}\cdot\text{s}^{-1}$、横向速度分量与矢径成正比，比例系数为 3rad/s，在一平面内运动. 当质点离出发点 4m 时，它的速度及加速度的大小为何值?

解　$\dot{r}=4$，$r\dot{\varphi}=3r$，取 $t=0$ 时 $r=0$、$\varphi=0$，积得

$$\begin{aligned}&r=4t,\quad \varphi=3t\\ &x=r\cos\varphi=4t\cos 3t\\ &y=r\sin\varphi=4t\sin 3t\\ &\dot{x}=4\cos 3t-12t\sin 3t\\ &\dot{y}=4\sin 3t+12t\cos 3t\\ &\ddot{x}=-24\sin 3t-36t\cos 3t\\ &\ddot{y}=24\cos 3t-36t\sin 3t\end{aligned}$$

当质点离出发点直线距离为 4m 时，

$$x^2+y^2=4^2=16$$

而由 $x(t)$、$y(t)$ 得

$$x^2+y^2=16t^2$$

两式相比得 $t=1\text{s}$，此时

$$v(1)=\sqrt{\dot{x}^2+\dot{y}^2}\Big|_{t=1}=\sqrt{16+144t^2}\,\Big|_{t=1}=4\sqrt{10}\text{m}\cdot\text{s}^{-1}$$

$$a(1)=\sqrt{\ddot{x}^2+\ddot{y}^2}\Big|_{t=1}=\sqrt{(24)^2+(36t)^2}\,\Big|_{t=1}=12\sqrt{13}\text{m}\cdot\text{s}^{-2}$$

如 4m 是指沿轨道的距离，则需由

$$s=\int_0^t v(t)\text{d}t=\int_0^t\sqrt{\dot{x}^2+\dot{y}^2}\text{d}t\ \text{ 或 }\ \int_0^t\sqrt{\dot{r}^2+r^2\dot{\varphi}^2}\text{d}t$$

求出 $s(t)$. 再由 $s(t_1)=4$ 求出 t_1，然后再求 $v(t_1)$、$a(t_1)$.

1.1.7　质点的运动学方程为：(1) $\boldsymbol{r}=(4t+5t^2)\boldsymbol{i}-5\boldsymbol{j}$；(2) $\boldsymbol{r}=(2+3t)\boldsymbol{i}-(2t-3t^2)\boldsymbol{j}$. 求两运动的轨迹.

解　(1) $x=4t+5t^2$，$y=-5$，运动轨迹为 $y=-5$，为平行于 x 轴的直线.

(2)

$$x=2+3t,\quad y=-(2t-3t^2)$$

两式消去 t，即得轨迹方程为

$$(x-2)^2-2(x-2)-3y=0$$

为一条抛物线.

1.1.8 一质点沿直线运动，其速度为$v=At-Bx$，其中A、B均为常数. 当$t=0$时，$x=0$. 试求位置坐标与t的函数关系式及$t=0$时的加速度a_0.

解
$$\frac{\mathrm{d}x}{\mathrm{d}t}=At-Bx$$

先解齐次线性方程$\frac{\mathrm{d}x}{\mathrm{d}t}=-Bx$，

$$\frac{\mathrm{d}x}{x}=-B\mathrm{d}t$$
$$x=C\mathrm{e}^{-Bt}$$

用常数变易法解原非齐次线性方程的一个特解

$$x=C(t)\mathrm{e}^{-Bt}$$
$$\frac{\mathrm{d}x}{\mathrm{d}t}=\frac{\mathrm{d}C}{\mathrm{d}t}\mathrm{e}^{-Bt}-BC\mathrm{e}^{-Bt}$$
$$\frac{\mathrm{d}C}{\mathrm{d}t}\mathrm{e}^{-Bt}-BC\mathrm{e}^{-Bt}=At-BC\mathrm{e}^{-Bt}$$
$$\mathrm{d}C=At\mathrm{e}^{Bt}\mathrm{d}t$$

积分得

$$C(t)=\frac{A}{B}\left(t-\frac{1}{B}\right)\mathrm{e}^{Bt}+D$$
$$x=\left[\frac{A}{B}\left(t-\frac{1}{B}\right)\mathrm{e}^{Bt}+D\right]\mathrm{e}^{-Bt}=\frac{A}{B}\left(t-\frac{1}{B}\right)+D\mathrm{e}^{-Bt}$$

由$t=0$时$x=0$定D，得$D=\frac{A}{B^2}$.

$$x=\frac{A}{B^2}\left(\mathrm{e}^{-Bt}-1\right)+\frac{A}{B}t$$
$$v=-\frac{A}{B}\mathrm{e}^{-Bt}+\frac{A}{B}$$
$$a=\frac{\mathrm{d}v}{\mathrm{d}t}=A\mathrm{e}^{-Bt}$$

$t=0$时，$a=a_0=A$.

也可直接从$v=At-Bx$对t求导，代入$t=0$时的值得

$$a_0=\left.\frac{\mathrm{d}v}{\mathrm{d}t}\right|_{t=0}=A-B\left.\frac{\mathrm{d}x}{\mathrm{d}t}\right|_{t=0}$$
$$=A-B\left(At-Bx\right)\Big|_{t=0,\ x=0}=A$$

1.1.9 某固体燃料火箭的垂直加速度为

$$a=k\mathrm{e}^{-bt}-cv-g$$

式中b、c、k均为常数，v是获得的垂直速度，g是重力加速度. 在大气中运行时，g被视为常量. 试求火箭发射后t秒时的垂直速度.

解 先解齐次线性常微分方程

$$\ddot{x}+c\dot{x}=0 \quad 即 \quad \dot{v}+cv=0$$

得

$$v=A\mathrm{e}^{-ct}$$

用常数变易法解原非齐次线性方程求其一个特解

$$\dot{v}+cv=k\mathrm{e}^{-bt}-g$$

$$\dot{v}=\dot{A}\mathrm{e}^{-ct}-cA\mathrm{e}^{-ct}$$

$$\dot{A}\mathrm{e}^{-ct}-cA\mathrm{e}^{-ct}+cA\mathrm{e}^{-ct}=k\mathrm{e}^{-bt}-g$$

$$\mathrm{d}A=\left[k\mathrm{e}^{(c-b)t}-g\mathrm{e}^{ct}\right]\mathrm{d}t$$

$$A=\frac{k}{c-b}\mathrm{e}^{(c-b)t}-\frac{g}{c}\mathrm{e}^{ct}+B$$

$$v=\frac{k}{c-b}\mathrm{e}^{-bt}-\frac{g}{c}+B\mathrm{e}^{-ct}$$

由 $t=0$ 时 $v=0$ 定出

$$B=\frac{g}{c}-\frac{k}{c-b}$$

$$v=\frac{g}{c}\left(\mathrm{e}^{-ct}-1\right)+\frac{k}{c-b}\left(\mathrm{e}^{-bt}-\mathrm{e}^{-ct}\right)$$

解此非齐次线性微分方程也可用积分因子法，也可用相应的齐次线性微分方程的通解加非齐次方程的特解的方法，可以直接写出非齐次方程的特解为

$$v=A\mathrm{e}^{-bt}-\frac{g}{c}$$

代入方程定出

$$A=\frac{k}{c-b}$$

1.1.10　图 1.2 中机构包括一根固定的弯成曲线的杆和一根用轴钉可绕 O 点转动的动杆 OC．弯杆曲线的方程为 $r=20\sin 2\varphi$．木块 A 和 B 钉在一起，A、B 分别沿弯杆和直杆 OC 滑动. 若 OC 以恒定角速度 5rad/s 做逆时针转动. 求木块 A、B 在 $r=10\mathrm{cm}$ 处时的速度和加速度.

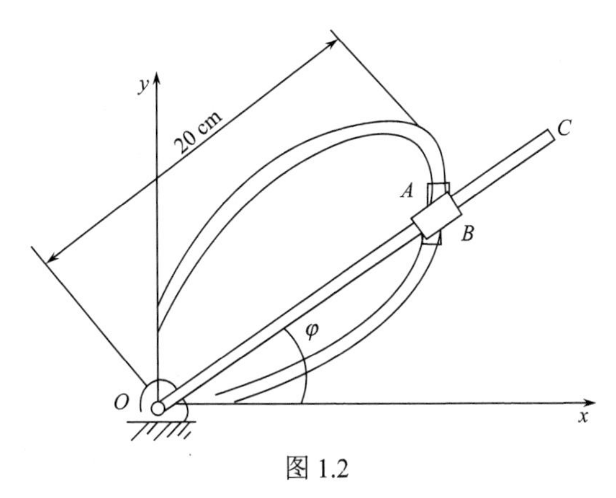

图 1.2

解　轨道方程为

$$r=20\sin 2\varphi$$

$r=10\text{cm}$时，$2\varphi=\arcsin\dfrac{10}{20}=\dfrac{\pi}{6}$及$\dfrac{5\pi}{6}$，

$$\dot\varphi=5\text{rad/s},\quad \ddot\varphi=0$$

$$\dot r=40\cos 2\varphi\cdot\dot\varphi$$

$$\ddot r=-80\sin 2\varphi\dot\varphi^2+40\cos 2\varphi\ddot\varphi=-80\sin 2\varphi\cdot\dot\varphi^2$$

在$r=10\text{cm}$、$2\varphi=\dfrac{\pi}{6}$处时，木块A、B的速度和加速度分别为

$$\begin{aligned}\boldsymbol{v}&=\dot r\boldsymbol{e}_r+r\dot\varphi\boldsymbol{e}_\varphi\\&=40\cos\frac{\pi}{6}\times 5\boldsymbol{e}_r+10\times 5\boldsymbol{e}_\varphi=100\sqrt{3}\boldsymbol{e}_r+50\boldsymbol{e}_\varphi\\\boldsymbol{a}&=\left(\ddot r-r\dot\varphi^2\right)\boldsymbol{e}_r+\left(r\ddot\varphi+2\dot r\dot\varphi\right)\boldsymbol{e}_\varphi\\&=\left(-80\sin\frac{\pi}{6}\times 5^2-10\times 5^2\right)\boldsymbol{e}_r+\left(10\times 0+2\times 40\cos\frac{\pi}{6}\cdot 5\times 5\right)\boldsymbol{e}_\varphi\\&=-1250\boldsymbol{e}_r+1000\sqrt{3}\boldsymbol{e}_\varphi\end{aligned}$$

在$r=10\text{cm}$、$2\varphi=\dfrac{5\pi}{6}$处时，木块A、B的速度、加速度分别为

$$\boldsymbol{v}=40\cos\frac{5\pi}{6}\times 5\boldsymbol{e}_r+10\times 5\boldsymbol{e}_\varphi=-100\sqrt{3}\boldsymbol{e}_r+50\boldsymbol{e}_\varphi$$

$$\boldsymbol{a}=\left(-80\sin\frac{5\pi}{6}\times 5^2-10\times 5^2\right)\boldsymbol{e}_r+\left(10\times 0+2\times 40\cos\frac{5E}{6}5\times 5\right)\boldsymbol{e}_\varphi$$

$$=-1250\boldsymbol{e}_r-1000\sqrt{3}\boldsymbol{e}_\varphi$$

1.1.11　质点以恒定速率v沿图示的半径为R的圆形轨道运动，用图1.3所示的极坐标写出质点在$0\leqslant\varphi\leqslant 2\pi$的各个位置时的速度和加速度.

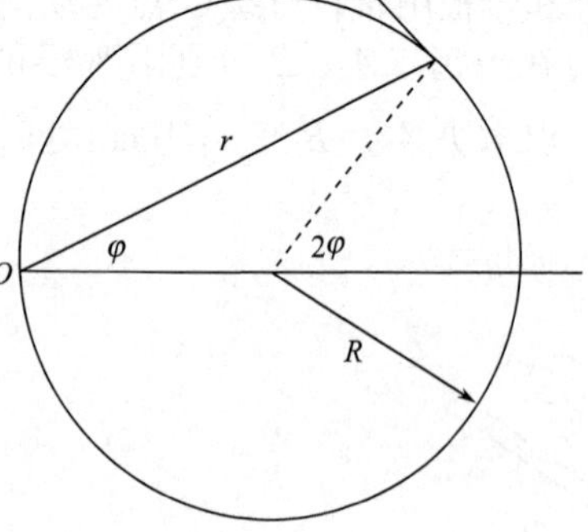

图 1.3

解　由图1.3示的轨道可写出轨道方程为

$$r=2R\left|\cos\varphi\right|$$

即

$$r=\begin{cases}2R\cos\varphi, & 0\leqslant\varphi\leqslant\dfrac{\pi}{2}\\-2R\cos\varphi, & \dfrac{\pi}{2}\leqslant\varphi\leqslant\dfrac{3\pi}{2}\\2R\cos\varphi, & \dfrac{3\pi}{2}\leqslant\varphi\leqslant 2\pi\end{cases}$$

$$\dot r=\begin{cases}-2R\sin\varphi\dot\varphi, & 0\leqslant\varphi<\dfrac{\pi}{2}\\2R\sin\varphi\dot\varphi, & \dfrac{\pi}{2}<\varphi<\dfrac{3\pi}{2}\\-2R\sin\varphi\dot\varphi, & \dfrac{3\pi}{2}<\varphi\leqslant 2\pi\end{cases}$$

由恒定速率 v，可写出

$$\frac{v}{R}=2\dot{\varphi} \quad 即 \quad \dot{\varphi}=\frac{v}{2R}$$

$$2\ddot{\varphi}=0 \quad 故 \quad \ddot{\varphi}=0$$

$$\ddot{r}=\begin{cases}-2R\cos\varphi\dot{\varphi}^2, & 0\leqslant\varphi<\dfrac{\pi}{2}\\ 2R\cos\varphi\dot{\varphi}^2, & \dfrac{\pi}{2}<\varphi<\dfrac{3\pi}{2}\\ -2R\cos\varphi\dot{\varphi}^2, & \dfrac{3\pi}{2}<\varphi\leqslant 2\pi\end{cases}$$

注意：在 $\varphi=\dfrac{\pi}{2}$ 及 $\varphi=\dfrac{3\pi}{2}$，$\dot{r}$、$\ddot{r}$ 无定义，这里的速度、加速度不能用其极坐标表达式，但这里 $\dot{r}^2$ 是有定义的，速率仍是连续的. 用自然坐标描述加速度，在这两处，$a_\tau=0$，$a_n=\infty$.

在 $0\leqslant\varphi<\dfrac{\pi}{2}$，$\dfrac{\pi}{2}<\varphi<\dfrac{3\pi}{2}$，$\dfrac{3\pi}{2}<\varphi\leqslant 2\pi$ 的 $\boldsymbol{v}$、$\boldsymbol{a}$ 的极坐标表达式的计算略.

显然，此题借助于速度、加速度的自然坐标表达式来写它们的极坐标表达式更简便.

1.1.12　一质点沿心脏线 $r=2(1+\cos\varphi)$ 运动，在 $0<\varphi<180°$ 期间，$\dot{r}=-2$. 求在此期间质点的速度和加速度.

解

$$r=2(1+\cos\varphi),\quad \dot{r}=-2,\quad \ddot{r}=0$$

$$\dot{r}=-2\sin\varphi\cdot\dot{\varphi}=-2,\quad \dot{\varphi}=\frac{1}{\sin\varphi}$$

$$\ddot{\varphi}=-\frac{1}{\sin^2\varphi}\cos\varphi\cdot\dot{\varphi}=-\frac{\cos\varphi}{\sin^3\varphi}$$

$$\boldsymbol{v}=\dot{r}\boldsymbol{e}_r+r\dot{\varphi}\boldsymbol{e}_\varphi=-2\boldsymbol{e}_r+\frac{2(1+\cos\varphi)}{\sin\varphi}\boldsymbol{e}_\varphi$$

该质点加速度

$$\begin{aligned}\boldsymbol{a}&=\left(\ddot{r}-r\dot{\varphi}^2\right)\boldsymbol{e}_r+\left(r\ddot{\varphi}+2\dot{r}\dot{\varphi}\right)\boldsymbol{e}_\varphi\\&=\left[0-2(1+\cos\varphi)\frac{1}{\sin^2\varphi}\right]\boldsymbol{e}_r+\left[2(1+\cos\varphi)\left(-\frac{\cos\varphi}{\sin^3\varphi}\right)+2\cdot(-2)\frac{1}{\sin\varphi}\right]\boldsymbol{e}_\varphi\\&=-\frac{2}{1-\cos\varphi}\boldsymbol{e}_r-2\left[\frac{\sin\varphi\cos\varphi+2(1-\cos\varphi)}{(1-\cos\varphi)\sin\varphi}\right]\boldsymbol{e}_\varphi\end{aligned}$$

1.1.13　对于上题所述的质点运动，求速度平行于 x 轴时的 φ 值及在此位置时的速度、加速度的大小.

解　速度平行于 x 轴时，$\dot{y}=0$，代上题心脏线方程

$$
\begin{aligned}
y &= r\sin\varphi = 2(1+\cos\varphi)\sin\varphi \\
\dot{y} &= 2(1+\cos\varphi)\cos\varphi\dot{\varphi} - 2\sin^2\varphi\dot{\varphi} \\
&= 2\left(2\cos^2\varphi+\cos\varphi-1\right)\dot{\varphi}=0
\end{aligned}
$$

显然$\dot{\varphi}\neq 0$，所以

$$2\cos^2\varphi+\cos\varphi-1=0$$

得$\varphi=60°$及$180°$.

180°不在所述运动范围内，应舍去.

在$\varphi=60°$，用上题结果得

$$
\begin{aligned}
&\boldsymbol{v}=-2\boldsymbol{e}_r+\frac{2(1+\cos 60°)}{\sin 60°}\boldsymbol{e}_\varphi=-2\boldsymbol{e}_r+2\sqrt{3}\boldsymbol{e}_\varphi \\
&v=\sqrt{(-2)^2+\left(2\sqrt{3}\right)^2}=4 \\
&\boldsymbol{a}=-\frac{2}{1-\cos 60°}\boldsymbol{e}_r-\frac{2\cos 60°}{(1+\cos 60°)\sin 60°}\boldsymbol{e}_\varphi=-4\boldsymbol{e}_r-\frac{4}{9}\sqrt{3}\boldsymbol{e}_\varphi \\
&a=\sqrt{(-4)^2+\left(-\frac{4}{9}\sqrt{3}\right)^2}=\frac{8}{9}\sqrt{21}
\end{aligned}
$$

1.1.14　离水面高度为h的岸上用绳索拉船靠岸，人以恒定的速率v_0拉绳，将船的速度、加速度表示成船离岸的水平距离L的函数.

解法一　直线运动即已知轨道，又知道速度的一些信息的解法.

$$r^2=h^2+L^2$$

$$2r\frac{\mathrm{d}r}{\mathrm{d}t}=2L\frac{\mathrm{d}L}{\mathrm{d}t}$$

今知$\dfrac{\mathrm{d}r}{\mathrm{d}t}=-v_0$，所以

$$v=-\frac{\mathrm{d}L}{\mathrm{d}t}=-\frac{r}{L}\frac{\mathrm{d}r}{\mathrm{d}t}=\frac{\sqrt{h^2+L^2}}{L}v_0\text{(向左为正)}$$

$$
\begin{aligned}
a&=\frac{\mathrm{d}v}{\mathrm{d}t}=-\frac{\sqrt{h^2+L^2}}{L^2}v_0\frac{\mathrm{d}L}{\mathrm{d}t}+\frac{v_0}{L}\frac{2L}{2\sqrt{h^2+L^2}}\frac{\mathrm{d}L}{\mathrm{d}t} \\
&=-\frac{h^2}{L^2\sqrt{h^2+L^2}}v_0\left(-\frac{\sqrt{h^2+L^2}}{L}v_0\right)=\frac{h^2v_0^2}{L^3}
\end{aligned}
$$

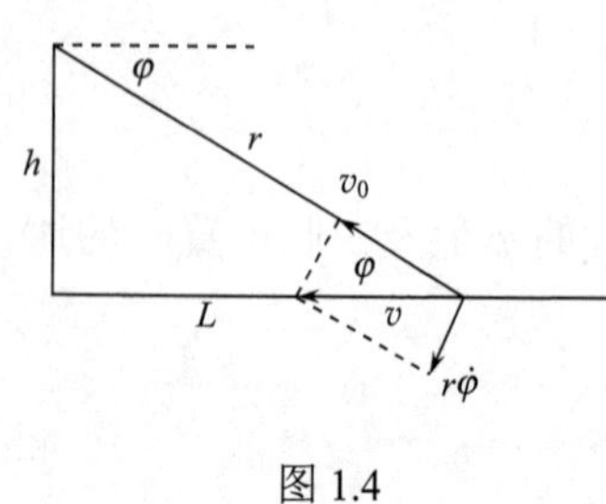

图 1.4

解法二　作为平面运动，已知轨道和速度的一个分量的解法.

由图 1.4 可知，$r\dot{\varphi}=v_0\tan\varphi$，已知$\dot{r}=-v_0$，所以

$$v=\sqrt{\dot{r}^2+(r\dot{\varphi})^2}=v_0\sec\varphi=\frac{\sqrt{h^2+L^2}}{L}v_0$$

$$\ddot{r}=0$$

$$\dot{\varphi}=\frac{v_0}{r}\tan\varphi$$

$$\ddot{\varphi}=-\frac{v_0}{r^2}\dot{r}\tan\varphi+\frac{v_0}{r}\sec^2\varphi\cdot\dot{\varphi}$$

代入$\dot{\varphi}$，经计算可得

$$\ddot{\varphi}=\frac{v_0^2}{r^2}\tan\varphi\left(2+\tan^2\varphi\right)$$

$$a=\sqrt{\left(\ddot{r}-r\dot{\varphi}^2\right)^2+\left(r\ddot{\varphi}+2\dot{r}\dot{\varphi}\right)^2}$$

代入$\ddot{r}$、$\dot{\varphi}$、$\dot{r}$、$r=\sqrt{h^2+L^2}$，并利用$\tan\varphi=\dfrac{h}{L}$，可得

$$a=\frac{v_0^2h^2}{L^3}$$

1.1.15 杆以匀角速ω_0绕过其固定端O且垂直于杆的轴转动，在$t=0$时，位于O点的小珠从相对于杆静止开始沿杆做相对于杆的加速度为a_0的匀加速运动. 求小珠相对于静系的速度、加速度与时间的关系.

解 采用极坐标

$$r=\frac{1}{2}a_0t^2,\quad \dot{\varphi}=\omega_0$$

$$\dot{r}=a_0t,\quad \ddot{r}=a_0,\quad \ddot{\varphi}=0$$

$$\boldsymbol{v}=\dot{r}\boldsymbol{e}_r+r\dot{\varphi}\boldsymbol{e}_\varphi=a_0t\boldsymbol{e}_r+\frac{1}{2}a_0\omega_0t^2\boldsymbol{e}_\varphi$$

$$\begin{aligned}\boldsymbol{a}&=\left(\ddot{r}-r\dot{\varphi}^2\right)\boldsymbol{e}_r+\left(r\ddot{\varphi}+2\dot{r}\dot{\varphi}\right)\boldsymbol{e}_\varphi\\&=\left(a_0-\frac{1}{2}a_0\omega_0^2t^2\right)\boldsymbol{e}_r+2a_0\omega_0t\boldsymbol{e}_\varphi\end{aligned}$$

1.1.16 在同一竖直面内的同一水平线上的A、B两点分别以30°、60°为发射角同时抛出两小球，欲使两小球可同时到达自己轨道的最高点，已知在A点发射的小球发射速率$v_{AO}=9.8\text{m/s}$，求A、B两点之间的距离L.

解 轨道最高点竖直方向速度为零，即有

$$v_{AO}\sin30°-gt=0$$

$$v_{BO}\sin60°-gt=0$$

其中t为相遇时间，$v_{AO}=9.8\text{m/s}$，$g=9.8\text{m/s}^2$.

$$L=\left(v_{AO}\cos30°-v_{BO}\cos60°\right)t$$

解出

$$v_{BO}=\frac{v_{AO}\sin30°}{\sin60°}=5.7\text{m/s}$$

$$t=\frac{v_{AO}\sin30°}{g}=0.5\text{s}$$

$$L=\left(v_{AO}\cos30°-v_{BO}\cos60°\right)t=2.8\text{m}$$

1.1.17 在小丘上置一靶子，在炮位所在处看靶子的仰角为α，炮与靶子间的水平距离为L，向目标射击时炮身的仰角为β，炮弹以什么初速度发射才能击中目标?

解 设靶离炮位的高度为h，射中靶子所经历的时间为t，

$$h=(v_0\sin\beta)t-\frac{1}{2}gt^2$$

$$L=(v_0\cos\beta)t$$

$$h=L\tan\alpha$$

可解得

$$v_0=\sqrt{\frac{gL\cos\alpha}{2\cos\beta\cdot\sin(\beta-\alpha)}}$$

1.1.18 一质点以恒定速率$v=c$沿悬链线

$$y=\frac{a}{2}\left(\mathrm{e}^{\frac{x}{a}}+\mathrm{e}^{-\frac{x}{a}}\right)$$

(其中a为正值常数)运动，$t=0$时$x=0$，且沿x轴负向运动. 求位矢、速度、加速度随时间变化的关系.

解

$$\dot{y}=\frac{1}{2}\left(\mathrm{e}^{\frac{x}{a}}-\mathrm{e}^{-\frac{x}{a}}\right)\dot{x}=\dot{x}\mathrm{sh}\left(\frac{x}{a}\right)$$

$$c^2=\dot{x}^2+\dot{y}^2=\dot{x}^2\left\{1+\left[\mathrm{sh}\left(\frac{x}{a}\right)\right]^2\right\}=\dot{x}^2\left[\mathrm{ch}\left(\frac{x}{a}\right)\right]^2$$

$$\dot{x}=\pm c\,\mathrm{sech}\left(\frac{x}{a}\right)$$

由$t=0$时$x=0$，$\dot{x}<0$，上式取负号，

$$\dot{x}=-c\,\mathrm{sech}\left(\frac{x}{a}\right)$$

$$\int_0^x\frac{\mathrm{d}x}{\mathrm{sech}\left(\frac{x}{a}\right)}=-\int_0^t c\mathrm{d}t$$

$$a\mathrm{sh}\left(\frac{x}{a}\right)=-ct$$

$$x=a\mathrm{arcsh}\left(-\frac{c}{a}t\right)=-a\mathrm{arcsh}\left(\frac{c}{a}t\right)$$

$$y=a\mathrm{ch}\left(\frac{x}{a}\right)=a\mathrm{ch}\left[-\mathrm{arcsh}\left(\frac{c}{a}t\right)\right]=a\mathrm{ch}\left[\mathrm{arcsh}\left(\frac{c}{a}t\right)\right]$$

$$\boldsymbol{r}(t)=-a\mathrm{arcsh}\left(\frac{c}{a}t\right)\boldsymbol{i}+a\mathrm{ch}\left[\mathrm{arcsh}\left(\frac{c}{a}t\right)\right]\boldsymbol{j}$$

令

$$p=\operatorname{arcsh}\left(\frac{c}{a}t\right),\quad \operatorname{sh}p=\frac{c}{a}t,\quad \operatorname{ch}p\frac{\mathrm{d}p}{\mathrm{d}t}=\frac{c}{a}$$

$$\frac{\mathrm{d}p}{\mathrm{d}t}=\frac{\mathrm{d}}{\mathrm{d}t}\left[\operatorname{arcsh}\left(\frac{c}{a}t\right)\right]=\frac{c}{a}\frac{1}{\operatorname{ch}p}=\frac{c}{a}\frac{1}{\operatorname{ch}\left[\operatorname{arcsh}\left(\frac{c}{a}t\right)\right]}$$

$$\frac{\mathrm{d}}{\mathrm{d}t}\left\{\operatorname{ch}\left[\operatorname{arcsh}\left(\frac{c}{a}t\right)\right]\right\}=\operatorname{sh}\left[\operatorname{arcsh}\left(\frac{c}{a}t\right)\right]\frac{\mathrm{d}}{\mathrm{d}t}\left[\operatorname{arcsh}\left(\frac{c}{a}t\right)\right]$$

$$=\frac{c}{a}t\cdot\frac{c}{a}\frac{1}{\operatorname{ch}\left[\operatorname{arcsh}\left(\frac{c}{a}t\right)\right]}=\frac{c^2t}{a^2\operatorname{ch}\left[\operatorname{arcsh}\left(\frac{c}{a}t\right)\right]}$$

$$\boldsymbol{v}(t)=\frac{1}{\operatorname{ch}\left[\operatorname{arcsh}\left(\frac{c}{a}t\right)\right]}\left(-c\boldsymbol{i}+\frac{c^2}{a}t\boldsymbol{j}\right)$$

$$\boldsymbol{a}(t)=\frac{c^3t}{a^2\operatorname{ch}^3\left[\operatorname{arcsh}\left(\frac{c}{a}t\right)\right]}\boldsymbol{i}+\frac{c^2\left\{1-\operatorname{th}^2\left[\operatorname{arcsh}\left(\frac{c}{a}t\right)\right]\right\}}{a\operatorname{ch}\left[\operatorname{arcsh}\left(\frac{c}{a}t\right)\right]}\boldsymbol{j}$$

在上述$\boldsymbol{a}(t)$的计算中用了

$$\operatorname{th}^2\left[\operatorname{arcsh}\left(\frac{c}{a}t\right)\right]=\frac{\operatorname{sh}^2\left[\operatorname{arcsh}\left(\frac{c}{a}t\right)\right]}{\operatorname{ch}^2\left[\operatorname{arcsh}\left(\frac{c}{a}t\right)\right]}=\frac{\frac{c^2}{a^2}t^2}{\operatorname{ch}^2\left[\operatorname{arcsh}\left(\frac{c}{a}t\right)\right]}$$

1.1.19　某质点做平面运动，其径向速度分量$\dot{r}=c_1$，横向速度分量$r\dot{\varphi}=c_2$，c_1、c_2均为正值常量．$t=0$时加速度的横向分量$a_\varphi=\dfrac{c_1c_2}{b}$，$b$为正值常量，$\varphi=0$．求运动学方程和$t=0$时加速度的径向分量．

解

$$\dot{r}=c_1,\quad r=c_1t+c$$

$$r\dot{\varphi}=c_2,\quad (c_1t+c)\frac{\mathrm{d}\varphi}{\mathrm{d}t}=c_2$$

$$\varphi=\int\mathrm{d}\varphi=\int\frac{c_2}{c_1t+c}\mathrm{d}t=\frac{c_2}{c_1}\ln(c_1t+c)+c'$$

由$t=0$时$\varphi=0$，定出$c'=-\dfrac{c_2}{c_1}\ln c$，

$$\varphi=\frac{c_2}{c_1}\ln\left(\frac{c_1t+c}{c}\right)$$

$r\dot{\varphi}=c_2$两边对t求导，

$$r\ddot{\varphi}+\dot{r}\dot{\varphi}=0$$

$$\dot{r}\dot{\varphi}=c_1\frac{c_2}{r}=\frac{c_1c_2}{c_1t+c}$$

$$a_\varphi = r\ddot{\varphi} + 2\dot{r}\dot{\varphi} = r\ddot{\varphi} + \dot{r}\dot{\varphi} + \dot{r}\dot{\varphi} = \frac{c_1 c_2}{c_1 t + c}$$

由 $t=0$ 时 $a_\varphi = \dfrac{c_1 c_2}{b}$ 定出 $c=b$，运动学方程为

$$r = c_1 t + b, \quad \varphi = \frac{c_2}{c_1}\ln\left(\frac{c_1 t + b}{b}\right)$$

$$a_r = \ddot{r} - r\dot{\varphi}^2 = 0 - (c_1 t + b)\left(\frac{c_2}{c_1}\frac{c_1}{c_1 t + b}\right)^2 = -\frac{c_2^2}{c_1 t + b}$$

$t=0$ 时，$a_r = -\dfrac{c_2^2}{b}$.

1.1.20 在 $t=0$ 时，从一点同时以同样大的速率 v_0 向各个方向抛出小球. 证明：在任一时刻 t，这些小球都位于一个球面上，球的中心以自由落体的加速度下落，球的半径等于 $v_0 t$.

证明 设小球自原点以 $\boldsymbol{v}_0$ 的速度抛出，$\boldsymbol{v}_0$ 与 z 轴的夹角为 α，$\boldsymbol{v}_0$ 在 xy 平面上的投影与 x 轴的夹角为 β. z 轴竖直向上,考虑到抛体运动的加速度为 $\boldsymbol{a} = -g\boldsymbol{k}$. 小球的运动学方程为

$$x = (v_0 \sin\alpha\cos\beta)t$$

$$y = (v_0 \sin\alpha\sin\beta)t$$

$$z = (v_0\cos\alpha)t - \frac{1}{2}gt^2$$

满足

$$x^2 + y^2 + \left(z + \frac{1}{2}gt^2\right)^2 = (v_0 t)^2$$

这是一个半径为 $v_0 t$、球心位于 $\left(0, 0, -\dfrac{1}{2}gt^2\right)$ 的球面的方程，球心自抛出点做自由落体运动.

1.1.21 已知一质点做平面运动，其速率为常量 c，矢径的角速度的大小为常数 ω. 求该质点的运动学方程及其轨道. 设 $t=0$ 时，$r=0$，$\varphi=0$.

解 取极坐标

$$\dot{r}^2 + r^2\dot{\varphi}^2 = c^2, \quad \dot{\varphi} = \omega$$

$$\frac{\mathrm{d}r}{\mathrm{d}t} = \sqrt{c^2 - \omega^2 r^2}$$

$$\int_0^r \frac{\mathrm{d}r}{\sqrt{c^2 - \omega^2 r^2}} = \int_0^t \mathrm{d}t$$

$$r = \frac{c}{\omega}|\sin\omega t|$$

这里取绝对值是考虑到 $\dot{\varphi} = \omega > 0$，$r > 0$.

运动学方程为

$$r=\frac{c}{\omega}\left|\sin\omega t\right|,\quad \varphi=\omega t$$

轨道方程为

$$r=\frac{c}{\omega}\left|\sin\varphi\right|$$

1.1.22　如图 1.5 所示，一个动靶以恒定速率 v 在 xy 平面内沿 $y=h$ 的直线飞行，$t=0$ 时在 $x=0$、$y=h$ 点. 导弹在 $t=0$ 时自原点出发，以恒定的速率 $2v$ 运动，速度方向始终指向动靶. 求导弹的运动轨道及导弹击中飞靶的时间.

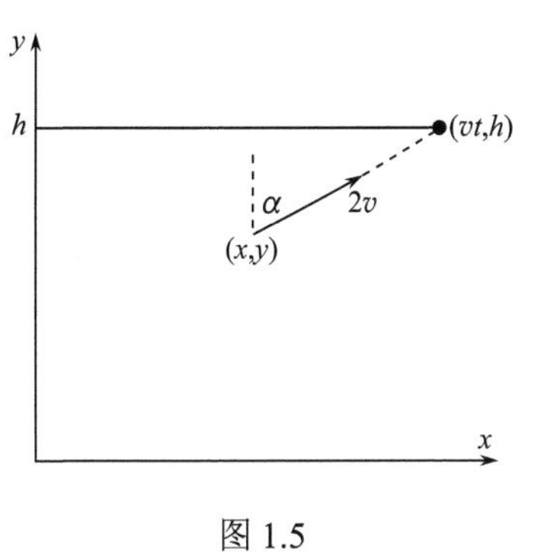

图 1.5

解　设 t 时刻导弹位于 $(x,\ y)$，此时飞靶位于 $(vt,\ h)$，导弹轨道曲线 $x=x(y)$ 与 y 轴夹角 α 的正切

$$\tan\alpha=\frac{\mathrm{d}x}{\mathrm{d}y}=\frac{vt-x}{h-y}$$

由导弹的速率为 $2v$，

$$\dot{x}^2+\dot{y}^2=(2v)^2=4v^2$$

由 $\dot{x}=\frac{\mathrm{d}x}{\mathrm{d}y}\dot{y}$，并令 $q=\frac{\mathrm{d}x}{\mathrm{d}y}$，上述两式可改写为

$$vt-x=q(h-y) \tag{1}$$

$$(1+q^2)\dot{y}^2=4v^2 \tag{2}$$

式(1)两边对 y 求导，简化后得

$$v\frac{\mathrm{d}t}{\mathrm{d}y}=(h-y)\frac{\mathrm{d}q}{\mathrm{d}y} \tag{3}$$

由式(2)消去式(3)中的 $\frac{\mathrm{d}t}{\mathrm{d}y}$，得

$$(h-y)\frac{\mathrm{d}q}{\mathrm{d}y}=\frac{1}{2}(1+q^2)^{1/2} \tag{4}$$

考虑到 $\dot{y}>0$，式(2)开方时只取正号.

对式(4)分离变量积分时，下限取 $t=0$ 时的 y 和 q 值，$y=0$，$\dot{x}=0$，$\dot{y}=2v$，故 $q=\frac{\mathrm{d}x}{\mathrm{d}y}=\frac{\dot{x}}{\dot{y}}=0$.

$$\int_0^q\frac{2\mathrm{d}q}{(1+q^2)^{1/2}}=\int_0^y\frac{\mathrm{d}y}{h-y}$$

积分得

$$2\ln\left(q+\sqrt{1+q^2}\right)=-\ln\frac{h-y}{h}$$

$$\sqrt{1+q^2}=\sqrt{\frac{h}{h-y}}-q$$

两边平方可得

$$2\sqrt{h}q=\frac{y}{\sqrt{h-y}}$$

$$\int_0^x 2\sqrt{h}\mathrm{d}x=\int_0^y \frac{y}{\sqrt{h-y}}\mathrm{d}y=\int_0^y \frac{-h+y}{\sqrt{h-y}}\mathrm{d}y+\int_0^y \frac{h}{\sqrt{h-y}}\mathrm{d}y$$

积分得轨道方程为

$$x=\frac{1}{3\sqrt{h}}\left[(h-y)^{3/2}-h^{3/2}\right]+\sqrt{h}\left(\sqrt{h}-\sqrt{h-y}\right)$$

导弹射中靶子时，$x=vt$，$y=h$，代入上式得

$$t=\frac{2h}{3v}$$

1.1.23 火车能达到的最大加速度为α，最大减速度为β. 求从静止出发到最后静止通过的距离a和所需的最短时间.

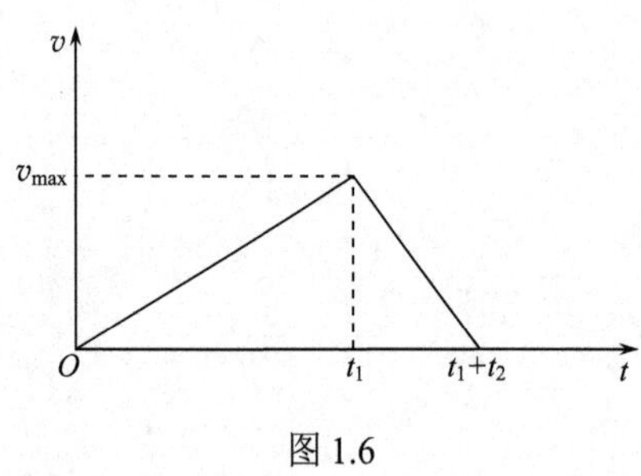

图 1.6

解 画v-t图，曲线下的面积为通过的距离a. 显然，当以最大的加速度α，在$t=0$至t_1期间，速度从零达到最大速度v_{max}，再在随后的$t_1\sim t_1+t_2$期间，以最大减速度β将速度从v_{max}降为零，如图 1.6 所示，所需的时间最短.

$$v_{max}-0=\alpha t_1$$

$$v_{max}-0=\beta\left[(t_1+t_2)-t_1\right]$$

$$\frac{1}{2}v_{max}(t_1+t_2)=a$$

解出

$$t_{min}=t_1+t_2=\left[\frac{2a(\alpha+\beta)}{\alpha\beta}\right]^{1/2}$$

1.1.24 如图 1.7 所示，直线LM在一给定的半径为R的圆平面内以等角速ω绕圆周上一点A转动. 求此直线与圆的另一交点B的速度和加速度的大小.

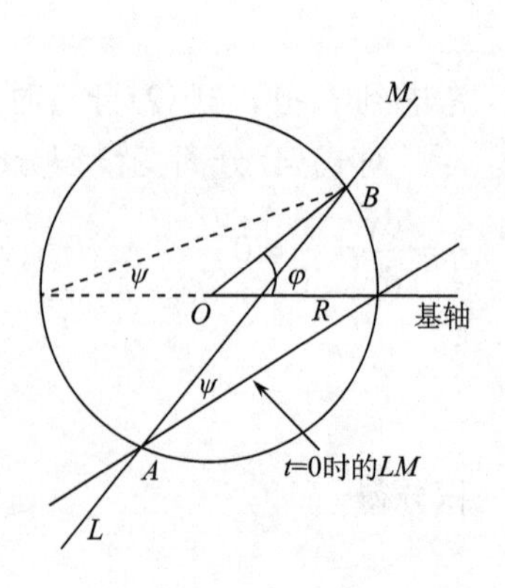

图 1.7

解 以$t=0$时直线LM与圆的另一交点与圆心O的连线为基轴，O为极坐标原点.图中画了LM在t时刻的位置，

$$\psi=\omega t,\quad \varphi=2\psi$$

B点速度的径向、横向分量分别为

$$v_r=\dot{r}=0,\quad v_\varphi=r\dot{\varphi}=R\cdot 2\dot{\psi}=2R\omega$$

所以

$$v=\sqrt{v_r^2+v_\varphi^2}=2R\omega$$

B 点的加速度的径向、横向分量分别为

$$a_r=\ddot{r}-r\dot{\varphi}^2=0-R\cdot4\dot{\psi}^2=-4R\omega^2$$

$$a_\varphi=r\ddot{\varphi}+2\dot{r}\dot{\varphi}=0$$

所以

$$a=\sqrt{a_r^2+a_\varphi^2}=4R\omega^2$$

1.1.25　质点沿一平面做曲线运动，其加速度矢量的延长线在任何时刻都通过一固定点 O．试证明：质点加速度的大小为 $a=\pm v\dfrac{\mathrm{d}v}{\mathrm{d}r}$，其中 v 为质点的速率，r 为质点到 O 点的距离，$\dfrac{\mathrm{d}v}{\mathrm{d}r}>0$ 时取正号，$\dfrac{\mathrm{d}v}{\mathrm{d}r}<0$ 时取负号.

证明　取 O 点为极坐标原点，$a_\varphi=0$，所以

$$a_\varphi=\ddot{r}-r\dot{\varphi}^2=\frac{1}{r}\frac{\mathrm{d}}{\mathrm{d}t}\left(r^2\dot{\varphi}\right)=0$$

$$r^2\dot{\varphi}=c,\quad c\text{为常量}$$

$$v^2=\dot{r}^2+r^2\dot{\varphi}^2=\dot{r}^2+\frac{\left(r^2\dot{\varphi}\right)^2}{r^2}=\dot{r}^2+\frac{c^2}{r^2}$$

上式两边对 r 求导，

$$2v\frac{\mathrm{d}v}{\mathrm{d}r}=2\dot{r}\frac{\mathrm{d}\dot{r}}{\mathrm{d}t}\frac{\mathrm{d}t}{\mathrm{d}r}-\frac{2c^2}{r^3}=2\left(\ddot{r}-r\dot{\varphi}^2\right)=2a_r$$

$$a=\sqrt{a_r^2+a_\varphi^2}=\left|a_r\right|=v\left|\frac{\mathrm{d}v}{\mathrm{d}r}\right|=\pm v\frac{\mathrm{d}v}{\mathrm{d}r}$$

当 $\dfrac{\mathrm{d}v}{\mathrm{d}r}>0$ 时取正号，$\dfrac{\mathrm{d}v}{\mathrm{d}r}<0$ 时取负号.

1.1.26　操场上有 A、B、C、D 四个小孩分别站在正方形的四个顶点，开始以不变的速率 v 追逐同一侧相邻的小孩，即 A 追 B、B 追 C、C 追 D、D 追 A，每个小孩始终对准自己追逐的目标跑. 设 $t=0$ 时刻，正方形边长为 l_0(图 1.8). 试问：

(1) 四个小孩何时追到自己的目标？

(2) 每个小孩追到目标需要跑多长的路程？

(3) 每个小孩跑动过程中，加速度多大？

(4) 求每个小孩跑动轨迹.

解　(1) 可以想象在追逐过程中，四个小孩始终位于正方形的顶点，只是正方形不断减小，正方形的中心始终不变. 最后四个小孩同时在中心 O 点追到目标.

图 1.9 画了在 t 时刻和 $t+\Delta t$ 时刻，四个小孩的位置，参考系采用静系，而坐标系极轴始终自正方形中心指向小孩. 小孩速度的径向与横向分量分别为

$$\dot{r}=-v\cos\frac{\pi}{4}=-\frac{v}{\sqrt{2}}$$

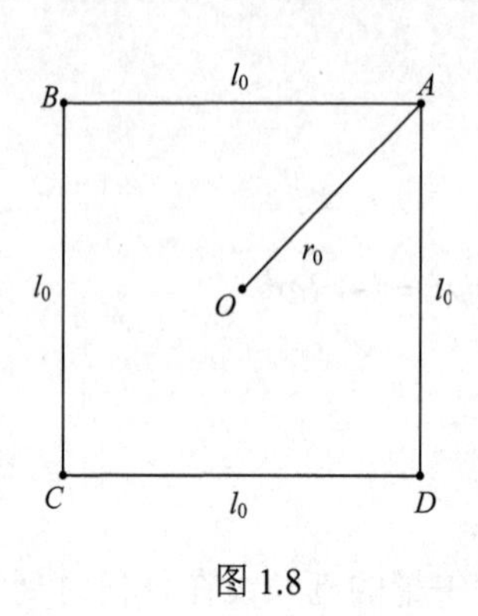

图 1.8

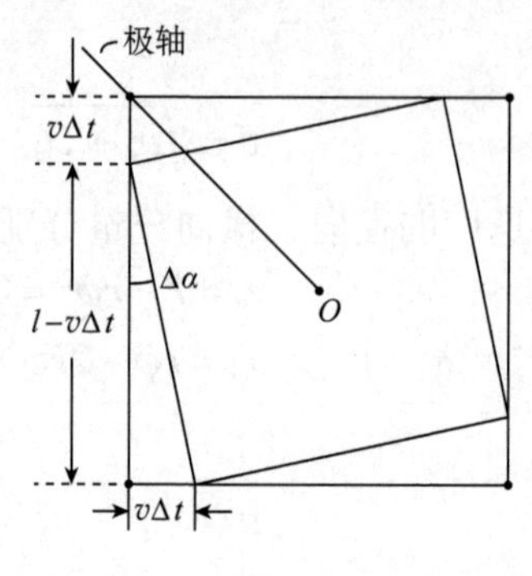

图 1.9

$$r\dot{\varphi}=v\cos\frac{\pi}{4}=\frac{v}{\sqrt{2}}$$

或由

$$v=\sqrt{\dot{r}^2+(r\dot{\varphi})^2}$$

得

$$r\dot{\varphi}=\frac{v}{\sqrt{2}}$$

追到目标时，$r=0$. 设所用时间为 t_1，$t=0$ 时 $r=r_0=\dfrac{l_0}{\sqrt{2}}$.

$$\int_{r_0}^{0}\mathrm{d}r=\int_0^{t_1}\left(-\frac{v}{\sqrt{2}}\right)\mathrm{d}t$$

$$t_1=\frac{\sqrt{2}r_0}{v}=\frac{l_0}{v}$$

(2) 因小孩追逐过程中速率不变，追到目标跑过的路程

$$s=vt_1=l_0$$

(3) 每个小孩作匀速率曲线运动，加速度只有法向分量.

$$a=a_n=\frac{v^2}{\rho}$$

其中 ρ 为轨道的曲率半径.

$$\rho=\lim_{\Delta t\to 0}\frac{\Delta s}{\Delta\alpha}=\lim_{\Delta t\to 0}\frac{v\Delta t}{v\Delta t/(l-v\Delta t)}=l$$

$$a=\frac{v^2}{l}$$

$$r=r_0-\frac{v}{\sqrt{2}}t$$

$$l=\sqrt{2}r=\sqrt{2}\left(r_0-\frac{v}{\sqrt{2}}t\right)=l_0-vt$$

故

$$a=\frac{v^2}{l_0-vt}$$

(4)

$$\dot{\varphi}=\frac{v}{\sqrt{2}r}=\frac{v}{\sqrt{2}\left(r_0-\frac{v}{\sqrt{2}}t\right)}=\frac{v}{\sqrt{2}r_0-vt}$$

$$\varphi=\int_0^t\frac{v}{\sqrt{2}r_0-vt}\mathrm{d}t=\ln\left(\frac{\sqrt{2}r_0}{\sqrt{2}r_0-vt}\right)=\ln\left(\frac{r_0}{r_0-\frac{v}{\sqrt{2}}t}\right)=\ln\frac{r_0}{r}$$

由此可得，小孩跑动的轨道方程为

$$r=r_0\mathrm{e}^{-\varphi}$$

它是对数螺旋线.

用这种方法可考虑. n 个小孩站在正 n 边形的各个顶点向邻近小孩以不变速率追逐的情形.

1.1.27　有一只狐狸以恒定速度 v_1 沿着直线 AB 逃跑，一条猎犬以恒定速率 v_2 追击，其运动方向始终对准狐狸. 某时刻狐狸在 F 处，猎犬在 D 处，$FD\perp AB$，且 $\overline{FD}=L$，如图 1.10(a)所示. 取该时刻为时间的零点，$t=0$. 试求：

(1)此时猎犬的加速率的大小；

(2)猎犬能追上狐狸的条件以及何时、何地能追上狐狸？

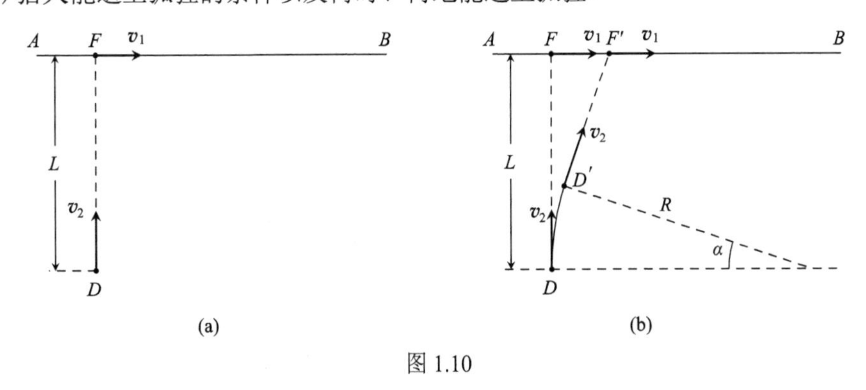

图 1.10

解法一　(1)猎犬的运动方向始终对准狐狸且速度大小不变，故猎犬作匀速率曲线运动，其加速度只有法向分量. 其加速度为

$$a=a_n=\frac{v_2^2}{\rho}\tag{1}$$

其中 ρ 为猎犬所在位置轨道的曲率半径.

题目要求 $t=0$ 时，即猎犬位于 D 处的加速度的大小. 在 $t=0$ 后一段很短的时间 Δt

内，猎犬运动的轨迹可近似看作一段圆弧，设半径为 R，则加速度为

$$a=\frac{v_2^2}{R} \tag{2}$$

在 Δt 时间内，狐狸从 F 到 F'，猎犬从 D 沿圆弧到 D'，猎犬速度方向转过的角度为 α (图 1.10(b))

$$v_2\Delta t=R\alpha \tag{3}$$

而狐狸跑过的距离为

$$v_1\Delta t=L\tan\alpha \tag{4}$$

利用式(3)、(4)，$t=0$ 时刻的曲率半径

$$R=\lim_{\Delta t\to 0}\frac{v_2\Delta t}{\alpha}=\lim_{\alpha\to 0}\frac{v_2}{\alpha}\left(\frac{L\tan\alpha}{v_1}\right)=\frac{v_2L}{v_1}$$

代入式(2)得 $t=0$ 时的加速度

$$a=v_2^2\bigg/\frac{v_2L}{v_1}=\frac{v_1v_2}{L}$$

(2) 猎犬追上狐狸，就是相对距离为零. 设 t 时刻猎犬和狐狸分别位于 D' 和 F'，连接 $D'F'$，它与 AB 线的夹角为 $\theta(t)$，此刻相互接近的速度为

$$v_2-v_1\cos\theta$$

在此后极短的 $\mathrm{d}t$ 时间内，相对距离缩短为

$$\mathrm{d}L=(v_2-v_1\cos\theta)\mathrm{d}t$$

设在 $t=\tau$ 时，猎犬追上狐狸. 到此时距离缩短了 L，距离为零，

$$L=\int_0^L\mathrm{d}L=\int_0^\tau(v_2-v_1\cos\theta)\mathrm{d}t=v_2\tau-v_1\int_0^\tau\cos\theta\mathrm{d}t \tag{5}$$

在 AB 方向， t 时刻狗与狐狸相互接近的速度为

$$v_2\cos\theta-v_1$$

在此后极短时间 $\mathrm{d}t$ 内，相互距离缩短为

$$(v_2\cos\theta-v_1)\mathrm{d}t$$

设在 $t=\tau$ 时，猎犬追上狐狸，

$$\int_0^\tau(v_2\cos\theta-v_1)\mathrm{d}t=0$$

也就是

$$v_1\tau=v_2\int_0^\tau\cos\theta\mathrm{d}t \tag{6}$$

式(5) $\times v_2$ +式(6) $\times v_1$ 得

$$v_2L+v_1^2\tau=v_2^2\tau$$

$$\tau=\frac{v_2L}{v_2^2-v_1^2}$$

由此也可以看出，只有 $v_2 > v_1$ 时，猎犬才有可能追上狐狸. 只要 $v_2 > v_1$，猎犬始终对准狐狸，也一定能追上狐狸. 因此，猎犬能追上狐狸的充要条件为 $v_2 > v_1$.

解法二　按 1.1.22 用解微分方程. 求出猎犬的轨道的办法.

取坐标 Oxy，坐标原点为 $t=0$ 时猎犬的位置. $t=0$ 时，猎狗位于(0，0)，狐狸位于(L，0)，此时猎狗的速度为 $v_2\boldsymbol{j}$，狐狸的速度为 $v_1\boldsymbol{i}$.

t 时刻，猎犬的位置坐标为(x，y)狐狸的位置坐标为(v_1t, L)，v_2 与 y 轴的夹角为 α. $\boldsymbol{v}_2$ 沿猎犬运动轨道的切线方向.

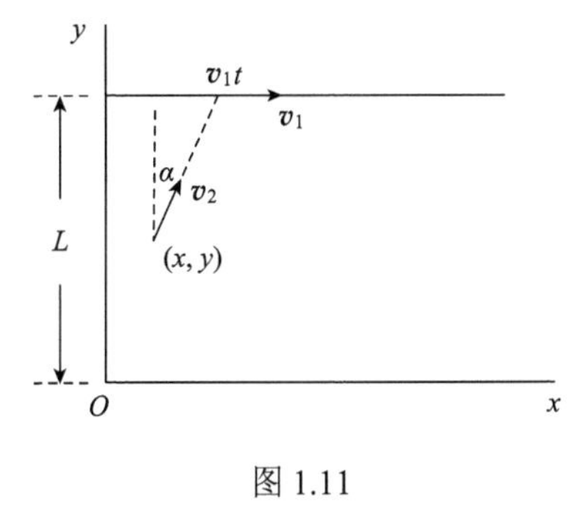

图 1.11

$\tan\alpha$ 是猎犬的轨道方程 $x=x(y)$ 在 (x,y) 点的切线的斜率 $\dfrac{\mathrm{d}x}{\mathrm{d}y}$，由图 1.11 可得

$$\tan\alpha=\frac{v_1t-x}{L-y}=\frac{\mathrm{d}x}{\mathrm{d}y}$$

令 $q=\dfrac{\mathrm{d}x}{\mathrm{d}y}$，上式可改写为

$$v_1t-x=q(L-y) \tag{7}$$

式(7)两边对 y 求导，简化后可得

$$v_1\frac{\mathrm{d}t}{\mathrm{d}y}=(L-y)\frac{\mathrm{d}q}{\mathrm{d}y} \tag{8}$$

为了消去式(8)中的 $\dfrac{\mathrm{d}t}{\mathrm{d}y}$，要将它表示成 q 的函数，或 q 与 y 的函数.

$$v_2^2=\dot{x}^2+\dot{y}^2$$

$$\dot{x}=\frac{\mathrm{d}x}{\mathrm{d}t}=\frac{\mathrm{d}x}{\mathrm{d}y}\dot{y}=q\dot{y}$$

$$v_2^2=(q\dot{y})^2+y^2=(1+q^2)\dot{y}^2$$

$$\dot{y}=\frac{v_2}{\sqrt{1+q^2}}$$

考虑到 $\dot{y}>0$，开方时只取正号. 将 $\dfrac{\mathrm{d}t}{\mathrm{d}y}=\dfrac{\sqrt{1+q^2}}{v^2}$ 代入式(2)，并令 $\alpha=\dfrac{v_1}{v_2}$，式(2)改写为

$$\alpha\sqrt{1+q^2}=(L-y)\frac{\mathrm{d}q}{\mathrm{d}y}$$

上式分离变量积分时，下限取 $t=0$ 时 $y=0$，$q=0$. 后者是由 $t=0$ 时，$\dot{x}=0$，$\dot{y}=v_2$，从而 $q=\dfrac{\mathrm{d}x}{\mathrm{d}y}=\dfrac{\mathrm{d}x}{\mathrm{d}t}\Big/\dfrac{\mathrm{d}y}{\mathrm{d}t}=\dfrac{\dot{x}}{\dot{y}}=0$ 得出的.

$$\int_0^q \frac{1}{\sqrt{1+q^2}}\mathrm{d}q = \alpha\int_0^y \frac{1}{L-y}\mathrm{d}y$$

积分得

$$\ln(q+\sqrt{1+q^2}) = -\alpha\ln\left(\frac{L-y}{L}\right) = \ln\left(\frac{L}{L-y}\right)^{\alpha}$$

$$\sqrt{1+q^2} = \left(\frac{L}{L-q}\right)^{\alpha} - q$$

两边平方可得

$$q = \frac{1}{2}\left[\left(\frac{L}{L-y}\right)^{\alpha} - \left(\frac{L}{L-y}\right)^{-\alpha}\right]$$

代入$q=\dfrac{\mathrm{d}x}{\mathrm{d}y}$，分离变量积分

$$\int_0^x \mathrm{d}x = \int_0^y \frac{1}{2}\left[\left(\frac{L}{L-y}\right)^{\alpha} - \left(\frac{L}{L-y}\right)^{-\alpha}\right]\mathrm{d}y$$

这给出

$$\begin{aligned} x &= \frac{L}{2}\left[\frac{1}{1+\alpha}\left(\frac{L}{L-y}\right)^{-(\alpha+1)} - \frac{1}{1-\alpha}\left(\frac{L}{L-y}\right)^{\alpha-1}\right] + \frac{\alpha L}{1-\alpha^2} \\ &= \frac{L}{2}\left[\frac{1}{1+\alpha}\left(\frac{L-y}{L}\right)^{\alpha+1} - \frac{1}{1-\alpha}\left(\frac{L-y}{L}\right)^{1-\alpha}\right] + \frac{\alpha L}{1-\alpha^2} \end{aligned} \tag{9}$$

设$t=\tau$时，猎犬追上狐狸. 此时$y=L$，$x=v_1\tau$，代入上式即得

$$\tau = \frac{\alpha L}{v_1(1-\alpha^2)} = \frac{v_2 L}{v_2^2 - v_1^2}$$

说明：可以证明对于轨道方程$x=x(y)$，在轨道上各点的曲率半径公式为(见 1.2.8 题)

$$\rho = \frac{(1+x'^2)^{3/2}}{x''}$$

其中$x'=\dfrac{\mathrm{d}x}{\mathrm{d}y}$，$x''=\dfrac{\mathrm{d}^2x}{\mathrm{d}y^2}$. 由此可以计算$t=0$时，即$y=0$时，$\rho=R=\dfrac{v_2L}{v_1}$(计算从略). 从而

$$a = \frac{v_2^2}{R} = \frac{v_1 v_2}{L}$$

这又给出第(1)小题的又一种算法.

1.2 自然坐标、切向加速度和法向加速度

1.2.1 一质点静止在半径为R的半球面上的最高点. 要使质点脱离半球，一开始就

不沿半球滑下，必须给予质点的最小水平速度多大?

解　要一开始脱离半球，必须一开始不受半球的支持力，质点只受重力作用，故质点的加速度为向下的重力加速度 g ，质点的速度是水平的，要脱离半球，质点运动轨道在该点的曲率半径 ρ 必须满足关系 $\rho \geqslant R$.

质点在半球最高点获得水平速度开始运动时只受到重力，速度方向未受外力，故切向加速度为零，重力加速度是法向加速度

$$a_n = \frac{v^2}{\rho} = g$$

从而

$$v_{\min}^2 = \rho_{\min} g = Rg, \quad v_{\min} = \sqrt{Rg}$$

1.2.2　一质点的运动学方程为

$$x = R\sin\omega t + \omega R t$$
$$y = R\cos\omega t + R$$

式中 ω 、 R 均为常量. 求质点在 y 的最大值、最小值时的切向加速度、法向加速度和轨道的曲率半径.

解　按题意，质点运动学方程为

$$x = R\sin\omega t + R\omega t$$
$$y = R\cos\omega t + R$$

当 $t = \dfrac{2n\pi}{\omega}(n = 0, 1, 2, \cdots)$ 时 $y = 2R$ 为最大值，当 $t = \dfrac{(2n+1)\pi}{\omega}(n = 0, 1, 2, \cdots)$ 时 $y = 0$ 为最小值.

$$\dot{x} = R\omega\cos\omega t + R\omega$$
$$\dot{y} = -R\omega\sin\omega t$$
$$\ddot{x} = -R\omega^2\sin\omega t$$
$$\ddot{y} = -R\omega^2\cos\omega t$$
$$v = \left(\dot{x}^2 + \dot{y}^2\right)^{1/2} = R\omega\left(2 + 2\cos\omega t\right)^{1/2}$$
$$a_\tau = \frac{\mathrm{d}v}{\mathrm{d}t} = -R\omega^2\sin\omega t\left(2 + 2\cos\omega t\right)^{-1/2}$$
$$a^2 = \ddot{x}^2 + \ddot{y}^2 = \left(R\omega^2\right)^2$$
$$a_n = \left(a^2 - a_\tau^2\right)^{1/2} = R\omega^2\left[1 - \frac{\sin^2\omega t}{2(1+\cos\omega t)}\right]^{1/2}$$
$$= R\omega^2\left[1 - \frac{4\sin^2\frac{1}{2}\omega t\cos^2\frac{1}{2}\omega t}{2\times 2\cos^2\frac{1}{2}\omega t}\right]^{1/2} = R\omega^2\left|\cos\frac{1}{2}\omega t\right|$$

因 a_n 总大于零，上述开方取正值. 由此

$$\rho=\frac{v^2}{a_n}=\frac{R^2\omega^2\left(2+2\cos\omega t\right)}{R\omega^2\left|\cos\frac{1}{2}\omega t\right|}=4R\left|\cos\frac{1}{2}\omega t\right|$$

在 y 的最大值，$\omega t=2n\pi\left(n=0,1,2,\cdots\right)$，

$$a_\tau=0,\quad a_n=R\omega^2,\quad \rho=4R$$

在 y 的最小值，$\omega t=\left(2n+1\right)\pi\left(n=0,1,2,\cdots\right)$，

$$a_n=0,\ \rho=0$$

$$a_\tau=-R\omega^2\left.\frac{\sin\omega t}{\left(2+2\cos\omega t\right)^{1/2}}\right|_{\omega t=(2n+1)\pi}$$

$$=-R\omega^2\left.\frac{2\sin\frac{1}{2}\omega t\cos\frac{1}{2}\omega t}{\pm2\left(\cos^2\frac{1}{2}\omega t\right)^{1/2}}\right|_{\omega t=(2n+1)\pi}$$

$$=\pm R\omega^2$$

从轨道曲线可以判断，$t=\dfrac{(2n+1)\pi}{\omega}$ 时，$v=0$，而在这个时刻的近邻，均有 $v>0$，故

$$a_\tau=\begin{cases}-R\omega^2, & t=\dfrac{(2n+1)\pi}{\omega}-\varepsilon,\\ R\omega^2, & t=\dfrac{(2n+1)\pi}{\omega}+\varepsilon,\end{cases}\quad \varepsilon>0\text{为无穷小量.}$$

说明：不考虑轨道曲线、v 的变化，从数学上作变量代换，令 $t=\dfrac{(2n+1)\pi}{\omega}+x$，然后对 a_τ 式的分子、分母在 $x=0$ 处做泰勒展开，也可得到上述结果.

1.2.3　一质点沿抛物线 $y=\dfrac{1}{2}Ax^2$ 运动，设路程从抛物线顶点开始计算，质点运动的路程与时间的关系为 $s=bt^2+ct$，A、b、c 均是正值常量，试求在顶点时质点的切向加速度和法向加速度.

解法一

$$s=bt^2+ct$$

$$v=\frac{\mathrm{d}s}{\mathrm{d}t}=2bt+c$$

$$a_\tau=\frac{\mathrm{d}v}{\mathrm{d}t}=2b$$

$$y=\frac{1}{2}Ax^2,\quad \dot{y}=Ax\dot{x}$$

$$v^2=\dot{x}^2+\dot{y}^2=\dot{x}^2+\left(Ax\dot{x}\right)^2=\dot{x}^2\left(1+A^2x^2\right)$$

设 $t=0$ 时，$\dot{x}>0$，

$$v = \dot{x}\sqrt{1 + A^2x^2} = 2bt + c$$

$$\dot{x} = \frac{2bt + c}{\sqrt{1 + Ax^2}} \tag{1}$$

$$\begin{aligned} \ddot{x} &= \frac{2b}{\sqrt{1 + Ax^2}} - \frac{2bt + c}{\left(1 + Ax^2\right)^{3/2}} Ax\dot{x} \\ &= \frac{2b}{\sqrt{1 + Ax^2}} - \frac{Ax\left(2bt + c\right)^2}{\left(1 + Ax^2\right)^2} \end{aligned} \tag{2}$$

$$\ddot{y} = A\dot{x}^2 + Ax\ddot{x} \tag{3}$$

在顶点时，$t = 0$，$x = 0$，由(1)、(2)、(3)式得

$$\ddot{x} = 2b, \quad \ddot{y} = Ac^2$$

$$a_n = \sqrt{a^2 - a_\tau^2} = \sqrt{\ddot{x}^2 + \ddot{y}^2 - a_\tau^2} = Ac^2$$

解法二　用曲率半径和轨道方程的关系.

对于用直角坐标表达的轨道方程$y = y(x)$，可以证明有下列曲率半径的公式(见1.2.8题).

$$\rho = \frac{\left(1 + y'^2\right)^{3/2}}{|y''|}$$

其中

$$y' = \frac{\mathrm{d}y}{\mathrm{d}x}, \quad y'' = \frac{\mathrm{d}^2 y}{\mathrm{d}x^2}$$

在顶点，$x = 0$，$t = 0$，则

$$y' = Ax\big|_{x=0} = 0$$

$$y'' = A$$

$$\rho = \frac{\left(1 + 0^2\right)^{3/2}}{A} = \frac{1}{A}$$

$$a_n = \frac{v^2}{\rho} = \frac{\left(2bt + c\right)^2}{\frac{1}{A}}\Bigg|_{t=0} = Ac^2$$

1.2.4　曲柄$OA = r$，绕定轴O以匀角速ω转动，连杆AB用铰链与曲柄端点A连接，并可在具有铰链的滑套N内滑动. 当$\varphi = 0$时，A端位于滑套N处. 已知$AB = l > 2r$，求当$\varphi = 0$时，连杆上B点的速度、加速度的大小，切向加速度、法向加速度和轨道的曲率半径(图1.12).

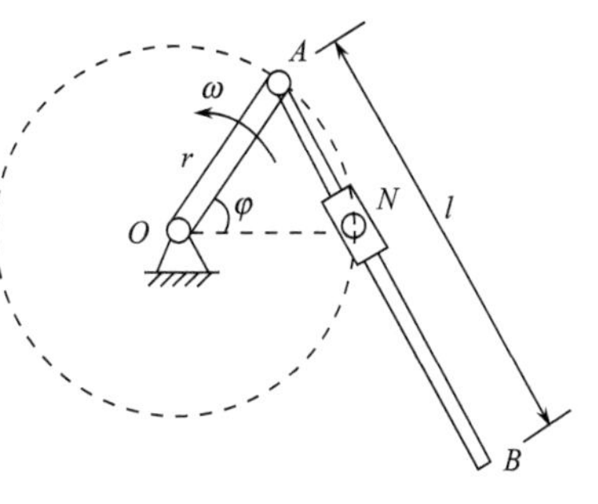

图 1.12

解　取直角坐标Oxy，x轴沿ON方向，y轴竖直向上. B点的坐标

$$x = r\cos\varphi + l\cos\left(\frac{\pi}{2} - \frac{\varphi}{2}\right) = r\cos\varphi + l\sin\frac{\varphi}{2}$$

$$y = r\sin\varphi - l\sin\left(\frac{\pi}{2} - \frac{\varphi}{2}\right) = r\sin\varphi - l\cos\frac{\varphi}{2}$$

从而

$$\dot{x}=-r\sin\varphi\dot{\varphi}+l\cos\frac{\varphi}{2}\cdot\frac{\dot{\varphi}}{2}=-r\omega\sin\varphi+\frac{1}{2}l\omega\cos\frac{\varphi}{2}$$

$$\dot{y}=r\omega\cos\varphi+\frac{1}{2}l\omega\sin\frac{\varphi}{2}$$

B 点速度大小

$$v=\sqrt{\dot{x}^2+\dot{y}^2}=\left[(r\omega)^2+\left(\frac{1}{2}l\omega\right)^2-rl\omega^2\sin\frac{\varphi}{2}\right]^{1/2}$$

进而

$$\ddot{x}=-r\omega^2\cos\varphi-\frac{1}{4}l\omega^2\sin\frac{\varphi}{2}$$

$$\ddot{y}=-r\omega^2\sin\varphi+\frac{1}{4}l\omega^2\cos\frac{\varphi}{2}$$

B 点加速度大小

$$a=\sqrt{\ddot{x}^2+\ddot{y}^2}=\left[(r\omega^2)^2+\left(\frac{1}{4}l\omega^2\right)^2-\frac{1}{2}rl\omega^4\sin\frac{\varphi}{2}\right]^{1/2}$$

$$a_\tau=\frac{\mathrm{d}v}{\mathrm{d}t}=\frac{1}{2v}\frac{\mathrm{d}v^2}{\mathrm{d}t}=-\frac{1}{4v}rl\omega^3\cos\frac{\varphi}{2}$$

$\varphi=0$ 时，

$$v=\omega\left(r^2+\frac{1}{4}l^2\right)^{1/2}$$

$$a=\omega^2\left(r^2+\frac{1}{16}l^2\right)^{1/2}=\frac{1}{4}\omega^2\left(16r^2+l^2\right)^{1/2}$$

$$a_\tau=-\frac{1}{4\omega\left(r^2+\frac{1}{4}l^2\right)^{1/2}}rl\omega^3=-\frac{rl\omega^2}{2\left(4r^2+l^2\right)^{1/2}}$$

$$a_n=\left(a^2-a_\tau^2\right)^{1/2}=\frac{8r^2+l^2}{4\left(4r^2+l^2\right)^{1/2}}\omega^2$$

$$\rho=\frac{v^2}{a^n}=\frac{\left(4r^2+l^2\right)^{3/2}}{8r^2+l^2}$$

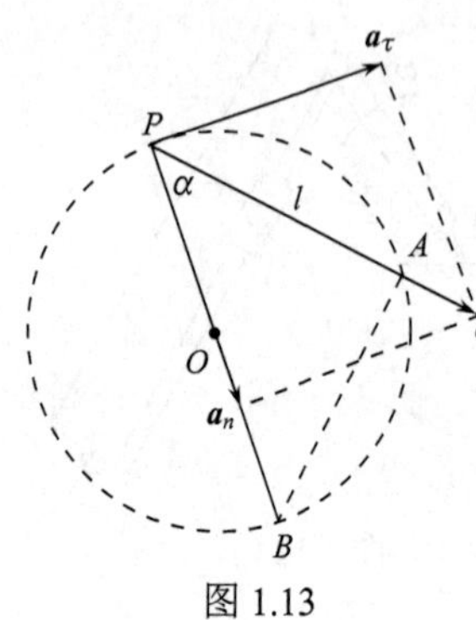

图 1.13

1.2.5 质点 P 沿一平面曲线运动，其加速度矢量的延长线与曲率圆交于 A 点，PA 间距离为 l. 试证：质点的加速度大小为 $a=\dfrac{2v^2}{l}$，其中 v 是质点的速率.

证明 图 1.13 画出了质点位于 P 点时的 $\boldsymbol{a}_\tau$、$\boldsymbol{a}_n$ 和 $\boldsymbol{a}$，画了质点轨道在 P 点的曲率圆，$PA=l$，$PB=2R$，α 为 $\boldsymbol{a}_n$ 与 $\boldsymbol{a}$ 间的夹角，R 为曲率圆的半径.

$$a_n = a\cos\alpha = a\cdot\frac{l}{2R}$$

$$a_n = \frac{v^2}{R}$$

所以

$$a\frac{l}{2R} = \frac{v^2}{R},\quad a = \frac{2v^2}{l}$$

1.2.6　某个在平面上运动的质点，其速度的 y 分量 $\dot{y} = c$ 为常量. 试证其加速度值 $a = \frac{v^3}{c\rho}$，式中 v 为速率，ρ 为曲率半径.

证明　由 $v^2 = \dot{x}^2 + \dot{y}^2$，两边求导得

$$2v\frac{\mathrm{d}v}{\mathrm{d}t} = 2(\dot{x}\ddot{x} + \dot{y}\ddot{y})$$

$$a_\tau = \frac{\mathrm{d}v}{\mathrm{d}t} = \frac{\dot{x}\ddot{x} + \dot{y}\ddot{y}}{\sqrt{\dot{x}^2 + \dot{y}^2}}$$

$$a^2 = \ddot{x}^2 + \ddot{y}^2$$

$$a_n = \sqrt{a^2 - a_\tau^2} = \frac{|\dot{x}\ddot{y} - \dot{y}\ddot{x}|}{\sqrt{\dot{x}^2 + \dot{y}^2}}$$

$$\rho = \frac{v^2}{a_n} = \frac{(\dot{x}^2 + \dot{y}^2)^{3/2}}{|\dot{x}\ddot{y} - \dot{y}\ddot{x}|}$$

令 $\dot{y} = c$，$\ddot{y} = 0$，$a = |\ddot{x}|$，代入上式

$$\rho = \frac{v^3}{|-c\ddot{x}|} = \frac{v^3}{ca}$$

$$a = \frac{v^3}{cp}$$

1.2.7　一质点的运动轨道为对数螺旋线 $r = b\mathrm{e}^{k\varphi}$，其中 b 、k 均为正值常量，$\dot{r} = c$（c 为正值常量），$t = 0$ 时，质点位于 $r = b$、$\varphi = 0$ 处. 求质点的速度和加速度的大小以及曲率半径随时间的变化规律.

解

$$r = b\mathrm{e}^{k\varphi},\quad \dot{r} = kb\mathrm{e}^{k\varphi}\dot{\varphi}$$

$$\dot{r} = c,\quad r = b + ct,\quad \dot{\varphi} = \frac{c}{kb}\mathrm{e}^{-k\varphi}$$

$$\int_0^t \frac{c}{kb}\mathrm{d}t = \int_0^\varphi \mathrm{e}^{k\varphi}\mathrm{d}\varphi$$

$$\varphi = \frac{1}{k}\ln\left(1 + \frac{c}{b}t\right)$$

$$v=\sqrt{\dot{r}^2+r^2\dot{\varphi}^2}=\sqrt{c^2+\left(\frac{c}{k}\right)^2}=\frac{c}{k}\sqrt{1+k^2}$$

$$a_\tau=\frac{\mathrm{d}v}{\mathrm{d}t}=0$$

$$\ddot{r}=0$$

$$\ddot{\varphi}=-\frac{c}{b}\mathrm{e}^{-k\varphi}\dot{\varphi}=-\frac{c^2}{kb^2}\mathrm{e}^{-2k\varphi}$$

$$a_r=\ddot{r}-r\dot{\varphi}^2=-b\mathrm{e}^{k\varphi}\left(\frac{c}{kb}\mathrm{e}^{-k\varphi}\right)^2=-\frac{c^2}{k^2b}\mathrm{e}^{-k\varphi}$$

$$=-\frac{c^2}{k^2b\left(1+\frac{c}{b}t\right)}=-\frac{c^2}{k^2(b+ct)}$$

$$a_\varphi=r\ddot{\varphi}+2\dot{r}\dot{\varphi}$$

$$=b\mathrm{e}^{k\varphi}\left(-\frac{c^2}{kb^2}\mathrm{e}^{-2k\varphi}\right)+2c\cdot\frac{c}{kb}\mathrm{e}^{-k\varphi}$$

$$=\frac{c^2}{kb}\mathrm{e}^{-k\varphi}=\frac{c^2}{k(b+ct)}$$

$$a=\sqrt{a_r^2+a_\varphi^2}=\frac{c^2}{k(b+ct)}\sqrt{\frac{1}{k^2}+1}=\frac{c^2\sqrt{1+k^2}}{k^2(b+ct)}$$

$$a_n=\sqrt{a^2-a_\tau^2}=|a|=\frac{c^2\sqrt{1+k^2}}{k^2(b+ct)}$$

$$\rho=\frac{v^2}{a_n}=\frac{\frac{c^2}{k^2}(1+k^2)}{\frac{c^2\sqrt{1+k^4}}{k^2(b+ct)}}=\sqrt{1+k^2}\,(b+ct)$$

说明：读者亦可利用极坐标下平面曲线曲率半径公式(见下面题 1.2.9)

$$\rho=\frac{(r^2+r'^2)^{3/2}}{|r^2+2r'^2-rr''|}$$

进行计算曲率半径.

1.2.8 质点做平面运动，轨道方程为 $y=y(x)$，试证：

$$\rho=\frac{\left(1+y'^2\right)^{3/2}}{|y''|}$$

式中 ρ 为曲率半径，$y'=\frac{\mathrm{d}y}{\mathrm{d}x}$，$y''=\frac{\mathrm{d}^2y}{\mathrm{d}x^2}$.

证明

$$y=y(x),\quad \dot{y}=y'\dot{x}$$

$$v^2=\dot{x}^2+\dot{y}^2=\dot{x}^2\left(1+y'^2\right)$$

$$\ddot{y}=y''\dot{x}^2+y'\ddot{x}$$

$$a^2 = \ddot{x}^2 + \ddot{y}^2 = \ddot{x}^2 + \left(y''\dot{x}^2 + y'\ddot{x}\right)^2$$

$$v^2a^2 = \dot{x}^2\left(1+y'^2\right)\left[\ddot{x}^2 + \left(y''\dot{x}^2 + y'\ddot{x}\right)^2\right]$$

$$= \dot{x}^2\left(1+y'^2\right)\left[\ddot{x}^2\left(1+y'^2\right) + y''^2\dot{x}^4 + 2\dot{x}^2\ddot{x}y'y''\right]$$

对 v^2 的式子两边对 t 求导，

$$2va_\tau = 2\dot{x}\ddot{x}\left(1+y'^2\right) + 2\dot{x}^2y'y''\dot{x}$$

$$va_\tau = \dot{x}\ddot{x}\left(1+y'^2\right) + \dot{x}^3y'y''$$

$$v^2a_\tau^2 = \dot{x}^2\ddot{x}^2\left(1+y'^2\right)^2 + \dot{x}^6y'^2y''^2 + 2\dot{x}^4\ddot{x}y'y''\left(1+y'^2\right)$$

$$v^2a_n^2 = v^2a^2 - v^2a_\tau^2 = \dot{x}^6y''^2$$

$$a_n^2 = \frac{\dot{x}^6y''^2}{\dot{x}^2\left(1+y'^2\right)} = \frac{\dot{x}^4y''^2}{1+y'^2}$$

$$a_n = \frac{\dot{x}^2\left|y''\right|}{\sqrt{1+y'^2}}$$

$$\rho = \frac{v^2}{a_n} = \dot{x}^2\left(1+y'^2\right)\frac{\sqrt{1+y'^2}}{\dot{x}^2\left|y''\right|} = \frac{\left(1+y'^2\right)^{3/2}}{\left|y''\right|}$$

说明：另也可采用纯几何的方法证明此公式. 下题也是如此.

1.2.9 已知质点的运动轨道为 $r = r(\varphi)$（r 、φ 为极坐标），求轨道上各点的曲率半径.

解

$$\dot{r} = \frac{\mathrm{d}r}{\mathrm{d}\varphi}\dot{\varphi} = r'\dot{\varphi},$$

$$v = \sqrt{\dot{r}^2 + r^2\dot{\varphi}^2} = \left|\dot{\varphi}\right|\sqrt{r'^2 + r^2},\quad v^2 = r'^2\dot{\varphi}^2 + r^2\dot{\varphi}^2$$

$$\ddot{r} = r''\dot{\varphi}^2 + r'\ddot{\varphi},$$

$$a_r = \ddot{r} - r\dot{\varphi}^2 = r''\dot{\varphi}^2 + r'\ddot{\varphi} - r\dot{\varphi}^2$$

$$a_\varphi = r\ddot{\varphi} + 2\dot{r}\dot{\varphi} = r\ddot{\varphi} + 2r'\dot{\varphi}^2$$

$$2v\frac{\mathrm{d}v}{\mathrm{d}t} = \frac{\mathrm{d}v^2}{\mathrm{d}t} = 2r'r''\dot{\varphi}^3 + 2r'^2\dot{\varphi}\ddot{\varphi} + 2rr'\dot{\varphi}^3 + 2r^2\dot{\varphi}\ddot{\varphi}$$

$$a_\tau = \frac{\mathrm{d}v}{\mathrm{d}t} = \pm\frac{1}{\sqrt{r'^2 + r^2}}\left(r'r''\dot{\varphi}^2 + r'^2\ddot{\varphi} + rr'\dot{\varphi}^2 + r^2\ddot{\varphi}\right)$$

当 $\dot{\varphi}>0$ 时，上式取+号，$\dot{\varphi}<0$ 时，取−号.

$$a_n^2 = a_r^2 + a_\varphi^2 - a_\tau^2 = \frac{\dot{\varphi}^4}{r'^2 + r^2}\left(r^2 + 2r'^2 - rr''\right)^2$$

$$\rho = \frac{v^2}{a_n} = \frac{\left(r'^2 + r^2\right)^{3/2}}{\left|r^2 + 2r'^2 - rr''\right|}$$

1.2.10 求 1.1.10 题所述轨道在 $r = 10\mathrm{cm}$ 处的曲率半径.

解法一 $r = 20\sin 2\varphi$

$$r = 10\mathrm{cm}\text{时，}\quad 2\varphi = \frac{\pi}{6}\text{及}\frac{5\pi}{6}$$

曲率半径只与轨道有关，与质点运动的快慢无关，为利用 1.1.10 题的结果，用 $\dot{\varphi}=5\text{rad/s}$.

$$v^2=\dot{r}^2+r^2\dot{\varphi}^2=\left(1600\cos^2 2\varphi+400\sin^2 2\varphi\right)\dot{\varphi}^2$$

$$a_\tau=\frac{1}{2v}\frac{\mathrm{d}v^2}{\mathrm{d}t}=-\frac{1200}{v}\sin 4\varphi\cdot\dot{\varphi}^3$$

$$a_\tau^2=\frac{(1200)^2}{v^2}\sin^2 4\varphi\cdot\dot{\varphi}^6$$

在 $2\varphi=\frac{\pi}{6}$，$\frac{5\pi}{6}$，均有 $v^2=\left(\pm 100\sqrt{3}\right)^2+(50)^2=32500\left(\text{cm}^2/\text{s}^2\right)$，$\sin^2 4\varphi=\left(\pm\frac{\sqrt{3}}{2}\right)^2=\frac{3}{4}$，$a_\tau^2=519230.76\text{cm}^2/\text{s}^4$.

从 1.1.10 题的解可见，在 $2\varphi=\frac{\pi}{6}$、$\frac{5\pi}{6}$，也有相同的 a 值，故也有相同的 a_n 值，v^2 又相同，故 ρ 也相同.

$$a^2=(-1250)^2+\left(\pm 1000\sqrt{3}\right)^3=4562500\left(\text{cm}^2/\text{s}^4\right)$$

$$a_n=\sqrt{a^2-a_\tau^2}=2010.788\text{cm/s}^2$$

$$\rho=\frac{v^2}{a_n}=16.16\text{cm}$$

解法二　用上题给出的曲率半径公式，

$$r'=40\cos 2\varphi,\quad r''=-80\sin 2\varphi$$

$$\rho=\frac{\left(r'^2+r^2\right)^{3/2}}{\left|r^2+2r'^2+rr''\right|}$$

$$=\frac{\left(1600\cos^2 2\varphi+400\sin^2 2\varphi\right)^{3/2}}{\left|400\sin^2 2\varphi+2\times 1600\cos^2 2\varphi+1600\sin^2 2\varphi\right|}$$

$$=\frac{\left[1600\left(\pm\frac{\sqrt{3}}{2}\right)^2+400\left(\frac{1}{2}\right)^2\right]^{3/2}}{2000\left(\frac{1}{2}\right)^2+3200\left(\pm\frac{\sqrt{3}}{2}\right)^2}=16.16(\text{cm})$$

式中出现的 $\pm$ 对应于 2φ 的不同取值，$2\varphi=\frac{\pi}{6}$ 时取+号，$2\varphi=\frac{5\pi}{6}$ 时取–号，可以看出，两个 2φ 值处，ρ 相同，与方法一的结果完全相同.

1.3　质点的相对运动

1.3.1　一直升飞机在离地面 4.9m 的高度以 4.9m/s 的恒定水平速度飞行，一包裹从直升飞机上沿水平方向丢出时相对于直升飞机的初速度为 12m/s，方向与飞行方向相反.求：

(1) 当包裹落到地面时，它与直升飞机的水平距离；

(2) 包裹刚要着地时其速度矢量与地面的夹角.

解　由于飞机相对于地面在竖直方向无相对速度，无论以飞机为参考系还是以地面为参考系，包裹在竖直方向均做自由落体运动. 设飞行高度为h，落地时间为t.

$$h = \frac{1}{2}gt^2$$

$$t = \sqrt{\frac{2h}{g}} = \sqrt{\frac{2\times 4.9}{9.8}} = 1(\mathrm{s})$$

(1) 以飞机为参考系，包裹刚落地时，它离直升飞机的水平距离为

$$l = 12\times 1 = 12(\mathrm{m})$$

(2) 以地面为参考系，水平方向取飞机飞行相反的方向为正，竖直方向取向下为正. 水平方向做匀速运动.

$$v_{//} = 12 - 4.9 = 7.1(\mathrm{m/s})$$

刚要落地时，包裹竖直方向的速度

$$v_{\perp} = gt = 9.8\times 1 = 9.8(\mathrm{m/s})$$

刚要落地时其速度矢量与地面之间的夹角

$$\varphi = \arctan\frac{v_{\perp}}{v_{//}} = 54°$$

1.3.2　一列火车在刮着北风的雨中以 30m/s 的速率(相对于地面)向正南方行驶. 一在地面上静止的观察者测得雨滴的路径与竖直线成 25°角，火车中的观察者看到雨水在车窗玻璃上的径迹是竖直向下的. 求雨滴相对于地面的速率.

解　火车中的观察者看到雨滴竖直向下运动，可见雨滴相对于火车的水平速度分量为零，雨滴对地面的水平速度分量等于火车相对于地面的速度，

$$v_{//} = 30\mathrm{m/s}$$

设雨滴相对于地面的速率为v，$v_{//} = v\sin 25°$，

$$v = \frac{v_{//}}{\sin 25°} = 71\mathrm{m/s}$$

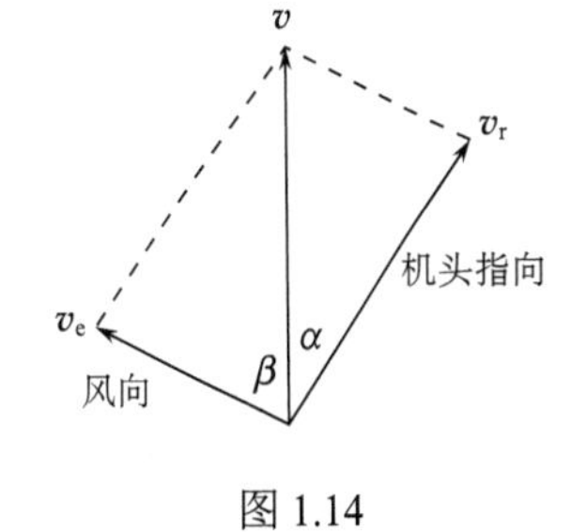

图 1.14

1.3.3　一架飞机在静止空气中的速率为 60m/s，风的速率为 30m/s，飞机仍能向北以 60m/s 的速率飞行. 求：(1) 风向；(2) 机头的指向.

解　设风向偏离正南西偏的角度为β，机头指向偏离正北东偏的角度为α（向东北方向——相对于地面)，如图 1.14 所示，图中以地面为静止参考系、风为动参考系，$\boldsymbol{v}_{\mathrm{e}}$是风的绝对速度，$\boldsymbol{v}_{\mathrm{r}}$是飞机的相对速度，$\boldsymbol{v}$是飞机的绝对速度.

$$v = v_{\mathrm{r}} = 60\mathrm{m/s},\quad v_{\mathrm{e}} = 30\mathrm{m/s}$$

$$v_{\mathrm{r}}\cos\alpha + v_{\mathrm{e}}\cos\beta = v$$
$$v_{\mathrm{r}}\sin\alpha - v_{\mathrm{e}}\sin\beta = 0$$

即

$$60\cos\alpha + 30\cos\beta = 60 \tag{1}$$
$$60\sin\alpha - 30\sin\beta = 0 \tag{2}$$

由式(2)，

$$\sin\beta = 2\sin\alpha$$
$$\cos\beta = \sqrt{1-4\sin^2\alpha}$$

代入式(1)，得

$$2\cos\alpha + \sqrt{1-4\sin^2\alpha} = 2$$
$$1-4\sin^2\alpha = \left(2-2\cos\alpha\right)^2 = 4-8\cos\alpha+4\cos^2\alpha$$

解出

$$\alpha = \arccos\frac{7}{8} = \pm 29°$$
$$\beta = \arcsin\left(2\sin\alpha\right) = \pm 76°$$

第一种情况：$\alpha = 29°$、$\beta = 76°$，如图 1.14 所示那样.

第二种情况：$\alpha = -29°$、$\beta = -76°$，风向东偏 76°，更接近西风的西南风，机头指向正北偏西 29°，在图中以 $\boldsymbol{v}$ 的正北方向为基轴，顺时针转动，α 为正值，逆时针转动，β 为正值.

1.3.4　一飞机带的燃料，在无风的情况下，以 v 的速率飞行，可飞行来回的总路程为 R. 今在有风的情况下，要向北偏东 $\varphi°$ 角的方向去执行任务，并飞回基地. 若风向为北偏东 $\alpha°$，风速为 $\boldsymbol{u}$. 问该机能飞离基地多大距离?

解　如图 1.15 所示，以风为动参考系，$\boldsymbol{u}$ 为牵连速度，$\boldsymbol{v}_1'$、$\boldsymbol{v}_2'$ 分别为飞出和飞回时的相对速度，$\boldsymbol{v}_1$、$\boldsymbol{v}_2$ 分别为飞出、飞回时的绝对速度. $|\boldsymbol{v}_1'| = |\boldsymbol{v}_2'| = \boldsymbol{v}$.

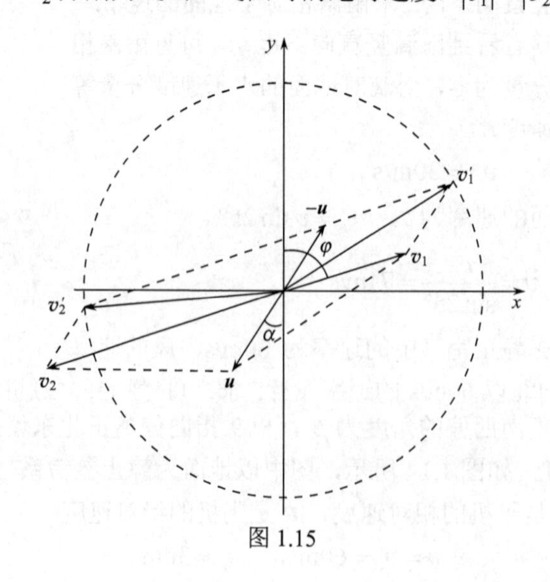

图 1.15

取直角坐标系，x 正向向东，y 正向向北. 将上述各速度用此坐标系表达：

$$\boldsymbol{u}=-u\sin\alpha\boldsymbol{i}-u\cos\alpha\boldsymbol{j}$$

$$\boldsymbol{v}_1=v_1\sin\varphi\boldsymbol{i}+v_1\cos\varphi\boldsymbol{j}$$

$$\boldsymbol{v}_1'=\boldsymbol{v}_1-\boldsymbol{u}=\left(v_1\sin\varphi+u\sin\alpha\right)\boldsymbol{i}+\left(v_1\cos\varphi+u\cos\alpha\right)\boldsymbol{j}$$

$$\boldsymbol{v}_2=-v_2\sin\varphi\boldsymbol{i}-v_2\cos\varphi\boldsymbol{j}$$

$$\boldsymbol{v}_2'=\boldsymbol{v}_2-\boldsymbol{u}=\left(-v_2\sin\varphi+u\sin\alpha\right)\boldsymbol{i}+\left(-v_2\cos\varphi+u\cos\alpha\right)\boldsymbol{j}$$

由 $\left|\boldsymbol{v}_1'\right|=\left|\boldsymbol{v}_2'\right|=v$，

$$\left(v_1\sin\varphi+u\sin\alpha\right)^2+\left(v_1\cos\varphi+u\cos\alpha\right)^2=v^2$$

$$\left(-v_2\sin\varphi+u\sin\alpha\right)^2+\left(-v_2\cos\varphi+u\cos\alpha\right)^2=v^2$$

化简后得

$$v_1^2+u^2-2uv_1\cos\left(\varphi-\alpha\right)=v^2$$

$$v_2^2+u^2-2uv_2\cos\left(\varphi-\alpha\right)=v^2$$

解出

$$v_1=-u\cos\left(\varphi-\alpha\right)+\sqrt{v^2-u^2\sin^2\left(\varphi-\alpha\right)}$$

$$v_2=u\cos\left(\varphi-\alpha\right)+\sqrt{v^2-u^2\sin^2\left(\varphi-\alpha\right)}$$

设 t_1、t_2 分别为飞出和飞回所用的时间，

$$v_1t_1=v_2t_2$$

$$t_1+t_2=\frac{R}{v}$$

解出

$$t_1=\frac{Rv_2}{v\left(v_1+v_2\right)}$$

能飞离基地的最大距离

$$s=v_1t_1=\frac{Rv_1v_2}{v\left(v_1+v_2\right)}=\frac{R\left(v^2-u^2\right)}{2v\sqrt{v^2-u^2\sin^2\left(\varphi-\alpha\right)}}$$

1.3.5　蒸汽轮船以 v_1 的速度向南航行，船上的人看到烟囱中冒出的烟向东方向，若船速增至 v_2，船上的人看到烟向东北，若烟从烟囱冒出后立即按风速运动，求风速.

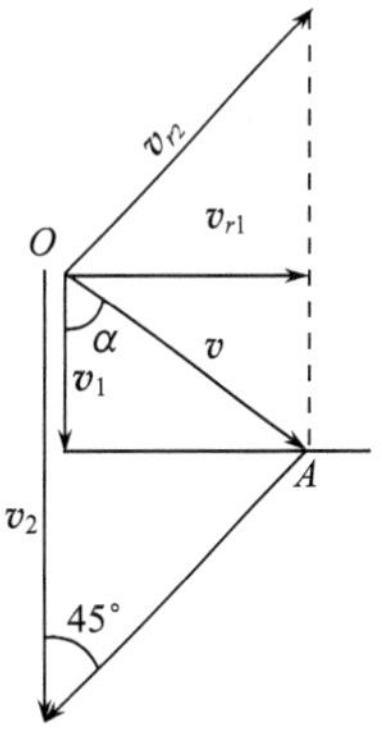

图 1.16

解　取船为动参考系，$\boldsymbol{v}_1$、$\boldsymbol{v}_2$ 为两种情况的牵连速度，船上的人看到的烟的走向是烟的相对速度的方向.

画各速度矢量的关系图，如图 1.16 所示. 竖直向下为向南方向，$\boldsymbol{v}_1$、$\boldsymbol{v}_2$ 均向南，有共同矢尾，从 $\boldsymbol{v}_1$、$\boldsymbol{v}_2$ 的矢端分别向东和向东北方向作直线，交于 A 点，从 $\boldsymbol{v}_1$、$\boldsymbol{v}_2$ 的共

同矢尾 O 到 A 点的矢量即为烟的绝对速度矢量，即风的速度矢量 $\boldsymbol{v}$，图中画的 $\boldsymbol{v}_{r1}$、$\boldsymbol{v}_{r2}$ 分别是两种情况下风的相对速度. 由图可得

$$v=\sqrt{v_1^2+v_{r1}^2}=\sqrt{v_1^2+(v_2-v_1)\tan 45°}$$
$$=\sqrt{v_1^2+(v_2-v_1)^2}$$

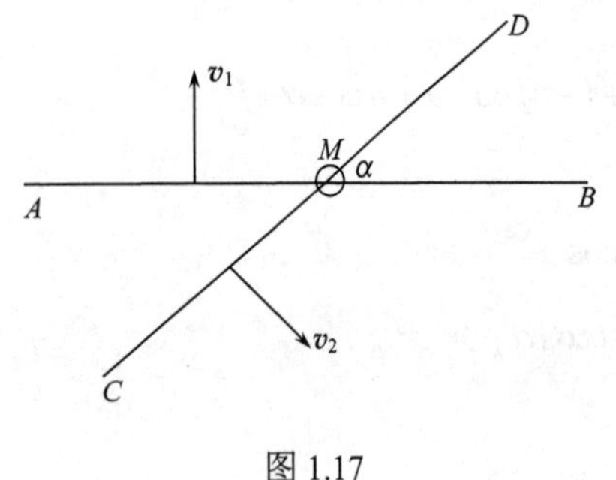

图 1.17

$\boldsymbol{v}$ 的方向为向南偏东 α 角，

$$\alpha=\arccos\frac{v_1}{v}=\arccos\frac{v_1}{\sqrt{v_1^2+(v_2-v_1)^2}}$$

1.3.6　一个小环 M 同时套在两根细棒上，棒 AB 以速度 $\boldsymbol{v}_1$ 沿垂直于 AB 的方向移动，棒 CD 以速度 $\boldsymbol{v}_2$ 沿垂直于 CD 的方向移动，两棒始终处在同一平面上，两棒夹角为 α，如图 1.17 所示. 求小环 M 的速度.

解　取 AB 棒为动参考系，单位矢量 $\boldsymbol{i}$ 沿 AB 方向，$\boldsymbol{j}$ 沿 $\boldsymbol{v}_1$ 方向.

$$\boldsymbol{v}_M=v_1\boldsymbol{j}+v_{r,\ AB}\boldsymbol{i}$$

再取 CD 棒为动参考系，

$$\boldsymbol{v}_M=v_2\sin\alpha\boldsymbol{i}-v_2\cos\alpha\boldsymbol{j}+v_{r,CD}\cos\alpha\boldsymbol{i}+v_{r,\ CD}\sin\alpha\boldsymbol{j}$$
$$v_1\boldsymbol{j}+v_{r,\ AB}\boldsymbol{i}=(v_2\sin\alpha+v_{r,CD}\cos\alpha)\boldsymbol{i}+(-v_2\cos\alpha+v_{r,CD}\sin\alpha)\boldsymbol{j}$$
$$v_1=-v_2\cos\alpha+v_{r,\ CD}\sin\alpha \tag{1}$$
$$v_{r,\ AB}=v_2\sin\alpha+v_{r,\ CD}\cos\alpha \tag{2}$$

式(2)×$\sin\alpha$−式(1)×$\cos\alpha$，解出

$$v_{r,\ AB}=v_1\cot\alpha+v_2\csc\alpha$$
$$\boldsymbol{v}_M=(v_1\cot\alpha+v_2\csc\alpha)\boldsymbol{i}+v_1\boldsymbol{j}$$

1.3.7　图 1.18 中圆心为 A、B，半径均为 $R=5.0\text{cm}$ 的两个大圆环处在同一平面上. B 环固定，A 环沿着 AB 连线向 B 环运动. 另有一小环 M 同时套在两个大圆环上. 当 A 环运动到 $\alpha=30°$ 时，A 点的速度 $v_A=5.0\text{cm}\cdot\text{s}^{-1}$，加速度 $a_A=0$. 求此时小环 M 的速度和加速度的大小.

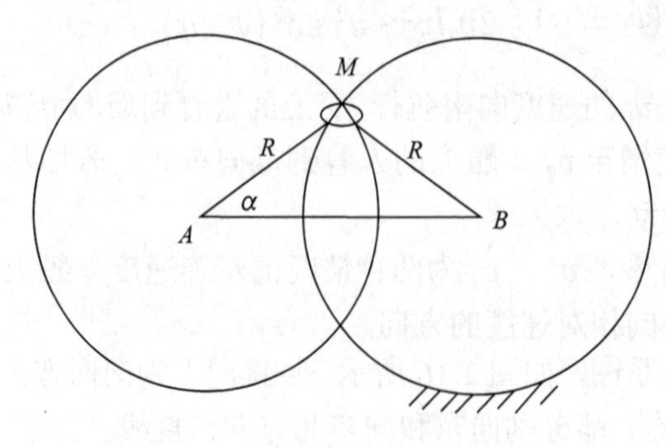

图 1.18

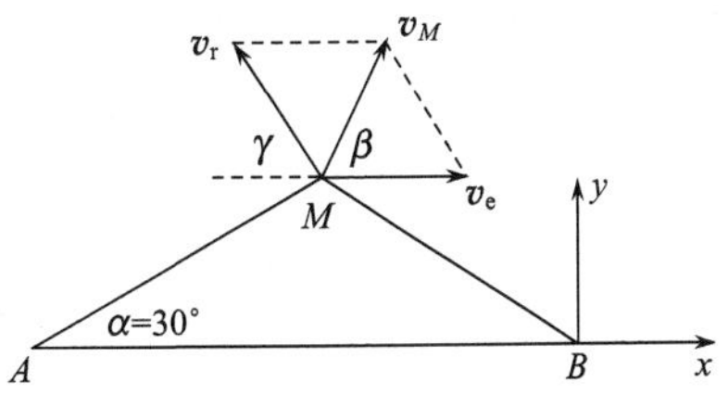

解法一　在所求位置时，M 点的牵连速度 $\boldsymbol{v}_e$、相对速度 $\boldsymbol{v}_r$ 和绝对速度 $\boldsymbol{v}_M$ 如图 1.19 所示. $\boldsymbol{v}_r$ 沿 A 环的切线方向，$\boldsymbol{v}_r$ 与 AM 垂直，$\boldsymbol{v}_M$ 沿 B 环的切线方向，$\boldsymbol{v}_M$ 与 MB 垂直. $\boldsymbol{v}_e$ 与 AB 平行. 在图示位置，$\alpha=30°$，可得 $\beta=\gamma=60°$.

图 1.19

$$v_M=v_r=v_e=5.0\text{cm}\cdot\text{s}^{-1}$$

取 x 轴，B 为原点，AB 方向为正方向

$$x_A=-2R\cos\alpha$$

$$v_A=\frac{\mathrm{d}x_A}{\mathrm{d}t}=2R\sin\alpha\dot{\alpha}$$

$$a_A=\frac{\mathrm{d}^2x_A}{\mathrm{d}t^2}=2R\cos\alpha\cdot\dot{\alpha}^2+2R\sin\alpha\ddot{\alpha}$$

在 $\alpha=30°$，$v_A=5.0\text{cm}\cdot\text{s}^{-1}$，$a_A=0$，从上述两式得

$$\dot{\alpha}=1\text{s}^{-1},\quad \ddot{\alpha}=-\sqrt{3}\text{s}^{-2}$$

M 点的相对运动是以 A 为圆心、半径为 R 的圆周运动，

切向相对加速度 $a_{\tau,\ r}=R\ddot{\alpha}=-5\sqrt{3}\text{cm}\cdot\text{s}^{-2}$

法向相对加速度 $a_{n,\ r}=R\dot{\alpha}^2=5\text{cm}\cdot\text{s}^{-2}$

此时，M 点的牵连加速度为零，$\boldsymbol{a}_e=0$.

$$a_M=a_r=\sqrt{a_{\tau,\ r}^2+a_{n,\ r}^2}=10\text{cm}\cdot\text{s}^{-2}$$

解法二　此题也可不作为相对运动问题，直接对 M 点的 x、y 坐标(原点在 B 点，如图所示)求导，$a_{Mx}=\ddot{x}$，$a_{My}=\ddot{y}$，它们是 $\dot{x}_A$、$\ddot{x}_A$ 与 α 的函数.

1.3.8　有一与 x 轴夹角为 45°的直线，以速率 u 垂直于直线的方向向 x 轴负向、y 轴正向运动. 设在 $t=0$ 时，它与悬链线

$$y=\frac{a}{2}\left(\mathrm{e}^{\frac{x}{a}}+\mathrm{e}^{-\frac{x}{a}}\right)$$

(其中 a 为正值常数)交于 $x=0$ 处，求此交点的速度作为时间的函数. 另一个交点移动的速度又如何随时间变化?

解　以直线为动参考系

$$\boldsymbol{v}_e=\boldsymbol{u}=-\frac{\sqrt{2}}{2}u\boldsymbol{i}+\frac{\sqrt{2}}{2}u\boldsymbol{j}$$

$$\boldsymbol{v}_r=\omega=-\frac{\sqrt{2}}{2}\omega\boldsymbol{i}+\frac{\sqrt{2}}{2}\omega\boldsymbol{j}$$

若 φ 为 $\boldsymbol{v}$ 与 x 轴的夹角，

$$\tan\varphi=\frac{\mathrm{d}y}{\mathrm{d}x}=\frac{\mathrm{d}\left[a\mathrm{ch}\left(\frac{x}{a}\right)\right]}{\mathrm{d}x}=\mathrm{sh}\left(\frac{x}{a}\right)$$

$$\cos\varphi=-\frac{1}{\sqrt{1+\tan^2\varphi}}=-\frac{1}{\sqrt{1+\mathrm{sh}^2\left(\frac{x}{a}\right)}}=-\mathrm{sech}\left(\frac{x}{a}\right)$$

$$\sin\varphi=\tan\varphi\cdot\cos\varphi=\mathrm{sh}\left(\frac{x}{a}\right)\left[-\mathrm{sech}\left(\frac{x}{a}\right)\right]=-\mathrm{th}\left(\frac{x}{a}\right)$$

$$\boldsymbol{v}=v\cos\varphi\boldsymbol{i}+v\sin\varphi\boldsymbol{j}=-v\,\mathrm{sech}\left(\frac{x}{a}\right)\boldsymbol{i}-v\mathrm{th}\left(\frac{x}{a}\right)\boldsymbol{j}$$

$$\boldsymbol{v}=\boldsymbol{v}_{\mathrm{e}}+\boldsymbol{v}_{\mathrm{r}}=\frac{\sqrt{2}}{2}(\omega-u)\boldsymbol{i}+\frac{\sqrt{2}}{2}(\omega+u)\boldsymbol{j}$$

所以

$$-v\mathrm{sech}\left(\frac{x}{a}\right)=\frac{\sqrt{2}}{2}(\omega-u) \tag{1}$$

$$-v\mathrm{th}\left(\frac{x}{a}\right)=\frac{\sqrt{2}}{2}(\omega+u) \tag{2}$$

式(2)～式(1)，可得

$$v=\frac{\sqrt{2}u}{\mathrm{sech}\left(\frac{x}{a}\right)-\mathrm{th}\left(\frac{x}{a}\right)}$$

$$\dot{x}=-v\,\mathrm{sech}\left(\frac{x}{a}\right)=\frac{\sqrt{2}u\,\mathrm{sech}\left(\frac{x}{a}\right)}{\mathrm{th}\left(\frac{x}{a}\right)-\mathrm{sech}\left(\frac{x}{a}\right)}$$

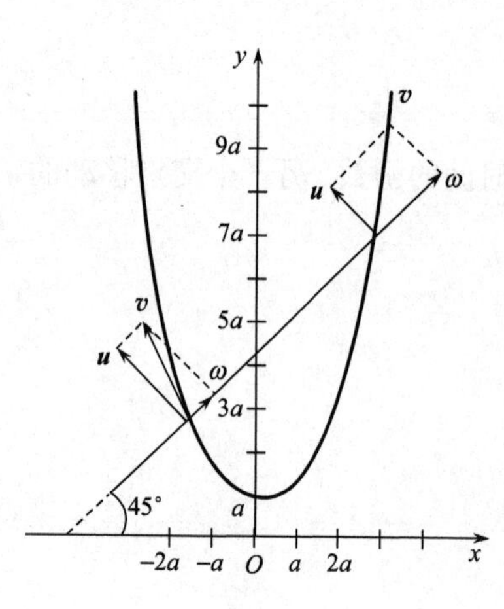

图 1.20

$$\dot{y}=-v\mathrm{th}\left(\frac{x}{a}\right)=\frac{\sqrt{2}u\mathrm{sh}\left(\frac{x}{a}\right)}{\mathrm{sh}\left(\frac{x}{a}\right)-1}$$

$$\frac{\mathrm{d}x}{\mathrm{d}t}=\frac{\sqrt{2}u}{\mathrm{sh}\left(\frac{x}{a}\right)-1}$$

$$\int_0^x\left[\mathrm{sh}\left(\frac{x}{a}\right)-1\right]\mathrm{d}x=\int_0^\tau\sqrt{2}u\mathrm{d}t$$

$$a\mathrm{ch}\left(\frac{x}{a}\right)-x=\sqrt{2}ut+a$$

对于另一交点，也像上述那样写 $\boldsymbol{v}_{\mathrm{e}}$、$\boldsymbol{v}_{\mathrm{r}}$ 等. 从图 1.20 可见，$\boldsymbol{u}$、$\boldsymbol{\omega}$ 的式子仍适用，$\tan\varphi$ 的式子也一

样，$\cos\varphi$、$\sin\varphi$ 的式子负号改成正号，因而与(1)、(2)两式相应的式子以及由它们解出的 v 均差一负号，但最后得到的 $\dot{x}$、$\dot{y}$ 的式子也是适用的.

对于另一交点，对 $\dfrac{\mathrm{d}x}{\mathrm{d}t}=\dfrac{\sqrt{2}u}{\mathrm{sh}\left(\dfrac{x}{a}\right)-1}$ 积分，

$$a\mathrm{ch}\left(\frac{x}{a}\right)-x=\sqrt{2}ut+c \tag{3}$$

$t=0$ 时，另一交点的 x、y 坐标满足

$$y=\frac{a}{2}\left(\mathrm{e}^{\frac{x}{a}}+\mathrm{e}^{-\frac{x}{a}}\right)=a\mathrm{ch}\left(\frac{x}{a}\right)$$

$$y=x+a$$

即 x 满足

$$a\mathrm{ch}\left(\frac{x}{a}\right)=x+a \tag{4}$$

式(3)令 $t=0$，再与式(4)比较，可定出 $c=a$，可见

$$a\mathrm{ch}\left(\frac{x}{a}\right)-x=\sqrt{2}ut+a$$

对另一交点也同样适用.

说明：其实可以直接写直线随时间的变化方程

$$y=x+a+ut\sec 45°=x+a+\sqrt{2}ut$$

$$y=a\mathrm{sh}\frac{x}{a}$$

消去 y 即得两个交点的上述关系.

1.3.9　用相对运动理论求 1.1.24 题中 B 点相对于直线 LM 的速度和加速度.

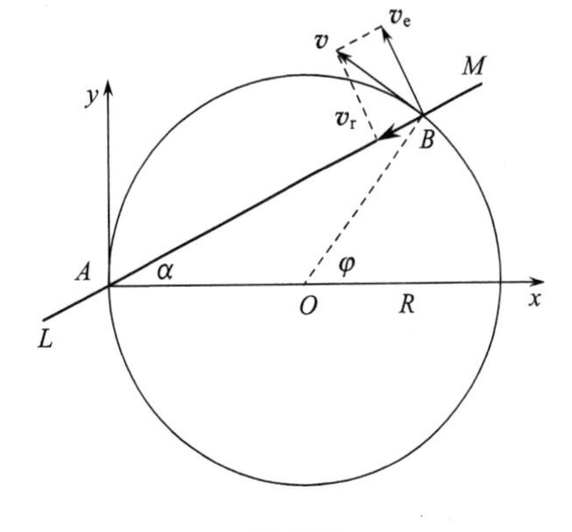

图 1.21

解　取 LM 为动参考系，它是一个转动参考系，要求 B 的相对速度 v_r 和相对加速度 $\boldsymbol{a}_\mathrm{r}$，用图 1.21 中的 α 为参量及 x、y 坐标的单位矢量表示它们

$$v=R\dot{\varphi}=R\cdot 2\dot{\alpha}=2R\omega$$

$$v_\mathrm{r}=v\sin\alpha=2R\omega\sin\alpha$$

$$\boldsymbol{v}_\mathrm{r}=-v_\mathrm{r}(\cos\alpha\boldsymbol{i}+\sin\alpha\boldsymbol{j})$$
$$=-2R\omega\sin\alpha(\cos\alpha\boldsymbol{i}+\sin\alpha\boldsymbol{j})$$

$$\boldsymbol{a}=\boldsymbol{a}_\mathrm{r}+\boldsymbol{a}_\mathrm{e}+2\boldsymbol{\omega}\times\boldsymbol{v}_\mathrm{r}$$

$\boldsymbol{a}$ 沿 MO 方向，指向 O 点，

$$a=R\dot{\varphi}^2=4R\dot{\alpha}^2=4R\omega^2$$

$\boldsymbol{a}_\mathrm{r}$ 沿 BA 方向，规定指向 A 的方向为正.

$\boldsymbol{a}_\mathrm{e}$ 有两部分，一部分沿 $\boldsymbol{a}_\mathrm{r}$ 方向，为 $\boldsymbol{a}_{n\mathrm{e}}$，一部分沿 $\boldsymbol{v}_\mathrm{e}$ 方向，为 $\boldsymbol{a}_{\tau\mathrm{e}}$. 令 $a_{\tau\mathrm{e}}=0$

$$a_{n\mathrm{e}}=2R\cos\alpha\cdot\dot{\alpha}^2=2R\omega^2\cos\alpha$$

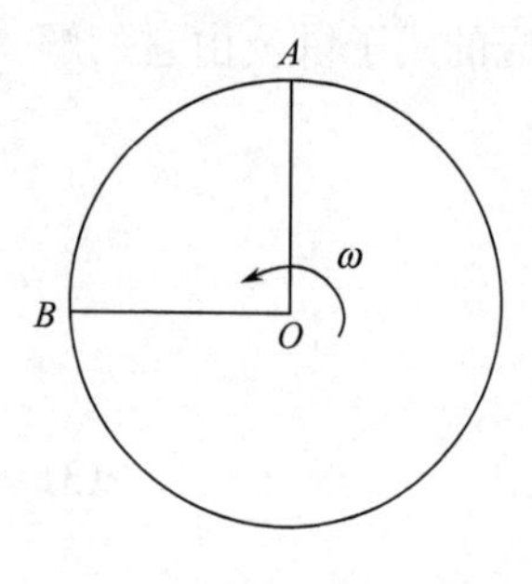

图 1.22

$\boldsymbol{\omega}=\omega\boldsymbol{k}$，$2\boldsymbol{\omega}\times\boldsymbol{v}_{\mathrm{r}}$ 在 $\boldsymbol{a}_{\mathrm{r}}$ 方向无分量.

$\boldsymbol{a}$ 在 $\boldsymbol{a}_{\mathrm{r}}$ 方向的分量为 $4R\omega^2\cos\alpha$，所以

$$a_{\mathrm{r}}=4R\omega^2\cos\alpha-a_{ne}=2R\omega^2\cos\alpha$$

$$\boldsymbol{a}_{\mathrm{r}}=-2R\omega^2\cos\alpha(\cos\alpha\boldsymbol{i}+\sin\alpha\boldsymbol{j})$$

1.3.10　一个半径为 R 的转盘绕通过盘心的垂直盘面的轴以恒定角速度 ω 转动. 两个小孩 A 和 B 相对于圆盘静止于盘的边缘，$\angle AOB=90°$，用图画出在图 1.22 所示位置，A 看到的 B 的速度和加速度，标明大小和方向，分别选用以 A 为原点的平动参考系和转动参考系.

解　对静参考系，A 点的速度此时沿切线方向向左，加速度指向圆心，大小分别为 ωR 和 ω^2R. B 点的速度此时沿切线方向向下，加速度指向圆心，大小分别为 ωR 和 ω^2R.

用 A 点平动参考系，B 点的速度为 $\boldsymbol{v}_B-\boldsymbol{v}_A$，加速度为 $\boldsymbol{a}_B-\boldsymbol{a}_A$，$\boldsymbol{v}_B$、$\boldsymbol{v}_A$、$\boldsymbol{a}_B$、$\boldsymbol{a}_A$ 均为对静参考系的. 相对速度大小为 $\sqrt{2}\omega R$，方向与 AB 垂直向右下方，相对加速度大小为 $\sqrt{2}\omega^2R$，沿 BA 方向，如图 1.23 所示.

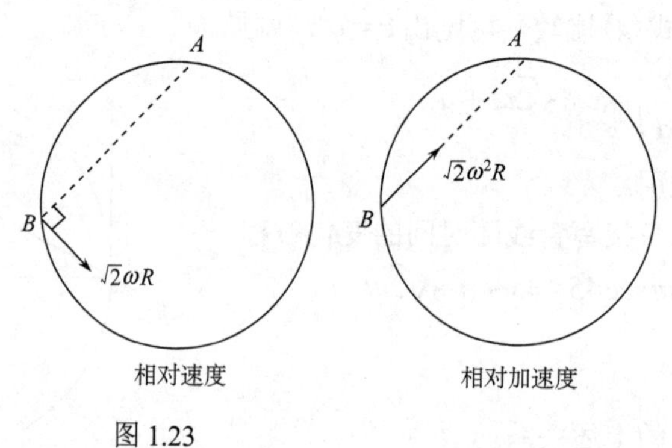

图 1.23

用 A 点转动参考系，B 点的相对速度和相对加速度均为零.

1.3.11　用相对运动的理论求解 1.2.4 题中 B 点的速度和加速度，分别选取固连于 A 的平动参考系、固连于曲柄 OA 以 O 为原点的转动参考系和以 A 为原点的有平动又有转动的动参考系.

解　取固连于 A 的平动参考系，且选图 1.24 中的 x、y 坐标，x 轴平行于 ON. 如图 1.24 所示.

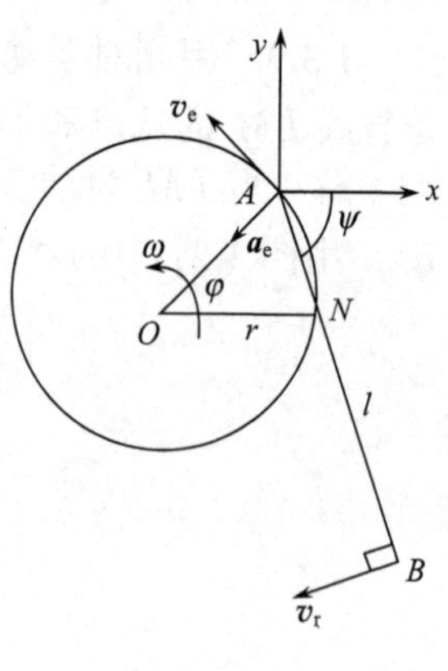

图 1.24

$$v_{\mathrm{e}}=-r\omega\sin\varphi\boldsymbol{i}+r\omega\cos\varphi\boldsymbol{j}$$

$$\boldsymbol{v}_{\mathrm{r}}=l\dot{\psi}(-\sin\psi\boldsymbol{i}-\cos\psi\boldsymbol{j})=\frac{1}{2}l\omega\left(\cos\frac{\varphi}{2}\boldsymbol{i}+\sin\frac{\varphi}{2}\boldsymbol{j}\right)$$

其中用了 $\psi=\frac{1}{2}(\pi-\varphi)$，

$$\dot{\psi}=-\frac{1}{2}\dot{\varphi}=-\frac{1}{2}\omega$$

$$\boldsymbol{v}=\boldsymbol{v}_{\mathrm{r}}+\boldsymbol{v}_{\mathrm{e}}=\left(\frac{1}{2}l\omega\cos\frac{\varphi}{2}-r\omega\sin\varphi\right)\boldsymbol{i}+\left(\frac{1}{2}l\omega\sin\frac{\varphi}{2}+r\omega\cos\varphi\right)\boldsymbol{j}$$

$$\boldsymbol{a}_{\mathrm{e}}=r\omega^2(-\cos\varphi\boldsymbol{i}-\sin\varphi\boldsymbol{j})$$

$$\boldsymbol{a}_{\mathrm{r}}=l\dot{\psi}^2(-\cos\psi\boldsymbol{i}+\sin\psi\boldsymbol{j})=\frac{1}{4}l\omega^2\left(-\sin\frac{\varphi}{2}\boldsymbol{i}+\cos\frac{\varphi}{2}\boldsymbol{j}\right)$$

或

$$\boldsymbol{a}_{\mathrm{r}}=\frac{\tilde{\mathrm{d}}}{\mathrm{d}t}\boldsymbol{v}_{\mathrm{r}}=\frac{1}{4}l\omega^2\left(-\sin\frac{\varphi}{2}\boldsymbol{i}+\cos\frac{\varphi}{2}\boldsymbol{j}\right)$$

$$\boldsymbol{a}=\boldsymbol{a}_{\mathrm{r}}+\boldsymbol{a}_{\mathrm{e}}=\omega^2\left(-\frac{1}{4}l\sin\frac{\varphi}{2}-r\cos\varphi\right)\boldsymbol{i}+\omega^2\left(\frac{1}{4}l\cos\frac{\varphi}{2}-r\sin\varphi\right)\boldsymbol{j}$$

当$\varphi=0$时，

$$\boldsymbol{v}=\frac{1}{2}l\omega\boldsymbol{i}+r\omega\boldsymbol{j}$$

$$\boldsymbol{a}=-r\omega^2\boldsymbol{i}+\frac{1}{4}l\omega^2\boldsymbol{j}$$

取固连于OA以O为原点的转动参考系，为了与1.2.4题的结果比较，取固定的x、y坐标，x、y轴均与平动参考系所取的x、y轴分别平行，如图1.25所示.

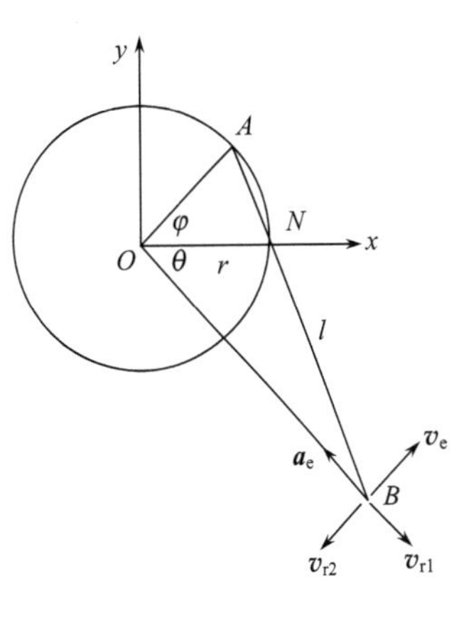

图 1.25

$$\boldsymbol{v}_{\mathrm{e}}=OB\dot{\varphi}(\sin\theta\boldsymbol{i}+\cos\theta\boldsymbol{j})$$

$$\boldsymbol{v}_{\mathrm{r}}=\boldsymbol{v}_{\mathrm{r1}}+\boldsymbol{v}_{\mathrm{r2}}=\frac{\mathrm{d}OB}{\mathrm{d}t}(\cos\theta\boldsymbol{i}-\sin\theta\boldsymbol{j})$$
$$+OB(\dot{\varphi}+\dot{\theta})(-\sin\theta\boldsymbol{i}-\cos\theta\boldsymbol{j})$$

$$OB\sin\theta=\left(l-2r\sin\frac{\varphi}{2}\right)\sin\frac{1}{2}(\pi-\varphi)=l\cos\frac{\varphi}{2}-r\sin\varphi$$

$$OB\cos\theta=r+\left(l-2r\sin\frac{\varphi}{2}\right)\cos\frac{1}{2}(\pi-\varphi)=l\sin\frac{\varphi}{2}+r\cos\varphi$$

上述两式两边分别对t求导，

$$OB\cos\theta\dot{\theta}+\frac{\mathrm{d}OB}{\mathrm{d}t}\sin\theta=-\frac{1}{2}l\sin\frac{\varphi}{2}\dot{\varphi}-r\cos\varphi\dot{\varphi}\tag{1}$$

$$-OB\sin\theta\dot{\theta}+\frac{\mathrm{d}OB}{\mathrm{d}t}\cos\theta=\frac{1}{2}l\cos\frac{\varphi}{2}\dot{\varphi}-r\sin\varphi\dot{\varphi}\tag{2}$$

$$\begin{aligned}\boldsymbol{v}&=\boldsymbol{v}_{\mathrm{e}}+\boldsymbol{v}_{\mathrm{r}}\\&=\left(-OB\sin\theta\dot{\theta}+\frac{\mathrm{d}OB}{\mathrm{d}t}\cos\theta\right)\boldsymbol{i}+\left(-OB\cos\theta\dot{\theta}-\frac{\mathrm{d}OB}{\mathrm{d}t}\sin\theta\right)\boldsymbol{j}\\&=\left(\frac{1}{2}l\omega\cos\frac{\varphi}{2}-r\omega\sin\varphi\right)\boldsymbol{i}+\left(\frac{1}{2}l\omega\sin\frac{\pi}{2}+r\omega\cos\varphi\right)\boldsymbol{j}\end{aligned}$$

求$\boldsymbol{a}$也可先写出$\boldsymbol{a}_{\mathrm{e}}$、$\boldsymbol{a}_{\mathrm{r}}$、$\boldsymbol{a}_c$，再用$\boldsymbol{a}=\boldsymbol{a}_{\mathrm{e}}+\boldsymbol{a}_{\mathrm{r}}+\boldsymbol{a}_c$，其中涉及的量可从对(1)、(2)

两式两边分别对t求导获得，这种方法比较繁琐，我们用$\boldsymbol{a}=\frac{\mathrm{d}\boldsymbol{v}}{\mathrm{d}t}$的办法.

$$\boldsymbol{a}=\frac{\mathrm{d}\boldsymbol{v}}{\mathrm{d}t}=\left(-\frac{1}{4}l\omega^2\sin\frac{\varphi}{2}-r\omega^2\cos\varphi\right)\boldsymbol{i}+\left(\frac{1}{4}l\omega^2\cos\frac{\varphi}{2}-r\omega^2\sin\varphi\right)\boldsymbol{j}$$

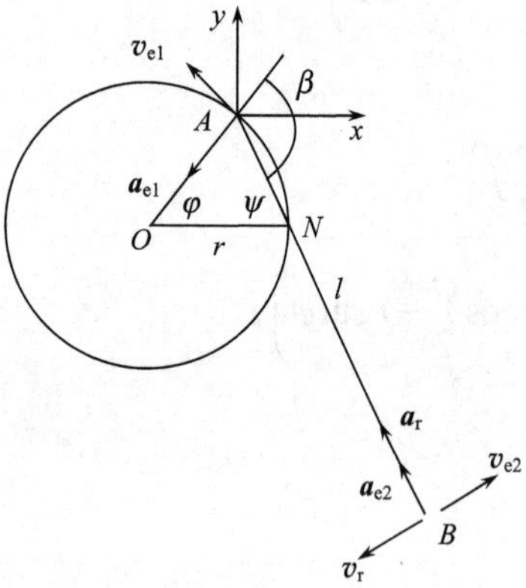

$\varphi=0$时，$\boldsymbol{v}$、$\boldsymbol{a}$均有1.2.4题解得的结果.

取以A为原点有平动又有转动、转动角速度为$\dot{\varphi}=\omega$的动参考系，表达的坐标系只作平动，如图1.26所示.

图 1.26

$$\boldsymbol{v}_{\mathrm{e}}=\boldsymbol{v}_{\mathrm{e1}}+\boldsymbol{v}_{\mathrm{e2}}=r\omega(-\sin\varphi\boldsymbol{i}+\cos\varphi\boldsymbol{j})+l\omega\left(\cos\frac{\varphi}{2}\boldsymbol{i}+\sin\frac{\varphi}{2}\boldsymbol{j}\right)$$

$$\boldsymbol{v}_{\mathrm{r}}=l\dot{\beta}\left(-\cos\frac{\varphi}{2}\boldsymbol{i}-\sin\frac{\varphi}{2}\boldsymbol{j}\right)=-\frac{1}{2}l\omega\left(\cos\frac{\varphi}{2}\boldsymbol{i}+\sin\frac{\varphi}{2}\boldsymbol{j}\right)$$

其中用了$\beta=\varphi+\psi=\varphi+\left(\frac{\pi}{2}-\frac{\varphi}{2}\right)=\frac{\pi}{2}+\frac{\varphi}{2}$.

$$\boldsymbol{v}=\boldsymbol{v}_{\mathrm{e}}+\boldsymbol{v}_{\mathrm{r}}=\left(-r\omega\sin\varphi+\frac{1}{2}l\omega\cos\frac{\varphi}{2}\right)\boldsymbol{i}+\left(r\omega\cos\varphi+\frac{1}{2}l\omega\sin\frac{\varphi}{2}\right)\boldsymbol{j}$$

$$\boldsymbol{a}_{\mathrm{e}}=\boldsymbol{a}_{\mathrm{e1}}+\boldsymbol{a}_{\mathrm{e2}}=r\omega^2(-\cos\varphi\boldsymbol{i}-\sin\varphi\boldsymbol{j})+l\omega^2\left(-\sin\frac{\varphi}{2}\boldsymbol{i}+\cos\frac{\varphi}{2}\boldsymbol{j}\right)$$

$$\boldsymbol{a}_{\mathrm{r}}=l\dot{\beta}^2\left(-\sin\frac{\varphi}{2}\boldsymbol{i}+\cos\frac{\varphi}{2}\boldsymbol{j}\right)=\frac{1}{4}l\omega^2\left(-\sin\frac{\varphi}{2}\boldsymbol{i}+\cos\frac{\varphi}{2}\boldsymbol{j}\right)$$

$$\boldsymbol{a}_{\mathrm{c}}=2\omega\boldsymbol{k}\times\boldsymbol{v}_{\mathrm{r}}=l\omega^2\left(\sin\frac{\varphi}{2}\boldsymbol{i}-\cos\frac{\varphi}{2}\boldsymbol{j}\right)$$

$$\begin{aligned}\boldsymbol{a}&=\boldsymbol{a}_{\mathrm{e}}+\boldsymbol{a}_{\mathrm{r}}+\boldsymbol{a}_{\mathrm{c}}\\&=\left(-r\omega^2\cos\varphi-\frac{1}{4}l\omega^2\sin\frac{\varphi}{2}\right)\boldsymbol{i}+\left(-r\omega^2\sin\varphi+\frac{1}{4}l\omega^2\cos\frac{\varphi}{2}\right)\boldsymbol{j}\end{aligned}$$

当然，用$\boldsymbol{a}=\frac{\mathrm{d}\boldsymbol{v}}{\mathrm{d}t}$可以更简便得到结果.

1.3.12 平面Ⅰ可绕通过固定点O_1(在平面Ⅰ上)的垂直轴转动，平面Ⅱ可绕通过O_2(固连于平面Ⅰ)的垂直于两平面的轴转动. 若$\omega_1=\omega_2$，如图1.27所示. 证明在静参考系中平面Ⅱ作平动.

提示：只要证明平面Ⅱ上任一点A的绝对速度与A的位置无关即可.

证明 取平面Ⅱ上任一点A，此时A与O_1、O_2的距离分别为r_1、r_2，O_1A、O_2A与O_1O_2连线的夹角分别为α、β，如图1.28所示.

取平面Ⅰ动参考系，A点的牵连速度为ωr_1，相对速度为ωr_2，如图1.28所示. A点的绝对速度是上述两个速度的矢量和(令$\omega_1=\omega_2=\omega$).

绝对速度沿O_1O_2方向的分量为

$$\omega r_2\sin\beta-\omega r_1\sin\alpha=(AB-AB)\omega=0$$

绝对速度沿与O_1O_2垂直方向的分量为

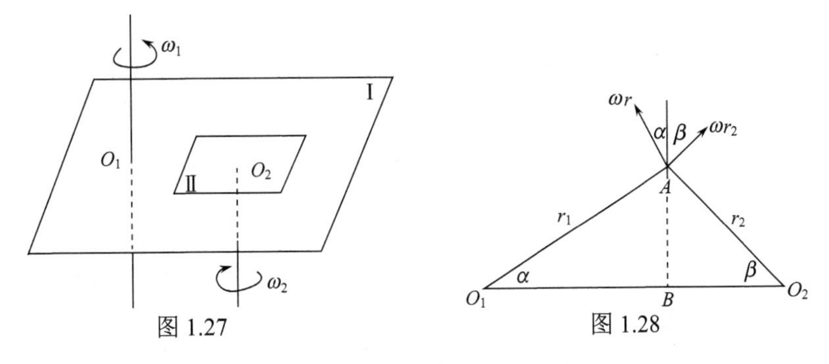

图 1.27　　　　图 1.28

$$\omega r_1\cos\alpha+\omega r_2\cos\beta=\omega\left(O_1B+BO_2\right)=\omega\cdot O_1O_2$$

均与 A 点的位置无关，说明此刻平面Ⅱ上各点均有同样的速度，平面Ⅱ跟随 O_2 点作平动，O_2 点绕 O_1 点以角速度 ω 转动. ω 可以是时间的函数.

1.3.13　一个质点在 xy 平面内的运动学方程为 $x=f(t)$，$y=g(t)$，此平面以等角速 ω 绕过原点在 xz 平面上与 x 、z 轴的夹角均为 45°的固定轴转动. 求质点对静参考系的速度和加速度(用动坐标系表达).

解

$$\boldsymbol{\omega}=\frac{\sqrt{2}}{2}\omega(\boldsymbol{i}+\boldsymbol{k})$$

$$\boldsymbol{\omega}\times\boldsymbol{i}=\frac{\sqrt{2}}{2}\omega\boldsymbol{j},\quad \boldsymbol{\omega}\times\boldsymbol{j}=\frac{\sqrt{2}}{2}\omega(-\boldsymbol{i}+\boldsymbol{k})$$

$$\boldsymbol{\omega}\times\boldsymbol{k}=-\frac{\sqrt{2}}{2}\omega\boldsymbol{j}$$

$$\boldsymbol{r}=f(t)\boldsymbol{i}+g(t)\boldsymbol{j}$$

$$\begin{aligned}\boldsymbol{v}&=\frac{\mathrm{d}\boldsymbol{r}}{\mathrm{d}t}=\dot{f}\boldsymbol{i}+f\frac{\mathrm{d}\boldsymbol{i}}{\mathrm{d}t}+\dot{g}\boldsymbol{j}+g\frac{\mathrm{d}\boldsymbol{j}}{\mathrm{d}t}\\&=\dot{f}\boldsymbol{i}+f\boldsymbol{\omega}\times\boldsymbol{i}+\dot{g}\boldsymbol{j}+g\boldsymbol{\omega}\times\boldsymbol{j}\\&=\left(\dot{f}-\frac{\sqrt{2}}{2}\omega g\right)\boldsymbol{i}+\left(\dot{g}+\frac{\sqrt{2}}{2}\omega f\right)\boldsymbol{j}+\frac{\sqrt{2}}{2}\omega g\boldsymbol{k}\end{aligned}$$

$$\begin{aligned}\boldsymbol{a}&=\frac{\mathrm{d}\boldsymbol{v}}{\mathrm{d}t}=\frac{\tilde{\mathrm{d}}\boldsymbol{v}}{\mathrm{d}t}+\boldsymbol{\omega}\times\boldsymbol{v}\\&=\left(\ddot{f}-\frac{\sqrt{2}}{2}\omega\dot{g}\right)\boldsymbol{i}+\left(\ddot{g}+\frac{\sqrt{2}}{2}\omega\dot{f}\right)\boldsymbol{j}+\frac{\sqrt{2}}{2}\omega\dot{g}\boldsymbol{k}\\&\quad+\boldsymbol{\omega}\times\left[\left(\dot{f}-\frac{\sqrt{2}}{2}\omega g\right)\boldsymbol{i}+\left(\dot{g}+\frac{\sqrt{2}}{2}\omega f\right)\boldsymbol{j}+\frac{\sqrt{2}}{2}\omega g\boldsymbol{k}\right]\\&=\left(\ddot{f}-\sqrt{2}\omega\dot{g}-\frac{1}{2}\omega^2 f\right)\boldsymbol{i}+\left(\ddot{g}+\sqrt{2}\omega\dot{f}-\omega^2 g\right)\boldsymbol{j}\\&\quad+\left(\sqrt{2}\omega\dot{g}+\frac{1}{2}\omega^2 f\right)\boldsymbol{k}\end{aligned}$$

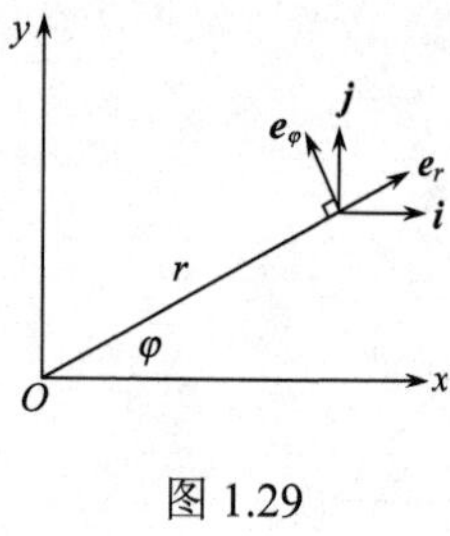

图 1.29

1.3.14　一个质点在 xy 平面内的运动学方程为 $r=\mathrm{e}^{ct}$，$\varphi=bt$（c、b 为常量），r、φ 为极坐标. 此平面以等角速 ω 绕固定的 x 轴转动. 求质点的绝对速度和绝对加速度(图 1.29).

解　$\boldsymbol{\omega}=\omega\boldsymbol{i}$

$$\frac{\mathrm{d}\boldsymbol{e}_r}{\mathrm{d}t}=\frac{\tilde{\mathrm{d}}\boldsymbol{e}_r}{\mathrm{d}t}+\omega\boldsymbol{i}\times\boldsymbol{e}_r=\dot{\varphi}\boldsymbol{k}\times\boldsymbol{e}_r+\omega\sin\varphi\boldsymbol{k}=\dot{\varphi}\boldsymbol{e}_\varphi+\omega\sin\varphi\boldsymbol{k}$$

$$\begin{aligned}\frac{\mathrm{d}\boldsymbol{e}_\varphi}{\mathrm{d}t}&=\frac{\mathrm{d}\boldsymbol{e}_\varphi}{\mathrm{d}t}+\omega\boldsymbol{i}\times\boldsymbol{e}_\varphi=\dot{\varphi}\boldsymbol{k}\times\boldsymbol{e}_\varphi+\omega\sin\left(\frac{\pi}{2}+\varphi\right)\boldsymbol{k}\\&=-\dot{\varphi}\boldsymbol{e}_r+\omega\cos\varphi\boldsymbol{k}\end{aligned}$$

$$\frac{\mathrm{d}\boldsymbol{k}}{\mathrm{d}t}=\omega\boldsymbol{i}\times\boldsymbol{k}=-\omega\boldsymbol{j}=-\omega\left(\sin\varphi\boldsymbol{e}_r+\cos\varphi\boldsymbol{e}_\varphi\right)$$

$$\varphi=bt,\quad \dot{\varphi}=b$$

$$\boldsymbol{r}=\mathrm{e}^{ct}\boldsymbol{e}_r$$

$$\boldsymbol{v}=\frac{\mathrm{d}\boldsymbol{r}}{\mathrm{d}t}=c\mathrm{e}^{ct}\boldsymbol{e}_r+\mathrm{e}^{ct}\frac{\mathrm{d}\boldsymbol{e}_r}{\mathrm{d}t}=c\mathrm{e}^{ct}\boldsymbol{e}_r+b\mathrm{e}^{ct}\boldsymbol{e}_\varphi+\mathrm{e}^{ct}\omega\sin\varphi\boldsymbol{k}$$

$$\begin{aligned}\boldsymbol{a}=\frac{\mathrm{d}\boldsymbol{v}}{\mathrm{d}t}&=c^2\mathrm{e}^{ct}\boldsymbol{e}_r+c\mathrm{e}^{ct}\frac{\mathrm{d}\boldsymbol{e}_r}{\mathrm{d}t}+bc\mathrm{e}^{ct}\boldsymbol{e}_\varphi+b\mathrm{e}^{ct}\frac{\mathrm{d}\boldsymbol{e}_\varphi}{\mathrm{d}t}\\&\quad+\left(c\mathrm{e}^{ct}\omega\sin\varphi+b\mathrm{e}^{ct}\omega\cos\varphi\right)\boldsymbol{k}+\mathrm{e}^{ct}\omega\sin\varphi\frac{\mathrm{d}\boldsymbol{k}}{\mathrm{d}t}\\&=\mathrm{e}^{ct}\Big[\left(c^2-b^2-\omega^2\sin^2\varphi\right)\boldsymbol{e}_r+\left(2bc-\omega^2\sin\varphi\cos\varphi\right)\boldsymbol{e}_\varphi\\&\quad+2\omega\left(b\cos\varphi+c\sin\varphi\right)\boldsymbol{k}\Big]\end{aligned}$$

其中 $\varphi=bt$.

1.3.15　图 1.30 中机构在图示位置时，杆 OA 绕 O 点的角速度为 2rad/s，求此时 C 的角速度 ω 及 B 点的速度 v_B.

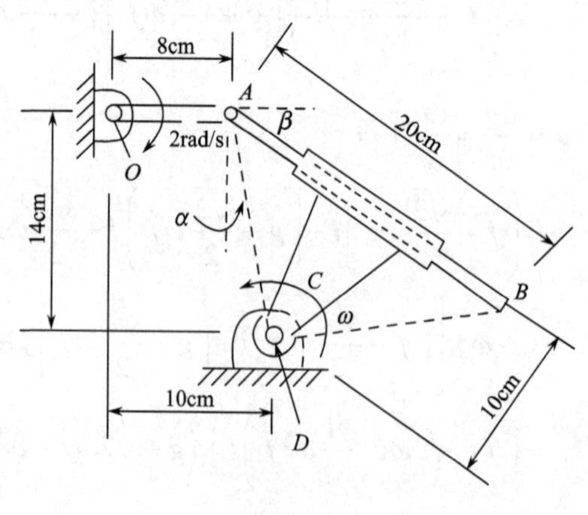

图 1.30

解法一　$v_A = 8\times 2 = 16(\text{cm/s})$，方向向下，

$$\tan\alpha = \frac{10-8}{14} = \frac{1}{7},\quad \alpha = \arctan\frac{1}{7} = 8.13°$$

$$\beta = 90° - 45° - \alpha = 36.87°$$

取 C 绕 D 转动的参考系为动系，A 点的绝对速度可视为在动系中 A 点的牵连速度 $v_{Ae} = AD\cdot\omega$（沿垂直于 AD 的向左下方向）与 AB 杆的相对速度 v_{Ar}（沿 AB 方向）的矢量和

$$AD = 10\sqrt{2}\text{cm}$$

$$\omega\cdot 10\sqrt{2}\cos\alpha = v_{Ar}\cos\beta \tag{1}$$

$$\omega\cdot 10\sqrt{2}\sin\alpha + v_{Ar}\sin\beta = v_A = 16 \tag{2}$$

式(1)$\times\sin\beta$+式(2)$\times\cos\beta$，

$$10\sqrt{2}\omega\sin(\alpha+\beta) = 16\cos\beta$$

$$\omega = \frac{16\cos 36.87°}{10\sqrt{2}\cdot\sin 45°} = 1.28(\text{rad/s})$$

此时，AB 杆围绕 A 点的角速度(说得详细一点在 A 点平动参考系中 AB 杆围绕 A 点的角速度)即 C 围绕 D 点的角速度 ω，$\boldsymbol{v}_B$ 是牵连速度 $\boldsymbol{v}_A$ 与相对速度 $\boldsymbol{v}_{BA}$ 的矢量和.

$$\begin{aligned} v_B &= \sqrt{(v_A - AB\omega\cos\beta)^2 + (AB\omega\sin\beta)^2} \\ &= \sqrt{v_A^2 + (AB\omega)^2 - 2v_A AB\omega\cos\beta} \\ &= \sqrt{16^2 + (20\times 1.28)^2 - 2\times 16\times 20\times 1.28\cos 36.87°} = 16(\text{cm/s}) \end{aligned}$$

解法二　取 C 绕 D 转动的参考系为动系，B 点的相对速度就是 A 点的相对速度，由式(1)、(2)解出

$$v_{Br} = v_{Ar} = \frac{10\sqrt{2}\omega\cos\alpha}{\cos\beta} = 22.40\text{cm/s}$$

B 点的牵连速度垂直于 DB 指向左上，

$$v_{Be} = DB\cdot\omega$$

$$v_B = \sqrt{(v_{Be}\cos 45° - v_{Br})^2 + (v_{Be}\sin 45°)^2} = 16\text{cm/s}$$

1.3.16　若上题除所给条件以外再加上在图示位置 OA 杆绕 O 点的角加速度为零，求此时 C 的角加速度 $\dot{\omega}$ 及 B 点的加速度 a_B.

解　取 C 转动参考系为动系，

$$\boldsymbol{a}_A = \boldsymbol{a}_{Ar} + \boldsymbol{a}_{Ae} + \boldsymbol{a}_{Ac} \tag{1}$$

绝对加速度

$$a_A = OA\cdot 2^2 = 8\times 2^2 = 32(\text{cm/s}^2)$$

沿 AO 方向.

牵连加速度有切向和法向两部分，分别标以 $a_{Ae\tau}$、a_{Aen}，

$$a_{Ae\tau} = AD \cdot \dot{\omega} = 10\sqrt{2}\dot{\omega} = 14.14\dot{\omega}$$

$$a_{Aen} = AD \cdot \omega^2 = 10\sqrt{2} \times (1.28)^2 = 23.17(\text{cm/s}^2)$$

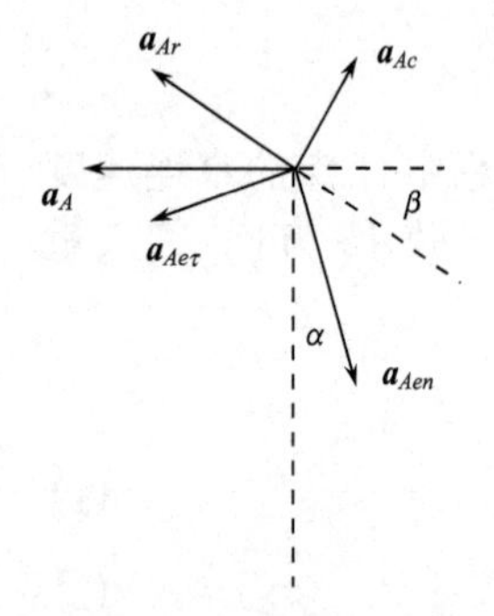

图 1.31

相对加速度 a_{Ar}，设沿 BA 方向，

科氏加速度 $\boldsymbol{a}_c = 2\boldsymbol{\omega} \times \boldsymbol{v}_{Ar}$，$\boldsymbol{v}_{Ar}$ 沿 AB 方向，$\boldsymbol{a}_c$ 方向垂直于 AB 指向右上方.

$$a_c = 2 \times 1.28 \times 22.40 = 57.34(\text{cm/s}^2)$$

$\boldsymbol{a}_A$、$\boldsymbol{a}_{Ar}$、$\boldsymbol{a}_{Ae\tau}$、$\boldsymbol{a}_{Aen}$、$\boldsymbol{a}_{Ac}$ 的正方向规定如图 1.31 所示.

(1)式的分量方程为

$$a_{Ar}\cos\beta + a_{Ae\tau}\cos\alpha - a_{Aen}\sin\alpha - a_{Ac}\sin\beta = a_A$$

$$a_{Ar}\sin\beta - aA_{e\tau}\sin\alpha - a_{Aen}\cos\alpha + a_{Ac}\cos\beta = 0$$

即

$$a_{Ar}\cos 36.87° + 14.14\dot{\omega}\cos 8.13° - 23.17\sin 8.13° - 57.34\sin 36.87° = 32$$

$$a_{Ar}\sin 36.87° - 14.14\dot{\omega}\sin 8.13° - 23.17\cos 8.13° + 57.34\cos 36.87° = 0$$

解得

$$a_{Ar} = -18.2\text{cm/s}^2$$

$$\dot{\omega} = 6.02\text{rad/s}^2$$

仍用上述动参考系，

$$\boldsymbol{a}_B = \boldsymbol{a}_{Br} + \boldsymbol{a}_{Be} + \boldsymbol{a}_{Bc} = \boldsymbol{a}_{Ar} + \boldsymbol{a}_{Be\tau} + \boldsymbol{a}_{Ben} + 2\boldsymbol{\omega} \times \boldsymbol{v}_{Ar}$$

$\boldsymbol{a}_{Ar}$、$\boldsymbol{a}_{Be\tau}$、$\boldsymbol{a}_{Ben}$、$\boldsymbol{a}_{Bc}$ 的正方向规定如图 1.32 所示.

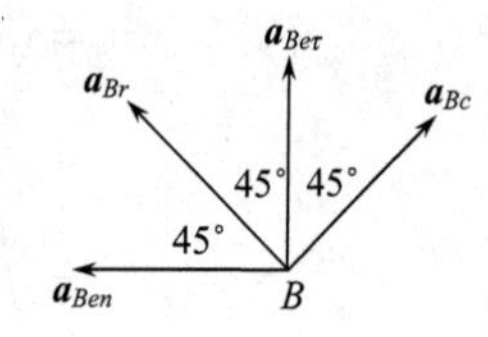

图 1.32

$$a_{Ar} = -18.2\text{cm/s}^2$$

$$a_{Be\tau} = DB \cdot \dot{\omega} = 10\sqrt{2} \times 6.02 = 85.1(\text{cm/s}^2)$$

$$a_{Ben} = OB \cdot \omega^2 = 23.17\text{cm/s}^2$$

$$a_{Bc} = 2\omega v_A = 2 \times 1.28 \times 22.40 = 57.34(\text{cm/s}^2)$$

$$a_B = \sqrt{\left[a_{Ar} + (a_{Be\tau} + a_{Ben})\cos 45°\right]^2 + \left[a_{Bc} + (a_{Be\tau} - a_{Ben})\cos 45°\right]^2}$$

$$= 116.7\text{cm/s}^2$$

第二章　质点动力学

2.1　牛顿运动定律

2.1.1　质量为M的人通过质量可以不计、不可伸长的绳子和摩擦可忽略的定滑轮，将质量为m的重物提起，如图 2.1 所示. 分两种情况：(1)物体匀速上升；(2)物体以加速度a上升. 求人对地面的压力.

解　(1)设绳子张力为T，人对地面的压力为N. 物体和人的平衡方程分别为

$$T = mg$$

$$N + T - Mg = 0$$

式中的N是地面对人的支持力(向上)，它是人对地面的压力(向下)的反作用力，数值相等.

$$N = Mg - T = (M - m)g$$

(2)物体加速上升满足的方程

$$T - mg = ma$$

人的平衡方程仍为

$$N + T - Mg = 0$$

从而

$$N = Mg - T = (M - m)g + ma$$

2.1.2　图 2.2 中人的质量$m_1 = 60\text{kg}$，人所站着的底板质量$m_2 = 20\text{kg}$，绳子和滑轮质量均可忽略不计. 人要用多大的力拉住绳子，才能保持自己和底板静止不动.

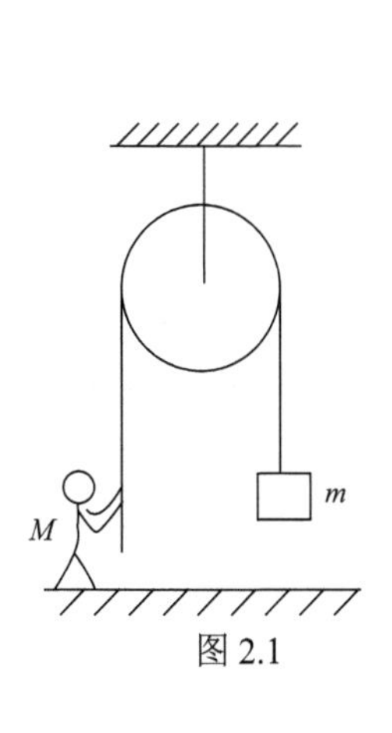

图 2.1

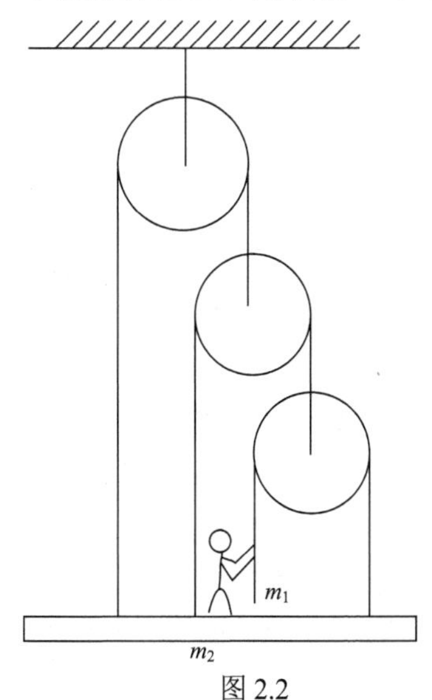

图 2.2

解　设绕过最下面的滑轮的绳子张力为T，则以该滑轮为系统，列平衡方程可得，绕过中间滑轮的绳子张力为$2T$，再分别以中间滑轮和最上面的滑轮为系统列平衡方程可得：绕过最上面的滑轮的绳子张力为$4T$，系在天花板上的绳子张力为$8T$.

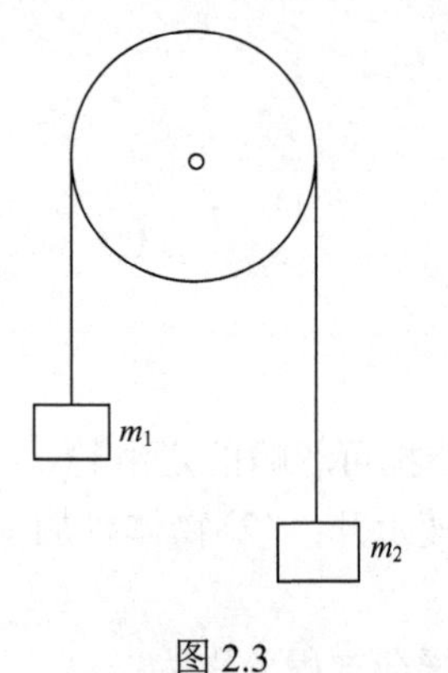

图 2.3

以三个滑轮、人、底板和连接它们的绳子为系统，列平衡方程

$$8T - m_1 g - m_2 g = 0$$

$$T = \frac{1}{8}(m_1 + m_2)g = \frac{1}{8} \times (60 + 20) \times 9.8 = 98(\text{N})$$

人的拉力等于那段绳子的张力，故人的拉力为98N，方向向下.

2.1.3　跨过一个无摩擦定滑轮的一根绳子，一端挂有 9kg 质量，另一端挂有 7kg 质量，如图 2.3 所示. 求加速度和绳中的张力.

解　设绳中张力为T，$m_1 = 9\text{kg}$，$m_2 = 7\text{kg}$，m_1获得向下的加速度为a，m_2有向上的加速度a，

$$m_1 a = m_1 g - T$$

$$m_2 a = T - m_2 g$$

解得

$$a = \frac{(m_1 - m_2)g}{m_1 + m_2} = 1.225\text{m/s}^2$$

$$T = \frac{2m_1 m_2 g}{m_1 + m_2} = 77.2\text{N}$$

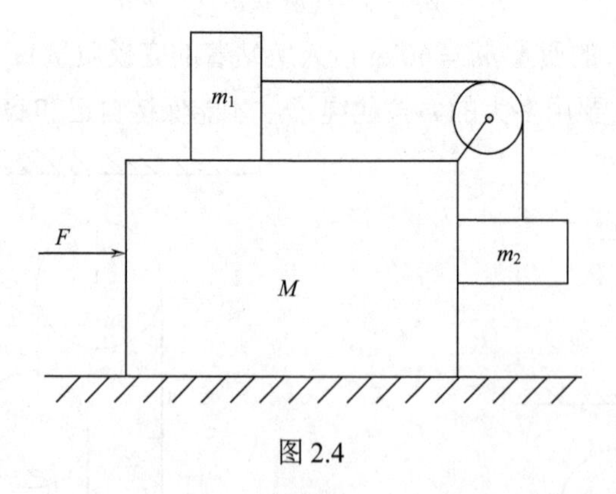

图 2.4

2.1.4　图 2.4 中滑轮及绳子质量均可忽略不计，所有的接触均是光滑的. 分两种情况：(1)要使m_1、m_2、M之间无相对运动；(2)要使M保持静止，必须施以M的水平力F多大? M对水平面的压力N多大?

解　设绳子张力为T.

(1) m_2在竖直方向无运动，$T = m_2 g \cdot m_1$只有水平方向有运动，设加速度为a，

$$m_1 a = T = m_2 g$$

所以

$$a=\frac{m_2 g}{m_1}$$

m_1、m_2、M 间无相对运动，故上述 a 也是 m_1、m_2、M 组成的系统的加速度，

$$F=(m_1+m_2+M)a=\frac{m_2(m_1+m_2+M)g}{m_1}$$

这个系统在竖直方向无运动，

$$N=(m_1+m_2+M)g$$

(2) 因 M 保持静止，m_1 向右的加速度和 m_2 向下的加速度大小相同，均为 a，

$$m_1 a=T,\quad m_2 a=m_2 g-T$$

解得

$$a=\frac{m_2 g}{m_1+m_2},\quad T=\frac{m_1 m_2 g}{m_1+m_2}$$

m_2 在水平方向无运动，故 M、m_2 间无相互作用力，以 M 和滑轮为系统，水平方向只受到两个力，一个是向右的力 F，另一个是向左的绳子张力 T，M 保持静止，故

$$F=T=\frac{m_1 m_2 g}{m_1+m_2}$$

对 m_1、m_2 和 M (包括滑轮) 列竖直方向的牛顿运动第二定律方程再相加得

$$m_2 a=(M+m_1+m_2)g-N$$

$$N=(M+m_1+m_2)g-\frac{m_2^2 g}{m_1+m_2}$$

$$=\left(M+m_1+\frac{m_1 m_2}{m_1+m_2}\right)g$$

注意：m_2 受到绳子向上的拉力，而滑轮也受到绳子向下的拉力 T.

2.1.5 图 2.5 中小车质量 M、重物质量 m 以及固定斜面的倾角 α 都是已知的，绳子不可伸长，绳子和滑轮的质量以及整个装置中的摩擦力均可略去不计，求小车和重物的加速度.

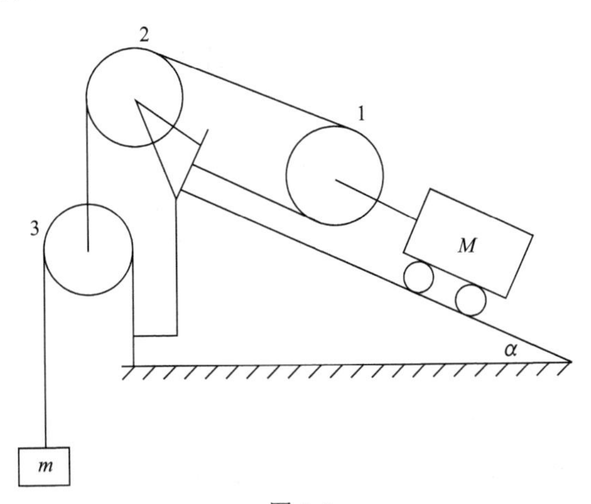

图 2.5

解　滑轮 1 的轮心沿斜面向上移动的距离也就是 M 沿斜面向上移动的距离，设此距离为 x，则滑轮 3 的轮心向下移动的距离为 $2x$，m 向下移动的距离为 $4x$.由此可得 m 向下的速度 v_m、加速度 a_m 与 M 沿斜面向上的速度 v_M、加速度 a_M 有下列关系：

$$v_m = 4v_M,\quad a_m = 4a_M \tag{1}$$

分别对滑轮 3 和滑轮 1 用牛顿运动第二定律可得：若连接 m 的绳子张力为 T，则连结 M 的绳子张力为 $4T$.

$$ma_m = mg - T \tag{2}$$

$$Ma_M = 4T - Mg\sin\alpha \tag{3}$$

解出

$$a_M = \frac{4m - M\sin\alpha}{M+16m}g$$

$$a_m = \frac{4(4m - M\sin\alpha)}{M+16m}g$$

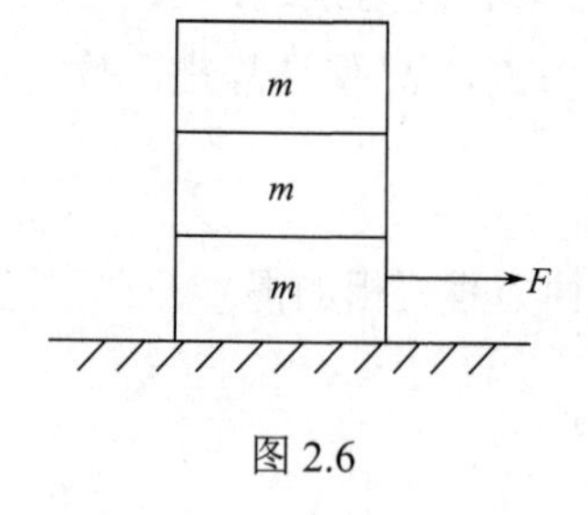

图 2.6

2.1.6　三块质量均为 m 的相同物块叠放在水平面上，如图 2.6 所示. 各接触面间的摩擦因数均为 μ，有一从零不断加大的水平力 F 作用在最下面的物块上. 问 F 达多大时，最下面的物块才能有对上面两物块的相对运动.

解　设最下面物块与上面两物块将发生而尚未发生相对运动的临界状态时，它们的加速度均为 a，

$$3ma = F - 3\mu mg$$

$$ma = F - 3\mu mg - 2\mu mg$$

消去 a 即得

$$F = 6\mu mg$$

因为原来无相对运动，F 从零增大到 $6\mu mg$ 时仍无相对运动，F 需略大于 $6\mu mg$ 时才能发生相对运动.

思考题：

(1) F 不断增大，上面两个物块间是否可能出现相对运动？

(2) F 从零开始增大过程中，三个物块的加速度如何变化？

(3) F 从零开始增大过程中，各接触面间的摩擦力如何变化？

2.1.7　质量为 M 的木板静置于水平桌面上(图 2.7)，一端 A 与桌边对齐，木板上放着一质量为 m 的小物体，它离板的 A 端距离 l，桌面长 L.现在板的另一端 B 有一恒定的水平力 F 作用，要将木板从小物体下抽出，又不至于使小物体从桌边落到地上. 若各接触面的摩擦因数均为 μ，F 至少多大?

解　小物体未脱离木板时受到木板施给的向前的摩擦力 μmg，脱离木板后，受到桌面施给的向后的摩擦力 $-\mu mg$，产生的加速度，一个为 μg，一个为 $-\mu g$.开始小物体静止，最后到桌边时也要刚好静止. 因此，小物体脱离木板时应走了全程的一半距离. 设历时为 t，

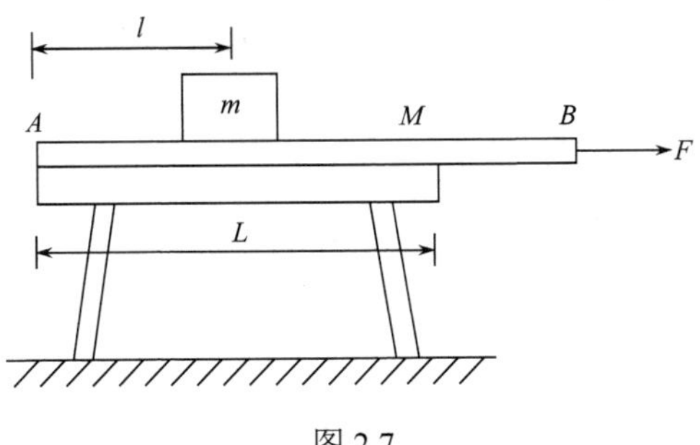

图 2.7

$$\frac{1}{2}(L-l)=\frac{1}{2}\mu g t^2 \tag{1}$$

至t时，木板走的距离为$l+\frac{1}{2}(L-l)$，木板也在恒力作用下做匀加速运动，设加速度为a，

$$l+\frac{1}{2}(L-l)=\frac{1}{2}at^2 \tag{2}$$

此a是水平作用力$F_{\min}$、小物体施给的摩擦力$-\mu mg$和桌面施给的摩擦力$-\mu(M+m)g$的合力产生的，

$$Ma=F_{\min}-\mu mg-\mu(M+m)g \tag{3}$$

式(1)、(2)、(3)中有三个未知量t、a和$F_{\min}$，可解出

$$F_{\min}=2\mu g\frac{(M+m)L-ml}{L-l}$$

2.1.8　一块砖以初速度 1.5m/s 在一与水平面成 30°角的斜面上向上运动，摩擦因数$\mu=\frac{\sqrt{3}}{12}$.问经 0.5s 后，此砖离它的初始位置有多远?

解　因为沿斜面向上运动还是向下运动摩擦力的方向不同，因此加速度不同，向上运动和向下运动不能用统一的运动学方程表达，必须判明$t=0$～$t=0.5$s 期间，是否都是向上运动.

设砖块质量为m，沿斜面向上的加速度为a_1，

$$ma_1=-mg\sin 30°-\mu mg\cos 30°$$

$$a_1=-\left(\frac{1}{2}+\frac{\sqrt{3}}{12}\cdot\frac{\sqrt{3}}{2}\right)g=-\frac{5}{8}g$$

设达到最高点的时刻为t_1，

$$0-v_0=a_1t_1$$

$$t_1=-\frac{v_0}{a_1}=\frac{1.5}{\frac{5}{8}\times 9.8}=0.245(\text{s})$$

$t_1<0.5$s，故$t=0.245$s～0.5s 期间，砖块从最高点沿斜面从静止开始下滑，下滑时加速度设为a_2，

$$ma_2 = mg\sin 30° - \mu mg\cos 30°$$

$$a_2 = \left(\frac{1}{2} - \frac{\sqrt{3}}{12} \times \frac{\sqrt{3}}{2}\right)g = \frac{3}{8}g$$

砖块在 0.5s 时离初始位置沿斜面向上运动的距离

$$s = s_1 - s_2 = v_0 t_1 + \frac{1}{2}a_1 t_1^2 - \frac{1}{2}a_2\left(0.5 - t_1\right)^2$$

$$= 1.5 \times 0.245 + \frac{1}{2}\left(-\frac{5}{8} \times 9.8\right) \times \left(0.245\right)^2 - \frac{1}{2} \times \frac{3}{8} \times 9.8 \times \left(0.5 - 0.245\right)^2$$

$$= 0.064(\text{m})$$

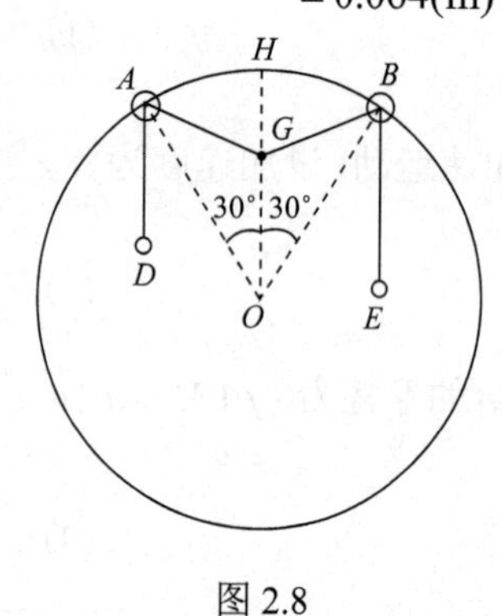

图 2.8

2.1.9　两个无质量的小环在一个处于铅垂面内的光滑圆环上滑动，一穿过两环的光滑弦线上带有三个重物，两个在两端，一个在两环之间. 如果当小环 A、B 在离开圆环最高点 H 对环心 O 的张角 30°时处于平衡，如图 2.8 所示. 求系在弦线上的三重物 D、E、G 的质量之间的关系.

解　由于小环与大环间无摩擦，大环对小环的作用力必沿 OA、OB 方向，平衡时，AD、BE 都是铅垂的，都平行于 HO，故

$$\angle OBE = \angle OAD = 30°$$

分别隔离小环 A 和 B，考虑到弦线是光滑的，G 两边各处张力分别相等，

$$\angle OAG = \angle OBG = 30°$$

且 G 点必在 HO 连线上.

重物 G 除受两边弦线的张力外，还受到竖直向下的重力，考虑重物 G 处于平衡，G 两边的张力也必须相等，由此可见，重物 D、E 必须质量相等，再对重物 G 列平衡方程，三个力的夹角均为 120°，因此三个力必须大小相等，由此可得出结论：D、E、G 三个重物的质量都相等.

2.1.10　质量为 m 的小环套在绳上，绳子跨过定滑轮并在另一端系一质量为 M 的物体. 若绳子不可伸长、不计质量，绳子与滑轮间的摩擦力可忽略，小环相对于绳子以加速度 a 下落，求小环与绳子间的摩擦力.

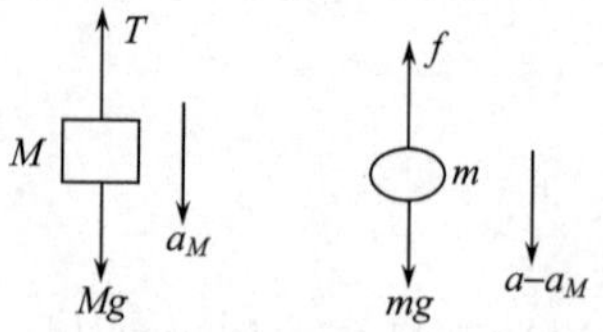

图 2.9

解　图 2.9 画出了物体和小环的受力情况及对静参考系的加速度，其中 T 是绳子张力，f 是绳子作用于小环的摩擦力，a 是小环相对于与之接触的那段绳子的加速度，绳子不可伸长，小环有向上的牵连加速度 a_M，故小环向下的绝对加速度为 $a - a_M$，

$$Ma_M = Mg - T \tag{1}$$

$$m\left(a - a_M\right) = mg - f \tag{2}$$

对一段绳子(处于套有小环、在滑轮一边的任意长度的一段)，受到两个力：上端受到向上的张力 T；与小环接触处受到小环给的向下的摩擦力 f. 绳段无质量，

$$T = f \tag{3}$$

解出

$$f = \frac{mM}{m+M}(2g-a)$$

2.1.11　一个质量为m的物体通过一根质量可以不计的绳子绕水平棒$1\frac{1}{4}$周后于另一端加一水平力F，如图 2.10 所示. 若绳子和棒之间的摩擦因数为μ，要使物体保持静止状态，应施加多大的水平拉力?

解　有两种临界情况：一种是$F<mg$的情况；另一种是$F>mg$的情况. 两种情况下，摩擦力均为最大静摩擦，但方向相反.

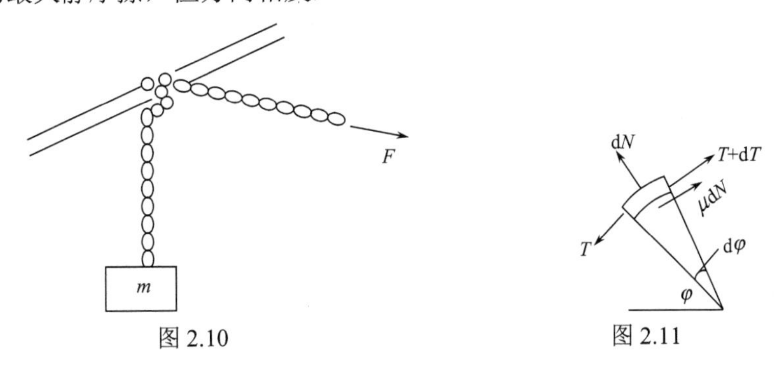

图 2.10　　图 2.11

第一种情况：考虑绕在棒上的绳子微元，受力情况如图 2.11 所示，

$$T + \mathrm{d}T + \mu\mathrm{d}N = T$$

$$\mathrm{d}N = 2T\sin\frac{\mathrm{d}\varphi}{2} = T\mathrm{d}\varphi$$

可得

$$\mathrm{d}T = -\mu T\mathrm{d}\varphi$$

当$\varphi=0$时，$T=mg$，$\varphi=\frac{5}{2}\pi$时，$T=F_{\min}$，

$$\int_{mg}^{F_{\min}} \frac{1}{T}\mathrm{d}T = -\int_0^{\frac{5}{2}\pi} \mu\mathrm{d}\varphi$$

$$F_{\min} = mg\mathrm{e}^{-\frac{5}{2}\mu\pi}$$

第二种情况：微元受力情况如图 2.12 所示，

$$T + \mathrm{d}T + \mu\mathrm{d}N = T$$

$$\mathrm{d}N = 2T\sin\frac{\mathrm{d}\varphi}{2} = T\mathrm{d}\varphi$$

$$\mathrm{d}T = -\mu T\mathrm{d}\varphi$$

$$\int_{F_{\max}}^{mg} \frac{\mathrm{d}T}{T} = -\int_0^{\frac{5}{2}\pi} \mu\mathrm{d}\varphi$$

$$F_{\max} = mg\mathrm{e}^{\frac{5}{2}\mu\pi}$$

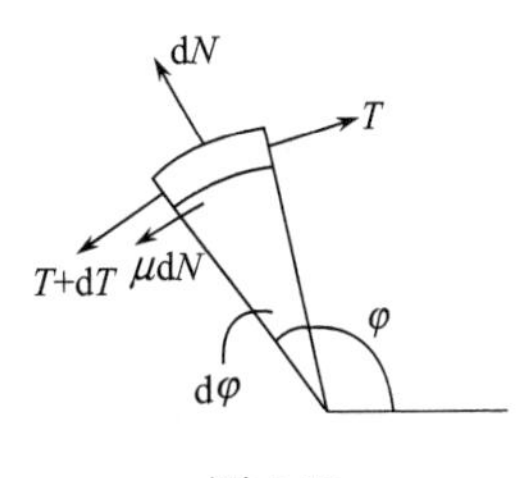

图 2.12

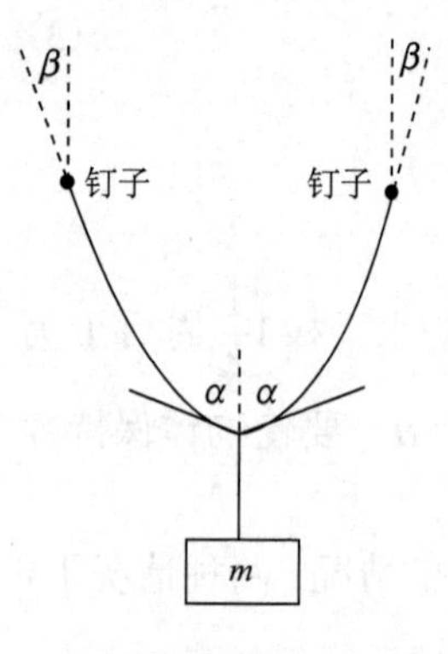

图 2.13

施加的水平力 F 在这两个临界情况之间，物体都能保持静止.

$$mge^{-\frac{5}{2}\mu\pi}<F<mge^{\frac{5}{2}\mu\pi}$$

2.1.12 一根质量为 M 的均质绳子，两端固定在同一高度的两个钉子上，在其中点挂一质量为 m 的物体. 设 α、β 分别为在绳子中点和端点处绳子的切线方向与竖直方向的夹角，如图 2.13 所示. 证明：

$$\frac{\tan\alpha}{\tan\beta}=\frac{M+m}{m}$$

证明 设绳子中点处张力为 T_1，钉子处绳子张力为 T_2.连接物体的那段不计质量的绳子张力 $T=mg$.

对绳子中点和对绳子、物体作为系统列平衡方程，

$$2T_1\cos\alpha=mg \tag{1}$$

$$2T_2\cos\beta=(M+m)g \tag{2}$$

再对钉子至中点半条绳子列水平方向的平衡方程，

$$T_2\sin\beta=T_1\sin\alpha \tag{3}$$

由式(1)、(2)得

$$\frac{T_2\cos\beta}{T_1\cos\alpha}=\frac{M+m}{m}$$

由式(3)得

$$\frac{T_2}{T_1}=\frac{\sin\alpha}{\sin\beta}$$

代入上式即得

$$\frac{\tan\alpha}{\tan\beta}=\frac{M+m}{m}$$

2.1.13 一质量为 M 的均质链条套在一表面光滑、顶角为 α、底面处于水平的正圆锥上保持静止，若链条平面平行于水平面，求链条中的张力.

解 取对正圆锥对称轴上处于链条平面上的点的张角为 $\mathrm{d}\varphi$ 的一段链条，正圆锥的支持力 $\mathrm{d}N$ 的水平分量、竖直分量分别为 $\mathrm{d}N\cos\frac{\alpha}{2}$ 和 $\mathrm{d}N\sin\frac{\alpha}{2}$.链条各处张力均为 T，

$$\mathrm{d}N\cos\frac{\alpha}{2}=2T\sin\left(\frac{1}{2}\mathrm{d}\varphi\right)=T\mathrm{d}\varphi$$

$$dN\sin\frac{\alpha}{2}=\frac{Mg}{2\pi}d\varphi$$

两式相除消去dN、$d\varphi$，可得

$$T=\frac{Mg}{2\pi}\cot\frac{\alpha}{2}$$

2.1.14　太空中某区域内有缺陷的、质量为 950kg 的卫星，被飞船用一根 50m 长、线密度为 1kg/m 的均质绳牵着以 5m/s^2 的加速度做匀加速直线运动.

(1) 飞船作用在绳上的力多大?

(2) 计算绳的张力;

(3) 飞船上的人精疲力竭睡着了，飞船助推器的控制电路之一发生短路，使加速度变为 1m/s^2 的减速度. 这个事故会发生什么后果?

解　(1)
$$F=(m_{绳}+m_{星})a=(1\times50+950)\times5=5\times10^3(\text{N})$$

(2) 由于绳子具有质量且有不为零的加速度，绳上各点的张力不相等. 取绳与飞船的连接点为 x 轴的零点，飞船指向卫星的方向为 x 轴正方向，则绳子张力

$$\begin{aligned}T(x)&=\left[m_{星}+m_{绳}(x)\right]a\\&=\left[950+1\times(50-x)\right]\times5=5\times10^3-5x(\text{N})\end{aligned}$$

$0\leqslant x\leqslant50$

(3) 事故发生后，卫星仍以原来已获得的速度(设为 v_0)运动，绳子处于弯曲状态，两端的张力的水平分量将使卫星加速，飞船有更大的减速度. 若不计绳子张力的作用，事故发生后 t 时刻，卫星与飞船将发生碰撞.

$$v_0t-\left(v_0t-\frac{1}{2}\times1\times t^2\right)=50$$

解出 $t=10\text{s}$.

考虑到绳子张力的作用，不到 10s 就发生碰撞.

2.1.15　某人观察到一空间站始终停留在地球同一点的垂直上空. 问观察者位于地球的什么地方?尽可能详细地描述一下此空间站的轨道.

解　空间站始终停留在地球同一点的垂直上空，说明它好像和地球固连在一起以地球自转的角速度随地球一起运动，它做恒定角速度的圆周运动，只有法向加速度，切向加速度为零. 而它又只受地球的引力作用，这个引力是指向地球中心的，因此相对地球不动的空间站在地心平动参考系中的轨道只能位于赤道平面上，不能位于纬度不为零的平面上. 因此，看到空间站在垂直上空不动的观察者必在地球赤道上的某个地方.

根据该空间站在地球引力作用下在赤道平面以地球的自转角速度跟地球一起做圆轨道运动这一点，可以算出它位于赤道地面垂直上空的高度. 设此高度为 h、地球半径为 R. 对地心平动参考系，做半径为 $R+h$ 的圆周运动，角速度为地球自转角速度 ω，设空

间站质量为m，地球质量为M，

$$m(R+h)\omega^2=\frac{GmM}{(R+h)^2}$$

$$h=\sqrt[3]{\frac{GM}{\omega^2}}-R$$

$$\frac{GmM}{R^2}=mg$$

可得

$$h=\sqrt[3]{\frac{gR^2}{\omega^2}}-R=\sqrt[3]{\frac{9.8\times(6.371\times10^6)^2}{(7.27\times10^{-5})^2}}-6.371\times10^6=3.59\times10^7\,(\mathrm{m})$$

2.1.16　公园里有一种转动水平圆盘，孩子可以坐在盘面上任何地方. 当盘开始加快转速时，如果摩擦力不够大，孩子就可能滑出去. 设孩子的质量为 50kg，摩擦因数为 0.4，盘的角速度为 2rad/s，问孩子坐在盘上不被滑开的最大半径多大?

解　在临界情况下，摩擦力为没有相对运动的最大静摩擦. 设不被滑开的最大半径为R，

$$mR\omega^2=\mu mg$$

$$R=\frac{\mu g}{\omega^2}=\frac{0.4\times9.8}{2^2}=0.98(\mathrm{m})$$

2.1.17　一小物体放在一半径为R的水平圆盘上，小物体与圆盘间的静摩擦因数为μ.若圆盘绕其轴的角速度逐渐增大到一个值时，小物体滑出圆盘并最终落到比盘面低h的地面上. 问从它离开圆盘的那一点算起，小物体越过的水平距离多大?

解　设小物体质量为m，落下时越过的水平距离为l，下落时间为t，

$$\frac{mv^2}{R}=\mu mg$$

$$h=\frac{1}{2}gt^2$$

$$l=vt$$

可得

$$l=\sqrt{2\mu Rh}$$

2.1.18　太阳离银河系中心大约相距 2.5×10^4 光年，近似地以 1.7×10^8 年的周期绕此中心做圆周运动. 地球离太阳的距离为 8 光分. 用以上数据，求出以太阳质量作为单位的银河系的近似质量. 假定作用在太阳上的引力近似为银河系的质量集中在其中心时对太阳的引力.

解　设M、m_s、m_e分别为银河系、太阳和地球的质量，r、R分别是日地间和太阳至银河系中心的距离，v、V分别是地球的公转速度(以太阳为参考系)和太阳绕银河系公转的速度(以银河系为参考系).

$$\frac{m_e v^2}{r}=\frac{Gm_e m_s}{r^2}$$

$$\frac{m_s V^2}{R}=\frac{Gm_s M}{R^2}$$

设T_e、T_s分别为地球和太阳做圆周运动的周期，

$$T_e=\frac{2\pi r}{v},\quad T_s=\frac{2\pi R}{V}$$

由以上各式可解出

$$\frac{M}{m_s}=\left(\frac{R}{r}\right)^3\left(\frac{T_e}{T_s}\right)^2=\left(\frac{2.5\times10^4\times365\times24\times60}{8}\right)^3\left(\frac{1}{1.7\times10^8}\right)^2$$
$$=1.53\times10^{11}$$

2.1.19　用以下近似数据计算地球和太阳的平均密度之比：

θ为从地球上看太阳的角直径，$\theta=0.5°$；

l为地球表面上纬度为1°的长度，$l=100\text{km}$；

t为地球公转周期，$t=1$年$=3\times10^7\text{s}$；

g为重力加速度，$g=10\text{ms}^{-2}$.

解　设r为地球绕太阳做圆周运动的半径m_e、m_s分别表示地球和太阳的质量，R_e、R_s分别表示地球和太阳的半径；ω为地球公转的角速度，

$$\frac{Gm_e m_s}{r^2}=m_e r\omega^2,\quad \omega=\frac{2\pi}{t}$$

$$\frac{Gm_s}{r^3}=\omega^2=\left(\frac{2\pi}{t}\right)^2,\quad r\theta=2R_s$$

$$\frac{2R_s}{r}=0.5\times\frac{2\pi}{360}=\frac{\pi}{360},\quad r=\frac{720}{\pi}R_s$$

$$\frac{Gm_s}{R_s^3}=\frac{Gm_s}{r^3}\left(\frac{r}{R_s}\right)^3=\left(\frac{2\pi}{t}\right)^3\left(\frac{720}{\pi}\right)^3$$

$$\frac{Gmm_e}{R_e^2}=mg,\quad \frac{Gm_e}{R_e^3}=\frac{g}{R_e}$$

$$l=\frac{\pi R_e}{180},\quad R_e=\frac{180l}{\pi},\quad \frac{Gm_e}{R_e^3}=\frac{g\pi}{180l}$$

$$\frac{\rho_e}{\rho_s}=\frac{\dfrac{m_e}{\frac{4}{3}\pi R_e^3}}{\dfrac{m_s}{\frac{4}{3}\pi R_s^3}}=\frac{\dfrac{m_e}{R_e^3}}{\dfrac{m_s}{R_s^3}}$$

$$=\frac{\dfrac{g\pi}{180l}}{\left(\dfrac{2\pi}{t}\right)^2\left(\dfrac{720}{\pi}\right)^3}=\frac{g\pi^2t^2}{(720)^4 l}=\frac{10\pi^2\left(3\times10^7\right)^2}{(720)^4\times100\times10^3}=3.3$$

2.1.20 (1)一个均质的球形物体以角速度ω绕对称轴转动，如果仅仅靠自身的万有引力阻碍球体的离心分解，该物体必须具有的最小密度多大?用这一点估计巨蟹座中转速为每秒 30 转的脉冲星的最小密度.(这是公元 1054 年在中国广泛地被观察到的一个超新星爆发的遗迹!)

(2)如果脉冲星的质量与太阳的质量相当，约为2×10^{30}kg，这个脉冲星的最大可能半径多大?

(3)若脉冲星的密度与核物质的密度相当，它的半径多大?

解 (1)不发生离心分解的条件是自身的万有引力的法向分量大于或等于质元做此圆周运动所需的向心力.

对于球体表面纬度为λ处的质元，不离心分离的条件是

$$\Delta m(R\cos\lambda)\omega^2\leqslant\frac{G\Delta mm}{R^2}\cos\lambda$$

其中Δm、m分别为质元和物体质量，R为球体的半径. G为万有引力恒量，

$$\frac{Gm}{R^3}\geqslant\omega^2$$

上述条件与纬度λ无关.

对于球体内部的质元，例如在离球心r处，可以证明：自身的万有引力等于半径为r的球体对它的万有引力，也指向球心，现考虑赤道面的一个质元，条件为

$$\Delta mr\omega^2\leqslant\frac{G\Delta mm(r)}{r^2}=\frac{G\Delta m\dfrac{m}{R^3}r^3}{r^2}$$

也得到

$$\frac{Gm}{R^3}\geqslant\omega^2$$

故对于密度的要求为

$$\rho=\frac{m}{\dfrac{4}{3}\pi R^3}\geqslant\frac{3\omega^2}{4\pi G}\quad 即\quad \rho_{\min}=\frac{3\omega^2}{4\pi G}$$

对于巨蟹座中的那颗脉冲星，

$$\omega=2\pi\times30=60\pi(\text{rad/s})$$

$$\rho_{\min}=\frac{3(60\pi)^2}{4\pi\times6.67\times10^{-11}}=1.27\times10^{14}(\text{kg/m}^3)$$

(2)

$$\frac{4}{3}\pi R^3\rho_{\min}=M$$

$$R=\sqrt[3]{\frac{3M}{4\pi\rho_{\min}}}=\sqrt[3]{\frac{3\times2\times10^{30}}{4\pi\times1.27\times10^{14}}}=1.55\times10^{5}(\mathrm{m})$$

(3)
$$\rho_{核}\approx\frac{m_{\mathrm{p}}}{\frac{4}{3}\pi R_0^3}$$

其中 m_{p} 为质子质量，$m_{\mathrm{p}}=1.67\times10^{-27}\,\mathrm{kg}$，$R_0$ 为质子半径，$R_0\approx1.2\times10^{-15}\,\mathrm{m}$，

$$\rho_{核}\approx\frac{1.67\times10^{-27}}{\frac{4}{3}\pi\times\left(1.2\times10^{-15}\right)^3}=2.3\times10^{17}(\mathrm{kg/m^3})$$

$$R=\sqrt[3]{\frac{3M}{4\pi\rho_{核}}}=\sqrt[3]{\frac{3\times2\times10^{30}}{4\pi\times2.3\times10^{17}}}=1.3\times10^{4}(\mathrm{m})$$

注意：这个脉冲星的密度已超过(1)中算出的不离心分离所需的最小密度.

2.1.21　一顶角为 $2\alpha\,(\alpha>45°)$ 的倒立的圆锥面，以恒定角速度 ω 绕其对称轴旋转，在内表面上距轴为 r 处有一质点，若质点与锥面间的摩擦因数为 μ，要使质点相对锥面静止，ω 应处于什么范围内?

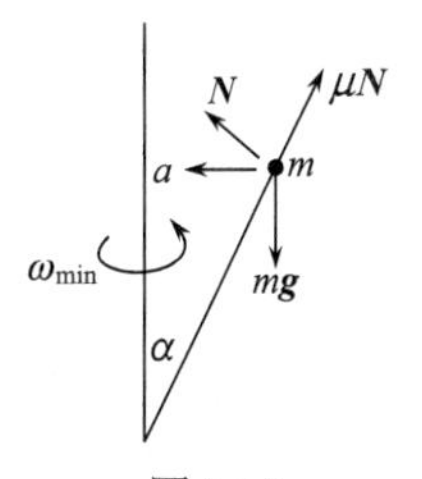

图 2.14

解　先求 $\omega_{\min}$.

设质点质量为 m，锥面的支持力为 N，此时锥面作用于质点的摩擦力为最大静摩擦 μN，方向沿锥面向上. 质点受力和加速度如图 2.14 所示，其中加速度 $a=mr\omega_{\min}^2$，

$$N\sin\alpha+\mu N\cos\alpha-mg=0$$
$$mr\omega_{\min}^2=N\cos\alpha-\mu N\sin\alpha$$

可解出

$$\omega_{\min}=\sqrt{\frac{g\cos\alpha-\mu\sin\alpha}{r\sin\alpha+\mu\cos\alpha}}$$

上式只有在 $\cos\alpha-\mu\sin\alpha\geqslant0$，即 $\mu\leqslant\cot\alpha$ 时才有意义.

若 $\mu\geqslant\cot\alpha$，可证 $\omega_{\min}=0$，证明如下：

假定能保持静止，摩擦力为 f，则

$$N\sin\alpha+f\cos\alpha-mg=0$$
$$N\cos\alpha-f\sin\alpha=0$$

解出

$$f=mg\cos\alpha$$
$$N=mg\sin\alpha$$

今

$$\mu N\geqslant N\cot\alpha=mg\cos\alpha=f$$

所需的摩擦力未超过最大静摩擦，说明确能保持静止.

再求 $\omega_{\max}$，摩擦力仍为最大静摩擦，但方向与求 $\omega_{\min}$ 所画的图中的方向相反，N 和 $\omega_{\max}$ 所满足的方程与 N 和 $\omega_{\min}$ 所满足的方程相比，将 $\omega_{\min}$ 改成 $\omega_{\max}$，μ 改成 $-\mu$ 即可，故

$$\omega_{\max}=\sqrt{\frac{g}{r}\frac{\cos\alpha+\mu\sin\alpha}{\sin\alpha-\mu\cos\alpha}}$$

上式只有在$\sin\alpha-\mu\cos\alpha>0$，即$\mu<\tan\alpha$时才有意义.

若$\mu>\tan\alpha$，可证$\omega_{\max}=\infty$，即对于任何大于等于$\omega_{\min}$的ω，质点均能保持静止.

证明如下：假定能保持静止，

$$M\sin\alpha-f\cos\alpha-mg=0$$

$$N\cos\alpha+f\sin\alpha=mr\omega^2$$

解得

$$N=mg\sin\alpha+mr\omega^2\cos\alpha$$

$$f=mr\omega^2\sin\alpha-mg\cos\alpha$$

今

$$\mu N>N\tan\alpha=mg\frac{\sin^2\alpha}{\cos\alpha}+mr\omega^2\sin\alpha$$

$$\mu N-f>mg\frac{\sin^2\alpha}{\cos\alpha}+mg\cos\alpha>0$$

有$\mu N>f$，说明假定成立，能保持静止.

今$\alpha>45°$，$\tan\alpha>\cot\alpha$，因为$\mu<1$，故μ的可能取值范围为$\cot\alpha\leqslant\mu<\tan\alpha$，$\mu<\cot\alpha$.

当$\mu<\cot\alpha$时，

$$\sqrt{\frac{g}{r}\frac{\cos\alpha-\mu\sin\alpha}{\sin\alpha+\mu\cos\alpha}}\leqslant\omega\leqslant\sqrt{\frac{g}{r}\frac{\cos\alpha+\mu\sin\alpha}{\sin\alpha-\mu\cos\alpha}}$$

当$\mu\geqslant\cot\alpha$(必$<\tan\alpha$，故可以不写)时，

$$0\leqslant\omega\leqslant\sqrt{\frac{g}{r}\frac{\cos\alpha+\mu\sin\alpha}{\sin\alpha-\mu\cos\alpha}}$$

质点相对锥面能保持静止.

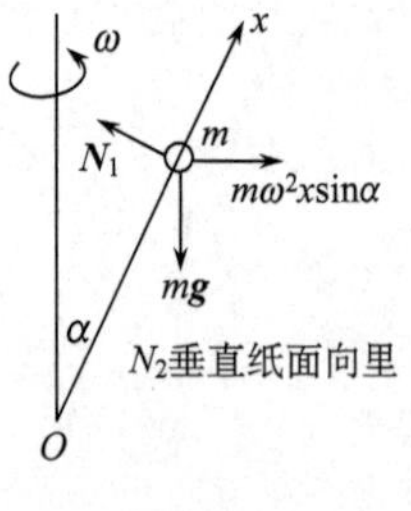

图 2.15

2.1.22 一圆柱形刚性杆上套一质量为m的小环，杆绕通过一端的固定竖直轴以恒定角速度ω旋转，旋转时杆与竖直轴的夹角为α.若小环与杆间的摩擦因数为μ，以小环距杆的固定端的距离x为坐标列出小环的运动微分方程.

解 取杆为参考系，它是个转动参考系，质点的受力情况如图 2.15 所示，N_1、N_2是杆对小环的支持力的两个分量，N_2垂直纸面向里，可仿照电磁学中画$\boldsymbol{B}$的方向用⊗表示，图中未画，杆对小环的摩擦力为μN，$N=\sqrt{N_1^2+N_2^2}$，方向与$\dot{x}$的正负值有关，$\dot{x}>0$时，沿杆向下，$\dot{x}<0$时，沿杆向上，因此图中也未标出. mg是重力，$m\omega^2x\sin\alpha$是惯性力. 还有一个科氏力也是惯性力，$2m\omega\dot{x}\sin\alpha$，垂直纸面向外为正，图上也未画出.

运动微分方程为

$$m\ddot{x}=\begin{cases}-mg\cos\alpha-\mu N+m\omega^2 x\sin^2\alpha\left(\dot{x}>0\text{时}\right)\\-mg\cos\alpha+\mu N+m\omega^2 x\sin^2\alpha\left(\dot{x}<0\text{时}\right)\end{cases}$$

$$N_1=mg\sin\alpha+m\omega^2 x\sin\alpha\cos\alpha$$

$$N_2=2m\omega\dot{x}\sin\alpha$$

$$N=\sqrt{N_1^2+N_2^2}$$

2.1.23　质量为 m 的小球通过一根原长为 l、劲度系数为 k 的弹性绳系在光滑的水平台面上的 P 点，水平台面绕离 P 点距离为 b 的固定竖直轴以恒定的角速度 ω 转动. 列出小球在弹性绳拉直状态下的运动微分方程.

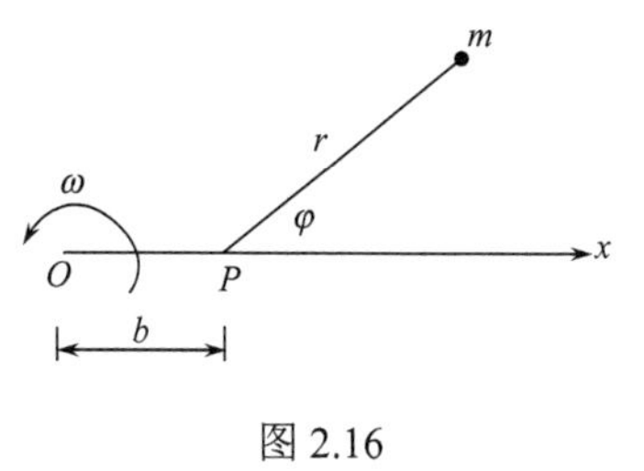

图 2.16

解　如图 2.16 所示，取水平台面为参考系，它是个转动参考系. 取台面的固定点 O 和 P 的连线为 x 轴，用 P 为原点的极坐标列出运动微分方程.

质点受到水平方向的力有弹性绳的拉力和两个惯性力：惯性离轴力和科里奥利力.

惯性离轴力为

$$m\omega^2\left(\overrightarrow{OP}+\boldsymbol{r}\right)=m\omega^2\left(b\boldsymbol{i}+r\boldsymbol{e}_r\right)$$
$$=m\omega^2\left[\left(b\cos\varphi+r\right)\boldsymbol{e}_r-b\sin\varphi\boldsymbol{e}_\varphi\right]$$

科里奥利力为

$$2m\boldsymbol{\omega}\times\boldsymbol{\omega}=2m\left(\dot{r}\boldsymbol{e}_r+r\dot{\varphi}\boldsymbol{e}_\varphi\right)\times\omega\boldsymbol{k}$$
$$=2m\omega r\dot{\varphi}\boldsymbol{e}_r-2m\omega\dot{r}\boldsymbol{e}_\varphi$$

运动微分方程为

$$m\left(\ddot{r}-r\dot{\varphi}^2\right)=-k\left(r-l\right)+m\omega^2\left(r+b\cos\varphi\right)+2m\omega r\dot{\varphi}$$
$$m\left(r\ddot{\varphi}+2\dot{r}\dot{\varphi}\right)=-m\omega^2 b\sin\varphi-2m\omega\dot{r}$$

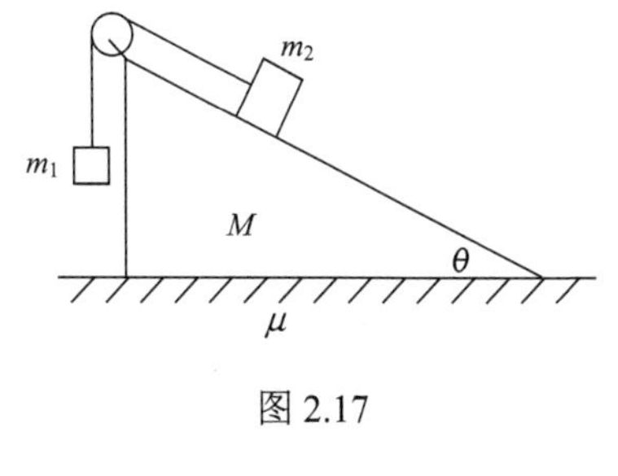

图 2.17

2.1.24　质量为 M 的斜劈放在摩擦因数为 μ 的粗糙水平面上，质量为 m_1 的物体用不计质量、不可伸长的弦线挂起并跨过固连于斜劈的光滑滑轮与在无摩擦的斜劈面上滑动的质量为 m_2 的物体相连，斜劈面的倾角为 θ .如图 2.17 所示.

(1) 求当 μ 非常大时 m_1 和 m_2 的加速度以及弦线的张力；

(2) 求使斜劈能保持静止的最小摩擦因数；

(3) 若 μ 不够大，斜劈不能保持静止，有向左的加速度 a_M ，求此 a_M ，列出足够的方程即可，不必解出 a_M .设滑轮很小， m_1 、 M 紧靠时，连结 m_1 的弦线仍可视为在竖直方向.

解　(1) μ 非常大，斜劈保持静止. 设弦线张力为 T ， m_1 向下运动和 m_2 沿斜面向上运动的加速度值为 a ，

$$m_1 a = m_1 g - T$$
$$m_2 a = T - m_2 g\sin\theta$$

解得

$$a = \frac{m_1 - m_2\sin\theta}{m_1 + m_2}g$$

$$T = \frac{m_1 m_2}{m_1 + m_2}(1+\sin\theta)g$$

(2) 设 $m_2\sin\theta - m_1 > 0$，则 m_2 对 M 的压力 N_2 的水平分量 $N_2\sin\theta$ 即 $m_2 g\cos\theta\sin\theta$（向左），比弦线拉 M 向右的力的水平分量 $T\cos\theta = \frac{m_1 m_2}{m_1 + m_2}(1+\sin\theta)g\cos\theta$ 大. 计算如下：

$$\begin{aligned}
& m_2 g\cos\theta\sin\theta - \frac{m_1 m_2}{m_1 + m_2}(1+\sin\theta)g\cos\theta \\
&= \frac{m_2 g\cos\theta}{m_1 + m_2}\left[(m_1 + m_2)\sin\theta - m_1(1+\sin\theta)\right] \\
&= \frac{m_2 g\cos\theta}{m_1 + m_2}(m_2\sin\theta - m_1) > 0
\end{aligned}$$

故粗糙平面对斜劈的摩擦力向右.

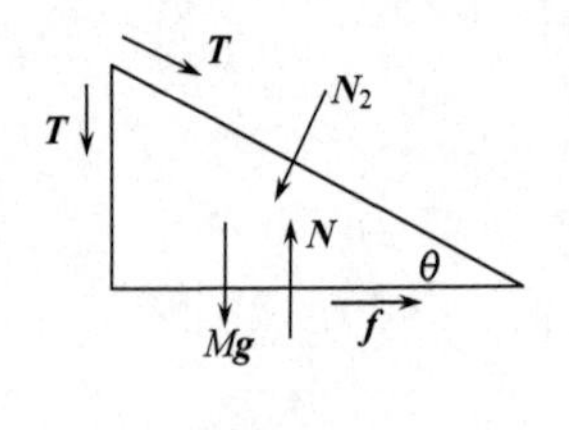

图 2.18

M 受力情况如图 2.18 所示，

$$T\cos\theta - N_2\sin\theta + f = 0$$
$$T + T\sin\theta + N_2\cos\theta + Mg - N = 0$$
$$N_2 = m_2 g\cos\theta$$
$$T = \frac{m_1 m_2}{m_1 + m_2}(1+\sin\theta)g$$

考虑能保持静止的最小摩擦因数，此时处于临界情况，f 为最大静摩擦，可解出

$$\mu_{\min} = \frac{m_2\cos\theta(m_2\sin\theta - m_1)}{M(m_1 + m_2) + 2m_1 m_2(1+\sin\theta) + m_2^2\cos^2\theta}$$

考虑 $m_2\sin\theta - m_1 < 0$ 的情况，可得 $\mu_{\min}$ 为上式的负值. 因此，考虑这两种可能情况应取

$$\mu_{\min} = \frac{m_2\cos\theta|m_2\sin\theta - m_1|}{M(m_1 + m_2) + 2m_1 m_2(1+\sin\theta) + m_2^2\cos^2\theta}$$

(3) 因 M 的加速度 a_M 向左，M 受到摩擦力 $f = \mu N$ 向右.

对 M 用静参考系，对 m_1、m_2 用 M 参考系，它们受力及加速度情况如图 2.19 所示. 其中所列的加速度都是相对于所用的参考系的，$m_1 a_M$、$m_2 a_M$ 都是惯性力，N_1 是 m_1、M 间的相互作用力.

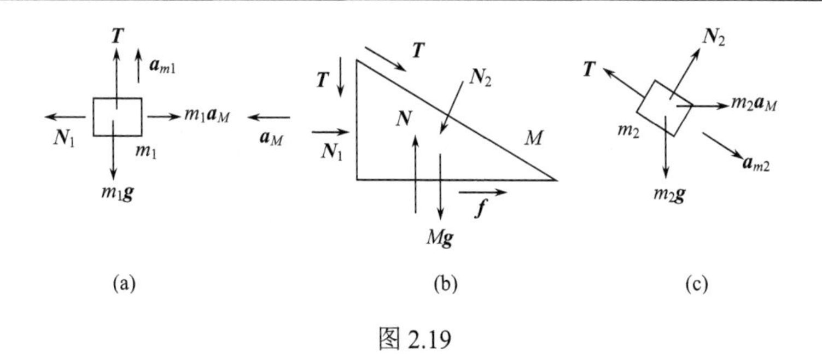

图 2.19

由图 2.19，可列出下列方程：

$$m_1a_{m1} = T - m_1g$$

$$N_1 - m_1a_M = 0$$

$$Ma_M = N_2\sin\theta - N_1 - T\cos\theta - \mu N$$

$$N - Mg - T - T\sin\theta - N_2\cos\theta = 0$$

$$m_2a_{m2} = m_2a_M\cos\theta + m_2g\sin\theta - T$$

$$N_2 + m_2a_M\sin\theta - m_2g\cos\theta = 0$$

$$a_{m1} = a_{m2}$$

今有七个方程，其中未知量 a_{m1}、a_M、a_{m2}、T、N_1、N_2、N 也是七个，可解出 a_M 等七个未知量.

2.1.25　一质量为 M 的、上表面水平的楔形物体，在倾角为 α 的固定的光滑斜面上运动，楔形物体上放一质量为 m 的质点，如图 2.20 所示. 若 m、M 间无摩擦，求：

(1) m 相对于 M 的加速度；

(2) M 对斜面的压力.

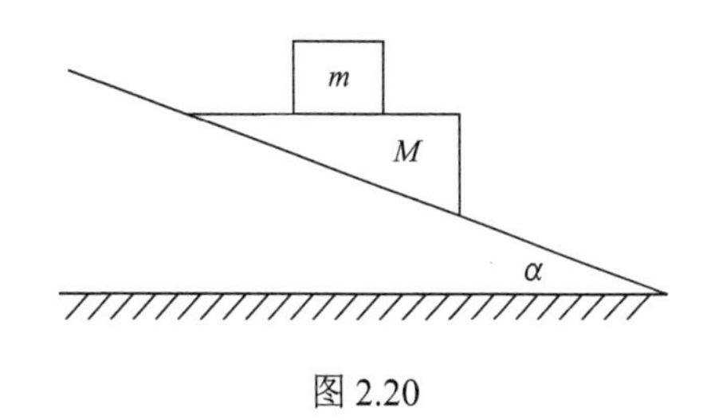

图 2.20

解　设 m、M 间的相互作用力大小为 R，M 受到斜面的支持力为 N，m 只受到竖直方向的作用力，其加速度 a_m 竖直向下，M 的加速度 a_M 沿斜面向下，

$$ma_m = mg - R$$

$$Ma_M = Mg\sin\alpha + R\sin\alpha$$

$$N - R\cos\alpha - Mg\cos\alpha = 0$$

有约束关系

$$a_m = a_M\sin\alpha$$

式中 a_m、a_M 都是相对于静参考系的加速度，解得

$$R = \frac{mMg\cos^2\alpha}{M + m\sin^2\alpha}$$

$$a_M = \frac{(M+m)g\sin\alpha}{M + m\sin^2\alpha}$$

$$a_m = \frac{(M+m)g\sin^2\alpha}{M+m\sin^2\alpha}$$

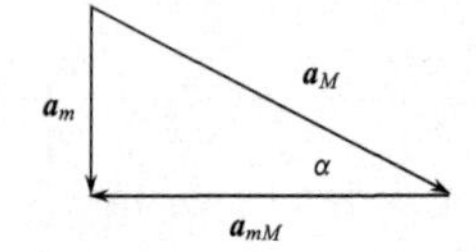

图 2.21

$\boldsymbol{a}_m$、$\boldsymbol{a}_M$ 与 m 相对于 M 的加速度 $\boldsymbol{a}_{mM}$ 的矢量关系如图 2.21 所示,

$$\boldsymbol{a}_{mM} = \boldsymbol{a}_m - \boldsymbol{a}_M$$

$$a_{mM} = a_M\cos\alpha = \frac{(M+m)g\sin\alpha\cos\alpha}{M+m\sin^2\alpha}$$

$\boldsymbol{a}_{mM}$ 的方向水平向左,

$$N = (R+Mg)\cos\alpha = \frac{M(M+m)g\cos\alpha}{M+m\sin^2\alpha}$$

2.1.26　图 2.22 中水平桌面上的滑块质量为 M，一条其两端分别系着质量为 m_1、m_2 的两个物体的不计质量、不可伸长的细绳套在滑块上，滑块、绳子与桌面相互间均无摩擦. 试证明滑块的加速度为

$$a = \frac{4m_1m_2}{M(m_1+m_2)+4m_1m_2}g$$

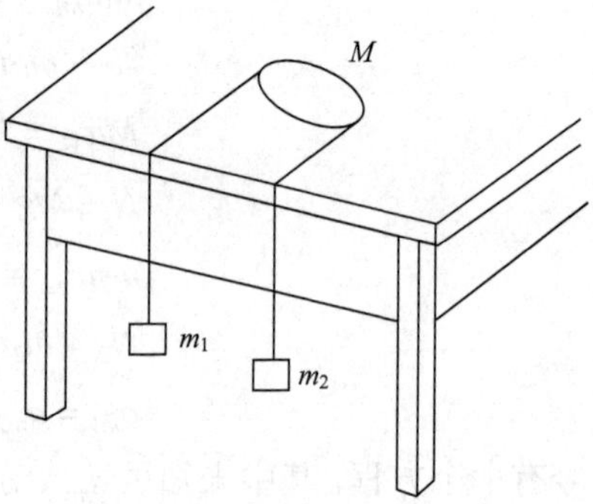

图 2.22

证明　设绳子张力为 T，m_1、m_2 的加速度为 a_1、a_2，均竖直向下，滑块的加速度为 a.

$$m_1a_1 = m_1g - T \tag{1}$$

$$m_2a_2 = m_2g - T \tag{2}$$

$$Ma = 2T \tag{3}$$

从桌的边缘向下取 x_1、x_2 表示 m_1、m_2 的坐标，沿桌面取 x 表示 M 的坐标，由于绳长一定,

$$x_1 + x_2 + 2x = 常量$$

$$a_1 + a_2 - 2a = 0 \tag{4}$$

上述四式含 4 个未知量 T、a_1、a_2、a，可解出

$$a = \frac{4m_1m_2}{M(m_1+m_2)+4m_1m_2}g$$

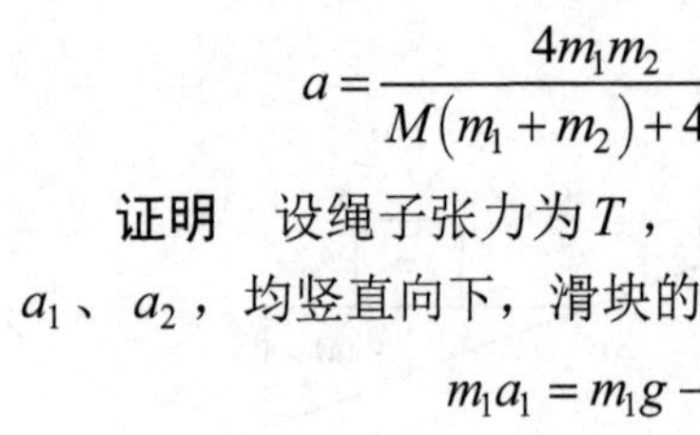

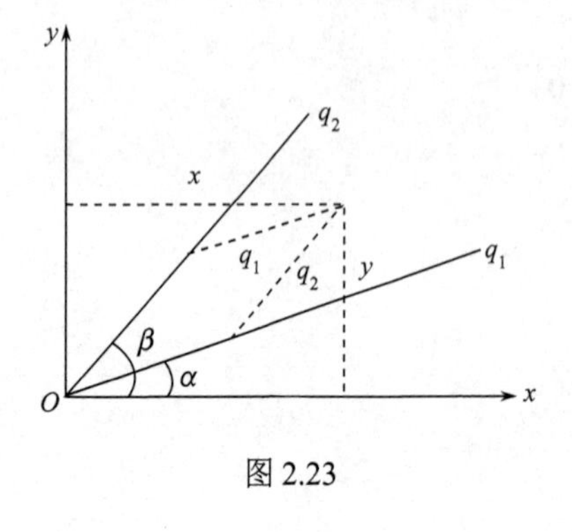

图 2.23

2.1.27　q_1、q_2 轴在竖直的 xy 平面内，与 x 轴的夹角分别为 α 和 β. 一个抛射体在 xy 平面内运动，今取 q_1、q_2 为坐标，给出或导出抛射体的运动微分方程. 重力沿 y 轴的负方向.

解法一　用 x、y 为坐标，抛射体的运动微分方程为

$$\ddot{x} = 0,\quad \ddot{y} = -g$$

参看图 2.23，质点的 x 、 y 坐标与 q_1 、 q_2 坐标有下列坐标变换关系：

$$x = q_1\cos\alpha + q_2\cos\beta$$

$$y = q_1\sin\alpha + q_2\sin\beta$$

对上述两式分别对 t 求二阶导数，可得

$$\ddot{q}_1\cos\alpha + \ddot{q}_2\cos\beta = 0 \tag{1}$$

$$\ddot{q}_1\sin\alpha + \ddot{q}_2\sin\beta = -g \tag{2}$$

从式(1)、(2)两式分别消去 $\ddot{q}_1$ 、 $\ddot{q}_2$ ，可得

$$\ddot{q}_1(\sin\beta\cos\alpha - \sin\alpha\cos\beta) = g\cos\beta$$

$$\ddot{q}_2(\sin\alpha\cos\beta - \sin\beta\cos\alpha) = g\cos\alpha$$

即

$$\ddot{q}_1 = \frac{g\cos\beta}{\sin(\beta-\alpha)} \tag{3}$$

$$\ddot{q}_2 = \frac{g\cos\alpha}{\sin(\alpha-\beta)} \tag{4}$$

式(3)、(4)或式(1)、(2)均可为所求的微分方程.

解法二　将作用于质点的力(今只有重力)沿 q_1 、 q_2 轴进行分解，立即可得到式(3)、(4)的运动微分方程.

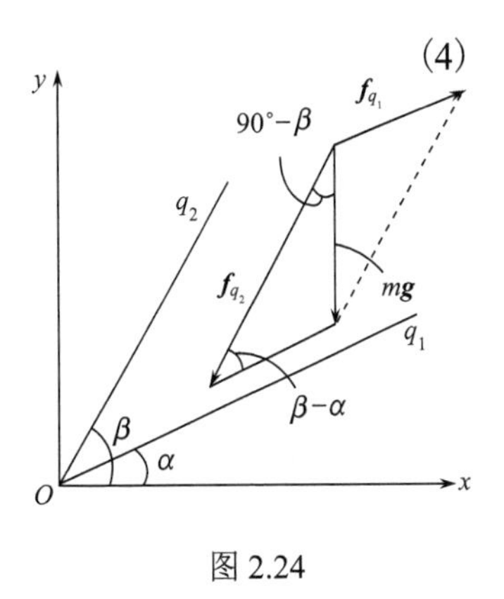

图 2.24

参看图 2.24，

$$\frac{f_{q_1}}{\sin(90^\circ-\beta)} = \frac{mg}{\sin(\beta-\alpha)}$$

$$\frac{f_{q_2}}{\sin\left(\frac{\pi}{2}+\alpha\right)} = \frac{mg}{\sin(\beta-\alpha)}$$

$$f_{q_1} = mg\frac{\cos\beta}{\sin(\beta-\alpha)}$$

$$f_{q_2} = mg\frac{(-\cos\alpha)}{\sin(\beta-\alpha)}$$

$$m\ddot{q}_1 = f_{q_1} = mg\frac{\cos\beta}{\sin(\beta-\alpha)}$$

$$m\ddot{q}_2 = f_{q_2} = -mg\frac{\cos\alpha}{\sin(\beta-\alpha)}$$

与式(3)、(4)相同.

q_1 、 q_2 的坐标原点可以与 x 、 y 的坐标原点不重合，用 q_1 、 q_2 表达的运动微分方程不变，因为坐标变换关系中差个常数，对 t 求导后，仍有式(1)、(2).

2.1.28　质量分别为 M 和 $M+m$ 的两个人，分别拉住跨过定滑轮两边的绳子往上爬.

开始时两人与滑轮的距离都是 h，都从静止开始爬. 设绳子不可伸长，绳子质量与绳子、滑轮间的摩擦力均可不计. 证明：如质量较小的人在 t 秒内爬到滑轮，这时质量较大的人与滑轮的距离为 $\dfrac{m}{M+m}\left(h+\dfrac{1}{2}gt^2\right)$.

证明 设绳子张力为 T，a_1、a_2 分别是质量较小和较大的人向上爬的加速度，不要求它们是常量.

$$Ma_1 = T - Mg$$

$$(M+m)a_2 = T-(M+m)g$$

两式相减，得

$$Ma_1-(M+m)a_2 = mg$$

两边对 t 积分两次

$$M\int_0^t \mathrm{d}t'\int_0^{t'} a_1\mathrm{d}t' - (M+m)\int_0^t \mathrm{d}t'\int_0^{t'} a_2\mathrm{d}t' = \frac{1}{2}mgt^2$$

t 时刻，较轻的人爬到滑轮，较重的人离滑轮的距离设为 l.对此时刻用上式得

$$Mh-(M+m)(h-l)=\frac{1}{2}mgt^2$$

解出

$$l=\frac{M}{M+m}\left(h+\frac{1}{2}gt^2\right)$$

2.1.29 一质量为 m 的跳水运动员，初速为零地从 10m 跳台上跳下.

(1)求入水速度和从起跳到入水大致所用的时间；

(2)假定作用在跳水者身上水的浮力和他所受的重力正好抵消，作用在他身上的水的黏滞力大小为 bv^2，试列出跳水员在水中垂直下沉的运动微分方程，以边界条件 $x=0$ 处 $v=v_0$，求解速度 v 作为水面下深度 x 的函数；

(3)若 $\dfrac{b}{m}=0.4m^{-1}$，求当 $v=\dfrac{1}{10}v_0$ 时的深度；

(4)求解跳水员在水下的垂直深度作为在水下的时间的函数.

解 (1)

$$h=\frac{1}{2}gt^2,\quad t=\sqrt{\frac{2h}{g}}=\sqrt{\frac{2\times 10}{9.8}}=1.43(\mathrm{s})$$

$$v=gt=9.8\times 1.43=14.0(\mathrm{m\cdot s^{-1}})$$

(2)

$$m\ddot{x}=-b\dot{x}^2,\quad \ddot{x}=\frac{\mathrm{d}\dot{x}}{\mathrm{d}x}\dot{x}$$

$$m\dot{x}\frac{\mathrm{d}\dot{x}}{\mathrm{d}x}=-b\dot{x}^2,\quad \int_{v_0}^{v}\frac{1}{\dot{x}}\mathrm{d}\dot{x}=-\int_0^x\frac{b}{m}\mathrm{d}x$$

$$\ln\frac{v}{v_0}=-\frac{b}{m}x,\quad v=v_0\mathrm{e}^{-\frac{b}{m}x}$$

(3)

$$\frac{1}{10}v_0=v_0\mathrm{e}^{-0.4x},\quad x=\frac{1}{0.4}\ln 10=5.76(\mathrm{m})$$

(4)
$$\frac{\mathrm{d}x}{\mathrm{d}t}=v_0\mathrm{e}^{-\frac{b}{m}x},\quad \int_0^x \mathrm{e}^{\frac{b}{m}x}\mathrm{d}x=\int_0^t v_0\mathrm{d}t$$

$$\frac{m}{b}\left(\mathrm{e}^{\frac{b}{m}x}-1\right)=v_0t,\quad x=\frac{m}{b}\ln\left(1+\frac{bv_0}{m}t\right)$$

2.1.30 一个质量为m的质点以初速v在y方向投射到沿x方向以不变速度V运动着的水平皮带上并留在上面运动. 若质点与皮带间的滑动摩擦因数为μ，质点接触皮带的初位置取为固定的xy坐标系的原点，求质点在皮带上刚停止滑动时的xy坐标.

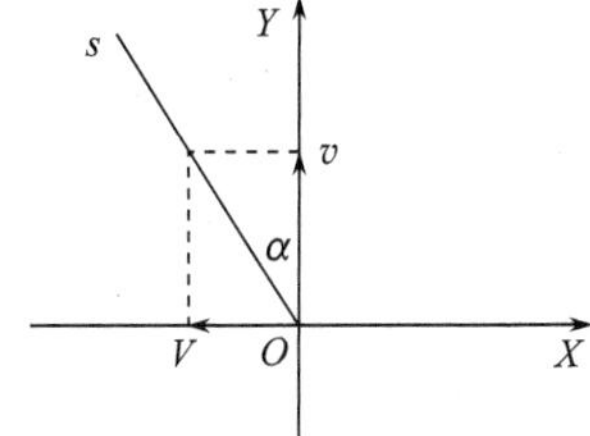

图 2.25

解 在皮带上取XY坐标与固定的xy坐标平行，且$t=0$时即质点投射到皮带上时，XY坐标与xy坐标完全重合. 因皮带以不变的速度V沿x方向运动，质点在皮带上的XY坐标与xy坐标的关系为

$$x=X+Vt,\quad y=Y$$

取皮带为参考系(也是惯性参考系)，质点投射到皮带上时，$t=0$，$X=0$，$Y=0$，$\dot{X}=-V$，$\dot{Y}=v$.

质点对皮带有相对运动时，摩擦力始终与初速度相反，故质点做直线运动，取质点运动方向为s坐标，如图 2.25 所示，

$$m\ddot{s}=-\mu mg$$

$t=0$时，

$$s=0,\quad \dot{s}=\sqrt{v^2+V^2}$$

t时，

$$\dot{s}=\sqrt{v^2+V^2}-\mu gt$$

$$s=\sqrt{v^2+V^2}\,t-\frac{1}{2}\mu gt^2$$

质点在皮带上刚停止运动的时间设为t_1，此时$\dot{s}=0$，故

$$t_1=\frac{\sqrt{v^2+V^2}}{\mu g}$$

$$s(t_1)=\frac{\left(v^2+V^2\right)}{2\mu g}$$

$$X(t_1)=-s(t_1)\sin\alpha=-\frac{v^2+V^2}{2\mu g}\cdot\frac{V}{\sqrt{v^2+V^2}}=-\frac{\sqrt{v^2+V^2}}{2\mu g}V$$

$$Y(t_1)=s(t_1)\cos\alpha=\frac{v^2+V^2}{2\mu g}\cdot\frac{v}{\sqrt{v^2+V^2}}=\frac{\sqrt{v^2+V^2}}{2\mu g}v$$

$$x(t_1)=X(t_1)+Vt_1=\frac{\sqrt{v^2+V^2}}{2\mu g}V$$

$$y(t_1)=Y(t_1)=\frac{\sqrt{v^2+V^2}}{2\mu g}v$$

注意：不能列出下列运动微分方程：

$$m\ddot{X} = -\mu mg,\quad m\ddot{Y} = -\mu mg$$

错误在于摩擦力及其分量不对，应改为

$$m\ddot{X} = \mu mg\sin\alpha = \mu mg\frac{V}{\sqrt{v^2+V^2}}$$

$$m\ddot{Y} = -\mu mg\cos\alpha = -\mu mg\frac{v}{\sqrt{v^2+V^2}}$$

用它们及前述的初始条件，也可得正确结果.

2.1.31 在水平的 xy 平面内有一留声机转盘，它以恒定的角速度 ω 绕过盘心的铅垂轴旋转. 在转盘上滑动的物体在水平方向受到两个真实力作用：一个是大小为 kr (r 为质点至盘心的距离，k 为常量)，方向指向盘心的弹性力；另一个是摩擦力，与相对速度成正比，比例系数为 c ，c 是正值常量，物体可视为质点.

(1) 如物体待在盘上任何位置均能相对转盘保持静止，问 k 有多大?

(2) 假设 k 是(1)问所得之值，在一般的初始条件下，求物体的相对速度 $\dot{x}$ 、$\dot{y}$ ；

(3) 用(2)的结果进而求 $x(t)$ 和 $y(t)$.

解 (1) 设相对转盘保持静止的位置距盘心 r，取转盘为参考系

$$-kr + m\omega^2 r = 0$$

$$k = m\omega^2$$

对一切 r 值均成立，说明在任何位置保持静止.

(2) 方法一：取转盘为参考系，xy 轴固连于圆盘，原点在盘心. 用(1)问所得之 k 值，弹性力与惯性离轴力的合力为零. 质点受摩擦力和科里奥利力作用.

摩擦力为 $$-c(\dot{x}\boldsymbol{i} + \dot{y}\boldsymbol{j})$$

科里奥利力为

$$-2m\boldsymbol{\omega}\times(\dot{x}\boldsymbol{i} + \dot{y}\boldsymbol{j}) = -2m\omega\boldsymbol{k}\times(\dot{x}\boldsymbol{i} + \dot{y}\boldsymbol{j}) = 2m\omega(\dot{y}\boldsymbol{i} - \dot{x}\boldsymbol{j})$$

运动微分方程为

$$m\ddot{x} = -c\dot{x} + 2m\omega\dot{y} \tag{1}$$

$$m\ddot{y} = -c\dot{y} - 2m\omega\dot{x} \tag{2}$$

式(1)两边对 t 求导,

$$m\dddot{x} = -c\ddot{x} + 2m\omega\ddot{y} \tag{3}$$

将式(2)代入式(3)，得

$$m\dddot{x} = -c\ddot{x} - 4m\omega^2\dot{x} - 2c\omega\dot{y} \tag{4}$$

再用式(1)消去式(4)中的 $\dot{y}$ ，得

$$m\dddot{x} + 2c\ddot{x} + \left(\frac{c^2}{m} + 4m\omega^2\right)\dot{x} = 0$$

这是关于 $\dot{x}$ 的常系数线性二阶齐次微分方程，其相应的特征方程为

$$mr^2 + 2cr + \frac{c^2}{m} + 4m\omega^2 = 0$$

$$r = \frac{-2c \pm \sqrt{4c^2 - 4m\left(\frac{c^2}{m} + 4m\omega^2\right)}}{2m} = -\frac{c}{m} \pm 2\omega\mathrm{i}$$

$$\dot{x} = \mathrm{e}^{-\frac{c}{m}t}\left(A\cos 2\omega t + B\sin 2\omega t\right)$$

$$\ddot{x} = -\frac{c}{m}\mathrm{e}^{-\frac{c}{m}t}\left(A\cos 2\omega t + B\sin 2\omega t\right) + \mathrm{e}^{-\frac{c}{m}t}\left(-2A\omega\sin 2\omega t + 2B\omega\cos 2\omega t\right)$$

用初始条件 $t=0$ 时 $\dot{x}=\dot{x}_0$，$\dot{y}=\dot{y}_0$，

$$\ddot{x} = -\frac{c}{m}\dot{x}_0 + 2\omega\dot{y}_0$$

[后式来自(1)式]可定出 $A=\dot{x}_0$，$B=\dot{y}_0$，

$$\dot{x} = \mathrm{e}^{-\frac{c}{m}t}\left(\dot{x}_0\cos 2\omega t + \dot{y}_0\sin 2\omega t\right) \tag{5}$$

将得到的代入 A、B 值的 $\dot{x}$、$\ddot{x}$ 代入式(1)，可得

$$\dot{y} = \mathrm{e}^{-\frac{c}{m}t}\left(-\dot{x}_0\sin 2\omega t + \dot{y}_0\cos 2\omega t\right) \tag{6}$$

方法二：式(1)+式(2)×i，并引入复变量 $z = x + \mathrm{i}y$，

$$m\ddot{z} = -c\dot{z} - 2m\omega\mathrm{i}\dot{z}$$

$$m\ddot{z} + \left(c + 2m\omega\mathrm{i}\right)\dot{z} = 0 \tag{7}$$

相应的特征方程为

$$mr^2 + \left(c + 2m\omega\mathrm{i}\right)r = 0$$

其解

$$r = -\frac{c}{m} - 2\omega\mathrm{i}$$

故

$$\begin{aligned}\dot{z} &= \dot{z}_0\mathrm{e}^{-\frac{c}{m}t}\mathrm{e}^{-2\omega\mathrm{i}t}\\ &= \left(\dot{x}_0 + \mathrm{i}\dot{y}_0\right)\mathrm{e}^{-\frac{c}{m}t}\left(\cos 2\omega t - \mathrm{i}\sin 2\omega t\right)\\ &= \mathrm{e}^{-\frac{c}{m}t}\left(\dot{x}_0\cos 2\omega t + \dot{y}_0\sin 2\omega t\right)\\ &\quad + \mathrm{i}\mathrm{e}^{-\frac{c}{m}t}\left(\dot{y}_0\cos 2\omega t - \dot{x}_0\sin 2\omega t\right)\end{aligned}$$

与 $\dot{z} = \dot{x} + \mathrm{i}\dot{y}$ 相比较，即得式(5)、(6)的结果.

(3)方法一：对式(5)、(6)直接对 t 积分，可得结果(略).

方法二：$\dot{z}=\dot{z}_0\mathrm{e}^{-\left(\frac{c}{m}+2\omega\mathrm{i}\right)t}$

$$z=\dot{z}_0\int_0^t\mathrm{e}^{-\left(\frac{c}{m}+2\omega\mathrm{i}\right)t}\mathrm{d}t+z_0=-\frac{\dot{z}_0}{\frac{c}{m}+2\omega\mathrm{i}}\left[\mathrm{e}^{-\left(\frac{c}{m}+2\omega\mathrm{i}\right)t}-1\right]+z_0$$

$$=-\frac{m(\dot{x}_0+\mathrm{i}\dot{y}_0)}{c^2+4m^2\omega^2}(c-2m\omega\mathrm{i})\left[\mathrm{e}^{-\frac{c}{m}t}(\cos 2\omega t-\mathrm{i}\sin 2\omega t)-1\right]+x_0+\mathrm{i}y_0$$

与 $z=x+\mathrm{i}y$ 相比较，可得

$$x=x_0+\frac{m(c\dot{x}_0+2m\omega\dot{y}_0)}{c^2+4m^2\omega^2}-\left[\frac{m(c\dot{x}_0+2m\omega\dot{y}_0)}{c^2+4m^2\omega^2}\cos 2\omega t-\frac{m(2m\omega\dot{x}_0-c\dot{y}_0)}{c^2+4m^2\omega^2}\sin 2\omega t\right]\mathrm{e}^{-\frac{c}{m}t}$$

$$y=y_0-\frac{m(2m\omega\dot{x}_0-c\dot{y}_0)}{c^2+4m^2\omega^2}+\left[\frac{m(2m\omega\dot{x}_0-c\dot{y}_0)}{c^2+4m^2\omega^2}\cos 2\omega t+\frac{m(\dot{x}_0+2m\omega\dot{y}_0)}{c^2+4m^2\omega^2}\sin 2\omega t\right]\mathrm{e}^{-\frac{c}{m}t}$$

2.1.32　一个质点垂直上抛，初速为 v_0，如空气阻力与速率的平方成正比，证明：回到初始位置时的速率为 $\dfrac{v_0v_t}{\left(v_0^2+v_t^2\right)^{1/2}}$，其中 v_t 是极限速率.

证明　取竖直向上的 x 轴，抛出点为 $x=0$.

向上运动时，运动微分方程为

$$\ddot{x}=-g-k\dot{x}^2$$

$$v=\dot{x},\quad \ddot{x}=\frac{\mathrm{d}\dot{x}}{\mathrm{d}x}\dot{x}=v\frac{\mathrm{d}v}{\mathrm{d}x}$$

$$v\frac{\mathrm{d}v}{\mathrm{d}x}=-\left(g+kv^2\right)$$

$$\int\frac{\mathrm{d}v^2}{g+kv^2}=-\int 2\mathrm{d}x$$

达到最高点 $x=x_{\max}$ 时，$v=0$，

$$\frac{1}{k}\ln\left(g+kv^2\right)\Big|_{v_0}^{0}=-2x_{\max}$$

$$\frac{1}{k}\ln\left(\frac{g}{g+kv_0^2}\right)=-2x_{\max}\tag{1}$$

向下运动时，运动微分方程为

$$\ddot{x}=-g+k\dot{x}^2$$

$$v\frac{\mathrm{d}v}{\mathrm{d}x}=-\left(g-kv^2\right)$$

$$-\int \frac{\mathrm{d}v^2}{g-kv^2}=2\int \mathrm{d}x$$

回到初始位置$x=0$时，速率为v，

$$\frac{1}{k}\ln\left(g-kv^2\right)\Big|_0^v=2x\Big|_{x_{\max}}^0$$

$$\frac{1}{k}\ln\left(\frac{g-kv^2}{g}\right)=-2x_{\max} \tag{2}$$

比较式(1)、(2)两式得

$$\frac{g-kv^2}{g}=\frac{g}{g+kv_0^2}$$

解出

$$v=\frac{v_0\sqrt{g}}{\sqrt{g+kv_0^2}}$$

向下运动时，当重力与阻力相抵时，$\ddot{x}=0$，速率不再变化，此速率即为极限速率v_t.

$$-g+kv_t^2=0$$

所以

$$v_t=\sqrt{\frac{g}{k}}$$

$$v=\frac{v_0\sqrt{\frac{g}{k}}}{\sqrt{\frac{g}{k}+v_0^2}}=\frac{v_0v_t}{\sqrt{v_t^2+v_0^2}}$$

2.1.33　两个质量均为m的质点A和B连在一个劲度系数为k的弹簧的两端. 开始两质点静放在光滑的水平面上，弹簧处于原长，然后沿AB方向给B以恒力ka.求两质点的运动学方程.

解　用x、y分别表示质点A、B的位置，开始位置，$x=0$、$y=0$，

$$m\ddot{x}=k(y-x) \tag{1}$$

$$m\ddot{y}=ka-k(y-x) \tag{2}$$

式(2)–式(1)得

$$m(\ddot{y}-\ddot{x})=ka-2k(y-x)=-2k\left(y-x-\frac{1}{2}a\right)$$

令$z=y-x-\frac{1}{2}a$，$\omega^2=\frac{2k}{m}$，

$$\ddot{z}+\omega^2z=0$$

所以

$$y-x-\frac{1}{2}a=z=c\cos(\omega t+\alpha)$$

初始条件$t=0$时，$x=0$，$y=0$，$\dot{x}=0$，$\dot{y}=0$，故$y-x=0$，$\dot{y}-\dot{x}=0$，故有

$$-\frac{1}{2}a = c\cos\alpha$$

$$0 = -c\omega\sin\alpha$$

解出

$$\alpha = 0, \quad c = -\frac{1}{2}a$$

$$y - x = \frac{1}{2}a(1-\cos\omega t)$$

代入式(1)，

$$m\ddot{x} = \frac{1}{2}ka(1-\cos\omega t)$$

或

$$\ddot{x} = \frac{1}{4}\omega^2 a(1-\cos\omega t)$$

用初始条件 $t=0$ 时 $x=0$ 、$\dot{x}=0$，积分上式可得

$$\dot{x} = \frac{1}{4}a\omega^2 t - \frac{1}{4}a\omega\sin\omega t$$

$$x = \frac{1}{8}a\omega^2 t^2 - \frac{1}{4}a(1-\cos\omega t)$$

$$y = x + \frac{1}{2}a(1-\cos\omega t) = \frac{1}{8}a\omega^2 t^2 + \frac{1}{4}a(1-\cos\omega t)$$

其中 $\omega^2 = \dfrac{2k}{m}$.

2.1.34　质量为 m 的质点在阻力等于 $mk(v^3 + a^2 v)$ 的介质中运动，其中 k 和 a 均为常量，初速度为 v_0 .求其路程与时间的关系，并由此导出 $k \to 0$ 时的关系来检验所得结果的正确性.

解

$$m\frac{\mathrm{d}v}{\mathrm{d}t} = -mk(v^3 + a^2 v)$$

$$\frac{\mathrm{d}v}{v(v^2 + a^2)} = -k\mathrm{d}t \tag{1}$$

改写

$$\frac{1}{v(v^2 + a^2)} = \frac{A}{v} + \frac{Bv + C}{v^2 + a^2}$$

$$1 = A(v^2 + a^2) + v(Bv + C)$$

等号两边 v 的各次幂的系数分别相等，

$$A + B = 0$$

$$C = 0$$

$$Aa^2 = 1$$

解出 $A = \dfrac{1}{a^2}$ ，$B = -\dfrac{1}{a^2}$ ，$C = 0$ ，

$$\frac{1}{v\left(v^2+a^2\right)}=\frac{1}{a^2v}-\frac{v}{a^2\left(v^2+a^2\right)} \tag{2}$$

将式(2)代入式(1)，积分

$$\int_{v_0}^{v}\frac{1}{a^2v}\mathrm{d}v-\int_{v_0}^{v}\frac{v}{a^2\left(v^2+a^2\right)}\mathrm{d}v=-\int_0^t k\mathrm{d}t$$

可得

$$\ln\frac{v}{\sqrt{v^2+a^2}}=-ka^2t+\ln\frac{v_0}{\sqrt{v_0^2+a^2}}$$

$$\frac{v^2}{v^2+a^2}=\frac{v_0^2}{v_0^2+a^2}\mathrm{e}^{-2ka^2t}$$

$$v=\frac{av_0\mathrm{e}^{-ka^2t}}{\sqrt{a^2+v_0^2\left(1-\mathrm{e}^{-2ka^2t}\right)}}$$

$$\mathrm{d}x=v\mathrm{d}t=\frac{av_0\mathrm{e}^{-ka^2t}}{\sqrt{a^2+v_0^2\left(1-\mathrm{e}^{-2ka^2t}\right)}}\mathrm{d}t$$

作变量代换，令 $p=\mathrm{e}^{-ka^2t}$， $\mathrm{d}p=-ka^2p\mathrm{d}t$，

$$\mathrm{d}t=-\frac{1}{ka^2p}\mathrm{d}p$$

$$x=\int_0^x\mathrm{d}x=-\frac{av_0}{ka^2}\int_{p(0)}^{p(t)}\frac{\mathrm{d}p}{\sqrt{a^2+v_0^2-v_0^2p^2}}$$

$$=-\frac{1}{ka}\arcsin\left(\frac{v_0p}{\sqrt{v_0^2+a^2}}\right)\Bigg|_{p(0)}^{p(t)}$$

$$=\frac{1}{ka}\left[\arcsin\left(\frac{v_0}{\sqrt{v_0^2+a^2}}\right)-\arcsin\left(\frac{v_0\mathrm{e}^{-ka^2t}}{\sqrt{v_0^2+a^2}}\right)\right]$$

当 $k\to0$ 时，

$$x=\lim_{k\to0}\frac{1}{ka}\left[\arcsin\left(\frac{v_0}{\sqrt{v_0^2+a^2}}\right)-\arcsin\left(\frac{v_0\mathrm{e}^{-ka^2t}}{\sqrt{v_0^2+a^2}}\right)\right]$$

$$=\frac{\lim\limits_{k\to0}\dfrac{\mathrm{d}}{\mathrm{d}k}\left[\arcsin\left(\dfrac{v_0}{\sqrt{v_0^2+a^2}}\right)-\arcsin\left(\dfrac{v_0\mathrm{e}^{-ka^2t}}{\sqrt{v_0^2+a^2}}\right)\right]}{\dfrac{\mathrm{d}}{\mathrm{d}k}(ka)}$$

$$=\frac{1}{a}\left[-\frac{1}{\sqrt{1-\dfrac{v_0^2\mathrm{e}^{-2ka^2t}}{v_0^2+a^2}}}\cdot\frac{v_0}{\sqrt{v_0^2+a^2}}\mathrm{e}^{-ka^2t}\left(-a^2t\right)\right]\Bigg|_{k\to0}=v_0t$$

这正是没有阻力时做匀速运动的结果.

2.1.35 质量为m的质点静止地连在一弹簧的端点，弹簧的劲度系数为k，并悬挂在固定支点上. 当$t=0$时，对质点施一向下的恒力F，作用时间为t_0.证明：当外力去掉后，质点由其平衡位置$x=x_0$所做的位移为

$$x-x_0=\frac{F}{k}\left[\cos\omega(t-t_0)-\cos\omega t\right]$$

其中$\omega^2=\dfrac{k}{m}$.

证明
$$m\ddot{x}=-kx+mg+F,\quad 0\leqslant t\leqslant t_0$$

$t=0$时，$x=x_0=\dfrac{mg}{k}$，$\dot{x}=0$，

$$x=\frac{F+mg}{k}+A\cos(\omega t+\alpha)$$

其中

$$\omega=\sqrt{\frac{k}{m}}$$

$$\dot{x}=-A\omega\sin(\omega t+\alpha)$$

由初始条件定出$\alpha=0$，$A=-\dfrac{F}{k}$，

$$x=x_0+\frac{F}{k}(1-\cos\omega t)$$

$$\dot{x}=\frac{F}{k}\omega\sin\omega t$$

撤去恒力F后的运动微分方程为

$$m\ddot{x}=-kx+mg,\quad t\geqslant t_0$$

初始条件：$t=t_0$时，$x=x_0+\dfrac{F}{k}(1-\cos\omega t_0)$，$\dot{x}=\dfrac{F}{k}\omega\sin\omega t_0$，

$$x=\frac{mg}{k}+B\cos\omega t+C\sin\omega t$$

$$\dot{x}=-B\omega\sin\omega t+C\omega\cos\omega t$$

由初始条件，并注意$x_0=\dfrac{mg}{k}$，整理后可得

$$B\cos\omega t_0+C\sin\omega t_0=\frac{F}{k}-\frac{F}{k}\cos\omega t_0\tag{1}$$

$$-B\sin\omega t_0+C\cos\omega t_0=\frac{F}{k}\sin\omega t_0\tag{2}$$

注意：式(1)、(2)两式中的t_0是特定的值，不能任意给，故不能令式(1)、(2)两式两边的$\sin\omega t_0$、$\cos\omega t_0$的系数分别相等.

式(1)×$\sin\omega t_0$+式(2)×$\cos\omega t_0$，得

$$C=\frac{F}{k}\sin\omega t_0$$

代入式(2)得

$$B=-\frac{F}{k}\left(1-\cos\omega t_0\right)$$

$$x=\frac{mg}{k}-\frac{F}{k}\left(1-\cos\omega t_0\right)\cos\omega t+\frac{F}{k}\sin\omega t_0\sin\omega t$$

即

$$x-x_0=\frac{F}{k}\left[\cos\omega\left(t-t_0\right)-\cos\omega t\right]$$

2.1.36　空间内有均匀的电场和磁场，$\boldsymbol{E}=E\boldsymbol{i}$，$\boldsymbol{B}=B\left(\cos\alpha\boldsymbol{i}+\sin\alpha\boldsymbol{j}\right)$，$\alpha$ 为常量. 具有质量为 m、电量为 q 的粒子在坐标系原点以初速 $\boldsymbol{v}_0=\dot{x}_0\boldsymbol{i}+\dot{y}_0\boldsymbol{j}+\dot{z}_0\boldsymbol{k}$ 开始运动. 若重力可忽略不计，求质点以后的运动.

解

$$m\ddot{\boldsymbol{r}}=q\boldsymbol{E}+q\boldsymbol{v}\times\boldsymbol{B}$$

将 $\boldsymbol{v}=\dot{x}\boldsymbol{i}+\dot{y}\boldsymbol{j}+\dot{z}\boldsymbol{k}$，$\boldsymbol{E}=E\boldsymbol{i}$，$\boldsymbol{B}=B\left(\cos\alpha\boldsymbol{i}+\sin\alpha\boldsymbol{j}\right)$ 代入上式，写成分量方程，

$$m\ddot{x}=qE-qB\dot{z}\sin\alpha \tag{1}$$

$$m\ddot{y}=qB\dot{z}\cos\alpha \tag{2}$$

$$m\ddot{z}=qB\left(\dot{x}\sin\alpha-\dot{y}\cos\alpha\right) \tag{3}$$

$t=0$ 时，$x=y=z=0$，$\dot{x}=\dot{x}_0$，$\dot{y}=\dot{y}_0$，$\dot{z}=\dot{z}_0$.式(3)对 t 求导，用式(1)、(2)消去 $\ddot{x}$、$\ddot{y}$，得

$$m^2\dddot{z}+q^2B^2\dot{z}=q^2BE\sin\alpha$$

上式对 t 积分，得

$$m^2\ddot{z}-m^2\ddot{z}_0+q^2B^2z=q^2BEt\sin\alpha \tag{4}$$

其中

$$m\ddot{z}_0=qB\left(\dot{x}_0\sin\alpha-\dot{y}_0\cos\alpha\right)$$

式(4)是关于 z 的常系数线性二阶非齐次微分方程，不难看出它有下列特解：

$$z^*=\frac{1}{q^2B^2}\left(m^2\ddot{z}_0+q^2BEt\sin\alpha\right)$$

通解为 $z=A\cos\left(\frac{qB}{m}t\right)+C\sin\left(\frac{qB}{m}t\right)+z^*$.

$$\dot{z}=-A\frac{qB}{m}\sin\left(\frac{qB}{m}t\right)+C\frac{qB}{m}\cos\left(\frac{qB}{m}t\right)+\frac{E}{B}\sin\alpha$$

由初始条件：$t=0$ 时，$z=0$，$\dot{z}=\dot{z}_0$ 定出

$$A=-\frac{m^2}{q^2B^2}\ddot{z}_0,\quad C=\frac{m}{qB}\left(\dot{z}_0-\frac{E}{B}\sin\alpha\right)$$

以下为写得简便些，令 $\omega=\frac{qB}{m}$，则

$$A=-\frac{1}{\omega^2}\ddot{z}_0,\quad C=\frac{1}{\omega}\left(\dot{z}_0-\frac{E}{B}\sin\alpha\right) \tag{5}$$

$$z = A\cos\omega t + C\sin\omega t - A + \frac{E}{B}t\sin\alpha \tag{6}$$

积分式(2)，并用初始条件，再代入式(6)得

$$m\dot{y} = m\dot{y}_0 + qB\cos\alpha\left(A\cos\omega t + C\sin\omega t - A + \frac{E}{B}t\sin\alpha\right)$$

即 $\dot{y} = \dot{y}_0 + \omega\cos\alpha\left(A\cos\omega t + C\sin\omega t - A + \frac{E}{B}t\sin\alpha\right)$.

对上式积分，用初始条件，得

$$y = \dot{y}_0 t + \cos\alpha\left(A\sin\omega t - C\cos\omega t + C - A\omega t + \frac{qE}{2m}t^2\sin\alpha\right) \tag{7}$$

对式(3)积分，用初始条件，得

$$m\dot{z} = m\dot{z}_0 + qB(x\sin\alpha - y\cos\alpha) \tag{8}$$

从式(8)解出 x，代入式(6)、(7)，可得

$$x = -\sin\alpha(A\sin\omega t - C\cos\omega t) + \frac{E}{B\omega} - \frac{\dot{z}_0}{\omega}\csc\alpha$$
$$+\dot{y}_0 t\cot\alpha + \csc\alpha\cos^2\alpha(C - A\omega t) + \frac{qE}{2m}t^2\cos^2\alpha$$

其中 A、C 如(5)式所示，$\omega = \frac{qB}{m}$.

2.1.37　具有质量 m 和电量 q 的质点，以速度 $\boldsymbol{V}_0$ 垂直于电场方向进入按 $\boldsymbol{E} = \boldsymbol{E}_0\cos\omega t$ 规律变化的均匀电场，若质点还受到一个跟速度一次幂成比例的阻力 $\boldsymbol{R} = -\gamma\boldsymbol{v}$，$\gamma$ 为正值常量. 求质点的运动(不计重力的作用).

解　取 x 轴沿 $\boldsymbol{V}_0$ 方向，y 轴沿 $\boldsymbol{E}_0$ 方向，进入点为坐标原点.

$$m\ddot{x} = -\gamma\dot{x}$$
$$m\ddot{y} = -\gamma\dot{y} + qE_0\cos\omega t$$

初始条件：$t=0$ 时，$x = y = 0$，$\dot{x} = V_0$，$\dot{y} = 0$，

$$m\dot{x} = -\gamma x + mV_0$$

$x = x^* = \frac{mV_0}{\gamma}$ 是上述非齐次微分方程的一个特解.

相应的齐次微分方程

$$m\dot{x} = -\gamma x$$

$$\frac{\mathrm{d}x}{x} = -\frac{\gamma}{m}\mathrm{d}t$$

通解为

$$x = c\mathrm{e}^{-\frac{\gamma}{m}t}$$

非齐次微分方程的通解为

$$x = \frac{mV_0}{\gamma} + c\mathrm{e}^{-\frac{\gamma}{m}t}$$

用初始条件定 c 得

$$x=\frac{mV_0}{\gamma}\left(1-\mathrm{e}^{-\frac{\gamma}{m}t}\right)$$

$$m\ddot{y}=-\gamma\dot{y}+qE_0\cos\omega t$$

$$m\dot{y}=-\gamma y+\frac{qE_0}{\omega}\sin\omega t$$

设上述非齐次微分方程的特解为

$$y=y^*=c_1\cos\omega t+c_2\sin\omega t$$

$$\dot{y}=-c_1\omega\sin\omega t+c_2\omega\cos\omega t$$

$$-mc_1\omega\sin\omega t+mc_2\omega\cos\omega t=-\gamma c_1\cos\omega t-\gamma c_2\sin\omega t+\frac{qE_0}{\omega}\sin\omega t$$

两边 $\sin\omega t$ 、 $\cos\omega t$ 的系数分别相等，

$$-m\omega c_1=-\gamma c_2+\frac{qE_0}{\omega}$$

$$m\omega c_2=-\gamma c_1$$

解出

$$c_1=-\frac{mqE_0}{m^2\omega^2+\gamma^2},\quad c_2=\frac{\gamma qE_0}{\omega\left(m^2\omega^2+\gamma^2\right)}$$

$$y^*=-\frac{mqE_0}{m^2\omega^2+\gamma^2}\cos\omega t+\frac{\gamma qE_0}{\omega\left(m^2\omega^2+\gamma^2\right)}\sin\omega t$$

y 的非齐次微分方程的通解为

$$y=c'\mathrm{e}^{-\frac{\gamma}{m}t}-\frac{mqE_0}{m^2\omega^2+\gamma^2}\left(\cos\omega t-\frac{\gamma}{m\omega}\sin\omega t\right)$$

由 $t=0$， $y=0$，定出 $c'=\dfrac{mqE_0}{m^2\omega^2+\gamma^2}$，所以

$$y=\frac{mqE_0}{m^2\omega^2+\gamma^2}\left(\mathrm{e}^{-\frac{\gamma}{m}t}-\cos\omega t+\frac{\gamma}{m\omega}\sin\omega t\right)$$

2.1.38　一长度为 L 的水平封闭圆管绕其一端的竖直轴以恒定的角速度 ω 旋转，管内装有密度为 ρ_0 的液体及一截面半径略小于管内径的长为 l、密度为 $\rho(\rho>\rho_0)$ 的小圆柱体. 开始时，小圆柱体紧靠轴并相对于圆管静止. 问经多长时间小圆柱体到达管的另一端.

解　取沿圆管的 x 轴，在轴处， $x=0$.先求由于转动圆管各处液体的压力，设 S 为圆管的截面积.

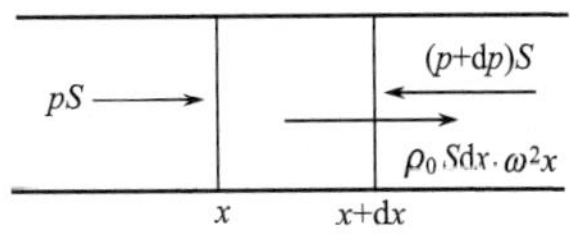

图 2.26

考虑 x 至 $x+\mathrm{d}x$ 一段液体质元，两边受到周围液体的压力和惯性离轴力相平衡，图 2.26 中 $\rho_0S\mathrm{d}x\cdot\omega^2x$ 为惯性离轴力.

$$pS+\rho_0S\mathrm{d}x\cdot\omega^2x-\left(p+\mathrm{d}p\right)S=0$$

$$\int_0^p\mathrm{d}p=\int_0^x\rho_0\omega^2x\mathrm{d}x$$

这里写积分下限考虑了 $x=0$ 处 $p=0$，

$$p(x)=\frac{1}{2}\rho_0\omega^2x^2$$

小圆柱体处于 x 到 $x+l$ 位置处受到的惯性离轴力的合力为

$$\int_x^{x+l}\rho\omega^2xS\mathrm{d}x=\frac{1}{2}\rho\omega^2S\left(2xl+l^2\right)$$

小圆柱位于 x 到 $x+l$ 位置时，它的运动微分方程为

$$\begin{aligned}\rho lS\ddot{x}&=\frac{1}{2}\rho\omega^2S\left(2xl+l^2\right)+\frac{1}{2}\rho_0\omega^2Sx^2-\frac{1}{2}\rho_0\omega^2S\left(x+l\right)^2\\&=\frac{1}{2}(\rho-\rho_0)\omega^2Sl(2x+l)\end{aligned}$$

$$\ddot{x}=\dot{x}\frac{\mathrm{d}\dot{x}}{\mathrm{d}x}=\frac{\rho-\rho_0}{2\rho}\omega^2\left(2x+l\right)$$

积分上式，注意 $x=0$ 处 $\dot{x}=0$，可得

$$\dot{x}^2=\frac{\rho-\rho_0}{\rho}\omega^2\left(x^2+lx\right)=\frac{\rho-\rho_0}{\rho}\omega^2\left[\left(x+\frac{l}{2}\right)^2-\left(\frac{l}{2}\right)^2\right]$$

小圆柱到达圆管另一端时，$x=L-l$，时间 t 为

$$t=\frac{1}{\omega}\sqrt{\frac{\rho}{\rho-\rho_0}}\int_0^{L-l}\frac{1}{\sqrt{\left(x+\frac{l}{2}\right)^2-\left(\frac{l}{2}\right)^2}}\mathrm{d}x$$

用积分公式 $\int\frac{1}{\sqrt{x^2-a^2}}\mathrm{d}x=\ln\left(x+\sqrt{x^2-a^2}\right)$，得

$$t=\frac{1}{\omega}\sqrt{\frac{\rho}{\rho-\rho_0}}\ln\left[\frac{2L}{l}-1+\frac{2}{l}\sqrt{L\left(L-l\right)}\right]$$

2.1.39 一个质点以初始速率 v_0、仰角 α 抛出，若空气阻力与速率的平方成正比，比例系数为 mk，m 为质点的质量. 证明：

(1) 运动微分方程可以写成

$$\ddot{x}=-k\dot{x}\dot{s},\quad \ddot{y}=-k\dot{y}\dot{s}-g$$

其中 x 轴沿水平方向，y 轴竖直向上，$\dot{s}^2=\dot{x}^2+\dot{y}^2$；

(2) 轨道微分方程可写为

$$\frac{\mathrm{d}^2y}{\mathrm{d}x^2}=-g\mathrm{e}^{2ks}/\left(v_0\cos\alpha\right)^2$$

其中 s 是自抛射点沿轨道经过的路程；

(3) 忽略空气阻力时，积分上述轨道微分方程，可得抛物线形式的轨道.

证明 (1)

$$m\ddot{x}=-mkv^2\frac{\dot{x}}{v}=-mkv\dot{x}=-mk\dot{s}\dot{x}$$

$$\ddot{x}=-k\dot{s}\dot{x}$$

$$m\ddot{y} = -mkv^2 \frac{\dot{y}}{v} - mg = -mk\dot{s}\dot{y} - mg$$

$$\ddot{y} = -k\dot{s}\dot{y} - g$$

(2)
$$\ddot{y} = \frac{d\dot{y}}{dt} = \frac{d}{dt}\left(\frac{dy}{dx}\frac{dx}{dt}\right) = \ddot{x}\frac{dy}{dx} + \dot{x}^2\frac{d^2y}{dx^2}$$

$$\ddot{x}\frac{dy}{dx} + \dot{x}^2\frac{d^2y}{dx^2} = -k\dot{s}\dot{y} - g$$

将 $\ddot{x} = -k\dot{s}\dot{x}$ 及 $\dot{y} = \frac{dy}{dx}\dot{x}$ 代入上式，得

$$\dot{x}^2\frac{d^2y}{dx^2} = -g \tag{1}$$

再将 $\ddot{x} = \frac{d\dot{x}}{dx}\dot{x} = \frac{1}{2}\frac{d\dot{x}^2}{dx}$ 及 $\dot{s} = \frac{ds}{dx}\dot{x}$ 代入 $\ddot{x} = -k\dot{s}\dot{x}$，得

$$\frac{1}{2}\frac{d\dot{x}^2}{dx} = -k\dot{x}^2\frac{ds}{dx}$$

$$\frac{d\dot{x}^2}{\dot{x}^2} = -2kds$$

用初始条件 $t=0$ 时 $s=0$，$\dot{x} = v_0\cos\alpha$，对上式积分，可得

$$\dot{x}^2 = (v_0\cos\alpha)^2 e^{-2ks} \tag{2}$$

将式(2)代入式(1)，即得

$$\frac{d^2y}{dx^2} = -\frac{ge^{2ks}}{(v_0\cos\alpha)^2}$$

(3)忽略空气阻力，$k=0$，轨道微分方程为

$$\frac{d^2y}{dx^2} = -\frac{g}{(v_0\cos\alpha)^2}$$

两边对 x 积分，

$$\frac{dy}{dx} = -\frac{g}{(v_0\cos\alpha)^2}x + c_1$$

初始条件：$x=0$ 时，$\frac{dy}{dx} = \tan\alpha$，定出 $c_1 = \tan\alpha$，

$$\frac{dy}{dx} = -\frac{g}{(v_0\cos\alpha)^2}x + \tan\alpha$$

$$y = -\frac{g}{2(v_0\cos\alpha)^2}x^2 + x\tan\alpha + c_2$$

初始条件：$x=0$ 时，$y=0$，定出 $c_2 = 0$，

$$y=-\frac{g}{2\left(v_0\cos\alpha\right)^2}x^2+x\tan\alpha$$

$$=-\frac{g}{2\left(v_0\cos\alpha\right)^2}\left(x^2-2v_0^2\cos^2\alpha\cdot\tan\alpha\cdot x\right)$$

$$=-\frac{g}{2\left(v_0\cos\alpha\right)^2}\left(x-v_0^2\sin\alpha\cos\alpha\right)^2+\frac{1}{2}v_0^2g\sin^2\alpha$$

这是标准的抛物线方程.

2.1.40 有一光滑旋转抛物面，其方程为

$$z=-\frac{1}{2}\left(x^2+y^2\right)$$

z 轴竖直向上. 在其顶点有一质量为 m 的小物体，受到微小扰动后自静止开始下滑. 求抛物面对物体的作用力(取质点运动平面为 xz 平面.)

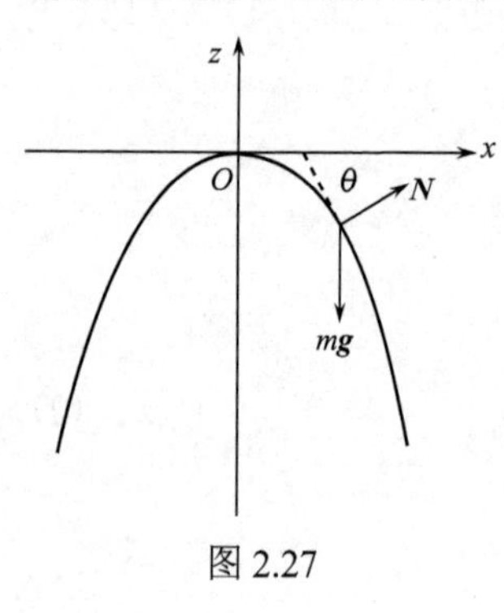

图 2.27

解 用自然坐标

$$m\frac{\mathrm{d}v}{\mathrm{d}t}=mg\sin\theta \tag{1}$$

$$m\frac{v^2}{\rho}=mg\cos\theta-N \tag{2}$$

式中 θ 是速度与 x 轴的夹角，N 是抛物面对物体的作用力. 如图 2.27 所示.

用 $\frac{\mathrm{d}v}{\mathrm{d}t}=\frac{\mathrm{d}v}{\mathrm{d}s}\frac{\mathrm{d}s}{\mathrm{d}t}=v\frac{\mathrm{d}v}{\mathrm{d}s}$，$\sin\theta=-\frac{\mathrm{d}z}{\mathrm{d}s}$，式(1)可改写为

$$mv\frac{\mathrm{d}v}{\mathrm{d}s}=-mg\frac{\mathrm{d}z}{\mathrm{d}s}$$

$$v\mathrm{d}v=-g\mathrm{d}z$$

积分上式，用初始条件：$t=0$ 时，$z=0$，$v=0$，得

$$v=\sqrt{-2gz}=\sqrt{g}x \tag{3}$$

用 $\rho=\frac{\left(1+z'^2\right)^{3/2}}{|z''|}=\frac{\left[1+(-x)^2\right]^{3/2}}{|-1|}=\left(1+x^2\right)^{3/2}$，得

$$\tan\theta=-\frac{\mathrm{d}z}{\mathrm{d}x}=x$$

$$\sec^2\theta=1+\tan^2\theta=1+x^2,\cos\theta=\frac{1}{\left(1+x^2\right)^{1/2}}$$

及式(3)代入式(2)，解得

$$N=mg\cos\theta-\frac{mv^2}{\rho}=\frac{mg}{\left(1+x^2\right)^{3/2}}$$

2.1.41　一个 3∶4∶5 的斜面固连在一转盘上，如图 2.28 所示，一木块静止在斜面上，斜面和木块之间的静摩擦因数 $\mu_s=\dfrac{1}{4}$. 求此木块能保持在离转盘中心的水平距离为 40cm 处相对转盘不动的最小转动角速度 ω.

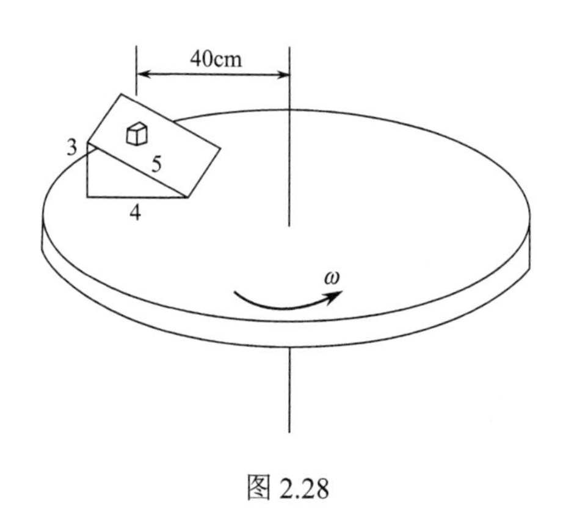

图 2.28

解　取转盘参考系，木块受到的作用力有重力 $m\boldsymbol{g}$，静摩擦力 $\boldsymbol{f}$、斜面的支持力 $\boldsymbol{N}$ 和惯性离轴力 $\boldsymbol{F}$.考虑刚无相对运动的临界情况. $f=\mu_s N$，求最小的 ω，有下滑趋势，故 $\boldsymbol{f}$ 沿斜面向上. $F=m\omega^2 r$，r 为木块离盘心的水平距离，今 $r=0.40\text{m}$.

沿斜面方向及垂直于斜面的方向列平衡方程，

$$mg\sin\theta-m\omega^2 r\cos\theta-\mu_s N=0$$
$$N-mg\cos\theta-m\omega^2 r\sin\theta=0$$

可解出

$$\omega=\sqrt{\frac{\sin\theta-\mu_s\cos\theta}{\cos\theta+\mu_s\sin\theta}\cdot\frac{g}{r}}=\sqrt{\frac{0.6-\dfrac{1}{4}\times 0.8}{0.8+\dfrac{1}{4}\times 0.6}\times\frac{9.8}{0.4}}=3.2(\text{rad/s})$$

2.1.42　一个原长为 l_0、劲度系数为 k、质量为 m 的重弹簧水平地套在顶角为 α 的光滑圆锥上，如图 2.29 所示.

(1) 若圆锥静止，弹簧在圆锥面上也保持静止，求弹簧的长度和弹簧的张力；

(2) 若圆锥绕其竖直的对称轴的恒定的角速度 ω 旋转，弹簧在圆锥面上相对静止. (1) 问的结果有何变化？

解　(1) 设弹簧中的张力为 T，考察中心角为 $\mathrm{d}\theta$ 的微段. 该微段受到微段两端的张力的合力 $\mathrm{d}\boldsymbol{T}$. 其方向指向弹簧所张的圆的圆心，重力 $\mathrm{d}\boldsymbol{N}$ 方向竖直向下. 还有圆锥面的支持力 $\mathrm{d}\boldsymbol{N}$，方向与圆锥面垂直，如图 2.30 所示.

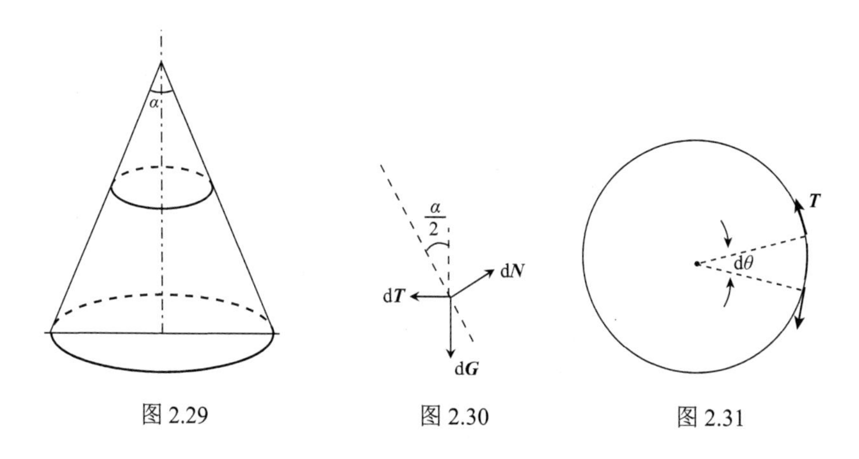

图 2.29　　图 2.30　　图 2.31

由图 2.31 可看出

$$\mathrm{d}T = 2T\sin\frac{1}{2}\mathrm{d}\theta = 2T\cdot\frac{1}{2}\mathrm{d}\theta = T\mathrm{d}\theta$$

$$\mathrm{d}G = \frac{mq}{2\pi}\mathrm{d}\theta$$

d***T***、d***G***、d***N*** 三个力平衡. 写沿锥面方向的平衡条件

$$\mathrm{d}T\cdot\sin\frac{\alpha}{2} = \mathrm{d}G\cdot\cos\frac{\alpha}{2}$$

即得

$$T\sin\frac{\alpha}{2} = \frac{mg}{2\pi}\cos\frac{\alpha}{2}$$

$$T = \frac{mg}{2\pi}\cot\frac{\alpha}{2}$$

再由

$$T = k(l - l_0)$$

联立上述两式. 可得弹簧长度

$$l = \frac{T}{k} + l_0 = l_0 + \frac{mg}{2\pi k}\cot\frac{\alpha}{2}$$

(2) 圆锥绕其对称轴以角速度 ω 匀速旋转时. 以圆锥为参考系. $\mathrm{d}\theta$ 微段受到以上三个力 d***T***′、d***G***′、d***N***′ 以外，还受到惯性离轴力，其方向沿水平方向，与 d***T***′ 方向相反. 其大小为 $\frac{m}{2\pi}\mathrm{d}\theta\cdot\omega^2 r = \frac{m}{2\pi}\mathrm{d}\theta\cdot\omega^2\cdot\frac{l'}{2\pi} = \frac{m\omega^2 l'}{4\pi^2}\mathrm{d}\theta$，其中 l' 是此情况下弹簧的长度. 仍有 $\mathrm{d}T' = T'\mathrm{d}\theta$.

沿锥面方向的平衡方程为

$$T'\sin\frac{\alpha}{2} - \frac{m\omega^2 l'}{4\pi^2}\sin\frac{\alpha}{2} = \frac{mg}{2\pi}\cos\frac{\alpha}{2}$$

也就是

$$T' = \frac{mg}{2\pi}\cot\frac{\alpha}{2} + \frac{m\omega^2 l'}{4\pi^2}$$

联立

$$T' = k(l' - l_0)$$

可得

$$l' = \frac{1}{k - \frac{m\omega^2}{4\pi^2}}\left(\frac{mg}{2\pi}\cot\frac{\alpha}{2} + kl_0\right)$$

$$T' = \frac{mk}{2\pi\left(k - \frac{m\omega^2}{4\pi^2}\right)}\left(g\cot\frac{\alpha}{2} + \frac{\omega^2 l_0}{2\pi}\right)$$

此情况下要求弹簧能在圆锥面上保持相对静止. 必须有$k>\dfrac{m\omega^2}{4\pi}$.

2.1.43　质量分别为m_1和m_2的两个小球，分别系于一根不可伸长的绳中的一点和一端，绳的另一端悬挂于固定点，如图2.32(a)所示. 已知上、下两段绳的长度分别为l_1和l_2. 开始时，两球处于竖直的平衡位置. 现给小球m_1一打击，使它突然在水平方向获得速度v_0. 此时下段绳子仍处于竖直位置. 求此时上、下两段绳子的张力T_1和T_2.

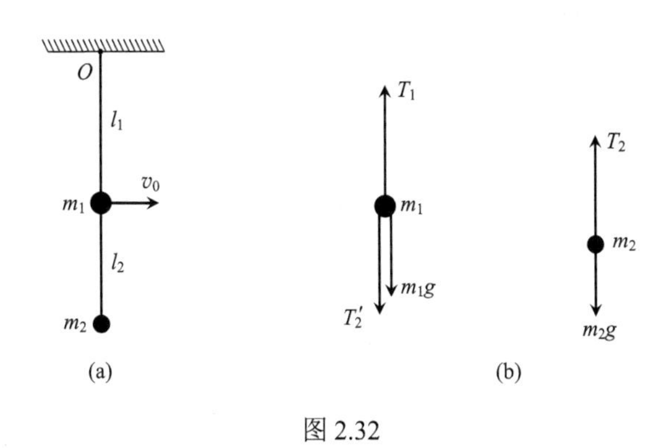

图2.32

解　m_1小球获得水平速度v_0时，m_2小球仍静止. 此时两小球受力情况如图2.32(b)所示.

用静参考系、m_1作圆周运动. 列牛顿方程. 切向不受力. 无切向加速度. 法向方程为

$$T_1-T_2-m_1g=m_1\frac{v_0^2}{L_1}$$

这里用了$T_2'=T_2$.

m_2相对于m_1也作圆周运动. 下面采用三种参考系. 列m_2的法向方程.

(a)用此时的m_1平动参考系，此参考系有向上的加速度$\dfrac{v_0^2}{L_1}$. 由此需引入惯性力$m_2\dfrac{v_0^2}{l_1}$，方向向下，m_2相对此参考系具有向左的水平速度v_0.

$$T_2-m_2g-m_2\frac{v_0^2}{l_1}=m_2\frac{v_0^2}{l_2}$$

两式联立，可得

$$T_1=(m_1+m_2)g+(m_1+m_2)\frac{v_0^2}{l_1}+m_2\frac{v_0^2}{l_2}$$

$$T_2=m_2g+m_2\left(\frac{v_0^2}{l_2}+\frac{v_0^2}{l_2}\right)$$

(b)用此时的m_1转动参考系，它的角速度为$\omega=\dfrac{v_0}{l_1}$，m_1绕绳的固定点转动，m_2离

固定点(也是坐标系原点)的距离为l_1+l_2，速度为

$$v'=\omega(l_1+l_2)=\frac{v_0}{l_1}(l_1+l_2)$$

方向向左.

用此只有转动的非惯性力. 需引入惯性离轴力和科里奥利力. 它们分别为$m_2\omega^2 r=m_2\frac{v_0^2}{l_1^2}(l_1+l_2)$和$2m_2v'\omega=2m_2\frac{v_0^2}{l_0^2}(l_1+l_2)$，方向分别为向下和向上，$m_2$绕$m_1$作半径为$l_2$的圆周运动. 法向加速度为$\frac{v'^2}{l^2}$.

$$T_2-m_2g-m_2\frac{v_0^2}{l_1^2}(l_1+l_2)-m_2\frac{\left[\frac{v_0}{l_1}(l_1+l_2)\right]^2}{l_2}$$

经计算可得

$$T_2=m_2g+m_2\left(\frac{v_0^2}{l_1}+\frac{v_0^2}{l_2}\right)$$

代入m_1的法向方程，可得T_1.

(c)用m_1既平动又转动的参考系. 参考系的平动加速度就是m_1对静系的加速度$\frac{v_0^2}{l_1}$，方向向上，参考系又有角速度$\frac{v_0}{l_1}$绕m_1转动，对此参考系，m_2的速度为

$$v'=v_0+\omega l_2=v_0+\frac{v_0}{l_1}l_2$$

方向向左.

由牵连加速度需引入的惯性力有两项：由于参考系平动引起的$m_2\frac{v_0^2}{l_1}$和由参考系转动引起的$m_2\frac{v_0^2}{l_1^2}l_2$，方向均向下. 因参考系转动，还需考虑科里奥利力$2m_2\omega v'=2m_2\frac{v_0}{l_1}\left(v_0+\frac{v_0}{l_1}l_2\right)$，方向向上. m_2的法向方程为

$$T_2-m_2g-m_2\frac{v_0^2}{l_1}-m_2\frac{v_0^2}{l_1^2}l_2+2m_2\frac{v_0}{l_1}\left(v_0+\frac{v_0}{l_1}l_2\right)=m_2\frac{\left(v_0+\frac{v_0}{l_1}l_2\right)^2}{l_2}$$

也可以得到T_2. 再代入m_1的法向方程，可得T_1. 可知以上三种不同参考系中不同求解给出的结果完全一致.

2.1.44 质量为m的小环套在半径为R的光滑大圆环上，后者在水平面上以匀角速度ω绕其上一点O转动. 若$t=0$时，小球位于过O点的直径的另一端以v_0的初速沿大环运动. 求解小环运动时相对于大环的切向加速度运动和所受到的水平约束力.

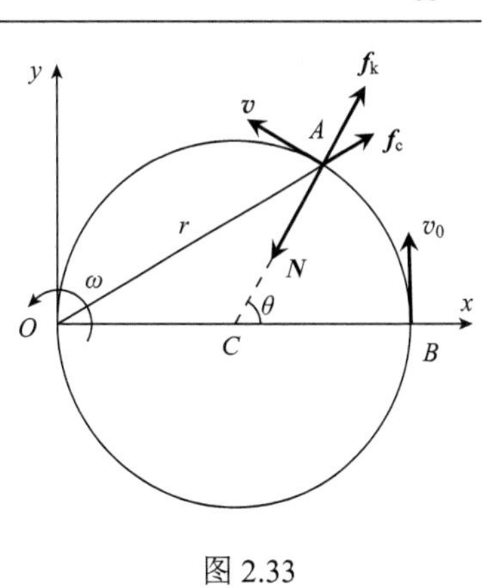

图 2.33

解　取固连于大环的 x、y 坐标，x 轴是通过固定点 O 的直径，如图 2.33 所示. 小球位于 A 点时

$$r = 2R\cos\varphi$$

图中 $\boldsymbol{v}$ 是小环在转动参考系中的速度，也即此时小环相对 A 点的速度，其大小沿大环的切线方向

$$v = R\frac{\mathrm{d}\theta}{\mathrm{d}t}$$

图中 $\boldsymbol{N}$ 是大环给予小环在水平方向的约束力，指向环心 C，$\boldsymbol{f}_\mathrm{k}$ 是科里奥利力，方向在 $\boldsymbol{N}$ 方向的相反方向，大小为 $f_\mathrm{k} = 2mv\omega$，$\boldsymbol{f}_\mathrm{c}$ 是惯性离轴力，沿 $\overrightarrow{OA}$ 方向，其大小

$$f_\mathrm{c} = mr\omega^2 = 2mR\omega^2\cos\varphi$$

切向加速度

$$a_t = -\frac{1}{m}f_\mathrm{c}\sin\varphi = -2R\omega^2\cos\varphi\sin\varphi = -R\omega^2\sin\theta$$

上式也可写成

$$R\ddot{\theta} = -R\omega^2\sin\theta$$

这里用了 $a_t = \frac{\mathrm{d}v}{\mathrm{d}t}$.

因 $\ddot{\theta} = \frac{\mathrm{d}\dot{\theta}}{\mathrm{d}\theta}\dot{\theta} = \frac{1}{2}\frac{\mathrm{d}\dot{\theta}^2}{\mathrm{d}\theta}$ 上式又可改写为

$$\mathrm{d}\dot{\theta}^2 = -2\omega^2\sin\theta\mathrm{d}\theta$$

$\theta = 0$ 时，$\dot{\theta} = \dot{\theta}_0 = \frac{v_0}{R}$. 对上式两边积分给出

$$\dot{\theta}^2 - \dot{\theta}_0^2 = 2\omega^2(\cos\theta - 1)$$

$$\dot{\theta} = \pm\sqrt{\dot{\theta}_0^2 - 2\omega^2(1-\cos\theta)}$$

其中 $\dot{\theta}_0 = \frac{v_0}{R}$. 小环将沿大环作以 B 点 $(\theta = 0)$ 为平衡位置来回摆动.

用自然坐标，求大环给予小环的水平约束力 N. 小环运动的法向方程为

$$N - f_\mathrm{c}\cos\varphi - f_\mathrm{k} = \frac{mv^2}{R}$$

由此可得

$$N = 2mR\omega^2\cos^2\varphi + 2m\omega v + \frac{mv^2}{R}$$

$$= mR\omega^2(1+\cos\theta) + 2m\omega R\dot{\theta} + mR\dot{\theta}^2$$

当小环沿大环逆时针运动时，$\dot{\theta}$ 取正号. 顺时针运动时，$\dot{\theta}$ 取负号.

2.1.45　一水平转盘由静止开始启动，并以匀角加速度 0.04π rad/s² 加速. 一小孩坐在离转盘中心 6m 远的椅子上，手中握着一个 2kg 的球. 求转盘启动 5s 后那一瞬间，小孩为握住球必须施加的力的大小和方向.

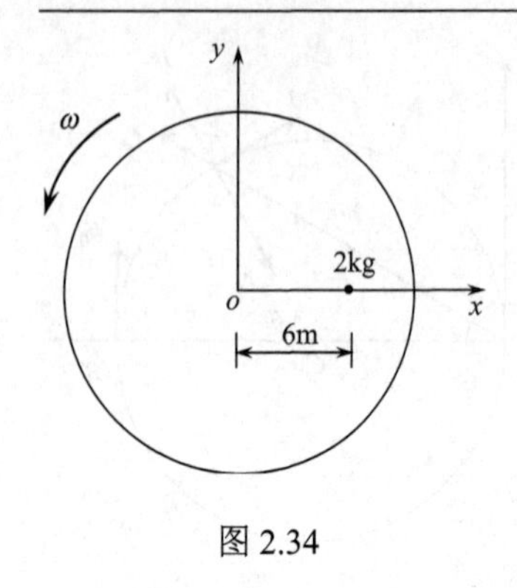

图 2.34

解 取固连于转盘的直角坐标系，如图 2.34 所示. z 轴竖直向上，用转动参考系，

$$m\boldsymbol{a}=\boldsymbol{F}+m\omega^2\boldsymbol{r}-m\dot{\boldsymbol{\omega}}\times\boldsymbol{r}-2m\boldsymbol{\omega}\times\boldsymbol{v}$$

今已知 $\boldsymbol{a}=0$ ，$\boldsymbol{v}=0$ ，

$$\dot{\boldsymbol{\omega}}=0.04\pi\boldsymbol{k}\left(\mathrm{s}^{-2}\right),\ \boldsymbol{\omega}=0.04\pi\times5\boldsymbol{k}=0.2\pi\boldsymbol{k}\left(\mathrm{s}^{-1}\right)$$

$$\boldsymbol{r}=6\boldsymbol{i}(\mathrm{m}),\ \boldsymbol{F}=\boldsymbol{f}+m\boldsymbol{g}=\boldsymbol{f}-2\times9.8\boldsymbol{k}(\mathrm{N})$$

其中 $\boldsymbol{f}$ 是小孩给球的作用力，

$$\boldsymbol{f}-2\times9.8\boldsymbol{k}+2(0.2\pi)^2\times6\boldsymbol{i}-2\times0.04\pi\boldsymbol{k}\times6\boldsymbol{i}=0$$

$$\boldsymbol{f}=-4.74\boldsymbol{i}+1.51\boldsymbol{j}+19.6\boldsymbol{k}(\mathrm{N})$$

$$|\boldsymbol{f}|=20.2\mathrm{N}$$

2.1.46 一个在竖直平面内半径为 a 的圆环，以角速度 ω 绕其竖直直径旋转. 一质量为 m 的小球在环上无摩擦地滑动，如图 2.35 所示.

(1) 在什么特殊条件下，小球在 $\theta=0$ 处是稳定平衡?

(2) 当 ω 为何值时，小球可处于另一稳定平衡位置，求出这时的 θ 值.

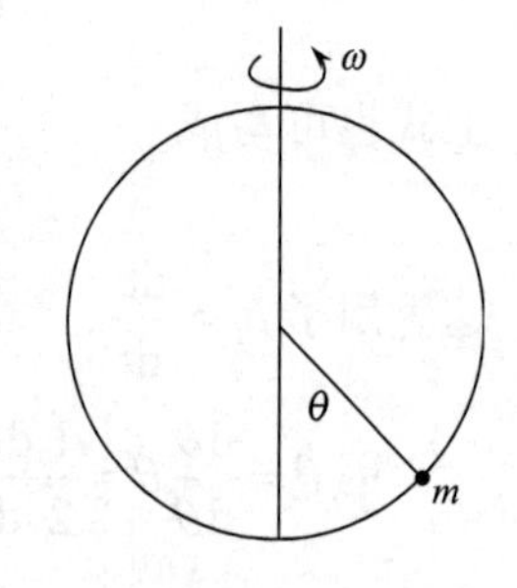

图 2.35

解 用圆环为参考系，运动微分方程为

$$ma\ddot{\theta}=-mg\sin\theta+ma\omega^2\sin\theta\cos\theta \tag{1}$$

(1) $\theta=0$ 时，由式(1)可见，$\ddot{\theta}=0$ ，$\theta=0$ 是平衡位置. 它是否稳定平衡位置，要看从平衡位置给一微扰后，质点受到的合力是否是使它回到平衡位置的恢复力，或者从结果看它是否是围绕该平衡位置的小幅振动.

$\theta=0$ 要是稳定平衡位置，要求受微扰后，以后的运动始终有 θ 为小量，即 $\sin\theta\approx\theta$ ，$\cos\theta\approx1$.代入式(1)得

$$\ddot{\theta}+\left(\frac{g}{a}-\omega^2\right)\theta=0$$

稳定平衡的条件为

$$\frac{g}{a}-\omega^2\geqslant0\quad 即\quad \omega\leqslant\sqrt{\frac{g}{a}}$$

关于 $\omega=\sqrt{\dfrac{g}{a}}$ 也是稳定平衡条件的说明:

$\omega=\sqrt{\dfrac{g}{a}}$ 时，式(1)不是简化为 $\ddot{\theta}=0$ ，而应对 $\cos\theta$ 的近似多保留一项较高级的小量，

$$\cos\theta\approx1-\frac{1}{2}\theta^2$$

故式(1)可近似为

$$\ddot{\theta}=-\frac{1}{2}\omega^2\theta^3=-\frac{g}{2a}\theta^3$$

$\theta>0$ 时，$\ddot{\theta}<0$；$\theta<0$ 时，$\ddot{\theta}>0$，质点受到的合力是恢复力.

(2) 从式(1)可见，平衡位置处，$\ddot{\theta}=0$，

$$\left(-g+a\omega^2\cos\theta\right)\sin\theta=0$$

一个平衡位置是 $\sin\theta_0=0$，故 $\theta_0=0$.

另一个平衡位置 $-g+a\omega^2\cos\theta_0=0$，

$$\cos\theta_0=\frac{g}{a\omega^2},\quad \theta_0=\arccos\left(\frac{g}{a\omega^2}\right)$$

$\cos\theta$ 必须<1，故 $\frac{g}{a\omega^2}<1$，$\omega>\sqrt{\frac{g}{a}}$，这说明，当 $\omega\leqslant\sqrt{\frac{g}{a}}$ 时，不存在另一平衡位置，只有 $\theta=0$ 是平衡位置，而且如上所述，它是稳定平衡位置. 当 $\omega>\sqrt{\frac{g}{a}}$ 时，$\theta=0$ 仍是平衡位置，但如上所述，它是不稳定平衡位置，此时存在着另一个平衡位置 $\theta_0=\arccos\left(\frac{g}{a\omega^2}\right)$.

下面我们证明这另一平衡位置是稳定平衡位置.

令 $\varphi=\theta-\theta_0$，将 $\sin\theta$、$\cos\theta$ 均在 $\theta=\theta_0$ 处作泰勒展开，且只保留一级小量，

$$\sin\theta\approx\sin\theta_0+\cos\theta_0\left(\theta-\theta_0\right)=\sin\theta_0+\varphi\cos\theta_0$$
$$\cos\theta\approx\cos\theta_0-\sin\theta_0\left(\theta-\theta_0\right)=\cos\theta_0-\varphi\sin\theta_0$$

代入式(1)，注意 $\ddot{\theta}=\ddot{\varphi}$，得

$$\begin{aligned}\ddot{\varphi}&=-\frac{g}{a}\left(\sin\theta_0+\varphi\cos\theta_0\right)+\omega^2\left(\sin\theta_0+\varphi\cos\theta_0\right)\left(\cos\theta_0-\varphi\sin\theta_0\right)\\&\approx-\left[\frac{g}{a}\cos\theta_0-\omega^2\left(\cos^2\theta_0-\sin^2\theta_0\right)\right]\varphi\end{aligned}$$

$$\cos\theta_0=\frac{g}{a\omega^2},\quad \cos^2\theta_0=\frac{g^2}{a^2\omega^4},\quad \sin^2\theta_0=1-\frac{g^2}{a^2\omega^4}$$

上式可改写为

$$\ddot{\varphi}=-\left(\omega^2-\frac{g^2}{a^2\omega^2}\right)\varphi$$

因为

$$\frac{g}{a\omega^2}<1,\ \omega^2-\frac{g^2}{a^2\omega^2}=\omega^2\left(1-\frac{g^2}{a^2\omega^4}\right)>0$$

这就证明了只要存在另一个平衡位置，它一定是稳定平衡位置.

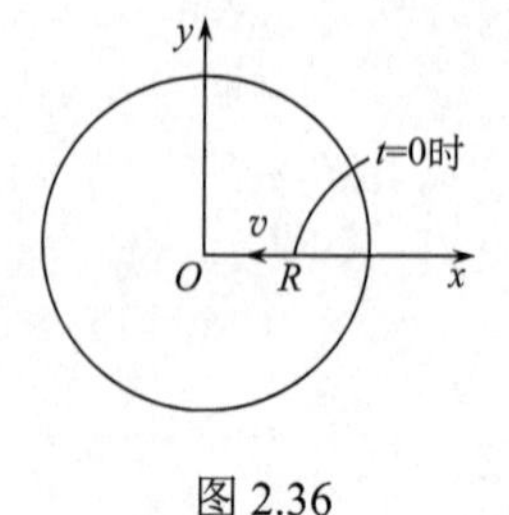

图 2.36

2.1.47 如图 2.36 所示，一光滑的水平圆盘以角速度 ω 绕通过盘心的垂直轴转动. 在圆盘上位于离盘心距离 R 的人给质量为 m 的光滑硬币(忽略大小)朝向盘心方向的推力，使硬币得到相对于圆盘的初速度 v .证明：在圆盘上的人看来，在一段时间内[$(\omega t)^2$ 可以忽略]运动是一条抛物线，给出这条抛物线的方程.

证明 由 $m\dfrac{\mathrm{d}\boldsymbol{v}}{\mathrm{d}t}=\boldsymbol{F}-m\dfrac{\mathrm{d}\boldsymbol{\omega}}{\mathrm{d}t}\times\boldsymbol{r}-m\boldsymbol{\omega}\times(\boldsymbol{\omega}\times\boldsymbol{r})-2m\boldsymbol{\omega}\times\boldsymbol{v}$

得

$$\ddot{x}=\omega^2x+2\omega\dot{y} \tag{1}$$

$$\ddot{y}=\omega^2y-2\omega\dot{x} \tag{2}$$

式(1)+式(2)×i，并令 $z=x+\mathrm{i}y$，得

$$\ddot{z}=\omega^2z-2\omega\mathrm{i}\dot{z}$$

特征方程为

$$r^2+2\omega\mathrm{i}r-\omega^2=0$$

解得

$$r=-\omega\mathrm{i}\ (\text{重根})$$

故

$$z=(A+B\mathrm{i})\mathrm{e}^{-\mathrm{i}\omega t}+(C+D\mathrm{i})t\mathrm{e}^{-\mathrm{i}\omega t}$$

$$x=\mathrm{Re}\,z=A\cos\omega t+B\sin\omega t+Ct\cos\omega t+Dt\sin\omega t$$

$$y=\mathrm{Im}\,z=-A\sin\omega t+B\cos\omega t-Ct\sin\omega t+Dt\cos\omega t$$

由初始条件：$t=0$ 时，$x=R$，$\dot{x}=-v$，$y=0$，$\dot{y}=0$，解出

$$A=R,\ B=0,\ C=-v,\ D=R\omega$$

所以

$$x=R\cos\omega t-vt\cos\omega t+R\omega t\sin\omega t\approx R-vt$$

$$y=-R\sin\omega t+vt\sin\omega t+R\omega t\cos\omega t\approx v\omega t^2$$

作上述近似时，略去了 $(\omega t)^2$ 及更高级的小量.

上述两式消去 t 即得轨道方程

$$y=\frac{\omega}{v}(x-R)^2$$

是一条抛物线.

2.1.48 卫星绕地球做圆轨道运动，卫星内的宇航员将一个小物体放在卫星质心和地心连线上离卫星质心 Δr 处然后释放. 求在卫星参考系中宇航员所看到的释放后物体的运动(设卫星像月球那样朝向地球的部分始终朝向地球).

解 取固连于卫星的坐标系 $Oxyz$，O 在卫星质心，y 轴指向地心，x 轴指向卫星运动的方向，释放时，$t=0$.卫星参考系是跟随 O 点的平动(做圆周运动，设绕地心的角

速度为$\boldsymbol{\omega}$)和围绕O点的转动(角速度也是$\boldsymbol{\omega}$).

用卫星参考系,物体受以下几个力:地球的引力$\boldsymbol{F}_1$;平动惯性力$\boldsymbol{F}_2$;惯性离轴力$\boldsymbol{F}_3$;科里奥利力$\boldsymbol{F}_4$.设地球质量为M,物体质量为m,地心的位矢为$\boldsymbol{R}$,物体的位矢为$\boldsymbol{r}$,

$$\boldsymbol{F}_1=\frac{GmM}{|\boldsymbol{R}-\boldsymbol{r}|^3}(\boldsymbol{R}-\boldsymbol{r})$$

用三角形边角关系的余弦定理,

$$\begin{aligned}|\boldsymbol{R}-\boldsymbol{r}|&=\left(R^2+r^2-2Rr\cos\theta\right)^{1/2}\\&=\left(R^2+r^2-2Ry\right)^{1/2}\end{aligned}$$

其中θ是$\boldsymbol{r}$与$\boldsymbol{R}$也是$\boldsymbol{r}$与y轴的夹角,

$$\begin{aligned}\boldsymbol{F}_1&=\frac{GMm}{R^3}\frac{1}{\left(1-\dfrac{2Ry}{R^2}+\dfrac{r^2}{R^2}\right)^{3/2}}(\boldsymbol{R}-\boldsymbol{r})\\&\approx\frac{GMm}{R^3}\left(1+\frac{3y}{R}\right)(\boldsymbol{R}-\boldsymbol{r})=\frac{GMm}{R^3}\left(1+\frac{3y}{R}\right)\left[(R-y)\boldsymbol{j}-x\boldsymbol{i}\right]\end{aligned}$$

$$\boldsymbol{F}_2=-m\omega^2R\boldsymbol{j}=-\frac{GMm}{R^2}\boldsymbol{j}$$

这里用了$\omega^2=\dfrac{GM}{R^3}$,下面将证明这个关系式.

$$\boldsymbol{F}_3=m\omega^2\boldsymbol{r}=m\omega^2(x\boldsymbol{i}+y\boldsymbol{j})$$

$$\boldsymbol{F}_4=-2m\boldsymbol{\omega}\times\dot{\boldsymbol{r}}=-2m\omega\boldsymbol{k}\times(\dot{x}\boldsymbol{i}+\dot{y}\boldsymbol{j})=2m\omega(\dot{y}\boldsymbol{i}-\dot{x}\boldsymbol{j})$$

以上已考虑到初始条件和受力情况,物体仅限于在xy平面内运动.

设卫星质量为m_s,在地球引力作用下做圆周运动,$m_sR\omega^2=\dfrac{GMm_s}{R^2}$,$\dfrac{GM}{R^3}=\omega^2$,

$$\begin{aligned}m\ddot{\boldsymbol{r}}&=\boldsymbol{F}_1+\boldsymbol{F}_2+\boldsymbol{F}_3+\boldsymbol{F}_4\\&=m\omega^2\left(1+\frac{3y}{R}\right)\left[(R-y)\boldsymbol{j}-x\boldsymbol{i}\right]-m\omega^2R\boldsymbol{j}+m\omega^2(x\boldsymbol{i}+y\boldsymbol{j})+2m\omega(\dot{y}\boldsymbol{i}-\dot{x}\boldsymbol{j})\\&\approx m\omega^2\left(1+\frac{3y}{R}\right)R\boldsymbol{j}-m\omega^2R\boldsymbol{j}+2m\omega(\dot{y}\boldsymbol{i}-\dot{x}\boldsymbol{j})\\&=2m\omega\dot{y}\boldsymbol{i}+\left(3m\omega^2y-2m\omega\dot{x}\right)\boldsymbol{j}\end{aligned}$$

$$\ddot{x}=2\omega\dot{y}\tag{1}$$

$$\ddot{y}=3\omega^2y-2\omega\dot{x}\tag{2}$$

积分式(1),用初条件:$t=0$时,$\dot{x}=0$,$y=\Delta r$,得

$$\dot{x}=2\omega(y-\Delta r)\tag{3}$$

将式(3)代入式(2),

$$\ddot{y}=-\omega^2y+4\omega^2\Delta r$$

通解为

$$y=4\Delta r+c_1\cos\omega t+c_2\sin\omega t$$

用初始条件：$t=0$ 时，$y=\Delta r$，$\dot{y}=0$，定出

$$c_1=-3\Delta r,\quad c_2=0$$

故

$$y=4\Delta r-3\Delta r\cos\omega t$$

代入式(3)，

$$\dot{x}=6\omega\Delta r(1-\cos\omega t)$$

积分上式，并用初始条件：$t=0$ 时，$x=0$，

$$x=6\Delta r(\omega t-\sin\omega t)$$

严格讲，这个结果只是在释放后不太长的时间内适用，因为得到式(1)、(2)的微分方程时略去了含 xy 及 y^2 的项，从结果看，y 确实保持小量，可 x 并不保持小量.

2.1.49　一质量为 m 的质点用原长为 l、劲度系数为 k 的弹簧挂起来，$t=0$ 时，弹簧上端的支撑点开始上下按正弦函数做振动，振动的振幅为 A，角频率为 $\omega\left(\omega\neq\sqrt{k/m}\right)$. 求质点的运动.

解　取固连的支撑点作为原点竖直向下的 x 坐标. 并以它为参考系. 这个参考系对静参考系的加速度为 $A\omega^2\sin\omega t$.用此非惯性系，质点的运动微分方程为

$$m\ddot{x}=-k(x-l)+mg-mA\omega^2\sin\omega t \tag{1}$$

初始条件为 $t=0$ 时，$x=l+\dfrac{mg}{k}$，$\dot{x}=0-\dfrac{\mathrm{d}}{\mathrm{d}t}(-A\sin\omega t)\Big|_{t=0}=\omega A$.

令 $y=x-\left(l+\dfrac{mg}{k}\right)$，式(1)化为

$$m\ddot{y}=-ky-mA\omega^2\sin\omega t \tag{2}$$

初始条件为 $t=0$ 时 $y=0$，$\dot{y}=\omega A$.

式(2)的通解为

$$y=\frac{A\omega^2}{\omega^2-\omega_0^2}\sin\omega t+c_1\sin\omega_0 t+c_2\cos\omega_0 t$$

其中 $\omega_0=\sqrt{\dfrac{k}{m}}$.

由初始条件得 $c_1=-\dfrac{A\omega\omega_0}{\omega^2-\omega_0^2}$，$c_2=0$

$$y=\frac{A\omega^2}{\omega^2-\omega_0^2}\sin\omega t-\frac{A\omega\omega_0}{\omega^2-\omega_0^2}\sin\omega_0 t$$

$$x=\frac{A\omega^2}{\omega^2-\omega_0^2}\left(\sin\omega t-\frac{\omega_0}{\omega}\sin\omega_0 t\right)+l+\frac{mg}{k}$$

其中 $\omega_0=\sqrt{\dfrac{k}{m}}$.

2.1.50　一块光滑的水平板绕过板上一点的竖直轴做恒定角速度为 ω 的转动. 一质点用一根原长为零、劲度系数为 k 的弹簧连接于轴与平板的交点. 若取开始时质点与交

点(取为坐标系原点)的连线为 x 轴，z 轴沿 $\boldsymbol{\omega}$ 的方向，质点开始在 $(a,0)$ 处以 $(0,\ v_0)$ 的速度运动，求质点的运动学方程 $x(t)$、$y(t)$.

解　根据质点受力，写出牛顿方程

$$m\ddot{\boldsymbol{r}} = -k\boldsymbol{r} + m\omega^2\boldsymbol{r} - 2m\boldsymbol{\omega}\times\dot{\boldsymbol{r}}$$

令 $\omega_0^2 = \dfrac{k}{m}$，上式的分量方程为

$$\ddot{x} = -\left(\omega_0^2 - \omega^2\right)x + 2\omega\dot{y} \tag{1}$$

$$\ddot{y} = -\left(\omega_0^2 - \omega^2\right)y - 2\omega\dot{x} \tag{2}$$

式(1)+式(2)×i，并令 $z = x + \mathrm{i}y$，得

$$\ddot{z} = -\left(\omega_0^2 - \omega^2\right)z - 2\omega\,\mathrm{i}\,\dot{z}$$

特征方程为

$$r^2 - 2\omega\mathrm{i}r + \omega_0^2 - \omega^2 = 0$$

$$r = \frac{2\omega\mathrm{i} \pm \sqrt{(2\omega\mathrm{i})^2 - 4\left(\omega_0^2 - \omega^2\right)}}{2} = (\omega \pm \omega_0)\mathrm{i}$$

$$z = (c_1 + c_2\mathrm{i})\left[\cos(\omega+\omega_0)t - \mathrm{i}\sin(\omega+\omega_0)t\right] + (c_3 + c_4\mathrm{i})\left[\cos(\omega-\omega_0)t - \mathrm{i}\sin(\omega-\omega_0)t\right]$$

$$x = \mathrm{Re}\,z = c_1\cos(\omega+\omega_0)t + c_2\sin(\omega+\omega_0)t + c_3\cos(\omega-\omega_0)t + c_4\sin(\omega-\omega_0)t$$

$$y = \mathrm{Im}\,z = c_2\cos(\omega+\omega_0)t - c_1\sin(\omega+\omega_0)t - c_3\sin(\omega-\omega_0)t + c_4\cos(\omega-\omega_0)t$$

由初始条件：$t=0$ 时，$x=a$，$\dot{x}=0$，$y=0$，$\dot{y}=v_0$，可 c_1、c_2、c_3、c_4 满足的方程

$$c_1 + c_3 = a$$

$$c_2(\omega+\omega_0) + c_4(\omega-\omega_0) = 0$$

$$c_2 + c_4 = 0$$

$$-c_1(\omega+\omega_0) - c_3(\omega-\omega_0) = v_0$$

解出 $c_2 = c_4 = 0,\ c_1 = \dfrac{v_0 - a(\omega-\omega_0)}{2\omega_0},\ c_3 = \dfrac{a(\omega+\omega_0) - v_0}{2\omega_0}$，所以

$$x = -\frac{v_0 - a(\omega-\omega_0)}{2\omega_0}\cos(\omega+\omega_0)t - \frac{a(\omega+\omega_0) - v_0}{2\omega_0}\cos(\omega-\omega_0)t$$

$$y = \frac{v_0 - a(\omega-\omega_0)}{2\omega_0}\sin(\omega+\omega_0)t + \frac{a(\omega+\omega_0) - v_0}{2\omega_0}\sin(\omega-\omega_0)t$$

其中 $\omega_0 = \sqrt{\dfrac{k}{m}}$.

2.1.51　考虑一组荷质比 e/m 都相同的带电粒子，证明：这些粒子在一个小的磁场 $\boldsymbol{B}$ (常矢量)中的运动同在一个适当选择的角速度 $\boldsymbol{\omega}$ 转动的参考系中看到的没有这个磁场的运动相同，求这相应的 $\boldsymbol{\omega}$ 值，并对“小场”作出说明.

证明　粒子在磁场中受到洛伦兹力 $e\boldsymbol{v}\times\boldsymbol{B}$.

粒子在以角速度 $\boldsymbol{\omega}$（常矢量）转动的参考系中受到两个惯性力：科里奥利力 $-2m\boldsymbol{\omega}\times\boldsymbol{v}$，惯性离轴力 $-m\boldsymbol{\omega}\times(\boldsymbol{\omega}\times\boldsymbol{r})=m\omega^2\boldsymbol{r}$.

如惯性离轴力可以忽略，当

$$2m\boldsymbol{v}\times\boldsymbol{\omega}=e\boldsymbol{v}\times\boldsymbol{B}$$

即

$$\boldsymbol{\omega}=\frac{e\boldsymbol{B}}{2m}$$

满足上述关系时，则转动参考系中科氏力的效应与均匀恒定磁场中洛伦兹力的效应相同，今这些粒子 e/m 相同，可以用同一个转动参考系代替磁场.

小场是指 $\boldsymbol{B}$ 足够小，它要求代替它所用的转动参考系的转动角速度 ω 足够小. 具体说，要求惯性离轴力较之科氏力可以忽略，即

$$m\omega^2 r\ll m\omega v,\quad \omega\ll\frac{v}{r}$$

对磁场而言，要求

$$B\ll\frac{v}{r(e/m)}$$

其中 v 是粒子的速率，r 是粒子离转轴的距离，选择转轴位于粒子系统运动区域的中心，r 也可以说是系统运动区域的线度.

这些粒子可以有其他作用力，洛伦兹力与科氏力等效，运动微分方程相同，初始条件相同，当然有完全相同的运动.

2.1.52　一个质量为 m 的质点在光滑的水平面上以角速度 ω 做匀速率圆周运动，其向心力是通过一劲度系数为 k 的弹簧提供的. 使质点突然获得一个很小的径向速度分量，求所引起的径向振动的频率.

解

$$m\left(\ddot{r}-r\dot{\varphi}^2\right)=-k\left(r-r_0\right) \tag{1}$$

$$m\left(r\ddot{\varphi}+2\dot{r}\dot{\varphi}\right)=0 \tag{2}$$

由式(2)可得

$$r^2\dot{\varphi}=c \tag{3}$$

质点做匀速率圆周运动，$\dot{\varphi}=\omega$，设半径为 R，用式(1)得

$$mR\omega^2=k\left(R-r_0\right) \tag{4}$$

沿径向突然给一很小的径向速度分量，在运动中，$r=R+\Delta r$，$\dot{\varphi}=\omega+\Delta\dot{\varphi}$，代入式(1)得

$$m\left[\frac{\mathrm{d}^2}{\mathrm{d}t^2}(\Delta r)-\left(R+\Delta r\right)\left(\omega+\Delta\dot{\varphi}\right)^2\right]=-k\left(R-r_0+\Delta r\right)$$

用式(4)，且略去二级小量，得

$$m\left(\frac{\mathrm{d}^2}{\mathrm{d}t^2}(\Delta r)-2R\omega\Delta\dot{\varphi}-\omega^2\Delta r\right)=-k\Delta r \tag{5}$$

由式(3)，Δr 与 $\Delta\dot{\varphi}$ 间有下列关系：

$$\left(R+\Delta r\right)^2\left(\omega+\Delta\dot{\varphi}\right)=R^2\omega$$

Δr 、 $\Delta\dot{\varphi}$ 均为一级小量，略去二级小量，可得

$$\Delta\dot{\varphi}=-\frac{2\omega}{R}\Delta r$$

将上式代入式(5)，得

$$\frac{\mathrm{d}^2}{\mathrm{d}t^2}(\Delta r)+\left(3\omega^2+\frac{k}{m}\right)\Delta r=0$$

径向运动振动的角频率为 $\sqrt{3\omega^2+\dfrac{k}{m}}$.

2.1.53 如图 2.37 所示，一个质量为 M 的小珠套在光滑的水平的金属丝上，另一个质量为 m 的质点通过无质量的不可伸长的、长度为 a 的绳子连在小珠上. 握住小珠与质点，使绳子沿金属丝拉直，然后突然释放. 求此后绳子张力与绳子、竖直线间夹角 θ 的关系.

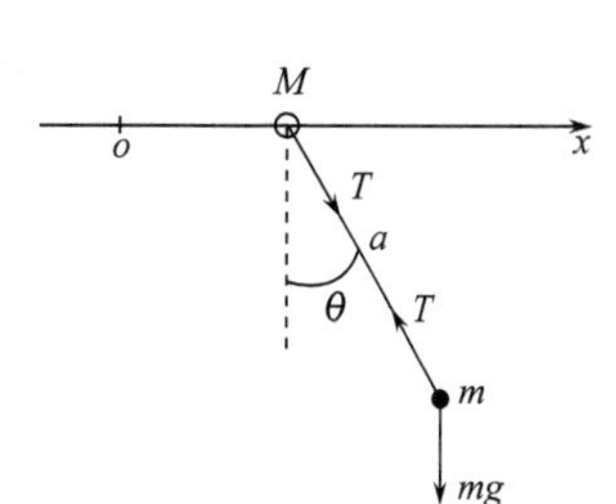

图 2.37

解

$$M\ddot{x}=T\sin\theta \tag{1}$$

$$ma\ddot{\theta}+m\ddot{x}\cos\theta=-mg\sin\theta \tag{2}$$

$$ma\dot{\theta}^2-m\ddot{x}\sin\theta=T-mg\cos\theta \tag{3}$$

式(1)～式(3)×$\sin\theta$，得

$$M\ddot{x}-ma\dot{\theta}^2\sin\theta+m\ddot{x}\sin^2\theta=mg\sin\theta\cos\theta \tag{4}$$

式(4)+式(2)×$\cos\theta$，得

$$M\ddot{x}-ma\dot{\theta}^2\sin\theta+m\ddot{x}+ma\ddot{\theta}\cos\theta=0 \tag{5}$$

对 t 积分上式，得

$$(M+m)\dot{x}+ma\dot{\theta}\cos\theta=c_1 \tag{6}$$

由初始条件：$\theta=\dfrac{\pi}{2}$ 时，$\dot{\theta}=0$，$\dot{x}=0$ 定出 $c_1=0$，因此

$$(M+m)\dot{x}+ma\dot{\theta}\cos\theta=0 \tag{7}$$

式(5)×$\dot{x}$ +式(2)×$a\dot{\theta}$，得

$$\begin{aligned}&(M+m)\dot{x}\ddot{x}-ma\dot{x}\dot{\theta}^2\sin\theta+ma\dot{x}\ddot{\theta}\cos\theta\\&+ma^2\dot{\theta}\ddot{\theta}+ma\ddot{x}\dot{\theta}\cos\theta=-mga\dot{\theta}\sin\theta\end{aligned} \tag{8}$$

对 t 积分上式，

$$\frac{1}{2}(M+m)\dot{x}^2+\frac{1}{2}ma^2\dot{\theta}^2+ma\dot{x}\dot{\theta}\cos\theta=mga\cos\theta+c_2 \tag{9}$$

由初始条件：$\theta=\dfrac{\pi}{2}$ 时，$\dot{x}=0$，$\dot{\theta}=0$ 定出 $c_2=0$，因此

$$\frac{1}{2}(M+m)\dot{x}^2+\frac{1}{2}ma^2\dot{\theta}^2+ma\dot{x}\dot{\theta}\cos\theta=mga\cos\theta \tag{10}$$

由式(7)得

$$\dot{x}=-\frac{m}{M+m}a\dot{\theta}\cos\theta \tag{11}$$

将式(11)代入式(10)，解出

$$\dot{\theta}^2=\frac{2(M+m)\cos\theta}{(M+m\sin^2\theta)a}g \tag{12}$$

上式对t求导，

$$2\dot{\theta}\ddot{\theta}=-\frac{2(M+m)\sin\theta}{(M+m\sin^2\theta)a}g\dot{\theta}-\frac{2(M+m)\cos\theta}{(M+m\sin^2\theta)^2 a}\cdot 2mg\sin\theta\cos\theta\dot{\theta}$$

所以

$$\ddot{\theta}=-\frac{(M+m)g}{(M+m\sin^2\theta)^2 a}(M+m+m\cos^2\theta)\sin\theta \tag{13}$$

将式(12)、(13)代入式(5)，解出

$$\ddot{x}=\frac{mg(3M+2m+m\sin^2\theta)}{(M+m\sin^2\theta)^2}\sin\theta\cos\theta$$

将上式代入式(1)，即得

$$T=\frac{Mmg(3M+2m+m\sin^2\theta)\cos\theta}{(M+m\sin^2\theta)^2}$$

说明：此题如用第六章讲的质点系的机械能守恒，可直接得到式(9)、(10)，用质点系在x方向动量守恒，可直接得到式(6)、(7).

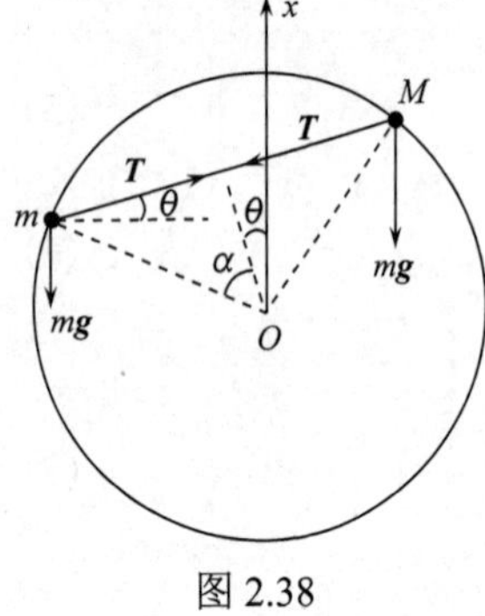

图 2.38

2.1.54　质量分别为m和M的两个小环可在一光滑的竖直平面内的圆圈上运动，两环被一根无质量的、不可伸长的绳子连着. 证明：只要绳子保持拉紧，绳子张力为$2mMg\tan\alpha\cos\theta/(m+M)$，其中$2\alpha$是绳子拉紧时对圈心所张的角，$\theta$是绳子与水平线间的夹角，$g$为重力加速度.

证明　可以直观地作出判断：m、M在运动中绳子保持拉紧，m、M连线必位于圈心O的上方，如图2.38所示.

用自然坐标，列m、M的切向方程. 设圆圈半径为r，规定m作逆时针转动的速度为正，M作顺时针转动的速度为正，即

$$v_m=r\frac{\mathrm{d}}{\mathrm{d}t}(\alpha+\theta),\quad v_M=r\frac{\mathrm{d}}{\mathrm{d}t}(\alpha-\theta)$$

$$m\frac{\mathrm{d}v_m}{\mathrm{d}t}=mg\sin(\alpha+\theta)-T\cos\alpha$$

即

$$mr\ddot{\theta}=mg\sin(\alpha+\theta)-T\cos\alpha \tag{1}$$

$$M\frac{\mathrm{d}v_M}{\mathrm{d}t}=Mg\sin(\alpha-\theta)-T\cos\alpha$$

即

$$-Mr\ddot{\theta}=Mg\sin(\alpha-\theta)-T\cos\alpha \tag{2}$$

式(1)−式(2)得

$$(m+M)r\ddot{\theta}=mg\sin(\alpha+\theta)-Mg\sin(\alpha-\theta)$$

$$r\ddot{\theta}=\frac{g}{m+M}\left[m\sin(\alpha+\theta)-M\sin(\alpha-\theta)\right] \tag{3}$$

将式(3)代入式(1)，解出T，经计算可得

$$T=\frac{2mMg}{m+M}\tan\alpha\cos\theta$$

2.1.55　三个点源等距离地固定在一个半径为a、圆心为原点的圆周上，每个点源对质量为m的质点的作用力为引力$\boldsymbol{F}=-k\boldsymbol{R}$，其中$k$为正值常量，$\boldsymbol{R}$为质点对点源的位矢. 质点在$t=0$时放入力场，初始条件为$\boldsymbol{r}=\boldsymbol{r}_0$，$\dot{\boldsymbol{r}}=\boldsymbol{v}_0$，如图 2.39 所示.

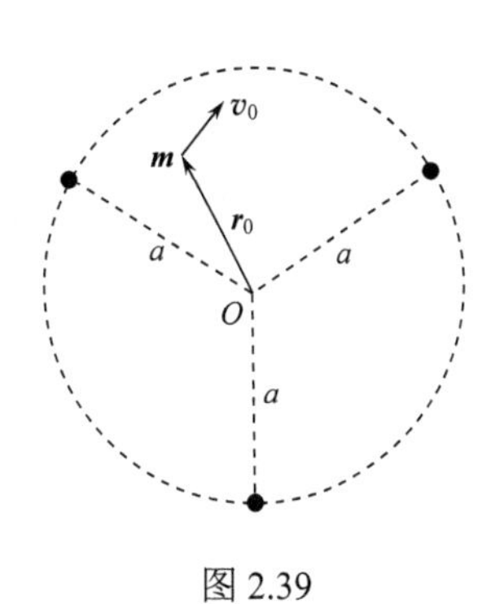

图 2.39

(1)求解质点的运动，用$\boldsymbol{r}_0$、$\boldsymbol{v}_0$及其他参数表示$\boldsymbol{r}(t)$；

(2)在什么条件下，质点的运动轨道为圆?

解　(1)用$\boldsymbol{r}_1$、$\boldsymbol{r}_2$、$\boldsymbol{r}_3$，$\boldsymbol{r}$分别表示三个点源和质点对原点O的位矢，因三个点源在圆周上等距离分布，有

$$\boldsymbol{r}_1+\boldsymbol{r}_2+\boldsymbol{r}_3=0$$

三个点源对质点的合力为

$$\begin{aligned}\boldsymbol{F}&=-k(\boldsymbol{r}-\boldsymbol{r}_1)-k(\boldsymbol{r}-\boldsymbol{r}_2)-k(\boldsymbol{r}-\boldsymbol{r}_3)\\&=-3k\boldsymbol{r}+k(\boldsymbol{r}_1+\boldsymbol{r}_2+\boldsymbol{r}_3)=-3k\boldsymbol{r}\end{aligned}$$

运动微分方程为

$$m\ddot{\boldsymbol{r}}=-3k\boldsymbol{r}$$

通解为

$$\boldsymbol{r}(t)=\boldsymbol{A}\cos\sqrt{\frac{3k}{m}}t+\boldsymbol{B}\sin\sqrt{\frac{3k}{m}}t$$

由初始条件：$t=0$时，$\boldsymbol{r}=\boldsymbol{r}_0$，$\dot{\boldsymbol{r}}=\boldsymbol{v}_0$，定出

$$\boldsymbol{A}=\boldsymbol{r}_0,\ \boldsymbol{B}=\sqrt{\frac{m}{3k}}\boldsymbol{v}_0$$

所以

$$\boldsymbol{r}(t)=\boldsymbol{r}_0\cos\sqrt{\frac{3k}{m}}t+\sqrt{\frac{m}{3k}}\boldsymbol{v}_0\sin\sqrt{\frac{3k}{m}}t$$

(2)取$\boldsymbol{r}_0$方向为x轴正向，设$\boldsymbol{v}_0$与$\boldsymbol{r}_0$的夹角为α，则

$$x(t)=r_0\cos\sqrt{\frac{3k}{m}}t+\sqrt{\frac{m}{3k}}v_0\cos\alpha\sin\sqrt{\frac{3k}{m}}t$$

$$y(t)=\sqrt{\frac{m}{3k}}v_0\sin\alpha\sin\sqrt{\frac{3k}{m}}t$$

$$x^2+y^2=r_0^2\cos^2\sqrt{\frac{3k}{m}}t+2r_0v_0\sqrt{\frac{m}{3k}}\cos\alpha\cos\sqrt{\frac{3k}{m}}t\sin\sqrt{\frac{3k}{m}}t$$
$$+\left(\sqrt{\frac{m}{3k}}v_0\right)^2\sin^2\sqrt{\frac{3k}{m}}t$$

可以看出，当$\alpha=\frac{\pi}{2}$或$\frac{3\pi}{2}$时，且$r_0=\sqrt{\frac{m}{3k}}v_0$时，

$$x^2+y^2=r_0^2$$

质点的运动轨道为圆. 因此条件是$\boldsymbol{r}_0\perp\boldsymbol{v}_0$，且$r_0=\sqrt{\frac{m}{3k}}v_0$.

附带说明：用互相垂直的、同频率的两个简谐振动的合成，立即可得上述结论.

2.1.56　n个质点质量均为m，任何两个质点间相互作用力为斥力，大小与它们间的距离成正比，比例系数为μm^2.开始把它们静止地放在一个光滑的水平面上处于以O为中心、a为半径的圆圈上的对称位置. 证明：同时释放后，任一质点位于离O点距离r处时的速率为

$$\left[\mu nm\left(r^2-a^2\right)\right]^{1/2}$$

提示：$2\left[\sin^2\frac{\pi}{n}+\sin^2\frac{2\pi}{n}+\cdots+\sin^2\frac{(n-1)\pi}{n}\right]=n(n\geqslant2)$.

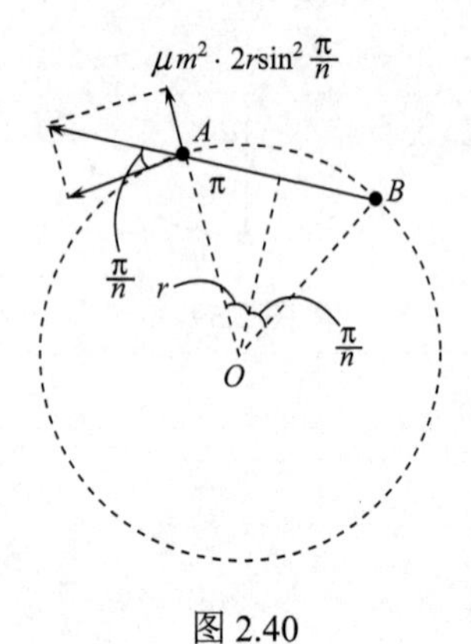

图 2.40

证明　如图 2.40 所示，考虑位于图中A点的一个质点，与之相邻的B点的质点对它的作用力在OA方向的分量为

$$\mu m^2\cdot 2r\sin^2\frac{\pi}{n}$$

其他质点对A点的质点的作用力在OA方向的分量分别为$\mu m^2\cdot 2r\sin^2\frac{2\pi}{n}$，$\mu m^2\cdot 2r\sin^2\frac{3\pi}{n},\ldots,\ \mu m^2\cdot 2r\sin^2\frac{(n-1)\pi}{n}$，其中$r$为$n$个质点在$t$时刻离$O$点的距离. 不论$n$为奇数还是偶数，任何一个质点受到的合力都沿半径方向向外，且大小相等. 各质点在任何时刻都对称地分布在以O为圆心的一个圆上，每个质点的矢径满足下列方程：

$$m\ddot{r}=\mu m^2\left[2r\sin^2\frac{\pi}{n}+2r\sin^2\frac{2\pi}{n}+\cdots+2r\sin^2\frac{(n-1)\pi}{n}\right]=\mu m^2nr$$

$$\dot{r}\ddot{r}=\mu mnr\dot{r},\quad \frac{1}{2}\mathrm{d}\dot{r}^2=\frac{1}{2}\mu mn\mathrm{d}r^2$$

两边积分，用初条件：$r=a$时，$\dot{r}=0$，得

$$\dot{r}^2 = \mu mn\left(r^2 - a^2\right)$$

$$\dot{r} = \left[\mu mn\left(r^2 - a^2\right)\right]^{1/2}$$

2.1.57　考虑一质量为m的粒子在力$\boldsymbol{F} = -k\boldsymbol{r}$作用下运动，这里$k$是正值常量，$\boldsymbol{r}$是粒子的位矢.

(1) 证明粒子在一平面内运动；

(2) 设在$t = 0$时，$x = a$，$y = 0$，$\dot{x} = 0$，$\dot{y} = v_0$，求$x(t)$和$y(t)$；

(3) 证明该轨道是一椭圆；

(4) 求出周期.

解　(1) $\boldsymbol{F} = -k\boldsymbol{r}$，$\boldsymbol{r} \times \boldsymbol{F} = \boldsymbol{r} \times (-k\boldsymbol{r}) = 0$，又因$\boldsymbol{F} = m\dfrac{\mathrm{d}\boldsymbol{v}}{\mathrm{d}t}$，所以$\boldsymbol{r} \times \dfrac{\mathrm{d}\boldsymbol{v}}{\mathrm{d}t} = 0$，所以

$$\frac{\mathrm{d}}{\mathrm{d}t}(\boldsymbol{r} \times \boldsymbol{v}) = \boldsymbol{v} \times \boldsymbol{v} + \boldsymbol{r} + \frac{\mathrm{d}\boldsymbol{v}}{\mathrm{d}t} = 0$$

积分上式，得

$$\boldsymbol{r} \times \boldsymbol{v} = \boldsymbol{h} \tag{1}$$

式中$\boldsymbol{h}$为常矢量. 因为

$$\boldsymbol{r} \cdot (\boldsymbol{r} \times \boldsymbol{v}) = \boldsymbol{v} \cdot (\boldsymbol{r} \times \boldsymbol{r}) = 0 \tag{2}$$

将式(1)代入式(2)，$\boldsymbol{r} \cdot \boldsymbol{h} = 0$，即$\boldsymbol{r} \perp \boldsymbol{h}$，说明粒子始终在与$\boldsymbol{h}$垂直的平面上运动.

(2)

$$m\ddot{\boldsymbol{r}} = -k\boldsymbol{r}$$

$$m\ddot{x} = -kx, \quad m\ddot{y} = -ky$$

令$\omega^2 = \dfrac{k}{m}$，$\ddot{x} + \omega^2 x = 0$，$\ddot{y} + \omega^2 y = 0$，

$$x = A\cos(\omega t + \alpha), \quad y = B\cos(\omega t + \beta)$$

由初始条件：$t = 0$时，$x = a$，$\dot{x} = 0$，$y = 0$，$\dot{y} = v_0$，定出A、α、B、β，得

$$x = a\cos\left(\sqrt{\frac{k}{m}}t\right), \quad y = \sqrt{\frac{m}{k}}v_0 \sin\left(\sqrt{\frac{k}{m}}t\right)$$

(3) $\dfrac{x^2}{a^2} + \dfrac{y^2}{\left(\sqrt{\dfrac{m}{k}}v_0\right)^2} = 1$，这是一个椭圆的标准方程.

(4) 设周期为T，$\sqrt{\dfrac{k}{m}}T = 2\pi$，$T = 2\pi\sqrt{\dfrac{m}{k}}$.

2.1.58　质量分别为m及m'的两个质点，用未伸缩时长度为a的弹性绳相连，绳的劲度系数$k = \dfrac{2mm'\omega^2}{m+m'}$.将此系统放在光滑的水平管内，管子绕通过管上某点的竖直轴以恒定角速度ω转动. 开始时，两质点相对于管子是静止的，两质点间距为a. 试求此后任何时刻两质点间的距离.

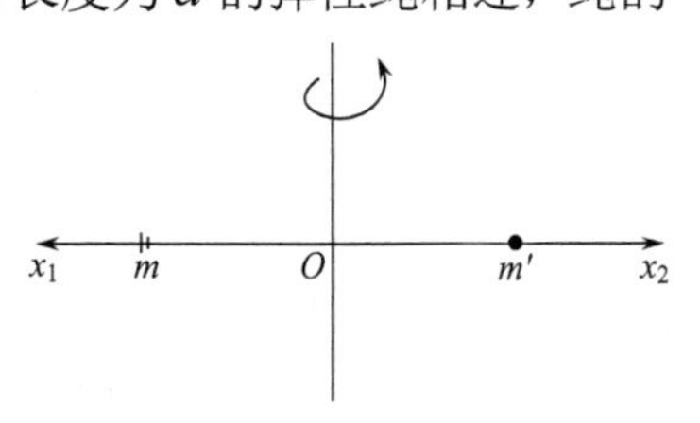

图 2.41

解　用图 2.41 的x_1、x_2分别表示质量为m、m'的

两质点的位置. 取水平管为参考系.

$$m\ddot{x}_1 = m\omega^2 x_1 - \frac{2mm'\omega^2}{m+m'}(x_1 + x_2 - a) \tag{1}$$

$$m'\ddot{x}_2 = m'\omega^2 x_2 - \frac{2mm'\omega^2}{m+m'}(x_1 + x_2 - a) \tag{2}$$

式(1)×m'+式(2)×m，并令$s = x_1 + x_2$，s为两质点间距，

$$mm'\ddot{s} = mm'\omega^2 s - 2mm'\omega^2(s-a) = -mm'\omega^2 s + 2mm'\omega^2 a$$

$$\ddot{s} + \omega^2 s = 2\omega^2 a$$

$$s = 2a + A\cos(\omega t + \alpha)$$

由初始条件：$t=0$时，$s = x_1 + x_2 = a$，$\dot{s} = \dot{x}_1 + \dot{x}_2 = 0$，定出$A = a$，$\alpha = \pi$.

$$s = 2a + a\cos(\omega t + \pi) = 2a - a\cos\omega t$$

说明：上面是我们对开始时m、m'分别处于转轴的两侧的情况得出的结果，如开始时m、m'处于转轴的同一侧，得到两质点间距s的微分方程是相同的，因而上述结果也适用.

2.1.59 质量为m的小环套在半径为a的光滑圆圈上，可在其上滑动. 如圆圈在水平面内以恒定角速度ω绕圈上某点O转动，转轴垂直于水平面. 试求小环沿圆圈切线方向的运动微分方程.

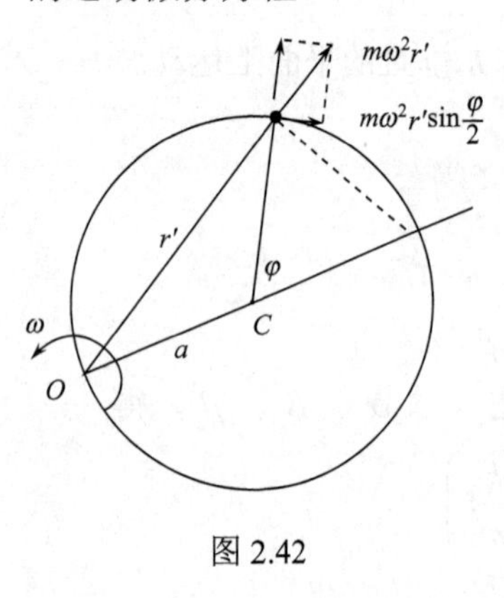

图 2.42

解 如图 2.42 所示，取圆圈为参考系，用固连于圆圈的极坐标表达，原点取在圆圈中心C，取OC的延长线为极轴.

小环水平方向受到三个力：圆圈的作用力；惯性离轴力$m\omega^2 r'$；科里奥利力. 只有惯性离轴力在切线方向的分量不为零，它的切线方向分量为

$$m\omega^2 r'\sin\frac{\varphi}{2} = m\omega^2 \cdot 2a\cos\frac{\varphi}{2}\sin\frac{\varphi}{2} = m\omega^2 a\sin\varphi$$

切线方向的运动微分方程为

$$ma\ddot{\varphi} = -m\omega^2 a\sin\varphi$$

$$\ddot{\varphi} + \omega^2\sin\varphi = 0$$

2.1.60 两个粒子质量为m、带正电荷q，用劲度系数为k、平衡长度为零的弹簧相连. 沿水平方向有恒定电场$\boldsymbol{E} = E_0\boldsymbol{i}$，考虑粒子之间的库仑力，忽略磁效应、辐射效应和相对论效应等，假定粒子没有碰撞.

(1) 如果粒子在水平x方向的光滑直线上滑动，它们之间的距离d不变. 求d；

(2) 若(1)中两粒子间的距离$d(t)$为在一个平衡位置附近的小振动，求频率；

(3) 若粒子在水平的光滑桌面上滑动，求运动微分方程的通解，可在答案中保留积分.

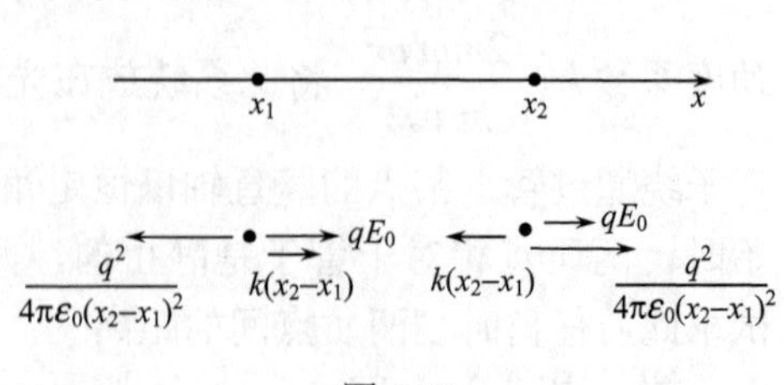

图 2.43

解 (1) 用x_1、x_2分别表示两个粒子的位置. 图 2.43 画出了两个粒子的位置和受力情况，由此可分别列出两粒子的运动微分方程：

$$m\ddot{x}_1 = qE_0 + k(x_2 - x_1) - \frac{q^2}{4\pi\varepsilon_0 (x_2 - x_1)^2},$$

$$m\ddot{x}_2 = qE_0 + \frac{q^2}{4\pi\varepsilon_0 (x_2 - x_1)^2} - k(x_2 - x_1).$$

两式相减，可得粒子间距 $s = x_2 - x_1$（可取 x 坐标较大者为 x_2，故 $x_2 > x_1$）满足的微分方程为

$$m\ddot{s} = \frac{q^2}{2\pi\varepsilon_0 s^2} - 2ks \tag{1}$$

$s = d$ 保持不变，则 $\ddot{s} = 0$.代入式(1)得

$$d = \left(\frac{q^2}{4\pi k\varepsilon_0}\right)^{1/3} \tag{2}$$

注意：$s = d$ 保持不变，并不意味着两粒子都静止不动(对静参考系).对静系，$\ddot{x}_1 = \ddot{x}_2 = \frac{qE_0}{m} > 0$.对静系以 $\ddot{x} = \frac{qE_0}{m}$ 运动的参考系，两粒子都静止不动.

(2)距离 s 在 d 附近做小振动，可令 $s = d + \Delta s$，代入式(1)，

$$\begin{aligned} m\Delta\ddot{s} &= \frac{q^2}{2\pi\varepsilon_0 (d+\Delta s)^2} - 2k(d + \Delta s) \\ &= \frac{q^2}{2\pi\varepsilon_0 d^2}\left(1 - \frac{2\Delta s}{d}\right) - 2kd - 2k\Delta s \\ &= -\frac{q^2}{\pi\varepsilon_0 d^3}\Delta s - 2k\Delta s = -6k\Delta s \end{aligned}$$

上述计算中，两次用了式(2).

$$m\Delta\ddot{s} + 6k\Delta s = 0$$

可见粒子间距在 d 附近的小振动的角频率为

$$\omega = \sqrt{\frac{6k}{m}}$$

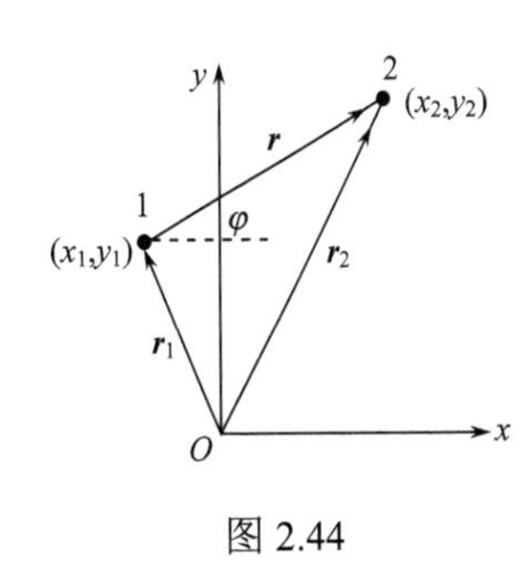

图 2.44

(3)由图 2.44 表示两粒子的位置，

$$m\ddot{\boldsymbol{r}}_1 = qE_0\boldsymbol{i} + k(\boldsymbol{r}_2 - \boldsymbol{r}_1) - \boldsymbol{F}_c \tag{3}$$

$$m\ddot{\boldsymbol{r}}_2 = qE_0\boldsymbol{i} - k(\boldsymbol{r}_2 - \boldsymbol{r}_1) + \boldsymbol{F}_c \tag{4}$$

其中 $\boldsymbol{F}_c$ 是粒子 1 对粒子 2 的库仑力，

$$\boldsymbol{F}_c = \frac{q^2}{4\pi\varepsilon_0 |\boldsymbol{r}_2 - \boldsymbol{r}_1|^3}(\boldsymbol{r}_2 - \boldsymbol{r}_1)$$

式(3)+式(4)得

$$\ddot{\boldsymbol{r}}_1 + \ddot{\boldsymbol{r}}_2 = \frac{2qE_0}{m}\boldsymbol{i}$$

写成分量方程，对t积分两次，得

$$x_1 + x_2 = \frac{qE_0}{m}t^2 + A_1 t + A_2 \tag{5}$$

$$y_1 + y_2 = B_1 t + B_2 \tag{6}$$

式(4)–式(3)，令$\boldsymbol{r} = \boldsymbol{r}_2 - \boldsymbol{r}_1$，得

$$m\ddot{\boldsymbol{r}} = \left(\frac{q^2}{2\pi\varepsilon_0 r^3} - 2k\right)\boldsymbol{r} = \left(\frac{q^2}{2\pi\varepsilon_0 r^2} - 2kr\right)\boldsymbol{e}_r \tag{7}$$

注意：$\ddot{\boldsymbol{r}} = \left(\ddot{r} - r\dot{\varphi}^2\right)\boldsymbol{e}_r + \left(r\ddot{\varphi} + 2\dot{r}\dot{\varphi}\right)\boldsymbol{e}_\varphi = \left(\ddot{r} - r\dot{\varphi}^2\right)\boldsymbol{e}_r + \frac{1}{r}\frac{\mathrm{d}}{\mathrm{d}t}\left(r^2\dot{\varphi}\right)\boldsymbol{e}_\varphi$.

式(7)写成分量方程，

$$\ddot{r} - r\dot{\varphi}^2 = \frac{q^2}{2\pi\varepsilon_0 m r^2} - \frac{2kr}{m} \tag{8}$$

$$\frac{1}{r}\frac{\mathrm{d}}{\mathrm{d}t}\left(r^2\dot{\varphi}\right) = 0 \tag{9}$$

由式(9)积分

$$r^2\dot{\varphi} = h \tag{10}$$

用式(10)，并用$\ddot{r} = \frac{\mathrm{d}\dot{r}}{\mathrm{d}r}\dot{r} = \frac{1}{2}\frac{\mathrm{d}\dot{r}^2}{\mathrm{d}r}$，式(8)化为

$$\frac{1}{2}\mathrm{d}\dot{r}^2 = \left(\frac{h^2}{r^3} + \frac{q^2}{2\pi\varepsilon_0 m r^2} - \frac{2kr}{m}\right)\mathrm{d}r$$

积分上式，得

$$\frac{1}{2}\dot{r}^2 = -\frac{h^2}{2r^2} - \frac{q^2}{2\pi\varepsilon_0 m r} - \frac{kr^2}{m} + \frac{1}{2}c$$

$$\frac{\mathrm{d}r}{\mathrm{d}t} = \dot{r} = \left(c - \frac{h^2}{r^2} - \frac{q^2}{\pi\varepsilon_0 m r} - \frac{2kr^2}{m}\right)^{\frac{1}{2}}$$

$$\int \frac{\mathrm{d}r}{\left(c - \frac{h^2}{r^2} - \frac{q^2}{\pi\varepsilon_0 m r} - \frac{2kr^2}{m}\right)^{1/2}} = t + T \tag{11}$$

由式(11)可得

$$r = r(t)$$

$$r = \left[\left(x_2 - x_1\right)^2 + \left(y_2 - y_1\right)^2\right]^{1/2}$$

式(11)也可改写为

$$\left(x_2 - x_1\right)^2 + \left(y_2 - y_1\right)^2 = \left[r(t)\right]^2 \tag{12}$$

$$\tan\varphi = \frac{y_2 - y_1}{x_2 - x_1},\quad \varphi = \arctan\frac{y_2 - y_1}{x_2 - x_1}$$

式(10)可以改写为

$$\left[(x_2-x_1)^2+(y_2-y_1)^2\right]\cdot\frac{\mathrm{d}}{\mathrm{d}t}\left[\arctan\frac{y_2-y_1}{x_2-x_1}\right]=h$$

$$\left[(x_2-x_1)^2+(y_2-y_1)^2\right]\cdot\frac{1}{1+\left(\dfrac{y_2-y_1}{x_2-x_1}\right)^2}\mathrm{d}\left(\frac{y_2-y_1}{x_2-x_1}\right)=h\mathrm{d}t$$

$$(x_2-x_1)\mathrm{d}\left(\frac{y_2-y_1}{x_2-x_1}\right)=h\mathrm{d}t$$

两边积分，等号左边用分部积分，

$$y_2-y_1-\int\frac{y_2-y_1}{x_2-x_1}\mathrm{d}(x_2-x_1)=ht+D \tag{13}$$

由式(12)可得 y_2-y_1 作为 x_2-x_1 的函数，因而式(13)的积分也可得到 y_2-y_1 与 x_2-x_1 的另一关系.

式(5)、(6)、(12)、(13)都是 x_1、x_2、y_1、y_2 的方程，可解出它们作为 t 和 A_1、A_2、B_1、B_2、h、c、T、D 八个积分常数的函数，这八个积分常数可由初条件 $t=0$ 时的 x_1、y_1、x_2、y_2、$\dot{x}_1$、$\dot{y}_1$、$\dot{x}_2$、$\dot{y}_2$ 确定.

2.1.61　一个半径为 R 的半球形碗以不变角速度 Ω 绕竖直的对称轴转动. 质量为 M 的一个粒子在重力影响下在碗的内表面运动，粒子除受到碗面的支持力外，还受到一个摩擦力 $\boldsymbol{F}=-k\boldsymbol{v}$，其中 k 为正值常量，$\boldsymbol{v}$ 是相对于碗的速度.

(1)用球坐标 θ、φ（坐标原点取在碗心），写出粒子相对于转动参考系的运动微分方程. 证明：如果 $\Omega>\sqrt{\dfrac{g}{R}}$，除了碗底这个平衡位置以外，存在第二个平衡位置，并求出这第二个平衡位置的 θ 值.

(2)考虑粒子在碗底这个平衡位置附近的运动. 在此平衡点取一个固定的笛卡儿坐标系 x、y、z，除计算重力提供的恢复力以外，不考虑碗的曲率. 证明：对于 $|x|\ll R$、$|y|\ll R$，粒子的一个特解为

$$x=\mathrm{Re}\left(x_0\mathrm{e}^{\lambda t}\right),\quad y=\mathrm{Re}\left(y_0\mathrm{e}^{\lambda t}\right)$$

其中 λ 满足

$$\left(\lambda^2+\frac{k}{M}\lambda+\frac{g}{R}\right)^2+\left(\frac{k}{M}\right)^2\Omega^2=0$$

(3)求碗的角速度 Ω_0，对于此角速度，粒子的运动是周期性的.

解　(1) $M\boldsymbol{a}=M\boldsymbol{g}-k\boldsymbol{v}+\boldsymbol{N}-M\boldsymbol{\Omega}\times(\boldsymbol{\Omega}\times\boldsymbol{r})-2M\boldsymbol{\Omega}\times\boldsymbol{v}$

$$\boldsymbol{a}=\left(\ddot{r}-r\dot{\theta}^2-r\dot{\varphi}^2\sin^2\theta\right)\boldsymbol{e}_r+\left(r\ddot{\theta}+2\dot{r}\dot{\theta}-r\dot{\varphi}^2\sin\theta\cos\theta\right)\boldsymbol{e}_\theta$$
$$+\left(r\ddot{\varphi}\sin\theta+2\dot{r}\dot{\varphi}\sin\theta+2r\dot{\theta}\dot{\varphi}\cos\theta\right)\boldsymbol{e}_\varphi$$

取 z 轴竖直向下，

$$\boldsymbol{g}=g\cos\theta\boldsymbol{e}_r-g\sin\theta\boldsymbol{e}_\theta$$

$$\boldsymbol{v}=\dot{r}\boldsymbol{e}_r+r\dot{\theta}\boldsymbol{e}_\theta+r\dot{\varphi}\sin\theta\boldsymbol{e}_\varphi$$

$$\boldsymbol{N}=-N\boldsymbol{e}_r,\ \boldsymbol{r}=R\boldsymbol{e}_r,\ r=R$$

$$\boldsymbol{\Omega}=-\Omega\cos\theta\boldsymbol{e}_r+\Omega\sin\theta\boldsymbol{e}_\theta$$

今

$$\boldsymbol{v}=R\dot{\theta}\boldsymbol{e}_\theta+R\dot{\varphi}\sin\theta\boldsymbol{e}_\varphi$$

$$\boldsymbol{a}=\left(-R\dot{\theta}^2-R\dot{\varphi}^2\sin^2\theta\right)\boldsymbol{e}_r+\left(R\ddot{\theta}-R\dot{\varphi}^2\sin\theta\cos\theta\right)\boldsymbol{e}_\theta+\left(R\ddot{\varphi}\sin\theta+2R\dot{\theta}\dot{\varphi}\cos\theta\right)\boldsymbol{e}_\varphi$$

关于θ、φ的两个运动微分方程为

$$M\left(R\ddot{\theta}-R\dot{\varphi}^2\sin\theta\cos\theta\right)=-Mg\sin\theta-kR\dot{\theta}+MR\Omega^2\sin\theta\cos\theta-2MR\Omega\dot{\varphi}\sin\theta\cos\theta$$

$$M\left(R\ddot{\varphi}\sin\theta+2R\dot{\theta}\dot{\varphi}\cos\theta\right)=-kR\dot{\varphi}\sin\theta+2MR\Omega\dot{\theta}\cos\theta$$

质点处于平衡时，$\dot{\theta}=0$，$\ddot{\theta}=0$，$\dot{\varphi}=0$，$\ddot{\varphi}=0$.由关于θ的微分方程得

$$-Mg\sin\theta+MR\Omega^2\sin\theta\cos\theta=0$$

$$\sin\theta\left(R\Omega^2\cos\theta-g\right)=0$$

可得$\sin\theta=0$，$\theta=0$为平衡位置.

如$\dfrac{g}{R\Omega^2}<1$，则有$R\Omega^2\cos\theta-g=0$，即

$$\theta=\arccos\left(\frac{g}{R\Omega^2}\right)$$

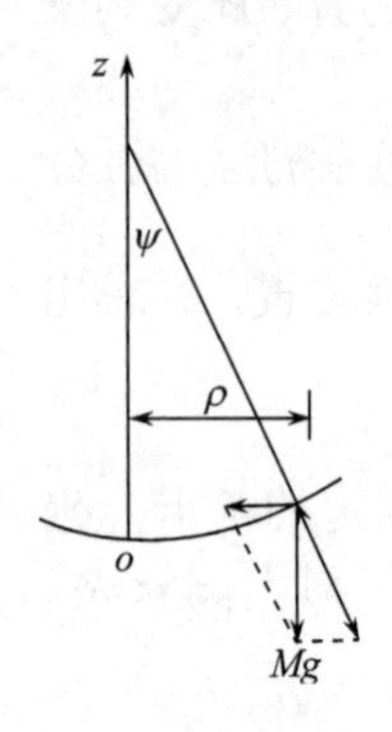

图 2.45

为第二个平衡位置，$\dfrac{g}{R\Omega^2}<1$也即$\Omega>\sqrt{\dfrac{g}{R}}$.

关于φ的微分方程在平衡位置是0=0的恒等式，说明只要θ合适，任何φ值处都可以是平衡位置.

(2)如图2.45所示，在碗底取一个以碗底为原点的固定的笛卡儿坐标系xyz，z轴竖直向上.

重力$M\boldsymbol{g}$在x、y方向的分量为

$$-Mg\tan\psi\left(\cos\varphi\boldsymbol{i}+\sin\varphi\boldsymbol{j}\right)$$

因为$|x|\ll R$，$|y|\ll R$，所以$\rho=\sqrt{x^2+y^2}\ll R$，

$$\sin\psi=\frac{\rho}{R}\ll 1,\quad \tan\psi\approx\sin\psi$$

$$-Mg\tan\psi\left(\cos\varphi\boldsymbol{i}+\sin\varphi\boldsymbol{j}\right)\approx-Mg\sin\psi\left(\cos\varphi\boldsymbol{i}+\sin\varphi\boldsymbol{j}\right)$$

$$=-Mg\frac{\rho}{R}\left(\cos\varphi\boldsymbol{i}+\sin\varphi\boldsymbol{j}\right)=-\frac{Mg}{R}\left(x\boldsymbol{i}+y\boldsymbol{j}\right)$$

$$\frac{\mathrm{d}\boldsymbol{r}}{\mathrm{d}t}=\frac{\tilde{\mathrm{d}}\boldsymbol{r}}{\mathrm{d}t}+\boldsymbol{\Omega}\times\boldsymbol{r}$$

$$\frac{\tilde{\mathrm{d}}\boldsymbol{r}}{\mathrm{d}t}=\frac{\mathrm{d}\boldsymbol{r}}{\mathrm{d}t}-\Omega\times\boldsymbol{r}=\dot{x}\boldsymbol{i}+\dot{y}\boldsymbol{j}-\Omega\boldsymbol{k}\times\left(x\boldsymbol{i}+y\boldsymbol{j}\right)$$

$$=(\dot{x}+\Omega y)\boldsymbol{i}+(\dot{y}-\Omega x)\boldsymbol{j}$$

摩擦力

$$\boldsymbol{F}=-k\frac{\tilde{\mathrm{d}}\boldsymbol{r}}{\mathrm{d}t}=-k\left[(\dot{x}+\Omega y)\boldsymbol{i}+(\dot{y}-\Omega x)\boldsymbol{j}\right]$$

支持力与重力的另一个分量的合力为零.

现在用的是惯性参考系，

$$M\ddot{x}=-\frac{Mg}{R}x-k\dot{x}-k\Omega y$$

$$M\ddot{y}=-\frac{Mg}{R}y-k\dot{y}+k\Omega x$$

令 $x=x_0\mathrm{e}^{\lambda t}$， $y=y_0\mathrm{e}^{\lambda t}$， x_0、y_0、λ 均为复数，代入方程，可得

$$\left(\lambda^2+\frac{k}{M}\lambda+\frac{g}{R}\right)x_0+\frac{k\Omega}{M}y_0=0$$

$$-\frac{k\Omega}{M}x_0+\left(\lambda^2+\frac{k}{M}\lambda+\frac{g}{R}\right)y_0=0$$

方程组有非零解，必有系数行列式等于零，得

$$\left(\lambda^2+\frac{k}{M}\lambda+\frac{g}{R}\right)^2+\left(\frac{k\Omega}{M}\right)^2=0$$

$$x=\mathrm{Re}\left(x_0\mathrm{e}^{\lambda t}\right),\quad y=\mathrm{Re}\left(y_0\mathrm{e}^{\lambda t}\right)$$

为一个特解， $x=\mathrm{Im}\left(x_0\mathrm{e}^{\lambda t}\right)$， $y=\mathrm{Im}\left(y_0\mathrm{e}^{\lambda t}\right)$ 是另一个特解.

(3) 粒子的运动是周期运动，要求 λ 为纯虚数，即 $\lambda=\mathrm{i}\omega$， ω 为实数，代入 λ 必须满足的方程，令 $\Omega=\Omega_0$，

$$\left(-\omega^2+\frac{k}{M}\omega\mathrm{i}+\frac{g}{R}\right)^2=-\left(\frac{k\Omega_0}{R}\right)^2$$

$$-\omega^2+\frac{k}{M}\omega\mathrm{i}+\frac{g}{R}=\pm\frac{k\Omega_0}{R}\mathrm{i}$$

等号两边实部、虚部分别相等，得

$$-\omega^2+\frac{g}{R}=0$$

$$\frac{k}{M}\omega=\pm\frac{k\Omega_0}{M}$$

解出

$$\Omega_0=\pm\omega=\pm\sqrt{\frac{g}{R}}$$

即

$$\boldsymbol{\Omega}_0=\sqrt{\frac{g}{R}}\boldsymbol{k}\quad 或\quad \boldsymbol{\Omega}_0=-\sqrt{\frac{g}{R}}\boldsymbol{k}$$

粒子的运动都是周期性的.

2.1.62　一个质点在重力作用下沿一粗糙的竖直的圆周运动. 如从水平直径的一端的静止状态开始运动，到圆的最低点时刚好静止. 求摩擦因数 μ 必须满足的关系.

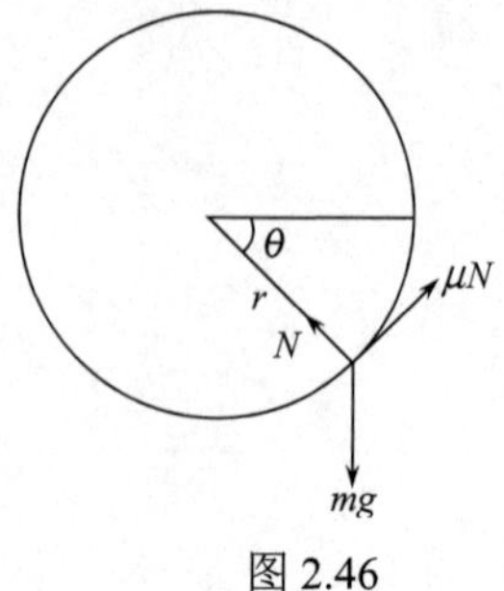

图 2.46

解　如图 2.46 所示，设圆周半径为 r，质点质量为 m，用自然坐标

$$m\frac{\mathrm{d}v}{\mathrm{d}t}=mg\cos\theta-\mu N \tag{1}$$

$$m\frac{v^2}{r}=N-mg\sin\theta \tag{2}$$

式(1)+式(2)×μ，约去两边的 m，

$$\frac{\mathrm{d}v}{\mathrm{d}t}+\frac{\mu v^2}{r}=g\cos\theta-\mu g\sin\theta \tag{3}$$

用

$$\frac{\mathrm{d}v}{\mathrm{d}t}=\frac{\mathrm{d}v}{\mathrm{d}\theta}\dot{\theta}=\frac{v}{r}\frac{\mathrm{d}v}{\mathrm{d}\theta}$$

式(3)可改写为

$$\frac{1}{2}\mathrm{d}v^2+\mu v^2\mathrm{d}\theta=gr\left(\cos\theta-\mu\sin\theta\right)\mathrm{d}\theta$$

令 $x=v^2$，

$$\mathrm{d}x+2\left(\mu x-gr\cos\theta+\mu gr\sin\theta\right)\mathrm{d}\theta=0$$

试用 $f(\theta)$ 作积分因子，代入上式，得 $f(\theta)$ 满足的微分方程为

$$\frac{\mathrm{d}f}{\mathrm{d}\theta}=2\mu f$$

解出

$$f(\theta)=\mathrm{e}^{2\mu\theta}$$

$$\begin{gathered}\mathrm{e}^{2\mu\theta}\mathrm{d}x+2\mathrm{e}^{2\mu\theta}\left(\mu x-gr\cos\theta+\mu gr\sin\theta\right)\mathrm{d}\theta=0\\ \mathrm{e}^{2\mu\theta}\mathrm{d}x+2\mathrm{e}^{2\mu\theta}\mu x\mathrm{d}\theta=\mathrm{d}\left(x\mathrm{e}^{2\mu\theta}\right)\end{gathered} \tag{4}$$

用分部积分，计算 $\int\mathrm{e}^{2\mu\theta}\cos\theta\mathrm{d}\theta$ 和 $\int\mathrm{e}^{2\mu\theta}\sin\theta\mathrm{d}\theta$ 可得

$$\int\mathrm{e}^{2\mu\theta}\cos\theta\mathrm{d}\theta=\frac{\mathrm{e}^{2\mu\theta}}{1+4\mu^2}(\sin\theta+2\mu\cos\theta)$$

$$\int\mathrm{e}^{2\mu\theta}\sin\theta\mathrm{d}\theta=\frac{\mathrm{e}^{2\mu\theta}}{1+4\mu^2}(2\mu\sin\theta-\cos\theta)$$

积分式(4)得

$$x\mathrm{e}^{2\mu\theta}-\frac{2gr\mathrm{e}^{2\mu\theta}}{1+4\mu^2}(\sin\theta+2\mu\cos\theta)+\frac{2\mu gr\mathrm{e}^{2\mu\theta}}{1+4\mu^2}(2\mu\sin\theta-\cos\theta)=c$$

整理后，上式化成

$$\mathrm{e}^{2\mu\theta}\left\{x+\frac{2gr}{1+4\mu^2}\left[\left(2\mu^2-1\right)\sin\theta-3\mu\cos\theta\right]\right\}=c$$

由 $\theta=0$， $x=v^2=0$ 定出 $c=-\dfrac{6\mu gr}{1+4\mu^2}$．

再用 $\theta=\dfrac{\pi}{2}$ 时 $x=v^2=0$，可得 μ 需满足的方程为

$$2\mu^2-1+3\mu e^{-\mu\pi}=0$$

2.1.63　一个质量为 M 的小球，用一根劲度系数为 k 、自然长度为零的无质量弹簧悬挂于天花板下，小球下面挂一根相同的弹簧，原处于平衡状态. 今有一个力 $F(t)$ 作用于下面弹簧的下端，如图 2.47 所示. 求上面弹簧的长度 x_1 与 $F(t)$ 的关系；如 $F(t)=\lambda t$， λ 为常量，求 $x_1(t)$.

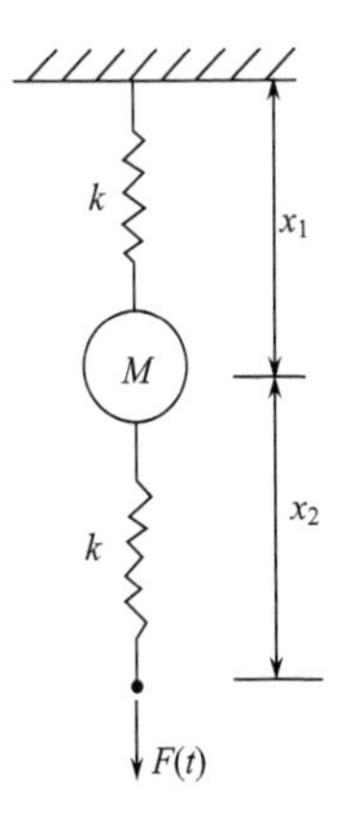

图 2.47

解　小球和下面弹簧的运动微分方程分别为

$$M\ddot{x}_1=Mg-kx_1+kx_2$$
$$-kx_2+F(t)=0$$

从两式消去 x_2 得

$$M\ddot{x}_1+kx_1=Mg+F(t) \tag{1}$$

与(1)式相应的齐次方程的两个通解为

$$x_{11}=\sin\sqrt{\frac{k}{M}}t,\quad x_{12}=\cos\sqrt{\frac{k}{M}}t$$

非齐次方程式(1)的通解为(参看强元棨编著的《经典力学》上册 p.51)

$$x_1(t)=A\sin\sqrt{\frac{k}{M}}t+B\cos\sqrt{\frac{k}{M}}t+\frac{1}{M}\sqrt{\frac{M}{k}}\left[\sin\sqrt{\frac{k}{M}}t\int_0^t(F(t)+Mg)\cos\sqrt{\frac{k}{M}}t\mathrm{d}t-\cos\sqrt{\frac{k}{M}}t\int_0^t(F(t)+Mg)\sin\sqrt{\frac{k}{M}}t\mathrm{d}t\right]$$

用初条件： $t=0$($F(t)$ 开始作用时)， $x_1=\dfrac{Mg}{k}$， $\dot{x}_1=0$，可得 $A=B=0$，并可进一步简化为

$$x_1(t)=\frac{Mg}{k}+\frac{1}{M}\sqrt{\frac{M}{k}}\left[\sin\sqrt{\frac{k}{M}}t\int_0^t F(t)\cos\sqrt{\frac{k}{M}}t\mathrm{d}t-\cos\sqrt{\frac{k}{M}}t\int_0^t F(t)\sin\sqrt{\frac{k}{M}}t\mathrm{d}t\right]\quad(t\geqslant 0)$$

$$x_1(t)=\frac{Mg}{k}\qquad(t<0)$$

当 $F(t)=\lambda t$ 时，经计算可得

$$x_1(t)=\frac{Mg}{k}+\frac{\lambda}{k}\left[t-\sqrt{\frac{M}{k}}\sin\sqrt{\frac{k}{M}}t\right]\quad(t\geqslant 0)$$

$$x_1(t)=\frac{Mg}{k}\qquad(t<0)$$

2.1.64 单位质量的质点在阻力与速度成正比的介质中运动，比例系数为β，在一个按指数衰减的力$F_0e^{-\gamma t}$（其中F_0、γ均为常量）作用下自静止开始运动. 用拉普拉斯变换法求解该质点此后的运动规律.

解 按题意，粒子运动满足的方程

$$\ddot{x}=-\beta\dot{x}+F_0e^{-\gamma t}$$

$t=0$时，$x=0$，$\dot{x}=0$. 令原函数$F(t)=x(t)$，$F(0)=0$，$F'(0)=0$.象函数为$f(p)$. 由拉普拉斯变换将运动微分方程变为象函数的代数方程：

$$p^2f(p)-pF(0)-F'(0)=-\beta\left[pf(p)-F(0)\right]+\frac{F_0}{p+\gamma}$$

解出

$$f(p)=\frac{F_0}{p(p+\beta)(p+\gamma)}$$

把$f(p)$写成

$$f(p)=F_0\left(\frac{A}{p}+\frac{B}{p+\beta}+\frac{C}{p+\gamma}\right)$$

$$A(p+\beta)(p+\gamma)+Bp(p+\gamma)+Cp(p+\beta)=1$$

比较等号两边p的各次幂的系数，令其分别相等，

$$A+B+C=0$$

$$A(\beta+\gamma)+B\gamma+C\beta=0$$

$$A\beta\gamma=1$$

解出

$$A=\frac{1}{\beta\gamma},\quad B=\frac{1}{\beta(\beta-\gamma)},\quad C=-\frac{1}{\gamma(\beta-\gamma)}$$

$$f(p)=F_0\left[\frac{1}{\beta\gamma}\cdot\frac{1}{p}+\frac{1}{\beta(\beta-\gamma)}\cdot\frac{1}{p+\beta}-\frac{1}{\gamma(\beta-\gamma)}\cdot\frac{1}{p+\gamma}\right]$$

变换为原函数

$$x(t)=F_0\left[\frac{1}{\beta\gamma}+\frac{e^{-\beta t}}{\beta(\beta-\gamma)}-\frac{e^{-\gamma t}}{\gamma(\beta-\gamma)}\right]$$

2.1.65 用积分因子法求解上题.

解 用初始条件，先积分下式:

$$\ddot{x}=-\beta\dot{x}+F_0e^{-\gamma t}$$

得

$$\dot{x}=-\beta x-\frac{F_0}{\gamma}\left(e^{-\gamma t}-1\right)$$

$$dx+\left[\beta x+\frac{F_0}{\gamma}\left(e^{-\gamma t}-1\right)\right]dt=0$$

设有积分因子$f(t)$，

$$\frac{df}{dt}=\beta f,\quad f=e^{\beta t}$$

$$e^{\beta t}dx + e^{\beta t}\beta x dt + \frac{F_0}{\gamma}\left(e^{(\beta-\gamma)t} - e^{\beta t}\right)dt = 0$$

$$xe^{\beta t} + \frac{F_0}{\gamma}\int_0^t\left[e^{(\beta-\gamma)t} - e^{-\beta t}\right]dt = 0$$

写上式时已考虑初始条件：$t=0$ 时，$x=0$. 对上式积分给出

$$xe^{\beta t} + \frac{F_0}{\gamma}\left[\frac{1}{\beta-\gamma}e^{(\beta-\gamma)t} - \frac{1}{\beta-\gamma} - \frac{1}{\beta}e^{-\beta t} + \frac{1}{\beta}\right] = 0$$

解出 x，整理后可得到与上题相同的结果.

2.1.66　质量为 m 的质点在图 2.48 所示的力作用下做直线运动.

(1) 求 $F(t)$ 的拉普拉斯变换的象函数 $f(p)$；

(2) 用拉普拉斯变换法求此运动的通解；

(3) 直接用逐次积分的方法求通解.

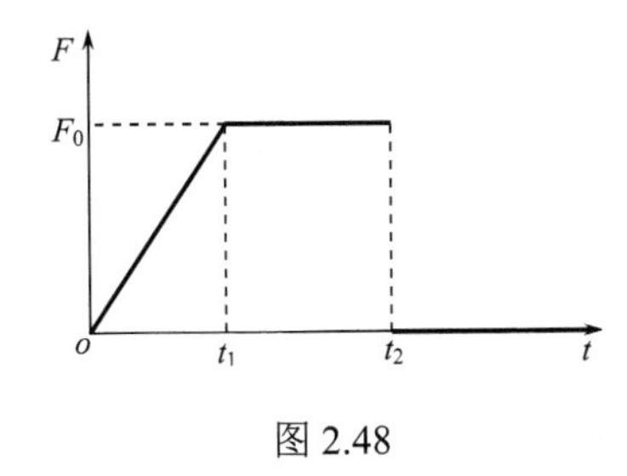

图 2.48

提示：$\frac{1}{p^{\mu}}e^{-kp}\ (\mu>0)$ 的原函数为

$$\frac{(t-k)^{\mu-1}}{\Gamma(\mu)}u(t-k)$$

其中

$$u(t-k) = \begin{cases} 0, & t<k \\ 1, & t\geqslant k \end{cases}$$

$$\Gamma(\mu) = (\mu-1)! \qquad (\text{对正整数 } \mu)$$

解　(1) 函数 $F(t)$ 如下表示：

$$F(t) = \begin{cases} \frac{F_0}{t_1}t, & 0\leqslant t<t_1 \\ F_0, & t_1\leqslant t<t_2 \\ 0, & t\geqslant t_2 \end{cases}$$

其拉普拉斯变换象函数

$$\begin{aligned} f(p) &= \int_0^{\infty} e^{-pt}F(t)dt \\ &= \int_0^{t_1} e^{-pt}\frac{F_0}{t_1}tdt + \int_{t_1}^{t_2} F_0 e^{-pt}dt \\ &= \frac{F_0}{t_1}\left(1-e^{-pt_1}\right)\frac{1}{p^2} - F_0 e^{-pt_2}\frac{1}{p} \end{aligned}$$

(2) 力 $F(t)$ 作用下牛顿方程

$$m\ddot{x} = F(t)$$

为区别于力的象函数，$x(t)$ 的象函数改写为 $f^*(p)$，

$$m\left[p^2 f^*(p)-px(0)-\dot{x}(0)\right]=\frac{F_0}{t_1}\frac{1}{p^2}-\frac{F_0}{t_1}\frac{\mathrm{e}^{-pt_1}}{p^2}-F_0\frac{\mathrm{e}^{-pt_2}}{p}$$

$$f^*(p)=\frac{x(0)}{p}+\frac{\dot{x}(0)}{p^2}+\frac{F_0}{mt_1}\frac{1}{p^4}-\frac{F_0}{mt_1}\frac{\mathrm{e}^{-pt_1}}{p^4}-\frac{F_0}{m}\frac{\mathrm{e}^{-pt_2}}{p^3}$$

查拉普拉斯变换表，

$$x(t)=x(0)+\dot{x}(0)t+\frac{F_0}{6mt_1}t^3-\frac{F_0}{6mt_1}(t-t_1)^3u(t-t_1)-\frac{F_0}{2m}(t-t_2)^2u(t-t_2)$$

其中

$$u(t-t_1)=\begin{cases}0, & t<t_1\\ 1, & t\geqslant t_1\end{cases}$$

即

$$x(t)=\begin{cases}x(0)+\dot{x}(0)t+\dfrac{F_0}{6mt_1}t^3, & 0\leqslant t<t_1\\ x(0)+\dfrac{F_0}{6m}t_1^2+\dot{x}(0)t+\dfrac{F_0}{2m}t(t-t_1), & t_1\leqslant t<t_2\\ x(0)+\dfrac{F_0}{6m}(t_1^2-3t_2^2)+\dot{x}(0)t+\dfrac{F_0}{2m}(2t_2-t_1)t, & t\geqslant t_2\end{cases}$$

(3)

$$m\ddot{x}=\begin{cases}\dfrac{F_0}{t_1}t, & 0\leqslant t<t_1\\ F_0, & t_1\leqslant t<t_2\\ 0, & t\geqslant t_2\end{cases}$$

$t=0$ 时，$x=x(0)$，$\dot{x}=\dot{x}(0)$.

在 $0\leqslant t<t_1$ 期间，

$$m\ddot{x}=\frac{F_0}{t_1}t$$

$$\dot{x}=\dot{x}(0)+\frac{F_0}{2mt_1}t^2$$

$$x=x(0)+\dot{x}(0)t+\frac{F_0}{6mt_1}t^3$$

在 $t_1\leqslant t<t_2$ 期间，

$$m\ddot{x}=F_0$$

$t=t_1$ 时，$x=x(0)+\dot{x}(0)t_1+\dfrac{F_0}{6m}t_1^2, \dot{x}=\dot{x}(0)+\dfrac{F_0}{2m}t_1$，

$$\dot{x}(t)=\dot{x}(0)+\frac{F_0}{2m}t_1+\frac{F_0}{m}(t-t_1)$$

$$\begin{aligned}x(t)&=x(0)+\dot{x}(0)t_1+\frac{F_0}{6m}t_1^2+\dot{x}(0)(t-t_1)+\frac{F_0}{2m}t_1(t-t_1)+\frac{F_0}{2m}(t-t_1)^2\\&=x(0)+\frac{F_0}{6m}t_1^2+\dot{x}(0)t+\frac{F_0}{2m}t(t-t_1)\end{aligned}$$

在 $t \geqslant t_2$ 期间，

$$m\ddot{x}=0$$

$t=t_2$ 时，$x=x(0)+\dfrac{F_0}{6m}t_1^2+\dot{x}(0)t_2+\dfrac{F_0}{2m}t_2(t_2-t_1)$，$\dot{x}=\dot{x}(0)+\dfrac{F_0}{2m}t_1+\dfrac{F_0}{m}(t_2-t_1)$

$$\dot{x}(t)=\dot{x}(0)+\frac{F_0}{2m}t_1+\frac{F_0}{m}(t_2-t_1)$$

$$\begin{aligned}x(t)&=x(0)+\frac{F_0}{6m}t_1^2+\dot{x}(0)t_2+\frac{F_0}{2m}t_2(t_2-t_1)\\&\quad+\dot{x}(0)(t-t_2)+\frac{F_0}{2m}t_1(t-t_2)+\frac{F_0}{m}(t_2-t_1)(t-t_2)\\&=x(0)+\frac{F_0}{6m}t_1^2-\frac{F_0}{2m}t_2^2+\dot{x}(0)t+\frac{F_0}{2m}(2t_2-t_1)t\end{aligned}$$

2.1.67　质量为 m 的质点在恢复力 $-kx$ 和阻力 $-\gamma\dot{x}$ 以及周期性驱动力(每个周期)

$$F(t)=\begin{cases}A\sin\omega t, & 0<t\leqslant\dfrac{\pi}{\omega}\\0, & \dfrac{\pi}{\omega}<t\leqslant\dfrac{2\pi}{\omega}\end{cases}$$

的共同作用下做受迫振动. 用傅里叶级数求解稳态时的运动学方程(要求写出级数的前四项).

解　运动微分方程为

$$\begin{gathered}m\ddot{x}=-kx-\gamma\dot{x}+F(t)\\\ddot{x}+2\beta\dot{x}+\omega_0^2x=f(t)\end{gathered}\tag{1}$$

其中 $\beta=\dfrac{\gamma}{2m}$，$\omega_0^2=\dfrac{k}{m}$，$f(t)=\dfrac{F(t)}{m}$. 将 $f(t)$ 展成傅里叶级数，

$$\begin{aligned}a_n&=\frac{2}{T}\int_{-\frac{T}{2}}^{\frac{T}{2}}f(t')\cos n\omega t'\mathrm{d}t'\\&=\frac{\omega}{\pi}\left[\int_{-\frac{\pi}{\omega}}^{0}0\cdot\cos n\omega t'\mathrm{d}t'+\int_0^{\frac{\pi}{\omega}}\frac{A}{m}\sin\omega t'\cos n\omega t'\mathrm{d}t'\right]\\&=\frac{A\omega}{m\pi}\int_0^{\frac{\pi}{\omega}}\sin\omega t'\cos n\omega t'\mathrm{d}t'\end{aligned}$$

用 $\sin A\cos B=\dfrac{1}{2}\sin(A+B)+\dfrac{1}{2}\sin(A-B)$，可得

$$a_n=\frac{A}{m\pi}\frac{\left[(-1)^{n+1}-1\right]}{(n+1)(n-1)},\quad n=0,1,2,\cdots$$

前几项为 $a_0=\dfrac{2A}{m\pi}$，$a_1=0$，$a_2=-\dfrac{2A}{3m\pi}$，$a_3=0$，$a_4=-\dfrac{2A}{15m\pi}$.

$$b_n = \frac{2}{T}\int_{-\frac{T}{2}}^{\frac{T}{2}} f(t')\sin n\omega t'\mathrm{d}t' = \frac{A\omega}{m\pi}\int_0^{\frac{\pi}{\omega}} \sin\omega t'\sin n\omega t'\mathrm{d}t'$$

用 $\sin A\sin B = \frac{1}{2}\cos(A-B) - \frac{1}{2}\cos(A+B)$，可得

$$b_n = 0,\quad n\neq 1$$

$$b_1 = \frac{A\omega}{m\pi}\int_0^{\frac{\pi}{\omega}} \sin\omega t'\sin\omega t'\mathrm{d}t' = \frac{A}{2m}$$

$$\begin{aligned} f(t) &= \frac{1}{2}a_0 + \sum_{n=1}^{\infty}(a_n\cos n\omega t + b_n\sin n\omega t) \\ &= \frac{A}{m\pi} + \frac{A}{2m}\sin\omega t - \frac{2A}{m\pi}\left(\frac{1}{3}\cos 2\omega t + \frac{1}{15}\cos 4\omega t + \cdots\right) \end{aligned}$$

第一项的稳态解满足方程

$$\ddot{x}_1 + 2\beta\dot{x}_1 + \omega_0^2 x_1 = \frac{A}{m\pi}$$

稳态解为

$$x_1 = \frac{A}{m\pi\omega_0^2}$$

第二项的稳态解满足方程

$$\ddot{x}_2 + 2\beta\dot{x}_2 + \omega_0^2 x_2 = \frac{A}{2m}\sin\omega t$$

稳态解为

$$x_2 = A_1\sin(\omega t - \varphi_1)$$

代入方程，可定出

$$A_1 = \frac{A/2m}{\sqrt{(\omega_0^2-\omega^2)^2 + 4\beta^2\omega^2}}$$

$$\varphi_1 = \arctan\left(\frac{2\beta\omega}{\omega_0^2-\omega^2}\right)$$

第三项的稳态解满足方程

$$\ddot{x}_3 + 2\beta\dot{x}_3 + \omega_0^2 x_3 = -\frac{2A}{3m\pi}\cos 2\omega t$$

稳态解为

$$x_3 = A_2\cos(2\omega t - \varphi_2)$$

其中

$$A_2 = -\frac{2A}{3m\pi\sqrt{(\omega_0^2-4\omega^2)^2 + 16\beta^2\omega^2}},\qquad \varphi_2 = \arctan\left(\frac{4\beta\omega}{\omega_0^2-4\omega^2}\right)$$

第四项的稳态解满足方程

$$\ddot{x}_4 + 2\beta\dot{x}_4 + \omega_0^2 x_4 = -\frac{2A}{15m\pi}\cos 4\omega t$$

稳态解为

$$x_4 = A_4 \cos(4\omega t - \varphi_4)$$

其中

$$A_4 = -\frac{2A}{15m\pi\sqrt{\left(\omega_0^2 - 16\omega^2\right)^2 + 64\beta^2\omega^2}}$$

$$\varphi_4 = \arctan\left(\frac{8\beta\omega}{\omega_0^2 - 16\omega^2}\right)$$

方程(1)的稳态解为

$$\begin{aligned} x &= x_1 + x_2 + x_3 + x_4 \\ &= \frac{A}{m\pi\omega_0^2} + \frac{A}{m}\left[\frac{1}{2\sqrt{\left(\omega_0^2 - \omega^2\right)^2 + 4\beta^2\omega^2}}\sin(\omega t - \varphi_1)\right. \\ &\quad - \frac{2}{3\pi}\frac{1}{\sqrt{\left(\omega_0^2 - 4\omega^2\right)^2 + 16\beta^2\omega^2}}\cos(2\omega t - \varphi_2) \\ &\quad \left. - \frac{2}{15\pi}\frac{1}{\sqrt{\left(\omega_0^2 - 16\omega^2\right)^2 + 64\beta^2\omega^2}}\cos(4\omega t - \varphi_4)\right] \end{aligned}$$

其中

$$\omega_0^2 = \frac{k}{m}, \quad \beta = \frac{\gamma}{2m}, \quad \varphi_n = \arctan\left(\frac{2\beta n\omega}{\omega_0^2 - n^2\omega^2}\right)$$

2.1.68　考虑一阻尼振子，其运动微分方程为

$$\ddot{x} + \lambda\dot{x}|\dot{x}| + \omega_0^2 x = 0$$

λ 为小的正值常量，初始条件为 $x(0) = a$，$\dot{x}(0) = 0$.用微扰法证明第一个后半周位移与前半周位移之比(精确到 λ 的一次方)为 $1 - \frac{4}{3}\lambda a$.

证明　前半周，$\dot{x}<0$，$|\dot{x}| = -\dot{x}$. 运动微分方程为

$$\ddot{x} + \omega_0 x = -\lambda\dot{x}|\dot{x}| = \lambda\dot{x}^2$$

用微扰法，精确到 λ 的一次方，令 $x = x_0 + \lambda x_1$，代入上式，

$$\ddot{x}_0 + \lambda\ddot{x}_1 + \omega_0^2(x_0 + \lambda x_1) = \lambda(\dot{x}_0 + \lambda\dot{x}_1)^2$$

$$\ddot{x}_0 + \omega_0^2 x_0 + \lambda\left(\ddot{x}_1 + \omega_0^2 x_1 - \dot{x}_0^2\right) = 0$$

写上式时，只保留 λ 的一次方项. 由 λ 的各次幂的系数分别为零，得

$$\ddot{x}_0 + \omega_0^2 x_0 = 0 \tag{1}$$

$$\ddot{x}_1 + \omega_0^2 x_1 = \dot{x}_0^2 \tag{2}$$

式(1)满足初始条件：$t=0$ 时，$x_0 = a$，$\dot{x}_0 = 0$ 的解为

$$x_0 = a\cos\omega_0 t \tag{3}$$

将零级解式(3)代入式(2)，

$$\ddot{x}_1 + \omega_0^2 x_1 = a^2\omega_0^2 \sin^2\omega_0 t = \frac{1}{2}a^2\omega_0^2\left(1-\cos 2\omega_0 t\right) \tag{4}$$

式(4)是一个非齐次线性微分方程，不难找出它的一个特解 $x_1^* = \frac{1}{2}a^2 + \frac{1}{6}a^2\cos 2\omega_0 t$，式(4)的通解为

$$x_1 = A\cos\left(\omega_0 t + \varphi\right) + \frac{1}{2}a^2 + \frac{1}{6}a^2\cos 2\omega_0 t$$

由初始条件：$t=0$ 时，$x_1 = 0$，$\dot{x}_1 = 0$，可得

$$A\cos\varphi + \frac{1}{2}a^2 + \frac{1}{6}a^2 = 0$$

$$-A\omega_0\sin\varphi = 0$$

定出 $\varphi = 0$，$A = -\frac{2}{3}a^2$.

$$x_1 = -\frac{2}{3}a^2\cos\omega_0 t + \frac{1}{2}a^2 + \frac{1}{6}a^2\cos 2\omega_0 t$$

$$x = x_0 + \lambda x_1 = \left(1-\frac{2}{3}\lambda a\right)a\cos\omega_0 t + \frac{1}{6}\lambda a^2\left(3+\cos 2\omega_0 t\right)$$

这个解只适用于 $\dot{x}\leqslant 0$ 的情况，即前半周时(从 $\dot{x}=0$ 开始，接着 $\dot{x}<0$ 到 $\dot{x}=0$ 为止)适用.

$$\dot{x} = -\left(1-\frac{2}{3}\lambda a\right)a\omega_0\sin\omega_0 t - \frac{1}{3}\lambda a^2\omega_0\sin 2\omega_0 t$$

由 $\dot{x}=0$ 得 $t=0$ 及 $t=\frac{\pi}{\omega_0}$，故前半周位移为

$$x\left(\frac{\pi}{\omega_0}\right) - x(0) = \left(-2+\frac{4}{3}\lambda a\right)a$$

再计算后半周的运动学方程，因为 $\dot{x}>0$，$|\dot{x}| = \dot{x}$，运动微分方程为

$$\ddot{x} + \omega_0^2 x = -\lambda\dot{x}^2$$

为方便计，后半周也从 $t=0$ 开始计时. 初始条件为：$t=0$ 时，$x = \left(-1+\frac{4}{3}\lambda a\right)a$，$\dot{x}=0$.

$$x = x_0 + \lambda x_1$$

$$\ddot{x}_0 + \omega_0^2 x_0 = 0$$

初始条件为：$t=0$ 时，$x_0 = \left(-1+\frac{4}{3}\lambda a\right)a$，$\dot{x}_0 = 0$，解出

$$x_0=\left(-1+\frac{4}{3}\lambda a\right)a\cos\omega_0 t$$

$$\ddot{x}_1+\omega_0^2 x_1=-\dot{x}_0^2=-\left(-1+\frac{4}{3}\lambda a\right)^2 a^2\omega_0^2\sin^2\omega_0 t$$

$$\approx-\frac{1}{2}a^2\omega_0^2\left(1-\cos 2\omega_0 t\right)$$

通解为

$$x_1=B\cos\left(\omega_0 t+\varphi\right)-\frac{1}{2}a^2-\frac{1}{6}a^2\cos 2\omega_0 t$$

满足初始条件：$t=0$ 时，$x_1=0$，$\dot{x}_1=0$ 的解为

$$x_1=\frac{2}{3}a^2\cos\omega_0 t-\frac{1}{2}a^2-\frac{1}{6}a^2\cos 2\omega_0 t$$

后半周的运动学方程为

$$x=x_0+\lambda x_1=\left(-1+2\lambda a\right)a\cos\omega_0 t-\frac{1}{6}\lambda a^2\left(3+\cos 2\omega_0 t\right)$$

$$\dot{x}=-\left(-1+2\lambda a\right)a\omega_0\sin\omega_0 t+\frac{1}{3}\lambda a^2\omega_0\sin 2\omega_0 t$$

$\dot{x}=0$ 时，$t=0$ 及 $t=\dfrac{\pi}{\omega_0}$.

后半周位移为

$$x\left(\frac{\pi}{\omega_0}\right)-x(0)=\left(2-4\lambda a\right)a$$

$$|第一个后半周位移/第一个前半周位移|=\left|\frac{\left(2-4\lambda a\right)a}{\left(-2+\frac{4}{3}\lambda a\right)a}\right|$$

$$=\frac{2-4\lambda a}{2\left(1-\frac{2}{3}\lambda a\right)}\approx\left(1-2\lambda a\right)\left(1+\frac{2}{3}\lambda a\right)\approx 1-\frac{4}{3}\lambda a$$

2.1.69　一物体在北纬40°的地球表面上方高 h 处从静止降落，若 $h=100\text{m}$，计算由于科里奥利力引起的着地点的横向位移.

解　按题意，物体除受到地球的引力以外，只受到科里奥利力作用.

$$m\ddot{\boldsymbol{r}}=m\boldsymbol{g}-2m\boldsymbol{\omega}\times\dot{\boldsymbol{r}} \tag{1}$$

今取向上为 z 轴，向南为 x 轴，则向东为 y 轴. 在北半球，纬度 λ 处.

$$\boldsymbol{\omega}=\omega\left(-\cos\lambda\boldsymbol{i}+\sin\lambda\boldsymbol{k}\right)$$

式(1)的分量方程为

$$\begin{cases}\ddot{x}=2\omega\dot{y}\sin\lambda\\ \ddot{y}=-2\omega\dot{x}\sin\lambda-2\omega\dot{z}\cos\lambda\\ \ddot{z}=-g+2\omega\dot{y}\cos\lambda\end{cases}\tag{2}$$

今 ω 是个较小的量，$\dot{x}$、$\dot{y}$ 与 $\dot{z}$ 相比也是小量，式(2)可近似为

$$\begin{cases}\ddot{x}=0\\ \ddot{y}=-2\omega\dot{z}\cos\lambda\\ \ddot{z}=-g\end{cases}\tag{3}$$

初始条件：$t=0$ 时，$x=y=0$，$z=h$；$\dot{x}=\dot{y}=\dot{z}=0$.

$$\dot{z}=-gt,\ z=h-\frac{1}{2}gt^2$$

$$\ddot{y}=2\omega gt\cos\lambda$$

$$\dot{y}=\omega gt^2\cos\lambda,\ y=\frac{1}{3}\omega gt^3\cos\lambda$$

$$\dot{x}=0,\quad x=0$$

着地时，$z=0$，$t=\sqrt{\dfrac{2h}{g}}$，

$$y=\frac{1}{3}\omega g\left(\frac{2h}{g}\right)^{3/2}\cos\lambda=\frac{1}{3}\omega\sqrt{\frac{8h^3}{g}}\cos\lambda$$

$$=\frac{1}{3}\times7.27\times10^{-5}\sqrt{\frac{8\times100^3}{9.8}}\cos40^\circ=0.017(\mathrm{m})$$

物体着地点向东横向偏移 0.017m.

2.1.70　由于地球的自转而引起的下列偏离的大小和方向是什么？

(1) 从北纬 λ、高 L 的塔顶到底部悬挂的铅垂线下的摆锤；

(2) 从顶部降落的物体的着地点.

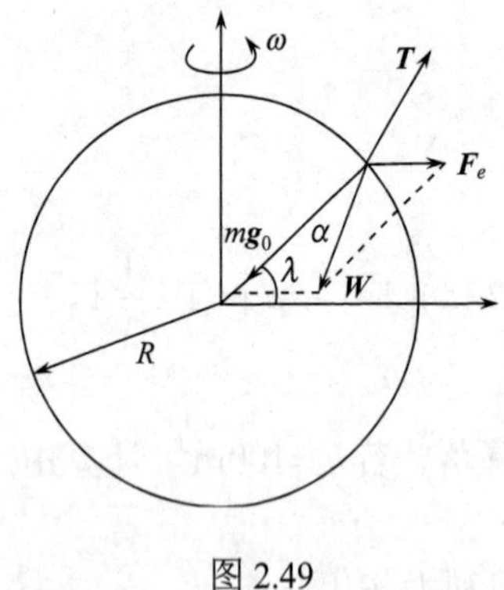

图 2.49

解　(1) 如图 2.49 所示，由于地球的自转，摆锤处于平衡时受到三个力作用，它们是绳子张力 $\boldsymbol{T}$；地球的万有引力 $m\boldsymbol{g}_0$ 和惯性离轴力 $\boldsymbol{F}_e$ 三个力平衡.

$$m\boldsymbol{g}_0+\boldsymbol{T}+\boldsymbol{F}_e=0$$

$m\boldsymbol{g}_0$ 是重力，$\boldsymbol{T}$ 的反作用力 $\boldsymbol{W}$ 是表观重力，可表为 $m\boldsymbol{g}$，$\boldsymbol{g}$ 为表观重力加速度. 由于自转的影响，铅垂线将向南偏离 α，$F_e=m\omega^2R\cos\lambda$，$R$ 为地球半径.

由余弦定理，

$$mg=\left(m^2g_0^2+F_e^2-2mg_0F_e\cos\lambda\right)^{1/2}$$
$$=mg_0\left[1+\left(\frac{F_e}{mg_0}\right)^2-2\frac{F_e}{mg_0}\cos\lambda\right]^{1/2}$$

略去$\left(\dfrac{F_e}{mg_0}\right)^2$项，代入$F_e=m\omega^2R\cos\lambda$，可得

$$mg\approx mg_0\left(1-\frac{R\omega^2}{g_0}\cos^2\lambda\right)$$
$$g\approx g_0-R\omega^2\cos^2\lambda$$

由正弦定理，$\dfrac{mg}{\sin\lambda}=\dfrac{F_e}{\sin\alpha}$，

$$\sin\alpha=\frac{F_e}{mg}\sin\lambda=\frac{\omega^2R\sin 2\lambda}{2g}=\frac{\omega^2R\sin 2\lambda}{2\left(g_0-R\omega^2\cos^2\lambda\right)}$$

故摆锤将向南偏离的距离为

$$L\alpha\approx L\sin\alpha=\frac{L\omega^2R\sin 2\lambda}{2\left(g_0-R\omega^2\cos^2\lambda\right)}$$

(2)取向上为z轴，向南为x轴，向东为y轴. 考虑自由落体受到地球引力、惯性离轴力和科里奥利力、列出在地球表面附近的运动微分方程. 在$x=y=0$、$z=L$自由下落的物体，落地点不在(0，0，0)，作一级近似，

$$x^{(1)}=0,\quad y^{(1)}=\frac{1}{3}\omega gt^3\cos\lambda,\quad z^{(1)}=L-\frac{1}{2}gt^2$$

作二级近似，

$$x^{(2)}=\left(\frac{1}{8}gt^2+\frac{1}{2}h\right)\omega^2t^2\sin\lambda\cos\lambda$$
$$y^{(2)}=\frac{1}{3}\omega gt^3\cos\lambda$$
$$z^{(2)}=L-\frac{1}{2}gt^2+\left(\frac{1}{8}gt^2+\frac{1}{2}h\right)\omega^2t^2\cos^2\lambda$$

作一级近似时，落地点为$\left(0,\ y_0^{(1)},0\right)$；作二级近似时，落地点为$\left(x_0^{(2)},\ y_0^{(2)},0\right)$，$y^{(1)}$与$y^{(2)}$虽有相同的式子，但由于落地时间不同，也有所不同. 我们考虑一级近似，落地时$t=\sqrt{\dfrac{2L}{g}}$，落地点东偏距离为$y_0^{(1)}=\dfrac{1}{3}\omega\sqrt{\dfrac{8L^3}{g}}\cos\lambda$.

2.1.71　S系是坐标原点固定在地球中心，z轴指向北极随地心做平动的惯性参考系，S'系与S系相似放置(原点与z轴完全重合)但是随地球自转的参考系.

(1)写出任意矢量对时间的微商，从S'系到S系的非相对论变换方程，利用这变换方程推导出在S'系中运动的物体受到的科里奥利力的表达式；

(2)求出在北半球水平向东和垂直向上运动的物体受到的科里奥利力.

解 (1) $Oxyz$ 、$Ox'y'z'$ 分别固连于 S 系和 S' 系，S' 系中任意矢量 $\boldsymbol{A}$ 可表为

$$\boldsymbol{A}=Ax'\boldsymbol{i}'+Ay'\boldsymbol{j}'+Az'\boldsymbol{k}'$$

$\dfrac{\mathrm{d}\boldsymbol{A}}{\mathrm{d}t}$ 表示在 S 系中矢量 $\boldsymbol{A}$ 对时间的微商，为 $\boldsymbol{A}$ 对时间的绝对微商，$\dfrac{\tilde{\mathrm{d}}\boldsymbol{A}}{\mathrm{d}t}$ 表示在 S' 系中矢量 $\boldsymbol{A}$ 对时间的微商，为 $\boldsymbol{A}$ 对时间的相对微商，在 S' 系中 $\boldsymbol{i}'$ 、$\boldsymbol{j}'$ 、$\boldsymbol{k}'$ 是不随时间变化的，在 S 系中 $\boldsymbol{i}'$ 、$\boldsymbol{j}'$ 是随时间变化的，$\boldsymbol{k}'=\boldsymbol{k}$ ，故 $\boldsymbol{k}'$ 在 S 系中不随时间变化.

S' 系对 S 系做纯转动，角速度 $\boldsymbol{\omega}=\omega\boldsymbol{k}'$ ，

$$\frac{\mathrm{d}\boldsymbol{i}'}{\mathrm{d}t}=\boldsymbol{\omega}\times\boldsymbol{i}'=\omega\boldsymbol{k}'\times\boldsymbol{i}'=\omega\boldsymbol{j}',\frac{\mathrm{d}\boldsymbol{j}'}{\mathrm{d}t}=\boldsymbol{\omega}\times\boldsymbol{j}'=-\omega\boldsymbol{i}',\frac{\mathrm{d}\boldsymbol{k}'}{\mathrm{d}t}=0$$

$$\begin{aligned}\frac{\mathrm{d}\boldsymbol{A}}{\mathrm{d}t}&=\left(\frac{\mathrm{d}A_{x'}}{\mathrm{d}t}\boldsymbol{i}'+\frac{\mathrm{d}A_{y'}}{\mathrm{d}t}\boldsymbol{j}'+\frac{\mathrm{d}A_{z'}}{\mathrm{d}t}\boldsymbol{k}'\right)\\&\quad+\left(A_{x'}\frac{\mathrm{d}\boldsymbol{i}'}{\mathrm{d}t}+A_{y'}\frac{\mathrm{d}\boldsymbol{j}'}{\mathrm{d}t}+A_{z'}\frac{\mathrm{d}\boldsymbol{k}'}{\mathrm{d}t}\right)\\&=\frac{\tilde{\mathrm{d}}\boldsymbol{A}}{\mathrm{d}t}+\boldsymbol{\omega}\times\left(A_{x'}\boldsymbol{i}'+A_{y'}\boldsymbol{j}'+A_{z'}\boldsymbol{k}'\right)=\frac{\tilde{\mathrm{d}}\boldsymbol{A}}{\mathrm{d}t}+\boldsymbol{\omega}\times\boldsymbol{A}\end{aligned}\tag{1}$$

对于这里 S' 系坐标系的取法.

$$\frac{\mathrm{d}\boldsymbol{A}}{\mathrm{d}t}=\frac{\tilde{\mathrm{d}}\boldsymbol{A}}{\mathrm{d}t}+\omega A_{x'}\boldsymbol{j}'-\omega A_{y'}\boldsymbol{i}'$$

用式(1)，求 $\dfrac{\mathrm{d}\boldsymbol{r}}{\mathrm{d}t}$ 及 $\dfrac{\mathrm{d}^2\boldsymbol{r}}{\mathrm{d}t}$.

$$\frac{\mathrm{d}\boldsymbol{r}}{\mathrm{d}t}=\frac{\tilde{\mathrm{d}}\boldsymbol{r}}{\mathrm{d}t}+\boldsymbol{\omega}\times\boldsymbol{r}$$

$$\begin{aligned}\frac{\mathrm{d}^2\boldsymbol{r}}{\mathrm{d}t}&=\frac{\mathrm{d}}{\mathrm{d}t}\left(\frac{\tilde{\mathrm{d}}\boldsymbol{r}}{\mathrm{d}t}\right)+\frac{\mathrm{d}\boldsymbol{\omega}}{\mathrm{d}t}\times\boldsymbol{r}+\boldsymbol{\omega}\times\frac{\mathrm{d}\boldsymbol{r}}{\mathrm{d}t}\\&=\frac{\tilde{\mathrm{d}}^2\boldsymbol{r}}{\mathrm{d}t^2}+\boldsymbol{\omega}\times\frac{\tilde{\mathrm{d}}\boldsymbol{r}}{\mathrm{d}t}+\boldsymbol{\omega}\times\left(\frac{\tilde{\mathrm{d}}\boldsymbol{r}}{\mathrm{d}t}+\boldsymbol{\omega}\times\boldsymbol{r}\right)\\&=\frac{\tilde{\mathrm{d}}^2\boldsymbol{r}}{\mathrm{d}t^2}+2\boldsymbol{\omega}\times\frac{\tilde{\mathrm{d}}\boldsymbol{r}}{\mathrm{d}t}+\boldsymbol{\omega}\times(\boldsymbol{\omega}\times\boldsymbol{r})\end{aligned}$$

推导中用了 $\dfrac{\mathrm{d}\boldsymbol{\omega}}{\mathrm{d}t}=\dfrac{\tilde{\mathrm{d}}\boldsymbol{\omega}}{\mathrm{d}t}+\boldsymbol{\omega}\times\boldsymbol{\omega}=0$.

对惯性参考系，由牛顿运动定律有

$$m\frac{\mathrm{d}^2\boldsymbol{r}}{\mathrm{d}t^2}=\boldsymbol{F}$$

其中 $\boldsymbol{F}$ 是真实力，

$$m\frac{\tilde{\mathrm{d}}^2\boldsymbol{r}}{\mathrm{d}t^2}+2m\boldsymbol{\omega}\times\frac{\tilde{\mathrm{d}}\boldsymbol{r}}{\mathrm{d}t}+m\boldsymbol{\omega}\times(\boldsymbol{\omega}\times\boldsymbol{r})=\boldsymbol{F}$$

在 S' 系中，$\dfrac{\tilde{\mathrm{d}}^2\boldsymbol{r}}{\mathrm{d}t^2}=\boldsymbol{a}'$，$\dfrac{\tilde{\mathrm{d}}\boldsymbol{r}}{\mathrm{d}t}=\boldsymbol{v}'$，分别为加速度、速度.

$$m\boldsymbol{a}'=\boldsymbol{F}-2m\boldsymbol{\omega}\times\boldsymbol{v}'-m\boldsymbol{\omega}\times(\boldsymbol{\omega}\times\boldsymbol{r})$$

其中 $-2m\boldsymbol{\omega}\times\boldsymbol{v}'$ 为科里奥利力，即

$$\boldsymbol{F}_{\mathrm{c}}=-2m\boldsymbol{\omega}\times\boldsymbol{v}'$$

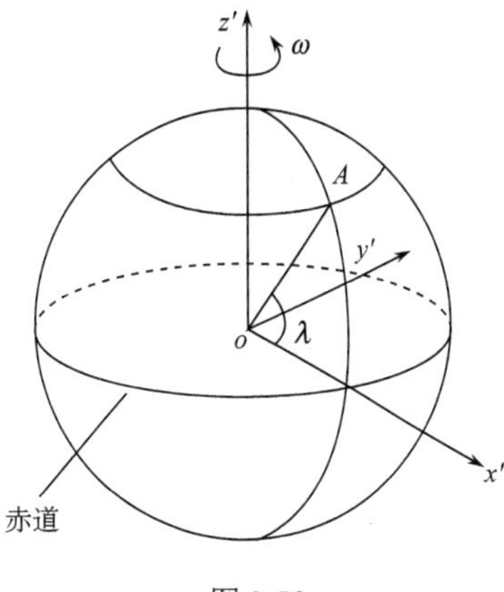

图 2.50

(2) 在北半球 A 处，取固连于地球的 $ox'y'z'$ 坐标如图 2.50 所示，x' 轴在赤道面上通过 A 所在的经线，y' 轴在赤道面上与 A 点所在的纬线的切线平行.

在北半球，沿水平向东运动时，

$$\boldsymbol{v}'=v'\boldsymbol{j}'$$

$$\boldsymbol{F}_{\mathrm{c}}=-2m\boldsymbol{\omega}\times\boldsymbol{v}'=-2m\omega\boldsymbol{k}'\times v'\boldsymbol{j}'=2m\omega v'\boldsymbol{i}'$$

在北纬 λ 处，物体垂直向上运动时，

$$\boldsymbol{v}'=v'(\cos\lambda\boldsymbol{i}'+\sin\lambda\boldsymbol{k}')$$

$$\begin{aligned}\boldsymbol{F}_{\mathrm{c}}&=-2m\boldsymbol{\omega}\times\boldsymbol{v}'=-2m\omega\boldsymbol{k}'\times v'(\cos\lambda\boldsymbol{i}'+\sin\lambda\boldsymbol{k}')\\&=-2m\omega v'\cos\lambda\boldsymbol{j}'\end{aligned}$$

2.1.72 证明：一条宽度为 b、河水以速率 v 向北流的运河，在北纬 λ 处，东岸的河水水面比西岸高 $\dfrac{2bv\omega\sin\lambda}{g}$，其中 ω 是地球的自转角速度，g 为当地的表观重力加速度.

证法一 在河面上取一质元，无加速度，表观重力、科里奥利力和周围河水的作用力的合力应为零，周围河水的作用力垂直于水面，故科里奥利力与表观重力的合力与水面垂直. 取竖直向上为 z 轴，向南为 x 轴，向东为 y 轴，如图 2.51 所示，由图可见，东岸水面比西岸水面高 h.

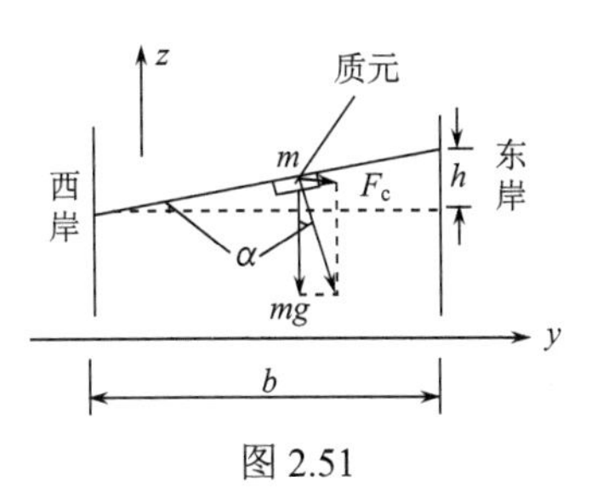

图 2.51

$$\frac{h}{b}=\tan\alpha=\frac{F_{\mathrm{c}}}{mg}$$

其中 m 是质元质量，F_{c} 是质元受到的科里奥利力.

$$\begin{aligned}\boldsymbol{F}_{\mathrm{c}}&=-2m\boldsymbol{\omega}\times\boldsymbol{v}=-2m(-\omega\cos\lambda\boldsymbol{i}+\omega\sin\lambda\boldsymbol{k})\times(-v\boldsymbol{i})\\&=2m\omega v\sin\lambda\boldsymbol{j}\end{aligned}$$

科氏力向东，与图所画一致.

$$h=\frac{b}{mg}F_{\mathrm{c}}=\frac{2b\omega v\sin\lambda}{g}$$

证法二 介绍一种更严格的解法. 如图 2.52 所示，取坐标原点在河流中线处，y 轴仍向东，z 轴仍向上.

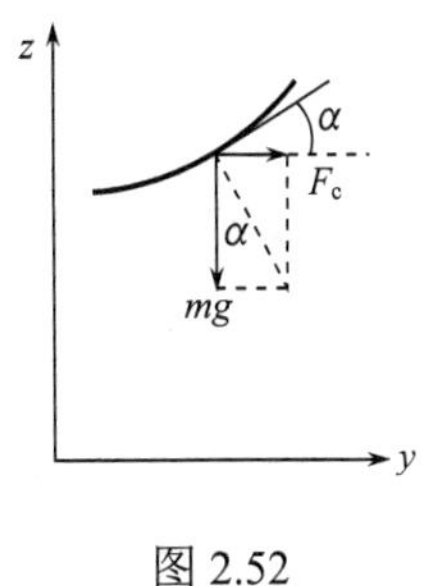

图 2.52

$$F_y=F_{\mathrm{c}}=2m\omega v\sin\lambda$$

$$\frac{\mathrm{d}z}{\mathrm{d}y}=\tan\alpha=\frac{F_{\mathrm{c}}}{mg}=\frac{2\omega v\sin\lambda}{g}$$

$$\mathrm{d}z=\frac{2\omega v\sin\lambda}{g}\mathrm{d}y$$

$$h=z\left(\frac{b}{2}\right)-z\left(-\frac{b}{2}\right)=\int_{-\frac{b}{2}}^{\frac{b}{2}}\frac{2\omega v\sin\lambda}{g}\mathrm{d}y=\frac{2b\omega v\sin\lambda}{g}$$

说明：对南半球，如λ取负值，上式也能适用.

2.1.73 在北纬λ处，一个质量为m的质点垂直上抛，可达高度h处. 问它在何处返回地面?

解 用一级近似，运动微分方程为

$$\ddot{y}=-2\omega\dot{z}\cos\lambda \tag{1}$$

$$\ddot{z}=-g \tag{2}$$

$$\dot{z}=v_0-gt,\quad z=v_0t-\frac{1}{2}gt^2$$

$z=h$时，

$$\dot{z}=0,\quad t=\frac{v_0}{g},\quad h=\frac{v_0^2}{2g}$$

所以

$$v_0=\sqrt{2gh},\quad t=\sqrt{\frac{2h}{g}}$$

将$\dot{z}=v_0-gt=\sqrt{2gh}-gt$代入式(1)，

$$\ddot{y}=2\omega gt\cos\lambda-2\omega\sqrt{2gh}\cos\lambda \tag{3}$$

逐次积分，用初条件：$t=0$时，$y=0$，$\dot{y}=0$,得

$$\dot{y}=\omega gt^2\cos\lambda-2\omega\sqrt{2gh}\,t\cos\lambda$$

$$y=\frac{1}{3}\omega gt^3\cos\lambda-\omega\sqrt{2gh}\,t^2\cos\lambda \tag{4}$$

微分方程式(3)对质点向上向下的运动均适用，故其解也适用于从抛出到落地的全过程. 微分方程式(2)也适用于全过程. 上升阶段历时$\sqrt{\frac{2h}{g}}$，下降阶段又历时$\sqrt{\frac{2h}{g}}$，全过程历时$2\sqrt{\frac{2h}{g}}$. 落地时，$t=2\sqrt{\frac{2h}{g}}$,

$$y=\frac{1}{3}\omega g\left(2\sqrt{\frac{2h}{g}}\right)^3\cos\lambda-\omega\sqrt{2gh}\left(2\sqrt{\frac{2h}{g}}\right)^2\cos\lambda=-\frac{8}{3}\sqrt{\frac{2h}{g}}\omega h\cos\lambda$$

我们取坐标，z轴向上，y轴向东. 上述结果表明，在原点上抛，落地时在点$(0,y,0)$，$y=-\frac{8}{3}\sqrt{\frac{2h}{g}}\omega h\cos\lambda$,故在抛出点西边$\frac{8\sqrt{2}\omega h^{3/2}\cos\lambda}{3g^{1/2}}$.

2.1.74 一个质点在地球北纬λ处的一完全光滑的水平面(它与那个纬度的铅垂线垂直)上滑动. 选z轴铅直向上，x轴向南，y轴向东. 若开始时质点位于$x=0$，$y=a$，$\dot{x}=u,\dot{y}=0$.

(1) 证明：若略去运动微分方程中的 ω^2 项，则坐在平面上的观察者看到的轨道方程为

$$x^2+\left(y-a+\frac{u}{2\omega\sin\lambda}\right)^2=\left(\frac{u}{2\omega\sin\lambda}\right)^2$$

(2) 说明略去 ω^2 项是不合理的.

解

$$\boldsymbol{\omega}=\omega(-\cos\lambda\boldsymbol{i}+\sin\lambda\boldsymbol{k})$$

$$m\boldsymbol{a}=-m\boldsymbol{\omega}\times(\boldsymbol{\omega}\times\boldsymbol{r})-2m\boldsymbol{\omega}\times\boldsymbol{v}$$

$$\boldsymbol{r}=x\boldsymbol{i}+y\boldsymbol{j},\quad \boldsymbol{v}=\dot{x}\boldsymbol{i}+\dot{y}\boldsymbol{j}$$

$$m\ddot{x}=m\omega^2x\sin^2\lambda+2m\omega\dot{y}\sin\lambda$$

$$m\ddot{y}=m\omega^2y-2m\omega\dot{x}\sin\lambda$$

(1) 若略去 ω^2 项，运动微分方程为

$$\ddot{x}=2\omega\dot{y}\sin\lambda \tag{1}$$

$$\ddot{y}=-2\omega\dot{x}\sin\lambda \tag{2}$$

用初始条件：$t=0$ 时，$x=0$，$\dot{y}=0$，

$$\dot{y}=-2\omega x\sin\lambda \tag{3}$$

将式(3)代入式(1)，

$$\ddot{x}=-4\omega^2x\sin^2\lambda$$

$$x=A\cos(2\omega t\sin\lambda)+B\sin(2\omega t\sin\lambda)$$

$$\dot{x}=-2\omega A\sin\lambda\sin(2\omega t\sin\lambda)+2\omega B\sin\lambda\cos(2\omega t\sin\lambda)$$

用初始条件：$t=0$ 时，$x=0$，$\dot{x}=u$，定出 $A=0$，$B=\dfrac{u}{2\omega\sin\lambda}$，所以

$$x=\frac{u}{2\omega\sin\lambda}\sin(2\omega t\sin\lambda) \tag{4}$$

将式(4)代入式(3)，

$$\dot{y}=-u\sin(2\omega t\sin\lambda)$$

对上式积分，并用初条件：$t=0$ 时，$y=a$，

$$y=a-\frac{u}{2\omega\sin\lambda}+\frac{u}{2\omega\sin\lambda}\cos(2\omega t\sin\lambda) \tag{5}$$

将式(4)、(5)两式消去 t 得

$$x^2+\left(y-a+\frac{u}{2\omega\sin\lambda}\right)^2=\left(\frac{u}{2\omega\sin\lambda}\right)^2$$

(2) 将上面得到的 $x(t)$、$y(t)$、$\dot{x}(t)$、$\dot{y}(t)$ 代入原微分方程中各项，比较 $\ddot{x}$ 式中的两项和 $\ddot{y}$ 式中的两项.

比较 $\omega^2x\sin^2\lambda$ 与 $2\omega\dot{y}\sin\lambda$ 如下：

$$\omega^2 x \sin^2\lambda = \frac{1}{2}\omega u \sin\lambda \sin(2\omega t \sin\lambda)$$

$$2\omega \dot{y} \sin\lambda = -2\omega u \sin\lambda \sin(2\omega t \sin\lambda)$$

前者并不比后者小多少，而是同数量级的，不必再对 $\omega^2 y$ 与 $-2\omega\dot{x}\sin\lambda$ 作比较，已足以说明略去 ω^2 项是不合理的.

2.1.75 当从正上方俯视时，发现在海洋表面之下有一个相当分明的孤立层中有一海洋环流做逆时针旋转，旋转周期是 14 小时. 问此洋流是在什么纬度和哪个半球探测到的?

解 此题难于作精确计算. 作近似，略去微分方程中的 ω^2 项.

$$\ddot{x} = 2\omega\dot{y}\sin\lambda \tag{1}$$

$$\ddot{y} = -2\omega\dot{x}\sin\lambda \tag{2}$$

式(1)+式(2)×i，并令 $\omega = x + \mathrm{i}y$，得

$$\ddot{\omega} = -2\omega \mathrm{i} w \sin\lambda$$

特征方程为

$$r^2 = -(2\omega\mathrm{i}\sin\lambda)r$$

$$r = 0, \quad r = -2\omega\mathrm{i}\sin\lambda$$

$$w = A + B\mathrm{i} + C\mathrm{e}^{(-2\omega\mathrm{i}\sin\lambda)t+\varphi}$$

$$x = \mathrm{Re}\,\omega = A + C\cos(2\omega t\sin\lambda - \varphi)$$

$$y = \mathrm{Im}\,\omega = B + C\sin(2\omega t\sin\lambda - \varphi)$$

可见，如略去微分方程中的 ω^2 项，不论初始条件如何，一定做圆周运动，角速度为 $2\omega|\sin\lambda|$.另一方面，已测得周期 $T = 14\times 3600(\mathrm{s})$，

$$2\omega|\sin\lambda| = \frac{2\pi}{T}$$

$$|\sin\lambda| = \frac{2\pi/(14\times 3600)}{2\times 2\pi/(24\times 3600)} = \frac{6}{7} = 0.8571$$

$$|\lambda| = 59°$$

沿 z 轴向负方向看，洋流做逆时针转动. 设某时刻洋流位于图 2.53 中 P 点，此时，$\dot{x}>0, \dot{y}>0, \ddot{x}<0, \ddot{y}>0$.由式(1)因为 $\dot{y}>0, \ddot{x}<0$，必有 $\sin\lambda<0$；由式(2)，也能得出 $\sin\lambda<0$ 的结论. 可见，$\lambda = -59°$.

此洋流应是在南半球探测到的. 考虑到上题说明的略去 ω^2 项不合理. 59°显然是不精确的，洋流也不做圆周运动.

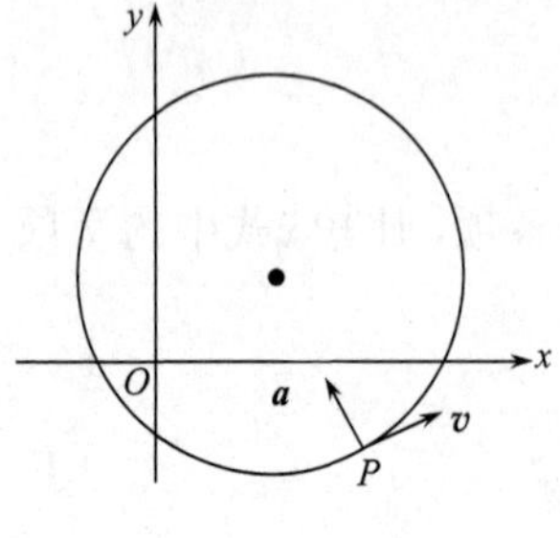

图 2.53

2.1.76 在北纬 λ 处，以初速 v_0 向东发射炮弹，发射角为 α.若不计空气阻力，视重力为常值，且忽略其与铅垂线的偏差，即认为重力指向地心. 求炮弹的运动方程以及着地点的偏差.

解 取发射点为坐标原点，z 轴竖直向上，发射的水平方向沿 y 轴. 一级近似的运动微分方程为

$$\ddot{x} = 0, \quad \ddot{y} = -2\omega\dot{z}\cos\lambda, \quad \ddot{z} = -g$$

初始条件：$t=0$ 时，$x=y=z=0, \dot{x}=0, \dot{y}=v_0\cos\alpha, \dot{z}=v_0\sin\alpha$，

$$\dot{z}=-gt+v_0\sin\alpha$$
$$\ddot{y}=-2\omega(-gt+v_0\sin\alpha)\cos\lambda=(2\omega gt-2\omega v_0\sin\alpha)\cos\lambda$$
$$\dot{y}=v_0\cos\alpha+\omega gt^2\cos\lambda-2\omega v_0 t\sin\alpha\cos\lambda$$

二级近似，略去 ω^2 项，

$$\ddot{x}=2\omega\dot{y}\sin\lambda=2\omega v_0\cos\alpha\sin\lambda$$
$$\ddot{y}=-2\omega\dot{z}\cos\lambda=2\omega gt\cos\lambda-2\omega v_0\sin\alpha\cos\lambda$$
$$\ddot{z}=-g+2\omega\dot{y}\cos\lambda=-g+2\omega v_0\cos\alpha\cos\lambda$$

用初始条件积分上述各式：

$$\dot{x}=2\omega v_0 t\cos\alpha\sin\lambda$$
$$\dot{y}=v_0\cos\alpha+\omega gt^2\cos\lambda-2\omega v_0 t\sin\alpha\cos\lambda$$
$$\dot{z}=v_0\sin\alpha-gt+2\omega v_0 t\cos\alpha\cos\lambda$$
$$x=\omega v_0 t^2\cos\alpha\sin\lambda$$
$$y=v_0 t\cos\alpha+\frac{1}{3}\omega gt^3\cos\lambda-\omega v_0 t^2\sin\alpha\cos\lambda$$
$$z=v_0 t\sin\alpha-\frac{1}{2}gt^2+\omega v_0 t^2\cos\alpha\cos\lambda$$

$z=0$ 时，除 $t=0$ 外，另一个 t_1 值满足

$$v_0\sin\alpha-\frac{1}{2}gt_1+\omega v_0 t_1\cos\alpha\cos\lambda=0$$

故

$$t_1=\frac{2v_0\sin\alpha}{g-2\omega v_0\cos\alpha\cos\lambda}\approx\frac{2v_0\sin\alpha}{g}\left(1+\frac{2\omega v_0\cos\alpha\cos\lambda}{g}\right)$$

着地点的偏差 Δx 、Δy 分别为

$$\Delta x=x(t_1)-0\approx\frac{4\omega v_0^3}{g^2}\sin^2 a\cos\alpha\sin\lambda$$

$$\Delta y=y(t_1)-v_0\cos\alpha\cdot\frac{2v_0\sin\alpha}{g}$$

2.1.77　设有质量为 m 的质点在椭球面

$$\frac{x^2}{a^2}+\frac{y^2}{b^2}+\frac{(c-z)^2}{c^2}-1=0$$

的最低点做微振动，z 轴竖直向上. 求其运动规律及约束力. 又如 $a=b$，且椭球绕 z 轴以等角速 ω 转动，求质点在相对平衡状态时与椭球最低点的高度差.

解　用拉格朗日乘子法解此约束运动.

$$f=\frac{x^2}{a^2}+\frac{y^2}{b^2}+\frac{(z-c)^2}{c^2}-1=0$$

$$m\ddot{x}=\lambda\frac{\partial f}{\partial x}=\frac{2\lambda}{a^2}x \tag{1}$$

$$m\ddot{y}=\lambda\frac{\partial f}{\partial y}=\frac{2\lambda}{b^2}y \tag{2}$$

$$m\ddot{z}=-mg+\lambda\frac{\partial f}{\partial z}=-mg+\frac{2\lambda}{c^2}(z-c)$$

因为是微振动，可认为$z\approx 0$，$\ddot{z}\approx 0$，所以

$$0=-mg-\frac{2\lambda}{c},\quad \lambda=-\frac{1}{2}cmg$$

将λ代入式(1)、式(2)，

$$\ddot{x}=-\frac{cg}{a^2}x,\quad \ddot{y}=-\frac{cg}{b^2}y$$

$$x=A\cos\left(\sqrt{\frac{cg}{a^2}}t+\alpha_1\right)$$

$$y=B\cos\left(\sqrt{\frac{cg}{b^2}}t+\alpha_2\right)$$

约束力$\boldsymbol{N}$的x、y、z分量为

$$N_x=\lambda\frac{\partial f}{\partial x}=-\frac{cmg}{a^2}x=-\frac{cmgA}{a^2}\cos\left(\sqrt{\frac{cg}{a^2}}t+\alpha_1\right)$$

$$N_y=\lambda\frac{\partial f}{\partial y}=-\frac{cmg}{b^2}y=-\frac{cmgB}{b^2}\cos\left(\sqrt{\frac{cg}{b^2}}t+\alpha_2\right)$$

$$N_z=\lambda\frac{\partial f}{\partial z}=mg$$

如$a=b$，椭球绕z轴以等角速ω转动，设质点相对平衡位置在$z=h$处. 取固连于椭球面的x、z坐标为参考系.

$$m\ddot{x}=\lambda\frac{\partial f}{\partial x}+m\omega^2x=\frac{2\lambda x}{a^2}+m\omega^2x=0$$

$$m\ddot{z}=-mg+\lambda\frac{\partial f}{\partial z}=-mg+\frac{2\lambda(h-c)}{c^2}=0$$

由前式得

$$\lambda=-\frac{1}{2}ma^2\omega^2$$

代入后式解出

$$h=c-\frac{c^2g}{a^2\omega^2}$$

2.1.78　一个质量为m的质点，在重力作用下在一个光滑的旋转抛物面的内表面上运动. 用柱坐标ρ、φ、z表示，抛物面的方程为$\rho^2=az$（a为常量），z轴竖直向上. 开始质点于$\rho=a$、$\varphi=0$、$z=a$处被抛射时，具有在水平方向的速率v.求质点运动过程中z的最大值和最小值.

解　用拉格朗日乘子法处理此约束运动.

$$f=\rho^2-az=0$$

$$m\left(\ddot{\rho}-\rho\dot{\varphi}^2\right)=\lambda\frac{\partial f}{\partial\rho}=2\lambda\rho \tag{1}$$

$$\frac{m}{\rho}\frac{\mathrm{d}}{\mathrm{d}t}\left(\rho^2\dot{\varphi}\right)=\lambda\frac{\partial f}{\partial\varphi}=0 \tag{2}$$

$$m\ddot{z}=-mg+\lambda\frac{\partial f}{\partial z}=-mg-\lambda a \tag{3}$$

式(2)积分，用初始条件：$t=0$ 时，$\rho=a,\rho\dot{\varphi}=v,\dot{\rho}=0$，

$$\rho^2\dot{\varphi}=av \tag{4}$$

用式(4)，将式(1)改写为

$$m\left(\ddot{\rho}-\frac{a^2v^2}{\rho^3}\right)=2\lambda\rho \tag{5}$$

由 $\rho^2=az,\dot{z}=\frac{2}{a}\rho\dot{\rho},\ddot{z}=\frac{2}{a}\left(\rho\ddot{\rho}+\dot{\rho}^2\right)$，式(3)改写为

$$\frac{2m}{a}\left(\rho\ddot{\rho}+\dot{\rho}^2\right)=-mg-\lambda a \tag{6}$$

式(5)×a+式(6)×2ρ，可得

$$a\left(1+\frac{4\rho^2}{a^2}\right)\ddot{\rho}+\frac{4\rho\dot{\rho}^2}{a}+2g\rho-\frac{a^3v^2}{\rho^3}=0$$

用 $\ddot{\rho}=\frac{\mathrm{d}\dot{\rho}}{\mathrm{d}\dot{\rho}}\dot{\rho}=\frac{1}{2}\frac{\mathrm{d}\dot{\rho}^2}{\mathrm{d}\rho}$，上式可改写为

$$\frac{a}{2}\left(1+\frac{4\rho^2}{a^2}\right)\mathrm{d}\dot{\rho}^2+\left(\frac{4\rho\dot{\rho}^2}{a}+2g\rho-\frac{a^3v^2}{\rho^3}\right)\mathrm{d}\rho=0$$

因为

$$\frac{\partial}{\partial\rho}\left[\frac{a}{2}\left(1+\frac{4\rho^2}{a^2}\right)\right]=\frac{\partial}{\partial\dot{\rho}^2}\left(\frac{4\rho\dot{\rho}^2}{a}\right)=\frac{4\rho}{a}$$

上式是恰当微分，积分得

$$\frac{a}{2}\left(1+\frac{4\rho^2}{a^2}\right)\dot{\rho}^2+g\rho^2+\frac{a^3v^2}{2\rho^2}=c$$

由初始条件：$t=0$ 时，$\rho=a,\dot{\rho}=0$ 定 c 得

$$\frac{a}{2}\left(1+\frac{4\rho^2}{a^2}\right)\dot{\rho}^2+g\rho^2+\frac{a^3v^2}{2\rho^2}=ga^2+\frac{1}{2}av^2$$

在 z 的最大值和最小值，$\dot{\rho}=0$，与它们相应的 ρ 满足的方程为

$$g\rho^2+\frac{a^3v^2}{2\rho^2}=ga^2+\frac{1}{2}av^2$$

用约束方程 $\rho^2=az$，换成 $z_{\max}$、$z_{\min}$ 满足的方程.

$$agz + \frac{a^2 v^2}{2z} = ga^2 + \frac{1}{2}av^2$$

$$2gz^2 - 2\left(ga + \frac{1}{2}v^2\right)z + av^2 = 0$$

$$z = \frac{1}{4g}\left[2ga + v^2 \pm \sqrt{\left(2ga + v^2\right)^2 - 8gav^2}\right]$$

$$= \frac{1}{4g}\left[2ga + v^2 \pm \left(2ga - v^2\right)\right]$$

$z_{\max}$、$z_{\min}$ 分别为a与 $\frac{v^2}{2g}$ 中的较大者和较小者.

2.1.79　一个单位质量的质点在一个旋转抛物面内表面上运动，旋转抛物面的柱坐标方程为$\rho^2 = 4az$，z轴竖直向上，a为常量. 该质点受到一个垂直于z轴向外的大小为$\mu\rho$ 的斥力，摩擦力可忽略不计，开始质点位于$z=0$，具有垂直于z轴的速度$2a\mu^{1/2}$.用拉格朗日乘子法求质点所能达到的最高点.

解

$$f = \rho^2 - 4az = 0$$

$$\frac{\partial f}{\partial \rho} = 2\rho, \quad \frac{\partial f}{\partial \varphi} = 0, \quad \frac{\partial f}{\partial z} = -4a$$

$$\ddot{\rho} - \rho\dot{\varphi}^2 = \mu\rho + 2\lambda\rho \tag{1}$$

$$\frac{1}{\rho}\frac{\mathrm{d}}{\mathrm{d}t}\left(\rho^2\dot{\varphi}\right) = 0 \tag{2}$$

$$\ddot{z} = -g - 4\lambda a \tag{3}$$

式(2)积分，并用初始条件.$t=0$时，$z=0$亦即$\rho=0$，得

$$\rho^2\dot{\varphi} = c = 0$$

用上式，式(1)改为

$$\ddot{\rho} = \mu\rho + 2\lambda\rho \tag{4}$$

式(3)×ρ+式(4)×$2a$，得

$$\rho\ddot{z} + 2a\ddot{\rho} = -\rho g + 2\mu a\rho$$

$$z = \frac{1}{4a}\rho^2, \quad \dot{z} = \frac{1}{2a}\rho\dot{\rho}, \quad \ddot{z} = \frac{1}{2a}\left(\rho\ddot{\rho} + \dot{\rho}^2\right)$$

上式改写为

$$\left(\frac{1}{2a}\rho^2 + 2a\right)\ddot{\rho} + \frac{1}{2a}\rho\dot{\rho}^2 = \left(2\mu a - g\right)\rho$$

用 $\ddot{\rho} = \frac{1}{2}\frac{\mathrm{d}\dot{\rho}^2}{\mathrm{d}\rho}$，上式改写为

$$\frac{1}{2}\left(\frac{1}{2a}\rho^2+2a\right)\mathrm{d}\dot{\rho}^2+\frac{1}{2a}\rho\dot{\rho}^2\mathrm{d}\rho=(2\mu a-g)\rho\mathrm{d}\rho$$

$$\frac{1}{4a}\rho^2\dot{\rho}^2+a\dot{\rho}^2-\frac{1}{2}(2\mu a-g)\rho^2=c$$

由初始条件：$t=0$ 时，$\rho=0$(因为$z=0$)，$\dot{\rho}=2a\mu^{1/2}$，定c，得

$$\left(\frac{1}{4a}\rho^2+a\right)\dot{\rho}^2-\frac{1}{2}(2\mu a-g)\rho^2=4a^3\mu$$

最高点，$\dot{z}=0$，因 $\rho\neq 0$，故 $\dot{\rho}=0$，

$$-\frac{1}{2}(2\mu a-g)\rho_{\max}^2=4a^3\mu$$

$$\rho_{\max}^2=\frac{8a^3\mu}{g-2\mu a}$$

$$z_{\max}=\frac{\rho_{\max}^2}{4a}=\frac{2a^2\mu}{g-2\mu a}$$

2.1.80　一块均匀的面密度为σ的边长为$2a$和$2b$的矩形平板，一个质量为m的质点位于通过矩形板的中心且垂直于平板的直线上的一点，质点距平板的距离为z.求矩形平板作用于质点的万有引力.

解　取平板为xy平面，原点位于中心，x、y轴分别与两条矩形边平行，原点至质点的方向为z轴正向. 根据对称性可判断出引力沿$-\boldsymbol{k}$方向.

$$\boldsymbol{F}=-\boldsymbol{k}Gm\sigma\int_{-b}^{b}\mathrm{d}y\int_{-a}^{a}\frac{1}{x^2+y^2+z^2}\cdot\frac{z}{\left(x^2+y^2+z^2\right)^{1/2}}\mathrm{d}x$$

$$=-4Gm\sigma\boldsymbol{k}\int_0^b\mathrm{d}y\int_0^a\frac{z}{\left(x^2+y^2+z^2\right)^{3/2}}\mathrm{d}x$$

被积函数中$\dfrac{z}{\left(x^2+y^2+z^2\right)^{1/2}}$是质点到平板上位于$(x, y, z)$处质元的连线与$z$轴的夹角的余弦. 设

$$I=\int_0^a\frac{z}{\left(x^2+y^2+z^2\right)^{3/2}}\mathrm{d}x$$

在此积分中，y、z均视为常量，作变量代换，令$x=\sqrt{y^2+z^2}\tan t,\mathrm{d}x=\sqrt{y^2+z^2}\sec^2 t\mathrm{d}t$，

$$I=\int_0^{\arctan\frac{a}{\sqrt{y^2+z^2}}}\frac{z\sqrt{y^2+z^2}\sec^2 t}{\left[\left(y^2+z^2\right)\left(1+\tan^2 t\right)\right]^{3/2}}\mathrm{d}t$$

$$=\int_0^{\arctan\frac{a}{\sqrt{y^2+z^2}}}\frac{z}{y^2+z^2}\cos t\mathrm{d}t$$

$$=\frac{z}{y^2+z^2}\sin\left(\arctan\frac{a}{\sqrt{y^2+z^2}}\right)$$

令

$$\arctan\frac{a}{\sqrt{y^2+z^2}}=\alpha$$

则

$$\tan\alpha=\frac{a}{\sqrt{y^2+z^2}},\quad \sec^2\alpha=1+\frac{a^2}{y^2+z^2}$$

$$\cos^2\alpha=\frac{y^2+z^2}{a^2+y^2+z^2}$$

$$\sin\alpha=\sqrt{1-\frac{y^2+z^2}{a^2+y^2+z^2}}=\frac{a}{\sqrt{a^2+y^2+z^2}}$$

$$I=\frac{z}{y^2+z^2}\sin\alpha=\frac{az}{\left(y^2+z^2\right)\sqrt{a^2+y^2+z^2}}$$

$$\int_0^b \mathrm{d}y\int_0^a\frac{z}{\left(x^2+y^2+z^2\right)^{3/2}}\mathrm{d}x$$

$$=\int_0^b I\mathrm{d}y=\int_0^b\frac{az}{\left(y^2+z^2\right)\sqrt{a^2+y^2+z^2}}\mathrm{d}y$$

设

$$I'=\int_0^b\frac{az}{\left(y^2+z^2\right)\sqrt{a^2+y^2+z^2}}\mathrm{d}y$$

令

$$y=\sqrt{a^2+z^2}\tan t,\quad \mathrm{d}y=\sqrt{a^2+z^2}\sec^2 t\mathrm{d}t$$

$$I'=\int_0^{\arctan\frac{b}{\sqrt{a^2+z^2}}}\frac{az\sqrt{a^2+z^2}\sec^2 t}{\left[\left(a^2+z^2\right)\tan^2 t+z^2\right]\sqrt{\left(a^2+z^2\right)\left(1+\tan^2 t\right)}}\mathrm{d}t$$

$$=\int_0^{\arctan\frac{b}{\sqrt{a^2+z^2}}}\frac{az\sec t}{a^2\tan^2 t+z^2\sec^2 t}\mathrm{d}t$$

$$=\int_0^{\arctan\frac{b}{\sqrt{a^2+z^2}}}\frac{az\sec t}{\sec^2 t\left(z^2+a^2\sin^2 t\right)}\mathrm{d}t$$

$$=\int_{t=0}^{t=\arctan\frac{b}{\sqrt{a^2+z^2}}}\frac{1}{1+\left(\frac{a}{z}\sin t\right)^2}\mathrm{d}\left(\frac{a}{z}\sin t\right)$$

$$=\arctan\left[\frac{a}{z}\sin\left(\arctan\frac{b}{\sqrt{a^2+z^2}}\right)\right]$$

令

$$\arctan\frac{b}{\sqrt{a^2+z^2}}=\beta$$

则

$$\tan\beta=\frac{b}{\sqrt{a^2+z^2}},\quad \sec^2\beta=\frac{a^2+b^2+z^2}{a^2+z^2},\quad \cos^2\beta=\frac{a^2+z^2}{a^2+b^2+z^2},\quad \sin\beta=\frac{b}{\sqrt{a^2+b^2+z^2}}$$

$$I'=\arctan\frac{ab}{z\sqrt{a^2+b^2+z^2}}$$

$$\boldsymbol{F}=-4Gm\sigma\arctan\frac{ab}{z\sqrt{a^2+b^2+z^2}}\boldsymbol{k}$$

2.1.81 求一个质量为M的均质球作用于位于离球心距离为r的质量为m的质点的万有引力. 设球的半径为R.

解 可像上题那样，取球心到质点m的方向为z轴正向，球心为原点，采用柱坐标，先求出$z\sim z+\mathrm{d}z$的薄圆盘对质点的引力，再对各薄圆盘积分. 这种方法比较麻烦. 可借用静电学中讲的高斯定理，求具有高度对称性的质量分布对质点的万有引力. 比较两种力(用球坐标表达)：

静电场	万有引力场
$\boldsymbol{E}=\dfrac{q}{4\pi\varepsilon_0 r^2}\boldsymbol{e}_r$	$\boldsymbol{f}=-\dfrac{GM}{r^2}\boldsymbol{e}_r$

$\boldsymbol{E}$是带单位正电荷质点受的力，$\boldsymbol{f}$是单位质量质点受的力.

静电场有高斯定理

$$\oint\boldsymbol{E}\cdot\mathrm{d}\boldsymbol{S}=\frac{1}{\varepsilon_0}\sum_i q_i$$

相应的万有引力场高斯定理

$$\oint\boldsymbol{f}\cdot\mathrm{d}\boldsymbol{S}=-4\pi G\sum_i M_i$$

用此关系求解本题，质量为M、半径为R的均质球，质量密度$\rho=\dfrac{3M}{4\pi R^3}$.

对于位于离球心距离r的质量为m的质点的万有引力的计算需分别两种情况：$r<R$及$r>R$.

$r<R$的情况：

$$m\oint\boldsymbol{f}\cdot\mathrm{d}\boldsymbol{S}=-4\pi Gm\cdot\frac{4}{3}\pi r^3\rho$$

$$F\cdot 4\pi r^2=-4\pi Gm\cdot\frac{4}{3}\pi r^3\cdot\frac{3M}{4\pi R^3}$$

$$F=-\frac{GMmr}{R^3}$$

负号表示此力指向球心.

$r>R$的情况：

$$m\oint \boldsymbol{f}\cdot \mathrm{d}\boldsymbol{S}=-4\pi GmM$$

$$F\cdot 4\pi r^2=-4\pi GmM$$

$$F=-\frac{GMm}{r^2}$$

2.1.82 设在球的半径上打一个直径可忽略的小洞，球的密度ρ是距球心距离r的函数. 如要作用于洞中质点的万有引力与质点离球心的距离无关，$\rho(r)$应是什么样的函数?

解 用上题导出的关于万有引力场的“高斯定理”，

$$F\cdot 4\pi r^2=-4\pi G\int_0^r \rho(r')\cdot 4\pi r'^2\mathrm{d}r'$$

对小于球的半径的任意r值，F均为常量，则必有

$$\frac{1}{r^2}\int_0^r \rho(r')\cdot r'^2\mathrm{d}r'=c',\quad c'\text{为常量}$$

$$\int_0^r \rho(r')r'^2\mathrm{d}r'=c'r^2$$

两边对r求导，

$$\rho(r)r^2=2c'r$$

$$\rho(r)=\frac{2c'r}{r^2}=\frac{c}{r},\quad c\text{为常量}$$

密度与离球心的距离成反比即可，c可以是大于零的任意常量.

2.1.83 求一个长$2b$、半径为a、密度为ρ的均质圆柱作用于位于圆柱轴线上离中心距离为$z(z>b)$的质量为m的质点的万有引力.

解 取圆柱中心为坐标原点，先求$z'\sim z'+\mathrm{d}z'$间薄圆盘对位于z处质点的万有引力，

$$\mathrm{d}F=-\int_0^a \frac{Gm\rho\mathrm{d}z'\cdot 2\pi r'}{r'^2+(z-z')^2}\frac{z-z'}{\sqrt{r'^2+(z-z')^2}}\mathrm{d}r'$$

$$=Gm\rho(z-z')\pi\mathrm{d}z'\frac{2}{\sqrt{r'^2+(z-z')^2}}\Bigg|_{r'=0}^{r'=a}$$

$$=2Gm\rho(z-z')\pi\left[\frac{1}{\sqrt{a^2+(z-z')^2}}-\frac{1}{z-z'}\right]\mathrm{d}z'$$

$$F=2Gm\rho\pi\int_{-b}^{b}\left[\frac{z-z'}{\sqrt{(z-z')^2+a^2}}-1\right]\mathrm{d}z'$$

$$=2\pi Gm\rho\left[\sqrt{(z+b)^2+a^2}-\sqrt{(z-b)^2+a^2}-2b\right]$$

2.1.84 一个质量为M、半径为a的均质球壳的中心距一个面密度为σ的无限大的薄板距离为$b(b>a)$.求球壳对薄板的作用力.

解法一　利用 2.1.80 题的结果.

$$F = -4Gm\sigma \arctan \frac{ab}{z\sqrt{a^2+b^2+z^2}}$$

负号表示引力.

令 $a\to\infty$、$b\to\infty$,

$$F = -4Gm\sigma \lim_{b\to\infty}\left[\lim_{a\to\infty} \arctan \frac{b}{z\sqrt{1+\left(\frac{b}{a}\right)^2+\left(\frac{z}{a}\right)^2}}\right]$$

$$= -4Gm\sigma \lim_{b\to\infty} \arctan \frac{b}{z} = -2\pi Gm\sigma$$

上式表明一个面密度为 σ 的无穷大平面对位于平面外距离 z 处质量为 m 的质点的引力为 $2\pi Gm\sigma$.它与 z 无关. 可见，质量为 m 的质点换成质量为 M 的任意有限大小的物体(包括半径为 a 的均质球壳)受到无穷大面密度为 σ 的平面的引力均为 $2\pi GM\sigma$.

解法二　用 2.1.81 题得出的关于万有引力的“高斯定理”

$$\oint \boldsymbol{f}\cdot \mathrm{d}\boldsymbol{S} = -4\pi G\sum_i M_i$$

取图 2.54 中的“高斯面”，法线方向 $\boldsymbol{n}$ 总取闭合面向外的方向为正，考虑引力，$\boldsymbol{f}$ 的正向如图 2.54 所示，在圆柱“高斯面”的侧面，$\boldsymbol{f}\cdot \mathrm{d}\boldsymbol{S}=0$.底面面积为 S，

$$\oint \boldsymbol{f}\cdot \mathrm{d}\boldsymbol{S} = -fS - fS = -2fS$$

$$\sum_i M_i = \sigma S$$

$$-2fS = -4\pi G\sigma S,\quad f = 2\pi G\sigma$$

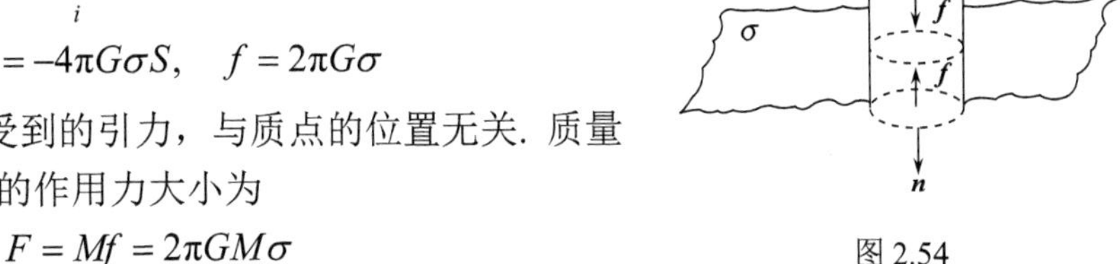

图 2.54

这是单位质量质点受到的引力，与质点的位置无关. 质量为 M 的球壳受薄板的作用力大小为

$$F = Mf = 2\pi GM\sigma$$

球壳对薄板的作用力是它的反作用力，方向垂直于薄板、指向球心.

2.1.85　考虑一块靠自身引力维持的由液态物质构成并处于流体静力平衡的平板，其总厚度为 $2h$，横向范围(x 和 y 方向)是无限的. 平板密度只是 z 的函数 $\rho(z)$，与 x、y 无关，且对于 $z=0$ 的中间平面是对称的. 求中间平面的压强 $p(0)$，把它写成 $\sigma=\int_0^h \rho(z)\mathrm{d}z$ 的函数.

解　用关于万有引力的“高斯定理”，在 z 和 $-z$ 处取两个平行的面积为 S 的形状完全相同的平面，其边缘相应的点的连线都平行于 z 轴，构成一个如上题所画的那样的“高斯面”.

$$\oint \boldsymbol{f}\cdot \mathrm{d}\boldsymbol{S} = -4\pi G\int_V \rho \mathrm{d}V$$

$\int_V \rho \mathrm{d}V$ 是“高斯面”所围体积 V 内的质量.

根据质量分布的对称性可以判断，只有两个底面处 $\boldsymbol{f}\cdot\mathrm{d}\boldsymbol{S}\neq 0$.设 $\boldsymbol{f}$ 向 $\boldsymbol{n}$ 的方向为正.

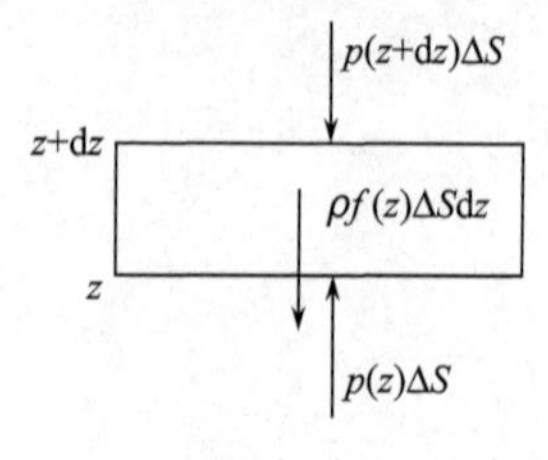

图 2.55

$$-2fS=-4\pi G\cdot 2\int_0^z \rho(z')\mathrm{d}z'\cdot S$$
$$f(z)=+4\pi G\int_0^z \rho(z')\mathrm{d}z' \tag{1}$$

在 $z\sim z+\mathrm{d}z$ 处取一平行于平板、面积为 ΔS 的质元，受力情况如图 2.55 所示. $\rho f(z)\Delta S\mathrm{d}z$ 是平板对质元的万有引力， $p(z)\Delta S$ 和 $p(z+\mathrm{d}z)\Delta S$ 是质元在 z 平面和 $z+\mathrm{d}z$ 平面受到周围液体的压力，侧面受到周围液体压力相互抵消，图中未画.

由静力平衡

$$p(z+\mathrm{d}z)\Delta S=-\rho f(z)\Delta S\mathrm{d}z+p(z)\Delta S$$
$$\frac{\mathrm{d}p}{\mathrm{d}z}=-\rho f(z)$$
$$\mathrm{d}p=-\rho(z)f(z)\mathrm{d}z$$

两边积分， $z=0$ 时， $p=p(0)$ ， $z=h$ 时， $p=0$ ，

$$\int_{p(0)}^0 \mathrm{d}p=-\int_0^h \rho(z)f(z)\mathrm{d}z \tag{2}$$

将式(1)代入式(2)，

$$-p(0)=-\int_0^h \rho(z)\left[+4\pi G\int_0^z \rho(z')\mathrm{d}z'\right]\mathrm{d}z$$
$$p(0)=4\pi G\int_0^h \rho(z)\mathrm{d}z\int_0^z \rho(z')\mathrm{d}z' \tag{3}$$

令 $\varphi(z)=\int_0^z \rho(z')\mathrm{d}z',\dfrac{\mathrm{d}\varphi}{\mathrm{d}z}=\rho(z)$ ，式(3)可改写为

$$p(0)=4\pi G\int_0^h \frac{\mathrm{d}\varphi}{\mathrm{d}z}\varphi\mathrm{d}z=4\pi G\cdot\frac{1}{2}\varphi^2\Big|_{z=0}^{z=h}$$
$$=2\pi G\left[\int_0^z \rho(z')\mathrm{d}z'\right]^2\Bigg|_{z=0}^{z=h}$$
$$=2\pi G\left[\int_0^h \rho(z')\mathrm{d}z'\right]^2=2\pi G\sigma^2$$

2.2　质点的动能定理和机械能守恒定律

2.2.1　一质点在力 $\boldsymbol{F}=4y\boldsymbol{i}+2x\boldsymbol{j}+\boldsymbol{k}$ 作用下沿一螺旋线 $x=4\cos\theta$， $y=4\sin\theta$， $z=2\theta$ 从 $\theta=0$ 到 $\theta=2\pi$.求此力在这过程中对质点所做的功.

解　$$W=\int \boldsymbol{F}\cdot\mathrm{d}\boldsymbol{r}=\int 4y\mathrm{d}x+2x\mathrm{d}y+\mathrm{d}z$$

$$
\begin{aligned}
&= \int_0^{2\pi} \left[16\sin\theta(-4\sin\theta) + 8\cos\theta \cdot 4\cos\theta + 2 \right] \mathrm{d}\theta \\
&= -28\pi
\end{aligned}
$$

2.2.2　作用在骑自行车的人身上的摩擦力和空气阻力合在一起，其大小 $F = av$，其中 v 是骑车人的速度，而 $a = 4\mathrm{N \cdot s/m}$，该骑车人最多能产生 600W 的推动功率. 问在无风情况下在水平面上他的最大速度等于多少?

解　当达到最大速度时，就其大小而言，推动力等于阻力，此时推动力等于 F，最大速度为 v，则

$$
F = \frac{600}{v}(\mathrm{N})
$$

又有 $F = av$，所以

$$
\frac{600}{v} = av, \quad v = \sqrt{\frac{600}{a}} = \sqrt{\frac{600}{4}} = 12.2(\mathrm{m/s})
$$

2.2.3　一辆2500kg的卡车在水平面上以30m / s的速度行驶. 现突然推入空挡(即做滑行)，于是速度按下列规律变化：

$$
v = \frac{30}{1 + \frac{t}{30}} \quad (\mathrm{m/s})
$$

其中 t 以秒作为单位. 求在这条路上以 15m / s 的速度驱动该卡车所需要的功率.

解

$$
v = \frac{30}{1 + \frac{t}{30}} \tag{1}
$$

按牛顿运动第二定律，滑行时受到的阻力为

$$
f = m\frac{\mathrm{d}v}{\mathrm{d}t} = -2500 \cdot \frac{1}{\left(1 + \frac{t}{30}\right)^2} \ (\mathrm{N}) \tag{2}
$$

由式(2)可知，阻力随时间而变化，式(1)表明了速度与时间变化的关系，式(1)、(2)两式消去 t 可得阻力与速度的变化关系

$$
f = -\frac{2500}{(30)^2} v^2
$$

今在这条路上保持 $v' = 15\mathrm{m/s}$ 的速度行驶，受到的阻力为

$$
f(v') = -\frac{2500}{(30)^2} v'^2
$$

所需驱动功率

$$
P' = |f(v')| v' = \left| -\frac{2500}{(30)^2} \times 15^2 \right| \times 15 = 9375(\mathrm{W})
$$

2.2.4　一个无限大的均质薄板割出一个半径为 a 的圆孔，一个半径为 a 的均质球壳放在孔中，圆孔中心和球壳中心重合. 薄板和球壳单位面积的质量均为 σ.要将质量为 m

的粒子从孔的中心O点移到在过O垂直于薄板的直线上离O点距离为$h(h\geqslant a)$的P点，至少要做多大的功.

解 取O为原点，OP方向为z轴，薄板在xy平面上.

先计算位于z轴任意位置的质量m的粒子受到薄板的万有引力

$$\boldsymbol{F}_1(z)=-\boldsymbol{k}\int_a^{\infty}\frac{Gm\sigma}{r^2+z^2}\frac{z}{\left(r^2+z^2\right)^{1/2}}\cdot 2\pi r\mathrm{d}r$$

$$=-\frac{2Gm\pi\sigma z}{\left(z^2+a^2\right)^{1/2}}\boldsymbol{k}$$

粒子从$z=0$移到$z=h$，薄板对粒子所做的功为

$$W_1=\int\boldsymbol{F}_1\cdot\mathrm{d}\boldsymbol{r}=-\int_0^h\frac{2\pi Gm\sigma z}{\left(z^2+a^2\right)^{1/2}}\mathrm{d}z$$

$$=-2\pi Gm\sigma\left[\left(h^2+a^2\right)^{1/2}-a\right]$$

现计算薄球壳对粒子的作用力. 用关于万有引力的“高斯定理”，粒子在球壳内部时，不受球壳的作用力，而在球壳外部，所受的力如同位于球心的具有球壳质量的质点施给的力. 由此计算在此移动中球壳对粒子所做的功

$$W_2=-\int_a^h\frac{Gm\cdot 4\pi a^2\sigma}{z^2}\mathrm{d}z=-4\pi Gm\sigma(h-a)a/h$$

在此过程中所需做的最小功W必须克服上述两个引力所做的功.

$$W=-\left(W_1+W_2\right)=2\pi Gm\sigma\left[\left(h^2+a^2\right)^{1/2}+a-\frac{2a^2}{h}\right]$$

2.2.5 一重量为w的人处于一个重量为w的电梯内，电梯以加速度a向上加速，在某一瞬时的速度为V.

(1) 问人的表观重量等于多少?

(2) 若此人以相对于电梯为v的速度爬上安放在电梯内的一个垂直梯子，此人的能量消耗率(功率输出)等于多少?

解 (1) 人的表观重量是指电梯内磅秤的指示数，数值上等于磅秤给予人的支持力

$$\frac{w}{g}a=N-w\quad(\text{用惯性参考系})$$

设w'为人的表观重量，

$$w'=N=w\left(1+\frac{a}{g}\right)$$

(2) 在电梯中人爬上垂直梯子，速度不变，需克服表观重力做功，做的功等于表观重力势能的增量. 在某瞬时，电梯对惯性系的速度为V，人消耗的功率为

$$P=w'v=w\left(1+\frac{a}{g}\right)v$$

人所消耗的功率不因参考系的选择而不同，在惯性系中，此刻人的速度是$v+V$，可人消

耗的功率不是$w\left(1+\dfrac{a}{g}\right)(V+v)$；仍是$w\left(1+\dfrac{a}{g}\right)v$.人消耗的功率是人与梯子相互作用力这一对作用反作用力的功率之和. 任何一对作用反作用力做的功率之和或在同一时间段内做功之和都是与参考系如何选取无关的.

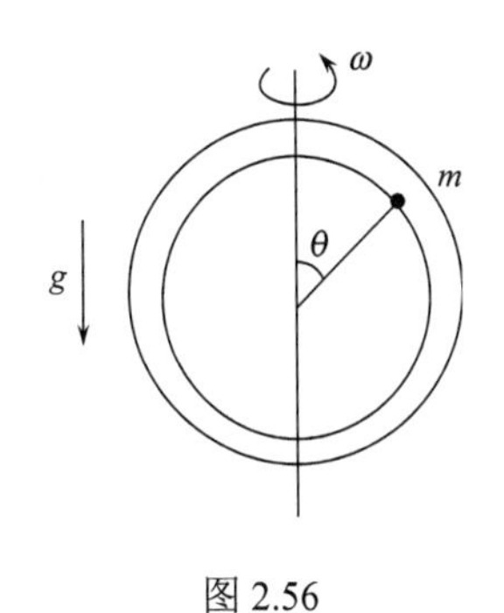

图 2.56

2.2.6 一质量为m的质点，能在半径为a的圆环形小管内无摩擦滑动，圆环绕铅直直径以恒定角速度ω转动，如图 2.56 所示. 写出质点的运动微分方程；如果质点在$\theta=0$的不稳定平衡位置，受轻微扰动，求出其最大动能位置.

解 取圆环为参考系，写自然坐标的切向微分方程

$$ma\ddot{\theta}=m\omega^2 a\sin\theta\cos\theta+mg\sin\theta$$

用$\ddot{\theta}=\dfrac{\mathrm{d}\dot{\theta}}{\mathrm{d}\theta}\dot{\theta}=\dfrac{1}{2}\dfrac{\mathrm{d}\dot{\theta}^2}{\mathrm{d}\theta}$，上式改写为

$$a\mathrm{d}\dot{\theta}^2=\left(2\omega^2 a\sin\theta\cos\theta+2g\sin\theta\right)\mathrm{d}\theta$$

考虑初始条件：$t=0$时，$\theta=0,\dot{\theta}=0,$

$$\begin{aligned}a\dot{\theta}^2&=\int_0^\theta\left(2\omega^2 a\sin\theta\cos\theta+2g\sin\theta\right)\mathrm{d}\theta\\&=\omega^2 a\sin^2\theta+2g\left(1-\cos\theta\right)\end{aligned}$$

对静参考系，质点的动能

$$\begin{aligned}T&=\frac{1}{2}m\left(a^2\dot{\theta}^2+\omega^2a^2\sin^2\theta\right)\\&=\frac{1}{2}m\left[\omega^2a^2\sin^2\theta+2ga\left(1-\cos\theta\right)+\omega^2a^2\sin^2\theta\right]\\&=ma\left[\omega^2a\sin^2\theta+g\left(1-\cos\theta\right)\right]\end{aligned}$$

由$\dfrac{\mathrm{d}T}{\mathrm{d}\theta}=0$解出$T$有极值的$\theta$值.

$$\frac{\mathrm{d}T}{\mathrm{d}\theta}=ma\left[2\omega^2a\sin\theta\cos\theta+g\sin\theta\right]=0$$

$$\sin\theta=0,\quad \theta=0$$

为T的极小值位置，

$$2\omega^2a\cos\theta+g=0,\quad \theta=\arccos\left(-\frac{g}{2\omega^2a}\right)$$

为T的极大值位置.

2.2.7 找出与下列势能函数相应的力场：

(1) $V=\dfrac{1}{2}\ln\left(x^2+y^2+z^2\right)$;

(2) $V\left(r,\theta,\varphi\right)=\dfrac{1}{r}\mathrm{e}^{-kr}$;

(3) $V(r,\theta,\varphi)=\frac{a}{r^2}\cos\theta$.

解 (1) $\boldsymbol{F}=-\nabla V=-\frac{\partial V}{\partial x}\boldsymbol{i}-\frac{\partial V}{\partial y}\boldsymbol{j}-\frac{\partial V}{\partial z}\boldsymbol{k}=-\frac{1}{x^2+y^2+z^2}(x\boldsymbol{i}+y\boldsymbol{j}+z\boldsymbol{k})$

(2) 方法一： $\boldsymbol{F}=-\nabla V=-\frac{\partial V}{\partial x}\boldsymbol{i}-\frac{\partial V}{\partial y}\boldsymbol{j}-\frac{\partial V}{\partial z}\boldsymbol{k}$

$$\frac{\partial V}{\partial x}=\frac{\partial V}{\partial r}\cdot\frac{\partial r}{\partial x}+\frac{\partial V}{\partial \theta}\frac{\partial \theta}{\partial x}+\frac{\partial V}{\partial \varphi}\cdot\frac{\partial \varphi}{\partial x}$$

$$r=\left(x^2+y^2+z^2\right)^{1/2},\quad \frac{\partial r}{\partial x}=\frac{x}{\left(x^2+y^2+z^2\right)^{1/2}}=\frac{x}{r}$$

今 $\frac{\partial V}{\partial \theta}=0,\frac{\partial V}{\partial \varphi}=0$, 所以

$$\frac{\partial V}{\partial x}=\frac{\partial V}{\partial r}\cdot\frac{\partial r}{\partial x}=\left(-\frac{1}{r^2}\mathrm{e}^{-kr}-\frac{k}{r}\mathrm{e}^{-kr}\right)\cdot\frac{x}{r}=-\frac{1}{r^2}(kr+1)\frac{x}{r}\mathrm{e}^{-kr}$$

同理，可得

$$\frac{\partial V}{\partial y}=-\frac{kr+1}{r^2}\cdot\frac{y}{r}\mathrm{e}^{-kr},\quad \frac{\partial V}{\partial z}=-\frac{kr+1}{r^2}\cdot\frac{z}{r}\mathrm{e}^{-kr}$$

$$\boldsymbol{F}=\frac{kr+1}{r^2}\mathrm{e}^{-kr}\frac{x\boldsymbol{i}+y\boldsymbol{j}+z\boldsymbol{k}}{r}=\frac{kr+1}{r^2}\mathrm{e}^{-kr}\boldsymbol{e}_r$$

方法二：直接用梯度的球坐标表达式.

$$\nabla V=\frac{\partial V}{\partial r}\boldsymbol{e}_r+\frac{1}{r}\frac{\partial V}{\partial \theta}\boldsymbol{e}_\theta+\frac{1}{r\sin\theta}\frac{\partial V}{\partial \varphi}\boldsymbol{e}_\varphi$$

今 $V=\frac{1}{r}\mathrm{e}^{-kr}$, 所以

$$\frac{\partial V}{\partial r}=-\frac{1}{r^2}\mathrm{e}^{-kr}-\frac{k}{r}\mathrm{e}^{-kr}=-\frac{1+kr}{r^2}\mathrm{e}^{-kr}$$

$$\frac{\partial V}{\partial \theta}=0,\quad \frac{\partial V}{\partial \varphi}=0$$

$$\boldsymbol{F}=-\nabla V=\frac{1+kr}{r^2}\mathrm{e}^{-kr}\boldsymbol{e}_r$$

(3) 方法一： $\nabla V=\frac{\partial V}{\partial r}\boldsymbol{e}_r+\frac{1}{r}\frac{\partial V}{\partial \theta}\boldsymbol{e}_\theta+\frac{1}{r\sin\theta}\frac{\partial V}{\partial \varphi}\boldsymbol{e}_\varphi$

$$\begin{aligned}\boldsymbol{F}=-\nabla V&=-\frac{\partial V}{\partial r}\boldsymbol{e}_r-\frac{1}{r}\frac{\partial V}{\partial \theta}\boldsymbol{e}_\theta-\frac{1}{r\sin\theta}\frac{\partial V}{\partial \varphi}\boldsymbol{e}_\varphi\\&=\frac{2a\cos\theta}{r^3}\boldsymbol{e}_r+\frac{1}{r}\frac{a\sin\theta}{r^2}\boldsymbol{e}_\theta\\&=\frac{a}{r^3}(2\cos\theta\boldsymbol{e}_r+\sin\theta\boldsymbol{e}_\theta)\end{aligned}$$

方法二：把$V(r,\theta,\varphi)$改写成$V(x,y,z)$，

$$V=\frac{a\cos\theta}{r^2}=\frac{ar\cos\theta}{r^3}=\frac{az}{r^3}$$

$$\begin{aligned}\boldsymbol{F}&=-\nabla V=-\frac{\partial V}{\partial x}\boldsymbol{i}-\frac{\partial V}{\partial y}\boldsymbol{j}-\frac{\partial V}{\partial z}\boldsymbol{k}\\&=\frac{3az}{r^4}\cdot\frac{x}{r}\boldsymbol{i}+\frac{3az}{r^4}\cdot\frac{y}{r}\boldsymbol{j}+\left(\frac{3az}{r^4}\cdot\frac{z}{r}-\frac{a}{r^3}\right)\boldsymbol{k}\\&=\frac{3az}{r^4}\boldsymbol{e}_r-\frac{a}{r^3}\boldsymbol{k}\\&=\frac{3ar\cos\theta}{r^4}\boldsymbol{e}_r-\frac{a}{r^3}(\cos\theta\boldsymbol{e}_r-\sin\theta\boldsymbol{e}_\theta)\\&=\frac{a}{r^3}(2\cos\theta\boldsymbol{e}_r+\sin\theta\boldsymbol{e}_\theta)\end{aligned}$$

2.2.8 证明一个半径为a、面密度为σ的薄圆盘，离圆盘的对称轴距离为x的点的引力势为

$$V(x)=-2\pi G\sigma\left(\sqrt{x^2+a^2}-|x|\right)$$

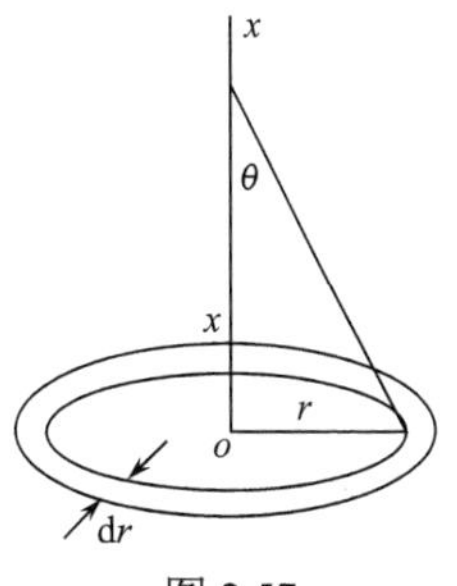

图 2.57

证明 引力势是单位质量质点的势能.

如图 2.57 所示，考虑半径为$r\sim r+\mathrm{d}r$环状质元对轴上离圆盘中心O距离x处的单位质量质点的引力，

$$\mathrm{d}\boldsymbol{F}=-\frac{G\sigma\cdot 2\pi r\mathrm{d}r}{r^2+x^2}\cdot\cos\theta\boldsymbol{i}=-\frac{2\pi G\sigma rx}{\left(r^2+x^2\right)^{3/2}}\mathrm{d}r\boldsymbol{i}$$

该环状质元的引力势，取x为∞处$\mathrm{d}V=0$，

$$\begin{aligned}\mathrm{d}V&=\int_\infty^x\mathrm{d}\boldsymbol{F}\cdot\mathrm{d}\boldsymbol{r}=\int_\infty^x\left(-\frac{2\pi G\sigma rx}{\left(r^2+x^2\right)^{3/2}}\mathrm{d}r\boldsymbol{i}\right)\cdot(-\mathrm{d}x\boldsymbol{i})\\&=+2\pi G\sigma r\mathrm{d}r\int_\infty^x\frac{x}{\left(r^2+x^2\right)^{3/2}}\mathrm{d}x\\&=+\pi G\sigma r\mathrm{d}r\cdot(-2)\frac{1}{\left(r^2+x^2\right)^{1/2}}\Bigg|_{x=\infty}^{x}=-\frac{2\pi G\sigma}{\left(r^2+x^2\right)^{1/2}}r\mathrm{d}r\end{aligned}$$

整个圆盘的轴向距离为x的点的引力势

$$\begin{aligned}V(x)&=\int\mathrm{d}V=\int_0^a\left(-\frac{2\pi G\sigma}{\sqrt{r^2+x^2}}r\right)\mathrm{d}r\\&=-\int_0^a\frac{\pi G\sigma}{\sqrt{r^2+x^2}}\mathrm{d}r^2=-2\pi G\sigma\sqrt{r^2+x^2}\Big|_{r=0}^{r=a}\\&=-2\pi G\sigma\left(\sqrt{x^2+a^2}-|x|\right)\end{aligned}$$

注意：在求 $\mathrm{d}V$ 时，积分路线是从∞沿 x 轴至 x，$\mathrm{d}\boldsymbol{r}=-\mathrm{d}x\boldsymbol{i}$，而不是 $\mathrm{d}\boldsymbol{r}=\mathrm{d}x\boldsymbol{i}$.

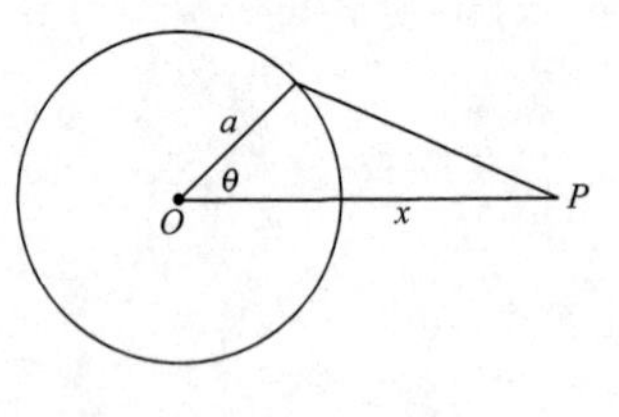

图 2.58

另外，$\sqrt{x^2}$ 已表明开方后取正值，故 $\sqrt{x^2}=|x|$ 对 x 为负值时也适用.

2.2.9 计算半径为 a、质量为 M 的均质圆环对位于环的平面内，但在环的外侧的各点的引力势.

提示：可表示为第一类椭圆积分.

解 图 2.58 中 $\theta\sim\theta+\mathrm{d}\theta$ 质元对 P 点的引力势为

$$\mathrm{d}V=-\frac{G\eta a\mathrm{d}\theta}{\sqrt{x^2+a^2-2ax\cos\theta}}$$

其中 η 是圆环的线密度，x 是 P 点至环心 O 的距离.

$$\begin{aligned}x^2+a^2-2ax\cos\theta&=x^2+a^2-2ax\left(2\cos^2\frac{\theta}{2}-1\right)\\&=x^2+a^2+2ax-4ax\cos^2\frac{\theta}{2}\\&=(x+a)^2-4ax\sin^2\left(\frac{\pi}{2}-\frac{\theta}{2}\right)\\&=(x+a)^2\left[1-\frac{4ax}{(x+a)^2}\sin^2\left(\frac{\pi}{2}-\frac{\theta}{2}\right)\right]\end{aligned}$$

令 $\varphi=\dfrac{\pi}{2}-\dfrac{\theta}{2},\mathrm{d}\theta=-2\mathrm{d}\varphi,k^2=\dfrac{4ax}{(x+a)^2}$，

$$\begin{aligned}V&=-\int_0^{2\pi}\frac{G\eta a}{\sqrt{x^2+a^2-2ax\cos\theta}}\mathrm{d}\theta\\&=-2\int_0^{\pi}\frac{G\eta a}{\sqrt{x^2+a^2-2ax\cos\theta}}\mathrm{d}\theta\\&=-2\int_{\frac{\pi}{2}}^{0}\frac{G\eta a}{(x+a)\sqrt{1-k^2\sin^2\varphi}}(-2)\mathrm{d}\varphi\\&=-\frac{4G\eta a}{x+a}\int_0^{\frac{\pi}{2}}\frac{1}{\sqrt{1-k^2\sin^2\varphi}}\mathrm{d}\varphi\\&=-\frac{4G\eta a}{x+a}\cdot\frac{\pi}{2}\left[1+\left(\frac{1}{2}\right)^2k^2+\left(\frac{1\cdot3}{2\cdot4}\right)^2k^4+\left(\frac{1\cdot3\cdot5}{2\cdot4\cdot6}\right)^2k^6+\cdots\right]\\&=-\frac{4G\eta a}{x+a}K\end{aligned}$$

K 也可写成 $F\left(\dfrac{\pi}{2},k\right)$.要求 $k^2<1$，令 $k^2=\dfrac{4ax}{(x+a)^2}<1$ 是成立的，证明如下：

$$(x-a)^2>0,\quad x^2-2ax+a^2>0$$

$$x^2+2ax+a^2>4ax,\quad \frac{4ax}{(x+a)^2}<1$$

代入$\eta=\dfrac{M}{2\pi a}$,$V(x)=-\dfrac{2GaM}{\pi a(x+a)}K$.

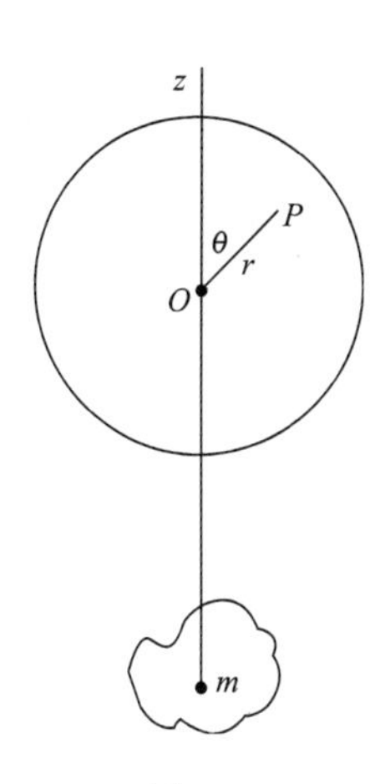

图 2.59

2.2.10 考虑一个任意形状的物体，证明：对物体外一个球内各点的引力势的平均值等于在此球心处的引力势.

证明 只要证明物体内任何一个质点(设质量为m)在物体外一个球内各点的引力势的平均值等于该质点在此球心的引力势即可.

取球心O为原点，质点至O的方向为z轴正向，如图 2.59 所示. 设质点至O的距离为R.考虑球内P点(位于球坐标r，θ，φ处)，

$$V(P)=-\frac{Gm}{\sqrt{R^2+r^2+2Rr\cos\theta}}$$

设球的半径为a，球内各点引力势之和为

$$\begin{aligned}\sum_P V(P)&=-\int_0^a \mathrm{d}r\int_0^{\pi}\mathrm{d}\theta\int_0^{2\pi}\frac{Gm}{\sqrt{R^2+r^2+2Rr\cos\theta}}r^2\sin\theta\mathrm{d}\varphi\\&=-2\pi Gm\int_0^a r^2\mathrm{d}r\int_0^{\pi}\frac{\sin\theta}{\sqrt{R^2+r^2+2Rr\cos\theta}}\mathrm{d}\theta\\&=2\pi Gm\int_0^a\frac{r}{2R}\mathrm{d}r\int\frac{1}{\sqrt{R^2+r^2+2Rr\cos\theta}}\mathrm{d}(2Rr\cos\theta)\\&=\frac{\pi Gm}{R}\int_0^a r\cdot 2\sqrt{R^2+r^2+2Rr\cos\theta}\Big|_{\theta=0}^{\theta=\pi}\mathrm{d}r\\&=\frac{2\pi Gm}{R}\int_0^a r\big[(R-r)-(R+r)\big]\mathrm{d}r\\&=-\frac{4\pi Gm}{R}\int_0^a r^2\mathrm{d}r=-\frac{4\pi Gm}{3R}a^3\end{aligned}$$

$$\overline{V(P)}=\frac{1}{\frac{4}{3}\pi a^3}\sum_P V(P)=-\frac{Gm}{R}$$

2.2.11 判断以下各力是否是保守力，如果是保守力，找出它的势能函数.

(1) $\boldsymbol{F}=(ax+by^2)\boldsymbol{i}+(az+2bxy)\boldsymbol{j}+(ay+bz^2)\boldsymbol{k}$,$a$、$b$为常量；

(2) $\boldsymbol{F}=\boldsymbol{a}\times\boldsymbol{r}$，$\boldsymbol{a}$为常矢量；

(3) $\boldsymbol{F}=a\boldsymbol{r}$，$a$为常量；

(4) $\boldsymbol{F}=\boldsymbol{a}(\boldsymbol{a}\cdot\boldsymbol{r})$，$\boldsymbol{a}$为常矢量.

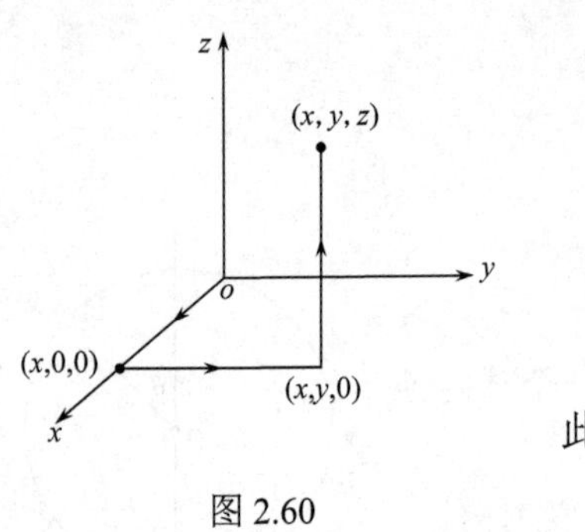

图 2.60

解　(1)

$$\nabla\times\boldsymbol{F}=\begin{vmatrix}\boldsymbol{i} & \boldsymbol{j} & \boldsymbol{k}\\ \dfrac{\partial}{\partial x} & \dfrac{\partial}{\partial y} & \dfrac{\partial}{\partial z}\\ F_x & F_y & F_z\end{vmatrix}$$

$$=(a-a)\boldsymbol{i}+(0-0)\boldsymbol{j}+(2by-2by)\boldsymbol{k}=0$$

此 $\boldsymbol{F}$ 是保守力. 取(0，0，0)处为势能零点,

$$V(x,y,z)=-\int_{(0,0,0)}^{(x,y,z)}F_x\mathrm{d}x+F_y\mathrm{d}y+F_z\mathrm{d}z$$

对于保守力，作上述积分可取任意的路径，今选图 2.60 所示的路径,

$$V(x,y,z)=-\int_0^x F_x(x,0,0)\mathrm{d}x$$

$$-\int_0^y F_y(x,y,0)\mathrm{d}y-\int_0^z F_z(x,y,z)\mathrm{d}z$$

$$=-\int_0^x ax\mathrm{d}x-\int_0^y 2bxy\mathrm{d}y-\int_0^z\left(ay+bz^2\right)\mathrm{d}z$$

$$=-\frac{1}{2}ax^2-bxy^2-ayz-\frac{1}{3}bz^3$$

(2)

$$\boldsymbol{F}=\boldsymbol{a}\times\boldsymbol{r}=\left(a_yz-a_zy\right)\boldsymbol{i}+\left(a_zx-a_xz\right)\boldsymbol{j}+\left(a_xy-a_yx\right)\boldsymbol{k}$$

$$\frac{\partial F_x}{\partial y}=-a_z,\quad \frac{\partial F_y}{\partial x}=a_z$$

两者不相等，足以说明 $\boldsymbol{F}$ 是非保守力.

(3)

$$\boldsymbol{F}=a\boldsymbol{r}=a\left(x\boldsymbol{i}+y\boldsymbol{j}+z\boldsymbol{k}\right)$$

$$\nabla\times\boldsymbol{F}=0$$

$\boldsymbol{F}$ 是保守力，选 $\boldsymbol{r}=0$ 处为势能零点，选用(2)问所用的积分路径，可得

$$V=-\frac{1}{2}a\left(x^2+y^2+z^2\right)=-\frac{1}{2}ar^2$$

(4)

$$\boldsymbol{F}=\boldsymbol{a}(\boldsymbol{a}\cdot\boldsymbol{r})=a_x(\boldsymbol{a}\cdot\boldsymbol{r})\boldsymbol{i}+a_y(\boldsymbol{a}\cdot\boldsymbol{r})\boldsymbol{j}+a_z(\boldsymbol{a}\cdot\boldsymbol{r})\boldsymbol{k}$$

$$\nabla\times\boldsymbol{F}=\begin{vmatrix}\boldsymbol{i} & \boldsymbol{j} & \boldsymbol{k}\\ \dfrac{\partial}{\partial x} & \dfrac{\partial}{\partial y} & \dfrac{\partial}{\partial z}\\ a_x\left(a_xx+a_yy+a_zz\right) & a_y\left(a_xx+a_yy+a_zz\right) & a_z\left(a_xx+a_yy+a_zz\right)\end{vmatrix}$$

$$=\left(a_za_y-a_ya_z\right)\boldsymbol{i}+\left(a_xa_z-a_za_x\right)\boldsymbol{j}+\left(a_ya_x-a_xa_y\right)\boldsymbol{k}$$

$$=0$$

此 $\boldsymbol{F}$ 是保守力.

选原点为势能零点，用前述的积分路径,

$$
\begin{aligned}
V &= -\int_0^x F_x(x,0,0)\mathrm{d}x - \int_0^y F_y(x,y,0)\mathrm{d}y - \int_0^z F_z(x,y,z)\mathrm{d}z \\
&= -\int_0^x a_x^2 x\mathrm{d}x - \int_0^y a_y(a_x x + a_y y)\mathrm{d}y - \int_0^z a_z(a_x x + a_y y + a_z z)\mathrm{d}z \\
&= -\frac{1}{2}a_x^2 x^2 - a_x a_y xy - \frac{1}{2}a_y^2 y^2 - a_z a_x xz - a_y a_z yz - \frac{1}{2}a_z^2 z^2 \\
&= -\frac{1}{2}(a_x x + a_y y + a_z z)^2 = -\frac{1}{2}(\boldsymbol{a}\cdot\boldsymbol{r})^2
\end{aligned}
$$

2.2.12 一个密度均匀的行星绕一个固定轴以角速度ω自转，行星的赤道半径R_{E}略大于球的半径R，行星两极的半径R_{P}略小于球的半径R，用参量$\varepsilon = \dfrac{R_{\mathrm{E}} - R_{\mathrm{P}}}{R_{\mathrm{E}}}$描述变形的大小. 由于这种变形引起重力势有一增量

$$
\Delta V(R,\theta) = -\frac{2}{5}\frac{GM\varepsilon R_{\mathrm{E}}^2}{R^3}\mathrm{P}_2(\cos\theta)
$$

其中θ是球坐标，$\mathrm{P}_2(\cos\theta) = \dfrac{3}{2}\cos^2\theta - \dfrac{1}{2}$.由行星表面平衡的条件得出$\varepsilon$与$\lambda = \dfrac{\omega^2 R_{\mathrm{E}}}{g}$的关系，对地球就$\varepsilon$作数值估计.

解 行星表面为一旋转椭球面，取通过两极的对称轴为z轴，行星与xz平面的交线为一椭圆，方程为

$$
\frac{x^2}{R_{\mathrm{E}}^2} + \frac{z^2}{R_{\mathrm{P}}^2} = 1
$$

可引入参量α,椭圆方程表示为

$$
x = R_{\mathrm{E}}\sin\alpha,\quad z = R_{\mathrm{P}}\cos\alpha
$$

参量α与球坐标θ的关系为

$$
\tan\theta = \frac{x}{z} = \frac{R_{\mathrm{E}}\sin\alpha}{R_{\mathrm{P}}\cos\alpha} = \frac{R_{\mathrm{E}}}{R_{\mathrm{P}}}\tan\alpha
$$

在行星表面单位质量质点处于平衡的条件是它受到的重力、惯性离轴力和行星表面的支持力的合力为零，表面的支持力垂直于表面，因此平衡条件要求重力、惯性离轴力的合力无沿表面的切向分量.

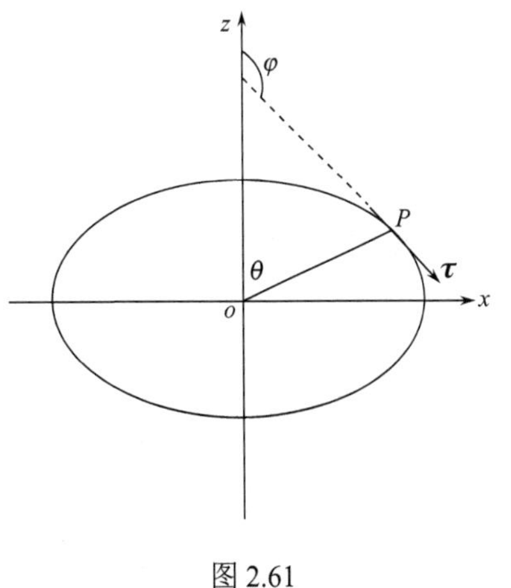

图 2.61

现求图 2.61 中P点沿椭圆的切线单位矢量τ，设τ与z轴夹角为φ，

$$
\begin{aligned}
\tan\varphi &= \frac{\mathrm{d}x}{\mathrm{d}z} = \frac{(\mathrm{d}x/\mathrm{d}\alpha)}{(\mathrm{d}z/\mathrm{d}\alpha)} = \frac{R_{\mathrm{E}}\cos\alpha}{-R_{\mathrm{P}}\sin\alpha} \\
&= -\frac{R_{\mathrm{E}}}{R_{\mathrm{P}}}\cdot\frac{R_{\mathrm{E}}}{R_{\mathrm{P}}\tan\theta} = -\frac{R_{\mathrm{E}}^2}{R_{\mathrm{P}}^2\tan\theta}
\end{aligned}
$$

$$
\begin{aligned}
\boldsymbol{\tau} &= \cos\varphi\boldsymbol{k} + \sin\varphi\boldsymbol{i} \\
&= -\frac{R_{\mathrm{P}}^2\tan\theta}{\sqrt{R_{\mathrm{E}}^4 + R_{\mathrm{P}}^4\tan^2\theta}}\boldsymbol{k} + \frac{R_{\mathrm{E}}^2}{\sqrt{R_{\mathrm{E}}^4 + R_{\mathrm{P}}^4\tan^2\theta}}\boldsymbol{i}
\end{aligned}
$$

单位质量质点受到的惯性离轴力为

$$\boldsymbol{f}_1 = r\omega^2\sin\theta\boldsymbol{i} \approx R\omega^2\sin\theta\boldsymbol{i}$$

单位质量质点受到的重力为

$$\boldsymbol{f}_2 = -\nabla V = \nabla\left[\frac{GM}{R} + \frac{2GM\varepsilon R_{\mathrm{E}}^2}{5R^3}P_2(\cos\theta)\right]$$

$$= GM\left[-\frac{1}{R^2} - \frac{6\varepsilon R_{\mathrm{E}}^2}{5R^4}P_2(\cos\theta)\right]\boldsymbol{e}_r - \frac{6GM\varepsilon R_{\mathrm{E}}^2}{5R^4}\sin\theta\cos\theta\boldsymbol{e}_\theta$$

所以

$$\boldsymbol{e}_r = \sin\theta\boldsymbol{i} + \cos\theta\boldsymbol{k}$$

$$\boldsymbol{e}_\theta = \cos\theta\boldsymbol{i} - \sin\theta\boldsymbol{k}$$

$$\boldsymbol{f}_2 = GM\left[-\frac{\sin\theta}{R^2} - \frac{6\varepsilon R_{\mathrm{E}}^2}{5R^4}\sin\theta P_2(\cos\theta) - \frac{6\varepsilon R_{\mathrm{E}}^2}{5R^4}\sin\theta\cos^2\theta\right]\boldsymbol{i}$$

$$+ GM\left[-\frac{\cos\theta}{R^2} - \frac{6\varepsilon R_{\mathrm{E}}^2}{5R^4}\cos\theta P_2(\cos\theta) + \frac{6\varepsilon R_{\mathrm{E}}^2}{5R^4}\sin^2\theta\cos\theta\right]\boldsymbol{k}$$

$$= GM\left\{\sin\theta\left[-\frac{1}{R^2} - b\left(\frac{5}{2}\cos^2\theta - \frac{1}{2}\right)\right]\boldsymbol{i}\right.$$

$$\left. + \cos\theta\left[-\frac{1}{R^2} - b\left(\frac{5}{2}\cos^2\theta - \frac{3}{2}\right)\right]\boldsymbol{k}\right\}$$

其中$b = \dfrac{6\varepsilon R_{\mathrm{E}}^2}{5R^4}$.

在表面平衡的条件为

$$(\boldsymbol{f}_1 + \boldsymbol{f}_2)\cdot\boldsymbol{\tau} = 0$$

可得

$$-R\omega^2 R_{\mathrm{E}}^2 + GM\left(\frac{1}{R^2} + \frac{5}{2}b\cos^2\theta\right)(R_{\mathrm{E}}^2 - R_P^2) - GMb\left(\frac{1}{2}R_{\mathrm{E}}^2 - \frac{3}{2}R_{\mathrm{P}}^2\right) = 0$$

只保留ε的一次方项，

$$-R\omega^2 R_{\mathrm{E}}^2 + GM\frac{R_{\mathrm{E}} - R_{\mathrm{P}}}{R}\cdot\frac{R_{\mathrm{E}} + R_{\mathrm{P}}}{R} + GMbR_{\mathrm{P}}^2 = 0$$

代入$\varepsilon = \dfrac{R_{\mathrm{E}} - R_{\mathrm{P}}}{R_{\mathrm{E}}}, b = \dfrac{6\varepsilon R_{\mathrm{E}}^2}{5R^4}$，只保留$\varepsilon$的一次方项，

$$-R\omega^2 R_{\mathrm{E}}^2 + 2GM\varepsilon + \frac{6}{5}GM\varepsilon = 0$$

$$\varepsilon = \frac{5}{16}\frac{R\omega^2 R_{\mathrm{E}}^2}{GM} \approx \frac{5}{16}\frac{\omega^2 R_{\mathrm{E}}}{g} = \frac{5}{16}\lambda$$

其中用了$g \approx \dfrac{GM}{R^2} \approx \dfrac{GM}{RR_{\mathrm{E}}}$.

对于地球，用$\omega = 7.3\times10^{-5}\,\mathrm{rad/s}, g = 9.8\,\mathrm{m/s^2}, R_{\mathrm{E}} = 6.378\times10^6\,\mathrm{m}, \varepsilon \approx 1.1\times10^{-3}$.

2.2.13 求在势能为

$$V(x)=\frac{1}{2}kx^2-\frac{1}{3}m\lambda x^3$$

(其中λ很小)的保守力作用下的非线性振子的运动的一级近似解，假定$t=0$时$x=0$.

解 振子运动满足方程

$$m\ddot{x}=-\frac{\mathrm{d}V(x)}{\mathrm{d}x}=-kx+m\lambda x^2 \tag{1}$$

零级近似

$$m\ddot{x}^{(0)}=-kx^{(0)} \tag{2}$$

其解为

$$x^{(0)}=A\sin(\omega t+\varphi)$$

由$t=0$时，$x=0$，定出$\varphi=0$，

$$x^{(0)}=A\sin\omega t \tag{3}$$

其中$\omega=\sqrt{\dfrac{k}{m}}$.

一级近似：设$x^{(1)}=x^{(0)}+\lambda x_1$代入式(1)，略去高阶小量，

$$m\ddot{x}_1=-kx_1+m\left(x^{(0)}\right)^2=-kx_1+\frac{mA^2}{2}-\frac{mA^2}{2}\cos 2\omega t$$

或写作

$$\ddot{x}_1+\omega^2 x_1=\frac{A^2}{2}-\frac{A^2}{2}\cos 2\omega t \tag{4}$$

不难看出，式(4)有如下形式的特解：

$$x_1^*=\frac{A^2}{2\omega^2}+B\cos 2\omega t$$

代入式(4)，得$B=\dfrac{A^2}{6\omega^2}$.

式(4)的通解为

$$x_1=c_1\cos\omega t+c_2\sin\omega t+\frac{A^2}{2\omega^2}+\frac{A^2}{6\omega^2}\cos 2\omega t$$

满足初条件$t=0$时，$x_1=0,\dot{x}_1=0$的解为

$$x_1=-\frac{2A^2}{3\omega^2}\cos\omega t+\frac{A^2}{2\omega^2}+\frac{A^2}{6\omega^2}\cos 2\omega t$$

故一级近似解为

$$x^{(1)}=A\sin\omega t+\lambda\left(\frac{A^2}{2\omega^2}-\frac{2A^2}{3\omega^2}\cos\omega t+\frac{A^2}{6\omega^2}\cos 2\omega t\right)$$

其中$\omega=\sqrt{\dfrac{k}{m}}$，$A$由$t=0$时的$\dot{x}$值决定.

2.2.14 (1)质量为m的粒子在势能$V(x)=\dfrac{cx}{x^2+a^2}$的保守力场中运动，其中c和a是正的常数. 求稳定平衡位置及在它附近做小振动的周期.

(2)如果粒子从所求的平衡位置以速度v开始运动，求v值的范围，粒子将做：(a)振动；(b)逃到$-\infty$；(c)逃到$+\infty$.

解 (1)平衡位置，$F=-\frac{\mathrm{d}V}{\mathrm{d}x}=0$，即

$$\frac{\mathrm{d}V}{\mathrm{d}x}=\frac{c\left(a^2-x^2\right)}{\left(x^2+a^2\right)^2}=0$$

$$x=x_1=a \quad 和 \quad x=x_2=-a$$

均为平衡位置. 由

$$\frac{\mathrm{d}^2V}{\mathrm{d}x^2}=\frac{2cx\left(x^2-3a^2\right)}{\left(x^2+a^2\right)^3}$$

$$\frac{\mathrm{d}^2V}{\mathrm{d}x^2}\Big|_{x=x_1=a}=-\frac{c}{2a^3}<0$$

可见$x=a$为不稳定平衡位置；

$$\frac{\mathrm{d}^2V}{\mathrm{d}x^2}\Big|_{x=x_2=-a}=\frac{c}{2a^3}>0$$

可见$x=-a$为稳定平衡位置.

在$x=-a$附近，令$x=-a+x', x'$为小量，

$$f\left(x'\right)=-\frac{\mathrm{d}V}{\mathrm{d}x}\bigg|_{x=-a+x'}=-\frac{c\left(2ax'-x'^2\right)}{\left(x'^2-2ax'+2a^2\right)^2}$$

只保留x'的一次方项，

$$f\left(x'\right)=-\frac{cx'}{2a^3}$$

$$m\ddot{x}=m\ddot{x}'=-\frac{cx'}{2a^3}$$

$$\omega=\sqrt{\frac{c}{2ma^3}}=\frac{1}{a}\sqrt{\frac{c}{2ma}}$$

$$T=\frac{2\pi}{\omega}=2\pi a\sqrt{\frac{2ma}{c}}$$

(2) $x=0$ 时，$V(x)=0, x\to\pm\infty$ 时，$V(x)\to 0, x=a$时，$\frac{\mathrm{d}V}{\mathrm{d}x}=0, \frac{\mathrm{d}^2V}{\mathrm{d}x^2}<0, V(x)$有极大值，$V(a)=\frac{c}{2a}, x=-a$时，$V(-a)=-\frac{c}{2a}$为极小值，在$-a<x<a$, $\frac{\mathrm{d}V}{\mathrm{d}x}>0$, 在$x>a$及$x<-a$, $\frac{\mathrm{d}V}{\mathrm{d}x}<0, V$-$x$关系曲线如图2.62所示.

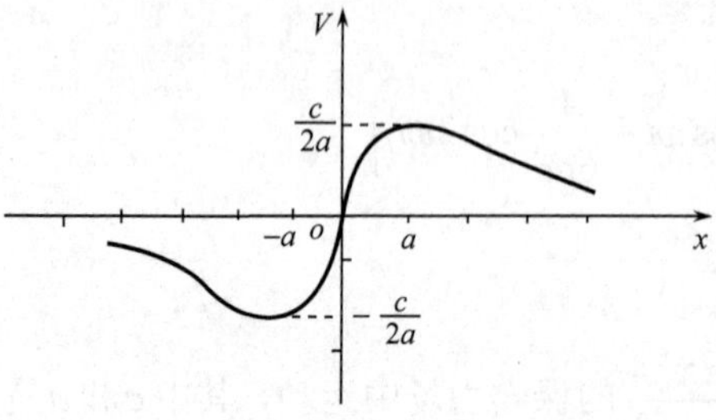

图 2.62

(a) 从 $x=-a$，以速度 v 开始运动，要以后的运动是在有限范围内振动，由图可见，要求

$$E=T+V<0$$

$$\frac{1}{2}mv^2+V(-a)<0$$

$$v<\sqrt{\frac{2V(-a)}{m}}=\sqrt{\frac{c}{ma}}$$

(b) 从 $x=-a$，以速度 v 开始运动，要能逃到 $-\infty$，需考虑两种情况；如开始 $v<0$，只要 $E>0$ 即可.

$$\frac{1}{2}mv^2+V(-a)>0$$

$$|v|>\sqrt{\frac{2V(-a)}{m}}=\sqrt{\frac{c}{ma}}$$

如开始 $v>0$，要防止 $x\to+\infty$，必须有 $E<V(a)$，

$$\frac{1}{2}mv^2+V(-a)<V(a)$$

得

$$v<\sqrt{\frac{2c}{ma}}$$

结论是从 $x=-a$ 开始运动，开始 $v<0$ 时，要求 $|v|>\sqrt{\frac{c}{ma}}$；开始 $v>0$ 时，要求 $\sqrt{\frac{c}{ma}}<|v|<\sqrt{\frac{2c}{ma}}$，粒子将逃到 $-\infty$.

(c) 从 $x=-a$ 开始运动，要逃到 $+\infty$，首先必须开始 $v>0$，且要求

$$\frac{1}{2}mv^2+V(-a)>V(a)$$

由此得

$$v>\sqrt{\frac{2c}{ma}}$$

2.2.15　比地面高 h 的平台上有一质量为 m 的小车系于绳子一端，绳子跨过一小滑轮在另一端被地面上的人拉着并以匀速 v_0 向右运动，如图 2.63 所示. 若小车与平台间的摩擦力可以不计，求：

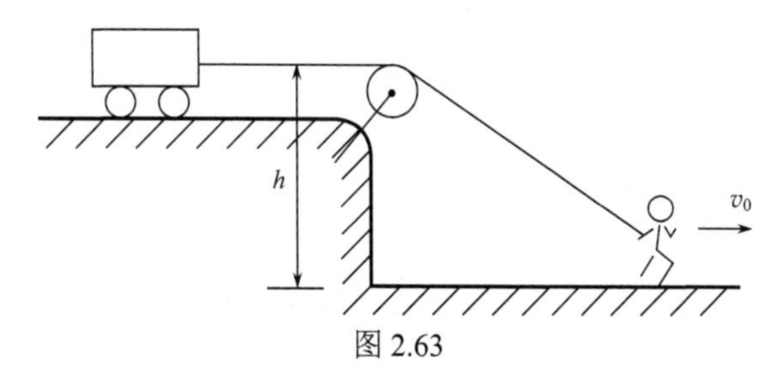

图 2.63

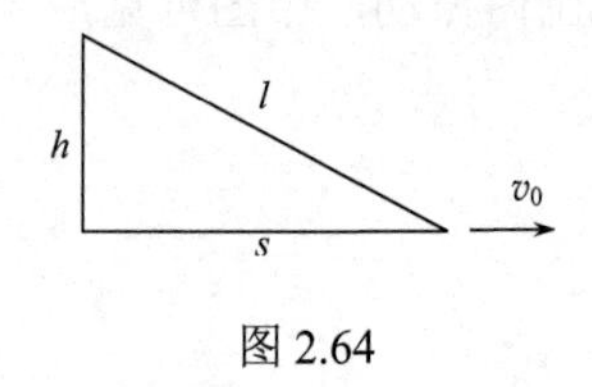

图 2.64

(1) 当人位于离小滑轮正下方向右距离 s 处小车的速度和加速度;

(2) 人在上述位置拉绳的力;

(3) 在人从滑轮正下方到上述位置的过程中人所做的功.

解　(1) 如图 2.64 所示，$l^2 = s^2 + h^2$，

$$2l\frac{\mathrm{d}l}{\mathrm{d}t} = 2s\frac{\mathrm{d}s}{\mathrm{d}t}$$

$$v = \frac{\mathrm{d}l}{\mathrm{d}t} = \frac{s}{\sqrt{s^2+h^2}}\frac{\mathrm{d}s}{\mathrm{d}t} = \frac{sv_0}{\sqrt{s^2+h^2}}$$

$$a = \frac{\mathrm{d}v}{\mathrm{d}t} = \frac{v_0^2}{\sqrt{s^2+h^2}} - \frac{1}{2}\frac{sv_0 \cdot 2sv_0}{\left(s^2+h^2\right)^{3/2}} = \frac{v_0^2 h^2}{\left(s^2+h^2\right)^{3/2}}$$

v、a 的方向均向右.

(2) $F = ma = \dfrac{mv_0^2 h^2}{\left(s^2+h^2\right)^{3/2}}$.

(3) $W = \dfrac{1}{2}mv^2 - \dfrac{1}{2}m\left[v(0)\right]^2 = \dfrac{ms^2 v_0^2}{2\left(s^2+h^2\right)}$.

2.2.16　一质量为 m 的小球系于不可伸长的轻绳的一端，穿过桌面上的一小孔后在光滑的水平桌面上运动，绳子与小孔间无摩擦力，问:

(1) 要使小球以小孔为中心做半径为 r_1、角速度为 ω_1 的圆周运动，绳的另一端需用多大的拉力?

(2) 要使小球圆周运动的半径从 $r = r_1$ 缩小到 $r = r_2$，拉力需做多大的功?

解　(1) $F = mr_1\omega_1^2$.

(2) 在小球的矢径缩小过程中受到的力是径向的，列横向的运动微分方程

$$m\left(r\ddot{\varphi} + 2\dot{r}\dot{\varphi}\right) = \frac{m}{r}\frac{\mathrm{d}}{\mathrm{d}t}\left(r^2\dot{\varphi}\right) = 0$$

$$r^2\dot{\varphi} = c$$

所以

$$r_2^2\omega_2 = r_1^2\omega_1, \quad \omega_2 = \left(\frac{r_1}{r_2}\right)^2\omega_1$$

$$W = \frac{1}{2}m\left(r_2\omega_2\right)^2 - \frac{1}{2}m\left(r_1\omega_1\right)^2 = \frac{1}{2}mr_1^2\omega_1^2\left(\frac{r_1^2}{r_2^2} - 1\right)$$

2.2.17　火车质量为 m，其所产生功率为常数 P，若车受的阻力为常数 f，试证时间与速度的关系为 $t = \dfrac{mP}{f^2}\ln\dfrac{P}{P-fv} - \dfrac{mv}{f}$；若所受阻力与速度 v 成正比，则 $t = \dfrac{mv}{2f}\ln\dfrac{P}{P-fv}$.

证明
$$\frac{\mathrm{d}}{\mathrm{d}t}\left(\frac{1}{2}mv^2\right) = P - fv$$

$$mv\frac{dv}{dt}=P-fv$$

$$dt=\frac{mv}{P-fv}dv=\frac{m}{f}\frac{fv}{P-fv}dv$$

$$=\frac{m}{f}\left(\frac{-P+fv}{P-fv}+\frac{P}{P-fv}\right)dv$$

$$t=-\int_0^v\frac{m}{f}dv+\frac{mP}{f}\int_0^v\frac{1}{P-fv}dv$$

$$=-\frac{mv}{f}+\frac{mP}{f^2}\ln\frac{P}{P-fv}$$

若 f 与速度 v 成正比，设 $f=cv,c$ 为常数，则

$$\frac{1}{2}m\frac{dv^2}{dt}=P-fv=P-cv^2$$

$$dt=\frac{1}{2}m\frac{dv^2}{P-cv^2}$$

$$t=\frac{1}{2}m\int\frac{dv^2}{P-cv^2}=-\frac{m}{2c}\ln\left(P-cv^2\right)\Big|_{v=0}^{v}$$

$$=\frac{m}{2c}\ln\frac{P}{P-cv^2}=\frac{mv}{2f}\ln\frac{P}{P-fv}$$

2.2.18　一质量为 m 的质点，受引力作用在一直线上运动. 当 $x\geqslant a$ 时，引力值为 $m\mu a^2/x^2$；当 $x\leqslant a$ 时，引力值为 $m\mu x/a$，式中 x 是相对于线上某一点(取为原点)的距离，μ 及 a 为常量. 如质点在离原点 $2a$ 处从静止开始运动，求到达原点时的速度及走此段路程所需的时间.

解　在 $a\leqslant x\leqslant 2a$ 段，

$$m\ddot{x}=-m\mu a^2/x^2$$

$$v\frac{dv}{dx}=-\mu a^2/x^2$$

$t=0$ 时，$x=2a$，$v=0$，

$$\int_0^v v\,dv=-\int_{2a}^x\frac{\mu a^2}{x^2}dx,\quad \frac{1}{2}v^2=\mu a^2\left(\frac{1}{x}-\frac{1}{2a}\right)$$

$$v=-\sqrt{2\mu a^2\left(\frac{1}{x}-\frac{1}{2a}\right)}$$

$$\frac{dx}{dt}=-\sqrt{2\mu a^2\left(\frac{1}{x}-\frac{1}{2a}\right)}$$

$$t=\int_0^t dt=-\int_{2a}^x\frac{dx}{\sqrt{2\mu a^2\left(\frac{1}{x}-\frac{1}{2a}\right)}}=-\frac{1}{\sqrt{\mu a}}\int_{2a}^x\frac{\sqrt{x}}{\sqrt{2a-x}}dx$$

令 $2a-x=u^2$，则 $x=2a-u^2,dx=-2udu,$

$$t=-\frac{1}{\sqrt{\mu a}}\int\frac{\sqrt{2a-u^2}}{u}(-2u)\mathrm{d}u=\frac{2}{\sqrt{\mu a}}\int\sqrt{2a-u^2}\mathrm{d}u$$

用积分公式

$$\int\sqrt{b^2-u^2}\mathrm{d}u=\frac{u}{2}\sqrt{b^2-u^2}+\frac{b^2}{2}\arcsin\frac{u}{b}$$

$$t=\frac{1}{\sqrt{\mu a}}\left[\sqrt{2a-x}\cdot\sqrt{x}+2a\arcsin\sqrt{\frac{2a-x}{2a}}\right]$$

当 $x=a$ 时，

$$v=v_1=-\sqrt{2\mu a^2\left(\frac{1}{a}-\frac{1}{2a}\right)}=-\sqrt{\mu a}$$

$$t=t_1=\frac{1}{\sqrt{\mu a}}\left[\sqrt{2a-a}\cdot\sqrt{a}+2a\arcsin\sqrt{\frac{2a-a}{2a}}\right]$$

$$=\left(1+\frac{\pi}{2}\right)\sqrt{\frac{a}{\mu}}$$

在 $0\leqslant x\leqslant a$ 段，

$$m\ddot{x}=-m\mu x/a$$

$$v\frac{\mathrm{d}v}{\mathrm{d}x}=-\mu x/a$$

初始条件：$t=t_1$ 时，$x=a,v=-\sqrt{\mu a},$

$$\int_{-\sqrt{\mu a}}^{v}v\mathrm{d}v=-\int_a^x\frac{\mu x}{a}\mathrm{d}x$$

$$\frac{1}{2}v^2-\frac{1}{2}\left(-\sqrt{\mu a}\right)^2=-\frac{\mu}{2a}\left(x^2-a^2\right)$$

$$v=-\sqrt{2\mu a-\frac{\mu}{a}x^2}$$

$$\int_{t_1}^{t}\mathrm{d}t=-\int_a^x\frac{1}{\sqrt{2\mu a}}\frac{1}{\sqrt{1-\frac{1}{2a^2}x^2}}\mathrm{d}x$$

$$t=t_1-\sqrt{\frac{a}{\mu}}\left(\arcsin\frac{x}{\sqrt{2}a}-\frac{\pi}{4}\right)$$

到达 $x=0$ 时，$v=-\sqrt{2\mu a},t=\left(1+\frac{3\pi}{4}\right)\sqrt{\frac{a}{\mu}}.$

说明：此题不必解运动微分方程，用动能定理即可得 v 与 x 的函数关系.

2.2.19　轴套 A 的质量为 0.5kg，沿着位于铅垂平面的螺线形杆无摩擦地滑动. 螺线形方程为 $r=0.3\theta$，式中 r 以米计，θ 以弧度计，轴套在大小不变的径向力 $T=10\mathrm{N}$ 作用下，从 A 点静止释放，滑到位置 B 处(图 2.65).求轴套到达 B 处时的速度.

解　由质点的动能定理，

$$\frac{1}{2}mv^2-0=\int_{r_A}^{r_B}m\boldsymbol{g}\cdot\mathrm{d}\boldsymbol{r}+\int_{r_A}^{r_B}\boldsymbol{T}\cdot\mathrm{d}\boldsymbol{r}$$

$$\int m\boldsymbol{g}\cdot\mathrm{d}\boldsymbol{r}=m\boldsymbol{g}\cdot\int_{r_A}^{r_B}\mathrm{d}\boldsymbol{r}=m\boldsymbol{g}\cdot(\boldsymbol{r}_B-\boldsymbol{r}_A)=mg\cdot r\left(\frac{\pi}{2}\right)$$

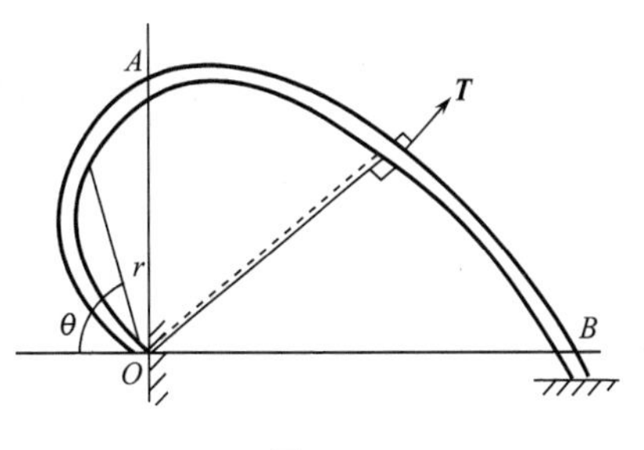

图 2.65

在上述计算中用了 $\boldsymbol{g}\cdot\boldsymbol{r}_B=0,-m\boldsymbol{g}\cdot\boldsymbol{r}_A=mg\cdot r\left(\frac{\pi}{2}\right)$.

$$\int_{r_A}^{r_B}\boldsymbol{T}\cdot\mathrm{d}\boldsymbol{r}=\int T\mathbf{e}_r\cdot(\mathrm{d}r\boldsymbol{e}_r+r\mathrm{d}\theta\boldsymbol{e}_\theta)=\int T\mathrm{d}r=\int_{\frac{\pi}{2}}^{\pi}T\cdot 0.3\mathrm{d}\theta=0.3T\cdot\frac{\pi}{2}$$

$$v^2=\left(0.3g+0.3\frac{T}{m}\right)\pi$$

代入 $g=9.8\mathrm{m\cdot s^{-2}},T=10\mathrm{N},m=0.5\mathrm{kg}$, 可算出

$$v=5.3\mathrm{m\cdot s^{-1}}$$

2.2.20　一质量为 80kg 的人由1m 高处跳下，当他落地时，他忘了弯曲他的膝盖，人体减速的距离只有 1cm. 求在减速阶段，作用在他腿上的力.

解
$$h=1\mathrm{m},\quad s=1\mathrm{cm}=0.01\mathrm{m}$$

$$\frac{1}{2}mv^2=mgh,\quad 0-\frac{1}{2}mv^2=(mg-N)s$$

其中 N 是在减速阶段作用在腿上的力.

$$N=mg+\frac{mgh}{s}=mg\left(1+\frac{h}{s}\right)$$
$$=80\times9.8\times\left(1+\frac{1}{0.01}\right)=7.9\times10^4(\mathrm{N})$$

2.2.21　一质点无摩擦地在环形轨道上滑下，如图 2.66 所示，轨道弯曲段的曲率半径为 R，该质点由高 h 处自静止开始下滑，在某处质点开始和轨道脱离接触，说明脱离接触的位置并计算出发生这种情况的 h 的最小值.

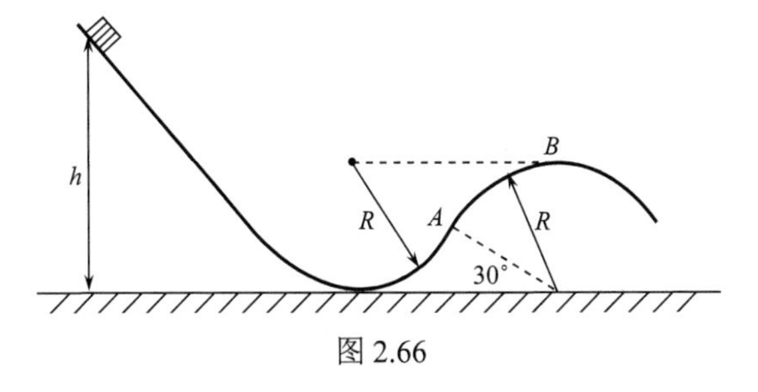

图 2.66

解　开始与轨道脱离接触的位置是拐点 A，在到达 A 点以前，质点要脱离轨道，需要轨道的支持力为零，可这支持力不为零，因此，到达 A 点以前不可能脱离轨道. 另

一方面，如在 A 点未脱离轨道，则在 A 到 B 的过程中，因速率减小，而重力的法向分量增大，轨道的支持力必然增大，自然是不能脱离轨道的. 过 B 点以后，直到与 A 同样高度处，根据对称性考虑，也和从 A 到 B 的过程一样，不能脱离轨道. 再以后脱离轨道是可能的. 问题是发生脱离轨道情况的最小的 h 多大?开始脱离轨道的位置是在 A 点还是别处?

现考虑在 A 点开始脱离轨道需要的最小高度 h.先求在 A 点脱离时所需的最小速率 v，

$$\frac{mv^2}{R}=mg\cos 60°=\frac{1}{2}mg$$

$$v^2=\frac{1}{2}gR$$

由机械能守恒，

$$mgh=\frac{1}{2}m\left(\frac{1}{2}gR\right)+mgR\sin 30°$$

$$h=\frac{3}{4}R$$

要越过轨道高度的极大值 B 点，h 必须大于 R.可见，发生脱离轨道的最小 h 值为 $\frac{3}{4}R$，开始脱离轨道的位置只能是 A 点.

2.2.22 一个转动的球形行星，其赤道上的点的速率为 V，赤道上的 g 是两极处 g 的一半. 问粒子从极点逃逸的逃逸速度多大?

解 若用 g 表示极点和赤道处的重力加速度，g' 表示赤道处的表观重力加速度.

在极点
$$mg=\frac{GMm}{R^2} \tag{1}$$

其中 M 、R 分别是行星的质量和半径，m 是质点质量.

在赤道
$$\frac{mV^2}{R}=mg-N=\frac{GMm}{R^2}-N=\frac{GMm}{R^2}-mg' \tag{2}$$

$$g'=\frac{1}{2}g \tag{3}$$

其中 N 是行星表面对质点的支持力，其反作用力是表观重力.

由式(1)、(2)、(3)可得

$$g=\frac{2V^2}{R}$$

取无穷远处行星的引力势能为零，在行星表面的引力势能为 $-\frac{GmM}{R}$（对质量 m 的质点而言），设在极点的逃逸速度为 v，它是对行星参考系的相对速度，也是对惯性参考系(静系)的绝对速度，对惯性系用机械能守恒定律，

$$\frac{1}{2}mv^2-\frac{GmM}{R}=0$$

$$v^2=\frac{2GM}{R}=2gR=4V^2$$

所以

$$v = 2V$$

2.2.23　一跳伞员在 3000m 高处起跳. 在降落伞张开之前他达到一极限速度 30m/s.

(1)假定空气阻力正比于速度，他达到这个极限速度需多久?达到这个速度时，运行了多少距离?

(2)为了经受一个不大于 $10g$（g 为重力加速度)的减速度，在他的伞张开以后，当他碰到地面时，速度已降到 3m/s，他弯曲膝部以减缓冲撞，需将膝部弯曲多少?假定他的膝部像弹簧一样具有正比于位移的阻力.

(3)空气阻力正比于速度的假定是否合理?

解　(1)根据空气阻力正比于速度的假定，

$$\frac{\mathrm{d}v}{\mathrm{d}t} = g - \alpha v$$

积分得

$$v = \frac{g}{\alpha}\left(1 - \mathrm{e}^{-\alpha t}\right), \quad x = \frac{g}{\alpha}t + \frac{g}{\alpha^2}\mathrm{e}^{-\alpha t}$$

极限速度 $v_{\max} = \dfrac{g}{\alpha}, t \to \infty$ 才能达到此极限速度，运行距离为 $x \to \infty$.

(2)在跳伞员碰到地面以后，空气阻力的减速作用是可以忽略的.

设膝部弯曲 ξ 时具有势能为 $\dfrac{1}{2}k\xi^2$，则碰地时开始弯曲，弯曲 ξ 时，动能降为零，由机械能守恒，

$$\frac{1}{2}k\xi^2 = \frac{1}{2}mv^2 + mg\xi \tag{1}$$

又由最大减速不大于 $10g$ 的条件，有

$$mg - k\xi = ma = -10mg \tag{2}$$

由式(2)解出 $k = \dfrac{11mg}{\xi}$，代入式(1)得

$$\xi = \frac{v^2}{9g} = 0.102\mathrm{m}$$

(3)在空气阻力正比于速度的假定下，需运行无穷远的距离，经无穷长的时间才能达到极限速度，实际上运行距离不到 3000m，所需时间也是有限的，就到达极限速度 30m/s，说明所述假定与实际不符.

2.2.24　一个光滑球固定在水平面上，一个点粒子在最高点从静止开始沿球面滑下. 令球的半径为 R，描述粒子落到平面以前的路径(图 2.67).

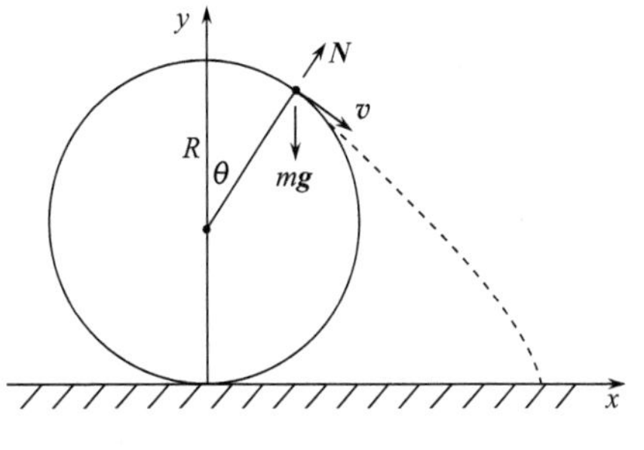

图 2.67

解　粒子在离开球面以前，

$$\frac{1}{2}mv^2 = mgR(1-\cos\theta)$$

$$\frac{mv^2}{R} = mg\cos\theta - N$$

离开球面时，$N=0$，此时

$$\frac{v^2}{R} = 2g(1-\cos\theta)$$

$$\frac{v^2}{R} = g\cos\theta$$

解得$\theta = \arccos\frac{2}{3} = 48.2°, v = \sqrt{\frac{2}{3}gR}$.

在$\theta = 48.2°$时粒子离开球面，以$\sqrt{\frac{2}{3}gR}$的速率朝水平线向下 48.2° 的方向做抛物运动，落到平面以前，运动轨迹为抛物线.

粒子运动的路径可定量描述如下：

在$0 \leqslant \theta \leqslant 48.2°$期间，也即$0 \leqslant x \leqslant R\sin\left(\arccos\frac{2}{3}\right) = \frac{\sqrt{5}}{3}R$期间，粒子运动轨迹为圆，轨迹方程为

$$x^2 + (y-R)^2 = R^2, \quad 0 \leqslant x \leqslant \frac{\sqrt{5}}{3}R$$

此后运动轨迹为抛物线，设离开球面时为$t=0$，轨道的参数方程为

$$x = \left(\sqrt{\frac{2}{3}gR}\cos 48.2°\right)t = \left(\frac{2}{3}\sqrt{\frac{2}{3}gR}\right)t$$

$$y = \frac{5R}{3} - \left(\sqrt{\frac{2}{3}gR}\sin 48.2°\right)t - \frac{1}{2}gt^2 = -\left(\sqrt{\frac{5}{3}}\sqrt{\frac{2}{3}gR}\right)t - \frac{1}{2}gt^2 + \frac{5}{3}R$$

消去t可得不含参数的轨迹方程

$$y = -\frac{\sqrt{5}}{2}x - \frac{27}{16R}x^2 + \frac{5}{3}R, \quad \frac{\sqrt{5}}{3}R \leqslant x \leqslant \frac{4}{27}\left(\sqrt{50}-\sqrt{5}\right)R$$

上述$\frac{4}{27}(\sqrt{50}-\sqrt{5})R$是$y=0$时的两个$x$中的较大者.或

$$x^2 + (y-R)^2 = R^2, \quad \frac{5}{3}R \leqslant y \leqslant 2R$$

$$y = \frac{5}{3}R - \frac{\sqrt{5}}{2}x - \frac{27}{16R}x^2, \quad 0 \leqslant y \leqslant \frac{5}{3}R$$

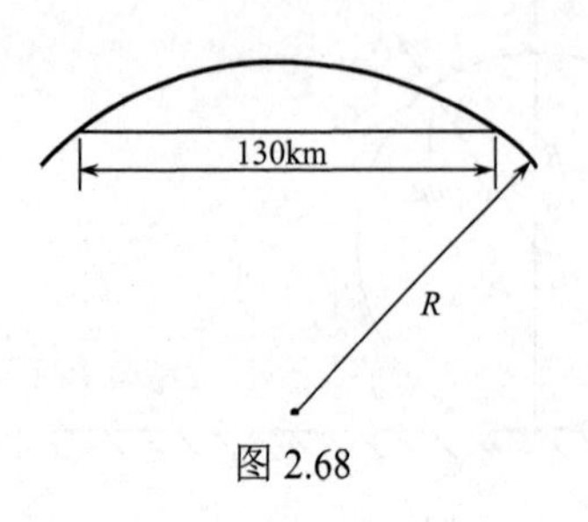

图 2.68

2.2.25　若在北京和天津间用一条直的地下铁道联结，如图 2.68 所示，两市间的火车在地球引力作用下运行，两市间直线距离为 130km，地球半径 R=6400km .忽略摩擦，

计算火车的最大速度以及从北京到天津坐此火车所需的时间.

解法一　由 2.1.81 题求得质量为 m 的质点在地球内外受到地球的引力为

$$\boldsymbol{F}=\begin{cases}-\dfrac{GMm}{R^3}r\boldsymbol{e}_r, & 0\leqslant r\leqslant R\\ -\dfrac{GMm}{r^2}\boldsymbol{e}_r, & r\geqslant R\end{cases}$$

其中 M 为地球质量， R 为地球半径.

由此可计算质点 m 在地球内部的引力势能，

$$V(r)=\int_r^R\left(-\frac{GMm}{R^3}r\right)\mathrm{d}r+\int_R^\infty\left(-\frac{GMm}{r^2}\right)\mathrm{d}r$$
$$=-\frac{GMm}{2R^3}\left(R^2-r^2\right)-\frac{GMm}{R}=\frac{GMm}{2R^3}\left(r^2-3R^2\right)$$

由机械能守恒，

$$\frac{1}{2}mv^2+\frac{GMm}{2R^3}\left(r^2-3R^2\right)=-\frac{GMm}{R}$$

解得

$$v^2=\frac{GM}{R^3}\left(R^2-r^2\right)=g\frac{R^2-r^2}{R}$$

由图 2.69 可得

$$r^2=h^2+(s-x)^2=\left(R^2-s^2\right)+(s-x)^2$$
$$=R^2-2sx+x^2$$

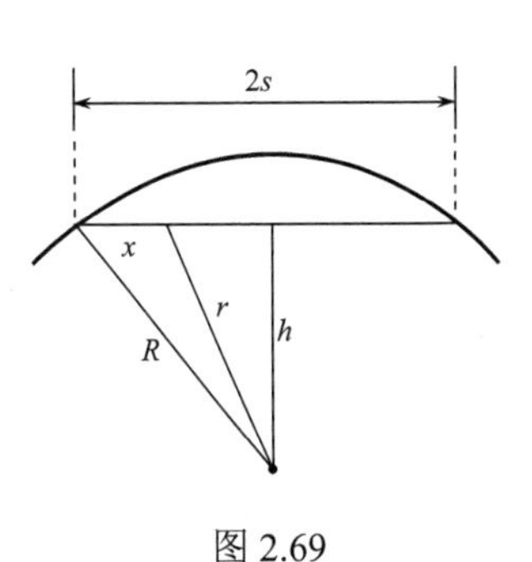

图 2.69

所以

$$v^2=\frac{g}{R}x(2s-x)$$

由 $\dfrac{\mathrm{d}v^2}{\mathrm{d}x}=0$ 得

$$v_{\max}=v(s)=\sqrt{\frac{g}{R}}s=80.4\mathrm{m/s}$$

从北京到天津所需时间

$$T=\int_0^{2s}\frac{\mathrm{d}x}{v}=\int_0^{2s}\sqrt{\frac{R}{g}}\frac{\mathrm{d}x}{\sqrt{x(2s-x)}}$$

用积分公式

$$\int\frac{\mathrm{d}x}{\sqrt{uv}}=\frac{1}{\sqrt{-bb'}}\arctan\sqrt{\frac{-b'u}{bv}}$$

其中 $u=a+bx,v=a'+b'x$.

令 $u=x,v=2s-x,a=0,b=1,a'=2s,b'=-1$，

$$\int_0^{2s}\frac{\mathrm{d}x}{\sqrt{x(2s-x)}}=2\arctan\sqrt{\frac{x}{2s-x}}\Bigg|_{x=0}^{x=2s}=\pi$$

所以

$$T=\pi\sqrt{\frac{R}{g}}=\pi\sqrt{\frac{6400\times10^3}{9.8}}=2539(\text{s})=42.3(\text{min})$$

解法二　用牛顿运动第二定律，

$$m\ddot{x}=\frac{GMm}{R^3}r\cdot\frac{s-x}{r}=\frac{GMm}{R^3}s-\frac{GMm}{R^3}x$$

$$\ddot{x}=\frac{g}{R}s-\frac{g}{R}x$$

通解为

$$x=s+A\cos\left(\sqrt{\frac{g}{R}}t+\alpha\right)$$

所需时间

$$T=\frac{1}{2}\cdot\frac{2\pi}{\sqrt{\frac{g}{R}}}=\pi\sqrt{\frac{R}{g}}$$

初始条件：$t=0$ 时，$x=0,\dot{x}=0$，定出 A、α，得

$$x=s-s\cos\left(\sqrt{\frac{g}{R}}t\right)$$

$$v_{\max}=s\sqrt{\frac{g}{R}}$$

T 与 s 无关，说明在地球上任何两个城市间铺设这样的地下铁道，运行时间都一样，火车运行中的最大速度是与 s 有关的.

2.2.26　估计一下通过跳跃就能脱离的小行星多大.

解　一般来说，跳跃前人们总要弯曲他的膝盖使身体的重心降低约 50cm，然后跳起能使重心比正常高度高出 60cm，则在此跳跃中人能产生的动能为

$$\frac{1}{2}mv^2=mg(0.50+0.60) \tag{1}$$

其中 m 是人的质量，g 是地球表面的重力加速度.

设小行星半径为 R、质量为 M，并设小行星的密度与地球相同.

$$M=M_{\mathrm{e}}\left(\frac{R}{R_{\mathrm{e}}}\right)^3 \tag{2}$$

其中 M_{e}、R_{e} 分别为地球的质量和半径.

跳跃能脱离小行星的条件是

$$\frac{1}{2}mv^2-\frac{GMm}{R}=0 \tag{3}$$

又知

$$g=\frac{GM_{\mathrm{e}}}{R_{\mathrm{e}}^2} \tag{4}$$

由式(1)、(2)、(3)、(4)可得

$$R=\sqrt{1.10R_e}=\sqrt{1.1\times6.4\times10^6}=2.7\times10^3(\text{m})$$

其中用了 $R_e=6.4\times10^6\text{m}$.

2.2.27　求：(1)月球表面的重力加速度；(2)从月球表面出发逃离月球所需的最小速度. 月球质量为 $7.35\times10^{22}\text{kg}$，月球半径为 $1.74\times10^3\text{km}$.

解　(1)设 M_m 和 R_m 分别为月球的质量和半径，g_m 为在月球表面的重力加速度. 质量为 m 的物体在月球表面的重力为 mg_m.

$$mg_m=\frac{GM_m m}{R_m^2}$$

所以

$$g_m=\frac{GM_m}{R_m^2}=\frac{6.67\times10^{-11}\times7.35\times10^{22}}{\left(1.74\times10^6\right)^2}=1.62(\text{m/s}^2)$$

(2)设逃逸速度为 v，逃离条件为

$$\frac{1}{2}mv^2-\frac{GM_m m}{R_m}=0$$

$$v=\sqrt{\frac{2GM_m}{R_m}}=\sqrt{2g_m R_m}=\sqrt{2\times1.62\times1.74\times10^6}=2.37\times10^3(\text{m/s})$$

2.2.28　一质量为 m 的质点从置于光滑水平面上的、质量为 M 的光滑的、半径为 R 的弧形槽的顶端滑下，如图2.70所示. 开始滑下时，m、M 都是静止的，求质点离开弧形槽时质点和弧形槽的速度.

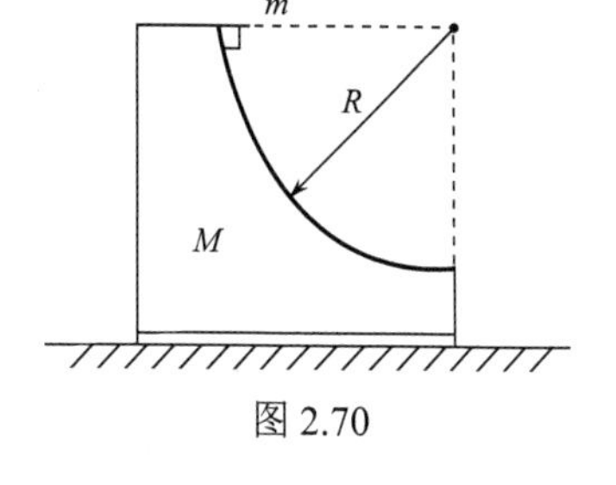

图 2.70

解法一　用质点系动力学理论，m、M 系统在水平方向动量守恒和机械能守恒，可列出下列两个方程：

$$mv+MV=0 \tag{1}$$

$$\frac{1}{2}mv^2+\frac{1}{2}MV^2-mgR=0 \tag{2}$$

其中 v、V 分别是质点离开弧形槽时质点和弧形槽的速度，均规定向右为正. 解得

$$v=\sqrt{\frac{2MgR}{m+M}},\quad V=-m\sqrt{\frac{2gR}{(m+M)M}}$$

解法二　限于只用质点动力学的理论.

设 $\boldsymbol{N}$ 为弧形槽对质点的作用力，x 轴沿水平向右为正. 对质点、弧形槽分别用动量定理(只写水平方向的分量方程)和动能定理.

$$mv-0=\int N_x\text{d}t \tag{3}$$

$$MV-0=\int(-N_x)\text{d}t \tag{4}$$

$$\frac{1}{2}mv^2-0=\int\boldsymbol{N}\cdot\text{d}\boldsymbol{r}_m+mgR \tag{5}$$

$$\frac{1}{2}MV^2-0=\int(-\boldsymbol{N})\cdot\text{d}\boldsymbol{r}_M \tag{6}$$

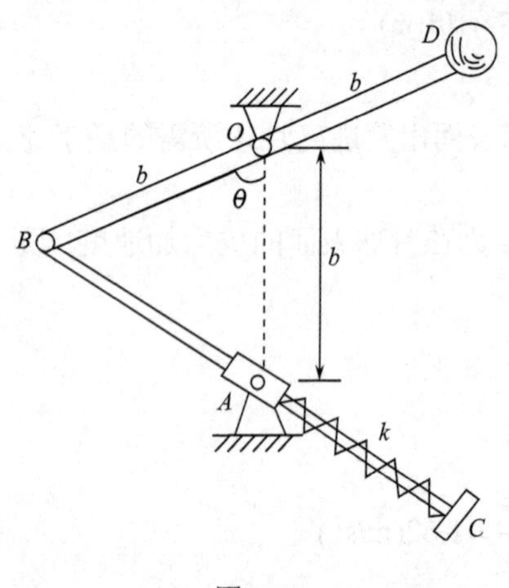

图 2.71

式(3)+式(4)即得式(1)，式(5)+式(6)可得式(2)，其中用了

$$\int \boldsymbol{N}\cdot \mathrm{d}\boldsymbol{r}_{\mathrm{m}}+\int(-\boldsymbol{N})\cdot \mathrm{d}\boldsymbol{r}_{\mathrm{M}}=\int \boldsymbol{N}\cdot(\mathrm{d}\boldsymbol{r}_{\mathrm{m}}-\mathrm{d}\boldsymbol{r}_{\mathrm{M}})=\int \boldsymbol{N}\cdot \mathrm{d}\boldsymbol{r}_{\mathrm{mM}}=0$$

式中 $\mathrm{d}\boldsymbol{r}_{\mathrm{mM}}=\mathrm{d}\boldsymbol{r}_{\mathrm{m}}-\mathrm{d}\boldsymbol{r}_{\mathrm{M}}$ 是质点对弧形槽的相对位移，$\mathrm{d}\boldsymbol{r}_{\mathrm{mM}}$ 沿弧形槽的切线方向，任何时刻都有

$$\boldsymbol{N}\perp \mathrm{d}\boldsymbol{r}_{\mathrm{mM}},\quad \boldsymbol{N}\cdot \mathrm{d}\boldsymbol{r}_{\mathrm{mM}}=0$$

2.2.29　如图 2.71 所示，小球质量为 m，连接在绕水平轴 O 旋转的 BD 杆的 D 端，连杆 BC 穿过绕 A 点转动的套筒，并能在其内滑动，劲度系数为 k 的弹簧套在 BC 杆的 AC 段，当球下降时压缩弹簧，$\theta=60°$ 的位置时，弹簧无伸缩. 从此位置静止释放，求 $\theta=90°$ 时 BC 杆的角速度. 设 BC 杆及 BD 杆的质量及各处摩擦可略去不计.

解法一　用质点的机械能定理.

至终态时，弹簧的压缩量等于 BA 段的增量，取终态时的位置，小球的重力势能为零，弹簧在初态时无伸缩，取为弹簧势能的零点.

$$\frac{1}{2}mv^2+\frac{1}{2}k\left(\sqrt{b^2+b^2}-b\right)^2=mgb\cos 60°$$

解得终态时小球向下的速度也即 B 点向上的速度

$$v=\sqrt{gb-\frac{kb^2\left(3-2\sqrt{2}\right)}{m}}$$

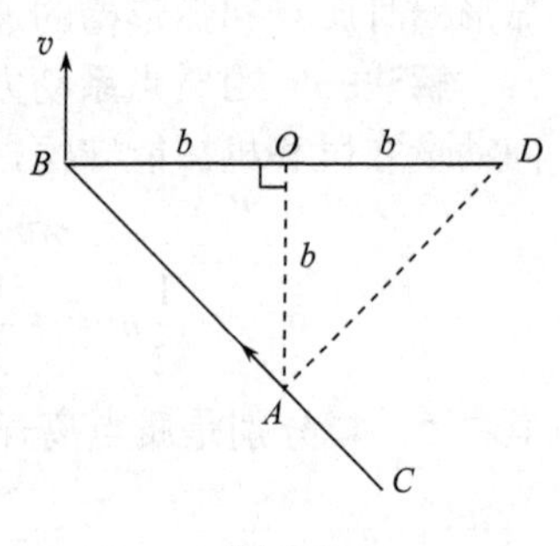

图 2.72

在终态 $\theta=90°$ 时，BC 杆的位置及此时 B 点的速度及杆上与 A 点重合的点的速度如图 2.72 所示，此时而且任何时刻 BC 杆上与 A 重合的点受套筒约束，其速度总是沿套筒的方向. 此时，BC 杆必绕上述两点速度的垂线的交点 D 转动，BD 距离为 $2b$，故 BC 杆此时的角速度为

$$\omega_{BC}=\frac{v}{2b}=\frac{1}{2}\sqrt{\frac{g}{b}-\frac{k\left(3-2\sqrt{2}\right)}{m}}$$

解法二　上面求 ω_{BC} 的方法用了刚体平面平行运动求瞬心的办法. 现用相对运动的知识求 ω_{BC}.

取此时以与 A 重合的 BC 杆上的点的速度作平动的参考系，B 点的绝对速度等于牵连速度和相对速度的矢量和，

$$\boldsymbol{v}=\boldsymbol{v}_{\mathrm{e}}+\boldsymbol{v}_{\mathrm{r}}$$

$\boldsymbol{v}_{\mathrm{e}}$ 即图 2.67 中画在 A 点的沿 AB 方向的速度，它与 $\boldsymbol{v}$ 的夹角为 45°，$\boldsymbol{v}_{\mathrm{r}}$ 是 B 点围绕与 A 重合的点以角速度 ω_{BC} 转动的线速度，$\boldsymbol{v}_{\mathrm{r}}$ 与 $\boldsymbol{v}$ 的夹角也是 45°，

$$v_{\mathrm{r}}=\omega_{BC}\cdot\sqrt{b^2+b^2},\quad v_{\mathrm{r}}=v\cos 45°$$

可得

$$\omega_{BC}=\frac{v}{2b}$$

2.2.30　求质量为m和具有能量E的质点在势场$V=V_0\tan^2 ax$（式中V_0和a为常量）中做一维运动的周期.

解

$$\frac{1}{2}m\dot{x}^2+V_0\tan^2 ax=E$$

$$\dot{x}=\sqrt{\frac{2\left(E-V_0\tan^2 ax\right)}{m}}$$

$$\int\sqrt{\frac{2}{m}}\mathrm{d}t=\int\frac{\mathrm{d}x}{\sqrt{E-V_0\tan^2 ax}}=\int\frac{\cos ax\mathrm{d}x}{\sqrt{E\cos^2 ax-V_0\sin^2 ax}}$$

$$=\frac{1}{a\sqrt{E}}\int\frac{\mathrm{d}\sin ax}{\sqrt{1-\dfrac{E+V_0}{E}\sin^2 ax}}=\frac{1}{a\sqrt{E+V_0}}\int\frac{\mathrm{d}u}{\sqrt{1-u^2}}$$

其中$u=\sqrt{\dfrac{E+V_0}{E}}\sin ax$，

$$\sqrt{\frac{2}{m}}\left(t-t_0\right)=\frac{1}{a\sqrt{E+V_0}}\arcsin\left(\sqrt{\frac{E+V_0}{E}}\sin ax\right)$$

$$\sqrt{\frac{E+V_0}{E}}\sin ax=\sin\left[a\sqrt{\frac{2\left(E+V_0\right)}{m}}\left(t-t_0\right)\right]$$

$$x=\frac{1}{a}\arcsin\left\{\sqrt{\frac{E}{E+V_0}}\sin\left[a\sqrt{\frac{2\left(E+V_0\right)}{m}}\left(t-t_0\right)\right]\right\}$$

显然运动周期T为

$$T=2\pi\Big/a\sqrt{\frac{2\left(E+V_0\right)}{m}}=\frac{\pi}{a}\sqrt{\frac{2m}{E+V_0}}$$

2.2.31　一根长度为a的不可伸长的轻绳，一端连着一个质量为m的粒子P，另一端连着一个质量为$\dfrac{3}{2}m$的环Q，此环穿在一根固定的粗糙的水平的金属丝上. 从环和粒子处于平衡的状态给粒子一个沿水平方向的速度$\sqrt{2ag}$，证明：在小环不在金属丝上滑动的情况下，绳中张力为$3mg\cos\theta$，其中θ是绳子与铅垂线间的夹角；并证明：如环与金属丝间摩擦因数大于$\dfrac{1}{\sqrt{3}}$，环就不会滑动.

证明　在小环不在金属丝上滑动的情况下，粒子运动时机械能守恒，

$$\frac{1}{2}mv^2+mga(1-\cos\theta)=\frac{1}{2}m\left(\sqrt{2ga}\right)^2 \tag{1}$$

再列自然坐标的法向方程，

$$\frac{mv^2}{a}=T-mg\cos\theta \tag{2}$$

从式(1)、(2)两式解得

$$T=3mg\cos\theta$$

环受到四个力：重力$\frac{3}{2}mg$；金属丝的支持力N；金属丝给予的静摩擦力f和绳子张力T.环在金属丝上不滑动的条件是始终有最大静摩擦力大于等于绳子张力在水平方向上的分量.

$$\mu N \geqslant T\sin\theta$$

今

$$N=\frac{3}{2}mg+T\cos\theta,\quad T=3mg\cos\theta$$

得

$$\mu \geqslant \frac{2\sin\theta\cos\theta}{1+2\cos^2\theta}$$

对运动过程中经历的一切θ值均成立，即要在$\left[0,\frac{\pi}{2}\right]$区间内，

$$\mu \geqslant \left(\frac{2\sin\theta\cos\theta}{1+2\cos^2\theta}\right)_{\max}$$

$$\frac{\mathrm{d}}{\mathrm{d}\theta}\left(\frac{2\sin\theta\cos\theta}{1+2\cos^2\theta}\right)=0$$

得

$$\cos 2\theta=-\frac{1}{2},\quad \theta=\frac{1}{3}\pi$$

$$\mu \geqslant \left.\frac{2\sin\theta\cos\theta}{1+2\cos^2\theta}\right|_{\theta=\frac{1}{3}\pi}=\frac{1}{\sqrt{3}}$$

如果在所给的初条件下，能达到的θ的最大值小于$\frac{1}{3}\pi$，μ可以再小些，因此需计算在此初条件下的$\theta_{\max}$，

$$\frac{1}{2}m\left(\sqrt{2ga}\right)^2=mga(1-\cos\theta_{\max})$$

得

$$\cos\theta_{\max}=0,\quad \theta_{\max}=\frac{\pi}{2}>\frac{\pi}{3}$$

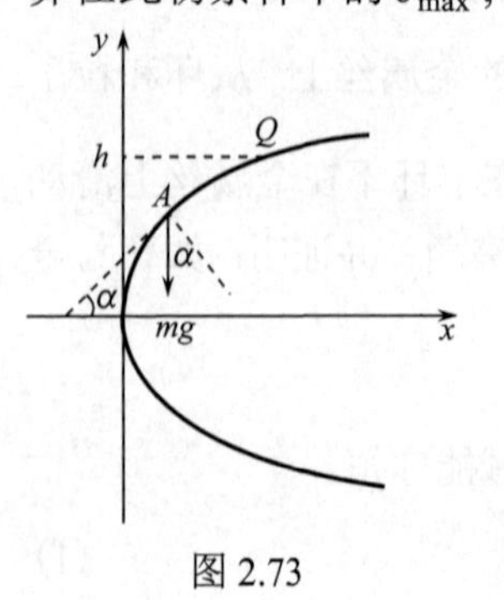

图 2.73

2.2.32　一质点自一光滑的抛物线上一点Q自由滑下，该点在轴线上方h处，抛物线的方程为$y^2=2px$，y轴竖直向上.问质点滑至何处时，曲线对质点的约束力将改变符号(求出此点的y坐标满足的方程即可).

解　约束力改变符号处，约束力为零，设此点为A点，如图2.73所示. 在此处，用自然

坐标，写出运动微分方程的法向方程

$$\frac{mv^2}{\rho}=mg\cos\alpha \tag{1}$$

由机械能守恒，

$$\frac{1}{2}mv^2+mgy=mgh$$

$$v^2=2g(h-y) \tag{2}$$

用曲率半径公式 $\rho=\dfrac{\left(\dot{x}^2+\dot{y}^2\right)^{3/2}}{|\ddot{x}\dot{y}-\dot{x}\ddot{y}|}$，

$$\dot{x}=\frac{\mathrm{d}x}{\mathrm{d}y}\dot{y}=x'\dot{y},\quad \ddot{x}=\frac{\mathrm{d}^2x}{\mathrm{d}y^2}\dot{y}^2+x'\ddot{y}=x''\dot{y}^2+x'\ddot{y}$$

ρ 的公式可改写为

$$\rho=\left|\frac{\left(1+x'^2\right)^{3/2}}{x''}\right|$$

今

$$x'=\frac{\mathrm{d}x}{\mathrm{d}y}=\frac{1}{p}y,\quad x''=\frac{1}{p}$$

$$\rho=\left|\left(1+\frac{y^2}{p^2}\right)^{3/2}\bigg/\frac{1}{p}\right|=\frac{1}{p^2}\left(p^2+y^2\right)^{3/2} \tag{3}$$

$$\tan\alpha=\frac{\mathrm{d}y}{\mathrm{d}x}=\left(\frac{\mathrm{d}x}{\mathrm{d}y}\right)^{-1}=\frac{p}{y}$$

可得

$$\cos\alpha=\frac{y}{\left(p^2+y^2\right)^{1/2}} \tag{4}$$

将式(2)、(3)、(4)代入式(1)，即得曲线对质点的约束力改变符号的点的 y 坐标满足的代数方程

$$y^3+3p^2y-2p^2h=0$$

2.2.33　一个质点在恒定的重力作用下在 xy 平面内运动，重力沿 y 轴负方向. 找出该二维运动的四个独立的运动常数，其中有三个独立的运动常数不显含时间.

解　质点运动满足方程

$$m\ddot{x}=0,\quad m\ddot{y}=-mg$$

立即可得

$$\dot{x}=c_1,\dot{y}+gt=c_2$$

由机械能守恒

$$\frac{1}{2}m\left(\dot{x}^2+\dot{y}^2\right)+mgy=c$$

可得

$$\dot{x}^2+\dot{y}^2+2gy=c_3$$

由 $\ddot{y}=\frac{\mathrm{d}\dot{y}}{\mathrm{d}x}\dot{x}, \ddot{y}=-g$,得

$$\dot{x}\mathrm{d}\dot{y}=-g\mathrm{d}x$$

由 $\ddot{x}=\frac{\mathrm{d}\dot{x}}{\mathrm{d}y}\dot{y},\ \ddot{x}=0$,得

$$\dot{y}\mathrm{d}\dot{x}=0$$

上述两式相加,

$$\dot{x}\mathrm{d}\dot{y}+\dot{y}\mathrm{d}\dot{x}=-g\mathrm{d}x$$

积分得

$$\dot{x}\dot{y}+gx=c_4$$

2.2.34　当一个正在收缩的星体收缩到它的 Schwarzschild 半径 R_s 以下时，它变成一个黑洞，光和任何粒子都不能逃离它. 导出 R_s 和它的质量 M 的关系.

解　一个质量为 m 的粒子从星体逃逸所需的最小速率设为 v,

$$\frac{1}{2}mv^2-\frac{GMm}{R}=0$$

$$v=\sqrt{\frac{2GM}{R}}$$

其中 R 是星体的半径.

将粒子的逃逸速率 v 换成光在真空中的传播速度 c，所得的 R 即为 R_s，

$$c=\sqrt{\frac{2GM}{R_\mathrm{s}}},\quad R_\mathrm{s}=\frac{2GM}{c^2}$$

在 $R=R_\mathrm{s}$ 时，任何粒子都不能逃离，$R<R_\mathrm{s}$ 时，光也不能逃离.

2.3　质点的角动量定理和角动量守恒定律

2.3.1　一质量为 m 的质点在光滑水平面上以速率 v_0 做半径为 R_0 的圆周运动. 该质点系在一根不可伸长的轻绳上，绳子又穿过该平面上的一个光滑小孔，如图 2.74 所示.

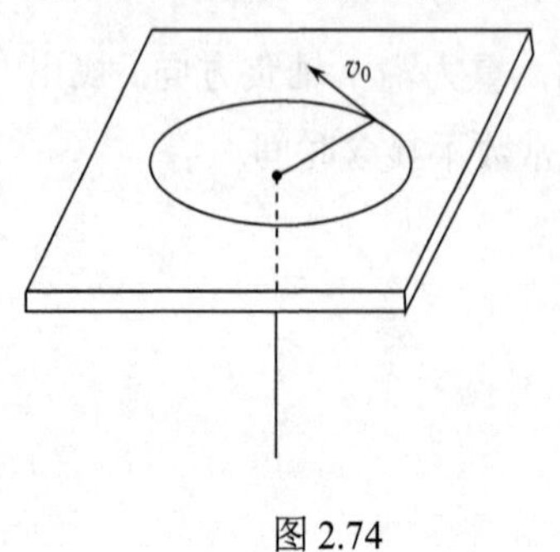

图 2.74

(1) 绳中的张力多大?

(2) 质点对小孔的角动量多大?

(3) 质点的动能多大?

(4) 若使绳中的张力逐渐地增大，最后使质点做半径为 $\frac{1}{2}R_0$ 的圆周运动，质点最终的动能多大?

(5) 如果张力不是逐渐增大，上问的答案还对吗?

解　(1) $T=\frac{mv_0^2}{R_0}$.

(2) $J = mv_0R_0$.

(3) $T = \frac{1}{2}mv_0^2$.

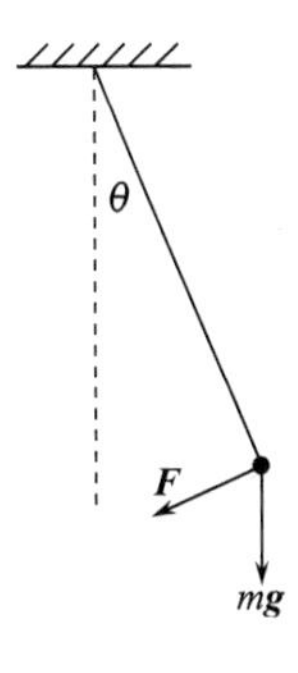

图 2.75

(4) 质点对小孔的角动量守恒，设当半径为$\frac{1}{2}R_0$时质点的速率为v_1，动能为T_1，则

$$mv_1 \cdot \frac{1}{2}R_0 = mv_0R_0, \quad v_1 = 2v_0$$

$$T_1 = \frac{1}{2}mv_1^2 = \frac{1}{2}m(2v_0)^2 = 2mv_0^2$$

(5) 如果张力不是逐渐增大，不影响角动量守恒关系，因此当半径减小到$\frac{1}{2}R_0$时，$v_1 = 2v_0$仍然是对的，但张力不是逐渐增大，质点的径向速度分量不能忽略，则$T_1 = 2mv_0^2$没有计算径向速度分量对动能的贡献，因而是不正确的. 如果“最终”意味着质点到小孔的距离不再变化(虽然在过程中不是“逐渐”)，则$T_1 = 2mv_0^2$还是对的.

2.3.2　一质量为m的小孩坐在一秋千上，秋千的质量可以忽略，悬挂在一端固定的、长度为l的绳的另一端. 小孩的父亲拉他的后背使绳子和铅直方向的夹角为1rad，然后以力$F = mg$沿圆周的切线方向推小孩直到绳子到达铅直位置放开该秋千. 问孩子的父亲推秋千用了多少时间?在$\theta < 1\text{rad}$时可作近似$\sin\theta \approx \theta$.

解　用质点对固定点的角动量定理，

$$\frac{\mathrm{d}}{\mathrm{d}t}\left(ml^2\dot{\theta}\right) = -mgl - mgl\sin\theta$$

$$\ddot{\theta} + \frac{g}{l}\sin\theta = -\frac{g}{l}$$

令$\omega^2 = \frac{g}{l}$，用近似$\sin\theta \approx \theta$，

$$\ddot{\theta} + \omega^2\theta = -\omega^2$$

方程的通解为

$$\theta = -1 + A\cos\omega t + B\sin\omega t$$

初始条件：$t = 0$时，$\theta = 1$，$\dot{\theta} = 0$，可得

$$\theta = -1 + 2\cos\omega t$$

当$\theta = 0$时，$\cos\omega t_1 = \frac{1}{2}$，

$$t_1 = \frac{1}{\omega} \cdot \frac{\pi}{3} = \frac{\pi}{3}\sqrt{\frac{l}{g}}$$

2.3.3　一质量为m的质点受到两个力的作用，$\boldsymbol{F}_1 = f(r)\boldsymbol{e}_r, \boldsymbol{F}_2 = -\lambda\boldsymbol{v}$($\lambda > 0$，为常量)，$\boldsymbol{v}$是质点的速度. 若该质点初始时对原点的角动量为$\boldsymbol{J}_0$，求以后时刻它对原点的角动量.

解　用质点对原点的角动量定理，

$$\frac{\mathrm{d}\boldsymbol{J}}{\mathrm{d}t}=\boldsymbol{r}\times\left(\boldsymbol{F}_1+\boldsymbol{F}_2\right)$$

取$\boldsymbol{J}_0$的方向为z轴正向，用柱坐标，根据受力情况、初始条件可以判断，质点限在xy平面上运动，对原点的角动量总沿z轴正方向，

$$\frac{\mathrm{d}J}{\mathrm{d}t}=-\lambda r^2\dot{\varphi}=-\frac{\lambda}{m}J$$

满足初始条件$t=0,J=J_0$的解为

$$J=J_0\mathrm{e}^{-\frac{\lambda}{m}t}$$

$\boldsymbol{J}$总沿$\boldsymbol{J}_0$的方向，

$$\boldsymbol{J}=\boldsymbol{J}_0\mathrm{e}^{-\frac{\lambda}{m}t}$$

2.3.4　一质量为m的粒子，在半顶角为α的锥体内表面无摩擦地滑动.

(1)找出使该质点绕竖直轴做圆轨道运动在初始条件方面的要求；

(2)说明这种轨道运动是否稳定，何故?

解　(1)用球坐标，

$$m\left(\ddot{r}-r\dot{\theta}^2-r\dot{\varphi}^2\sin^2\theta\right)=F_r=-mg\cos\alpha \tag{1}$$

在正圆锥内表面运动，$\theta=\alpha$，故$\dot{\theta}=0$.要求质点绕竖直轴做圆轨道运动，如圆轨道离锥体顶点距离l_0，则$r=l_0,\dot{r}=0,\ddot{r}=0$，上式简化为

$$-ml_0\dot{\varphi}^2\sin^2\alpha=-mg\cos\alpha$$

可见$\dot{\varphi}^2$应为常量，初速度$v_0=l_0\sin\alpha\cdot\dot{\varphi}_0$，沿水平方向.

$$\left(l_0\dot{\varphi}_0\sin\alpha\right)^2=gl_0\cos\alpha$$
$$v_0^2=gl_0\cos\alpha$$

即要求初速度是水平的，v_0满足上述关系，则粒子在离顶点l_0处做绕竖直轴的圆周运动.

(2)考虑对$r=l_0$的圆周运动给一个微扰，

$$r=l_0+\Delta r,\quad \dot{\varphi}=\dot{\varphi}_0+\Delta\dot{\varphi}$$

代入式(1)，注意仍有$\theta=\alpha,\dot{\theta}=0$.

$$\Delta\ddot{r}-\left(l_0+\Delta r\right)\left(\dot{\varphi}_0+\Delta\dot{\varphi}\right)^2\sin^2\alpha=-g\cos\alpha$$

用$l_0\dot{\varphi}_0^2\sin^2\alpha=g\cos\alpha$，略去二级小量$\Delta r\cdot\Delta\dot{\varphi}$及$\left(\Delta\dot{\varphi}\right)^2$项，得

$$\Delta\ddot{r}-2l_0\dot{\varphi}_0\sin^2\alpha\cdot\Delta\dot{\varphi}-\dot{\varphi}_0^2\sin^2\alpha\cdot\Delta r=0 \tag{2}$$

因$\boldsymbol{k}\cdot\left[\boldsymbol{r}\times\left(\boldsymbol{N}+m\boldsymbol{g}\right)\right]=0$(其中$\boldsymbol{N}$是锥面对粒子的支持力)，粒子对竖直转轴的角动量守恒，由此可找出$\Delta\dot{\varphi}$与Δr间的关系为

$$\left(r\sin\alpha\right)^2\dot{\varphi}=\left(l_0\sin\alpha\right)\dot{\varphi}_0$$
$$2r\sin^2\alpha\cdot\Delta r\dot{\varphi}+\left(r\sin\alpha\right)^2\Delta\dot{\varphi}=0$$
$$\Delta\dot{\varphi}=-\frac{2\dot{\varphi}}{r}\Delta r$$

略去二级及二级以上小量，

$$\Delta\dot{\varphi} = -\frac{2\dot{\varphi}_0}{l_0}\Delta r \tag{3}$$

将式(3)代入式(2)，得

$$\frac{\mathrm{d}^2}{\mathrm{d}t^2}\Delta r + 3\dot{\varphi}_0^2 \sin^2\alpha \cdot \Delta r = 0$$

其通解为

$$\Delta r = A\cos\left[\left(\sqrt{3}\dot{\varphi}_0 \sin\alpha\right)t + \beta\right]$$

Δr 始终为一小量，r 的变化在 l_0 附近做小振动，说明粒子的圆周运动是稳定的.

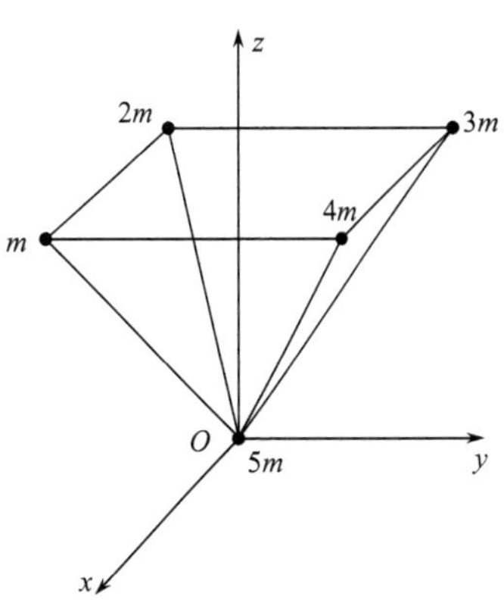

图 2.76

2.3.5 质量分别为 m、$2m$、$3m$、$4m$、$5m$ 的五个质点，用八根长度均为 l 的轻质杆连成图 2.76 所示的锥体，以角速度 ω 绕连接 $4m$ 与 $5m$ 的线转动. 求锥体对 O 点的角动量的 x、y、z 方向的分量.

解 m, $2m$, … 五个质点的位矢依次用 $\boldsymbol{r}_1$, $\boldsymbol{r}_2$，… 表示. 坐标分别为 $\left(\frac{l}{2},-\frac{l}{2},\frac{\sqrt{2}}{2}l\right)$、$\left(-\frac{l}{2},-\frac{l}{2},\frac{\sqrt{2}}{2}l\right)$、$\left(-\frac{l}{2},\frac{l}{2},\frac{\sqrt{2}}{2}l\right)$、$\left(\frac{l}{2},\frac{l}{2},\frac{\sqrt{2}}{2}l\right)$、$(0,0,0)$.

$$\boldsymbol{r}_1 = \frac{l}{2}\left(\boldsymbol{i} - \boldsymbol{j} + \sqrt{2}\boldsymbol{k}\right), \quad \boldsymbol{r}_2 = \frac{l}{2}\left(-\boldsymbol{i} - \boldsymbol{j} + \sqrt{2}\boldsymbol{k}\right)$$

$$\boldsymbol{r}_3 = \frac{l}{2}\left(-\boldsymbol{i} + \boldsymbol{j} + \sqrt{2}\boldsymbol{k}\right), \quad \boldsymbol{r}_4 = \frac{l}{2}\left(\boldsymbol{i} + \boldsymbol{j} + \sqrt{2}\boldsymbol{k}\right), \boldsymbol{r}_5 = 0$$

$$\boldsymbol{\omega} // \boldsymbol{r}_4, \boldsymbol{\omega} = \frac{1}{2}\omega\left(\boldsymbol{i} + \boldsymbol{j} + \sqrt{2}\boldsymbol{k}\right)$$

$$\begin{aligned}\boldsymbol{J} &= \sum_{i=1}^{5}\left(\boldsymbol{r}_i \times m_i \boldsymbol{v}_i\right) = \sum_{i=1}^{5}\left[\boldsymbol{r}_i \times m_i\left(\boldsymbol{\omega} \times \boldsymbol{r}_i\right)\right] \\ &= \sum_{i=1}^{5} m_i\left[\boldsymbol{\omega} r_i^2 - \boldsymbol{r}_i\left(\boldsymbol{\omega} \cdot \boldsymbol{r}_i\right)\right] \\ &= m\omega l^2\left(\frac{7}{2}\boldsymbol{i} + \frac{5}{2}\boldsymbol{j} + 2\sqrt{2}\boldsymbol{k}\right)\end{aligned}$$

所以

$$J_x = \frac{7}{2}m\omega l^2, \quad J_y = \frac{5}{2}m\omega l^2, \quad J_z = 2\sqrt{2}m\omega l^2$$

2.3.6 图 2.77 所示的旋转抛物面. 其方程为 $x^2 + y^2 = 4az$（a 为常量），内表面光滑. 质量为 m 的小球(可视为质点)，在内表面上作半径为 $2a$ 的水平的圆周运动. 突然，沿子午线方向受到一个冲击，在此方向获得一个速度分量，其大小为 $v = \sqrt{ga}$，求

(1) 小球初始作水平的圆周运动所处的高度和速度大小;

(2) 在受冲击后，小球能达到的最大高度和最小高度.

解　(1)旋转抛物面方程改用柱坐标表达式

$$\rho^2 = 4az \tag{1}$$

将水平圆周运动半径 $\rho = 2a$ 代入上式，即得作此圆周运动所处的高度

$$z_0 = \frac{\rho^2}{4a} = a$$

小球受到抛物面的支持力 N 和重力 mg 作用，如图 2.78 所示. 用柱坐标写动力学方程

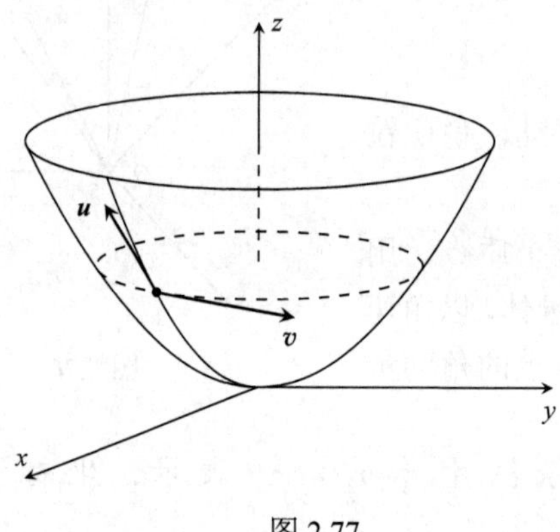

图 2.77

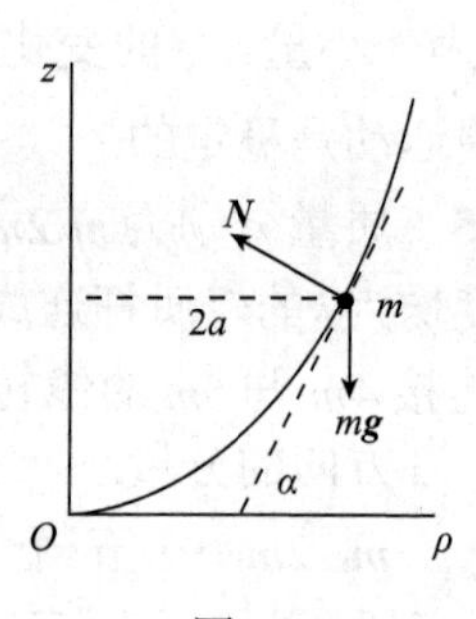

图 2.78

$$N\cos\alpha = mg$$

$$N\sin\alpha = \frac{mu^2}{\rho} = \frac{mu^2}{2a}$$

由上述两式得

$$\tan\alpha = \frac{u^2}{2ga}$$

$\tan\alpha$ 又是小球所在位置沿子午线方向的切线的斜率.

$$\tan\alpha = \frac{\mathrm{d}z}{\mathrm{d}\rho} = \frac{\rho}{2a} = 1$$

由两式得作此水平圆周运动时速度的大小

$$u = \sqrt{2ga}$$

(2)冲击后，小球仍受到 $\boldsymbol{N}$ 和 $\boldsymbol{mg}$ 的作用. 这两个力对 z 轴的力矩始终为零. 故运动过程中，　对 z 轴的角动量守恒. 又因运动中. 支持力 N 不做功. 重力是保守力. 引入重力势能. 机械能守恒. 可写出下列守恒关系.

$$m\rho^2\dot{\varphi} = mu\cdot 2a = 2ma\sqrt{2ga} \tag{2}$$

$$\frac{1}{2}m(\dot{\rho}^2 + \rho^2\dot{\varphi}^2 + \dot{z}^2) + mgz = \frac{1}{2}m(u^2 + v^2) + mgz_0$$

$$= \frac{1}{2}m(2ga + ga) + mga = \frac{5}{2}mga$$

小球达到最大高度和最小高度时. 均有 $\dot{z} = 0$. $\dot{\rho} = 0$. 上式可改为

$$\frac{1}{2}\rho^2\dot{\varphi}^2 + gz = \frac{5}{2}ga \tag{3}$$

用式(2)消去式(3)中的$\dot{\varphi}$，再用式(1)消去ρ. 可得z的这两个极值位置满足的方程

$$\frac{a^2}{z} + z = \frac{5}{2}a \quad 或 \quad z^2 - \frac{5}{2}az + a^2 = 0$$

可得两个根

$$z = 2a \quad 及 \quad z = \frac{1}{2}a$$

即

$$z_{\max} = 2a, \qquad z_{\min} = \frac{1}{2}a$$

它们是所要求的能达到的最大高度和最小高度.

2.3.7　一长程火箭从地球表面发射，如图2.79所示. 其初速度方向与地心到发射点的矢径成θ角，大小为$v_0 = kV_1$，其中V_1为第一宇宙速度，k为一正常数($k < \sqrt{2}$). 忽略空气的摩擦和地球的自转.

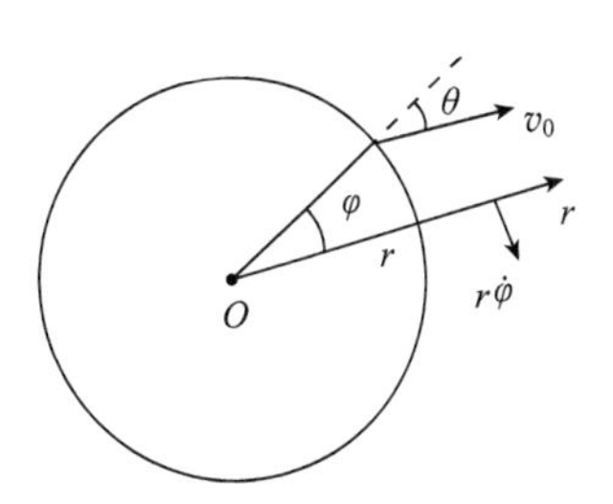

图 2.79

(1)题中的参数$k < \sqrt{2}$意味着什么？

(2)列出火箭发射后在运动过程中的守恒量.

(3)求火箭所能达到的离地心的最远距离，并讨论$\theta = 0$和$\theta = \frac{\pi}{2}$的特殊情况.

解　(1) $k < \sqrt{2}$意味着火箭初速度小于第二宇宙速度，不足以逃离地球.

(2)有对地心的角动量守恒和机械能守恒.

$$mr^2\dot{\varphi} = mRv_0\sin\theta = mRkV_1\sin\theta = J$$

$$\frac{1}{2}m\dot{r}^2 + \frac{J^2}{2mr^2} - \frac{GMm}{r} = \frac{1}{2}mv_0^2 - \frac{GMm}{R}$$

其中m、M分别是火箭和地球的质量. G是分有引力恒量. R为地球半径. 取坐标原点在地心，地心、发射点连线为极轴，r、φ分别为矢径和幅角.

将$v_0 = kV_1$代入，并用第一宇宙速度$V_1 = \sqrt{\frac{GM}{R}}$，机械能守恒关系可写成

$$\frac{1}{2}m\dot{r}^2 + \frac{mR^2R^2\sin^2\theta}{2r^2}\frac{GM}{R} - \frac{GMm}{r} = \frac{1}{2}mk^2\frac{GM}{R} - \frac{GMm}{R}$$

(3)火箭离地心最远距离处$\dot{r} = 0$，即得$r = r_M$时满足的方程

$$k^2\sin^2\theta\frac{R^2}{r_M^2} - 2\frac{R}{r_M} - (k^2 - 2) = 0 \tag{1}$$

当$\sin\theta \neq 0$时，上式为关于$\frac{R}{r_M}$的二次方程

$$\frac{R}{r_M}=\frac{2\pm\sqrt{4+4k^2(k^2-2)\sin^2\theta}}{2k^2\sin^2\theta}=\frac{1\pm\sqrt{1+k^2(k^2-2)\sin^2\theta}}{k^2\sin^2\theta}$$

显然对最远距离，上式中应取负号，因而

$$r_M=\frac{k^2\sin^2\theta}{1-\sqrt{1+k^2(k^2-2)\sin^2\theta}}R=\frac{k^2\sin^2\theta\left[1+\sqrt{1+k^2(k^2-2)\sin^2\theta}\right]}{1-\left[1-k^2(1-k^2)\sin^2\theta\right]} \tag{2}$$

$$=\frac{1+\sqrt{1-k^2(2-k^2)\sin^2\theta}}{2-k^2}R$$

$\theta=\dfrac{\pi}{2}$ 的情形，

$$r_M=\frac{k}{2-k^2}R$$

讨论 $\theta=0$ 的特殊情况. 式(1)简化为关于 $\dfrac{R}{r_M}$ 的一次方程

$$\frac{2R}{r_M}+(k^2-2)=0$$

$$r_M=\frac{2}{2-k^2}R$$

式(2)令 $\sin\theta=0$，也能得到上述结果. 说明式(2)也适用于 $\theta=0$ 的情况.

2.3.8　一有方向的直线 L，其方向余弦为 l、m、n，且通过点 $(a,\ b,\ c)$.求在 xy 平面上通过原点与 x 轴夹角为 α、与 y 轴夹角为 $\dfrac{\pi}{2}-\alpha$ 的单位矢量对有向直线 L 的矩.

解　这个单位矢量为 $\cos\alpha\boldsymbol{i}+\sin\alpha\boldsymbol{j}$，通过原点，它对点 $(a,\ b,\ c)$ 的位矢为 $-(a\boldsymbol{i}+b\boldsymbol{j}+c\boldsymbol{k})$.

单位矢量对点 $(a,\ b,\ c)$ 的矩为

$$\boldsymbol{M}=-(a\boldsymbol{i}+b\boldsymbol{j}+c\boldsymbol{k})\times(\cos\alpha\boldsymbol{i}+\sin\alpha\boldsymbol{j})$$

单位矢量对有向直线 L 的矩为

$$\begin{aligned}M_L&=\boldsymbol{M}\cdot(l\boldsymbol{i}+m\boldsymbol{j}+n\boldsymbol{k})\\&=\left[-(a\boldsymbol{i}+b\boldsymbol{j}+c\boldsymbol{k})\times(\cos\alpha\boldsymbol{i}+\sin\alpha\boldsymbol{j})\right]\cdot(l\boldsymbol{i}+m\boldsymbol{j}+n\boldsymbol{k})\\&=(cl-an)\sin\alpha+(bn-cm)\cos\alpha\end{aligned}$$

2.3.9　(1)如果加给 n 个质点的所有力的矢量和等于零，证明：加给这 n 个质点的力矩之矢量和与计算它的参考点(矩心)无关；

(2)如果 n 个质点的动量之矢量和等于零，证明：这 n 个质点的角动量之矢量和与计算它的参考点(矩心)无关.

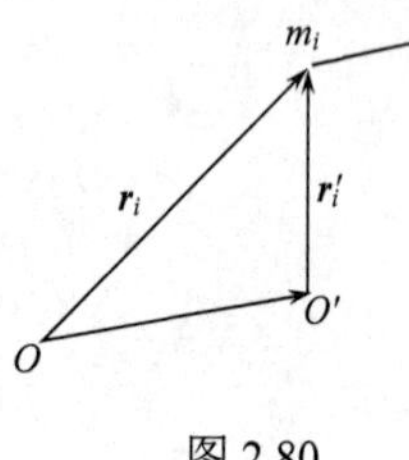

图 2.80

证明　(1)考虑加给 n 个质点对任意点 O' 的力矩，O' 点对原点 O 的位矢为 $\overrightarrow{OO'}$，m_i 对 O' 点的位矢 $\boldsymbol{r}_i'=-\overrightarrow{OO'}+\boldsymbol{r}_i$，如图 2.80 所示.

$$\boldsymbol{M}_{O'}=\sum_{i=1}^{n}\boldsymbol{r}_i'\times\boldsymbol{F}_i=\sum_{i=1}^{n}\left(-\overrightarrow{OO'}+\boldsymbol{r}_i\right)\times\boldsymbol{F}_i$$
$$=-\sum_{i=1}^{n}\overrightarrow{OO'}\times\boldsymbol{F}_i+\sum_{i=1}^{n}\boldsymbol{r}_i\times\boldsymbol{F}_i$$
$$=-\overrightarrow{OO'}\times\sum_{i=1}^{n}\boldsymbol{F}_i+\boldsymbol{M}_O=\boldsymbol{M}_O$$

对任意点的力矩都等于对原点的力矩.

(2)将(1)的证明中的$\boldsymbol{F}_i$改成$m_i\boldsymbol{v}_i$，$\boldsymbol{M}_{O'}$改成$\boldsymbol{J}_{O'}$，即能得到$\boldsymbol{J}_{O'}=\boldsymbol{J}_O$.

2.3.10　一个质点在重力作用下，沿一个对竖直轴对称的光滑旋转面上运动. 用柱坐标表示的该旋转面的方程为$\rho=f(z)$.如质点在高度z_1处，速度是水平的、大小为v_1，在高度z_2处，速度再次是水平的、大小为v_2.求v_1、v_2，把它们写成z_1、z_2的函数.

解　用机械能守恒和对z轴的角动量守恒，

$$\frac{1}{2}mv_1^2+mgz_1=\frac{1}{2}mv_2^2+mgz_2 \tag{1}$$

$$m\rho_1v_1=m\rho_2v_2$$

即

$$mf(z_1)v_1=mf(z_2)v_2 \tag{2}$$

$$v_2=\frac{f(z_1)}{f(z_2)}v_1 \tag{3}$$

将式(3)代入式(1)，得

$$v_1^2=\frac{2gf^2(z_2)(z_1-z_2)}{f^2(z_1)-f^2(z_2)}$$

$$v_2^2=\frac{2gf^2(z_1)(z_1-z_2)}{f^2(z_1)-f^2(z_2)}$$

2.3.11　一个原长为a、弹性模量为λ的弹性绳一端固定在一个光滑水平面上的固定点O，另一端系一个质量为m的质点，原先在平面上处于静止，突然给质点施加一个大小为v、方向垂直于绳的速度，以后运动中，绳被拉伸到最大长度$3a$.求质点的初速度v.

解　弹性绳的劲度系数$=\dfrac{\text{弹性模量}}{\text{原长}}$，即$k=\dfrac{\lambda}{a}$.

设绳被拉伸到最大长度时，质点的速度为v_1，方向与绳垂直，由机械能守恒和对O点的角动量守恒.

$$\frac{1}{2}mv_1^2+\frac{1}{2}\frac{\lambda}{a}(3a-a)^2=\frac{1}{2}mv^2$$

$$3av_1=av$$

可解出

$$v=\sqrt{\frac{9\lambda a}{2m}}$$

2.3.12 质量为m、带电量为e的点电荷，在强度为g的磁单极子场中运动，磁单极子可以看成无限重、位于原点，点电荷受磁单极子的作用力为$-ge\dfrac{\dot{\boldsymbol{r}}\times\boldsymbol{r}}{r^3}$，不计重力.

(1) 证明动能$T=\dfrac{1}{2}m\dot{\boldsymbol{r}}\cdot\dot{\boldsymbol{r}}$是运动积分；

(2) 证明$\boldsymbol{L}=\boldsymbol{J}+\dfrac{eg}{r}\boldsymbol{r}$是运动积分，其中$\boldsymbol{J}=\boldsymbol{r}\times m\dot{\boldsymbol{r}}$；

(3) 利用上述$\boldsymbol{L}$是运动积分，证明这个带电粒子的运动轨道在一个半顶角为α的圆锥面上，$\boldsymbol{L}$是该圆锥的对称轴，α满足$\cos\alpha=\dfrac{eg}{|\boldsymbol{L}|}$.

提示：考虑$\boldsymbol{r}\cdot\boldsymbol{L}$.

证明 (1)

$$m\ddot{\boldsymbol{r}}=-ge\frac{\dot{\boldsymbol{r}}\times\boldsymbol{r}}{r^3}$$

$$\frac{\mathrm{d}T}{\mathrm{d}t}=\frac{\mathrm{d}}{\mathrm{d}t}\left(\frac{1}{2}m\dot{\boldsymbol{r}}\cdot\dot{\boldsymbol{r}}\right)=m\dot{\boldsymbol{r}}\cdot\ddot{\boldsymbol{r}}=\dot{\boldsymbol{r}}\cdot m\ddot{\boldsymbol{r}}$$

$$=\dot{\boldsymbol{r}}\cdot\left(-ge\frac{\dot{\boldsymbol{r}}\times\boldsymbol{r}}{r^3}\right)=-ge\frac{\boldsymbol{r}\cdot(\dot{\boldsymbol{r}}\times\dot{\boldsymbol{r}})}{r^3}=0$$

上式积分，$T=\dfrac{1}{2}m(\dot{\boldsymbol{r}}\cdot\dot{\boldsymbol{r}})=$常量.

(2)

$$\frac{\mathrm{d}\boldsymbol{L}}{\mathrm{d}t}=\frac{\mathrm{d}}{\mathrm{d}t}\left(\boldsymbol{r}\times m\dot{\boldsymbol{r}}+\frac{eg}{r}\boldsymbol{r}\right)$$

$$=\dot{\boldsymbol{r}}\times m\dot{\boldsymbol{r}}+\boldsymbol{r}\times m\ddot{\boldsymbol{r}}+eg\frac{\mathrm{d}}{\mathrm{d}t}\frac{\boldsymbol{r}}{r}$$

$$=\boldsymbol{r}\times\left(-ge\frac{\dot{\boldsymbol{r}}\times\boldsymbol{r}}{r^3}\right)+eg\left(\frac{\dot{\boldsymbol{r}}}{r}-\frac{1}{r^2}\dot{r}\boldsymbol{r}\right)$$

$$=-ge\left[\frac{\dot{\boldsymbol{r}}(\boldsymbol{r}\cdot\boldsymbol{r})-\boldsymbol{r}(\boldsymbol{r}\cdot\dot{\boldsymbol{r}})}{r^3}\right]+eg\left(\frac{\dot{\boldsymbol{r}}}{r}-\frac{\dot{r}\boldsymbol{r}}{r^2}\right)$$

$$=-ge\left(\frac{\dot{\boldsymbol{r}}}{r}-\frac{r\dot{r}\boldsymbol{r}}{r^3}\right)+eg\left(\frac{\dot{\boldsymbol{r}}}{r}-\frac{\dot{r}\boldsymbol{r}}{r^2}\right)=0$$

其中用了$\boldsymbol{A}\times(\boldsymbol{B}\times\boldsymbol{C})=\boldsymbol{B}(\boldsymbol{A}\cdot\boldsymbol{C})-\boldsymbol{C}(\boldsymbol{A}\cdot\boldsymbol{B})$.

$$\boldsymbol{r}\cdot\dot{\boldsymbol{r}}=\frac{1}{2}(\boldsymbol{r}\cdot\dot{\boldsymbol{r}}+\dot{\boldsymbol{r}}\cdot\boldsymbol{r})=\frac{1}{2}\frac{\mathrm{d}}{\mathrm{d}t}(\boldsymbol{r}\cdot\boldsymbol{r})=\frac{1}{2}\frac{\mathrm{d}r^2}{\mathrm{d}t}=r\dot{r}$$

所以

$$\boldsymbol{L}=\boldsymbol{J}+eg\frac{\boldsymbol{r}}{r}=\text{常矢量}$$

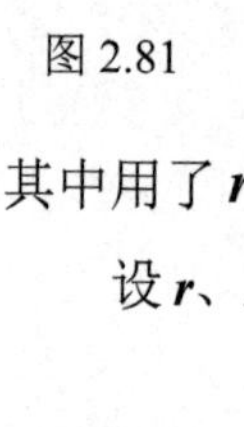

图 2.81

(3)

$$\boldsymbol{r}\cdot\boldsymbol{L}=\boldsymbol{r}\cdot\left(\boldsymbol{J}+\frac{eg}{r}\boldsymbol{r}\right)=egr \tag{1}$$

其中用了$\boldsymbol{r}\cdot\boldsymbol{J}=\boldsymbol{r}\cdot(\boldsymbol{r}\times m\dot{\boldsymbol{r}})=0$.

设$\boldsymbol{r}$、$\boldsymbol{L}$的夹角为α，如图 2.81 所示，

$$\boldsymbol{r}\cdot\boldsymbol{L}=r|\boldsymbol{L}|\cos\alpha \tag{2}$$

将式(1)代入式(2)，

$$\cos\alpha=\frac{egr}{r|\boldsymbol{L}|}=\frac{eg}{|\boldsymbol{L}|}=\text{常量}$$

$$\alpha=\arccos\frac{eg}{|\boldsymbol{L}|}=\text{常量}$$

由图可见，点电荷的运动轨道在 $\boldsymbol{L}$ 为对称轴、半顶角为 $\alpha\left(=\arccos\dfrac{eg}{|\boldsymbol{L}|}\right)$ 的圆锥面上.

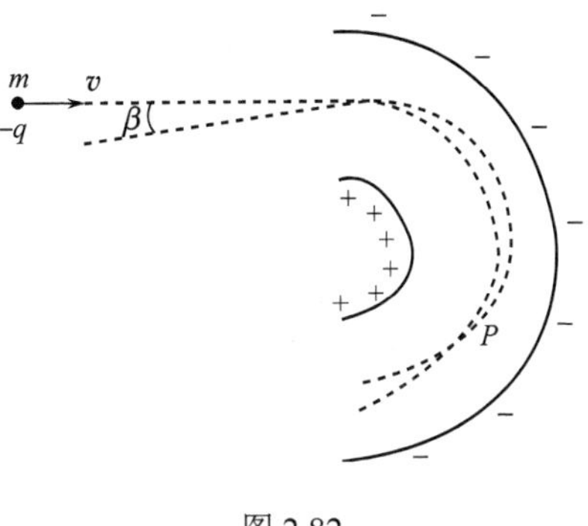

图 2.82

2.3.13　两个同轴的长半圆筒，其截面如图 2.82 所示，分别带正、负电，使其间电场为 $\boldsymbol{E}=\dfrac{k}{r}\boldsymbol{e}_r$，($k$ 为常量)，一质量为 m、带电 $-q(q>0)$ 的粒子，从左方以垂直半圆筒的轴和垂直半径方向的速度 $\boldsymbol{v}$ 进入两极之间，如图 2.82 所示. 粒子将在图平面内运动.

(1) 如果粒子在两极间沿圆轨道运动，其轨道半径 r 多大?

(2) 假定粒子进入场区时，离轴的距离 r 与速度 $\boldsymbol{v}$ 的大小均与(1)中相同，但 $\boldsymbol{v}$ 的方向偏离一个小角 β.新轨道与(1)中的轨道将再次相交于 P 点，P 点的位置与 β 无关，求出 P 点的位置(粒子进入场区时仍没有轴向的分速度，仍在图平面内运动).

(3) 如果把电场改为平行于半圆筒轴的均匀磁场，粒子沿圆轨道运动，轨道半径 r 多大?

解　用平面极坐标，原点取在粒子运动平面(图平面)与两半圆筒的轴的交点.

(1)
$$m\frac{v^2}{r}=qE=\frac{qk}{r}$$

$$v^2=\frac{qk}{m}$$

可见，只要速度满足上式的关系，则它能以入射时的任意半径在两极间做圆周运动.

(2) 对于有 β 角偏离的新轨道，粒子进入场区后，由能量守恒，

$$\frac{1}{2}m\left(\dot{r}^2+r^2\dot{\varphi}^2\right)+qk\ln\frac{r}{r_0}=\frac{1}{2}mv^2 \tag{1}$$

其中 $qk\ln\dfrac{r}{r_0}$ 是带电粒子的电势能，取 $r=r_0$ 处为势能零点.

$$V(r)=-\int_{r_0}^{r}(-q)\frac{k}{r}\mathrm{d}r=qk\ln\frac{r}{r_0}$$

角动量守恒关系

$$mr^2\dot{\varphi}=mr_0v\cos\beta\approx mr_0v \tag{2}$$

β 很小，$\cos\beta \approx 1-\frac{1}{2}\beta^2+\cdots$，略去二级及二级以上小量，$\cos\beta \approx 1$，并有

$$r = r_0 + \delta r$$

$$\dot{\varphi} = \frac{r_0 v}{r^2} = \frac{v}{r_0}\frac{1}{\left(1+\frac{\delta r}{r_0}\right)^2}$$

$$\dot{\varphi}^2 = \left(\frac{v}{r_0}\right)^2\left(1+\frac{\delta r}{r_0}\right)^{-4} = \left(\frac{v}{r_0}\right)^2\left[1-4\frac{\delta r}{r_0}+10\left(\frac{\delta r}{r_0}\right)^2\right]$$

$$\ln\frac{r}{r_0} = \ln\left(1+\frac{\delta r}{r_0}\right) = \frac{\delta r}{r_0}-\frac{1}{2}\left(\frac{\delta r}{r_0}\right)^2$$

在写 $\dot{\varphi}^2$、$\ln\frac{r}{r_0}$ 的近似式时均保留到二级小量，因为将它们代入到式(1)中时，一级小量项为零.

代入式(1)，整理后得

$$\frac{1}{2}m\left(\frac{\mathrm{d}\delta r}{\mathrm{d}t}\right)^2+\left(\frac{3}{2}\cdot\frac{mv^2}{r_0^2}-\frac{qk}{2r_0^2}\right)(\delta r)^2+\left(\frac{qk}{r_0}-\frac{mv^2}{r_0}\right)\delta r = 0$$

用上问得到关系 $v^2=\frac{qk}{m}$，上式简化为

$$\frac{1}{2}\left(\frac{\mathrm{d}\delta r}{\mathrm{d}t}\right)^2+\left(\frac{v}{r_0}\right)^2(\delta r)^2 = 0$$

两边对 t 求导，

$$\frac{\mathrm{d}^2\delta r}{\mathrm{d}t^2}+2\left(\frac{v}{r_0}\right)^2\delta r = 0$$

其解为

$$\delta r = A\sin\left(\frac{\sqrt{2}v}{r_0}t+\alpha\right)$$

由初始条件：$r(0)=r_0, \dot{r}(0)=v\sin\beta$, 或 $t=0$ 时，$\delta r=0, \frac{\mathrm{d}}{\mathrm{d}t}\delta r = v\sin\beta$ 定出 $\alpha=0$, $A=\frac{r_0}{\sqrt{2}}\sin\beta$,

$$\delta r = \frac{r_0}{\sqrt{2}}\sin\beta\sin\left(\frac{\sqrt{2}v}{r_0}t\right)$$

当 $\delta r=0$ 时，新轨道与(1)问的圆周轨道相交. 交于 P 点的时间 t 由下式给出：

$$\frac{\sqrt{2}v}{r_0}t = \pi, \quad t = \frac{\pi}{\sqrt{2}}\frac{r_0}{v}$$

下面求 P 点的位置，需求出 $\varphi(t)$，

$$\dot{\varphi}=\frac{r_0 v}{r^2}=\frac{v}{r_0}\left(1+\frac{\delta r}{r_0}\right)^{-2}=\frac{v}{r_0}\left(1-2\frac{\delta r}{r_0}\right)$$
$$=\frac{v}{r_0}\left[1-\sqrt{2}\sin\beta\sin\left(\frac{\sqrt{2}v}{r_0}t\right)\right]$$

积分上式，注意 $t=0$ 时 $\varphi=0$，

$$\varphi=\frac{v}{r_0}t+\sin\beta\left[\cos\left(\frac{\sqrt{2}v}{r_0}t\right)-1\right]$$

P 点的角位置为

$$\varphi(P)=\frac{v}{r_0}\cdot\frac{\pi}{\sqrt{2}}\frac{r_0}{v}-2\sin\beta\approx\frac{\pi}{\sqrt{2}}$$

基本上与 β 无关. P 点的位置为 $\left(r_0,\dfrac{\pi}{\sqrt{2}}\right)$.

(3) 如用平行于半圆筒轴的均匀磁场代替电场，均匀磁场 $\boldsymbol{B}$ 的方向必须垂直图平面向下，

$$\frac{mv^2}{r}=qvB$$

圆轨道的半径将为

$$r=\frac{mv}{qB}$$

这个半径 r 不一定是 (1) 问中以原点为圆心的. 要和 (1) 问一样以原点为圆心，则 m、v、q 和 B 和进入场区时的 r 必须满足上述关系.

2.3.14　证明：在两个质量为 m_1、m_2 的质点按库仑定律相互作用的问题中，矢量 $\boldsymbol{L}=\boldsymbol{V}\times\boldsymbol{J}+\dfrac{a\boldsymbol{r}}{r}$ 是运动积分，其中 $\boldsymbol{V}$ 是相对速度，$\boldsymbol{r}$ 是相对位矢，$\boldsymbol{J}=\mu(\boldsymbol{r}\times\boldsymbol{V})$ 是与相对运动相联系的角动量，a 是库仑定律中的常系数，$\mu=\dfrac{m_1m_2}{m_1+m_2}$.

提示：要考虑质点 2 相对于质点 1 的运动.

证明　粒子 1、2 运动的牛顿方程

$$m_1\ddot{\boldsymbol{r}}_1=-\boldsymbol{f}(r)$$
$$m_2\ddot{\boldsymbol{r}}_2=\boldsymbol{f}(r)=\frac{a}{r^3}\boldsymbol{r}$$

其中 $\boldsymbol{r}=\boldsymbol{r}_2-\boldsymbol{r}_1$，

$$m_1m_2(\ddot{\boldsymbol{r}}_2-\ddot{\boldsymbol{r}}_1)=(m_1+m_2)\boldsymbol{f}(r)$$

则可得

$$\mu\ddot{\boldsymbol{r}}=\boldsymbol{f}(r)=\frac{a}{r^3}\boldsymbol{r}$$

其中 $\mu = \dfrac{m_1 m_2}{m_1 + m_2}$，

$$\frac{\mathrm{d}}{\mathrm{d}t}(\boldsymbol{V} \times \boldsymbol{J}) = \dot{\boldsymbol{V}} \times \boldsymbol{J} + \boldsymbol{V} \times \dot{\boldsymbol{J}}$$

$$\boldsymbol{J} = \mu(\boldsymbol{r} \times \boldsymbol{V})$$

$$\begin{aligned}\dot{\boldsymbol{J}} &= \mu(\dot{\boldsymbol{r}} \times \boldsymbol{V}) + \mu(\boldsymbol{r} \times \dot{\boldsymbol{V}}) = \mu(\boldsymbol{V} \times \boldsymbol{V}) + \mu \boldsymbol{r} \times \ddot{\boldsymbol{r}} \\ &= \boldsymbol{r} \times \frac{a}{r^3}\boldsymbol{r} = 0\end{aligned}$$

$$\begin{aligned}\frac{\mathrm{d}}{\mathrm{d}t}(\boldsymbol{V} \times \boldsymbol{J}) &= \dot{\boldsymbol{V}} \times \boldsymbol{J} = \ddot{\boldsymbol{r}} \times \mu(\boldsymbol{r} \times \dot{\boldsymbol{r}}) \\ &= \frac{a}{\mu r^3}\boldsymbol{r} \times \mu(\boldsymbol{r} \times \dot{\boldsymbol{r}}) = \frac{a}{r^3}\left[(\boldsymbol{r} \cdot \dot{\boldsymbol{r}})\boldsymbol{r} - r^2 \dot{\boldsymbol{r}}\right]\end{aligned}$$

因为

$$\boldsymbol{r} \cdot \dot{\boldsymbol{r}} = \frac{1}{2}\frac{\mathrm{d}}{\mathrm{d}t}(\boldsymbol{r} \cdot \boldsymbol{r}) = \frac{1}{2}\frac{\mathrm{d}r^2}{\mathrm{d}t} = r\dot{r}$$

所以

$$\frac{\mathrm{d}}{\mathrm{d}t}(\boldsymbol{V} \times \boldsymbol{J}) = \frac{a}{r^3}(r\dot{r}\boldsymbol{r} - r^2 \dot{\boldsymbol{r}}) = -a\left(\frac{\dot{\boldsymbol{r}}}{r} - \frac{\dot{r}}{r^2}\boldsymbol{r}\right)$$

$$\frac{\mathrm{d}}{\mathrm{d}t}\left(\boldsymbol{V} \times \boldsymbol{J} + \frac{a\boldsymbol{r}}{r}\right) = -a\left(\frac{\dot{\boldsymbol{r}}}{r} - \frac{\dot{r}}{r^2}\boldsymbol{r}\right) + a\left(\frac{\dot{\boldsymbol{r}}}{r} - \frac{\dot{r}}{r^2}\boldsymbol{r}\right) = 0$$

因此

$$\boldsymbol{V} \times \boldsymbol{J} + \frac{a\boldsymbol{r}}{r} = \text{常矢量}$$

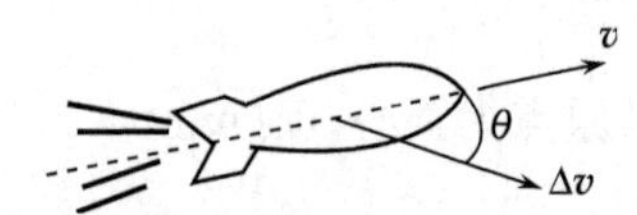

图 2.83

2.3.15　一宇宙飞船围绕质量为 M 的恒星作半径为 r_0 的圆周运动，宇宙飞船的火箭可以迅速点燃，使飞船速度瞬时改变 $\Delta\boldsymbol{v}$，点燃的方位用飞船的速度 $\boldsymbol{v}$ 和 $\Delta\boldsymbol{v}$ 之间的夹角来说明，如图 2.83 所示，为了保存燃料，在连续 N 次发射中，希望 $\Delta v = \sum\limits_{i=1}^{N}|\Delta v_i|$ 减至最小，称 $\Delta\boldsymbol{v}$ 为比冲量.

(1) 假如我们要利用飞船的火箭逃离这个恒星，且只点燃一次，需要的最小的比冲量多大?在什么方位点燃?

(2) 假如我们要在半径为 $r_1(>r_0)$ 的圆轨道上视察一颗行星，让火箭再次点燃，达到该行星轨道所需的最小比冲量多大?

(3) 假如我们要用飞船的火箭使它撞上恒星(假定恒星的半径可以忽略)，对下列两种点火策略计算最小比冲量：(a) 在 $\theta = 180°$ 一次迅速点燃；(b) 在 $\theta = 0°$ 一次快速点燃，然后在晚些时候在 $\theta = 180°$ 第二次点燃，为使总的比冲量最小，选择第二次点火的时间和每次突发的强度.

解　(1) 设 v_0 是飞船作半径为 r_0 的圆周运动时的速率，$v_{0\mathrm{e}}$ 是从这轨道逃离的速度，则

$$\frac{mv_0^2}{r_0}=\frac{GMm}{r_0^2},\quad \frac{1}{2}mv_{0e}^2-\frac{GMm}{r_0}=0$$

得

$$v_0=\sqrt{\frac{GM}{r_0}},\quad v_{0e}=\sqrt{\frac{2GM}{r_0}}$$

因为

$$v_{0e}=v_0+|\Delta \boldsymbol{v}|\cos\theta=v_0+\Delta V\cos\theta$$

$$\Delta V=\frac{v_{0e}-v_0}{\cos\theta}$$

当 $\theta=0°$ 时，所需的比冲量 Δv 最小，

$$\Delta V=v_{0e}-v_0=\sqrt{\frac{GM}{r_0}}\left(\sqrt{2}-1\right)$$

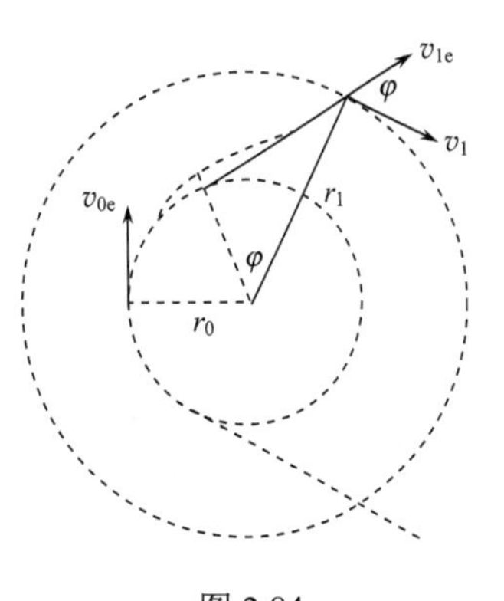

图 2.84

(2) 在第一次点燃后，飞船从围绕恒星的圆轨道沿抛物线轨道逃离，当飞船到达该行星的圆轨道 $r=r_1$ 时，再次迅速点燃，如图 2.84 所示.

飞船沿半径为 r_1 的圆轨道运动时，应有速率

$$v_1=\sqrt{\frac{GM}{r_1}}$$

设 v_{1e} 为飞船到达 $r=r_1$ 第二次引爆前的速率. 由角动量守恒，

$$v_{0e}r_0=v_{1e}r_1\cos\varphi \quad 或 \quad v_{1e}\cos\varphi=\frac{r_0}{r_1}v_{0e}$$

由机械能守恒，有

$$\frac{1}{2}mv_{1e}^2-\frac{GMm}{r_1}=\frac{1}{2}mv_{0e}^2-\frac{GMm}{r_0}=0$$

$$v_{1e}=\sqrt{\frac{2GM}{r_1}}$$

所需的最小比冲量为

$$\Delta v=|\boldsymbol{v}_1-\boldsymbol{v}_{1e}|$$

$$\begin{aligned}(\Delta v)^2&=v_{1e}^2+v_1^2-2v_{1e}v_1\cos\varphi\\&=\frac{2GM}{r_1}+\frac{GM}{r_1}-2\frac{r_0}{r_1}\sqrt{\frac{2GM}{r_0}}\cdot\sqrt{\frac{GM}{r_1}}\\&=\frac{GM}{r_1}\left(3-2\sqrt{\frac{2r_0}{r_1}}\right)\end{aligned}$$

所以

$$\Delta v=\sqrt{\frac{GM}{r_1}\left(3-2\sqrt{\frac{2r_0}{r_1}}\right)}$$

(3)分别考虑两种点火策略.

(a)在$\theta=180°$一次点燃，因飞船原作$r=r_0$的圆轨道运动，恒星的半径又可忽略，只有角动量为零时才能到达$r=0$，撞上恒星，因此必须使飞船的速率$v'=0$，

$$v'=v_0+\Delta v\cos 180°=0$$

$$\Delta v=v_0=\sqrt{\frac{GM}{r_0}}$$

(b)如第一次在$\theta=0°$方位引爆使飞船获得逃逸速度$v_{0e}=\sqrt{\frac{2GM}{r_0}}$，即$\Delta v_1=v_{0e}-v_0=\sqrt{\frac{GM}{r_0}}\left(\sqrt{2}-1\right)$，它能从轨道逃逸.由机械能守恒，飞船的速率$v$与它离恒星的距离$r$有下列关系：

$$\frac{1}{2}mv^2-\frac{GMm}{r}=\frac{1}{2}mv_{0e}^2-\frac{GMm}{r_0}=0$$

为使第二次点燃的Δv_2尽可能小，显然，当$r\to\infty, v\to 0$时在$\theta=180°$方位第二次点燃，使飞船朝恒星转向，所需的$\Delta v_2\approx 0$，总的比冲量为

$$\Delta v\approx\Delta v_1=\sqrt{\frac{GM}{r_0}}\left(\sqrt{2}-1\right)$$

下面说明这样的比冲量是最小的.

假定第一次在$\theta=0°$方位的发射

$$\Delta v_1<v_{0e}-v_0$$

则飞船将沿椭圆轨道运动，为了使第二次在$\theta=180°$的点燃Δv_2最小，根据角动量守恒定律应在飞船抵达远星点(此时速率最小)进行第二次点燃.

在第一次点燃后，由机械能守恒和角动量守恒，设v_2是在近星点或远星点飞船的速率.

$$\frac{1}{2}mv_2^2-\frac{GMm}{r_2}=\frac{1}{2}m\left(v_0+\Delta v_1\right)^2-\frac{GMm}{r_0}$$

$$mr_2v_2=mr_0\left(v_0+\Delta v_1\right)$$

两式中消去r_2，可得

$$v_2^2-\frac{2GM}{r_0\left(v_0+\Delta v_1\right)}v_2+\frac{2GM}{r_0}-\left(v_0+\Delta v_1\right)^2=0$$

解得

$$v_2=\frac{GM}{r_0\left(v_0+\Delta v_1\right)}\pm\left[\frac{GM}{r_0\left(v_0+\Delta v_1\right)}-\left(v_0+\Delta v_1\right)\right]$$

因

$$\left(v_0+\Delta v_1\right)^2>v_0^2=\frac{GM}{r_0}, \frac{GM}{r_0\left(v_0+\Delta v_1\right)}-\left(v_0+\Delta v_1\right)<0$$

在远星点，取 v_2 的较小的解，

$$v_2=\frac{GM}{r_0\left(v_0+\Delta v_1\right)}+\frac{GM}{r_0\left(v_0+\Delta v_1\right)}-\left(v_0+\Delta v_1\right)$$
$$=\frac{2GM}{r_0\left(v_0+\Delta v_1\right)}-\left(v_0+\Delta v_1\right)$$

第二次在 $\theta=180°$ 方位点燃的结果必须使飞船的速率等于零，才能落向恒星，

$$v_2+\Delta v_2\cos180°=0$$
$$\Delta v_2=v_2=\frac{2GM}{r_0\left(v_0+\Delta v_1\right)}-\left(v_0+\Delta v_1\right)$$

总的比冲量

$$\Delta v=\Delta v_1+\Delta v_2=\frac{2GM}{r_0\left(v_0+\Delta v_1\right)}-v_0$$

下面证明

$$v_{0\mathrm{e}}-v_0<\frac{2GM}{r_0\left(v_0+\Delta v_1\right)}-v_0$$

因

$$\Delta v_1<v_{0\mathrm{e}}-v_0$$
$$\frac{2GM}{r_0\left(v_0+\Delta v_1\right)}>\frac{2GM}{r_0\left(v_0+v_{0\mathrm{e}}-v_0\right)}=\frac{2GM}{r_0v_{0\mathrm{e}}}=\frac{v_{0\mathrm{e}}^2}{v_{0\mathrm{e}}}=v_{0\mathrm{e}}$$

故

$$v_{0\mathrm{e}}-v_0<\frac{2GM}{r_0\left(v_0+\Delta v_1\right)}-v_0$$

因此，为使总比冲量最小，第一次引爆的强度应为 $\Delta v_1=\sqrt{\frac{GM}{r_0}}\left(\sqrt{2}-1\right)$，然后经无限长时间后进行 $\Delta v_2\approx0$ 的第二次引爆.

补充说明：(2)问的回答未对比冲量是否最小的问题加以论证，这里补充说明一下.显然，飞船在沿抛物线运行途中不是在到达 $r=r_1$ 时再次点燃火箭，而是在此之前或之后点燃，使之达 $r=r_1$ 后又一次点燃，使飞船的运动轨道变成半径为 r_1 的圆轨道都不可能有更小的总比冲量. 可以一比的是当沿抛物线轨道，在 $r\to\infty, v\to0$ 时，给一个 $\Delta \boldsymbol{v}_1\approx0$ 的比冲量，使之落向恒星，在 $r=r_1$ 时再给 $\Delta\boldsymbol{v}_2$，使它获得在 $r=r_1$ 做圆周运动的速度. 这 $\Delta v\approx\Delta v_2$ 也是大于 $\sqrt{\frac{GM}{r_1}\left(3-2\sqrt{\frac{2r_0}{r_1}}\right)}$ 的，因由机械能守恒知，从无穷远落到 $r=r_1$ 处的速率也是 $v_{1\mathrm{e}}$，但它与 $\boldsymbol{v}_1$ 的夹角为 90°，我们用的方案 $\varphi<90°$，因而我们用的比冲量小.

2.4　碰　　撞

2.4.1　如图 2.85 所示，一质量为 m 的子弹射入置于光滑水平面上质量为 M 并与劲

度系数为k的轻弹簧连着的木块后使弹簧最大压缩了L，求子弹射入前的速度v_0.

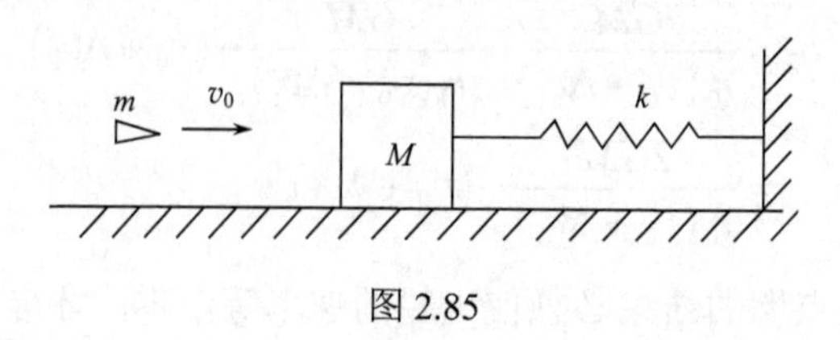

图 2.85

解　子弹射入木块到相对木块静止的过程是一个完全非弹性碰撞，时间极短，木块获得了速度，尚未位移，因而弹簧尚未压缩. 此时木块和子弹有共同的速度v_1，由动量守恒，

$$(m+M)v_1 = mv_0$$

此后，弹簧开始压缩，直到最大压缩，由机械能守恒，

$$\frac{1}{2}(m+M)v_1^2 = \frac{1}{2}kL^2$$

由两式消去v_1，解出v_0得

$$v_0 = \frac{L}{m}\sqrt{k(m+M)}$$

2.4.2　质量为m、速度为v的子弹射向质量为M的靶，靶中开有一孔，孔内装了一个劲度系数为k的弹簧，如图 2.86 所示. 靶在初始时刻处于静止状态，能在无摩擦的水平面上滑动. 求子弹射入靶后弹簧的最大压缩距离Δx.

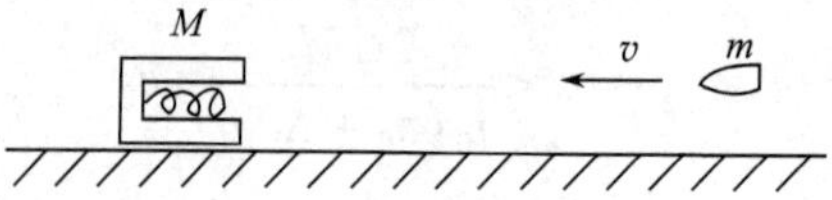

图 2.86

解　整个过程机械能都是守恒的，弹簧最大压缩时，子弹和靶有相同的速度，整个过程，m、M系统动量也是守恒的. 设弹簧最大压缩时，子弹和靶的相同速度为V，则

$$mv = (m+M)V$$

$$\frac{1}{2}mv^2 = \frac{1}{2}mV^2 + \frac{1}{2}MV^2 + \frac{1}{2}k(\Delta x)^2$$

消去两式中的V，解得

$$\Delta x = \sqrt{\frac{mM}{k(m+M)}}v$$

2.4.3　一辆质量为m的车以速度v驶向另一辆原来静止的质量为$3m$的车，在两车正碰时弹簧被压缩，如图 2.87 所示.

(1)若机械能是守恒的，那么在弹簧压缩最大的瞬间，质量为$3m$的那辆车的速度多大?

(2)若机械能不守恒的话，结果是否不一样?

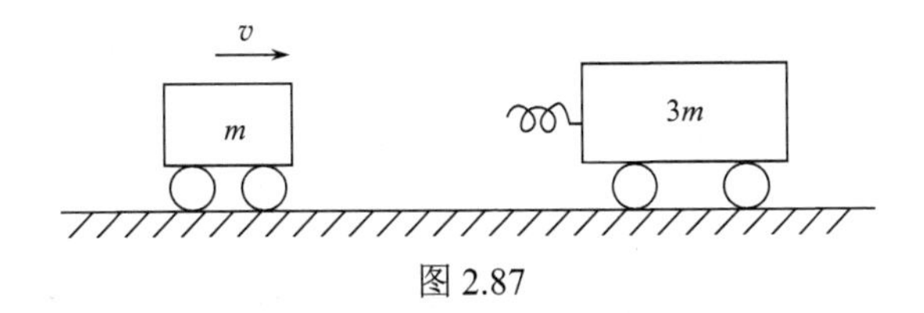

图 2.87

(3) 若机械能守恒，经过较长的一段时间后，较重的车的末速度多大？

(4) 对于完全非弹性碰撞的情形，较重的车的末速度多大？

解　(1) 弹簧处于最大压缩时，两车的速度相同，设为V，由两车的总动量守恒，有

$$(m+3m)V=mv$$

故重车的速度

$$V=\frac{1}{4}v$$

(2) 若机械能不守恒，上述结果不变，因为两车的总动量仍然守恒.

(3) 由机械能守恒和动量守恒，

$$\frac{1}{2}mv_1^2+\frac{1}{2}(3m)v_2^2=\frac{1}{2}mv^2$$

$$mv_1+3mv_2=mv$$

其中v_1、v_2分别是轻、重两车的末速度，均规定向右为正，可求出

$$v_1=-\frac{1}{2}v,\quad v_2=\frac{1}{2}v$$

(4) 若碰撞是完全非弹性的，两车有相同的末速度，由动量守恒，末速度为$\frac{1}{4}v$.

2.4.4　两个钢球，下面一个的半径为$2a$，上面一个的半径为a，从钢平面上高度h（测大球球心的高度）处自由下落，如图 2.88 所示. 假定这两个球的球心始终在一条垂直线上，而且所有的碰撞均是弹性的. 那么上面那个球将达到的最大高度多大？

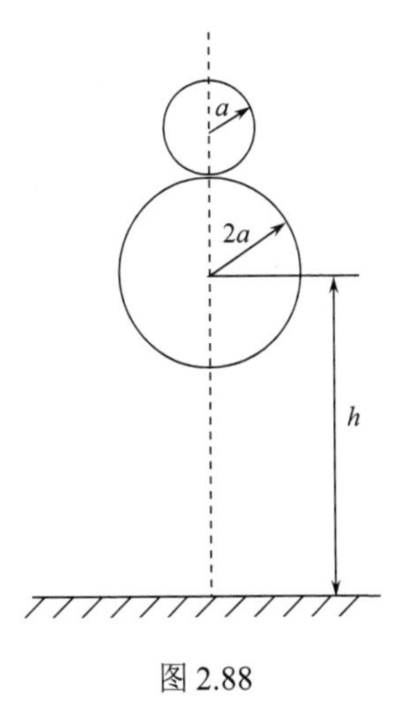

图 2.88

解　在大球碰撞平面以前，两球均自由下落，它们之间未发生碰撞，大球先与钢平面相碰，随后立即与小球发生碰撞，两次碰撞均是弹性的.

两球自由下落结束时，两球有向下的速度，由机械能守恒可得$v_1=v_2=\sqrt{2g(h-2a)}$，脚标 1 表示小球，设质量为m，脚标 2 表示大球，则大球质量为$8m$.

大球与钢平面弹性碰撞后，速度大小不变，方向向上，它是与小球发生弹性碰撞的初速度，规定向上为正，

$$v_{20}=\sqrt{2g(h-2a)}\tag{1}$$

小球与大球发生弹性碰撞的初速度即自由下落时的末速度，规定向上为正，则

$$v_{10} = -\sqrt{2g(h-2a)} \tag{2}$$

设小球、大球碰撞后的末速度分别为v_1'、v_2'，向上为正. 由动量守恒和机械能守恒

$$mv_1' + 8mv_2' = mv_{10} + 8mv_{20} \tag{3}$$

$$\frac{1}{2}mv_1'^2 + \frac{1}{2}(8m)v_2'^2 = \frac{1}{2}mv_{10}^2 + \frac{1}{2}(8m)v_{20}^2 \tag{4}$$

将式(1)、(2)代入式(3)、(4)，可解出

$$v_1' = \frac{23}{9}\sqrt{2g(h-2a)}$$

$$v_2' = \frac{5}{9}\sqrt{2g(h-2a)}$$

碰后小球做初速为v_1'的竖直上抛运动，由机械能守恒可得小球球心将达到的最大高度(由钢平面算起)

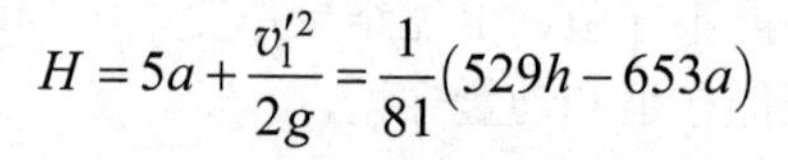

$$H = 5a + \frac{v_1'^2}{2g} = \frac{1}{81}(529h - 653a)$$

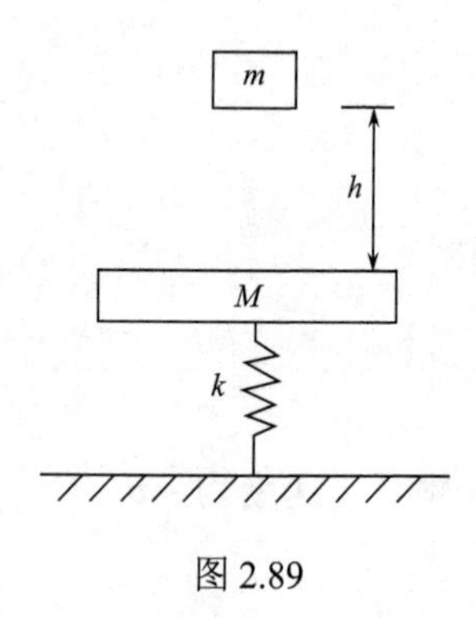

图 2.89

2.4.5　如图 2.89 所示，质量为M的物体连着一个劲度系数为k的轻弹簧，弹簧的另一端固定，原来处于静止状态. 另一质量为m的质点从离物体h的高度自由落下，做完全非弹性碰撞. 证明弹簧对地面的最大压力为

$$(M+m)g + mg\sqrt{1+\frac{2kh}{(M+m)g}}$$

证明　质点刚碰到物体时的速度为$\sqrt{2gh}$.

质点与物体做完全非弹性碰撞，碰后的共同速度v为

$$v = \frac{m}{m+M}\sqrt{2gh}$$

此时，质点、物体和弹簧系统具有的动能为

$$T = \frac{1}{2}(m+M)v^2 = \frac{m^2gh}{m+M}$$

取弹簧为原长时弹簧势能为零，物体在此位置时重力势能为零，则碰撞后系统的势能为

$$V = \frac{1}{2}k\left(\frac{Mg}{k}\right)^2 - (m+M)g\frac{Mg}{k} = -\frac{1}{2k}M(2m+M)g^2$$

系统具有的机械能为

$$E = T + V = \frac{m^2gh}{m+M} - \frac{1}{2k}M(2m+M)g^2$$

弹簧最大压缩或最大伸长时，系统动能为零. 设最大压缩量为$x_{\max}$，由机械能守恒，

$$\frac{1}{2}kx_{\max}^2 - (m+M)gx_{\max} = E$$

即

$$\frac{1}{2}kx_{\max}^2-(m+M)gx_{\max}-\left[\frac{m^2gh}{m+M}-\frac{1}{2k}M(2m+M)g^2\right]=0$$

$$x_{\max}=\frac{1}{k}\left[(m+M)g+\sqrt{(m+M)^2g^2+\frac{2km^2gh}{m+M}-M(2m+M)g^2}\right]$$

$$=\frac{1}{k}\left[(m+M)g+mg\sqrt{1+\frac{2kh}{(m+M)g}}\right]$$

另一个方程的根$\frac{1}{k}\left[(m+M)g-mg\sqrt{1+\frac{2kh}{(m+M)g}}\right]$无意义，首先它不是所要求的$x_{\max}$，因为$x=\frac{1}{k}(m+M)g$是平衡位置时的压缩量，最大压缩自然比它大，另一个根比它小；还要指出的是，另一个根也与弹簧最大伸长量毫无关系，最大伸长量满足的代数方程与最大压缩量满足的方程不同，它们一次方项的系数的正负号相反.

弹簧对地面的最大压力为

$$kx_{\max}=(m+M)g+mg\sqrt{1+\frac{2kh}{(m+M)g}}$$

2.4.6　如图 2.90 所示，一质量为M的车上装有一根杆，用一细绳将质量为μ的球挂在杆上P点，车和球的初速度为v，这辆车撞到另一辆质量为m的原来静止的车上并且和它粘在一起. 若细绳的长度为R，试证明能使球绕P点转圆圈的最小初速度为$v=\left(\frac{m+M}{m}\right)\sqrt{5gR}$，忽略摩擦并假定$M$、$m\gg\mu$.

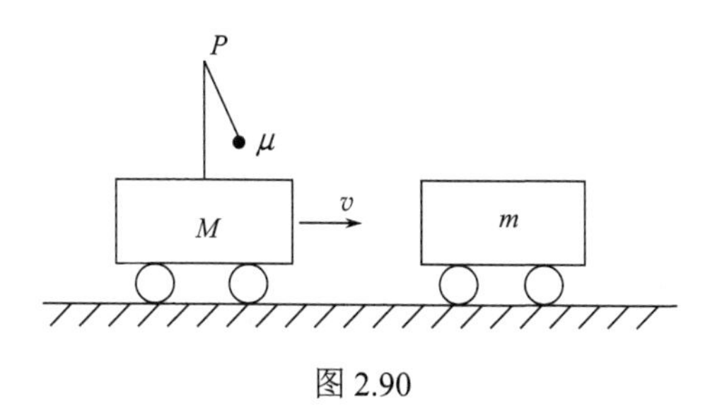

图 2.90

证明　两车相撞后的速度为

$$v'=\frac{M}{M+m}v$$

在静止的车上一个质量为μ的小球要绕P点做半径为R的圆周运动所需的最小水平速度设为v_1，小球到达最高点时的速率设为$v_{\min}$.

$$\frac{1}{2}\mu v_1^2=\frac{1}{2}\mu v_{\min}^2+\mu g(2R)$$

$$\frac{\mu v_{\max}^2}{R}=\mu g.$$

解出

$$v_1=\sqrt{5Rg}$$

今在以速度v'运动的车上，小球相对此车的最小水平速度为v_1.小球刚能绕P点做圆周运动，小球要在对静参考系的速度v在两车碰撞后能刚好绕P点做圆周运动，则应有

$$v-v'=v_1=\sqrt{5Rg}$$

即

$$v-\frac{M}{M+m}v=\sqrt{5Rg}$$

$$v=\frac{m+M}{m}\sqrt{5Rg}$$

2.4.7　如图2.91所示，一个质量为m的小球以入射角θ、速度$\boldsymbol{v}$入射于一个粗糙的地面，小球与地面间的摩擦因数为μ，碰撞恢复系数为e. 试求

(1) 碰撞后小球的速度的大小和反射角θ'，并讨论$\mu=0$、$e=1$的极限情况；

(2) 碰撞过程中小球动能的损失量.

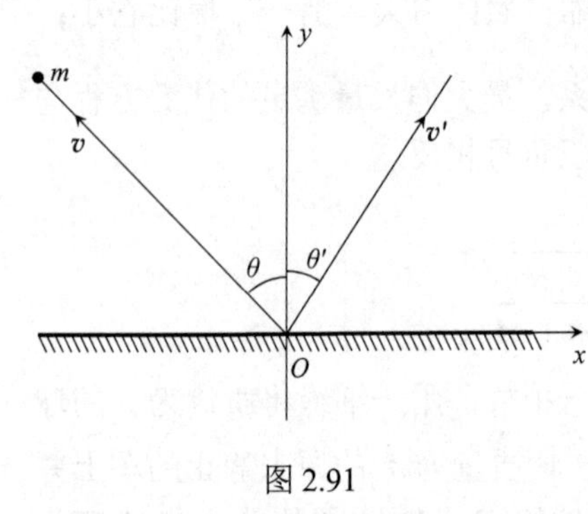

图 2.91

解　(1) 小球与地面发生斜碰时，在y方向受到两个力作用，重力$-mg\boldsymbol{j}$和地面对球的支持力$N\boldsymbol{j}$，在碰撞的瞬间，$N\gg mg$，可以不考虑重力. 在水平方向，小球受到地面给予的摩擦力$-\mu N\boldsymbol{i}$. 在碰撞的瞬间. 小球受到的冲量为

$$\boldsymbol{I}=\int_0^{\Delta t}\left[(-\mu N)\boldsymbol{i}+N\boldsymbol{j}\right]\mathrm{d}t=-\mu Iy\boldsymbol{i}+Iy\boldsymbol{j}$$

由动量定理

$$mv'\sin\theta'-mv\sin\theta=-\mu Iy \tag{1}$$

$$mv'\cos\theta'-(-mv\cos\theta)=Iy \tag{2}$$

由恢复系数的定义

$$e=\frac{v'\cos\theta'-0}{v\cos\theta-0}$$

可得

$$v'\cos\theta'=ev\cos\theta \tag{3}$$

由(1)、(2)、(3)三式可得

$$v'=v\cos\theta\sqrt{e^2+\left[\tan\theta-\mu(1+e)\right]^2}$$

$$\tan\theta'=\frac{1}{e}\left[\tan\theta-\mu(1+e)\right]$$

若$\mu=0$，$e=1$，$v'=v$，$\theta'=\theta$. 这是期待的满足反射定律的结果.

(2) 碰撞过程中动能的损失量也是机械能的损失量.

$$\Delta E=\frac{1}{2}mv'^2-\frac{1}{2}mv^2=\frac{1}{2}mv^2\left\{1-\cos^2\theta\left[e^2+(\tan\theta-\mu-e\mu)^2\right]\right\}$$

以上要求 $\tan\theta'>0$，按式(4)，这要求 $\tan\theta>\mu(1+e)$．假若 $\tan\theta\leqslant\mu(1+e)$，当小球速度水平分量为零时，摩擦力变为零，这样 $v_x'=0$，从而 $\tan\theta'=0$．从而 $v'=v_y'=ev\cos\theta$．相应的，碰撞过程中小球动能损失的大小为

$$\Delta E=\frac{1}{2}m\left(v^2-v'^2\right)=\frac{1}{2}mv^2\left(1-e^2\cos^2\theta\right)$$

2.4.8　一个质量为 M、直角边长 L 的光滑的等边直角三棱柱，置于光滑的水平面上，原光处于静止状态．$t=0$ 时刻，有一个质量为 m 的小球(可视为质点)从棱柱一侧底部以初速 v_0 沿棱柱一侧斜面向上运动，初速度方向垂直于棱柱的侧边．若 v_0 足够大，足以运动到棱柱顶部并离开棱柱，此后小球与棱柱仅进行一次弹性碰撞．最后到达地面．试描述从 $t=0$ 时刻到小球到达地面这段时间内小球与三棱柱的运动．

解　图2.92画出了小球和三棱柱在运动过程(小球未离开三棱柱时适用)的受力和加速度．三棱柱运动用地面参考系．小球的运动用棱柱参考系．它是非惯性系，图中的 $\boldsymbol{ma}$ 是惯性力．Oxy 是静坐标系．原点 O 取在 $t=0$ 时小球和三棱柱左端所在的位置．x 轴水平，y 轴竖直向上．$Px'y'$ 是固连于棱柱的坐标系．x',y' 轴分别与 x、y 轴平行．原点 P 位于棱柱顶端．

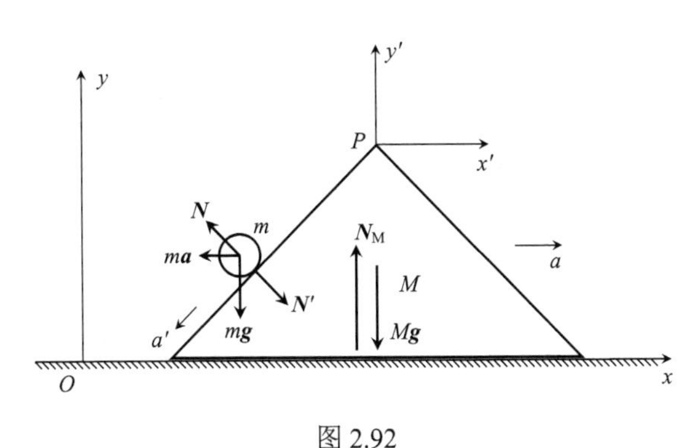

图 2.92

用地面参考系．棱柱沿 x 正向作加速运动，

$$Ma=\frac{1}{\sqrt{2}}N'$$

用棱柱参考系．沿平行于斜面及垂直于斜面列动力学方程

$$ma'=\frac{1}{\sqrt{2}}mg+\frac{1}{\sqrt{2}}ma$$

$$N+\frac{1}{\sqrt{2}}ma-\frac{1}{\sqrt{2}}mg=0$$

$\boldsymbol{N}$ 与 $\boldsymbol{N}'$ 为作用力与反作用力，$N'=N$，由上述可解出

$$a=\frac{m}{2M+m}g$$

$$a' = \frac{M+m}{2M+m}\sqrt{2}g$$

可见棱柱在水平面上作匀加速运动，小球沿棱柱斜面作匀减速运动.

按匀加速运动公式，小球到棱柱顶端时的速度 v_p 有如下关系：

$$v_p^2 - v_0^2 = -2a'L$$

$$v_p = \sqrt{v_0^2 - 2\sqrt{2}\frac{M+m}{2M+m}gL}$$

到达 P 点的时刻为

$$t_p = \frac{v_p - v_0}{-a'} = \frac{v_0 - v_p}{a'} = \frac{(2M+m)v_0}{\sqrt{2}(M+m)g}\left[1 - \sqrt{1 - 2\sqrt{2}\frac{M+m}{(2M+m)v_0^2}\delta L}\right]$$

在 $t=0$ 时. 设三棱柱的速度为 u_0，由系统的动量的 x 分量守恒

$$m\left(u_0 + \frac{1}{\sqrt{2}}v_0\right) + Mu_0 = 0$$

得

$$u_0 = -\frac{m}{\sqrt{2}(M+m)}v_0$$

$t = t_p$ 时棱柱相对于地面的速度为

$$u_p = u_0 a t_p = \frac{a}{a'}(v_0 - v_p) = \frac{mv_0}{\sqrt{2}(M+m)}\left(1 - \sqrt{1 - \frac{M+m}{2M+m}\frac{2\sqrt{2}gL}{v_0^2}}\right) - \frac{m}{\sqrt{2}(M+m)}v_0$$

$$= -\frac{mv_0}{\sqrt{2}(M+m)}\sqrt{1 - \frac{M+m}{2M+m}\frac{2\sqrt{2}gL}{v_0^2}}$$

此后直至小球与它发生弹性碰撞时，棱柱均以 u_p 的速度沿 x 轴正向作匀速运动. 因此在这期间，棱柱参考系是惯性系. 在此期间，仍用棱柱参考系描述小球的运动. 小球只受重力作用. 水平方向作匀速运动，竖直方向作匀加速运动，加速度为 $-g$. 由此可写出它的运动学方程

$$x' = \frac{1}{\sqrt{2}}v_p(t - t_p)$$

$$y' = \frac{1}{\sqrt{2}}v_p(t - t_p) - \frac{1}{2}g(t - t_p)^2$$

当 $x' = -y'$ 时，小球与棱柱发生碰撞，设此时 $t = t_c$，

$$\frac{1}{\sqrt{2}}v_p(t_c - t_p) = -\frac{1}{\sqrt{2}}v_p(t_c - t_p) + \frac{1}{2}g(t_c - t_p)^2$$

$$t_c = t_p + \frac{2\sqrt{2}v_p}{g}$$

碰撞时，小球的位置为

$$x_c' = -y_c' = \frac{1}{\sqrt{2}} v_p (t_c - t_p) = \frac{2v_p^2}{g}$$

碰前小球速度为

$$v_{1x'} = \frac{1}{\sqrt{2}} v_p \tag{1}$$

$$v_{1y'} = \frac{1}{\sqrt{2}} v_p - g(t_c - t_p) = -\frac{3}{\sqrt{2}} v_p \tag{2}$$

设碰后小球与三棱柱的速度分别为$v_{2x'}$、$v_{2y'}$和u_2(均用碰前那时刻的棱柱参考系)碰前棱柱速度$u_1 = 0$.

水平方向系统未受外力. 水平方向动量守恒，

$$mv_{1x'} = Mu_2 + mv_{2x'} \tag{3}$$

因弹性碰撞，机械能守恒，

$$\frac{1}{2} m(v_{1x'}^2 + v_{1y'}^2) = \frac{1}{2} Mu_2^2 + \frac{1}{2} m(v_{2x'}^2 + v_{2y'}^2) \tag{4}$$

在碰撞期间，小球受到棱柱给予的冲量垂直于斜面，这个冲量的x分量与y分量相等. 由动量定理，动量增量的x分量与y分量相等，

$$mv_{2x'} - mv_{1x'} = mv_{2y'} - mv_{1y'} \tag{5}$$

联立(3)、(5)两式得

$$v_{2x'} = v_{1x'} - \frac{M}{m} u_2, \qquad v_{2y'} = v_{1y'} - \frac{M}{m} u_2 \tag{6}$$

用式(6)消去式(4)中的$v_{2x'}$、$v_{2y'}$，并用式(1)、(2)，可得

$$u_2 = \frac{2m}{2M+m}(v_{1x'} + v_{1y'}) = -\frac{2m}{2M+m}\sqrt{2} v_p \tag{7}$$

将式(7)代入式(6)，并用式(1)、(2)得

$$v_{2x'} = \frac{1}{\sqrt{2}} v_p - \frac{M}{m}\left(-\frac{2\sqrt{2}m}{2M+m} v_p\right) = \frac{6M+m}{\sqrt{2}(2M+m)} v_p$$

$$v_{2y'} = -\frac{3}{\sqrt{2}} v_p - \frac{M}{m}\left(-\frac{2\sqrt{2}m}{2M+m} v_p\right) = \frac{6M+3m}{\sqrt{2}(2M+m)} v_p$$

碰撞以后，棱柱以$(u_p + u_2)\boldsymbol{i}$的速度沿$x$轴作匀速直线运动. 小球位于

$$x = u_p t_c + \frac{L}{\sqrt{2}} = u_p\left(t_p + \frac{2\sqrt{2}}{g} v_p\right) + \frac{L}{\sqrt{2}}, \quad y = \frac{1}{\sqrt{2}} L + y_c' = \frac{1}{\sqrt{2}} L - \frac{2v_p^2}{g}$$

以

$$\boldsymbol{v}_2 + \boldsymbol{u}_p = (v_{2x'} + u_p)\boldsymbol{i} + v_{2y'}\boldsymbol{j} = \left[\frac{6M+m}{\sqrt{2}(2M+m)} v_p + u_p\right]\boldsymbol{i} - \frac{2M+3m}{\sqrt{2}(2M+m)} v_p \boldsymbol{j}$$

再次作斜抛运动(u_p，t_p，v_p都已求得)，直到落地. 这一段的运算从略.

思考题　(1)如果小球、三棱柱的情况不变(指三棱柱形状不变. m、M、L一定，小

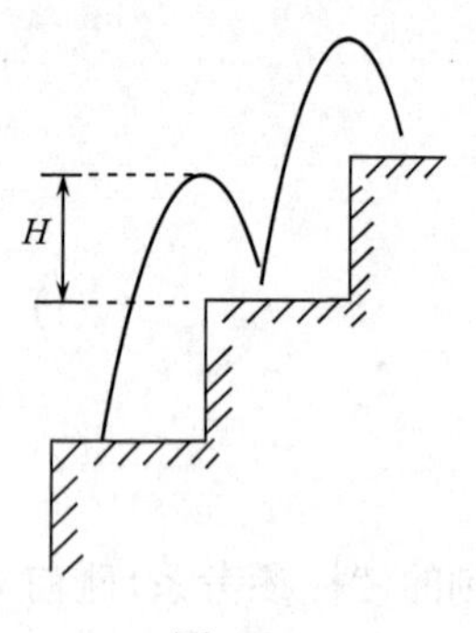

图 2.93

球、三棱柱间无摩擦发生弹性碰撞)，v_0不同，可能出现哪些运动情况？

(2) 如果小球、三棱柱间有摩擦，小球与三棱柱间还能不能作弹性碰撞？能否列出足够的方程得到唯一解？

(3) 要出现题设的运动情况，v_0应满足什么条件？

2.4.9 如图 2.93 所示，一弹子球从阶梯上弹下，在每一台阶都落在同一位置，都弹起相同的高度，每个台阶的高度和宽度相等为l，每次碰撞恢复系数为e.求弹子球所必需的水平速度v_h和每次弹起的高度H.

解 设$\boldsymbol{i}$为水平向左的单位矢量，$\boldsymbol{j}$为竖直向下的单位矢量.由于水平方向不受力，弹子球水平方向的速度分量保持不变.

设弹子落到台阶上时的速度为

$$\boldsymbol{v}_1 = v_h\boldsymbol{i} + v_i\boldsymbol{j},$$

从台阶上弹起时的速度为

$$\boldsymbol{v}_2 = v_h\boldsymbol{i} + v_f\boldsymbol{j}$$

从台阶上弹起到落到下一个台阶上，机械能守恒，设弹子球质量为m，

$$\frac{1}{2}mv_1^2 = \frac{1}{2}mv_2^2 + mgl \quad 或 \quad \frac{1}{2}mv_i^2 = \frac{1}{2}mv_f^2 + mgl \tag{1}$$

由恢复系数的定义，

$$e = \frac{-v_f - 0}{v_i - 0} \quad 即 \quad v_f = -ev_i \tag{2}$$

从弹起到落到下一个台阶上所需的时间为t，在此期间，水平方向运动的距离为台阶的宽度l，可写出下列两个式子：

$$v_i = -v_f + gt \tag{3}$$

$$l = v_h \cdot t \tag{4}$$

由式(1)、(2)、(3)、(4)可解出

$$v_i = \sqrt{\frac{2gl}{1-e^2}}, \quad v_h = \sqrt{\frac{1-e}{1+e}\cdot\frac{gl}{2}}$$

对弹起到达到每次弹起的最大高度的过程考虑机械能守恒，

$$\frac{1}{2}m\left(v_h^2 + v_f^2\right) = \frac{1}{2}mv_h^2 + mgH$$

得

$$H = \frac{v_f^2}{2g} = \frac{e^2v_i^2}{2g} = \frac{e^2}{1-e^2}l$$

2.4.10 一质量为m、荷电为q、初速为v的粒子，和另一个处于静止的全同粒子发生正碰，求：

(1) 两个粒子最接近时的距离；

(2) 最接近的瞬时两个粒子的速度；

(3) 两个粒子的末速度.

解　两个粒子实际上并没有相遇，但由于相互作用，两个粒子的速度发生变化，可以视为发生了碰撞. 碰撞前后，两粒子的速度都在同一直线上，故为正碰；碰撞过程中，只有静电势能和动能之间的相互转化，可认为碰撞是弹性的.

两粒子最接近时，相对速度为零，在静参考系中具有相同的速度，设此速度为v'，由动量守恒，

$$2mv' = mv, \quad v' = \frac{1}{2}v$$

没有给出运动粒子与静止粒子开始时的距离，说明具有初速v的粒子距静止粒子足够远，可视为无穷远，相互间开始无库仑力作用. 由弹性碰撞，即动能和静电场能之和为恒量，达到最近距离时，

$$\frac{1}{2}mv'^2 + \frac{1}{2}mv'^2 + \frac{q^2}{4\pi\varepsilon_0 r} = \frac{1}{2}mv^2$$

代入$v' = \frac{1}{2}v$，即得两粒子间的最近距离

$$r = \frac{q^2}{\pi\varepsilon_0 mv^2}$$

达到最近距离时，两粒子相互作用是斥力，其大小达到最大，作用的结果，原运动的粒子速度继续减小，原静止的粒子速度继续增大，根据对称性可以作出结论：两个全同粒子作弹性正碰的结果是最终交换速度，即原运动的粒子的末速度$v_1 = v_{20} = 0$，原静止的粒子的末速度$v_2 = v_{10} = v$，脚标 1、2 分别标记原运动和原静止的粒子，v_{10}表示原运动粒子的初速度，v_1表示它的末速度.

2.4.11　小球 1 从离碗底高h处静止滑下，与静置于碗底的完全相同的小球 2 发生非弹性碰撞，若恢复系数为e，求第一次碰撞后两球达到的高度(忽略一切摩擦力).

解　球 1 与球 2 碰撞前的速度为$v_{10} = \sqrt{2gh}$，碰撞后两球的速度设为v_1、v_2，由动量守恒，

$$v_1 + v_2 = v_{10} = \sqrt{2gh} \tag{1}$$

由恢复系数的定义，

$$e = \frac{v_2 - v_1}{v_{10} - 0} \quad 即 \quad v_2 - v_1 = e\sqrt{2gh} \tag{2}$$

由式(1)、(2)解得

$$v_1 = \frac{1}{2}(1-e)\sqrt{2gh}$$

$$v_2 = \frac{1}{2}(1+e)\sqrt{2gh}$$

对球 1、球 2 碰撞后分别用机械能守恒，可得第一次碰撞后两球能达到的高度.

$$mgh_1 = \frac{1}{2}mv_1^2, \quad h_1 = \frac{v_1^2}{2g} = \frac{1}{4}(1-e)^2 h$$

$$mgh_2 = \frac{1}{2}mv_2^2, \quad h_2 = \frac{v_2^2}{2g} = \frac{1}{4}(1+e)^2 h$$

2.4.12　质量为 m_1 和 m_2 的两个小球悬挂在长度分别为 l_1 和 l_2 的不可伸长的轻绳下，两球恰好相切. 在两线所在的平面内把第一个小球拉到与铅垂线成 α 角的位置，静止后再放开，摆下与静止的第二个球发生弹性碰撞. 求第一次碰撞后两球偏离铅垂线的最大角度 α_1 和 α_2.

解　先求第一个球碰撞前的速度 v_{10}，

$$\frac{1}{2}m_1v_{10}^2 = m_1gl_1(1-\cos\alpha)$$

$$v_{10} = \sqrt{2gl_1(1-\cos\alpha)}$$

设 v_1、v_2 分别为两球碰撞后的速度，沿 v_{10} 的方向为正向，

$$m_1v_1 + m_2v_2 = m_1v_{10}$$

$$\frac{1}{2}m_1v_1^2 + \frac{1}{2}m_2v_2^2 = \frac{1}{2}m_1v_{10}^2$$

可解出

$$v_1 = v_{10} \text{ 及 } v_1 = \frac{m_1 - m_2}{m_1 + m_2}v_{10}$$

前者是碰撞前的速度，后者是碰撞后的速度，应取后者. 故

$$v_1 = \frac{m_1 - m_2}{m_1 + m_2}v_{10}$$

$$v_2 = \frac{m_1}{m_2}(v_{10} - v_1) = \frac{2m_1}{m_1 + m_2}v_{10}$$

$$\frac{1}{2}m_1v_1^2 = m_1gl_1(1-\cos\alpha_1)$$

$$\frac{1}{2}m_2v_2^2 = m_2gl_2(1-\cos\alpha_2)$$

经计算可得第一次碰撞后两球偏离铅垂线的角度 α_1 和 α_2 为

$$\alpha_1 = \arccos\left[1-\left(\frac{m_1 - m_2}{m_1 + m_2}\right)^2(1-\cos\alpha)\right]$$

$$\alpha_2 = \arccos\left[1-\frac{4m_1^2l_1}{(m_1 + m_2)^2 l_2}(1-\cos\alpha)\right]$$

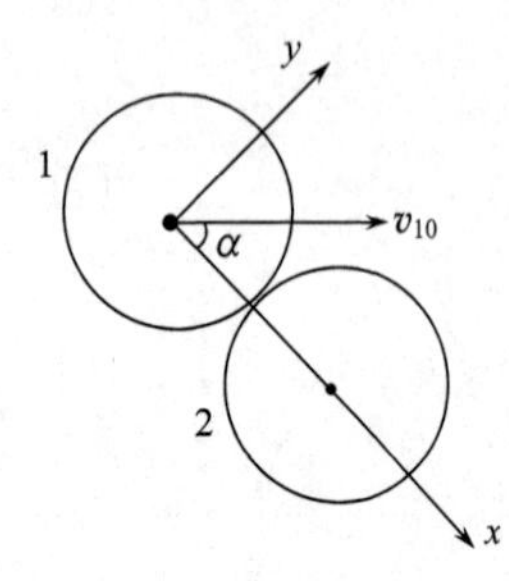

图 2.94

α_1、α_2 的正向规定与 α 相反.

2.4.13　一个运动粒子与另一个静止的全同粒子发生弹性碰

撞，试证明：碰后两粒子的运动方向相互垂直.

证明　如图 2.94 所示，取碰撞时两粒子连心线方向为x轴. 设运动粒子碰撞前速度$\boldsymbol{v}_{10}$与x轴的夹角为α.

考虑到两粒子质量相同，由动量守恒和弹性碰撞机械能守恒，有下列关系：

$$v_{1x}+v_{2x}=v_{10}\cos\alpha \tag{1}$$

$$v_{1y}+v_{2y}=v_{10}\sin\alpha \tag{2}$$

$$\frac{1}{2}\left(v_{1x}^2+v_{1y}^2\right)+\frac{1}{2}\left(v_{2x}^2+v_{2y}^2\right)=\frac{1}{2}v_{10}^2 \tag{3}$$

式(1)的平方+式(2)的平方一式(3)×2，得

$$2\left(v_{1x}v_{2x}+v_{1y}v_{2y}\right)=0$$

所以

$$\boldsymbol{v}_1\cdot\boldsymbol{v}_2=0\quad 即\quad \boldsymbol{v}_1\perp\boldsymbol{v}_2 \tag{4}$$

结果与运动粒子的初速度$\boldsymbol{v}_{10}$无关，如果两粒子间有摩擦力，式(2)照样成立，因此在式(3)可近似成立的前提下可不必要求两粒子(或两球)是光滑的. 需特别说明的是，当$\alpha=0$时，发生正碰，碰后，运动粒子静止，原静止的粒子获得运动粒子的速度，因式(4) $\boldsymbol{v}_1\cdot\boldsymbol{v}_2=0$仍成立，可视为互相垂直的一种特殊情况，同样当$\alpha=\dfrac{\pi}{2}$时，$\boldsymbol{v}_1=\boldsymbol{v}_{10},\boldsymbol{v}_2=0$(不论摩擦因数是否为零，因无正压力，摩擦力均为零)，也是可视为互相垂直的特殊情况.

2.4.14　两个完全相同的光滑小球，一个静止，另一个以$\boldsymbol{v}_0$的速度与之发生非弹性碰撞，测得原静止的小球以$\dfrac{3}{8}v_0$的速率向着偏离$\boldsymbol{v}_0$方向 60°的方向运动. 求：

(1) 恢复系数e；

(2) 原来运动的小球的散射角.

解　取被碰撞小球碰撞后的运动方向为x轴，如图 2.95 所示. 碰撞后，原静止的小球的速度

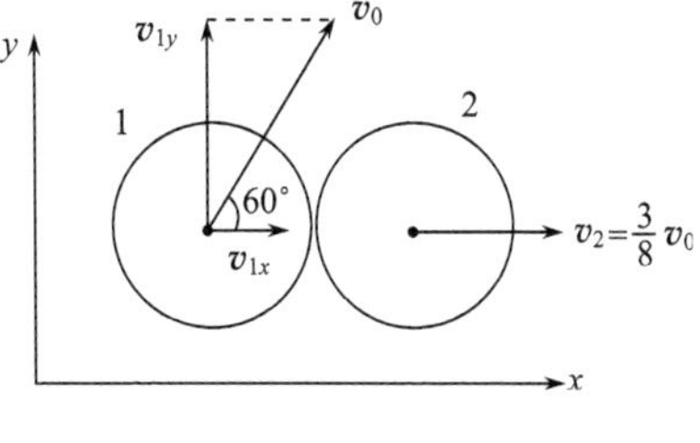

图 2.95

$$v_{2x}=\frac{3}{8}v_0,\quad v_{2y}=0$$

原运动的小球碰撞后的速度设为v_{1x}、v_{1y}，因y方向两球无相互作用力，$v_{1y}=v_0\sin 60°$.
由x方向动量守恒，

$$v_{1x}+v_{2x}=v_{10x}=v_0\cos 60°=\frac{1}{2}v_0$$

$$v_{1x}=\frac{1}{2}v_0-\frac{3}{8}v_0=\frac{1}{8}v_0$$

$$e=\frac{v_{2x}-v_{1x}}{v_{10x}-0}=0.5$$

原运动的小球(即小球 1)的散射角θ为$\boldsymbol{v}_1$与x轴的夹角与 60°的差的绝对值，

$$\theta=\left|\arctan\frac{v_{1y}}{v_{1x}}-60^\circ\right|=21.8^\circ$$

2.4.15　一个质量为m_1以$\boldsymbol{v}_{10}$的速度运动的粒子 1，与一个质量为m_2的静止粒子 2 发生弹性斜碰撞，碰撞后，在质心平动参考系中，粒子 1 的散射角为α_c.试证：在实验室参考系中两粒子的速度与$\boldsymbol{v}_{10}$的夹角α、β满足下列关系：

$$\tan\alpha=\frac{m_2\sin\alpha_c}{m_1+m_2\cos\alpha_c},\quad \tan\beta=\frac{\sin\alpha_c}{1-\cos\alpha_c}$$

证明　质心速度

$$\boldsymbol{v}_c=\frac{m_1}{m_1+m_2}\boldsymbol{v}_{10}$$

在质心平动参考系中，两粒子碰撞前的速度分别为

$$\boldsymbol{v}_{10c}=\boldsymbol{v}_{10}-\boldsymbol{v}_c=\frac{m_2}{m_1+m_2}\boldsymbol{v}_{10}$$

$$\boldsymbol{v}_{20c}=0-\boldsymbol{v}_c=-\frac{m_1}{m_1+m_2}\boldsymbol{v}_{10}$$

两粒子碰撞后的速度设为$\boldsymbol{v}_{1c}$、$\boldsymbol{v}_{2c}$，总动量为零，

$$m_1\boldsymbol{v}_{1c}+m_2\boldsymbol{v}_{2c}=0$$

$\boldsymbol{v}_{1c}$、$\boldsymbol{v}_{2c}$方向相反，其大小有下列关系：

$$v_{2c}=\frac{m_1}{m_2}v_{1c}\tag{1}$$

因弹性碰撞，机械能守恒，

$$\begin{aligned}\frac{1}{2}m_1v_{1c}^2+\frac{1}{2}m_2v_{2c}^2&=\frac{1}{2}m_1v_{10c}^2+\frac{1}{2}m_2v_{20c}^2\\&=\frac{1}{2}m_1\left(\frac{m_2}{m_1+m_2}v_{10}\right)^2+\frac{1}{2}m_2\left(\frac{m_1}{m_1+m_2}v_{10}\right)^2\\&=\frac{1}{2}\cdot\frac{m_1m_2}{m_1+m_2}v_{10}^2\end{aligned}\tag{2}$$

由式(1)、(2)两式解出

$$v_{1c}=\frac{m_2}{m_1+m_2}v_{10},\quad v_{2c}=\frac{m_1}{m_1+m_2}v_{10}$$

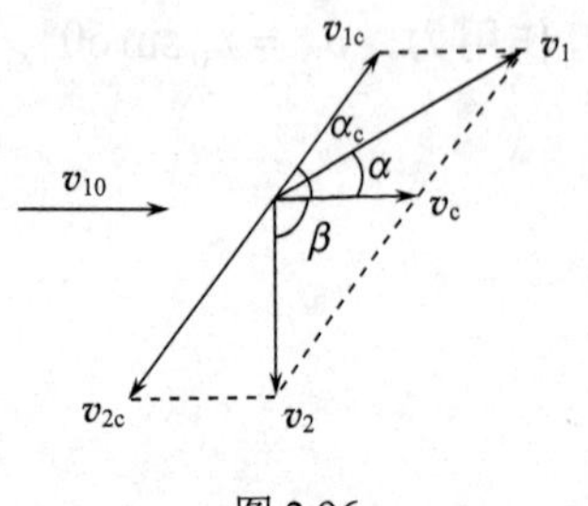

图 2.96

在实验室参考系中，碰撞后两粒子的速度分别为$\boldsymbol{v}_1=\boldsymbol{v}_{1c}+\boldsymbol{v}_c$，$\boldsymbol{v}_2=\boldsymbol{v}_{2c}+\boldsymbol{v}_c$，如图 2.96 所示，注意$\boldsymbol{v}_c$与$\boldsymbol{v}_{10}$方向相同. 因此，图中$\boldsymbol{v}_1$与$\boldsymbol{v}_c$的夹角为$\boldsymbol{v}_1$与$\boldsymbol{v}_{10}$的夹角$\alpha$，$\boldsymbol{v}_2$与$\boldsymbol{v}_c$的夹角为$\boldsymbol{v}_2$与$\boldsymbol{v}_{10}$的夹角$\beta$.由图 2.96 可得

$$\tan\alpha=\frac{v_{1c}\sin\alpha_c}{v_c+v_{1c}\cos\alpha_c}=\frac{m_2\sin\alpha_c}{m_1+m_2\cos\alpha_c}$$

$$\tan\beta=\frac{v_{2c}\sin\alpha_c}{v_c-v_{2c}\cos\alpha_c}=\frac{\sin\alpha_c}{1-\cos\alpha_c}$$

2.4.16　一质量为 m 的质子以 $v_0\left(v_0\ll c\right)$ 的速度去撞击静止的质量为 $4m$ 的氦核，用实验室参考系，质子以 $\frac{1}{2}v_0$ 的速率和 30°的角度散射. 求：

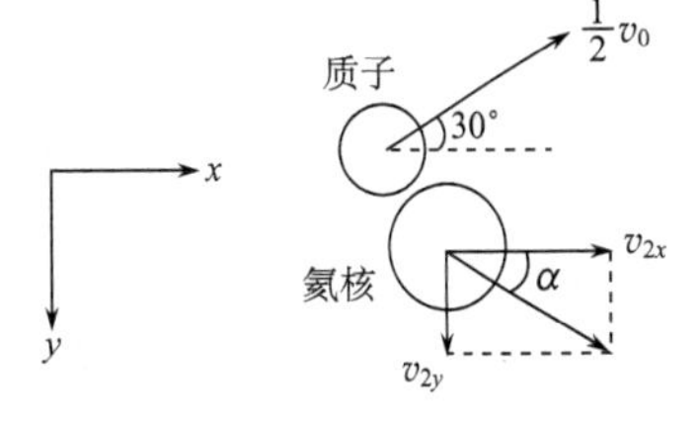

图 2.97

(1) 用实验室参考系，撞击后氦核的速率及运动方向；

(2) 用质心平动参考系，质子的散射速度.

解　(1) 取 $\boldsymbol{v}_0$ 的方向为 x 轴正向，质子和氦核碰撞后的速度如图 2.97 所示.

由动量守恒，

$$mv_0=m\cdot\frac{1}{2}v_0\cos30^\circ+4mv_{2x}$$

$$0=m\left(-\frac{1}{2}v_0\sin30^\circ\right)+4mv_{2y}$$

得

$$v_{2x}=\frac{1}{4}\left(1-\frac{1}{4}\sqrt{3}\right)v_0=0.142v_0$$

$$v_{2y}=\frac{1}{16}v_0=0.0625v_0$$

$$v_2=\sqrt{v_{2x}^2+v_{2y}^2}=0.155v_0$$

$$\alpha=\arctan\frac{v_{2y}}{v_{2x}}=23.8^\circ$$

(2)

$$\left(m+4m\right)v_c=mv_0,v_c=\frac{1}{5}v_0$$

$$v_{1c}=\sqrt{\left(\frac{1}{2}v_0\cos30^\circ-\frac{1}{5}v_0\right)^2+\left(\frac{1}{2}v_0\sin30^\circ\right)^2}=0.342v_0$$

$\boldsymbol{v}_{1c}$ 与 x 轴的夹角(向 $-y$ 轴的转角)为

$$\beta=\arctan\left[\frac{\frac{1}{2}v_0\sin30^\circ}{\frac{1}{2}v_0\cos30^\circ-\frac{1}{5}v_0}\right]=47.0^\circ$$

2.4.17　劲度系数为 $k=1.0\text{kg/s}^2$，原长为 L 的轻弹簧连接着两个质量均为 $m=2.0\text{kg}$ 的小球 2、3，静止于光滑的水平面上，另有一个质量为 $M=10\text{kg}$ 的小球 1，以速度 $\boldsymbol{v}_0$ 撞向小球 2，$\boldsymbol{v}_0$ 的方向沿着两小球 2、3 的连线方向，如图 2.98 所示. 设碰撞是弹性的，碰撞时间极短.

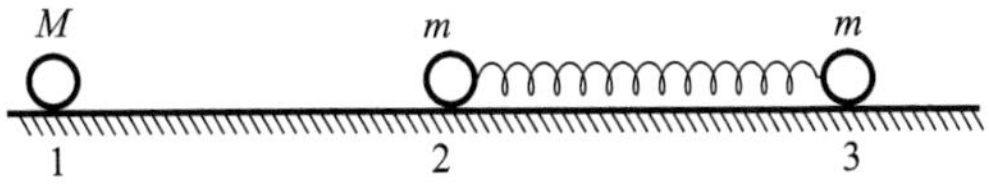

图 2.98

(1) 求第一次碰撞结束时三个小球的速度；

(2) 第一次碰撞以后，小球 1，2 有可能再次发生碰撞. 试求第一次与第二次碰撞之间小球 1、2 各自的位置随时间变化的关系；

(3) 试由前面得到的结果判断小球 1、2 是否会发生第二次碰撞？如果发生，估算这两项碰撞之间的时间间隔.

解 (1) 碰撞时间极短，第一次碰撞刚结束时，弹簧没发生可观的形变. 可认为小球 2、3 间无相互作用，小球 3 对小球 1，2 间的碰撞无影响，小球 3 仍处于静止状态.

弹簧无形变. 小球 2 未受弹簧的作用力，小球 1、2 系统碰撞前后动量守恒，又因发生弹性碰撞，小球 1、2 系统碰撞前后机械能守恒

设碰撞刚结束时，小球 1、2 的速度为 v_1、v_2，则有

$$Mv_1 + mv_2 = Mv_0$$

$$\frac{1}{2}Mv_1^2 + \frac{1}{2}mv_2^2 = \frac{1}{2}Mv_0^2$$

解出

$$v_1 = \frac{M-m}{M+m}v_0 = \frac{1-\alpha}{1+\alpha}v_0 = \frac{2}{3}v_0$$

$$v_2 = \frac{2M}{M+m}v_0 = \frac{2}{1+\alpha}v_0 = \frac{5}{3}v_0$$

其中 $\alpha = \dfrac{m}{M} = \dfrac{1}{5}$.

(2) 取第一次碰撞点为 x 坐标原点，第一次碰撞刚结束时刻 $t=0$. 第一次碰撞结束以后，第二次碰撞以前，小球 1 以速度 v_1 作匀速运动. 其位置随时间的变化为

$$x_1 = v_1 t = \frac{1-\alpha}{1+\alpha}v_0 t = \frac{2}{3}v_0 t$$

小球 2、3 质量相等，它们的质心以速度 $v_2/2$ 作匀速运动. 质心位置随时间的变化为

$$x_c = \frac{v_2}{2}t + \frac{L}{2} = \frac{1}{1+\alpha}v_0 t + \frac{L}{2} = \frac{5}{6}v_0 t + \frac{L}{2}$$

在质心参考系中，小球 2、3 绕各自的平衡位置作简谐振动，小球 2 相对于质心的位移为

$$x_2' = A\sin\omega t - \frac{L}{2}$$

因为 $m\ddot{x}_2{}' = -2kx_2{}'$，$\omega = \sqrt{\dfrac{2k}{m}}$，

$$\dot{x}_2' = A\omega\cos\omega t$$

$t=0$ 时，$\dot{x}_2' = A\omega$，再 $t=0$ 时，$\dot{x}_2' = \dot{x}_2 - v_c = v_2 - \dfrac{v_2}{2} = \dfrac{v_2}{2} = \dfrac{1}{1+\alpha}v_0$，故

$$A\omega = \frac{1}{1+\alpha}v_0$$

$$A=\frac{1}{\omega(1+\alpha)}v_0=\frac{5}{6\omega}v_0$$

$$x_2'=\frac{5v_0}{6\omega}\sin\omega t-\frac{L}{2}$$

在静参考系中，小球 2 随时间的变化为

$$x_2=x_2'+x_c=\frac{5v_0}{6\omega}\sin\omega t-\frac{L}{2}+\frac{5}{6}v_0t+\frac{L}{2}=\frac{5}{6}v_0t+\frac{5v_0}{6\omega}\sin\omega t$$

(3) 小球 1 和小球 2 能否发生第二次碰撞. 要看 $x_1=x_2$，即

$$\frac{2}{3}v_0t=\frac{5v_0}{6\omega}\sin\omega t+\frac{5}{6}v_0t$$

或

$$\omega t+5\sin\omega t=0$$

是否有实数解. 用作图法、牛顿法或 Mathematica. 求得 $\omega t=4.1$ 和 4.9 是两个实数解. 应取较小者 $\omega t=4.1$.

两次碰撞的时间间隔为

$$t=\frac{4.1}{\omega}=4.1\sqrt{\frac{m}{2k}}=4.1\sqrt{\frac{2}{2\times 1}}=4.1(\text{s})$$

第三章 振动和波

3.1 简谐振动

3.1.1 一平台在竖直方向做简谐振动，振幅为5.0cm，频率为$\dfrac{10}{\pi}\text{s}^{-1}$，在平台到达最低点时，将一木块轻轻地放在平台上(设木块质量远小于平台质量. 问：

(1)木块于何处离开平台?

(2)木块能达到的高度比平台能达到的高度高多少?

解 取x轴向上为正，原点取在平衡位置. 平台到达最低点时开始计时，则平台的运动学方程为

$$x=-5\cos\left(2\pi\cdot\frac{10}{\pi}t\right)=-5\cos 20t$$

木块离开平台的条件是平台对它的支持力为零，它只受重力作用，故脱离平台时，平台的加速度

$$\ddot{x}=-g$$

$$\dot{x}=100\sin 20t,\quad \ddot{x}=2000\cos 20t$$

设$t=t_1$时$\ddot{x}=-g$，则

$$2000\cos 20t_1=-g=-980$$

此时木块和平台的位置为

$$x(t_1)=-5\cos 20t_1=\frac{(-5)(-980)}{2000}=2.45(\text{cm})$$

木块离开平台的位置在平台做简谐振动的平衡位置上方 2.45cm(不难从此后木块和平台的加速度分析，平台的速度将小于木块的速度，确认木块在此位置脱离平台).

离开平台时木块的速度为

$$\dot{x}(t_1)=100\sin 20t_1=87.2(\text{cm/s})$$

木块能达到的最高点的x坐标为

$$x_{\text{m}}=2.45+\frac{\left[\dot{x}(t_1)\right]^2}{2g}=6.33\text{cm}$$

比平台能达到的高度高$6.33-5.00=1.33(\text{cm})$.

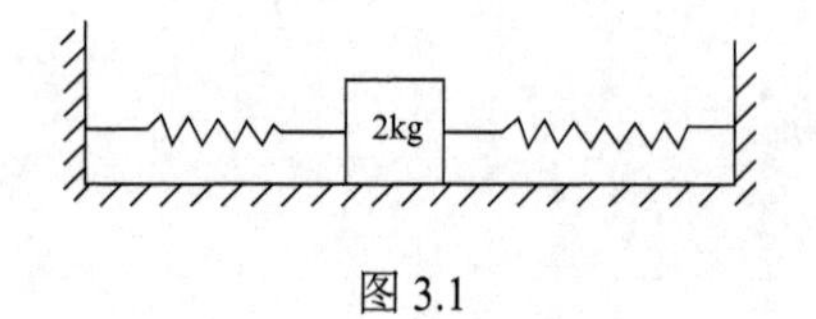

图 3.1

3.1.2 图3.1中质量为2kg的物体从平衡位置拉开并释放后以$\dfrac{\pi}{6}\text{s}$的周期在光滑的水平面上沿直线振动.

(1)将它由平衡位置拉开2cm需要多大作用力?

(2) 如果将一小质量块放在2.00kg质量块上，它们之间的静摩擦因数为0.100，问：2.00kg物体的振动振幅不超过何值时，小质量块对它无相对运动?(假定附加小质量块后对振动周期的影响可以忽略)

解　(1)

$$T=\frac{\pi}{6}\text{s},\quad \omega=\frac{2\pi}{T}=12\text{s}^{-1}$$

$$k=m\omega^2=2\times(12)^2=288(\text{kg}\cdot\text{s}^{-2})$$

至少需力

$$F=kx=288\times0.02=5.76(\text{N})$$

(2) 设小质量块对2.00kg质量块无相对运动，2kg质量块振动的最大振幅为A，

$$x=A\cos\omega t$$

要求小物块随2.00kg物块振动中的最大加速度值不超过最大静摩擦力所能产生的加速度，即

$$|\ddot{x}|_{\max}=A\omega^2\leqslant\mu g$$

$$A\leqslant\frac{\mu g}{\omega^2}=6.81\times10^{-3}\text{m}$$

3.1.3　在劲度系数为k的弹簧下悬挂一质量为m的盘子，处于静止状态. 有一质量也为m的物体，自比原静止的盘子高h处由静止落下，与盘子做完全弹性碰撞(碰撞时机械能不损失)，求：

(1) 头两次碰撞期间盘子的运动；

(2) 用作图法求第三次碰撞的时间(取第一次碰撞时$t=0$).

解　(1) 第一次碰撞刚要发生时，物体速度为$\sqrt{2gh}$. 设第一次碰撞后，物体速度为v，盘子速度为V，有

$$mv+mV=m\sqrt{2gh}$$

$$\frac{1}{2}mv^2+\frac{1}{2}mV^2=\frac{1}{2}m\left(\sqrt{2gh}\right)^2=mgh$$

可有两组解：一组解$V=0,v=\sqrt{2gh}$，这是碰撞前的情况，不是要求的解；另一组解是所求的碰撞后的情况

$$V=\sqrt{2gh},\quad v=0$$

盘子在第一次碰撞后、第二次碰撞前做简谐振动，取平衡位置为x轴的零点，向下为正，运动微分方程为

$$m\ddot{x}=-kx$$

通解为

$$x=A\cos\left(\sqrt{\frac{k}{m}}t+\alpha\right)$$

初始条件：$t=0$时，$x=0$，$\dot{x}=V=\sqrt{2gh}$，定出

$$A=\sqrt{\frac{2mgh}{k}},\quad \alpha=-\frac{\pi}{2}$$

$$x=\sqrt{\frac{2mgh}{k}}\cos\left(\sqrt{\frac{k}{m}}t-\frac{\pi}{2}\right)=\sqrt{\frac{2mgh}{k}}\sin\left(\sqrt{\frac{k}{m}}t\right)$$

(2) 作图时，注意盘子做简谐振动，周期不变，但第二次碰撞后做的简谐振动和第一次碰撞后做的简谐振动振幅不同、初相位不同，物体做抛物运动，加速度为 g（仍取 x 轴向下为正），物体在第一次碰撞后和第二次碰撞后的运动轨道均为抛物线；均向上弯曲，可将第一次碰撞后画的抛物线轨道向右作平移. 由于物体和盘子质量相同且做弹性碰撞，碰撞后交换速度. 因此在第二次碰撞的位置，碰撞后盘子的正弦曲线轨道应与碰撞前物体的抛物线轨道相切，碰撞后物体的抛物线轨道应与碰撞前盘子的正弦曲线轨道相切，如图 3.2 所示. 这样可从图上确定第三次碰撞的时间和位置. 这里未给 m、k和h值，所画的图只是示意图，如 m、k和h值给定，可画出较准确的图.

这里画的第二次碰撞时，物体的速率小于盘的速率，碰撞后交换速度值，物体碰撞后速率变大，总的机械能守恒，因此碰撞后盘的机械能减小，振幅是减小的.

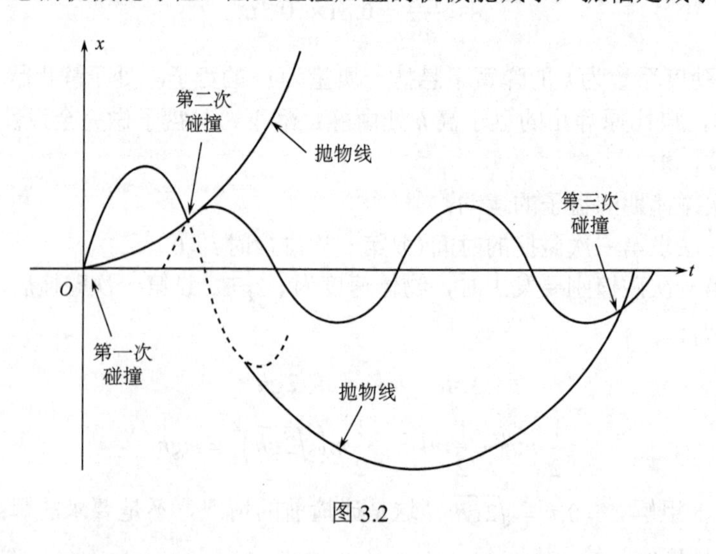

图 3.2

3.1.4 两个完全相同的圆柱体，它们的轴平行，且在同一水平面上，相距为 $2L$，以相同的角速率按图 3.3 所示方向绕轴快速转动，在圆柱体上放一均质木板，木板与圆柱体之间的滑动摩擦因数为 μ. 开始把木板放在平衡位置偏右 x_0 的位置，且给它一个向右的初速度 v_0，求木板的运动.

解 可把木板视为位于其中心的一个质点，设其质量为 m. 取 x 轴向右，原点取在木板的平衡位置.

当木板中心位于 x 处，两圆柱体对木板的支持力 $\boldsymbol{N}_1$、$\boldsymbol{N}_2$，如图 3.4 所示，木板除受到图示的三个力以外，还受到圆柱体施给的沿 x 方向的滑动摩擦力.

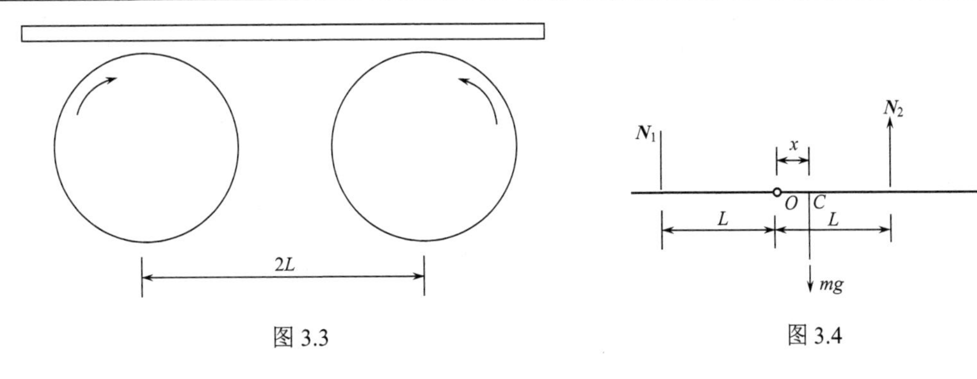

图 3.3　　　　图 3.4

由牛顿运动第二定律，

$$m\ddot{x} = \mu N_1 - \mu N_2 \tag{1}$$

$$N_1 + N_2 - mg = 0 \tag{2}$$

由对固定点O的角动量定理，注意$\boldsymbol{J} = \boldsymbol{r} \times m\boldsymbol{v} = x\boldsymbol{i} \times m\dot{x}\boldsymbol{i} = 0, \dfrac{\mathrm{d}\boldsymbol{J}}{\mathrm{d}t} = 0$，有$\boldsymbol{M}_0 = 0$，即

$$N_2 L - N_1 L - mgx = 0 \tag{3}$$

由式(2)、(3)可解出

$$N_1 = \frac{mg\left(L - x\right)}{2L}, \quad N_2 = \frac{mg\left(L + x\right)}{2L}$$

代入式(1)，化简后得

$$\ddot{x} + \frac{\mu g}{L} x = 0$$

通解为

$$x = A\cos\left(\sqrt{\frac{\mu g}{L}} t + \alpha\right)$$

由初条件：$t = 0, x = x_0, \dot{x} = v_0$，得

$$A\cos\alpha = x_0, \quad -A\sqrt{\frac{\mu g}{L}} \sin\alpha = v_0$$

得

$$A = \sqrt{x_0^2 + \frac{v_0^2 L}{\mu g}}$$

$$\alpha = -\arctan\left(\frac{v_0}{x_0}\sqrt{\frac{L}{\mu g}}\right)$$

又因为$\sin\alpha < 0$，α在第四象限，

$$x = \sqrt{x_0^2 + \frac{v_0^2 L}{\mu g}} \cos\left[\sqrt{\frac{\mu g}{L}} t - \arctan\left(\frac{v_0}{x_0}\sqrt{\frac{L}{\mu g}}\right)\right]$$

3.1.5　质量为m和$2m$的两质点系在一个不可伸长的轻绳两端，并搭在光滑的滑轮上，在m的下端用原长为a、劲度系数$k = \dfrac{mg}{a}$的质量可忽略的弹簧与另一个质量为m的

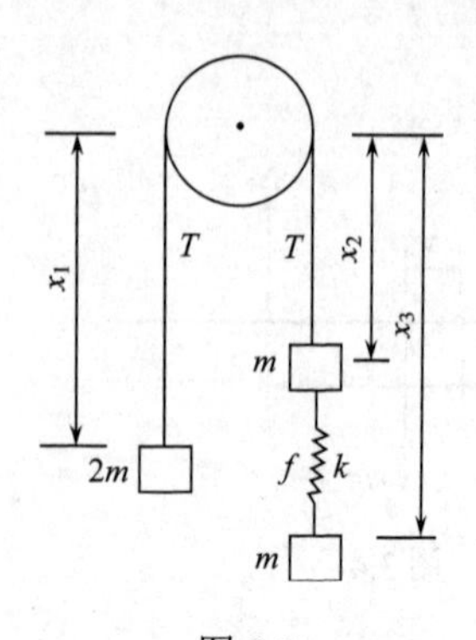

图 3.5

质点相连. 开始时从下列状态：三个质点均静止；绳被拉紧；弹簧为原长开始运动. 求：

(1) 任何时刻两质量为 m 的质点间的距离；

(2) 绳子张力；

(3) 弹簧对质点的作用力.

解　用 x_1、x_2、x_3 分别表示三个质点的位置，如图 3.5 所示.

$$2m\ddot{x}_1 = 2mg - T \tag{1}$$

$$m\ddot{x}_2 = mg + f - T \tag{2}$$

$$m\ddot{x}_3 = mg - f \tag{3}$$

弹簧原长为 a，设伸长量为 ξ，

$$f = k\xi = \frac{mg}{a}\xi \tag{4}$$

又设绳长为 L，滑轮半径为 r，

$$x_2 = L - \pi r - x_1$$

$$x_3 = x_2 + a + \xi$$

对上两式对 t 求导，

$$\ddot{x}_2 = -\ddot{x}_1 \tag{5}$$

$$\ddot{x}_3 = \ddot{x}_2 + \ddot{\xi} = -\ddot{x}_1 + \ddot{\xi} \tag{6}$$

用式(4)、(5)、(6)，式(2)、(3)可改写为

$$-m\ddot{x}_1 = mg + \frac{mg}{a}\xi - T \tag{7}$$

$$-m\ddot{x}_1 + m\ddot{\xi} = mg - \frac{mg}{a}\xi \tag{8}$$

式(1)–式(7)+式(8)×3 得

$$3m\ddot{\xi} = 4mg - \frac{4mg}{a}\xi$$

$$\ddot{\xi} + \frac{4g}{3a}\xi = \frac{4}{3}g$$

上式通解为

$$\xi = a + A\cos\left(\sqrt{\frac{4g}{3a}}t + \alpha\right)$$

用初始条件：$t=0$ 时，$\xi=0$，$\dot{\xi}=0$，得

$$\xi = a - a\cos\left(2\sqrt{\frac{g}{3a}}t\right)$$

两质量为 m 的质点间的距离为

$$L = a + \xi = a\left[2 - \cos\left(2\sqrt{\frac{g}{3a}}t\right)\right]$$

式(8)–式(7)得

$$m\ddot{\xi}=-\frac{2mg}{a}\xi+T$$

$$T=m\left(\ddot{\xi}+\frac{2g}{a}\xi\right)=2mg\left[1-\frac{1}{3}\cos\left(2\sqrt{\frac{g}{3a}}t\right)\right]$$

$$f=\frac{mg}{a}\xi=mg\left[1-\cos\left(2\sqrt{\frac{g}{3a}}t\right)\right]$$

3.1.6 如图 3.6 所示，一质点被一根轻弹性绳系于固定点 A，绳的固有长度为 a，当悬挂质点平衡后，绳的长度为 $a+b$，今质点从 A 点静止下降，求质点落到最低点与 A 点间的距离以及此过程所用的时间.

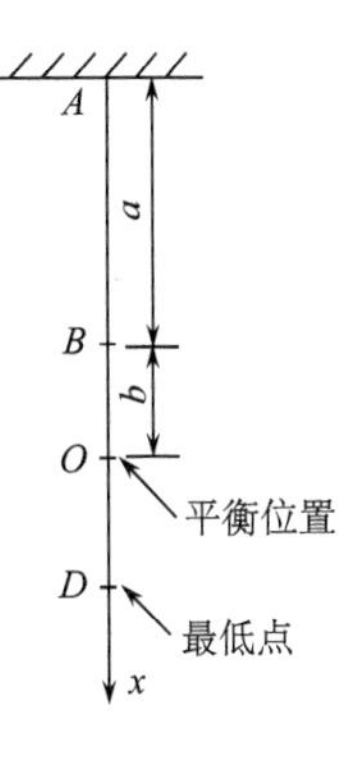

图 3.6

解 取 x 轴竖直向下，原点取在质点的平衡位置. 设弹性绳的劲度系数为 k，质点质量为 m，则

$$mg-kb=0,\quad k=\frac{mg}{b}$$

质点从 A 点静止下落到 B 点，只受重力作用，为自由落体运动. 设质点至 B 点时的速度为 v_0，

$$\frac{1}{2}mv_0^2=mga,\quad v_0=\sqrt{2ga}$$

此段运动需时 t_1，则

$$a=\frac{1}{2}gt_1^2,\quad t_1=\sqrt{\frac{2a}{g}}$$

自 B 点往下直至质点到达最低点，有下列运动微分方程：

$$m\ddot{x}=mg-k\left(x+b\right)=-\frac{mg}{b}x$$

$$\ddot{x}+\frac{g}{b}x=0$$

通解为

$$x=c\cos\left[\sqrt{\frac{g}{b}}\left(t-t_1\right)+\alpha\right]$$

初始条件为：$t=t_1$ 时，$x=-b$，$\dot{x}=v_0=\sqrt{2ga}$，故

$$-b=c\cos\alpha,\quad \sqrt{2ga}=-\sqrt{\frac{g}{b}}c\sin\alpha$$

因 $t=t_1$ 时 $x<0$，$\dot{x}>0$，α 在第三象限定出.

$$c=\sqrt{b^2+2ab}$$

$$\alpha=\arctan\sqrt{\frac{2a}{b}}-\pi$$

其中 $\arctan\sqrt{\dfrac{2a}{b}}$ 取主值. 所以

$$x=\sqrt{b^2+2ab}\cos\left[\sqrt{\frac{g}{b}}(t-t_1)+\arctan\sqrt{\frac{2a}{b}}-\pi\right]$$

达到最低点 D 时，$\dot{x}=0$，此时 t_2 满足下式：

$$-\sqrt{\frac{g}{b}}\cdot\sqrt{b^2+2ab}\sin\left[\sqrt{\frac{g}{b}}(t_2-t_1)+\arctan\sqrt{\frac{2a}{b}}-\pi\right]=0$$

即

$$\sin\left[\sqrt{\frac{g}{b}}(t_2-t_1)+\arctan\sqrt{\frac{2a}{b}}-\pi\right]=0$$

注意：因 $t_2>t_1$，在 D 点振动的相位大于在 B 点的相位，上面写的 α 取负值(在第三象限)，则在 D 点时振动相位为零(如上面的 α 取 $\arctan\sqrt{\dfrac{2a}{b}}+\pi$，则 D 点振动相位为 2π).

$$\sqrt{\frac{g}{b}}(t_2-t_1)+\arctan\sqrt{\frac{2a}{b}}-\pi=0$$

所以

$$t_2=t_1+\sqrt{\frac{b}{g}}\left(\pi-\arctan\sqrt{\frac{2a}{b}}\right)=\sqrt{\frac{2a}{g}}+\sqrt{\frac{b}{g}}\left(\pi-\arctan\sqrt{\frac{2a}{b}}\right)$$

此时

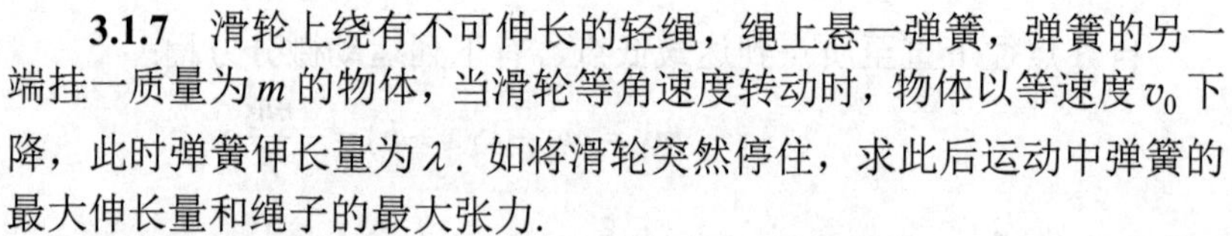

$$x=x(t_2)=\sqrt{b^2+2ab}$$

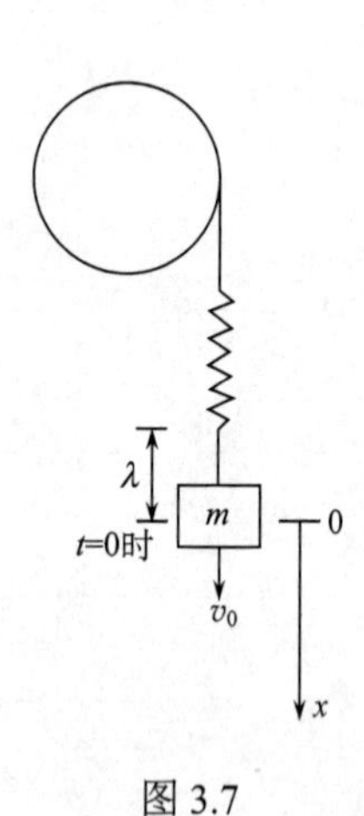

图 3.7

最低点至 A 点的距离为 $a+b+\sqrt{b^2+2ab}$.

3.1.7 滑轮上绕有不可伸长的轻绳，绳上悬一弹簧，弹簧的另一端挂一质量为 m 的物体，当滑轮等角速度转动时，物体以等速度 v_0 下降，此时弹簧伸长量为 λ. 如将滑轮突然停住，求此后运动中弹簧的最大伸长量和绳子的最大张力.

解 取滑轮突然停止时为 $t=0$，且取此时物体所在位置为坐标原点，x 轴竖直向下，如图 3.7 所示，

$$m\ddot{x}=mg-k(x+\lambda)$$

其中 k 是弹簧的劲度系数.

物体匀速运动时所受合力为零.

$$mg-k\lambda=0,\quad k=\frac{mg}{\lambda}$$

代入上式得

$$\ddot{x}+\frac{g}{\lambda}x=0$$

$$x=A\cos\left(\sqrt{\frac{g}{\lambda}}t+\alpha\right)$$

初始条件：$t=0$ 时，$x=0$，$\dot{x}=v_0$，定出

$$A=v_0\sqrt{\frac{\lambda}{g}},\quad \alpha=-\frac{\pi}{2}$$

$$x=v_0\sqrt{\frac{\lambda}{g}}\cos\left(\sqrt{\frac{g}{\lambda}}t-\frac{\pi}{2}\right)=v_0\sqrt{\frac{\lambda}{g}}\sin\left(\sqrt{\frac{g}{\lambda}}t\right)$$

弹簧的最大伸长量为

$$\lambda+x_{\max}=\lambda+v_0\sqrt{\frac{\lambda}{g}}$$

绳子最大张力等于弹簧最大伸长时的弹簧力为

$$k(\lambda+x_{\max})=\frac{mg}{\lambda}\left(\lambda+v_0\sqrt{\frac{\lambda}{g}}\right)=mg\left(1+\frac{v_0}{\sqrt{\lambda g}}\right)$$

3.1.8 如果通过实心的均质分布的无自转的地球沿一条直径钻一小隧道，一块石头从地球的一边从静止开始让它掉入隧道，经 $t_1=\frac{\pi}{\omega_0}$ 时间后在地球的另一边会看到它. 如果石头不是掉入而是以速度 v_0 抛入，问 v_0 应当多大才能使它经 $t_2=\frac{1}{2}t_1$ 时间后在地球的另一边出现?答案用 ω_0 和地球的半径 R 给出.

解 参看 2.1.78 题，可以证明：石块在隧道中受到地球的万有引力是恢复力，其大小与距平衡位置的距离成正比，方向总是指向平衡位置，不论初始条件如何，是自由掉入还是以初速 v_0 抛入，都是做相同角频率的简谐振动. 不同的初始条件，振动的振幅和初相位有所不同. 取地球中心(平衡位置)为 x 坐标的原点，设简谐振动的角频率为 ω，则

$$x=A\cos(\omega t+\alpha)$$

在地球表面一隧道口(取为 $x=R$)让石头自由掉入，即初始条件为 $t=0$ 时 $x=R$，$\dot{x}=0$，则定出 $A=R$，$\alpha=0$，所以

$$x=R\cos\omega t$$

到达另一表面的隧道口时，$t=t_1,x=-R$，有

$$\omega t_1=\pi,\qquad t_1=\frac{\pi}{\omega}$$

今知 $t_1=\frac{\pi}{\omega_0}$，可见 $\omega=\omega_0$.

现在改初始条件为 $t=0$ 时 $x=R$，$\dot{x}=-v_0$. 要求在 $t=t_2=\frac{1}{2}t_1=\frac{\pi}{2\omega_0}$ 时，$x=-R$. 要确定 v_0 值.

运动学方程可写为

$$x=A\cos(\omega_0 t+\alpha)$$

根据上述初始条件和要求，有下列三个关系：

$$R = A\cos\alpha \tag{1}$$

$$-v_0 = -A\omega_0 \sin\alpha \tag{2}$$

$$-R = A\cos\left(\omega_0 \cdot \frac{1}{2}t_1 + \alpha\right) = A\cos\left(\frac{\pi}{2} + \alpha\right) = -A\sin\alpha \tag{3}$$

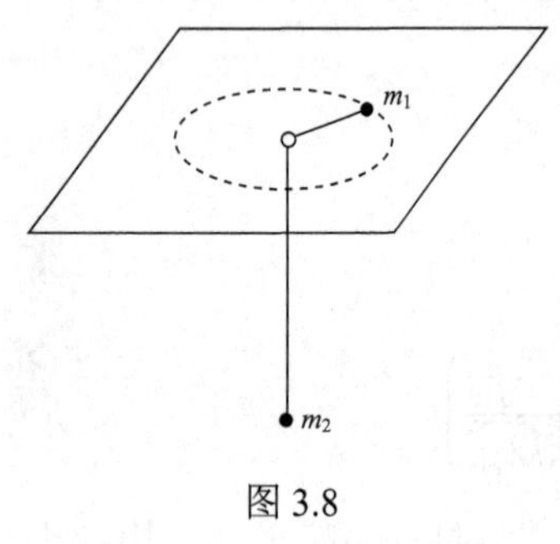

图 3.8

三个方程可解出 v_0、A和 α 三个未知量. 比较式(2)、(3)，即得 $v_0 = R\omega_0$.

3.1.9　一根不计质量、不可伸长的绳子，穿过光滑的水平桌面上的小孔，两端分别连着质量分别为m_1和m_2 的两个物体. m_1 在水平桌面上做半径为 r_0 的圆周运动时，m_2 静止不动，如图 3.8 所示. 今给 m_2 一个向下的极小的冲量，证明 m_2 将做简谐振动，并求出其振动周期(小孔的摩擦力可忽略不计).

解　取小孔为坐标原点，用平面极坐标描述 m_1 的运动，用竖直向下的 z 轴描述 m_2 的运动，设绳子张力为T，

$$m_1\left(\ddot{r} - r\dot{\varphi}^2\right) = -T \tag{1}$$

$$m_1\left(r\ddot{\varphi} + 2\dot{r}\dot{\varphi}\right) = \frac{m_1}{r}\frac{\mathrm{d}}{\mathrm{d}t}\left(r^2\dot{\varphi}\right) = 0 \tag{2}$$

$$m_2\ddot{z} = m_2 g - T \tag{3}$$

由式(2)知

$$r^2\dot{\varphi} = 常量$$

由 m_1 做半径为 r_0 的圆周运动确定此常量. 设做此圆周运动时的 $\dot{\varphi} = \dot{\varphi}_0$，由自然坐标法向方程

$$m_1 r_0 \dot{\varphi}_0^2 = T = m_2 g$$

得

$$r_0^2\dot{\varphi}_0 = r_0\sqrt{\frac{m_2 g r_0}{m_1}}$$

所以

$$r^2\dot{\varphi} = r_0^2\dot{\varphi}_0 = r_0\sqrt{\frac{m_2 g r_0}{m_1}} \tag{4}$$

由式(4)，式(1)可改写为

$$m_1\left(\ddot{r} - \frac{m_2 g r_0^3}{m_1 r^3}\right) = -T \tag{5}$$

考虑绳子不可伸长，$r + z = 常量$，$\ddot{r} = -\ddot{z}$，式(3)可改写为

$$-m_2\ddot{r} = m_2 g - T \tag{6}$$

式(5)–式(6)得

$$\left(m_1 + m_2\right)\ddot{r} - \frac{m_2 g r_0^3}{r^3} = -m_2 g \tag{7}$$

用

$$r=r_0+\xi=r_0\left(1+\frac{\xi}{r_0}\right)$$

$$r^{-3}=r_0^{-3}\left(1+\frac{\xi}{r_0}\right)^{-3}\approx r_0^{-3}\left(1-\frac{3\xi}{r_0}\right)(\text{略去高级小量})$$

$$\ddot{r}=\ddot{\xi}$$

式(7)可改写为

$$(m_1+m_2)\ddot{\xi}+\frac{3m_2g}{r_0}\xi=0 \tag{8}$$

$$r+z=\text{常量},\quad r_0+\xi+z=\text{常量}$$

$$\ddot{\xi}=-\ddot{z}$$

式(8)可改写为

$$-(m_1+m_2)\ddot{z}-\frac{3m_2g}{r_0}z=\text{常量}$$

$$\ddot{z}+\frac{3m_2g}{(m_1+m_2)r_0}z=\text{常量} \tag{9}$$

式(9)是简谐振动的运动微分方程，常量只是表明平衡位置不在$z=0$，角频率和周期分别为

$$\omega=\sqrt{\frac{3m_2g}{(m_1+m_2)r_0}},\quad T=\frac{2\pi}{\omega}=2\pi\sqrt{\frac{(m_1+m_2)r_0}{3m_2g}}$$

3.1.10 一质量为M的质点在势能$V(x)=-kx\mathrm{e}^{-ax}$(k和a均为正值、常量)的影响下沿x轴运动，求平衡位置和在此平衡位置附近做小幅振动的周期. 若k和(或)a是负的常数，情况如何?

解

$$V(x)=-kx\mathrm{e}^{-ax}$$

$$f(x)=-\frac{\mathrm{d}V(x)}{\mathrm{d}x}=+k\mathrm{e}^{-ax}-akx\mathrm{e}^{-ax}$$

平衡位置

$$f(x)=0$$

$$-k\mathrm{e}^{-ax}+akx\mathrm{e}^{-ax}=0,x=\frac{1}{a}$$

$$M\ddot{x}=f(x)=+k\mathrm{e}^{-ax}(1-ax) \tag{1}$$

考虑在平衡位置$x=\dfrac{1}{a}$附近的运动，

$$x=\frac{1}{a}+\xi\quad\text{或}\quad\xi=x-\frac{1}{a}$$

$$
\begin{aligned}
f(x)=f\left(\frac{1}{a}+\xi\right)&=+k\mathrm{e}^{-a\left(\frac{1}{a}+\xi\right)}\left[1-a\left(\frac{1}{a}+\xi\right)\right]\\
&=-\frac{ka}{e}\mathrm{e}^{-a\xi}\xi=-\frac{ka}{e}\left(1-a\xi+\frac{1}{2}a^2\xi^2+\cdots\right)\xi\\
&\approx-\frac{ka}{e}\xi(\text{只保留一级小量})
\end{aligned}
$$

在 $x=\dfrac{1}{a}$ 附近的运动，式(1)可近似为

$$
M\ddot{\xi}=-\frac{ka}{e}\xi \quad 或 \quad \ddot{\xi}+\frac{ka}{eM}\xi=0
$$

这是简谐振动的运动微分方程，可保持在平衡位置附近做小幅振动. 振动的角频率和周期为

$$
\omega=\sqrt{\frac{ka}{eM}},\quad T=2\pi\sqrt{\frac{eM}{ka}}
$$

若 k 和 a 均为负的常量，$\dfrac{1}{a}$ 仍是稳定平衡位置，可在它的附近做小幅简谐振动，上述 ω 和 T 仍成立. 若 k 和 a 中有一个为负值，则 $\dfrac{1}{a}$ 仍是平衡位置，但是不稳定平衡位置，质点偏离平衡位置后，受到的力不是恢复力，质点不能保持在平衡位置附近的运动.

3.1.11　悬挂在原点的“单摆”，两边用旋轮线

$$
x=a(\varphi-\sin\varphi),\quad y=a(1-\cos\varphi)
$$

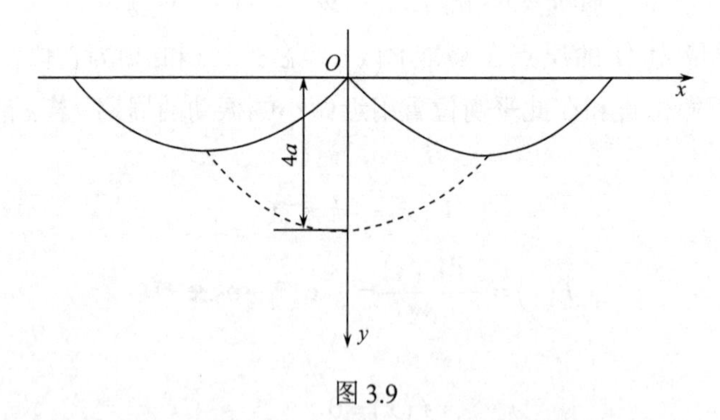

图 3.9

(其中 φ 为产生旋轮线的半径为 a 的圆轮转过的角度)做成挡板来对“单摆”的摆长加以限制，如图 3.9 所示. “单摆”由长度为 $4a$ 的不可伸长的轻绳和摆锤构成. 证明：

(1)摆锤的轨迹是一条旋轮线；

(2)摆锤的运动是周期运动，其周期为 $T=2\pi\sqrt{\dfrac{4a}{g}}$，与摆幅无关.

提示：用自然坐标的运动微分方程，证明 $\sin\theta$ 做简谐振动，θ 是摆线的直线部分与 y 轴的夹角.

证明　(1) 图 3.10 中 OPM 是在某时刻受挡板限制的一条摆线，OP 是摆线沿挡板的曲线部分，PM 是摆线的直线部分，图中的 φ 就是表示 P 点 x、y 坐标所用的参数 φ，$a\varphi = OQ$. PM 是摆线与旋轮线挡板不相接触的部分，PM 与旋轮线相切. 设 PM 与 y 轴的夹角为 θ，如图 3.10 所示.

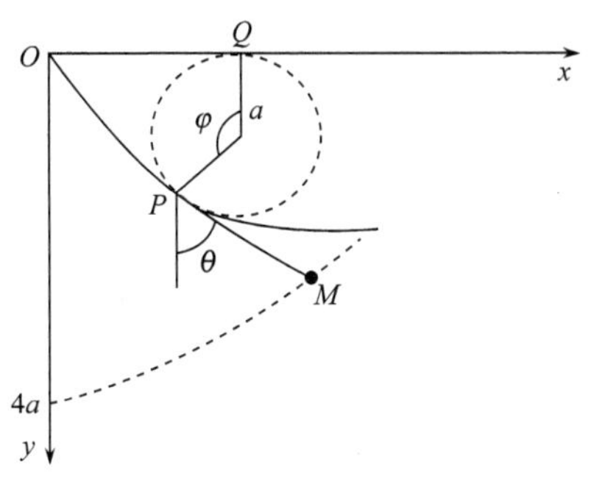

图 3.10

$$\tan\theta = \frac{dx}{dy} = \frac{dx/d\varphi}{dy/d\varphi}$$

$$= \frac{a(1-\cos\varphi)}{a\sin\varphi} = \frac{2\sin^2\frac{\varphi}{2}}{2\sin\frac{\varphi}{2}\cos\frac{\varphi}{2}} = \tan\frac{\varphi}{2}$$

所以 $\theta = \frac{1}{2}\varphi$.

设摆锤 M 的 x、y 坐标为 x'、y'，与 P 点的坐标 x、y 有下列关系：

$$x' = x + PM\sin\theta, \quad y' = y + PM\cos\theta$$

为计算 PM，先计算 $\overset{\frown}{OP}$ 段长度 s. 设旋轮的角速度为 $\dot{\varphi}$，则 P 点沿旋轮线运动的速度为

$$\boldsymbol{v} = \frac{dx}{d\varphi}\dot{\varphi}\boldsymbol{i} + \frac{dy}{d\varphi}\dot{\varphi}\boldsymbol{j}$$

$$v = \left[\left(\frac{dx}{d\varphi}\right)^2\dot{\varphi}^2 + \left(\frac{dy}{d\varphi}\right)^2\dot{\varphi}^2\right]^{1/2}$$

$$s = \int v dt = \int\left[\left(\frac{dx}{d\varphi}\right)^2 + \left(\frac{dy}{d\varphi}\right)^2\right]^{1/2}\dot{\varphi}dt$$

$$= \int_0^{\varphi}\sqrt{\left[a(1-\cos\varphi)\right]^2 + (a\sin\varphi)^2}\,d\varphi$$

$$= a\int_0^{\varphi}\sqrt{2(1-\cos\varphi)}\,d\varphi = a\int_0^{\varphi}\sqrt{4\sin^2\frac{\varphi}{2}}\,d\varphi$$

$$= 4a\left(1-\cos\frac{\varphi}{2}\right)$$

$$PM = 4a - s = 4a\cos\frac{\varphi}{2}$$

$$x' = x + PM\sin\theta = a(\varphi + \sin\varphi)$$

$$y' = y + PM\cos\theta = a(3 + \cos\varphi)$$

这个 x'、y' 是旋轮线方程，而且是和挡板的旋轮线一样的方程，旋轮的半径相同，只是坐标轴取法不同(有一平移)，转角的零点不同. 为说明这一点，引入 $\varphi' = \varphi - \pi$，并令 $x'' = x' - a\pi, y'' = y' - 2a$，则

$$x''=a\left[\varphi'+\pi+\sin(\varphi'+\pi)\right]-a\pi=a(\varphi'-\sin\varphi')$$

$$y''=a\left[3+\cos(\varphi'+\pi)\right]-2a=a(1-\cos\varphi')$$

(2) 设摆锤质量为 m，对摆锤列自然坐标的切向方程. 为了与前面已用过的 v，s 相区别，描述 M 点摆锤运动的各物理量除时间仍用 t 以外，均带“′”.

$$m\frac{\mathrm{d}v'}{\mathrm{d}t}=mg\boldsymbol{j}\cdot\boldsymbol{\tau}$$

其中 $\boldsymbol{\tau}$ 是轨道切线方向的单位矢量，

$$\tau=\frac{\boldsymbol{v}'}{v'}=\frac{1}{v'}\left(\frac{\mathrm{d}x'}{\mathrm{d}t}\boldsymbol{i}+\frac{\mathrm{d}y'}{\mathrm{d}t}\boldsymbol{j}\right)=\frac{\mathrm{d}x'}{\mathrm{d}s'}\boldsymbol{i}+\frac{\mathrm{d}y'}{\mathrm{d}s'}\boldsymbol{j}$$

$$mg\boldsymbol{j}\cdot\boldsymbol{\tau}=mg\frac{\mathrm{d}y'}{\mathrm{d}s'}$$

$$y'=a(3+\cos\varphi),\quad \mathrm{d}y'=-a\sin\varphi\mathrm{d}\varphi$$

$$\mathrm{d}s'=\sqrt{(\mathrm{d}x')^2+(\mathrm{d}y')^2}=\sqrt{a^2(1+\cos\varphi)^2+a^2\sin^2\varphi}\mathrm{d}\varphi=2a\cos\frac{\varphi}{2}\mathrm{d}\varphi$$

$$mg\boldsymbol{j}\cdot\boldsymbol{\tau}=mg\frac{-a\sin\varphi\mathrm{d}\varphi}{2a\cos\frac{\varphi}{2}\mathrm{d}\varphi}=-mg\sin\frac{\varphi}{2}=-mg\sin\theta$$

$$\mathrm{d}s'=2a\cos\theta\mathrm{d}(2\theta)=4a\mathrm{d}\sin\theta$$

$$v'=\frac{\mathrm{d}s'}{\mathrm{d}t}=4a\frac{\mathrm{d}\sin\theta}{\mathrm{d}t}$$

$$\frac{\mathrm{d}v'}{\mathrm{d}t}=4a\frac{\mathrm{d}^2\sin\theta}{\mathrm{d}t^2}$$

将 $\frac{\mathrm{d}v'}{\mathrm{d}t}$ 和 $mg\boldsymbol{j}\cdot\boldsymbol{\tau}$ 代入自然坐标的切向方程，

$$4am\frac{\mathrm{d}^2\sin\theta}{\mathrm{d}t^2}=-mg\sin\theta$$

$$\frac{\mathrm{d}^2\sin\theta}{\mathrm{d}t^2}+\frac{g}{4a}\sin\theta=0$$

$\sin\theta$ 做简谐振动，说明摆锤的运动是周期性的，其周期为

$$T=2\pi\sqrt{\frac{4a}{g}}$$

导出上述关于 $\sin\theta$ 的微分方程中对 $\sin\theta$ 没有任何限制，θ 值反映摆幅的大小，因此摆锤做的周期运动的周期与摆幅无关.

说明：以上的证明只适用于摆长等于 $4a$，a 为旋轮线挡板的旋轮半径这样的“单摆”.

3.1.12 若放置在光滑的水平面上的弹簧振动系统，弹簧的质量不可忽略，证明系统的振动周期为

$$T = 2\pi\sqrt{\frac{M + m/3}{k}}$$

其中 m 为弹簧的质量，k 为弹簧的劲度系数，M 为系于弹簧上的物体的质量.

提示：可将弹簧等效于一个弹簧振子：质量可忽略的弹簧的原长和劲度系数均与质量不可忽略的弹簧一样，连在弹簧上的物体质量为 m'，先证明 $m' = \frac{1}{3}m$.

证明　取系统(包括物体与弹簧)平衡时为 x 轴的零点，x 表示物体的位置，也是弹簧的伸长量.

弹簧伸长量为 x 时，弹簧的势能为 $\frac{1}{2}kx^2$，物体的速度为 $\dot{x}$，物体的动能为 $\frac{1}{2}M\dot{x}^2$，弹簧的动能可用积分计算，设此时弹簧长 l，考虑 $x = x'$ 至 $x = x' + \mathrm{d}x'$ 段弹簧的动能，这段弹簧的质量为 $\frac{m}{l}\mathrm{d}x'$，速度为 $\frac{x'}{l}\dot{x}$，动能为

$$\frac{1}{2}\left(\frac{m}{l}\mathrm{d}x'\right)\left(\frac{x'}{l}\dot{x}\right)^2 = \frac{1}{2}\frac{mx'^2}{l^3}\dot{x}^2\mathrm{d}x'$$

整个弹簧的动能为

$$\int_0^l \frac{1}{2}\frac{mx'^2}{l^3}\dot{x}^2\mathrm{d}x' = \frac{1}{6}m\dot{x}^2 = \frac{1}{2}\left(\frac{1}{3}m\right)\dot{x}^2$$

弹簧的动能和势能和提示中说的等效弹簧振子一样.

整个系统的机械能守恒，

$$\frac{1}{2}M\dot{x}^2 + \frac{1}{6}m\dot{x}^2 + \frac{1}{2}kx^2 = 常量$$

两边对时间求导，

$$M\dot{x}\ddot{x} + \frac{1}{3}m\dot{x}\ddot{x} + kx\dot{x} = 0$$

$$\left(M + \frac{1}{3}m\right)\ddot{x} + kx = 0$$

此即简谐振动方程，从而振动频率和周期分别为

$$\omega = \sqrt{\frac{k}{M + \frac{1}{3}m}},\quad T = \frac{2\pi}{\omega} = 2\pi\sqrt{\frac{M + \frac{1}{3}m}{k}}$$

3.1.13　一个质量为 m 的小物体放在光滑的水平面上被两个原长为 l_0、劲度系数为 k 的弹簧约束，在图 3.11 所示的平衡位置附近做小振动.

(1) 求小振动的角频率；

(2) 如果弹簧原长变为 $2l_0$，运动将会发生什么定性变化?

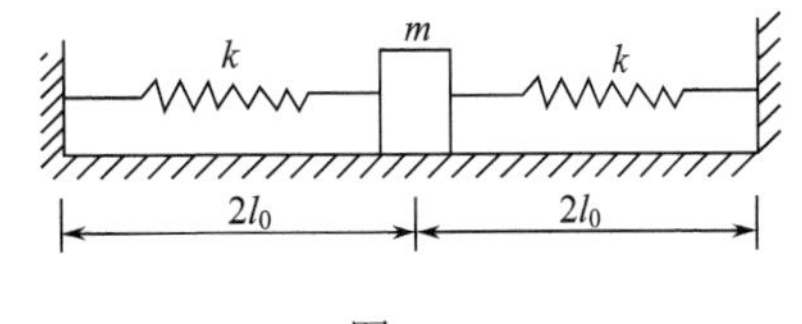

图 3.11

解 沿平衡时的弹簧方向取x轴，垂直于弹簧的方向取y轴，平衡位置为坐标原点.

(1)
$$m\ddot{x}=-k\left(\sqrt{(2l_0+x)^2+y^2}-l_0\right)\cdot\frac{2l_0+x}{\sqrt{(2l_0+x)^2+y^2}}$$
$$+k\left(\sqrt{(2l_0-x)^2+y^2}-l_0\right)\frac{2l_0-x}{\sqrt{(2l_0-x)^2+y^2}}$$
$$m\ddot{y}=-k\left(\sqrt{(2l_0+x)^2+y^2}-l_0\right)\cdot\frac{y}{\sqrt{(2l_0+x)^2+y^2}}$$
$$-k\left(\sqrt{(2l_0-x)^2+y^2}-l_0\right)\frac{y}{\sqrt{(2l_0-x)^2+y^2}}$$

考虑到小振动，x、y为一级小量，对以上两式作近似，只保留一级小量，可得
$$m\ddot{x}=-2kx$$
$$m\ddot{y}=-ky$$

x方向简谐振动的角频率为
$$\omega_x=\sqrt{\frac{2k}{m}}$$

y方向简谐振动的角频率为
$$\omega_y=\sqrt{\frac{k}{m}}$$

(2) 在弹簧原长改为$2l_0$的情况下，近似时，保留不为零的最低级近似项，得
$$m\ddot{x}=-2kx$$
$$m\ddot{y}=-\frac{k}{4l_0^2}y^3$$

可见，x方向的振动与(1)问的解答相同，仍做简谐振动，振动的角频率仍为$\omega_x=\sqrt{\frac{2k}{m}}$，$y$方向的运动不是简谐振动，但受力方向仍指向平衡位置，仍是围绕平衡位置的周期运动.

3.1.14 一个机器内某零件的振动规律为
$$x=0.4\sin\omega t+0.3\cos\omega t$$
x的单位为cm，$\omega=20\text{s}^{-1}$. 求这个振动的振幅、最大速度及最大加速度.

解
$$x=A\cos(\omega t+\alpha)=A\cos\omega t\cos\alpha-A\sin\omega t\sin\alpha$$

与$x=0.4\sin\omega t+0.3\cos\omega t$比较，可得
$$A\cos\alpha=0.3, A\sin\alpha=-0.4$$

解得
$$A=\sqrt{(0.3)^2+(-0.4)^2}=0.5(\text{cm})$$
$$v_{\max}=A\omega=0.5\times20=10(\text{cm}\cdot\text{s}^{-1})$$
$$a_{\max}=A\omega^2=0.5\times(20)^2=200(\text{cm}\cdot\text{s}^{-2})$$

3.1.15 判断下列振动是否周期运动，若是周期运动，求出它的周期：

(1) $x(t)=3\cos(4t)+5\sin(4.2t)$;

(2) $x(t)=\cos\left(\frac{1}{49}t\right)+2\cos\left(\frac{1}{51}t\right)$;

(3) $x(t)=3\cos(10t)+4\sin[(10+\pi)t]$;

(4) $x(t)=2\cos(3t)+5\cos^2(1.4t)$;

(5) $x(t)=\sin(\sqrt{5}t)-3\cos(\sqrt{10}t)$;

(6) $x(t)=5\sin(\sqrt{2}t)+2\sin^2(2\sqrt{2}t)$.

解 (1) $T_1=\frac{2\pi}{4}=\frac{10\pi}{20}, T_2=\frac{2\pi}{4.2}=\frac{10\pi}{21}$.

T_1、T_2 的最小公倍数是 $T=10\pi$，它是 T_1 的 20 倍、T_2 的 21 倍，20 和 21 都是整数，无公因子，故是周期运动，周期 $T=10\pi$.

(2)
$$T_1=2\frac{\pi}{\frac{1}{49}}=98\pi,\quad T_2=2\frac{\pi}{\frac{1}{51}}=102\pi$$

T_1、T_2 的最小公倍数是 4998π，故是周期运动，周期 $T=4998\pi$.

(3)
$$T_1=\frac{2\pi}{10},\quad T_2=\frac{2\pi}{10+\pi}$$

π 是无理数，T_1与T_2之比是无理数，所以不是周期运动.

(4)
$$\cos^2(1.4t)=\frac{1}{2}[1+\cos(2.8t)]$$

$$T_1=\frac{2\pi}{3}=\frac{10\pi}{15},\quad T_2=\frac{2\pi}{2.8}=\frac{10\pi}{14}$$

T_1与T_2之比是有理数，是周期运动，周期为10π.

(5)
$$T_1=\frac{2\pi}{\sqrt{5}},\quad T_2=\frac{2\pi}{\sqrt{10}}$$

$\frac{T_1}{T_2}=\sqrt{2}$ 为无理数，不是周期运动.

(6)
$$\sin^2(2\sqrt{2}t)=\frac{1}{2}[1-\cos(4\sqrt{2}t)]$$

$$T_1=\frac{2\pi}{\sqrt{2}},\quad T_2=\frac{2\pi}{4\sqrt{2}}$$

$\frac{T_1}{T_2}=4$ 为有理数，是周期运动，T_1、T_2 的最小公倍数为 $\sqrt{2}\pi$（它是 $T_1, T_1=4T_2$），周期 $T=\sqrt{2}\pi$.

3.1.16 两个在同一直线上做频率相同的简谐振动的合振动的振幅为10cm，合振动的相位超前第一个振动$\frac{\pi}{6}$，第一个振动的振幅 $A_1=8.0\text{cm}$. 求第二个振动的振幅 A_2 及它与第一个振动的相位差.

解

$$x_1 = A_1\cos(\omega t+\alpha_1) = 8.0\cos(\omega t+\alpha_1)$$

$$x_2 = A_2\cos(\omega t+\alpha_2)$$

$$x = x_1 + x_2 = A\cos(\omega t+\alpha) = 10\cos\left(\omega t+\alpha_1+\frac{\pi}{6}\right)$$

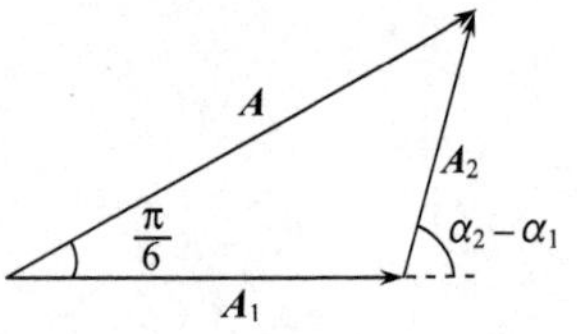

由 $\boldsymbol{A}=\boldsymbol{A}_1+\boldsymbol{A}_2$，已知 $A_1 = 8.0\text{cm}, A = 10\text{cm}$，$\alpha=\alpha_1+\dfrac{\pi}{6}$，画振幅矢量图，如图 3.12 所示，

图 3.12

$$A_2=\sqrt{A^2+A_1^2-2AA_1\cos\frac{\pi}{6}}=5.04\text{cm}$$

$$\alpha_2-\alpha_1=\arctan\left(\frac{A\sin\dfrac{\pi}{6}}{A\cos\dfrac{\pi}{6}-A_1}\right)=82.5°$$

3.1.17 一弹簧振子的劲度系数 $k_1 = 9.8\,\text{N/m}$，质量 $m=9.8\times10^{-2}\,\text{kg}$，它的影子水平地投射在一屏上，该屏的质量 $M = 0.98\text{kg}$，通过劲度系数 $k_2 = 98\,\text{N/m}$ 的弹簧挂起来，如图 3.13 所示. 开始时，把它们都从平衡位置拉下 0.10m，先释放弹簧振子，如果要使影子在屏上振动的振幅为 0.050m，问要过多长时间释放屏?并写出影子在屏上的振动方程.

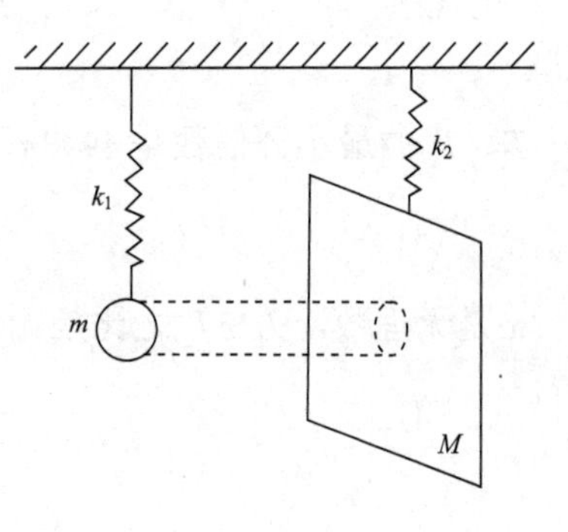

图 3.13

解 用 x_1、x_2 分别表示 m、M 的坐标，向下为正，原点均取在平衡位置，$x = x_1 - x_2$ 表示影子在屏上的坐标. 释放振子时，$t = 0, t = t_0$ 时释放屏.

$$x_1 = A_1\cos\sqrt{\frac{k_1}{m}}t = 0.10\cos10t$$

$$x_2 = A_2\cos\sqrt{\frac{k_2}{M}}(t-t_0) = 0.10\cos10(t-t_0)$$

$$x = x_1 - x_2 = 0.050\cos(10t+\alpha)$$

要求出 t_0 和 α.

方法一：用矢量图法，图 3.14(a) 和 (b) 分别画出了 t_0 的两个答案.

图 3.14(a)：

$$10t_0 = 2\arcsin\left(\frac{\frac{1}{2}\times0.050}{0.10}\right)+2\pi n$$

$$t_0 = (0.0505+0.628n)\text{s},\quad n=0,1,2,\cdots$$

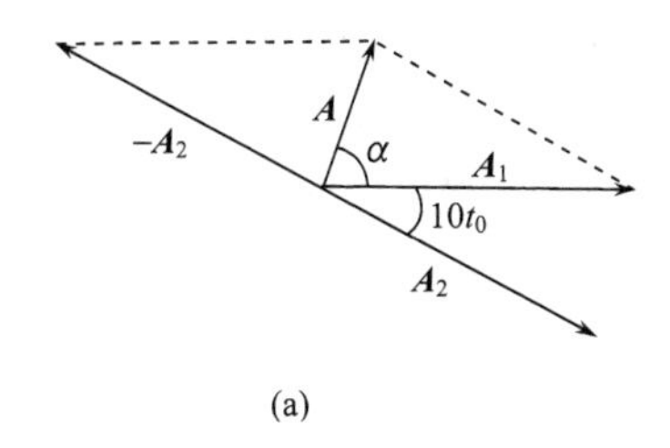

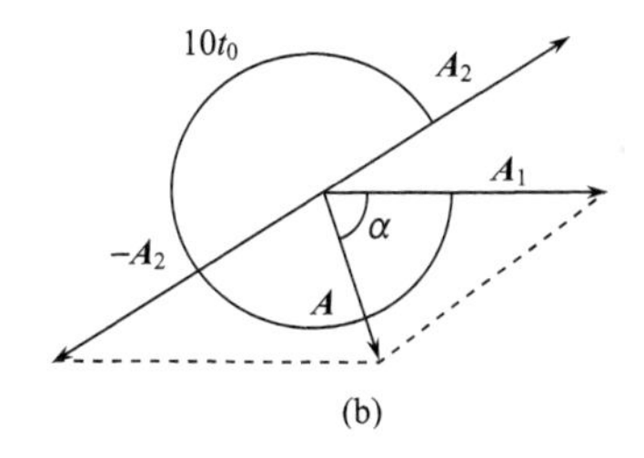

图 3.14

图 3.14(b)：

$$10t_0 = 2\pi - 2\arcsin\left(\frac{\frac{1}{2}\times 0.050}{0.10}\right) + 2\pi(n-1)$$

$$t_0 = (-0.0505 + 0.628n)\text{s}, \quad n = 1,2,3,\cdots$$

可合写成

$$t_0 = |\pm 0.0505 + 0.628n|\text{s}, \quad n = 0,1,2,\cdots$$

$$\alpha = \pm\arccos\left(\frac{\frac{1}{2}\times 0.050}{0.10}\right) = \pm 1.318(\text{rad})$$

$$x = 0.050\cos(10t \pm 1.318)(\text{m})$$

方法二：用分析法，

$$0.10\cos 10t - 0.10\cos(10t - 10t_0) = 0.050\cos(10t + \alpha)$$

$$0.10\cos 10t - (0.10\cos 10t\cos 10t_0 + 0.10\sin 10t\sin 10t_0)$$
$$= 0.050\cos 10t\cos\alpha - 0.050\sin 10t\sin\alpha$$

两边 $\cos 10t$、$\sin 10t$ 的系数分别相等，得

$$0.10 - 0.10\cos 10t_0 = 0.050\cos\alpha - 0.10\sin 10t_0 = -0.050\sin\alpha$$

两式平方后相加，解出 $\cos 10t_0$，得

$$\cos 10t_0 = \frac{2(0.10)^2 - (0.050)^2}{2\cdot(0.10)^2} = 0.875$$

$$10t_0 = \arccos 0.875 = \pm 0.505 + 2\pi n$$

所以

$$t_0 = |\pm 0.0505 + 0.628n|\text{s}, \quad n = 0,1,2,\cdots$$

因为 t_0 要取正值(后释放屏)，不取 $t_0 = -0.505\text{s}$，

$$\alpha = \arccos\left[\frac{1}{0.050}(0.10 - 0.10\cos 10t_0)\right] = \pm 1.318(\text{rad})$$

3.1.18 用旋转矢量法证明，在同一直线上的 N 个简谐振动，它们有相同的振幅 A_0、相同的角频率 ω_0、相位依次超前 δ，即

$$x_i = A_0\cos[\omega t + (i-1)\delta] \quad (i = 1,2,\cdots,N)$$

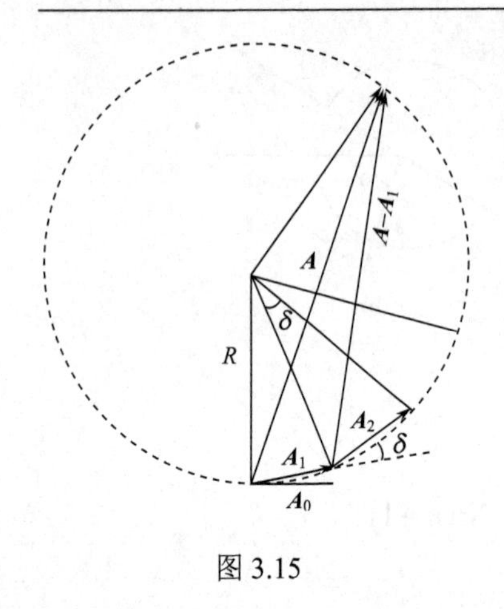

图 3.15

叠加后的合振动

$$x=\sum_{i=1}^{N}x_i=A_0\frac{\sin\left(\frac{1}{2}N\delta\right)}{\sin\left(\frac{1}{2}\delta\right)}\cos\left[\omega t+\frac{1}{2}(N-1)\delta\right]$$

提示：考虑 N 个振幅矢量都是一个圆上的弦，每个振幅矢量是正多边形的一条边.

证明　考虑 N 个振幅矢量都是一个圆上的弦，每个振幅矢量是正多边形的一条边，如图 3.15 所示，每个振幅矢量这条弦所对应的中心角等于相邻两振幅矢量的夹角，也等于两个相位相近的简谐振动的相位差 δ（从圆心作相邻两弦的垂线，其夹角等于 δ，也等于弦对应的中心角）.

圆的半径

$$R=\frac{1}{2}\frac{A_0}{\sin\left(\frac{1}{2}\delta\right)}$$

N 个振幅矢量之和相应的弦对应的中心角为 $N\delta$，合矢量 $\boldsymbol{A}$ 的大小为

$$A=2R\sin\left(\frac{1}{2}N\delta\right)=A_0\frac{\sin\left(\frac{1}{2}N\delta\right)}{\sin\left(\frac{1}{2}\delta\right)}$$

$\boldsymbol{A}$与$\boldsymbol{A}_1$的相位差是 $\boldsymbol{A}-\boldsymbol{A}_1$ 这条弦所对应的圆周角.

相应的中心角为$(N-1)\delta$，故此圆周角为$\frac{1}{2}(N-1)\delta$.

$$x_1=A_0\cos\omega t$$

$$\begin{aligned}x=\sum_{i=1}^{N}x_i&=A\cos\left[\omega t+\frac{1}{2}(N-1)\delta\right]\\&=A_0\frac{\sin\left(\frac{1}{2}N\delta\right)}{\sin\left(\frac{1}{2}\delta\right)}\cos\left[\omega t+\frac{1}{2}(N-1)\delta\right]\end{aligned}$$

3.1.19　有两支标有 256Hz 的音叉，一支是标准的，另一支是待校正的. 同时敲击两支音叉，在半分钟内能听到 45 拍，若在待校正的音叉上适当涂蜡，从少逐渐增多，在半分钟内听到的拍数先减少到听不见拍声，而后又增多，问待校正音叉原来的频率多大?

解　$\nu_1=256\text{Hz}$ 是标准音叉的频率，设ν_2为待校正音叉的频率.

两同方向、频率不同但相接近的两个简谐振动的合振动为拍，拍频为

$$|\nu_2-\nu_1|=\frac{45}{30}=1.5(\text{Hz})$$

参照弹簧振子的振动频率为$\frac{1}{2\pi}\sqrt{\frac{k}{m}}$，今音叉涂蜡使质量增大了，而弹性不变，故涂蜡将使音叉的频率减小，涂蜡从少逐渐增多，听到的拍数先减少到听不见再逐渐增多，说明未涂蜡时$\nu_2>\nu_1$，故待校正的音叉原来的频率为

$$\nu_2=\nu_1+1.5=257.5(\text{Hz})$$

3.1.20 画出在互相垂直的两个方向振动的合成运动的轨道，并在图上标明运动方向.

(1) $x=A\sin\omega t, y=B\sin\left(\omega t-\frac{\pi}{3}\right)$;

(2) $x=A\sin\omega t, y=B\sin\left(2\omega t+\frac{5}{4}\pi\right)$.

解 (1)如图 3.16 所示.

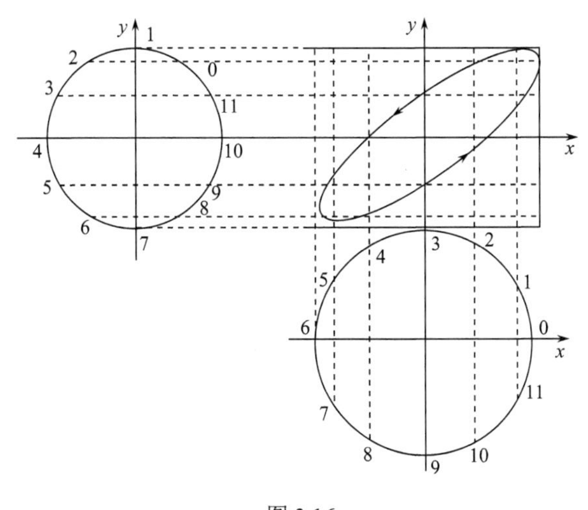

图 3.16

注意：图 3.16 中标的“0”、“1”等是对$x=A\cos\omega t, y=B\cos\left(\omega t-\frac{\pi}{3}\right)$情况标的，不影响沿轨道的运行方向. 如按$x=A\sin\omega t, y=B\sin\left(\omega t-\frac{\pi}{3}\right)$情况标号，则图中“9”、“10”、“11”分别改为“0”、“1”、“2”，依次类推. 差别仅在于时间零点的选取有所不同而已.

(2)如图 3.17 所示.

注意：x方向与y方向的两个简谐振动的角频率不同，图 3.17 中的标号“0”、“1”、“2”等必须按$x=A\sin\omega t, y=B\sin\left(2\omega t+\frac{5}{4}\pi\right)$标出，因为两者的差别不是时间的零点的选取问题.

3.1.21 图 3.18 中的各图是在相互垂直的两个方向振动合成的利萨如图形：已知水

平方向的振动的角频率为ω，求竖直方向的振动的角频率.

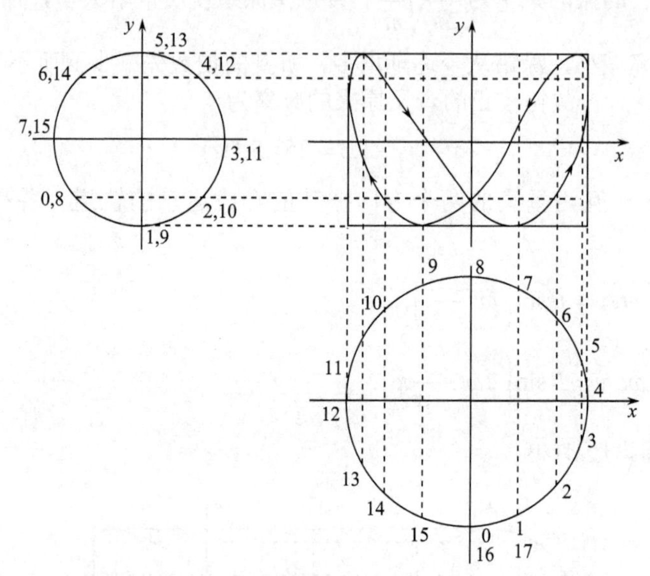

图 3.17

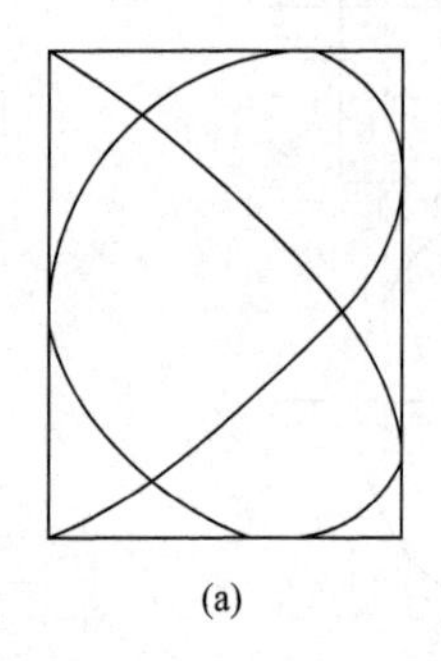

(a)

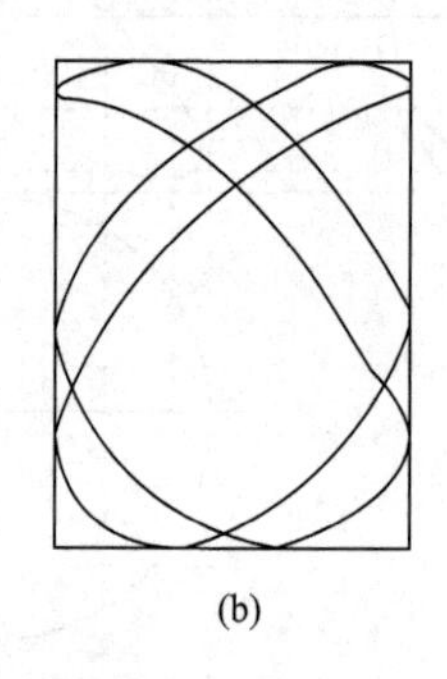

(b)

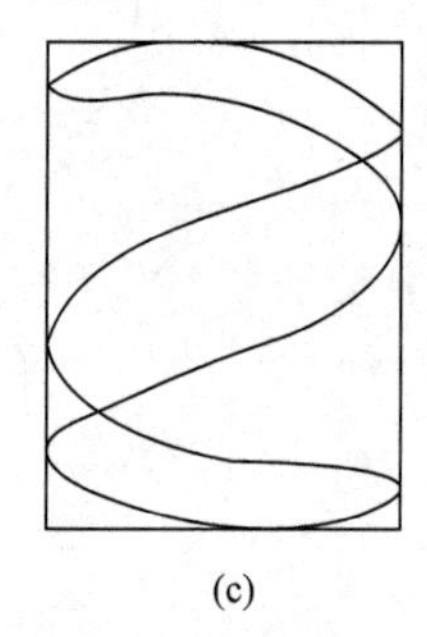

(c)

图 3.18

解　取x轴沿水平方向，y轴沿竖直方向.

(a)　$2T_x = 1.5T_y$，　$\dfrac{\omega_y}{\omega_x} = \dfrac{T_x}{T_y} = \dfrac{1.5}{2}$，　$\omega_y = \dfrac{1.5}{2}\omega_x = \dfrac{3}{4}\omega$

(b)　$3T_x = 2T_y$，　$\omega_y = \dfrac{T_x}{T_y}\omega_x = \dfrac{2}{3}\omega$

(c)　$3T_x = T_y$，　$\omega_y = \dfrac{T_x}{T_y}\omega_x = \dfrac{1}{3}\omega$

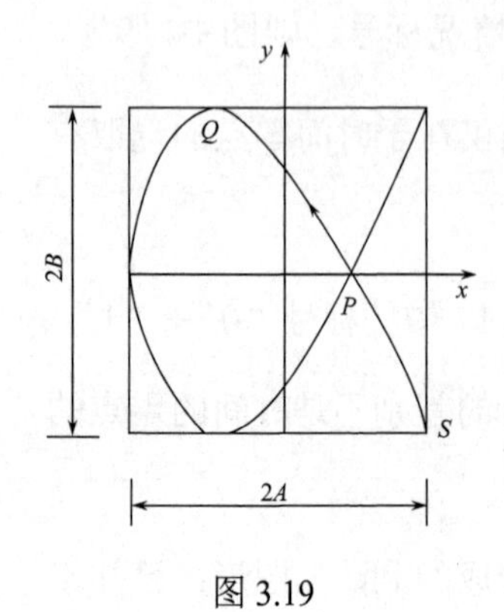

图 3.19

3.1.22　在图 3.19 所示的示波器荧光屏上显示的利萨如图形中，已知水平偏转信号的频率为100Hz，若运行方向如图中箭头所示，且$t=0$时位于S点. 试写出水平偏转信号和竖直偏转信号的表示式，并求出P、Q两点的x坐标.

解

$$x = A\cos(2\pi\cdot 100t) = A\cos(200\pi t)$$

$$T_x = 1.5T_y,\quad \omega_y = \frac{T_x}{T_y}\omega_x = 300\pi$$

所以

$$y = B\cos(300\pi t - \pi)$$

在 P 点，$y=0$，$300\pi t - \pi = -\frac{\pi}{2}, t = \frac{1}{600}\text{s}, x = A\cos\left(200\pi\cdot\frac{1}{600}\right) = \frac{1}{2}A$.

在 Q 点，$y = B, 300\pi t - \pi = 0, t = \frac{1}{300}\text{s}, x = A\cos\left(200\pi\cdot\frac{1}{300}\right) = -\frac{1}{2}A$.

3.1.23 上题中，若 $t=0$ 时位于 P 点，写出水平、竖直两方向偏转信号的表示式.

解法一 在 P 点，$y=0, \dot{y}>0$ 故 y 方向振动的初相位为 $-\frac{\pi}{2}$，y 方向振动的表示式为

$$y = B\cos\left(300\pi t - \frac{\pi}{2}\right)$$

在 S 点，x、y 坐标都是已知的，相位也是已知的，

$$-B = B\cos\left(300\pi t_s - \frac{\pi}{2}\right) = B\cos(-\pi)$$

$$300\pi t_s - \frac{\pi}{2} = -\pi,\quad t_s = -\frac{1}{600}\text{s}$$

$$A = A\cos(200\pi t_s + \alpha) = A\cos 0$$

$$200\pi\left(-\frac{1}{600}\right) + \alpha = 0,\quad \alpha = +\frac{\pi}{3}$$

所以

$$x = A\cos\left(200\pi t + \frac{\pi}{3}\right)$$

解法二 利用上题结果：在 P 点的时刻为 $t_P = \frac{1}{600}\text{s}$. 把时间的零点从上题的 S 点改为本题的 P 点，把上题的表示式中的 t 改为 $t + \frac{1}{600}$ 即得本题所求的表示式.

$$x = A\cos\left[200\pi\left(t + \frac{1}{600}\right)\right] = A\cos\left(200\pi t + \frac{\pi}{3}\right)$$

$$y = B\cos\left[300\pi\left(t + \frac{1}{600}\right) - \pi\right] = B\cos\left(300\pi t - \frac{\pi}{2}\right)$$

3.1.24 对图 3.20 所示的各周期运动进行谐波分析.

解 一个周期函数可展成傅里叶级数，

$$f(t) = \frac{a_0}{2} + \sum_{n=1}^{\infty}\left[a_n\cos(n\omega_1 t) + b_n\sin(n\omega_1 t)\right]$$

其中

$$a_n = \frac{2}{T}\int_0^T f(t)\cos(n\omega_1 t)\,\mathrm{d}t\quad (n = 0,1,2,\cdots)$$

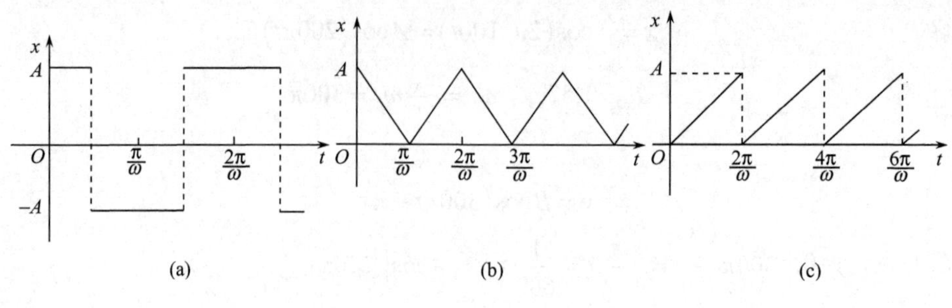

图 3.20

$$b_n=\frac{2}{T}\int_0^T f(t)\sin(n\omega_1 t)\mathrm{d}t\quad(n=0,1,2,\cdots)$$

(a) 只写一个周期内的 $x(t)$.

$$x(t)=\begin{cases}A, & 0\leqslant t<\dfrac{T}{4}\\ -A, & \dfrac{T}{4}<t<\dfrac{3T}{4}\\ A, & \dfrac{3T}{4}<t\leqslant T\end{cases}$$

$$a_0=\frac{2}{T}\left[\int_0^{\frac{T}{4}}A\mathrm{d}t+\int_{\frac{T}{4}}^{\frac{3T}{4}}(-A)\mathrm{d}t+\int_{\frac{3T}{4}}^{T}A\mathrm{d}t\right]=0$$

$$\begin{aligned}a_n&=\frac{2}{T}\left[\int_0^{\frac{T}{4}}A\cos(n\omega t)\mathrm{d}t+\int_{\frac{T}{4}}^{\frac{3T}{4}}(-A)\cos(n\omega t)\mathrm{d}t+\int_{\frac{3T}{4}}^{T}A\cos(n\omega t)\mathrm{d}t\right]\\&=\frac{2A}{n\omega T}\left[\sin(n\omega t)\Big|_0^{\frac{T}{4}}-\sin(n\omega t)\Big|_{\frac{T}{4}}^{\frac{3T}{4}}+\sin(n\omega t)\Big|_{\frac{3T}{4}}^{T}\right]\\&=\frac{4A}{n\pi}\sin\left(\frac{n\pi}{2}\right)\quad(n=1,2,3,\cdots)\end{aligned}$$

上述运算中用了 $\omega T=2\pi,\sin\left(\dfrac{3n\pi}{2}\right)=-\sin\left(\dfrac{n\pi}{2}\right)$.

$$b_n=0(\text{因为}x(t)\text{是}t\text{的偶函数})$$

所以

$$x(t)=\frac{4A}{\pi}\sum_{n=1}^{\infty}\left[\frac{1}{n}\sin\left(\frac{n\pi}{2}\right)\cos(n\omega t)\right]$$

(b) $t=0$ 至 $t=T$ 一个周期内的 $x(t)$ 为

$$x(t)=\begin{cases}A\left(1-\dfrac{\omega}{\pi}t\right), & 0\leqslant t\leqslant\dfrac{T}{2}\\ A\left(-1+\dfrac{\omega}{\pi}t\right), & \dfrac{T}{2}\leqslant t\leqslant T\end{cases}$$

$$a_0=\frac{2}{T}\left[\int_0^{\frac{T}{2}}A\left(1-\frac{\omega}{\pi}t\right)\mathrm{d}t+\int_{\frac{T}{2}}^{T}A\left(-1+\frac{\omega}{\pi}t\right)\mathrm{d}t\right]$$

$$=\frac{2A}{T}\left[\left(t-\frac{\omega}{2\pi}t^2\right)\Bigg|_0^{\frac{T}{2}}+\left(-t+\frac{\omega}{2\pi}t^2\right)\Bigg|_{\frac{T}{2}}^{T}\right]=A$$

$$a_n=\frac{2}{T}\left[\int_0^{\frac{T}{2}}A\left(1-\frac{\omega}{\pi}t\right)\cos(n\omega t)\,\mathrm{d}t+\int_{\frac{T}{2}}^{T}A\left(-1+\frac{\omega}{\pi}t\right)\cos(n\omega t)\,\mathrm{d}t\right]$$

$$=\frac{2A}{n^2\pi^2}\left[1-(-1)^n\right]\quad(n=1,2,3,\cdots)$$

因为

$$1-(-1)^n=2(-1)^{\frac{n-1}{2}}\sin\left(\frac{n\pi}{2}\right)$$

$$a_n=\frac{4A}{n^2\pi^2}(-1)^{\frac{n-1}{2}}\sin\left(\frac{n\pi}{2}\right)\quad(n=1,2,3,\cdots)$$

因为

$$x(t)\text{是}t\text{的偶函数，}\ b_n=0$$

所以

$$x(t)=\frac{A}{2}+\frac{4A}{\pi^2}\sum_{n=1}^{\infty}\frac{1}{n^2}(-1)^{\frac{n-1}{2}}\sin\left(\frac{n\pi}{2}\right)\cos(n\pi t)$$

(c) $t=0$至$t=T$一个周期内的$x(t)$为

$$x(t)=\frac{A\omega}{2\pi}t,\quad 0\leqslant t<T$$

$$a_0=\frac{2}{T}\int_0^T\frac{A\omega}{2\pi}t\mathrm{d}t=\frac{A\omega}{\pi T}\cdot\frac{1}{2}t^2\Big|_0^T=A$$

$$a_n=\frac{2}{T}\int_0^T\frac{A\omega}{2\pi}t\cos(n\omega t)\,\mathrm{d}t$$

$$=\frac{A}{\pi T}\left[\frac{1}{n}t\sin(n\omega t)\Big|_0^T-\frac{1}{n}\int_0^T\sin(n\omega t)\mathrm{d}t\right]$$

$$=\frac{A}{\pi n^2\omega T}\cos(n\omega t)\Big|_0^T=0\quad(n=1,2,3,\cdots)$$

$$b_n=\frac{2}{T}\int_0^T\frac{A\omega}{2\pi}t\sin(n\omega t)\,\mathrm{d}t=-\frac{A}{n\pi}\quad(n=1,2,3,\cdots)$$

所以

$$x(t)=\frac{A}{2}-\frac{A}{\pi}\sum_{n=1}^{\infty}\left[\frac{1}{n}\sin(n\omega t)\right]$$

3.2　阻尼振动和受迫振动

3.2.1　一质量为m的质点在恢复力$-kx$和阻力$-\gamma\dot{x}$(k和γ均为正的常量)的作用下运动，其中x是质点偏离平衡位置的位移. 对于固定的k和一般的初始条件，$\gamma=\gamma_0$为何值时回到平衡位置所需的时间最短. 如果$\gamma>\gamma_0$，是否可能对于特定的初始条件，比$\gamma=\gamma_0$能更快回到平衡位置?如果$\gamma<\gamma_0$呢?

解

$$m\ddot{x}=-kx-\gamma\dot{x}$$

与这个常系数线性齐次微分方程相应的特征方程为

$$mr^2+\gamma\lambda+k=0$$

$$\lambda=\frac{-\gamma\pm\sqrt{\gamma^2-4mk}}{2m}$$

当$\gamma=\gamma_0$时，$\gamma_0^2-4mk=0$，即$\gamma_0=2\sqrt{mk}$，此时为临界阻尼情况，对于一般的初始条件，处于临界阻尼的情况，回到平衡位置所需时间最短.

当$\gamma>\gamma_0$时为过阻尼情况，其通解为

$$x(t)=A\mathrm{e}^{\frac{-\gamma+\sqrt{\gamma^2-4mk}}{2m}t}+B\mathrm{e}^{\frac{-\gamma-\sqrt{\gamma^2-4mk}}{2m}t}$$

如初始条件：$t=0$时$,x=x_0,\dot{x}=x_0$满足

$$\dot{x}_0=\frac{x_0}{2m}\left(-\gamma-\sqrt{\gamma^2-4mk}\right)$$

时，$A=0,B=x_0$，

$$x(t)=x_0\mathrm{e}^{-\frac{\gamma+\sqrt{\gamma^2-4mk}}{2m}t}$$

将比临界阻尼情况在此初始条件下的解

$$x(t)=\left[x_0+\left(\dot{x}_0+\frac{\gamma_0}{2m}x_0\right)t\right]\mathrm{e}^{-\frac{\gamma_0}{2m}t}$$

更快回到平衡位置，因为指数衰减比线性增大快得多，而$\gamma>\gamma_0,\gamma+\sqrt{\gamma^2-4mk}$比$\gamma_0$更大.

当$\gamma<\gamma_0$时，是弱阻尼情况，一般解为

$$x(t)=A\mathrm{e}^{-\frac{\gamma}{2m}t}\cos(\omega_d t+\alpha)$$

其中

$$\omega_d=\sqrt{mk-\left(\frac{\gamma}{2m}\right)^2}$$

因为$\gamma<\gamma_0$，在任何初始条件下都不可能比临界阻尼情况更快回到平衡位置.

3.2.2　如图 3.21 所示，质量为$m=2000\text{kg}$的重物以$v=3\text{cm/s}$的速度匀速运动，与质量可以忽略不计的弹簧及阻尼器相碰撞后一起做自由阻尼振动. 已知弹簧的劲度系数

$k = 48020\,\text{N/m}$，阻尼器的阻尼系数 $\gamma = 1960\,\text{N}\cdot\text{s/m}$. 问重物在碰撞后多少时间达到最大位移?最大位移多大?

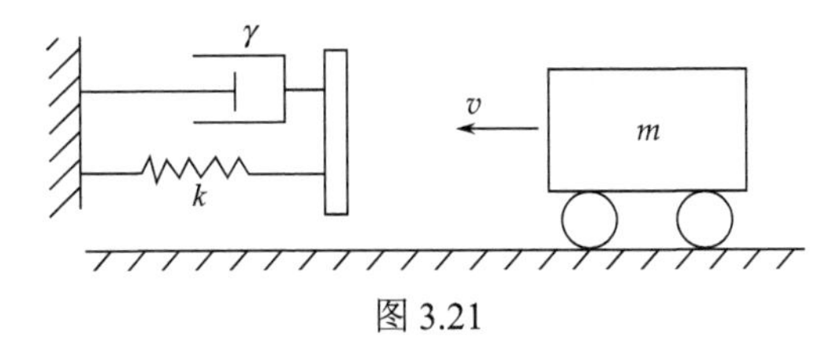

图 3.21

解　沿 v 的方向取 x 轴，与阻尼器刚碰撞处取为 $x=0$，此时 $t=0$,

$$m\ddot{x} = -kx - \gamma\dot{x}$$

令 $\beta = \dfrac{\gamma}{2m}, \omega_0^2 = \dfrac{k}{m}$，上式可改写为

$$\ddot{x} + 2\beta\dot{x} + \omega_0^2 x = 0$$

相应的特征方程为

$$r^2 + 2\beta r + \omega_0^2 = 0$$

$$r = -\beta \pm \sqrt{\beta^2 - \omega_0^2}$$

$$\omega_0 = \sqrt{\frac{k}{m}} = \sqrt{\frac{48020}{2000}} = 4.9(\text{s}^{-1})$$

$$\beta = \frac{\gamma}{2m} = \frac{1960}{2\times 2000} = 0.49(\text{s}^{-1})$$

$\beta < \omega_0$，为弱阻尼情况，通解为

$$x = A\mathrm{e}^{-\beta t}\cos\left(\sqrt{\omega_0^2 - \beta^2}\,t + \alpha\right)$$

初始条件：$t = 0$时$, x = 0, \dot{x} = v$.

$$\dot{x} = -\beta A\mathrm{e}^{-\beta t}\cos\left(\sqrt{\omega_0^2 - \beta^2}\,t + \alpha\right)$$

$$-A\sqrt{\omega_0^2 - \beta^2}\,\mathrm{e}^{-\beta t}\sin\left(\sqrt{\omega_0^2 - \beta^2}\,t + \alpha\right)$$

$$A\cos\alpha = 0$$

$$-\beta A\cos\alpha - A\sqrt{\omega_0^2 - \beta^2}\sin\alpha = v$$

解得

$$\alpha = -\frac{\pi}{2}, \quad A = \frac{v}{\sqrt{\omega_0^2 - \dot{\beta}^2}}$$

$$x = \frac{v}{\sqrt{\omega_0^2 - \beta^2}}\mathrm{e}^{-\beta t}\sin\left(\sqrt{\omega_0^2 - \beta^2}\,t\right)$$

$$\dot{x} = -\frac{\beta v}{\sqrt{\omega_0^2 - \beta^2}}\mathrm{e}^{-\beta t}\sin\left(\sqrt{\omega_0^2 - \beta^2}\,t\right) + v\mathrm{e}^{-\beta t}\cos\left(\sqrt{\omega_0^2 - \beta^2}\,t\right)$$

重物达到最大位移时，$\dot{x} = 0$，此时 $t = t_1$，

$$-\frac{\beta v}{\sqrt{\omega_0^2-\beta^2}}\sin\left(\sqrt{\omega_0^2-\beta^2}\,t_1\right)+v\cos\left(\sqrt{\omega_0^2-\beta^2}\,t_1\right)=0$$

$$t_1=\frac{1}{\sqrt{\omega_0^2-\beta^2}}\arctan\left(\frac{\sqrt{\omega_0^2-\beta^2}}{\beta}\right)=0.30\text{s}$$

最大位移为

$$x(t_1)=\frac{v}{\sqrt{\omega_0^2-\beta^2}}\text{e}^{-\beta t_1}\sin\left(\sqrt{\omega_0^2-\beta^2}\,t_1\right)=5.28\times10^{-3}\text{m}$$

3.2.3　一个有阻尼的弹簧振子系统，$m=100\text{kg}, k=10000\,\text{N/m}$，处于临界阻尼情况，由$t=0$时，$x_0=2.5\text{cm}$、$\dot{x}_0=-30\,\text{cm/s}$开始运动. 问质量块将于几秒后到达平衡位置?达到平衡位置后最远能移动多大距离?

解　由临界阻尼可知

$$\beta=\omega_0=\sqrt{\frac{k}{m}}=\sqrt{\frac{10000}{100}}=10(\text{s}^{-1})$$

临界阻尼情况的通解为

$$x=(A+Bt)\text{e}^{-\beta t}$$

满足初始条件：$t=0$时,$x=x_0$、$\dot{x}=\dot{x}_0$的解为

$$x=\left[x_0+(\dot{x}_0+\beta x_0)t\right]\text{e}^{-\beta t}$$

$t=t_1$时到达平衡位置，$x(t_1)$=0.

$$\left[x_0+(\dot{x}_0+\beta x_0)t_1\right]\text{e}^{-\beta t_1}=0$$

$$t_1=-\frac{x_0}{\dot{x}_0+\beta x_0}=-\frac{0.025}{-0.30+10\times0.025}=0.5(\text{s})$$

设达到最远距离时$t=t_2$，此时$\dot{x}(t_2)=0$，即

$$\dot{x}(t_2)=-\beta\left[x_0+(\dot{x}_0+\beta x_0)t_2\right]\text{e}^{-\beta t_2}+(\dot{x}_0+\beta x_0)\text{e}^{-\beta t_2}=0$$

$$t_2=\frac{x_0}{\beta(\dot{x}_0+\beta x_0)}=0.6\text{s}$$

$$x(t_2)=\left[x_0+(\dot{x}_0+\beta x_0)t_2\right]\text{e}^{-\beta t_2}=-1.24\times10^{-5}\,\text{m}$$

达到平衡位置$x=0$后最远能移动的距离为$1.24\times10^{-5}\,\text{m}$.

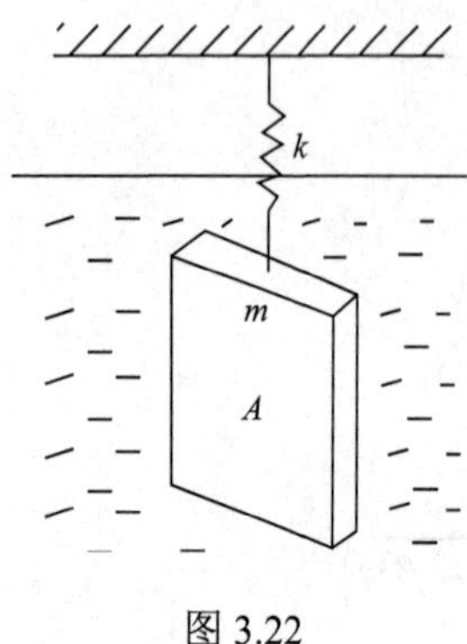

图 3.22

3.2.4　如图 3.22 所示,质量为m的薄板挂在弹簧的下端,若空气的阻力可以不计，在空气中的振动周期为T_1，在某液体中的振动周期为T_2，液体的阻力可表示为$-2\eta Av$，其中A为薄板的面积，v为速度，η为液体的黏度，试证$\eta=\frac{2\pi m}{AT_1T_2}\cdot\sqrt{T_2^2-T_1^2}$.

证明　　$m\ddot{x}=-kx-2\eta A\dot{x}$　与　$\ddot{x}+2\beta\dot{x}+\omega_0^2x=0$

相比较，可得$\beta=\dfrac{\eta A}{m}$，

$$T_1=\frac{2\pi}{\omega_0},\quad T_2=\frac{2\pi}{\omega_d}=\frac{2\pi}{\sqrt{\omega_0^2-\beta^2}}$$

$$\omega_0^2-\beta^2=\frac{4\pi^2}{T_2^2}$$

将β、ω_0用η、T_1等的关系式代入上式，解出η，即得

$$\eta=\frac{2\pi m}{AT_1T_2}\sqrt{T_2^2-T_1^2}$$

3.2.5　在图3.23所示系统中，刚杆质量可忽略不计，图中质量m、弹簧的劲度系数k、阻尼器阻尼系数γ以及距离a、b、l均为已知. 写出运动微分方程. 由此求出做弱阻尼振动的角频率ω_d以及临界阻尼时$\gamma=\gamma_{cr}$与其余各量间必须满足的关系.

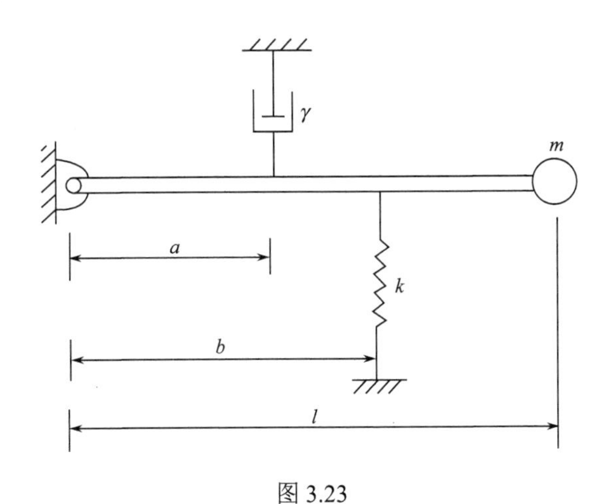

图3.23

解　用对固定轴的角动量定理，

$$\frac{\mathrm{d}}{\mathrm{d}t}\left(ml^2\dot{\theta}\right)=-mgl-kb^2\theta-\gamma a^2\dot{\theta}$$

$$\ddot{\theta}+\frac{\gamma a^2}{ml^2}\dot{\theta}+\frac{kb^2}{ml^2}\theta=-\frac{mgl}{ml^2}=-\frac{g}{l}$$

与$\ddot{x}+2\beta\dot{x}+\omega_0^2x=0$比较可得

$$\omega_0^2=\frac{kb^2}{ml^2},\quad \beta=\frac{\gamma a^2}{2ml^2}$$

$$\omega_d=\sqrt{\omega_0^2-\beta^2}=\sqrt{\frac{kb^2}{ml^2}-\left(\frac{\gamma a^2}{2ml^2}\right)^2}=\frac{1}{2ml^2}\sqrt{4mkl^2b^2-\gamma^2a^4}$$

临界阻尼时，$\beta_{cr}=\omega_0$，即

$$\frac{\gamma_{cr}a^2}{2ml^2}=\sqrt{\frac{kb^2}{ml^2}},\quad \gamma_{cr}=\frac{2bl}{a^2}\sqrt{mk}$$

3.2.6 质量为0.2kg的物体，悬于劲度系数为80 N/m的弹簧下，此物体还受到阻力$-\gamma v$的作用，v是物体的速度. 若阻尼振动的频率为无阻尼振动频率的$\frac{\sqrt{3}}{2}$倍，阻尼系数γ多大?此系统Q值多大?振动经10个整周后，振幅减弱到原振幅的几分之几?

解

$$\omega_d=\sqrt{\omega_0^2-\beta^2}=\frac{\sqrt{3}}{2}\omega_0$$

$$\omega_0^2-\beta^2=\frac{3}{4}\omega_0^2,\quad \beta=\frac{1}{2}\omega_0$$

$$\gamma=2m\beta=2m\cdot\frac{1}{2}\omega_0=m\omega_0=\sqrt{mk}=4\,\mathrm{N{\bullet}s/m}$$

$$Q=\frac{2\pi}{1-\mathrm{e}^{-2\beta T_d}}$$

$$T_d=\frac{2\pi}{\omega_d}=\frac{2\pi}{\frac{\sqrt{3}}{2}\omega_0},\quad \beta T_d=\frac{1}{2}\omega_0\cdot\frac{2\pi}{\frac{\sqrt{3}}{2}\omega_0}=\frac{2\pi}{\sqrt{3}}$$

$$Q=\frac{2\pi}{1-\exp\left(-2\cdot\frac{2\pi}{\sqrt{3}}\right)}=6.29$$

经过10个整周后，振幅A为

$$A=A_0\mathrm{e}^{-\beta\cdot 10T_d}=A_0\mathrm{e}^{-10\cdot\frac{2\pi}{\sqrt{3}}}$$

$$\frac{A}{A_0}=\mathrm{e}^{-10\cdot\frac{2\pi}{\sqrt{3}}}=1.8\times10^{-16}$$

振幅减弱到原振幅的$\frac{2}{10^{16}}$还小些.

3.2.7 演奏钢琴上频率为256Hz的音键时，1s后振动能量减至初始值的一半. 问系统的Q值多大?若高八度的音调(512Hz)也在1s后振动能量减至初始值的一半，其Q值多大?

解

$$\left(\frac{A}{A_0}\right)^2=\mathrm{e}^{-2\beta\cdot1}=\frac{1}{2},\quad \mathrm{e}^{2\beta}=2$$

$$\beta=\frac{1}{2}\ln2=0.347$$

$$\omega_0=2\pi\cdot256=1608\mathrm{s}^{-1},\quad \beta\ll\omega_0$$

$$Q=\frac{2\pi}{1-\mathrm{e}^{-2\beta T_d}}\approx\frac{\omega_0}{2\beta}=\frac{1608}{2\times0.347}=2.32\times10^3$$

对于$\nu=512\text{Hz}$，因为$\left(\dfrac{A}{A_0}\right)^2=\dfrac{1}{2}=\mathrm{e}^{-2\beta\cdot1}$，所以也有上述的$\beta$值，也有$\beta\ll\omega_0$，故也有

$$Q\approx\frac{\omega_0}{2\beta}=\frac{2\pi\cdot512}{2\times0.347}=4.64\times10^3$$

3.2.8 根据经典电磁理论，一个加速运动的电子在单位时间内辐射的能量为$\dfrac{ke^2a^2}{c^3}$，其中$k=6\times10^9\,\text{N}\cdot\text{m}^2/\text{C}^2$，$e=1.60\times10^{-19}\,\text{C}$（注意 k、e 的单位中的 C 是库仑，勿与光速 c 混淆），$c=3.0\times10^8\,\text{m/s}$，$a$为电子的瞬时加速度.

(1) 若一电子沿一直线以频率ν及振幅A进行振荡，假定每一周的运动可用$x=A\cos(2\pi\nu t)$描述，问在振荡一周的时间内，它辐射了多少能量?

(2) 此振子之Q值多大?

(3) 在电子的运动的能量降至初始值的一半以前，振荡已经历了多少个周期?

解 (1)

$$x=A\cos(2\pi\nu t)$$

$$a=-A(2\pi\nu)^2\cos(2\pi\nu t)$$

电子在振动一周期内辐射的能量为

$$\begin{aligned}E&=\int_0^T ke^2\frac{1}{c^3}A^2(2\pi\nu)^4\cos^2(2\pi\nu t)\mathrm{d}t\\&=\frac{1}{c^3}ke^2A^2\cdot16\pi^4\nu^4\int_0^T\frac{1}{2}\left[1+\cos(4\pi\nu t)\right]\mathrm{d}t\\&=8k\pi^4e^2\nu^3A^2/c^3\end{aligned}$$

(2)

$$Q=2\pi\frac{E(t)}{E(t)-E(t+T_d)}$$

分子上是振子的能量

$$\begin{aligned}E(t)&=\frac{1}{2}kA^2=\frac{1}{2}mw^2A^2\\&=\frac{1}{2}m(2\pi\nu)^2A^2=2\pi^2m\nu^2A^2\end{aligned}$$

分母是在一周期内因辐射损失的能量，即(1)问计算的E. 所以

$$Q=2\pi\frac{2\pi^2m\nu^2A^2}{8k\pi^4e^2\nu^3A^2/c^3}=\frac{mc^3}{2k\pi e^2\nu}$$

(3)

$$Q\approx\frac{\omega_0}{2\beta},\quad 2\beta=\frac{\omega_0}{Q}$$

电子能量降至初始值一半所经历的时间t，

$$\mathrm{e}^{-2\beta t}=\frac{1}{2}$$

$$t=\frac{\ln 2}{2\beta}\approx\frac{\ln 2}{\omega_0}Q$$

所经历的周期数为

$$\frac{t}{T_d}=\frac{\ln 2}{\omega_0 T_d}Q\approx\frac{\ln 2}{2\pi}Q=\frac{mc^3}{4\pi^2 ke^2\nu}\ln 2$$

3.2.9 有一阻尼振子，质量 $m=0.2\text{kg}, k=80\,\text{N/m}, \gamma=4\text{N s/m}$，受到强迫力 $F=F_0\cos\Omega t$ 作用，$F_0=2\text{N}, \Omega=30\text{s}^{-1}$，求：

(1) 稳态运动 $x=B\cos(\Omega t-\phi)$ 中的 B 和 ϕ；

(2) 一周内反抗阻力耗散的机械能；

(3) 输入的平均功率.

解 (1)

$$m\ddot{x}=-kx-\gamma\dot{x}+F_0\cos\Omega t$$

$$\ddot{x}+2\beta\dot{x}+\omega_0^2 x=\frac{F_0}{m}\cos\Omega t$$

$$x=B\cos(\Omega t-\phi)$$

$$\dot{x}=B\Omega\cos\left(\Omega t-\phi+\frac{\pi}{2}\right)$$

$$\ddot{x}=B\Omega^2\cos(\Omega t-\phi+\pi)$$

$$2\beta=\frac{\gamma}{m},\quad \beta=\frac{\gamma}{2m}=\frac{4}{2\times 0.2}=10\left(\text{s}^{-1}\right)$$

$$\omega_0^2=\frac{k}{m}=\frac{80}{0.2}=400\left(\text{s}^{-2}\right)$$

$$\frac{F_0}{m}=\frac{2}{0.2}=10(\text{N/kg})$$

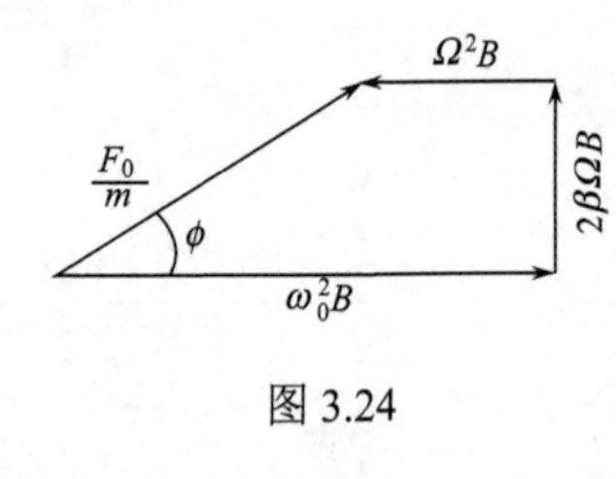

图 3.24

由图 3.24 所示的振幅矢量关系，

$$\left(\omega_0^2-\Omega^2\right)^2 B^2+\left(2\beta\Omega B\right)^2=\left(\frac{F_0}{m}\right)^2$$

$$B=\frac{F_0/m}{\sqrt{\left(\omega_0^2-\Omega^2\right)^2+4\beta^2\Omega^2}}=0.0128\text{m}$$

$$\phi=\arctan\left(\frac{2\beta\Omega}{\omega_0^2-\Omega^2}\right)=\arctan(-1.2)=0.721\pi$$

ϕ 为钝角是因为 $\Omega>\omega_0$ 的缘故.

(2) 反抗阻力消耗的机械能等于阻力做的功的绝对值.

$$\left|W_d\right|=\int_0^T\gamma\dot{x}\cdot\dot{x}\text{d}t=\int_0^T\gamma\dot{x}^2\text{d}t$$

$$=\int_0^T\gamma\left[-B\Omega\sin(\Omega t-\phi)\right]^2\text{d}t$$

$$=\frac{1}{2}\gamma B^2\Omega^2 T=\frac{1}{2}\gamma B^2\Omega\cdot 2\pi=0.0618\text{J}$$

(3) 方法一：直接计算强迫力所做的平均功率

$$\overline{P}_F = \frac{1}{2\pi/\Omega}\int_0^{\frac{2\pi}{\omega}} F_0 \cos\Omega t \cdot \dot{x} \mathrm{d}t$$

$$= \frac{m\beta\Omega^2 (F_0/m)^2}{(\omega_0^2 - \Omega^2)^2 + 4\beta^2\Omega^2} = 0.295\mathrm{W}$$

方法二：达到稳态运动后，一周内反抗阻力消耗的机械能正好等于强迫力一周内所做的功.

$$\overline{P}_F = \frac{|W_d|}{2\pi/\Omega} = \frac{|W_d|\Omega}{2\pi} = 0.295\mathrm{W}$$

3.2.10 如图 3.25 所示，作用于质量块上的强迫力 $F(t) = F_0 \sin\Omega t$，弹簧支承端有运动，$x_s = a\cos\Omega t, \Omega \neq \sqrt{\frac{k}{m}}$，$k$ 为弹簧的劲度系数，m 为质量块的质量，求稳态振动.

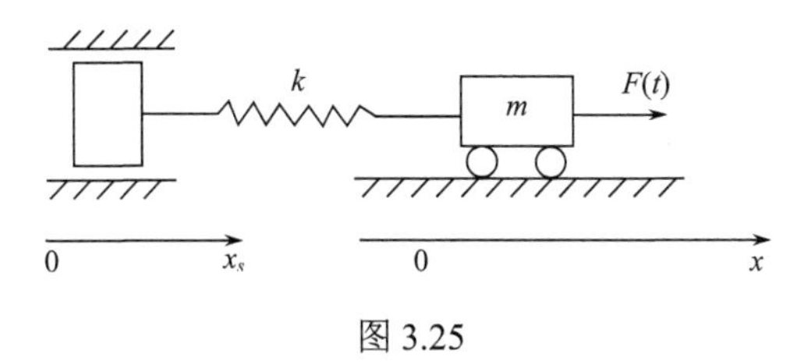

图 3.25

解

$$m\ddot{x} = -k(x - x_s) + F(t) = -kx + ka\cos\Omega t + F_0 \sin\Omega t$$

$$\ddot{x} + \omega_0^2 x = \frac{ka}{m}\cos\Omega t + \frac{F_0}{m}\cos\left(\Omega t - \frac{\pi}{2}\right)$$

$$\frac{ka}{m}\cos\Omega t + \frac{F_0}{m}\cos\left(\Omega t - \frac{\pi}{2}\right) = f_0 \cos(\Omega t - \alpha)$$

将上述关系可画成图 3.26 的矢量关系

$$f_0 = \sqrt{\left(\frac{F_0}{m}\right)^2 + \left(\frac{ka}{m}\right)^2} = \frac{1}{m}\sqrt{F_0^2 + k^2a^2}$$

$$\alpha = \arctan\left(\frac{F_0/m}{ka/m}\right) = \arctan\left(\frac{F_0}{ka}\right)$$

$$\ddot{x} + \omega_0^2 x = f_0 \cos(\Omega t - \alpha)$$

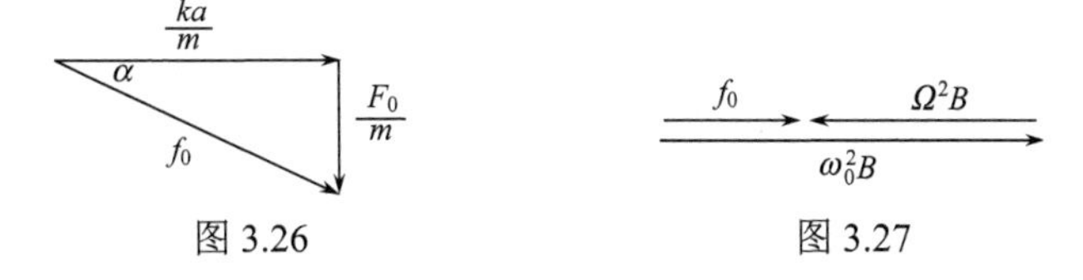

图 3.26　　　　图 3.27

由振幅矢量法求稳态振动，由图 3.27 可得

$$\omega_0^2 B - \Omega^2 B = f_0$$

$$B = \frac{f_0}{\omega_0^2 - \Omega^2} = \frac{\sqrt{F_0^2 + k^2 a^2}}{k - m\Omega^2}$$

$$x = B\cos(\Omega t - \alpha) = \frac{\sqrt{F_0^2 + k^2 a^2}}{k - m\Omega^2}\cos\left[\Omega t - \arctan\left(\frac{F_0}{ka}\right)\right]$$

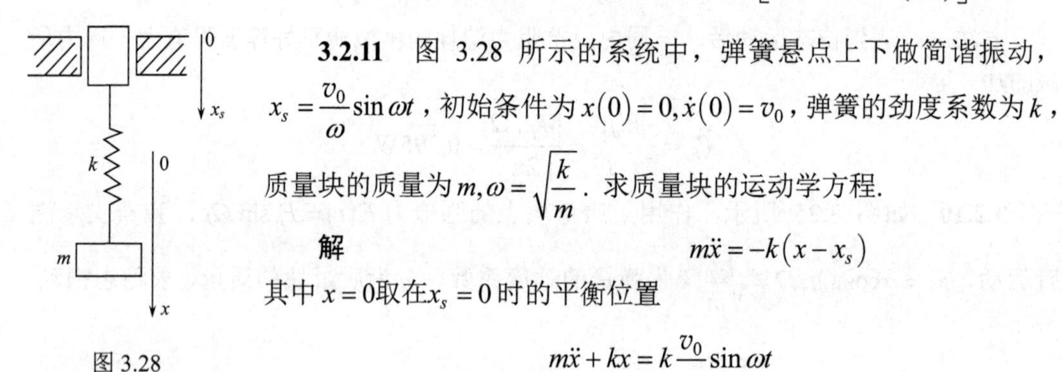

图 3.28

3.2.11　图 3.28 所示的系统中，弹簧悬点上下做简谐振动，$x_s = \frac{v_0}{\omega}\sin\omega t$，初始条件为 $x(0)=0, \dot{x}(0)=v_0$，弹簧的劲度系数为 k，质量块的质量为 $m, \omega = \sqrt{\frac{k}{m}}$. 求质量块的运动学方程.

解

$$m\ddot{x} = -k(x - x_s)$$

其中 $x=0$ 取在 $x_s=0$ 时的平衡位置

$$m\ddot{x} + kx = k\frac{v_0}{\omega}\sin\omega t$$

$$\ddot{x} + \omega^2 x = \omega^2\frac{v_0}{\omega}\sin\omega t = v_0\omega\sin\omega t \tag{1}$$

这是一个常系数线性非齐次方程.

相应的齐次方程有两个独立的解：

$$x_1 = \cos\omega t, x_2 = \sin\omega t$$

设 x^* 是非齐次方程的一个特解，用《经典力学》上册，p.51式 (2.2.1)[①]

$$x^* = -x_1\int_0^t \frac{x_2 f}{x_1\dot{x}_2 - \dot{x}_1 x_2}\mathrm{d}t + x_2\int_0^t \frac{x_1 f}{x_1\dot{x}_2 - \dot{x}_1 x_2}\mathrm{d}t$$

其中 $f = v_0\omega\sin\omega t$. 经计算可得

$$x^* = -\frac{1}{2}v_0 t\cos\omega t$$

(1)式的通解为

$$x = A\cos\omega t + B\sin\omega t - \frac{1}{2}v_0 t\cos\omega t$$

初始条件：$t=0$ 时, $x = x(0) = 0, \dot{x} = \dot{x}(0) = v_0$, 定出 $A=0,\ B=\frac{3v_0}{2\omega}$,

$$x = \frac{3v_0}{2\omega}\sin\omega t - \frac{1}{2}v_0 t\cos\omega t$$

其中 $\omega = \sqrt{\frac{k}{m}}$.

---

① 强元棨. 经典力学. 北京：科学出版社，2003.

3.2.12 如图 3.29 所示，单摆悬点沿水平方向做简谐振动，$x_s = a\sin\omega t$，已知摆长为 l，摆锤质量为 m，求微幅稳态振动中 θ 随时间的变化规律.

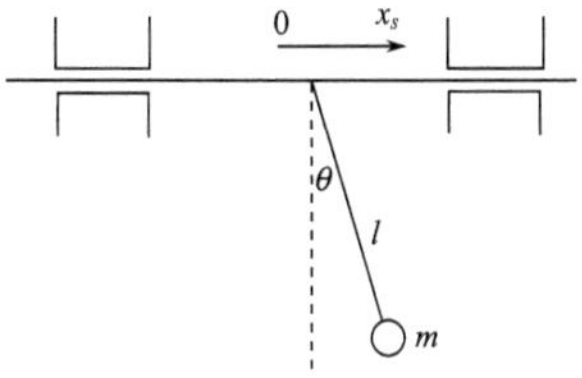

图 3.29

解 $$ml^2\ddot{\theta} = -mgl\sin\theta - m\ddot{x}_s l\cos\theta,$$

$$x_s = a\sin\omega t, \ddot{x}_s = -a\omega^2\sin\omega t$$

微幅振动 θ 很小，$\sin\theta\approx 0, \cos\theta\approx 1$，

$$ml^2\ddot{\theta} + mgl\theta = ma\omega^2 l\sin\omega t$$

$$\ddot{\theta} + \frac{g}{l}\theta = \frac{a\omega^2}{l}\sin\omega t$$

$$\omega_0^2 = \frac{g}{l},\quad f_0 = \frac{a\omega^2}{l},\quad \beta = 0$$

设稳态振动的解为

$$x = B\sin(\omega t - \phi)$$

用振幅矢量法可得

$$B = \frac{f_0}{\sqrt{\left(\omega_0^2-\omega^2\right)^2 + 4\beta^2\omega^2}} = \frac{\frac{a\omega^2}{l}}{\frac{g}{l} - \omega^2} = \frac{a\omega^2}{g - l\omega^2}$$

$$\phi = \arctan\left(\frac{2\beta\omega}{\omega_0^2 - \omega^2}\right) = 0$$

所以

$$x = \frac{a\omega^2}{g - l\omega^2}\sin\omega t$$

说明：如 $\omega^2 = \frac{g}{l}$，则将得到像上题那样含有 $t\cos\omega t$ 项的解，不可能做微幅稳态振动，故在题中已暗示了 $\omega \neq \sqrt{\frac{g}{l}}$.

3.2.13 图 3.30 所示系统中，刚性杆 AB 的质量可忽略不计，B 端作用的强迫力 $F(t) = F_0\sin\omega t$，图中 m、k、γ、l 均为已知量. 写出系统的运动微分方程，并求下列情况下质量 m 做上下稳态振动的振幅：

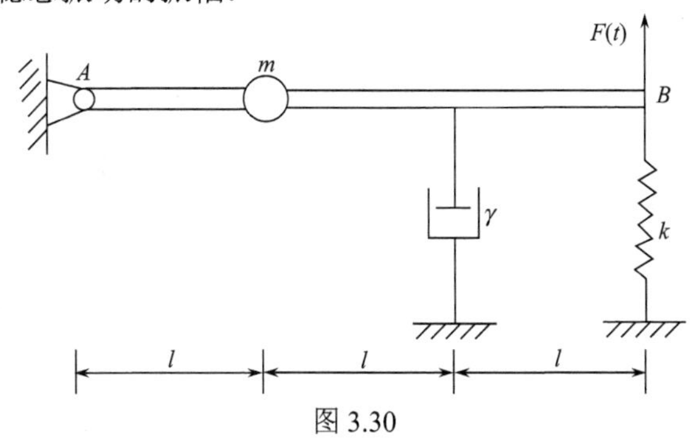

图 3.30

(1) 系统发生共振；

(2) ω 等于固有频率 ω_0 的一半.

解　用对固定轴的角动量定理.

$$ml^2\ddot{\theta} = -\gamma \cdot 2l\dot{\theta} \cdot 2l - k \cdot 3l\theta \cdot 3l + F(t) \cdot 3l$$

$$\ddot{\theta} + \frac{4\gamma}{m}\dot{\theta} + \frac{9k}{m}\theta = \frac{3F_0}{ml}\sin\omega t$$

与

$$\dot{x} + 2\beta\dot{x} + \omega_0^2 x = f_0 \sin\omega t$$

比较可得

$$\beta = \frac{2\gamma}{m}, \quad \omega_0 = 3\sqrt{\frac{k}{m}}, \quad f_0 = \frac{3F_0}{ml}$$

稳态运动

$$\theta = B\cos(\omega t - \phi)$$

$$B = \frac{f_0}{\sqrt{\left(\omega_0^2 - \omega^2\right)^2 + 4\beta^2\omega^2}}$$

(1) 系统发生共振的情况，

$$\omega = \omega_r = \sqrt{\omega_0^2 - 2\beta^2}$$

$$B = \frac{f_0}{2\beta\sqrt{\omega_0^2 - \beta^2}} = \frac{F_0}{4\gamma l\sqrt{\frac{k}{m} - \frac{4\gamma^2}{9m^2}}}$$

(2) $\omega = \frac{1}{2}\omega_0$ 的情况，

$$B = \frac{f_0}{\sqrt{\left(\omega_0^2 - \frac{1}{4}\omega_0^2\right)^2 + 4\beta^2 \cdot \frac{1}{4}\omega_0^2}} = \frac{4F_0}{9kl\sqrt{1 + \frac{64\gamma^2}{81mk}}}$$

3.2.14　图 3.31 中所有刚性杆质量均可忽略不计，m、k、γ 和 l 均为已知，弹簧支承端有运动，$x_s = a\sin\omega t$. 求系统的固有频率 ω_0、阻尼比 $\varsigma\left(=\frac{\beta}{\omega_0}\right)$ 及微幅稳态振动的振幅.

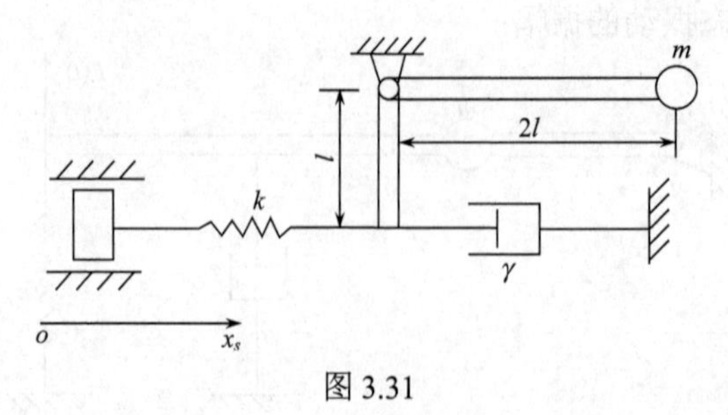

图 3.31

解　用对固定轴的角动量定理，

$$m(2l)^2\ddot{\theta}=-k(l\theta-x_s)l-\gamma l^2\dot{\theta}-mg\cdot 2l$$

$$\ddot{\theta}+\frac{\gamma}{4m}\dot{\theta}+\frac{k}{4m}\theta=\frac{4a}{4ml}\sin\omega t-\frac{g}{2l}$$

常数项$-\dfrac{g}{2l}$只影响平衡位置，并不影响稳态振动的振幅.

与$\ddot{x}+2\beta\dot{x}+\omega_0^2x=f_0\sin\omega t$比较得

$$\omega_0=\sqrt{\frac{k}{4m}}=\frac{1}{2}\sqrt{\frac{k}{m}},\quad \beta=\frac{\gamma}{8m},\quad f_0=\frac{ka}{4ml}$$

阻尼比

$$\varsigma=\frac{\beta}{\omega_0}=\frac{\gamma/8m}{\frac{1}{2}\sqrt{k/m}}=\frac{\gamma}{4\sqrt{mk}}$$

稳态振动的振幅

$$B=\frac{f_0}{\sqrt{(\omega_0^2-\omega^2)^2+4\beta^2\omega^2}}=\frac{f_0}{\sqrt{\omega_0^4(1-r^2)^2+4\omega_0^4\varsigma^2r^2}}$$

$$=\frac{ka/4ml}{\frac{k}{4m}\sqrt{(1-r^2)^2+4\varsigma^2r^2}}=\frac{a}{l\sqrt{(1-r^2)^2+(2\varsigma r)^2}}$$

其中$r=\dfrac{\omega}{\omega_0}=2\omega\sqrt{\dfrac{m}{k}}$.

3.2.15 一个无阻尼的弹簧振子的受迫振动，若强迫力的角频率$\Omega=5\text{s}^{-1}$时发生共振，给质量块增加1kg的质量，当$\Omega=4.8\text{s}^{-1}$时发生共振. 求弹簧振子原来的质量块的质量及弹簧的劲度系数.

解 无阻尼的弹簧振子发生共振时，强迫力的角频率Ω等于振子的固有频率ω_0. 由此可写出对原来的质量块和增加了质量的质量块的两个式子：

$$\frac{k}{m}=5^2,\quad \frac{k}{m+1}=(4.8)^2$$

$$\frac{m+1}{m}=\left(\frac{5}{4.8}\right)^2$$

可得$m=11.8\text{kg}, k=294\,\text{N/m}$.

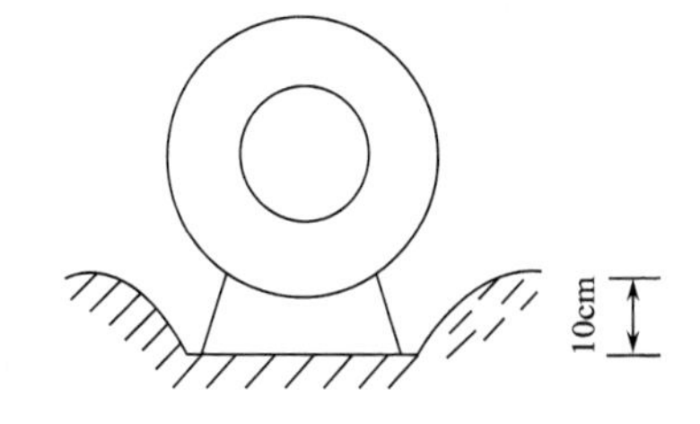

图 3.32

3.2.16 如图 3.32 所示，一台自由运行的马达，为了减少其振动被放置在一块薄的橡皮垫上，马达埋入橡皮垫10cm. 估算马达出现最大竖直振动时的转速(每分钟转数).

解 这是一个受迫振动发生共振的问题，振动系统由马达的不转动部分(质量块)和橡皮垫(弹簧)组成，马达的转子难免不够理想，其质心有少许偏离转轴，马达运转时转子对振动系统施以强迫力，强迫力的角频率等于转子的转速. 马达出现最大的竖直振动说明振动系统处在共振的状态. 橡皮垫作为理想的弹簧处理，不计空气阻力，则共振频率等于固有频率，

$$\omega_r \approx \omega_0$$

设马达不转动部分质量为m，略去转子质量，则橡皮垫的劲度系数

$$k = \frac{mg}{x_0}$$

其中x_0为马达处于平衡时埋入橡皮垫的深度，即$x_0 = 10\text{cm}$.

$$\omega_0 = \sqrt{\frac{k}{m}} = \sqrt{\frac{g}{x_0}}$$

每分钟转数

$$n = \frac{\omega}{2\pi} \times 60 = \frac{\omega_r}{2\pi} \times 60 = \frac{\omega_0}{2\pi} \times 60 = \frac{60}{2\pi}\sqrt{\frac{g}{x_0}} = \frac{60}{2\pi}\sqrt{\frac{9.8}{0.10}} = 94.5$$

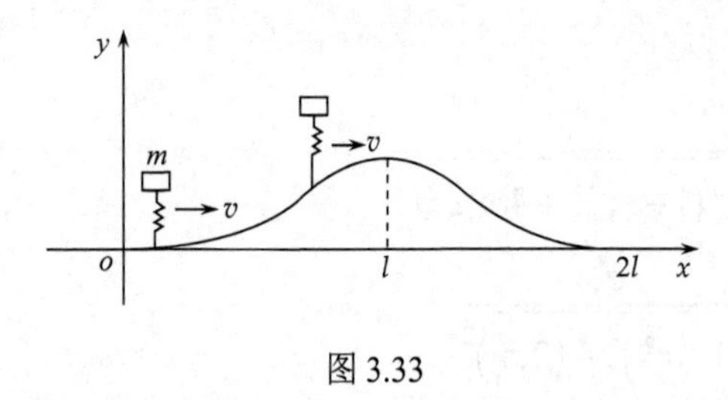

图 3.33

3.2.17　如图 3.33 所示，一辆汽车沿x方向行驶并保持不变的水平速度v，汽车经过一个隆起部分，其形状为

$$y_0 = A\left(1 - \cos\frac{\pi x}{l}\right)$$

$(0 \leqslant x \leqslant 2l)$，其他地方$y_0 = 0$. 求汽车在经过隆起部分时在竖直方向的运动. 将汽车简化为一个质量为m的质点放在一个原长为l_0、劲度系数为k的弹簧上. 忽略一切阻力并假定弹簧始终保持竖直.

解　设t时刻m的位置为$(x, y), t = 0$时，位于$\left(0, l_0 - \dfrac{mg}{k}\right)$，质点$m$在$x$方向的运动是已知的，

$$x = vt$$

质点m在y方向的运动微分方程为

$$\begin{aligned} m\ddot{y} &= -k(y - y_0 - l_0) - mg \\ &= -k\left(y - A - l_0 + \frac{mg}{k}\right) - kA\cos\left(\frac{\pi v}{l}t\right) \end{aligned}$$

写上式时已用了$x = vt$，并代入了在$0 \leqslant x \leqslant 2l$段成立的$y_0$，故只在汽车经过隆起部分时成立.

作坐标变换，令$Y = y - A - l_0 + \dfrac{mg}{k}$，方程化为

$$m\ddot{Y} + kY = -kA\cos\left(\frac{\pi v}{l}t\right)$$

先求此非齐次方程的一个特解. 设特解为

$$Y^* = B\cos\left(\frac{\pi v}{l}t\right)$$

代入方程得

$$-mB\left(\frac{\pi v}{l}\right)^2+kB=-kA$$

$$B=\frac{kl^2}{m\pi^2v^2-kl^2}A$$

$$Y^*=\frac{kl^2}{m\pi^2v^2-kl^2}A\cos\left(\frac{\pi v}{l}t\right)$$

通解为

$$Y=c_1\cos\omega t+c_2\sin\omega t+Y^*,\quad \omega=\sqrt{\frac{k}{m}}$$

$$\begin{aligned}y&=Y+A+l_0-\frac{mg}{k}\\&=c_1\cos\left(\sqrt{\frac{k}{m}}t\right)+c_2\sin\left(\sqrt{\frac{k}{m}}t\right)+\frac{kl^2}{m\pi^2v^2-kl^2}A\cos\left(\frac{\pi v}{l}t\right)+A+l_0-\frac{mg}{k}\end{aligned}$$

初始条件为：$t=0$ 时，$y=l_0-\dfrac{mg}{k},\dot{y}=0$，定出

$$c_1=\frac{m\pi^2v^2}{kl^2-m\pi^2v^2}A,\quad c_2=0$$

所以

$$y=\frac{m\pi^2v^2}{kl^2-m\pi^2v^2}A\cos\left(\sqrt{\frac{k}{m}}t\right)+\frac{kl^2}{m\pi^2v^2-kl^2}A\cos\left(\frac{\pi v}{l}t\right)+A+l_0-\frac{mg}{k}$$

3.2.18 一个由凸轮激励的、有阻尼的弹簧振子，如图 3.34 所示，凸轮使顶杆 A 在铅垂方向按锯齿波规律做周期性运动，凸轮的升程为 h，周期为 T，顶杆又通过劲度系数为 k_1 的弹簧使有阻尼的弹簧振子振动. 弹簧振子的弹簧的劲度系数为 k，质量块质量为 m，阻尼系数为 γ. 求质量块的稳态振动.

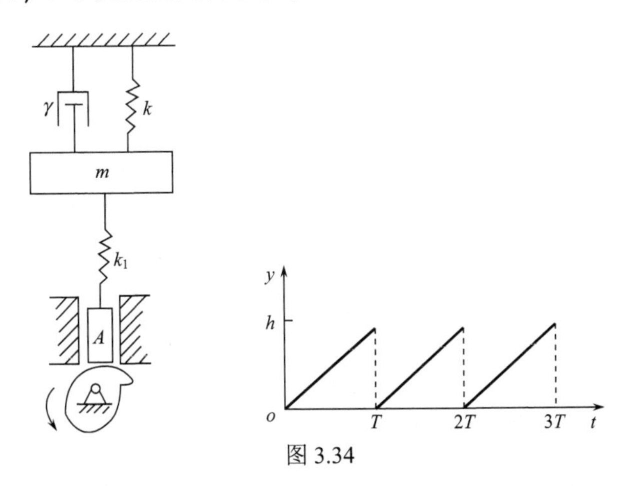

图 3.34

解 用向上为正的 x 轴表示质量块的位置，零点取在没有劲度系数为 k_1 的弹簧及以下装置情况下的平衡位置.

$$m\ddot{x}=-kx-k_1(x-y)-\gamma\dot{x}$$

$$\ddot{x}+2\beta\dot{x}+\omega_0^2x=\frac{k_1}{m}y$$

其中$\beta=\frac{\gamma}{2m},\omega_0^2=\frac{k+k_1}{m},f=\frac{k_1}{m}y,y$是$t$的周期函数，在$t=0$至$t=T$一个周期内

$$y=\frac{h}{T}t\quad(0<t<T)$$

由3.1.24题(c)已解得的结果有

$$f(t)=\frac{k_1h}{m}\left\{\frac{1}{2}-\frac{1}{\pi}\sum_{n=1}^{\infty}\left[\frac{1}{n}\sin(n\omega t)\right]\right\}$$

其中$\omega=\frac{2\pi}{T}$.

非齐次项中的第一项$\frac{k_1h}{2m}$为常量，只影响稳态运动的平衡位置，令$x'=x-\frac{k_1h}{2m\omega_0^2}=x-\frac{k_1h}{2(k+k_1)}$，即将平衡位置$x=\frac{k_1h}{2(k+k_1)}$取为$x'$的零点，运动微分方程(关于$x'$的)中无此常量项，其余各项与关于$x$的微分方程无异.

对于$f(t)$中第二项级数的第n项，

$$f_n(t)=-\frac{k_1h}{m\pi n}\sin\left(\frac{2\pi n}{T}t\right)$$

引起的稳态运动为

$$x_n'(t)=B_n\sin\left(\frac{2\pi n}{T}t-\phi_n\right)$$

其中

$$B_n=-\frac{k_1h}{m\pi n}\Bigg/\sqrt{\left(\frac{k+k_1}{m}-\frac{4\pi^2n^2}{T^2}\right)^2+4\frac{\gamma^2}{4m^2}\cdot\frac{4\pi^2n^2}{T^2}}$$

$$=-\frac{k_1h}{\pi n}\left[\left(k+k_1-\frac{4\pi^2n^2m}{T^2}\right)^2+\frac{4\pi^2\gamma^2n^2}{T^2}\right]^{-\frac{1}{2}}$$

$$\phi_n=\arctan\left[\frac{2\cdot\frac{\gamma}{2m}\cdot\frac{2\pi n}{T}}{\frac{k+k_1}{m}-\left(\frac{2\pi n}{T}\right)^2}\right]=\arctan\left[\frac{2\pi n\gamma T}{(k+k_1)T^2-4\pi^2n^2m}\right]$$

根据叠加原理，质量块的稳态振动为

$$x=x'+\frac{k_1h}{2(k+k_1)}=\frac{k_1h}{2(k+k_1)}+\sum_{n=1}^{\infty}x_n'(t)$$

$$=\frac{k_1 h}{2(k+k_1)}-\frac{k_1 h}{\pi}\sum_{n=1}^{\infty}\frac{\sin\left\{\frac{2\pi n}{T}t-\arctan\left[\frac{2\pi n\gamma T}{(k+k_1)T^2-4\pi^2 n^2 m}\right]\right\}}{n\sqrt{\left(k+k_1-\frac{4\pi^2 m}{T^2}n^2\right)^2+4\pi^2\gamma^2 n^2/T^2}}$$

3.2.19　(1) 一个有阻尼的受迫谐振子，它的运动微分方程为

$$m\ddot{x}=-m\omega_0^2 x-\gamma\dot{x}+A\cos\omega t$$

它的平均能量损耗率多大?

(2) 一个非谐振子的运动微分方程为

$$m\ddot{x}=-m\omega_0^2 x+\alpha x^2+A\cos\omega t$$

其中α为一个小的常量，$t=0$时,$x=0,\dot{x}=0$，求此后的运动到α的一次项.

解　(1)

$$m\ddot{x}=-m\omega_0^2 x-\gamma\dot{x}+A\cos\omega t$$

$$\ddot{x}+2\beta\dot{x}+\omega_0^2 x=\frac{A}{m}\cos\omega t$$

其中$\beta=\frac{\gamma}{2m}$.

稳态振动解为

$$x=B\cos(\omega t-\phi)$$

其中

$$B=\frac{A/m}{\sqrt{\left(\omega_0^2-\omega^2\right)^2+4\beta^2\omega^2}}=\frac{A}{\sqrt{m^2\left(\omega_0^2-\omega^2\right)^2+\gamma^2\omega^2}}$$

$$\phi=\arctan\left(\frac{2\beta\omega}{\omega_0^2-\omega^2}\right)=\arctan\left[\frac{\gamma\omega}{m\left(\omega_0^2-\omega^2\right)}\right]$$

强迫力所做的平均功率为

$$\begin{aligned}\bar{P}_1&=\frac{1}{T}\int_0^T A\cos\omega t\cdot\dot{x}\mathrm{d}t\\&=\frac{1}{T}(-AB)\int\cos\omega t\sin(\omega t-\phi)\mathrm{d}(\omega t)\\&=-\frac{AB}{2T}\int\left[\sin(2\omega t-\phi)-\sin\phi\right]\mathrm{d}(\omega t)\\&=\frac{AB}{2T}\cdot\sin\phi\cdot\omega T=\frac{1}{2}AB\omega\sin\phi\end{aligned}$$

因为

$$\sin\phi=\frac{\gamma\omega}{\sqrt{m^2\left(\omega_0^2-\omega^2\right)^2+\gamma^2\omega^2}}$$

所以

$$\bar{P}_1=\frac{1}{2}\gamma\omega^2 B^2$$

阻力所做的平均功率为

$$\begin{aligned}\overline{P}_2 &= \frac{1}{T}\int_0^T(-\gamma\dot{x})\dot{x}\mathrm{d}t \\ &= -\frac{\gamma}{T}\int_0^T\left[-B\omega\sin(\omega t-\phi)\right]^2\mathrm{d}t \\ &= -\frac{\gamma\omega^2B^2}{2T}\int_0^T\left[1-\cos2(\omega t-\phi)\right]\mathrm{d}t = -\frac{1}{2}\gamma\omega^2B^2\end{aligned}$$

如果平均能量损耗率仅指克服阻力所做的平均功率，则它等于$\frac{1}{2}\gamma\omega^2B^2$.

如果平均能量损耗率是指系统能量的损耗率，则它等于$-\frac{\mathrm{d}E}{\mathrm{d}t}=-\left(\overline{P}_1+\overline{P}_2\right)=0$.

(2)
$$m\ddot{x}=-m\omega_0^2x+\alpha x^2+A\cos\omega t$$

用微扰法，要求准确到α的一级近似解，可设

$$x(t)=x_0(t)+\alpha x_1(t)$$

代入微分方程.

$$\begin{aligned}m\ddot{x}_0+m\alpha\ddot{x}_1 &= -m\omega_0^2x_0-m\omega_0^2\alpha x_1+\alpha\left(x_0+\alpha x_1\right)^2+A\cos\omega t \\ &\approx -m\omega_0^2x_0-m\omega_0^2\alpha x_1+\alpha x_0^2+A\cos\omega t\end{aligned}$$

作上述近似时，只保留α的一次项.

$x_0(t)$、$x_1(t)$分别满足的微分方程为

$$m\ddot{x}_0=-m\omega_0^2x_0+A\cos\omega t \tag{1}$$

$$m\ddot{x}_1=-m\omega_0^2x_1+x_0^2 \tag{2}$$

$x_0(t)$需满足初始条件即$x(t)$需满足的初始条件：

$$t=0\text{时},\quad x_0=0,\quad \dot{x}_0=0$$

$x_1(t)$需满足的初始条件与$x(t)$需满足的初始条件无关，总是$t=0$时$,x_1=0,\dot{x}_1=0$.

设式(1)的特解为

$$x_0^*=B\cos\omega t$$

代入式(1)，定出

$$B=\frac{A}{m\left(\omega_0^2-\omega^2\right)}$$

式(1)的通解为

$$x_0=c_{10}\cos\omega_0t+c_{20}\sin\omega_0t+\frac{A}{m\left(\omega_0^2-\omega^2\right)}\cos\omega t$$

由初始条件：$t=0$时$,x_0=0,\dot{x}_0=0$定c_{10}、c_{20}，得

$$x_0=\frac{A}{m\left(\omega_0^2-\omega^2\right)}(\cos\omega t-\cos\omega_0t) \tag{3}$$

将式(3)代入式(2)

$$
\begin{aligned}
m\ddot{x}_1 &= -m\omega_0^2 x_1 + \frac{A^2}{m^2\left(\omega_0^2-\omega^2\right)^2}\left(\cos\omega t - \cos\omega_0 t\right)^2 \\
&= -m\omega_0^2 x_1 + \frac{A^2}{m^2\left(\omega_0^2-\omega^2\right)^2}\cdot\frac{1}{2}\left[1+\cos 2\omega t + 1 + \cos 2\omega_0 t\right. \\
&\quad \left. -2\cos\left(\omega+\omega_0\right)t - 2\cos\left(\omega-\omega_0\right)t\right]
\end{aligned} \tag{4}
$$

可解得式(4)的通解为

$$
\begin{aligned}
x_1 &= c_{11}\cos\omega_0 t + c_{21}\sin\omega_0 t + \frac{A^2}{m^3\left(\omega_0^2-\omega^2\right)^2} \\
&\quad \times\left[\frac{1}{\omega_0^2} + \frac{\cos 2\omega t}{2\left(\omega_0^2-4\omega^2\right)} - \frac{\cos 2\omega_0 t}{6\omega_0^2} + \frac{\cos\left(\omega+\omega_0\right)t}{\omega\left(\omega+2\omega_0\right)} + \frac{\cos\left(\omega-\omega_0\right)t}{\omega\left(\omega-2\omega_0\right)}\right]
\end{aligned}
$$

由初始条件：$t=0$，$x_1=0$，可定出

$$
c_{11} = -\frac{10A^2}{3m^3\omega_0^2\left(\omega_0^2-4\omega^2\right)\left(\omega^2-4\omega_0^2\right)}
$$

由 $t=0$，$\dot{x}_1=0$ 可定出 $c_{21}=0$.

$$
\begin{aligned}
x_1 &= -\frac{10A^2}{3m^3\omega_0^2\left(\omega_0^2-4\omega^2\right)\left(\omega^2-4\omega_0^2\right)}\cos\omega_0 t \\
&\quad + \frac{A^2}{m^3\left(\omega_0^2-\omega^2\right)^2}\left[\frac{1}{\omega_0^2} + \frac{\cos 2\omega t}{2\left(\omega_0^2-4\omega^2\right)} - \frac{\cos 2\omega_0 t}{6\omega_0^2}\right. \\
&\quad \left. + \frac{\cos\left(\omega+\omega_0\right)t}{\omega\left(\omega+2\omega_0\right)} - \frac{\cos\left(\omega-\omega_0\right)t}{\omega\left(\omega-2\omega_0\right)}\right]
\end{aligned} \tag{5}
$$

所以

$$
x(t) = x_0(t) + \alpha x_1(t)
$$

其中 $x_0(t)$ 由式(3)给出，$x_1(t)$ 由式(5)给出.

3.2.20　无阻尼的非线性自由振动，质量为 m 的振子受力

$$
F(x) = -kx + m\lambda x^2
$$

其中 λ 是小常量，求振子满足初始条件 $t=0$ 时 $x(0)=A,\dot{x}(0)=0$ 的一级和二级近似解.

解

$$
m\ddot{x} = -kx + m\lambda x^2
$$

$$
\ddot{x} + \omega_0^2 x - \lambda x^2 = 0 \tag{1}
$$

其中 $\omega_0^2 = \dfrac{k}{m}$.

要求准确到二级的近似解，

$$
x(t) = x_0(t) + \lambda x_1(t) + \lambda^2 x_2(t) \tag{2}
$$

将式(2)代入式(1)，

$$
\ddot{x}_0 + \lambda\ddot{x}_1 + \lambda^2\ddot{x}_2 + \omega_0^2\left(x_0+\lambda x_1+\lambda^2 x_2\right) - \lambda\left(x_0+\lambda x_1+\lambda^2 x_2\right)^2 = 0
$$

略去λ^3及λ的更高次幂的项，

$$\ddot{x}_0+\omega_0^2x_0+\lambda\left(\ddot{x}_1+\omega_0^2x_1-x_0^2\right)+\lambda^2\left(\ddot{x}_2+\omega_0^2x_2-2x_0x_1\right)=0$$

λ的各次幂的系数为零，

$$\ddot{x}_0+\omega_0^2x_0=0 \tag{3}$$

$$\ddot{x}_1+\omega_0^2x_1-x_0^2=0 \tag{4}$$

$$\ddot{x}_2+\omega_0^2x_2-2x_0x_1=0 \tag{5}$$

x_0需满足初始条件：$t=0$时$,x_0=A,\dot{x}_0=0$.

x_1需满足初始条件：$t=0$时$,x_1=0,\dot{x}_1=0$.

x_2需满足初始条件：$t=0$时$,x_2=0,\dot{x}_2=0$.

立即可写出满足初始条件的式(3)的解为

$$x_0=A\cos\omega_0t \tag{6}$$

将式(6)代入式(4)

$$\ddot{x}_1+\omega_0^2x_1=A^2\cos^2\omega_0t=\frac{1}{2}A^2\left(1+\cos2\omega_0t\right) \tag{7}$$

找此非齐次方程的特解.

设

$$x_1^*=\frac{A^2}{2\omega_0^2}+B\cos2\omega_0t$$

代入式(7)，可定出

$$B=-\frac{1}{6\omega_0^2}A^2$$

故式(7)的通解可写成

$$x_1=c_{11}\cos\omega_0t+c_{12}\sin\omega_0t+\frac{A^2}{2\omega_0^2}-\frac{A^2}{6\omega_0^2}\cos2\omega_0t$$

初始条件：$t=0$时$,x_1=0,\dot{x}_1=0$，定c_{11}、c_{12}，得

$$x_1=-\frac{A^2}{3\omega_0^2}\cos\omega_0t+\frac{A^2}{2\omega_0^2}-\frac{A^2}{6\omega_0^2}\cos2\omega_0t \tag{8}$$

一级近似解为

$$x=x_0+\lambda x_1=A\cos\omega_0t+\frac{\lambda A^2}{6\omega_0^2}(3-2\cos\omega_0t-\cos2\omega_0t)$$

下面求二级近似解. 将式(6)、(8)代入式(5)，

$$\begin{aligned}\ddot{x}_2+\omega_0^2x_2&=2A\cos\omega_0t\left[\frac{A}{6\omega_0^2}(3-2\cos\omega_0t-\cos2\omega_0t)\right]\\&=\frac{A^3}{\omega_0^2}\cos\omega_0t-\frac{2A^3}{3\omega_0^2}\cos^2\omega_0t-\frac{A^3}{3\omega_0^2}\cos\omega_0t\cos2\omega_0t\\&=\frac{A^3}{\omega_0^2}\cos\omega_0t-\frac{A^3}{3\omega_0^2}\left(1+\cos2\omega_0t\right)-\frac{A^3}{6\omega_0^2}\left(\cos3\omega_0t+\cos\omega_0t\right)\end{aligned}$$

$$=-\frac{A^3}{3\omega_0^2}+\frac{5A^3}{6\omega_0^2}\cos\omega_0 t-\frac{A^3}{3\omega_0^2}\cos 2\omega_0 t-\frac{A^3}{6\omega_0^2}\cos 3\omega_0 t$$

其中非齐次项 $\frac{5A^3}{6\omega_0^2}\cos\omega_0 t$ 是引发共振的力项，而 x_2 应是有限的，$\lambda^2 x_2$ 为二级小量，可见此题求二级近似解不能用通常的微扰法.

下面改用处理长期项的办法[①]求满足初始条件 $t=0$时,$x=A,\dot{x}=0$ 的一级和二级近似解.

将 ω_0^2 也展成 λ 的幂级数，

$$\omega_0^2=\omega^2+\alpha_1\lambda+\alpha_2\lambda^2 \tag{9}$$

将式(2)、(9)代入式(1)，得

$$\ddot{x}_0+\lambda\ddot{x}_1+\lambda^2\ddot{x}_2+\left(\omega^2+\alpha_1\lambda+\alpha_2\lambda^2\right)\left(x_0+\lambda x_1+\lambda^2 x_2\right)-\lambda\left(x_0+\lambda x_1+\lambda^2 x_2\right)^2=0$$

$$\ddot{x}_0+\omega^2 x_0+\lambda\left(\ddot{x}_1+\omega^2 x_1+\alpha_1 x_0-x_0^2\right)+\lambda^2\left(\ddot{x}_2+\omega^2 x_2+\alpha_1 x_1+\alpha_2 x_0-2x_0 x_1\right)+\cdots=0$$

λ 的各次幂的系数分别为零，

$$\ddot{x}_0+\omega^2 x_0=0 \tag{10}$$

$$\ddot{x}_1+\omega^2 x_1=x_0^2-\alpha_1 x_0 \tag{11}$$

$$\ddot{x}_2+\omega^2 x_2=-\alpha_1 x_1-\alpha_2 x_0+2x_0 x_1 \tag{12}$$

$x_0(t)$ 满足 $t=0$时$x_0=A$，$\dot{x}_0=0$ 的解为

$$x_0(t)=A\cos\omega t \tag{13}$$

将式(13)代入式(11)，

$$\begin{aligned}\ddot{x}_1+\omega^2 x_1&=A^2\cos^2\omega t-\alpha_1 A\cos\omega t\\&=\frac{1}{2}A^2(1+\cos 2\omega t)-\alpha_1 A\cos\omega t\end{aligned}$$

$x_1(t)$ 必须有限，要引起共振的项的系数必须为零，即 $\cos\omega t$ 项的系数必须为零，所以 $\alpha_1=0$,

$$\ddot{x}_1+\omega^2 x_1=\frac{1}{2}A^2+\frac{1}{2}A^2\cos 2\omega t \tag{14}$$

作一级近似时，$\omega_0^2=\omega^2+\alpha_1\lambda$,令$\alpha_1=0$，有 $\omega^2=\omega_0^2,\omega=\omega_0$，将式(14)中的 ω 改成 ω_0，式(14)就变成式(7)，前已得到 $x_1(t)$满足$t=0$时$x_1=0$、$\dot{x}_1=0$ 的解式(8)，零级近似时 $\omega=\omega_0$，式(13)中的 ω 可改成 ω_0，这样一级近似解与前面用通常的微扰法得到的完全相同.

下面求 $x_2(t)$，式(12)中的 $\omega^2\neq\omega_0^2$，代入 x_0、x_1 时仍需保留原来的 ω，不能用 ω_0，代入 x_0、x_1和$\alpha_1=0$，式(12)变成

①可参看强元棨，《经典力学》上册第 67 页，科学出版社，2003.

$$\ddot{x}_2 + \omega^2 x_2 = -\alpha_2 A\cos\omega t + 2A\cos\omega t\left(-\frac{A^2}{3\omega^2}\cos\omega t + \frac{A^2}{2\omega^2} - \frac{A^2}{6\omega^2}\cos 2\omega t\right)$$

$$= -\alpha_2 A\cos\omega t - \frac{A^3}{3\omega^2}(1+\cos 2\omega t) + \frac{A^3}{\omega^2}\cos\omega t - \frac{A^3}{6\omega^2}(\cos 3\omega t + \cos\omega t)$$

$$= \left(-\alpha_2 A + \frac{5A^3}{6\omega^2}\right)\cos\omega t - \frac{A^3}{3\omega^2}(1+\cos 2\omega t) - \frac{A^3}{6\omega^2}\cos 3\omega t$$

$x_2(t)$ 必须是有限的，不可能有出现共振的力项. 由此，$\cos\omega t$ 的系数必须为零.

$$-\alpha_2 A + \frac{5A^3}{6\omega^2} = 0, \quad \alpha_2 = \frac{5A^2}{6\omega^2}$$

$$\ddot{x}_2 + \omega^2 x_2 = -\frac{A^3}{3\omega^2} - \frac{A^3}{3\omega^2}\cos 2\omega t - \frac{A^3}{6\omega^2}\cos 3\omega t$$

可得其特解为

$$x_2^* = -\frac{A^3}{3\omega^4} + \frac{2A^3}{9\omega^4}\cos 2\omega t + \frac{A^3}{48\omega^4}\cos 3\omega t$$

通解为

$$x_2 = c_{21}\cos\omega t + c_{22}\sin\omega t + \frac{A^3}{144\omega^4}(-48 + 32\cos 2\omega t + 3\cos 3\omega t)$$

由 $t=0$ 时 $x_2 = 0$、$\dot{x}_2 = 0$ 定 c_{21}、c_{22}，得

$$x_2 = \frac{A^3}{144\omega^4}(-48 + 13\cos\omega t + 32\cos 2\omega t + 3\cos 3\omega t)$$

二级近似解为

$$x(t) = A\cos\omega t + \lambda\frac{A^2}{6\omega^2}(3 - 2\cos\omega t - \cos 2\omega t)$$
$$+\lambda^2\frac{A^3}{144\omega^4}(-48 + 13\cos\omega t + 32\cos 2\omega t + 3\cos 3\omega t)$$

其中 $\omega^2 = \omega_0^2 - \alpha_1\lambda - \alpha_2\lambda^2 = \omega_0^2 - \dfrac{5A^2}{6\omega_0^2}\lambda^2$.

3.2.21 已知一个单摆的悬挂点做强迫竖直小振动 $\eta(t) = \eta_0\cos\omega t$，此单摆由长为 L 的无质量杆和杆端的质点组成.

(1) 假设单摆摆角振幅很小，$\eta_0 \ll L$，求摆角 φ 满足的运动微分方程；

(2) 求满足初始条件 $t=0$ 时 $\varphi = a$、$\dot{\varphi} = 0$ 的一级近似解；

(3) ω 为何值时发生共振，写出共振时满足式(2)给的初始条件的一级近似解.

解 (1) 设质点质量为 m，取随悬挂点做平动的非惯性参考系，由对悬挂点的角动量定理

$$mL^2\ddot{\varphi} = -mgL\sin\varphi - m\ddot{\eta}L\sin\varphi$$
$$\eta = \eta_0\cos\omega t, \quad \sin\varphi \approx \varphi$$

φ 满足的微分方程为

$$\ddot{\varphi}+\left(\frac{g}{L}-\frac{\eta_0\omega^2}{L}\cos\omega t\right)\varphi=0 \tag{1}$$

(2) 令 $\lambda=\dfrac{\eta_0}{L}\ll 1,\dfrac{g}{L}=\omega_0^2$，

$$\varphi=\varphi_0+\lambda\varphi_1 \tag{2}$$

将式(2)代入式(1)，

$$\ddot{\varphi}_0+\lambda\ddot{\varphi}_1+\left(\omega_0^2-\lambda\omega^2\cos\omega t\right)\left(\varphi_0+\lambda\varphi_1\right)=0$$

$$\ddot{\varphi}_0+\omega_0^2\varphi_0+\lambda\left(\ddot{\varphi}_1+\omega_0^2\varphi_1-\omega^2\varphi_0\cos\omega t\right)+\cdots=0$$

λ 的各次幂的系数分别为零

$$\ddot{\varphi}_0+\omega_0^2\varphi_0=0 \tag{3}$$

$$\ddot{\varphi}_1+\omega_0^2\varphi_1-\omega^2\varphi_0\cos\omega t=0 \tag{4}$$

式(3)满足初始条件：$t=0$时$,\varphi_0=a,\dot{\varphi}_0=0$ 的解为

$$\varphi_0=a\cos\omega_0 t \tag{5}$$

将式(5)代入式(4)，

$$\begin{aligned}\ddot{\varphi}_1+\omega_0^2\varphi_1&=\omega^2\cdot a\cos\omega_0 t\cos\omega t\\&=\frac{1}{2}a\omega^2\left[\cos\left(\omega+\omega_0\right)t+\cos\left(\omega-\omega_0\right)t\right]\end{aligned}$$

对两项非齐次项分别用振幅矢量法或待定系数法，可得其特解，进而写通解，可得

$$\varphi_1=c_1\cos\omega_0 t+c_2\sin\omega_0 t-\frac{a\omega}{2\left(2\omega_0+\omega\right)}\cos\left(\omega+\omega_0\right)t+\frac{a\omega}{2\left(2\omega_0-\omega\right)}\cos\left(\omega-\omega_0\right)t$$

满足 $t=0$时$,\varphi_1=0,\dot{\varphi}_1=0$ 的解为

$$\varphi_1=\frac{a\omega^2}{\omega^2-4\omega_0^2}\cos\omega_0 t-\frac{a\omega}{2\left(2\omega_0+\omega\right)}\cos\left(\omega+\omega_0\right)t+\frac{a\omega}{2\left(2\omega_0-\omega\right)}\cos\left(\omega-\omega_0\right)t$$

所以满足初始条件：$t=0$时$,\varphi=a,\dot{\varphi}=0$ 的一级近似解为

$$\begin{aligned}\varphi=a\cos\omega_0 t+\frac{\eta_0}{L}\Bigg[&-\frac{a\omega^2}{\left(2\omega_0+\omega\right)\left(2\omega_0-\omega\right)}\cos\omega_0 t\\&-\frac{a\omega}{2\left(2\omega_0+\omega\right)}\cos\left(\omega+\omega_0\right)t+\frac{a\omega}{2\left(2\omega_0-\omega\right)}\cos\left(\omega-\omega_0\right)t\Bigg]\end{aligned}$$

其中 $\omega_0=\sqrt{\dfrac{g}{L}}$.

(3) 当 $\omega=2\omega_0=2\sqrt{\dfrac{g}{L}}$ 时发生共振，由于引起共振的是微扰项，振动幅度仍然应是有限的，需用处理长期项的办法.

将 $\omega=2\omega_0$ 代入式(1)，仍用 $\lambda=\dfrac{\eta_0}{L}$，

$$\ddot{\varphi}+\left(\omega_0^2-4\lambda\omega_0^2\cos 2\omega_0 t\right)\varphi=0$$

将 $\varphi=\varphi_0+\lambda\varphi_1,\omega_0^2=\omega^2+\alpha_1\lambda$ 代入上式，得

$$\begin{aligned}&\ddot{\varphi}_0+\lambda\ddot{\varphi}_1+\left(\omega^2+\alpha_1\lambda\right)\left(\varphi_0+\lambda\varphi_1\right)-4\lambda\left(\omega^2+\alpha_1\lambda\right)\\&\times\cos\left(2\sqrt{\omega^2+\alpha_1\lambda t}\right)\left(\varphi_0+\lambda\varphi_1\right)=0\end{aligned}$$

由 λ 的各次幂的系数分别为零，

$$\ddot{\varphi}_0+\omega^2\varphi_0=0 \tag{6}$$

$$\ddot{\varphi}_1+\omega^2\varphi_1+\alpha_1\varphi_0-4\omega^2\varphi_0\cos 2\omega t=0 \tag{7}$$

注意:这里的 ω 已不是题中 $\eta(t)=\eta_0\cos\omega t$ 中的 ω，这里 $\eta(t)=\eta_0\cos 2\omega_0 t$，而 $\omega\approx\omega_0$.

式(6)满足 $t=0$时,$\varphi_0=a,\dot{\varphi}_0=0$ 的解为

$$\varphi_0=a\cos\omega t \tag{8}$$

将式(8)代入式(7)，

$$\begin{aligned}\ddot{\varphi}_1+\omega^2\varphi_1&=-\alpha_1 a\cos\omega t+4\omega^2 a\cos\omega t\cos 2\omega t\\&=-\alpha_1 a\cos\omega t+2\omega^2 a\left(\cos 3\omega t+\cos\omega t\right)\\&=\left(-\alpha_1 a+2\omega^2 a\right)\cos\omega t+2\omega^2 a\cos 3\omega t\end{aligned}$$

$\varphi_1(t)$是有限的，必须$\cos\omega t$项的系数等于零，

$$-\alpha_1 a+2\omega^2 a=0,\alpha_1=2\omega^2$$

$$\omega^2=\omega_0^2-\alpha_1\lambda=\omega_0^2-2\omega^2\frac{\eta_0}{L}$$

$$\omega^2\left(1+\frac{2\eta_0}{L}\right)=\omega_0^2,\omega^2=\frac{\omega_0^2}{1+\frac{2\eta_0}{L}}=\omega_0^2\left(1-\frac{2\eta_0}{L}\right)$$

$$\omega=\sqrt{1-\frac{2\eta_0}{L}}\omega_0\approx\left(1-\frac{\eta_0}{L}\right)\omega_0$$

$$\ddot{\varphi}_1+\omega^2\varphi_1=2\omega^2 a\cos 3\omega t \tag{9}$$

设上述非齐次方程的特解为

$$\varphi_1^*=A\cos 3\omega t$$

$$-9\omega^2 A+\omega^2 A=2\omega^2 a,\quad A=-\frac{1}{4}a$$

式(9)的通解为

$$\varphi_1=c_1\cos\omega t+c_2\sin\omega t-\frac{1}{4}a\cos 3\omega t$$

满足 $t=0$时,$\varphi_1=0,\dot{\varphi}_1=0$ 的解为

$$\varphi_1=\frac{1}{4}a\left(\cos\omega t-\cos 3\omega t\right)$$

$\varphi(t)$满足初始条件 $t=0$时,$\varphi_1=a$、$\dot{\varphi}=0$ 的一级近似解为

$$\varphi=\varphi_0+\lambda\varphi_1=\varphi_0+\frac{\eta_0}{L}\varphi_1=a\cos\omega t+\frac{\eta_0}{4L}a\left(\cos\omega t-\cos 3\omega t\right)$$

其中

$$\omega=\left(1-\frac{\eta_0}{L}\right)\omega_0=\left(1-\frac{\eta_0}{L}\right)\sqrt{\frac{g}{L}}$$

3.3 简 谐 波

3.3.1 一平面简谐波

$$y=0.2\sin\left[\pi\left(0.5x-30t\right)\right]$$

x、y 的单位为厘米，t 的单位为秒. 求波的振幅、波长、频率、波速以及 $x=1\text{cm}$ 处质元振动的初相位.

解

$$\begin{aligned}y&=0.2\sin\left[\pi\left(0.5x-30t\right)\right]\\&=0.2\cos\left[\frac{\pi}{2}-\pi\left(0.5x-30t\right)\right]\\&=0.2\cos\left[30\pi\left(t-\frac{x}{60}\right)+\frac{\pi}{2}\right]\end{aligned}$$

与 $y=A\cos\left[\omega\left(t-\frac{x}{v}\right)+\alpha\right],\omega=2\pi\nu$ 相比较，可得 $A=0.2\text{cm},\nu=15\text{s}^{-1},v=60\text{cm}\cdot\text{s}^{-1}$，

$$\alpha=\frac{\pi}{2},\quad \lambda=\frac{v}{\nu}=\frac{60}{15}=4(\text{cm})$$

$x=1\text{cm}$ 处质元振动的初相位为

$$-\frac{30\pi}{60}\times 1+\frac{\pi}{2}=0$$

3.3.2 一波的频率为 20s^{-1}，波速为 $80\text{m}\cdot\text{s}^{-1}$，振幅为 0.02m，求：

(1) 波的相位相差 45°的两个点间的距离；

(2) 在一给定点处，时间相隔 0.01s 的两位移之相位差；

(3) 在一给定点处，时间相隔 0.01s 的质元的两个位置的最大距离；

(4) 在一给定点处，质元的振动相位相差 45°的质元的两个位置的最大距离.

解

$$y=0.02\cos\left[40\pi\left(t-\frac{x}{80}\right)\right]$$

(1)

$$\left|40\pi\left(t-\frac{x_1}{80}\right)-40\pi\left(t-\frac{x_2}{80}\right)\right|=\frac{\pi}{4}$$

$$\left|x_2-x_1\right|=0.5\text{m}$$

(2)

$$\left|40\pi\left(t_1-\frac{x}{80}\right)-40\pi\left(t_2-\frac{x}{80}\right)\right|=40\pi\left|t_1-t_2\right|=40\pi\times 0.01=\frac{2}{5}\pi$$

(3) $y(x,t+0.01)-y(x,t)$

$$=0.02\cos\left[40\pi\left(t+0.01-\frac{x}{80}\right)\right]-0.02\cos\left[40\pi\left(t-\frac{x}{80}\right)\right]$$

$$=0.02\cos\left[40\pi\left(t-\frac{x}{80}\right)+\frac{2}{5}\pi\right]+0.02\cos\left[40\pi\left(t-\frac{x}{80}\right)-\pi\right]$$

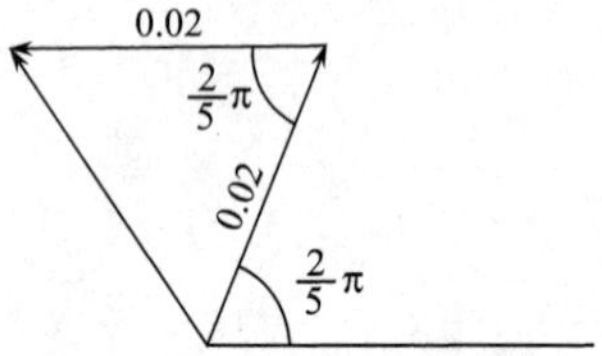

可用振幅矢量法求合振动的振幅(图 3.35)，即任一质元在时间相隔 0.01s 的两个位置的最大距离.

$$\left|y(x,t+0.01)-y(x,t)\right|_{\max}$$

$$=2\times 0.02\sin\left(\frac{1}{2}\cdot\frac{2}{5}\pi\right)=0.04\sin\frac{\pi}{5}=0.0235(\mathrm{m})$$

图 3.35

(4) 在一点相位相差 45° 的质元两个位置之间的最大距离

$$\left|y(x,t+\Delta t)-y(x,t)\right|_{\max}=\left|0.02\cos\left[40\pi\left(t+\Delta t-\frac{x}{80}\right)\right]-0.02\cos\left[40\pi\left(t-\frac{x}{80}\right)\right]\right|_{\max}$$

$$=\left|0.02\cos\left[40\pi\left(t-\frac{x}{80}\right)+\frac{\pi}{4}\right]+0.02\cos\left[40\pi\left(t-\frac{x}{80}\right)-\pi\right]\right|_{\max}$$

$$=0.04\sin\frac{\pi}{\delta}=0.0153(\mathrm{m})$$

3.3.3　一列沿长弦线向 x 正方向传播的平面简谐波，位于 $x=x_1=0$ 及 $x=x_2=1\mathrm{m}$ 处两质元的简谐振动如下：

$$y_1=0.2\sin 3\pi t,\quad y_2=0.2\sin\left(3\pi t+\frac{\pi}{8}\right)$$

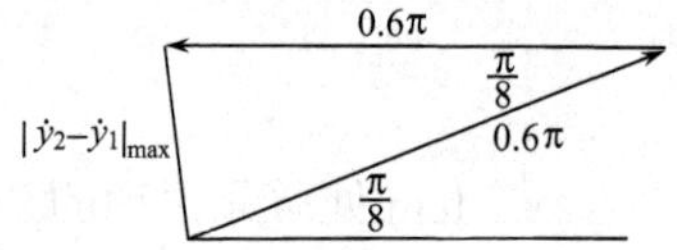

y 的单位为米，t 的单位为秒. 求：

图 3.36

(1) 波速 v；

(2) 频率；

(3) 波长 λ；

(4) 该两质元的相对速率的最大值.

解　(1) 由 $x=x_1=0$ 处质元的振动方程

$$y_1=0.2\sin 3\pi t$$

可把此向 x 正方向传播的平面简谐波表达为

$$y=0.2\sin\left[3\pi\left(t-\frac{x}{v}\right)\right]$$

由 $x=x_2=1\mathrm{m}$ 处质元的振动方程

$$y_2=0.2\sin\left(3\pi t+\frac{\pi}{8}\right)$$

可知

$$-\frac{3\pi\cdot 1}{v}=\frac{\pi}{8}-2n\pi=-\frac{16n-1}{8}\pi$$

$$v=\frac{24}{16n-1}\quad (n=1,2,3,\cdots)$$

(2)
$$\omega=3\pi s^{-1},\quad \nu=\frac{\omega}{2\pi}=1.5s^{-1}$$

(3)
$$\lambda=\frac{v}{\nu}=\frac{16}{16n-1}(m)\quad (n=1,2,3,\cdots)$$

(4)
$$y_2-y_1=0.2\sin\left(3\pi t+\frac{\pi}{8}\right)-0.2\sin 3\pi t$$

$$\dot{y}_2-\dot{y}_1=0.6\pi\cos\left(3\pi t+\frac{\pi}{8}\right)-0.6\pi\cos 3\pi t$$

$$=0.6\pi\cos\left(3\pi t+\frac{\pi}{8}\right)+0.6\pi\cos(3\pi t-\pi)$$

$$\left|\dot{y}_2-\dot{y}_1\right|_{\max}=2\times 0.6\pi\sin\left(\frac{1}{2}\cdot\frac{\pi}{8}\right)$$

$$=1.2\pi\sin\frac{\pi}{16}=0.234(m/s)$$

3.3.4 一平面简谐波以 50m/s 的速率沿 x 负方向传播，在 $t=1s$ 时的波形如图 3.37 所示，写出此波的运动学方程，并画出 $t=1s$ 时各质元的 $\frac{\partial y}{\partial t}$ - x 图.

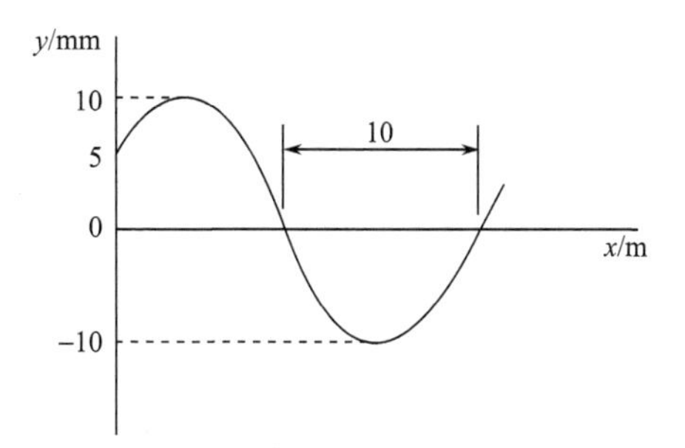

图 3.37

解 从图 3.37 上可看出，

$$A=10mm=0.01m,\quad \lambda=2\times 10=20(m)$$

已知 $v=50m/s$，则

$$\nu=\frac{v}{\lambda}=2.5s^{-1},\quad \omega=2\pi\nu=5\pi s^{-1}$$

波的运动学方程为

$$y=0.01\cos\left[5\pi\left(t+\frac{x}{50}\right)+\alpha\right]$$

α待定.$t=1s$时,在$x=0$处,$y=0.005m,\frac{\partial y}{\partial t}>0$，

$$0.01\cos(5\pi+\alpha)=0.005$$

$$5\pi+\alpha=\arccos\frac{0.005}{0.01}=\pm\frac{\pi}{3}+2n\pi$$

因为

$$\left.\frac{\partial y}{\partial t}\right|_{\substack{x=0\\t=1}}=-0.05\pi\sin(5\pi+\alpha)>0$$

可见，$5\pi+\alpha$ 在第四象限，

$$5\pi+\alpha=-\frac{\pi}{3}+2n\pi$$

$$\alpha=\frac{2\pi}{3}$$

此波的运动学方程为

$$y=0.01\cos\left[5\pi\left(t+\frac{x}{50}\right)+\frac{2}{3}\pi\right]$$

$$\frac{\partial y}{\partial t}=0.05\pi\cos\left[5\pi\left(t+\frac{x}{50}\right)+\frac{2}{3}\pi+\frac{1}{2}\pi\right]$$

$$=0.05\pi\cos\left[5\pi\left(t+\frac{x}{50}\right)+\frac{7}{6}\pi\right]$$

$t=1\text{s}$ 时，各处质元的 $\frac{\partial y}{\partial t}$ 为

$$\frac{\partial y}{\partial t}=0.05\pi\cos\left(\frac{\pi}{10}x+5\pi+\frac{7}{6}\pi\right)$$

$$=0.05\pi\cos\left(\frac{\pi}{10}x+\frac{\pi}{6}\right)$$

$\frac{\partial y}{\partial t}$-$x$ 的示意图如图 3.38 所示.

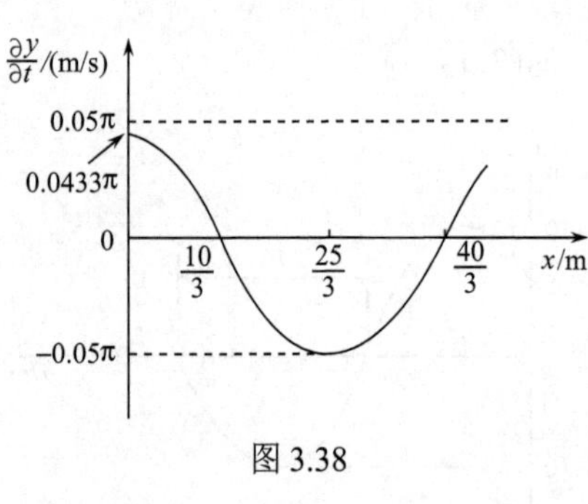

图 3.38

3.3.5　一根均匀的长弦线，线密度为 $0.02\,\text{kg/m}$，被 50N 的力拉紧，弦线的一端 $x=0$ 做简谐振动，振幅为 0.02m，周期为 1s, $t=0$ 时，位移 y 为 0.01m, $\frac{\partial y}{\partial t}$ 为负值. 写出向 x 正方向传播的简谐波的运动学方程.

解　题给 $\eta=0.02\,\text{kg/m}, T_0=50\text{N}$，$A=0.02\text{m}$,　$T=1\text{s}$,　$\omega=\frac{2\pi}{T}=2\pi\text{s}^{-1}$，

$$v=\sqrt{\frac{T_0}{\eta}}=50\text{m}\cdot\text{s}^{-1}$$

$$y=0.02\cos\left[2\pi\left(t-\frac{x}{50}\right)+\alpha\right]$$

$$\frac{\partial y}{\partial t}=-0.02\cdot 2\pi\sin\left[2\pi\left(t-\frac{x}{50}\right)+\alpha\right]$$

由 $t=0$ 时，$x=0$ 处 $y=0.01\text{m}, \frac{\partial y}{\partial t}<0$，可写出下列两式：

$$0.02\cos\alpha=0.01$$

$$-0.04\pi\sin\alpha<0$$

α 在第一象限，$\alpha=\frac{\pi}{3}$，所以

$$y = 0.02\cos\left[2\pi\left(t - \frac{x}{50}\right) + \frac{\pi}{3}\right](\mathrm{m})$$

3.3.6　一脉冲从长弦线的一端行进至另一端，需时 0.1 秒，弦线跨过一滑轮后悬一质量为弦线质量 100 倍的重物，问弦线的长度多大?

解　设重物质量为m，弦线长度为l，

$$T_0 = mg,\quad m = 100\eta l,\quad \eta = \frac{m}{100l}$$

$$v = \sqrt{\frac{T_0}{\eta}} = \sqrt{mg\Big/\frac{m}{100l}} = \sqrt{100gl}$$

$$l = vt = \sqrt{100gl}t,\quad l^2 = 100gl \cdot t^2$$

所以

$$l = 100gt^2 = 100 \times 9.8 \times (0.1)^2 = 9.8(\mathrm{m})$$

3.3.7　在拉紧的弦线上传播一个脉冲：

$$y(x,t) = \frac{b^3}{b^2 + (ax+ut)^2}$$

其中a、b、u均为正值常量，问：

(1) 此介质是色散介质吗?说明理由；

(2) 该脉冲速率多大?方向如何?

(3) 弦线上$x=0$处质元在$t=1$时的振动速度.

解　(1) 此介质是无色散介质，对于色散介质，不同频率的波在其中传播时有不同的波速. 一个脉冲是由频率连续变化的无数不同频率的简谐波叠加而成的，由于不同频率的波波速不同，随着时间的推移，脉冲形状将发生变化. 而在无色散介质中传播，脉冲的形状是不随时间变化的.

令t时刻脉冲的形状为

$$y(x,t) = \frac{b^3}{b^2 + (ax+ut)^2}$$

在$t=0$时，脉冲的形状为

$$y(x,0) = \frac{b^3}{b^2 + (ax)^2}$$

$x=0$处，

$$y(0,0) = b,\quad x = \pm a,\quad y = \frac{b^3}{a^2 + b^2}$$

在t时，

$$y(x,t) = \frac{b^3}{b^2 + (ax+ut)^2}$$

$x = -\dfrac{ut}{a}$处,

$$y\left(-\frac{ut}{a},t\right)=b=y(0,0)$$

$x=-\dfrac{ut}{a}\pm a$处,

$$y\left(-\frac{ut}{a}\pm a,t\right)=\frac{b^3}{b^2+\left[a\left(-\dfrac{ut}{a}\pm a\right)+ut\right]^2}=\frac{b^3}{a^2+b^2}=y(\pm a,0)$$

同样，可以更一般的证明

$$y\left(-\frac{ut}{a}\pm c,t\right)=y(\pm c,0)$$

这就说明了在传播过程中，脉冲的形状保持不变，介质是无色散的. 群速u_{g}与相速u_{p}是相同的.

(2) 相速是相位的传播速度，

$$ax+ut=常量$$

$$v=\frac{\mathrm{d}x}{\mathrm{d}t}=-\frac{u}{a}$$

负号说明脉冲是向x负方向传播的，速率为$\dfrac{u}{a}$. 其实在(1)的解答中已能得出此结论. 在$t=0$时，脉冲的极大值位于$x=0$处，在t时刻，脉冲的极大值位于$x=-\dfrac{u}{a}t$处，脉冲是以$\dfrac{u}{a}$的速率向x负方向传播的.

(3) 弦线上$x=0$处质元的振动速度为

$$\left.\frac{\partial y(x,t)}{\partial t}\right|_{x=0}=\frac{\mathrm{d}y(0,t)}{\mathrm{d}t}=\frac{\mathrm{d}}{\mathrm{d}t}\left(\frac{b^3}{b^2+u^2t^2}\right)=-\frac{2b^3u^2t}{\left(b^2+u^2t^2\right)^2}$$

$t=1$时，

$$\left.\frac{\partial y(x,t)}{\partial t}\right|_{\substack{x=0\\t=1}}=-\frac{2b^3u^2}{\left(b^2+u^2\right)^2}$$

3.3.8　在两端固定、长度为100m的弦线上，有一如图3.39所示的脉冲以40m/s的速率向右行进，且保持其形状不变.

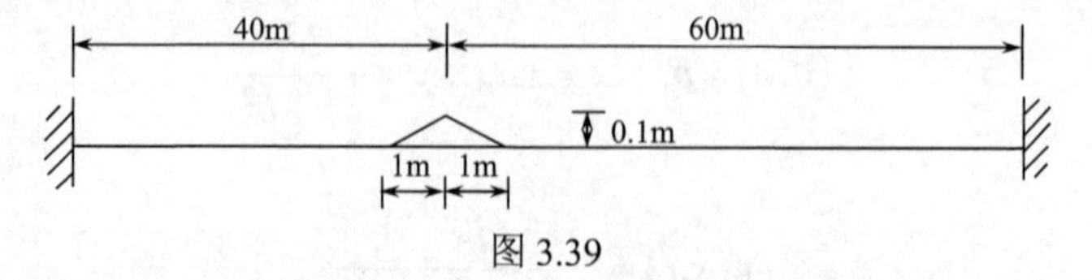

图 3.39

(1) 定性地画出在脉冲处于图示位置时弦线各质元的振动速度的轮廓图；

(2) 近似地估算弦线质元的最大振动速度；

(3)若弦线总质量为2kg，弦线中的张力有多大?

解 (1)在图示时刻，弦线各质元的振动速度为

$$\frac{\partial y}{\partial t}=\begin{cases}0, & 0\leqslant x\leqslant 39\\ -v, & 39<x\leqslant 40\\ v, & 40<x\leqslant 41\\ 0, & x>41\end{cases}$$

其中 $v>0$，轮廓图如图 3.40 所示.

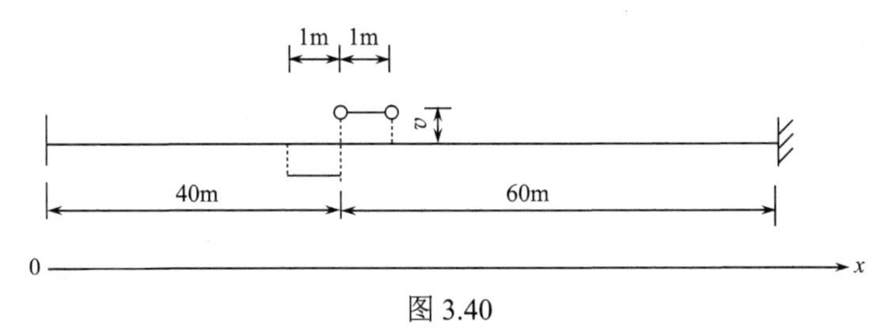

图 3.40

(2)弦线质元最大振动速度就是(1)问解答中的 v，图 3.41 用实线和虚线分别表示 t 时刻和 $t+\Delta t$ 时刻脉冲的位置.

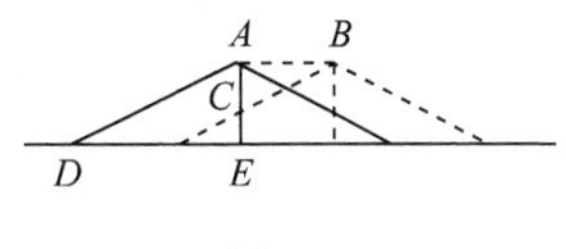

图 3.41

脉冲传播的速率为 $40\,\mathrm{m/s}, AB=40\cdot\Delta t$， $AC=v\Delta t$， 由于 $\Delta ABC\sim\Delta ADE$，

$$\frac{AC}{AB}=\frac{AE}{DE}$$

即 $\frac{v\Delta t}{40\Delta t}=\frac{0.1}{1}$,所以$v=40\times 0.1=4(\mathrm{m/s})$.

(3) $v_{\mathrm{g}}=v_{\mathrm{p}}=\sqrt{\frac{T_0}{\eta}},\eta=\frac{m}{l}$， $T_0=v_{\mathrm{g}}^2\eta=v_{\mathrm{g}}^2\frac{m}{l}=(40)^2\cdot\frac{2}{100}=32(\mathrm{N})$.

3.3.9 一个对称的三角形脉冲在弦线上沿 x 正方向运动，其最大高度为0.4m，全长为1.0m，波速为$24\,\mathrm{m/s}$,在$t=0$时，整个脉冲位于 $x=0$至$x=1\mathrm{m}$ 之间. 画出 $x=1\mathrm{m}$ 处质元振动速度随时间变化的曲线.

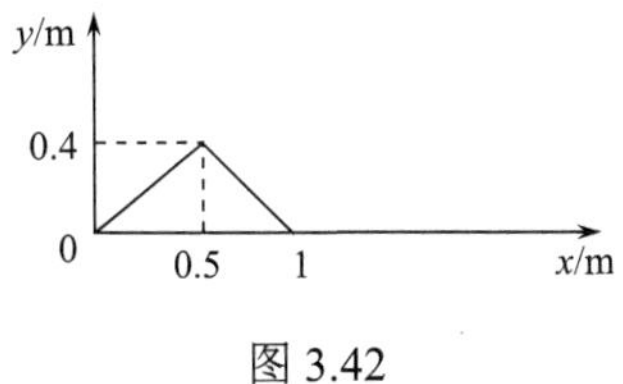

图 3.42

解 根据题意，$t=0$ 时，脉冲的波形图如图 3.42 所示.

在 $t=0$至$t=\frac{0.5}{24}=0.0208\mathrm{s}$ 期间， $x=1\mathrm{m}$ 处质元的振动速度为$\frac{\partial y}{\partial t}$，

$$\frac{\partial y}{\partial t}=\frac{0.4}{0.5}\times 24=19.2(\mathrm{m/s})$$

在 $0.0208\mathrm{s}\leqslant t<0.0417\mathrm{s}$ 期间，

$$\frac{\partial y}{\partial t}=-19.2\,\mathrm{m/s}$$

在 $t<0$及$t\geqslant 0.0417\mathrm{s}$ 期间，

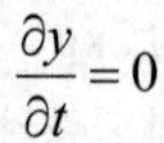

$$\frac{\partial y}{\partial t}=0$$

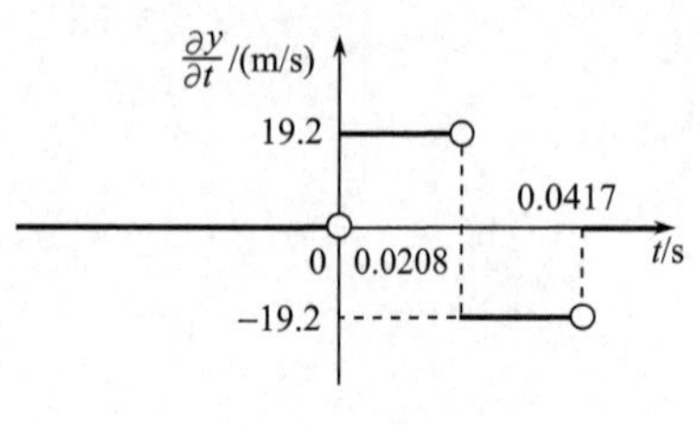

图 3.43

$x=1\text{m}$ 处质元的振动速度随时间的变化曲线为不连续的四段直线，如图 3.43 所示.

3.3.10　气体或液体的压缩系数定义为 $\kappa=-\dfrac{1}{V}\dfrac{\mathrm{d}V}{\mathrm{d}p}$，这里 $-\mathrm{d}V$ 是压强增加 $\mathrm{d}p$ 时的体积减小量，标准状态下空气的压缩系数比水约大 15000 倍.

(1) 推导声波速度公式 $v=\dfrac{1}{\sqrt{\kappa\rho}}$，其中 ρ 是质量密度；

(2) 在标准状态下，空气中的声速约为 $330\,\text{m/s}$，水中的声速约为 $1470\,\text{m/s}$，假设水是充满了微小气泡的混合物，微小气泡仅占总体积的 1%（忽略由气泡引起的混合物的密度和纯水的密度之间的差异），求混合物的压缩系数 κ，再求混合物中的声速 v 值，并与纯水或空气中的声速 v 值相比较.

解　(1) 如图 3.44 所示，考虑一维问题，考虑 $x\sim x+\mathrm{d}x$ 段质元，传播声波时，两端分别位移到 $x+y$ 和 $x+\mathrm{d}x+y+\mathrm{d}y$，两端压强分别为 $p_0+(\mathrm{d}p)_x$ 和 $p_0+(\mathrm{d}p)_{x+\mathrm{d}x}$，其中 p_0 是平衡时的压强，设截面积为 S.

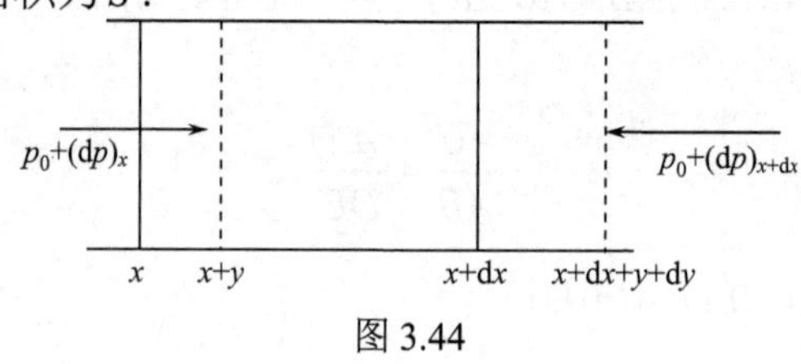

图 3.44

该质元受到向右的力为

$$\begin{aligned}&\left[p_0+(\mathrm{d}p)_x\right]S-\left[p_0+(\mathrm{d}p)_{x+\mathrm{d}x}\right]S\\&=-\frac{1}{\kappa}\left(\frac{\mathrm{d}V}{V}\right)_x S-\left[-\frac{1}{\kappa}\left(\frac{\mathrm{d}V}{V}\right)_{x+\mathrm{d}x}\right]S\\&=-\frac{1}{\kappa}\left(\frac{\partial y}{\partial x}\right)_x S+\frac{1}{\kappa}\left(\frac{\partial y}{\partial x}\right)_{x+\mathrm{d}x} S=\frac{1}{\kappa}\frac{\partial^2 y}{\partial x^2}S\mathrm{d}x\end{aligned}$$

其中用了压缩系数的定义

$$\kappa=-\frac{1}{V}\frac{\mathrm{d}V}{\mathrm{d}p},\quad \mathrm{d}p=-\frac{1}{\kappa}\frac{\mathrm{d}V}{V}.$$

该质元的加速度为 $\dfrac{\partial^2 y}{\partial t^2}$，由牛顿运动定律

$$\rho S\mathrm{d}x\frac{\partial^2 y}{\partial t^2}=\frac{1}{\kappa}\frac{\partial^2 y}{\partial x^2}S\mathrm{d}x$$

$$\frac{\partial^2 y}{\partial x^2}-\rho\kappa\frac{\partial^2 y}{\partial t^2}=0$$

可见声波速度为

$$v=\frac{1}{\sqrt{\kappa\rho}}$$

注意：这里定义的压缩系数是体积弹性模量的倒数.

(2) 对于混合物

$$\kappa=-\frac{1}{V}\frac{\mathrm{d}V}{\mathrm{d}p}=-\frac{1}{V}\frac{\mathrm{d}V_1+\mathrm{d}V_2}{\mathrm{d}p}=-\frac{1}{V}\left(\frac{\mathrm{d}V_1}{\mathrm{d}p}+\frac{\mathrm{d}V_2}{\mathrm{d}p}\right)$$

$$=\frac{1}{V}\left[V_1\left(-\frac{1}{V_1}\frac{\mathrm{d}V_1}{\mathrm{d}p}\right)+V_2\left(-\frac{1}{V_2}\frac{\mathrm{d}V_2}{\mathrm{d}p}\right)\right]=\frac{1}{V}\left(V_1\kappa_1+V_2\kappa_2\right)$$

设 V_1 是混合物中气泡的体积，V_2 为混合物中纯水的体积，$\frac{V_1}{V}=0.01$, $\frac{V_2}{V}=0.99$, $\kappa_1=15000\kappa_2$.

$$\kappa=0.01\kappa_1+0.99\kappa_2=\left(0.01\times15000+0.99\times1\right)\kappa_2=151\kappa_2$$

在混合物中的声速

$$v=\frac{1}{\sqrt{\kappa\rho}}=\frac{1}{\sqrt{151\kappa_2\rho}}=\frac{1}{\sqrt{151}}\times1470=120(\mathrm{m/s})$$

比在水中的声速1470 m/s 和在标准状态下空气中的声速 330 m/s 都小.

3.3.11 (1) 写出在弦中传播基波的频率与弦的物理性质、几何性质的关系；

(2) 从牛顿运动定律出发，分析一小段弦所发生的变化导出上述关系.

解 (1) 设 ν 为在弦中传播的基波频率

$$\nu=\frac{1}{2l}\sqrt{\frac{T}{\eta}}$$

其中 l 为弦线长度，T 为弦的张力，η 为弦的线密度.

(2) 考虑弦线位于 $x\sim x+\mathrm{d}x$ 段质元，如图 3.45 所示，受到的外力有 T_1、T_2，分别是 x 左方和 $x+\mathrm{d}x$ 右方弦线对该质元的作用力，重力与 $\boldsymbol{T}_1$、$\boldsymbol{T}_2$ 的合力相比可忽略不计.

$$T_1\cos\theta_1=T_2\cos\theta_2=T_0\cos0°=T_0$$

其中 T_0 是弦线处于平衡时的张力.

在 y 方向，质元所受的合力为

$$T_2\sin\theta_2-T_1\sin\theta_1=T_2\cos\theta_2\tan\theta_2-T_1\cos\theta_1\tan\theta_1$$

$$=T_0\left(\tan\theta_2-\tan\theta_1\right)$$

$$=T_0\left[\left.\left(\frac{\partial y}{\partial x}\right)\right|_{x+\mathrm{d}x}-\left.\left(\frac{\partial y}{\partial x}\right)\right|_{x}\right]$$

$$\approx T_0\frac{\partial^2 y}{\partial x^2}\mathrm{d}x$$

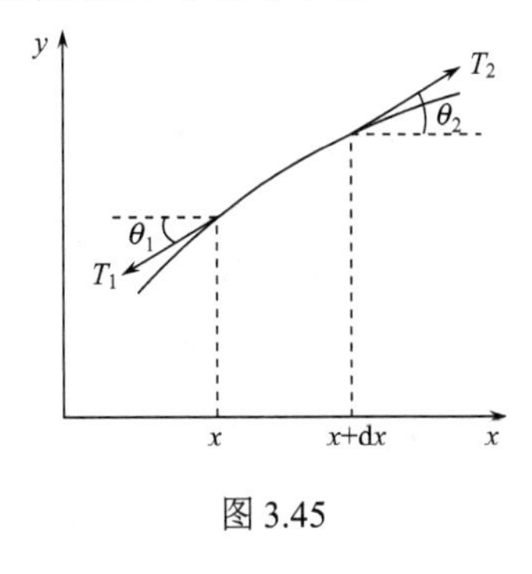

图 3.45

由牛顿运动定律

$$\eta \mathrm{d}x \frac{\partial^2 y}{\partial t^2} = T_0 \frac{\partial^2 y}{\partial x^2} \mathrm{d}x$$

$$\frac{\partial^2 y}{\partial t^2} - \frac{T_0}{\eta} \frac{\partial^2 y}{\partial x^2} = 0$$

在弦线中传播波(只能是横波)的波速

$$v = \sqrt{\frac{T_0}{\eta}}$$

在长度为l的弦线中传播频率最低的波(基波)的波长$\lambda = 2l$,

$$v = \lambda \nu$$

基波频率$\nu = \frac{v}{\lambda} = \frac{1}{2l}\sqrt{\frac{T_0}{\eta}}$，即(1)中的$\frac{1}{2l}\sqrt{\frac{T}{\eta}}$.

3.3.12　声音在气体中的速度由下式计算：$v = \sqrt{\text{绝热体积模量/密度}}$.

(1)证明此公式的量纲是对的;

(2)此公式隐含着认为声音在空气中的传播是准静态过程，但从另一方面，在空气分子的方均根速率大致为500m/s的温度下，空气中的声速大致为340m/s，那么这种过程为什么能够是准静态的?

解　(1)体积模量κ的定义为

$$\Delta p = -\kappa \frac{\Delta v}{v}$$

准静态绝热过程的过程方程为$pv^\gamma = c$，其中γ是定压摩尔比热容与定容摩尔比热容之比，是无量纲的量，c为常量.

可得准静态绝热体积弹性模量为$\kappa = \gamma p$. 由此或直接由体积弹性模量的定义可见，κ的量纲与压强的量纲相同.

$$[\kappa] = [p] = \mathrm{MLT^{-2}/L^2} = \mathrm{ML^{-1}T^{-2}}$$

$$\sqrt{\frac{\kappa}{\rho}} = \left(\frac{\mathrm{ML^{-1}T^{-2}}}{\mathrm{ML^{-3}}}\right)^{\frac{1}{2}} = \mathrm{LT^{-1}} = [v]$$

(2)是否能用准静态过程近似，要看恢复平衡所需的弛豫时间τ是否比此过程中外界变化经历的时间小得多. 今在空气中传播声波这个过程当然不是严格的平衡态，但在局部可以看作近似处于平衡态. 声波频率从20Hz至20000Hz，就变化最快的$\nu = 20000\mathrm{Hz}$的声波而言，其周期$T = 5\times10^{-5}\mathrm{s}$，在方均根速率为$500\mathrm{ms^{-1}}$的温度下，分子碰撞频率很高，平均自由程大致为$10^{-7}\mathrm{m}$，波长$\lambda = \frac{v}{\nu} = \frac{340}{20000} = 1.7\times10^{-2}\mathrm{m}$，约为平均自由程的$10^5$倍. 在发生传播声波的变化一个周期时间内发生了这么多次碰撞，可以说，恢复平衡的弛豫时间$\tau \ll$声波的周期T，因此可近似认为声音在空气中传播是个准静态过程.

3.3.13　若有下述两列波在介质中传播：

$$y_1 = A\sin(5x - 10t),\quad y_2 = A\sin(4x - 9t)$$

式中 x、y 以米为单位，t 以秒为单位.

(1) 写出合成波的方程；

(2) 求群速度 v_g；

(3) 求出合成波中振幅为零的两相邻点间的距离；

(4) 说明此介质是否是色散介质，说明理由.

解 (1)

$$\begin{aligned} y &= y_1 + y_2 \\ &= A\sin(5x-10t) + A\sin(4x-9t) \\ &= 2A\sin\left[\frac{1}{2}(9x-19t)\right]\cos\left[\frac{1}{2}(x-t)\right] \\ &= 2A\cos\left[\frac{1}{2}(x-t)\right]\sin\left[\frac{1}{2}(9x-19t)\right] \end{aligned}$$

(2) 群速 v_g 是振幅的包络波

$$2A\cos\left[\frac{1}{2}(t-x)\right]$$

的传播速度，$v_g = 1\text{m/s}$.

(3) 合成波中振幅为零的两相邻点间的距离计算如下：设同一时刻 t，相邻的振幅为零的两点分别为 x_1、x_2，则

$$\frac{1}{2}(x_1 - t) = \frac{\pi}{2}, \quad \frac{1}{2}(x_2 - t) = \frac{3\pi}{2}$$

$$\frac{1}{2}(x_2 - t) - \frac{1}{2}(x_1 - t) = \frac{3\pi}{2} - \frac{\pi}{2} = \pi$$

$$\Delta x = x_2 - x_1 = 2\pi$$

合成波振幅为零的点的位置是随时间变化的，可两相邻的振幅为零的点间距离不随时间变化.

(4) 此介质是色散介质，因为在其中传播的两列波 y_1、y_2 是具有不同频率的两列波：$\omega_1 = 10\text{s}^{-1}, \omega_2 = 9\text{s}^{-1}$. 它们的传播速度不同；$v_1 = \dfrac{10}{5} = 2\text{m}\cdot\text{s}^{-1}$，$v_2 = \dfrac{9}{4} = 2.25\ 2\text{m}\cdot\text{s}^{-1}$. 合成波的波形随时间发生变化. 从(1)问所得的表达式也可作出此结论.

3.3.14 两个不同的音叉在完全相同的两段长绳上产生稳定的简谐波，振幅 $A_1 = 2A_2$，波长 $\lambda_1 = \dfrac{1}{2}\lambda_2$. 设绳子除了与音叉交换能量外，不与其他物体交换能量. 求两音叉给予绳子的平均功率之比.

解 设绳子的截面积为 S，体密度为 ρ，线密度为 η，则 $\eta = \rho S$.

$$\overline{P} = IS = \frac{1}{2}\rho\omega^2 A^2 v S = \frac{1}{2}\eta\omega^2 A^2 v$$

两绳完全相同意味着 η 相同，绳子张力 T 相同，因而波的传播速度 v 相同.

今两音叉产生的两列简谐波，波长不同，而波速相同，可见频率是不同的：

$$\frac{\omega_1}{\omega_2}=\frac{\nu_1}{\nu_2}=\frac{v/\lambda_1}{v/\lambda_2}=\frac{\lambda_2}{\lambda_1}$$

$$\frac{\overline{P}_1}{\overline{P}_2}=\frac{\frac{1}{2}\eta\omega_1^2A_1^2v}{\frac{1}{2}\eta\omega_2^2A_2^2v}=\left(\frac{\omega_1}{\omega_2}\right)^2\left(\frac{A_1}{A_2}\right)^2=\left(\frac{\lambda_2}{\lambda_1}\right)^2\left(\frac{A_1}{A_2}\right)^2=2^2\times2^2=16$$

3.3.15　一正弦式空气波沿直径为0.14m的圆柱形管子的轴向传播，波的强度为$9.0\times10^{-3}\ \mathrm{J/m^2\cdot s}$，频率为300Hz，波速为300m/s，求：

(1)波中平均能量密度和最大能量密度；

(2)每两个相邻质元同振动相位面间的区域中含有的机械能.

解　(1)波中平均能量密度

$$\overline{\varepsilon}=\frac{I}{v}=\frac{9.0\times10^{-3}}{300}=3.0\times10^{-5}\left(\mathrm{J/m^3}\right)$$

最大能量密度$\varepsilon_{\max}=2\overline{\varepsilon}=6.0\times10^{-5}\ \mathrm{J/m^3}$.

(2)相邻的质元振动同相位面间区域的总机械能为

$$E=\overline{\varepsilon}\cdot\frac{1}{4}\pi d^2\lambda=\overline{\varepsilon}\cdot\frac{1}{4}\pi d^2\frac{v}{\nu}$$

$$=3.0\times10^{-5}\cdot\frac{1}{4}\pi(0.14)^2\frac{300}{300}=4.62\times10^{-7}\left(\mathrm{J}\right)$$

3.3.16　一波源以3.5×10^4 W的功率发射球面电磁波，在某处测得该波的平均能量密度为$7.8\times10^{-15}\ \mathrm{J/m^3}$. 求该处离波源的距离. 电磁波的传播速度为$3.0\times10^8$ m/s.

解　$\overline{P}=4\pi r^2\overline{\varepsilon}(r)v$

$$r=\sqrt{\frac{\overline{P}}{4\pi\overline{\varepsilon}(r)v}}=\sqrt{\frac{3.5\times10^4}{4\pi\times7.8\times10^{-15}\times3.0\times10^8}}=3.45\times10^4\left(\mathrm{m}\right)$$

3.3.17　两列平面简谐波

$$y_1=A_1\cos\left[\omega_1\left(t-\frac{x}{v}\right)+\alpha_1\right]$$

$$y_2=A_2\cos\left[\omega_2\left(t-\frac{x}{v}\right)+\alpha_2\right]$$

同时在同一介质中传播，分别讨论$\omega_1\neq\omega_2$及$\omega_1=\omega_2$两种情况下波强是否等于两波分别单独传播时的波强之和.

解　$y=y_1+y_2$

$$=A_1\cos\left[\omega_1\left(t-\frac{x}{v}\right)+\alpha_1\right]+A_2\cos\left[\omega_2\left(t-\frac{x}{v}\right)+\alpha_2\right]$$

$$\frac{\partial y}{\partial t}=-A_1\omega_1\sin\left[\omega_1\left(t-\frac{x}{v}\right)+\alpha_1\right]-A_2\omega_2\sin\left[\omega_2\left(t-\frac{x}{v}\right)+\alpha_2\right]$$

$$\left(\frac{\partial y}{\partial t}\right)^2 = A_1^2\omega_1^2\sin^2\left[\omega_1\left(t-\frac{x}{v}\right)+\alpha_1\right]+A_2^2\omega_2^2\sin^2\left[\omega_2\left(t-\frac{x}{v}\right)+\alpha_2\right]$$

$$+2A_1A_2\omega_1\omega_2\sin\left[\omega_1\left(t-\frac{x}{v}\right)+\alpha_1\right]\sin\left[\omega_2\left(t-\frac{x}{v}\right)+\alpha_2\right]$$

$$=\frac{1}{2}A_1^2\omega_1^2\left\{1-\cos 2\left[\omega_1\left(t-\frac{x}{v}\right)+\alpha_1\right]\right\}$$

$$+\frac{1}{2}A_2^2\omega_2^2\left\{1-\cos 2\left[\omega_2\left(t-\frac{x}{v}\right)+\alpha_2\right]\right\}$$

$$-A_1A_2\omega_1\omega_2\left\{\cos\left[(\omega_1+\omega_2)\left(t-\frac{x}{v}\right)+\alpha_1+\alpha_2\right]\right.$$

$$\left.-\cos\left[(\omega_1-\omega_2)\left(t-\frac{x}{v}\right)+\alpha_1-\alpha_2\right]\right\}$$

$\bar{\varepsilon}=\rho\frac{1}{\tau}\int_0^{\tau}\left(\frac{\partial y}{\partial t}\right)^2\mathrm{d}t$，其中 τ 是 T_1、T_2 的最小公倍数.

当 $\omega_1\neq\omega_2$ 时，

$$\frac{1}{\tau}\int_0^{\tau}\cos 2\left[\omega_1\left(t-\frac{x}{v}\right)+\alpha_1\right]\mathrm{d}t=0$$

$$\frac{1}{\tau}\int_0^{\tau}\cos 2\left[\omega_2\left(t-\frac{x}{v}\right)+\alpha_2\right]\mathrm{d}t=0$$

$$\frac{1}{\tau}\int_0^{\tau}\cos\left[(\omega_1+\omega_2)\left(t-\frac{x}{v}\right)+\alpha_1+\alpha_2\right]\mathrm{d}t=0$$

$$\frac{1}{\tau}\int_0^{\tau}\cos\left[(\omega_1-\omega_2)\left(t-\frac{x}{v}\right)+\alpha_1-\alpha_2\right]\mathrm{d}t=0$$

$$\bar{\varepsilon}=\frac{1}{2}\rho A_1^2\omega_1^2+\frac{1}{2}\rho A_2^2\omega_2^2$$

$$I=\bar{\varepsilon}v=\frac{1}{2}\rho A_1^2\omega_1^2 v+\frac{1}{2}\rho A_2^2\omega_2^2 v=I_1+I_2$$

当 $\omega_1=\omega_2$ 时，上述四个余弦函数的积分中，前三个仍为零，第四个不为零.

$$\frac{1}{\tau}\int_0^{T}\cos(\alpha_1-\alpha_2)\,\mathrm{d}t=\cos(\alpha_1-\alpha_2)$$

$$\bar{\varepsilon}=\frac{1}{2}\rho A_1^2\omega_1^2+\frac{1}{2}\rho A_2^2\omega_2^2+A_1A_2\omega^2\cos(\alpha_1-\alpha_2)$$

$$I=\bar{\varepsilon}v=I_1+I_2+\rho A_1A_2\omega^2 v\cos(\alpha_1-\alpha_2)\neq I_1+I_2$$

另一种计算法:

$$y = A_1 \cos\left[\omega\left(t - \frac{x}{v}\right) + \alpha_1\right] + A_2 \cos\left[\omega\left(t - \frac{x}{v}\right) + \alpha_2\right]$$
$$= A\cos\left[\omega\left(t - \frac{x}{v}\right) + \alpha\right]$$

由振幅矢量法(图 3.46)求 A，

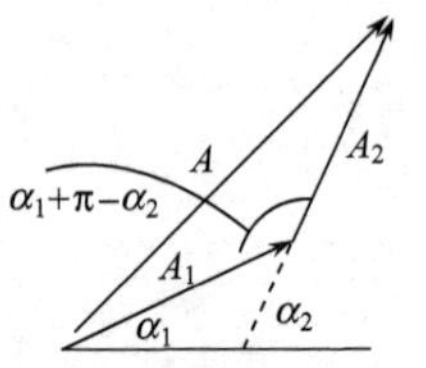

$$A = \left[A_1^2 + A_2^2 - 2A_1A_2\cos(\alpha_1 + \pi - \alpha_2)\right]^{1/2}$$
$$= \left[A_1^2 + A_2^2 + 2A_1A_2\cos(\alpha_1 - \alpha_2)\right]^{1/2}$$

图 3.46

$$I = \frac{1}{2}\rho A^2\omega^2 v$$
$$= I_1 + I_2 + \rho A_1A_2\omega^2 v\cos(\alpha_1 - \alpha_2).$$

3.4　边界效应和干涉

3.4.1　如图 3.47 所示，微波检测器安装在湖滨高出水面 h 处，当一颗发射波长为 λ 单色微波的星体徐徐自地平面升起时，检测器显示的讯号强度呈一系列的极大和极小的变化. 写出第一个极大出现时，星体相对地平线的仰角 θ 与 h 及 λ 的关系.

提示：微波在水面反射时，是波从波疏介质射到波密介质，反射(与水面所成角度较小时)时有半波损失，即相位突变 π.

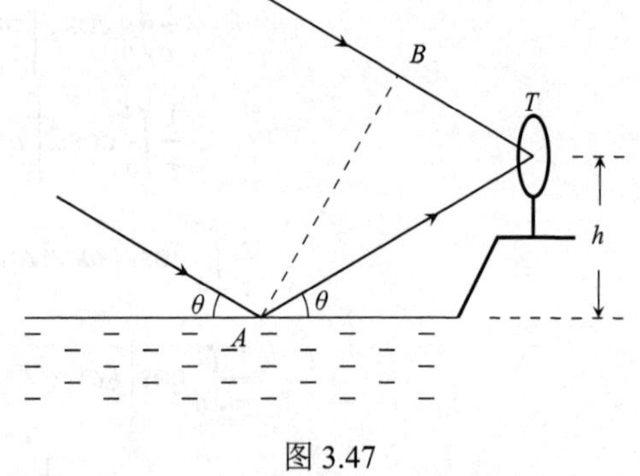

图 3.47

解　星体离检测器很远，直接射到检测器的微波与经过湖面反射的微波. 两列波的波线是平行的，它们是相干波.

从波线在湖面的反射点 A，作直接射到检测器的微波波线的垂线，其垂足为 B. 考虑到反射波有半波损失. 传到检测器时，两列波的波程差为

$$\delta = \overline{AT} - \overline{BT} + \frac{\lambda}{2}$$
$$= \overline{AT} - \overline{AT}\sin\left(\frac{\pi}{2} - 2\theta\right) = \overline{AT}(1 - \cos 2\theta) + \frac{\lambda}{2}$$
$$= h\csc\theta \cdot 2\sin^2\theta + \frac{\lambda}{2} = 2h\sin\theta + \frac{\lambda}{2}$$

当检测器指示第一个极大讯号时，应有

$$2h\sin\theta + \frac{\lambda}{2} = \lambda$$

所以

$$\theta = \arcsin\left(\frac{\lambda}{4h}\right)$$

3.4.2　设反射波的振动方向仍保持入射波的振动方向，若介质的杨氏模量值为切变模量值的 3 倍，试用惠更斯原理求出一列纵波的反射波是一列横波的入射角以及一列在入射面内振动的横波的反射波为一列纵波的入射角(不考虑这样的入射波、反射波能否遵从波的叠加原理的问题).

解　纵波波速 $v_l = \sqrt{\dfrac{Y}{\rho}}$，横波波速 $v_t = \sqrt{\dfrac{N}{\rho}}$，其中 Y、N 分别是杨氏模量和切变模量

$$Y = 3N, v_l = \sqrt{3} v_t$$

先考虑入射波是纵波、反射波是横波的情况. 由于按题设，入射波的振动方向在反射时保持不变，则入射线必须与反射线相垂直. 考虑图 3.48 中两条入射线 1 和 2，当入射线 1 到达两种介质的界面(图中 A 点)时，入射线 2 到达 B 点，尚未反射. 当入射线 2 到达界面(图中 C 点)时，在 A 点先行反射的反射线 1 到达图中 B 点.

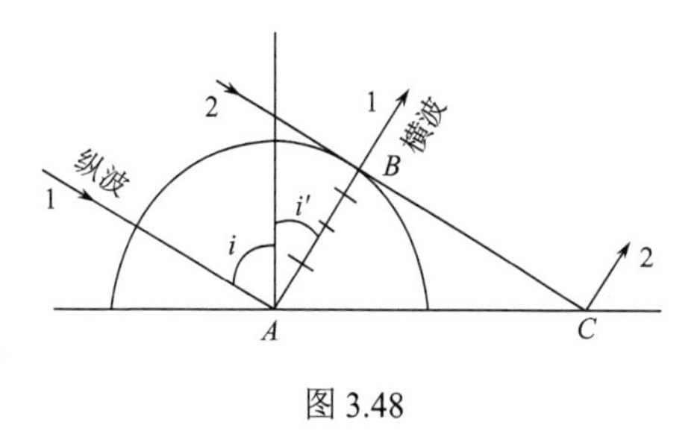

图 3.48

AB 与入射线垂直，BC 与反射线垂直，入射线要与反射线垂直，因为$AB \perp BC$，由惠更斯原理，BC 是反射线 1 到达 B 点那时刻在界面上从 A点到C 点先后发生的子波的波前的包迹，BC 与图中所画的圆相切.

反射线从 A至B 经历的时间也是入射线 2 从 B至C 经历的时间. 设此时间为 Δt，则

$$AB = v_t \Delta t, BC = v_l \Delta t$$

因为 $v_l = \sqrt{3} v_t$,所以$BC = \sqrt{3} AB$.

入射角

$$i = \angle BAC = \arctan \frac{BC}{AB} = \arctan \sqrt{3} = 60°$$

用同样的方法考虑入射波是横波、反射波是纵波的情况，可得入射角 $i = 30°$.

3.4.3　有一稀奇的现象，当风从声源向观察者吹时，人们偶尔听到来自远方的声音，惊人的清楚.

(1) 说明这个现象不能用“随风而来”来解释，即均匀的风速不能说明这个现象；

(2) 吹遍地面的风，有一垂直的速度梯度，在地面附近可近似表示为 $v = ky^2$，这里 y 是离地面的高度，k 是常数. 对于给定的 k 值和声速 v_s，计算顺风时出现声强最大增强处离声源的距离 s；

提示：可以假定声波线遵循下列轨道：$y = h \sin \dfrac{\pi x}{s}$.

(3) 人们还注意到，甚至在无风时，声音在湖面上传播也有增强现象. 在这种情况下，将发生什么?

解　(1) 若是声音“随风而来”，则在风经过的地方都应能清楚地听到声音，不可能出现只在某处特别清楚的现象. 这一现象可用声波的折射得到解释. 由惠更斯原理可知，当波遇到不同波速的分界面时，波线的走向要发生变化. 这种情况也可以在单一介质内

发生，例如：气体中的声速与温度有关，$v_s \propto \sqrt{T}$，如气体中存在温度梯度，在气体中传播声音，波线可能发生弯曲；再如：介质处于运动之中，不同部分具有不同的速度，也会发生折射. 在地球表面附近的空气中，温度梯度、速度梯度都可能存在. 梯度的正负号不同，声波可能向上弯曲远离地面，也可能向下弯曲，先远离地面后又转向地面，在后一种情况下，就会出现声音在相当远处可闻度比别处(稍近或稍远处)更高的现象.

(2) 设 v_s 表示无风时的声速，也是地面处$(y=0)$的声速，v 表示风速，则 v_s 也是在 v 的运动的介质参考系中的声速，对静参考系，声速为 v_s+v. 由折射定律，

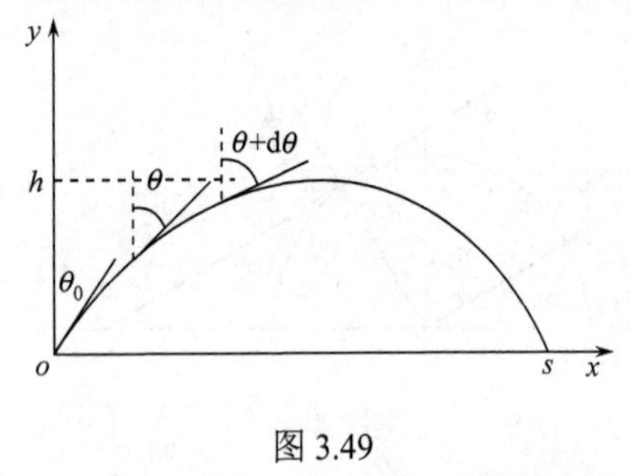

图 3.49

$$\frac{\sin i}{\sin r}=\frac{v_1}{v_2}$$

其中 v_1、v_s 分别是从介质 1 进入介质 2 的波在介质 1 和介质 2 中的波速，i和r 分别是入射角和折射角.

这里只有一种介质，但由于介质是运动的，在地面以上，有一垂直的速度梯度 $v=ky^2$、y 为离地面的高度.

根据提示，画出波线的轨道如图 3.49 所示，由折射定律，

$$\frac{v_s+v\sin\theta}{v_s+(v+dv)\sin(\theta+d\theta)}=\frac{\sin\theta}{\sin(\theta+d\theta)}$$

注意：风速是沿 x 方向的，$v_s+v\sin\theta$ 是以 θ 角入射时对静参考系的声速，其中 v_s 是相对声速，$v\sin\theta$ 是牵连声速. $\sin(\theta+d\theta)=\sin\theta+\cos\theta d\theta+\cdots$，只保留一级小量，可得

$$v_s\cos\theta d\theta=\sin^2\theta dv$$

$$\frac{dv}{v_s}=\frac{d\sin\theta}{\sin^2\theta}$$

由 $v=ky^2, dv=2kydy$，将上式改成

$$\frac{2kydy}{v_s}=\frac{d\sin\theta}{\sin^2\theta}$$

设在 $y=0$ 处入射角为 θ_0. 显然，当 $\theta=\frac{\pi}{2}$ 时，$y=h$，达到最高点

$$\int_0^h\frac{2kydy}{v_s}=\int_{\theta_0}^{\frac{\pi}{2}}\frac{\cos\theta d\theta}{\sin^2\theta}$$

$$\frac{k}{v_s}h^2=\frac{1}{\sin\theta_0}-1$$

由提示的假设，波线轨道方程为

$$y=h\sin\frac{\pi x}{s}$$

$$\cot\theta=\frac{dy}{dx}=\frac{\pi h}{s}\cos\frac{\pi x}{s}$$

$$\frac{1}{\sin\theta}=\sqrt{1+\cot^2\theta}=\sqrt{1+\left(\frac{\pi h}{s}\right)^2\cos^2\frac{\pi x}{s}}$$

$y=0$时，$x=0$，$\theta=\theta_0$，代入上式，

$$\frac{1}{\sin\theta_0}=\sqrt{1+\left(\frac{\pi h}{s}\right)^2}$$

$$\frac{k}{v_s}h^2=\sqrt{1+\left(\frac{\pi h}{s}\right)^2}-1$$

解出

$$s=\frac{\pi v_s}{\sqrt{k\left(2v_s+kh^2\right)}}$$

或

$$s=\frac{\pi v_s}{\sqrt{kv_s\left(1+\dfrac{1}{\sin\theta_0}\right)}}=\frac{\pi v_s}{\sqrt{kv_s\left(1+\csc\theta_0\right)}}$$

(3) 由于水的比热容比空气的大，在白天，湖面以上在一定范围内温度是递增的，气体中的声速与温度的平方根成正比，因此声速也是由湖面向上递增的，这样的速度梯度，声波连续折射导致波线向下弯曲，将发生与(2)问所述的类似现象. 在夜晚，情况相反，波线向上弯曲，不会出现与(2)问类似的现象.

3.4.4 当平面简谐波垂直入射于两种介质的界面时，证明：对于没有耗散和吸收的无色散介质，在任何时刻，入射波的波强等于反射波的波强和透射波的波强之和.

证明 以分段均匀的、沿 x 轴放置的长弦线为例，$x<0$ 处，线密度为η_1;$x>0$ 处，线密度为η_2.在$x=0$ 处相接，弦线张力为T_0，横截面积均为S.

入射波：$y_1=A\cos\left(\omega t-k_1x\right),k_1=\dfrac{\omega}{v_1}$

反射波：$y_1'=B\cos\left(\omega t+k_1x+\alpha_1\right)$

透射波：$y_2=C\cos\left(\omega t-k_2x+\alpha_2\right),k_2=\dfrac{\omega}{v_2}$

$$v_1=\sqrt{\frac{T_0}{\eta_1}},\quad v_2=\sqrt{\frac{T_0}{\eta_2}}$$

在 $x=0$ 处，满足边界条件

$$y_1+y_1'=y_2\quad\text{(弦线连续)}$$

$$-T_0\frac{\partial\left(y_1+y_1'\right)}{\partial x}+T_0\frac{\partial y_2}{\partial x}=0\quad\text{(作用于}x=0\text{点的合力为零)}$$

即

$$A+B=C$$

$$-\frac{A}{v_1}+\frac{B}{v_1}+\frac{C}{v_2}=0$$

可解出

$$B=\frac{v_2-v_1}{v_1+v_2}A, C=\frac{2v_2}{v_1+v_2}A$$

$$I_1=\frac{1}{2}\rho_1\omega^2A^2v_1,\quad I_1'=\frac{1}{2}\rho_1\omega^2B^2v_1$$

$$I_2=\frac{1}{2}\rho_2\omega^2C^2v_2$$

其中 $\rho_1=\frac{\eta_1}{S},\rho_2=\frac{\eta_2}{S}$.

$$I_1=I_1'+I_2$$

要成立，必须有

$$\rho_1B^2v_1+\rho_2C^2v_2=\rho_1A^2v_1$$

因为 $v=\sqrt{\frac{T_0}{\eta}}$，两段弦线，$T_0,S$ 相同，

$$\frac{v_1}{v_2}=\sqrt{\frac{\rho_2}{\rho_1}}\quad 或\quad \rho_1v_1^2=\rho_2v_2^2$$

$$\begin{aligned}\rho_1B^2v_1+\rho_2C^2v_2&=\rho_1\left(\frac{v_2-v_1}{v_1+v_2}\right)^2A^2v_1+\rho_2\frac{4v_2^2}{(v_1+v_2)^2}A^2v_2\\&=\rho_1A^2v_1\left[\left(\frac{v_2-v_1}{v_1+v_2}\right)^2+\frac{\rho_2v_2}{\rho_1v_1}\cdot\frac{4v_2^2}{(v_1+v_2)^2}\right]\\&=\rho_1A^2v_1\left[\left(\frac{v_2-v_1}{v_1+v_2}\right)^2+\frac{\rho_1v_1^2}{\rho_1v_1v_2}\cdot\frac{4v_2^2}{(v_1+v_2)^2}\right]\\&=\rho_1A^2v_1\left[\frac{(v_2-v_1)^2}{(v_1+v_2)^2}+\frac{4v_1v_2}{(v_1+v_2)^2}\right]=\rho_1A^2v_1\end{aligned}$$

所以

$$I_1=I_1'+I_2$$

3.4.5 两根连在一起的弦线，线密度分别为η_1和η_2，设想有一波从弦线 2 向弦线 1 传播，设入射波方程为

$$y_2=A\cos(\omega t-k_2x)\quad(x<0)$$

边界位于 $x=0$ 处. 试分别求出$\frac{\eta_2}{\eta_1}=\frac{1}{4}$和$\frac{\eta_2}{\eta_1}=9$时的反射波、透射波的数学表达式.

解 上题从介质 1 向介质 2 入射，这里相反，因此用上题结果时，脚标 1、2 需对调，

反射波: $y_2'=B\cos(\omega t+k_2x)(x<0)$

透射波: $y_1=C\cos(\omega t-k_1x)(x>0)$

其中

$$B=\frac{v_1-v_2}{v_1+v_2}A=\frac{\sqrt{\eta_2}-\sqrt{\eta_1}}{\sqrt{\eta_1}+\sqrt{\eta_2}}A$$

$$C=\frac{2v_1}{v_1+v_2}A=\frac{2\sqrt{\eta_2}}{\sqrt{\eta_1}+\sqrt{\eta_2}}A$$

$\frac{\eta_2}{\eta_1}=\frac{1}{4}$ 的情况，$B=-\frac{1}{3}A, C=\frac{2}{3}A$，

$$y_2'=-\frac{1}{3}A\cos(\omega t+k_2x) \text{ 或 } \frac{1}{3}A\cos(\omega t+k_2x-\pi)$$

$$y_1=\frac{2}{3}A\cos(\omega t-k_1x)$$

$\frac{\eta_2}{\eta_1}=9$ 的情况，$B=\frac{1}{2}A, C=\frac{3}{2}A$，

$$y_2'=\frac{1}{2}A\cos(\omega t+k_2x)$$

$$y_1=\frac{3}{2}A\cos(\omega t-k_1x)$$

3.4.6 一列波从线密度为η_1的弦线传向线密度为η_2的弦线，在连接点处反射波和透射波振幅之比r、相位关系与η_1、η_2间有何关系?

解 可用3.4.3题中得到的结果

$$B=\frac{v_2-v_1}{v_1+v_2}A=\frac{\sqrt{\eta_1}-\sqrt{\eta_2}}{\sqrt{\eta_1}+\sqrt{\eta_2}}A$$

$$C=\frac{2v_2}{v_1+v_2}A=\frac{2\sqrt{\eta_1}}{\sqrt{\eta_1}+\sqrt{\eta_2}}A$$

$$r=\left|\frac{B}{C}\right|=\frac{\left|\sqrt{\eta_1}-\sqrt{\eta_2}\right|}{2\sqrt{\eta_1}}=\frac{1}{2}\left|1-\sqrt{\frac{\eta_2}{\eta_1}}\right|$$

当$\eta_2>\eta_1$时，

$$r=\frac{1}{2}\left(\sqrt{\frac{\eta_2}{\eta_1}}-1\right), \qquad \frac{\eta_2}{\eta_1}=(1+2r)^2$$

此时两波相位相反.

当$\eta_2<\eta_1$时，

$$r=\frac{1}{2}\left(1-\sqrt{\frac{\eta_2}{\eta_1}}\right), \qquad \frac{\eta_2}{\eta_1}=(1-2r)^2$$

此时两波相位相同.

3.4.7 平面声波自空气中垂直入射到水面上，求振幅反射系数$\frac{B}{A}$和振幅透射系数$\frac{C}{A}$.

提示：空气和水的体积弹性模量不同，在界面处，$\frac{\partial(y_1+y_1')}{\partial x}=\frac{\partial y_2}{\partial x}$的边界条件需作修改.

解 入射波：

$$y_1=A\cos(\omega t-k_1x)$$

反射波：$$y_1' = B\cos(\omega t + k_1 x + \alpha_1)$$

透射波：$$y_2 = C\cos(\omega t - k_2 x + \alpha_2)$$

边界条件 $x=0$ 处，波位移连续和波压强连续.

$$y_1 + y_1' = y_2 \tag{1}$$

$$p_1 + p_1' = p_2 \quad 因为 \quad p = \kappa\frac{\partial y}{\partial x}$$

其中 κ 为介质的体积弹性模量.

第二个边界条件改写为

$$\kappa_1\frac{\partial y_1}{\partial x} + \kappa_1\frac{\partial y_1'}{\partial x} = \kappa_2\frac{\partial y_2}{\partial x} \tag{2}$$

由式(1)，

$$A\cos\omega t + B\cos(\omega t + \alpha_1) = C\cos(\omega t + \alpha_2)$$

$$A\cos\omega t + B\cos\omega t\cos\alpha_1 - B\sin\omega t\sin\alpha_1$$
$$= C\cos\omega t\cos\alpha_2 - C\sin\omega t\sin\alpha_2$$

任何时刻均成立，两边 $\cos\omega t$、$\sin\omega t$ 的系数分别相等

$$A + B\cos\alpha_1 = C\cos\alpha_2 \tag{3}$$

$$B\sin\alpha_1 = C\sin\alpha_2 \tag{4}$$

由式(2)，

$$\kappa_1 k_1 A\sin\omega t - \kappa_1 k_1 B\sin(\omega t + \alpha_1) = \kappa_2 k_2 C\sin(\omega t + \alpha_2)$$

$$\kappa_1 k_1 A\sin\omega t - \kappa_1 k_1 B\sin\omega t\cos\alpha_1 - \kappa_1 k_1 B\cos\omega t\sin\alpha_1$$
$$= \kappa_2 k_2 C\sin\omega t\cos\alpha_2 + \kappa_2 k_2 C\cos\omega t\sin\alpha_2$$

两边 $\cos\omega t$、$\sin\omega t$ 的系数分别相等，

$$\kappa_1 k_1(A - B\cos\alpha_1) = \kappa_2 k_2 C\cos\alpha_2 \tag{5}$$

$$-\kappa_1 k_1 B\sin\alpha_1 = \kappa_2 k_2 C\sin\alpha_2 \tag{6}$$

式(4)、(6)是关于 B、C 的联立方程组，B、C 有非零解，必须系数行列式等于零，即

$$\begin{vmatrix} \sin\alpha_1 & -\sin\alpha_2 \\ -\kappa_1 k_1\sin\alpha_1 & -\kappa_2 k_2\sin\alpha_2 \end{vmatrix} = 0$$

$$(-\kappa_2 k_2 - \kappa_1 k_1)\sin\alpha_1\sin\alpha_2 = 0$$

因为

$$\kappa_1 k_1 + \kappa_2 k_2 \neq 0$$

必有 $\sin\alpha_1 = 0$ 或 $\sin\alpha_2 = 0$.

再有式(4)或式(6)，因为 B、C 均不为零(既有反射波，又有透射波)，则 $\sin\alpha_1$ 与 $\sin\alpha_2$ 中一个为零的话，另一个也一定为零. 所以两者均为零.

可取 α_1、α_2 为 0、$\pm\pi$. 不同取法，影响 B、C 的正负号，任何一种取法都可以，今取 $\alpha_1 = \alpha_2 = 0$.

也可以换个讲法作出上述结论，把式(4)、(6)看作关于$\sin\alpha_1$、$\sin\alpha_2$的联立方程，因为其系数行列式

$$\begin{vmatrix} B & -C \\ -\kappa_1 k_1 B & -\kappa_2 k_2 C \end{vmatrix} = \left(-\kappa_2 k_2 - \kappa_1 k_1\right) BC \neq 0$$

(因为三个因子：$-\kappa_2 k_2 - \kappa_1 k_1$、$B$、$C$均不为零)这个$\sin\alpha_1$、$\sin\alpha_2$的齐次方程只能有零解，

$$\sin\alpha_1 = 0, \quad \sin\alpha_2 = 0$$

将$\alpha_1 = 0$、$\alpha_2 = 0$代入式(3)、(5)，得

$$A + B = C$$

$$\kappa_1 k_1 \left(A - B\right) = \kappa_2 k_2 C$$

解得

$$\frac{B}{A} = \frac{\kappa_1 k_1 - \kappa_2 k_2}{\kappa_1 k_1 + \kappa_2 k_2}, \quad \frac{C}{A} = \frac{2\kappa_1 k_1}{\kappa_1 k_1 + \kappa_2 k_2}$$

用波速$v = \sqrt{\dfrac{\kappa}{\rho}}$或$\kappa = \rho v^2$及$k = \dfrac{\omega}{v}$，

$$\frac{B}{A} = \frac{\rho_1 v_1^2 \dfrac{\omega}{v_1} - \rho_2 v_2^2 \dfrac{\omega}{v_2}}{\rho_1 v_1^2 \dfrac{\omega}{v_1} + \rho_2 v_2^2 \dfrac{\omega}{v_2}} = \frac{\rho_1 v_1 - \rho_2 v_2}{\rho_1 v_1 + \rho_2 v_2}$$

$$\frac{C}{A} = \frac{2\rho_1 v_1^2 \dfrac{\omega}{v_1}}{\rho_1 v_1^2 \dfrac{\omega}{v_1} + \rho_2 v_2^2 \dfrac{\omega}{v_2}} = \frac{2\rho_1 v_1}{\rho_1 v_1 + \rho_2 v_2}$$

3.4.8　如图3.50所示，一长列振幅为A的波包，主要由角频率很接近ω_0的波组成，它在一根无限长的线密度为η、张力为T的弦上传播. 波包碰到弦上一个质量为m的小珠，设$mg \ll T$.

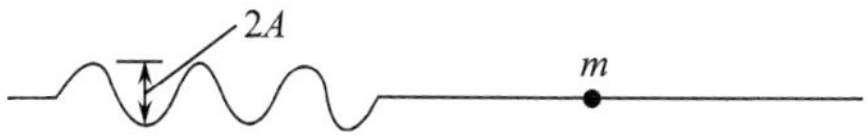

图 3.50

(1)求透射波振幅；

(2)在m、ω_0很大的极限下，透射波振幅与ω_0有何关系?

解　(1)沿弦传播的波满足波动方程

$$\frac{\partial^2 y}{\partial t^2} - \frac{T}{\eta}\frac{\partial^2 y}{\partial x^2} = 0$$

波速$v = \sqrt{\dfrac{T}{\eta}}$,波数$k = \dfrac{2\pi}{\lambda} = \dfrac{\omega_0}{v} = \omega_0\sqrt{\dfrac{\eta}{T}}$.

频率接近于ω_0的波接近于平面简谐波，取弦线为x轴，小珠所在点为$x = 0$. 波从$x<0$入射，波动方程的解可写为

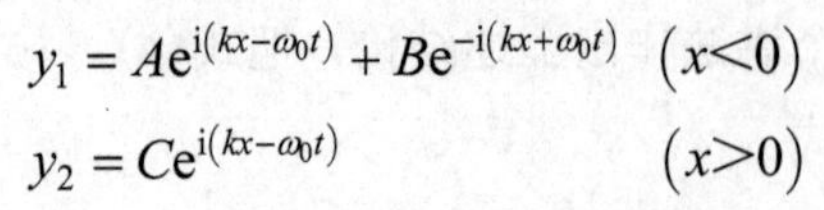

$$y_1 = A\mathrm{e}^{\mathrm{i}(kx-\omega_0 t)} + B\mathrm{e}^{-\mathrm{i}(kx+\omega_0 t)} \quad (x<0)$$

$$y_2 = C\mathrm{e}^{\mathrm{i}(kx-\omega_0 t)} \quad (x>0)$$

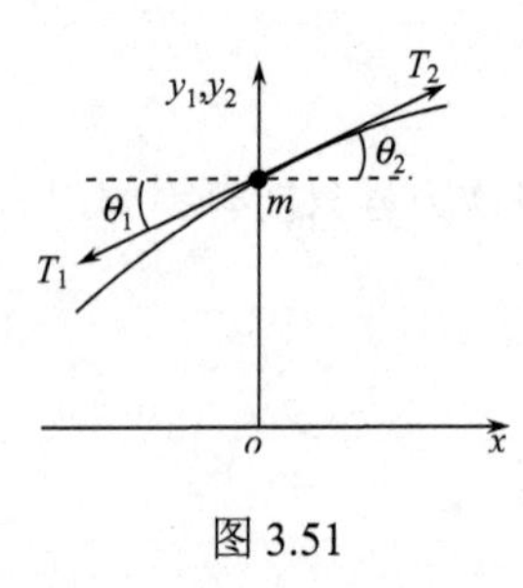

图 3.51

其中 A、B、C 分别为入射波、反射波和透射波的“振幅”(允许为复数，还包含有相位关系)，$|B|$、$|C|$ 是反射波、透射波的振幅，A 是入射波的振幅.

由小珠所在的 $x=0$ 处位移连续，即 $y_1|_{x=0} = y_2|_{x=0}$ 得

$$A+B=C \tag{1}$$

对小珠用牛顿运动第二定律，可写出第二个边界条件(图 3.51).

$$\begin{aligned} m\frac{\partial^2 y_2}{\partial t^2}\bigg|_{x=0} &= -T_1\sin\theta_1 + T_2\sin\theta_2 \\ &= -T_1\cos\theta_1\tan\theta_1 + T_2\cos\theta_2\tan\theta_2 \\ &= -T\frac{\partial y_1}{\partial x}\bigg|_{x=0} + T\frac{\partial y_2}{\partial x}\bigg|_{x=0} \end{aligned}$$

得

$$-m\omega_0^2 C = -\mathrm{i}kT(A-B) + \mathrm{i}kTC$$

$$A-B = \left(1+\frac{m\omega_0^2}{\mathrm{i}kT}\right)C \tag{2}$$

式(1)、(2)相加，解出

$$C = \frac{2A}{2+\dfrac{m\omega_0^2}{\mathrm{i}kT}}$$

$$|C| = \frac{2A}{\sqrt{4+\left(\dfrac{m\omega_0^2}{kT}\right)^2}} = \frac{2A}{\sqrt{4+\dfrac{m^2\omega_0^2}{\eta T}}}$$

(2) 当 m、ω_0 很大时，$|C| \approx \dfrac{2A}{m\omega_0}\sqrt{\eta T}$.

3.4.9　一列简谐波沿线密度为 η 、张力为 T_0 的弦线从右入射，被套在竖直棒上的无质量小环反射，如图 3.52 所示，环受到的摩擦力的大小与速率成正比，比例系数为 γ . 求振幅的反射系数 $\dfrac{B}{A}$，并讨论 $\gamma\to\infty$和$\gamma\to 0$ 的两极限情况.

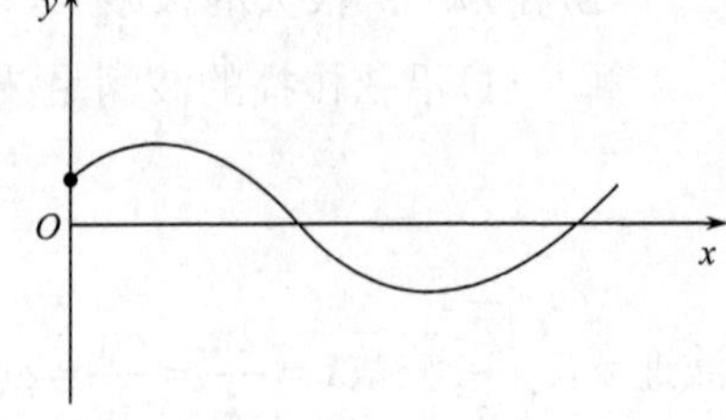

图 3.52

解　入射波 : $y_1 = A\cos\left[\omega\left(t+\dfrac{x}{v}\right)\right]$

反射波 : $y_1' = B\cos\left[\omega\left(t-\dfrac{x}{v}\right)+\alpha_1\right]$

小环的运动学方程为 $y=C\cos(\omega t+\alpha)$ 边界条件， $x=0$ 处，

$$y=y_1+y_1' \tag{1}$$

$$-T_0\left(\frac{\partial y_1}{\partial x}+\frac{\partial y_1'}{\partial x}\right)=F \tag{2}$$

其中 F 是小环对弦线在 y 方向的作用力.

对于小环，因小环无质量，小环所受合力为零，用 F_μ 表示小环受到竖直棒的摩擦力，

$$F_\mu=-\gamma\frac{\partial y}{\partial t}$$

弦线对小环的在 y 方向的作用力为 $-F$ ，

$$-F+F_\mu=0$$

所以

$$F=F_\mu=-\gamma\frac{\partial y}{\partial t}$$

式(2)可改写为

$$T_0\left(\frac{\partial y_1}{\partial x}+\frac{\partial y_1'}{\partial x}\right)=\gamma\frac{\partial y}{\partial t} \tag{3}$$

由式(1)可得

$$A\cos\omega t+B\cos(\omega t+\alpha_1)=C\cos(\omega t+\alpha)$$

$$A\cos\omega t+B\cos\omega t\cos\alpha_1-B\sin\omega t\sin\alpha_1=C\cos\omega t\cos\alpha-C\sin\omega t\sin\alpha$$

两边 $\cos\omega t$、$\sin\omega t$ 的系数分别相等，

$$A+B\cos\alpha_1=C\cos\alpha \tag{4}$$

$$B\sin\alpha_1=C\sin\alpha \tag{5}$$

由式(3)可得

$$-T_0\frac{\omega}{v}A\sin\omega t+T_0\frac{\omega}{v}B\sin(\omega t+\alpha_1)=-\gamma\omega C\sin(\omega t+\alpha)$$

$$-T_0\frac{\omega}{v}A\sin\omega t+T_0\frac{\omega}{v}B\sin\omega t\cos\alpha_1+T_0\frac{\omega}{v}B\cos\omega t\sin\alpha_1$$
$$=-\gamma\omega C\sin\omega t\cos\alpha-\gamma\omega C\cos\omega t\sin\alpha$$

两边 $\sin\omega t$、$\cos\omega t$ 的系数分别相等，

$$-T_0\frac{\omega}{v}A+T_0\frac{\omega}{v}B\cos\alpha_1=-\gamma\omega C\cos\alpha \tag{6}$$

$$T_0\frac{\omega}{v}B\sin\alpha_1=-\gamma\omega C\sin\alpha \tag{7}$$

式(5)、(7)两式作为 $\sin\alpha$、$\sin\alpha_1$ 的齐次方程，其系数行列式不等于零，只能有零解，

$$\sin\alpha=0,\quad \sin\alpha_1=0$$

取$\alpha=0,\alpha_1=0$，代入式(4)、(6)得

$$A+B=C$$

$$-\frac{T_0}{v}A+\frac{T_0}{v}B=-\gamma C$$

解得

$$\frac{B}{A}=\frac{T_0-\gamma\omega}{T_0+\gamma\omega},\quad \frac{C}{A}=\frac{2\gamma\omega}{T_0+\gamma\omega}$$

当$\gamma\to\infty$时,$\frac{B}{A}=-1$，这是固定端的情况；当$\gamma\to 0$时,$\frac{B}{A}=1$，这是自由端的情况.

3.4.10 若上题的小环具有质量m，环与竖直棒间无摩擦，有一列角频率为ω的简谐波被小环反射，求振幅的反射系数$\frac{B}{A}$及与入射波的相位差(设$mg\ll T_0$).

解 入射波：
$$y_1=A\cos\left[\omega\left(t+\frac{x}{v}\right)\right]$$

反射波：
$$y_1'=B\cos\left[\omega\left(t-\frac{x}{v}\right)+\alpha_1\right]$$

小环的运动：
$$y=C\cos(\omega t+\alpha)$$

设F为小环对弦线在y方向的作用力.

$$F=-T_0\left(\left.\frac{\partial y_1}{\partial x}\right|_{x=0}+\left.\frac{\partial y_1'}{\partial x}\right|_{x=0}\right)$$

$$m\ddot{y}=-F$$

由上述两式可得一个边界条件

$$-T_0\frac{\omega}{v}A\sin\omega t+T_0\frac{\omega}{v}B\sin(\omega t+\alpha_1)=-m\omega^2C\cos(\omega t+\alpha)$$

$$-T_0\frac{\omega}{v}A\sin\omega t+T_0\frac{\omega}{v}B\sin\omega t\cos\alpha_1+T_0\frac{\omega}{v}B\cos\omega t\sin\alpha_1$$
$$=-m\omega^2C\cos\omega t\cos\alpha+m\omega^2C\sin\omega t\sin\alpha$$

两边$\sin\omega t$、$\cos\omega t$的系数相等，

$$-T_0\frac{\omega}{v}(A-B\cos\alpha_1)=m\omega^2C\sin\alpha \tag{1}$$

$$T_0\frac{\omega}{v}B\sin\alpha_1=-m\omega^2C\cos\alpha \tag{2}$$

另一个边界条件是

$$y=y_1|_{x=0}+y_1'|_{x=0}$$

$$A\cos\omega t+B\cos(\omega t+\alpha_1)=C\cos(\omega t+\alpha)$$

$$A\cos\omega t+B\cos\omega t\cos\alpha_1-B\sin\omega t\sin\alpha_1=C\cos\omega t\cos\alpha-C\sin\omega t\sin\alpha$$

两边$\cos\omega t$、$\sin\omega t$的系数分别相等，

$$A+B\cos\alpha_1=C\cos\alpha \tag{3}$$

$$-B\sin\alpha_1 = -C\sin\alpha \tag{4}$$

由式(1)、(4)消去$C\sin\alpha$，得

$$-T_0\frac{\omega}{v}\left(A - B\cos\alpha_1\right) = m\omega^2 B\sin\alpha_1 \tag{5}$$

由式(2)、(3)消去$C\cos\alpha$，得

$$T_0\frac{\omega}{v}B\sin\alpha_1 = -m\omega^2\left(A + B\cos\alpha_1\right) \tag{6}$$

式(5)、(6)可改写为

$$\frac{T_0}{v}A - \left(\frac{T_0}{v}\cos\alpha_1 - m\omega\sin\alpha_1\right)B = 0 \tag{7}$$

$$m\omega A + \left(\frac{T_0}{v}\sin\alpha_1 + m\omega\cos\alpha_1\right)B = 0 \tag{8}$$

$A\neq 0$、$B\neq 0$，关于A、B的齐次方程有非零解，其系数行列式必为零，即

$$\begin{vmatrix} \dfrac{T_0}{v} & -\left(\dfrac{T_0}{v}\cos\alpha_1 - m\omega\sin\alpha_1\right) \\ m\omega & \dfrac{T_0}{v}\sin\alpha_1 + m\omega\cos\alpha_1 \end{vmatrix} = 0$$

$$\frac{T_0}{v}\left(\frac{T_0}{v}\sin\alpha_1 + m\omega\cos\alpha_1\right) + m\omega\left(\frac{T_0}{v}\cos\alpha_1 - m\omega\sin\alpha_1\right) = 0$$

解出

$$\tan\alpha_1 = \frac{2T_0 m\omega v}{m^2\omega^2 v^2 - T_0^2}$$

由式(7)得

$$\frac{B}{A} = \frac{\dfrac{T_0}{v}}{\dfrac{T_0}{v}\cos\alpha_1 - m\omega\sin\alpha_1} = \frac{1}{\cos\alpha_1\left(1 - \dfrac{m\omega v}{T_0}\tan\alpha_1\right)}$$

$$\sec^2\alpha_1 = 1 + \tan^2\alpha_1 = 1 + \frac{4T_0^2 m^2\omega^2 v^2}{\left(m^2\omega^2 v^2 - T_0^2\right)^2} = \frac{\left(m^2\omega^2 v^2 + T_0^2\right)^2}{\left(m^2\omega^2 v^2 - T_0^2\right)^2}$$

$$\cos\alpha_1 = \frac{m^2\omega^2 v^2 - T_0^2}{m^2\omega^2 v^2 + T_0^2}$$

将$\cos\alpha_1$、$\tan\alpha_1$代入$\dfrac{B}{A}$的式子，经计算可得

$$\frac{B}{A} = -1$$

$$\alpha_1 = \arccos\left(\frac{m^2\omega^2 v^2 - T_0^2}{m^2\omega^2 v^2 + T_0^2}\right) = \arccos\left(\frac{m^2\omega^2 - T_0\eta}{m^2\omega^2 + T_0\eta}\right)$$

或

$$\alpha_1 = \arctan\left(\frac{2T_0 m\omega v}{m^2\omega^2 v^2 - T_0^2}\right) = \arctan\left(\frac{2m\omega\sqrt{T_0\eta}}{m^2\omega^2 - T_0\eta}\right)$$

小环质量不为零时，虽有 $mg \ll T_0$，仍不同于自由端(自由端的结果是 $\frac{B}{A}=1, \alpha_1=0$)．

3.4.11　线密度为 η 的一根长弦处在张力 T_0 下，一点质量 m 附着在弦上某一点，从左边入射一角频率为 ω 的波沿这弦传播，设 $mg \ll T_0$．

(1) 计算被点质量 m 反射的那部分能量与入射能量之比；

(2) 假定点质量 m 被一线密度为 $\eta'(\gg \eta)$、长度 $l=\frac{m}{\eta'}$ 的短弦代替，固定 m 值不变，变 l 和 η'，l 满足什么条件，上述结果能近似成立?

解　沿弦线方向取 x 轴，点质量所在位置为原点，向右为正，则入射波的表达式为

$$y_1 = A\cos(\omega t - kx)$$

设反射波和透射波表达式分别为

$$y_1' = B\cos(\omega t + kx + \alpha_1)$$

$$y_2 = C\cos(\omega t - kx + \alpha_2)$$

边界条件为在 $x=0$ 处

$$y_1 + y_1' = y_2$$

$$-T_0\frac{\partial(y_1 + y_1')}{\partial x} + T_0\frac{\partial y_2}{\partial x} = m\ddot{y}_2$$

$$A\cos\omega t + B\cos(\omega t + \alpha_1) = C\cos(\omega t + \alpha_2)$$

$$-T_0 kA\sin\omega t + T_0 kB\sin(\omega t + \alpha_1) + T_0 kC\sin(\omega t + \alpha_2) = -m\omega^2 C\cos(\omega t + \alpha_2)$$

由 $\cos\omega t$、$\sin\omega t$ 的系数分别相等，得

$$A + B\cos\alpha_1 = C\cos\alpha_2$$

$$B\sin\alpha_1 = C\sin\alpha_2$$

$$T_0 kB\sin\alpha_1 + T_0 kC\sin\alpha_2 = -m\omega^2 C\cos\alpha_2$$

$$-T_0 kA + T_0 kB\cos\alpha_1 + T_0 kC\cos\alpha_2 = m\omega^2 C\sin\alpha_2$$

用前两式消去后两式的 $C\cos\alpha_2$、$C\sin\alpha_2$，得

$$T_0 kB\sin\alpha_1 + T_0 kB\sin\alpha_1 = -m\omega^2(A + B\cos\alpha_1)$$

$$-T_0 kA + T_0 kB\cos\alpha_1 + T_0 k(A + B\cos\alpha_1) = m\omega^2 B\sin\alpha_1$$

由后式可解出

$$\tan\alpha_1 = \frac{2T_0 k}{m\omega^2}$$

$$\sec^2\alpha_1 = \frac{m^2\omega^4 + 4T_0^2 k^2}{m^2\omega^4},\quad \cos\alpha_1 = \frac{m\omega^2}{\sqrt{m^2\omega^4 + 4T_0^2 k^2}}$$

由前式得

$$\frac{B}{A}=-\frac{m\omega^2}{\cos\alpha_1\left(m\omega^2+2T_0k\tan\alpha_1\right)}$$

代入$\cos\alpha_1$、$\tan\alpha_1$，经计算可得

$$\frac{B}{A}=-\frac{m\omega^2}{\sqrt{m^2\omega^4+4T_0^2k^2}}$$

用$k=\dfrac{\omega}{v},v=\sqrt{\dfrac{T_0}{\eta}}$，

$$\frac{B}{A}=-\frac{m\omega}{\sqrt{m^2\omega^2+4T_0\eta}}$$

$$\frac{I'}{I}=\frac{B^2}{A^2}=\frac{m^2\omega^2}{m^2\omega^2+4T_0\eta}$$

当质量m被线密度为$\eta'(\gg\eta)$、长度为$l=\dfrac{m}{\eta'}$的短弦代替时，只要$l\ll\lambda$，上述结果能近似成立. 因为

$$\lambda=\frac{v}{\nu}=\frac{2\pi}{\omega}v=\frac{2\pi}{\omega}\sqrt{\frac{T_0}{\eta}}$$

所以l需满足的条件是$l\ll\dfrac{2\pi}{\omega}\sqrt{\dfrac{T_0}{\eta}}$.

3.4.12　一个点质量m附在线密度为η、张力为T的无限长的弦上，同时和一个劲度系数为k的弹簧相连，并受到一个外加的力$F(t)$，如图 3.53 所示. 点质量运动时，它在弦上产生一个起始波.

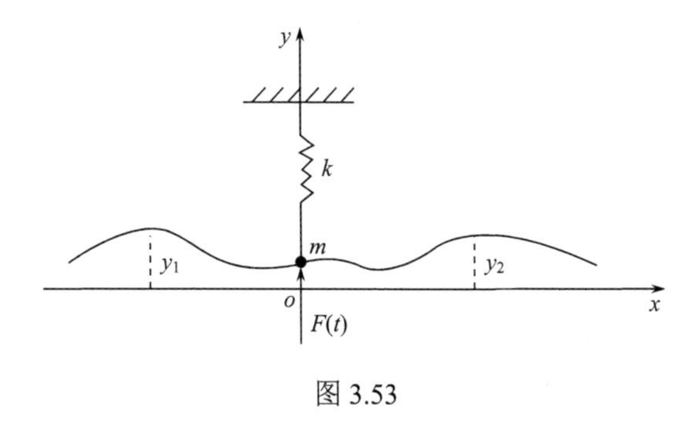

图 3.53

(1) 求质点的运动微分方程和弦的运动方程；

(2) 若$F(t)=F_0\cos\omega t$，求输到弦上的平均功率(不考虑瞬变过程)；

(3) 如果没有驱动力，点质量的振动将衰减掉，证明它与弦耦合引起的阻尼等同于一个摩擦阻力$f=-\gamma v$，其中v是点质量的速度，求γ与弦的参数之间的关系.

解　(1) 弦的振动由下列波动方程及边界条件确定：

$$\frac{\partial^2 y_1}{\partial t^2}-\frac{T}{\eta}\frac{\partial^2 y_1}{\partial x^2}=0,\quad -\infty<x<0$$

$$\frac{\partial^2 y_2}{\partial t^2}-\frac{T}{\eta}\frac{\partial^2 y_2}{\partial x^2}=0,\quad 0<x<\infty$$

边界条件：$y_1(0,t)=y_2(0,t)$，

$$m\frac{\partial^2 y(0,t)}{\partial t^2}=T\frac{\partial y_2(0,t)}{\partial x}-T\frac{\partial y_1(0,t)}{\partial x}-ky+F(t)$$

这里设处于平衡位置时弦是水平的，y_1、y_2和y 均以平衡位置为零点，y 既可以是 y_1，也可以是 y_2,$-ky$ 是作用于点质量的弹簧力和重力的合力. $T\frac{\partial y_2(0,t)}{\partial x}$和$-T\frac{\partial y_1(0,t)}{\partial x}$分别是右方和左方的弦对点质量在 y 方向的作用力.

$y_1(x,t)$、$y_2(x,t)$ 可以包含各种频率成分，对于其中任一个角频率 ω，设

$$y_1(x,t)=A\cos\left[\omega\left(t+\frac{x}{v}\right)+\alpha_1\right]$$

$$y_2(x,t)=B\cos\left[\omega\left(t-\frac{x}{v}\right)+\alpha_2\right]$$

由 $y_1(0,t)=y_2(0,t), A=B, \alpha_1=\alpha_2=\alpha$.

$$y_1=A\cos\left[\omega\left(t+\frac{x}{v}\right)+\alpha\right],\quad y_2=A\cos\left[\omega\left(t-\frac{x}{v}\right)+\alpha\right]$$

其中 $v=\sqrt{\frac{T}{\eta}}$.

在回答(2)问前，先回答(3)问.

(3)

$$\begin{aligned} f(t)&=T\frac{\partial y_2(0,t)}{\partial x}-T\frac{\partial y_1(0,t)}{\partial x}\\ &=T\frac{A\omega}{v}\sin(\omega t+\alpha)+T\frac{A\omega}{v}\sin(\omega t+\alpha)\\ &=2T\frac{1}{\sqrt{\frac{T}{\eta}}}A\omega\sin(\omega t+\alpha)\\ &=-2\sqrt{\eta T}\frac{\partial y_1}{\partial t}=-2\sqrt{\eta T}\frac{\mathrm{d}y}{\mathrm{d}t}=-\gamma\frac{\mathrm{d}y}{\mathrm{d}t}\end{aligned}$$

所以

$$\gamma=2\sqrt{\eta T}$$

(2) 当 $F(t)=F_0\cos\omega t$时，

$$m\frac{\mathrm{d}^2 y}{\mathrm{d}t^2}=-ky-\gamma\frac{\mathrm{d}y}{\mathrm{d}t}+F_0\cos\omega t$$

为了用有阻尼的受迫振动达到稳态运动的公式，令 $\gamma=2m\beta$，即 $\beta=\frac{\gamma}{2m}$，稳态运动为

$$y = A\cos(\omega t - \varphi)$$

其中

$$A = \frac{F_0/m}{\sqrt{\left(\omega^2 - \frac{k}{m}\right)^2 + 4\left(\frac{\gamma}{2m}\right)^2 \omega^2}} = \frac{F_0}{\sqrt{\left(m\omega^2 - k\right)^2 + 4\eta T\omega^2}}$$

$$\varphi = \arctan\left(\frac{\frac{\gamma}{m}\omega}{\frac{k}{m} - \omega^2}\right) = \arctan\left(\frac{2\sqrt{\eta T}\omega}{k - m\omega^2}\right)$$

这个 A 也就是它在两边弦上激发的波的振幅，向左、右两边传播的波在 $x=0$ 的初相位 $\alpha = -\varphi$.

左、右两边的弦对点质量的作用力为 $-2\sqrt{\eta T}\frac{\mathrm{d}y}{\mathrm{d}t}$ ；反之点质量对两边弦的总作用力为 $2\sqrt{\eta T}\frac{\mathrm{d}y}{\mathrm{d}t}$. 在 t 时刻，点质量对两边弦所做的功率之和为

$$P(t) = 2\sqrt{\eta T}\left(\frac{\mathrm{d}y}{\mathrm{d}t}\right)^2$$

达到稳态运动时，输到弦上的平均功率为

$$\begin{aligned}
\overline{P} &= \frac{1}{\frac{2\pi}{\omega}}\int_0^{\frac{2\pi}{\omega}} P(t)\mathrm{d}t = \frac{\omega}{2\pi}\int_0^{\frac{2\pi}{\omega}} 2\sqrt{\eta T}\left(\frac{\mathrm{d}y}{\mathrm{d}t}\right)^2 \mathrm{d}t \\
&= \frac{\omega}{2\pi}\cdot 2\sqrt{\eta T}\int_0^{\frac{2\pi}{\omega}} A^2\omega^2 \sin^2(\omega t - \varphi)\mathrm{d}t \\
&= \frac{\omega}{2\pi}\cdot 2\sqrt{\eta T}\cdot\frac{1}{2}A^2\omega^2\cdot\frac{2\pi}{\omega} = \sqrt{\eta T}A^2\omega^2 = \frac{\sqrt{\eta T}F_0^2\omega^2}{\left(m\omega^2 - k\right)^2 + 4\eta T\omega^2}
\end{aligned}$$

$P(t)$ 也可以用下列式子计算：

$$P(t) = T\frac{\partial y_1(0,t)}{\partial x}\cdot\frac{\partial y_1(0,t)}{\partial t} - T\frac{\partial y_2(0,t)}{\partial x}\frac{\partial y_2(0,t)}{\partial t}$$

显然这方法不如上述方法简单.

3.4.13 由劲度系数为 K 、原长为 a 的非常多相同的弹簧连结的非常长的珠子链，如图 3.54 所示，每个珠子沿 x 方向做无阻尼振动，除一个珠子质量为 m_0 外，其余的质量均为 $m(>m_0)$ ，不计弹簧质量.

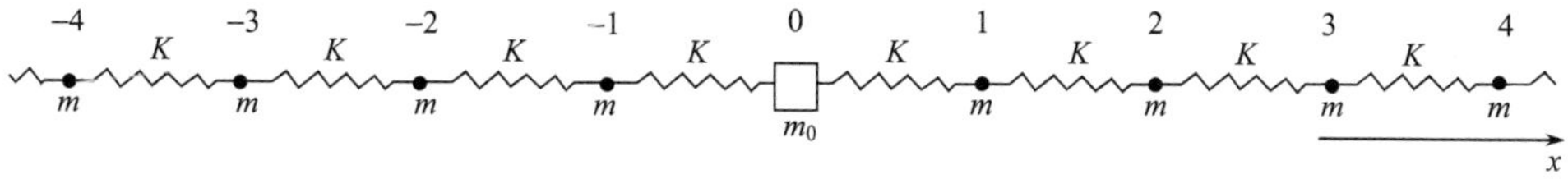

图 3.54

(1) 求在远离那个特殊的珠子处传播的波的波矢和角频率之间的关系；

(2) 当一个波矢为 k 的波碰到这个特殊珠子时，反射概率多大?

解　(1) 题图中给每个珠子标了号，$n=0$ 是那个质量为 m_0 的特殊珠子，用 y_n 表示第 n 个珠子偏离平衡位置的位移；则对于 $n\neq 0$ 的各个珠子，运动微分方程为

$$m\ddot{y}_n = K\left(y_{n+1}-y_n\right)-K\left(y_n-y_{n-1}\right)=K\left(y_{n+1}-2y_n+y_{n-1}\right)$$

在远离特殊珠子传播的波，可表示为

$$y\left(x,t\right)=A\cos\left(\omega t-kx\right)\quad \left(\text{向}x\text{正向传播}\right)$$

或

$$y\left(x,t\right)=A\cos\left(\omega t+kx\right)\quad \left(\text{向}x\text{负向传播}\right)$$

该波是由各珠子的振动的全体组成的，x 为各珠子处于平衡时的 x 坐标，第 n 个珠子，$x=na\left(\text{取}n=0\text{的那个珠子的平衡位置为}x=0\right)$，今考虑向 x 正向传播的波.

$$y_n\left(t\right)=A\cos\left(\omega t-kna\right)$$

将它代入 y_n 满足的微分方程，得

$$\begin{aligned}-m\omega^2 A\cos\left(\omega t-kna\right)&=K\left\{A\cos\left[\omega t-k\left(n+1\right)a\right]\right.\\&\quad\left.-2A\cos\left(\omega t-kna\right)+A\cos\left[\omega t-k\left(n-1\right)a\right]\right\}\\&=K\left[2A\cos\left(\omega t-kna\right)\cos ka-2A\cos\left(\omega t-kna\right)\right]\\-m\omega^2&=2K\left(\cos ka-1\right)\\\omega^2&=\frac{2K}{m}\left(1-\cos ka\right)\end{aligned}$$

如考虑向 x 负向传播的波，也得上述关系.

(2) 方法一：现考虑一列波矢为 k 的波从左边射向 m_0.

入射波：　$y_{n1}=A\cos\left(\omega t-kna\right),\quad n\leqslant 0$

反射波：　$y'_{n1}=B\cos\left(\omega t+kna+\alpha_1\right),\quad n\leqslant 0$

透射波：　$y_{n2}=C\cos\left(\omega t-kna+\alpha_2\right),\quad n\geqslant 0$

合起来写成

$$y_n=\begin{cases}A\cos\left(\omega t-kna\right)+B\cos\left(\omega t+kna+\alpha_1\right), & n\leqslant 0\\ C\cos\left(\omega t-kna+\alpha_2\right), & n\geqslant 0\end{cases}$$

边界条件：在 $n=0$ 连续，即

$$\begin{aligned}&A\cos\omega t+B\cos\left(\omega t+\alpha_1\right)=C\cos\left(\omega t+\alpha_2\right)\\&A\cos\omega t+B\cos\omega t\cos\alpha_1-B\sin\omega t\sin\alpha_1\\&=C\cos\omega t\cos\alpha_2-C\sin\omega t\sin\alpha_2\end{aligned}$$

由两边 $\cos\omega t$、$\sin\omega t$ 的系数分别相等，

$$A+B\cos\alpha_1=C\cos\alpha_2\tag{1}$$

$$B\sin\alpha_1=C\sin\alpha_2\tag{2}$$

另一个边界条件来自关于特殊珠子的运动微分方程，

$$m_0\ddot{y}_0 = K(y_1 - y_0) - K(y_0 - y_{-1}) = K(y_1 - 2y_0 + y_{-1})$$

将

$$y_0 = C\cos(\omega t + \alpha_2)$$
$$y_1 = C\cos(\omega t - ka + \alpha_2)$$
$$y_{-1} = A\cos(\omega t + ka) + B\cos(\omega t - ka + \alpha_1)$$

代入上式，得

$$-m_0\omega^2 C\cos(\omega t + \alpha_2) = K\big[C\cos(\omega t - ka + \alpha_2)$$
$$-2C\cos(\omega t + \alpha_2) + A\cos(\omega t + ka) + B\cos(\omega t - ka + \alpha_1)\big]$$

将 $\cos(\omega t + \alpha_2)$改写为$\cos\omega t\cos\alpha_2 - \sin\omega t\sin\alpha_2$， $\cos(\omega t - ka + \alpha_2)$ 改写为 $\cos\omega t\cos(ka - \alpha_2) + \sin\omega t\sin(ka - \alpha_2)$，依次类推，将改写后的上式两边$\cos\omega t$、$\sin\omega t$ 的系数分别相等，可得

$$-m_0\omega^2 C\cos\alpha_2 = K\big[C\cos(ka - \alpha_2) - 2C\cos\alpha_2 + A\cos ka + B\cos(ka - \alpha_1)\big]$$
$$m_0\omega^2 C\sin\alpha_2 = K\big[C\sin(ka - \alpha_2) + 2C\sin\alpha_2 - A\sin ka + B\sin(ka - \alpha_1)\big]$$

也将$\cos(ka - \alpha_2)$等作上述那样改写，并用式(1)、(2)，可由上述两式得到

$$\tan\alpha_1 = \frac{2K\sin ka}{m_0\omega^2 - 2K(1 - \cos ka)}$$
$$\tan\alpha_2 = \frac{2K(1 - \cos ka) - m_0\omega^2}{2K\sin ka}$$

用(1)问得到的$\omega^2 = \frac{2K}{m}(1 - \cos ka)$，上述两式可改写为

$$\tan\alpha_1 = \frac{2K\sin ka}{(m_0 - m)\omega^2}$$
$$\tan\alpha_2 = \frac{(m - m_0)\omega^2}{2K\sin ka}$$
$$\cos\alpha_1 = \left(1 + \tan^2\alpha_1\right)^{-\frac{1}{2}} = \frac{(m_0 - m)\omega^2}{\sqrt{(m_0 - m)^2\omega^4 + 4K^2\sin^2 ka}}$$
$$\sin\alpha_1 = \cos\alpha_1 \cdot \tan\alpha_1 = \frac{2K\sin ka}{\sqrt{(m_0 - m)^2\omega^4 + 4K^2\sin^2 ka}}$$
$$\cos\alpha_2 = \frac{2K\sin ka}{\sqrt{(m - m_0)^2\omega^4 + 4K^2\sin^2 ka}}$$
$$\sin\alpha_2 = \frac{(m - m_0)\omega^2}{\sqrt{(m - m_0)^2\omega^4 + 4K^2\sin^2 ka}}$$

将它们代入式(1)、(2)，可解出

$$\frac{B}{A}=\frac{(m-m_0)\omega^2}{\sqrt{(m-m_0)^2\omega^4+4K^2\sin^2 ka}}$$

反射概率为

$$\left|\frac{B}{A}\right|^2=\frac{(m-m_0)^2\omega^4}{(m-m_0)^2\omega^4+4K^2\sin^2 ka}$$

代入 $\omega^2=\dfrac{2K}{m}(1-\cos ka)$,

$$\left|\frac{B}{A}\right|^2=\frac{(m-m_0)^2(1-\cos ka)^2}{(m-m_0)^2(1-\cos ka)^2+m^2\sin^2 ka}$$

方法二：用复数形式表示波.

入射波：　$y_{n1}=A\mathrm{e}^{\mathrm{i}(\omega t-kna)}$，$n\leqslant 0$

反射波：　$y'_{n1}=B\mathrm{e}^{\mathrm{i}(\omega t+kna)}$，$n\leqslant 0$

透射波：　$y_{n2}=C\mathrm{e}^{\mathrm{i}(\omega t-kna)}$，$n\geqslant 0$

合起来写成

$$y_n=\begin{cases}A\mathrm{e}^{\mathrm{i}(\omega t-kna)}+B\mathrm{e}^{\mathrm{i}(\omega t+kna)}, & n\leqslant 0\\ C\mathrm{e}^{\mathrm{i}(\omega t-kna)}, & n\geqslant 0\end{cases}$$

注意：这里的 A、B、C 可以是复数，与方法一中的不相同，B、C中把α_1、α_2分别包含在内.

这种方法更简单也在于此.

边界条件，在 $n=0$ 连续，有

$$A\mathrm{e}^{\mathrm{i}\omega t}+B\mathrm{e}^{\mathrm{i}\omega t}=C\mathrm{e}^{\mathrm{i}\omega t}\quad 即\quad A+B=C$$

另一个边界条件是由

$$m_0\ddot{y}_0=K(y_1-2y_0+y_{-1})$$

及

$$y_0=C\mathrm{e}^{\mathrm{i}\omega t},\quad y_1=C\mathrm{e}^{\mathrm{i}(\omega t-ka)}$$

$$y_{-1}=A\mathrm{e}^{\mathrm{i}(\omega t+ka)}+B\mathrm{e}^{\mathrm{i}(\omega t-ka)}$$

获得，

$$-m_0\omega^2C\mathrm{e}^{\mathrm{i}\omega t}=K\left[C\mathrm{e}^{\mathrm{i}(\omega t-ka)}-2C\mathrm{e}^{\mathrm{i}\omega t}+A\mathrm{e}^{\mathrm{i}(\omega t+ka)}+B\mathrm{e}^{\mathrm{i}(\omega t-ka)}\right]$$

将 $\omega^2=\dfrac{2K}{m}(1-\cos ka)$及$C=A+B$ 代入，经整理后解得

$$\frac{B}{A}=\frac{(m_0-m)(1-\cos ka)}{m(1-\mathrm{e}^{-\mathrm{i}ka})-m_0(1-\cos ka)}$$

$$\left|\frac{B}{A}\right|^2=\left|\frac{(m_0-m)(1-\cos ka)}{m(1-\cos ka+\mathrm{i}\sin ka)-m_0(1-\cos ka)}\right|^2$$
$$=\frac{(m-m_0)^2(1-\cos ka)^2}{(m-m_0)^2(1-\cos ka)^2+m^2\sin^2 ka}$$

如波从右方入射，也同样可以得到相同的反射概率.

3.4.14　一质量为m、原长为l的弹簧，其劲度系数为k. 弹簧的一端固定，另一端系一质量为M的物体，水平放置. M在光滑的水平面上运动.

(1) 导出该系统纵向振动的波动方程;

(2) 求出作为m的函数的最小简正频率. 这里M和k都是有限的，且$m \ll M$.

解　(1) 设弹簧的截面积为S，弹簧伸长量为Δl时，两端作用力为F，则

$$\frac{F}{S}=Y\frac{\Delta l}{l}$$

其中Y是弹簧的杨氏模量.又

$$F=k\Delta l$$

两式比较，可得杨氏模量与劲度系数的关系为

$$\frac{YS}{l}=k,\quad Y=\frac{kl}{S}$$

沿弹簧纵向振动的方向取x轴，弹簧的固定端为原点，考虑位于$x \sim x+\mathrm{d}x$的弹簧质元，振动时，发生形变，x端位移$y, x+\mathrm{d}x$端位移$y+\mathrm{d}y, x$端和$x+\mathrm{d}x$端分别受力为

$$F(x)=-YS\left.\frac{\partial y}{\partial x}\right|_x=-kl\left.\frac{\partial y}{\partial x}\right|_x$$
$$F(x+\mathrm{d}x)=YS\left.\frac{\partial y}{\partial x}\right|_{x+\mathrm{d}x}=kl\left.\frac{\partial y}{\partial x}\right|_{x+\mathrm{d}x}$$

该质元受到的合力为

$$F(x)+F(x+\mathrm{d}x)=-kl\left.\frac{\partial y}{\partial x}\right|_x+kl\left.\frac{\partial y}{\partial x}\right|_{x+\mathrm{d}x}$$
$$=-kl\left.\frac{\partial y}{\partial x}\right|_x+kl\left(\left.\frac{\partial y}{\partial x}\right|_x+\left.\frac{\partial^2 y}{\partial x^2}\right|_x\mathrm{d}x+\cdots\right)\approx kl\left.\frac{\partial^2 y}{\partial x^2}\right|_x\mathrm{d}x$$

由牛顿运动定律，

$$\frac{m}{l}\mathrm{d}x\frac{\partial^2 y}{\partial t^2}=kl\frac{\partial^2 y}{\partial x^2}\mathrm{d}x$$

波动方程为

$$\frac{\partial^2 y}{\partial t^2}-\frac{kl^2}{m}\frac{\partial^2 y}{\partial x^2}=0$$

波速

$$v=\sqrt{\frac{kl^2}{m}}=l\sqrt{\frac{k}{m}}$$

(2)用分离变量法求上面导出的波动方程的解，令 $y(x,t)=X(x)T(t)$，代入波动方程得

$$X\frac{\mathrm{d}^2T}{\mathrm{d}t^2}-v^2T\frac{\mathrm{d}^2X}{\mathrm{d}x^2}=0$$

两边除以 XT，

$$\frac{1}{T}\frac{\mathrm{d}^2T}{\mathrm{d}t^2}-v^2\frac{1}{X}\frac{\mathrm{d}^2X}{\mathrm{d}x^2}=0$$

第一项只与 t 有关，第二项只与 x 有关，上式要对任何 x、t 都成立，只能两项都等于常数.

设第一项等于 $-\mu,\mu$ 为常数，得到两个常微分方程

$$\frac{\mathrm{d}^2X}{\mathrm{d}x^2}+\frac{\mu}{v^2}X=0$$

$$\frac{\mathrm{d}^2T}{\mathrm{d}t^2}+\mu T=0$$

μ 由边界条件确定，因 $x=0$处$y(x,t)=0, X(0)=0, \mu$ 不能等于零，因为如 $\mu=0$，$y(x,t)=c_1x(t+c_2)$这显然不可能，μ 也不能为负值，因为μ 为负值时，也将得到不合理的$y(x,t)$. 既然 $\mu>0$，可令 $\mu=\omega^2$.

可得波动方程的通解为

$$y(x,t)=\sum_{n=1}^{\infty}\left[A_n\sin\left(\frac{\omega_n}{v}x\right)+B_n\cos\left(\frac{\omega_n}{v}x\right)\right]\cos(\omega_nt+\alpha_n)$$

由边界条件：$x=0$处$y(x,t)=0$,得$B_n=0$. 所以

$$y(x,t)=\sum_{n=1}^{\infty}A_n\sin\left(\frac{\omega_n}{v}x\right)\cos(\omega_nt+\alpha_n) \tag{1}$$

再考虑另一个边界条件，在 $x=l$ 处，由牛顿运动定律得物体的运动微分方程为

$$M\left.\frac{\partial^2y}{\partial t^2}\right|_{x=l}=-kl\left.\frac{\partial y}{\partial x}\right|_{x=l} \tag{2}$$

将式(1)代入式(2)得

$$\sum_{n=1}^{\infty}\left[M\omega_n\sin\left(\frac{\omega_n}{v}l\right)-\frac{kl}{v}\cos\left(\frac{\omega_n}{v}l\right)\right]=0$$

ω_n 是振动系统的振动频率(可称为简正频率)，也是在弹簧中传播的波的角频率，各简正频率相应的振动方式是相互独立的. 因此对各 ω_n 均有

$$M\omega_n\sin\left(\frac{\omega_n}{v}l\right)-\frac{kl}{v}\cos\left(\frac{\omega_n}{v}l\right)=0$$

$$M\omega_n\tan\left(\frac{\omega_n}{v}l\right)=\frac{kl}{v}$$

因为$v=l\sqrt{\dfrac{k}{m}},k=\dfrac{mv^2}{l^2}$，上式可改写为

$$\frac{\omega_n l}{v}\tan\left(\frac{\omega_n l}{v}\right)=\frac{m}{M}$$

令$x=\dfrac{\omega_n l}{v},\tan x=\dfrac{m}{M}\dfrac{1}{x}$用作图法(图 3.55)，横坐标为$x$轴，纵坐标为$y$轴，画两条曲线$y=\tan x$和$y=\dfrac{m}{M}\dfrac{1}{x}$，其交点可得$x_n$．今画出两个交点$P$、$Q$，它们的$x$坐标分别为$x_1$、$x_2$．

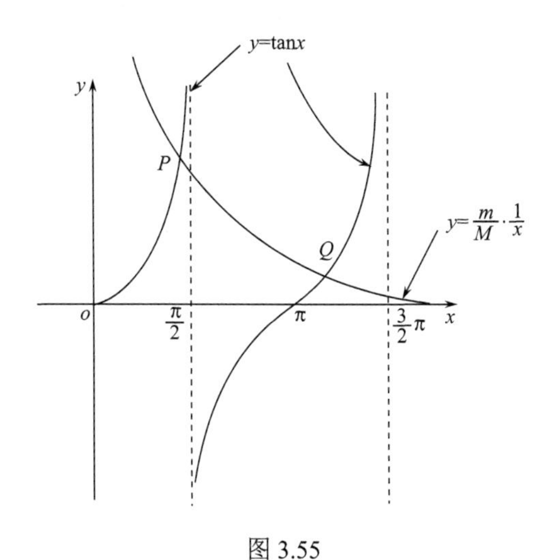

图 3.55

本题只要求最小的简正频率ω_1，而且$m\ll M$，可见$\dfrac{\omega_1 l}{v}$必为小量，可对$\tan\left(\dfrac{\omega_1 l}{v}\right)$作泰勒展开，

$$\tan x=x+\frac{1}{3}x^3+\cdots$$

如只取第一项，$\tan\left(\dfrac{\omega_1 l}{v}\right)\approx\dfrac{\omega_1 l}{v}$，

$$\frac{\omega_1 l}{v}\cdot\frac{\omega_1 l}{v}=\frac{m}{M}$$

$$\omega_1^2=\frac{m}{M}\frac{v^2}{l^2}=\frac{m}{M}\frac{\left(l\sqrt{\dfrac{k}{m}}\right)^2}{l^2}=\frac{k}{M},\quad \omega_1=\sqrt{\frac{k}{M}}$$

这是弹簧质量不计情况下的振子的角频率．今m虽小，但还不能不计，至少还得保留一项．

$$\tan\left(\frac{\omega_1 l}{v}\right) \approx \frac{\omega_1 l}{v} + \frac{1}{3}\left(\frac{\omega_1 l}{v}\right)^3$$

则

$$\frac{\omega_1 l}{v}\left[\frac{\omega_1 l}{v} + \frac{1}{3}\left(\frac{\omega_1 l}{v}\right)^3\right] = \frac{m}{M}$$

令 $r = \left(\frac{\omega_1 l}{v}\right)^2$，上式可改写为

$$r\left(1 + \frac{1}{3}r\right) = \frac{m}{M}$$

$$r^2 + 3r - \frac{3m}{M} = 0$$

$$r = \frac{-3 + \sqrt{9 + \frac{12m}{M}}}{2} = \frac{3}{2}\left[\sqrt{1 + \frac{4m}{3M}} - 1\right]$$

（r 必须大于零，另一个根 r 为负值，已舍去.）

因为 $m \ll M$，利用

$$(1+x)^{\frac{1}{2}} \approx 1 + \frac{1}{2}x - \frac{1}{8}x^2 \quad (x \ll 1)$$

可得

$$\sqrt{1 + \frac{4m}{3M}} \approx 1 + \frac{2m}{3M} - \frac{1}{8}\left(\frac{4m}{3M}\right)^2 = 1 + \frac{2m}{3M} - \frac{2m^2}{9M^2}$$

$$\left(\frac{\omega_1 l}{v}\right)^2 = r = \frac{3}{2}\left(1 + \frac{2m}{3M} - \frac{2m^2}{9M^2} - 1\right) = \frac{m}{M}\left(1 - \frac{m}{3M}\right)$$

$$\omega_1^2 = \frac{v^2}{l^2}\frac{m}{M}\left(1 - \frac{m}{3M}\right) = \frac{k}{M}\left(1 - \frac{m}{3M}\right)$$

$$\omega_1 = \sqrt{\frac{k}{M}\left(1 - \frac{m}{3M}\right)} \approx \sqrt{\frac{k}{M\left(1 + \frac{m}{3M}\right)}} = \sqrt{\frac{k}{M + \frac{1}{3}m}}$$

这是 3.1.12 题所得到的结果.

3.4.15 一根无限长的细绳，线密度为 η，张力为 T. 在 $t = 0$ 时，绳偏离平衡位置的位移为 $f(x)$. 初始速度为 $g(x)$，求 $t>0$ 时绳子的运动.

解 t 时刻、x 点处绳子的位移 $y(x,t)$ 满足波动方程

$$\frac{\partial^2 y}{\partial t^2} - v^2\frac{\partial^2 y}{\partial x^2} = 0$$

其中 v 为波速，$v = \sqrt{\frac{T}{\eta}}$.

波动方程是线性的，各种频率、不超过胡克定律成立的限度的各种振幅、各种初相

位($x=0$处)、两种传播方向. 但振动方向都在同一平面上、波速均为v的波都是波动方程的解，它们合成的波也是方程的解，平面波(不限于简谐平面波)的表达式可写成

$$y(x,t)=f_1(x-vt)+f_2(x+vt)$$

前者是向x正向传播的平面波，后者是向x负向传播的平面波.

由初始条件：$t=0$时,$y(x,t)=f(x)$，$\dfrac{\partial y(x,t)}{\partial t}=g(x)$，

$$f_1(x)+f_2(x)=f(x) \tag{1}$$

$$\left[-f_1'(x)+f_2'(x)\right]v=g(x) \tag{2}$$

其中用了

$$\left.\frac{\partial f_1(x-vt)}{\partial t}\right|_{t=0}=\left.\frac{\mathrm{d}f_1(x-vt)}{\mathrm{d}(x-vt)}\right|_{t=0}\frac{\partial(x-vt)}{\partial t}=f_1'(x)(-v)$$

$f_1'(x)$即$\dfrac{\mathrm{d}f_1(x)}{\mathrm{d}x}$.

式(2)对x积分，

$$\left(-f_1(x)+f_2(x)\right)v=\int^x g(x')\mathrm{d}x'+C'$$

$$f_2(x)-f_1(x)=\frac{1}{v}\int^x g(x')\mathrm{d}x'+C \tag{3}$$

由式(1)、(3)得

$$f_1(x)=\frac{1}{2}\left[f(x)-\frac{1}{v}\int^x g(x')\mathrm{d}x'-C\right]$$

$$f_2(x)=\frac{1}{2}\left[f(x)+\frac{1}{2}\int^x g(x')\mathrm{d}x'+C\right]$$

$$\begin{aligned}y(x,t)&=f_1(x-vt)+f_2(x+vt)\\&=\frac{1}{2}\left[f(x-vt)-\frac{1}{2}\int^{x-vt}g(x')\mathrm{d}x'-C\right]\\&\quad+\frac{1}{2}\left[f(x+vt)+\frac{1}{2}\int^{x+vt}g(x')\mathrm{d}x'+C\right]\\&=\frac{1}{2}\left[f(x-vt)+f(x+vt)+\frac{1}{2}\int_{x-vt}^{x+vt}g(x')\mathrm{d}x'\right].\end{aligned}$$

3.4.16 一根线密度为η、张力为T_0的绳，$x=0$端固定，$x=l$端终止在一个不计质量的环上，环能在一垂直棒上无摩擦自由滑动、写$x=l$端的边界条件，并求振动的简正模.

解

$$\frac{\partial^2 y}{\partial t^2}-\frac{T_0}{\eta}\frac{\partial^2 y}{\partial x^2}=0$$

边界条件为

$$y(0,t)=0,\quad \left.\frac{\partial y(x,t)}{\partial x}\right|_{x=l}=0$$

关于后一个边界条件，是由对环用牛顿运动定律得到的，环的质量不计，沿棒的方向的力为

$$-T\left.\frac{\partial y}{\partial x}\right|_{x=l}=0,\text{ 所以 }\left.\frac{\partial y}{\partial x}\right|_{x=l}=0$$

将 $y(x,t)=X(x)T(t)$ 代入波动方程，可得

$$\frac{1}{T}\frac{\mathrm{d}^2T}{\mathrm{d}t^2}=\frac{T_0}{\eta}\frac{1}{X}\frac{\mathrm{d}^2X}{\mathrm{d}x^2}=-\omega^2$$

(关于等于 $-\omega^2$，可参看 3.4.13 题的论述.)

$$\frac{\mathrm{d}^2T}{\mathrm{d}t^2}+\omega^2T=0,\quad \frac{\mathrm{d}^2X}{\mathrm{d}x^2}+\frac{\eta}{T_0}\omega^2X=0$$

$$T(t)=A\cos\omega t+B\sin\omega t$$

$$X(x)=C\cos\left(\sqrt{\frac{\eta}{T_0}}\omega x\right)+D\sin\left(\sqrt{\frac{\eta}{T_0}}\omega x\right)$$

由边界条件 $X(0)=0$(来自 $y(0,t)=0$)，得 $C=0$.

$$X(x)=D\sin\left(\sqrt{\frac{\eta}{T_0}}\omega x\right)$$

由另一边界条件 $\left.\frac{\mathrm{d}X}{\mathrm{d}x}\right|_{x=l}=0\left(\text{来自}\left.\frac{\partial y}{\partial x}\right|_{x=l}=0\right)$ 得

$$\cos\left(\sqrt{\frac{\eta}{T_0}}\omega l\right)=0$$

$$\sqrt{\frac{\eta}{T}}\omega_n l=(2n-1)\frac{\pi}{2},\quad n=1,2,3,\cdots$$

$$\omega_n=\frac{(2n-1)\pi}{2l}\sqrt{\frac{T_0}{\eta}},\quad n=1,2,3,\cdots$$

3.4.17 若上题环的质量为 m，求振动的简正模，并证明：$m\to\infty$ 时，简正模趋于两端固定的情况.

解 上题解得的

$$T(t)=A\cos\omega t+B\sin\omega t$$

$$X(x)=D\sin\left(\sqrt{\frac{\eta}{T_0}}\omega x\right)$$

均适用于本题.

$x=l$ 端的边界条件改为

$$m\left.\frac{\partial^2 y}{\partial t^2}\right|_{x=l}=-T_0\left.\frac{\partial y}{\partial x}\right|_{x=l}$$

将 $y(x,t)=D\sin\left(\sqrt{\frac{\eta}{T_0}}\omega x\right)(A\cos\omega t+B\sin\omega t)$ 代入上式，得

$$-m\omega^2\sin\left(\sqrt{\frac{\eta}{T_0}}\omega x\right)\Bigg|_{x=l}=-T_0\sqrt{\frac{\eta}{T_0}}\omega\cos\left(\sqrt{\frac{\eta}{T_0}}\omega x\right)\Bigg|_{x=l}$$

$$\tan\left(\sqrt{\frac{\eta}{T_0}}\omega l\right)=\frac{\sqrt{\eta T_0}}{m}\frac{1}{\omega}$$

可用图 3.56 所示的图解法求 $\omega_1, \omega_2, \omega_3, \cdots$ 横坐标为 ω，纵坐标为 y， $y=\tan\left(\sqrt{\frac{\eta}{T_0}}l\omega\right)$ 与 $y=\frac{\sqrt{\eta T_0}}{m}\frac{1}{\omega}$ 两条曲线的交点的横坐标，按小到大的次序依次为 $\omega_1, \omega_2, \omega_3,\cdots$

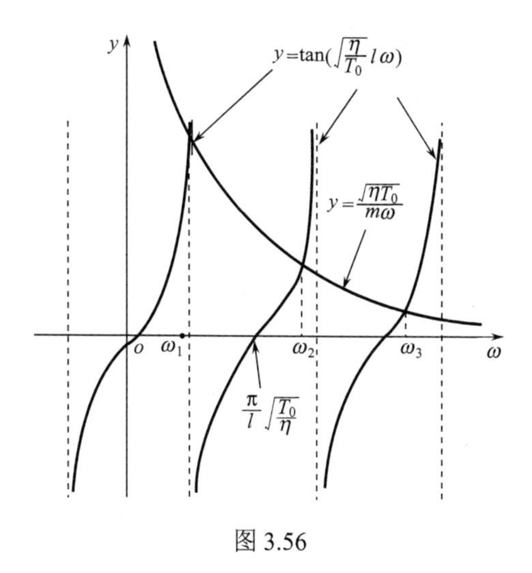

图 3.56

当 $m\to\infty$ 时， $\tan\left(\sqrt{\frac{\eta}{T_0}}\omega l\right)=0$，

$$\sqrt{\frac{\eta}{T_0}}\omega_n l=n\pi,\quad \omega_n=\frac{n\pi}{l}\sqrt{\frac{T_0}{\eta}},\quad n=1,2,3,\cdots$$

这正是两端固定时应有的结果，两端固定时，两端为驻波的波节.

$$l=n\cdot\frac{\lambda_n}{2},\quad \lambda_n=\frac{2l}{n}$$

$$\omega_n=2\pi\nu_n=2\pi\frac{v}{\lambda_n}=2\pi\cdot\frac{n}{2l}\sqrt{\frac{T_0}{\eta}}=\frac{n\pi}{l}\sqrt{\frac{T_0}{\eta}}$$

3.4.18　两种线密度的弦线在 $x=0$ 处连接， $x>0$ 处， $\eta=\eta_2, x<0$ 处， $\eta=\eta_1$，张力为 T. 一列简谐波从弦线 1 入射到连接点. 分别 $\eta_1>\eta_2$ 和 $\eta_1<\eta_2$ 两种情况，讨论反射波、透射波和入射波间的相位关系.

解　考虑入射波：　$y_1=\cos\omega\left(t-\frac{x}{v_1}\right),\quad v_1=\sqrt{\frac{T}{\eta_1}}\quad(x\leqslant 0)$

反射波：　$y_1'=A\cos\left[\omega\left(t+\frac{x}{v_1}\right)+\alpha_1\right]$

透射波：　$y_2=B\cos\left[\omega\left(t-\frac{x}{v_2}\right)+\alpha_2\right],\quad v_2=\sqrt{\frac{T}{\eta_2}}\quad(x\geqslant 0)$

在 $x=0$ 处，$y_1(0,t)+y_1'(0,t)=y_2(0,t)$，

$$-T\left(\left.\frac{\partial y_1(x,t)}{\partial x}\right|_{x=0}+\left.\frac{\partial y_1'(x,t)}{\partial x}\right|_{x=0}\right)+T\left.\frac{\partial y_2(x,t)}{\partial x}\right|_{x=0}=0$$

(此式考虑到 $x=0$ 点在 y 方向的合力分量为零.)可得

$$\cos\omega t+A\cos(\omega t+\alpha_1)=B\cos(\omega t+\alpha_2)$$

$$\frac{1}{v_1}\sin\omega t-\frac{1}{v_1}A\sin(\omega t+\alpha_1)=\frac{1}{v_2}B\sin(\omega t+\alpha_2)$$

上述两式两边 $\cos\omega t$、$\sin\omega t$ 的系数分别相等，

$$1+A\cos\alpha_1=B\cos\alpha_2 \tag{1}$$

$$A\sin\alpha_1=B\sin\alpha_2 \tag{2}$$

$$-\frac{1}{v_1}A\sin\alpha_1=\frac{1}{v_2}B\sin\alpha_2 \tag{3}$$

$$\frac{1}{v_1}-\frac{1}{v_1}A\cos\alpha_1=\frac{1}{v_2}B\cos\alpha_2 \tag{4}$$

由式(2)、(3)，因 $\sin\alpha_1$、$\sin\alpha_2$ 的系数行列式不等于零，

$$\sin\alpha_1=\sin\alpha_2=0$$

α_1、α_2 都有两种可能：0或π.

由式(1)、(4)解出

$$A\cos\alpha_1=\frac{v_2-v_1}{v_1+v_2},\quad B\cos\alpha_2=\frac{2v_2}{v_1+v_2}>0$$

A、B 分别是反射波和透射波的振幅，均大于零. 由 $B\cos\alpha_2>0$，可知 $\alpha_2=0$. 不论 $\eta_1>\eta_2$ 还是 $\eta_1<\eta_2$，均有 $\alpha_2=0$，即透射波与入射波在 $x=0$ 处总是同相位的.

当 $\eta_1>\eta_2$ 时，$v_1=\sqrt{\frac{T}{\eta_1}}<v_2=\sqrt{\frac{T}{\eta_2}}, A\cos\alpha_1>0$，所以 $\alpha_1=0$. 波从波密介质向波疏介质入射，在界面处，反射波无半波损失，相位相同.

当 $\eta_1<\eta_2$ 时，$v_1>v_2, A\cos\alpha_1<0, \alpha_1=\pi$. 波从波疏介质向波密介质入射，在界面处，反射波有半波损失，相位相反.

说明：如用波的复数表示式，只需解两个方程，显然比解四个方程简便得多.

3.4.19　一根长度$L=(N+1)a$、张力为T的弦线上，等距离(距离为a)地附有N个质量均为M的珠子，弦线两端固定，求振动的简正模.

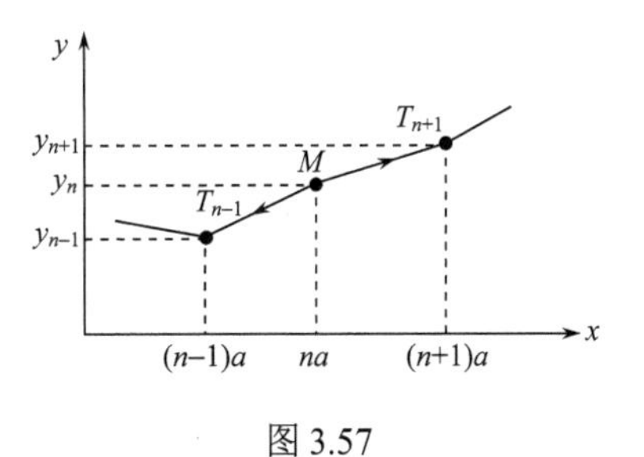

图 3.57

解　第n个珠子受力情况如图3.57所示，与张力相比，重力不计，珠子在x方向无运动，在y方向做小振动.

$$M\frac{\mathrm{d}^2y_n}{\mathrm{d}t^2}=T\left(\frac{y_{n+1}-y_n}{a}\right)-T\left(\frac{y_n-y_{n-1}}{a}\right)$$

$$=\frac{T}{a}(y_{n+1}-2y_n+y_{n-1}),\quad n=1,2,\cdots,N$$

其中$y_0=y_{N+1}=0$.

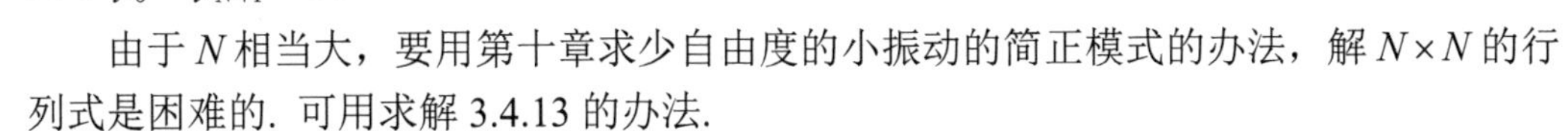
由于N相当大，要用第十章求少自由度的小振动的简正模式的办法，解$N\times N$的行列式是困难的. 可用求解3.4.13的办法.

在同一振动模式中，各珠子有同样的角频率，相位相同或相反，振幅不同，其解可写成

$$y_n=A_n\cos(\omega t+\varphi),\quad n=1,2,\cdots,N$$

参照两端固定的弦的振动模式是各种驻波，对此珠子链，试用

$$A_n=A\sin(kna)+B\cos(kna),\quad n=0,1,\cdots,N+1$$

由边界条件$A_0=0$得$B=0$，故

$$A_n=A\sin(kna)$$

$A_{N+1}=0,\sin\left[k(N+1)a\right]=0$，即$\sin(kL)=0$，

$$k_mL=m\pi,\quad k_m=\frac{m\pi}{L},\quad m=1,2,\cdots,N$$

将$y_n=A\sin(kna)\cos(\omega t+\varphi)$代入方程组，得

$$-M\omega^2\sin kna=\frac{T}{a}\left\{\sin k\left[(n+1)a\right]-2\sin(kna)+\sin k\left[(n-1)a\right]\right\}$$

用三角公式

$$\sin\alpha+\sin\beta=2\sin\frac{\alpha+\beta}{2}\cos\frac{\alpha-\beta}{2}$$

上式化为

$$-M\omega^2=\frac{2T}{a}(\cos ka-1)$$

故

$$\omega_m^2=\frac{2T}{Ma}\left(1-\cos\frac{m\pi a}{L}\right),\quad m=1,2,\cdots,N$$

作几点附带说明：

1)　$$y_n=A\sin(k_mna)\cos(\omega_mt+\varphi_m)$$

用$\sin\alpha\cos\beta=\frac{1}{2}\left[\sin(\alpha+\beta)+\sin(\alpha-\beta)\right]$可改写为

$$y_n=\frac{1}{2}A\left[\sin\left(k_m na+\omega_m t+\varphi_m\right)+\sin\left(k_m na-\omega_m t-\varphi_m\right)\right]$$

第一项表示向左边传播的波，第二项表示向右边传播的波.

波的传播速度有两种计算方法：考虑向右传播的波

$$\sin\left(k_m na-\omega_m t-\varphi_n\right)$$

考虑相邻的两个珠子的振动在紧挨的处于同相位的两个时刻

$$k_m na-\omega_m t_1-\varphi_m=k_m\left(n+1\right)a-\omega_m t_2-\varphi_m$$

$$v_m=\frac{a}{t_2-t_1}=\frac{\omega_m}{k_m}$$

令 $\omega_m^2=\dfrac{2T}{Ma}(1-\cos k_m a),\dfrac{\omega_m}{k_m}\neq$ 常量(对于不同的ω_m). 说明对于不同角频率的振动，其相位的传播速度是不同的.

波速的另一种计算方法是把 y_n 改成 $y(x)$ 的形式：$\sin\left(k_m na-\omega_m t-\varphi_m\right)$ 改成 $\sin\left(k_m x-\omega_m t-\varphi_m\right)=-\sin\left[\omega_m\left(t-\dfrac{k_m}{\omega_m}x\right)+\varphi_m\right]$，即可看出 $v_m=\dfrac{\omega_m}{k_m}$.

2) 考虑连续的极限情况. 保持 L 不变，令 $N\to\infty,a\to 0,\dfrac{M}{a}=\eta$，

$$\omega_m^2=\frac{2T}{Ma}(1-\cos k_m a)=\frac{2T}{Ma}\sin^2\frac{1}{2}k_m a$$

$$=\frac{4T}{Ma}\cdot\left(\frac{1}{2}k_m a\right)^2\left(\frac{\sin\left(\frac{1}{2}k_m a\right)}{\frac{1}{2}k_m a}\right)^2$$

$$\to\frac{4T}{Ma}\cdot\frac{1}{4}k_m^2a^2=\frac{T}{\eta}k_m^2=\frac{T}{\eta}\frac{m^2\pi^2}{L^2}$$

$$\omega_m\to\frac{m\pi}{L}\sqrt{\frac{T}{\eta}}$$

与两端固定的连续弦的情况完全相同.

3) 对于有 N 个珠子的珠子链，$k_m=\dfrac{m\pi}{L}$,m可取$1,2,\cdots,N$，为什么不再往下取值?这是因为这个系统具有 N 个自由度，由下册第十章讲的小振动理论可知，它至多有 N 个简正频率. 这里也可以看到，当$m=N+1$时，$A_n=A\sin\left(k_{N+1}na\right)=A\sin\left(\dfrac{Nt}{L}\pi na\right)=0$, 所有珠子在此“振动模式”中都保持不动，这是没有意义的.

3.4.20 S_1、S_2 是两相干波源，相距$\dfrac{1}{4}$波长，S_1比S_2相位超前$\dfrac{\pi}{2}$. 设两波在 S_1、S_2 连线上的强度相同，均为I_0，且不随距离变化，问 S_1、S_2 连线上在 S_1 外侧各点处的强度 I_1

多大?在 S_2 外侧各点处的强度 I_2 多大?

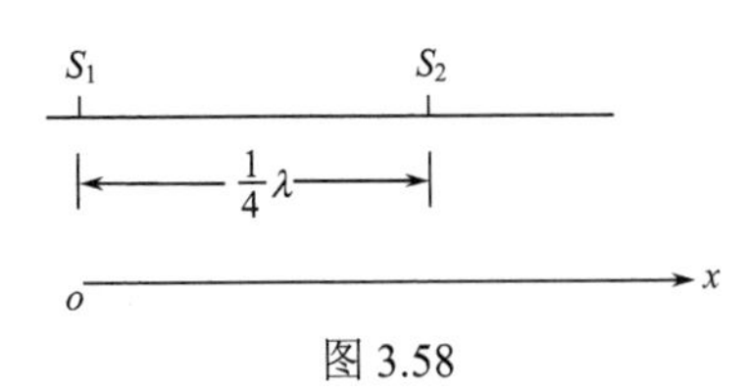

图 3.58

解 取 S_1、S_2 连线方向为 x 轴正向，原点取在 S_1 处，如图 3.58 所示.

S_1 发出的波的表达式为

$$y_1=\begin{cases}A\cos\left[\omega\left(t-\dfrac{x}{v}\right)\right], & x>0\\ A\cos\left[\omega\left(t+\dfrac{x}{v}\right)\right], & x<0\end{cases}$$

S_2 发出的波的表达式为

$$y_2=\begin{cases}A\cos\left[\omega\left(t-\dfrac{x-\frac{1}{4}\lambda}{v}\right)-\dfrac{\pi}{2}\right], & x>\dfrac{1}{4}\lambda\\ A\cos\left[\omega\left(t+\dfrac{x-\frac{1}{4}\lambda}{v}\right)-\dfrac{\pi}{2}\right], & x<\dfrac{1}{4}\lambda\end{cases}$$

用 $v=\dfrac{\lambda}{T},\omega T=2\pi,y_2$ 的表达式可改写为

$$y_2=\begin{cases}A\cos\left[\omega\left(t-\dfrac{x}{v}\right)\right], & x>\dfrac{1}{4}\lambda\\ A\cos\left[\omega\left(t+\dfrac{x}{v}\right)-\pi\right], & x<\dfrac{1}{4}\lambda\end{cases}$$

在 S_1 外侧，$x<0$，

$$y=y_1+y_2=A\cos\left[\omega\left(t+\frac{x}{v}\right)\right]+A\cos\left[\omega\left(t+\frac{x}{v}\right)-\pi\right]=0$$

所以合成波的强度 $I_1=0$.

在 S_2 外侧，$x>\dfrac{1}{4}\lambda$，

$$y=y_1+y_2=A\cos\left[\omega\left(t-\frac{x}{v}\right)\right]+A\cos\left[\omega\left(t-\frac{x}{v}\right)\right]$$

$$=2A\cos\left[\omega\left(t-\frac{x}{v}\right)\right]$$

$$I_2=\frac{1}{2}\rho(2A)^2\omega^2v=4\cdot\frac{1}{2}\rho A^2\omega^2v=4I_0$$

3.4.21 S_1、S_2 是两相干波源，相距 30m,S_1、S_2 的相位相反，频率 $\nu=100\text{Hz}$，波速 $v=400\,\text{m/s}$，在 S_1、S_2 连线上两波振幅相同，不随距离变化，求 S_1、S_2 连线上因干涉而

静止的点的位置.

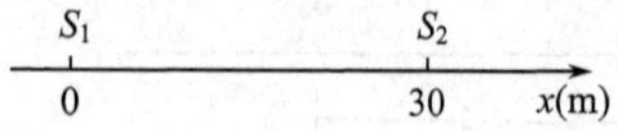

图 3.59

解　取 x 轴如图 3.59 所示.

$$y_1 = A\cos\left[200\pi\left(t-\frac{x}{400}\right)\right]$$

设

$$y_2 = A\cos\left[200\pi\left(t+\frac{x}{400}\right)+\alpha\right]$$

S_1在$x=0$处的振动相位与S_2在$x=30$ m 处的振动相位相反，

$$200\pi\left(t+\frac{30}{400}\right)+\alpha = 200\pi\left(t-\frac{0}{400}\right)+(2n+1)\pi$$

$$15\pi+\alpha=(2n+1)\pi,\quad \alpha=0$$

$$y_2 = A\cos\left[200\pi\left(t+\frac{x}{400}\right)\right]$$

$$y = y_1+y_2 = A\cos\left[200\pi\left(t-\frac{x}{400}\right)\right]+A\cos\left[200\pi\left(t+\frac{x}{400}\right)\right]$$

$$= 2A\cos\left(\frac{1}{2}\pi x\right)\cos(200\pi t)$$

满足 $\cos\left(\frac{1}{2}\pi x\right)=0$ 的 x 那些点因干涉而静止，

$$\frac{1}{2}\pi x=(2n+1)\frac{\pi}{2},\quad x=2n+1$$

在 $0\leqslant x\leqslant 30$ 间，$x=1,3,5,\cdots,29$ (m) 这些点静止.

3.4.22　图 3.60 中 O 处有一波源，沿 x 轴向两边发射振幅为 A、角频率为 ω 的简谐波，波速为 v, BC 为波密介质的反射面，入射波在此被全反射，BC 位于 $x=-d$ 处，若 $d=\frac{5}{4}\lambda$, λ 为波长，求出 $x>-d$ 各处波动的数学表达式. 设波源的初相位为零.

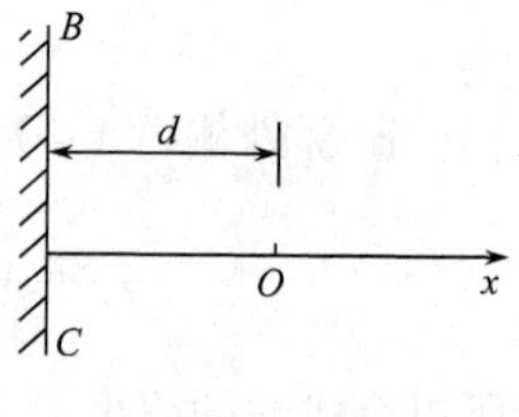

图 3.60

解　O 处波源发出的波的数学表达式为

$$y_1=\begin{cases} A\cos\left[\omega\left(t-\frac{x}{v}\right)\right], & x\geqslant 0 \\ A\cos\left[\omega\left(t+\frac{x}{v}\right)\right], & -d\leqslant x\leqslant 0 \end{cases}$$

设被 BC 反射的反射波的表达式为

$$y_2 = A\cos\left[\omega\left(t-\frac{x}{v}\right)+\alpha\right],\quad x\geqslant -d$$

因发生的是全反射，故振幅与入射波的相同.

因入射波自波疏介质射向波密介质，在反射面处有半波损失，入射波、反射波在此的振动相位相反，

$$\omega\left(t-\frac{-d}{v}\right)+\alpha-\omega\left(t+\frac{-d}{v}\right)=(2n+1)\pi$$

$$\alpha=(2n+1)\pi-\frac{2\omega d}{v}=(2n+1)\pi-\frac{2\omega\cdot\frac{5}{4}\lambda T}{\lambda}$$
$$=(2n+1)\pi-5\pi=0\quad(取n=2)$$

所以

$$y_2=A\cos\left[\omega\left(t-\frac{x}{v}\right)\right],\quad x\geqslant -d$$

在 $-d\leqslant x\leqslant 0$ 处，

$$y=y_1+y_2=A\cos\left[\omega\left(t+\frac{x}{v}\right)\right]+A\cos\left[\omega\left(t-\frac{x}{v}\right)\right]=2A\cos\left(\frac{\omega x}{v}\right)\cos\omega x$$

在 $x\geqslant 0$ 处，

$$y=y_1+y_2=2A\cos\left[\omega\left(t-\frac{x}{v}\right)\right]$$

3.4.23　在弦线上传播的波，其表达式为

$$y=3\cos\left[2\pi\left(\frac{t}{0.1}-\frac{x}{10}\right)-\frac{\pi}{2}\right]$$

为在弦线上形成驻波，在 $x=1$ 处为波节.

(1) 写出应叠加的波的表达式；

(2) 写出形成的驻波的表达式；

(3) 若弦线的线密度为 $1.0\,\mathrm{g/cm}$，求相邻两波节之间的总能量. 所给的表达式中，x、y 均以米为单位，t 以秒为单位.

解　(1) 要形成驻波，叠加的波的表达式应为

$$y'=3\cos\left[2\pi\left(\frac{t}{0.1}+\frac{x}{10}\right)+\alpha\right]$$

其中 α 待定.

在 $x=1\mathrm{m}$ 处为波节，两波在此振动相位相反，

$$2\pi\cdot\frac{1}{10}+\alpha-\left(-2\pi\cdot\frac{1}{10}-\frac{\pi}{2}\right)=(2n+1)\pi$$

$$\alpha=(2n+1)\pi-\frac{2}{5}\pi-\frac{\pi}{2}=\frac{1}{10}\pi\quad(取n=0)$$

所以

$$y'=3\cos\left[2\pi\left(\frac{t}{0.1}+\frac{x}{10}\right)+\frac{1}{10}\pi\right]$$

(2) $y+y'=3\cos\left[2\pi\left(\frac{t}{0.1}-\frac{x}{10}\right)-\frac{\pi}{2}\right]+3\cos\left[2\pi\left(\frac{t}{0.1}+\frac{x}{10}\right)+\frac{\pi}{10}\right]$

$$=6\cos\left(\frac{\pi}{5}x+\frac{3}{10}\pi\right)\cos\left(20\pi t-\frac{1}{5}\pi\right)$$

(3) 由所给的波的表达式可知波长 $\lambda=10\text{m}$，相邻两个波节之间的距离为 $\frac{1}{2}\lambda=5\text{m}$，今 $x=1\text{m}$ 处为波节，$x=6\text{m}$ 处是相邻的波节. 在相邻两波节间驻波的总能量保持不变. 当弦线各点处于平衡位置时，势能为零，各点速度的大小达到它的最大值. 相邻两波节间的总能量等于这时这段弦线的总动能.

x 处质元的最大速率为

$$\left[\frac{\partial(y+y')}{\partial t}\right]_{\max}=6\times20\pi\cos\left(\frac{\pi}{5}x+\frac{3}{10}\pi\right)$$

$$E=\int_1^6\frac{1}{2}\eta\left[\frac{\partial(y+y')}{\partial t}\right]_{\max}^2\mathrm{d}x$$

$$=\frac{1}{2}\frac{1.0\times10^{-3}}{10^{-2}}(6\times20\pi)^2\int_1^6\cos^2\left(\frac{\pi}{3}x+\frac{3}{10}\pi\right)\mathrm{d}x$$

$$=\frac{1}{2}\times10^{-1}\times36\times400\pi^2\times\frac{1}{2}\times5=1.78\times10^4\text{ J}$$

3.4.24　在位于 x 轴的弦线上有一驻波，测得 $x=n+\frac{5}{6}(\text{m})(n=0,\ \pm1,\ \pm2,\ \cdots)$ 处为波节，在波腹处，最大位移 $y_{\max}$ 为 5m，从平衡位置到最大位移历时 0.5s，以弦线上所有质元均处于平衡位置时开始计时，写出该驻波的表达式.

解　由波腹处 $y_{\max}=5\text{m}$，可知 $2A=5\text{m}$.

由所有质元均处于平衡位置时开始计时，可知驻波与 t 有关的因子可写成 $\sin\omega t$.

从平衡位置到最大位移历时 0.5s，可见 $\frac{T}{4}=0.5\text{s}, T=2\text{s}, \omega=\frac{2\pi}{T}=\pi\text{s}^{-1}$.

由两个相邻波节的距离为1m，可知 $\lambda=2\text{m}$，

$$v=\frac{\lambda}{T}=\frac{2}{2}=1\text{ms}^{-1},\quad \frac{\omega}{v}=\pi\text{m}^{-1}$$

根据以上各物理量值，驻波的方程表为

$$y=2A\cos\left(\frac{\omega}{v}x+\alpha\right)\sin\omega t=5\cos(\pi x+\alpha)\sin\pi t$$

尚待确定的是 α，由波节位置可定义 α 值.

将 $x=n+\frac{5}{6}$ 代入 $\pi x+\alpha$，应得 $\left(k+\frac{1}{2}\right)\pi$（$k$为整数），

$$\pi\left(n+\frac{5}{6}\right)+\alpha=\left(k+\frac{1}{2}\right)\pi$$

取 $k=n, \alpha=\frac{1}{2}\pi-\frac{5}{6}\pi=-\frac{1}{3}\pi$.

驻波的表达式为

$$y=5\cos\left(\pi x-\frac{\pi}{3}\right)\sin \pi t$$

3.4.25　如图 3.61 所示，设平面横波 1 沿 BP 方向传播，它在 B 点的振动方程为

$$y_1=0.2\times10^{-2}\cos 2\pi t(\mathrm{m})$$

平面横波 2 沿 CP 方向传播，它在 C 点的振动方程为

$$y_2=0.2\times10^{-2}\cos(2\pi t+\pi)(\mathrm{m})$$

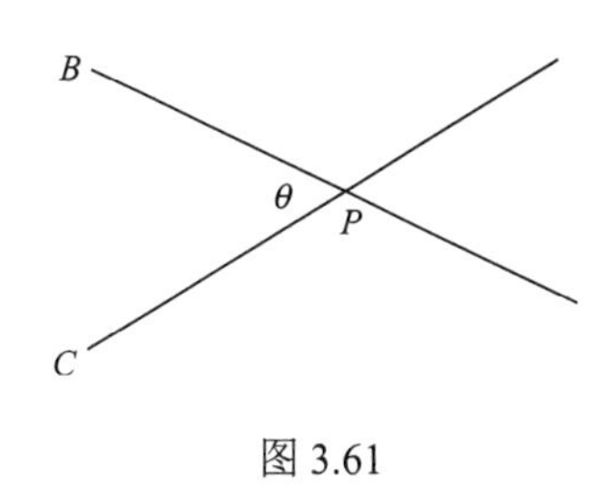

图 3.61

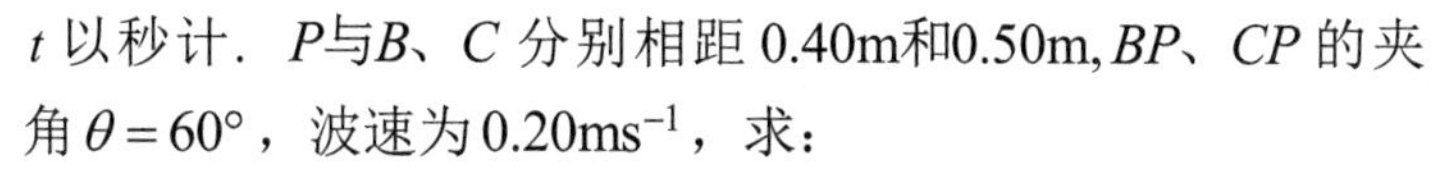

t 以秒计. P与B、C 分别相距 0.40m和0.50m, BP、CP 的夹角 $\theta=60°$，波速为 $0.20\mathrm{ms}^{-1}$，求：

(1) 两波传到 P 处时引起质元振动的相位差；

(2) 分别考虑横波的振动方向均垂直于纸面和均平行于纸面两种情况，P 处质元合振动的振幅.

解　(1)　$\omega=2\pi\mathrm{s}^{-1}, \nu=1\mathrm{Hz}, v=0.20\mathrm{ms}^{-1}$, 所以$\lambda=\frac{v}{\nu}=\frac{0.20}{1}=0.20(\mathrm{m})$.

横波 1 在 P 点的振动方程为

$$y_1=0.2\times10^{-2}\cos\left(2\pi t-\frac{0.40}{0.20}\times2\pi\right)=0.2\times10^{-2}\cos(2\pi t)$$

横波 2 在 P 点的振动方程为

$$y_2=0.2\times10^{-2}\cos\left(2\pi t-\frac{0.50}{0.20}\times2\pi+\pi\right)=0.2\times10^{-2}\cos(2\pi t)$$

两波传到 P 处时引起质元振动的相位差为零.

(2) 如两横波振动方向均垂直于纸面， P 处质元合振动的振幅为 $0.4\times10^{-2}\mathrm{m}$.

如两横波振动方向均平行于纸面，P 处质元合振动的振幅为 $2\times0.20\times10^{-2}\times\cos\left(\frac{1}{2}\cdot60°\right)=0.346\times10^{-2}\mathrm{m}$.

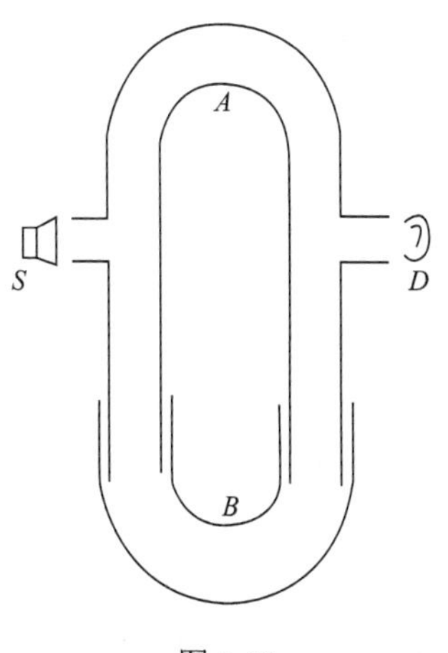

图 3.62

3.4.26　图 3.62 是演示声波的干涉的仪器的示意图，S 为声源， D 为耳朵或其他声音探测器，路径 SAD 的长度是固定的，路径 SBD 的长度可以变化. 干涉仪内是空气，空气中声速为 $330\mathrm{ms}^{-1}$. 现测得声音强度在 B 的第一位置时为极小值 100 单位，渐增至 B 距第一位置为 $1.65\times10^{-2}\mathrm{m}$ 的第二位置时，有极大值 900 单位，求：

(1) 声波频率；

(2) 抵达探测器 D 经 A和经B 的两波的振幅之比（SBD 路程长于 SAD）；

(3) 解释为什么同一声源发出的这两个波会有不同的振幅.

解　(1) 在 B 的第一位置，至 D 时，两波的相位差为 $(2n+1)\pi$（n为某个整数），在 B 的第二位置时，相位差为 $2n\pi$和$(2n+2)\pi$，相差 π，可见增加的路程是 $\frac{1}{2}\lambda$.

$$\frac{1}{2}\lambda = 2\times1.65\times10^{-2}\,\text{m}$$

$$\nu = \frac{v}{\lambda} = \frac{330}{2\times2\times1.65\times10^{-2}} = 5000(\text{Hz})$$

(2) 设经 A到达D 的声波的振动方程为

$$y_1 = A_1\cos2\pi\nu t$$

B 在第一位置时，经 B到达D 处的声波的振动方程为

$$y_2 = A_2\cos(2\pi\nu t+\pi) = -A_2\cos2\pi\nu t$$

B 在第二位置时，经 B到达D 处的声波的振动方程为

$$y_2 = A_2\cos2\pi\nu t$$

由波强公式 $I=\frac{1}{2}\rho\omega^2A^2v$（公式中的$A$与上述的$A$不要混淆），今两波 ρ、ω、v 均相同，声强之比=振幅平方之比.

设 I_1、I_2 分别是 B 在第一位置、第二位置时在 D 处听到的合成波的声强，则

$$\frac{I_2}{I_1} = \frac{900}{100} = 9$$

即

$$\frac{(A_1+A_2)^2}{(A_1-A_2)^2} = 9,\quad \frac{A_1+A_2}{A_1-A_2} = 3$$

$$\frac{A_1+A_2+(A_1-A_2)}{A_1+A_2-(A_1-A_2)} = \frac{3+1}{3-1} = \frac{2}{1},\quad 所以\quad \frac{A_1}{A_2} = \frac{2}{1}$$

(3) 经两条路径到达 D 的两波振幅不同的原因是两路程长度不同，途中能量有损耗. 在 B 的第一位置和在 B 的第二位置，SBD 的路程差别不大，可以忽略到达 D 点时振幅 A_2 的差别.

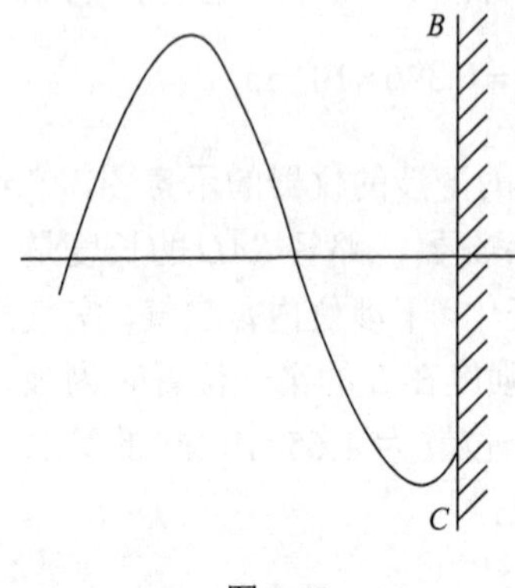

图 3.63

3.4.27　图 3.63 中所示的是某一时刻入射波的波形图，分别就 BC 是波密介质和波疏介质的反射面的两种情况，画出此刻反射波波形的示意图（注意未说做完全反射，反射波振幅一般应小于入射波振幅）.

解　图 3.64 画出了入射波射向波密介质的情况，虚线画的是完全反射的反射波形，振幅较小的标有向左箭头的实线波形是所求的反射波形. 同样，图 3.65 画出了

入射波射向波疏介质的情况，虚线是完全反射的反射波形，标有向左箭头、振幅较小的实线波形是所求的反射波形. 当然都是画的示意图.

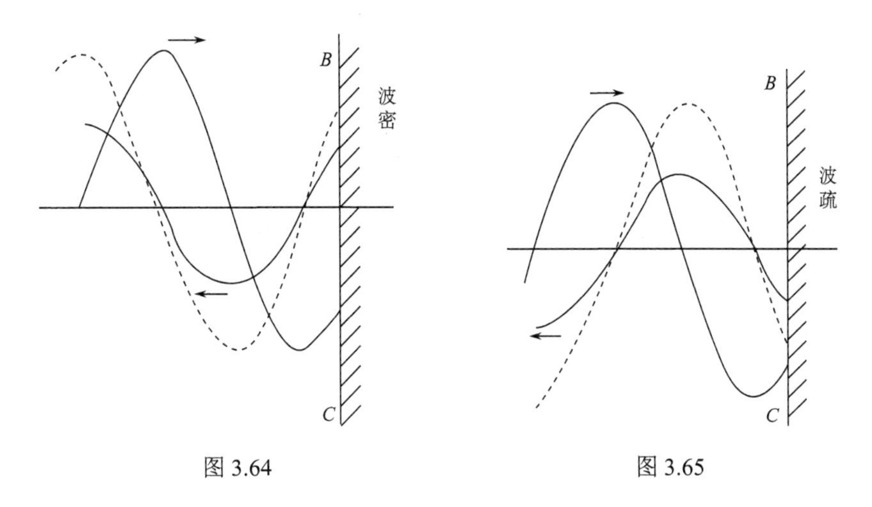

图 3.64　　　　　　图 3.65

3.4.28　一根线密度为0.15g/cm的弦线，其一端与频率为50Hz的音叉相连，另一端跨过一定滑轮后悬一质量为M的重物，音叉到滑轮的距离为1m . 音叉振动时，为使弦线上形成一个、二个、三个波腹，重物的质量M应各取何值?音叉振动的振幅很小，近似认为处于波节.

解　音叉处近似认为处于波节，滑轮处为波节. 音叉到滑轮的距离l是半波长的整数倍，

$$l=\frac{1}{2}n\lambda,\quad \lambda=\frac{2l}{n}$$

$$v=\sqrt{\frac{T}{\eta}},\quad v=\lambda\nu,\quad T=Mg$$

$$M=\frac{T}{g}=\frac{1}{g}\eta v^2=\frac{1}{g}\eta\left(\lambda\nu\right)^2=\frac{1}{g}\eta\left(\frac{2l}{n}\right)^2\nu^2$$

$$=\frac{1}{9.8}\times\frac{0.15\times10^{-3}}{10^{-2}}\left(\frac{2\cdot1}{n}\right)^2\left(50\right)^2=\frac{15.3}{n^2}(\mathrm{kg})$$

$n=1$时，$M=15.3\mathrm{kg}$；$n=2$时，$M=3.8\mathrm{kg}$；$n=3$时，$M=1.7\mathrm{kg}$.

3.4.29　两个同频率、同响度的音叉在某一点A处是节点，即两音叉同时发声，在A点听到的强度为零，可任何一个音叉单独发声时，在A点听到的强度都为I_0，这与能量守恒定律有矛盾吗?

解　不矛盾. 在波节处，两音叉同时发声时，听到的强度为零，可在波腹处，听到的强度却是一个音叉单独发声的4倍，就整个波场而论，能量是守恒的.

为了看清这一点，不妨就弦线上形成的驻波作定量计算. 任何时刻，相邻的两波节之间具有的机械能总等于形成驻波的两个行波具有的机械能之和.

两个行波分别为

$$y_1 = A\cos\left[\omega\left(t-\frac{x}{v}\right)\right],\quad y_2 = A\cos\left[\omega\left(t+\frac{x}{v}\right)\right]$$

形成的驻波为

$$y = y_1 + y_2 = 2A\cos\frac{\omega x}{v}\cos\omega t$$

$x=0$ 处，为波腹点，与之相邻的波节点为 $x=-\frac{1}{4}\lambda$ 和 $x=\frac{1}{4}\lambda$.

为避免与张力 T 发生混淆，我们用 $E_{\rm k}$ 表示动能， $E_{\rm p}$ 表示势能.

在 $x\sim x+{\rm d}x$ 段质元的动能和势能分别为

$$dE_{\rm k} = \frac{1}{2}\eta\left(\frac{\partial y}{\partial t}\right)^2 {\rm d}x,\quad dE_{\rm p} = \frac{1}{2}T\left(\frac{\partial y}{\partial x}\right)^2 {\rm d}x$$

对于驻波，

$$dE_{\rm k} = \frac{1}{2}\eta(-2A\omega)^2\cos^2\frac{\omega x}{v}\sin^2\omega t{\rm d}x$$

$$dE_{\rm p} = \frac{1}{2}T\left(-2A\frac{\omega}{v}\right)^2\sin^2\frac{\omega x}{v}\cos^2\omega t{\rm d}x$$

$$dE = dE_{\rm k} + dE_{\rm p} = 2\eta A^2\omega^2\left(\cos^2\frac{\omega x}{v}\sin^2\omega t + \sin^2\frac{\omega x}{v}\cos^2\omega t\right){\rm d}x$$

其中用了 $v^2 = \frac{T}{\eta}$.

相邻两波节间总机械能为

$$E = \int_{-\frac{1}{4}\lambda}^{\frac{1}{4}\lambda} 2\eta A^2\omega^2\left(\cos^2\frac{\omega x}{v}\sin^2\omega t + \sin^2\frac{\omega x}{v}\cos^2\omega t\right){\rm d}x$$

$$= 2\eta A^2\omega^2\cdot\frac{1}{2}x\Big|_{-\frac{1}{4}\lambda}^{\frac{1}{4}\lambda}(\sin^2\omega t + \cos^2\omega t) = \frac{1}{2}\eta A^2\omega^2\lambda$$

计算中用了 $\cos^2\frac{\omega x}{v} = \frac{1}{2}\left(1+\cos\frac{2\omega x}{v}\right)$.

$$\sin^2\frac{\omega x}{v} = \frac{1}{2}\left(1-\cos\frac{2\omega x}{v}\right)$$

$$\int_{-\frac{1}{4}\lambda}^{\frac{1}{4}\lambda}\cos\frac{2\omega x}{v}{\rm d}x = \frac{v}{2\omega}\sin\frac{2\omega x}{v}\Big|_{x=-\frac{1}{4}\lambda}^{x=\frac{1}{4}\lambda} = 0$$

现计算两个行波在半个波长段内具有的机械能，

$$y_1 = A\cos\left[\omega\left(t-\frac{x}{v}\right)\right]$$

$$\mathrm{d}E_{k1} = \frac{1}{2}\eta\left(\frac{\partial y_1}{\partial t}\right)^2 \mathrm{d}x = \frac{1}{2}\eta\omega^2 A^2 \sin^2\left[\omega\left(t-\frac{x}{v}\right)\right]\mathrm{d}x$$

$$\mathrm{d}E_{p1} = \frac{1}{2}T\left(\frac{\partial y_1}{\partial t}\right)^2 \mathrm{d}x = \frac{1}{2}t\frac{\omega^2}{v^2} A^2 \sin^2\left[\omega\left(t-\frac{x}{v}\right)\right]\mathrm{d}x$$

$$\mathrm{d}E_1 = \mathrm{d}E_{k1} + \mathrm{d}E_{p1} = \eta\omega^2 A^2 \sin^2\left[\omega\left(t-\frac{x}{v}\right)\right]\mathrm{d}x$$

$$E_1 = \int_0^{\frac{1}{2}\lambda} \eta\omega^2 A^2 \sin^2\left[\omega\left(t-\frac{x}{v}\right)\right]\mathrm{d}x$$

$$= \frac{1}{2}\eta\omega^2 A^2 \int_0^{\frac{1}{2}\lambda}\left\{1-\cos\left[2\omega\left(t-\frac{x}{v}\right)\right]\right\}\mathrm{d}x = \frac{1}{4}\eta\omega^2 A^2 \lambda$$

同样可计算，$E_2 = \frac{1}{4}\eta\omega^2 A^2 \lambda$.

$$E = E_1 + E_2$$

3.4.30 长 l、线密度 η 的均质弦线两端固定，在强大张力 T_0 作用下处于直线平衡位置，在离一端距离 a 处作用一个简谐力 $F = F_0\cos\omega t$，其中 F_0、ω 为常量，若 $\sin\left(\omega\sqrt{\frac{\eta}{T_0}}l\right) \neq 0$，求弦线的运动学方程.

解 沿弦线取 x 轴，在 $x=0$至$x=a$ 段弦线质元的位移用 y_1 表示，在 $x=a$至$x=l$ 段弦线质元的位移用 y_2 表示，y_1、y_2 遵从波动方程.

$$\frac{\partial^2 y_1}{\partial t^2} - v^2\frac{\partial^2 y_1}{\partial x^2} = 0,\quad \frac{\partial^2 y_2}{\partial t^2} - v^2\frac{\partial^2 y_2}{\partial x^2} = 0$$

边界条件：$y_1(0,t)=0, y_2(l,t)=0$，

$$y_1(a,t) = y_2(a,t)$$

$$T_0\left.\frac{\partial y_1}{\partial x}\right|_{x=a} - T_0\left.\frac{\partial y_2}{\partial x}\right|_{x=a} = F(t)$$

来自a点所受合力为零,其y分量为$-T_0\left.\frac{\partial y_1}{\partial x}\right|_{x=a} + T_0\left.\frac{\partial y_2}{\partial x}\right|_{x=a} + F(t) = 0$.

设$y_1(x,t) = X_1(x)T_1(t)$,代入波动方程

$$X_1\frac{\mathrm{d}^2 T_1}{\mathrm{d}t^2} - v^2 T_1\frac{\mathrm{d}^2 X_1}{\mathrm{d}x^2} = 0$$

分离变量，

$$\frac{v^2}{X_1}\frac{\mathrm{d}^2 X_1}{\mathrm{d}x^2} = \frac{1}{T_1}\frac{\mathrm{d}^2 T_1}{\mathrm{d}t^2}$$

等式要在一切 x、t 值都成立，只能是两边的量均为常量，此常量只能是负值，因为正值或零，y_1 将趋于无穷或趋于零或与 t 无关，都是不符实际情况的，实际情况是一种振动，令此常量为 $-\omega^2$，可得到合理的解.

$$\frac{\mathrm{d}^2T_1}{\mathrm{d}t^2}+\omega^2T_1=0$$

$$T_1=A_1'\cos\omega t+B_1'\sin\omega t$$

$$\frac{\mathrm{d}^2X_1}{\mathrm{d}x^2}+\left(\frac{\omega}{v}\right)^2X_1=0$$

$$X_1=C_1\cos\left(\frac{\omega}{v}x\right)+D_1\sin\left(\frac{\omega}{v}x\right)$$

由边界条件：$x=0, X_1(0)=0$ 得 $C_1=0$ 令 $k=\dfrac{\omega}{v}$.

$$y_1(x,t)=(A_1\cos\omega t+B_1\sin\omega t)\sin kx$$

设

$$y_2(x,t)=X_2(x)T_2(t)$$

同样可得

$$T_2=A_2'\cos\omega t+B_2'\sin\omega t$$
$$X_2=C_2\cos kx+D_2\sin kx$$

由边界条件：$x=l, x_2(l)=0$，得

$$C_2\cos kl+D_2\sin kl=0,\quad C_2=-\frac{D_2\sin kl}{\cos kl}$$

$$\begin{aligned}X_2&=-\frac{D_2\sin kl}{\cos kl}\cos kx+D_2\sin kx\\&=-\frac{D_2}{\cos kl}\sin\left[k(l-x)\right]=D_2'\sin\left[k(l-x)\right]\end{aligned}$$

$$y_2(x,t)=(A_2\cos\omega t+B_2\sin\omega t)\sin\left[k(l-x)\right]$$

再用边界条件：$y_1(a,t)=y_2(a,t)$，得

$$(A_1\cos\omega t+B_1\sin\omega t)\sin ka=(A_2\cos\omega t+B_2\sin\omega t)\sin\left[k(l-a)\right]$$

两边 $\cos\omega t$、$\sin\omega t$ 的系数分别相等，

$$A_1\sin ka-A_2\sin\left[k(l-a)\right]=0 \tag{1}$$

$$B_1\sin ka-B_2\sin\left[k(l-a)\right]=0 \tag{2}$$

由边界条件

$$T_0\left.\frac{\partial y_1}{\partial x}\right|_{x=a}-T_0\left.\frac{\partial y_2}{\partial x}\right|_{x=a}=F(t)$$

$$\begin{aligned}&kT_0\cos ka(A_1\cos\omega t+B_1\sin\omega t)\\&+kT_0\cos\left[k(l-a)\right](A_2\cos\omega t+B_2\sin\omega t)=F_0\cos\omega t\end{aligned}$$

两边 $\cos\omega t$、$\sin\omega t$ 的系数分别相等，得

$$A_1 kT_0 \cos ka + A_2 kT_0 \cos\left[k(l-a)\right] = F_0 \tag{3}$$

$$B_1 kT_0 \cos ka + B_2 kT_0 \cos\left[k(l-a)\right] = 0 \tag{4}$$

式(2)、(4) B_1、B_2 的系数行列式

$$\begin{vmatrix} \sin ka & -\sin\left[k(l-a)\right] \\ kT_0 \cos ka & kT_0 \cos\left[k(l-a)\right] \end{vmatrix}$$

$$= kT_0 \left\{\sin ka \cos\left[k(l-a)\right] + \cos ka \sin\left[k(l-a)\right]\right\} = kT_0 \sin kl \neq 0$$

故只能有零解，即 $B_1 = 0, B_2 = 0$.

式(1)$\times kT_0 \cos k(l-a) +$ 式(3)$\times \sin k(l-a)$,

$$A_1 kT_0 \left\{\sin ka \cos\left[k(l-a)\right] + \cos ka \sin\left[k(l-a)\right]\right\} = F_0 \sin\left[k(l-a)\right]$$

$$A_1 kT_0 \sin kl = F_0 \sin\left[k(l-a)\right]$$

$$A_1 = \frac{F_0 \sin\left[k(l-a)\right]}{kT_0 \sin kl}$$

由式(1),

$$A_2 \frac{\sin ka}{\sin\left[k(l-a)\right]} A_1 = \frac{F_0 \sin ka}{kT_0 \sin kl}$$

所以

$$y_1(x,t) = \frac{F_0 \sin\left[k(l-a)\right]}{kT_0 \sin kl} \sin kx \cos\omega t, \quad 0 \leqslant x \leqslant a$$

$$y_2(x,t) = \frac{F_0 \sin ka}{kT_0 \sin kl} \sin\left[k(l-x)\right] \cos\omega t, \quad a \leqslant x \leqslant l$$

其中

$$k = \frac{\omega}{v} = \frac{\omega}{\sqrt{\dfrac{T_0}{\eta}}} = \omega\sqrt{\frac{\eta}{T_0}}, \qquad \sin kl = \sin\left(\omega\sqrt{\frac{\eta}{T_0}} l\right) \neq 0$$

故上述关于 A_1、A_2 的计算是有效的.

说明：T_2、X_2 的式子中的 ω 与 X_1、T_1 中的 ω 相同，如果不相同，是无法满足边界条件，$y_1(a,t) = y_2(a,t)$ 的. 从受迫振动考虑，两个 ω 也应相同，下题将作为受迫振动重解此题.

3.4.31 试用分离变量法作为受迫振动重解上题，并证明所得结果是一致的.

解 弦线无阻尼的受迫振动遵从偏微分方程

$$\frac{\partial^2 y}{\partial t^2} - v^2 \frac{\partial^2 y}{\partial x^2} = f(x,t) \tag{1}$$

其中 $f(x,t)$ 是单位质量弦线受到的强迫力，

$$f(x,t)=\frac{1}{\eta}F(x,t)$$

$F(x,t)$是在 x 附近单位长度弦线所受的力.

这里

$$F(x,t)=F_0\delta(x-a)\cos\omega t$$

$$f(x,t)=\frac{F_0}{\eta}\delta(x-a)\cos\omega t$$

与(1)式相应的齐次偏微分方程为

$$\frac{\partial^2 y_0}{\partial t^2}-v^2\frac{\partial^2 y_0}{\partial x^2}=0 \tag{2}$$

用分离变量法，设 $y_0(x,t)=X(x)T(t)$，代入式(2)，得

$$X(x)\frac{\mathrm{d}^2T(t)}{\mathrm{d}t^2}-v^2T(t)\frac{\mathrm{d}^2X(x)}{\mathrm{d}x^2}=0$$

$$\frac{1}{T}\frac{\mathrm{d}^2T}{\mathrm{d}t^2}=\frac{v^2}{X}\frac{\mathrm{d}^2X}{\mathrm{d}x^2}$$

左边只能是 t 的函数或常量，右边只能是 x 的函数或常量，两边相等，只能都是常量. 设常量为 $-\mu$，

$$\frac{\mathrm{d}^2X}{\mathrm{d}x^2}+\frac{\mu}{v^2}X=0$$

要得到有物理意义的非零解，一定有 $\mu>0$，

$$X(x)=A\cos\left(\frac{\sqrt{\mu}}{v}x\right)+B\sin\left(\frac{\sqrt{\mu}}{v}x\right)$$

由边界条件 $X(0)=0$得

$$A=0$$

由 $X(l)=0$ 得

$$\frac{\sqrt{\mu}}{v}l=n\pi,\quad \frac{\sqrt{\mu}}{v}=\frac{n\pi}{l}$$

满足边界条件的特解为

$$X_n(x)=\sin\left(\frac{n\pi}{l}x\right),\quad n=1,2,\cdots$$

非齐次偏微分方程式(1)的通解用 $X_n(x)$展开，可写成

$$y(x,t)=\sum_{n=1}^{\infty}T_n(t)\sin\left(\frac{n\pi}{l}x\right) \tag{3}$$

将 $f(x,t)$也展成 $X_n(x)$的级数.

$$f(x,t)=\sum_{n=1}^{\infty}f_n(t)\sin\left(\frac{n\pi}{l}x\right)$$

上式两边乘 $\sin\left(\frac{m\pi}{l}x\right)$，对 x从0到l积分，可得

$$f_m(t)=\frac{\int_0^l f(x,t)\sin\left(\frac{m\pi}{l}x\right)\mathrm{d}x}{\int_0^l\sum_{n=1}^{\infty}\sin\left(\frac{n\pi}{l}x\right)\sin\left(\frac{m\pi}{l}x\right)\mathrm{d}x}$$

分母中各项积分，只有 $n=m$ 的一项积分不为零，

$$\int_0^l\sin^2\left(\frac{m\pi}{l}x\right)\mathrm{d}x=\frac{1}{2}\int_0^l\left[1-\cos\left(\frac{2m\pi}{l}x\right)\right]\mathrm{d}x=\frac{1}{2}l$$

$$f_m(t)=\frac{2}{l}\int_0^l\frac{F_0}{\eta}\delta(x-a)\cos\omega t\sin\left(\frac{m\pi}{l}x\right)\mathrm{d}x=\frac{2F_0}{\eta l}\sin\left(\frac{m\pi}{l}a\right)\cos\omega t$$

$$f(x,t)=\frac{2F_0}{\eta l}\sum_{n=1}^{\infty}\sin\left(\frac{n\pi}{l}a\right)\sin\left(\frac{n\pi}{l}x\right)\cos\omega t \tag{4}$$

将式(3)、(4)代入式(1)，约去各项的共同因子 $\sin\left(\frac{n\pi}{l}x\right)$，得到 $T_n(t)$ 满足的常微分方程

$$\frac{\mathrm{d}^2T_n}{\mathrm{d}t^2}+\left(\frac{n\pi v}{l}\right)^2T_n=\frac{2F_0}{\eta l}\sin\left(\frac{n\pi}{l}a\right)\cos\omega t,\quad n=1,2,\cdots \tag{5}$$

用振幅矢量法求稳态解. 由图 3.66 可得

$$T_n=A_n\cos(\omega t-\phi_n)$$

中的 A_n 和 ϕ_n 分别为

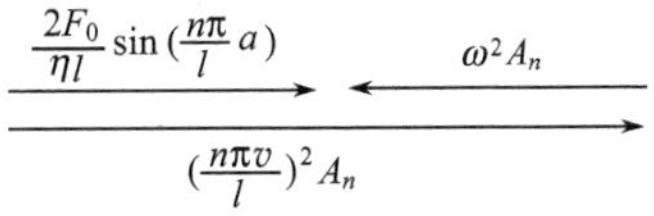

$$A_n=\frac{\frac{2F_0}{\eta l}\sin\left(\frac{n\pi}{l}a\right)}{\left(\frac{n\pi v}{l}\right)^2-\omega^2}$$

$$\phi_n=0$$

$\frac{2F_0}{\eta l}\sin\left(\frac{n\pi}{l}a\right)$　ω^2A_n

$\left(\frac{n\pi v}{l}\right)^2A_n$

图 3.66

所以

$$T_n(t)=\frac{2F_0}{\eta l}\frac{\sin\left(\frac{n\pi}{l}a\right)}{\left(\frac{n\pi v}{l}\right)^2-\omega^2}\cos\omega t \tag{6}$$

将式(6)代入式(3)，即得式(1)的稳态解

$$y(x,t)=\frac{2F_0}{\eta l}\sum_{n=1}^{\infty}\frac{\sin\left(\frac{n\pi}{l}a\right)}{\left(\frac{n\pi v}{l}\right)^2-\omega^2}\sin\left(\frac{n\pi}{l}x\right)\cos\omega t \tag{7}$$

其中 $v=\sqrt{\frac{T_0}{\eta}}$.

下面证明这解与上题解得的结果是一致的.

上题解得的结果可写为

$$y(x,t)=\begin{cases}\dfrac{F_0 v}{\omega T_0\sin\left(\dfrac{\omega l}{v}\right)}\sin\left[\dfrac{\omega}{v}(l-a)\right]\sin\left(\dfrac{\omega}{v}x\right)\cos\omega t, & 0\leqslant x\leqslant a\\ \dfrac{F_0 v}{\omega T_0\sin\left(\dfrac{\omega l}{v}\right)}\sin\left(\dfrac{\omega}{v}a\right)\sin\left[\dfrac{\omega}{v}(l-x)\right]\cos\omega t, & a\leqslant x\leqslant l\end{cases}\tag{8}$$

将它展成$\sin\left(\dfrac{n\pi}{l}x\right)$的级数，

$$y(x,t)=\sum_{n=1}^{\infty}a_n(t)\sin\left(\frac{n\pi}{l}x\right)\tag{9}$$

式(9)两边乘$\sin\left(\dfrac{m\pi}{l}x\right)$，并对$x$从0到$l$积分，

$$\int_0^l\sum_{n=1}^{\infty}a_n\sin\left(\frac{n\pi}{l}x\right)\sin\left(\frac{m\pi}{l}x\right)\mathrm{d}x=\int_0^l y(x,t)\sin\left(\frac{m\pi}{l}x\right)\mathrm{d}x$$

$$\begin{aligned}a_m&=\frac{2}{l}\left\{\int_0^a\frac{F_0 v}{\omega T_0\sin\left(\dfrac{\omega l}{v}\right)}\sin\left[\frac{\omega}{v}(l-a)\right]\sin\left(\frac{\omega}{v}x\right)\cos\omega t\sin\left(\frac{m\pi}{l}x\right)\mathrm{d}x\right.\\&\left.\quad+\int_a^l\frac{F_0 v}{\omega T_0\sin\left(\dfrac{\omega l}{v}\right)}\sin\left(\frac{\omega}{v}a\right)\sin\left[\frac{\omega}{v}(l-x)\right]\cos\omega t\sin\left(\frac{m\pi}{l}x\right)\mathrm{d}x\right\}\\&=\frac{2F_0 v}{l\omega T_0\sin\left(\dfrac{\omega l}{v}\right)}\cos\omega t\left\{\sin\left[\frac{\omega}{v}(l-a)\right]B_1+\sin\left(\frac{\omega}{v}a\right)B_2\right]\end{aligned}$$

其中

$$B_1=\int_0^a\sin\left(\frac{\omega}{v}x\right)\sin\left(\frac{m\pi}{l}x\right)\mathrm{d}x$$

$$B_2=\int_a^l\sin\left[\frac{\omega}{v}(l-x)\right]\sin\left(\frac{m\pi}{l}x\right)\mathrm{d}x$$

用

$$\sin\alpha\sin\beta=\frac{1}{2}\left[\cos(\alpha-\beta)-\cos(\alpha+\beta)\right]$$

$$B_1=\frac{1}{2}\int_0^a\left[\cos\left(\frac{\omega-\omega_m}{v}x\right)-\cos\left(\frac{\omega+\omega_m}{v}x\right)\right]\mathrm{d}x$$

其中$\omega_m=\dfrac{m\pi v}{l}$，

$$B_1=\frac{1}{2}\left[\frac{v}{\omega-\omega_m}\sin\left(\frac{\omega-\omega_m}{v}x\right)\Bigg|_{x=0}^{x=a}-\frac{v}{\omega+\omega_m}\sin\left(\frac{\omega+\omega_m}{v}x\right)\Bigg|_{x=0}^{x=a}\right]$$

$$=\frac{1}{2}\left[\frac{v}{\omega-\omega_m}\sin\left(\frac{\omega-\omega_m}{v}a\right)-\frac{v}{\omega+\omega_m}\sin\left(\frac{\omega+\omega_m}{v}a\right)\right]$$

$$B_2=\frac{1}{2}\int_a^l\left[\cos\left(\frac{-\omega-\omega_m}{v}x+\frac{\omega}{v}l\right)-\cos\left(\frac{-\omega+\omega_m}{v}x+\frac{\omega}{v}l\right)\right]\mathrm{d}x$$

$$=\frac{1}{2}\left[\frac{v}{-\omega-\omega_m}\sin\left(-\frac{\omega_m}{v}l\right)-\frac{v}{-\omega-\omega_m}\sin\left(\frac{-\omega-\omega_m}{v}a+\frac{\omega}{v}l\right)\right.$$

$$\left.-\frac{v}{\omega_m-\omega}\sin\left(\frac{\omega_m}{v}l\right)+\frac{v}{\omega_m-\omega}\sin\left(\frac{\omega_m-\omega}{v}a+\frac{\omega}{v}l\right)\right]$$

$$=\frac{1}{2}\left[\frac{v}{\omega+\omega_m}\sin\left(-\frac{\omega+\omega_m}{v}a+\frac{\omega}{v}l\right)+\frac{v}{\omega_m-\omega}\sin\left(\frac{\omega_m-\omega}{v}a+\frac{\omega}{v}l\right)\right]$$

在上述计算中用了 $\sin\left(\pm\frac{\omega_m}{v}l\right)=\sin\left(\pm\frac{m\pi v}{l}\cdot\frac{l}{v}\right)=0$.

$$\sin\left[\frac{\omega}{v}(l-a)\right]B_1+\sin\left(\frac{\omega}{v}a\right)B_2$$

$$=\sin\left[\frac{\omega}{v}(l-a)\right]\cdot\frac{1}{2}\left[\frac{v}{\omega-\omega_m}\sin\left(\frac{\omega-\omega_m}{v}a\right)-\frac{v}{\omega+\omega_m}\sin\left(\frac{\omega+\omega_m}{v}a\right)\right]$$

$$+\sin\left(\frac{\omega}{v}a\right)\cdot\frac{1}{2}\left[\frac{v}{\omega+\omega_m}\sin\left(-\frac{\omega+\omega_m}{v}a+\frac{\omega}{v}l\right)+\frac{v}{\omega_m-\omega}\sin\left(\frac{\omega_m-\omega}{v}a+\frac{\omega}{v}l\right)\right]$$

再用 $\sin\alpha\sin\beta=\frac{1}{2}\left[\cos(\alpha-\beta)-\cos(\alpha+\beta)\right]$，经计算可得

$$\sin\left[\frac{\omega}{v}(l-a)\right]B_1+\sin\left(\frac{\omega}{v}a\right)B_2=-\frac{v\omega}{\omega^2-\omega_m^2}\sin\left(\frac{\omega}{v}l\right)\sin\left(\frac{\omega_m}{v}a\right)$$

$$a_m=\frac{2F_0v}{l\omega T_0\sin\left(\frac{\omega l}{v}\right)}\cos\omega t\frac{v\omega}{\omega_m^2-\omega^2}\sin\left(\frac{\omega l}{v}\right)\sin\left(\frac{\omega_m a}{v}\right)$$

$$=\frac{2F_0v^2}{T_0l\left(\omega_m^2-\omega^2\right)}\sin\left(\frac{\omega_m a}{v}\right)\cos\omega t$$

代入 $v=\sqrt{\frac{T_0}{\eta}},\omega_m=\frac{m\pi v}{l}$，

$$a_m=\frac{2F_0}{\eta l\left[\left(\frac{m\pi v}{l}\right)^2-\omega^2\right]}\sin\left(\frac{m\pi}{l}a\right)\cos\omega t$$

$$y(x,t)=\frac{2F_0}{\eta l}\sum_{n=1}^{\infty}\frac{\sin\left(\frac{n\pi}{l}a\right)}{\left(\frac{n\pi v}{l}\right)^2-\omega^2}\sin\left(\frac{n\pi}{l}x\right)\cos\omega t$$

与式(7)完全相同.

3.4.32 一作用于单位长度的强迫力 $f(x,t)=f_0\sin\left(\frac{n\pi x}{l}\right)\cos\omega t$(其中$f_0$、$n$、$\omega$均为常量,$n$为正整数)加于两端固定的、长为$l$、张力为$\tau$、线密度为$\eta$的绳上，绳子受到与速度成正比的阻力，单位长度绳所受阻力的阻尼系数为γ，求绳子的稳态运动.

解

$$\eta\frac{\partial^2 y}{\partial t^2}+\gamma\frac{\partial y}{\partial t}-\tau\frac{\partial^2 y}{\partial x^2}=f(x,t) \tag{1}$$

$y(x,t)$用满足同样的边界条件的无阻尼情况的本征函数组$\sin\left(\frac{m\pi}{l}x\right)(m=1,2,3,\cdots)$来展开①，

$$y(x,t)=\sum_{m=1}^{\infty}T_m(t)\sin\left(\frac{m\pi}{l}x\right) \tag{2}$$

将式(2)代入式(1)，得

$$\sum_{m=1}^{\infty}\left[\left(\frac{\mathrm{d}^2T_m}{\mathrm{d}t^2}+\frac{\gamma}{\eta}\frac{\mathrm{d}T_m}{\mathrm{d}t}+\frac{m^2\pi^2}{l^2}\frac{\tau}{\eta}T_m\right)\sin\left(\frac{m\pi}{l}x\right)\right]=\frac{1}{\eta}f(x,t) \tag{3}$$

$f(x,t)$已展成$\sin\left(\frac{m\pi}{l}x\right)(m=1,2,\cdots)$的级数，只有$m=n$的一项，即

$$f(x,t)=f_0\sin\left(\frac{n\pi x}{l}\right)\cos\omega t$$

将$f(x,t)$代入式(3)，得

$$\frac{\mathrm{d}^2T_n}{\mathrm{d}t^2}+\frac{\gamma}{\eta}\frac{\mathrm{d}T_n}{\mathrm{d}t}+\frac{n^2\pi^2}{l^2}\frac{\tau}{\eta}T_n=\frac{f_0}{\eta}\cos\omega t$$

$$\frac{\mathrm{d}^2T_m}{\mathrm{d}t^2}+\frac{\gamma}{\eta}\frac{\mathrm{d}T_m}{\mathrm{d}t}+\frac{m^2\pi^2}{l^2}\frac{\tau}{\eta}T_m=0,\ \ m\neq n$$

对于$m\neq n$的微分方程，不论$\frac{\gamma}{2\eta}$与$\frac{m\pi}{l}\sqrt{\frac{\tau}{\eta}}$的大小关系如何，经过足够长时间，所有$T_m(t)\to 0$，稳态解中只含$T_n(t)$.

用受迫振动的稳态运动公式

$$T_n(t)=B\cos(\omega t-\phi)$$

其中

①导出式(2)、(3)的过程可写得更详细些，其办法参看 3.4.33 题的解.

$$B=\frac{\dfrac{f_0}{\eta}}{\sqrt{\left(\dfrac{n^2\pi^2}{l^2}\dfrac{\tau}{\eta}-\omega^2\right)^2+4\left(\dfrac{\gamma}{2\eta}\right)^2\omega^2}}$$

$$=\frac{f_0}{\sqrt{\eta^2\left(\dfrac{n^2\pi^2}{l^2}\dfrac{\tau}{\eta}-\omega^2\right)^2+\gamma^2\omega^2}}$$

$$\phi=\arctan\left(\frac{\dfrac{\gamma}{\eta}\omega}{\dfrac{n^2\pi^2}{l^2}\dfrac{\tau}{\eta}-\omega^2}\right)=\arctan\left(\frac{\gamma\omega}{\dfrac{n^2\pi^2}{l^2}\tau-\eta\omega^2}\right)$$

所以

$$y(x,t)=\frac{f_0}{\sqrt{\left(\dfrac{n^2\pi^2\tau}{l^2}-\eta\omega^2\right)^2+\gamma^2\omega^2}}\sin\left(\frac{n\pi}{l}x\right)\cos(\omega t-\phi)$$

其中

$$\phi=\arctan\left(\frac{\gamma\omega}{\dfrac{n^2\pi^2}{l^2}\tau-\eta\omega^2}\right)$$

3.4.33 一均匀细绳长度为l，单位长度质量为η，在平面(x,y)内做横向小振动，它的端点(0，0)和$(l,0)$分别固定，张力为τ，振动时，受到与速度有关的摩擦力，如微元长δl，有横向速度v，则摩擦力为$-\gamma v\delta l$，小振动$y(x,t)$满足下列偏微分方程和边界条件：

$$\frac{\partial^2 y}{\partial t^2}+a\frac{\partial y}{\partial t}=b\frac{\partial^2 y}{\partial x^2}$$

$$y(0,t)=0,\quad y(l,t)=0$$

(1) 写出常量a和b；

(2) 假定$a^2<\dfrac{b}{l^2}$，求$y(x,t)$(通解)；

(3) 设$y(x,0)=0,\dot{y}(x,0)=A\sin(3\pi x/l)+B\sin(5\pi x/l)$,其中$A$、$B$为常量，求$y(x,t)$；

(4) 假设改为$a=0,\dot{y}(x,0)=0$，

$$y(x,0)=\begin{cases}Ax, & 0\leqslant x\leqslant\dfrac{1}{2}l\\ A(l-x), & \dfrac{1}{2}l\leqslant x\leqslant l\end{cases}$$

求$y(x,t)$.

解　(1)对 $x \sim x+\mathrm{d}x$ 段绳子用牛顿运动定律

$$\eta \mathrm{d}x \frac{\partial^2 y}{\partial t^2} = \tau \left.\frac{\partial y}{\partial x}\right|_{x+\mathrm{d}x} - \tau \left.\frac{\partial y}{\partial x}\right|_{x} - \gamma \frac{\partial y}{\partial t}\mathrm{d}x = \tau \frac{\partial^2 y}{\partial x^2}\mathrm{d}x - \gamma \frac{\partial y}{\partial t}\mathrm{d}x$$

$$\frac{\partial^2 y}{\partial t^2} + \frac{\gamma}{\eta}\frac{\partial y}{\partial t} = \frac{\tau}{\eta}\frac{\partial^2 y}{\partial x^2}$$

所以

$$a = \frac{\gamma}{\eta}, \quad b = \frac{\tau}{\eta}$$

(2)用分离变量法，令 $y(x,t) = X(x)T(t)$，代入 $\frac{\partial^2 y}{\partial t^2} + a\frac{\partial y}{\partial t} = b\frac{\partial^2 y}{\partial x^2}$，得

$$X\ddot{T} + aX\dot{T} = bX''T$$

$$\frac{\ddot{T}}{T} + a\frac{\dot{T}}{T} = \frac{bX''}{X}$$

等号两边均为常量，此常量必为负值，否则将得到 $X=0$，无意义，令此常量为 $-b\lambda^2$，

$$X'' + \lambda^2 X = 0 \tag{1}$$

$$\ddot{T} + a\dot{T} + b\lambda^2 T = 0 \tag{2}$$

式(1)的边界条件：由 $y(0,t)=0, y(1,t)=0$，得 $X(0)=0, X(l)=0$，

$$X(x) = A\sin\lambda x + B\cos\lambda x$$

由 $X(0)=0$得$B=0$,由$X(l)=0$ 得

$$\lambda l = n\pi, \quad \lambda = \frac{n\pi}{l}, \quad n = 1,2,\cdots$$

满足边界条件的特解为

$$X_n(x) = \sin\left(\frac{n\pi}{l}x\right), \quad n = 1,2,\cdots$$

将 λ 代入式(2)，

$$\ddot{T}_n + a\dot{T}_n + \frac{n^2\pi^2}{l^2}bT_n = 0$$

相应的特征方程为

$$r^2 + ar + \frac{n^2\pi^2}{l^2}b = 0$$

其根为

$$r = \frac{1}{2}\left(-a \pm \sqrt{a^2 - \frac{4n^2\pi^2}{l^2}b}\right)$$

$$= \frac{1}{2}\left(-a \pm \mathrm{i}\sqrt{\frac{4n^2\pi^2 b}{l^2} - a^2}\right)$$

这里用了 $a^2 < \frac{b}{l}$.

$$T_n = e^{-\frac{1}{2}at}\left(C_{1n}\cos\omega_n t + C_{2n}\sin\omega_n t\right)$$

其中 $\omega_n = \sqrt{\dfrac{n^2\pi^2 b}{l^2} - \dfrac{a^2}{4}}$.

小振动通解为

$$\begin{aligned} y(x,t) &= \sum_{n=1}^{\infty} X_n(x) T_n(t) \\ &= \sum_{n=1}^{\infty} \sin\left(\frac{n\pi}{l}x\right) e^{-\frac{1}{2}at}\left(C_{1n}\cos\omega_n t + C_{2n}\sin\omega_n t\right) \\ &= \sum_{n=1}^{\infty} \sin\left(\frac{n\pi}{l}x\right) e^{-\frac{\gamma}{2\eta}t}\left(C_{1n}\cos\omega_n t + C_{2n}\sin\omega_n t\right) \end{aligned}$$

其中 $\omega_n = \sqrt{\dfrac{n^2\pi^2\tau}{\eta l^2} - \dfrac{\gamma^2}{4\eta^2}}$.

(3) 初始条件， $y(x,0) = 0, \dot{y}(x,0) = A\sin\left(\dfrac{3\pi x}{l}\right) + B\sin\left(\dfrac{5\pi x}{l}\right)$.

由 $y(x,0) = 0$ ，得 $C_{1n} = 0, n = 1,2,\cdots$，

$$\dot{y}(x,t) = \sum_{n=1}^{\infty} \sin\left(\frac{n\pi}{l}x\right)\left[\left(-\frac{\gamma}{2\eta}\right)e^{-\frac{\gamma}{2\eta}t} C_{2n}\sin\omega_n t + e^{-\frac{\gamma}{2\eta}t} \cdot C_{2n}\omega_n \cos\omega_n t\right]$$

由 $\dot{y}(x,0) = A\sin\left(\dfrac{3\pi}{l}x\right) + B\sin\left(\dfrac{5\pi}{l}x\right)$，

$$\sum_{n=1}^{\infty} \sin\left(\frac{n\pi}{l}x\right) \cdot C_{2n}\omega_n = A\sin\left(\frac{3\pi}{l}x\right) + B\sin\left(\frac{5\pi}{l}x\right)$$

得

$$C_{23} = \frac{A}{\omega_3}, \quad C_{25} = \frac{B}{\omega_5}$$

$$C_{2n} = 0 \quad (n \neq 3,5)$$

所以

$$y(x,t) = \left[\frac{A}{\omega_3}\sin\left(\frac{3\pi}{l}x\right)\sin\omega_3 t + \frac{B}{\omega_5}\sin\left(\frac{5\pi}{l}x\right)\sin\omega_5 t\right] e^{-\frac{\gamma}{2\eta}t}$$

其中

$$\omega_3 = \sqrt{\frac{9\pi^2\tau}{\eta l^2} - \frac{\gamma^2}{4\eta^2}}, \quad \omega_5 = \sqrt{\frac{25\pi^2\tau}{\eta l^2} - \frac{\gamma^2}{4\eta^2}}$$

(4) $a = 0$,即 $\gamma = 0$ ，通解为

$$y(x,t) = \sum_{n=1}^{\infty} \sin\left(\frac{n\pi}{l}x\right)\left(C_{1n}\cos\omega_n t + C_{2n}\sin\omega_n t\right)$$

其中 $\omega_n = \dfrac{n\pi}{l}\sqrt{\dfrac{\tau}{\eta}}$.

$$\dot{y}(x,t)=\sum_{n=1}^{\infty}\sin\left(\frac{n\pi}{l}x\right)\left(-C_{1n}\omega_n\sin\omega_n t+C_{2n}\omega_n\cos\omega_n t\right)$$

由 $\dot{y}(x,0)=0$ 得 $C_{2n}=0$,

$$y(x,t)=\sum_{n=1}^{\infty}C_{1n}\sin\left(\frac{n\pi}{l}x\right)\cos\omega_n t$$

$$y(x,0)=\sum_{n=1}^{\infty}C_{1n}\sin\left(\frac{n\pi}{l}x\right)$$

将所给的初始条件

$$y(x,0)=\begin{cases}Ax, & 0\leqslant x\leqslant\dfrac{l}{2}\\ A(l-x), & \dfrac{l}{2}\leqslant x\leqslant l\end{cases}$$

用本征函数组 $\sin\left(\frac{n\pi}{l}x\right)(n=1,2,\cdots)$ 展成级数

$$\begin{aligned}C_{1n}&=\frac{2}{l}\int_0^l y(x,0)\sin\left(\frac{n\pi}{l}x\right)\mathrm{d}x\\&=\frac{2}{l}\left[\int_0^{\frac{l}{2}}A_x\sin\left(\frac{n\pi}{l}x\right)\mathrm{d}x+\int_{\frac{l}{2}}^{l}A(l-x)\sin\left(\frac{n\pi}{l}x\right)\mathrm{d}x\right]\\&=\frac{4Al}{n^2\pi^2}\sin\left(\frac{1}{2}n\pi\right)\end{aligned}$$

这个 C_{1n} 是对 $y(x,0)$ 展成级数时得到的，也是 $y(x,t)$ 展成级数中的 C_{1n}，所以

$$y(x,t)=\frac{4Al}{\pi^2}\sum_{n=1}^{\infty}\frac{1}{n^2}\sin\left(\frac{1}{2}n\pi\right)\sin\left(\frac{n\pi}{l}x\right)\cos\omega_n t$$

其中 $\omega_n=\dfrac{n\pi}{l}\sqrt{\dfrac{\tau}{\eta}}$.

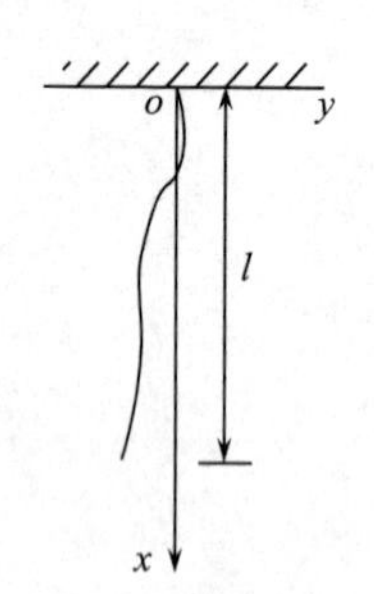

图 3.67

3.4.34　一条长 l、线密度为 η 的软绳，上端固定，下端自由，在一个平面内做微小横振动.

(1) 导出偏微分方程，并由此导出关于振动模式的微分方程;

(2) 用幂级数解法求解此微分方程(不把方程变为贝塞尔方程求解)，然后用数值解法近似算出最低简正频率.

解　(1) 取图 3.67 的 x、y 坐标，绳中张力与重力平衡，是 x 的函数，

$$\tau(x)=\int_x^l\eta g\mathrm{d}x=\eta g(l-x)$$

由牛顿运动定律，$x\sim x+\mathrm{d}x$ 段质元做微小横振动的偏微分方程为

$$\eta\mathrm{d}x\frac{\partial^2 y}{\partial t^2}=\tau(x+\mathrm{d}x)\left.\frac{\partial y}{\partial x}\right|_{x+\mathrm{d}x}-\tau(x)\left.\frac{\partial y}{\partial x}\right|_{x}$$

或写成

$$\eta \mathrm{d}x \frac{\partial^2 y}{\partial t^2} = \left(\tau \frac{\partial y}{\partial x}\right)\bigg|_{x+\mathrm{d}x} - \left(\tau \frac{\partial y}{\partial x}\right)\bigg|_{x}$$

代入 $\tau(x)=\eta g(l-x)$ ，可得

$$\frac{\partial^2 y}{\partial t^2} - g\frac{\partial}{\partial x}\left[(l-x)\frac{\partial y}{\partial x}\right] = 0 \tag{1}$$

边界条件： $y(0,t)=0, y(1,t)$ 有限. 下端自由， $\left(\tau \frac{\partial y}{\partial x}\right)\bigg|_{x=l} = 0$ ，因 $\tau(l)=0$ ，不能要求 $\left(\frac{\partial y}{\partial x}\right)\bigg|_{x=l} = 0$.

用分离变量法. 令 $y(x,t)=X(x)T(t)$ ，代入式(1)，得

$$X\ddot{T} - gT\frac{\mathrm{d}}{\mathrm{d}x}\left[(l-x)\frac{\mathrm{d}X}{\mathrm{d}x}\right] = 0$$

$$\frac{1}{g}\frac{\ddot{T}}{T} = \frac{1}{X}\frac{\mathrm{d}}{\mathrm{d}x}\left[(l-x)\frac{\mathrm{d}X}{\mathrm{d}x}\right] = -\lambda$$

$$\frac{\mathrm{d}}{\mathrm{d}x}\left[(l-x)\frac{\mathrm{d}X}{\mathrm{d}x}\right] + \lambda X = 0 \tag{2}$$

$$\ddot{T} + \lambda g T = 0 \tag{3}$$

边界条件： $X(0)=0, X(l)$ 有限.

式(2)及其边界条件将决定振动模式，因此式(2)是关于振动模式的微分方程.

(2)由上述式(3)关于 T 的微分方程可知，$\lambda=0$ 及 $\lambda<0, T$ 将趋于无穷或趋于零，没有强迫力，不可能趋于无穷；没有阻力，也不可能趋于零. 故必有 $\lambda>0$. 式(2)也可写成

$$X'' - \frac{1}{l-x}X' + \frac{\lambda}{l-x}X = 0 \tag{4}$$

可见， $x=l$ 是正则奇点，令

$$X(x) = (x-l)^s \sum_{n=0}^{\infty} a_n (x-l)^n$$

代入式(4)，

$$\sum_{n=0}^{\infty}(n+s)(n+s-1)a_n(x-l)^{n+s-2} + \sum_{n=0}^{\infty}(n+s)a_n(x-l)^{n+s-2} - \lambda\sum_{n=0}^{\infty}a_n(x-l)^{n+s-1} = 0$$

指标方程： $s(s-1)+s=0$，所以 $s=0$.

令 $a_0=1$，

$$(s+1)sa_1 + (s+1)a_1 - \lambda a_0 = 0$$

$$a_1 = \frac{\lambda}{(s+1)^2}a_0 = \lambda$$

$$(s+2)(s+1)a_2 + (s+2)a_2 - \lambda a_1 = 0$$

$$a_2=\frac{\lambda}{(s+2)^2}a_1=\frac{\lambda^2}{2^2}$$

$$(s+3)(s+2)a_3+(s+3)a_3-\lambda a_2=0$$

$$a_3=\frac{\lambda}{(s+3)^2}a_2=\frac{\lambda}{3^2}\cdot\frac{\lambda^2}{2^2}=\frac{\lambda^3}{(3!)^2}$$

依次类推，可得 $a_n=\frac{\lambda^n}{(n!)^2}$，

$$X(x)=\sum_{n=0}^{\infty}\frac{\lambda^n}{(n!)^2}(x-l)^n$$

由 $X(0)=0$，

$$\sum_{n=0}^{\infty}\frac{(-\lambda l)^n}{(n!)^2}=0 \tag{5}$$

用牛顿法做数值计算，将式(5)写成

$$f(p)=1-p+\frac{1}{4}p^2-\frac{1}{36}p^3+\frac{1}{576}p^4-\frac{1}{14400}p^5\approx 0$$

其中 $p=\lambda l$.

$$f'(p)\approx -1+\frac{1}{2}p-\frac{1}{12}p^2+\frac{1}{144}p^3-\frac{1}{2880}p^4$$

$$p_{k+1}=p_k-\frac{f(p_k)}{f'(p_k)},\quad k=0,1,2,\cdots$$

取 $p_1=1, f(p_1)=0.224, f'(p_1)=-0.58,$

$$p_2=p_1-\frac{f(p_1)}{f'(p_1)}=1-\frac{0.224}{(-0.58)}=1.39$$

$$f(p_2)=f(1.39)=0.0245,\quad f'(p_2)=-0.449$$

$$p_3=1.39-\frac{0.0245}{(-0.449)}=1.445$$

$$f(p_3)=7.64\times 10^{-4},\quad f'(p_3)=-1.4355$$

$$p_4=1.445-\frac{7.64\times 10^{-4}}{(-1.4355)}=1.447$$

取三位有效数字， $p=1.45$ 即 $\lambda_{\min}l=1.45$.

由关于 T 的微分方程式(3)的解，

$$T(t)=C_1\cos\left(\sqrt{\lambda g}t\right)+C_2\sin\left(\sqrt{\lambda g}t\right)$$

$$\omega_{\min}=\sqrt{\lambda_{\min}g}=\sqrt{1.45}\sqrt{\frac{g}{l}}=1.20\sqrt{\frac{g}{l}}$$

为了说明上述计算的确是最小的简正频率，我们取 $p_1=0.5$，算出 $p_2=1.067$，而用 $p_1=0.1$，算出 $p_2=1.047$，都大于 1，所以再往下作更精确的近似，不可能找到比 $p_1=1.45$ 更小的 $f(p)=0$ 的根.

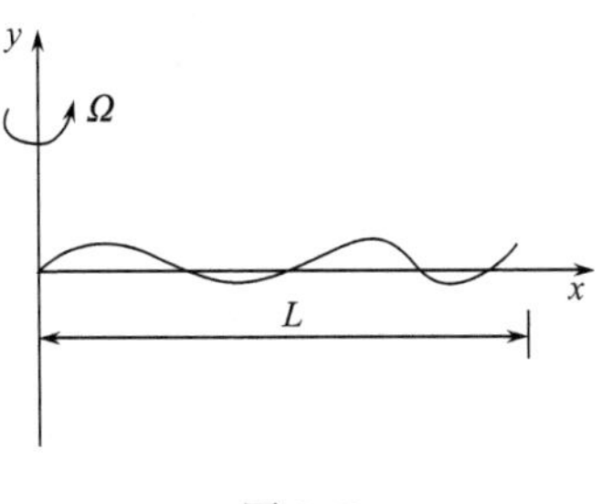

图 3.68

3.4.35　一根长度为 l、线密度为 η 的细绳以角速度 Ω 绕一根垂直的轴在水平面内转动，同时细绳在竖直方向做小振动，如图 3.68 所示. 求简正频率(重力可忽略不计).

提示：勒让德多项式 $P_l(\cos\theta)$ 满足的方程为

$$\frac{\mathrm{d}}{\mathrm{d}\cos\theta}\left(\sin^2\theta\frac{\mathrm{d}P_l}{\mathrm{d}\cos\theta}\right)=-l(l+1)P_l,\quad l=0,1,2,\cdots$$

解　x 轴以角速度 Ω 绕 y 轴转动，考虑转动参考系，无振动时，细绳处于平衡状态，绳中张力与惯性离轴力平衡，由此可计算绳中张力.

$x\sim x+\mathrm{d}x$ 段质元受到的惯性离轴力为

$$\Omega^2x\cdot\eta\mathrm{d}x$$

张力 $\tau(x)$ 应与从 x至L 段所受惯性离轴力相等，

$$\tau(x)=\int_x^L\Omega^2x\eta\mathrm{d}x=\frac{1}{2}\eta\Omega^2\left(L^2-x^2\right)$$

对 $x\sim x+\mathrm{d}x$ 段质元用牛顿运动定律，

$$\eta\mathrm{d}x\frac{\partial^2y}{\partial t^2}=\left(\tau\frac{\partial y}{\partial t}\right)\bigg|_{x+\mathrm{d}x}-\left(\tau\frac{\partial y}{\partial t}\right)\bigg|_x$$

$$\eta\frac{\partial^2y}{\partial t^2}=\frac{\partial}{\partial x}\left[\frac{1}{2}\eta\Omega^2\left(L^2-x^2\right)\frac{\partial y}{\partial x}\right]\tag{1}$$

边界条件：$y(0,t)=0, y(L,t)$ 有限.

和上题所述一样，因为 $r(L)=0$，不要求 $\left.\frac{\partial y}{\partial x}\right|_{x=L}=0$.

用分离变量法

$$y(x,t)=X(x)T(t)$$

令 $\omega_0^2=\frac{1}{2}\Omega^2$，代入式(1)，得

$$X\ddot{T}=T\frac{\mathrm{d}}{\mathrm{d}x}\left[\omega_0^2\left(L^2-x^2\right)\frac{\mathrm{d}X}{\mathrm{d}x}\right]$$

$$\frac{1}{\omega_0^2T}\ddot{T}=\frac{1}{X}\frac{\mathrm{d}}{\mathrm{d}x}\left[\left(L^2-x^2\right)\frac{\mathrm{d}X}{\mathrm{d}x}\right]=-\lambda$$

$$\ddot{T}+\lambda\omega_0^2T=0\tag{2}$$

$$\frac{\mathrm{d}}{\mathrm{d}x}\left[\left(L^2-x^2\right)\frac{\mathrm{d}X}{\mathrm{d}x}\right]+\lambda X=0\tag{3}$$

令$\xi=\dfrac{x}{L},\dfrac{\mathrm{d}}{\mathrm{d}x}=\dfrac{\mathrm{d}\xi}{\mathrm{d}x}\dfrac{\mathrm{d}}{\mathrm{d}\xi}=\dfrac{1}{L}\dfrac{\mathrm{d}}{\mathrm{d}\xi}$，式(3)改写为

$$\frac{\mathrm{d}}{\mathrm{d}\xi}\left[\left(1-\xi^2\right)\frac{\mathrm{d}X}{\mathrm{d}\xi}\right]+\lambda X=0$$

再令$\xi=\cos\theta$，上式又可改写为

$$\frac{\mathrm{d}}{\mathrm{d}\cos\theta}\left(\sin^2\theta\frac{\mathrm{d}X}{\mathrm{d}\cos\theta}\right)=-\lambda X \tag{4}$$

与勒让德方程

$$\frac{1}{\sin\theta}\frac{\mathrm{d}}{\mathrm{d}\theta}\left(\sin\theta\frac{\mathrm{d}\Theta}{\mathrm{d}\theta}\right)+\left(\lambda-\frac{m^2}{\sin^2\theta}\right)\Theta=0$$

或

$$\frac{\mathrm{d}}{\mathrm{d}\cos\theta}\left(\sin^2\theta\frac{\mathrm{d}\Theta}{\mathrm{d}\cos\theta}\right)+\left(\lambda-\frac{m^2}{\sin^2\theta}\right)\Theta=0$$

相比较，可知式(4)是一个$m=0$的勒让德方程.

由式(3)可见，$x=L$为正则奇点，要使$x=L$处的$X(L)$有限，λ必须为

$$\lambda=l(l+1),\quad l=0,1,2,\cdots$$

将式(4)与提示所述勒让德多项式$\mathrm{P}_l(\cos\theta)$满足的方程相比较，也可得到λ的上述限制.所以

$$X=\mathrm{P}_l(\cos\theta)$$

即

$$X(x)=\mathrm{P}_l\left(\frac{x}{L}\right)$$

要满足边界条件：$y(0,t)=0$，即$X(0)=0,l$只能取奇数，即

$$l=2n-1,\quad n=1,2,3,\cdots$$

则

$$\lambda=2n(2n-1),\quad n=1,2,3,\cdots$$

将上述λ代入式(2)，

$$\ddot{T}+2n(2n-1)\omega_0^2T=0$$

简正频率为

$$\omega_n=\sqrt{2n(2n-1)}\omega_0=\sqrt{2n(2n-1)}\frac{\Omega}{\sqrt{2}}=\sqrt{n(2n-1)}\Omega,\quad n=1,2,3,\cdots$$

3.5 声 波

3.5.1 一开管风琴管(两端开口)的基频为300Hz，一闭管风琴管(一端封闭)的第二泛音和该开管风琴管的第二泛音频率相同，问两根管子的长度各是多少?空气中声速为330m/s.

解 开管风琴管的长度与波长的关系为$l=\dfrac{\lambda_n}{2}n$.

$$\nu_n = \frac{v}{\lambda_n} = n\frac{v}{2l}$$

基频为

$$\nu_1 = \frac{v}{2l}$$

所以

$$l = \frac{v}{2\nu_1} = \frac{330}{2\times 300} = 0.55(\text{m})$$

第二泛音：

$$\nu_3 = \frac{3v}{2l} = 3\nu_1 = 900\text{Hz}$$

闭管风琴管的长度与波长的关系为

$$l = (2n-1)\frac{\lambda_n}{4}, \quad n = 1,2,3,\cdots$$

第二泛音：

$$\nu_3 = \frac{v}{\lambda_3} = \frac{5v}{4l} = 900\text{Hz}$$

所以

$$l = \frac{5\times 330}{4\times 900} = 0.458(\text{m})$$

3.5.2 一小提琴的弦的质量为2.0g，它的两固定点之间的距离为50cm，不按手指演奏时发出的声音是A调440Hz. 试问要奏出C调528Hz，手指应按在什么位置?弦线张力多大?

解 两端固定，弦长l与波长有关系为

$$l = n\cdot\frac{\lambda_n}{2}, \quad \nu_n = \frac{v}{\lambda_n} = n\frac{v}{2l}$$

不按手指演奏的是基频，

$$\nu_1 = \frac{v}{2l} = 440\text{Hz}$$

按手指使琴弦长度缩短，奏出的仍是基频，

$$\nu_l' = \frac{v}{2l'}, \quad \frac{\nu_1'}{\nu_1} = \frac{l}{l'}$$

$$l' = \frac{\nu_1}{\nu_1'}l = \frac{440}{528}\times 0.50 = 0.417(\text{m})$$

离较近一端的距离

$$l - l' = 0.50 - 0.417 = 0.083(\text{m})$$

$$v = \sqrt{\frac{T}{\eta}}, \quad v = 2l\nu_1, \quad \eta = \frac{m}{l}$$

$$T = \eta v^2 = \frac{m}{l}\cdot(2l\nu_1)^2 = 4ml\nu_1^2 = 4\times 2.0\times 10^{-3}\times 0.50\times(440)^2 = 774(\text{N})$$

3.5.3 有一口井，侧面是竖直的，井中有水，它可与7.0Hz和7.0Hz 以上的某些频率发生共鸣，井内的空气密度为1.1kg/m^3，压强为$9.5\times10^4\text{Pa}$，比热容比为$\frac{7}{5}$. 试问这井水的水面有多深?比7Hz 高的多大频率也能发生共鸣?

解 在一端开口一端封闭的井中形成驻波时发生共鸣，此时强迫力的角频率等于振动系统的简正频率，发生共振，故发生共鸣形成驻波时，

$$l=(2n-1)\frac{\lambda_n}{4},\quad \nu_n=\frac{v}{4l}(2n-1)$$

其中l是水面的深度，即水面到井口的距离.

发生共鸣的最低频率$\nu_1=\frac{v}{4l}$，

$$l=\frac{v}{4\nu_1}=\frac{1}{4\nu_1}\sqrt{\frac{\gamma p}{\rho}}=\frac{1}{4\times7}\frac{\sqrt{\frac{7}{5}\times9.5\times10^4}}{1.1}=1.2(\text{m})$$

比ν_1高的能发生共鸣的频率有

$$\nu_n=(2n-1)\nu_1,\quad n=2,3,\cdots$$

它们是21Hz,35Hz,49Hz,⋯.

3.5.4 一小提琴的弦长31.6cm，线密度为0.65g/m，将此弦放在扬声器附近，扬声器由一频率可变的音频振荡器来策动. 当振荡器的频率从500Hz到1500Hz连续改变时，发现小提琴的弦只在880Hz与1320Hz这两个频率发生振动. 试问弦中的张力有多大?

解

$$l=n\cdot\frac{\lambda_n}{2},\quad \nu_n=\frac{v}{\lambda_n}=\frac{v}{2l}n$$

$$880=\frac{v}{2l}n,\quad 1320=\frac{v}{2l}(n+1)$$

$$\frac{n+1}{n}=\frac{1320}{880}$$

解得$n=2$，

$$v=\frac{880\cdot2l}{2},\quad v=\sqrt{\frac{T}{\eta}}$$

$$T=\eta v^2=0.65\times10^{-3}\times(0.316\times880)^2=50.3(\text{N})$$

3.5.5 一直立圆柱形管子，上端开口，可以往里灌水，当管中水面离管口距离为15.95cm、48.45cm和80.95cm时，相继地观察到一个频率为512Hz的音叉发生的空气柱共振，如图3.69所示.

(1) 求出在空气中的声速；

(2) 精确地指出该管邻近顶端波腹的位置；

(3) 如果上述测量是二年级大学生所做，你如何评价他的工作.

解 (1)

$$48.45-15.95=32.50$$

$$80.95-48.45=32.50$$

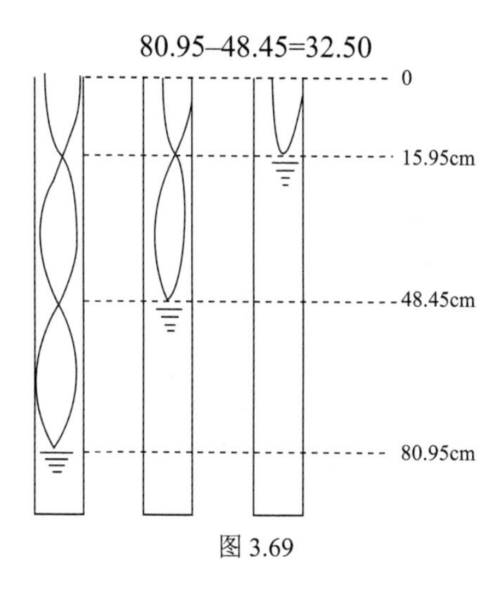

图 3.69

$$\lambda = 2\times 32.50 = 65(\text{cm})$$

$$v = \lambda\nu = 0.65\times 512 = 333(\text{m/s})$$

(2)
$$\lambda = 65\text{cm},\quad \frac{1}{4}\lambda = 16.25\text{cm}$$

$$16.25-15.95=0.30$$

波腹的位置在管口外0.30cm处.

(3) 因为人耳对于声音强度的变化不十分灵敏，用此法测量空气中的声速难于精确. 不过未用什么仪器设备，测量结果还相当精确，工作值得称赞.

3.5.6 小提琴上的琴弦长L，可认为两端是固定的，空弦的基频为ν_0，提琴手在离一端$\frac{L}{4}$距离处用弓拉弦，另外用手轻轻按在弦的中点.

(1) 问在这些条件下，它能激发的最低频率多大?示意地画出弦振动时的形状；

(2) 在此条件下，一次谐波的频率多大?

解 (1) 在此情况下，弦参与振动的实际长度为$\frac{L}{2}$，考虑到离端点$\frac{L}{4}$处只能是波腹，

$$\frac{L}{2}=(2n-1)\frac{\lambda_n}{2},\quad n=1,2,3,\cdots$$

能激发的最低频率的波长

$$\lambda_1 = L$$

最低频率

$$\nu_1=\frac{v}{\lambda_1}=\frac{\lambda_0\nu_0}{\lambda_1}=\frac{2L\nu_0}{L}=2\nu_0$$

其中ν_0、λ_0分别是空弦的基频及其波长.

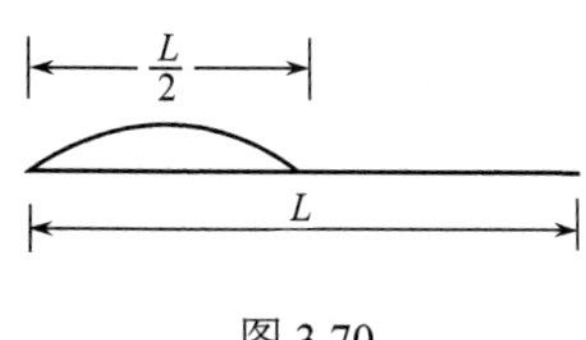

图 3.70

激发最低频率振动时某时刻弦的形状如图 3.70 所示.

(2) 在此情况下，一次谐波的频率为

$$\nu_2 = \frac{v}{\lambda_2} = \frac{\lambda_0 \nu_0}{\frac{1}{3}L} = \frac{2L\nu_0}{\frac{1}{3}L} = 6\nu_0$$

3.5.7　一长为0.5m的小提琴弦，其基频为200Hz.

(1)横向脉冲在此弦上的传播速度多大?

(2)画出一脉冲在弦的端点反射前后的图形;

(3)画出此弦比基频较高的两种振动模式的草图，并给出它们的频率.

解　(1) $\lambda_1 = 2L, v = \lambda_1 \nu_1 = 2L\nu_1 = 2\times 0.5\times 200 = 200(\mathrm{m/s})$.

(2)反射时，波遇波密介质，有半波损失，脉冲反射前后的波形如图 3.71 所示.

(3)图 3.72 画了比基频较高的两种振动模式，并标出每种模式的频率.

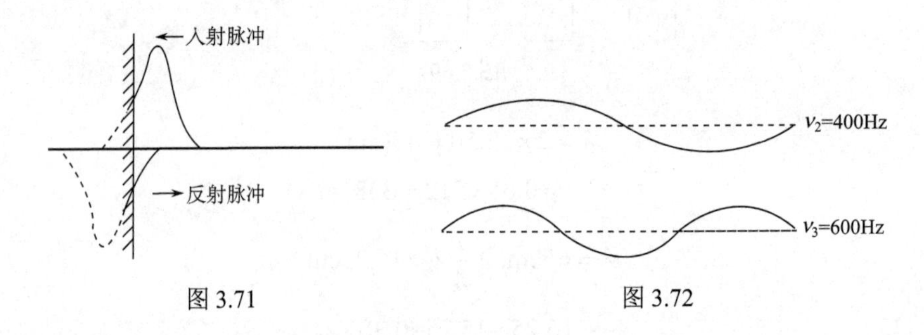

图 3.71　　图 3.72

3.5.8　在两个相距为100cm的固定点之间张紧一根弦，在100Hz ~ 350Hz 的频率范围内，仅有以下频率能被激发：160Hz、240Hz、320Hz，这些振动模式的波长各是多少?

解

$$l = n\cdot\frac{\lambda_n}{2},\quad \nu_n = \frac{v}{\lambda_n} = \frac{v}{2l}n$$

设 $\nu_n = 160\mathrm{Hz}, \nu_{n+1} = 240\mathrm{Hz}, \nu_{n+2} = 320\mathrm{Hz}$，则

$$160 = \frac{v}{2\times 1}n,\quad 240 = \frac{v}{2\times 1}(n+1)$$

两式相减，$\frac{v}{2} = 80, v = 160\,\mathrm{m/s}$.

将 v 代入上述两式任何一式，可得 $n = 2$，

$$\lambda_n = \frac{2l}{n} = \frac{2\times 1.00}{2} = 1.00(\mathrm{m})$$

$$\lambda_{n+1} = \frac{2l}{n+1} = \frac{2}{3} = 0.667(\mathrm{m}),\quad \lambda_{n+2} = \frac{2l}{n+2} = 0.5(\mathrm{m})$$

所以160Hz、240Hz、320Hz 这些振动模式的波长分别为1.00m、0.667m和0.5m.

3.5.9　抓住或夹住细铝杆的中点，铝杆长1m，沿着杆的轴线纵向用锤子打击杆的一端，产生2500Hz的声波.

(1)求铝杆中的声速;

(2)要激发3750Hz的声波，手应抓在杆的什么地方?打击不同端有差别吗?

(3)假如像原来那样，手握杆的中点，但在端点横向而不是纵向打击杆，定性解释为

什么合成的声波频率比原来的低.

解　(1)杆的中点是波节，打击的端点为波腹，故产生的声波主要是基波，波长与杆长的关系为

$$\frac{1}{4}\lambda=\frac{1}{2}l,\quad \lambda=2l$$

声速

$$v=\lambda\nu=2l\nu=2\times1\times2500=5000(\text{m/s})$$

(2)要激发频率为3750Hz的声波，设其波长为λ，

$$v=\lambda\times3750,\quad \lambda=\frac{v}{3750}=\frac{5000}{3750}=\frac{4}{3}(\text{m})$$

手抓的点离打击点的距离等于$\frac{1}{4}\lambda$,为$\frac{1}{3}\text{m}$，即手抓住离打击点三分之一杆长处. 打击两端，激发的声波频率是不同的，打击另一端，$\frac{1}{4}\lambda=\frac{2}{3}\text{m},\lambda=\frac{8}{3}\text{m}$，声速一定，波长为两倍，频率为一半，激发的声波频率为$\frac{1}{2}\times3750=1875(\text{Hz})$.

(3)在铝杆中传播纵波的波速$v_{\text{l}}=\sqrt{\frac{Y}{\rho}}$，其中$Y$是杨氏模量，$\rho$为密度，传播横波的波速$v_{\text{t}}=\sqrt{\frac{N}{\rho}}$，其中$N$为切变模量，$N<Y$，因此传播横波的声速小于纵波声速，手都是握杆的中点，两波的波长相同，$\nu=\frac{v}{\lambda},v_{\text{t}}<v_{\text{l}},\lambda_{\text{t}}=\lambda_{\text{l}}$，所以$\nu_{\text{t}}<\nu_{\text{l}}$，以上脚标“t”表示横波，“l”表示纵波，这就解释了为什么横向打击激发的合成声波频率比纵向打击的低.

3.5.10　在温度为300K的空气中，假设频率为10^3Hz的平面驻声波引起压强变化的幅值为1dyn/cm^2（周围压强为10^6dyn/cm^2）. 试估计此波动引起空气分子位移振幅的大小.

解　驻波的表达式为

$$y=A\cos\left(\frac{\omega x}{v}\right)\cos\omega t$$

压强的增量

$$\Delta p=-\kappa\frac{\partial y}{\partial x}=\kappa A\frac{\omega}{v}\sin\left(\frac{\omega x}{v}\right)\cos\omega t$$

其中κ是气体的体积弹性模量，

$$v=\sqrt{\frac{\kappa}{\rho}}$$

所以

$$\kappa=\rho v^2$$

压强变化的幅值

$$p_{\mathrm{m}}=\kappa A\frac{\omega}{v}=\rho v^2 A\frac{\omega}{v}=\rho\omega v A$$

其中 ρ 为空气密度.

设空气摩尔质量为 μ，体积为 V 的空气质量为 M，

$$pV=\frac{M}{\mu}RT$$

$$\rho=\frac{M}{V}=\frac{p\mu}{RT}$$

上述写的驻波表达式，位移振幅 $y_{\mathrm{m}}=A$，

$$y_{\mathrm{m}}=A=\frac{p_{\mathrm{m}}}{\rho\omega v}=\frac{p_{\mathrm{m}}RT}{2\pi\nu v p\mu}$$

代入 $p_{\mathrm{m}}=1\,\mathrm{dyn/cm^2}=10^{-1}\,\mathrm{Pa}, R=8.31\,\mathrm{J/(mol\cdot K)}, T=300\mathrm{K}, \nu=10^3\,\mathrm{Hz}, v=340\mathrm{m/s}$, $p=10^6$ $\mathrm{dyn/cm^2}=10^5\,\mathrm{Pa}, \mu=29\times10^{-3}\,\mathrm{kg/mol}$，

$$y_{\mathrm{m}}=4\times10^{-8}\,\mathrm{m}$$

3.5.11 (1)对于一端封闭的管子，画出其第二振动模式的空气位移图和压强变化图；(2)上述第二振动模式的频率与基频有何关系？

解 (1)设管子长 $L, x=0$ 端封闭，$x=L$ 端开口，因为 $x=0$ 端是固定点(波节)，

$$y_n=A_n\sin\left(\frac{\omega_n x}{v}\right)\cos\omega t$$

$$L=(2n-1)\cdot\frac{\lambda_n}{4},\quad n=1,2,\cdots$$

对第二振动模式，$n=2, L=\frac{3}{4}\lambda_2, \lambda_2=\frac{4}{3}L$,

$$y_2=A_2\sin\left(\frac{2\pi\nu_2}{\lambda_2\nu_2}x\right)\cos\omega t=A_2\sin\left(\frac{3\pi}{2L}x\right)\cos\omega t$$

$$\begin{aligned}\Delta p&=-K\frac{\partial y}{\partial x}=-K\frac{3\pi}{2L}A_2\sin\left(\frac{3\pi}{2L}x+\frac{\pi}{2}\right)\cos\omega t\\&=\frac{3\pi}{2L}KA_2\sin\left(\frac{3\pi}{2L}x-\frac{\pi}{2}\right)\cos\omega t\end{aligned}$$

图 3.73 画出了该模式各处位移的“振幅”，打引号标明它不单是通常的振幅，还包含了相互间的相位关系. 图 3.74 画出了该模式各处压强变化的“振幅”.

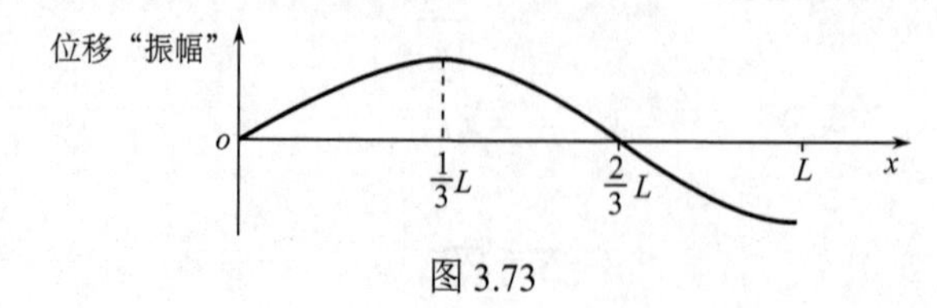

图 3.73

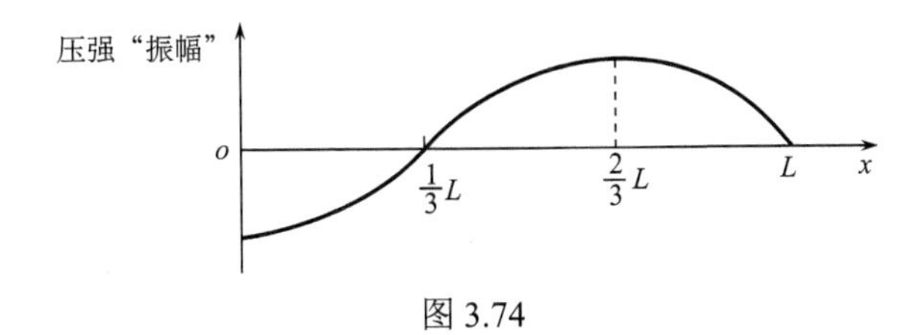

图 3.74

(2)
$$L=(2n-1)\frac{\lambda_n}{4}$$

基频

$$L=(2\times1-1)\cdot\frac{\lambda_1}{4}=\frac{1}{4}\lambda_1$$

第二振动模式，$L=(2\times2-1)\frac{\lambda_2}{4}=\frac{3}{4}\lambda_2$，

$$v=\lambda\nu, \lambda_1\nu_1=\lambda_2\nu_2$$

$$\nu_2=\frac{\lambda_1}{\lambda_2}\nu_1=\frac{4L}{\frac{4}{3}L}\nu_1=3\nu_1$$

3.5.12 一吉他弦线长 80cm，其基频为 400Hz，做此基频的振动，使弦中点的最大位移为 2.0cm，如弦中张力 $T_0=10^6\,\text{dyn}$，试问作用于弦支承端点的作用力的垂直于弦平衡位置的分量的最大值有多大?

解 沿弦的平衡位置取 x 轴，$x=0$ 为支承端点，$x=l$ 为固定点，$x=0$ 也近似视为固定点.

做基频振动，$\nu=400\text{Hz}, \lambda=2l=1.6\text{m}, \omega=2\pi\nu=800\pi\text{s}^{-1}, v=\lambda\nu=640\text{ms}^{-1}$.

弦上形成的驻波方程为

$$y=A\sin\left(\frac{\omega}{v}x\right)\cos\omega t$$

由中点的最大位移知，$A=2.0\text{cm}=0.020\text{m}$.

作用于支承点的作用力的垂直于弦平衡位置的分量为

$$F=T_0\left.\frac{\partial y}{\partial x}\right|_{x=0}=T_0A\frac{\omega}{v}\cos\omega t$$

$$F_{\max}=T_0A\frac{\omega}{v}=\frac{10^6}{10^5}\times0.02\times\frac{800\pi}{640}=0.79(\text{N})$$

3.5.13 一根长 L 的弦由两种线密度的弦相连而成，右边 $\frac{2}{3}L$ 长的弦线密度为 η，左边 $\frac{1}{3}L$ 长的弦线密度为 4η，张力为 T_0，两端固定. 求基频和第一、第二、第三、第四泛音频率.

解 弦线的波动方程为

$$\frac{\partial^2 y_1}{\partial t^2}-\frac{T_0}{4\eta}\frac{\partial^2 y_1}{\partial x^2}=0,\quad 0<x<\frac{1}{3}L$$

$$\frac{\partial^2 y_2}{\partial t^2}-\frac{T_0}{\eta}\frac{\partial^2 y_2}{\partial x^2}=0,\quad \frac{1}{3}L<x<L$$

边界条件为

$$y_1(0,t)=0,\quad y_2(L,t)=0$$

$$y_1\left(\frac{1}{3}L,t\right)=y_2\left(\frac{1}{3}L,t\right)$$

$$\left.\frac{\partial y_1}{\partial x}\right|_{x=\frac{1}{3}L}=\left.\frac{\partial y_2}{\partial x}\right|_{x=\frac{1}{3}L}$$

$$\left(\text{来自}-T_0\left.\frac{\partial y_1}{\partial x}\right|_{x=\frac{1}{3}L}+T_0\left.\frac{\partial y_2}{\partial x}\right|_{x=\frac{1}{3}L}=0.\right)$$

由前两个边界条件，可以由分离变量法解得

$$y_1(x,t)=(A_1\cos\omega t+B_1\sin\omega t)\sin\left(\frac{\omega}{v_1}x\right),\qquad 0\leqslant x\leqslant\frac{1}{3}L$$

$$y_2(x,t)=(A_2\cos\omega t+B_2\sin\omega t)\sin\left(\frac{\omega}{v_2}(L-x)\right),\quad \frac{1}{3}L\leqslant x\leqslant L$$

其中

$$v_1=\sqrt{\frac{T_0}{4\eta}},\ v_2=\sqrt{\frac{T_0}{\eta}}$$

由后两个边界条件，并注意到 $v_2=2v_1$，得

$$(A_1\cos\omega t+B_1\sin\omega t)\sin\left(\frac{\omega L}{3v_1}\right)=(A_2\cos\omega t+B_2\sin\omega t)\sin\left(\frac{\omega L}{3v_1}\right)$$

$$(A_1\cos\omega t+B_1\sin\omega t)\frac{\omega}{v_1}\cos\left(\frac{\omega L}{3v_1}\right)=(A_2\cos\omega t+B_2\sin\omega t)\left(-\frac{\omega}{2v_1}\right)\cos\left(\frac{\omega L}{3v_1}\right)$$

由等号两边 $\cos\omega t$、$\sin\omega t$ 的系数分别相等，得

$$A_1\sin\left(\frac{\omega L}{3v_1}\right)-A_2\sin\left(\frac{\omega L}{3v_1}\right)=0$$

$$A_1\frac{\omega}{v_1}\cos\left(\frac{\omega L}{3v_1}\right)+A_2\frac{\omega}{2v_1}\cos\left(\frac{\omega L}{3v_1}\right)=0$$

$$B_1\sin\left(\frac{\omega L}{3v_1}\right)-B_2\sin\left(\frac{\omega L}{3v_1}\right)=0$$

$$B_1\frac{\omega}{v_1}\cos\left(\frac{\omega L}{3v_1}\right)+B_2\frac{\omega}{2v_1}\cos\left(\frac{\omega L}{3v_1}\right)=0$$

由 A_1、A_2及B_1、B_2 有非零解的条件：系数行列式等于零，可得

$$\sin\left(\frac{\omega L}{3v_1}\right)\cos\left(\frac{\omega L}{3v_1}\right)=0$$

$$\sin\left(\frac{\omega L}{3v_1}\right)=0 \text{ 或 } \cos\left(\frac{\omega L}{3v_1}\right)=0$$

由 $\sin\left(\frac{\omega L}{3v_1}\right)=0, \omega$ 可取

$$\omega=\frac{3n_1\pi v_1}{L} \quad (n_1=1,2,\cdots)$$

由 $\cos\left(\frac{\omega L}{3v_1}\right)=0, \omega$ 可取

$$\omega=\frac{3(2n_2-1)\pi v_1}{2L}, \qquad (n_2=1,2,\cdots)$$

基频： $n_2=1, \omega_1=\frac{3\pi v_1}{2L}, \quad \nu_1=\frac{3}{4L}\sqrt{\frac{T_0}{4\eta}}=\frac{3}{8L}\sqrt{\frac{T_0}{\eta}}$

第一泛音： $n_1=1, \omega_2=\frac{3\pi v_1}{L}, \quad \nu_2=\frac{3}{4L}\sqrt{\frac{T_0}{\eta}}$

第二泛音： $n_2=2, \omega_3=\frac{9\pi v_1}{2L}, \quad \nu_3=\frac{9}{8L}\sqrt{\frac{T_0}{\eta}}$

第三泛音： $n_1=2, \omega_4=\frac{6\pi v_1}{L}, \quad \nu_4=\frac{3}{2L}\sqrt{\frac{T_0}{\eta}}$

第四泛音： $n_2=3, \omega_5=\frac{15\pi v_1}{2L}, \quad \nu_5=\frac{15}{8L}\sqrt{\frac{T_0}{\eta}}$

3.5.14 线密度为 η 、长为 l 的琴弦两端固定，受张力 T_0 作用，设在 $t=0$ 时，将弦的中点由平衡位置拨到距离 $s(s \ll l)$ 处，使形成一等腰三角形，然后将弦静止释放. 求弦的运动.

解

$$\frac{\partial^2 y}{\partial t^2}-\frac{T_0}{\eta}\frac{\partial^2 y}{\partial x^2}=0 \tag{1}$$

满足边界条件和初始条件如下：

$$y(0,t)=0, \quad y(l,t)=0 \tag{2}$$

$$y(x,0)=\begin{cases}\frac{2s}{l}x, & 0 \leqslant x \leqslant \frac{l}{2} \\ 2s\left(1-\frac{x}{l}\right), & \frac{l}{2} \leqslant x \leqslant l\end{cases} \tag{3}$$

$$\left.\frac{\partial y}{\partial t}\right|_{t=0}=0 \tag{4}$$

用分离变量法，设 $y(x,t)=X(x)T(t)$，代入方程(1)，可得

$$X\frac{\mathrm{d}^2T}{\mathrm{d}t^2}-\frac{T_0}{\eta}T\frac{\mathrm{d}^2X}{\mathrm{d}x^2}=0$$

$$\frac{1}{T}\frac{\mathrm{d}^2T}{\mathrm{d}t^2}=\frac{T_0}{\eta}\cdot\frac{1}{X}\frac{\mathrm{d}^2X}{\mathrm{d}x^2}$$

等号两边只能是常量，而且只能是负值，设为$-\omega^2$.

$$\frac{T_0}{\eta}\frac{1}{X}\frac{\mathrm{d}^2X}{\mathrm{d}x^2}=-\omega^2$$

$$\frac{1}{T}\frac{\mathrm{d}^2T}{\mathrm{d}t^2}=-\omega^2$$

$$\frac{\mathrm{d}^2X}{\mathrm{d}x^2}+\frac{\eta}{T_0}\omega^2X=0$$

$$\frac{\mathrm{d}^2T}{\mathrm{d}t^2}+\omega^2T=0$$

$$T(t)=A'\cos\omega t+B'\sin\omega t$$

$$X(x)=C'\cos\left(\sqrt{\frac{\eta}{T_0}}\omega x\right)+D'\sin\left(\sqrt{\frac{\eta}{T_0}}\omega x\right)$$

由$y(0,t)=0$，即$X(0)=0$，定出$C'=0$.由$y(l,t)=0$,即$X(l)=0$，

$$\sqrt{\frac{\eta}{T_0}}\omega l=n\pi,\quad n=1,2,\cdots$$

$$X(x)=D'\sin\left(\frac{n\pi}{l}x\right)$$

$$y(x,t)=\sum_{n=1}^{\infty}\left[A_n\cos\left(\frac{n\pi}{l}\sqrt{\frac{T_0}{\eta}}t\right)+B_n\sin\left(\frac{n\pi}{l}\sqrt{\frac{T_0}{\eta}}t\right)\right]\sin\left(\frac{n\pi}{l}x\right)$$

由$\left.\frac{\partial y}{\partial t}\right|_{t=0}=0$，可知$B_n=0(n=1,2,\cdots)$，

$$y(x,t)=\sum_{n=1}^{\infty}A_n\sin\left(\frac{n\pi}{l}x\right)\cos\left(\frac{n\pi}{L}\sqrt{\frac{T_0}{\eta}}t\right)\tag{5}$$

$$y(x,0)=\sum_{n=1}^{\infty}A_n\sin\left(\frac{n\pi}{l}x\right)\tag{6}$$

将式(3)给的$y(x,0)$展成式(6)型的级数，或者说将式(3)代入式(6)，

$$\sum_{n=1}^{\infty}A_n\sin\left(\frac{n\pi}{l}x\right)=\begin{cases}\dfrac{2s}{l}x, & 0\leqslant x\leqslant\dfrac{l}{2}\\ 2s\left(1-\dfrac{x}{l}\right), & \dfrac{l}{2}\leqslant x\leqslant l\end{cases}$$

两边乘 $\cos\left(\dfrac{m\pi}{l}x\right)$，并对 x 由0到 l 积分，用

$$\int_0^l \sin\left(\frac{n\pi}{l}x\right)\sin\left(\frac{m\pi}{l}x\right)\mathrm{d}x=\frac{l}{2}\delta_{mn}$$

$$A_m=\frac{2}{l}\left[\int_0^{\frac{l}{2}}\frac{2s}{l}x\sin\left(\frac{m\pi}{l}x\right)\mathrm{d}x+\int_{\frac{l}{2}}^{l}2s\left(1-\frac{x}{l}\right)\sin\left(\frac{m\pi}{l}x\right)\mathrm{d}x\right]$$

经计算可得

$$A_m=\frac{8s}{(m\pi)^2}\sin\left(\frac{m\pi}{2}\right)$$

所以

$$y(x,t)=\frac{8s}{\pi^2}\sum_{n=1}^{\infty}\frac{1}{n^2}\sin\left(\frac{n\pi}{2}\right)\sin\left(\frac{n\pi}{l}x\right)\cos\left(\frac{n\pi}{l}\sqrt{\frac{T_0}{\eta}}t\right)$$

3.5.15　密度为 ρ_1、声速为 v_1 的介质 1，与密度为 ρ_2、声速为 v_2 的介质 2 间有一不可渗透的平面界面(图 3.75)，一列压强振幅为 A、频率为 ν 的平面声波自介质 1 垂直射向界面.

(1) 写出在界面上的边界条件；

(2) 用边界条件求出自界面反射回介质 1 的波的压强振幅 A' 和透射到介质 2 的波的压强振幅 B.

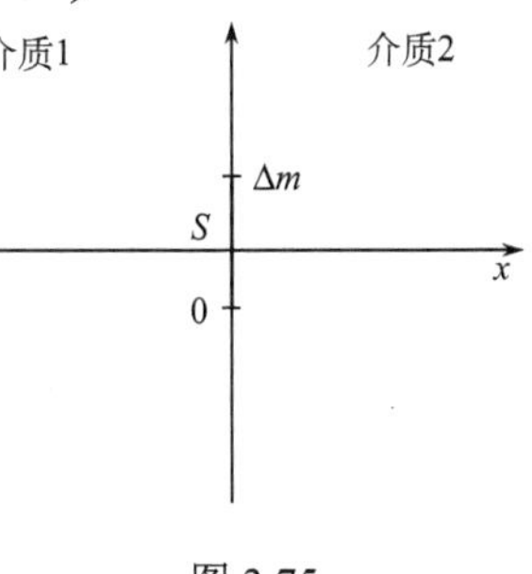

图 3.75

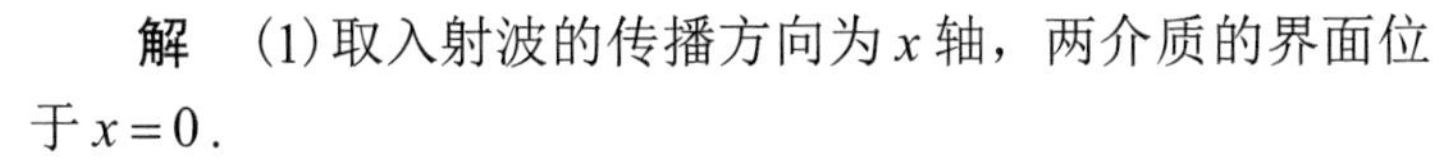

解　(1) 取入射波的传播方向为 x 轴，两介质的界面位于 $x=0$.

在界面上取一很薄的质元，质元的两个表面分别位于两种介质中，设质元质量为 Δm，表面积为 S，由牛顿运动定律，

$$(p_1-p_2)S=\Delta m\frac{\mathrm{d}v}{\mathrm{d}t}$$

分界面是无限薄的，$\Delta m\to 0, \dfrac{\mathrm{d}v}{\mathrm{d}t}$ 是有限的，因此在界面处有

$$p_1=p_2$$

设平衡时，两边压强为 $p_0, p_1=p_0+\Delta p_1, p_2=p_0+\Delta p_2$，因此这个边界条件可写为

$$\Delta p_1\big|_{x=0}=\Delta p_2\big|_{x=0} \tag{1}$$

由于界面是不可渗透的，界面两边的介质因声波扰动得到垂直于界面的振动速度 $\dfrac{\partial y_1}{\partial t}$、$\dfrac{\partial y_2}{\partial t}$，而两种介质总保持接触(不可渗透)，必有法向速度相等，因此第二个边界条件是

$$\left.\frac{\partial y_1}{\partial t}\right|_{x=0}=\left.\frac{\partial y_2}{\partial t}\right|_{x=0} \tag{2}$$

(2) 我们用波的复数表示法，对于波的压强变化量，可写为

入射波：　$\Delta p_1 = A\mathrm{e}^{\mathrm{i}(\omega t - k_1 x)}\quad (x \leqslant 0)$

反射波：　$\Delta p_1' = A'\mathrm{e}^{\mathrm{i}(\omega t + k_1 x)}\quad (x \leqslant 0)$

透射波：　$\Delta p_2 = B\mathrm{e}^{\mathrm{i}(\omega t - k_2 x)}\quad (x \geqslant 0)$

其中 $k_1 = \dfrac{\omega}{v_1}, k_2 = \dfrac{\omega}{v_2}$.

因为

$$\Delta p = -K\frac{\partial y}{\partial x} = -\rho v^2 \frac{\partial y}{\partial x}$$

$$\Delta p_1 = -\rho_1 v_1^2 \frac{\partial y_1}{\partial x}$$

$$\frac{\partial y_1}{\partial x} = -\frac{1}{\rho v_1^2}\Delta p_1 = -\frac{1}{\rho_1 v_1^2}A\mathrm{e}^{\mathrm{i}(\omega t - k_1 x)}$$

对 x 积分(t 视为“常量”)

$$y_1 = -\frac{1}{\rho_1 v_1^2}A\int \mathrm{e}^{\mathrm{i}(\omega t - k_1 x)}\mathrm{d}x$$

$$= \frac{1}{\mathrm{i}k_1\rho_1 v_1^2}A\mathrm{e}^{\mathrm{i}(\omega t - k_1 x)}$$

同样可得反射波和透射波的位移表达式：

$$y_1' = -\frac{1}{\mathrm{i}k_1\rho_1 v_1^2}A'\mathrm{e}^{\mathrm{i}(\omega t + k_1 x)}$$

$$y_2 = \frac{1}{\mathrm{i}k_2\rho_2 v_2^2}B\mathrm{e}^{\mathrm{i}(\omega t - k_2 x)}$$

$$\frac{\partial y_1}{\partial t} = \frac{\omega}{k_1\rho_1 v_1^2}A\mathrm{e}^{\mathrm{i}(\omega t - k_1 x)} = \frac{1}{\rho_1 v_1}A\mathrm{e}^{\mathrm{i}(\omega t - k_1 x)}$$

$$\frac{\partial y_1'}{\partial t} = -\frac{\omega}{k_1\rho_1 v_1^2}A'\mathrm{e}^{\mathrm{i}(\omega t + k_1 x)} = -\frac{1}{\rho_1 v_1}A'\mathrm{e}^{\mathrm{i}(\omega t - k_1 x)}$$

$$\frac{\partial y_2}{\partial t} = \frac{\omega}{k_2\rho_2 v_2^2}B\mathrm{e}^{\mathrm{i}(\omega t - k_2 x)} = \frac{1}{\rho_2 v_2}B\mathrm{e}^{\mathrm{i}(\omega t - k_2 x)}$$

在用(1)中给出的两个边界条件时，其中 Δp_1 和 $\dfrac{\partial y_1}{\partial t}$ 都是入射波和反射波的相应量之和.

由 $\left(\Delta p_1 + \Delta p_1'\right)\big|_{x=0} = \Delta p_2\big|_{x=0}$，得

$$A + A' = B \tag{3}$$

由 $\left(\dfrac{\partial y_1}{\partial t} + \dfrac{\partial y_1'}{\partial t}\right)\bigg|_{x=0} = \dfrac{\partial y_2}{\partial t}\bigg|_{x=0}$，得

$$\frac{1}{\rho_1 v_1}A - \frac{1}{\rho_1 v_1}A' = \frac{1}{\rho_2 v_2}B \tag{4}$$

由式(3)、(4)解出

$$A' = \frac{\rho_2 v_2 - \rho_1 v_1}{\rho_1 v_1 + \rho_2 v_2} A, \quad B = \frac{2\rho_2 v_2}{\rho_1 v_1 + \rho_2 v_2} A$$

3.5.16　两根相同的钢琴弦在保持相同的张力时有相同的基频，设基频为中 600Hz，试问当这两根弦同时振动时，使其中一根弦增加多大百分比的张力，每秒发生 6 个拍?

解

$$\nu_1 = \frac{1}{2l}\sqrt{\frac{T_0}{\eta}}, \quad \nu_1' = \frac{1}{2l}\sqrt{\frac{T_0'}{\eta}}.$$

$$\frac{T_0'}{T_0} = \left(\frac{\nu_1'}{\nu_1}\right)^2, \quad \nu_{拍} = \nu_1' - \nu_1$$

$$\frac{T_0' - T_0}{T_0} = \frac{\nu_1'^2 - \nu_1^2}{\nu_1^2} = \frac{(600+6)^2 - (600)^2}{(600)^2} = 0.020$$

使其中一根弦增加 2%的张力，每秒可听到 6 个拍.

3.5.17　设有两列声波，一列在空气中，另一列在水中，如果这两列声波的强度相等，水中声波的压强振幅与空气中声波的压强振幅之比多大?若这两列波的压强振幅相等，它们的声强之比多大?

解　声强与声压振幅的关系为

$$I = \frac{1}{2\rho v} p_m^2$$

用脚标 a 表示空气中的物理量，脚标 w 表示水中的物理量.

当 $I_a = I_w$ 时，

$$\frac{1}{2\rho_a v_a} p_{ma}^2 = \frac{1}{2\rho_w v_w} p_{mw}^2$$

$$\frac{p_{mw}}{p_{ma}} = \sqrt{\frac{2\rho_w v_w}{2\rho_a v_a}} = \sqrt{\frac{\rho_w v_w}{\rho_a v_a}}$$

当 $\rho_{ma} = \rho_{mw}$ 时，

$$\frac{I_w}{I_a} = \frac{\dfrac{1}{2\rho_w v_w}}{\dfrac{1}{2\rho_a v_a}} = \frac{\rho_a v_a}{\rho_w v_w}$$

3.5.18　两端开口的长为 l 的风琴管可用来测量亚音速风洞中空气的马赫数 v/c，其中 v 是空气的流动速度，c 是在静止空气中的声速. 观察到当风琴管固定在洞中不动时，与周期为 T 的基波发生共振. 若 $v/c = \frac{1}{2}$，求 T/T_0，T_0 是风琴管置于静止空气中时在基波发生共振的基波周期.

解法一　波速公式都是以波在其中传播的介质为参考系的. 今风洞中的空气是以速度 v 运动的(对静参考系而言)，以流动的空气为参考系，则对风洞亦即对静系静止的风琴管是以 v 的速率向与空气对静系运动的相反方向运动的.

在基波发生共振，对于两端开口的风琴管，管子长度等于半个波长，可在空气参考系中，管子是逆着空气而运动的，表观长度l'小于实际长度l，其关系为

$$l' = l - v \cdot \frac{T}{2} \tag{1}$$

其中T是在流动空气中风琴管的基波周期，$\frac{T}{2}$是此基波通过风琴管所需时间.

$$l' = \frac{\lambda}{2}, \quad l = \frac{\lambda_0}{2}$$

λ、λ_0分别是风琴管在流动的空气中和在静止的空气中的基波波长.

将上述两式代入式(1)，

$$\frac{\lambda}{2} = \frac{\lambda_0}{2} - v \cdot \frac{T}{2} = \frac{\lambda_0}{2} - \frac{v}{c}\frac{cT}{2} = \frac{\lambda_0}{2} - \frac{v}{c}\frac{\lambda}{2}$$

$$\lambda = \frac{1}{1+\frac{v}{c}}\lambda_0$$

因为

$$\frac{\lambda}{T} = \frac{\lambda_0}{T_0} = c$$

所以

$$\frac{T}{T_0} = \frac{\lambda}{\lambda_0} = \frac{1}{1+\frac{v}{c}}$$

若$\frac{v}{c} = \frac{1}{2}, \frac{T}{T_0} = \frac{2}{3}$.

解法二　此题实际上是多普勒效应问题，用多普勒公式来解.

以空气为参考系，波源不动，发出ν_0频率的波，观察者对风洞是静止的，在空气参考系中是以v的速率向着波源运动的，听到的声波频率为ν，

$$\nu = \frac{c+v}{c}\nu_0$$

其中c为在静止空气中的声速，

$$c = \frac{\lambda}{T} = \frac{\lambda_0}{T_0}, \quad c = \lambda\nu = \lambda_0\nu_0$$

$$\frac{T}{T_0} = \frac{\lambda}{\lambda_0} = \frac{\nu_0}{\nu} = \frac{c}{c+v} = \frac{1}{1+\frac{v}{c}}$$

3.5.19　一汽笛发出频率为1000Hz的声音，该汽笛以10m/s的速率离开你向一悬崖运动，空气中的声速为330m/s．试问：

(1) 你听到的直接从汽笛传来的声波的频率多大?

(2) 你听到从悬崖反射回来的声波频率多大?

(3)你能否听到拍频?

解 (1) $\nu=1000\text{Hz},\quad u_s=-10\,\text{m/s},\quad u_0=0,\quad v=330\,\text{m/s}$

$$\nu'=\frac{v+u_0}{v-u_s}\nu=\frac{330+0}{330-(-10)}\times1000=971(\text{Hz})$$

(2)悬崖和你之间无相对运动，都对所用的静参考系是静止的，因此你听到悬崖反射回来的声波频率也就是悬崖接收到的声波频率，波源向着悬崖运动. (1)中的ν、u_0、v不变，u_s改为$10\,\text{m/s}$.

$$\nu'=\frac{330+0}{330-10}\times1000=1030(\text{Hz})$$

(3) $$1030-971=59(\text{Hz})>7\text{Hz}$$

拍频高于7Hz，难予或说无法分辨声音强弱的变化，因此结论是听不到拍频.

3.5.20 一卡车在其车顶上装有两个扬声器，一个朝前，一个朝后，此卡车以1m/s的速度向你驶来，如果扬声器都以1000Hz的频率振动，问你听到的由直接传来的声音和由汽车后一建筑物反射的回声形成的拍频等于多少?(取声速为330m/s).

解 观察者听到直接从扬声器传来的声音频率

$$\nu_1=\frac{c}{c-v}\nu=\frac{330}{330-1}\times1000=1003(\text{Hz})$$

观察者听到由建筑物反射回来的声音频率

$$\nu_2=\frac{c}{c+v}\nu=\frac{330}{330+1}\times1000=997(\text{Hz})$$

观察者听到的拍频为

$$\nu_{拍}=\nu_1-\nu_2=6\text{Hz}$$

3.5.21 一大学生手持一振动频率为440Hz的音叉以1.2m/s的速度从一座墙走开. 问从墙反射出的回声的音调高于还是低于音叉的音调?大学生听到的拍频多大?声音的速度为330m/s.

解 由墙反射的回声频率，等于在墙边静止不动的观察者听到的、由走开的大学生持有的音叉传来的声音频率.

$$\nu'=\frac{c}{c-v_s}\nu=\frac{330}{330-(-1.2)}440=438.4(\text{Hz})$$

$\nu'<\nu$，从墙反射的回声的音调低于音叉的音调. 可是ν'还不是从墙走开的大学生听到的回声的频率，他听到的回声频率为

$$\nu''=\frac{c+v_0}{c}\nu'=\frac{330-1.2}{330}438.4=436.8(\text{Hz})$$

走开的大学生听到的回声的音调也是低于音叉的音调的.

走开的大学生听到的拍频

$$\nu_{拍}=\nu-\nu''=440-436.8\approx3(\text{Hz})$$

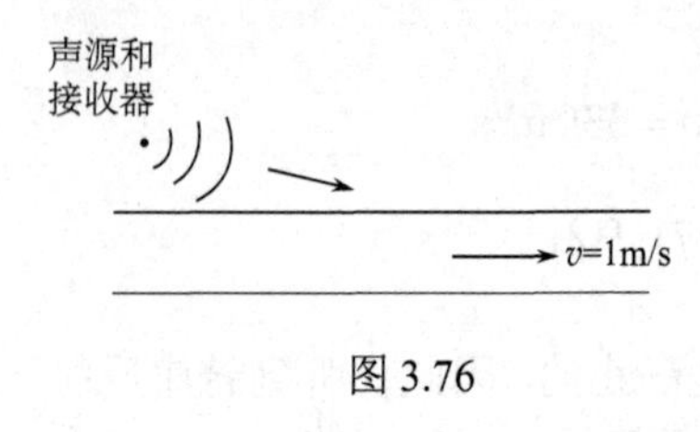

图 3.76

3.5.22　血液在动脉中流动的速度可以用超声波多普勒频移来测量. 假定频率为1.5×10^6Hz的超声波被以1m/s速度流动的血液反射回来，若超声波在人体组织中的速度为1500m/s，且超声波以非常小的角度入射，如图3.76所示. 求入射和反射波之间的频率移动$\Delta\nu$.

解　反射波的频率为

$$\nu'=\frac{c-v}{c}\nu$$

入射波和反射波间的频率移动

$$\Delta\nu=\nu-\nu'=\nu-\frac{c-v}{c}\nu=\frac{v}{c}\nu=\frac{1}{1500}\times1.5\times10^6=1000(\mathrm{Hz})$$

3.5.23　一站在铁路轨道边的学生听到火车向他驶来和离他而去的汽笛声的频率分别为250Hz和200Hz，假定声音在空气中的速度为340m/s，问火车的速度多大?

解　设火车汽笛发出的声音频率为ν_0，学生听到的向他驶来和离他而去的频率分别为ν_1和ν_2，火车速度为v，

$$\nu_1=\frac{c}{c-v}\nu_0,\quad \nu_2=\frac{c}{c+v}\nu_0$$

$$\nu_1(c-v)=\nu_2(c+v)$$

$$v=\frac{\nu_1-\nu_2}{\nu_1+\nu_2}c=\frac{250-200}{250+200}\times340=37.8(\mathrm{m/s})$$

3.5.24　一个声学运动探测器发射50kHz的信号并接收回声，如果回声有多普勒频移大于100Hz，运动物体就被记录下来. 设空气中的声速为330m/s，要被探测器记录，运动物体需以多大的速率向着或离开探测器运动?

解　设运动物体向着探测器的速率为v，空气中声速为c，探测器发射的频率为ν，物体收到的信号频率为ν'，探测器收到的回声频率为ν''.

$$\nu'=\frac{c+v}{c}\nu,\quad \nu''=\frac{c}{c-v}\nu'=\frac{c+v}{c-v}\nu$$

$$\Delta\nu=\nu''-\nu=\left(\frac{c+v}{c-v}-1\right)\nu=\frac{2v}{c-v}\nu$$

$$\frac{\Delta\nu}{2\nu}=\frac{v}{c-v},\quad \frac{\Delta\nu}{2\nu+\Delta\nu}=\frac{v}{c}$$

$$v=\frac{\Delta\nu}{2\nu+\Delta\nu}c\approx\frac{\Delta\nu}{2\nu}c=\frac{\pm100\times330}{2\times50\times10^3}=\pm0.33(\mathrm{m/s})$$

v的负值表示物体远离探测器. 因此运动物体要能被探测器记录下来，它向着或离开探测器的速率应$\geqslant$0.33m/s.

3.5.25　火车以25m/s的速率行驶，汽笛声的频率为500Hz，一个人站在离铁轨100m处，当人与汽笛的连线与铁轨垂直时取为$t=0$，问t为何值时，人听到的汽笛声的

频率比原频率低25Hz？空气中声速为330m/s.

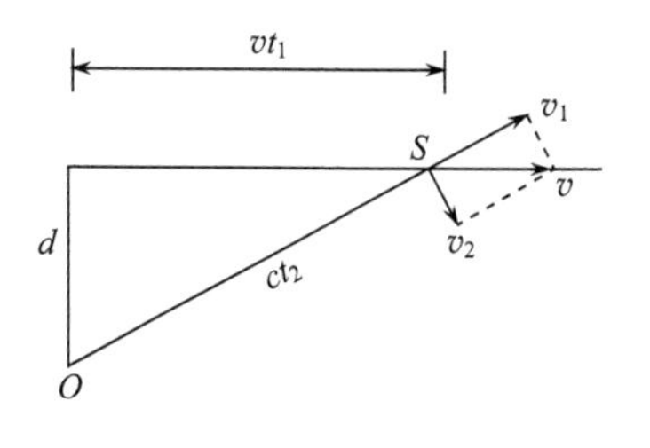

图 3.77

解　听到的频率低于汽笛原发的频率，声源的运动必远离观察者．设观察者听到t_1时刻汽笛发出的频率为$\nu'=500-25=475\text{Hz}$，此时汽笛的速度在汽笛与观察者连线方向的分量为v_1，如图3.77所示．图中O为观察者所在位置，v为火车的速度，c为空气中的声速，$d=100\text{m}$，t_2为声音从S传到O所需时间，

$$\nu'=\frac{c}{c-u_s}\nu=\frac{c}{c+v_1}\nu$$

$$v_1=c\left(\frac{\nu}{\nu'}-1\right)$$

$$\frac{v_1}{v}=\frac{vt_1}{\sqrt{d^2+(vt_1)^2}},\quad \frac{v_1^2}{v^2}=\frac{v^2t_1^2}{d^2+v^2t_1^2}$$

$$\frac{v_1^2}{v^2-v_1^2}=\frac{v^2t_1^2}{d^2}$$

$$t_1=\frac{dv_1}{v\sqrt{v^2-v_1^2}},\quad t_2=\frac{\sqrt{d^2+v^2t_1^2}}{c}$$

代入$c=330\text{m/s},\nu=500\text{Hz},\nu'=475\text{Hz},d=100\text{m},v=25\text{m/s}$，得

$$v_1=17.4\text{m/s},\quad t_1=3.86\text{s},\quad t_2=0.42\text{s}$$

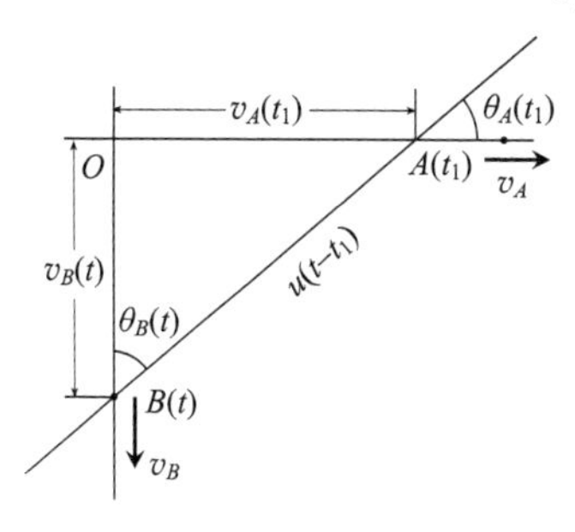

图 3.78

观察者听到比原频率低25Hz的汽笛声的时刻为

$$t=t_1+t_2=4.28\text{s}$$

3.5.26　两辆汽车A与B，在$t=0$时从十字路口O处分别以速度$\boldsymbol{v}_A$和$\boldsymbol{v}_B$沿向东和向南的公路匀速行驶，如图3.78所示．汽车A的司机不断地鸣笛，笛声频率为ν_0．汽车B的司机听到的笛声频率ν多大？已知声速为u，当然$u>v_A$、v_B．

解法一　如图3.78所示．t时刻汽车位于$B(t)$处，距O点的距离为v_Bt，听到汽车B在$t_1(<t)$时发出的笛声．t_1时刻，汽车A位于$A(t_1)$，距O点v_At_1，笛声传播需时$t-t_1$，经历的路程为$u(t-t_1)$．由几何关系可得

$$(v_At_1)^2+(v_Bt)^2=\left[u(t-t_1)\right]^2$$

即

$$(u^2-v_A^2)t_1^2-2u^2tt_1+(u^2-v_B^2)t^2=0$$

这是以t_1为变量的一元二次方程．其解为

$$t_1=\left[\frac{u^2\pm\sqrt{u^2(v_A^2+v_B^2)-v_A^2v_B^2}}{u^2-v_A^2}\right]t$$

由于 $t_1 < t$，上式只能取减号

$$t_1 = \left[\frac{u^2 - \sqrt{u^2(v_A^2 + v_B^2) - v_A^2 v_B^2}}{u^2 - v_A^2}\right]t$$

$$t - t_1 = \frac{\sqrt{u^2(v_A^2 + v_B^2) - v_A^2 v_B^2} - v_A^2}{u^2 - v_A^2}t$$

为计算过程中，书写方便起见，令 $\sqrt{u^2(v_A^2 + v_B^2) - v_A^2 v_B^2} = k$，

$$t_1 = \frac{u^2 - k}{u^2 - v_A^2}t, \qquad t - t_1 = \frac{k - v_A^2}{u^2 - v_A^2}t$$

由多普勒效应公式

$$\nu = \frac{u + u_0}{u - u_{\mathrm{s}}}\nu_0 \tag{1}$$

其中 u_{o}、u_{s} 是接收者和声源沿它们连线的速度分量，向着对方的为正值，这里都取负值.

$$u_{\mathrm{s}} = -v_A \cos\theta_A(t_1) = -v_A \frac{v_A t_1}{u(t - t_1)} = -\frac{v_A^2(u^2 - k)}{u(k - v_A^2)} \tag{2}$$

$$u_0 = -v_B \cos\theta_B(t) = -v_B \frac{v_B t}{u(t - t_1)} = -\frac{v_B^2(u^2 - v_A^2)}{u(k - v_A^2)} \tag{3}$$

将(2)、(3)式代入(1)式，

$$\nu = \frac{u - \dfrac{v_B^2(u - v_A^2)}{u(k - v_A^2)}}{u + \dfrac{v_A^2(u^2 - k)}{u(k - v_A^2)}}\nu_0 = \frac{u^2(k - v_A^2) - v_B^2(u^2 - v_A^2)}{u^2(k - v_A^2) + v_A^2(u^2 - k)}\nu_0$$

$$= \frac{u^2 k - u^2(v_A^2 + v_B^2) + v_A^2 v_B^2}{(u^2 - v_A^2)k}\nu_0$$

$$= \frac{u^2\sqrt{u^2(v_A^2 + v_B^2) - v_A^2 v_B^2} - u^2(v_A^2 + v_B^2) + v_A^2 v_B^2}{(u^2 - v_A^2)\sqrt{u^2(v_A^2 + v_B^2) - v_A^2 v_B^2}}\nu_0$$

$$= \frac{u^2 - \sqrt{u^2(v_A^2 + v_B^2) - v_A^2 v_B^2}}{u^2 - v_A^2}\nu_0$$

解法二　考虑到在 $\mathrm{d}t_1$ 时间内与 $\mathrm{d}t$ 时间振动次数相等.

$$\nu_0 \mathrm{d}t_1 = \nu \mathrm{d}t$$

从 t_1 与 t 的关系式立即可得

$$\nu = \nu_0 \frac{\mathrm{d}t_1}{\mathrm{d}t} = \frac{u^2 - \sqrt{u^2(v_A^2 + v_B^2) - v_A^2 v_B^2}}{u^2 - v_A^2}\nu_0$$

3.5.27　声波从波源水平地传向接收器，波源的速率为 u，接收器的速率为 v，向同一方向运动，另有速率为 w 的风也水平地从波源吹向接收器. 若波源发射的声波频率为 ν，静止空气中的声速为 V. 设风向也与波源、接收器的运动方向一致. 试证：接收器收到的频率为

$$\nu' = \frac{V - v + w}{V - u + w}\nu$$

并说明此式的适用范围.

证明 公式$\nu' = \dfrac{v + u_0}{v - u_s}\nu$中的$v$是波速，今有风，以介质为参考系，即以随风运动的空气为参考系，$v = V$(注意：这个v是公式中的v，勿与题目中的v发生混淆).

在此参考系中，接收器(观察者)的速度为$v - w$，波源的速度为$u - w$，观察者是向远离波源的方向运动，波源是向趋近观察者的方向运动. 根据公式中u_0、u_s的正负号规定，

$$u_0 = -(v - w), \quad u_s = u - w$$

将v、u_0、u_s代入公式，即得

$$\nu' = \frac{V - (v - w)}{V - (u - w)}\nu = \frac{V - v + w}{V - u + w}\nu$$

公式中$v < u_s$时将出现冲击波，公式不适用，如$v + u_0 < 0$，观察者接收不到声波，公式也不适用. 因此所证的式子的适用范围是

$$V + w - u > 0, \quad V + w - v > 0$$

即$V + w > u$、v.

3.5.28 频率为ν_0的声源，在距地面h高度处以匀速u沿x方向做水平运动，一观察者位于地面$x = 0$处,$t = 0$时，声源正经过他的上空，设声速为v，试证：

(1) t时刻接收到的信号是声源t_s时发出的，

$$t_s = \frac{v^2}{v^2 - u^2}\left\{t - \frac{1}{v}\left[h^2\left(1 - \frac{u^2}{v^2}\right) + u^2 t^2\right]^{\frac{1}{2}}\right\}$$

(2) t时刻所接收到的信号的频率作为发出时刻t_s的函数为

$$\nu(t_s) = \frac{\nu_0}{1 + \dfrac{u}{v}\dfrac{ut_s}{\left(h^2 + u^2 t_s^2\right)^{1/2}}}$$

证明 (1) 由图3.79所示，

$$u^2 t_s^2 + h^2 = v^2 (t - t_s)^2 = v^2 \left(t^2 - 2tt_s + t_s^2\right)$$

$$\left(v^2 - u^2\right)t_s^2 - 2v^2 tt_s + v^2 t^2 - h^2 = 0$$

$$t_s = \frac{v^2}{v^2 - u^2}\left\{t \pm \frac{1}{v}\left[h^2\left(1 - \frac{u^2}{v^2}\right) + u^2 t^2\right]^{\frac{1}{2}}\right\}$$

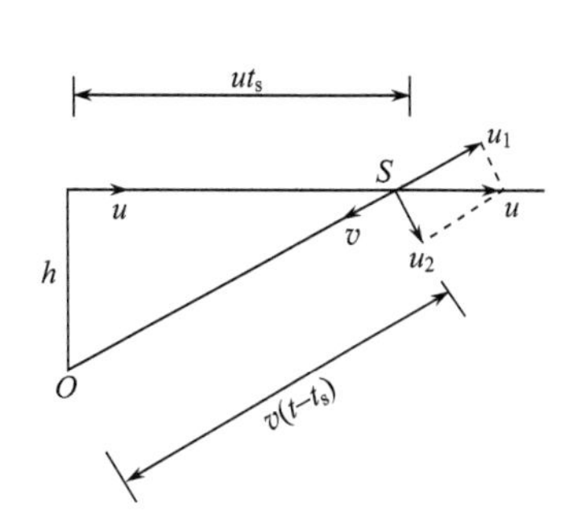

图 3.79

因$t - t_s > 0$，上式取“+”号的那个解是没有物理意义的，所以

$$t_s = \frac{v^2}{v^2 - u^2}\left\{t - \frac{1}{v}\left[h^2\left(1 - \frac{u^2}{v^2}\right) + u^2 t^2\right]^{\frac{1}{2}}\right\}$$

(2) t 时刻听到的声音是声源在 t_s 时刻位于图中 S 处时发出的，在此处，声源有背离观察者的速度分量 u_1.

$$\frac{u_1}{u} = \frac{u t_s}{\left(h^2 + u^2 t_s^2\right)^{1/2}}$$

$$u_1 = \frac{u^2 t_s}{\left(h^2 + u^2 t_s^2\right)^{1/2}}$$

代入多普勒公式

$$\nu(t_s) = \frac{v}{v - (-u_1)}\nu_0 = \frac{\nu_0}{1 + \frac{u_1}{v}} = \frac{\nu_0}{1 + \frac{u}{v}\frac{u t_s}{\left(h^2 + u^2 t_s^2\right)^{1/2}}}$$

3.5.29 频率为500Hz 的音叉以5.0 rad/s 的匀角速在半径为6.0m 的圆周上运动. 试求在距圆心12m 处的人听到的最高和最低频率各为多少?设声速为330 m/s .

解 音叉做匀速率圆周运动，速率 u 为

$$u = r\omega = 6.0 \times 5.0 = 30(\mathrm{m \cdot s^{-1}})$$

从人所在位置 O 点作圆的两条切线 OA、OB (图 3.80)，显然在 A点$u_s = u$.

在 A 处音叉发出的频率是听到的最高频率，

$$\nu'_{\max} = \frac{v}{v - u}\nu = \frac{330}{330 - 30} \times 500 = 550(\mathrm{Hz})$$

在 B 点， $u_s = -u$,在B 处音叉发出的频率是听到的最低频率，

$$\nu'_{\min} = \frac{v}{v - (-u)}\nu = \frac{330}{330 - (-30)} \times 500 = 458(\mathrm{Hz})$$

3.5.30 声音在大气中的传播速度为330 m/s ，一架飞机以660 m/s 的速度在观察者上方8000m 高处飞过. 问当观察者刚听到飞机隆隆声时，飞机离他的正上方的水平距离有多远?

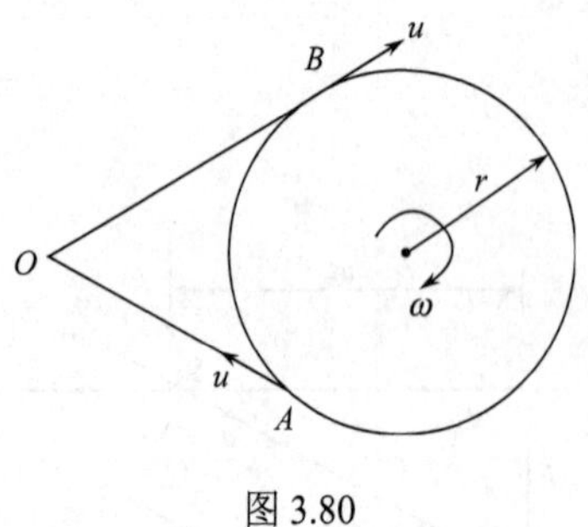

图 3.80

解 $u_s > v$ (声源速度超过声速)是发生冲击波的情况.

如图 3.81 所示，观察者在 A 处听到飞机隆隆声时，飞机已飞到了 S 点，离他的正上方的水平距离为 BS .

因为 $\Delta ABS \sim \Delta OAS$,

$$\frac{BS}{h} = \frac{AS}{OA}$$

$$AS = \sqrt{(u_s t)^2 - (vt)^2}, \quad OA = vt$$

从而

$$BS = h\frac{AS}{OA} = \frac{h}{v}\sqrt{u_s^2 - v^2} = \frac{8000}{330}\sqrt{(660)^2 - (330)^2} = 13856(\text{m})$$

3.5.31 若声音在空气中的速度为 c，声源沿 x 方向运动，运动速度为 v.

(1) $v<c$ 的情况，$t=0$ 时，一个声脉冲由坐标原点发出，画出 t 时刻的波阵面和 t 时刻声源位置之间的关系，仔细地对所作的图加以标记，以 t 时刻波源作为原点，写出波阵面位置的方程；

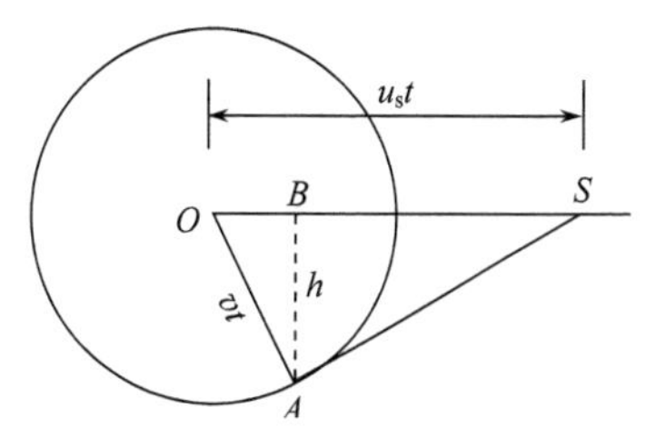

图 3.81

(2) $v>c$ 的情况，声源发出连续信号，画出由运动声源所产生的波前，说明作图的依据，写下联系波前形状和其他一些已知量的方程.

解 (1) 取两坐标系 $Oxyz$ 和 $O'x'y'z'$，$t=0$ 时两坐标系完全重合，x、x' 轴沿声源运动的方向，$Oxyz$ 是固定的，O' 固连于声源，$O'x'y'z'$ 为动坐标系.

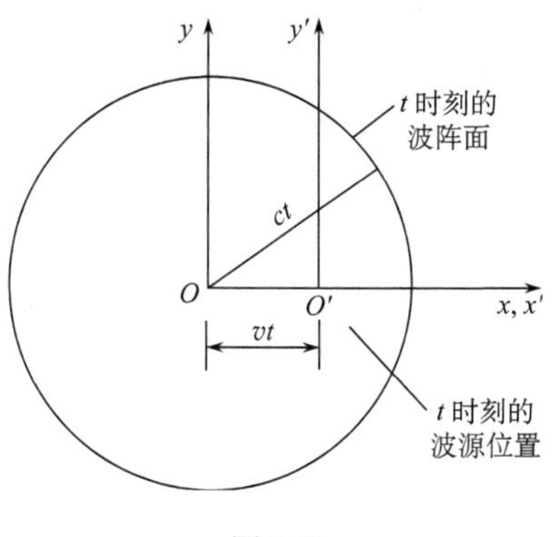

图 3.82

图 3.82 画了 t 时刻两个坐标系（z,z' 轴垂直纸面向上，图中未画）的位置，声源位于 O' 点，还画出了 t 时刻声脉冲的波阵面，它是以 O 为球心，以 ct 为半径的球面，波阵面位置的方程为

$$x^2 + y^2 + z^2 = (ct)^2$$

题目要求以 t 时刻波源作为原点的坐标系表达，则为

$$(x' + vt)^2 + y'^2 + z'^2 = (ct)^2$$

(2) 如图 3.83 所示.

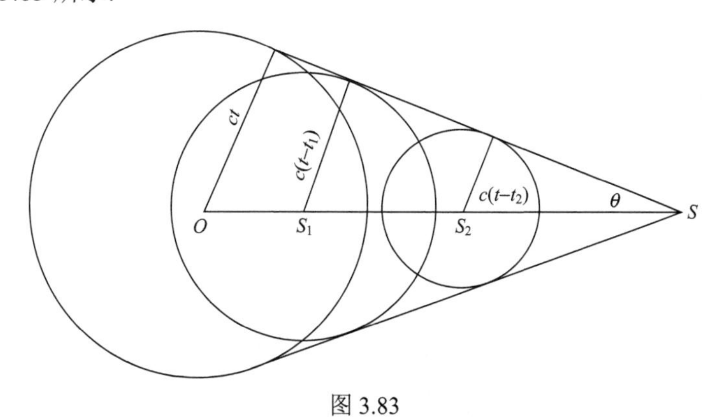

图 3.83

图 3.83 中，O、S_1、S_2、S 分别是声源在 $t=0$、$t=t_1$、$t=t_2$ 和 t 时刻的位置.

$$OS_1 = vt_1, \quad OS_2 = vt_2, \quad OS = vt$$

在 t 时刻，在 O、S_1、S_2 时声源所发信号的波前均为球面，其半径分别为

ct、$c(t-t_1)$、$c(t-t_2)$，

$$\frac{ct}{vt}=\frac{c(t-t_1)}{v(t-t_1)}=\frac{c(t-t_2)}{v(t-t_2)}$$

这些波前的包络是一个 S 为顶点，θ 为半顶角的圆锥面，如图 3.83 所示.

$$\sin\theta=\frac{ct}{vt}=\frac{c}{v}$$

3.5.32 一架飞机在上空做水平飞行，某时刻，地面上的人同时听到飞机的隆隆声的位置在通过 $(2\sqrt{3}\times10^3,\sqrt{2}\times10^2)$ 点的下述曲线上：

$$x^2-3y^2-2\sqrt{3}\times10^3x+6\times10^4=0$$

x、y 在地面上，均以米为单位. 能否从此曲线求出马赫角 α、飞机飞行的高度 h，并说明飞机航行的方向.

解 某时刻同时听到飞机隆隆声的位置构成的曲线，从方程看是一条双曲线，一个不通过圆锥的对称轴而又平行于对称轴的平面，截此圆锥面得到的曲线是一条双曲线，可见飞机的隆隆声是冲击波.

假定飞机沿 x 轴飞行，圆锥方程可写成

$$y^2+z^2=a^2(x-x_0)^2=a^2(x^2-2x_0x+x_0^2)$$

$$a^2x^2-2a^2x_0x-y^2-z^2+a^2x_0^2=0$$

$$x^2-2x_0x-\frac{1}{a^2}y^2+x_0^2-\frac{1}{a^2}z^2=0 \tag{1}$$

设 z 轴向上为正，飞行高度为 h，地面的 z 坐标为 $z=-h$.

将 $z=-h$ 代入式(1)，

$$x^2-2x_0x-\frac{1}{a^2}y^2+x_0^2-\frac{h^2}{a^2}=0$$

具有所给方程的形式，可见飞机的确沿 x 轴飞行.

比较两个式子可得

$$\frac{1}{a^2}=3,\quad x_0=\sqrt{3}\times10^3\,\text{m}$$

$$x_0^2-\frac{h^2}{a^2}=6\times10^4$$

解出

$$h=a\sqrt{x_0^2-6\times10^4}=990\,\text{m}$$

图 3.84 画出了用 $z=-h$ 平面截圆锥面得到的双曲线，题目所给的是其中的一支. A、B 两点的 x 坐标是

$$\begin{cases}x^2-3y^2-2\sqrt{3}\times10^3x+6\times10^4=0\\ y=0\end{cases}$$

的解.

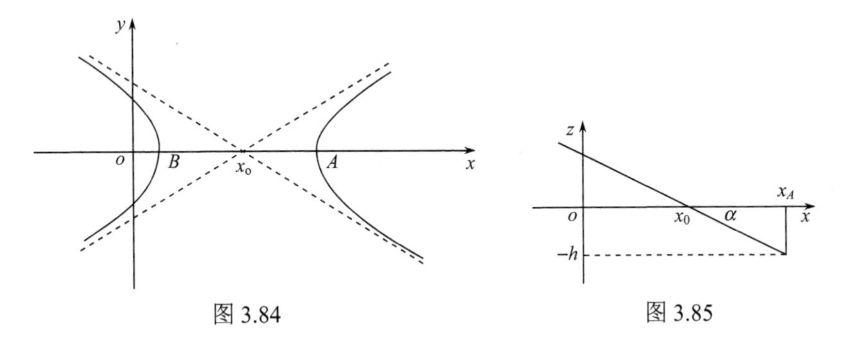

图 3.84　　　　图 3.85

$$x^2-2\sqrt{3}\times10^3x+6\times10^4=0$$

$$x=\frac{2\sqrt{3}\times10^3\pm\sqrt{12\times10^6-24\times10^4}}{2}$$

$$=\sqrt{3}\times10^3\pm\sqrt{3}\times10^3\times\left(1-2\times10^{-2}\right)^{\frac{1}{2}}$$

$$=\sqrt{3}\times10^3\pm\sqrt{3}\times10^3\times\left(1-10^{-2}\right)$$

$$x_A=2\sqrt{3}\times10^3-\sqrt{3}\times10=3.447\times10^3(\mathrm{m})$$

$$x_B=\sqrt{3}\times10^3+\sqrt{3}\times10=17.49\times10^3(\mathrm{m})$$

由曲线通过$\left(2\sqrt{3}\times10^3,\sqrt{2}\times10^2\right)$点可知，同时听到隆隆声的在右边一支双曲线上. 由此可以肯定飞机沿 x 轴负方向飞行.

由图 3.85 可求马赫角，

$$\alpha=\arctan\left(\frac{h}{x_A-x_0}\right)=\arctan\left(\frac{990}{3.447\times10^3-1.732\times10^3}\right)=30^\circ$$

或从 $y^2+z^2=a^2\left(x-x_0\right)^2$，令 y=0 得

$$z=\pm a(x-x_0)$$

它是圆锥面与 y=0 平面的交线的方程. 从而

$$\alpha=\left|\arctan\left(\frac{\mathrm{d}z}{\mathrm{d}x}\right)\right|=\arctan a=\arctan\frac{\sqrt{3}}{3}=30^\circ$$

第四章　有 心 运 动

4.1　一般有心力作用下的运动

4.1.1　一质量为m的质点沿着由$x=x_0\cos\omega_1 t$，　$y=y_0\sin\omega_2 t$给定的轨道运动.

(1)求作用力的x分量和y分量，问在什么情况下这个力是有心力；

(2)求势能$V(x,\ y)$；

(3)求动能，证明质点的机械能守恒.

解　(1)

$$x=x_0\cos\omega_1 t$$

$$\dot{x}=-x_0\omega_1\sin\omega_1 t,\ \ddot{x}=-x_0\omega_1^2\cos\omega_1 t$$

$$y=y_0\sin\omega_2 t$$

$$\dot{y}=y_0\omega_2\cos\omega_2 t,\ \ddot{y}=-y_0\omega_2^2\sin\omega_2 t$$

$$F_x=m\ddot{x}=-mx_0\omega_1^2\cos\omega_1 t$$

$$F_y=m\ddot{y}=-my_0\omega_2^2\sin\omega_2 t$$

$$F_x=-m\omega_1^2 x,\ F_y=-m\omega_2^2 y$$

如$\omega_1=\omega_2$，则$\boldsymbol{F}=-m\omega_1^2(x\boldsymbol{i}+y\boldsymbol{j})=-m\omega_1^2\boldsymbol{r}$，为有心力.

(2)

$$\mathrm{d}V=-F_x\mathrm{d}x-F_y\mathrm{d}y=m\omega_1^2 x\mathrm{d}x+m\omega_2^2 y\mathrm{d}y$$

$$V=\frac{1}{2}m\left(\omega_1^2 x^2+\omega_2^2 y^2\right)$$

(3)

$$T=\frac{1}{2}m\left(\dot{x}^2+\dot{y}^2\right)=\frac{1}{2}m\left(x_0^2\omega_1^2\sin^2\omega_1 t+y_0^2\omega_2^2\cos^2\omega_2 t\right)$$

$$V=\frac{1}{2}m\left(\omega_1^2 x_0^2\cos^2\omega_1 t+\omega_2^2 y_0^2\sin^2\omega_2 t\right)$$

$$E=T+V=\frac{1}{2}m\left(x_0^2\omega_1^2+y_0^2\omega_2^2\right)=\text{常量}$$

作用于质点的力是保守力，机械能必守恒.

4.1.2　一个质量为m的粒子在大小为$\dfrac{2m}{r^3}$的有心引力作用下运动．$t=0$时，$r=2$，速度的径向和横向分量分别为$\sqrt{\dfrac{3}{2}}$和1．证明$\ddot{r}=\dfrac{2}{r^3}$，并求$r(t)$.

解

$$m\ddot{r}=F(r)+\frac{mh^2}{r^3}=-\frac{2m}{r^3}+\frac{mh^2}{r^3}$$

由初始条件知$h=2\times 1=2$，代入上式，即得

$$\ddot{r}=-\frac{2}{r^3}+\frac{4}{r^3}=\frac{2}{r^3}$$

用 $\ddot{r}=\frac{\mathrm{d}\dot{r}}{\mathrm{d}r}\dot{r}$，上式可改写为

$$\dot{r}\mathrm{d}\dot{r}=\frac{2}{r^3}\mathrm{d}r$$

积分上式，用初始条件写积分下限，

$$\int_{\sqrt{\frac{3}{2}}}^{\dot{r}}\dot{r}\mathrm{d}\dot{r}=\int_2^r\frac{2}{r^3}\mathrm{d}r$$

$$\frac{1}{2}\dot{r}^2-\frac{1}{2}\left(\sqrt{\frac{3}{2}}\right)^2=-\frac{1}{r^2}+\frac{1}{4}$$

$$\dot{r}=\sqrt{2}\frac{\sqrt{r^2-1}}{r}$$

另一个解 $\dot{r}=-\sqrt{2}\frac{\sqrt{r^2-1}}{r}$ 不符合初始条件，已舍去.

$$\int_2^r\frac{r}{\sqrt{r^2-1}}\mathrm{d}r=\sqrt{2}\int_0^t\mathrm{d}t$$

$$\sqrt{r^2-1}-\sqrt{3}=\sqrt{2}t$$

$$r=\left[2\left(t^2+\sqrt{6}t+2\right)\right]^{1/2}$$

4.1.3 一质量为 m 的质点以初速率 v 从无穷远沿一直线运动，力心 P 离此直线的最短距离为 a，有心引力使质点在轨道 $r=c\coth\varphi$ 中运动，求 $F(r)$ 和 $\varphi(t)$.

解 用比耐公式

$$F(u)=-mh^2u^2\left(\frac{\mathrm{d}^2u}{\mathrm{d}\varphi^2}+u\right)$$

$$u=\frac{1}{r}=\frac{1}{c}\mathrm{th}\varphi,\quad \frac{\mathrm{d}u}{\mathrm{d}\varphi}=\frac{1}{c}\mathrm{sech}^2\varphi$$

$$\frac{\mathrm{d}^2u}{\mathrm{d}\varphi^2}=\frac{2}{c}\mathrm{sech}\,\varphi\frac{\mathrm{d}\,\mathrm{sech}\,\varphi}{\mathrm{d}\varphi}$$

$$=\frac{2}{c}\mathrm{sech}\,\varphi\left[-\frac{2\left(\mathrm{e}^{\varphi}-\mathrm{e}^{-\varphi}\right)}{\left(\mathrm{e}^{\varphi}+\mathrm{e}^{-\varphi}\right)^2}\right]=-\frac{2}{c}\mathrm{th}\varphi\,\mathrm{sech}^2\varphi$$

$$=-\frac{2}{c}\mathrm{th}\varphi\left(1-\mathrm{th}^2\varphi\right)=-2u\left(1-c^2u^2\right)$$

$$F(u)=-mh^2u^2\left[-2u\left(1-c^2u^2\right)+u\right]$$

$$=ma^2v^2\left(u^3-2c^2u^5\right)$$

上式计算中用了 $h=av$.

$$F(r)=ma^2v^2\left(\frac{1}{r^3}-\frac{2c^2}{r^5}\right)$$

$$r^2\dot{\varphi}=h=av$$

$$\int_{\varphi_0}^{\varphi}c^2\coth^2\varphi\mathrm{d}\varphi=\int_0^t av\mathrm{d}t$$

用积分公式$\int\coth^2\varphi\mathrm{d}\varphi=\varphi-\coth\varphi$,

$$\varphi-\coth\varphi=\varphi_0-\coth\varphi_0+\frac{av}{c^2}t$$

4.1.4　求使一个粒子在$r=a(1+\cos\varphi)$的轨道上运动的有心力.

解

$$u=\frac{1}{r}=\frac{1}{a(1+\cos\varphi)}$$

$$\frac{\mathrm{d}u}{\mathrm{d}\varphi}=\frac{\sin\varphi}{a(1+\cos\varphi)^2}$$

$$\begin{aligned}\frac{\mathrm{d}^2u}{\mathrm{d}\varphi^2}&=\frac{\cos\varphi}{a(1+\cos\varphi)^2}+\frac{2\sin^2\varphi}{a(1+\cos\varphi)^3}\\&=\frac{1+\cos\varphi}{a(1+\cos\varphi)^2}-\frac{1}{a(1+\cos\varphi)^2}+\frac{2(1-\cos\varphi)}{a(1+\cos\varphi)^2}\\&=u-au^2-2u+\frac{4}{a(1+\cos\varphi)^2}\\&=u-au^2-2u+4au^2=-u+3au^2\end{aligned}$$

$$\begin{aligned}F&=-mh^2u^2\left(\frac{\mathrm{d}^2u}{\mathrm{d}\varphi^2}+u\right)\\&=-mh^2u^2\left(-u+3au^2+u\right)=-3mh^2au^4=-\frac{3mah^2}{r^4}\end{aligned}$$

4.1.5　一个质量为m的质点在有心力$F=-\dfrac{k}{r^3}$(k为正值常量)作用下运动，选择总能E和角动量J的什么值时，它的轨道有$r=a\mathrm{e}^{b\varphi}$(a、b为常量)形式.

解法一

$$F=-\frac{k}{r^3},\ V(r)=-\frac{k}{2r^2}$$

$$r=a\mathrm{e}^{b\varphi}$$

$$\dot{r}=ab\mathrm{e}^{b\varphi}\dot{\varphi}=br\dot{\varphi}=\frac{bh}{r}$$

$$\begin{aligned}E&=\frac{1}{2}m\left(\dot{r}^2+r^2\dot{\varphi}^2\right)+V(r)\\&=\frac{1}{2}m\left(\frac{b^2h^2}{r^2}+\frac{h^2}{r^2}\right)-\frac{k}{2r^2}\end{aligned}$$

用机械能守恒,

$$E=E(r)\big|_{r\to\infty}=0,$$

所以

$$\frac{1}{2}m\left(\frac{b^2h^2}{r^2}+\frac{h^2}{r^2}\right)-\frac{k}{2r^2}=0$$

解出

$$h=\sqrt{\frac{k}{m\left(b^2+1\right)}},\quad J=mh=\sqrt{\frac{mk}{b^2+1}}$$

解法二 用比耐公式求 h,

$$-mh^2u^2\left(\frac{\mathrm{d}^2u}{\mathrm{d}\varphi^2}+u\right)=F(u)$$

令

$$u=\frac{1}{a}\mathrm{e}^{-b\varphi},\quad F(u)=-ku^3,$$

$$\frac{\mathrm{d}u}{\mathrm{d}\varphi}=-\frac{b}{a}\mathrm{e}^{-b\varphi},\quad \frac{\mathrm{d}^2u}{\mathrm{d}\varphi^2}=\frac{b^2}{a}\mathrm{e}^{-b\varphi}=b^2u$$

$$-mh^2u^2\left(b^2u+u\right)=-ku^3$$

$$h^2=\frac{k}{m\left(b^2+1\right)},\quad J=mh=\sqrt{\frac{mk}{b^2+1}}$$

E 的计算略.

4.1.6 求质量为 m 的质点在具有势能 $V=\dfrac{\alpha}{r}-\dfrac{\beta}{r^2}$ (α, β 均为正值常量)的有心力场中运动的轨道,并说明在什么运动条件下,质点将通过力心、趋于力心和飞往无限远,有无可能做周期运动?

解

$$V=\frac{\alpha}{r}-\frac{\beta}{r^2},\ F=-\frac{\mathrm{d}V}{\mathrm{d}r}=\frac{\alpha}{r^2}-\frac{2\beta}{r^3}$$

$$-mh^2u^2\left(\frac{\mathrm{d}^2u}{\mathrm{d}\varphi^2}+u\right)=\alpha u^2-2\beta u^3$$

$$mh^2\left(\frac{\mathrm{d}^2u}{\mathrm{d}\varphi^2}+u\right)=-\alpha+2\beta u$$

$$\frac{\mathrm{d}^2u}{\mathrm{d}\varphi^2}+\left(1-\frac{2\beta}{mh^2}\right)u=-\frac{\alpha}{mh^2}$$

若 $mh^2>2\beta$,令 $k^2=\dfrac{mh^2-2\beta}{mh^2}$,

$$\frac{\mathrm{d}^2u}{\mathrm{d}\varphi^2}+k^2u+\frac{\alpha}{mh^2}=0$$

令

$$u' = u + \frac{\alpha}{mh^2k^2} = u + \frac{\alpha}{mh^2 - 2\beta}$$

$$\frac{\mathrm{d}^2u'}{\mathrm{d}\varphi^2} + k^2u' = 0$$

选择适当的基轴，

$$u' = A\cos k\varphi$$

$$u = A\cos k\varphi - \frac{\alpha}{mh^2 - 2\beta}$$

$$r = \frac{1}{-\dfrac{\alpha}{mh^2 - 2\beta} + A\cos k\varphi}$$

$$= \frac{\dfrac{mh^2 - 2\beta}{\alpha}}{-1 + \dfrac{A\left(mh^2 - 2\beta\right)}{\alpha}\cos\left(\sqrt{\dfrac{mh^2 - 2\beta}{mh^2}}\varphi\right)} = \frac{p}{-1 + e\cos k\varphi}$$

其中 $p = \dfrac{mh^2 - 2\beta}{\alpha}$， $e = Ap = \dfrac{A\left(mh^2 - 2\beta\right)}{\alpha}$.

为求 e 或 A 与 E 、 h 的关系，考虑 $\varphi = 0$ 处的动能和势能.

$$\dot{r} = \frac{1}{\left(-1 + e\cos k\varphi\right)^2}\left(-ek\sin k\varphi\right)$$

在 $\varphi = 0$ 处， $\dot{r} = 0$ ， $r = \dfrac{p}{e-1}$ ，

$$E = \frac{mh^2}{2r^2} + \frac{\alpha}{r} - \frac{\beta}{r^2} = \frac{mh^2 - 2\beta}{2r^2} + \frac{\alpha}{r}$$

$$= \frac{\alpha p}{2\left(\dfrac{p}{e-1}\right)^2} + \frac{\alpha}{\dfrac{p}{e-1}} = \frac{\alpha}{2p}\left(e-1\right)^2 + \frac{\alpha}{p}\left(e-1\right)$$

$$\alpha\left(e-1\right)^2 + 2\alpha\left(e-1\right) - 2pE = 0$$

$$e - 1 = -1 \pm \sqrt{1 + 2pE/\alpha}$$

$$e = \sqrt{1 + \frac{2pE}{\alpha}} = \sqrt{1 + \frac{2\left(mh^2 - 2\beta\right)E}{\alpha^2}}$$

这里我们取了“+”号，取“−”号也叫以，两者的差别在于基轴的取向，不影响我们的讨论，当 $E \geqslant 0$ 时， $e \geqslant 1$ ，质点将飞往无限远. 当 $-\dfrac{\alpha^2}{2\left(mh^2 - 2\beta\right)} < E < 0$ 时， $0 < e < 1$ ，质点做有界运动，如 k 是有理数，即 $\sqrt{\dfrac{mh^2 - 2\beta}{mh^2}} = \dfrac{l}{n}$ ，其中 l 、 n 均为整数，则质点做周期运动，当 $E = -\dfrac{\alpha^2}{2\left(mh^2 - 2\beta\right)}$ 时， $e = 0$ ，质点做圆周运动，自然是周期运动.

在$mh^2>2\beta$的情况下，不论E为何值，质点都不可能通过力心，也不趋于力心.

若$mh^2=2\beta$，则

$$\frac{\mathrm{d}^2u}{\mathrm{d}\varphi^2}=-\frac{\alpha}{mh^2}$$

选基轴，使$\varphi=0$时$\dot{r}=0$.

因为$\dot{r}=-h\dfrac{\mathrm{d}u}{\mathrm{d}\varphi}$，$h\neq0$，所以在$\varphi=0$处，$\dfrac{\mathrm{d}u}{\mathrm{d}\varphi}=0$，

$$\mathrm{d}\left(\frac{\mathrm{d}u}{\mathrm{d}\varphi}\right)=-\frac{\alpha}{mh^2}\mathrm{d}\varphi$$

$$\frac{\mathrm{d}u}{\mathrm{d}\varphi}=-\frac{\alpha}{mh^2}\varphi,\quad u=-\frac{\alpha}{2mh^2}\varphi^2+u_0$$

$$r=\frac{1}{u_0-\dfrac{\alpha}{2mh^2}\varphi^2}=\frac{1}{\dfrac{1}{r_0}-\dfrac{\alpha}{2mh^2}\varphi^2}$$

当$\dfrac{1}{r_0}-\dfrac{\alpha}{2mh^2}\varphi^2\to0$，即$\varphi^2\to\dfrac{2mh^2}{\alpha r_0}$时，$r\to\infty$，质点将在$-\sqrt{\dfrac{2mh^2}{\alpha r_0}}<\varphi<\sqrt{\dfrac{2mh^2}{\alpha r_0}}$范围内运动，质点一定飞往无限远.

若$mh^2<2\beta$，$h\neq0$，令

$$l^2=\frac{2\beta-mh^2}{mh^2},$$

$$\frac{\mathrm{d}^2u}{\mathrm{d}\varphi^2}-l^2u=-\frac{\alpha}{mh^2}$$

令

$$u'=u-\frac{\alpha}{mh^2l^2}=u-\frac{\alpha}{2\beta-mh^2}$$

$$\frac{\mathrm{d}^2u'}{\mathrm{d}\varphi^2}-l^2u'=0$$

$$u'=A\mathrm{e}^{l\varphi}+B\mathrm{e}^{-l\varphi}$$

$$u=\frac{\alpha}{2\beta-mh^2}+A\mathrm{e}^{l\varphi}+B\mathrm{e}^{-l\varphi}$$

$$r=\frac{1}{\dfrac{\alpha}{2\beta-mh^2}+A\mathrm{e}^{l\varphi}+B\mathrm{e}^{-l\varphi}}\tag{1}$$

选基轴使$\varphi=0$时，$\dot{r}=0$，即$\dfrac{\mathrm{d}r}{\mathrm{d}\varphi}=\dfrac{\dot{r}}{\dot{\varphi}}=0$，并设此处$r=r_0$，则

$$r_0=\frac{1}{\dfrac{\alpha}{2\beta-mh^2}+A+B}$$

$$A+B=\frac{1}{r_0}-\frac{\alpha}{2\beta-mh^2} \tag{2}$$

$$\frac{\mathrm{d}r}{\mathrm{d}\varphi}=-\frac{Al\mathrm{e}^{l\varphi}-Bl\mathrm{e}^{-l\varphi}}{\left(\frac{\alpha}{2\beta-mh^2}+A\mathrm{e}^{l\varphi}+B\mathrm{e}^{-l\varphi}\right)^2}$$

$$\left.\frac{\mathrm{d}r}{\mathrm{d}\varphi}\right|_{\varphi=0}=\frac{(A-B)l}{\left(\frac{\alpha}{2\beta-mh^2}+A+B\right)^2}=0$$

$$A-B=0 \tag{3}$$

由式(2)、(3)得

$$A=B=\frac{1}{2}\left(\frac{1}{r_0}-\frac{\alpha}{2\beta-mh^2}\right)$$

由上式可将式(1)改写为

$$r=\left[\frac{\alpha}{2\beta-mh^2}+\left(\frac{1}{r_0}-\frac{\alpha}{2\beta-mh^2}\right)ch\left(\sqrt{\frac{2\beta-mh^2}{mh^2}}\varphi\right)\right]^{-1}$$

当$\frac{1}{r_0}=\frac{\alpha}{2\beta-mh^2}$时，质点做圆周运动，是周期运动．当$\frac{1}{r_0}\neq\frac{\alpha}{2\beta-mh^2}$时，质点将趋于力心．

若$h=0$，质点做直线运动，取其轨道为x轴，

$$m\ddot{x}=\frac{\alpha}{x^2}-\frac{2\beta}{x^3}$$

$$\frac{1}{2}m\dot{x}^2+\frac{\alpha}{x}-\frac{\beta}{x^2}=E$$

$$\dot{x}=\pm\sqrt{\frac{2}{m}\left(E-\frac{\alpha}{x}+\frac{\beta}{x^2}\right)}$$

$\dot{x}=0$时，质点将改变运动方向．

$$E-\frac{\alpha}{x}+\frac{\beta}{x^2}=0$$

$$Ex^2-\alpha x+\beta=0$$

如$0<E<\frac{\alpha^2}{4\beta}$，$\dot{x}=0$的$x$值为

$$x=\frac{\alpha\pm\sqrt{\alpha^2-4\beta E}}{2E}$$

则质点将在$\frac{\alpha-\sqrt{\alpha^2-4\beta E}}{2E}\leqslant x\leqslant\frac{\alpha+\sqrt{\alpha^2-4\beta E}}{2E}$内运动，$x=0$不在运动范围内，故不通过力心．

如 $E<0$，自然也有 $E<\dfrac{\alpha^2}{4\beta}$，$\dot{x}=0$ 的 x 值为

$$x=\frac{\alpha\pm\sqrt{\alpha^2-4\beta E}}{2E}$$

一般讲质点在 $\dfrac{\alpha+\sqrt{\alpha^2-4\beta E}}{2E}\leqslant x\leqslant\dfrac{\alpha-\sqrt{\alpha^2-4\beta E}}{2E}$ 范围内运动，下界 $x<0$，上界 $x>0$，质点将通过力心.

如 $E>\dfrac{\alpha^2}{4\beta}$，$Ex^2-\alpha x+\beta=0$ 无实根，质点运动不改变方向，将飞往无限远.

如 $E=\dfrac{\alpha^2}{4\beta}$，$x$=0 的 x 值为

$$x=\frac{\alpha}{2E}$$

只有一个改变运动方向的点，一般讲质点将做无界运动，因此也将飞往无限远.

如 $E=0$，

$$\dot{x}=\pm\sqrt{\frac{2}{m}\left(\frac{\beta}{x^2}-\frac{\alpha}{x}\right)}$$

当 $x=\dfrac{\beta}{\alpha}$ 时，$\dot{x}=0$，也只有一个改变运动方向的点，一般讲也将飞往无限远.

凡是有一处或两处 $\dot{x}=0$，上面讲的都冠以“一般讲”，在特殊情况下，可在此 $\dot{x}=0$ 的点保持静止，上述有界的直线运动是周期运动.

4.1.7 一个质量为 m 的质点在有心力 $F=-\dfrac{mk^2a^4}{r^3}$（k、a 均为常量）作用下运动. 开始位于 $r=a$、$\varphi=\pi$，速度的径向分量和横向分量分别为 $-\dfrac{ka}{\pi}$ 及 ka，求：

(1) 轨道方程 $r(\varphi)$；

(2) 运动学方程 $r(t)$ 和 $\varphi(t)$.

解 (1)

$$-mh^2u^2\left(\frac{\mathrm{d}^2u}{\mathrm{d}\varphi^2}+u\right)=-mk^2a^4u^3$$

今 $h=a\cdot ka=ka^2$，轨道微分方程化简为

$$\frac{\mathrm{d}^2u}{\mathrm{d}\varphi^2}=0,\quad \frac{\mathrm{d}u}{\mathrm{d}\varphi}=c=\left.\frac{\mathrm{d}u}{\mathrm{d}\varphi}\right|_{t=0}$$

$$\frac{\mathrm{d}u}{\mathrm{d}\varphi}=\frac{\mathrm{d}\left(\frac{1}{r}\right)}{\mathrm{d}r}\cdot\frac{\mathrm{d}r}{\mathrm{d}\varphi}=-\frac{1}{r^2}\frac{\mathrm{d}r}{\mathrm{d}\varphi}$$

$t=0$ 时，$r=a$，$r\dot{\varphi}=ka$，$\dot{r}=-\dfrac{ka}{\pi}$，

$$\left.\frac{\mathrm{d}u}{\mathrm{d}\varphi}\right|_{t=0}=-\frac{1}{r^2}\left.\frac{\dot{r}}{\dot{\varphi}}\right|_{t=0}=-\frac{1}{a}\left(-\frac{ka}{\pi}\right)\frac{1}{ka}=\frac{1}{\pi a}$$

$$-\frac{1}{r^2}\frac{\mathrm{d}r}{\mathrm{d}\varphi}=\frac{1}{\pi a},\quad -\frac{1}{r^2}\mathrm{d}r=\frac{1}{\pi a}\mathrm{d}\varphi$$

$$\frac{1}{r}-\frac{1}{a}=\frac{1}{\pi a}(\varphi-\pi)$$

所以

$$r\varphi=\pi a$$

(2)

$$r^2\dot{\varphi}=h=ka^2$$

将 $r=\dfrac{\pi a}{\varphi}$ 代入上式，得

$$\frac{\mathrm{d}\varphi}{\varphi^2}=\frac{k}{\pi^2}\mathrm{d}t$$

$$-\frac{1}{\varphi}+\frac{1}{\pi}=\frac{k}{\pi^2}t$$

$$\varphi=\frac{\pi^2}{\pi-kt},\quad r=\frac{\pi a}{\varphi}=\frac{a}{\pi}(\pi-kt)$$

4.1.8 一个单位质量的物体在一有心力场中运动，它的轨道为 $r=a\mathrm{e}^{-b\varphi}$， a、b 均为常量．$t=0$ 时，位于离力心 a 处，径向速度为 k．求有心力的势能．

解 $r=a\mathrm{e}^{-b\varphi}$，$u=\dfrac{1}{a}\mathrm{e}^{b\varphi}$，

$$\frac{\mathrm{d}u}{\mathrm{d}\varphi}=\frac{b}{a}\mathrm{e}^{b\varphi},\quad \frac{\mathrm{d}^2u}{\mathrm{d}\varphi^2}=\frac{b^2}{a}\mathrm{e}^{b\varphi}=b^2u$$

$t=0$ 时，$\dot{r}=k$,又 $\dot{r}=-ab\mathrm{e}^{-b\varphi}\dot{\varphi}$，将 $r=a$ 代入 $r=a\mathrm{e}^{-b\varphi}$，可见，此时 $\varphi=0$，

$$\dot{r}=-ab\dot{\varphi}=k,\quad a\dot{\varphi}=-\frac{k}{b}$$

$$h=a^2\dot{\varphi}=-\frac{ka}{b}$$

$$F=-mh^2u^2\left(\frac{\mathrm{d}^2u}{\mathrm{d}\varphi^2}+u\right)$$

$$=-1\cdot\left(-\frac{ka}{b}\right)^2u^2\left(b^2u+u\right)=-\frac{k^2a^2\left(b^2+1\right)}{b^2r^3}$$

$$V(r)=-\int_{\infty}^{r}F(r)\mathrm{d}r=\frac{k^2a^2\left(b^2+1\right)}{b^2}\int_{-\infty}^{r}\frac{1}{r^3}\mathrm{d}r$$

$$=-\frac{k^2a^2\left(b^2+1\right)}{2b^2r^2}\quad(\text{取}\infty\text{为势能零点}).$$

4.1.9　质量为 1g 的质点在有心力的吸引下运动，此力与质点到力心的距离的立方成正比，在距离等于 1cm 时引力等于$1\times10^{-5}\,\mathrm{N}$，$t=0$时，质点与力心的距离为$r_0=2\mathrm{cm}$，速度大小$v_0=0.5\mathrm{cm\cdot s^{-1}}$，其方向与由力心到此质点之直线成 45°角. 求此质点的运动轨道及运动学方程.

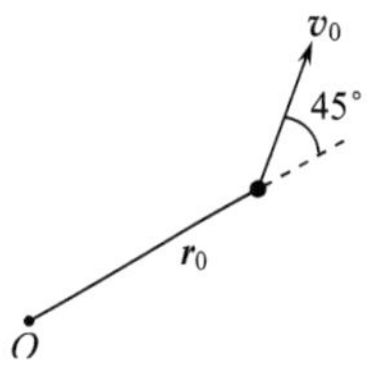

v_0 45° r_0 O

图 4.1

解　采用 CGS 单位制，$m=1\mathrm{g}$，$F=-\dfrac{1}{r^3}(\mathrm{dyn})$，$t=0$ 时，$r_0=2\mathrm{cm}$，$v_0=0.5\mathrm{cm\cdot s^{-1}}$.

由图 4.1 可知，$\dot{r}_0=r_0\dot{\varphi}_0=0.5\sin\ 45°(\mathrm{cm\cdot s^{-1}})$，

$$h=r_0\cdot r_0\dot{\varphi}_0=2\times0.5\times\frac{\sqrt{2}}{2}=\frac{\sqrt{2}}{2}(\mathrm{cm^2\cdot s^{-1}})$$

将m、h、F代入比耐公式，

$$-1\times\left(\frac{\sqrt{2}}{2}\right)^2u^2\left(\frac{\mathrm{d}^2u}{\mathrm{d}\varphi^2}+u\right)=-u^3$$

$$\frac{\mathrm{d}^2u}{\mathrm{d}\varphi^2}-u=0$$

$$u=A\mathrm{e}^{\varphi}+B\mathrm{e}^{-\varphi}$$

初始条件：$t=0$ 时，$u=u_0=\dfrac{1}{r_0}=\dfrac{1}{2}\mathrm{cm^{-1}}$，

$$\left.\frac{\mathrm{d}u}{\mathrm{d}\varphi}\right|_{t=0}=-\left.\left(\frac{1}{r^2}\frac{\mathrm{d}r}{\mathrm{d}\varphi}\right)\right|_{t=0}=-\left.\left(\frac{1}{r^2}\frac{\dot{r}}{\dot{\varphi}}\right)\right|_{t=0}$$

$$=-\frac{\dot{r}_0}{r_0\cdot r_0\dot{\varphi}_0}=-\frac{1}{2}\mathrm{cm^{-1}}$$

取$t=0$时$\varphi=0$（选择这样的基轴），用初始条件，A、B满足的方程为

$$A+B=u_0=\frac{1}{2}$$

$$A-B=\left.\frac{\mathrm{d}u}{\mathrm{d}\varphi}\right|_{t=0}=-\frac{1}{2}$$

解出

$$A=0,\quad B=\frac{1}{2}$$

所以

$$u=\frac{1}{2}\mathrm{e}^{-\varphi},\quad r=2\mathrm{e}^{\varphi}$$

$$r^2\dot{\varphi}=h,\quad 4\mathrm{e}^{2\varphi}\frac{\mathrm{d}\varphi}{\mathrm{d}t}=h=\frac{\sqrt{2}}{2}$$

$$\mathrm{e}^{2\varphi}\mathrm{d}(2\varphi)=\frac{\sqrt{2}}{4}\mathrm{d}t$$

$$e^{2\varphi}-1=\frac{\sqrt{2}}{4}t$$

$$\varphi=\frac{1}{2}\ln\left(1+\frac{\sqrt{2}}{4}t\right)$$

$$r=2e^{\varphi}=2e^{\frac{1}{2}\ln\left(1+\frac{\sqrt{2}}{4}t\right)}=2\left(1+\frac{\sqrt{2}}{4}t\right)^{1/2}$$

或

$$r^2=4\left(1+\frac{\sqrt{2}}{4}t\right)=4+\sqrt{2}t$$

4.1.10　质量为m的质点受到的有心力为$F=-m\left(\frac{\mu^2}{r^2}+\frac{v^2}{r^3}\right)$，$\mu$、$v$都是常数，证明：当$h^2>v^2$（$h$为面积速度的两倍）时，其轨道方程有

$$r=\frac{a}{1+e\cos k\varphi}$$

的形式，并给出a、e、k与h、$r_{\min}$等的关系.

证明

$$-mh^2u^2\left(\frac{d^2u}{d\varphi^2}+u\right)=-m\left(\mu^2u^2+v^2u^3\right)$$

$$\frac{d^2u}{d\varphi^2}+\left(1-\frac{v^2}{h^2}\right)u=\frac{\mu^2}{h^2}$$

令$u'=u-\frac{1}{1-\frac{v^2}{h^2}}\cdot\frac{\mu^2}{h^2}=u-\frac{\mu^2}{h^2-v^2}$，又因有$h^2>v^2$，还可令$k^2=1-\frac{v^2}{h^2}$，方程化为

$$\frac{d^2u'}{d\varphi^2}+k^2u'=0$$

选择适当的基轴，

$$u'=A\cos k\varphi,\ k=\frac{\sqrt{h^2-v^2}}{h}$$

$$u=u'+\frac{\mu^2}{h^2-v^2}=\frac{\mu^2}{h^2-v^2}+A\cos k\varphi$$

$$r=\frac{1}{u}=\frac{1}{\frac{\mu^2}{h^2-v^2}+A\cos k\varphi}=\frac{\frac{\left(h^2-v^2\right)}{\mu^2}}{1+\frac{h^2-v^2}{\mu^2}A\cos k\varphi}$$

与

$$r=\frac{a}{1+e\cos k\varphi}$$

相比较，可得

$$a=\frac{h^2-v^2}{\mu^2},\quad e=aA,\quad k=\frac{\sqrt{h^2-v^2}}{h}$$

当 $\varphi=0$ 时，$r=r_{\min}$，

$$r_{\min}=\frac{a}{1+e},\quad e=\frac{a-r_{\min}}{r_{\min}}$$

4.1.11 如图 4.2 所示，质量为 m 的质点 A 在光滑的水平桌面上运动，此质点系在一根可不计质量的、不可伸长的绳子上，绳子穿过桌面上的一个光滑小孔 O 后于另一端系一个相同质量的质点 B. 若质点 A 在桌面上离 O 点 a 处，沿垂直于 OA 的方向以速度 $\left(\dfrac{9}{2}ag\right)^{1/2}$ 射出. 证明此质点在以后的运动中离 O 点的距离必在 a 及 $3a$ 之间.

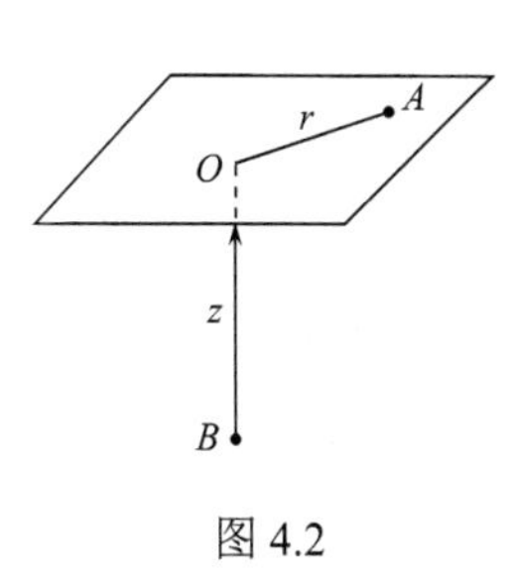

图 4.2

证明

$$m\left(\ddot{r}-r\dot{\varphi}^2\right)=-T$$

$$m\ddot{z}=mg-T$$

$$r+z=\text{常量}$$

$$\ddot{z}=-\ddot{r}$$

消去 T 和 $\ddot{z}$，可得

$$2\ddot{r}-r\dot{\varphi}^2=-g$$

用 $\ddot{r}=\dfrac{\mathrm{d}\dot{r}}{\mathrm{d}r}\dot{r}$，$h=r^2\dot{\varphi}$，上式可改写为

$$2\dot{r}\mathrm{d}\dot{r}=\left(\frac{h^2}{r^3}-g\right)\mathrm{d}r$$

用初始条件；$t=0$ 时，$r=a$，$\dot{r}=0$，积分上式，得

$$\dot{r}^2=-\frac{h^2}{2r^2}-gr+\frac{h^2}{2a^2}+ga$$

质点 A 在 $r=r_{\min}$ 及 $r=r_{\max}$ 时，$\dot{r}=0$，

$$-\frac{h^2}{2r^2}-gr+\frac{h^2}{2a^2}+ga=0$$

质点 A 受到的合力是有心力，$h=$ 常量，由初始条件 $h=a\cdot\left(\dfrac{9}{2}ag\right)^{1/2}$，将它代入 $r_{\min}$、$r_{\max}$ 满足的方程，可得

$$4r^3-13ar^2+9a^3=0$$

$r=a$ 是方程的一个根，上式等号左边必有一个因子 $(r-a)$，

$$(r-a)\left(4r^2-9ar-9a^2\right)=0$$

$$(r-a)(r-3a)(4r+3a)=0$$

$$r = a, 3a \quad 和 \quad -\frac{3}{4}a$$

舍去$r=-\frac{3}{4}a$这个无物理意义的根，得

$$r_{\min} = a, \quad r_{\max} = 3a$$

这就证明了质点A在$r=a$及$r=3a$间运动.

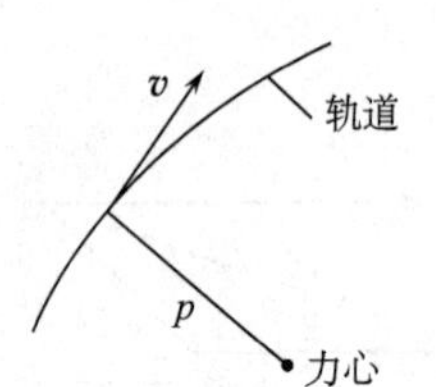

图 4.3

4.1.12 导出求有心力的公式

$$F = \frac{mh^2}{2} \cdot \frac{\mathrm{d}p^{-2}}{\mathrm{d}r}$$

式中m为质点的质量，r为质点到力心的距离，h为角动量与质量之比，p为力心到轨道切线的垂直距离(图 4.3).

解法一 根据p与h的定义,

$$h = pv$$

$$p^{-2} = \frac{v^2}{h^2} = \frac{\dot{r}^2 + r^2\dot{\varphi}^2}{h^2} = \frac{\dot{r}^2}{h^2} - \frac{1}{r^2}$$

$$\frac{\mathrm{d}p^{-2}}{\mathrm{d}r} = \frac{1}{h^2} \cdot 2\dot{r}\frac{\mathrm{d}\dot{r}}{\mathrm{d}r} - \frac{2}{r^3} = \frac{2}{h^2}\left(\ddot{r} - \frac{h^2}{r^3}\right)$$

$$= \frac{2}{h^2}\left(\ddot{r} - r\dot{\varphi}^2\right) = \frac{2}{mh^2}F$$

所以

$$F = \frac{mh^2}{2}\frac{\mathrm{d}p^{-2}}{\mathrm{d}r}$$

解法二 由牛顿运动定律,

$$F = m\left(\ddot{r} - r\dot{\varphi}^2\right) = m\left(\dot{r}\frac{\mathrm{d}\dot{r}}{\mathrm{d}r} - \frac{h^2}{r^3}\right)$$

$$= m\left[\frac{1}{2}\frac{\mathrm{d}\dot{r}^2}{\mathrm{d}r} + \frac{1}{2}h^2\frac{\mathrm{d}}{\mathrm{d}r}\left(\frac{1}{r^2}\right)\right] = \frac{1}{2}m\frac{\mathrm{d}}{\mathrm{d}r}\left(\dot{r}^2 + \frac{h^2}{r^2}\right)$$

$$= \frac{1}{2}m\frac{\mathrm{d}}{\mathrm{d}r}\left(\dot{r}^2 + r^2\dot{\varphi}^2\right) = \frac{1}{2}m\frac{\mathrm{d}v^2}{\mathrm{d}r}$$

用$h=pv$，$v=\frac{h}{p}$，上式可改写为

$$F = \frac{1}{2}mh^2\frac{\mathrm{d}p^{-2}}{\mathrm{d}r}$$

解法三 由质点的动能定理,

$$\frac{\mathrm{d}T}{\mathrm{d}t} = \boldsymbol{F} \cdot \boldsymbol{v} = F\dot{r}$$

$$\frac{\mathrm{d}T}{\mathrm{d}t} = \frac{\mathrm{d}}{\mathrm{d}t}\left(\frac{1}{2}mv^2\right) = \frac{1}{2}m\frac{\mathrm{d}v^2}{\mathrm{d}r}\dot{r}$$

比较上述两式，

$$F=\frac{1}{2}m\frac{\mathrm{d}v^2}{\mathrm{d}r}$$

以下同解法二.

4.1.13　一个在有心力作用下的粒子的运动轨道为$r\varphi=$常量，求其势能$V(r)$.

解

$$F=-mh^2u^2\left(\frac{\mathrm{d}^2u}{\mathrm{d}\varphi^2}+u\right)=-\frac{mh^2}{r^3}$$

$$V(r)=-\int_\infty^r F(r)\mathrm{d}r=\int_\infty^r\frac{mh^2}{r^3}\mathrm{d}r=-\frac{mh^2}{2r^2}$$

其中m为粒子的质量，h为面积速度的两倍，由初始条件给定.

4.1.14　稠密气体团质量为m，半径极小，可以忽略，像粒子一样，穿过球状的、半径为R的低密度的均匀气体云，气体云总质量为$M(M\gg m)$，忽略所有非引力作用.

(1) 用“粒子”与云中心的距离r表示“粒子”受的力$\boldsymbol{F}(r)$及其势能$V(r)$，$(0\leqslant r\leqslant\infty)$，画出$V(r)$的示意图；

(2) 若“粒子”具有角动量$J=m\left(\frac{GMR}{32}\right)^{1/2}$，总机械能$E=-\frac{5GMm}{4R}$，求轨道的转折点$r_{\max}$、$r_{\min}$，“粒子”总是在云里?云外?还是有时在云里，有时在云外?

(3) “粒子”具有(2)问所给的J和E，求轨道方程$r(\varphi)$，并画出示意图，说明有几个转折点.

解　(1) 用万有引力场中的“高斯定理”，可写出“粒子”受到均匀气体云的作用力.

在$0\leqslant r\leqslant R$，

$$F=-G\frac{M}{\frac{4}{3}\pi R^3}\cdot\frac{4}{3}\pi r^3\cdot\frac{m}{r^2}=-\frac{GMm}{R^3}r$$

在$R\leqslant r<\infty$，

$$F=-\frac{GMm}{r^2}$$

在$r\geqslant R$，

$$V(r)=-\int_\infty^r F(r)\mathrm{d}r=\int_\infty^r\frac{GMm}{r^2}\mathrm{d}r=-\frac{GMm}{r}$$

在$0\leqslant r\leqslant R$，

$$\begin{aligned}V(r)&=-\int_\infty^R\left(-\frac{GMm}{r^2}\right)\mathrm{d}r-\int_R^r\left(-\frac{GMm}{R^3}r\right)\mathrm{d}r\\&=-\frac{GMm}{R}+\frac{GMr}{2R^3}\left(r^2-R^2\right)\\&=\frac{GMm}{2R^3}\left(r^2-3R^2\right)\end{aligned}$$

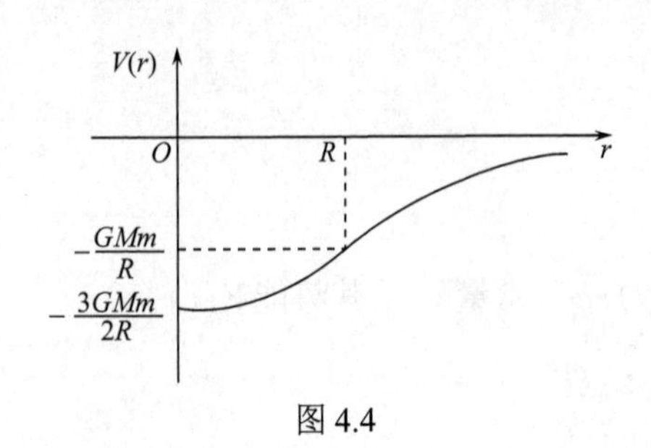

图 4.4

图 4.4 画出了 $V(r)$ 的示意图.

(2)
$$\frac{1}{2}m\left(\dot{r}^2+\frac{h^2}{r^2}\right)+V(r)=E$$

$$h=\frac{J}{m}=\left(\frac{GMR}{32}\right)^{1/2}$$

$$E=-\frac{5GMm}{4R}$$

因为开始在云里，先用 $V(r)=\frac{GMm}{2R^3}\left(r^2-3R^2\right)$ 代入上式，

$$\frac{1}{2}m\left(\dot{r}^2+\frac{GMR}{32r^2}\right)+\frac{GMm}{2R^3}\left(r^2-3R^2\right)=-\frac{5GMm}{4R}$$

在转折点，$\dot{r}=0$，则转折点 $r=r_{\max}$ 和 $r=r_{\min}$ 满足的方程为

$$\frac{GMR}{32r^2}+\frac{GM}{R^3}\left(r^2-3R^2\right)=-\frac{5GM}{2R}$$

$$32r^4-16R^2r^2+R^4=0$$

$$r^2=\frac{16R^2\pm\sqrt{256R^4-128R^4}}{64}=\frac{2\pm\sqrt{2}}{8}R^2$$

$$r_{\max}=\left(\frac{2+\sqrt{2}}{8}\right)^{\frac{1}{2}}R,\quad r_{\min}=\left(\frac{2-\sqrt{2}}{8}\right)^{\frac{1}{2}}R$$

因为 $r_{\max}<R$，“粒子”总在云里.

(3) 设 $\varphi=0$ 时，$r=r_0$，

$$\varphi=\int_{r_0}^{r}\frac{h\mathrm{d}r}{r^2\sqrt{\frac{2}{m}\left(E-V-\frac{mh^2}{2r^2}\right)}}$$

代入 $h=\left(\frac{GMR}{32}\right)^{\frac{1}{2}}, E=-\frac{5GMm}{4R}$，

$$\varphi=\int_{r_0}^{r}\frac{\left(\frac{GMm}{32}\right)^{1/2}}{r^2\left\{\frac{2}{m}\left[-\frac{5GMm}{4R}-\frac{GMm}{2R^3}\left(r^2-3R^2\right)-\frac{GMmR}{32\times 2r^2}\right]\right\}^{1/2}}\mathrm{d}r$$

$$=\int_{r_0}^{r}\frac{R}{r^2\left[16-\frac{32r^2}{R^2}-\frac{R^2}{r^2}\right]^{1/2}}\mathrm{d}r$$

令 $x=\left(\frac{R}{r}\right)^2$，$\mathrm{d}x=-2R^2\frac{1}{r^3}\mathrm{d}r$，$\mathrm{d}r=-\frac{r^3}{2R^2}\mathrm{d}x$，

$$\varphi=\int_{x_0}^{x}\frac{R\left(-\frac{r^3}{2R^2}\right)\mathrm{d}x}{r^2\left(16-\frac{32}{x}-x\right)^{1/2}}=-\frac{1}{2}\int_{x_0}^{x}\frac{\mathrm{d}x}{\sqrt{x}\left(16-\frac{32}{x}-x\right)^{1/2}}$$

$$=-\frac{1}{2}\int_{x_0}^{x}\frac{\mathrm{d}x}{\left(-32+16x-x^2\right)^{1/2}}$$

$$=-\frac{1}{2}\int_{x_0}^{x}\frac{\mathrm{d}x}{\left(32-64+16x-x^2\right)^{1/2}}$$

$$=-\frac{1}{2}\int_{x_0}^{x}\frac{\mathrm{d}x}{\left[32-(x-8)^2\right]^{1/2}}$$

$$=-\frac{1}{2}\arcsin\left(\frac{x-8}{4\sqrt{2}}\right)+\frac{1}{2}\arcsin\left(\frac{x_0-8}{4\sqrt{2}}\right)$$

$$x=8-4\sqrt{2}\sin\left[2\varphi-\arcsin\left(\frac{x_0-8}{4\sqrt{2}}\right)\right]$$

可重新选取基轴，写成

$$x=8-4\sqrt{2}\sin 2\varphi$$

$$r^2=\frac{R^2}{8-4\sqrt{2}\sin 2\varphi}$$

当$\sin 2\varphi=-1$时，$r=r_{\min}$，

$$2\varphi=\frac{3\pi}{2},\quad \frac{7\pi}{2},\quad \varphi=\frac{3}{4}\pi,\quad \frac{7}{4}\pi$$

当$\sin 2\varphi=1$时，$r=r_{\max}$，

$$2\varphi=\frac{\pi}{2},\quad \frac{5\pi}{2},\quad \varphi=\frac{1}{4}\pi,\quad \frac{5}{4}\pi$$

共有 4 个转折点.

图 4.5 画出了“粒子”轨道的示意图.

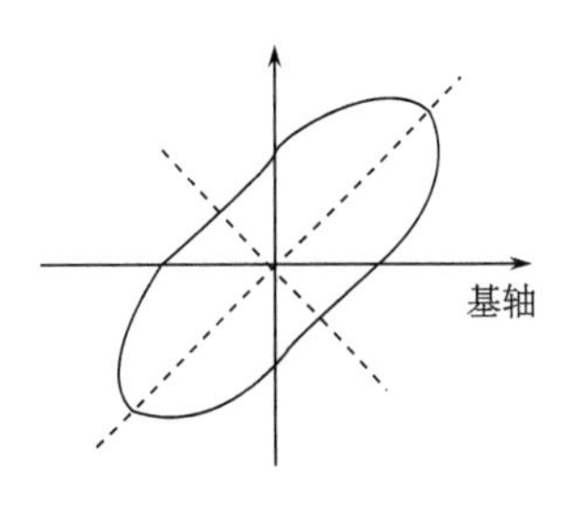

图 4.5

4.1.15　一个质量为m的质点束缚在线性势$V=kr$（k为常量)之中.

(1)当能量、角动量为多大时，轨道是一个以原点为圆心、半径为R的圆?

(2)圆运动的角速度多大?

(3)如果质点稍微偏离圆轨道，小振动的角频率多大?

解　(1)

$$F=-\frac{\mathrm{d}V}{\mathrm{d}r}=-k$$

$$r=R,\quad \frac{mv^2}{R}=k,\quad v^2=\frac{kR}{m}$$

$$E=\frac{1}{2}mv^2+kR=\frac{1}{2}m\frac{kR}{m}+kR=\frac{3}{2}kR$$

$$J=mvR=\sqrt{mkR^3}$$

(2)
$$\omega_0=\frac{v}{R}=\sqrt{\frac{k}{mR}}$$

(3)
$$U(r)=kr+\frac{mh^2}{2r^2}$$

$$\left.\frac{\mathrm{d}U(r)}{\mathrm{d}r}\right|_{r=R}=k-\frac{mh^2}{R^3}=0,\quad R=\sqrt[3]{\frac{mh^2}{k}}$$

$$\left.\frac{\mathrm{d}^2U(r)}{\mathrm{d}r^2}\right|_{r=R}=\frac{3mh^2}{R^4}=\frac{3mh^2}{\frac{mh^2}{k}\sqrt[3]{\frac{mh^2}{k}}}=\frac{3k}{R}$$

$$\omega_r=\sqrt{\frac{1}{m}\left.\frac{\mathrm{d}^2U}{\mathrm{d}r^2}\right|_{r=R}}=\sqrt{\frac{3k}{mR}}$$

4.1.16　质量为m的行星围绕质量为M的恒星做半径为R的准圆周运动，除了万有引力外，此行星还受到一个与行星到恒星的距离成正比的斥力$f=Ar$，试计算行星近心点的运动角速度.

解法一
$$-mh^2u^2\left(\frac{\mathrm{d}^2u}{\mathrm{d}\varphi^2}+u\right)=-GMmu^2+\frac{A}{u}$$

由于轨道接近于圆，可令$u=u_0+\delta u$，δu为小量，

$$mh^2\left[\frac{\mathrm{d}^2(\delta u)}{\mathrm{d}\varphi^2}+u_0+\delta u\right]=GMm-\frac{A}{u_0^3\left(1+\frac{\delta u}{u_0}\right)^3}$$

$$\approx GMm-\frac{A}{u_0^3}\left(1-\frac{3\delta u}{u_0}\right)$$

当$\delta u=0$时，轨道为圆，有如下等式:

$$mh^2u_0=GMm-\frac{A}{u_0^3}\tag{1}$$

代入上式可得

$$mh^2\left[\frac{\mathrm{d}^2(\delta u)}{\mathrm{d}\varphi^2}+\delta u\right]=\frac{3A}{u_0^4}\delta u$$

$$\frac{\mathrm{d}^2(\delta u)}{\mathrm{d}\varphi^2}+\left(1-\frac{3A}{mh^2u_0^4}\right)\delta u=0$$

选择适当的基轴，可把上式的解写为

$$\delta u=B\sin k\varphi\tag{2}$$

其中

$$k=\left(1-\frac{3A}{mh^2u_0^4}\right)^{1/2}=\left[1-\frac{3AR^3}{GMm-AR^3}\right]^{1/2} \tag{3}$$

(这里用了式(1)及$u_0=\dfrac{1}{R}$.)

设φ_1、φ_2是相继两个近日点的角位置，则

$$k\varphi_2-k\varphi_1=k\Delta\varphi=2\pi$$

$$\Delta\varphi=\frac{2\pi}{k}$$

近心点的运动角位移为

$$\Delta\varphi_{\mathrm{P}}=\Delta\varphi-2\pi=2\pi\left(\frac{1}{k}-1\right)$$

近心点作此运动角位移所经历的时间

$$\Delta t=\frac{\Delta\varphi}{\dot{\varphi}}=\frac{2\pi}{k\dot{\varphi}}\approx\frac{2\pi R^2}{kh}$$

这里用了$h=r^2\dot{\varphi}\approx R^2\dot{\varphi}$.

进动角速度

$$\omega_{\mathrm{P}}=\frac{\Delta\varphi_{\mathrm{P}}}{\Delta t}=\frac{h(1-k)}{R^2}$$

用式(1)可得

$$\frac{h}{R^2}=\sqrt{\frac{GM}{R^3}-\frac{A}{m}}$$

$$\omega_{\mathrm{P}}=\sqrt{\frac{GM}{R^3}-\frac{A}{m}}\left[1-\sqrt{1-\frac{3AR^3}{GMm-AR^3}}\right]$$

$$=\sqrt{\frac{GM}{R^3}-\frac{A}{m}}-\sqrt{\frac{GM}{R^3}-\frac{4A}{m}}$$

解法二 用上题引入有效势能的方法，

$$F(r)=-\frac{GMm}{r^2}+Ar$$

$$V(r)=-\frac{GMm}{r}-\frac{1}{2}Ar^2$$

$$U(r)=V(r)+\frac{mh^2}{2r^2}=-\frac{GMm}{r}-\frac{1}{2}Ar^2+\frac{mh^2}{2r^2}$$

$$\frac{\mathrm{d}U(r)}{\mathrm{d}r}=\frac{GMm}{r^2}-Ar-\frac{mh^2}{r^3}$$

$r=R$时，$\dfrac{\mathrm{d}U(r)}{\mathrm{d}r}=0$，

$$\frac{GMm}{R^2}-AR-\frac{mh^2}{R^3}=0 \tag{4}$$

这就是解法一中的式(1).

$$\frac{\mathrm{d}^2U}{\mathrm{d}r^2}=-\frac{2GMm}{r^3}-A+\frac{3mh^2}{r^4}$$

$$\omega_r=\sqrt{\frac{1}{m}\frac{\mathrm{d}^2U}{\mathrm{d}r^2}\bigg|_{r=R}}=\sqrt{\left(\frac{3mh^2}{R^4}-\frac{2GMm}{R^3}-A\right)\Big/m}$$

用式(4)消去上式中的h^2，即得

$$\omega_r=\sqrt{\frac{GM}{R^3}-\frac{4A}{m}}$$

矢径转动角速度

$$\omega_0=\dot{\varphi}=\frac{h}{r^2}\approx\frac{h}{R^2}=\sqrt{\frac{GM}{R^3}-\frac{A}{m}}$$

(这里也用了式(4)).

$$\omega_{\mathrm{p}}=\omega_r-\omega_0=\sqrt{\frac{GM}{R^3}-\frac{4A}{m}}-\sqrt{\frac{GM}{R^3}-\frac{A}{m}}<0$$

说明进动角速度与轨道转动角速度方向相同，其大小$|\omega_{\mathrm{p}}|$就是解法一的结果，换句话说，解法二对ω_{p}的正向规定与方法一的规定是相反的.

4.1.17　考虑质量为m的行星环绕质量为M的太阳的运动轨道，假定有均匀分布密度为ρ的尘埃遍布在太阳和行星周围的空间.

(1)证明尘埃的影响是增加一个有心引力$F'=-mkr$，其中$k=\frac{4\pi}{3}\rho G$，G为万有引力恒量(忽略任何与尘埃碰撞的阻力)；

(2)若行星在角动量为J的圆轨道上运动，写出轨道半径r_0所满足的方程(不必解)；

(3)假定F'与太阳引力相比是小的，行星的轨道稍微偏离(2)问中所述的圆轨道，由径向和方位运动的角频率证明轨道是一进动的椭圆，求出进动角频率ω_{p}与r_0、ρ、G和M的关系；

(4)椭圆轴进动与轨道运转方向同向还是反向?

解　(1)尘埃围绕太阳是球型分布的，与以行星的矢径为半径的球的体积相比，太阳的体积是可以忽略的.

尘埃在半径为r的球内的质量为$\frac{4}{3}\pi r^3\rho$. 尘埃对行星(矢径为$\boldsymbol{r}$)的作用力大小为

$$F'=-G\cdot\frac{4}{3}\pi r^3\rho\cdot\frac{m}{r^2}=-\frac{4}{3}\pi\rho Gmr$$

与$F'=-mkr$相比，可得$k=\frac{4}{3}\pi\rho G$.

(2)
$$F=-\frac{GMm}{r^2}-mkr$$

$$V(r)=-\frac{GMm}{r}+\frac{1}{2}mkr^2$$

$$U(r)=V(r)+\frac{mh^2}{2r^2}=-\frac{GMm}{r}+\frac{1}{2}mkr^2+\frac{J^2}{2mr^2}$$

$$\frac{\mathrm{d}U}{\mathrm{d}r}(r)=\frac{GMm}{r^2}+mkr-\frac{J^2}{mr^3}$$

$$\left.\frac{\mathrm{d}U(r)}{\mathrm{d}r}\right|_{r=r_0}=0$$

圆轨道半径r_0满足的方程为

$$\frac{GMm}{r_0^2}+mkr_0-\frac{J^2}{mr_0^3}=0 \tag{1}$$

(3)
$$\frac{\mathrm{d}^2U(r)}{\mathrm{d}r^2}=-\frac{2GMm}{r^3}+mk+\frac{3J^2}{mr^4}$$

$$\omega_r=\sqrt{\frac{1}{m}\left.\frac{\mathrm{d}^2U(r)}{\mathrm{d}r^2}\right|_{r=r_0}}=\sqrt{-\frac{2GM}{r_0^3}+k+\frac{3J^2}{m^2r_0^4}}$$

用式(1)消去上式中的J，并用$k=\frac{4\pi}{3}\rho G$，

$$\omega_r=\sqrt{\frac{GM}{r_0^3}+\frac{16\pi\rho G}{3}}$$

方位运动的角频率

$$\omega\approx\omega_0=\frac{J}{mr_0^2}=\sqrt{\frac{GM}{r_0^3}+\frac{4\pi\rho G}{3}}$$

$$\omega_\mathrm{p}=\omega_r-\omega_0=\sqrt{\frac{GM}{r_0^3}+\frac{16\pi\rho G}{3}}-\sqrt{\frac{GM}{r_0^3}+\frac{4\pi\rho G}{3}}$$

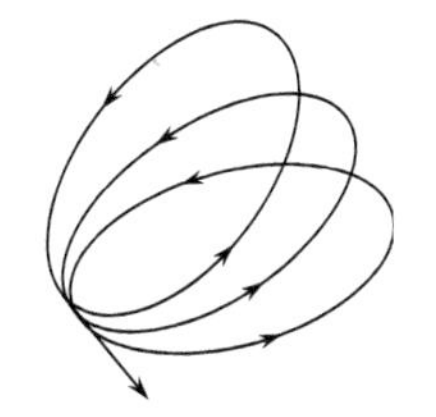
图 4.6

因为$\omega_r\neq\omega_0$，即$\omega_\mathrm{p}\neq 0$，对圆轨道的偏离轨道如同一个进动的椭圆轨道.

(4)因$\omega_\mathrm{p}>0$，椭圆轴进动与轨道运转方向相反，如图4.6所示，轨道逆时针方向转动，椭圆轴顺时针转动.

4.1.18 (1)质量为m的行星绕质量为M的恒星运动. 由于恒星的大气层的阻力，行星受到一个小的阻力$\boldsymbol{F}'=-\alpha\boldsymbol{v}$，其中$\alpha$为正值常量. 设在$t=0$时行星的轨道是半径为$r_0$的圆，求行星的矢径$r$与时间$t$的函数关系；

(2)忽略上述阻力，但加上另一小的有心力，行星的势能改写为

$$V(r)=-\frac{GMm}{r}+\frac{\varepsilon}{r^2}$$

其中 ε 为一小常量. 可以设想轨道是近似圆形的，求图 4.7 中两远心点间的幅角 φ.

解 (1) 由于 $\boldsymbol{F}'$ 是一个小量，可以近似地认为行星做半径缓慢变化的圆周运动.

$$E=-\frac{GmM}{2r}$$

$$\frac{\mathrm{d}E}{\mathrm{d}t}=\frac{\mathrm{d}E}{\mathrm{d}r}\frac{\mathrm{d}r}{\mathrm{d}t}=\frac{GMm}{2r^2}\frac{\mathrm{d}r}{\mathrm{d}t}$$

机械能的变化是由非保守力 $\boldsymbol{F}'$ 做功所致，

$$\frac{\mathrm{d}E}{\mathrm{d}t}=\boldsymbol{F}'\cdot\boldsymbol{v}=-\alpha\boldsymbol{v}\cdot\boldsymbol{v}=-\alpha v^2\approx-\alpha\frac{GM}{r}\text{（这里用了 }\frac{mv^2}{r}=\frac{GMm}{r^2}\text{）}$$

所以

$$\frac{GmM}{2r^2}\frac{\mathrm{d}r}{\mathrm{d}t}=-\alpha\frac{GM}{r}$$

$$\int_{r_0}^{r}\frac{\mathrm{d}r}{r}=\int_0^t\frac{2\alpha}{m}\mathrm{d}t$$

$$r=r_0\mathrm{e}^{-\frac{2\alpha}{m}t}$$

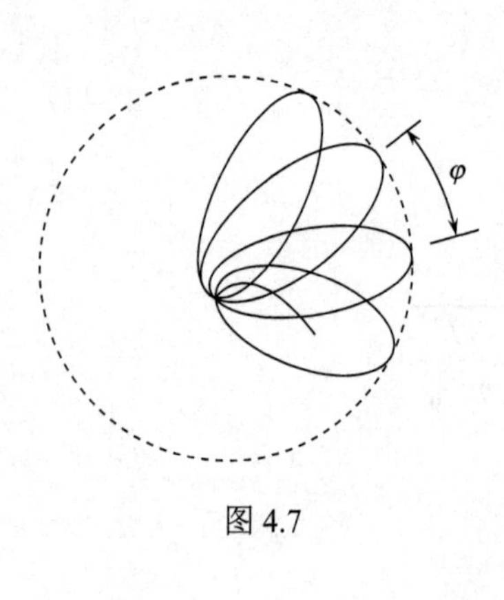

图 4.7

(2)

$$V(r)=-\frac{GMm}{r}+\frac{\varepsilon}{r^2}$$

$$U(r)=V(r)+\frac{J^2}{2mr^2}=-\frac{GMm}{r}+\frac{\varepsilon}{r^2}+\frac{J^2}{2mr^2}$$

$$\frac{\mathrm{d}U(r)}{\mathrm{d}r}=\frac{GMm}{r^2}-\frac{2\varepsilon}{r^3}-\frac{J^2}{mr^3}$$

近似圆周运动的半径 r_0 满足的方程为

$$\left.\frac{\mathrm{d}U(r)}{\mathrm{d}r}\right|_{r=r_0}=0$$

即

$$\frac{GMm}{r_0^2}-\frac{2\varepsilon}{r_0^3}-\frac{J^2}{mr_0^3}=0$$

$$r_0=\frac{2m\varepsilon+J^2}{GMm^2}$$

$$\frac{\mathrm{d}^2U(r)}{\mathrm{d}r^2}=-\frac{2GMm}{r^3}+\frac{3\left(2m\varepsilon+J^2\right)}{mr^4}$$

$$\left.\frac{\mathrm{d}^2U(r)}{\mathrm{d}r^2}\right|_{r=r_0}=-\frac{2(GM)^4m^7}{\left(2m\varepsilon+J^2\right)^3}+\frac{3(GM)^4m^7}{\left(2m\varepsilon+J^2\right)^3}=\frac{(GM)^4m^7}{\left(2m\varepsilon+J^2\right)^3}$$

$$\omega_r=\sqrt{\frac{1}{m}\left.\frac{\mathrm{d}^2U(r)}{\mathrm{d}r^2}\right|_{r=r_0}}=\frac{(GM)^2m^3}{\left(2m\varepsilon+J^2\right)^{3/2}}$$

$$\omega_0 = \frac{J}{mr_0^2} = \frac{J(GM)^2 m^3}{\left(2m\varepsilon + J^2\right)^2}$$

设从轨道的一个远心点到相邻的另一个远心点转过的幅角为$\Delta\varphi$，经历的时间为Δt，图中的φ与$\Delta\varphi$的关系为

$$\begin{aligned}\varphi &= \Delta\varphi - 2\pi = \Delta\varphi_{\mathrm{p}} = \omega_{\mathrm{p}}\Delta t \\ &= (\omega_0 - \omega_r)\Delta t = (\omega_0 - \omega_r)\frac{\Delta\varphi}{\omega_0} = (\omega_0 - \omega_r)\frac{\varphi + 2\pi}{\omega_0}\end{aligned}$$

这里用$\omega_{\mathrm{p}} = \omega_0 - \omega_r$，是假设轨道的转动角速度大于径向振动的角频率，即$\omega_0 > \omega_r$，进动的转向与轨道的转向相同.

从上式解出φ，并代入ω_0和ω_r，可得

$$\begin{aligned}\varphi &= 2\pi\frac{\omega_0 - \omega_r}{\omega_r} = 2\pi\left[\frac{J}{\left(2m\varepsilon + J^2\right)^{1/2}} - 1\right] \\ &= 2\pi\left[\frac{J}{J\left(1 + \dfrac{2m\varepsilon}{J^2}\right)^{1/2}} - 1\right] \\ &\approx 2\pi\left(1 - \frac{m\varepsilon}{J^2} - 1\right) = -\frac{2\pi m\varepsilon}{J^2}\end{aligned}$$

4.1.19 一粒子在有心引力作用下做半径为R的圆周运动，证明当$f(R) > -\dfrac{R}{3}\dfrac{\mathrm{d}f(r)}{\mathrm{d}r}\bigg|_{r=R}$时轨道是稳定的，这里$f(r)$是作用力的大小，它是粒子到力心的距离$r$的函数.

证法一

$$m\left(\ddot{r} - r\dot{\varphi}^2\right) = -f(r) \tag{1}$$

$$r^2\dot{\varphi} = h \tag{2}$$

做半径为R的圆周运动

$$mR\omega^2 = f(R) \tag{3}$$

今给予一个微扰

$$r(t) = R + \delta r(t) \tag{4}$$

$$\dot{\varphi}(t) = \omega + \delta\dot{\varphi}(t) \tag{5}$$

将式(4)、(5)代入式(2)，

$$(R + \delta r)^2(\omega + \delta\dot{\varphi}) = h + \delta h$$

只保留一级小量，并用式(3)，可得

$$\delta\dot{\varphi} = \frac{\delta h - 2R\omega\delta r}{R^2} \tag{6}$$

将式(4)、(5)代入式(1)，

$$m\left[\dot{\delta \dot{r}}-(R+\delta r)(\omega+\delta\dot{\varphi})^2\right]=-f(R)-\left.\frac{\mathrm{d}f}{\mathrm{d}r}\right|_{r=R}\delta r$$

只保留一级小量，并用式(3)，可得

$$m\dot{\delta \dot{r}}-2mR\omega\delta\dot{\varphi}-m\omega^2\delta r=-\left.\frac{\mathrm{d}f}{\mathrm{d}r}\right|_{r=R}\delta r$$

将式(6)代入上式，

$$m\dot{\delta \dot{r}}+\left(3m\omega^2+\left.\frac{\mathrm{d}f}{\mathrm{d}r}\right|_{r=R}\right)\delta r=\frac{2m\omega\delta h}{R}$$

再用式(3)，上式可改写为

$$m\dot{\delta \dot{r}}+\left[\frac{3f(R)}{R}+\left.\frac{\mathrm{d}f}{\mathrm{d}r}\right|_{r=R}\right]\delta r=\frac{2m\omega\delta h}{R}$$

当 $\frac{3f(R)}{R}+\left.\frac{\mathrm{d}f}{\mathrm{d}r}\right|_{r=R}>0$，即 $f(R)>-\frac{R}{3}\left.\frac{\mathrm{d}f}{\mathrm{d}r}\right|_{r=R}$ 时，δr 做微幅振动，始终保持小量，因而这个圆周运动是稳定的.

证法二 引入有效势能的方法.

$$U(r)=V(r)+\frac{mh^2}{2r^2}$$

$$\frac{\mathrm{d}U(r)}{\mathrm{d}r}=\frac{\mathrm{d}V(r)}{\mathrm{d}r}-\frac{mh^2}{r^3}=-F(r)-\frac{mh^2}{r^3}=f(r)-\frac{mh^2}{r^3}$$

做 $r=R$ 的圆周运动，有 $\left.\frac{\mathrm{d}U(r)}{\mathrm{d}r}\right|_{r=R}=0$，

$$f(R)=\frac{mh^2}{R^3}\tag{7}$$

$$\frac{\mathrm{d}^2U(r)}{\mathrm{d}r^2}=\frac{\mathrm{d}f}{\mathrm{d}r}+\frac{3mh^2}{r^4}$$

如

$$\left.\frac{\mathrm{d}^2U(r)}{\mathrm{d}r^2}\right|_{r=R}>0$$

$$\left.\frac{\mathrm{d}f}{\mathrm{d}r}\right|_{r=R}+\frac{3mh^2}{R^4}>0\tag{8}$$

用式(7)，式(8)可改写为

$$\left.\frac{\mathrm{d}f}{\mathrm{d}r}\right|_{r=R}+\frac{3f(R)}{R}>0 \quad 或 \quad f(R)>-\frac{R}{3}\left.\frac{\mathrm{d}f}{\mathrm{d}r}\right|_{r=R}$$

则径向可做角频率为$\omega_r=\sqrt{\left.\frac{1}{m}\frac{\mathrm{d}^2U}{\mathrm{d}r^2}\right|_{r=R}}$ 围绕$r=R$的小振动. 因此半径为R的圆周运动是稳定的.

4.1.20 一质量为m的质点在有心引力$f(r)$作用下运动.

(1) 证明在适当的初始条件下质点的运动轨道是一个圆;

(2) 如有心引力$f(r)=-\frac{k}{r^n}$，其中k为正值常量，要此圆轨道运动是稳定的，对式中的n有何要求?

解 (1)

$$E=\frac{1}{2}m\left(\dot{r}^2+r^2\dot{\varphi}^2\right)+V(r)$$

$$=\frac{1}{2}m\dot{r}^2+\frac{J^2}{2mr^2}+V(r)=\frac{1}{2}m\dot{r}^2+U(r)$$

做圆周运动，$\dot{r}=0$，如圆轨道的半径为R，要求

$$E=U(R) \tag{1}$$

式(1)是做圆周运动的必要条件，满足式(1)，还未必做圆周运动，因为质点做非圆周运动，在$\dot{r}$改变符号的转折点同样有$\dot{r}=0$，因而也满足式(1).

做圆周运动还要求在$r=R$处有效势能有极值，即

$$\left.\frac{\mathrm{d}U(r)}{\mathrm{d}r}\right|_{r=R}=0 \tag{2}$$

式(2)也可由下述方式得到

$$m\left(\ddot{r}-r\dot{\varphi}^2\right)=f(r),\quad mr^2\dot{\varphi}=J$$

圆周运动，$r=R$，$\ddot{r}=0$，可得

$$-\frac{J^2}{mR^3}=f(R) \tag{3}$$

式(3)正是从式(2)得到的式子.

$$U(r)=V(r)+\frac{J^2}{2mr^2}$$

$$\left.\frac{\mathrm{d}U(r)}{\mathrm{d}r}\right|_{r=R}=\left.\frac{\mathrm{d}V(r)}{\mathrm{d}r}\right|_{r=R}-\frac{J^2}{mR^3}=-f(R)-\frac{J^2}{mR^3}=0$$

式(1)、(2)或式(1)、(3)是做圆周运动的必要条件，也是充分条件，因为满足式(1)，有$\dot{r}=0$，满足式(2)或式(3)有$\ddot{r}=0$，在随矢径的转动参考系中，$r=R=$常量，因此式(1)、(2)或式(1)、(3)是在静参考系中围绕力心做圆周运动的充分必要条件. 初始条件满足式(1)、(2)或式(1)、(3)，运动轨道是一个圆.

(2)用上题证明的式子，要求

$$\frac{k}{r^n} > -\frac{r}{3}\frac{\mathrm{d}}{\mathrm{d}r}\left(\frac{k}{r^n}\right)$$

即

$$\frac{k}{r^n} > \frac{n}{3}\frac{k}{r^n}$$

得

$$n < 3$$

只要$n<3$，以任何半径做圆周运动都是稳定的.

4.2 平方反比律的有心力作用下的运动

4.2.1 某个彗星围绕太阳做椭圆轨道运动，在远日点的速率为10km/s，在近日点的速率为80km/s，地球围绕太阳做圆轨道运动，速率为30km/s，半径为1.5×10^8km，求此彗星在远日点离太阳的距离.

解 用脚标e、s、c分别表示与地球、太阳、彗星有关的物理量，用第二个脚标a、p分别表示远日点、近日点的量.

$$\frac{m_e v_e^2}{R_e} = \frac{Gm_e m_s}{R_e^2}$$

$$-\frac{Gm_c m_s}{R_{ca}} + \frac{1}{2}m_c v_{ca}^2 = -\frac{Gm_c m_s}{R_{cp}} + \frac{1}{2}m_c v_{cp}^2$$

$$m_c R_{ca} v_{ca} = m_c R_{cp} v_{cp}$$

三式中，m_e、m_c均可约去，有m_s、R_{ca}、R_{cp}三个未知量，三个方程可解，得

$$R_{ca} = \frac{2R_e v_e^2}{v_{ca}\left(v_{cp} + v_{ca}\right)}$$

代入$R_e = 1.5\times10^{11}\mathrm{m}$，$v_e = 30\times10^3\mathrm{m/s}$，$v_{ca} = 10\times10^3\mathrm{m/s}$，$v_{cp} = 80\times10^3\mathrm{m/s}$，可得

$$R_{ca} = 3.0\times10^{11}\mathrm{m} = 3.0\times10^8\mathrm{km}$$

4.2.2 假定在地球表面附近运行的人造地球卫星每90min转一周，月球表面附近运行的人造卫星也是每90min转一周，关于月球的组成你有何结论?

解 用脚标e、s、m分别表示与地球、卫星、月球有关的量.

$$m_s R_e \omega_s^2 = \frac{Gm_e m_s}{R_e^2}$$

$$m_s R_m \omega_s^2 = \frac{Gm_m m_s}{R_m^2}$$

地球卫星和月球卫星的角速度相同，未加区别，两个卫星的质量大小不影响它们的角速

度，这里也没加区别(加以区别也可以)，它们的圆轨道半径分别为地球半径和月球半径.

$$\frac{R_{\mathrm{m}}^3}{R_{\mathrm{e}}^3}=\frac{m_{\mathrm{m}}}{m_{\mathrm{e}}}$$

$$\frac{m_{\mathrm{e}}}{\frac{4}{3}\pi R_{\mathrm{e}}^3}=\frac{m_{\mathrm{m}}}{\frac{4}{3}\pi R_{\mathrm{m}}^3}\quad 即\quad \rho_{\mathrm{e}}=\rho_{\mathrm{m}}$$

通常把地球看作均质的，也可把月球视为均质的，其密度与地球相同.

4.2.3　知道地球表面的重力加速度为$9.8\mathrm{m/s^2}$，围绕地球的大圆周长为$4\times10^7\,\mathrm{m}$，又知道月球和地球的直径和质量之比分别为

$$\frac{D_{\mathrm{m}}}{D_{\mathrm{e}}}=0.27,\quad \frac{M_{\mathrm{m}}}{M_{\mathrm{e}}}=0.0123$$

问从月球表面出发,逃离月球引力场所必须具有的相对于月球的最小速度多大(把月球视为惯性系)?

解　用v_{e}、v_{m}分别表示从地球、月球表面出发逃离地球、月球所需的最小速度，

$$\frac{1}{2}mv_{\mathrm{e}}^2-\frac{GmM_{\mathrm{e}}}{R_{\mathrm{e}}}=0$$

$$\frac{GmM_{\mathrm{e}}}{R_{\mathrm{e}}^2}=mg$$

可得

$$v_{\mathrm{e}}=\sqrt{\frac{2GM_{\mathrm{e}}}{R_{\mathrm{e}}}}=\sqrt{2gR_{\mathrm{e}}}=\sqrt{\frac{gL}{\pi}}$$

其中$L=2\pi R_{\mathrm{e}}$是围绕地球的大圆周长，

$$\frac{1}{2}mv_{\mathrm{m}}^2-\frac{GmM_{\mathrm{m}}}{R_{\mathrm{m}}}=0$$

$$\left(\frac{v_{\mathrm{m}}}{v_{\mathrm{e}}}\right)^2=\frac{M_{\mathrm{m}}/R_{\mathrm{m}}}{M_{\mathrm{e}}/R_{\mathrm{e}}}=\frac{M_{\mathrm{m}}/M_{\mathrm{e}}}{D_{\mathrm{m}}/D_{\mathrm{e}}}$$

$$v_{\mathrm{m}}=\sqrt{\frac{M_{\mathrm{m}}/M_{\mathrm{e}}}{D_{\mathrm{m}}/D_{\mathrm{e}}}}\cdot\sqrt{\frac{gL}{\pi}}=\sqrt{\frac{0.0123}{0.27}}\times\sqrt{\frac{9.8\times4\times10^7}{\pi}}=2.38\times10^3\,(\mathrm{m/s})$$

4.2.4　一长程火箭由半径为R的地球表面以速度$\boldsymbol{v}=v_r\boldsymbol{e}_r+v_\varphi\boldsymbol{e}_\varphi$发射，不计空气摩擦和地球转动，但需考虑精确的引力场，求出确定轨道所达到的最大高度H的方程(图 4.8)，作最低级近似求解此方程，并对于$\boldsymbol{v}$垂直向上的情形，给出人们熟知的结果.

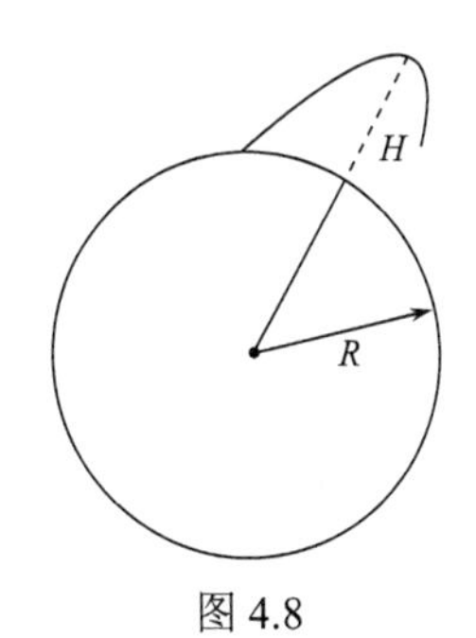

图 4.8

解　设火箭达到最高点时横向速度为$v_{\varphi a}$（径向速度$v_{ra}=0$），由对地球中心的角动量守恒和机械能守恒，设火箭质量为m，

$$mRv_{\varphi}=m(R+H)v_{\varphi a} \tag{1}$$

$$\frac{1}{2}m\left(v_r^2+v_{\varphi}^2\right)-\frac{GMm}{R}=\frac{1}{2}mv_{\varphi a}^2-\frac{GMm}{R+H} \tag{2}$$

用式(1)消去式(2)中的$v_{\varphi a}$，得能确定火箭能达到的最大高度H的方程，

$$\frac{1}{2}\left(v_r^2+v_{\varphi}^2\right)-\frac{GM}{R}=\frac{1}{2}\left(\frac{R}{R+H}\right)^2v_{\varphi}^2-\frac{GM}{R+H}$$

作最低级近似，$\dfrac{H}{R}$为小量，上式可近似为

$$\frac{1}{2}\left(v_r^2+v_{\varphi}^2\right)-\frac{GM}{R}=\frac{1}{2}\left(1-2\frac{H}{R}\right)v_{\varphi}^2-\frac{GM}{R}\left(1-\frac{H}{R}\right)$$

解出

$$H=\frac{v_r^2}{2\left(\dfrac{GM}{R}-v_{\varphi}^2\right)}R$$

当垂直发射时，$v_{\varphi}=0$，$v_r=v$，

$$H=\frac{v^2}{2\left(\dfrac{GM}{R^2}\right)}$$

再考虑$\dfrac{H}{R}$为小量，在地球表面附近$\dfrac{GM}{r^2}\approx\dfrac{GM}{R^2}=g$，$H=\dfrac{v^2}{2g}$是人们熟知的结果.

读者可将此题解答与题2.3.7比较.

4.2.5　设一宇宙飞船沿一个围绕太阳的椭圆轨道从地球发往火星，近日点在地球绕太阳的轨道上，远日点在火星绕太阳的轨道上，如图4.9所示. 不考虑地球和火星对飞船的引力作用，设地球和火星都绕太阳做圆周运动，轨道半径分别为R_1、$R_2=1.5R_1$. 求：

(1)宇宙飞船的轨道方程；

(2)先证明开普勒第三定律，然后用它计算按上述轨道从地球到达火星所用的时间；

(3)为了最节省燃料，从地球上应向什么方向发射？

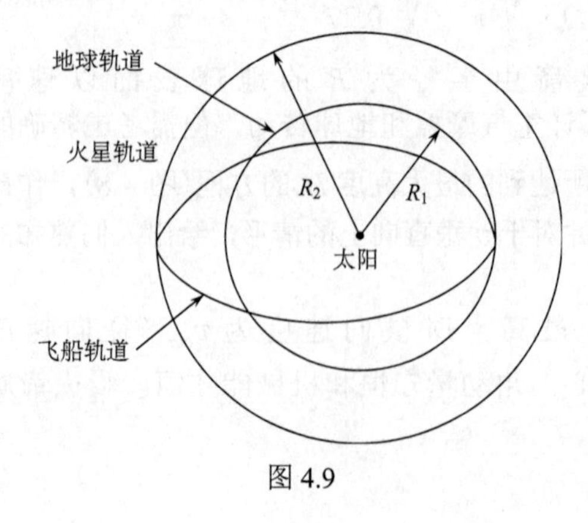

图 4.9

解　(1) 飞船的椭圆轨道方程可写成

$$r=\frac{p}{1+e\cos\varphi}$$

由所给的近日点、远日点，有$\varphi=0$，$r=R_1$，$\varphi=\pi$，$r=1.5R_1$，得

$$R_1=\frac{p}{1+e},\quad 1.5R_1=\frac{p}{1-e}$$

解得

$$e=0.2,\ p=1.2R_1$$

故飞船的轨道方程为

$$r=\frac{1.2R_1}{1+0.2\cos\varphi}$$

(2) 设行星绕太阳的轨道是一个长半轴为a、短半轴为b的椭圆，此椭圆的面积为πab，由有心运动有角动量积分知，面积速度为$\frac{1}{2}h\left(h=r^2\dot{\varphi}\right)$，运行周期为

$$T=\frac{\pi ab}{\frac{1}{2}h}=\frac{2\pi ab}{h}$$

由椭圆的极坐标表达和直角坐标表达的两组参数之间的关系以及e和E、h的关系可导出

$$a=-\frac{GmM}{2E},\quad b=h\sqrt{\frac{m}{-2E}}$$

可将上式改为

$$T=\frac{2\pi}{(GM)^{1/2}}a^{3/2}$$

$$\frac{T^2}{a^3}=\frac{4\pi^2}{GM}=\text{常量}$$

行星公转周期的平方和轨道的长半轴的立方成正比，这就证明了开普勒第三定律.

宇宙飞船和行星一样，仅在太阳的引力作用下绕太阳运转，也遵从开普勒第三定律. 将它与地球运行周期相比，用脚标 s、e 以区别飞船和地球的量，

$$\frac{T_{\mathrm{s}}^2}{a_{\mathrm{s}}^3}=\frac{T_{\mathrm{e}}^2}{R_{\mathrm{e}}^3}=\frac{T_{\mathrm{e}}^2}{R_1^3}$$

其中

$$a_{\mathrm{s}}=\frac{1}{2}\left(r_{\min}+r_{\max}\right)=\frac{1}{2}\left(R_1+1.5R_1\right)=1.25R_1$$

$$T_{\mathrm{s}}=\left(\frac{a_{\mathrm{s}}}{R_1}\right)^{3/2}T_{\mathrm{e}}=(1.25)^{3/2}T_{\mathrm{e}}=1.40\text{年}$$

其中用了地球公转周期$T_e = 1$年. 因此宇宙飞船从地球到火星需时$\frac{1}{2}T_s = 0.70$年.

(3)为节省燃料，飞船应沿地球公转轨道的切线方向发射，且在地球赤道上一点在自转速度与公转速度的夹角尽可能小的时刻发射. 当然还得考虑飞船到达远日点时火星也正好到达.

4.2.6 求上题所述的宇宙飞船需以多大的速度离开地球?仍不考虑地球的引力作用，也不考虑地球的自转.

解 以太阳为参考系，飞船航行中机械能守恒，对力心的角动量守恒，

$$E = \frac{1}{2}m\left(\dot{r}^2 + r^2\dot{\varphi}^2\right) - \frac{GMm}{r} = \frac{1}{2}m\dot{r}^2 + \frac{1}{2}m\frac{h^2}{r^2} - \frac{GMm}{r}$$

其中M为太阳的质量，$h = r^2\dot{\varphi} =$常量.

在近日点，$\dot{r}=0$，$r = R_e$，在远日点，$\dot{r}=0$，$r = R_m$，由上式可写出下式：

$$\frac{mh^2}{2R_e^2} - \frac{GMm}{R_e} = \frac{mh^2}{2R_m^2} - \frac{GMm}{R_m}$$

解出

$$h = \sqrt{2GMR_eR_m/\left(R_e + R_m\right)}$$

离开地球时，相对太阳的速度为

$$v = \frac{h}{R_e} = \sqrt{\frac{2GMR_m}{R_e\left(R_e + R_m\right)}}$$

求地球围绕太阳公转的速度，

$$\frac{m_e v_e^2}{R_e} = \frac{GMm_e}{R_e^2}$$

$$v_e = \sqrt{\frac{GM}{R_e}}$$

飞船离开地球相对于地球的速度(沿地球公转的切线方向发射)为

$$v_r = v - v_e = \sqrt{\frac{2GMR_m}{R_e\left(R_e + R_m\right)}} - \sqrt{\frac{GM}{R_e}}$$

代入$R_m = 1.5R_e$，得

$$v_r = \sqrt{\frac{6GM}{5R_e}} - \sqrt{\frac{GM}{R_e}}$$

4.2.7 若4.2.5题所述飞船飞离地球需考虑地球的引力作用，仍不考虑地球自转，求飞船从地球表面起航时需具有的速度.

解 在脱离地球引力场以前以地球为参考系，脱离地球引力场时应具有上题的速度v_r，用机械能守恒定律，

$$\frac{1}{2}mv_r^2 = \frac{1}{2}mv_{r0}^2 - \frac{GmM_e}{R}$$

其中 v_{r0} 就是所要求的飞船从地球表面起航时需具有的速度，M_e 是地球的质量，R 是地球的半径.

$$v_{r0}^2 = v_r^2 + \frac{2GM_e}{R} = \left(\sqrt{\frac{6GM}{5R_e}} - \sqrt{\frac{GM}{R_e}}\right)^2 + \frac{2GM_e}{R}$$

$$= \frac{1}{5}\left(11 - 2\sqrt{30}\right)\frac{GM}{R_e} + \frac{2GM_e}{R}$$

$$v_{r0} = \left[\frac{1}{5}\left(11 - 2\sqrt{30}\right)\frac{GM}{R_e} + \frac{2GM_e}{R}\right]^{1/2}$$

其中 M 、M_e 分别是太阳和地球的质量，R_e、R 分别是地球公转轨道半径和地球的半径.

4.2.8 质量为 $1.6\times10^3\,\mathrm{kg}$ 的陨石在地球表面上方 $4.2\times10^6\,\mathrm{m}$ 的圆形轨道上绕地球运动. 它突然与另一轻得多的陨石发生正碰使动能损失 2.0%.

(1) 什么物理定律适用于碰撞后的大陨石的运动?

(2) 描述碰撞后陨石轨道的形状;

(3) 求出陨石在碰撞后最接近地球的距离.

解 (1) 碰撞后大陨石仍只受地球的引力作用，仍是有心运动，机械能守恒定律和对力心的角动量守恒定律适用于碰撞后大陨石的运动.

(2) 碰前大陨石做圆周运动，总能量 $E<0$，碰后，仍有 $E<0$，因动能损失，地球的引力大于按原来半径的圆周运动所需要的向心力，陨石碰后做椭圆轨道运动.

(3) 由

$$\frac{mv^2}{r} = \frac{GMm}{r^2}$$

碰撞前陨石的动能为

$$T_0 = \frac{1}{2}mv_0^2 = \frac{GMm}{2r} = \frac{mgR^2}{2r}$$

其中用了 $\frac{GMm}{R^2}mg$ ，R 为地球半径，v_0、r 分别是碰撞前陨石的速度和轨道半径. 代入 $g = 9.8\mathrm{m/s}$ ，$R = 6400\times10^3\,\mathrm{m}$ ，$r = \left(6400 + 4200\right)\times 10^3\,\mathrm{m} = 10600\times10^3\,\mathrm{m}$ ，质量 m 可不必代入数据.

$$T_0 = 1.893\times10^7\,m\left(\mathrm{J}\right)$$

碰撞后陨石的动能为

$$T = \left(1 - 0.020\right)T_0 = 1.855\times10^7\,m\left(\mathrm{J}\right)$$

碰撞后陨石的势能等于碰前的势能

$$V = V_0 = -\frac{GMm}{r} = -2T_0 = -3.786\times10^7\,m\left(\mathrm{J}\right)$$

碰撞后陨石的机械能

$$E = T + V = -1.931\times10^7\,m\left(\mathrm{J}\right)$$

由

$$E = -\frac{GMm}{2a}$$

可得碰后椭圆轨道的长轴

$$2a = -\frac{GMm}{E} = -\frac{mgR^2}{E}$$

代入

$$g = 9.8\text{m/s}，R = 6400\times10^3\,\text{m}，E = -1.931\times10^7\,m(\text{J})$$

可得 $2a = 2.079\times10^7\,\text{m}$.

大陨石和轻得多的陨石发生正碰，碰后大陨石的速度方向不变，这时的位置，$\dot{r}=0$，因 $\frac{mv^2}{r} < \frac{GMm}{r^2}$，这时的 $r = r_{\max}$.

碰撞后陨石最接近地面的距离为

$$\begin{aligned} r_{\min} - R &= 2a - r_{\max} - R \\ &= 2.079\times10^7 - 1.06\times10^7 - 6.4\times10^6 = 3.8\times10^6(\text{m}) \end{aligned}$$

4.2.9 我国于 1971 年 3 月 3 日发射的科学实验卫星的重量为 221.0kg，近地点高度为 266km，远地点高度为 1826km，地球半径取为 6400km，求该卫星运行的周期.

解 像 4.2.6 题那样，可得

$$h = \sqrt{2GM_e r_{\max} r_{\min}/(r_{\max} + r_{\min})}$$

$$r_{\max} = (1826 + 6400)\times10^3 = 8.226\times10^6(\text{m})$$

$$r_{\min} = (221.0 + 6400)\times10^3 = 6.621\times10^6(\text{m})$$

因为

$$\frac{GM_e}{R_e^2} = g, \quad GM_e = gR_e^2$$

将 $g = 9.8\text{m/s}^2$，$R_e = 6.400\times10^6\,\text{m}$ 及 $r_{\max}$、$r_{\min}$ 值代入得

$$h = 5.43\times10^{10}\,\text{m}^2/\text{s}$$

用 $r_{\min} = \frac{p}{1+e}$，$r_{\max} = \frac{p}{1-e}$，

$$e = \frac{r_{\max} - r_{\min}}{r_{\max} + r_{\min}} = 0.108$$

$$h = r^2\dot{\varphi}, \ \mathrm{d}t = \frac{1}{h}r^2\mathrm{d}\varphi$$

运行周期

$$T = \int_0^T \mathrm{d}t = \frac{1}{h}\int_0^{2\pi} r^2\mathrm{d}\varphi = \frac{2}{h}\pi ab$$

a、b 分别是椭圆轨道的半长轴和半短轴.

因为 $e = \frac{c}{a}$，$c = \sqrt{a^2 - b^2}$，所以 $b = a\sqrt{1-e^2}$，

$$T=\frac{2}{h}\pi a^2\sqrt{1-e^2}$$

$$a=\frac{1}{2}(r_{\max}+r_{\min})=7.424\times10^6\,\mathrm{m}$$

将已算得的h、e和a代入T的式子，得

$$T=6340\mathrm{s}=106\,\mathrm{min}$$

4.2.10 一质量为m的空间站沿半径为R的圆轨道绕月球运动. 为使空间站能在月球上登陆，沿轨道曲线方向向前发射一质量为m_1的物体，使空间站在发射物体后，转过转角 180°后刚好抵达月球表面. 已知月球的质量为M_{m}，半径为R_{m}. 求：

(1) 质量为m_1的物体的发射速度；

(2) 从发射到空间站抵达月球所经历的时间.

解 (1) 设空间站做圆周运动时的速度为v，

$$\frac{mv^2}{R}=\frac{GmM_{\mathrm{m}}}{R^2},\quad v=\sqrt{\frac{GM_{\mathrm{m}}}{R}}$$

设空间站向前发射物体的速度为v_1，空间站发射后的速度为v_2，由动量守恒，

$$mv=m_1v_1+(m-m_1)v_2 \tag{1}$$

发射后空间站的机械能守恒，角动量守恒，

$$\frac{1}{2}(m-m_1)v_2^2-\frac{G(m-m_1)M_{\mathrm{m}}}{R}=\frac{1}{2}(m-m_1)v_3^2-\frac{G(m-m_1)M_{\mathrm{m}}}{R_{\mathrm{m}}} \tag{2}$$

$$(m-m_1)v_2R=(m-m_1)v_3R_{\mathrm{m}} \tag{3}$$

其中v_3是空间站在月球登陆时的速度.

从式(2)、(3)可解出

$$v_2=\sqrt{\frac{2GM_{\mathrm{m}}R_{\mathrm{m}}}{R(R+R_{\mathrm{m}})}} \tag{4}$$

从式(1)解出v_1，并代入式(4)，

$$v_1=\frac{mv}{m_1}-\frac{m-m_1}{m_1}v_2$$

$$=\frac{m}{m_1}\sqrt{\frac{GM_{\mathrm{m}}}{R}}-\frac{m-m_1}{m_1}\sqrt{\frac{2GM_{\mathrm{m}}R_{\mathrm{m}}}{R(R+R_{\mathrm{m}})}}$$

(2) 用开普勒第三定律于绕月球的两个空间站的运动，设T、T'分别为做圆周运动和做椭圆运动的周期

$$\frac{T^2}{R^3}=\frac{T'^2}{\left[\frac{1}{2}(R+R_{\mathrm{m}})\right]^3}$$

$$T'=\sqrt{\left(\frac{R+R_{\mathrm{m}}}{2R}\right)^3}\,T$$

又

$$T=\frac{2\pi R}{v}=2\pi R\sqrt{\frac{R}{GM_{\mathrm{m}}}}$$

$$T'=2\pi\sqrt{\frac{\left(R+R_{\mathrm{m}}\right)^3}{8GM_{\mathrm{m}}}}$$

从空间站发射物体到空间站抵达月球所经历的时间为半个周期，

$$t=\frac{1}{2}T'=\frac{\pi}{2}\sqrt{\frac{\left(R+R_{\mathrm{m}}\right)^3}{2GM_{\mathrm{m}}}}$$

4.2.11 假定你去访问一无大气、半径为 R_0 的小行星，发现物体以速率 v_0 水平抛出后，恰好能环绕该星体的表面做圆周运动. 用 v_0、R_0 表示下述各量：

(1) 物体逃离该小行星的速度；

(2) 从行星表面竖直上抛使最高点达到 R_0 高度所需的上抛速率，并求该物体达到 $\frac{1}{2}R_0$ 高度时的速率；

(3) 质量为 m 的物体在离行星表面为 y 时的势能；

(4) 使物体从行星表面升到 y 高度所需的上抛速率.

解 (1) 设 M 为小行星的质量，v 为物体逃离小行星所需速度.

$$\frac{mv_0^2}{R_0}=\frac{GmM}{R_0^2}$$

$$\frac{1}{2}mv^2-\frac{GmM}{R_0}=0$$

消去 M，可得 $v^2=2v_0^2$，$v=\sqrt{2}v_0$.

(2) 设竖直上抛到最高点为 R_0 所需的上抛速率为 v，

$$\frac{1}{2}mv^2-\frac{GmM}{R_0}=-\frac{GmM}{2R_0}$$

$$\frac{1}{2}v^2=\frac{GM}{R_0}-\frac{GM}{2R_0}=\frac{GM}{2R_0}=\frac{1}{2}v_0^2$$

所以

$$v=v_0$$

设达到 $\frac{1}{2}R_0$ 高度时的速率为 v'，

$$\frac{1}{2}mv_0^2-\frac{GmM}{R_0}=\frac{1}{2}mv'^2-\frac{GmM}{R_0+\frac{1}{2}R_0}$$

$$v'^2=v_0^2+2GM\left(\frac{2}{3R_0}-\frac{1}{R_0}\right)=v_0^2-\frac{2GM}{3R_0}=\frac{1}{3}v_0^2$$

$$v' = \frac{\sqrt{3}}{3} v_0$$

(3)
$$V(y) = -\frac{GmM}{R_0 + y} = -\frac{mR_0 v_0^2}{R_0 + y}$$

(4) 设物体从行星表面升到最大高度为 y 所需的上抛速率为 v，

$$\frac{1}{2}mv^2 - \frac{GmM}{R_0} = -\frac{GmM}{R_0 + y}$$

$$v^2 = 2GM\left(\frac{1}{R_0} - \frac{1}{R_0 + y}\right) = 2GM\frac{y}{R_0(R_0 + y)} = \frac{2v_0^2 y}{R_0 + y}$$

$$v = v_0\sqrt{\frac{2y}{R_0 + y}}$$

4.2.12 (1) 证明在按 $\frac{1}{r}$ 规律变化的有心引力势场中具有相同角动量的圆形轨道的半径等于抛物线轨道近心点离力心距离的两倍；

(2) 证明在 (1) 问中的有心力场中具有相同的角动量的圆形轨道和抛物线轨道相交处的速率，后者是前者的 $\sqrt{2}$ 倍.

证明 (1) 在按 $\frac{1}{r}$ 规律变化的有心引力势场中运动的轨道方程是圆锥曲线

$$r = \frac{p}{1 + e\cos\varphi}$$

其中 $p = \frac{h^2}{\alpha}$，α 是 $F(r) = -\frac{m\alpha}{r^2}$ 或 $V(r) = -\frac{m\alpha}{r}$ 中的 α. (参看《经典力学》上册 § 4.4.)[①]

圆形轨道：　　$e = 0$，$r = p$

抛物线轨道：　　$e = 1$，$r = \frac{p}{1 + \cos\varphi}$

$$r = r_{\min} = r(0) = \frac{1}{2}p$$

同一力场，α 相同，两种轨道 (圆和抛物线) 的角动量相同，则 h 相同，由 $p = \frac{h^2}{\alpha}$ 可见 p 也相同. 这就证明了圆形轨道的半径 (等于 p) 是抛物线轨道近心点至力心的距离 (等于 $\frac{1}{2}p$) 的两倍.

(2) 在上述力场中，质点做圆轨道运动和做抛物线轨道运动，如角动量相等，即 h 相同，则 p 也相同，两种轨道相交处，r 相同，故抛物线上该交点的矢径 $r = p$，

$$p = \frac{p}{1 + \cos\varphi}$$

① 强元棨. 经典力学. 北京：科学出版社，2003.

可见，该交点的极坐标为$\left(p,\pm\dfrac{\pi}{2}\right)$.

做圆轨道运动，各处的速率均为$\dfrac{h}{p}$.

做抛物线轨道运动，

$$r=\frac{p}{1+\cos\varphi}$$

$$\dot{r}=\frac{p}{(1+\cos\varphi)^2}\sin\varphi\cdot\dot{\varphi}$$

在交点

$$\varphi=\pm\frac{\pi}{2},\ \dot{r}=\pm p\dot{\varphi}=\pm p\left.\frac{h}{r^2}\right|_{r=p}=\pm\frac{h}{p}$$

$$r\dot{\varphi}=\left.\frac{h}{r}\right|_{r=p}=\frac{h}{p}$$

$$v=\sqrt{\dot{r}^2+(r\dot{\varphi})^2}=\sqrt{2}\frac{h}{p}$$

在两个交点$\left(p,\dfrac{\pi}{2}\right)$、$\left(p,-\dfrac{\pi}{2}\right)$，均有沿抛物线运动的速率是沿圆周运动的速率的$\sqrt{2}$倍.

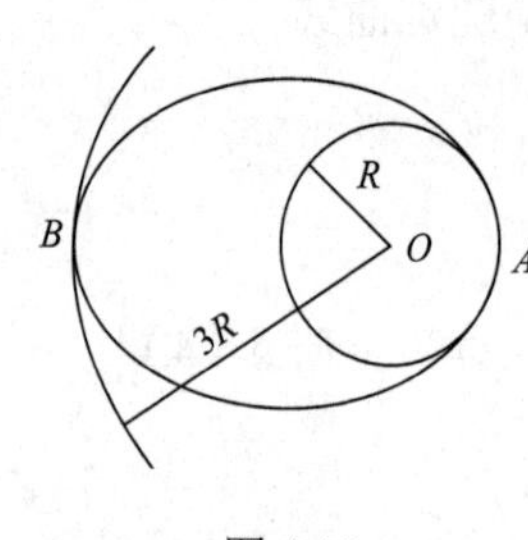

图 4.10

4.2.13　宇宙飞船绕一行星沿圆轨道飞行，轨道半径为R，飞行速率为v_0，要把轨道改为经过B点的椭圆轨道，如图 4.10 所示，B点位于以O为圆心、半径为$3R$的圆周上.

(1) 写出该椭圆的方程；

(2) 飞船在A点进入上述轨道时，它的速度应增加多少?

(3) 从A点到B点的航程要用多少时间?

(4) 当飞船的位矢垂直于AB时，速度的径向和横向分量多大?

解　(1) 椭圆方程可写为

$$r=\frac{p}{1+e\cos\varphi}$$

$$r_{\min}=\frac{p}{1+e}=R,\ r_{\max}=\frac{p}{1-e}=3R$$

$$\frac{r_{\max}}{r_{\min}}=\frac{1+e}{1-e}=3,\quad \frac{1+e+(1-e)}{1+e-(1-e)}=\frac{3+1}{3-1}=2$$

得

$$e=\frac{1}{2},\ p=R(1+e)=\frac{3}{2}R$$

所以

$$r=\frac{\frac{3}{2}R}{1+\frac{1}{2}\cos\varphi}$$

(2) 设 m 、 M 分别为飞船和行星的质量，飞船做圆周运动时，

$$E=\frac{1}{2}mv_0^2-\frac{GMm}{R},\quad \frac{mv_0^2}{R}=\frac{GMm}{R^2}$$

$$E=\frac{1}{2}mv_0^2-mv_0^2=-\frac{1}{2}mv_0^2,\quad \frac{GMm}{R}=mv_0^2$$

飞船做椭圆运动时，

$$E'=-\frac{GMm}{2a}=-\frac{GMm}{2\times 2R}=-\frac{1}{4}mv_0^2$$

又有 $E'=\frac{1}{2}mv^2-\frac{GMm}{R}$ ， v 为在 A 点时的速度，

$$E'-E=\frac{1}{2}mv^2-\frac{GMm}{R}-\left(\frac{1}{2}mv_0^2-\frac{GMm}{R}\right)=\frac{1}{2}mv^2-\frac{1}{2}mv_0^2$$

又有 $E'-E=-\frac{1}{4}mv_0^2-\left(-\frac{1}{2mv_0^2}\right)=\frac{1}{4}mv_0^2$ ，

$$\frac{1}{2}mv^2-\frac{1}{2}mv_0^2=\frac{1}{4}mv_0^2$$

$$v^2=\frac{3}{2}v_0^2,\quad v=\sqrt{\frac{3}{2}}v_0$$

在 A 点进入椭圆轨道，需有速度增量为

$$v-v_0=\left(\sqrt{\frac{3}{2}}-1\right)v_0$$

(3) 由开普勒第三定律，设椭圆运动的周期为 T ，

$$\frac{T^2}{(2R)^3}=\frac{\left(\frac{2\pi R}{v_0}\right)^2}{R^3},\quad T^2=8\left(\frac{2\pi R}{v_0}\right)^2$$

$$T=4\sqrt{2}\frac{\pi R}{v_0}$$

从 A 到 B 的航程所需时间是半个周期，

$$t=\frac{1}{2}T=2\sqrt{2}\frac{\pi R}{v_0}$$

(4)

$$h=vR=\sqrt{\frac{3}{2}}v_0R$$

飞船的位矢垂直于 AB 时，$\varphi=\pm\dfrac{\pi}{2}$，

$$r=\frac{3}{2}R$$

$$v_\varphi=r\dot{\varphi}=\frac{h}{r}=\frac{\sqrt{\frac{3}{2}}v_0R}{\frac{3}{2}R}=\sqrt{\frac{2}{3}}v_0$$

$$v_r=\dot{r}=\frac{\frac{3}{2}R}{\left(1+\frac{1}{2}\cos\varphi\right)^2}\cdot\frac{1}{2}\sin\varphi\dot{\varphi}=\frac{\frac{3}{4}R\sin\varphi}{\left(1+\frac{1}{2}\cos\varphi\right)^2}\cdot\frac{v_\varphi}{r}$$

$$=\pm\frac{\frac{3}{4}R\cdot\sqrt{\frac{2}{3}}v_0}{\frac{3}{2}R}=\pm\sqrt{\frac{1}{6}}v_0$$

4.2.14　有两颗地球卫星 M_1 及 M_2 沿同一椭圆运动，地球中心在此椭圆的一个焦点，又设 M_1M_2 相距不远，可将圆弧 $\overparen{M_1M_2}$ 看作直线，已知直线 M_1M_2 的中点经近地点时，$M_1M_2=b$，近地点到地心的距离为 R_1，远地点到地心的距离为 R_2. 求直线 M_1M_2 的中点经远地点时两颗卫星的距离. 若取卫星处于近地点时 $\varphi=0$，则在任意 φ 角时，两颗卫星的距离多大?

解　两颗卫星沿同一椭圆轨道运动，周期相同，两颗卫星间的航程所需时间 Δt 是不变的.

在近地点，设 M_1M_2 的中点的速率为 v_1，两颗卫星 M_1、M_2 相距不远，都在近地点附近，可认为这一段的速率近似为 v_1，故有

$$v_1\Delta t=b$$

在远地点，速率为 v_2，M_1、M_2 相距为 $v_2\Delta t$，因为

$$v_1R_1=v_2R_2,\quad v_2=\frac{R_1}{R_2}v_1$$

$$M_1M_2=v_2\Delta t=\frac{R_1}{R_2}v_1\Delta t=\frac{R_1}{R_2}b$$

在任意点 φ，要算出在此点的速率 v.

$$r=\frac{p}{1+e\cos\varphi}$$

$$\dot{r}=\frac{pe\sin\varphi}{(1+e\cos\varphi)^2}\dot{\varphi}$$

$$v^2=\dot{r}^2+r^2\dot{\varphi}^2=\frac{p^2e^2\sin^2\varphi}{(1+e\cos\varphi)^4}\dot{\varphi}^2+\frac{p^2}{(1+e\cos\varphi)^2}\dot{\varphi}^2$$

$$=\frac{p^2\dot{\varphi}^2}{(1+e\cos\varphi)^4}(1+e^2+2e\cos\varphi)$$

$$=\frac{r^4\dot{\varphi}^2}{p^2}(1+e^2+2e\cos\varphi)=\frac{h^2}{p^2}(1+e^2+2e\cos\varphi)$$

$$v=\frac{h}{p}\sqrt{1+e^2+2e\cos\varphi}$$

将h、p、e用v_1、R_1和R_2表示，

$$h=v_1R_1，\ R_1=\frac{p}{1+e}，\ R_2=\frac{p}{1-e}$$

可得

$$e=\frac{R_2-R_1}{R_1+R_2}，\ p=\frac{2R_1R_2}{R_1+R_2}$$

$$v=\frac{v_1}{2R_2}\sqrt{2\left[R_1^2+R_2^2+\left(R_2^2-R_1^2\right)\cos\varphi\right]}$$

$$M_1M_2=v\Delta t=\frac{b}{2R_2}\sqrt{2\left[R_1^2+R_2^2+\left(R_2^2-R_1^2\right)\cos\varphi\right]}$$

可以验证：当$\varphi=0$时，$M_1M_2=b$；当$\varphi=\pi$时，$M_1M_2=\dfrac{R_1}{R_2}b$. 正是上述在近日点和远日点的两个结果.

4.2.15 一质点做椭圆轨道运动，偏心率为e，力心在椭圆轨道的一焦点上. 当质点运动到近心点时，力心突然移到椭圆的另一焦点上. 求证以后椭圆轨道的偏心率为$\dfrac{e(3+e)}{(1-e)}$，说明原来e值处在什么范围时，新的轨道将仍是椭圆、变成抛物线和变成双曲线.

证明 原椭圆方程为

$$r=\frac{p}{1+e\cos\varphi}$$

$$V(r)=-\frac{m\alpha}{r}，\ p=\frac{h^2}{\alpha}$$

在近心点：
$$\varphi=0，\ r=\frac{p}{1+e}=\frac{h^2}{\alpha(1+e)}，\ v=\frac{h}{r}=\frac{\alpha(1+e)}{h}$$

突然力心变到另一焦点，v不变，r变为r'，

$$r'=\frac{p}{1-e}=\frac{h^2}{\alpha(1-e)}$$

$$h' = vr' = \frac{\alpha(1+e)}{h} \cdot \frac{h^2}{\alpha(1-e)} = \frac{1+e}{1-e} h$$

$$E' = \frac{1}{2} m v^2 - \frac{m\alpha}{r'}$$

$$= \frac{1}{2} m \frac{\alpha^2 (1+e)^2}{h^2} - \frac{m\alpha}{h^2} \alpha(1-e)$$

$$= \frac{m\alpha^2}{2h^2} \left(e^2 + 4e - 1\right)$$

$$e' = \sqrt{1 + \frac{2h'E'}{m\alpha^2}} = \frac{e(3+e)}{1-e} \quad (计算过程略)$$

当$e'=1$时，变为抛物线，

$$\frac{e(3+e)}{1-e} = 1$$

$$e^2 + 3e = 1 - e,\ e^2 + 4e - 1 = 0$$

$$e = \frac{-4 + \sqrt{16+4}}{2} = \sqrt{5} - 2$$

因为原来e的取值范围为$0<e<1$，另一根小于零是不可能的，故舍去.

经计算可得

$$\frac{de'}{de} = \frac{(3-e)(1+e)}{(1-e)^2} > 0$$

(因为$0<e<1$，分子、分母均大于零.)

$\frac{de'}{de} > 0$ 说明e'是e的单调递增函数，$e = \sqrt{5} - 2$时，$e' = 1$，则：

$0<e<\sqrt{5}-2$时，$0<e'<1$(注意，$e=0$时，$e'=0$，故$e>0$时，$e'>0$)，仍为椭圆；

$e = \sqrt{5} - 2$时，$e'=1$，变成抛物线；

$\sqrt{5}-2<e<1$时，$e'>1$，变成双曲线.

4.2.16　一行星绕质量为M的恒星做圆周运动. 恒星突然爆炸，以一个比行星的轨道速度大得多的速率喷射它的外层表壳，因此其质量损失可认为是瞬时的，恒星的剩余质量为M'，仍比行星的质量m大得多. 求爆炸后行星轨道的偏心率(忽略膨胀的壳体施加在行星上的力，可用偏心率e与能量E、角动量J的下列关系：

$$e^2 = 1 + \frac{2J^2E}{m^3\alpha^2}$$

恒星对行星的引力为$F = -\frac{m\alpha}{r^2}$.)

解法一　令$F = -\frac{GmM}{r^2}$，即$\alpha = GM$.

爆炸前，$E = -\frac{GmM}{2R}$，R为圆轨道半径.

爆炸后，行星的动能和角动量没有发生突然变化，而势能因恒星质量由 M 变为 M'，发生突然变化.

$$
\begin{aligned}
E' &= T' + V' = T + V' = T + V + V' - V \\
&= E + V' - V = -\frac{GmM}{2R} + \frac{Gm(M-M')}{R}
\end{aligned}
$$

$$J' = J$$

用 $e^2 = 1 + \dfrac{2J^2E}{m^3\alpha^2}$，原为圆周运动，$e=0$，

$$J^2 = -\frac{m^3\alpha^2}{2E} = -\frac{m^3(GM)^2}{2E} = GMm^2R$$

爆炸后的偏心率 e' 的平方

$$
\begin{aligned}
e'^2 &= 1 + \frac{2J'^2E'}{m^3\alpha'^2} = 1 + \frac{2J^2E'}{m^3(GM')^2} \\
&= 1 + \frac{2GMm^2R}{m^3(GM')^2}\left[-\frac{GmM}{2R} + \frac{Gm(M-M')}{R}\right] \\
&= 1 + \left(\frac{M}{M'}\right)^2\left(1 - \frac{2M'}{M}\right) (\text{这里用了 } \alpha' = GM')
\end{aligned}
$$

$$
\begin{aligned}
e' &= \left[1 + \left(\frac{M}{M'}\right)^2\left(1 - \frac{2M'}{M}\right)\right]^{1/2} \\
&= \left[1 - \frac{2M}{M'} + \left(\frac{M}{M'}\right)^2\right]^{1/2} = \left[\left(1 - \frac{M}{M'}\right)^2\right]^{\frac{1}{2}} \\
&= \frac{M}{M'} - 1
\end{aligned}
$$

注意：$e' > 0$，今 $M' < M$，$e' = \left|1 - \dfrac{M}{M'}\right| = \dfrac{M}{M'} - 1$.

解法二　用 $r = \dfrac{p}{1 + e\cos\varphi}$ 及 $p = \dfrac{h^2}{\alpha}$.

爆炸前：　$e = 0$，$r = p = \dfrac{h^2}{\alpha} = \dfrac{h^2}{GM}$

爆炸后：　$r = \dfrac{p'}{1 + e'\cos\varphi}$

h 不变，

$$p' = \frac{h^2}{\alpha'} = \frac{h^2}{GM'}$$

$\varphi = 0$ 时，

$$r = \frac{h^2}{GM}$$

$$\frac{h^2}{GM}=\frac{\dfrac{h^2}{GM'}}{1+e'}$$

$$1+e'=\frac{M}{M'},\quad e'=\frac{M}{M'}-1$$

4.2.17　已知一个由具有电荷e的核和一个在半径为r_0的圆形轨道上的单电子组成的氘原子的经典模型. 突然这个核发射出一个电子，其电荷变为$2e$，这个核发射的电子很快地逃逸了，我们可不考虑它，在轨道上的那个电子即有一个新状态.

(1)求出发射后与发射前电子能量之比(规定无穷远处势能为零)；

(2)定性地描述新轨道；

(3)求出新轨道的离核最近和最远的距离，以r_0为单位；

(4)以r_0表示出新轨道的长轴和短轴.

解　(1)被发射的电子很快地逃逸了，可认为原轨道上的电子瞬时位置未变、动能未变，而势能发生了变化.

设电子质量为m，做半径为r_0的圆周运动时速率为v_0，

发射前，

$$\frac{mv_0^2}{r_0}=\frac{e^2}{4\pi\varepsilon_0 r_0^2}$$

$$T=\frac{1}{2}mv_0^2=\frac{e^2}{8\pi\varepsilon_0 r_0},\quad V=-\frac{e^2}{4\pi\varepsilon_0 r_0}$$

$$E_1=\frac{1}{2}mv_0^2-\frac{e^2}{4\pi\varepsilon_0 r_0}=-\frac{e^2}{8\pi\varepsilon_0 r_0}$$

发射后，

$$E_2=\frac{1}{2}mv_0^2-\frac{2e^2}{4\pi\varepsilon_0 r_0}=-\frac{3e^2}{8\pi\varepsilon_0 r_0}$$

发射后与发射前电子能量之比为

$$\frac{E_2}{E_1}=\frac{-\dfrac{3}{8}\dfrac{e^2}{\pi\varepsilon_0 r_0}}{-\dfrac{1}{8}\dfrac{e^2}{\pi\varepsilon_0 r_0}}=3$$

(2)新轨道$E_2<0$，由$e=\sqrt{1+\dfrac{2h^2E}{m\alpha^2}}<1$，$e\neq0$，考虑到原来$e_1=0$，发射后$\alpha'=2\alpha$，可得发射后$e_2=\dfrac{1}{2}$，因此新轨道为椭圆.

(3)

$$\frac{1}{2}m\left(\dot{r}^2+\frac{h^2}{r^2}\right)-\frac{2e^2}{4\pi\varepsilon_0 r}=E_2=-\frac{3e^2}{8\pi\varepsilon_0 r_0}$$

其中h未变，仍和发射前一样，

$$h = v_0 r_0 = \sqrt{\frac{2e^2}{8\pi\varepsilon_0 r_0 m}} r_0 = \sqrt{\frac{e^2 r_0}{4\pi\varepsilon_0 m}}$$

离核最近和最远距离时，$\dot{r}=0$，$r_{\min}$、$r_{\max}$满足的方程为

$$\frac{1}{2}m\frac{e^2 r_0}{4\pi\varepsilon_0 m}\cdot\frac{1}{r^2} - \frac{e^2}{2\pi\varepsilon_0 r} = -\frac{3e^2}{8\pi\varepsilon_0 r_0}$$

$$3r^2 - 4r_0 r + r_0^2 = 0$$

$$(3r - r_0)(r - r_0) = 0$$

所以

$$r_{\min} = \frac{1}{3}r_0,\quad r_{\max} = r_0$$

(4)

$$2a = r_{\max} + r_{\min} = \frac{4}{3}r_0$$

$$2c = r_{\max} - r_{\min} = \frac{2}{3}r_0$$

$$2b = 2\sqrt{a^2 - c^2} = \frac{2\sqrt{3}}{3}r_0$$

4.2.18　(1)某彗星的轨道为抛物线，其近日点为地球轨道(假定为圆形)半径的$\frac{1}{n}$，则此彗星运行时，在地球轨道内停留的时间为一年的$\frac{2}{3\pi}\frac{n+2}{n}\sqrt{\frac{n-1}{2n}}$倍，试证明之；

(2)再证任何抛物线轨道的彗星停留在地球轨道(仍假定为圆形)内的最长时间为$\frac{2}{3\pi}$年或约为 76 日.

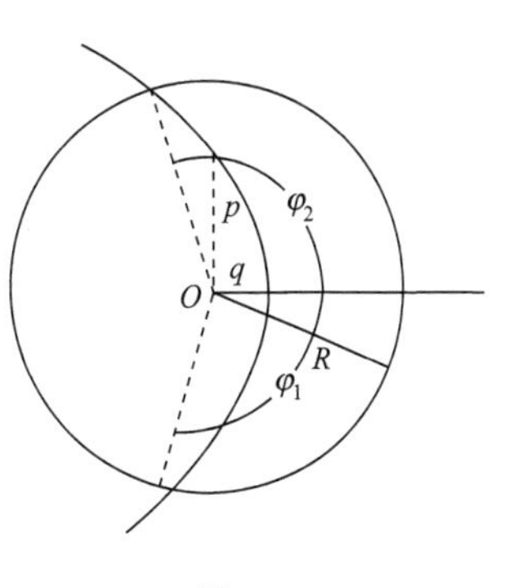

图 4.11

证明　(1)设地球的轨道半径为R，彗星轨道的近日点的矢径为q，如图 4.11 所示.

$$q = \frac{R}{n}$$

因为

$$r = \frac{p}{1+\cos\varphi}$$

$$\varphi = 0,\ r = q = \frac{p}{2},\quad \varphi = \frac{\pi}{2},\ r = p = 2q$$

$$p = \frac{h^2}{\alpha} = \frac{h^2}{GM}$$

$$h = \sqrt{GMp} = \sqrt{2GMq} = \sqrt{\frac{2GMR}{n}}$$

$$r^2\frac{\mathrm{d}\varphi}{\mathrm{d}t} = h = \sqrt{\frac{2GMR}{n}},\quad \mathrm{d}t = \sqrt{\frac{n}{2GMR}}r^2\mathrm{d}\varphi$$

$$r=\frac{p}{1+\cos\varphi}=\frac{2q}{1+\cos\varphi}=\frac{\frac{2R}{n}}{1+\cos\varphi}$$

$$\mathrm{d}t=\frac{1}{\sqrt{GM}}\sqrt{\frac{n}{2R}}\left(\frac{2R}{n}\right)^2\frac{1}{(1+\cos\varphi)^2}d\varphi$$

$$=\frac{1}{2\sqrt{GM}}\left(\frac{2R}{n}\right)^{3/2}\frac{1}{\cos^4\left(\frac{\varphi}{2}\right)}\mathrm{d}\left(\frac{\varphi}{2}\right)$$

求积分限：当$r=R$时的两个φ满足下式：

$$\frac{2R}{n}\frac{1}{1+\cos\varphi}=R$$

$$1+\cos\varphi=\frac{2}{n},\quad \cos\varphi=\frac{2}{n}-1$$

$$\varphi_2=\arccos\left(\frac{2}{n}-1\right),\quad \varphi_1=-\arccos\left(\frac{2}{n}-1\right)$$

令$\theta=\dfrac{\varphi}{2}$，

$$t=\frac{1}{2\sqrt{GM}}\left(\frac{2R}{n}\right)^{\frac{3}{2}}\int_{\varphi_1/2}^{\varphi_2/2}\frac{1}{\cos^4\theta}\mathrm{d}\theta$$

用积分公式

$$\int\frac{\mathrm{d}u}{\cos^n u}=\frac{\sin u}{(n-1)\cos^{n-1}u}+\frac{n-2}{n-1}\int\frac{\mathrm{d}u}{\cos^{n-2}u}$$

$$\int_{\varphi_1/2}^{\varphi_2/2}\frac{\mathrm{d}\theta}{\cos^4\theta}=\left.\frac{\sin\theta}{3\cos^3\theta}\right|_{\varphi_1/2}^{\varphi_2/2}+\frac{2}{3}\int_{\varphi_1/2}^{\varphi_2/2}\frac{\mathrm{d}\theta}{\cos^2\theta}$$

$$=\left.\left(\frac{\sin\theta}{3\cos^3\theta}+\frac{2}{3}\frac{\sin\theta}{\cos\theta}\right)\right|_{\varphi_1/2}^{\varphi_2/2}$$

用$\cos\varphi_1=\cos\varphi_2=\dfrac{2}{n}-1$，

$$\cos\frac{\varphi_1}{2}=\cos\frac{\varphi_2}{2}=\sqrt{\frac{1+\cos\varphi_1}{2}}=\sqrt{\frac{1}{n}}$$

$$\sin\frac{\varphi_1}{2}=-\sin\frac{\varphi_2}{2}=-\sqrt{\frac{1-\cos\varphi_1}{2}}=-\sqrt{\frac{n-1}{n}}$$

可得

$$\int_{\varphi_1/2}^{\varphi_2/2}\frac{\mathrm{d}\theta}{\cos^4\theta}=\frac{2}{3}(n+2)\sqrt{n-1}$$

$$t=\frac{1}{3\sqrt{GM}}\left(\frac{2R}{n}\right)^{3/2}(n+2)\sqrt{n-1}$$

设地球的质量为m_e，公转的速率为v_e，公转周期为T_e，则

$$\frac{m_e v_e^2}{R}=\frac{Gm_e M}{R^2}$$

$$T_e=\frac{2\pi R}{v_e}=\frac{2\pi R}{\sqrt{\frac{GM}{R}}}=\frac{2\pi R^{3/2}}{\sqrt{GM}}$$

$$\frac{t}{T_e}=\frac{1}{3\pi}\frac{\sqrt{2}}{n\sqrt{n}}(n+2)\sqrt{n-1}=\frac{2}{3\pi}\frac{n+2}{n}\sqrt{\frac{n-1}{2n}}$$

$T_e=1$年，这就证明了彗星在地球公转轨道内运行的时间为一年的$\frac{2}{3\pi}\frac{n+2}{n}\sqrt{\frac{n-1}{2n}}$倍.

(2)在地球轨道内运行的时间是n的函数或是$\frac{1}{n}$的函数，令$\frac{1}{n}=k$，

$$\frac{t}{T_e}=\frac{2}{3\pi}\left(1+\frac{2}{n}\right)\sqrt{\frac{1-\frac{1}{n}}{2}}=\frac{2}{3\pi}(1+2k)\sqrt{\frac{1-k}{2}}$$

求极大值，

$$\frac{\mathrm{d}}{\mathrm{d}k}\left[(1+2k)\sqrt{1-k}\right]=0$$

可得$k=\frac{1}{2}$，

$$\left(\frac{t}{T_e}\right)_{\max}=\frac{2}{3\pi}\left(1+2\cdot\frac{1}{2}\right)\sqrt{\frac{1-\frac{1}{2}}{2}}=\frac{2}{3\pi}$$

4.2.19 如图 4.12 所示，一火箭自地球表面发射，发射方向与铅直方向成α角，火箭将按椭圆轨道运动，若椭圆之长轴是地球半径的$n(n<2)$倍，地球半径为R，求火箭在空中飞行的时间.

解 设火箭的轨道方程为

$$r=\frac{p}{1+e\cos\varphi}$$

$$h=vR\sin\alpha$$

其中R是地球半径，v是火箭发射时的速率.

设m、M分别为火箭和地球的质量，

$$E=\frac{1}{2}mv^2-\frac{GMm}{R}=-\frac{GMm}{nR}$$

后一等式用了$E=-\frac{GMm}{2a}$，a为椭圆的长半轴.

$$v^2=\frac{2GM}{R}\left(1-\frac{1}{n}\right)$$

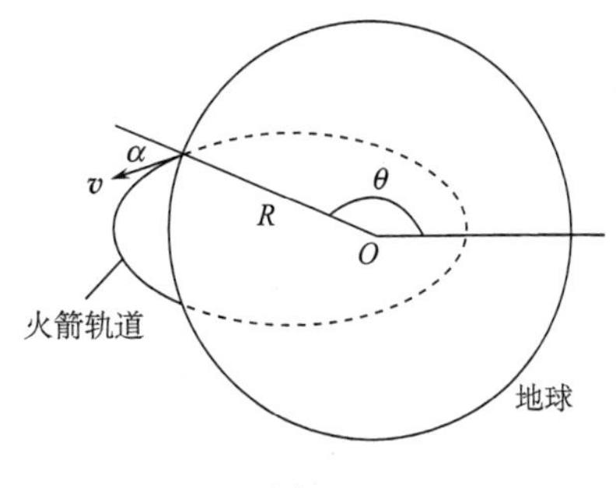

图 4.12

$$h^2 = v^2R^2\sin^2\alpha = 2GMR\left(\frac{n-1}{n}\right)\sin^2\alpha$$

$$p = \frac{h^2}{GM} = 2R\left(\frac{n-1}{n}\right)\sin^2\alpha$$

$$e = \sqrt{1+\frac{2h^2E}{m(GM)^2}} = \frac{1}{n}\sqrt{n^2-4(n-1)\sin^2\alpha} \tag{1}$$

所以

$$r = \frac{2R\left(\frac{n-1}{n}\right)\sin^2\alpha}{1+\frac{1}{n}\sqrt{n^2-4(n-1)\sin^2\alpha}\cos\varphi}$$

当$\varphi=\theta$时，$r=R$，代入上式，可得

$$1+\frac{1}{n}\sqrt{n^2-4(n-1)\sin^2\alpha}\cos\theta = 2\left(\frac{n-1}{n}\right)\sin^2\alpha$$

$$\cos\theta = \frac{2(n-1)\sin^2\alpha - n}{\sqrt{n^2-4(n-1)\sin^2\alpha}} \tag{2}$$

$$r^2\frac{\mathrm{d}\varphi}{\mathrm{d}t} = h,\ \mathrm{d}t = \frac{1}{h}r^2\mathrm{d}\varphi$$

设想火箭从$\varphi=0$到$\varphi=\theta$历时t_1，

$$t_1 = \frac{1}{h}\int_0^\theta r^2\mathrm{d}\varphi = \frac{p^2}{h}\int_0^\theta \frac{1}{(1+e\cos\varphi)^2}\mathrm{d}\varphi$$

用积分公式

$$\int\frac{\mathrm{d}x}{(a+b\cos x)^k} = \frac{1}{(k-1)(a^2-b^2)}\left[-\frac{b\sin x}{(a+b\cos x)^{k-1}}\right.$$
$$\left.+(2k-3)a\int\frac{\mathrm{d}x}{(a+b\cos x)^{k-1}} - (k-2)\int\frac{\mathrm{d}x}{(a+b\cos x)^{k-2}}\right]$$

$$\int\frac{\mathrm{d}x}{a+b\cos x} = \frac{2}{\sqrt{a^2-b^2}}\arctan\left(\frac{\sqrt{a^2-b^2}}{a+b}\tan\frac{x}{2}\right)$$

可得

$$\int_0^\theta\frac{\mathrm{d}\varphi}{(1+e\cos\varphi)^2} = \frac{1}{1-e^2}\left[-\frac{e\sin\theta}{1+e\cos\theta} + \frac{2}{\sqrt{1-e^2}}\arctan\left(\sqrt{\frac{1-e}{1+e}}\tan\frac{\theta}{2}\right)\right]$$

用式(1)、(2)及$\frac{GM}{R^2}=g$，经过相当繁琐的计算可得

$$t_1 = \sqrt{\frac{R}{2g}}\sqrt{n(n-1)}\left\{-\cos\alpha + \frac{n}{\sqrt{n-1}}\arctan\left[\frac{2\sqrt{n-1}\cos\alpha}{n-2+\sqrt{n^2+4(n-1)\sin^2\alpha}}\right]\right\}$$

火箭在空中飞行的时间为

$$t = T - 2t_1$$

其中T是火箭做此椭圆运动的周期.(参看图4.12.)

为计算T，先计算围绕地球表面的人造地球卫星做半径为R的圆周运动的周期T_0，

$$\frac{mv^2}{R} = \frac{GmM}{R^2}，\ v = \sqrt{\frac{GM}{R}} = \sqrt{Rg}$$

$$T_0 = \frac{2\pi R}{v} = 2\pi\sqrt{\frac{R}{g}}$$

用开普勒第三定律，

$$\frac{T^2}{\left(\frac{1}{2}nR\right)^3} = \frac{T_0^2}{R^3}$$

$$T = \left(\frac{n}{2}\right)^{3/2} T_0 = 2\pi\left(\frac{n}{2}\right)^{3/2}\sqrt{\frac{R}{g}} = \pi n^{3/2}\sqrt{\frac{R}{2g}}$$

$$t = \sqrt{\frac{n^3 R}{2g}}\left\{\pi + \frac{2\sqrt{n-1}}{n}\cos\alpha - 2\arctan\left[\frac{2\sqrt{n-1}\cos\alpha}{n-2+\sqrt{n^2+4(n-1)\sin^2\alpha}}\right]\right\}$$

4.2.20　证明做椭圆轨道运动的最大与最小速率的乘积为$\left(\frac{2\pi a}{T}\right)^2$，其中$T$是周期，$a$是长半轴.

证明

$$r_{\max} = a + c，\ r_{\min} = a - c$$

$$v_{\max} = \frac{h}{r_{\min}} = \frac{h}{a-c}，\ v_{\min} = \frac{h}{r_{\max}} = \frac{h}{a+c}$$

$$v_{\max}\cdot v_{\min} = \frac{h^2}{(a-c)(a+c)} = \frac{h^2}{a^2-c^2} = \frac{h^2}{b^2}$$

$$r^2\dot{\varphi} = h，\ r^2 \mathrm{d}\varphi = h\mathrm{d}t$$

$$\frac{1}{2}\oint r^2 \mathrm{d}\varphi = \frac{1}{2}\int_0^T h\mathrm{d}t$$

$$\pi ab = \frac{1}{2}hT$$

或者考虑到面积速度不变也可以直接写

$$T = \frac{\pi ab}{\frac{1}{2}h} = \frac{2\pi ab}{h}，\ b = \frac{Th}{2\pi a}$$

$$v_{\max}\cdot v_{\min} = \frac{h^2}{\left(\frac{Th}{2\pi a}\right)^2} = \left(\frac{2\pi a}{T}\right)^2$$

4.3 有心力场中的散射

4.3.1 质量为 m 的粒子以初速 v 从无穷远向其势能大小为 $\dfrac{\alpha}{r^n}$ (α 为正值常量)的引力场运动，求粒子被俘获的总截面.

解 设瞄准距离为 ρ，$h=\rho v$.

$$U=V+\frac{mh^2}{2r^2}=-\frac{\alpha}{r^n}+\frac{m\rho^2v^2}{2r^2}$$

求 $v_{\max}$，

$$\left.\frac{\mathrm{d}U}{\mathrm{d}r}\right|_{r=r_0}=\frac{n\alpha}{r_0^{n+1}}-\frac{m\rho^2v^2}{r_0^3}=0$$

$$n\alpha-m\rho^2v^2r_0^{n-2}=0$$

$$r_0=\left(\frac{n\alpha}{m\rho^2v^2}\right)^{\frac{1}{n-2}}$$

$$U_{\max}=U(r_0)=-\frac{\alpha}{\left(\dfrac{n\alpha}{m\rho^2v^2}\right)^{\frac{n}{n-2}}}+\frac{m\rho^2v^2}{2\left(\dfrac{n\alpha}{m\rho^2v^2}\right)^{\frac{2}{n-2}}}$$

$$=\frac{1}{2}\alpha(n-2)\left(\frac{m\rho^2v^2}{n\alpha}\right)^{\frac{n}{n-2}}$$

能被俘获的条件为 $E\geqslant U_{\max}$，即

$$\frac{1}{2}mv^2\geqslant\frac{1}{2}\alpha(n-2)\left(\frac{m\rho^2v^2}{n\alpha}\right)^{\frac{n}{n-2}}$$

解出 $\rho^2\leqslant n(n-2)^{\frac{2-n}{n}}\left(\dfrac{\alpha}{mv^2}\right)^{\frac{2}{n}}$.

能被俘获的总截面为

$$\sigma=\pi\rho_{\max}^2=\pi n(n-2)^{\frac{2-n}{n}}\left(\frac{\alpha}{mv^2}\right)^{\frac{2}{n}}$$

4.3.2 一质量为 m 的粒子以速度 v_0 射向一固定散射中心. 该散射中心施以排斥力 $\boldsymbol{F}=\dfrac{1}{2}mv_1^2\delta(r-a)\boldsymbol{e}_r$，其中 $\boldsymbol{e}_r$ 是由力心出发沿其径向的单位矢量，a 是一固定半径，在该处有力作用，v_1 是具有速度量纲的常数.

(1) 求势能；

(2) 证明若 $v_0<v_1$，则粒子不能进入半径 $r=a$ 的球内，而被反射回去，反射角等于入射角；

(3) 对 $v_0>v_1$ 、瞄准距离 $\rho=\frac{1}{2}a$ 的情形，画出粒子轨道的草图.

解　(1) 取无穷远为势能零点，

$$V(r)=-\int_\infty^r \boldsymbol{F}(r')\cdot \mathrm{d}\boldsymbol{r}'=\int_r^\infty \boldsymbol{F}(r')\cdot \mathrm{d}\boldsymbol{r}'$$

$$=\int_r^\infty \frac{1}{2}mv_1^2\delta(r'-a)\mathrm{d}r'$$

$$=\begin{cases}\frac{1}{2}mv_1^2, & r<a\\ 0, & r>a\end{cases}$$

(2) 若粒子进入 $r=a$ 的球内，根据机械能守恒，设粒子在球内的速率为 v'，

$$\frac{1}{2}mv'^2+\frac{1}{2}mv_1^2=\frac{1}{2}mv_0^2$$

$$v'^2=v_0^2-v_1^2$$

v' 必须是实的，要求 $v_0>v_1$，今 $v_0<v_1$，粒子是进不了 $r=a$ 的球内的.

对此粒子在 $r=a$ 处，受到散射中心径向的斥力，列牛顿运动定律的径向分量方程：

$$m(\ddot{r}-r\dot{\varphi}^2)=\frac{1}{2}mv_1^2\delta(r-a)$$

$$m\left(\ddot{r}-\frac{h^2}{r^3}\right)=\frac{1}{2}mv_1^2\delta(r-a)$$

$$\dot{r}\ddot{r}-\frac{h^2}{r^3}\dot{r}=\frac{1}{2}v_1^2\delta(r-a)\dot{r}$$

$$\frac{1}{2}\frac{\mathrm{d}}{\mathrm{d}t}(\dot{r}^2)-\frac{h^2}{r^3}\frac{\mathrm{d}r}{\mathrm{d}t}=\frac{1}{2}v_1^2\delta(v-a)\frac{\mathrm{d}r}{\mathrm{d}t}$$

$$\frac{1}{2}\int \mathrm{d}\dot{r}^2-h^2\int\frac{1}{r^3}\mathrm{d}r=\frac{1}{2}v_1^2\int\delta(r-a)\mathrm{d}r$$

前已论证了粒子到不了 $r<a$ 处，故 $\int\delta(r-a)\mathrm{d}r=0$，在斥力作用期间，因为力无限大，作用时间无限小，粒子获得有限的冲量，无位移，故 $\int\frac{1}{r^3}\mathrm{d}r=0$. 第一项积分得，冲量作用后的径向速率与作用前的径向速率相等，不能进入，只能反向. 从冲量的方向也能得此结论.

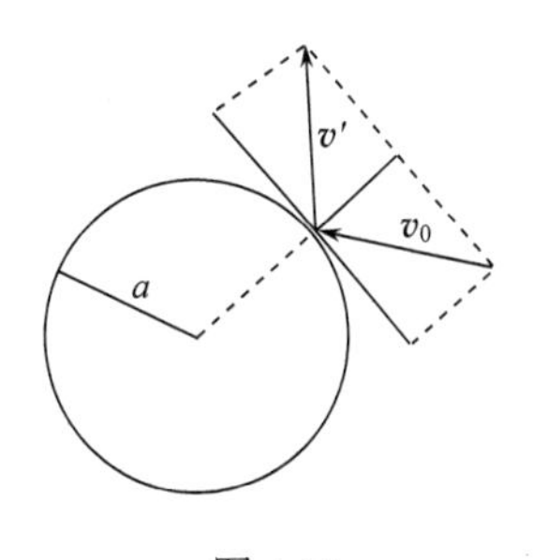

图 4.13

在球的切向未受力的作用，保持原来的横向速度不变，径向速度等值反向，这就证明了反射角等于入射角，参看图 4.13，图中 v_0 是粒子入射时的速度，v' 是粒子反射后的速度.

(3) 当 $v_0>v_1$，$\rho=\frac{1}{2}a$ 时，粒子可进入 $r=a$ 的球内，进入前后，由机械能守恒和横向动量守恒，设进入后的速率为 v'，

$$\frac{1}{2}mv'^2+\frac{1}{2}mv_1^2=\frac{1}{2}mv_0^2$$

$$v'\sin\theta=v_0\sin 30°=\frac{1}{2}v_0$$

其中 sin30° 来自 $\rho/a=\dfrac{1}{2}$(参看图 4.14)，解得

$$v'=\sqrt{v_0^2-v_1^2}$$

$$\theta=\arcsin\left(\frac{v_0}{2\sqrt{v_0^2-v_1^2}}\right)$$

粒子进入后，以 $\boldsymbol{v}'$ 的速度做匀速运动，再次到达 $r=a$ 时穿出 $r=a$ 的球. 设穿出后的速度为 $\boldsymbol{v}''$，则

$$\frac{1}{2}mv''^2=\frac{1}{2}mv'^2+\frac{1}{2}mv_1^2=\frac{1}{2}mv_0^2$$

$$v''\sin\alpha=v'\sin\theta=\frac{1}{2}v_0$$

可得 $v''=v_0$， $\alpha=30°$.

出射后保持 v'' 不变. 粒子的轨道如图 4.14 所示.

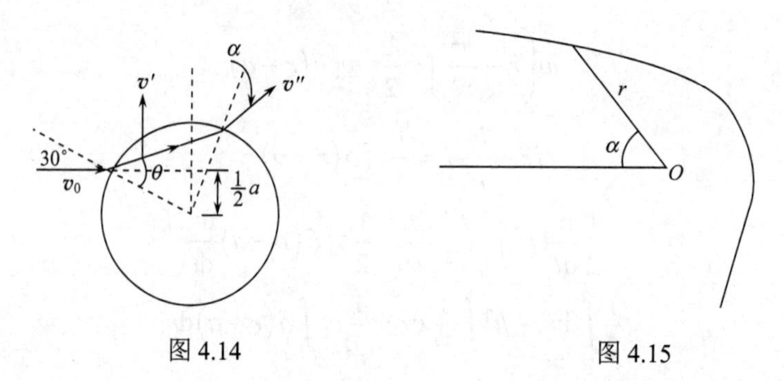

图 4.14　　图 4.15

4.3.3　如图 4.15 所示，一质量为 m 的粒子以能量 E_0、对 O 点的角动量为 J 被中心在 O 点的势能 $V=-G(r)$ 的引力场所散射.

(1) 写出关于 $\dfrac{\mathrm{d}\alpha}{\mathrm{d}r}$ 的微分方程;

(2) 写出最接近距离 $r_{\min}$ 所满足的方程.

解　(1) 由机械能守恒和对 O 点的角动量守恒,

$$\frac{1}{2}m\left(\dot{r}^2+r^2\dot{\alpha}^2\right)-G(r)=E_0$$

$$mr^2\dot{\alpha}=J$$

$$\dot{r}^2=\frac{2\left(E_0+G\right)}{m}-\frac{J^2}{m^2r^2}$$

$$\dot{\gamma}=\frac{\mathrm{d}\gamma}{\mathrm{d}\alpha}\alpha=\frac{\mathrm{d}r}{\mathrm{d}\alpha}\frac{J}{m\gamma^2}$$

$$\left(\frac{\mathrm{d}r}{\mathrm{d}\alpha}\right)^2=\left(\frac{mr^2}{J}\right)^2\dot{r}^2=\left(\frac{mr^2}{J}\right)^2\left[\frac{2\left(E_Q+G\right)}{m}-\frac{J^2}{m^2r^2}\right]$$

$$\frac{\mathrm{d}r}{\mathrm{d}\alpha}=\pm\frac{mr^2}{J}\sqrt{\frac{2\left(E_Q+G\right)}{m}-\frac{J^2}{m^2r^2}}=\pm\frac{1}{J}\sqrt{2m\left(E_0+G\right)r^4-J^2r^2}$$

$$\frac{\mathrm{d}\alpha}{\mathrm{d}r}=\pm\frac{J}{\sqrt{2m\left(E+G\right)r^4-J^2r^2}}$$

(2) 当 $r=r_{\min}$ 时，$\dot{r}=0$，

$$\frac{2[E_0+G(r_{\min})]}{m}-\frac{J^2}{m^2r_{\min}^2}=0$$

4.3.4 一束很宽的平行小粒子束，粒子质量为 m，不带电，从空间射向月球，相对于月球的初速为 v_0，忽略地球和太阳的存在，求用月球的半径 R、从月球表面的逃逸速度 v_{esc} 和 v_0 表示的碰击月球的碰撞截面 σ.

解 求能碰上月球的最大瞄准距离 $\rho_{\max}$.

$$\frac{1}{2}mv^2-\frac{GMm}{R}=\frac{1}{2}mv_0^2 \tag{1}$$

$$mvR=mv_0\rho_{\max} \tag{2}$$

其中 M 是月球质量，v 是刚能碰上月球的粒子碰月球时的速率，刚能碰上月球的粒子是擦着月球表面相碰的.

由式(1)得

$$v^2=v_0^2+\frac{2GM}{R}=v_0^2+v_{\text{esc}}^2$$

后一等号来自 $\frac{1}{2}mv_{\text{esc}}^2-\frac{GMm}{R}=0$.

将上式代入式(2)得

$$\rho_{\max}^2=\frac{v^2R^2}{v_0^2}=\left(1+\frac{v_{\text{esc}}^2}{v_0^2}\right)R^2$$

碰击月球的碰撞截面为

$$\sigma=\pi\rho_{\max}^2=\pi R^2\left(1+\frac{v_{\text{esc}}^2}{v_0^2}\right)$$

4.3.5 一彗星以初速 v_0 向太阳运动，太阳的质量为 M、半径为 R，可视为静止的，并略去所有其他的星体. 求彗星和太阳相撞的总截面.

解 如上题那样，求彗星刚能碰上太阳的最大瞄准距离 $\rho_{\max}$，设彗星质量为 m.

$$\frac{1}{2}mv^2-\frac{GMm}{R}=\frac{1}{2}mv_0^2$$

$$mvR=mv_0\rho_{\max}$$

可得

$$v^2 = v_0^2 + \frac{2GM}{R}$$

$$\rho_{\max}^2 = \frac{v^2 R^2}{v_0^2} = \left(1 + \frac{2GM}{R v_0^2}\right) R^2$$

$$\sigma = \pi \rho_{\max}^2 = \pi R^2 \left(1 + \frac{2GM}{R v_0^2}\right)$$

4.3.6　一个原子与一个离子的相互作用可由势能 $V(r) = -cr^{-4}$ 给出，其中 $c = \frac{e^2 p_a^2}{2}$，e 是离子电荷，p_a 是原子的极化率.

(1) 作出有效势能 $U(r)$ 的草图；

(2) 求出用角动量 J 表达的有效势能的极大值 U_0；

(3) 设离子远比原子轻，求离子击中原子(即深入到 $r=0$)的横截面 $\sigma(v_0)$.

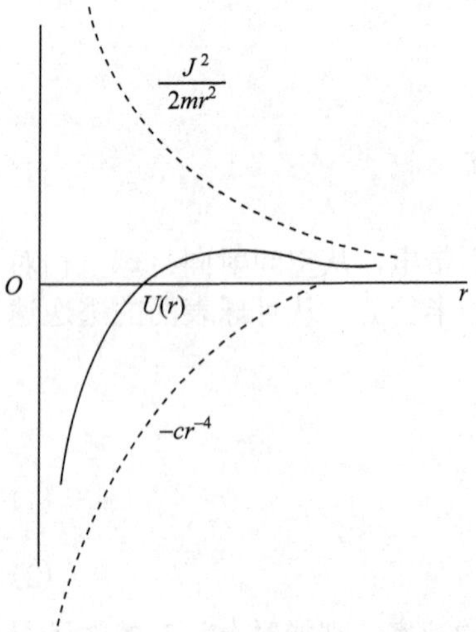

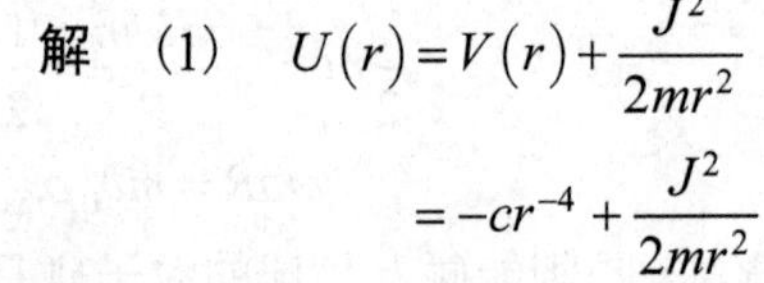

解　(1)　$U(r) = V(r) + \frac{J^2}{2mr^2}$

$$= -cr^{-4} + \frac{J^2}{2mr^2}$$

图 4.16

有效势能 $U(r)$ 的草图如图 4.16 所示.

(2)

$$\frac{\mathrm{d}U}{\mathrm{d}r} = \frac{4c}{r^5} - \frac{J^2}{mr^3}$$

$$\frac{\mathrm{d}^2U}{\mathrm{d}r^2} = -\frac{20c}{r^6} + \frac{3J^2}{mr^4}$$

$$\frac{\mathrm{d}U}{\mathrm{d}r} = 0,\quad \frac{4c}{r^5} - \frac{J^2}{mr^3} = 0$$

解得

$$r_1 = \infty,\quad r_2 = \frac{2\sqrt{mc}}{J}$$

$\left.\frac{\mathrm{d}^2U}{\mathrm{d}r^2}\right|_{r=r_1} = 0$，还可看到 $\left.\frac{\mathrm{d}^3U}{\mathrm{d}r^3}\right|_{r=r_1} = 0$，$\left.\frac{\mathrm{d}^4U}{\mathrm{d}r^4}\right|_{r=r_1} = 0$，…. 在 $r \to \infty$ 时，$U(r) \to 0$，不是极值.

$\left.\frac{\mathrm{d}^2U}{\mathrm{d}r^2}\right|_{r=r_2} = -\frac{7J^6}{16m^3c^2} < 0$. $r = r_2$ 处，U 有极大值.

$$U_0 = U(r)\Big|_{r=\frac{2\sqrt{mc}}{J}} = \frac{J^4}{16m^2c}$$

(3) 设能量为 E、对力心的角动量为 J 的离子从无穷远处向原子入射，

$$\frac{1}{2}m\dot{r}^2+U(r)=E$$

在 $r=r_{\min}$ 时，$\dot{r}=0$，故 $r_{\min}$ 满足的方程为

$$U(r)=E$$

即

$$-\frac{c}{r^4}+\frac{J^2}{2mr^2}=E$$

$$2mr^4E-J^2r^2+2mc=0$$

$$r_{\min}^2=\frac{J^2\pm\sqrt{J^4-16m^2cE}}{4mE}$$

当 $E=\dfrac{J^4}{16m^2c}=U_0$ 时，$r_{\min}=\sqrt{\dfrac{J^2}{4m\cdot\dfrac{J^4}{16m^2c}}}=\dfrac{2\sqrt{mc}}{J}$，不能击中原子；

当 $E<\dfrac{J^4}{16m^2c}$ 即 $E<U_0$ 时，$r_{\min}>\dfrac{2\sqrt{mc}}{J}$，这可从有效势能图上得出，在离子从无穷远入射时，上述 $r_{\min}^2$ 的式子，只能取 $r_{\min}^2=\dfrac{J^2+\sqrt{J^4-16m^2cE}}{4mE}$；

当 $E>\dfrac{J^4}{16m^2c}$ 即 $E>U_0$ 时，$r_{\min}$ 为复数，说明无 $r_{\min}$，从有效势能图可见，离子将深入到 $r=0(J=0\text{时})$ 或 $r\to 0(J\neq 0\text{时})$，两种情况均可视为击中原子.

$$J=m\rho v_0,\quad \rho=\frac{J}{mv_0}$$

其中 ρ 为离子在无穷远入射时的瞄准距离.

$$E=\frac{1}{2}mv_0^2$$

要击中原子，$E>U_0$，即 $E>\dfrac{J^4}{16m^2c}$.

在无穷远处以 v_0 入射的离子能击中原子的最大瞄准距离为

$$\rho_{\max}(v_0)=\frac{J_{\max}}{mv_0}<\frac{\left(\frac{1}{2}mv_0^2\cdot 16m^2c\right)^{\frac{1}{4}}}{mv_0}=\left(8m^{-1}cv_0^{-2}\right)^{\frac{1}{4}}$$

$$\sigma(v_0)=\pi\rho_{\max}^2(v_0)<\pi\left(8m^{-1}cv_0^{-2}\right)^{\frac{1}{2}}=\frac{2\pi}{v_0}\sqrt{\frac{2c}{m}}$$

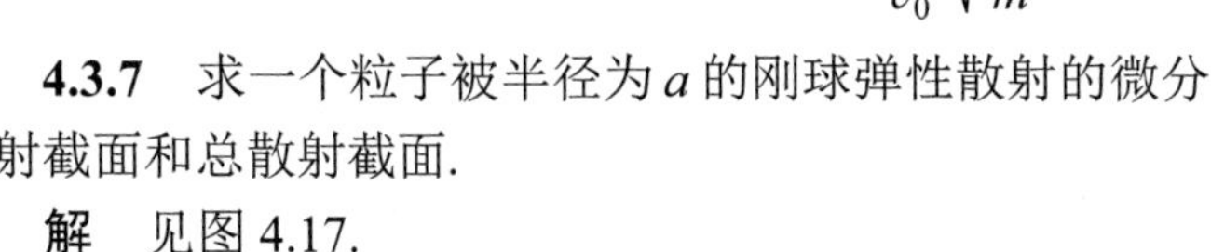

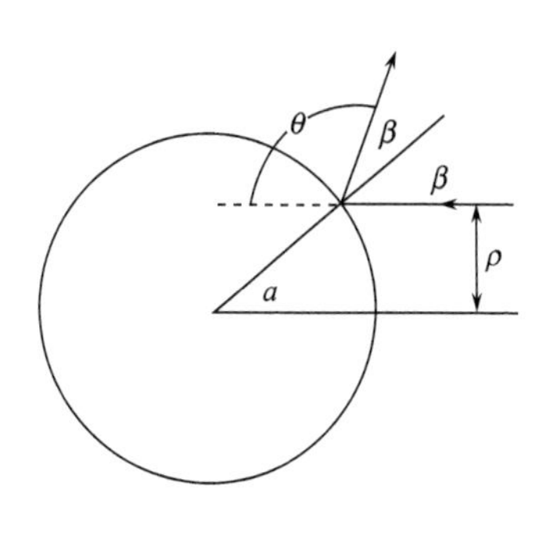

图 4.17

4.3.7　求一个粒子被半径为 a 的刚球弹性散射的微分散射截面和总散射截面.

解　见图 4.17.

$$\beta = \arcsin\left(\frac{\rho}{a}\right)$$

$$\theta = |\pi - 2\beta| = \pi - 2\arcsin\left(\frac{\rho}{a}\right)$$

$$\sigma(v,\theta) = \frac{\rho}{\sin\theta}\left|\frac{\mathrm{d}\rho}{\mathrm{d}\theta}\right|$$

$$\rho = a\sin\left(\frac{\pi-\theta}{2}\right)$$

$$\sigma(v,\theta) = \frac{a\sin\left(\frac{\pi-\theta}{2}\right)}{\sin\theta}\cdot\frac{1}{2}a\cos\left(\frac{\pi-\theta}{2}\right) = \frac{1}{4}a^2$$

$$\sigma(v) = \int_0^{\theta_{\max}}\sigma(v,\theta)\cdot 2\pi\mathrm{sim}\theta\mathrm{d}\theta = \frac{1}{4}a^2\cdot 2\pi\int_0^{\pi}\sin\theta\mathrm{d}\theta = \pi a^2$$

4.3.8　一质量为m、半径为r的小弹子球被一质量为$M(m \ll M)$、半径为R的大弹子球弹性散射，求微分散射截面和总散射截面.

解　因为$m \ll M$，m被M散射时可把M视为不动的. 和上题的差别在于上题的粒子的半径是不计的，弹性散射的情况和不计半径的m被半径为$R+r$的M弹性散射一样. 这样把上题的a改为$R+r$即得本题的结果.

$$\sigma(v,\theta) = \frac{1}{4}(R+r)^2$$

$$\sigma(v) = \pi(R+r)^2$$

4.3.9　质量为m的粒子以速度v_0从无穷远发射被大小为$\frac{k}{r^2}$(k为常量)的固定的斥力中心所散射. 如粒子不受斥力作用，粒子将以与斥力中心距离为b的轨迹通过，求：

(1) 粒子接近斥力中心的最近距离；

(2) 实际产生的偏转角；

(3) 对于一均匀的粒子束受到该势场散射的微分散射截面$\frac{\mathrm{d}\sigma}{\mathrm{d}\Omega}$.

解　(1)

$$f = \frac{k}{r^2},\ V = \frac{k}{r},\ h = bv_0,$$

$$U(r) = V(r) + \frac{mh^2}{2r^2} = \frac{k}{r} + \frac{mb^2v_0^2}{2r^2}$$

$r_{\min}$满足的方程为

$$U(r_{\min}) = E_0 = \frac{1}{2}mv_0^2$$

$$\frac{k}{r_{\min}} + \frac{mb^2v_0^2}{2r_{\min}^2} = \frac{1}{2}mv_0^2$$

$$r_{\min} = \frac{1}{mv_0^2}\left(k + \sqrt{k^2 + m^2b^2v_0^4}\right)$$

$r_{\min}$ 的另一负根无物理意义，已舍去.

(2)
$$u_{\max}=\frac{1}{r_{\min}}=\frac{mv_0^2}{k+\sqrt{k^2+m^2b^2v_0^4}}=\frac{-k+\sqrt{k^2+m^2b^2v_0^4}}{mb^2v_0^2}$$

$$\beta=\int_0^{u_{\max}}\frac{b\mathrm{d}u}{\left[1-\frac{1}{E_0}V\left(\frac{1}{u}\right)-b^2u^2\right]^{1/2}}$$

$$=\int_0^{u_{\max}}\frac{b\mathrm{d}u}{\left[1-\frac{k}{\frac{1}{2}mv_0^2}u-b^2u^2\right]^{1/2}}$$

$$=\int_0^{u_{\max}}\frac{b\mathrm{d}u}{\left[1+\left(\frac{k}{mv_0^2b}\right)^2-\left(bu+\frac{k}{mv_0^2b}\right)^2\right]^{1/2}}$$

$$=\arcsin\left[\left(bu+\frac{k}{mv_0^2b}\right)\Big/\sqrt{1+\left(\frac{k}{mv_0^2b}\right)^2}\right]\Bigg|_0^{u_{\max}}$$

$$=\arcsin 1-\arcsin\left(\frac{k}{\sqrt{k^2+m^2v_0^4b^2}}\right)$$

偏转角

$$\theta=\pi-2\beta=\pi-\left[2\arcsin 1-2\arcsin\left(\frac{k}{\sqrt{k^2+m^2v_0^4b^2}}\right)\right]$$

$$=2\arcsin\left(\frac{k}{\sqrt{k^2+m^2v_0^4b^2}}\right)$$

(3)
$$\sin^2\frac{\theta}{2}=\frac{k^2}{k^2+m^2v_0^4b^2}$$

$$\frac{\sin^2\left(\frac{\theta}{2}\right)}{1-\sin^2\left(\frac{\theta}{2}\right)}=\frac{k^2}{\left(k^2+m^2v_0^4b^2\right)-k^2}=\frac{k^2}{m^2v_0^4b^2}$$

$$b^2=\frac{k^2}{m^2v_0^4}\cot^2\left(\frac{\theta}{2}\right)$$

$$\frac{\mathrm{d}\sigma}{\mathrm{d}\Omega}=\sigma(v,\ \theta)=\frac{b}{\sin\theta}\left|\frac{\mathrm{d}b}{\mathrm{d}\theta}\right|=\frac{1}{2\sin\theta}\left|\frac{\mathrm{d}b^2}{\mathrm{d}\theta}\right|=\left[\frac{k}{2mv^2\sin^2\left(\dfrac{\theta}{2}\right)}\right]^2$$

4.3.10 (1)质量为m的粒子在势场$V(r)=\dfrac{k}{r^2}$($k>0$,为常量)中运动,考虑在xy平面内运动,用极坐标r、φ,求出r作为φ、角动量J和能量E的函数关系;

(2)用(1)问中的结果讨论在这个势场中的散射,求微分散射截面$\sigma(\theta,\ E)$,其中θ为散射角.

解 (1)

$$F=-\frac{\mathrm{d}V}{\mathrm{d}r}=\frac{2k}{r^3}$$

$$-mh^2u^2\left(\frac{\mathrm{d}^2u}{\mathrm{d}\varphi^2}+u\right)=F=2ku^3$$

$$\frac{\mathrm{d}^2u}{\mathrm{d}\varphi^2}+\left(1+\frac{2k}{mh^2}\right)u=0$$

令$\omega^2=1+\dfrac{2k}{mh^2}$,选取适当的极轴,解可写为

$$u=A\sin(\omega\varphi)$$

由$\varphi=0$,$r=\infty$处,$E=\dfrac{1}{2}m\dot{r}^2\Big|_{\varphi=0}$定$A$,

$$\dot{r}=\frac{\mathrm{d}r}{\mathrm{d}\varphi}\dot{\varphi}=\frac{h}{r^2}\frac{\mathrm{d}r}{\mathrm{d}\varphi}=-h\frac{\mathrm{d}\left(\dfrac{1}{r}\right)}{\mathrm{d}\varphi}=-h\frac{\mathrm{d}u}{\mathrm{d}\varphi}=-hA\omega\cos(\omega\varphi)$$

$$E=\frac{1}{2}m\dot{r}^2\Big|_{\varphi=0}=\frac{1}{2}mh^2A^2\omega^2=\frac{1}{2m}J^2A^2\omega^2$$

$$A=\frac{\sqrt{2mE}}{J\omega}$$

$$r=\frac{1}{u}=\frac{J\omega}{\sqrt{2mE}}\csc(\omega\varphi)$$

其中$\omega=\sqrt{1+\dfrac{2k}{mh^2}}=\sqrt{1+\dfrac{2mk}{J^2}}$.

(2)已解得

$$u=\frac{\sqrt{2mE}}{J\omega}\sin(\omega\varphi)$$

如图4.18所示. 在$\varphi=0$处入射,在$\omega\varphi=\pi$(此处$u=0$,$r=\infty$)出射,散射角θ为

$$\theta=\varphi=\frac{\pi}{\omega}=\frac{\pi}{\sqrt{1+\dfrac{2k}{mh^2}}}=\frac{\pi}{\sqrt{1+\dfrac{2k}{m\rho^2v^2}}}=\frac{\pi}{\sqrt{1+\dfrac{k}{\rho^2E}}}$$

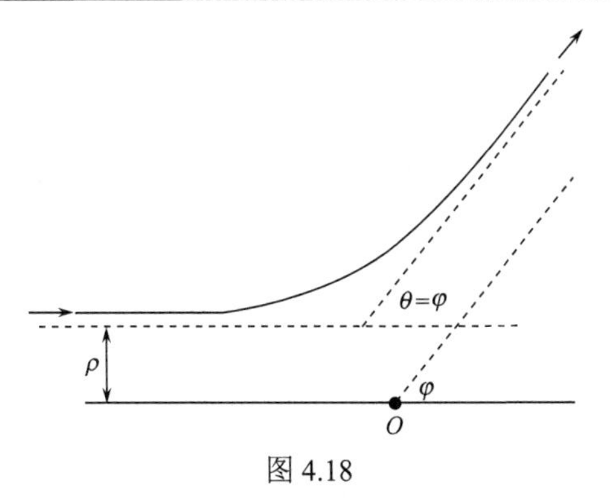

图 4.18

从上式解出

$$\rho^2 = \frac{k\theta^2}{E\left(\pi^2 - \theta^2\right)}$$

$$\mathrm{d}\sigma = 2\pi\rho\left|\mathrm{d}\rho\right| = \pi\left|\mathrm{d}\rho^2\right| = \frac{2\pi^3 k\theta}{E\left(\pi^2 - \theta^2\right)^2}\mathrm{d}\theta$$

$\mathrm{d}\sigma$ 是具有能量 E 的均匀粒子束被散射到 $\theta \sim \theta + \mathrm{d}\theta$ 所占的百分比.

$$\sigma(\theta,\ E) = \frac{\mathrm{d}\sigma}{\mathrm{d}\Omega} = \frac{1}{2\pi\sin\theta}\frac{\mathrm{d}\sigma}{\mathrm{d}\theta} = \frac{kE^2\theta}{E\sin\theta\left(\pi^2 - \theta^2\right)^2}.$$

它是具有能量 E 的均匀粒子束被散射到 θ 附近单位立体角内所占的百分比.

4.3.11 具有动能为 T（非相对论）的带电 π 介子（π^+ 或 π^-）和电荷为 Ze、有效半径为 b 的重核. 考虑经典力学的图像，当 π 介子距核的最近距离等于或小于 b 时，π 介子就会打到核上. 忽略核的反冲，证明 π 介子的碰撞截面为

$$\sigma = \pi b^2\left(\frac{T-V}{T}\right),\quad 对于\pi^+$$

$$\sigma = \pi b^2\left(\frac{T+V}{T}\right),\quad 对于\pi^-$$

其中

$$V = \frac{Ze^2}{4\pi\varepsilon_0 b}$$

证明 对于 π^+ 介子，

$$V(r) = \frac{Ze^2}{4\pi\varepsilon_0 r}$$

求能打中重核的最大瞄准距离 $\rho_{\max}$，打中时，$r = r_{\min} = b$，设此时 π^+ 介子的速率为 v，由机械能守恒和角动量守恒，

$$\frac{1}{2}mv^2 + \frac{Ze^2}{4\pi\varepsilon_0 b} = E = T$$

$$vb = \rho_{\max}\sqrt{\frac{2T}{m}}$$

解出

$$\rho_{\max}^2=\frac{m}{2T}v^2b^2=\frac{T-\dfrac{Ze^2}{4\pi\varepsilon_0 b}}{T}b^2=\frac{T-V}{T}b^2$$

其中$V=\dfrac{Ze^2}{4\pi\varepsilon_0 b}$.

$$\sigma(E)=\sigma(T)=\pi\rho_{\max}^2=\pi b^2\left(\frac{T-V}{T}\right)$$

对于π^-介子，

$$V(r)=-\frac{Ze^2}{4\pi\varepsilon_0 r}$$

用以上步骤，可得

$$\sigma(E)=\sigma(T)=\pi b^2\left(\frac{T+V}{T}\right)$$

其中$V=\dfrac{Ze^2}{4\pi\varepsilon_0 b}$.

4.3.12　在核物理中常遇到下列球形势阱：

$$V(r)=\begin{cases}-V_0, & r\leqslant a\\ 0, & r>a\end{cases}$$

(1) 证明：在经典力学中被上述势产生的散射如同光线被相对折射率$n=\sqrt{\dfrac{E+V_0}{E}}$、半径为$a$的球的折射(这等效说明为什么既能用惠更斯原理的波动说又可用牛顿力学的微粒说解释折射现象)；

(2) 证明微分散射截面为

$$\sigma(E,\ \theta)=\begin{cases}\dfrac{n^2a^2}{4\cos\dfrac{\theta}{2}}\dfrac{\left(n\cos\dfrac{\theta}{2}-1\right)\left(n-\cos\dfrac{\theta}{2}\right)}{\left(1+n^2-2n\cos\dfrac{\theta}{2}\right)^2}, & 0\leqslant\theta\leqslant 2\arccos\dfrac{1}{n}\\ 0, & \theta\geqslant 2\arccos\dfrac{1}{n}\end{cases}$$

(3) 求总散射截面，可能用到下列积分公式：

$$\int\frac{x\mathrm{d}x}{(a+bx)^2}=\frac{1}{b^2}\left[\ln(a+bx)+\frac{a}{a+bx}\right]$$

$$\int\frac{x^2\mathrm{d}x}{(a+bx)^2}=\frac{1}{b^3}\left[a+bx-2a\ln(a+bx)-\frac{a^2}{a+bx}\right]$$

解　(1) 图 4.19 和图 4.20 都是表示势阱的，从势能表达式看，表现为一个长方阱，而从空间位置上看，表现为一个球形阱.

质点从阱外向势阱入射时，入射角设为α_1 (图 4.20)，在进入势阱和离开势阱的两个边界上，质点的势能都发生突变，因机械能守恒，因而动能也发生突变，这说明质点受到力的作用，$\boldsymbol{F}=-\nabla V$，方向沿该边界点与球心O的连线指向势能减少的方向，因而受到的力是有心力. 进入时，动能增加，受引力作用；离开时，动能减少，受到的力也是引力，在阱外和阱内均不受力的作用.

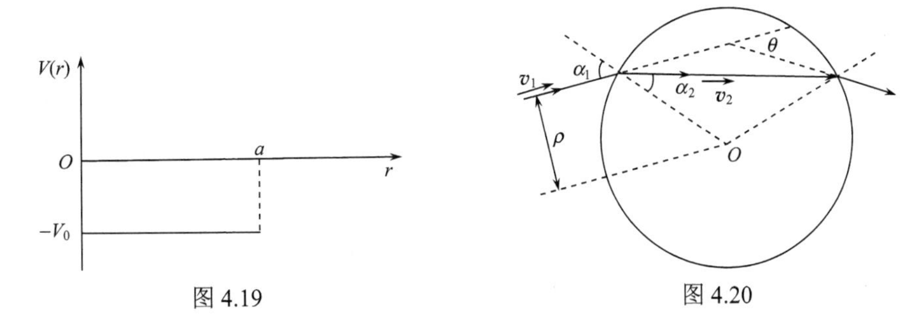

图 4.19　　　　　　　　　　　　图 4.20

设质点质量为m，入射时速率为v_1，入射角为α_1，进入势阱，在边界上，速率立即变为v_2，设折射角为α_2，则由切线方向未受力，切线方向动量守恒

$$mv_1\sin\alpha_1=mv_2\sin\alpha_2$$

由机械能守恒

$$\frac{1}{2}mv_1^2=\frac{1}{2}mv_2^2-V_0=E$$

所以

$$\frac{\sin\alpha_1}{\sin\alpha_2}=\frac{v_2}{v_1}=\frac{\sqrt{v_1^2+\frac{2}{m}V_0}}{v_1}=\sqrt{\frac{\frac{1}{2}mv_1^2+V_0}{\frac{1}{2}mv_1^2}}=\sqrt{\frac{E+V_0}{E}}$$

根据光学中的折射定律

$$\frac{\sin\alpha_1}{\sin\alpha_2}=\frac{v_2}{v_1}=n$$

n是相对折射率，所以

$$n=\sqrt{\frac{E+V_0}{E}}$$

这说明质点被这个势阱散射与光线按同样的入射角射入半径为α、相对折射率$n=\sqrt{\frac{E+V_0}{E}}$的球的情况是可以类比的.

(2) 由图 4.20 可见，散射角

$$\theta=2(\alpha_1-\alpha_2)$$

先求$\rho(\theta)$，今有$\rho=a\sin\alpha_1$，要将α_1、α_2均表成ρ和θ的函数，

$$\frac{\sin\alpha_2}{\sin\alpha_1}=\frac{\sin\left(\alpha_1-\frac{1}{2}\theta\right)}{\sin\alpha_1}=\frac{\sin\alpha_1\cos\frac{\theta}{2}-\cos\alpha_1\sin\frac{\theta}{2}}{\sin\alpha_1}=\cos\frac{\theta}{2}-\cot\alpha_1\cdot\sin\frac{\theta}{2}=\frac{1}{n}$$

从上式解出 $\cot\alpha_1$，得

$$\cot\alpha_1=\frac{\cos\frac{\theta}{2}-\frac{1}{n}}{\sin\frac{\theta}{2}}$$

$$\rho^2=a^2\sin^2\alpha_1=\frac{a^2}{1+\cot^2\alpha_1}=\frac{a^2\sin^2\frac{\theta}{2}}{1+\frac{1}{n^2}-\frac{2}{n}\cos\frac{\theta}{2}}=\frac{a^2n^2\sin^2\frac{\theta}{2}}{n^2+1-2n\cos\frac{\theta}{2}}$$

$$2\rho\mathrm{d}\rho=\frac{a^2n^2\left[2\sin\frac{\theta}{2}\cos\frac{\theta}{2}\cdot\frac{1}{2}\left(n^2+1-2n\cos\frac{\theta}{2}\right)-2n\sin\frac{\theta}{2}\cdot\frac{1}{2}\sin^2\frac{\theta}{2}\right]}{\left(n^2+1-2n\cos\frac{\theta}{2}\right)^2}\mathrm{d}\theta$$

$$=\frac{a^2n^2\sin\frac{\theta}{2}\left(n\cos\frac{\theta}{2}-1\right)\left(n-\cos\frac{\theta}{2}\right)}{\left(n^2+1-2n\cos\frac{\theta}{2}\right)^2}\mathrm{d}\theta$$

$$\sigma(E,\ \theta)=\frac{\rho}{\sin\theta}\left|\frac{\mathrm{d}\rho}{\mathrm{d}\theta}\right|=\frac{a^2n^2}{4\cos\frac{\theta}{2}}\frac{\left|\left(n\cos\frac{\theta}{2}-1\right)\left(n-\cos\frac{\theta}{2}\right)\right|}{\left(n^2+1-2n\cos\frac{\theta}{2}\right)^2}$$

关于 θ 的取值范围：

当 $\rho=0$ 时，$\alpha_1=0$，$\alpha_2=0$，$\theta=\theta_{\min}=0$.

当 $\rho\to a$ 时，$\alpha_1\to\frac{\pi}{2}$，由 $\cos\frac{\theta}{2}-\cot\alpha_1\sin\frac{\theta}{2}=\frac{1}{n}$.

因为 $\cot\alpha_1\to 0$，$\cos\frac{\theta_{\max}}{2}\to\frac{1}{n}$，$\theta_{\max}\to 2\arccos\frac{1}{n}$.

可见，$\theta<\theta_{\max}$ 时，$\cos\frac{\theta}{2}>\frac{1}{n}$，$n\cos\frac{\theta}{2}-1>0$. 在能发生的散射角范围内，都有 $n\cos\frac{\theta}{2}-1>0$ 的情况，而在 $\theta>\theta_{\max}$ 即 $\theta>2\arccos\frac{1}{n}$ 时，$\sigma(E,\theta)=0$，

$$\sigma(E,\ \theta)=\begin{cases}\dfrac{a^2n^2}{4\cos\frac{\theta}{2}}\cdot\dfrac{\left(n\cos\frac{\theta}{2}-1\right)\left(n-\cos\frac{\theta}{2}\right)}{\left(1+n^2-2n\cos\frac{\theta}{2}\right)^2}, & 0\leqslant\theta\leqslant 2\arccos\frac{1}{n}\\ 0, & \theta\geqslant 2\arccos\frac{1}{n}\end{cases}$$

其中

$$n=\sqrt{\frac{E+V_0}{E}}$$

(3)
$$\sigma(E)=\int_0^{\theta_{\max}}2\pi\sigma(E,\ \theta)\sin\theta\mathrm{d}\theta$$

$$=\int_0^{2\arccos\frac{1}{n}}\frac{a^2n^2}{4\cos\frac{\theta}{2}}\frac{\left(n\cos\frac{\theta}{2}-1\right)\left(n-\cos\frac{\theta}{2}\right)}{\left(1+n^2-2n\cos\frac{\theta}{2}\right)^2}\cdot 2\pi\cdot 2\sin\frac{\theta}{2}\cos\frac{\theta}{2}\mathrm{d}\theta$$

令

$$\cos\frac{\theta}{2}=x,\quad \mathrm{d}x=-\frac{1}{2}\sin\frac{\theta}{2}\mathrm{d}\theta,\quad \mathrm{d}\theta=-\frac{2\mathrm{d}x}{\sin\frac{\theta}{2}}$$

$$\sigma(E)=-\int_1^{\frac{1}{n}}\frac{2\pi a^2n^2(nx-1)(n-x)}{\left(1+n^2-2nx\right)^2}\mathrm{d}x=2\pi a^2n^2\int_{\frac{1}{n}}^1\frac{\left(n^2+1\right)x-nx^2-n}{\left(n^2+1-2nx\right)^2}\mathrm{d}x$$

$$\int_{\frac{1}{n}}^1\frac{\left(n^2+1\right)x}{\left(n^2+1-2nx\right)^2}\mathrm{d}x=\frac{n^2+1}{4n^2}\left[\ln\left(n^2+1-2nx\right)+\frac{n^2+1}{n^2+1-2nx}\right]\Bigg|_{\frac{1}{n}}^1$$

$$=\frac{n^2+1}{4n^2}\left[\ln\frac{(n-1)^2}{n^2-1}+\frac{n^2+1}{(n-1)^2}-\frac{n^2+1}{n^2-1}\right]$$

$$=\frac{n^2+1}{4n^2}\left[\ln\frac{n-1}{n+1}+\frac{2\left(n^2+1\right)}{(n-1)^2(n+1)}\right]$$

$$\int_{\frac{1}{n}}^1\frac{-nx^2}{\left(n^2+1-2nx\right)^2}\mathrm{d}x$$

$$=\frac{-n}{(-2n)^3}\left[n^2+1-2nx-2\left(n^2+1\right)\ln\left(n^2+1-2nx\right)-\frac{\left(n^2+1\right)^2}{n^2+1-2nx}\right]\Bigg|_{\frac{1}{n}}^1$$

$$=\frac{1}{8n^2}\left[-2(n-1)-2\left(n^2+1\right)\ln\frac{n-1}{n+1}-\frac{2\left(n^2+1\right)^2}{(n-1)^2(n+1)}\right]$$

$$\int_{\frac{1}{n}}^1\frac{-n}{\left(n^2+1-2nx\right)^2}\mathrm{d}x=-\frac{1}{2}\left[\frac{1}{n^2+1-2nx}\right]\Bigg|_{\frac{1}{n}}^1=-\frac{1}{(n-1)^2(n+1)}$$

代入$\sigma(E)$的式子，经计算可得

$$\sigma(E)=\pi a^2$$

这个结果正是我们期待的，因为能产生散射的最大瞄准距离显然有 $\rho_{\max}\to a$，

$$\sigma(E)=\pi\rho_{\max}^2=\pi a^2$$

4.3.13　一束质量为m、能量为E的粒子垂直入射在厚度为d、每单位体积内包含n个固定散射中心的金属薄片上. 一个粒子与一个散射中心间的力是大小为$\frac{k}{r^2}$(k为常量)的斥力. 问束中粒子有多大部分被散射到θ大于α的立体角内?

解　一个散射中心对粒子的作用力与 4.3.9 题完全一样，可用 4.3.9 题已解得的微分散射截面，

$$\sigma(v,\ \theta)=\left[\frac{k}{2mv^2\sin^2\left(\frac{\theta}{2}\right)}\right]^2$$

改成$\sigma(E,\ \theta)$. 因为$E=\frac{1}{2}mv^2$，

$$\sigma(E,\ \theta)=\left[\frac{k}{4E\sin^2\left(\frac{\theta}{2}\right)}\right]^2$$

被一个散射中心散射到$\theta>\alpha$的立体角内的粒子数所占的分数为

$$\begin{aligned}&\int_\alpha^\pi 2\pi\sigma(E,\theta)\sin\theta\mathrm{d}\theta\\&=\int_\alpha^\pi\frac{2\pi k^2}{16E^2\sin^4\left(\frac{\theta}{2}\right)}\cdot 2\sin\frac{\theta}{2}\cos\frac{\theta}{2}\mathrm{d}\theta\\&=\frac{\pi k^2}{4E^2}\int_\alpha^\pi\frac{1}{\sin^3\left(\frac{\theta}{2}\right)}\cos\frac{\theta}{2}\mathrm{d}\theta=\frac{\pi k^2}{4E^2}\cot^2\left(\frac{\alpha}{2}\right)\end{aligned}$$

单位面积金属薄片内有nd个散射中心，能量为E、垂直入射的粒子被金属薄片散射到$\theta>\alpha$的立体角内的粒子所占的分数为

$$\frac{nd\pi k^2}{4E^2}\cot^2\left(\frac{\alpha}{2}\right)$$

如不是垂直入射，$\sigma(E,\theta)$没有差别，而与粒子束垂直的单位面积金属薄片内的散射中心数不再是nd.

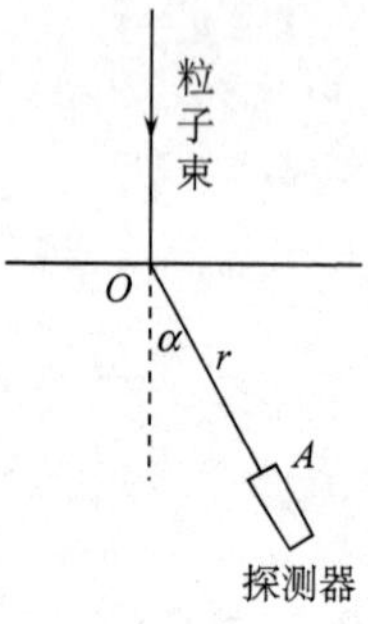

4.3.14　一束质量为m、能量为E的粒子垂直入射在上题所述的金属薄片上，离粒子束通过薄片所在的O点距离为r的地方，放置一面积为$A\left(A\ll r^2\right)$的粒子探测器，从O点到探测器的线与粒子入射方向间夹角为α(图 4.21)，若射到金属薄片上的粒子束流密度为I、问单位时间内有多少粒子射中探测器?

图 4.21

解　考虑到 $A \ll r^2$，探测器对 O 点所张的立体角很小，可以忽略在这立体角内 $\sigma(E,\ \theta)$ 的差别.

用上题所得的结果(对于金属薄片单位面积内的 nd 个散射中心)，

$$\sigma(E,\ \theta)=\frac{ndk^2}{16E^2\sin^4\left(\dfrac{\theta}{2}\right)}$$

射到金属薄片上的粒子束流密度 I 是单位时间内射到单位面积金属薄片上的粒子数.

单位时间内射到探测器上的粒子数为

$$N=I\sigma(E,\ \mathrm{d})\mathrm{d}\Omega=\frac{Indk^2A}{16E^2r^2\sin^4\left(\dfrac{\alpha}{2}\right)}$$

其中 $\mathrm{d}\Omega=\dfrac{A}{r^2}$ 是探测器所张的很小的立体角.

4.3.15　粒子束遇到由许多散射中心组成的靶子. 设 $I(0)$ 是入射时的粒子束强度，进入靶后穿透 x 距离处的强度为 $I(x)$. 设束中一个粒子被一个散射中心散射的总散射截面为 σ，证明：

(1) $I(x)=I(0)\mathrm{e}^{-n\sigma x}$，$n$ 为单位体积内的散射中心数；

(2) 粒子被散射前运行的平均距离为 $\dfrac{1}{n\sigma}$.

证明　(1) 一个粒子从 x 到 $x+\mathrm{d}x$ 被散射的概率为 $n\sigma\mathrm{d}x$，强度减弱 $|\mathrm{d}I|$，

$$\mathrm{d}I=-In\sigma\mathrm{d}x$$

$$\int_{I(0)}^{I(x)}\frac{\mathrm{d}I}{I}=-n\sigma\int_0^x\mathrm{d}x$$

$$\ln\frac{I(x)}{I(0)}=-n\sigma x$$

$$I(x)=I(0)\mathrm{e}^{-n\sigma x}$$

(2)
$$\overline{x}=\frac{1}{I(0)}\int_0^\infty I(x)\mathrm{d}x=\frac{1}{I(0)}\int_0^\infty I(0)\mathrm{e}^{-n\sigma x}\mathrm{d}x=-\frac{1}{n\sigma}\mathrm{e}^{-n\sigma x}\bigg|_0^\infty=\frac{1}{n\sigma}$$

第五章　刚体运动学

5.1　刚体上各点的速度和加速度

5.1.1　揉茶机的揉桶有三个曲柄支承，曲柄的支座为 A、B、C，支轴为 a、b、c，且 A、B、C 与 a、b、c 为两等边三角形，各曲柄长 r，均以不变的角速度 ω 绕其支座转动，如图 5.1 所示，求揉桶中心 O 点的速率和加速度的大小.

解　揉茶机上的三个支轴 a、b、c 均有同样的速度，刚体上不在一条直线上的三点有同样的速度，刚体的运动是平动，O 点的速率等于 a、b、c 点的速率，O 点的加速度的大小等于 a、b、c 点的加速度的大小.

$$v_0 = r\omega,\quad a_0 = r\omega^2$$

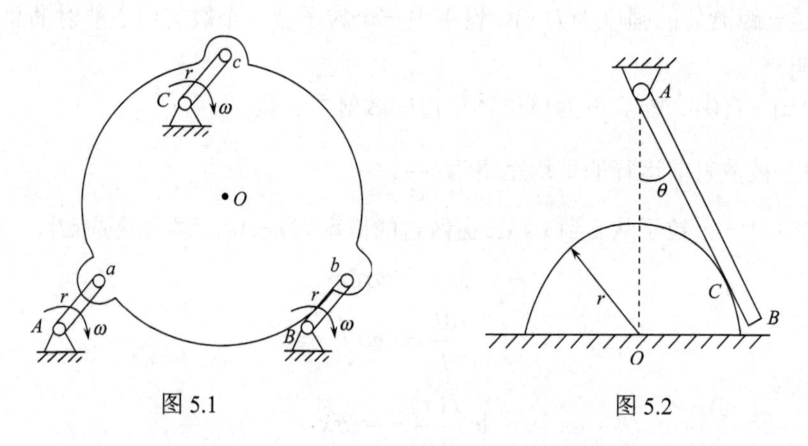

图 5.1　　　　图 5.2

5.1.2　半径为 r 的半圆形凸轮以匀速 u 沿水平线向右运动，带动直杆 AB 绕 A 点转动，当 $\theta=30°$ 时，A 点与凸轮的中心 O 点正好在同一铅直线上(图 5.2). 求此时 AB 杆与凸轮相接触的一点 C 的速度与加速度的大小.

解　以凸轮为动参考系，C 点对静参考系的速度是牵连速度与相对速度(沿 CA 方向)之矢量和，AB 绕 A 轴转动，C 点的绝对速度必垂直于 AC. 由此可得 C 点的速率

$$v = u\cos\theta = u\cos 30° = \frac{\sqrt{3}}{2}u$$

要求此刻 C 点的加速度，须知道此刻 AB 杆的角速度 $\dot{\theta}$ 和角加速度 $\ddot{\theta}$，此刻，

$$AC = \frac{r}{\tan 30°} = \sqrt{3}r$$

$$\dot{\theta} = \frac{v}{AC} = \frac{\frac{\sqrt{3}}{2}u}{\sqrt{3}r} = \frac{u}{2r}$$

设图 5.2 所示位置时 $t=0$，图 5.3 画了 t 时刻的位形，

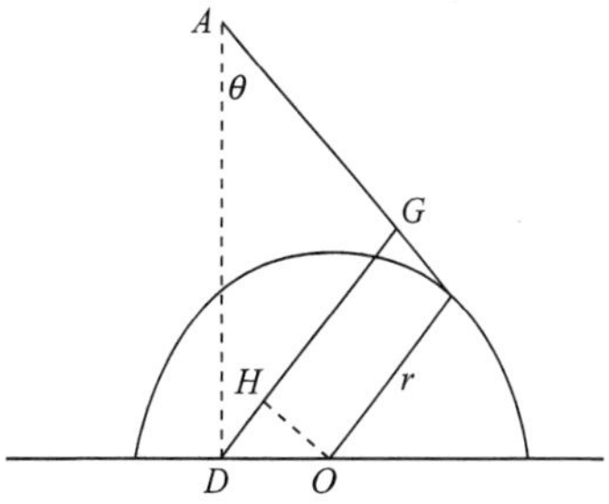

$$\overline{AD}=\overline{AO}\big|_{t=0}=\frac{r}{\sin 30^\circ}=2r$$

$$\overline{GD}=\overline{GH}+\overline{HD}=r+\overline{DO}\cos\theta=r+ut\cos\theta$$

$$\overline{GD}=\overline{AD}\sin\theta=2r\sin\theta$$

图 5.3

所以

$$r+ut\cos\theta=2r\sin\theta$$

上式两边对 t 求导两次，

$$u\cos\theta-ut\sin\theta\dot{\theta}=2r\cos\theta\dot{\theta}$$

$$\begin{aligned}&-u\sin\theta\dot{\theta}-u\sin\theta\dot{\theta}-ut\cos\theta\dot{\theta}^2-ut\sin\theta\ddot{\theta}\\&=-2r\sin\theta\dot{\theta}^2+2r\cos\theta\ddot{\theta}-2u\sin\theta\dot{\theta}+(2r\sin\theta-ut\cos\theta)\dot{\theta}^2\\&=(2r\cos\theta+ut\sin\theta)\ddot{\theta}\end{aligned}$$

代入$t=0$时的θ=30°，$\dot{\theta}=\dfrac{u}{2r}$，得$t=0$时的$\ddot{\theta}$为

$$\ddot{\theta}=\frac{1}{2r\cos 30^\circ}\left[-2u\sin 30^\circ\cdot\frac{u}{2r}+2r\sin 30^\circ\cdot\left(\frac{u}{2r}\right)^2\right]=-\frac{u^2}{4\sqrt{3}r^2}$$

$$a_n=\overline{AC}\Big|_{t=0}\dot{\theta}^2=\sqrt{3}r\cdot\left(\frac{u}{2r}\right)^2=\frac{\sqrt{3}u^2}{4r}$$

$$a_\tau=\overline{AC}\Big|_{t=0}\ddot{\theta}=\sqrt{3}r\left(-\frac{u^2}{4\sqrt{3}r^2}\right)=-\frac{u^2}{4r}$$

$$a=\sqrt{a_n^2+a_\tau^2}=\frac{u^2}{4r}\sqrt{3+(-1)^2}=\frac{u^2}{2r}$$

5.1.3　图 5.4 中画的是蒸汽机或内燃机中用的曲柄、滑块连杆机构．曲柄 OA 以等角速度 ω 绕 O 点转动，通过连杆 AB 带动活塞 B 在滑槽中左右运动．若 $\overline{OA}=R,\overline{AB}=l$，$t=0$时$\varphi$=0. 求 t 时活塞 B 的速度.

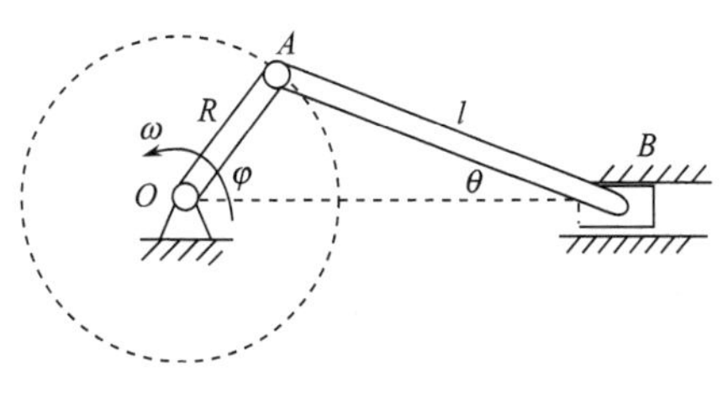

图 5.4

解　取 x 轴沿 OB 直线，向左为正，O 为原点.

$$x_B=-R\cos\varphi-l\cos\theta$$

$$R\sin\varphi=l\sin\theta$$

$$\sin\theta=\frac{R}{l}\sin\varphi,\quad\cos\theta=\sqrt{1-\frac{R^2}{l^2}\sin^2\varphi}$$

$$\cos\theta\dot{\theta}=\frac{R}{l}\cos\varphi\dot{\varphi}=\frac{R\omega}{l}\cos\varphi$$

$$\dot{\theta}=\frac{R\omega}{l}\frac{\cos\varphi}{\cos\theta}=\frac{R\omega\cos\varphi}{\sqrt{l^2-R^2\sin^2\varphi}}$$

$$v_B = \frac{\mathrm{d}x_B}{\mathrm{d}t} = R\sin\varphi\dot{\varphi} + l\sin\theta\dot{\theta} = R\omega\sin\varphi + R\sin\varphi\cdot\frac{R\omega\cos\varphi}{\sqrt{l^2 - R^2\sin^2\varphi}}$$

$$\varphi = \omega t$$

$$v_B = R\omega\left(1 + \frac{R\cos\omega t}{\sqrt{l^2 - R^2\sin^2\omega t}}\right)\sin\omega t$$

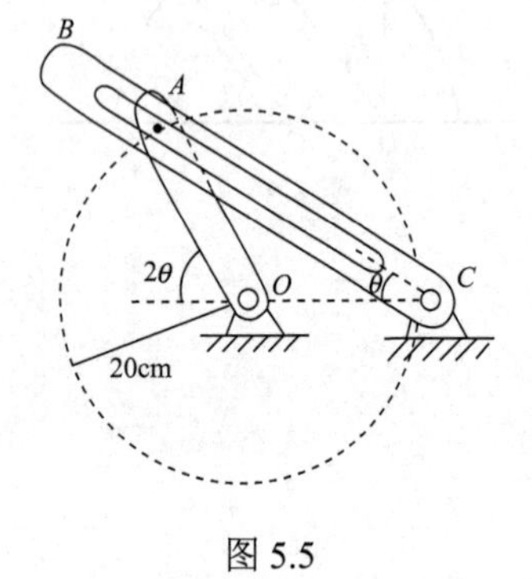

图 5.5

5.1.4　曲柄 OA 以匀角速 $\omega_0 = 10\mathrm{s}^{-1}$ 顺时针方向转动(见图 5.5). 求当 $\theta = 30°$ 时 BC 杆的角速度 ω、角加速度 β 及销钉 A 在 BC 杆导槽中的相对加速度 a_r.

解

$$2\dot{\theta} = \omega_0$$

$$\omega = \dot{\theta} = \frac{1}{2}\omega_0 = \frac{1}{2}\cdot 10 = 5\mathrm{s}^{-1}\ (\text{顺时针方向})$$

$$\beta = \ddot{\theta} = 0$$

下面求销钉 A 在 BC 杆导槽中的相对加速度. 以 BC 杆为动参考系,

$$\boldsymbol{a} = \boldsymbol{a}_r + \boldsymbol{a}_e + 2\boldsymbol{\omega}\times\boldsymbol{v}_r$$

$$\boldsymbol{a}_r = \boldsymbol{a} - \boldsymbol{a}_e - 2\boldsymbol{\omega}\times\boldsymbol{v}_r$$

$\boldsymbol{a}_r$ 沿 AC 方向,设指向 C 的方向为正,因为 BC 杆的角速度 $\omega \neq 0$,角加速度 $\beta = 0$.

$$a_e = \overline{AC}\cdot\omega^2 = 2\cdot\overline{AO}\cos 30°\times 5^2 = 866(\mathrm{cm\cdot s^{-2}})$$

沿 BC 方向,指向 C 点.

$$a = \overline{AO}\omega_0^2 = 20\times 10^2 = 2000(\mathrm{cm\cdot s^{-2}})$$

沿 AO 方向,指向 O 点.

$2\boldsymbol{\omega}\times\boldsymbol{v}_r$ 在与 $\boldsymbol{a}_r$ 相垂直的方向,所以

$$a_r = a\cos 30° - a_e = 2000\times\frac{\sqrt{3}}{2} - 866 = 866(\mathrm{cm\cdot s^{-2}})$$

沿 AC 方向,指向 C 点.

5.1.5　摇床急用机构的曲柄以不变转速 $n = 90\mathrm{r/min}$ 绕定轴 O 转动,通过滑块 A 带动扇形齿轮绕 O_1 轴转动,从而带动齿条 B 做铅垂方向振动. 设 OO_1 在同一水平线上,曲柄 $OA = 76\mathrm{mm}$,其他尺寸如图 5.6 所示. 求 $\theta = 30°$ 时齿条 B 的速度和加速度.

解　设 O_1A 与水平线的夹角为 φ,

$$\dot{\theta} = -2\pi n/60 = -2\pi\cdot 90/60 = -3\pi\mathrm{s}^{-1}$$

$$\tan\varphi = \frac{\overline{OA}\sin\theta}{\overline{OO_1} - \overline{OA}\cos\theta} = \frac{7.6\sin\theta}{183 - 7.6\cos\theta} \tag{1}$$

$$\sec^2\varphi = 1 + \tan^2\varphi = \frac{3.35\times 10^4 - 2.78\times 10^3\cos\theta}{(183 - 7.6\cos\theta)^2} \tag{2}$$

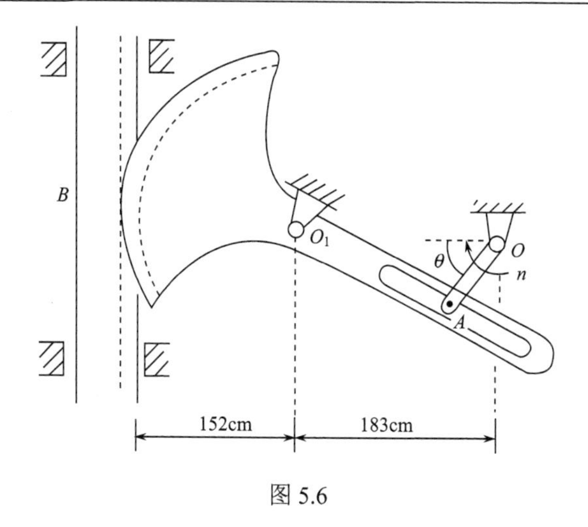

图 5.6

式(1)两边对 t 求导

$$\sec^2\varphi\cdot\dot{\varphi}=\frac{7.6\cos\theta\dot{\theta}(183-7.6\cos\theta)-(7.6\sin\theta)^2\dot{\theta}}{(183-7.6\cos\theta)^2}$$

$$=\frac{-57.8+1.39\times10^3\cos\theta}{(183-7.6\cos\theta)^2}\dot{\theta} \tag{3}$$

将式(2)及 $\dot{\theta}=-3\pi\mathrm{s}^{-1}$ 代入式(3)，可得

$$\dot{\varphi}=-3\pi\frac{-57.8+1.39\times10^3\cos\theta}{3.35\times10^4-2.78\times10^3\cos\theta}$$

$$\ddot{\varphi}=-3\pi\left[\frac{-1.39\times10^3\sin\theta\dot{\theta}(3.35\times10^4-2.78\times10^3\cos\theta)}{(3.35\times10^4-2.78\times10^3\cos\theta)^2}\right.$$

$$\left.-\frac{(-57.8+1.39\times10^3\cos\theta)\cdot2.78\times10^3\sin\theta\dot{\theta}}{(3.35\times10^4-2.78\times10^3\cos\theta)^2}\right]$$

$$=-9\pi^2\frac{4.64\times10^7\sin\theta}{(3.35\times10^4-2.78\times10^3\cos\theta)^2}$$

规定齿条向下的速度为正，

$$v_B=-152\dot{\varphi},\quad a_B=-152\ddot{\varphi}$$

代入 $\theta=30°$，

$$v_B=-152(-3\pi)\frac{-57.8+1.39\times10^3\times0.866}{3.35\times10^4-2.78\times10^3\times0.866}=52.8(\mathrm{cm\cdot s^{-1}})$$

$$a_B=-152(-9\pi^2)\frac{4.64\times10^7\times0.5}{(3.35\times10^4-2.78\times10^3\times0.866)^2}=324(\mathrm{cm\cdot s^{-2}})$$

5.1.6　图 5.7 中机构在竖直平面内运动，各部件的尺寸如图所示. 某时刻在图示位置，杆 OA 处于水平位置，绕 O 点的角速度 $\Omega=2\mathrm{rad/s}$，求此时部件 C 的角速度 ω 及杆 AB 的 B 端的速度的大小.

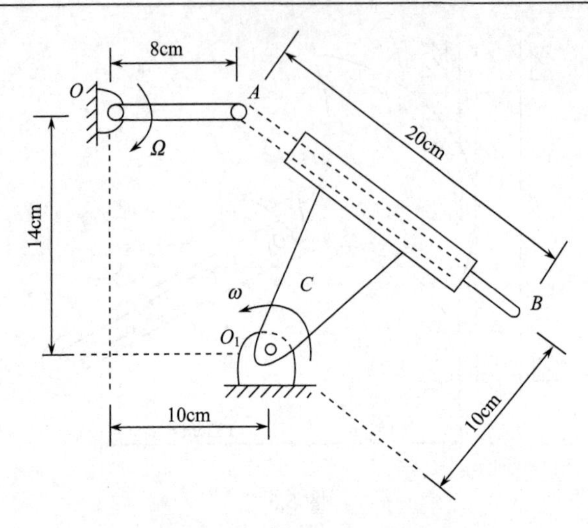

图 5.7

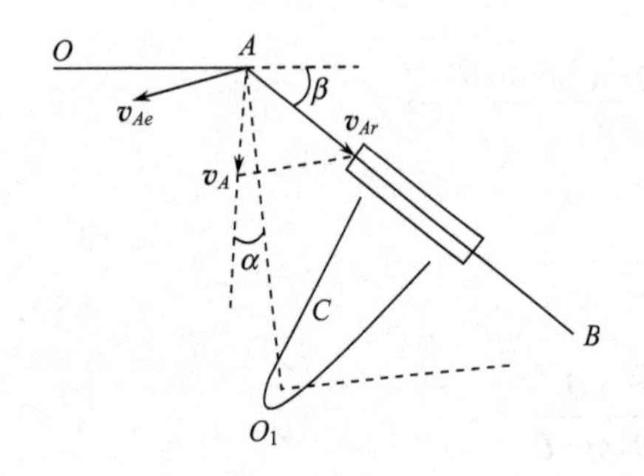

图 5.8

解 见图 5.8,

$$v_A = \Omega \times \overline{OA} = 2 \times 8 = 16(\text{cm/s})$$

$$\tan\alpha = \frac{10-8}{14} = \frac{1}{7}$$

$$\alpha = \arctan\frac{1}{7} = 8.13°$$

$$\beta = 90° - 45° - \alpha = 36.87°$$

考虑 AB 杆上的 A 点，取部件 C 为动参考系，

$$\boldsymbol{v}_A = \boldsymbol{v}_{Ae} + \boldsymbol{v}_{Ar} \tag{1}$$

$v_{Ae} = \overline{AO_1} \cdot \omega = 10\sqrt{2}\omega$，$\omega$ 待定.

$\boldsymbol{v}_{Ar}$ 沿 AB 方向，其大小 v_{Ar} 待定.

由式(1)的水平和竖直两方向的分量方程，

$$10\sqrt{2}\omega\cos\alpha = v_{Ar}\cos\beta \tag{2}$$

$$10\sqrt{2}\omega\sin\alpha + v_{Ar}\sin\beta = v_A = 16 \tag{3}$$

式(2)×$\sin\beta$+式(3)×$\cos\beta$ 可消去 v_{Ar}，得

$$10\sqrt{2}\omega\sin(\alpha+\beta)=16\cos\beta$$

$$\omega=\frac{16\cos 36.87°}{10\sqrt{2}\sin 45°}=1.28(\text{rad/s})$$

此时，AB 杆围绕 A 点的角速度即部件 C 围绕 O_1 点的角速度 ω.

取此时随 A 点平动的参考系为动系，B 点的绝对速度是 $\boldsymbol{v}_A$ (牵连速度)与 $\boldsymbol{v}_{BA}$ (相对速度)的矢量和，$\boldsymbol{v}_A$ 与 $\boldsymbol{v}_{BA}$ 的方向如图 5.9 所示，

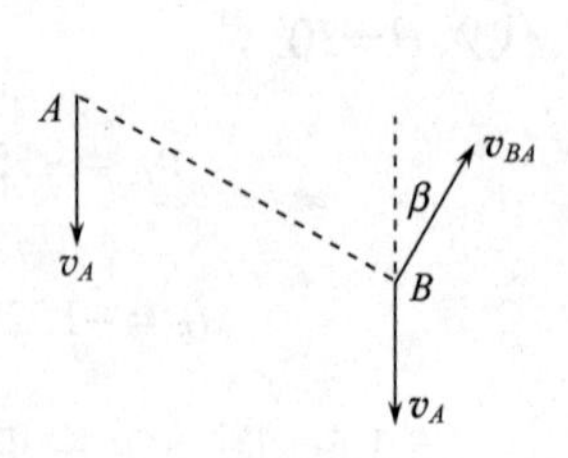

图 5.9

$$v_{BA} = \overline{AB} \cdot \omega = 20\omega = 25.6\text{cm/s}$$

$$v_B = \sqrt{\left(v_A - v_{BA}\cos\beta\right)^2 + \left(v_{BA}\sin\beta\right)^2}$$

代入v_A、v_{BA}及β值，可得

$$v_B = 16\text{cm/s}$$

读者也可取部件C为动参考系，求B点的绝对速度以检验上述结果.

5.1.7　若除上题所给条件以外，还知道此时OA杆绕O点的角加速度$\dot{\Omega}=0$，求此时部件C的角加速度$\dot{\omega}$及B点的加速度a_B.

解　A点的绝对加速度为

$$a_A = \overline{OA}\cdot\Omega^2 = 8\times 2^2 = 32\left(\text{cm/s}^2\right)$$

沿水平方向，向左.

取部件C为动参考系，$\boldsymbol{a}_{Ae1}$、$\boldsymbol{a}_{Ae2}$分别表示A点的牵连法向、切向加速度，

$$a_{Ae1} = \overline{AO_1}\omega^2 = 10\sqrt{2}\times(1.28)^2 = 23.17\left(\text{cm/s}^2\right)$$

$$a_{Ae2} = \overline{AO_1}\dot{\omega} = 10\sqrt{2}\dot{\omega}$$

这里已代入了上题解得的ω值. a_{Ar}是相对加速度，必沿$\overrightarrow{AB}$方向，设图5.10所示的方向为正方向.

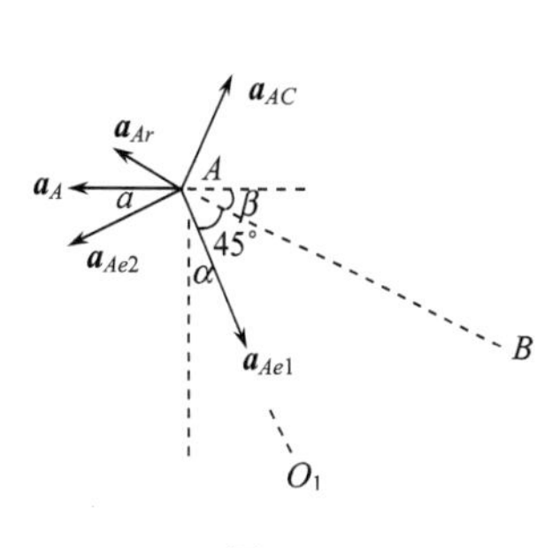

图 5.10

$$\boldsymbol{a}_{AC} = 2\boldsymbol{\omega}\times\boldsymbol{v}_{Ar}$$

是科里奥利加速度，其中$\boldsymbol{v}_{Ar}$沿$\overrightarrow{AB}$方向，指向B，由上题式(2)可得

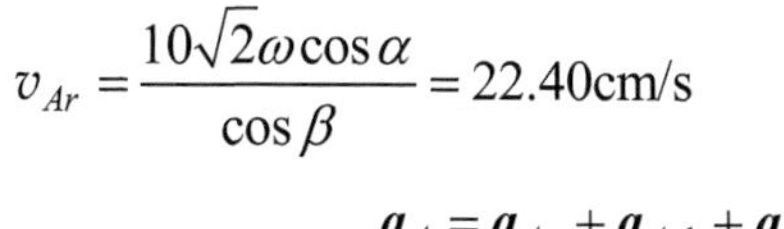

$$v_{Ar} = \frac{10\sqrt{2}\omega\cos\alpha}{\cos\beta} = 22.40\text{cm/s}$$

$$\boldsymbol{a}_A = \boldsymbol{a}_{Ar} + \boldsymbol{a}_{Ae1} + \boldsymbol{a}_{Ae2} + \boldsymbol{a}_{AC}$$

两个分量方程为

$$a_A = a_{Ar}\cos\beta + a_{Ae2}\cos\alpha - a_{Ae1}\sin\alpha - 2\omega v_{Ar}\sin\beta$$

$$a_{Ar}\sin\beta - a_{Ae2}\sin\alpha - a_{Ae1}\cos\alpha + 2\omega v_{Ar}\cos\beta = 0$$

代入本题和上题已解得的数据，可得

$$a_{Ar} = -18.17\text{cm/s}^2$$

$$\dot{\omega} = 6.02\text{rad/s}^2$$

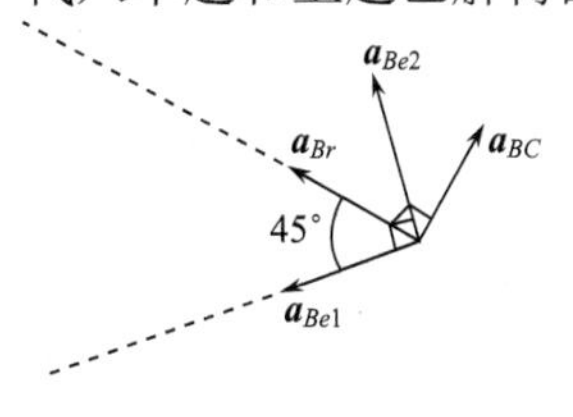

图 5.11

现在求B点的绝对加速度$\boldsymbol{a}_B$，仍取部件C为动系，

$$\boldsymbol{a}_B = \boldsymbol{a}_{Br} + \boldsymbol{a}_{Be1} + \boldsymbol{a}_{Be2} + \boldsymbol{a}_{BC}$$

其中$\boldsymbol{a}_{Br}$、$\boldsymbol{a}_{Be1}$、$\boldsymbol{a}_{Be2}$、$\boldsymbol{a}_{BC}$的方向如图5.11所示，其大小分别为

$$a_{Br} = a_{Ar} = -18.17\text{cm/s}^2$$

$$a_{Be1} = a_{Ae1} = 23.17\text{cm/s}^2$$

$$a_{Be2} = a_{Ae2} = 14.14\times 6.02 = 85.12(\text{cm/s}^2)$$

$$a_{BC}=a_{AC}=2\omega v_{Br}=2\omega v_{Ar}=57.34\text{cm/s}^2$$

$$a_B=\sqrt{\left[a_{Br}+\left(a_{Be1}+a_{Be2}\right)\cos 45°\right]^2+\left[\left(a_{Be2}-a_{Be1}\right)\cos 45°+a_{BC}\right]^2}=116.8\text{cm/s}^2$$

5.1.8　某瞬时刚体绕通过坐标原点的某轴转动，刚体上一点 $M_1(1,0,1)$ 的速度 $v_1=4\text{m}\cdot\text{s}^{-1}$，它与 x 轴所成的角 $\alpha_1=45°$；另一点 $M_2(3,4,0)$ 的速度 v_2 与 x 轴成 α_2 角，且 $\cos\alpha_2=-0.8$．试求此刻刚体的角速度 $\boldsymbol{\omega}$ 及 M_2 点的速度的大小．

解

$$\boldsymbol{\omega}=\omega_x\boldsymbol{i}+\omega_y\boldsymbol{j}+\omega_z\boldsymbol{k}$$

$$\boldsymbol{r}_1=\boldsymbol{i}+\boldsymbol{k}$$

$$\boldsymbol{v}_1=\boldsymbol{\omega}\times\boldsymbol{r}_1=\omega_y\boldsymbol{i}+\left(\omega_z-\omega_x\right)\boldsymbol{j}-\omega_y\boldsymbol{k}$$

已知 $\boldsymbol{v}_1=4\cos 45°\boldsymbol{i}+v_{1y}\boldsymbol{j}+v_{1z}\boldsymbol{k}$，所以

$$\omega_y=4\cos 45°=2\sqrt{2}$$

$$v_{1z}=-\omega_y=-2\sqrt{2}$$

$$v_1^2=\left(2\sqrt{2}\right)^2+v_{1y}^2+\left(-2\sqrt{2}\right)^2=4^2$$

解出

$$v_{1y}=0$$

所以

$$\omega_z-\omega_x=0，\quad \omega_z=\omega_x$$

$$\boldsymbol{r}_2=3\boldsymbol{i}+4\boldsymbol{j}$$

$$\begin{aligned}\boldsymbol{v}_2=\boldsymbol{\omega}\times\boldsymbol{r}_2&=\left(\omega_x\boldsymbol{i}+2\sqrt{2}\boldsymbol{j}+\omega_x\boldsymbol{k}\right)\times\left(3\boldsymbol{i}+4\boldsymbol{j}\right)\\&=-4\omega_x\boldsymbol{i}+3\omega_x\boldsymbol{j}+\left(4\omega_x-6\sqrt{2}\right)\boldsymbol{k}\end{aligned}$$

已知 $\boldsymbol{v}_2=-0.8v_2\boldsymbol{i}+v_{2y}\boldsymbol{j}+v_{2z}\boldsymbol{k}$，所以

$$v_{2x}=-0.8v_2=-4\omega_x$$

$$v_{2y}=3\omega_x，\quad v_{2z}=4\omega_x-6\sqrt{2}$$

$$\begin{aligned}v_2^2=v_{2x}^2+v_{2y}^2+v_{2z}^2&=\left(-4\omega_x\right)^2+\left(3\omega_x\right)^2+\left(4\omega_x-6\sqrt{2}\right)^2\\&=41\omega_x^2-48\sqrt{2}\omega_x+72\end{aligned}$$

$$v_2=\frac{4}{0.8}\omega_x=5\omega_x$$

由上述两式消去 v_2 得

$$16\omega_x^2-48\sqrt{2}\omega_x+72=0$$

$$2\omega_x^2-6\sqrt{2}\omega_x+9=0$$

$$\omega_x=\frac{6\sqrt{2}\pm\sqrt{72-72}}{4}=\frac{3}{2}\sqrt{2}\left(\text{s}^{-1}\right)$$

$$\omega_z=\omega_x=\frac{3}{2}\sqrt{2}\text{s}^{-1}$$

所以

$$\boldsymbol{\omega}=\frac{3}{2}\sqrt{2}\boldsymbol{i}+2\sqrt{2}\boldsymbol{j}+\frac{3}{2}\sqrt{2}\boldsymbol{k}$$

$$\omega=\sqrt{\left(\frac{3}{2}\sqrt{2}\right)^2+\left(2\sqrt{2}\right)^2+\left(\frac{3}{2}\sqrt{2}\right)^2}=\sqrt{17}\text{s}^{-1}$$

$$v_2=5\omega_x=\frac{15}{2}\sqrt{2}\text{m}\cdot\text{s}^{-1}$$

5.1.9　半径为b的圆筒在半径为a的固定圆柱上做纯滚动. 若相切的直线从静止开始以恒定的角加速度β围绕固定圆柱的轴顺时针转动，图 5.12 中画的是$t=0$时的位置. 求圆筒上P、C两点t时刻的速度和加速度(均按圆筒的切向和法向分解).

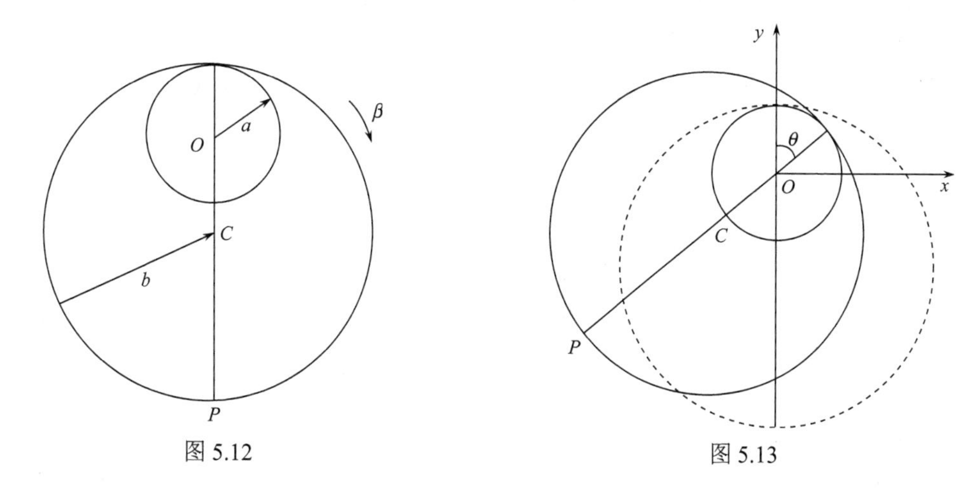

图 5.12　　　　　　　　图 5.13

解　图 5.13 中用实线表示t时刻圆筒的位置，虚线表示$t=0$时刻圆筒的位置. 取图中的xy坐标，原点位于固定圆柱的轴上.

$t=0$时相切的直线位于$\theta=0$，由题设，$\dot{\theta}=0$，$\ddot{\theta}=\beta$（$\ddot{\theta}$恒定）在t时刻，$\dot{\theta}=\beta t$，$\theta=\frac{1}{2}\beta t^2$.

$$x_C=-(b-a)\sin\theta,\ \ y_C=-(b-a)\cos\theta$$

$$\dot{x}_C=-(b-a)\cos\theta\dot{\theta}=-(b-a)\beta t\cos\theta$$

$$\ddot{x}_C=-(b-a)\beta\cos\theta+(b-a)\beta^2t^2\sin\theta$$

$$\dot{y}_C=(b-a)\beta t\sin\theta$$

$$\ddot{y}_C=(b-a)\beta\sin\theta+(b-a)\beta^2t^2\cos\theta$$

$$v_{Ct}=-\dot{x}_C\cos\theta+\dot{y}_C\sin\theta=(b-a)\beta t$$

$$v_{Cn}=\dot{x}_C\sin\theta+\dot{y}_C\cos\theta=0$$

$$a_{Ct}=-\ddot{x}_C\cos\theta+\ddot{y}_C\sin\theta=(b-a)\beta$$

$$a_{Cn}=\ddot{x}_C\sin\theta+\ddot{y}_C\cos\theta=(b-a)\beta^2t^2$$

$$
\begin{aligned}
x_{\mathrm{P}} &= -(2b-a)\sin\theta \\
y_{\mathrm{P}} &= (2b-a)\cos\theta \\
\dot{x}_{\mathrm{P}} &= -(2b-a)\cos\theta\dot{\theta} = -(2b-a)\beta t\cos\theta \\
\dot{y}_{\mathrm{P}} &= -(2b-a)\sin\theta\dot{\theta} = -(2b-a)\beta t\sin\theta \\
\ddot{x}_{\mathrm{P}} &= -(2b-a)\beta\cos\theta + (2b-a)\beta^2 t^2\sin\theta \\
\ddot{y}_{\mathrm{P}} &= -(2b-a)\beta\sin\theta - (2b-a)\beta^2 t^2\cos\theta \\
v_{\mathrm{P}t} &= -\dot{x}_{\mathrm{P}}\cos\theta + \dot{y}_{\mathrm{P}}\sin\theta = -(2b-a)\beta t \\
v_{\mathrm{P}n} &= \dot{x}_{\mathrm{P}}\sin\theta + \dot{y}_{\mathrm{P}}\cos\theta = -2(2b-a)\beta t\sin\theta\cos\theta \\
&= -(2b-a)\beta t\sin 2\theta \\
a_{\mathrm{P}t} &= -\ddot{x}_{\mathrm{P}}\cos\theta + \dot{y}_{\mathrm{P}}\sin\theta \\
&= (2b-a)\beta\left(\cos^2\theta - \sin^2\theta\right) - 2(2b-a)\beta^2 t^2\sin\theta\cos\theta \\
&= (2b-a)\beta\left(\cos 2\theta - \beta t^2\sin 2\theta\right) \\
a_{\mathrm{P}n} &= \dot{x}_{\mathrm{P}}\sin\theta + \dot{y}_{\mathrm{P}}\cos\theta \\
&= -2(2b-a)\beta\sin\theta\cos\theta - (2b-a)\beta^2 t^2\left(\cos^2\theta - \sin^2\theta\right) \\
&= -(2b-a)\beta\left(\sin 2\theta + \beta t^2\cos 2\theta\right)
\end{aligned}
$$

其中$\theta = \dfrac{1}{2}\beta t^2$.

5.1.10　证明刚体上任何两点的速度在它们连线上的投影相等(速度投影定理).

证明　刚体上任意两点A、B，它们对刚体上另一点C(不一定是质心)的位矢为$\boldsymbol{r}_A$和$\boldsymbol{r}_B$.

今取此C点为基点，刚体的运动可分为跟随基点的平动和围绕过此基点的轴的转动.设此时刚体的角速度为$\boldsymbol{\omega}$，基点C的速度为$\boldsymbol{v}_C$，则

$$
\begin{gathered}
\boldsymbol{v}_A = \boldsymbol{v}_C + \boldsymbol{\omega}\times\boldsymbol{r}_A \\
\boldsymbol{v}_B = \boldsymbol{v}_C + \boldsymbol{\omega}\times\boldsymbol{r}_B \\
\boldsymbol{v}_A - \boldsymbol{v}_B = \boldsymbol{\omega}\times(\boldsymbol{r}_A - \boldsymbol{r}_B) \\
(\boldsymbol{v}_A - \boldsymbol{v}_B)\cdot\frac{\boldsymbol{r}_A - \boldsymbol{r}_B}{|\boldsymbol{r}_A - \boldsymbol{r}_B|} = \left[\boldsymbol{\omega}\times(\boldsymbol{r}_A - \boldsymbol{r}_B)\right]\cdot\frac{\boldsymbol{r}_A - \boldsymbol{r}_B}{|\boldsymbol{r}_A - \boldsymbol{r}_B|} = 0
\end{gathered}
$$

所以

$$
\boldsymbol{v}_A\cdot\frac{\boldsymbol{r}_A - \boldsymbol{r}_B}{|\boldsymbol{r}_A - \boldsymbol{r}_B|} = \boldsymbol{v}_B\cdot\frac{\boldsymbol{r}_A - \boldsymbol{r}_B}{|\boldsymbol{r}_A - \boldsymbol{r}_B|}
$$

5.1.11　曲柄OA在图5.14所示位置(OA与DC的夹角为60°.BD与OA垂直)绕定轴O转动的角速度$\omega = 4\mathrm{s}^{-1}$，$OA=AB=AD=a=30\mathrm{cm}$，$BC=b=40\mathrm{cm}$，滑块$C$、$D$在同一水平直线上，并限在水平滑道内滑动，求此时刻滑块C、D的速度.

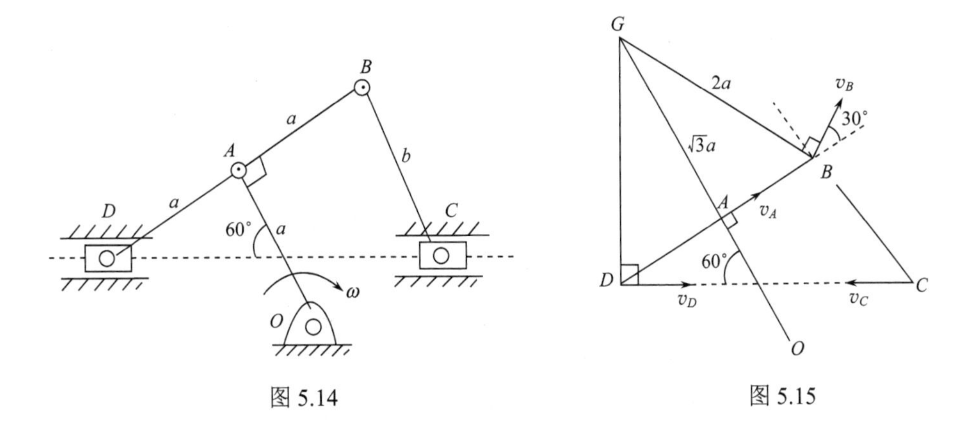

图 5.14　　图 5.15

解　BD做平面平行运动，已知在此时BD上D、A两点的速度方向，如图 5.15 所示，由D、A两点分别作$\boldsymbol{v}_D$、$\boldsymbol{v}_A$的垂线，其交点G是此时杆BD的瞬心.

显见，$BG = DG = 2a$，$GA = \sqrt{3}a$，$\boldsymbol{v}_B$与DB的夹角为30°，

$$\boldsymbol{v}_A = a\omega = 30 \times 4 = 120(\text{cm/s})$$

用速度投影定理，

$$v_D \cos 30° = v_B \cos 30° = v_A = 120$$

$$v_D = v_B = \frac{120}{\cos 30°} = 139(\text{cm/s})$$

对$\triangle BCD$用正弦定理，

$$\frac{b}{\sin 30°} = \frac{2a}{\sin \angle C}$$

$$\sin \angle C = \frac{2a}{b} \sin 30° = \frac{2 \times 30}{40} \times 0.5 = 0.75$$

$$\angle C = \arcsin 0.75 = 48.6°$$

$$\angle B = 180° - 30° - 48.6° = 101.4°$$

再对BC杆用速度投影定理，

$$v_C \cos \angle C = v_B \cos(\angle B - 30°)$$

$$v_C = \frac{v_B \cos(\angle B - 30°)}{\cos \angle C} = \frac{139 \cos 71.4°}{\cos 48.6°} = 67.0(\text{cm/s})$$

方向沿CD指向D.

5.1.12　如图 5.16 所示，一个半径为r的圆柱沿一平面做无滑滚动，其轴线O保持速度v_0不变，一块长度为l的矩形平板其B边以铰链接在圆柱的边缘上，另一端A边搁在上述平面上随圆柱运动. 若$t=0$时$\varphi=0$，求A边的速度与时间的关系，并取适当的坐标，取最方便的基点，写出AB板的运动学方程.

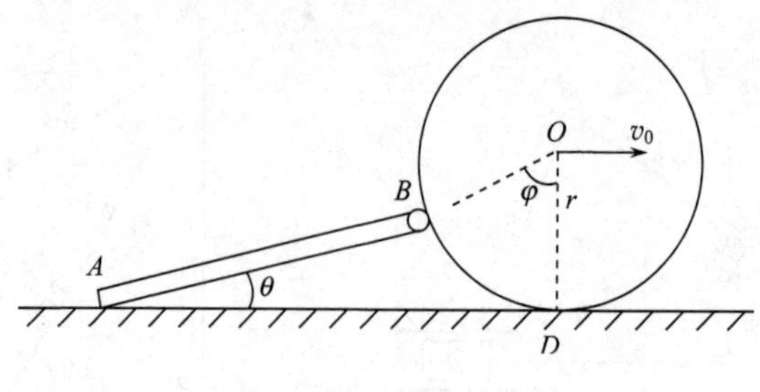

图 5.16

解 取 xy 坐标，原点取在 $t=0$ 时 B 边所在位置，x 轴沿 v_0 的方向，y 轴竖直向上，

$$x_A = x_D - AD = x_O - AD$$

$$v_A = \frac{\mathrm{d}x_O}{\mathrm{d}t} - \frac{\mathrm{d}AD}{\mathrm{d}t} = v_0 - \frac{\mathrm{d}AD}{\mathrm{d}t}$$

$$AD = l\cos\theta + r\sin\varphi$$

$$l\sin\theta = r(1-\cos\varphi)$$

$$\sin\theta = \frac{r}{l}(1-\cos\varphi)$$

$$\cos\theta = \sqrt{1-\sin^2\theta} = \frac{1}{l}\sqrt{l^2 - r^2(l-\cos\varphi)^2}$$

$$AD = \sqrt{l^2 - r^2(1-\cos\varphi)^2} + r\sin\varphi$$

$$v_A = v_0 - \left[\frac{-2r^2(1-\cos\varphi)}{2\sqrt{l^2-r^2(1-\cos\varphi)^2}}\sin\varphi\cdot\dot{\varphi} + r\cos\varphi\dot{\varphi}\right]$$

$$\dot{\varphi} = \frac{v_0}{r}$$

$$v_A = v_0 + \frac{v_0 r(1-\cos\varphi)\sin\varphi}{\sqrt{l^2-r^2(1-\cos\varphi)^2}} - v_0\cos\varphi$$

$$= v_0(1-\cos\varphi)\left[1+\frac{r\sin\varphi}{\sqrt{l^2-r^2(1-\cos\varphi)^2}}\right]$$

$$1-\cos\varphi = 2\sin^2\left(\frac{1}{2}\varphi\right)$$

v_A 也可改写为

$$v_A = 2v_0\sin^2\left(\frac{v_0}{2r}t\right)\left[1+\frac{r\sin\left(\frac{v_0}{r}t\right)}{\sqrt{l^2-4r^2\sin^4\left(\frac{v_0}{2r}t\right)}}\right]$$

取 B 为基点，则 AB 板的运动学方程为

$$x_B = v_0 t - r\sin\varphi = v_0 t - r\sin\left(\frac{v_0}{r}t\right)$$

$$y_B = r(1-\cos\varphi) = r\left[1-\cos\left(\frac{v_0}{r}t\right)\right]$$

$$\theta = \arcsin\left(\frac{y_B}{l}\right) = \arcsin\left\{\frac{r}{l}\left[1-\cos\left(\frac{v_0}{r}t\right)\right]\right\}$$

5.1.13　求上题中 AB 板的空间极迹和本体极迹方程(可用 t 作为参数).

解　取上题所用的 x、y 坐标，由于 A 点的速度 v_A 沿 x 轴，可知瞬心 C 的 x 坐标

$$\begin{aligned} x_C &= x_A = x_B - l\cos\theta = x_0 - r\sin\varphi - l\cos\theta \\ &= v_0 t - r\sin\varphi - l\cos\theta \\ &= v_0 t - r\sin\left(\frac{v_0}{r}t\right) - \sqrt{l^2 - 4r^2\sin^4\left(\frac{v_0}{2r}t\right)} \end{aligned}$$

$$y_C = \frac{v_A}{\dot{\theta}}$$

上题已求得

$$v_A = 2v_0\sin^2\left(\frac{v_0}{2r}t\right)\left[1+\frac{r\sin\left(\frac{v_0}{r}t\right)}{\sqrt{l^2-4r^2\sin^4\left(\frac{v_0}{2r}t\right)}}\right]$$

由

$$\sin\theta = \frac{r}{l}(1-\cos\varphi)$$

$$\cos\theta\cdot\dot{\theta} = \frac{r}{l}\sin\varphi\dot{\varphi} = \frac{v_0}{l}\sin\varphi$$

$$\dot{\theta} = \frac{v_0\sin\varphi}{l\cos\theta} = \frac{v_0\sin\left(\frac{v_0}{r}t\right)}{\sqrt{l^2-4r^2\sin^4\left(\frac{v_0}{2r}t\right)}}$$

$$y_C = \frac{v_A}{\dot{\theta}} = \tan\left(\frac{v_0}{2r}t\right)\left[r\sin\left(\frac{v_0}{r}t\right)+\sqrt{l^2-4r^2\sin^4\left(\frac{v_0}{2r}t\right)}\right]$$

上述 $x_C(t)$、$y_C(t)$ 就是以 t 为参数的空间极迹方程.

写本体极迹方程必须另取固连于 AB 的坐标，今取 $Ax'y'$，原点在 A 点，x' 轴沿 AB 方向，y' 轴与之垂直，向上的方向为正，则本体极迹方程为

$$x'_C = y_C\sin\theta$$

$$y'_C = y_C\cos\theta$$

将 y_C、$\sin\theta$、$\cos\theta$ 与 t 的关系代入上述两式即得以 t 为参数的本体极迹方程，

$$x'_C = \frac{2r}{l}\tan\left(\frac{v_0}{2r}t\right)\sin^2\left(\frac{v_0}{2r}t\right)\left[r\sin\left(\frac{v_0}{r}t\right)+\sqrt{l^2-4r^2\sin^4\left(\frac{v_0}{2r}t\right)}\right]$$

$$y'_C = \frac{1}{l}\tan\left(\frac{v_0}{2r}t\right)\left[l^2-4r^2\sin^4\left(\frac{v_t}{2r}t\right)+r\sin\left(\frac{v_t}{r}t\right)\sqrt{l^2-4r^2\sin^4\left(\frac{v_t}{2r}t\right)}\right]$$

5.1.14　证明均质的质量为 m 的直棒的动能 $T=\frac{1}{6}m(\boldsymbol{u}\cdot\boldsymbol{u}+\boldsymbol{u}\cdot\boldsymbol{v}+\boldsymbol{v}\cdot\boldsymbol{v})$，其中 $\boldsymbol{u}$、$\boldsymbol{v}$ 分别是棒两端的速度.

证法一　沿棒取 x 轴，$x=0$ 处质元速度为 $\boldsymbol{u}$，设棒长为 l，$x=l$ 端质元速度为 $\boldsymbol{v}$. x 处质元速度为

$$\boldsymbol{u}+\frac{\boldsymbol{v}-\boldsymbol{u}}{l}x$$

按动能的定义，

$$\begin{aligned}T&=\frac{1}{2}\int_0^l\left(\boldsymbol{u}+\frac{\boldsymbol{v}-\boldsymbol{u}}{l}x\right)\cdot\left(\boldsymbol{u}+\frac{\boldsymbol{v}-\boldsymbol{u}}{l}x\right)\frac{m}{l}\mathrm{d}x\\&=\frac{m}{2l}\int_0^l\left[\boldsymbol{u}\cdot\boldsymbol{u}+2\boldsymbol{u}\cdot\frac{\boldsymbol{v}-\boldsymbol{u}}{l}x+(\boldsymbol{v}\cdot\boldsymbol{v}+\boldsymbol{u}\cdot\boldsymbol{u}-2\boldsymbol{v}\cdot\boldsymbol{u})\frac{x^2}{l^2}\right]\mathrm{d}x\\&=\frac{m}{2l}\left[\boldsymbol{u}\cdot\boldsymbol{u}l+l\boldsymbol{u}\cdot(\boldsymbol{v}-\boldsymbol{u})+\frac{1}{3}l(\boldsymbol{v}\cdot\boldsymbol{v}+\boldsymbol{u}\cdot\boldsymbol{u}-2\boldsymbol{v}\cdot\boldsymbol{u})\right]\\&=\frac{1}{6}m(\boldsymbol{u}\cdot\boldsymbol{u}+\boldsymbol{u}\cdot\boldsymbol{v}+\boldsymbol{v}\cdot\boldsymbol{v}).\end{aligned}$$

证法二　用柯尼希定理，可不必积分.

$$\boldsymbol{v}_C=\frac{1}{2}(\boldsymbol{u}+\boldsymbol{v})$$

$$\boldsymbol{v}=\boldsymbol{u}+\boldsymbol{\omega}\times\boldsymbol{l}$$

$$|\boldsymbol{v}-\boldsymbol{u}|=|\boldsymbol{\omega}\times\boldsymbol{l}|=\omega l\sin\alpha$$

其中 α 是 $\boldsymbol{\omega}$ 与 $\boldsymbol{l}$ 的夹角，$\boldsymbol{l}$ 为速度为 $\boldsymbol{v}$ 的一端对速度为 $\boldsymbol{u}$ 的一端的位矢.

$$I_C=\frac{1}{12}ml^2\sin^2\alpha$$

$$\begin{aligned}T&=\frac{1}{2}mv^2{}_C+\frac{1}{2}I_C\omega^2\\&=\frac{1}{2}m\left[\frac{1}{2}(\boldsymbol{u}+\boldsymbol{v})\right]^2+\frac{1}{2}\times\frac{1}{12}ml^2\sin^2\alpha\cdot\left(\frac{|\boldsymbol{v}-\boldsymbol{u}|}{l\sin\alpha}\right)^2\\&=\frac{1}{2}m\left[\frac{1}{4}(\boldsymbol{u}\cdot\boldsymbol{u}+2\boldsymbol{u}\cdot\boldsymbol{v}+\boldsymbol{v}\cdot\boldsymbol{v})+\frac{1}{12}(\boldsymbol{v}\cdot\boldsymbol{v}-2\boldsymbol{u}\cdot\boldsymbol{v}+\boldsymbol{u}\cdot\boldsymbol{u})\right]\\&=\frac{1}{6}m(\boldsymbol{u}\cdot\boldsymbol{u}+\boldsymbol{u}\cdot\boldsymbol{v}+\boldsymbol{v}\cdot\boldsymbol{v})\end{aligned}$$

5.1.15　如图 5.17 曲柄 OA 以匀角速 $n_0 = 50\text{r}/\min$ 绕定轴 O 转动，定齿轮的齿数为 Z_4，齿数 Z_1、Z_2 的两齿轮紧固成一体装在曲柄 OA 上的 B 点. 求装在 A 端的齿数 Z_3 的齿轮转速.

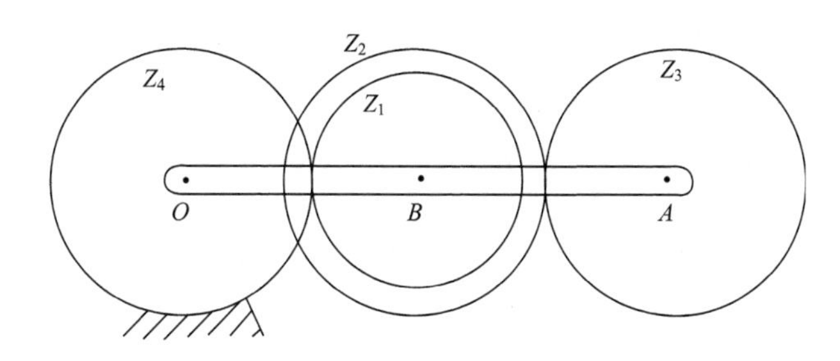

图 5.17

解　取以 O 为原点随 OA 转动的参考系. 规定 OA 的角速度的方向为正，齿轮为 Z_4 的定齿轮的转速为 $-n_0$，其余三个齿轮的转速分别设为 n_1'、n_2'、n_3'，由纯滚动条件

$$(-n_0)Z_4 = -n_1'Z_1,\quad n_1' = n_2'$$

$$n_2'Z_2 = -n_3'Z_3$$

所以

$$n_3' = -\frac{Z_2}{Z_3}n_2' = -\frac{Z_2}{Z_3}n_1' = -\frac{Z_2}{Z_3}\cdot\frac{Z_4}{Z_1}n_0$$

相对于静参考系的转速为

$$n_3 = n_0 + n_3' = n_0\left(1 - \frac{Z_2Z_4}{Z_1Z_3}\right) = 50\left(1 - \frac{Z_2Z_4}{Z_1Z_3}\right)(\text{r}/\min)$$

5.1.16　半径为 b 的小圆柱在一个较大的半径为 a 的圆柱内部纯滚动，如外面的圆柱围绕它的轴(固定轴)以角速度 Ω 转动，两圆柱的轴所在的平面以角速度 ω 绕固定轴转动，设 Ω、ω 都是正的，求小圆柱的角速度.

解　考虑两圆柱相切的线的速度 v，作为大圆柱上的点，$v = \Omega a$.

作为小圆柱上的点，取小圆柱轴上的点为基点，考虑到小圆柱在大圆柱内做纯滚动.

$$v = \omega(a-b) + \omega'b$$

其中 ω' 是小圆柱的角速度，其正方向的规定与 ω、Ω 相同.

$$\Omega a = \omega(a-b) + \omega'b$$

$$\omega' = \frac{1}{b}\left[\Omega a - \omega(a-b)\right] = \frac{1}{b}\left[a(\Omega-\omega) + b\omega\right]$$

5.1.17　若做定点转动的刚体的运动学方程为

$$\varphi = at,\quad \psi = bt,\quad \theta = c$$

式中 a、b、c 均为常量，φ、ψ、θ 为欧拉角、求角速度、角加速度在动、静坐标系中的分量.

解　$\dot{\varphi}=a,\ \dot{\psi}=b,\ \dot{\theta}=0$

角速度$\boldsymbol{\omega}$、角加速度$\boldsymbol{\beta}$在固连于刚体的动坐标系x、y、z轴上的分量计算如下：

$$\omega_x=\dot{\varphi}\sin\theta\sin\psi+\dot{\theta}\cos\psi=a\sin c\sin bt$$

$$\omega_y=\dot{\varphi}\sin\theta\cos\psi-\dot{\theta}\sin\psi=a\sin c\cos bt$$

$$\omega_z=\dot{\varphi}\cos\theta+\dot{\psi}=b+a\cos c$$

$$\boldsymbol{\omega}=\omega_x\boldsymbol{i}+\omega_y\boldsymbol{j}+\omega_z\boldsymbol{k}$$

$$\boldsymbol{\beta}=\frac{\mathrm{d}\boldsymbol{\omega}}{\mathrm{d}t}=\frac{\tilde{\mathrm{d}}\boldsymbol{\omega}}{\mathrm{d}t}+\boldsymbol{\omega}\times\boldsymbol{\omega}=\frac{\tilde{\mathrm{d}}\boldsymbol{\omega}}{\mathrm{d}t}$$

$$=\dot{\omega}_x\boldsymbol{i}+\dot{\omega}_y\boldsymbol{j}+\dot{\omega}_z\boldsymbol{k}$$

$$\beta_x=\dot{\omega}_x=ab\sin c\cos bt$$

$$\beta_y=\dot{\omega}_y=-ab\sin c\sin bt$$

$$\beta_z=\dot{\omega}_z=0$$

角速度$\boldsymbol{\omega}$、角加速度$\boldsymbol{\beta}$在静坐标系ξ、η、ζ轴上的分量计算如下：

$$\omega_\xi=\dot{\theta}\cos\varphi+\dot{\psi}\sin\theta\sin\varphi=b\sin c\sin at$$

$$\omega_\eta=\dot{\theta}\sin\varphi-\dot{\varphi}\sin\theta\cos\varphi=-b\sin c\cos at$$

$$\omega_\zeta=\dot{\varphi}+\dot{\psi}\cos\theta=a+b\cos c$$

$$\beta_\xi=\dot{\omega}_\xi=ab\sin c\cos at$$

$$\beta_\eta=\dot{\omega}_\eta=ab\sin c\sin at$$

$$\beta_\zeta=\dot{\omega}_\zeta=0$$

5.1.18　刚体做上题的运动，求刚体上$(1,0,0)$点及位于空间$(1,0,0)$的刚体上的点在t时刻的速度和加速度.

解法一　t时刻刚体上$(1,0,0)$点(即$x=1$、$y=0$、$z=0$的点)的速度为

$$\boldsymbol{v}=\boldsymbol{\omega}\times\boldsymbol{r}=\left(\omega_x\boldsymbol{i}+\omega_y\boldsymbol{j}+\omega_z\boldsymbol{k}\right)\times\boldsymbol{i}=\omega_z\boldsymbol{j}-\omega_y\boldsymbol{k}$$

$$=(b+a\cos c)\boldsymbol{j}-a\sin c\cos bt\boldsymbol{k}$$

该点的加速度为

$$\boldsymbol{a}=\frac{\mathrm{d}\boldsymbol{v}}{\mathrm{d}t}=(b+a\cos c)\frac{\mathrm{d}\boldsymbol{j}}{\mathrm{d}t}+ab\sin c\sin bt\boldsymbol{k}-a\sin c\cos bt\frac{\mathrm{d}\boldsymbol{k}}{\mathrm{d}t}$$

$$\frac{\mathrm{d}\boldsymbol{j}}{\mathrm{d}t}=\boldsymbol{\omega}\times\boldsymbol{j}=\left(\omega_x\boldsymbol{i}+\omega_y\boldsymbol{j}+\omega_z\boldsymbol{k}\right)\times\boldsymbol{j}$$

$$=-\omega_z\boldsymbol{i}+\omega_x\boldsymbol{k}=-(b+a\cos c)\boldsymbol{i}+a\sin c\sin bt\boldsymbol{k}$$

$$\frac{\mathrm{d}\boldsymbol{k}}{\mathrm{d}t}=\boldsymbol{\omega}\times\boldsymbol{k}=\left(\omega_x\boldsymbol{i}+\omega_y\boldsymbol{j}+\omega_z\boldsymbol{k}\right)\times\boldsymbol{k}$$

$$=\omega_y\boldsymbol{i}-\omega_x\boldsymbol{j}=a\sin c\cos bt\boldsymbol{i}-a\sin c\sin bt\boldsymbol{j}$$

将$\dfrac{\mathrm{d}\boldsymbol{j}}{\mathrm{d}t}$、$\dfrac{\mathrm{d}\boldsymbol{k}}{\mathrm{d}t}$代入$\boldsymbol{a}$的式子，可得

$$\boldsymbol{a}=-\left[(b+a\cos c)^2+(a\sin c\cos bt)^2\right]\boldsymbol{i}$$
$$+(a\sin c)^2\sin bt\cos bt\boldsymbol{j}+a\sin c(2b+a\cos c)\sin bt\boldsymbol{k}$$

解法二
$$\boldsymbol{a}=\boldsymbol{\omega}\times(\boldsymbol{\omega}\times\boldsymbol{r})+\boldsymbol{\beta}\times\boldsymbol{r}=\boldsymbol{\omega}(\boldsymbol{\omega}\cdot\boldsymbol{r})-\boldsymbol{r}\omega^2+\boldsymbol{\beta}\times\boldsymbol{r}$$

代入$\boldsymbol{r}=\boldsymbol{i}$，

$$\begin{aligned}\boldsymbol{a}&=\omega_x\boldsymbol{\omega}-\omega^2\boldsymbol{i}+\beta_z\boldsymbol{j}-\beta_y\boldsymbol{k}\\&=a\sin c\sin bt\left[a\sin c\sin bt\boldsymbol{i}+a\sin c\cos bt\boldsymbol{j}+(b+a\cos c)\boldsymbol{k}\right]\\&\quad-\left[a^2\sin^2 c+(b+a\cos c)^2\right]\boldsymbol{i}+ab\sin c\sin bt\boldsymbol{k}\end{aligned}$$

以下计算略，可得与方法一同样的结果.

t时刻位于空间$(1,0,0)$即$\xi=1,\ \eta=0,\ \zeta=0$处刚体上的点的速度和加速度分别计算如下：

$$\begin{aligned}\boldsymbol{v}&=\boldsymbol{\omega}\times\boldsymbol{r}=(\omega_\xi\boldsymbol{\xi}^0+\omega_\eta\boldsymbol{\eta}^0+\omega_\zeta\boldsymbol{\zeta}^0)\times\boldsymbol{\xi}^0=\omega_\zeta\boldsymbol{\eta}^0-\omega_\eta\boldsymbol{\zeta}^0\\&=(a+b\cos c)\boldsymbol{\eta}^0+b\sin c\cos at\boldsymbol{\zeta}^0\end{aligned}$$
$$\boldsymbol{a}=\boldsymbol{\omega}\times(\boldsymbol{\omega}\times\boldsymbol{r})+\boldsymbol{\beta}\times\boldsymbol{r}=\boldsymbol{\omega}(\boldsymbol{\omega}\cdot\boldsymbol{r})-\boldsymbol{r}\omega^2+\boldsymbol{\beta}\times\boldsymbol{r}$$

代入$\boldsymbol{r}=\boldsymbol{\xi}^0$，

$$\begin{aligned}\boldsymbol{a}&=\omega_\xi\boldsymbol{\omega}-\omega^2\boldsymbol{\xi}^0+\beta_\zeta\boldsymbol{\eta}^0-\beta_\eta\boldsymbol{\zeta}^0\\&=b\sin c\sin at\left[b\sin c\sin at\boldsymbol{\xi}^0-b\sin c\cos at\boldsymbol{\eta}^0\right.\\&\quad\left.+(a+b\cos c)\boldsymbol{\zeta}^0\right]-\left[(b\sin c)^2+(a+b\cos c)^2\right]\boldsymbol{\xi}^0-ab\sin c\sin at\boldsymbol{\zeta}^0\\&=-\left[(a+b\cos c)^2+(b\sin c\cos at)^2\right]\boldsymbol{\xi}^0\\&\quad-(b\sin c)^2\sin at\cos at\boldsymbol{\eta}^0+b^2\sin c\cos c\sin at\boldsymbol{\zeta}^0\end{aligned}$$

注意：不能用前面算出的$\boldsymbol{v}$用$\boldsymbol{a}=\dfrac{\mathrm{d}\boldsymbol{v}}{\mathrm{d}t}$求$\boldsymbol{a}$．这样计算的$\dfrac{\mathrm{d}\boldsymbol{v}}{\mathrm{d}t}$不是位于空间那点在$t$时刻的加速度，而是位于空间那点的刚体上的点的速度变化率.

$$\frac{\mathrm{d}\boldsymbol{v}}{\mathrm{d}t}=\lim_{\Delta t\to 0}\frac{\boldsymbol{v}(t+\Delta t)-\boldsymbol{v}(t)}{\Delta t}$$

t和$t+\Delta t$位于的点是刚体上不同的点，因此这个速度的时间变化率不是处于那点的刚体上的点的加速度.

5.1.19　刚体做5.1.17题所给的定点转动，求本体极面和空间极面满足的方程.

解　本体极面和空间极面满足的方程是

$$\boldsymbol{\omega}\times\boldsymbol{r}=0$$

本体极面方程代入$\boldsymbol{\omega}=\omega_x\boldsymbol{i}+\omega_y\boldsymbol{j}+\omega_z\boldsymbol{k},\boldsymbol{r}=x\boldsymbol{i}+y\boldsymbol{j}+z\boldsymbol{k}$,

$$\begin{vmatrix} \boldsymbol{i} & \boldsymbol{j} & \boldsymbol{k} \\ a\sin c\sin bt & a\sin c\cos bt & b+a\cos c \\ x & y & z \end{vmatrix}=0$$

$$ay\sin c\sin bt - ax\sin c\cos bt = 0$$

$$az\sin c\sin bt-(b+a\cos c)x=0$$

$$az\sin c\cos bt-(b+a\cos c)y=0$$

$$\frac{x}{z}=\frac{a\sin c\sin bt}{b+a\cos c} \tag{1}$$

$$\frac{y}{z}=\frac{a\sin c\cos bt}{b+a\cos c} \tag{2}$$

式(1)、(2)两式平方相加，可消去t得不含参数的本体极面方程

$$x^2+y^2=\frac{a^2\sin^2 c}{(b+a\cos c)^2}z^2$$

求空间极面方程，用$\boldsymbol{\omega}=\omega_\xi\boldsymbol{\xi}^0+\omega_\eta\boldsymbol{\eta}^0+\omega_\zeta\boldsymbol{\zeta}^0$，$\boldsymbol{r}=\xi\boldsymbol{\xi}^0+\eta\boldsymbol{\eta}^0+\zeta\boldsymbol{\zeta}^0$，代入$\boldsymbol{\omega}\times\boldsymbol{r}=0$，得

$$\omega_\eta\zeta-\omega_\zeta\eta=0$$

$$\omega_\xi\zeta-\omega_\zeta\xi=0$$

即

$$(-b\sin c\cos at)\zeta-(a+b\cos c)\eta=0$$

$$(b\sin c\sin at)\zeta-(a+b\cos c)\xi=0$$

$$\frac{\eta}{\zeta}=\frac{-b\sin c\cos at}{a+b\cos c}$$

$$\frac{\xi}{\zeta}=\frac{b\sin c\sin at}{a+b\cos c}$$

消去t得不含参数的空间极面方程

$$\xi^2+\eta^2=\frac{b^2\sin^2 c}{(a+b\cos c)^2}\zeta^2$$

5.1.20　开始固连于刚体的动坐标系$Oxyz$与静坐标系$O\xi\eta\zeta$完全重合(x、y、z轴分别与ξ、η、ζ轴重合). 动系先绕ξ轴转θ角，再绕新的y轴转ψ角，最后绕新的z轴转φ角. 刚体的位置用此θ、ψ、φ来描述. 像推导欧拉运动学方程那样，分别写出做定点转动的刚体的角速度在固连于刚体的xyz坐标系的三个分量，与在$\xi\eta\zeta$静坐标系的三个分量，与这里定义的θ、ψ、φ三个角及其对时间的导数的关系.

解　动坐标系三次转动的过程如图5.18所示. 开始，$Oxyz$与$O\xi\eta\zeta$完全重合，第一次转动绕ξ轴转θ角，x轴(图中x'轴)不动，y、z轴分别转到图中y'、z'轴的位置；第二次转动绕新的y轴(即图中y'轴)转ψ角，z'轴转到最后位置(图中z轴)，x'轴转到

x''，y'不动. 第三次转动绕图中z轴转φ角，x''、y'分别转到x、y轴的最后位置(图中x、y轴). 共面的轴用光滑的虚线相连. z'、ζ、y'、η四轴共面，z'、z、ξ、(x')、x''轴共面，x''、x、y'、y轴共面，ON是xy平面与$\eta\zeta$平面的交线，ON也就是y'轴.

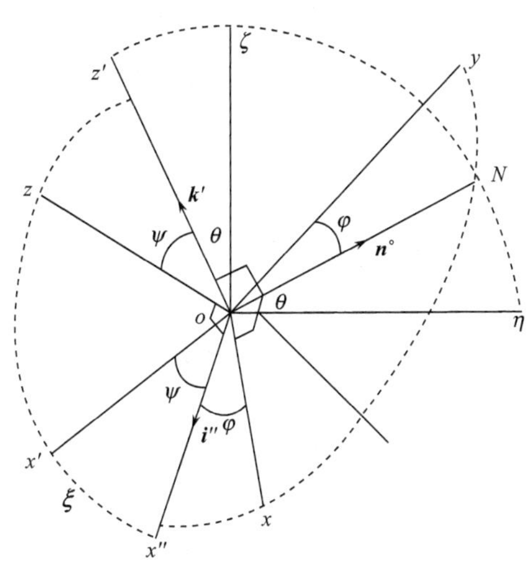

图 5.18

θ是绕ξ轴转动的，ψ是绕y'轴即ON转动的，ψ是绕z轴转动的，故

$$\omega = \dot{\theta}\boldsymbol{\xi}^0 + \dot{\psi}\boldsymbol{n}^0 + \dot{\varphi}\boldsymbol{k}$$

其中$\boldsymbol{n}^0$是ON轴的单位矢量.

将$\boldsymbol{\xi}^0$、$\boldsymbol{n}^0$用$\boldsymbol{i}$、$\boldsymbol{j}$、$\boldsymbol{k}$表示，就可得到角速度在动坐标系中的三个分量:

$$\begin{aligned}\boldsymbol{\xi}^0 &= \cos\psi\boldsymbol{i}'' + \sin\psi\boldsymbol{k} = \cos\psi\left[\cos\varphi\boldsymbol{i} + \cos\left(\varphi + \frac{\pi}{2}\right)\boldsymbol{j}\right] + \sin\psi\boldsymbol{k} \\ &= \cos\psi\cos\varphi\boldsymbol{i} - \cos\psi\sin\varphi\boldsymbol{j} + \sin\psi\boldsymbol{k}\end{aligned}$$

$$\boldsymbol{n}^0 = \sin\varphi\boldsymbol{i} + \cos\varphi\boldsymbol{j}$$

$$\begin{aligned}\boldsymbol{\omega} &= \dot{\theta}(\cos\psi\cos\varphi\boldsymbol{i} - \cos\psi\sin\varphi\boldsymbol{j} + \sin\psi\boldsymbol{k}) + \dot{\psi}(\sin\varphi\boldsymbol{i} + \cos\varphi\boldsymbol{j}) + \dot{\varphi}\boldsymbol{k} \\ &= \omega_x\boldsymbol{i} + \omega_y\boldsymbol{j} + \omega_z\boldsymbol{k}\end{aligned}$$

$$\begin{aligned}\omega_x &= \dot{\psi}\sin\varphi + \dot{\theta}\cos\psi\cos\varphi \\ \omega_y &= \dot{\psi}\cos\varphi - \dot{\theta}\cos\psi\sin\varphi \\ \omega_z &= \dot{\varphi} + \dot{\theta}\sin\psi\end{aligned}$$

将$\boldsymbol{n}^0$、$\boldsymbol{k}$用$\boldsymbol{\xi}^0$、$\boldsymbol{\eta}^0$、$\boldsymbol{\zeta}^0$表示，可得到角速度在静坐标系中的三个分量:

$$\boldsymbol{n}^0 = \cos\theta\boldsymbol{\eta}^0 + \sin\theta\boldsymbol{\zeta}^0$$

$$\boldsymbol{k} = \cos\psi \boldsymbol{k}' + \sin\psi \boldsymbol{\xi}^0$$

$$= \cos\psi \left[\cos\theta \boldsymbol{\zeta}^0 + \cos\left(\theta + \frac{\pi}{2}\right) \boldsymbol{\eta}^0 \right] + \sin\psi \boldsymbol{\xi}^0$$

$$= \sin\psi \boldsymbol{\xi}^0 - \cos\psi \sin\theta \boldsymbol{\eta}^0 + \cos\psi \cos\theta \boldsymbol{\zeta}^0$$

$$\boldsymbol{\omega} = \dot{\theta} \boldsymbol{\xi}^0 + \dot{\psi} \left(\cos\theta \boldsymbol{\eta}^0 + \sin\theta \boldsymbol{\zeta}^0 \right) + \dot{\varphi} \left(\sin\psi \boldsymbol{\xi}^0 \right.$$

$$\left. - \cos\psi \sin\theta \boldsymbol{\eta}^0 + \cos\psi \cos\theta \boldsymbol{\xi}^0 \right)$$

$$= \omega_\xi \boldsymbol{\xi}^0 + \omega_\eta \boldsymbol{\eta}^0 + \omega_\zeta \boldsymbol{\zeta}^0$$

$$\omega_\xi = \dot{\theta} + \dot{\varphi} \sin\psi$$

$$\omega_\eta = \dot{\psi} \cos\theta - \dot{\varphi} \cos\psi \sin\theta$$

$$\omega_\zeta = \dot{\psi} \sin\theta + \dot{\varphi} \cos\psi \cos\theta$$

5.2　刚体的相对运动

5.2.1　一个半径为a、圆心为A的圆柱在一个水平面上做无滑滚动，圆心A以恒定速度u运动；另一半径为b、圆心为B的第二个圆柱(它的轴与第一个圆柱的轴平行)在第一个圆柱上做无滑滚动，B点相对于固连于第一个圆柱的坐标系以恒定的速率v运动. P点是第二个圆柱边缘上的点，若$t=0$时，A、B、P在同一铅垂线上. 求P点的速度、加速度和时间的关系.

解　AB连线相对于固连于第一个圆柱的参考系的角速度为

$$\omega'_{AB} = \frac{v}{a+b}$$

第一个圆柱对随A平动的参考系或对静参考系的角速度为

$$\omega_A = \frac{u}{a}$$

AB连线相对于随A平动的参考系或对静参考系的角速度为

$$\omega_{AB} = \dot{\alpha} = \omega_A + \omega'_{AB} = \frac{u}{a} + \frac{v}{a+b}$$

其中α是AB线与竖直线(向上方向)的夹角.

设第二个圆柱对A平动参考系或对静参考系的角速度为ω_β或$\dot{\beta}$，β是BP线与竖直线(向上方向)的夹角(设P点在$t=0$时位于第二个圆柱的最高点).

以上对ω'_{AB}、ω_{AB}、ω_B的正向规定都是与ω_A的正向相同.

考虑到两圆柱体间的相对运动是纯滚动，两圆柱的两接触点对任何参考系都有相同的速度，对随A点平动的参考系，有

$$\omega_{AB}(a+b) - \omega_B \cdot b = \omega_A a$$

即

$$\left(\frac{u}{a}+\frac{v}{a+b}\right)(a+b)-\omega_B b=\frac{u}{a}\cdot a$$

$$\dot{\beta}=\omega_B=\frac{1}{b}\left(\frac{u}{a}b+v\right)=\frac{u}{a}+\frac{v}{b}$$

对静参考系，P 点的速度可表为

$$\boldsymbol{v}_P=\boldsymbol{v}_B+\boldsymbol{\omega}_B\times\boldsymbol{r}_P'=\boldsymbol{v}_A+\boldsymbol{\omega}_{AB}\times\boldsymbol{r}_{AB}+\boldsymbol{\omega}_B\times\boldsymbol{r}_P' \tag{1}$$

其中 $\boldsymbol{r}_P'$ 是 P 点对 B 点的位矢，$\boldsymbol{r}_{AB}$ 是 B 点对 A 点的位矢(两圆柱都做平面平行运动，取共面的代表平面，A、B、P 都是代表平面上的点).

取 $\boldsymbol{i}$ 为水平方向(沿 $\boldsymbol{u}$ 的方向)的单位矢量，$\boldsymbol{j}$ 是竖直向下的单位矢量，则

$$\boldsymbol{v}_A=u\boldsymbol{i},\quad \boldsymbol{\omega}_{AB}=\dot{\alpha}\boldsymbol{k},\quad \boldsymbol{\omega}_B=\dot{\beta}\boldsymbol{k}$$

$$\boldsymbol{r}_{AB}=(a+b)(\sin\alpha\boldsymbol{i}-\cos\alpha\boldsymbol{j})$$

$$\boldsymbol{r}_P'=b(\sin\beta\boldsymbol{i}-\cos\beta\boldsymbol{j})$$

将这些式子代入式(1)，

$$\begin{aligned}\boldsymbol{v}_P&=u\boldsymbol{i}+\left(\frac{u}{a}+\frac{v}{a+b}\right)\boldsymbol{k}\times(a+b)(\sin\alpha\boldsymbol{i}-\cos\alpha\boldsymbol{j})\\&\quad+\left(\frac{u}{a}+\frac{v}{b}\right)\boldsymbol{k}\times b(\sin\beta\boldsymbol{i}-\cos\beta\boldsymbol{j})\\&=\left[u+\left(\frac{u}{a}+\frac{v}{a+b}\right)(a+b)\cos\alpha+\left(\frac{u}{a}+\frac{v}{b}\right)b\cos\beta\right]\boldsymbol{i}\\&\quad+\left[\left(\frac{u}{a}+\frac{v}{a+b}\right)(a+b)\sin\alpha+\left(\frac{u}{a}+\frac{v}{b}\right)b\sin\beta\right]\boldsymbol{j}\end{aligned}$$

$$\begin{aligned}\boldsymbol{a}_P=\frac{\mathrm{d}\boldsymbol{v}_P}{\mathrm{d}t}&=-\left[\left(\frac{u}{a}+\frac{v}{a+b}\right)^2(a+b)\sin\alpha+\left(\frac{u}{a}+\frac{v}{b}\right)^2b\sin\beta\right]\boldsymbol{i}\\&\quad+\left[\left(\frac{u}{a}+\frac{v}{a+b}\right)^2(a+b)\cos\alpha+\left(\frac{u}{a}+\frac{v}{b}\right)^2b\cos\beta\right]\boldsymbol{j}\end{aligned}$$

其中

$$\alpha=\left(\frac{u}{a}+\frac{v}{a+b}\right)t,\quad \beta=\left(\frac{u}{a}+\frac{v}{b}\right)t$$

计算 P 点的加速度也可用下列公式：

$$\begin{aligned}\boldsymbol{a}_P&=\boldsymbol{a}_A+\boldsymbol{\omega}_{AB}\times(\boldsymbol{\omega}_{AB}\times\boldsymbol{r}_{AB})+\dot{\boldsymbol{\omega}}_{AB}\times\boldsymbol{r}_{AB}\\&\quad+\boldsymbol{\omega}_B\times(\boldsymbol{\omega}_B\times\boldsymbol{r}_P')+\dot{\omega}_B\times\boldsymbol{r}_P'\end{aligned}$$

其中 $\boldsymbol{a}_A$、$\dot{\boldsymbol{\omega}}_{AB}$、$\dot{\boldsymbol{\omega}}_B$ 在这里均为零.

显然比上述直接求导的方法麻烦.

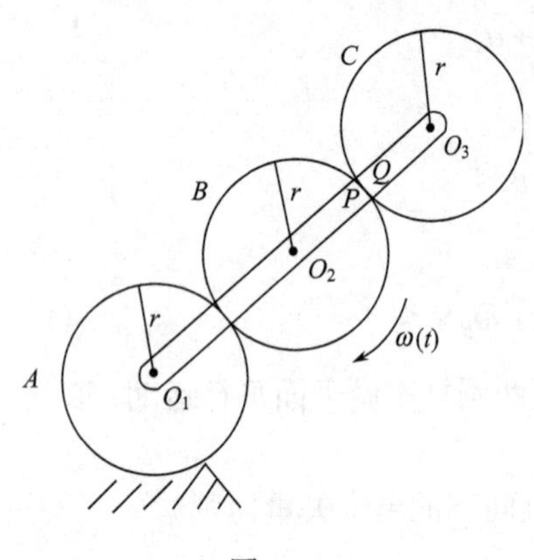

图 5.19

5.2.2　如图 5.19 所示，A、B、C 三个半径均为 r 的圆盘，紧挨着安装在一曲柄上. 除 A 盘不动外，B、C 两盘可分别绕 O_2、O_3 转动，曲柄围绕 O_1 转动. 整个机构在同一平面上. B、C 盘均做滚动. 若 B 盘的转动角速度为 $\omega(t)$. 求：

(1) C 盘的转动角速度；

(2) t 时刻位于 B、C 两盘相接触的两点 P、Q 的加速度的大小；

(3) 若 $t=0$ 时，P 点在图示位置，求任何时刻 P 点的加速度的大小.

解　(1) 规定垂直纸面向下的角速度为正值，设曲柄的角速度为 $\varOmega$.

考虑 B 盘上与 A 盘相接触的点的速度为零，

$$2r\varOmega - r\omega(t) = 0$$

$$\varOmega = \frac{1}{2}\omega(t)$$

设 C 盘的角速度为 ω_C，考虑 P、Q 两点速度相等，

$$4r\varOmega - r\omega_C = 2r\varOmega + r\omega$$

$$\omega_C = 2\varOmega - \omega = 0$$

(2) 求 P 点的绝对加速度 $\boldsymbol{a}_P$，动系用 O_2 平动参考系，

$$\begin{aligned}\boldsymbol{a}_{Pe} &= 2r\varOmega^2\boldsymbol{n} + 2r\dot{\varOmega}\boldsymbol{\tau} \\ &= 2r\left(\frac{\omega}{2}\right)^2\boldsymbol{n} + 2r\cdot\frac{1}{2}\dot{\omega}\boldsymbol{\tau} = \frac{1}{2}r\omega^2\boldsymbol{n} + r\dot{\omega}\boldsymbol{\tau}\end{aligned}$$

$$\boldsymbol{a}_{Pr} = r\omega^2\boldsymbol{n} + r\dot{\omega}\boldsymbol{\tau}$$

$$\boldsymbol{a}_P = \boldsymbol{a}_{Pe} + \boldsymbol{a}_{Pr} = \frac{3}{2}r\omega^2\boldsymbol{n} + 2r\dot{\omega}\boldsymbol{\tau}$$

$$a_P = \sqrt{a_{Pn}^2 + a_{P\tau}^2} = \frac{r}{2}\sqrt{9\omega^4 + 16\dot{\omega}^2}$$

求 Q 点的绝对加速度 $\boldsymbol{a}_Q$，动系用 O_3 平动参考系，

$$\boldsymbol{a}_{Qe} = 4r\varOmega^2\boldsymbol{n} + 4r\dot{\varOmega}\boldsymbol{\tau} = r\omega^2\boldsymbol{n} + 2r\dot{\omega}\boldsymbol{\tau}$$

$$\boldsymbol{a}_{Qr} = r\omega_C^2\boldsymbol{n}' + r\dot{\omega}_C\boldsymbol{\tau}' = 0$$

$$\boldsymbol{a}_Q = \boldsymbol{a}_{Qe} + \boldsymbol{a}_{Qr} = r\omega^2\boldsymbol{n} + 2r\dot{\omega}\boldsymbol{\tau}$$

$$\boldsymbol{a}_Q = \sqrt{\left(r\omega^2\right)^2 + \left(2r\dot{\omega}\right)^2} = r\sqrt{\omega^4 + 4\dot{\omega}^2}$$

(3) 取固定坐标 xy，原点在 O_1，x 轴沿图示位置（$t=0$ 时）O_1P 的方向，y 轴向右下

方为正方向. 取 O_2 平动参考系为动系,

$$\boldsymbol{a}_e = \frac{1}{2} r\omega^2 \boldsymbol{n} + r\dot{\omega}\boldsymbol{\tau}$$

$$\begin{aligned}\boldsymbol{n} &= -\cos\left[\int_0^t \Omega(t)\mathrm{d}t\right]\boldsymbol{i} - \sin\left[\int_0^t \Omega(t)\,\mathrm{d}t\right]\boldsymbol{j} \\ &= -\cos\left[\frac{1}{2}\int_0^t \omega(t)\mathrm{d}t\right]\boldsymbol{i} - \sin\left[\frac{1}{2}\int_0^t \omega(t)\,\mathrm{d}t\right]\boldsymbol{j}\end{aligned}$$

$$\boldsymbol{\tau} = -\sin\left[\frac{1}{2}\int_0^t \omega(t)\mathrm{d}t\right]\boldsymbol{i} + \cos\left[\frac{1}{2}\int_0^t \omega(t)\,\mathrm{d}t\right]\boldsymbol{j}$$

为书写简便起见，令

$$\alpha = \frac{1}{2}\int_0^t \omega(t)\,\mathrm{d}t$$

它是曲柄在 $0 \sim t$ 期间的角位移.

$$\boldsymbol{a}_e = -\left(\frac{1}{2} r\omega^2 \cos\alpha + r\dot{\omega}\sin\alpha\right)\boldsymbol{i} + \left(-\frac{1}{2} r\omega^2 \sin\alpha + r\dot{\omega}\cos\alpha\right)\boldsymbol{j}$$

$$\boldsymbol{a}_r = r\omega^2 \boldsymbol{n}' + r\dot{\omega}\boldsymbol{\tau}'$$

注意这里的法向、切向单位矢量与 $\boldsymbol{a}_e$ 式子中的法向、切向单位矢量方向不一致，必须加以区别，而在(2)问中计算 $\boldsymbol{a}_{Pe}$、$\boldsymbol{a}_{Pr}$ 中的两个 $\boldsymbol{n}$、$\boldsymbol{\tau}$ 是一致的，$\boldsymbol{a}_{Qe}$、$\boldsymbol{a}_{Qr}$ 中的不一致也加以区别了，

$$\begin{aligned}\boldsymbol{n}' &= -\cos\int_0^t \omega(t)\mathrm{d}t\boldsymbol{i} - \sin\int_0^t \omega(t)\,\mathrm{d}t\boldsymbol{j} \\ &= -\cos 2\alpha\boldsymbol{i} - \sin 2\alpha\boldsymbol{j}\end{aligned}$$

$$\boldsymbol{\tau}' = -\sin 2\alpha\boldsymbol{i} + \cos 2\alpha\boldsymbol{j}$$

$$\boldsymbol{a}_r = -\left(r\omega^2 \cos 2\alpha + r\dot{\omega}\sin 2\alpha\right)\boldsymbol{i} + \left(-r\omega^2 \sin 2\alpha + r\dot{\omega}\cos 2\alpha\right)\boldsymbol{j}$$

$$\begin{aligned}a_P &= \sqrt{\left(a_{ex} + a_{rx}\right)^2 + \left(a_{ey} + a_{ry}\right)^2} \\ &= \left[\left(-\frac{1}{2} r\omega^2 \cos\alpha - r\dot{\omega}\sin\alpha - r\omega^2 \cos 2\alpha - r\dot{\omega}\sin 2\alpha\right)^2\right. \\ &\quad \left.+\left(-\frac{1}{2} r\omega^2 \sin\alpha + r\dot{\omega}\cos\alpha - r\omega^2 \sin 2\alpha + r\dot{\omega}\cos 2\alpha\right)^2\right]^{\frac{1}{2}} \\ &= \left[\frac{1}{4} r^2\omega^4 + r^2\dot{\omega}^2 + r^2\omega^4 + r^2\dot{\omega}^2 + r^2\omega^4 \cos\alpha\right. \\ &\quad \left.+ r^2\omega^2\dot{\omega}\sin\alpha - 2r^2\omega^2\dot{\omega}\sin\alpha + 2r^2\dot{\omega}^2 \cos\alpha\right]^{\frac{1}{2}} \\ &= r\left[\frac{5}{4}\omega^4 + 2\dot{\omega}^2 + \omega^4 \cos\alpha - \omega^2\dot{\omega}\sin\alpha + 2\dot{\omega}^2 \cos\alpha\right]^{\frac{1}{2}}\end{aligned}$$

$$=r\left[\omega^4\left(\frac{5}{4}+\cos\alpha\right)-\omega^2\dot{\omega}\sin\alpha+2\dot{\omega}^2(1+\cos\alpha)\right]^{\frac{1}{2}}$$

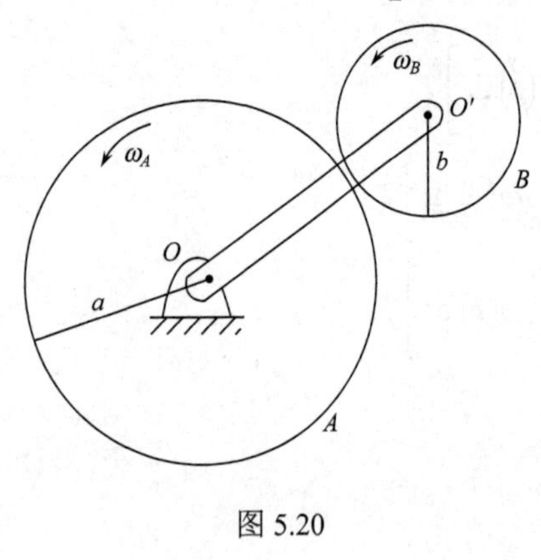

图 5.20

当$\alpha=2n\pi(n=0,1,2,\cdots)$时，$P$点与$C$盘相切，$a_P$值与(2)问的结果相同.

注意：(2)问中的P点是B盘与C盘相切的点，(3)问中的P点不是时时与C盘相切的，a_P是t的函数，而在$\alpha=2n\pi$那些时刻，a_P值都一样，都在图示的与C盘相切的位置.

5.2.3　一半径为a的圆盘A以等角速ω_A绕其固定中心O转动，另一半径为b的圆盘B以等角速ω_B绕其中心O'在前一圆盘外侧纯滚动，如图 5.20 所示. 求：

(1)两盘的连杆OO'的转动角速度Ω；

(2) B盘在A盘上转动回到A盘上同一接触点所需的最短时间t_1；

(3) B盘上与A盘相接触的点又回到与A盘相接触的位置所需的最短时间t_2；

(4) O'点回到空间原来位置所需的最短时间t_3；

(5)如$a=5\text{cm}, b=3\text{cm}$，$\omega_A=20\pi\text{s}^{-1}$，$\omega_B=36\pi\text{s}^{-1}$，$B$盘所有点回到空间原来位置所需的最小时间$t_4$，$A$、$B$盘所有点回到空间原来位置所需的最小时间$t_5$，$A$盘所有点及$O'$点回到空间原来位置所需的最小时间$t_6$.

解　(1)设连杆OO'的角速度为Ω，逆时针转动的角速度为正.

由纯滚动条件，

$$\omega_A a=\Omega(a+b)-\omega_B b$$

$$\Omega=\frac{\omega_A a+\omega_B b}{a+b}$$

(2) B盘在A盘上转动回到A盘上的同一点相切所需的最短时间，是连杆OO'相对于A转一周的时间.

连杆OO'相对于A盘的角速度为

$$\Omega-\omega_A=\frac{\omega_A a+\omega_B b}{a+b}-\omega_A=\frac{(\omega_B-\omega_A)b}{a+b}$$

$$t_1=\frac{2\pi}{|\Omega-\omega_A|}=\frac{2\pi(a+b)}{b|\omega_B-\omega_A|}$$

(3) B盘上与A盘相接触的点又回到与A盘相接触，并不要求在图示的同一位置，也不要求与A盘在先前的同一点相接触，所要求的时间是B盘相对于连杆OO'转一周所需的时间.

B盘相对于连杆OO'的角速度为

$$\omega_B-\Omega=\omega_B-\frac{\omega_A a+\omega_B b}{a+b}=\frac{(\omega_B-\omega_A)a}{a+b}$$

$$t_2=\frac{2\pi}{|\omega_B-\Omega|}=\frac{2\pi(a+b)}{a|\omega_B-\omega_A|}$$

(4) O' 点回到空间原来位置所需的最短时间就是连杆 OO' 的周期，

$$t_3=\frac{2\pi}{\Omega}=\frac{2\pi(a+b)}{\omega_A a+\omega_B b}$$

(5) 今 $a=5\text{cm}, b=3\text{cm}$，$\omega_A=20\pi\text{s}^{-1}$，$\omega_B=36\pi\text{s}^{-1}$，

$$\Omega=\frac{\omega_A a+\omega_B b}{a+b}=\frac{20\pi\times5+36\pi\times3}{5+3}=26\pi(\text{s}^{-1})$$

$t=t_4$ 时，B 盘所有点回到空间原来位置，$\omega_B t_4$ 必为 2π 的整数倍，此时连杆 OO' 也回到空间原来位置，故 Ωt_4 也必为 2π 的整数倍，求最短时间，两个整数之比必须是不可约的有理数，

$$\frac{\omega_B t_4}{2\pi}\Big/\frac{\Omega t_4}{2\pi}=\frac{\omega_B}{\Omega}=\frac{36\pi}{26\pi}=\frac{18}{13}$$

$$13\omega_B=18\Omega\quad\text{或}\quad\omega_B:\Omega=18:13$$

$$t_4=\frac{2\pi}{\omega_B}\times18\quad\text{或}\quad\frac{2\pi}{\Omega}\times13=1\text{s}$$

$\left(t_4\text{是}\dfrac{2\pi}{\Omega}\text{及}\dfrac{2\pi}{\omega_B}\text{的不可约的整数倍.}\right)$

t_5 是 A、B 盘的所有点回到空间原来位置所需的最小时间，也是 A、B 盘及 O' 点回到空间原来位置所需的最小时间，照上述的考虑，

$$\omega_A:\omega_B:\Omega=10:18:13$$

$$t_5=\frac{2\pi}{\omega_A}\times10=\frac{2\pi}{\omega_B}\times18=\frac{2\pi}{\Omega}\times13=1\text{s}$$

同样考虑 A 盘所有点及 O' 点回到空间原来位置所需的最小时间 t_6，

$$\omega_A:\Omega=10:13$$

$$t_6=\frac{2\pi}{\omega_A}\times10=\frac{2\pi}{\Omega}\times13=1\text{s}$$

5.2.4　半径为 R 的光滑大圆环以恒定的角速度 ω 绕其上一点 p 在水平面上沿逆时针方向转动. 另一个半径为 $\dfrac{R}{3}$ 的小圆环在水平面上沿大圆环内侧作匀速纯滚动. 当大圆环绕 P 点转动一周时，小圆环的环心 c 绕大圆环环心 O 两周. 求在图 5.21 所示位置时，小圆环上两点 A、B 相对于水平面的加速度 $\boldsymbol{a}_A$、$\boldsymbol{a}_B$.

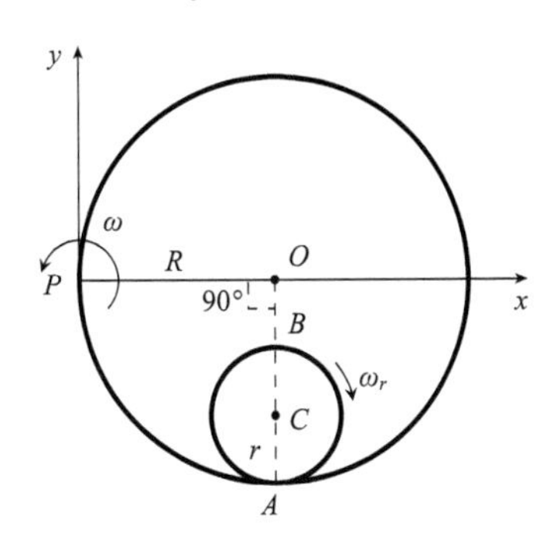

图 5.21

解 在水平面参考系中，大圆环绕 P 点逆时针方向转动. 角速度为 ω，周期为 T.

$$T=\frac{2\pi}{\omega}$$

在大圆环参考系中，设小圆环环心 C 绕 O 点的角速度为 ω_c，周期为 T_c.

$$T_c=\frac{2\pi}{\omega_c}$$

按题意，$T=2T_c$，可见 $\omega_c=2\omega$.

设小圆环绕其环心 C 的转动角速度为 ω_r. 如图 5.21 所示. 由于小圆环在大圆环内侧作纯滚动. 在大圆环参考系中 A、O 两点都是静止的.

$$v_c=r\omega_r$$

$$v_c=(R-r)\omega_c=2r\omega_c$$

故

$$\omega_r=2\omega_c=4\omega$$

下面求图示位置时，小圆环上 A、B 两点相对于水平面的加速度.

$$\boldsymbol{a}=\boldsymbol{a}'+\boldsymbol{\omega}\times(\boldsymbol{\omega}\times\boldsymbol{r})+2\boldsymbol{\omega}\times\boldsymbol{v}'$$

其中 $\boldsymbol{a}$ 是绝对加速度(相对于水平面)，$\boldsymbol{a}'$ 是相对加速度(相对于大圆环)，$\boldsymbol{v}'$ 是相对速度(相对于大圆环)，$\boldsymbol{\omega}$ 是大圆环相对于水平面的角速度. $\boldsymbol{\omega}\times(\boldsymbol{\omega}\times\boldsymbol{r}')$ 是随大圆环转动的牵连加速度，$2\boldsymbol{\omega}\times\boldsymbol{v}'$ 是科里奥利加速度. 注意 $\boldsymbol{r}'$ 是所考虑点对 D 点的位矢.

$$\boldsymbol{a}_A=\boldsymbol{a}_A'+\boldsymbol{\omega}\times(\boldsymbol{\omega}\times\boldsymbol{r}_A')+2\boldsymbol{\omega}\times\boldsymbol{v}_A'$$

图中 $Oxyz$ 是固连于大圆环的. (z 轴垂直于水平面向上，图中未画出)

$$\boldsymbol{r}_A'=-R\boldsymbol{j}\quad 或\quad -3r\boldsymbol{j}，\ \boldsymbol{v}_A'=0$$

计算 $\boldsymbol{a}_A'$ 时，考虑围绕 C 点的转动加速度 $\boldsymbol{a}_{AC}'$ 以及 C 点围绕 O 点的转动加速度 $\boldsymbol{a}_{co}'$

$$\boldsymbol{a}_{AC}'=-\omega_r\boldsymbol{k}\times\left[(-\omega_r\boldsymbol{k})\times(-r\boldsymbol{j})\right]=r\omega_r^2\boldsymbol{j}=16r\omega^2\boldsymbol{j}$$

$$\boldsymbol{a}_{co}'=\omega_c\boldsymbol{k}\times\left[\omega_c\boldsymbol{k}\times(-2r\boldsymbol{j})\right]=2\omega_c^2r\boldsymbol{j}=8r\omega^2\boldsymbol{j}$$

$$\boldsymbol{a}_A'=\boldsymbol{a}_{Ac}'+\boldsymbol{a}_{co}'=24r\omega^2\boldsymbol{j}$$

$$\boldsymbol{r}_A'=3r\boldsymbol{i}-3r\boldsymbol{j}$$

$$\boldsymbol{\omega}\times(\boldsymbol{\omega}\times\boldsymbol{r}_A')=\omega\boldsymbol{k}\times\left[\omega\boldsymbol{k}\times(3r\boldsymbol{i}-3r\boldsymbol{j})\right]=-3r\omega^2\boldsymbol{i}+3r\omega^2\boldsymbol{j}$$

$$2\boldsymbol{\omega}\times\boldsymbol{v}_A'=0\quad(因为\ \boldsymbol{v}_A'=0)$$

故

$$\boldsymbol{a}_A=24r\omega^2\boldsymbol{j}+(-3r\omega^2\boldsymbol{i}+3r\omega^2\boldsymbol{j})=-3r\omega^2\boldsymbol{i}+27r\omega^2\boldsymbol{j}$$

$$\boldsymbol{a}_B=\boldsymbol{a}_B'+\boldsymbol{\omega}\times(\boldsymbol{\omega}\times\boldsymbol{r}_B')+2\boldsymbol{\omega}\times\boldsymbol{v}_B'$$

$$\boldsymbol{a}_{BC}'=-\omega_r\boldsymbol{k}\times\left[(-\omega_r\boldsymbol{k})\times r\boldsymbol{j}\right]=-r\omega_r^2\boldsymbol{j}=-16r\omega^2\boldsymbol{j}$$

$$\boldsymbol{a}_B'=\boldsymbol{a}_{Bc}'+\boldsymbol{a}_{co}'=-8r\omega^2\boldsymbol{j}$$

$$\boldsymbol{r}_B'=3r\boldsymbol{i}-r\boldsymbol{j}$$

$$\boldsymbol{\omega}\times(\boldsymbol{\omega}\times\boldsymbol{r}_B')=\omega\boldsymbol{k}\times\left[\omega\boldsymbol{k}\times(3r\boldsymbol{i}-r\boldsymbol{j})\right]=-3r\omega^2\boldsymbol{i}-r\omega^2\boldsymbol{j}$$

$$v_B' = -\omega_r \boldsymbol{k} \times 2r\boldsymbol{j} = 2r\omega_r \boldsymbol{j} = 8r\omega \boldsymbol{i}$$

$$2\boldsymbol{\omega} \times v_B' = 2\omega \boldsymbol{k} \times 8r\omega \boldsymbol{i} = 16r\omega^2 \boldsymbol{j}$$

故

$$\begin{aligned} \boldsymbol{a}_B &= -8r\omega^2 \boldsymbol{j} + (-3r\omega^2 \boldsymbol{i} - r\omega^2 \boldsymbol{j}) + 16r\omega^2 \boldsymbol{j} \\ &= -3r\omega^2 \boldsymbol{i} + 7r\omega^2 \boldsymbol{j} \end{aligned}$$

5.2.5　高为 h、顶角为 2α 的正圆锥在一水平面上绕顶点作纯滚动，若已知其几何对称轴以恒定的角速度 $\varOmega$ 绕竖直轴转动. 求此刻圆锥底面上最高点 A 的速度和加速度.

解　用 xyz 动坐标系来表达，x 轴始终是圆锥与水平面的交线，如图 5.22 所示.

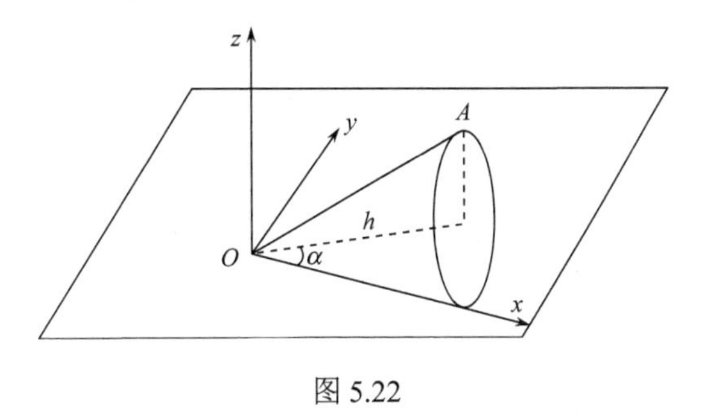

图 5.22

方法一：用刚体上一点的速度和加速度公式.

设刚体的角速度的大小为 ω，

$$\boldsymbol{\omega} = -\omega \boldsymbol{i}$$

底面中心 D 的速度为

$$v_D = \boldsymbol{\omega} \times \overrightarrow{OD} = -\omega \boldsymbol{i} \times \left(h\cos\alpha \boldsymbol{i} + h\sin\alpha \boldsymbol{k}\right) = \omega h \sin\alpha \boldsymbol{j}$$

又知 OD 的角速度为 $\varOmega \boldsymbol{k}$，

$$v_D = \varOmega \boldsymbol{k} \times \left(h\cos\alpha \boldsymbol{i} + h\sin\alpha \boldsymbol{k}\right) = \varOmega h\cos\alpha \boldsymbol{j}$$

所以

$$\omega h\sin\alpha = \varOmega h\cos\alpha,\quad \omega = \varOmega\cot\alpha$$

$$\boldsymbol{\omega} = -\varOmega\cot\alpha \boldsymbol{i}$$

$$\begin{aligned} \frac{\mathrm{d}\boldsymbol{\omega}}{\mathrm{d}t} &= \frac{\mathrm{d}}{\mathrm{d}t}\left(-\varOmega\cot\alpha \boldsymbol{i}\right) = -\varOmega\cot\alpha\frac{\mathrm{d}\boldsymbol{i}}{\mathrm{d}t} \\ &= -\varOmega\cot\alpha\varOmega\boldsymbol{k} \times \boldsymbol{i} = -\varOmega^2\cot\alpha \boldsymbol{j} \end{aligned}$$

$$\begin{aligned} v_A &= \boldsymbol{\omega} \times \overrightarrow{OA} = -\varOmega\cot\alpha \boldsymbol{i} \times h\sec\alpha\left(\cos 2\alpha \vec{\boldsymbol{i}} + \sin 2\alpha \boldsymbol{k}\right) \\ &= \varOmega h\cot\alpha\sec\alpha\sin 2\alpha \boldsymbol{j} = 2\varOmega h\cos\alpha \boldsymbol{j} \end{aligned}$$

$$\begin{aligned} \boldsymbol{a}_A &= \frac{\mathrm{d}\boldsymbol{\omega}}{\mathrm{d}t} \times \overrightarrow{OA} + \boldsymbol{\omega} \times \left(\boldsymbol{\omega} \times \overrightarrow{OA}\right) \\ &= -\varOmega^2\cot\alpha \boldsymbol{j} \times h\sec\alpha\left(\cos 2\alpha \boldsymbol{i} + \sin 2\alpha \boldsymbol{k}\right) - \varOmega\cot\alpha \boldsymbol{i} \times 2\varOmega h\cos\alpha \boldsymbol{j} \\ &= -2\varOmega^2 h\cos\alpha \boldsymbol{i} - \varOmega^2 h\csc\alpha \boldsymbol{k} \end{aligned}$$

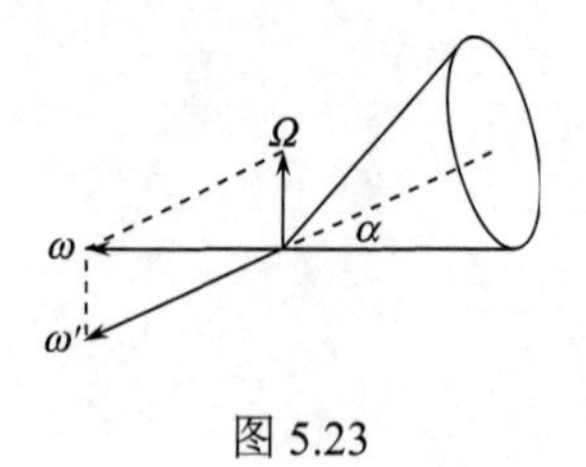

图 5.23

方法二：由角速度合成公式求刚体的角速度 $\boldsymbol{\omega}$，以下同方法一.

刚体的定点转动，取其几何对称轴为固连于刚体的动坐标系的 z 轴，静坐标系的 ζ 轴竖直向上，则刚体做规则进动. 图 5.23 中的 ω' 是自转角速度，Ω 是进动角速度，章动角速度等于零，ω 是刚体的角速度.

$$\boldsymbol{\omega}=\boldsymbol{\Omega}+\boldsymbol{\omega}',\ \ \omega=\Omega\cot\alpha$$

一般的教科书在刚体运动学中不讲规则进动，也可将图中的 $\boldsymbol{\Omega}$、$\boldsymbol{\omega}'$ 分别视为图中动系 $Oxyz$ 的角速度和刚体对动参考系的角速度，从而得出 $\boldsymbol{\omega}=\boldsymbol{\Omega}+\boldsymbol{\omega}'$ 和 $\omega=\Omega\cot\alpha$.

方法三：将 $Oxyz$ 作为动参考系，用相对运动的知识.

$$\boldsymbol{v}_A=\boldsymbol{v}_{Ar}+\boldsymbol{v}_{Ae}=\boldsymbol{\omega}'\times\overrightarrow{OA}+\boldsymbol{\Omega}\times\overrightarrow{OA}$$

$$\boldsymbol{a}_A=\boldsymbol{a}_{Ar}+\boldsymbol{a}_{Ae}+\boldsymbol{a}_{Ac}$$

$$\boldsymbol{a}_{Ar}=\boldsymbol{\omega}'\times\left(\boldsymbol{\omega}'\times\overrightarrow{OA}\right)=\boldsymbol{\omega}'\times\boldsymbol{v}_{Ar}$$

这里已考虑了 $\dfrac{\tilde{\mathrm{d}}\boldsymbol{\omega}'}{\mathrm{d}t}=0$，

$$\boldsymbol{a}_{Ae}=\frac{\mathrm{d}\boldsymbol{\Omega}}{\mathrm{d}t}\times\overrightarrow{OA}+\boldsymbol{\Omega}\times\left(\boldsymbol{\Omega}\times\overrightarrow{OA}\right)=\boldsymbol{\Omega}\times\left(\boldsymbol{\Omega}\times\overrightarrow{OA}\right)$$

$$\boldsymbol{a}_{Ac}=2\boldsymbol{\Omega}\times\boldsymbol{v}_{Ar}=2\boldsymbol{\Omega}\times\left(\boldsymbol{\omega}'\times\overrightarrow{OA}\right)$$

可用图中的 $Oxyz$ 坐标系表达，

$$\boldsymbol{\Omega}=\Omega\boldsymbol{k},\ \ \boldsymbol{\omega}'=-\Omega\csc\alpha\left(\cos\alpha\boldsymbol{i}+\sin\alpha\boldsymbol{k}\right)$$

$$\overrightarrow{OA}=h\sec\alpha\left(\cos2\alpha\boldsymbol{i}+\sin2\alpha\boldsymbol{k}\right)$$

具体计算略.

方法四：直接求导的方法，但不能由上述的 $\overrightarrow{OA}=h\sec\alpha\left(\cos2\alpha\boldsymbol{i}+\sin2\alpha\boldsymbol{k}\right)$，由 $\dfrac{\mathrm{d}\overrightarrow{OA}}{\mathrm{d}t}=\boldsymbol{v}_A$，原因是这个 $\overrightarrow{OA}$ 式子只在 A 处于最高点时才成立，而被求导的式子必须在任何时刻都成立. 同样也不能从已算得的 $\boldsymbol{v}_A=2\Omega h\cos\alpha\boldsymbol{j}$ 对 t 求导得 $\boldsymbol{a}_A$，因为 $\boldsymbol{v}_A$ 的上述式子也只适用于 A 位于最高点时的时刻，不是任何时刻都成立.

直接求导需作如下计算：

$$\boldsymbol{v}_A=\frac{\mathrm{d}\overrightarrow{OA}}{\mathrm{d}t}=\boldsymbol{\omega}\times\overrightarrow{OA}$$

$$\begin{aligned}\boldsymbol{a}_A=\frac{\mathrm{d}\boldsymbol{v}_A}{\mathrm{d}t}&=\frac{\mathrm{d}\boldsymbol{\omega}}{\mathrm{d}t}\times\overrightarrow{OA}+\boldsymbol{\omega}\times\frac{\mathrm{d}\overrightarrow{OA}}{\mathrm{d}t}\\&=(\boldsymbol{\Omega}\times\boldsymbol{\omega})\times\overrightarrow{OA}+\boldsymbol{\omega}\times\left(\boldsymbol{\omega}\times\overrightarrow{OA}\right)\end{aligned}$$

以下不再求导，可用图中的动坐标系表达的各个式子.

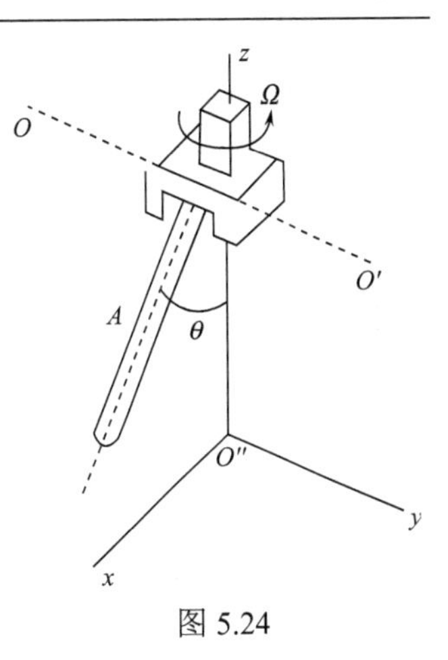

图 5.24

5.2.6　直杆 A 铰接于 U 形管夹板的 OO' 轴上，该板连在旋转的竖直轴的端点，竖直轴以图 5.24 所示的角速度 Ω 转动，杆 A 与竖直轴 z 的夹角 θ 以不变的速率 $\dot{\theta}=-p$ 变化. 求杆 A 的角速度叫 $\boldsymbol{\omega}$ 与角加速度 $\boldsymbol{\beta}$.

解　取转动参考系 $O''xyz$ ， y 轴与 OO' 保持平行，可见此动参考系的角速度为 $\Omega\boldsymbol{k}$.

杆 A 的角速度

$$\boldsymbol{\omega}=\boldsymbol{\omega}_r+\boldsymbol{\omega}_e$$

$$\boldsymbol{\omega}_r=-\dot{\theta}\boldsymbol{j}=p\boldsymbol{j},\quad \boldsymbol{\omega}_e=\Omega\boldsymbol{k}$$

所以

$$\boldsymbol{\omega}=p\boldsymbol{j}+\Omega\boldsymbol{k}$$

$$\begin{aligned}\boldsymbol{\beta}&=\frac{\mathrm{d}\boldsymbol{\omega}}{\mathrm{d}t}=\frac{\mathrm{d}}{\mathrm{d}t}\left(p\boldsymbol{j}+\Omega\boldsymbol{k}\right)\\&=p\frac{\mathrm{d}\boldsymbol{j}}{\mathrm{d}t}=p\Omega\boldsymbol{k}\times\boldsymbol{j}=-p\Omega\boldsymbol{i}\end{aligned}$$

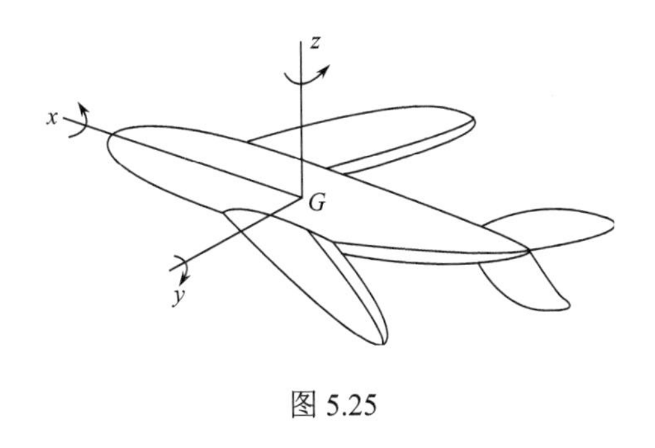

图 5.25

5.2.7　如图 5.25 所示，飞机重心 G 做匀速直线运动，坐标系 xyz 的原点置于 G 点，飞机相对于此坐标系的角速度为：滚转 $\omega_x=0.5\mathrm{s}^{-1}$ ，俯仰 $\omega_y=0.3\mathrm{s}^{-1}$ ，偏航 $\omega_z=0.1\mathrm{s}^{-1}$ ，现有一旅客在重心 G 之后 30m，高于 G 点 2m，以相对于机身的速度 $v_r=1\mathrm{m}\cdot\mathrm{s}^{-1}$ 沿与 x 轴相反的方向走向机尾，求此旅客的加速度.

解

$$\boldsymbol{\omega}=0.5\boldsymbol{i}+0.3\boldsymbol{j}+0.1\boldsymbol{k}$$

$$\boldsymbol{r}=-30\boldsymbol{i}+2\boldsymbol{k}$$

$$\boldsymbol{v}_r=-\boldsymbol{i},\quad \boldsymbol{a}_r=0$$

$$\begin{aligned}\boldsymbol{a}&=\boldsymbol{a}_r+\boldsymbol{a}_e+\boldsymbol{a}_c=\boldsymbol{a}_r+\boldsymbol{\omega}\times\left(\boldsymbol{\omega}\times\boldsymbol{r}\right)+\frac{\mathrm{d}\boldsymbol{\omega}}{\mathrm{d}t}\times\boldsymbol{r}+2\boldsymbol{\omega}\times\boldsymbol{v}_r\\&=0+\boldsymbol{\omega}\left(\boldsymbol{\omega}\cdot\boldsymbol{r}\right)-\omega^2\boldsymbol{r}+0+2\boldsymbol{\omega}\times\boldsymbol{v}_r\\&=-14.8\left(0.5\boldsymbol{i}+0.3\boldsymbol{j}+0.1\boldsymbol{k}\right)\\&\quad-\left[\left(0.5\right)^2+\left(0.3\right)^2+\left(0.1\right)^2\right]\left(-30\boldsymbol{i}+2\boldsymbol{k}\right)\\&\quad+2\left(0.5\boldsymbol{i}+0.3\boldsymbol{j}+0.1\boldsymbol{k}\right)\times\left(-\boldsymbol{i}\right)\\&=33.1\boldsymbol{i}-4.64\boldsymbol{j}-3.58\boldsymbol{k}\left(\mathrm{m/s^2}\right)\end{aligned}$$

5.2.8　圆盘以匀角速 Ω 绕其中心轴 z 转动，架子 A 以匀角速度 ω_2 绕其轴线 $y'(y' \parallel y)$ 转动. 同时，整个装置以角速度 ω_1 绕 X 轴转动. 求架子 A 使圆盘处于图 5.26 所示位置时圆盘的角速度 $\boldsymbol{\omega}$、角加速度 $\boldsymbol{\beta}$ 以及圆盘上最高点 P 的速度和加速度，图中 xyz 坐标轴固连于架子 A. 在此时，x 轴与固定坐标 X 轴平行. 设圆盘半径为 r，y、y' 轴间距为 b，x、X 轴间距为 c，z 与 Z 轴间的水平间距可以忽略.

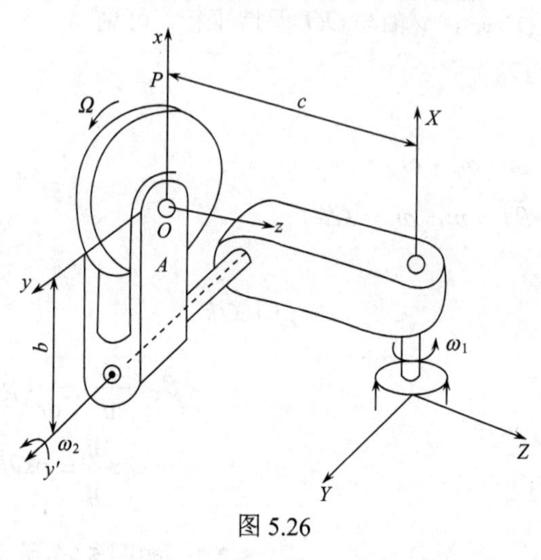

图 5.26

解法一

$$\boldsymbol{\omega} = \omega_1 \boldsymbol{i} + \omega_2 \boldsymbol{j} + \Omega \boldsymbol{k}$$

$$\begin{aligned}
\boldsymbol{\beta} &= \omega_2 \frac{\mathrm{d}\boldsymbol{j}}{\mathrm{d}t} + \Omega \frac{\mathrm{d}\boldsymbol{k}}{\mathrm{d}t} = \omega_2 \omega_1 \boldsymbol{i} \times \boldsymbol{j} + \Omega(\omega_1 \boldsymbol{i} + \omega_2 \boldsymbol{j}) \times \boldsymbol{k} \\
&= \omega_2 \Omega \boldsymbol{i} - \omega_1 \Omega \boldsymbol{j} + \omega_1 \omega_2 \boldsymbol{k}
\end{aligned}$$

$$\boldsymbol{r}_P = \boldsymbol{r}_1 + \boldsymbol{r}_2 + \boldsymbol{r}' = -c\boldsymbol{k} + b\boldsymbol{i} + r\boldsymbol{i}$$

$$\begin{aligned}
\boldsymbol{v}_P &= \frac{\mathrm{d}\boldsymbol{r}_P}{\mathrm{d}t} = \frac{\mathrm{d}\boldsymbol{r}_1}{\mathrm{d}t} + \frac{\mathrm{d}\boldsymbol{r}_2}{\mathrm{d}t} + \frac{\mathrm{d}\boldsymbol{r}'}{\mathrm{d}t} \\
&= \boldsymbol{\omega}_1 \times \boldsymbol{r}_1 + (\boldsymbol{\omega}_1 + \boldsymbol{\omega}_2) \times \boldsymbol{r}_2 + (\boldsymbol{\omega}_1 + \boldsymbol{\omega}_2 + \boldsymbol{\Omega}) \times \boldsymbol{r}' \\
&= \boldsymbol{\omega}_1 \times (\boldsymbol{r}_1 + \boldsymbol{r}_2 + \boldsymbol{r}') + \boldsymbol{\omega}_2 \times (\boldsymbol{r}_2 + \boldsymbol{r}') + \boldsymbol{\Omega} \times \boldsymbol{r}' \\
&= \boldsymbol{\omega}_1 \boldsymbol{i} \times (-c\boldsymbol{k} + b\boldsymbol{i} + r\boldsymbol{i}) + \boldsymbol{\omega}_2 \boldsymbol{j} \times (b + r)\boldsymbol{i} + \Omega \boldsymbol{k} \times r\boldsymbol{i} \\
&= (c\omega_1 + r\Omega)\boldsymbol{j} - (b + r)\omega_2 \boldsymbol{k}
\end{aligned}$$

$$\begin{aligned}
\boldsymbol{a}_P &= \frac{\mathrm{d}\boldsymbol{v}_P}{\mathrm{d}t} = \frac{\mathrm{d}}{\mathrm{d}t}\left[\boldsymbol{\omega}_1 \times (\boldsymbol{r}_1 + \boldsymbol{r}_2 + \boldsymbol{r}') + \boldsymbol{\omega}_2 \times (\boldsymbol{r}_2 + \boldsymbol{r}') + \boldsymbol{\Omega} \times \boldsymbol{r}'\right] \\
&= \boldsymbol{\omega}_1 \times \frac{\mathrm{d}}{\mathrm{d}t}(\boldsymbol{r}_1 + \boldsymbol{r}_2 + \boldsymbol{r}') + \frac{\mathrm{d}\boldsymbol{\omega}_2}{\mathrm{d}t} \times (\boldsymbol{r}_2 + \boldsymbol{r}') + \boldsymbol{\omega}_2 \times \frac{\mathrm{d}}{\mathrm{d}t}(\boldsymbol{r}_2 + \boldsymbol{r}') \\
&\quad + \frac{\mathrm{d}\boldsymbol{\Omega}}{\mathrm{d}t} \times \boldsymbol{r}' + \boldsymbol{\Omega} \times \frac{\mathrm{d}\boldsymbol{r}'}{\mathrm{d}t} \\
&= \boldsymbol{\omega}_1 \times \boldsymbol{v}_P + (\boldsymbol{\omega}_1 \times \boldsymbol{\omega}_2) \times (\boldsymbol{r}_2 + \boldsymbol{r}') \\
&\quad + \boldsymbol{\omega}_2 \times \left[(\boldsymbol{\omega}_1 + \boldsymbol{\omega}_2) \times \boldsymbol{r}_2 + (\boldsymbol{\omega}_1 + \boldsymbol{\omega}_2 + \Omega) \times \boldsymbol{r}'\right] \\
&\quad + \left[(\boldsymbol{\omega}_1 + \boldsymbol{\omega}_2) \times \Omega\right] \times \boldsymbol{r}' + \boldsymbol{\Omega} \times \left[(\boldsymbol{\omega}_1 + \boldsymbol{\omega}_2 + \boldsymbol{\Omega}) \times \boldsymbol{r}'\right] \\
&= \omega_1 \boldsymbol{i} \times \left[(c\omega_i + r\Omega)\boldsymbol{j} - (b + r)\omega_2 \boldsymbol{k}\right] + (\omega_1 \boldsymbol{i} \times \omega_2 \boldsymbol{j}) \times (b + r)\boldsymbol{i}
\end{aligned}$$

$$
\begin{aligned}
&+\omega_2\boldsymbol{j}\times\left[(\omega_1\boldsymbol{i}+\omega_2\boldsymbol{j})\times b\boldsymbol{i}+(\omega_1\boldsymbol{i}+\omega_2\boldsymbol{j}+\Omega\boldsymbol{k})\times r\boldsymbol{i}\right]\\
&+\left[(\omega_1\boldsymbol{i}+\omega_2\boldsymbol{j})\times\Omega\boldsymbol{k}\right]\times r\boldsymbol{i}+\Omega\boldsymbol{k}\times\left[(\omega_1\boldsymbol{i}+\omega_2\boldsymbol{j}+\Omega\boldsymbol{k})\times r\boldsymbol{i}\right]\\
=&\ \omega_1(c\omega_1+r\Omega)\boldsymbol{k}+(b+r)\omega_1\omega_2\boldsymbol{j}+(b+r)\omega_1\omega_2\boldsymbol{j}-b\omega_2^2\boldsymbol{i}\\
&-r\omega_2^2\boldsymbol{i}+r\omega_1\Omega\boldsymbol{k}-r\Omega^2\boldsymbol{i}\\
=&-\left[r\Omega^2+(b+r)\omega_2^2\right]\boldsymbol{i}+2(b+r)\omega_1\omega_2\boldsymbol{j}+(c\omega_1^2+2r\omega_1\Omega)\boldsymbol{k}
\end{aligned}
$$

注意：用这种求导的方法须注意$\dfrac{\mathrm{d}\boldsymbol{\omega}_1}{\mathrm{d}t}$、$\dfrac{\mathrm{d}\boldsymbol{\omega}_2}{\mathrm{d}t}$、$\dfrac{\mathrm{d}\boldsymbol{\Omega}}{\mathrm{d}t}$的计算不能乱套公式，$\dfrac{\mathrm{d}\boldsymbol{\omega}_1}{\mathrm{d}t}\neq\boldsymbol{\omega}\times\boldsymbol{\omega}_1$，$\dfrac{\mathrm{d}\boldsymbol{\omega}_1}{\mathrm{d}t}=0$. 因为$\boldsymbol{\omega}_1=\omega_1\boldsymbol{i}$，这个$\boldsymbol{i}$是$XYZ$坐标系中的$\boldsymbol{i}$，不随$t$而变，$\dfrac{\mathrm{d}\boldsymbol{\omega}_2}{\mathrm{d}t}\neq\boldsymbol{\omega}\times\boldsymbol{\omega}_2$，$\dfrac{\mathrm{d}\boldsymbol{\omega}_2}{\mathrm{d}t}\neq\boldsymbol{\omega}_2\times\boldsymbol{\omega}_2$，$\dfrac{\mathrm{d}\boldsymbol{\omega}_2}{\mathrm{d}t}=\boldsymbol{\omega}_1\times\boldsymbol{\omega}_2$，因为$\boldsymbol{\omega}_2=\omega_2\boldsymbol{j}$这个$\boldsymbol{j}$是$y'$轴的单位矢量，在此时，它绕$X$轴以$\omega_1$的角速度转动. $\dfrac{\mathrm{d}\boldsymbol{\Omega}}{\mathrm{d}t}\neq\boldsymbol{\Omega}\times\boldsymbol{\Omega}$，$\dfrac{\mathrm{d}\boldsymbol{\Omega}}{\mathrm{d}t}=\boldsymbol{\omega}\times\boldsymbol{\Omega}$这样写虽然结果是对的，但严格讲不妥，因为$\boldsymbol{\Omega}=\Omega\boldsymbol{k}$，这个$\boldsymbol{k}$是$Z$轴的单位矢量，此时它以$\boldsymbol{\omega}_1+\boldsymbol{\omega}_2$的角速度(以$\boldsymbol{\omega}_2$的角速度绕$y'$轴转动，$y'$轴又以$\boldsymbol{\omega}_1$的角速度绕$X$轴转动)转动. 同样，$\boldsymbol{r}_2=b\boldsymbol{i}$和$\boldsymbol{r}'=r\boldsymbol{i}$两个$\boldsymbol{i}$的时间导数是不同的. $\boldsymbol{a}_P=\dfrac{\mathrm{d}\boldsymbol{v}_P}{\mathrm{d}t}\neq\dfrac{\mathrm{d}}{\mathrm{d}t}\left[(c\omega_1+r\Omega)\boldsymbol{j}-(b+r)\omega_2\boldsymbol{k}\right]$.

解法二　考虑圆盘中心O点平动参考系作为动系.

先求O点的绝对速度和绝对加速度，取以角速度$\boldsymbol{\omega}_1$，绕X轴转动的动参考系XYZ，

$$
\begin{aligned}
&\boldsymbol{v}_o=\boldsymbol{v}_{oe}+\boldsymbol{v}_{or}\\
&\boldsymbol{v}_{oe}=\boldsymbol{\omega}_1\times(\boldsymbol{r}_1+\boldsymbol{r}_2)=\omega_1\boldsymbol{i}\times(-c\boldsymbol{k}+b\boldsymbol{i})=c\omega_1\boldsymbol{j}\\
&\boldsymbol{v}_{or}=\boldsymbol{\omega}_2\times\boldsymbol{r}_2=\omega_2\boldsymbol{j}\times b\boldsymbol{i}=-b\omega_2\boldsymbol{k}\\
&\boldsymbol{v}_o=c\omega_1\boldsymbol{j}-b\omega_2\boldsymbol{k}\\
&\boldsymbol{a}_o=\boldsymbol{a}_{oe}+\boldsymbol{a}_{or}+\boldsymbol{a}_{oc}\\
&\boldsymbol{a}_{oe}=\boldsymbol{\omega}_1\times\left[\boldsymbol{\omega}_1\times(\boldsymbol{r}_1+\boldsymbol{r}_2)\right]\\
&\quad\ =\omega_1\boldsymbol{i}\times\left[\omega_1\boldsymbol{i}\times(-c\boldsymbol{k}+b\boldsymbol{i})\right]=c\omega_1^2\boldsymbol{k}\\
&\boldsymbol{a}_{or}=\frac{\mathrm{d}\boldsymbol{\omega}_2}{\mathrm{d}t}\times\boldsymbol{r}_2+\boldsymbol{\omega}_2\times(\boldsymbol{\omega}_2\times\boldsymbol{r}_2)\\
&\quad\ =0+\omega_2\boldsymbol{j}\times(\omega_2\boldsymbol{j}\times b\boldsymbol{i})=-b\omega_2^2\boldsymbol{i}\\
&\boldsymbol{a}_{oc}=2\boldsymbol{\omega}_1\times\boldsymbol{v}_{or}=2\omega_1\boldsymbol{i}\times(-b\omega_2\boldsymbol{k})=2b\omega_1\omega_2\boldsymbol{j}\\
&\boldsymbol{a}_o=-b\omega_2^2\boldsymbol{i}+2b\omega_1\omega_2\boldsymbol{j}+c\omega_1^2\boldsymbol{k}
\end{aligned}
$$

下面计算$\boldsymbol{v}_P$和$\boldsymbol{a}_P$，

$$
\begin{aligned}
&\boldsymbol{v}_P=\boldsymbol{v}_{Pe}+\boldsymbol{v}_{Pr}=\boldsymbol{v}_o+\boldsymbol{v}_{Pr}\\
&\boldsymbol{v}_{Pr}=\boldsymbol{\omega}\times\boldsymbol{r}'=(\omega_1\boldsymbol{i}+\omega_2\boldsymbol{j}+\Omega\boldsymbol{k})\times r\boldsymbol{i}\\
&\quad\ \ =r\Omega\boldsymbol{j}-r\omega_2\boldsymbol{k}\\
&\boldsymbol{v}_P=(c\omega_1+r\Omega)\boldsymbol{j}-(b+r)\omega_2\boldsymbol{k}\\
&\boldsymbol{a}_P=\boldsymbol{a}_{Pe}+\boldsymbol{a}_{Pr}=\boldsymbol{a}_o+\boldsymbol{a}_{Pr}
\end{aligned}
$$

$$\begin{aligned}
\boldsymbol{a}_{Pr} &= \frac{\mathrm{d}\boldsymbol{v}_{Pr}}{\mathrm{d}t} = \frac{\mathrm{d}}{\mathrm{d}t}(\boldsymbol{\omega}\times\boldsymbol{r}') \\
&= \frac{\mathrm{d}\boldsymbol{\omega}}{\mathrm{d}t}\times\boldsymbol{r}' + \boldsymbol{\omega}\times\frac{\mathrm{d}\boldsymbol{r}'}{\mathrm{d}t} = \boldsymbol{\beta}\times\boldsymbol{r}' + \boldsymbol{\omega}\times(\boldsymbol{\omega}\times\boldsymbol{r}') \\
&= (\omega_2\Omega\boldsymbol{i} - \omega_1\Omega\boldsymbol{j} + \omega_1\omega_2\boldsymbol{k})\times r\boldsymbol{i} \\
&\quad + (\omega_1\boldsymbol{i} + \omega_2\boldsymbol{j} + \Omega\boldsymbol{k})\times\left[(\omega_1\boldsymbol{i} + \omega_2\boldsymbol{j} + \Omega\boldsymbol{k})\times r\boldsymbol{i}\right] \\
&= -\left(r\Omega^2 + r\omega_2^2\right)\boldsymbol{i} + 2r\omega_1\omega_2\boldsymbol{j} + 2r\omega_1\Omega\boldsymbol{k}
\end{aligned}$$

$$\boldsymbol{a}_P = -\left[r\Omega^2 + (b+r)\omega_2^2\right]\boldsymbol{i} + 2(b+r)\omega_1\omega_2\boldsymbol{j} + \left(c\omega_1^2 + 2r\omega_1\Omega\right)\boldsymbol{k}$$

解法三　考虑以角速度 ω_1 绕 X 轴转动的动参考系.

$$\begin{aligned}
\boldsymbol{v}_{Pe} &= \boldsymbol{\omega}_1\times(\boldsymbol{r}_1 + \boldsymbol{r}_2 + \boldsymbol{r}') \\
&= \omega_1\boldsymbol{i}\times(-c\boldsymbol{k} + b\boldsymbol{i} + r\boldsymbol{i}) = c\omega_1\boldsymbol{j} \\
\boldsymbol{v}_{Pr} &= \boldsymbol{\omega}_2\times\boldsymbol{r}_2 + (\boldsymbol{\omega}_2 + \boldsymbol{\Omega})\times\boldsymbol{r}' \\
&= \omega_2\boldsymbol{j}\times b\boldsymbol{i} + (\omega_2\boldsymbol{j} + \Omega\boldsymbol{k})\times r\boldsymbol{i} = r\Omega\boldsymbol{j} - (b+r)\omega_2\boldsymbol{k} \\
\boldsymbol{v}_P &= \boldsymbol{v}_{Pe} + \boldsymbol{v}_{Pr} = (c\omega_1 + r\Omega)\boldsymbol{j} - (b+r)\omega_2\boldsymbol{k} \\
\boldsymbol{a}_{Pe} &= \omega_1\boldsymbol{i}\times\left[\omega_1\boldsymbol{i}\times(-c\boldsymbol{k} + b\boldsymbol{i} + r\boldsymbol{i})\right] = c\omega_1^2\boldsymbol{k} \\
\boldsymbol{a}_{Pr} &= \boldsymbol{\omega}_2\times(\boldsymbol{\omega}_2\times\boldsymbol{r}_2) + (\boldsymbol{\omega}_2 + \boldsymbol{\Omega})\times\left[(\boldsymbol{\omega}_2 + \boldsymbol{\Omega})\times\boldsymbol{r}'\right] \\
&= -\left(b\omega_2^2 - r\omega_2^2 - r\Omega^2\right)\boldsymbol{i} \\
\boldsymbol{a}_{Pc} &= 2\boldsymbol{\omega}_1\times\boldsymbol{v}_{Pr} = 2\omega_1\boldsymbol{i}\times\left[r\Omega\boldsymbol{j} - (b+r)\omega_2\boldsymbol{k}\right] \\
&= 2r\omega_1\Omega\boldsymbol{k} + 2(b+r)\omega_1\omega_2\boldsymbol{j} \\
\boldsymbol{a}_P &= \boldsymbol{a}_{Pe} + \boldsymbol{a}_{Pr} + \boldsymbol{a}_{Pc} \\
&= -\left[r\Omega^2 + (b+r)\omega_2^2\right]\boldsymbol{i} + 2(b+r)\omega_1\omega_2\boldsymbol{j} + \left(c\omega_1^2 + 2r\omega_1\Omega\right)\boldsymbol{k}
\end{aligned}$$

解法四　考虑随 O 点又平动又转动的参考系为动系，此动系的转动角速度为 $\boldsymbol{\omega}_1 + \boldsymbol{\omega}_2$.

$$\boldsymbol{v}_{Pe} = \boldsymbol{v}_o + (\boldsymbol{\omega}_1 + \boldsymbol{\omega}_2)\times\boldsymbol{r}'$$

用解法二已算出的 $\boldsymbol{v}_o = c\omega_1\boldsymbol{j} - b\omega_2\boldsymbol{k}$.

$$\begin{aligned}
\boldsymbol{v}_{Pe} &= c\omega_1\boldsymbol{j} - b\omega_2\boldsymbol{k} + (\omega_1\boldsymbol{i} + \omega_2\boldsymbol{j})\times r\boldsymbol{i} = c\omega_1\boldsymbol{j} - (b+r)\omega_2\boldsymbol{k} \\
\boldsymbol{v}_{Pr} &= \boldsymbol{\Omega}\times\boldsymbol{r}' = \Omega\boldsymbol{k}\times r\boldsymbol{i} = r\Omega\boldsymbol{j} \\
\boldsymbol{v}_P &= \boldsymbol{v}_{Pe} + \boldsymbol{v}_{Pr} = (c\omega_1 + r\Omega)\boldsymbol{j} - (b+r)\omega_2\boldsymbol{k}
\end{aligned}$$

采用解法二、三、四，在写 $\boldsymbol{v}_e$、$\boldsymbol{v}_r$、$\boldsymbol{a}_e$、$\boldsymbol{a}_r$ 时都须十分小心，因此用解法一出错的可能性小些.

5.2.9　如图 5.27 所示，圆锥滚子在水平的圆锥环形支座上做纯滚动，滚子底面半径 $R = 10\sqrt{2}\mathrm{cm}$，顶角 $2\alpha = 90°$，滚子中心 A 沿其轨迹运动的速率 $v_A = 20\mathrm{cm\cdot s^{-1}}$，求圆锥滚子上点 B 和 C 的速度和加速度的大小.

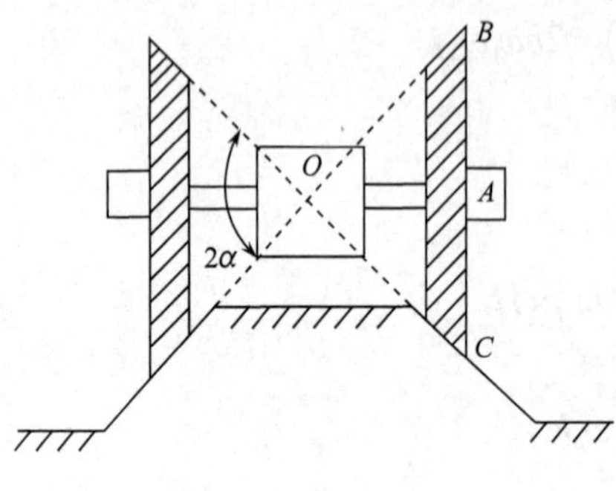

图 5.27

解法一　圆锥滚子滚动时，A 点绕 O 在水平

面内做圆周运动，如图 5.28 所示，角速度 ω_1 为

$$\omega_1 = \frac{v_A}{OA} = \frac{v_A}{AB} = \frac{v_A}{R} = \frac{20}{10\sqrt{2}} = \sqrt{2}(\mathrm{s}^{-1})$$

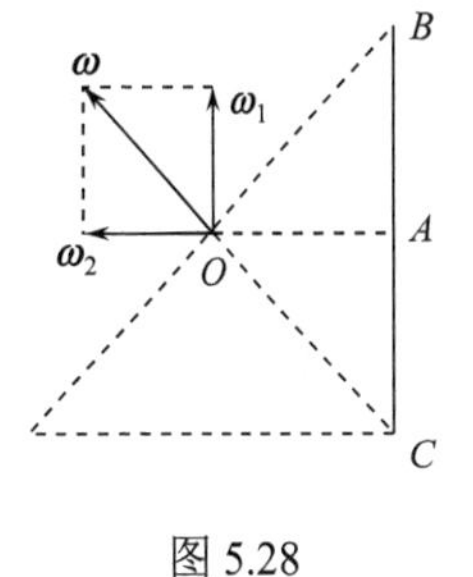

图 5.28

滚子做纯滚动，C 点速度为零，

$$v_C = 0$$

O 点是固定点，在图 5.28 所示位置，OC 为瞬时转轴，另一个角速度分量 ω_2 必在 AO 的延长线上. 因为

$$2\alpha = 90°,$$

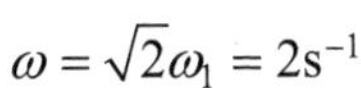

$$\omega = \sqrt{2}\omega_1 = 2\mathrm{s}^{-1}$$

OB 线与转轴垂直，$OB = \sqrt{2}R = 20\mathrm{cm}$,

$$v_B = \omega \cdot \overline{OB} = 2 \times 20 = 40\left(\mathrm{cm} \cdot \mathrm{s}^{-1}\right)$$

$$\boldsymbol{a}_B = \boldsymbol{\omega} \times \left(\boldsymbol{\omega} \times \overrightarrow{OB}\right) + \frac{\mathrm{d}\boldsymbol{\omega}}{\mathrm{d}t} \times \overrightarrow{OB}$$

$$= -\omega^2 \overrightarrow{OB} + \left(\boldsymbol{\omega}_1 \times \boldsymbol{\omega}\right) \times \overrightarrow{OB}$$

第一项沿 BO 方向，第二项沿 CO 方向，互相垂直，故

$$a_B = \sqrt{\left(-\omega^2 \overline{OB}\right)^2 + \left(\omega_1 \omega \sin 45° \cdot \overline{OB}\right)^2}$$

$$= OB\sqrt{\left(-2^2\right)^2 + \left(\sqrt{2} \times 2 \times \frac{\sqrt{2}}{2}\right)^2} = 40\sqrt{5}\left(\mathrm{cm} \cdot \mathrm{s}^{-2}\right)$$

$$\boldsymbol{a}_C = \boldsymbol{\omega} \times \left(\boldsymbol{\omega} \times \overrightarrow{OC}\right) + \frac{\mathrm{d}\boldsymbol{\omega}}{\mathrm{d}t} \times \overrightarrow{OC}$$

$$= \left(\boldsymbol{\omega}_1 \times \boldsymbol{\omega}\right) \times \overrightarrow{OC}$$

$$a_C = \omega_1 \omega \sin 45° \cdot \overline{OC} = \omega_1 \omega \sin 45° \cdot \overline{OB} = 40\mathrm{cm} \cdot \mathrm{s}^{-2}$$

解法二 考虑随 OA 转动的动参考系，滚子对动系的角速度为 $\boldsymbol{\omega}_2$，角加速度 $\frac{\tilde{\mathrm{d}}\boldsymbol{\omega}_2}{\mathrm{d}t} = 0$.

$$\boldsymbol{v}_B = \boldsymbol{v}_{Be} + \boldsymbol{v}_{Br} = \boldsymbol{\omega}_1 \times \overrightarrow{OB} + \boldsymbol{\omega}_2 \times \overrightarrow{OB}$$

$$\boldsymbol{a}_B = \boldsymbol{a}_{Be} + \boldsymbol{a}_{Br} + \boldsymbol{a}_{Bc}$$

$$= \boldsymbol{\omega}_1 \times \left(\boldsymbol{\omega}_1 \times \overrightarrow{OB}\right) + \boldsymbol{\omega}_2 \times \left(\boldsymbol{\omega}_2 \times \overrightarrow{OB}\right) + 2\boldsymbol{\omega}_1 \times \left(\boldsymbol{\omega}_2 \times \overrightarrow{OB}\right)$$

$$v_B = \omega_1 R + \omega_2 R = 40\mathrm{cm} \cdot \mathrm{s}^{-1}$$

$$a_B = \sqrt{\left(\omega_1^2 R + 2\omega_1 \omega_2 R\right)^2 + \left(\omega_2^2 R\right)^2} = 40\sqrt{5}\mathrm{cm} \cdot \mathrm{s}^{-2}$$

$$\boldsymbol{v}_C = \boldsymbol{v}_{Ce} + \boldsymbol{v}_{Cr} = \boldsymbol{\omega}_1 \times \overrightarrow{OC} + \boldsymbol{\omega}_2 \times \overrightarrow{OC}$$

$$\boldsymbol{a}_C = \boldsymbol{a}_{Ce} + \boldsymbol{a}_{Cr} + \boldsymbol{a}_{Cc}$$

$$= \boldsymbol{\omega}_1 \times \left(\boldsymbol{\omega}_1 \times \overrightarrow{OC}\right) + \boldsymbol{\omega}_2 \times \left(\boldsymbol{\omega}_2 \times \overrightarrow{OC}\right) + 2\boldsymbol{\omega}_1 \times \left(\boldsymbol{\omega}_2 \times \overrightarrow{OC}\right)$$

$$v_C = \omega_1 R - \omega_2 R = 0$$

$$a_C=\sqrt{\left(\omega_1^2 R-2\omega_1\omega_2 R\right)^2+\left(\omega_2^2 R\right)^2}=40\mathrm{cm}\cdot\mathrm{s}^{-2}$$

这里用了解法一得到的$\boldsymbol{\omega}_1$、$\boldsymbol{\omega}_2$作上述计算，如果一开始就采取解法二，则先按解法一那样算出$\boldsymbol{\omega}_1$，再由$v_C=0$得$\boldsymbol{\omega}_2$，再用上述方法算v_B、a_B和a_C.

再就 5.2.6、5.2.7、5.2.8 三题中$\dfrac{\mathrm{d}\boldsymbol{\omega}}{\mathrm{d}t}$的计算作一点说明：5.2.6、5.2.8 两题的几个转轴都通过固定点，用$\dfrac{\mathrm{d}\boldsymbol{\omega}}{\mathrm{d}t}=\dfrac{\tilde{\mathrm{d}}\boldsymbol{\omega}}{\mathrm{d}t}+\boldsymbol{\Omega}\times\boldsymbol{\omega}$计算时，可采用统一的动坐标系，5.2.6 题可用固连于飞机的动坐标系，$\dfrac{\tilde{\mathrm{d}}\boldsymbol{\omega}}{\mathrm{d}t}=0,\boldsymbol{\omega}\times\boldsymbol{\omega}=0$，故$\dfrac{\mathrm{d}\boldsymbol{\omega}}{\mathrm{d}t}=0$，5.2.8 题，取随$OA$转动的动坐标系，$\dfrac{\tilde{\mathrm{d}}\boldsymbol{\omega}}{\mathrm{d}t}=0,\dfrac{\mathrm{d}\boldsymbol{\omega}}{\mathrm{d}t}=\boldsymbol{\omega}_1\times\boldsymbol{\omega}=\boldsymbol{\omega}_1\times\left(\boldsymbol{\omega}_1+\boldsymbol{\omega}_2\right)=\boldsymbol{\omega}_1\times\boldsymbol{\omega}_2$，如取固连于滚子的动坐标系，$\dfrac{\tilde{\mathrm{d}}\boldsymbol{\omega}_1}{\mathrm{d}t}\neq 0,\dfrac{\tilde{\mathrm{d}}\boldsymbol{\omega}_2}{\mathrm{d}t}=0,\dfrac{\mathrm{d}\boldsymbol{\omega}}{\mathrm{d}t}=\dfrac{\tilde{\mathrm{d}}\boldsymbol{\omega}_1}{\mathrm{d}t}$ .5.2.7 题中圆盘的角速度$\boldsymbol{\omega}=\boldsymbol{\omega}_1+\boldsymbol{\omega}_2+\boldsymbol{\Omega}$, $\dfrac{\mathrm{d}\boldsymbol{\omega}}{\mathrm{d}t}=\dfrac{\mathrm{d}\boldsymbol{\omega}_1}{\mathrm{d}t}+\dfrac{\mathrm{d}\boldsymbol{\omega}_2}{\mathrm{d}t}+\dfrac{\mathrm{d}\boldsymbol{\Omega}}{\mathrm{d}t}$，因$\boldsymbol{\omega}_1$、$\boldsymbol{\omega}_2$、$\boldsymbol{\Omega}$的转轴不共点，计算$\dfrac{\mathrm{d}\boldsymbol{\omega}_1}{\mathrm{d}t}$、$\dfrac{\mathrm{d}\boldsymbol{\omega}_2}{\mathrm{d}t}$、$\dfrac{\mathrm{d}\boldsymbol{\Omega}}{\mathrm{d}t}$在使用公式$\dfrac{\mathrm{d}\boldsymbol{\omega}}{\mathrm{d}t}=\dfrac{\tilde{\mathrm{d}}\boldsymbol{\omega}}{\mathrm{d}t}+\boldsymbol{\Omega}\times\boldsymbol{\omega}$时，必须采用不同的动坐标系. 算$\dfrac{\mathrm{d}\boldsymbol{\omega}_1}{\mathrm{d}t}$可用静坐标系，算$\dfrac{\mathrm{d}\boldsymbol{\omega}_2}{\mathrm{d}t}$用$XYZ$动坐标系，算$\dfrac{\mathrm{d}\boldsymbol{\Omega}}{\mathrm{d}t}$用固连于架子$A$的$xyz$动坐标系.

5.2.10　图 5.29 是一个双重差动机构，曲柄 3 绕固定轴AB转动、在曲柄上活动地套一行星齿轮 4，行星齿轮由半径分别为$r_1=5\mathrm{cm}$和$r_2=2\mathrm{cm}$的两个锥齿轮固连而成，两锥齿轮又分别与半径分别为$R_1=10\mathrm{cm}$、$R_2=5\mathrm{cm}$的另两个锥齿轮 1、2 啮合，齿轮 1、2 均绕AB轴转动，均不与曲柄相连，它们的角速度分别为$\omega_1=4.5\mathrm{rad/s},\omega_2=9\mathrm{rad/s}$，转动方向相同. 求曲柄 3 的角速度$\omega_3$和行星齿轮相对于曲柄的角速度$\omega_{43}$.

解　设$\boldsymbol{\omega}_1$、$\boldsymbol{\omega}_2$均沿BA方向，假定$\boldsymbol{\omega}_3$也沿BA方向(即与$\boldsymbol{\omega}_1$、$\boldsymbol{\omega}_2$同向)，行星齿轮相对于曲柄 3 的角速度$\boldsymbol{\omega}_{43}$向左(图示时刻)，即指向O的方向，如图 5.30 所示.

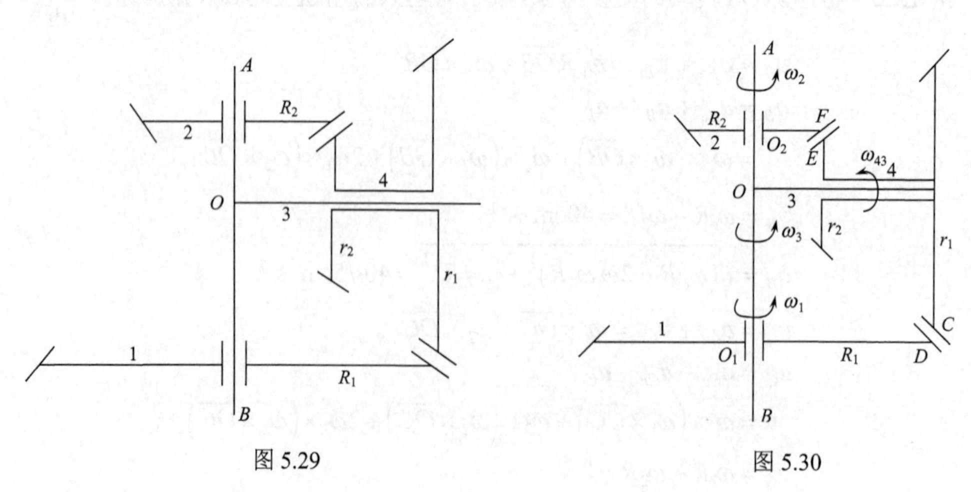

图 5.29　　图 5.30

由纯滚动，

$$(\boldsymbol{\omega}_3+\boldsymbol{\omega}_{43})\times\overrightarrow{OC}=\boldsymbol{\omega}_1\times\overrightarrow{O_1D}$$

$$(\boldsymbol{\omega}_3+\boldsymbol{\omega}_{43})\times\overrightarrow{OE}=\boldsymbol{\omega}_2\times\overrightarrow{O_2F}$$

即

$$\omega_3R_1-\omega_{43}r_1=\omega_1R_1$$

$$\omega_3R_2+\omega_{43}r_2=\omega_2R_2$$

$$10\omega_3-5\omega_{43}=4.5\times10=45 \tag{1}$$

$$5\omega_3+2\omega_{43}=9\times5=45 \tag{2}$$

式(1)+式(2)×2.5，得

$$\omega_3=\frac{45+45\times2.5}{10+5\times2.5}=7(\text{rad/s})$$

$$\omega_{43}=\frac{45-5\omega_3}{2}=5\text{rad/s}$$

5.2.11　用什么样的动系可把刚体做定点转动时用的$\dot{\boldsymbol{\theta}}$、$\dot{\boldsymbol{\varphi}}$、$\dot{\boldsymbol{\psi}}$三个角速度中的一个作为相对角速度，而另两个作为牵连角速度.

解　取部分固连于刚体的转动参考系$Oxyz$为动参考系，O点是刚体定点转动的固定点，z轴固连于刚体，则$\dot{\boldsymbol{\psi}}$为相对角速度，$\dot{\boldsymbol{\theta}}+\dot{\boldsymbol{\varphi}}$为牵连角速度.

第六章　质点系动力学

6.1　质点系的动量定理和动量守恒定律

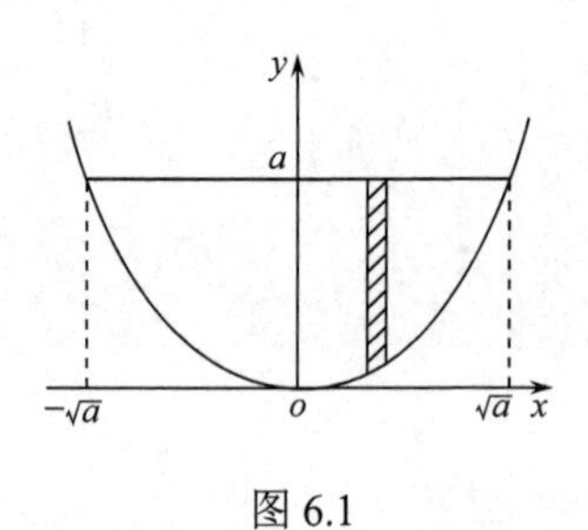

图 6.1

6.1.1　求由抛物线 $y=x^2$ 和直线 $y=a$ 围成的区域形状的均质薄板的质心.

解　设面密度为 σ，根据对称性判断，

$$x_c = 0$$

考虑图 6.1 中阴影部分的质元，其面积为 $(a-x^2)\mathrm{d}x$，其质心的 y 坐标为 $a-\frac{1}{2}(a-x^2)$，

$$\begin{aligned}
y_c &= \int_{-\sqrt{a}}^{\sqrt{a}}\sigma\left[a-\frac{1}{2}(a-x^2)\right](a-x^2)\mathrm{d}x \Big/ \int_{-\sqrt{a}}^{\sqrt{a}}\sigma(a-x^2)\mathrm{d}x \\
&= 2\int_0^{\sqrt{a}}\frac{1}{2}(a+x^2)(a-x^2)\mathrm{d}x \Big/ 2\int_0^{\sqrt{a}}(a-x^2)\mathrm{d}x \\
&= \int_0^{\sqrt{a}}(a^2-x^4)\mathrm{d}x/2\int_0^{\sqrt{a}}(a-x^2)\mathrm{d}x \\
&= \frac{a^2x-\frac{1}{5}x^5\Big|_{x=0}^{x=\sqrt{a}}}{2\left(ax-\frac{1}{3}x^3\right)\Big|_{x=0}^{x=\sqrt{a}}} = \frac{3}{5}a
\end{aligned}$$

6.1.2　求由四个平面：$x=0$、$y=0$、$z=0$ 和 $4x+2y+z=8$ 为边界的均质实心体的质心.

解　这块实心体如图 6.2 所示.

求 x_c，用 $x=x'$ 面截这个实心体，其边界为 $y=0$，$z=0,2y+z=8-4x'$，如图 6.3 所示.

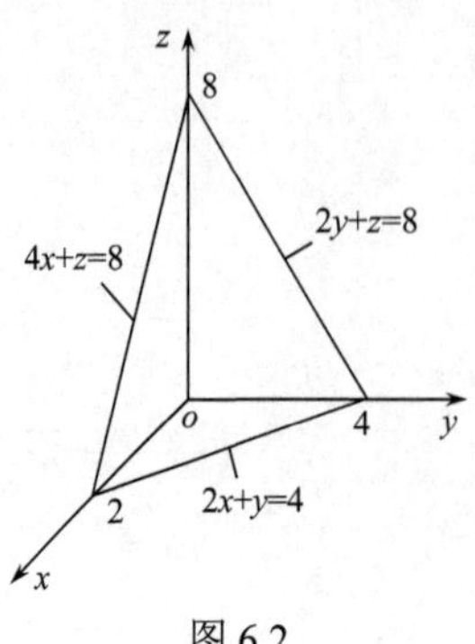

图 6.2

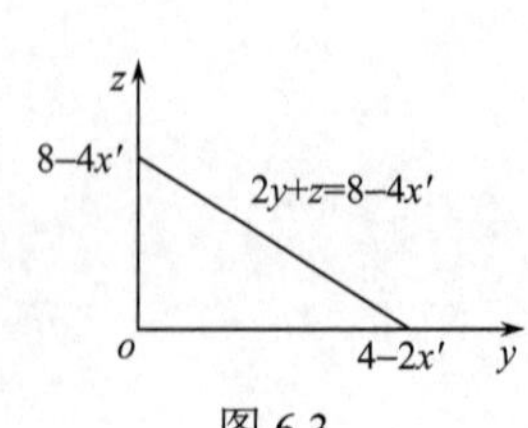

图 6.3

考虑 $x'\sim x'+\mathrm{d}x'$ 体积元，其体积为

$$\frac{1}{2}(8-4x')(4-2x')\mathrm{d}x'$$

质心的 x 坐标为 x'.

实心体的体积

$$\begin{aligned}V&=\int_0^2\frac{1}{2}(8-4x')(4-2x')\mathrm{d}x'\\&=\frac{1}{2}\int_0^2(32-32x'+8x'^2)\mathrm{d}x'=\frac{32}{3}\\x_\mathrm{c}&=\frac{1}{V}\int_0^2x'\frac{1}{2}(8-4x')(4-2x')\mathrm{d}x'=\frac{1}{2}\end{aligned}$$

求 y_c ,用 $y=y'$ 截实心体，其边界为 $x=0$、$z=0$、$4x+z=8-2y'$，如图 6.4 所示. $y'\sim y'+\mathrm{d}y'$ 体积元的体积为

$$\frac{1}{2}\left(2-\frac{1}{2}y'\right)(8-2y')\mathrm{d}y'$$

$$\begin{aligned}y_\mathrm{c}&=\frac{1}{V}\int_0^4y'\frac{1}{2}\left(2-\frac{1}{2}y'\right)(8-2y')\mathrm{d}y'\\&=\frac{1}{V}\int_0^4y'\left(8-4y'+\frac{1}{2}y'^2\right)\mathrm{d}y'=1\end{aligned}$$

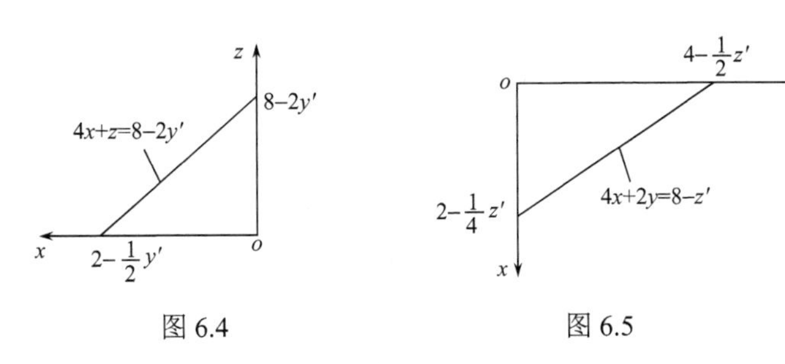

图 6.4　　图 6.5

求 z_c，用 $z=z'$ 面截实心体，其边界为 $x=0$、$y=0$、$4x+2y=8-z'$，如图 6.5 所示. $z'\sim z'+\mathrm{d}z'$ 体积元的体积为

$$\frac{1}{2}\left(4-\frac{1}{2}z'\right)\left(2-\frac{1}{4}z'\right)\mathrm{d}z'$$

$$z_\mathrm{c}=\frac{1}{V}\int_0^8z'\cdot\frac{1}{2}\left(4-\frac{1}{2}z'\right)\left(2-\frac{1}{4}z'\right)\mathrm{d}z'=2$$

所以实心体的质心坐标为 $x_\mathrm{c}=\dfrac{1}{2},y_\mathrm{c}=1,z_\mathrm{c}=2$.

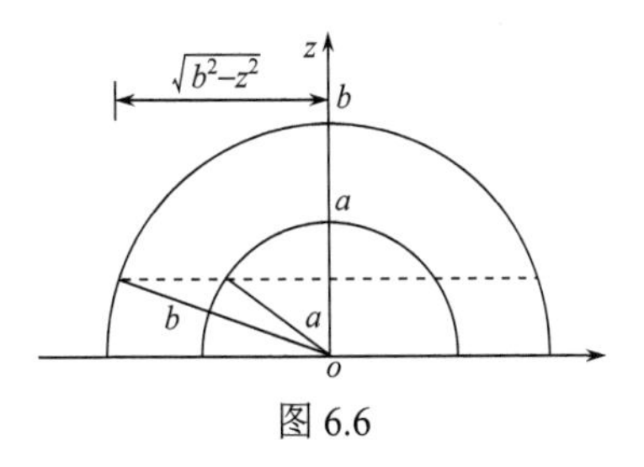

图 6.6

6.1.3　求图 6.6 所示均质的内外半径分别为 a 和 b 的半球壳的质心.

解法一　采用球坐标，取球心为原点，对称轴为 z 轴，根据对称性可以判断质心位于 z 轴上，即

$x_c=0, y_c=0$.

设密度为ρ，位于$r\sim r+\mathrm{d}r$、$\theta\sim\theta+\mathrm{d}\theta$、$\varphi\sim\varphi+\mathrm{d}\varphi$的质元的质量为

$$\mathrm{d}m=\rho r^2\sin\theta\mathrm{d}r\mathrm{d}\theta\mathrm{d}\varphi$$

此质元的z坐标为

$$z=r\cos\theta$$

$$z_c=\frac{\int z\mathrm{d}m}{\int\mathrm{d}m}=\frac{\int r\cos\theta\cdot\rho r^2\sin\theta\mathrm{d}r\mathrm{d}\theta\mathrm{d}\varphi}{\int\rho r^2\sin\theta\mathrm{d}r\mathrm{d}\theta\mathrm{d}\varphi}$$

$$=\frac{\int_a^b r^3\mathrm{d}r\int_0^{\frac{\pi}{2}}\cos\theta\sin\theta\mathrm{d}\theta\int_0^{2\pi}\mathrm{d}\varphi}{\int_a^b r^2\mathrm{d}r\int_0^{\frac{\pi}{2}}\sin\theta\mathrm{d}\theta\int_0^{2\pi}\mathrm{d}\varphi}$$

$$=\frac{\frac{1}{4}\left(b^4-a^4\right)\frac{1}{2}\sin^2\frac{\pi}{2}\times 2\pi}{\frac{1}{3}\left(b^3-a^3\right)\times 1\times 2\pi}=\frac{3(a+b)\left(a^2+b^2\right)}{8\left(a^2+ab+b^2\right)}$$

解法二　采用柱坐标，仍取方法一中的xyz坐标，$x_c=0, y_c=0$.

$z\sim z+\mathrm{d}z$质元的质量为

$$\mathrm{d}m=\begin{cases}\rho\left[\pi\left(b^2-z^2\right)-\pi\left(a^2-z^2\right)\right]\mathrm{d}z, & 0\leqslant z\leqslant a\\ \rho\pi\left(b^2-z^2\right)\mathrm{d}z, & a\leqslant z\leqslant b\end{cases}$$

$$z_c=\frac{\int_0^a z\rho\pi\left(b^2-a^2\right)\mathrm{d}z+\int_a^b z\rho\pi\left(b^2-z^2\right)\mathrm{d}z}{\int_0^a\rho\pi\left(b^2-a^2\right)\mathrm{d}z+\int_a^b\rho\pi\left(b^2-z^2\right)\mathrm{d}z}$$

计算略，计算较方法一麻烦些.

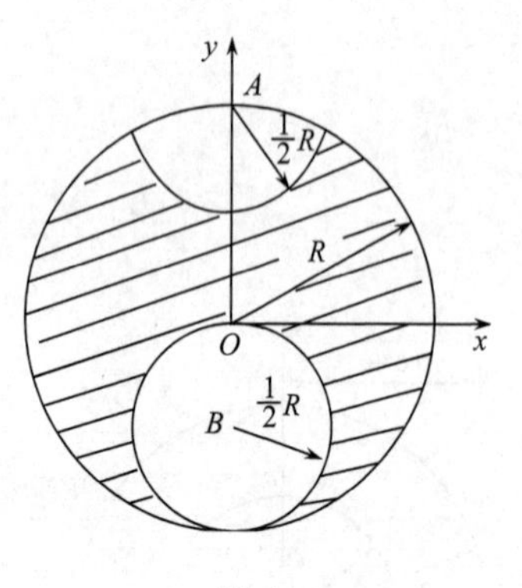

图 6.7

6.1.4　图6.7所示的画有斜线的匀质薄板是由半径为R的大圆板挖去两个半径为$\frac{1}{2}R$的完整的和不完整的小圆板形成的. 两小圆的圆心A、B处于同一条直径上，且在圆心O的两侧与O点的距离R和$\frac{R}{2}$处. 求此薄板的质心.

解　先求被挖去的圆心在A的那部分的质量m_1和质心位置y_{1c}这部分的边界为两个圆弧，其方程为

$$x^2+y^2=R^2,\quad x^2+(y-R)^2=\left(\frac{1}{2}R\right)^2$$

两式相减可得两曲线相交点的 y 坐标 y^*，

$$2Ry^*-R^2=R^2-\frac{1}{4}R^2=\frac{3}{4}R^2$$

$$y^*=\frac{7}{8}R$$

设匀质板的面密度为 σ，

$$m_1=\int_{\frac{1}{2}R}^{y^*}\sigma\cdot 2\sqrt{\left(\frac{1}{2}R\right)^2-(R-y)^2}\mathrm{d}y+\int_{y^*}^{R}\sigma\cdot 2\sqrt{R^2-y^2}\mathrm{d}y$$

$$=2\sigma\cdot\frac{1}{2}\left[(y-R)\sqrt{\frac{1}{4}R^2-(y-R)^2}+\frac{1}{4}R^2\arcsin\left(\frac{y-R}{\frac{1}{2}R}\right)\right]\Bigg|_{y=\frac{1}{2}R}^{y=\frac{7}{8}R}$$

$$+2\sigma\cdot\frac{1}{2}\left[y\sqrt{R^2-y^2}+R^2\arcsin\left(\frac{y}{R}\right)\right]\Bigg|_{y=\frac{7}{8}R}^{y=R}$$

$$=0.351\sigma R^2$$

$$y_{1\mathrm{c}}=\frac{1}{m_1}\left[\int_{\frac{R}{2}}^{y^*}y\cdot\sigma\cdot 2\sqrt{\left(\frac{R}{2}\right)^2-(R-y)^2}\mathrm{d}y+\int_{y^*}^{R}y\cdot\sigma\cdot 2\sqrt{R^2-y^2}\mathrm{d}y\right]$$

$$=\frac{1}{m_1}\left[\int_{\frac{R}{2}}^{\frac{7}{8}R}(y-R)\sigma\cdot 2\sqrt{\frac{1}{4}R^2-(y-R)^2}\mathrm{d}y+\int_{\frac{R}{2}}^{\frac{7}{8}R}R\cdot\sigma\cdot 2\sqrt{\frac{1}{4}R^2-(y-R)^2}\mathrm{d}y\right.$$

$$\left.+\int_{\frac{7}{8}R}^{R}y\cdot\sigma\cdot 2\sqrt{R^2-y^2}\mathrm{d}y\right]$$

$$=0.766R$$

被挖去的圆心在 B 的小圆板的质量

$$m_2=\sigma\pi\left(\frac{R}{2}\right)^2=\frac{1}{4}\sigma\pi R^2,\quad y_{2\mathrm{c}}=-\frac{1}{2}R$$

所要求的薄板质量为

$$m = \sigma \pi R^2 - m_1 - m_2 = 2.005\sigma R^2$$

其质心，由对称性可知，$x_c = 0, y_c$ 待求.

三部分的质量 $m + m_1 + m_2 = \sigma \pi R^2$，质心位于 $x = 0, y = 0$ 处.

由质心的定义，

$$\sigma \pi R^2 \cdot 0 = 2.005\sigma R^2 y_c + 0.351\sigma R^2 \times 0.766R + \frac{1}{4}\sigma \pi R^2 \left(-\frac{1}{2}R\right)$$

$$y_c = \frac{1}{2.005}\left[\frac{1}{8}\pi - 0.351 \times 0.766\right]R = 0.062R$$

所以薄板的质心坐标为 $x_c = 0$、$y_c = 0.062R$.

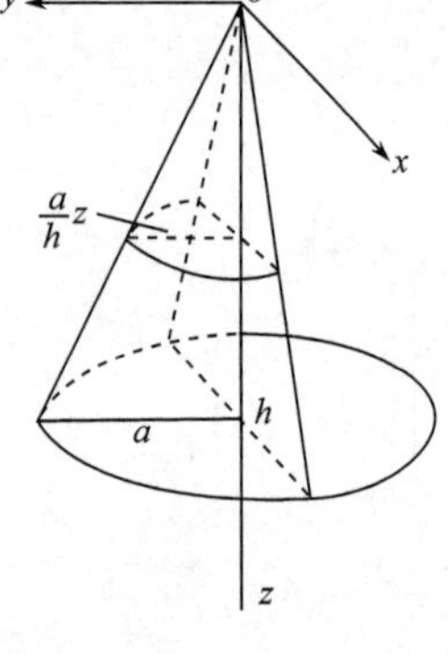

图 6.8

6.1.5 正圆锥体底面的半径为 a，今用一通过其对称轴的平面将它等分为二. 证明任一半的质心和该轴的距离为 $\dfrac{a}{\pi}$.

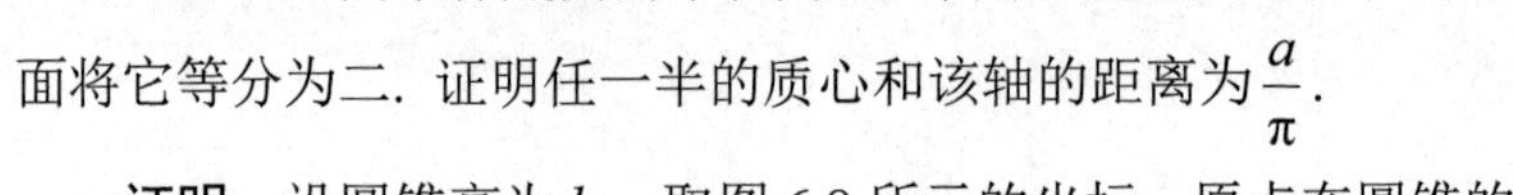

证明 设圆锥高为 h，取图 6.8 所示的坐标，原点在圆锥的顶点，z 轴为对称轴，y 轴垂直于将正圆锥平分的平面.

设密度为 $\rho, z \sim z + \mathrm{d}z$ 质元的质量为

$$\mathrm{d}m = \rho \cdot \frac{1}{2}\pi \left(\frac{a}{h}z\right)^2 \mathrm{d}z$$

半正圆锥的质量为

$$m = \int_0^h \rho \cdot \frac{1}{2}\pi \left(\frac{a}{h}z\right)^2 \mathrm{d}z = \frac{1}{6}\rho \pi a^2 h$$

上述质元的质心的 y 坐标是 z 的函数，标为 $y_c(z)$.用柱坐标，

$$y_c(z) = \frac{1}{\mathrm{d}m}\int r\sin\varphi \cdot \rho r \mathrm{d}r \mathrm{d}\varphi \mathrm{d}z = \frac{\rho}{\mathrm{d}m}\left[\int_0^{\frac{a}{h}z} r^2 \mathrm{d}r \int_0^{\pi} \sin\varphi \mathrm{d}\varphi\right]\mathrm{d}z = \frac{4}{3\pi}\frac{a}{h}z$$

半正圆锥的质心离对称轴的距离为 y_c，

$$y_c = \frac{1}{m}\int_0^h y_c(z) \cdot \rho \cdot \frac{1}{2}\pi \left(\frac{a}{h}z\right)^2 \mathrm{d}z$$

$$= \frac{1}{m} \cdot \frac{4}{3\pi}\rho \cdot \frac{1}{2}\pi \left(\frac{a}{h}\right)^3 \cdot \frac{1}{4}h^4 = \frac{1}{m} \cdot \frac{1}{6}\rho a^3 h = \frac{a}{\pi}$$

6.1.6 证明一个均质的三角形薄板的质心与位于该三角形三个顶点有相等质量的质点系统的质心重合.

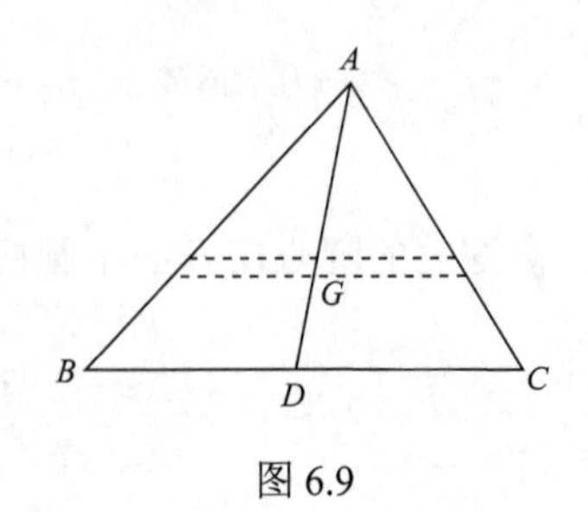

图 6.9

证明 均质三角形薄板的质心位于三角形的重心，它是三条中线的交点. 这是不难证明的. 用一系列平行于 BC 的直线将三角形分成无数个狭条质元，每个质元的质心均位于中线 AD 上，可见均质三角形的质心必在 AD 上，同样可证质心必在中线 BE 、CF (图 6.9 中未画)上，这就证明了均质

三角形的质心位于三角形的重心.

在三角形三个顶点 A、B、C 各有质量为 m 的质点系统的质心求法如下：先求 B、C 处两个质量为 m 的质点系统的质心，显然它位于 BC 的中点 D 处. A、B、C 处各有质量为 m 的质点系统的质心等于 A 处有质量为 m 的质点和在 D 处有质量为 $2m$ 的质点系统的质心，后者的质心显然在 AD 线上的 G 点，$DG=\frac{1}{2}AG$.G 点正是三角形的重心.

这里两个系统的质心重合，并不意味着两个系统动力学等效，下章将涉及两个系统的动力学等效的问题.

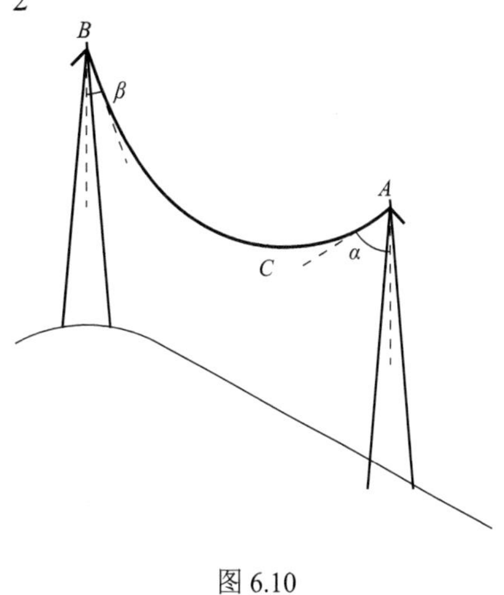

图 6.10

6.1.7　山坡上两相邻高压塔 A、B 之间架有匀质粗铜线. 平衡时铜线下垂，如图 6.10 所示. C 是弧线的最低点. 已知弧线 BC 的长度是 AC 的 3 倍，左塔 B 处铜线切线与竖直方向的夹角 $\beta=\frac{\pi}{6}$. 问右塔 A 处铜线切线与竖直方向的夹角 α 多大？

解　设铜线质量为 m，A、B 两端的张力分别为 T_A、T_B，铜线 AB 平衡时，各点张力的水平分量相等.

$$T_A\sin\alpha=T_B\sin\beta$$

C 点是铜线的最低点. C 点的张力只有水平分量. 分别写 AC、BC 段铜线竖直方向的平衡条件.

$$T_A\cos\alpha=\frac{1}{4}mg$$

$$T_B\cos\beta=\frac{3}{4}mg$$

联立以上三式可得

$$\tan\alpha=3\tan\beta=3\tan\frac{\pi}{6}$$

$$\alpha=\arctan\alpha=\frac{\pi}{3}$$

6.1.8　如图 6.11 所示，修理街道电网用的迁移式转动起重机安装在质量为 1t 的自动车上，质量 200kg 的起重机的摇架 K 装在质量 100kg、杆长 4m 的杆 L 上. 可绕与图面垂直的水平轴 O 转动. 摇架的质心 C 离轴 O 的距离 $OC=3.5\text{m}$.

(1) 开始起重机杆 L 处于水平位置，自动车处于静止. 求起重机杆转过 60°时，未上闸的自动车移动的距离，运动时所受阻力均可不计；

(2) 自动车上了闸，起重机杆从水平位置以恒定的角速度 ω=0.02rad · s^{-1} 转到 60°期间，靠地面的摩擦力，自动车保持不动. 求在此期间摩擦力给予的冲量；

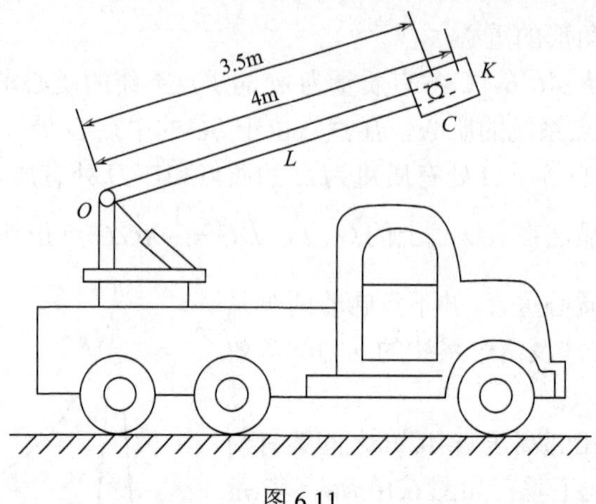

图 6.11

(3) 若摩擦因数 $\mu = 0.1$，要在转动过程中保持自动车不动，对转动角速度 ω 有何限制?

解　(1) 因水平方向未受外力作用，由质心运动定理，系统质心的水平位置保持不变. 设自动车在此过程中向前移动的距离为 Δs，则

$$1000\Delta s + 200\left[\Delta s - 3.5(1-\cos 60°)\right] + 100\left[\Delta s - \frac{1}{2}\cdot 4(1-\cos 60°)\right] = 0$$

$$\Delta s = \frac{(200\times 3.5 + 100\times 2)(1-0.5)}{1000+200+100} = 0.346(\text{m})$$

(2) 由质点系的动量定理，摩擦力给予系统的冲量 I 等于系统的水平方向动量的增量，设向后方向的冲量为正，

$$I = 100\times\frac{4}{2}\times 0.02\sin 60° + 200\times 3.5\times 0.02\sin 60° = 15.6(\text{N}\cdot\text{s})$$

(3) 在转动过程中，系统的动量为

$$\boldsymbol{p} = \left(100\cdot\frac{4}{2}\omega + 200\cdot 3.5\omega\right)(\sin\theta\boldsymbol{i} + \cos\theta\boldsymbol{j}) = 900\omega(\sin\theta\boldsymbol{i} + \cos\theta\boldsymbol{j})$$

这里 $\boldsymbol{i}$ 是水平向后方向的单位矢量，$\boldsymbol{j}$ 是竖直向上方向的单位矢量.

由质点系的动量定理，

$$\frac{\mathrm{d}\boldsymbol{p}}{\mathrm{d}t} = f\boldsymbol{i} + \left[N - (1000+200+100)\times 9.8\right]\boldsymbol{j}$$

其中 f 是地面施以的摩擦力，N 是地面施以的支持力.

$$\frac{\mathrm{d}\boldsymbol{p}}{\mathrm{d}t} = 900\omega^2(\cos\theta\boldsymbol{i} - \sin\theta\boldsymbol{j})$$

所以

$$f = 900\omega^2\cos\theta$$
$$N = (1000+200+100)\times 9.8 - 900\omega^2\sin\theta$$

在 θ 从 0～60°的区间内，均应有

$$f \leqslant \mu N$$

即

$$900\omega^2 \cos\theta \leqslant 0.1\left(1300 \times 9.8 - 900\omega^2 \sin\theta\right)$$

$$\omega^2 \leqslant \frac{0.1 \times 1300 \times 9.8}{900\cos\theta + 90\sin\theta}$$

$$\omega_{\max}^2 = \frac{0.1 \times 1300 \times 9.8}{\left(900\cos\theta + 90\sin\theta\right)\big|_{\max}}$$

其中$\left(900\cos\theta + 90\sin\theta\right)\big|_{\max}$表示在$\theta = 0\sim 60°$区间内$900\cos\theta + 90\sin\theta$的最大值，这个最大值的$\theta$由下式确定：

$$\frac{\mathrm{d}}{\mathrm{d}\theta}\left(900\cos\theta + 90\sin\theta\right) = 0$$

解出

$$\theta = \arctan 0.1 = 5.71°$$

$$\omega_{\max}^2 = \frac{0.1 \times 1300 \times 9.8}{900\cos 5.71° + 90\sin 5.71°} = 1.408\left(\mathrm{rad/s}\right)^2$$

$$\omega_{\max} = 1.18\mathrm{rad/s}$$

最后一位数字只舍不入，$\sqrt{1.41} = 1.187$，不能取 1.19，转动角速度不能超过$\omega_{\max}$.

6.1.9　一火箭垂直向上发射，当它达到最高点时炸裂成三个等质量的碎片. 观察到其中一块碎片经时间t_1垂直地落到地上，而其他两块碎片在炸裂后的t_2时刻落到地上，求炸裂时离地面的高度.

解　火箭到达最高点时，速度为零. 炸裂成三块，由质点系动量守恒，总动量为零.

$$m_1\boldsymbol{v}_1 + m_2\boldsymbol{v}_2 + m_3\boldsymbol{v}_3 = 0$$

三块质量相等，$m_1 = m_2 = m_3$，所以

$$\boldsymbol{v}_1 + \boldsymbol{v}_2 + \boldsymbol{v}_3 = 0$$

取z轴沿竖直方向，原点在炸裂点，向下为正，在竖直方向动量守恒，

$$v_{1z} + v_{2z} + v_{3z} = 0 \tag{1}$$

设炸裂处离地面的高度为h，则

$$h = v_{1z}t_1 + \frac{1}{2}gt_1^2 \tag{2}$$

$$h = v_{2z}t_2 + \frac{1}{2}gt_2^2 \tag{3}$$

$$h = v_{3z}t_2 + \frac{1}{2}gt_2^2 \tag{4}$$

由式(3)、式(4)可得

$$v_{2x} = v_{3z}$$

将上式代入式(1)，

$$v_{2z} = -\frac{1}{2}v_{1z} \tag{5}$$

用式(5)，式(3)可改写为

$$h=-\frac{1}{2}v_{1z}t_2+\frac{1}{2}gt_2^2 \tag{6}$$

式(2)×t_2+式(6)×$2t_1$，解出

$$h=\frac{gt_1t_2\left(t_1+2t_2\right)}{2\left(2t_1+t_2\right)}$$

6.1.10　以下各量均用万有引力常数G、距离L和质量表示：

(1)相距为L的某一等质量$(M_1=M_2=M)$双星的转动周期；

(2)相距为L的某一不等质量$(M_1\neq M_2)$双星的转动周期；

(3)边长为L的某一等质量等边三角形三星的转动周期；

(4)某一不等质量($M_1\neq M_2\neq M_3$)的等边(边长为L)三角形三星的转动周期.

解　(1)双星系统的质心位于两星连线的中点，用质心平动参考系，对一个星写牛顿第二定律的法向方程

$$\frac{Mv^2}{\frac{1}{2}L}=G\frac{M^2}{L^2}$$

$$v^2=\frac{GM}{2L}$$

$$T=\frac{2\pi\cdot\frac{1}{2}L}{v}=\pi L\sqrt{\frac{2L}{GM}}$$

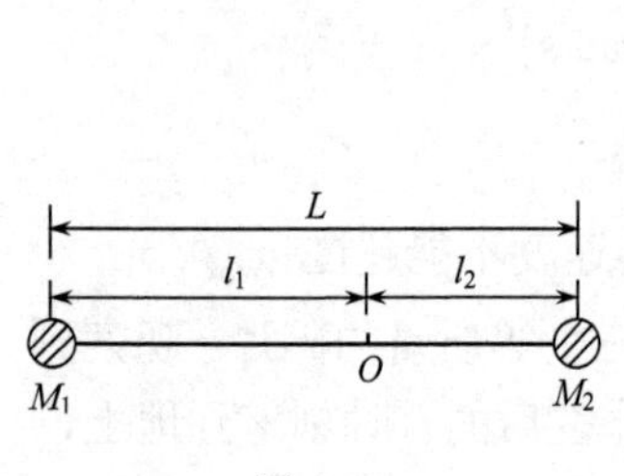

图 6.12

(2)双星系统的质心距两星的距离l_1、l_2如图6.12所示，

$$l_1=\frac{M_2}{M_1+M_2}L,\quad l_2=\frac{M_1}{M_1+M_2}L$$

用质心平动参考系，

$$\frac{M_1v_1^2}{l_1}=G\frac{M_1M_2}{L^2}$$

$$v_1^2=\frac{GM_2}{L^2}l_1=\frac{GM_2}{L^2}\cdot\frac{M_2}{M_1+M_2}L=\frac{GM_2^2}{(M_1+M_2)L}$$

$$T=\frac{2\pi l_1}{v_1}=2\pi\frac{M_2}{M_1+M_2}L\cdot\sqrt{\frac{(M_1+M_2)L}{GM_2^2}}=2\pi L\sqrt{\frac{L}{G(M_1+M_2)}}$$

(3)三星系统的质心与每个星的距离为

$$l=\frac{2}{3}\sqrt{L^2-\left(\frac{1}{2}L\right)^2}=\frac{\sqrt{3}}{3}L$$

每个星受到另两个星的作用力为

$$f=2G\frac{M^2}{L^2}\cos 30^\circ=\sqrt{3}\,\frac{GM^2}{L^2}$$

$$\frac{Mv^2}{l} = f = \sqrt{3}\frac{GM^2}{L^2}$$

$$v^2 = \sqrt{3}\frac{GM}{L^2}l = \sqrt{3}\frac{GM}{L^2}\frac{\sqrt{3}}{3}L = \frac{GM}{L}$$

$$T = \frac{2\pi l}{v} = \frac{2\sqrt{3}}{3}\pi L\sqrt{\frac{L}{GM}}$$

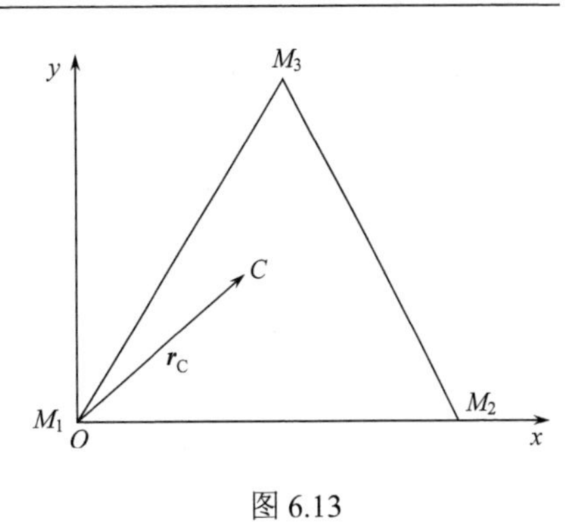

图 6.13

(4)取图 6.13 所示的x、y坐标，三个星的坐标分别为$M_1(0,0)$， $M_2(L,0), M_3\left(\frac{L}{2},\frac{\sqrt{3}}{2}L\right)$.

由质心的定义，质心C点的位矢

$$\boldsymbol{r}_C = \frac{\sum_{i=1}^{3}M_i\boldsymbol{r}_i}{\sum_{i=1}^{3}M_i} = \frac{1}{M_1+M_2+M_3}\left(M_2L\boldsymbol{i} + \frac{1}{2}M_3L\boldsymbol{i} + \frac{\sqrt{3}}{2}M_3L\boldsymbol{j}\right)$$

$$= \frac{L}{M_1+M_2+M_3}\left[\left(M_2 + \frac{1}{2}M_3\right)\boldsymbol{i} + \frac{\sqrt{3}}{2}M_3\boldsymbol{j}\right]$$

设$\boldsymbol{f}_{12}$、$\boldsymbol{f}_{13}$分别为M_2星、M_3星对M_1星的作用力，

$$\boldsymbol{f}_{12} = G\frac{M_1M_2}{L^2}\boldsymbol{i}$$

$$\boldsymbol{f}_{13} = G\frac{M_1M_3}{L^2}\left(\frac{1}{2}\boldsymbol{i} + \frac{\sqrt{3}}{2}\boldsymbol{j}\right)$$

其合力为

$$\boldsymbol{f}_1 = \boldsymbol{f}_{12} + \boldsymbol{f}_{13} = \frac{GM_1}{L^2}\left[\left(M_2 + \frac{1}{2}M_3\right)\boldsymbol{i} + \frac{\sqrt{3}}{2}M_3\boldsymbol{j}\right]$$

比较$\boldsymbol{f}_1$与$\boldsymbol{r}_C$可知，$\boldsymbol{f}_1$作用线通过质心. 同样可证作用于M_2星的合力$\boldsymbol{f}_2$、作用于M_3星的合力$\boldsymbol{f}_3$的作用线均通过质心C. 三个星保持等距L围绕质心C做恒定角速度的转动.

用质心平动参考系，

$$\frac{M_1v_1^2}{r_C} = f_1 \tag{1}$$

$$r_C = |\boldsymbol{r}_C| = \frac{L}{M_1+M_2+M_3}\sqrt{\left(M_2+\frac{1}{2}M_3\right)^2 + \left(\frac{\sqrt{3}}{2}M_3\right)^2} \tag{2}$$

$$f_1 = |f_1| = \frac{GM_1}{L^2}\sqrt{\left(M_2+\frac{1}{2}M_3\right)^2 + \left(\frac{\sqrt{3}}{2}M_3\right)^2} \tag{3}$$

将式(2)、式(3)代入式(1)，解出 v_1^2 得

$$v_1^2=\frac{1}{M_1}r_{\mathrm{C}}f_1=\frac{G}{(M_1+M_2+M_3)L}\left[\left(M_2+\frac{1}{2}M_3\right)^2+\frac{3}{4}M_3^2\right]$$

$$T=\frac{2\pi r_{\mathrm{c}}}{v_1}=\frac{2\pi L}{M_1+M_2+M_3}\sqrt{\left(M_2+\frac{1}{2}M_3\right)^2+\frac{3}{4}M_3^2}$$

$$\times\sqrt{\frac{(M_1+M_2+M_3)L}{G}\frac{1}{\left[\left(M_2+\frac{1}{2}M_3\right)^2+\frac{3}{4}M_3^2\right]}}$$

$$=2\pi L\sqrt{\frac{L}{G(M_1+M_2+M_3)}}$$

6.1.11　一质量为 M 的有轨平板车能无摩擦地在一条水平直轨道上运动. 初始时刻，N 个质量均为 m 的人站在静止的平板车上.

(1) 这 N 个人一起跑向车的一头，并且同时跳下车，在跳下车前的瞬时，他们相对于车子的速度为 v_r，求这 N 个人跳下后平板车的速度；

(2) 如果这 N 个人是一个接一个地跑离车子(每次仅有一个在跑). 每个人在跳下车前相对于车子的速度都为 v_r. 求这车子的最终速度；

(3) 在上述两种情况下，哪种情况下车子达到的速度大?

解　(1) 取地面为参考系，设最终平板车的速度为 v，沿人跑的反方向为正，由动量守恒，

$$Mv+Nm(v-v_r)=0$$

$$v=\frac{Nm}{M+Nm}v_r$$

(2) 设 v_n 表示车子上有 n 个人时的车速，则再跳下一个人时的车速为 v_{n-1}，在此过程中系统(包括车子和这 n 个人)动量守恒，

$$Mv_{n-1}+(n-1)mv_{n-1}+m(v_{n-1}-v_r)=Mv_n+nmv_n$$

$$v_{n-1}=v_n+\frac{mv_r}{M+nm}$$

考虑到最后的车速为 v_0，最初的车速为 $v_N=0$，

$$v_0=\sum_{n=1}^{N}\frac{mv_r}{M+nm}$$

(3) 因为 $M+nm<M+Nm(n<N)$，

$$\sum_{n=1}^{N}\frac{mv_r}{M+nm}>\frac{Nmv_r}{M+Nm}$$

可见，第二种情况车子达到的速度较大.

6.1.12　证明质量为M的飞机在水平航线上飞行时落下一个质量为m的炸弹时，飞机将有一个向上的加速度mg/M.

证明　设飞机和炸弹系统受到向上的力为N，在水平航线上飞行时，

$$N-(m+M)g=0$$
$$N=(m+M)g$$

落炸弹时，飞机并未给予炸弹作用力(炸弹落下时的初速度沿水平方向)，设落下炸弹时飞机有向上方向的加速度a，则

$$Ma=N-Mg=(m+M)g-Mg=mg,$$
$$a=mg/M$$

6.1.13　水从 5m 高处以每分钟 60kg 的速率注入静放在地上的桶中，桶的质量为12kg. 求水注入一分钟时桶受到地面的作用力.

解法一　分别考虑不同的系统，用动量定理.

设在$t\sim t+\mathrm{d}t$时间内，已注入桶内的水对在此期间注入的水的作用力为F（向上为正)，对在此期间注入的水用动量定理，

$$(F-g\mathrm{d}m)\mathrm{d}t=\mathrm{d}m\left[0-\left(-\sqrt{2gh}\right)\right]$$

略去二级小量$g\mathrm{d}m\mathrm{d}t$，得

$$F=\sqrt{2gh}\frac{\mathrm{d}m}{\mathrm{d}t}$$

再对t时刻静放在地面上的包括在此前已注入的水的水桶用牛顿运动第二定律，它受到重力、地面的作用力N(规定向上为正)和将注入的水的作用力F（它是上面求的$\boldsymbol{F}$的反作用力，向下)，加速度为零，

$$F+\left(M+\frac{\mathrm{d}m}{\mathrm{d}t}\cdot t\right)g-N=0$$
$$N=F+Mg+\frac{\mathrm{d}m}{\mathrm{d}t}gt=\left(\sqrt{2gh}+gt\right)\frac{\mathrm{d}m}{\mathrm{d}t}+Mg$$

$t=1\mathrm{min}$时，

$$N=\left(\sqrt{2\times 9.8\times 5}+9.8\times 60\right)\times\frac{60}{60}+12\times 9.8=715(\mathrm{N})$$

解法二　作为变质量质点的运动问题.

取t时刻的水桶和已注入的水为本体，公式

$$m\frac{\mathrm{d}v}{\mathrm{d}t}+(v-u)\frac{\mathrm{d}m}{\mathrm{d}t}=F_m^{(e)}+F_{\mathrm{d}m}^{(e)}$$

中

$$m = M + \frac{\mathrm{d}m}{\mathrm{d}t} \cdot t, \quad v = 0, \quad \frac{\mathrm{d}v}{\mathrm{d}t} = 0$$

$$u = \sqrt{2gh} \quad (\text{规定向下为正})$$

$$F_m^{(e)} = \left(M + \frac{\mathrm{d}m}{\mathrm{d}t} t\right) g - N$$

$$F_{\mathrm{d}m}^{(e)} = 0, \quad \frac{\mathrm{d}m}{\mathrm{d}t} = 1\mathrm{kg/s}, \quad M = 12\mathrm{kg}$$

$$t = 60\mathrm{s}$$

可得

$$N = \left(M + \frac{\mathrm{d}m}{\mathrm{d}t} \times 60\right) g + \sqrt{2gh} \frac{\mathrm{d}m}{\mathrm{d}t} = 715\mathrm{N}$$

6.1.14 质量为m_A与m_B的两个小球A和B，用不可伸长的轻绳相连，静止在水平面上. 绳子拉紧时，给B球一个冲量$\boldsymbol{I}$，$\boldsymbol{I}$的方向与AB成α角，$\alpha < \frac{\pi}{2}$，如图 6.14 所示. 已知冲击后B的速度$\boldsymbol{v}_B$之大小，求$\boldsymbol{v}_B$的方向和冲量$\boldsymbol{I}$的大小.

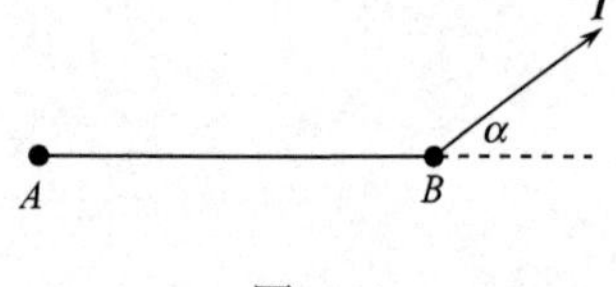

图 6.14

解 设$\boldsymbol{v}_B$的方向与AB线的夹角为β，由动量守恒，

$$m_A v_A + m_B v_B \cos\beta = I\cos\alpha \tag{1}$$

$$m_B v_B \sin\beta = I\sin\alpha \tag{2}$$

因绳子不可伸长，

$$v_A = v_B \cos\beta \tag{3}$$

将式(3)代入式(1)，再用式(2)消去v_B，得

$$\frac{m_B}{m_A + m_B}\tan\beta = \tan\alpha$$

$$\beta = \arctan\left(\frac{m_A + m_B}{m_B}\tan\alpha\right)$$

$$\cos\beta = 1/\sqrt{1+\tan^2\beta} = \frac{m_B}{\sqrt{m_B^2 + (m_A + m_B)^2\tan^2\alpha}}$$

$$\sin\beta = \cos\beta \cdot \tan\beta = \frac{(m_A + m_B)\tan\alpha}{\sqrt{m_B^2 + (m_A + m_B)^2\tan^2\alpha}}$$

$$I = \frac{1}{\sin\alpha} m_B v_B \sin\beta = \frac{m_B(m_A + m_B)v_B}{\cos\alpha\sqrt{m_B^2 + (m_A + m_B)^2\tan^2\alpha}}$$

$$=\frac{m_B(m_A+m_B)v_B}{\sqrt{(m_A+m_B)^2\sin^2\alpha+m_B^2\cos^2\alpha}}$$

6.1.15　扫雪机在水平路上以速度 15km / h 行驶，每分钟把质量为 30t 的雪抛到路旁，雪相对于雪铲的速度为 12m / s，并沿 45°角方向. 求路面与轮胎间的横向力，并求驱动扫雪机工件所需之牵引力.

解　因雪铲随扫雪机做匀速运动，用雪铲参考系，它是惯性参考系，以扫雪机和被铲的雪为系统. 设路面给予轮胎的横向力为F. 在t～$t+\mathrm{d}t$时间内用动量定理，

$$(30\times10^3/60)\mathrm{d}t\times12\sin45°=F\mathrm{d}t$$

$$F=500\times12\times\frac{\sqrt{2}}{2}=4.24\times10^3(\mathrm{N})$$

以静系为参考系，扫雪机工件和被铲的雪为系统，设驱动扫雪机工件所需之牵引力为f. 在$t\sim t+\mathrm{d}t$时间内沿扫雪机运动方向用动量定理，

$$Mv+\mathrm{d}m\cdot v-Mv=f\mathrm{d}t$$

式中M是扫雪机工件的质量，$\mathrm{d}m$是在此期间被扫的雪的质量，v是扫雪机的速度，

$$f=\frac{\mathrm{d}m}{\mathrm{d}t}\cdot v=\frac{30\times10^3}{60}\times\frac{15\times10^3}{3600}=2.08\times10^3(\mathrm{N})$$

这样计算有如下考虑：认为雪斜向抛出所需附加之力是由路面给予轮胎提供.

6.1.16　有m_1、m_2和m_3三质量受到它们的相互间万有引力的作用，如果最初这些质量位于边长为a的等边三角形的顶点，只要这些质量的初速是适当选择的，它们的位置就会连续确定一个边长为a以等角速ω转动的等边三角形. 求ω与m_1、m_2、m_3、a以及引力常数G的关系.

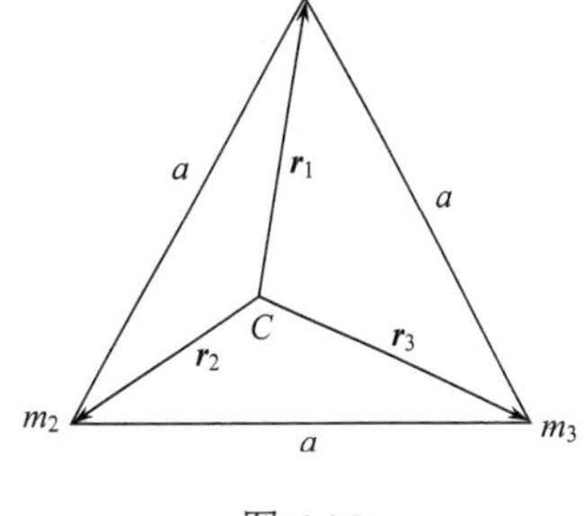

图 6.15

解　此题与 6.1.10(4)题相同，那里讲的三星系统自然是满足保持等边三角形且边长不变的条件的. 解 6.1.10(4)题用了坐标表示位矢和力. 这里不取坐标.

取质心平动参考系，各质量对质心的位矢如图 6.15 所示，

$$\begin{aligned}m_1\ddot{\boldsymbol{r}}_1&=\frac{Gm_1m_2}{a^2}\frac{\boldsymbol{r}_2-\boldsymbol{r}_1}{a}+\frac{Gm_1m_3}{a^2}\frac{\boldsymbol{r}_3-\boldsymbol{r}_1}{a}\\&=\frac{Gm_1m_2}{a^3}(\boldsymbol{r}_2-\boldsymbol{r}_1)+\frac{Gm_1m_3}{a^3}(\boldsymbol{r}_3-\boldsymbol{r}_1)+\frac{Gm_1^2}{a^3}\boldsymbol{r}_1-\frac{Gm_1^2}{a^3}\boldsymbol{r}_1\\&=\frac{Gm_1}{a^3}(m_1\boldsymbol{r}_1+m_2\boldsymbol{r}_2+m_3\boldsymbol{r}_3)-\frac{Gm_1}{a^3}(m_1+m_2+m_3)\boldsymbol{r}_1\end{aligned}$$

因为

$$m_1\boldsymbol{r}_1+m_2\boldsymbol{r}_2+m_3\boldsymbol{r}_3=(m_1+m_2+m_3)\boldsymbol{r}_\mathrm{c}=0$$

$$m_1\ddot{\boldsymbol{r}}_1=-\frac{Gm_1}{a^3}(m_1+m_2+m_3)\boldsymbol{r}_1$$

$$\ddot{\boldsymbol{r}}_1=-\frac{G(m_1+m_2+m_3)}{a^3}\boldsymbol{r}_1$$

质量为m_1的质点受到的合力是有心力，力始终指向质心. 这是在三个质点位于一等边三角形的三个顶点的情况下得出的结论，只要三个质点的初速合适，它们就可以做以质心为圆心保持原等边三角形的圆周运动、设圆周运动的角速度为ω，

$$m_1\omega^2 r_1=\frac{G(m_1+m_2+m_3)m_1}{a^3}r_1$$

$$\omega=\sqrt{\frac{G(m_1+m_2+m_3)}{a^3}}$$

所谓三个质点的初速度合适，是指在质心平动参考系中三个质点的速率分别为ωr_1、ωr_2和ωr_3，方向均与它们与质心的连线垂直，均指向顺时针方向或均指向逆时针方向，对系统质心在静参考系中的速度没有任何要求.

6.1.17 一个仅由自身引力保持在一起的小天体. 如果它非常靠近大质量体的话，可以被这个大天体引起的潮汐力所分裂. 求一个直径为 1km、密度为$\rho=2\text{g/cm}^3$的小天体围绕地球做圆周运动而不被拉散的圆周极限半径. 已知地球质量$M=5.97\times10^{27}\text{g}$.

解 把随地球中心平动的参考系视为惯性系，小天体围绕地球中心做圆周运动. 设圆周运动的半径为l时，刚好小天体的各处质元不被地球引力拉散，因此l就是所求的极限半径.

如图 6.16 所示，O、C分别是地球和小天体的中心. 考虑OC连线上离C点x处一质元，质量为Δm.

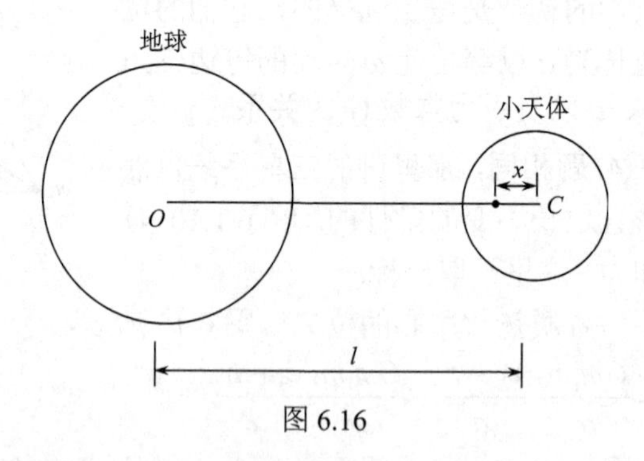

图 6.16

由刚好不被拉散的条件，地球对它的向左的引力与小天体对它向右的引力的合力应提供它围绕O做圆周运动所需的向心力.

$$\Delta m(l-x)\omega^2=\frac{GM\Delta m}{(l-x)^2}-\frac{G\Delta m}{x^2}\cdot\frac{4}{3}\pi x^3\rho \tag{1}$$

写小天体对质元的作用力时用了关于万有引力的“高斯定理”.

ω也是小天体绕O点做圆周运动的角速度，设小天体质量为m.

$$ml\omega^2=\frac{GMm}{l^2}$$

$$\omega^2 = \frac{GM}{l^3} \tag{2}$$

将式(2)代入式(1)，

$$l\left(1-\frac{x}{l}\right)\frac{GM}{l^3} = \frac{GM}{l^2}\left(1-\frac{x}{l}\right)^{-2} - \frac{4}{3}\pi\rho Gx$$

因为

$$x \ll l, \quad \left(1-\frac{x}{l}\right)^{-2} \approx 1+\frac{2x}{l}$$

所以

$$\frac{M}{l^2} - \frac{M}{l^3}x = \frac{M}{l^2} + \frac{2M}{l^3}x - \frac{4}{3}\pi\rho x$$

$$\frac{4}{3}\pi\rho x = \frac{3M}{l^3}x$$

$$l = \left(\frac{9M}{4\pi\rho}\right)^{1/3} = \left(\frac{9\times 5.97\times 10^{27}}{4\pi\times 2}\right)^{1/3} = 1.29\times 10^9\,\text{cm} = 1.29\times 10^4\,\text{km}$$

当x取负值时，上述l同样适用，说明在小天体上OC连线的外侧的质元也刚好不被拉散.

再考虑不在OC及其延长线上的质元，考虑图6.17中的P点的质元Δm. 设在平行于OC方向不受小天体互相挤压的力. 在这个方向上写牛顿运动第二定律的分量方程，

$$\Delta m\sqrt{(l-x)^2+y^2}\,\omega^2\cos\theta$$

$$= \frac{GM\Delta m}{(l-x)^2+y^2}\cos\theta - \frac{4}{3}\pi\left(\sqrt{x^2+y^2}\right)^3\rho G\frac{\Delta m}{x^2+y^2}\cos\varphi$$

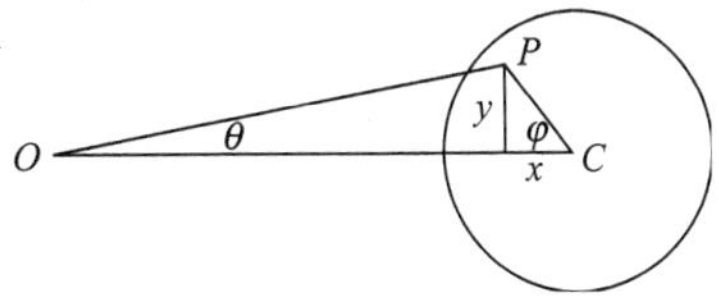

图 6.17

其中

$$\cos\theta = \frac{l-x}{\sqrt{(l-x)^2+y^2}}, \quad \cos\varphi = \frac{x}{\sqrt{x^2+y^2}}$$

代入$\omega^2 = \dfrac{GM}{l^3}$,可得

$$\frac{GM}{l^3}(l-x) = \frac{GM(l-x)}{\left[(l-x)^2+y^2\right]^{3/2}} - \frac{4}{3}\pi\rho Gx$$

$$\frac{M}{l^2} - \frac{M}{l^3}x = \frac{M}{l^2}\left(1-\frac{x}{l}\right)\left[\left(1-\frac{x}{l}\right)^2+\frac{y^2}{l^2}\right]^{-3/2} - \frac{4}{3}\pi\rho x$$

略去二级及二级以上小量

$$\left(1-\frac{x}{l}\right)\left[\left(1-\frac{x}{l}\right)^2+\frac{y^2}{l^2}\right]^{-3/2}=\left(1-\frac{x}{l}\right)\left(1-\frac{2x}{l}+\frac{x^2+y^2}{l^2}\right)^{-3/2}$$

$$\approx\left(1-\frac{x}{l}\right)\left(1+\frac{3x}{l}\right)\approx 1+\frac{2x}{l}$$

$$\frac{M}{l^2}-\frac{M}{l^3}x=\frac{M}{l^2}\left(1+\frac{2x}{l}\right)-\frac{4}{3}\pi\rho x$$

$$\frac{3M}{l^3}=\frac{4}{3}\pi\rho,\quad l=\left(\frac{9M}{4\pi\rho}\right)^{1/3}$$

得到与前面同样的结论，说明不在 OC 及其延长线上的小天体质元，在平行于 OC 的方向无除万有引力以外的力.

比较质元的质量乘加速度在垂直于 OC 方向的分量，与地球、小天体对它的万有引力的合力在这方向的分量可见，OC 两边的质元除受到万有引力外还受到小天体周围质元给予的垂直于 OC 背向 OC 线的力，换句话说，P 点质元对周围质元有向 OC 方向挤压的力，存在这个方向的力，小天体不会散开.

思考题：小天体围绕地球作圆周运动的半径大于还是小于这个极限半径时将被拉散？

6.1.18　拉格朗日点是在两个天体引力作用下，能使小物体保持相对静止的点. 它在天文学、空间物理等领域具有重要意义.

质量为 m 的行星沿半径为 R 的圆形轨道绕质量为 M 的恒星运动，从行星上发射质量为 μ 的人造行星. 要使它绕恒星作圆周运动. 且环绕周期和行星的公转周期一致. 这样的轨道有几个，它们都是稳定的吗？已知 $M\gg m\gg\mu$.

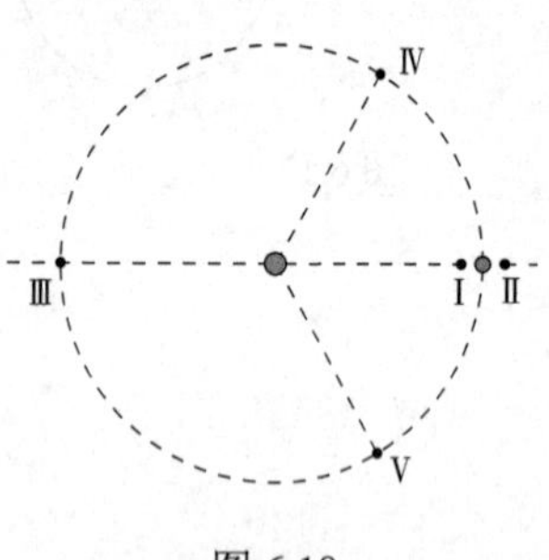

图 6.18

解　对于恒星行星系统，要发射的人造行星环绕恒星作圆周运动，环绕周期和行星的公转周期相同，其轨道必在恒星行星所确定的平面内，且两星对人造行星的合力方向指向两星(严格讲三星)的质心，下面将说明这样的轨道共有两类五个轨道. 如图 6.18 所示，其中Ⅰ、Ⅱ、Ⅲ的轨道总处在恒星、行星的连线上是一类，另一类Ⅳ、Ⅴ的轨道不在恒星、行星连线上.

现考虑图中标为“Ⅰ”的轨道，设距行星距离为 x，绕恒星作圆周运动的周期与行星公转周期相等.

牛顿第二定律方程为

$$\mu\omega^2(R-x)=\frac{GM\mu}{(R-x)^2}-\frac{Gm\mu}{x^2}$$

其中 R 是行星绕恒星作圆周运动的半径，ω 是行星公转的角速度，$\omega^2=\dfrac{GM}{R^3}$.

$$\frac{GM}{R^2}\left(1-\frac{x}{R}\right)=\frac{GM}{R^2\left(1-\frac{x}{R}\right)^2}-\frac{Gm}{x^2}$$

由于 $x \ll R$， $\frac{x}{R} \ll 1$，取一级近似，只保留 $\frac{x}{R}$ 的一阶项.

$$\frac{GM}{R^2}\left(1-\frac{x}{R}\right)=\frac{GM}{R^2}\left(1+\frac{2x}{R}\right)-\frac{Gm}{x^2} \tag{1}$$

给出

$$\frac{3Mx}{R^3}=\frac{m}{x^2}$$

也就是

$$x=R\left(\frac{m}{3M}\right)^{1/3} \tag{2}$$

对于太阳和地球 $x \sim \frac{1}{100}R$. 人造行星绕恒星作圆周运动的半径为

$$R-x=R\left[1-\left(\frac{m}{3M}\right)^{1/3}\right]$$

下面分析该轨道的稳定性. 设人造行星的轨道半径减少 Δx. 此时人造行星受恒星、行星的合力为

$$\begin{aligned}F&=\frac{GM\mu}{\left[R-(x+\Delta x)\right]^2}-\frac{Gm\mu}{(x+\Delta x)^2}\\&\approx\frac{GM\mu}{R^2}\left[1+\frac{2(x+\Delta x)}{R}\right]-\frac{Gm\mu}{x^2}\left(1-\frac{2\Delta x}{x}\right)=\frac{GM\mu}{R^2}\left(1-\frac{x}{R}\right)+\frac{2GM\mu}{R^3}\Delta x+\frac{2Gm\mu}{x^3}\Delta x\end{aligned} \tag{3}$$

在此位置所需向心力

$$F_n=\mu\omega^2\left[R-(x+\Delta x)\right]=\frac{GM\mu}{R^2}\left(1-\frac{x+\Delta x}{R}\right)$$

从而

$$\begin{aligned}F-F_n&=\frac{GM\mu}{R^2}\left(1-\frac{x}{R}\right)+\frac{2GM\mu}{R^3}\Delta x+\frac{2Gm\mu}{x^3}\Delta x-\frac{GM\mu}{R^2}\left(1-\frac{x+\Delta x}{R}\right)\\&=\frac{3GM\mu}{R^3}\Delta x+\frac{2Gm\mu}{x^3}\Delta x=\frac{9GM\mu}{R^3}\Delta x\end{aligned} \tag{4}$$

上述计算中，用了式(1)得到式(3)，又用了式(2)得到式(4).

$F-F_n$ 总与 Δx 正负号相同，即 $\Delta x>0$ 时，指向恒星的合力大于所需向心力. 将使人造行星的轨道半径进一步减少，反之 $\Delta x<0$，则作用于人造行星的合力不足以提供所需的向心力. 轨道半径将进一步增大. 说明“Ⅰ”所示的轨道是不稳定的.

同样可以讨论标为“Ⅱ”的轨道，写出牛顿第二定律的方程

$$\mu\omega^2(R+x)=\frac{GM\mu}{(R+x)^2}+\frac{Gm\mu}{x^2}$$

作近似，只保留$\frac{x}{R}$的一阶项. 可得

$$x=\left(\frac{m}{3M}\right)^{1/3}R$$

也像上面那样讨论轨道的稳定性，结论也是不稳定的.

下面讨论标为“Ⅲ”的轨道，设x为人造行星离恒星的距离

$$\mu\omega^2(R+x)=\frac{GM\mu}{(R+x)^2}+\frac{Gm\mu}{(2R+x)^2}$$

用$\omega^2=\frac{GM}{R^3}$，作近似. 约去两边共同因子$G\mu$，得

$$\frac{M}{R^2}\left(1+\frac{x}{R}\right)=\frac{M}{R^2}\left(1-\frac{2x}{R}\right)+\frac{m}{4R^2}\left(1-\frac{x}{R}\right)$$

可解出

$$x=\frac{m}{12M+m}R$$

分析轨道Ⅲ的稳定性. 设人造行星轨道半径增大Δx. 受到的合力为

$$\begin{aligned}F&=\frac{GM\mu}{(R+x+\Delta x)^2}+\frac{Gm\mu}{(2R+x+\Delta x)^2}\\&=\frac{GM\mu}{R^2}\left[1-\frac{2(x+\Delta x)}{R}\right]+\frac{Gm\mu}{4R^2}\left[1-\frac{x+\Delta x}{R}\right]\\&=\frac{GM\mu}{R^2}\left(1+\frac{x}{R}\right)-\left(\frac{2GM\mu}{R^3}+\frac{Gm\mu}{4R^3}\right)\Delta x\end{aligned}$$

在此位置所需向心力

$$\begin{aligned}F_n&=\mu\omega^2\left[R+(x+\Delta x)\right]=\frac{GM\mu}{R^3}\cdot R\left(1+\frac{x+\Delta x}{R}\right)\\&=\frac{GM\mu}{R^2}\left(1+\frac{x}{R}\right)+\frac{GM\mu}{R^3}\Delta x\end{aligned}$$

从而

$$\begin{aligned}F-F_n&=\frac{GM\mu}{R^2}\left(1+\frac{x}{R}\right)-\left(\frac{2GM\mu}{R^3}+\frac{Gm\mu}{4R^3}\right)\Delta x-\frac{GM\mu}{R^2}\left(1+\frac{x}{R}\right)-\frac{GM\mu}{R^3}\Delta x\\&=-\left(\frac{3GM\mu}{R^3}+\frac{Gm\mu}{4R^3}\right)\Delta x\end{aligned}$$

$F-F_n$与Δx正负号相反. 说明轨道Ⅲ是稳定的.

另一类轨道，为图 6.18 中Ⅳ、Ⅴ所示，恒星、行星和人造行星构成一个等边三角形，三者各自所受的合力均指向三者的质心，均围绕质心作恒定的角速度转动，因而这种结构非常稳定. 在天体运动中，已发现存在着这样的“铁三角”，这里不再赘述了，可参看 6.1.9 题.

6.2　质点系的角动量定理和角动量守恒定律

6.2.1　半径为 R、质量为 M 的水平均质圆盘可绕通过其中心的铅垂轴无摩擦地转动.

(1) 若圆盘绕该轴以 Ω 的角速度转动，求圆盘对该轴的角动量；

(2) 质量为 m 的甲虫按 $s=\frac{1}{2}at^2$（a 为常量）的规律沿圆盘的边缘爬行，开始时两者都是静止的，求甲虫爬行后圆盘的角速度；

(3) 质量为 m 的甲虫从边缘上一点突然以对圆盘恒定的角速度 ω 作半径为 $\frac{1}{2}R$ 的圆周运动，开始两者都是静止的. 求甲虫突然爬行后圆盘的角速度.

解　(1) 取 $r\sim r+\mathrm{d}r$ 的圆环为质元，对通过圆心的垂直轴的角动量为

$$\mathrm{d}J=\frac{M}{\pi R^2}\cdot 2\pi r\mathrm{d}r\cdot r\Omega\cdot r=\frac{2M\Omega}{R^2}r^3\mathrm{d}r$$

$$J=\int\mathrm{d}J=\int_0^R\frac{2M\Omega}{R^2}r^3\mathrm{d}r=\frac{1}{2}MR^2\Omega$$

(2) 设 Ω 是圆盘的角速度，规定与甲虫爬行方向相反的转动角速度为正. 由角动量守恒，因开始甲虫、圆盘都是静止的，圆盘、甲虫的总角动量为零，

$$\frac{1}{2}MR^2\Omega+m\left(\Omega R-\frac{\mathrm{d}s}{\mathrm{d}t}\right)R=0$$

$$\left(\frac{1}{2}MR^2+mR^2\right)\Omega=matR$$

$$\Omega=\frac{2mat}{(M+2m)R}$$

(3) 当甲虫相对于圆盘转过 φ 角时，设此时圆盘的角速度为 Ω（其正负号规定同上问），甲虫的速度为相对速度 $\frac{1}{2}R\omega$（方向垂直于 $O'A$）和牵连速度 $v_e=\Omega R\cos\left(\frac{1}{2}\varphi\right)$（方向垂直于 OA）的矢量和（图 6.19）.

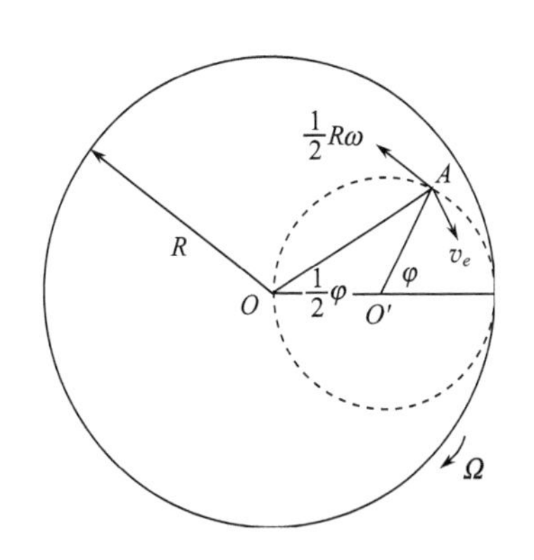

图 6.19

此时甲虫对 O 点的角动量为

$$m\left[R\cos\left(\frac{1}{2}\varphi\right)\right]^2\Omega-mR\cos\left(\frac{1}{2}\varphi\right)\cdot\frac{1}{2}R\omega\cos\left(\frac{1}{2}\varphi\right)$$

（规定垂直纸面向下的角动量为正.）

圆盘、甲虫系统对 O 点的角动量守恒，

$$\frac{1}{2}MR^2\Omega+m\left[R\cos\left(\frac{1}{2}\varphi\right)\right]^2\Omega-m\cdot\frac{1}{2}\omega\left[R\cos\left(\frac{1}{2}\varphi\right)\right]^2=0$$

解出 Ω，并代入 $\varphi=\omega t$，得

$$\Omega=\frac{m\cos^2\left(\frac{1}{2}\omega t\right)}{M+2m\cos^2\left(\frac{1}{2}\omega t\right)}\omega$$

6.2.2 一个半径为 a、质量为 m 的均质薄圆环可在竖直平面内围绕通过它的中心 O 的水平轴自由转动. 质量为 $m'=\frac{1}{2}m$ 的小白鼠 A 在环的最低点，整个系统开始处于静止状态. 从 $t=0$ 开始，小白鼠以相对于圆环以不变的速率 v 开始沿环爬行. 如图 6.20 所示.

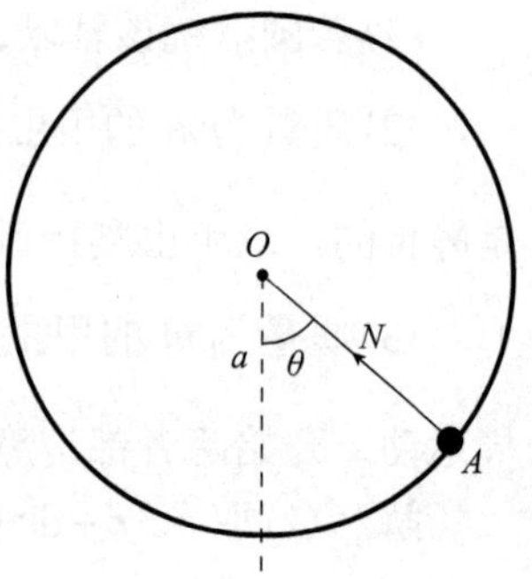

(1) 求圆环的初角速度；

(2) 写出图中 θ 满足的微分方程；

(3) 求圆环对小白鼠的作用力与 θ 的关系.

O a θ N A

图 6.20

解 (1) 设 $t=0$ 时，小白鼠以相对于圆环不变的速率 v 爬行时，环的转动角速度为 Ω_0 (顺时针转动为正). 则小白鼠相对于地面的速度为

$$v_0'=v-\Omega_0 a$$

对于圆环和小白鼠这个系统，从开始静止到小白鼠起跑. 圆环也获得角速度这个瞬间，受到的外力只是重力，作用线均通过轴心 O 点. 对轴心 O 的力矩为零，因此角动量守恒. 若规定垂直于纸面向上的角动量为正，

$$\frac{1}{2}mv_0'a-m\Omega_0a^2$$

两式联立，得

$$\Omega_0=\frac{v}{3a},\qquad v_0'=\frac{2}{3}v$$

(2) 设小白鼠位于 θ 角位置时，环的角速度为 Ω (顺时针方向)，相对于地面小白鼠的速度为 $v'=a\dot{\theta}$，也就是

$$v'=v-\Omega a$$

$$a\dot{\theta}=v-\Omega a,\qquad \Omega=\frac{v}{a}-\dot{\theta}$$

系统对 O 点的角动量

$$J=\frac{1}{2}mv'a-ma^2\Omega=\frac{1}{2}ma^2\dot{\theta}-ma^2\left(\frac{v}{a}-\dot{\theta}\right)=\frac{3}{2}ma^2\dot{\theta}-mav$$

在 θ 角位置时，系统所受外力中，只有作用于小白鼠的重力对轴心 O 的力矩不为零. 按角动量的正负号规定

$$M=-\frac{1}{2}mga\sin\theta$$

由角动量定理

$$\frac{\mathrm{d}J}{\mathrm{d}t}=M$$

也就是

$$\frac{3}{2}ma^2\ddot{\theta}=-\frac{1}{2}mga\sin\theta$$

约去等号两边的相同因子，得θ满足的微分方程为

$$\ddot{\theta}=-\frac{g}{3a}\sin\theta \tag{1}$$

(3)在地面参考系中．小白鼠绕轴心O作圆周运动，受到的作用力有重力$\boldsymbol{G}$、圆环的正压力$\boldsymbol{N}$和圆环给予的切向的力$\boldsymbol{f}$. 法向、切向的动力学方程为

$$\frac{1}{2}ma\dot{\theta}^2=N-\frac{1}{2}mg\cos\theta \tag{2}$$

$$\frac{1}{2}ma\ddot{\theta}=f-\frac{1}{2}mg\sin\theta \tag{3}$$

式(3)结合式(1)给出

$$f=\frac{1}{2}mg\sin\theta+\frac{1}{2}ma\ddot{\theta}=\frac{1}{2}mg\sin\theta-\frac{1}{6}mg\sin\theta=\frac{1}{3}mg\sin\theta$$

用$\ddot{\theta}=\frac{\mathrm{d}\dot{\theta}}{\mathrm{d}t}=\frac{\mathrm{d}\dot{\theta}}{\mathrm{d}\theta}\frac{\mathrm{d}\theta}{\mathrm{d}t}=\dot{\theta}\frac{\mathrm{d}\dot{\theta}}{\mathrm{d}\theta}=\frac{1}{2}\frac{\mathrm{d}(\dot{\theta}^2)}{\mathrm{d}\theta}$，式(1)可改写为

$$\frac{1}{2}\mathrm{d}(\dot{\theta}^2)=-\frac{g}{3a}\sin\theta\mathrm{d}\theta=\frac{g}{3a}\mathrm{d}\cos\theta$$

由$v_0=\frac{2}{3}v$，给出$t=0$时，$\dot{\theta}=\frac{2v}{3a}$，积分上式得

$$\dot{\theta}^2=\frac{2g}{3a}(\cos\theta-1)+\frac{4v^2}{9a^2}$$

代入式(2)．即得

$$N=\frac{1}{6}(5\cos\theta-2)mg+\frac{2mv^2}{9a}$$

6.2.3　一个半径为a的均质圆盘可在竖直平面内围绕通过它的中心C的水平轴自由转动，质量为圆盘$\frac{1}{10}$的昆虫A在盘的最低点，整个系统处于静止状态. 突然，昆虫以相对于圆盘不变的速率v开始沿边缘爬行，证明圆盘的初角速度为$v/6a$；如用θ表示CA线与竖直向下方向间的夹角，证明微分方程$6a\ddot{\theta}+g\sin\theta=0$成立，证明圆盘对昆虫的作用力在垂直于半径方向的分量为$\frac{1}{12}mg\sin\theta$，其中m是圆盘的质量.

证明　设圆盘在昆虫突然运动时的初角速度为$\varOmega_0$，即使昆虫不在圆盘的最低点，都可用圆盘昆虫系统的对水平转轴的角动量守恒，

$$\frac{1}{10}m(v-\varOmega_0 a)a-\frac{1}{2}ma^2\varOmega_0=0$$

所以

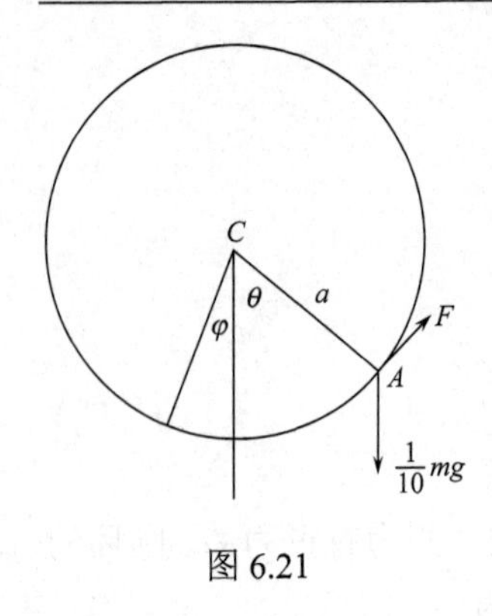

图 6.21

$$\Omega_0 = \frac{v}{6a}$$

当昆虫 A 运动到图 6.21 所示位置时，CA 线与竖直向下方向夹角为 θ，圆盘向相反方向转过 φ 角. $\dot{\theta}$ 和 $\dot{\varphi}$ 都不是常量，但昆虫相对于圆盘的速率 v 不变，

$$a\left(\dot{\varphi}+\dot{\theta}\right)=v \tag{1}$$

规定垂直纸面向下的角动量为正，圆盘、昆虫系统对转轴的角动量为

$$J=\frac{1}{2}ma^2\dot{\varphi}+\frac{1}{10}ma^2\left(\dot{\varphi}-\frac{v}{a}\right)=\frac{3}{5}ma^2\dot{\varphi}-\frac{1}{10}mav$$

用式(1)，可改写为

$$J=\frac{1}{2}mav-\frac{3}{5}ma^2\dot{\theta}$$

用对转轴的角动量定理，

$$\frac{\mathrm{d}}{\mathrm{d}t}\left(\frac{1}{2}mav-\frac{3}{5}ma^2\dot{\theta}\right)=\frac{1}{10}mga\sin\theta$$

可得

$$6a\ddot{\theta}+g\sin\theta=0$$

昆虫对转轴的角动量也可直接写为

$$-\frac{1}{10}ma^2\dot{\theta}$$

对昆虫用对转轴的角动量定理，

$$\frac{\mathrm{d}}{\mathrm{d}t}\left(-\frac{1}{10}ma^2\dot{\theta}\right)=\frac{1}{10}mga\sin\theta-Fa$$

其中 F 就是所要求的圆盘对昆虫的作用力在垂直于半径方向的分量，

$$F=\frac{1}{10}ma\ddot{\theta}+\frac{1}{10}mg\sin\theta=\frac{1}{12}mg\sin\theta$$

这里用了前已证明的 $6a\ddot{\theta}+g\sin\theta=0$.

6.2.4　质量为 M、半径为 a 的均质圆柱可围绕它在水平方向固定的对称轴自由转动，质量为 m、长度 $b=2\pi an$（n 为整数）的均质链条一端连在圆柱上，然后绕圆柱 n 圈，让非常小的一段链条自由挂着，整个系统由静止释放. 求圆柱的角速度与圆柱角位移 θ 的函数关系.

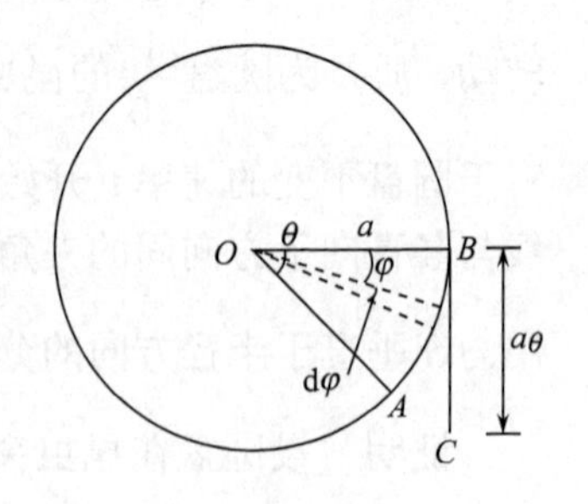

图 6.22

解　如图 6.22 所示，为用角动量定理，先写出在圆柱角位移 θ 时系统对转轴的角动量. 原处于 B 点位置的圆柱上的点现处于 A 点，原处于 B 点位置的链条自由端现处于 C 点，原处于 $\overparen{BA}$ 弧的一段链条没有在角位移中得到补充，总的结果是这一段等长的链条自由挂着，$BC=a\theta$. 不论绕在圆柱上的链条部分还是自由挂着的链条部分都有相同速率 $a\dot{\theta}$,因此链条对轴的角动量为

$ma^2\dot{\theta}$，所以

$$J = \frac{1}{2}Ma^2\dot{\theta} + ma^2\dot{\theta} = \left(\frac{1}{2}M + m\right)a^2\dot{\theta}$$

再计算系统受到的对转轴的外力矩，对圆柱的重力矩为零，对链条的重力矩等于对 BC 段链条的重力矩减去对 $\overset{\frown}{AB}$ 段链条的重力矩.

对 BC 段链条的重力矩为

$$M_{BC} = \frac{m}{2\pi an} \cdot a\theta \cdot ga = \frac{mga}{2\pi n}\theta$$

对 $\overset{\frown}{AB}$ 段链条的重力矩为

$$M_{\overset{\frown}{AB}} = \int_0^\theta \frac{m}{2\pi an} aga\cos\varphi \mathrm{d}\varphi = \frac{mga}{2\pi n}\sin\theta$$

由角动量定理

$$\frac{\mathrm{d}J}{\mathrm{d}t} = M = M_{BC} - M_{\overset{\frown}{AB}}$$

$$\left(\frac{1}{2}M + m\right)a^2\ddot{\theta} = \frac{mga}{2\pi n}\theta - \frac{mga}{2\pi n}\sin\theta$$

因为 $\ddot{\theta} = \dfrac{\mathrm{d}\dot{\theta}}{\mathrm{d}\theta}\dot{\theta}$，上式可改写为

$$\left(\frac{1}{2}M + m\right)a\dot{\theta}\mathrm{d}\dot{\theta} = \frac{mg}{2\pi n}(\theta - \sin\theta)\mathrm{d}\theta$$

两边积分，$\dot{\theta}$ 从 $0\sim\omega$，θ 从 $0\sim\theta$，

$$\frac{1}{4}(M + 2m)a\omega^2 = \frac{mg}{2\pi n}\left(\frac{1}{2}\theta^2 + \cos\theta - 1\right)$$

从而

$$\omega^2 = \frac{mg(\theta^2 + 2\cos\theta - 2)}{\pi n(M + 2m)a}$$

给出

$$\omega = \left[\frac{mg(\theta^2 + 2\cos\theta - 2)}{\pi n(M + 2m)a}\right]^{1/2}$$

此题也可用动能定理求解，读者可自己去完成.

6.2.5　一个半径为 R、质量为 m 的均质细圆环，置在光滑的桌面上，原处于静止状态. 原在环上静止的质量也为 m 的甲虫突然以相对于圆环的角速度 ω_0 在环上爬行. 求

(1) 圆环、甲虫的运动；

(2) 甲虫在环上爬行一圈时，环绕环心转过的角度.

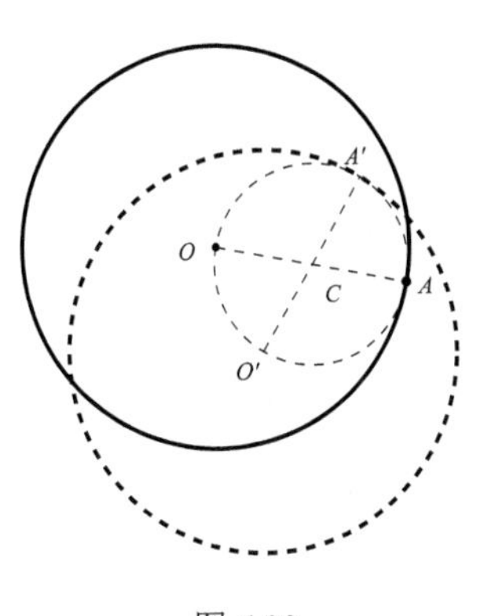

图 6.23

解　开始甲虫位于 A 点，环心在 O 点. 由于圆环和甲虫质量相等，环、虫系统的质心 C 位于 OA 线的中点. 由于运动过程中系统受到的合外力为零(水平方向不受外力. 竖直

方向重力和桌面的支持力合力为零)，质心 C 是固定的，环心和甲虫将以 C 为圆心，均作半径为 $\frac{1}{2}R$ 的圆周运动，且绕行方向一致，如图 6.23 所示.

设两者相对于 C(固定点)的角速度分别为 $\omega_{甲}$、$\omega_{环心}$，由动量守恒知

$$\omega_{甲}=\omega_{环心} \tag{1}$$

系统对固定点 C 的角动量守恒，设圆环绕环心的角速度为 ω，ω、$\omega_{甲}$ 和 $\omega_{环心}$ 都是逆时针转动为正值. 甲虫对 C 点的角动量为 $m\frac{R}{2}\left(\frac{R}{2}\omega_{甲}\right)$，圆环对 C 点的角动量为

$$mR^2\omega+m\cdot\frac{R}{2}\left(\frac{R}{2}\omega_{环心}\right)$$

$$m\frac{R}{2}\left(\frac{R}{2}\omega_{甲}\right)+mR^2\omega+m\cdot\frac{R}{2}\left(\frac{R}{2}\omega_{环心}\right)=0$$

代入式(1)，上式化为

$$\frac{1}{2}mR^2\omega_{甲}+mR^2\omega=0$$

$$\omega=-\frac{1}{2}\omega_{甲} \tag{2}$$

为了得到 $\omega_{甲}$ 与甲虫相对于圆环的角速度 ω_0 间的关系，考察甲虫的运动，考虑甲虫在桌面参考系中的速度 $\omega_{甲}\cdot\frac{1}{2}R$，用圆环随环心平动又绕环心转动的参考系. 甲虫所在位置的牵连速度为 $-\omega_{环心}\cdot\frac{1}{2}R+\omega R$，相对速度为 $\omega_0 R$，甲虫在桌面参考系中的速度(绝对速度)用动系可表达为 $-\omega_{环心}\cdot\frac{1}{2}R+\omega R+\omega_0 R$. 这里 $\omega_{环心}$、$\omega_{甲}$、ω 和 ω_0 均规定垂直纸面向上为正

$$-\omega_{环心}\cdot\frac{1}{2}R+\omega R+\omega_0 R=\omega_{甲}\cdot\frac{1}{2}R$$

用式(1)、(2)约去两边的 R，可得

$$\omega=-\frac{1}{3}\omega_0 \tag{3}$$

联立式(1)、(2)、(3)得

$$\omega_{甲}=\frac{2}{3}\omega_0,\quad \omega_{环心}=\frac{2}{3}\omega_0$$

(1) 可以说明甲虫和圆环的运动如下：

甲虫绕固定的质心 C 作半径为 $\frac{R}{2}$ 的圆周运动角速度 $\omega_{甲}=\frac{2}{3}\omega_0$，圆环绕环心转动的角速度为 $\omega=-\frac{1}{3}\omega_0$，环心又绕固定的 C 点作半径为 $\frac{R}{2}$ 的圆周运动，角速度为 $\omega_{环心}=\frac{2}{3}\omega_0$.

(2) 甲虫在圆环一周所需时间即为转动的周期

$$T=\frac{2\pi}{\omega_0}$$

在此期间圆盘绕环心转过的角度为

$$\varphi=\omega T=\omega\cdot\frac{2\pi}{\omega_0}=-\frac{2\pi}{3}$$

[思考]读者可在桌面以及圆环参考系，分别考虑圆环和甲虫的受力情况.

6.2.6　质量均为 m 的两个质点用一根长度为 a 的刚性的轻杆联结，开始系统静止在一光滑水平面上. 在 $t=0$ 时，一力 $\boldsymbol{F}$ 作用于其中一个质点，大小保持不变，方向保持与杆垂直，用角动量定理和动能定理两种方法求杆与开始方向夹角为 φ 时的角速度.

解　在质心平动参考系中用对质心的角动量定理,

$$\frac{\mathrm{d}}{\mathrm{d}t}\left[2m\left(\frac{1}{2}a\right)^2\omega\right]=F\cdot\frac{a}{2}$$

$$\frac{1}{2}ma^2\frac{\mathrm{d}\omega}{\mathrm{d}t}=\frac{1}{2}Fa$$

$$\frac{\mathrm{d}\omega}{\mathrm{d}t}=\frac{F}{ma},\quad \omega=\frac{Ft}{ma}$$

$$\int_0^{\varphi}\mathrm{d}\varphi=\frac{F}{ma}\int_0^t t\mathrm{d}t,\quad \varphi=\frac{F}{2ma}t^2$$

$$t=\sqrt{\frac{2ma\varphi}{F}}$$

$$\omega=\frac{F}{ma}\sqrt{\frac{2ma\varphi}{F}}=\sqrt{\frac{2F\varphi}{ma}}$$

在质心平动参考系中用动能定理,

$$2\times\frac{1}{2}m\left(\frac{1}{2}a\omega\right)^2=F\cdot\frac{1}{2}a\varphi$$

$$\omega=\sqrt{\frac{2F\varphi}{ma}}$$

6.2.7　质量分别为 m 和 M 的质点 A 和 B，如质点 A 相对于质点 B 的角动量为 $\boldsymbol{J}_{AB}$，证明：在质心平动参考系中，系统相对于质心的角动量为 $\dfrac{M}{M+m}\boldsymbol{J}_{AB}$.

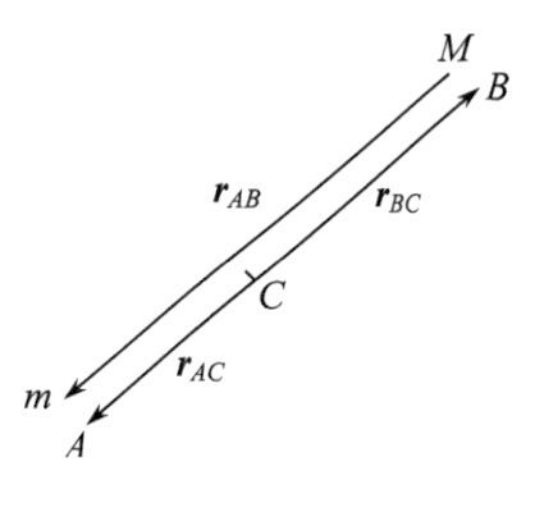

图 6.24

证明　$\boldsymbol{J}_{AB}=\boldsymbol{r}_{AB}\times m\boldsymbol{v}_{AB}$，其中 $\boldsymbol{v}_{AB}$ 是 A 相对于 B 的速度.

图 6.24 中 $\boldsymbol{r}_{AB}$ 表示质点 A 对 B 点的位矢，$\boldsymbol{r}_{AC}$、$\boldsymbol{r}_{BC}$ 分别表示质点 A、质点 B 对 C 点的位矢，C 为质心.

$$\boldsymbol{r}_{AB}=\boldsymbol{r}_{AC}+(-\boldsymbol{r}_{BC})=\boldsymbol{r}_{AC}-\boldsymbol{r}_{BC}\tag{1}$$

上式两边对 t 求导,

$$\boldsymbol{v}_{AB}=\boldsymbol{v}_{AC}-\boldsymbol{v}_{BC}$$

由质心的定义，

$$m\boldsymbol{r}_{AC}+M\boldsymbol{r}_{BC}=(m+M)\boldsymbol{r}_{CC}=0 \tag{2}$$

上式 $\boldsymbol{r}_{CC}$ 表示在固连于质心平动参考系的以质心为原点坐标系中质心的位矢， $\boldsymbol{r}_{CC}=0$.

由式(1)、(2)两式可得

$$\boldsymbol{r}_{AC}=\frac{M}{m+M}\boldsymbol{r}_{AB},\quad \boldsymbol{r}_{BC}=-\frac{m}{m+M}\boldsymbol{r}_{AB}$$

在质心平动参考系中，系统对质心的角动量为

$$\begin{aligned}\boldsymbol{J}_C&=\boldsymbol{r}_{AC}\times m\boldsymbol{v}_{AC}+\boldsymbol{r}_{BC}\times M\boldsymbol{v}_{BC}\\&=\frac{M}{m+M}\boldsymbol{r}_{AB}\times m\boldsymbol{v}_{AC}-\frac{m}{m+M}\boldsymbol{r}_{AB}\times M\boldsymbol{v}_{BC}\\&=\boldsymbol{r}_{AB}\times\frac{mM}{m+M}(\boldsymbol{v}_{AC}-\boldsymbol{v}_{BC})\\&=\frac{M}{m+M}(\boldsymbol{r}_{AB}\times m\boldsymbol{v}_{AB})=\frac{M}{m+M}\boldsymbol{J}_{AB}\end{aligned}$$

6.2.8 三个质量均为 m 的小球 A、B 和 C，由两根长度均为 l 不可伸长的细绳相连，原先放在光滑的水平面上，它们的位置正好位于等边三角形的三个顶点，且绳是被拉直的，如图 6.25 所示. 图中 $\theta=\dfrac{\pi}{3}$. 从 $t=0$ 时刻开始小球 A 受到一个与 CB 平行的恒力 $\boldsymbol{F}$ 作用. 试求两根绳子刚被拉紧后的瞬间小球 A、B、C 的速度、加速度和两根绳中的张力.

解法一 从 $t=0$ 开始，在 $\boldsymbol{F}$ 作用下，到两绳刚被拉紧的时刻为止，A 球做匀加速直线运动. 设刚被拉紧时 A 球的速度为 v_0，由动能定理

$$\frac{1}{2}mv_0^2=Fl$$

其中 l 是刚拉紧时，A 球运动的距离

$$v_0=\sqrt{\frac{2Fl}{m}}$$

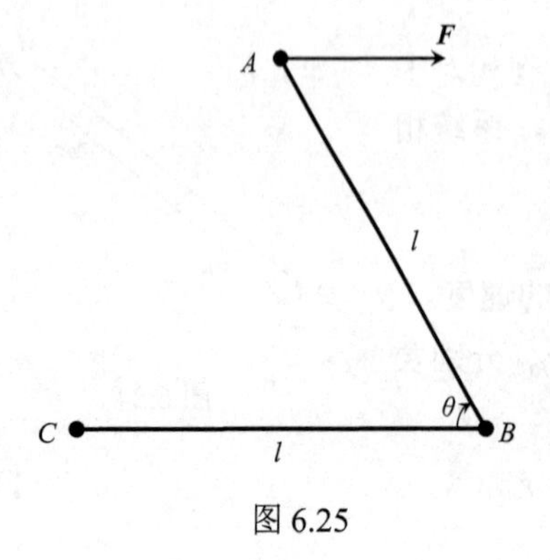

图 6.25

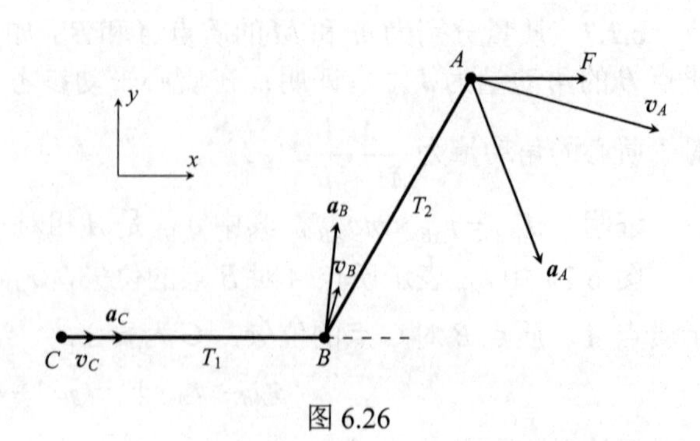

图 6.26

图 6.26 画出了两绳刚拉紧的瞬间，三个球的位置、速度、加速度和受力情况的示意图. T_1、T_2 是那时刻的绳子张力. 取 x 轴沿 CB 方向，y 轴与 CB 垂直.

在绳张紧的瞬间(有一个极短的时间间隔)，使 C、B 两球从原静止变为图示的 $\boldsymbol{v}_C$、$\boldsymbol{v}_B$，这期间两段绳中的张力很大，$\boldsymbol{F}$ 可以忽略不计. 对于 A、B、C 系统，动量守恒，对任何固定点的角动量守恒.

考虑到三球质量均为 m，动量守恒关系如下：

$$v_{Ax}+v_{Bx}+v_c=v_0 \tag{1}$$

$$v_{Ay}+v_{By}=0 \tag{2}$$

对 B 点角动量守恒，考虑到 B、C 两球对 B 点的角动量均为零.

$$\overrightarrow{BA}\times m\boldsymbol{v}_A=\overrightarrow{BA}\times mv_0\boldsymbol{i}$$

代入 $\overrightarrow{BA}=l\cos\dfrac{\pi}{3}\boldsymbol{i}+l\sin\dfrac{\pi}{3}\boldsymbol{j}=\dfrac{1}{2}l\boldsymbol{i}+\dfrac{\sqrt{3}}{2}l\boldsymbol{j}$，$\boldsymbol{v}_A=v_{Ax}\boldsymbol{i}+v_{Ay}\boldsymbol{j}$. 消去等式两边的共同因子 $\dfrac{1}{2}ml$，可得

$$v_{Ay}-\sqrt{3}v_{Ax}=-\sqrt{3}v_0 \tag{3}$$

考虑到 B、C 间绳子不可伸长，B、C 两球在 x 方向(沿 BC 方向)的速度分量相等.

$$v_C=v_{Bx} \tag{4}$$

同样 A、B 间绳子不可伸长. 两球沿 AB 方向的速度分量相等.

$$v_{Ax}\cos\frac{\pi}{3}+v_{Ay}\cos\frac{\pi}{6}=v_{Bx}\cos\frac{\pi}{3}+v_{By}\cos\frac{\pi}{6}$$

即

$$v_{Ax}+\sqrt{3}v_{Ay}=v_{Bx}+\sqrt{3}v_{By} \tag{5}$$

由式(1)、(2)、(3)、(4)、(5)可解得

$$v_{Ax}=\frac{13}{15}v_0,\quad v_{Ay}=-\frac{2\sqrt{3}}{15}v_0$$

$$v_{Bx}=\frac{1}{15}v_0,\quad v_{By}=\frac{2\sqrt{3}}{15}v_0$$

$$v_C=\frac{1}{15}v_0$$

在刚拉紧的瞬时，C 只受 T_1 作用

$$a_C=\frac{T_1}{m}$$

以 C 球为参考系，B 球围绕 C 作圆周运动，速度为

$$\boldsymbol{v}_{Bc}=\boldsymbol{v}_B-\boldsymbol{v}_C=v_{By}\boldsymbol{j}=\frac{2\sqrt{3}}{15}v_0\boldsymbol{j}$$

B 球受到的作用力除真实力 T_1、T_2 以外，还受到惯性力 ma_C，方向向左.

法向方程为

$$T_1 + ma_c - T_2\cos\frac{\pi}{3} = m\frac{v_{BC}^2}{l}$$

将 $ma_c = T_1$， $v_B = \frac{2\sqrt{3}}{15}v_0$ 及 $v_0 = \sqrt{\frac{2Fl}{m}}$ 代入上式可得

$$2T_1 - \frac{T_2}{2} = \frac{8}{75}F \tag{6}$$

以 B 球为参考系，A 球围绕 B 作圆周运动，速度为

$$\boldsymbol{v}_{AB} = \boldsymbol{v}_A - \boldsymbol{v}_B = \frac{12}{15}v_0\boldsymbol{i} - \frac{4\sqrt{3}}{15}v_0\boldsymbol{j}$$

其大小

$$v_{AB} = \frac{8\sqrt{3}}{15}v_0 \tag{7}$$

A 球受到 $\boldsymbol{T}_2$，$\boldsymbol{F}$ 以及惯性力 $-m\boldsymbol{a}_B$ 作用，写法向方程. 需考虑各力在法线方向的分量，以指向 B 的方向为正，它们分别是 T_2、$-\frac{1}{2}F$ 及 $ma_{B//}$，这里 $a_{B//}$ 是 $\boldsymbol{a}_B$ 在法线方向的分量的大小

$$ma_{B//} = T_2 - T_1\cos\frac{\pi}{3} = T_2 - \frac{1}{2}T_1 \tag{8}$$

法向方程为

$$T_2 - \frac{1}{2}F + ma_{B//} = m\frac{v_{AB}^2}{l}$$

用式(7)、(8)，上式可改写为

$$2T_2 - \frac{1}{2}T_1 = \frac{331}{150}F \tag{9}$$

由式(6)、(9)解出

$$T_1 = \frac{79}{225}F, \quad T_2 = \frac{268}{225}F$$

由 A、B、C 三球的牛顿方程即得它们的加速度为

$$a_{Ax} = \frac{F - \frac{1}{2}T_2}{m} = \frac{91}{225}\frac{F}{m}, \quad a_{Ay} = \frac{-\frac{\sqrt{3}}{2}T_2}{m} = -\frac{134\sqrt{3}}{225}\frac{F}{m}$$

$$a_{Bx} = \frac{\frac{1}{2}T_2 - T_1}{m} = \frac{11}{45}\frac{F}{m}, \quad a_{By} = \frac{\frac{\sqrt{3}}{2}T_2}{m} = -\frac{134\sqrt{3}}{225}\frac{F}{m}$$

$$a_c = \frac{T_1}{m} = \frac{79}{225}\frac{F}{m}$$

可以验证 $m\boldsymbol{a}_A + m\boldsymbol{a}_B + m\boldsymbol{a}_c = \boldsymbol{F}$. 与质心运动定理一致. 可见以上运算是正确的.

思考：请读者计算检查本题绳张紧瞬间前后 A、B、C 三球总动能是否有变化？假若有变化，应如何理解？

解法二 (关于绳张紧后瞬间 A、B、C 三球的速度)如图 6.27 所示，设绳子刚绷紧

到被拉紧后瞬间的极短过程中，CB 段绳子给 C 球的冲量为 $\boldsymbol{I}_1$，给 B 球的冲量为 $\boldsymbol{I}_1'$，BA 段绳子给 B 球的冲量为 $\boldsymbol{I}_2$，给 A 球的冲量为 $\boldsymbol{I}_2'$，则 $\boldsymbol{I}_1$ 沿 CB 段绳长方向，$\boldsymbol{I}_2$ 沿 BA 段绳长方向，而

$$\boldsymbol{I}_1' = -\boldsymbol{I}_1, \quad \boldsymbol{I}_2' = -\boldsymbol{I}_2$$

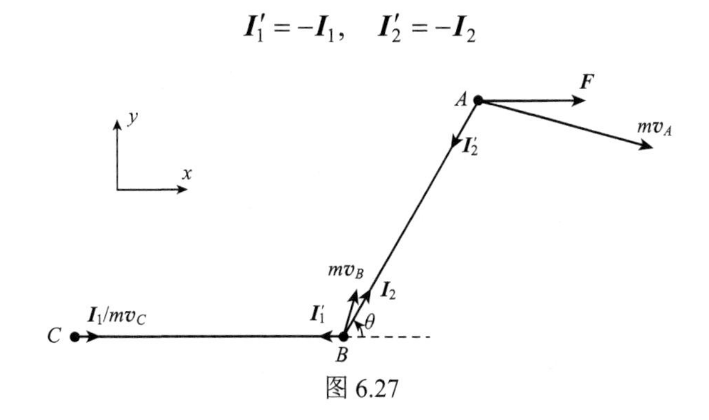

图 6.27

由动量定理

$$m v_{Cx} = I_1$$

$$mv_{Bx} = I_1' + \frac{1}{2}I_2 = -I_1 + \frac{1}{2}I_2$$

$$mv_{By} = \frac{\sqrt{3}}{2}I_2 \tag{10}$$

$$mv_{Ax} = mv_0 + \frac{1}{2}I_2' = mv_0 - \frac{1}{2}I_2$$

$$mv_{Ay} = \frac{\sqrt{3}}{2}I_2' = -\frac{\sqrt{3}}{2}I_2$$

上面由于绳不可伸长导出式(4)以及(5)，与上面式(10)诸式联立，得到

$$\begin{aligned} 2I_1 &= \frac{1}{2}I_2 \\ -I_1 + 4I_2 &= mv_0 \end{aligned} \tag{11}$$

联立求解得

$$I_1 = \frac{1}{15}mv_0, \quad I_2 = \frac{4}{15}mv_0 \tag{12}$$

式(10)各式依次代入上式的结果即得绳子刚被拉紧后瞬间 A、B、C 三小球的动量，从而得相应速度，

$$v_{Ax} = \frac{13}{15}v_0, \quad v_{Ay} = -\frac{2\sqrt{3}}{15}v_0$$

$$v_{Bx} = \frac{1}{15}v_0, \quad v_{By} = \frac{2\sqrt{3}}{15}v_0$$

$$v_C = \frac{1}{15}v_0 = v_{Bx}$$

与先前解法一致.

6.2.9　在赤道无风带有一艘因无风而停着的船. 船长决定将 $m = 200\text{kg}$ 的锚升到长

$l=20\text{m}$ 的桅杆顶上的权宜之计使船运动，船及其负载(不包括锚)的质量 $M=1000\text{kg}$，问：

(1)船为什么能开始运动?

(2)说明船向哪个方向运动?

(3)锚升到桅杆顶后船的运动速度多大?

解 (1)由于地球的自转和公转，地球不是严格的惯性参考系，仍把地心平动参考系视为惯性参考系，地球绕地轴以自转角速度 $\boldsymbol{\omega}_0$ 转动.

当锚在桅杆上升到 x 高度时，船对地心平动参考系的转动角速度设为 $\boldsymbol{\omega}(x)$.

考虑以角速度 $\boldsymbol{\omega}(x)$ 绕地轴转动的参考系，在此参考系中，船是不动的. 当锚在升至 x 高度时的速度为 $\boldsymbol{v}(x)$ 时，它受到的科里奥利力为 $-2m\boldsymbol{\omega}(x)\times\boldsymbol{v}(x)$，这个力垂直于 $\boldsymbol{v}$，因而也与桅杆垂直. 锚在此方向无运动，故科氏力必与杆对锚的作用力大小相等、方向相反，锚对杆的作用力与 $-2m\boldsymbol{\omega}(x)\times\boldsymbol{v}(x)$ 相等. 在锚对杆的这个力作用下，船会在这个方向获得速度的增量，这就说明原来对地球静止的船会开始运动(考虑 $x=0$，$\boldsymbol{\omega}(x)=\boldsymbol{\omega}_0$).

(2)船运动的方向就是力 $-2m\boldsymbol{\omega}(x)\times\boldsymbol{v}(x)$ 的方向，$\boldsymbol{\omega}(x)/\!/\boldsymbol{\omega}_0$，在赤道，取坐标轴固连于对地心平动参考系绕地轴以 $\boldsymbol{\omega}(x)$ 角速度转动的参考系，z 轴向上，x 轴向北，y 轴向西.

$$
\begin{aligned}
\boldsymbol{\omega}(x)=\omega(x)\boldsymbol{i},\quad \boldsymbol{v}(x)&=v(x)\boldsymbol{k}\\
-2m\boldsymbol{\omega}(x)\times\boldsymbol{v}(x)&=-2m\omega(x)\boldsymbol{i}\times v(x)\boldsymbol{k}\\
&=2m\omega(x)v(x)\boldsymbol{j}
\end{aligned}
$$

船将向西运动.

(3)用地心平动参考系. 它是惯性参考系，在锚沿桅杆升起的过程中，只在沿杆的方向受到外力(地球对船和锚的引力和水面的支持力)如锚上升的速度不恒定，这个外力(合力)不为零，但它通过地轴，对地轴的力矩为零.

用对地轴的角动量守恒计算锚升到桅杆顶后船的运动速度(对地球). 先算船对地心平动参考系的角速度 $\boldsymbol{\omega}$. 设地球半径为 R，

$$
\left[MR^2+m(R+l)^2\right]\omega=(M+m)R^2\omega_0
$$

$$
\begin{aligned}
\omega&=\frac{(M+m)R^2}{MR^2+m(R+l)^2}\omega_0\\
&=\frac{(M+m)R^2}{(M+m)R^2+2mRl+ml^2}\omega_0\\
&=\frac{(M+m)R^2}{(M+m)R^2\left[1+\dfrac{2ml}{(M+m)R}+\dfrac{ml^2}{(M+m)R^2}\right]}\omega_0\\
&\approx\left[1-\frac{2ml}{(M+m)R}\right]\omega_0
\end{aligned}
$$

船对地球的运动速度为

$$V = R(\omega - \omega_0) = -\frac{2ml}{M+m}\omega_0$$
$$= -\frac{2\times 200\times 10^3\times 20}{1000\times 10^3 + 200\times 10^3}\times\frac{2\pi}{24\times 3600} = -4.85\times 10^{-4}(\text{m/s})$$

$V<0$说明船的速度是向西的.

6.2.10　分别考虑地球-月球系统和火星-火星的一个卫星系统，为简单起见，考虑每个系统时不考虑它们与其他星体之间的相互作用. 月球绕地球的运动比地球的自转慢得多，而火星的一个卫星绕火星的运动比火星的自转快，哪种情况卫星引起行星上的潮汐使卫星、行星之间的距离增加，而另一种情况距离减少？

解　考虑地球-月球系统，月球在地球表面引起的潮汐产生的摩擦力由于月球绕地球的运动比地球的自转慢，其产生的对地球中心的力矩将使地球的自转角速度变慢，这是在地心平动参考系用角动量定理得到的，这个参考系是转动非惯性系，需考虑科里奥利力，也不影响得出这个结论. 因为潮涨潮落的影响正好抵消.

现用质心平动参考系考虑地球-月球系统，这个参考系是惯性系，在发生潮汐时，相互作用力是内力，系统对质心的角动量守恒.

设r_e、r_m分别是地球和月球的半径，m、M分别是月球和地球的质量，$\boldsymbol{\Omega}$是地球的自转角速度，$\boldsymbol{\omega}$是月球绕地球的转动角速度，$\boldsymbol{\omega}$与$\boldsymbol{\Omega}$方向一致，月球绕地球转动时始终是同一个半球面朝向地球，可见月球也有自转，自转角速度为$-\boldsymbol{\omega}$. 设R是地球月球两中心间的距离.

地球对系统质心的角动量为

$$\boldsymbol{J}_e = \frac{2}{5}Mr_e^2\boldsymbol{\Omega} + M\left(\frac{m}{m+M}R\right)^2\boldsymbol{\omega}$$

月球对系统质心的角动量为

$$\boldsymbol{J}_m = -\frac{2}{5}mr_m^2\boldsymbol{\omega} + m\left(\frac{M}{m+M}R\right)^2\boldsymbol{\omega}$$

因为

$$\boldsymbol{J}_e + \boldsymbol{J}_m = 常量$$

$$\frac{2}{5}Mr_e^2\Omega + \left(\frac{mM}{m+M}R^2 - \frac{2}{5}mr_m^2\right)\omega = 常量$$

因$\frac{2}{5}mr_m^2$比$\frac{mM}{m+M}R^2$小得多，上式可近似为

$$\frac{2}{5}Mr_e^2\Omega + \frac{mM}{m+M}R^2\omega = 常量 \tag{1}$$

在质心平动参考系中对月球用质心运动定理，月球中心离系统质心的距离为$\frac{M}{m+M}R$，

$$m\left(\frac{M}{m+M}R\right)\omega^2=\frac{GmM}{R^2}$$

$$\omega=\sqrt{\frac{G(m+M)}{R^3}} \tag{2}$$

用式(2)，式(1)可改写为

$$\frac{2}{5}Mr_{\mathrm{e}}^2\Omega+mM\sqrt{\frac{GR}{m+M}}=常量 \tag{3}$$

式(3)中 M、m、r_{e}、G 均为常量，Ω 减小，R 增大才能保证式(3)成立.

结论是对于卫星绕行星的转动角速度比行星的自转角速度慢(如地球-月球系统的情况)，潮汐将使卫星和行星间的距离增大，而对于火星卫星(卫星绕火星转动角速度比火星自转角速度快)情况相反，潮汐将使它们之间的距离减小.

6.2.11　考察地球、月亮系统，地球绕极轴的自转由于潮汐而变慢，引起月亮轨道半径增大. 如果地球自转周期变为与月亮绕地球转动的周期相等，那么它们的运动同步使得潮汐摩擦消失(月亮自转的影响忽略不计). 因为地球不是均质的，有一个致密的核，它对极轴的转动惯量是均质分布的 0.825 倍.

(1) 已知目前地球自转的角加速度为

$$\alpha_{\mathrm{e}}=-8.2\times10^{-22}\,\mathrm{rad/s^2}$$

试求月亮轨道半径随时间的变化率；

(2) 当同步条件成立时，求月亮的轨道半径和运动周期；

(3) 当月亮在 9.64 个地球半径处，求：(i) 地球自转周期；(ii) 在太阳系中看到的月亮绕地球轨道运动的周期.

在解题中可能用到的数据：地球质量 $M=5.98\times10^{24}\,\mathrm{kg}$，月亮质量 $m=7.34\times10^{22}\,\mathrm{kg}$，地球半径 $R_{\mathrm{e}}=6.37\times10^{6}\,\mathrm{m}$，目前地月距离 $r_0\approx60R_{\mathrm{e}}$，目前月亮绕地球转动周期 $T_0=27.32166$ 天，引力常数 $G=6.67\times10^{-11}\,\mathrm{m^3kg^{-1}s^{-2}}$.

解　(1) 由于地球、月亮系统角动量守恒，地球自转角动量单位时间的减少量，在不计月亮自转的条件下，一定等于系统单位时间轨道角动量 J 的增加值，即

$$\frac{\mathrm{d}J}{\mathrm{d}t}=I\left|\frac{\mathrm{d}\omega}{\mathrm{d}t}\right|=I|\alpha_{\mathrm{e}}| \tag{1}$$

地球、月亮系统作为孤立的两体系统，用圆轨道近似，

$$\frac{\mu v^2}{r}=\frac{GMm}{r^2} \tag{2}$$

其中 μ 为折合质量，$\mu=\dfrac{Mm}{M+m}$，轨道角动量

$$J=\mu rv=\mu r\sqrt{\frac{G(M+m)}{r}}=\mu\sqrt{G(M+m)r} \tag{3}$$

圆轨道半径. 也即目前地月距离

$$r = \frac{J^2}{u^2 G(M+m)} = \frac{J^2}{GMm\mu} \tag{4}$$

目前月亮轨道半径的时间变化率为

$$\frac{\mathrm{d}r}{\mathrm{d}t} = \frac{2J}{GMm\mu}\frac{\mathrm{d}J}{\mathrm{d}t} = \frac{2J}{GMm\mu} I|\alpha_{\mathrm{e}}| = \frac{2I|\alpha_{\mathrm{e}}|}{Mm}\sqrt{\frac{(M+m)r}{G}}$$

其中 $I=0.825\times\frac{2}{5}MR_{\mathrm{e}}^2$. 代入题给数据经计算得

$$\frac{\mathrm{d}r}{\mathrm{d}t} = 1.8\times10^{-9}\,\mathrm{m/s}$$

(2) 设现在地球自转角速度为 ω_{10}，月亮绕地球转动的轨道角速度为 $\omega_{20} = \sqrt{\frac{G(M+m)}{r_0^3}}$，其中 r_0 为现在的地月间距离.

同步条件成立时，地球自转角速度和月亮轨道角速度均为 ω，

$$\omega = \sqrt{\frac{G(M+m)}{r^3}}$$

其中 r 是同步条件成立时地月间距离.

由地月系统角动量守恒

$$I\omega + \mu r^2\omega = I\omega_{10} + \mu r_0^2\omega_{20}$$

两边除以 $\mu r_0^2\omega_{20}$，并令 $x=\frac{r}{r_0}$，$y=\frac{\omega}{\omega_{20}}$，$a=\frac{I}{\mu r_0^2}$，$b=\frac{I+\mu r_0^2\omega_{20}}{\mu r_0^2\omega_{20}}$. 其中 $I=\frac{2}{5}MR_{\mathrm{e}}^2\times0.825$，代入题给数据可得 $a=0.00755$， $b=1.205$. 用 x、y、a、b，角动量守恒关系可表述为

$$(a+x^2)y = b \tag{5}$$

用引入的 x、y 改写式(4).

$$\begin{aligned} r &= \frac{J^2}{GMm\mu} = \frac{(\mu r^2\omega)^2}{GMm\mu} \\ &= \frac{\mu^2(r/r_0)^4(\omega/\omega_{20})^2}{GMm\mu} r_0^4\omega_{20}^2 = \frac{\mu^2x^4y^2}{GMm\mu} r_0^4\omega_{20}^2 \end{aligned}$$

再用 $\omega_{20}=\sqrt{\frac{G(M+m)}{r_0^3}}$ 及 $\mu=\frac{Mm}{M+m}$，式(4)可表述为

$$x^3y^2 = 1 \tag{6}$$

用式(5)消去式(6)中的可得

$$x^4 - b^2x^3 + 2ax^2 + a^2 = 0$$

也就是

$$x^4 - 1.45x^3 + 0.0151x^2 + 5.70\times10^{-5} = 0$$

令 $f(x)=x^4-1.45x^3+0.0151x^2+5.70\times10^{-5}$. $f(x)\sim x$ 如图 6.28 所示. 可知

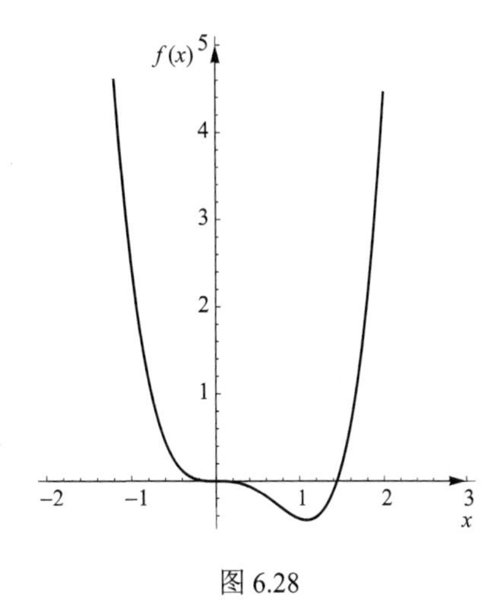

图 6.28

$$f(-\infty)\to+\infty,\qquad f(+\infty)\to+\infty$$

$$f(0)>0,\qquad f(1)<0$$

$$f(0.1)<0,\qquad f(0.3)>0$$

可以看出，$0.1<x<0.3$（即$0.1r_0<r<0.3r_0$）区间有一个实根. $x>1$（即$r>r_0$）还有一个实根. $f(x)=0$另两个根必为复数. 同步条件成立时，地球自转角速度比现在的慢. 月亮的轨道半径比现在的大. 因此，$r>r_0$即$x>1$的根给出所要求的月亮的轨道半径. 用牛顿法或采用 Mathematica 程序可得$x>1$的根.

$$x=\frac{r}{r_0}=1.44$$

即$r=1.44r_0$，再由$x^3y^2=1$，代入$x=1.44$可得

$$y=\frac{\omega}{\omega_{20}}=0.5787$$

即$\omega=0.5787\omega_{20}$.

月亮绕地球的轨道运动周期

$$T=\frac{2\pi}{\omega}=\frac{2\pi}{0.5787\omega_{20}}=\frac{1}{0.5787}T_0=47.2\text{天}$$

轨道半径

$$r=1.44r_0=1.44\times60R_{\rm e}=5.50\times10^8\,\rm m$$

(3) 当月亮在 9.64 个地球半径处，即月亮的轨道半径

$$r=9.64R_{\rm e}$$

此时

$$x=\frac{r}{r_0}=\frac{9.64R_{\rm e}}{60R_{\rm e}}=0.1607$$

用式(6)可得$y=\dfrac{\omega_2}{\omega_{20}}$，这里$\omega_2$是此时月亮绕地球的转动角速度.

$$\omega_2=y\omega_{20}=\omega_{20}\sqrt{\frac{1}{x^3}}=15.5\omega_{20}$$

月亮绕地球轨道运动的周期

$$T_2=\frac{2\pi}{\omega_2}=\frac{2\pi}{15.5\omega_{20}}=\frac{1}{15.5}T_0=1.76\text{天}$$

地月系统角动量守恒，设地球自转角速度为ω_1，

$$I\omega_1+\mu r^2\omega_2=I\omega_{10}+\mu r_0^2\omega_{20}$$

为了用上面引入的a、b、x、y. 两边除以$\mu r_0^2\omega_{20}$. 上式改为

$$a\left(\frac{\omega_1}{\omega_{20}}\right)+x^2y=b$$

用 $x^3y^2=1$，$\omega_2=\sqrt{\dfrac{G(M+m)}{r^3}}$，$\omega_{20}=\sqrt{\dfrac{G(M+m)}{r^3}}$，可得 $x^2y=\sqrt{\dfrac{r}{r_0}}$，

$$\frac{\omega_1}{\omega_{20}}=\frac{1}{a}\left(b-\sqrt{\frac{r}{r_0}}\right)=\frac{1}{0.00755}\left(1.205-\sqrt{0.16007}\right)=106.5$$

地球自转周期

$$T_1=\frac{2\pi}{\omega_1}=\frac{2\pi}{106.5\omega_{20}}=\frac{1}{106.5}T_0=0.2565\text{天 或 }2.22\times10^4\text{s}$$

6.3　质点系的动能定理和机械能守恒定律

6.3.1　一系统由两个轮子、杆 O_1O_2 及其平行杆 AB 组成，轮子半径为 r、质量为 M_1，均匀分布于边缘，O_1O_2 连接于两轮轴上，AB 杆与固连于轮子的 O_1A、O_2B 铰接，O_1O_2 杆及 AB 杆质量均为 M_2，O_1A、O_2B 长为 $\dfrac{1}{2}r$，质量可以不计. 若在图 6.29 所示位置时，轮子在直线轨道上做纯滚动，轮轴的速度为 v_0，求此系统的动能.

解　两轮子质心的速度均为 v_0，由纯滚动条件得两轮子围绕其质心的转动角速度均为 $\omega=\dfrac{v_0}{r}$，用柯尼希定理，两轮子的动能之和为

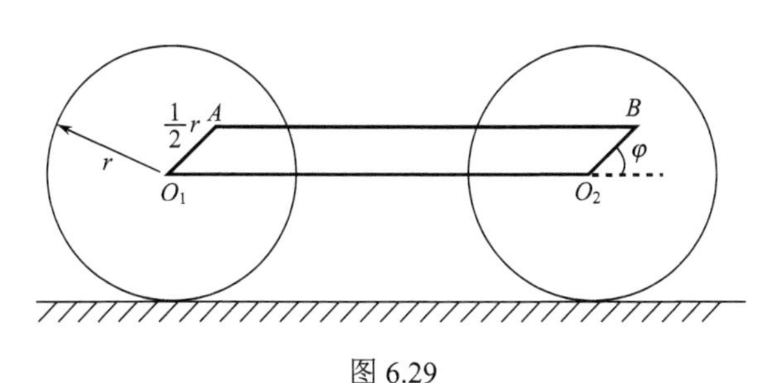

图 6.29

$$2\times\left[\frac{1}{2}M_1v_0^2+\frac{1}{2}M_1\left(r\omega\right)^2\right]=2M_1v_0^2$$

O_1O_2 杆各点的速度均为 v_0，O_1O_2 杆的动能为 $\dfrac{1}{2}M_2v_0^2$.

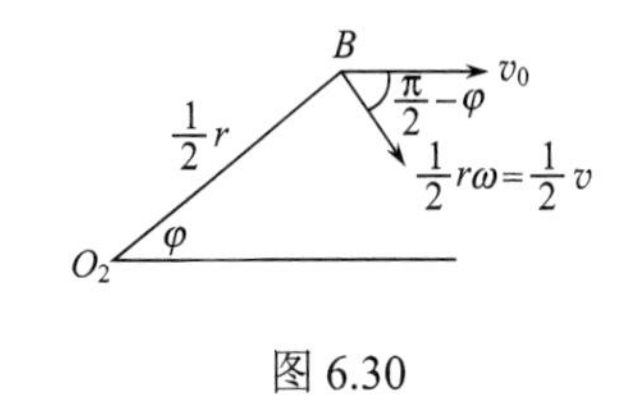

图 6.30

AB 杆上各点也有相同的速度，因而 AB 杆也做平动，考虑 B 点的速度，它由两部分组成：一部分是跟随 O_2 做平动的速度 v_0（沿水平方向）；另一部分是围绕 O_2 点做角速度为 ω 转动的速度 $\dfrac{1}{2}r\omega=\dfrac{1}{2}v$，如图 6.30 所示.

AB 杆的动能为

$$\frac{1}{2}M_2\left\{\left[v_0+\frac{1}{2}v_0\cos\left(\frac{\pi}{2}-\varphi\right)\right]^2+\left[\frac{1}{2}v_0\sin\left(\frac{\pi}{2}-\varphi\right)\right]^2\right\}=\frac{1}{2}M_2\left(\frac{5}{4}v_0^2+v_0^2\sin\varphi\right)$$

整个系统的动能为

$$T=2M_1v_0^2+\frac{1}{2}M_2v_0^2+\frac{1}{2}M_2\left(\frac{5}{4}v_0^2+v_0^2\sin\varphi\right)$$
$$=\frac{1}{8}v_0^2\left[16M_1+M_2(9+4\sin\varphi)\right]$$

6.3.2 质量均为 m 的两质点被一原长为 l、劲度系数为 k 的弹簧连接，原在光滑的水平面上处于静止，在 $t=0$ 时，一个质点受到一个垂直于弹簧方向的冲量 I，假定在以后的运动中弹簧始终沿着两质点的连线(即不弯曲).

(1) t 时刻两质点的总能量与总动量多大?

(2) 质心速度和相对于质心的总角动量为何值?

(3) 若 $m=1\text{kg}$，$k=1\text{N/m}$，$l=1\text{m}$，$I=1\text{N}\cdot\text{s}$，冲量作用后的运动过程中，两质点之间的最大距离多大?

(4) 两质点的最大瞬时速率多大?

解 (1) 在以后运动过程中，系统的机械能和动量均是守恒的，均为 $t=0$ 时的值. 所以两质点总动能

$$E=\frac{1}{2}m\left(\frac{I}{m}\right)^2=\frac{I^2}{2m}$$
$$\boldsymbol{p}=\boldsymbol{I}$$

(2) 质心速度

$$\boldsymbol{v}_\text{C}=\frac{\boldsymbol{p}}{2m}=\frac{\boldsymbol{I}}{2m}$$

在质心平动参考系中，系统对质心的角动量守恒，如 $t=0$ 时，受到冲击的质点对质心的位矢方向单位矢量为 $\boldsymbol{i}$，冲量 $\boldsymbol{I}$ 方向的单位矢量为 $\boldsymbol{j}$，则 J_C 沿 k 的方向.

$$\boldsymbol{J}_\text{C}=\frac{l}{2}\boldsymbol{i}\times m\left(\frac{I}{m}-\frac{I}{2m}\right)\boldsymbol{j}+\left(-\frac{l}{2}\boldsymbol{i}\right)\times m\left(0-\frac{I}{2m}\right)\boldsymbol{j}=\frac{1}{2}Il\boldsymbol{k}$$

(3) 在质心平动参考系中，任一质点的机械能守恒，对质心的角动量守恒.

用极坐标系，考虑一个质点，

$$F=-k(2r-l)=-2k\left(r-\frac{l}{2}\right)$$
$$V=\frac{1}{2}\times 2k\left(r-\frac{l}{2}\right)^2=k\left(r-\frac{l}{2}\right)^2$$
$$h=\left(r^2\dot{\varphi}\right)\Big|_{t=0}=\left(\frac{l}{2}\right)^2\left(\frac{I}{2m}\Big/\frac{l}{2}\right)=\frac{Il}{4m}$$
$$T=\frac{1}{2}m\left(\dot{r}^2+r^2\dot{\varphi}^2\right)=\frac{1}{2}m\left(\dot{r}^2+\frac{h^2}{r^2}\right)=\frac{1}{2}m\left(\dot{r}^2+\frac{I^2l^2}{16m^2r^2}\right)$$

因为

$$T+V=(T+V)\big|_{t=0}=\frac{1}{2}m\left(\frac{I}{2m}\right)^2=\frac{I^2}{8m}$$

$$\frac{1}{2}m\left(\dot{r}^2+\frac{I^2l^2}{16m^2r^2}\right)+k\left(r-\frac{l}{2}\right)^2=\frac{I^2}{8m}$$

当两质点之间的距离达最大时，$r=\frac{1}{2}l_{\mathrm{m}},\dot{r}=0$，代入上式，即得最大距离 l_{m} 满足的方程

$$2mkl_{\mathrm{m}}^4-4mkll_{\mathrm{m}}^3+\left(2mkl^2-I^2\right)l_{\mathrm{m}}^2+I^2l^2=0$$

代入 m、k、l 和 I 的数值后，l_{m} 满足的方程为

$$2l_{\mathrm{m}}^4-4l_{\mathrm{m}}^3+l_{\mathrm{m}}^2+1=0$$

因 l_{m} 的偶次幂的系数之和等于 l_{m} 的奇次幂的系数之和的负值，可见必有 $l_{\mathrm{m}}-1$ 的因子，其实从上述方程也是距离取极值的方程. $t=0$ 时就是处于极值的情况，由此可得出结论

$$\left(l_{\mathrm{m}}-1\right)\left(2l_{\mathrm{m}}^3-2l_{\mathrm{m}}^2-l_{\mathrm{m}}-1\right)=0$$

$l_{\mathrm{m}}=1$ 显然是一个极小值，所以最大距离满足的方程为

$$2l_{\mathrm{m}}^3-2l_{\mathrm{m}}^2-l_{\mathrm{m}}-1=0$$

下面用牛顿法求上述方程的根：

$$f(x)=2x^3-2x^2-x-1$$

$$f'(x)=6x^2-4x-1$$

$$x_{k+1}=x_k-\frac{f(x_k)}{f'(x_k)},\quad k=1,2,3,\cdots$$

取 $x_1=1.5$,

$$x_2=1.5-\frac{f(1.5)}{f'(1.5)}=1.5-\frac{(-0.25)}{6.5}=1.538$$

$$x_3=1.538-\frac{f(1.538)}{f'(1.538)}=1.538-\frac{7.22\times10^{-3}}{7.041}=1.537$$

$$x_4=1.537-\frac{f(1.537)}{f'(1.537)}=1.537-\frac{1.842\times10^{-4}}{7.026}=1.537$$

所以最大距离为 $l_{\mathrm{m}}=1.537\mathrm{m}$.

(4) 在静参考系中，系统的机械能也是守恒的，在 $t=0$ 时，系统的势能最小，则系统的动能最大. 此时，未被冲击的质点仍处于静止，动能为零，受冲击的质点的动能等于系统的最大动能. 自然，两个质点的最大瞬时速率就是 $t=0$ 时受冲击的那个质点具有的速率，即 $v_{\mathrm{m}}=\frac{I}{m}$.

在以后的运动中，虽然弹簧处于原长系统的动能为最大动能的情况会经常出现，但因在质心平动参考系中任一质点均有

$$\frac{h}{\pi}\int_{r_{\min}}^{r_{\max}}\frac{\mathrm{d}r}{r^2\left[\frac{2}{m}\left(E_0-V-\frac{mh^2}{2r^2}\right)\right]^{1/2}}\neq\text{有理数}$$

质点轨道是不闭合的，任何一个质点都不会再具有 $\frac{I}{m}$ 这个最大速率了.

6.3.3 一质量为 m 的卫星围绕地球以速度 v 在一半径为 R 的圆轨道上运动. 卫星突然吸附了一小质量 δm，这块小质量在发生碰撞前是静止不动的. 求此卫星总能量的改变量，并求这个新轨道的长半轴.

解 当卫星在半径为 R 的圆轨道上运行时，

$$\frac{mv^2}{R}=\frac{GmM}{R^2}$$

其中 M 为地球的质量，

$$GM=Rv^2$$

吸附静止的小质量 δm 后，速度变为

$$v'=\frac{m}{m+\delta m}v$$

吸附前卫星的总能量为

$$E=\frac{1}{2}mv^2-\frac{GMm}{R}=-\frac{1}{2}mv^2$$

吸附后卫星的总能量为

$$\begin{aligned}E'&=\frac{1}{2}(m+\delta m)v'^2-\frac{GM(m+\delta m)}{R}\\&=\frac{1}{2}\frac{m^2v^2}{m+\delta m}-mv^2-(\delta m)v^2\\&=\frac{1}{2}m\left(1+\frac{\delta m}{m}\right)^{-1}v^2-mv^2-(\delta m)v^2\approx-\frac{1}{2}(m+3\delta m)v^2\end{aligned}$$

吸附过程使卫星损失的能量为

$$-\Delta E=E-E'=\frac{3}{2}v^2\delta m$$

新轨道是一个椭圆，设其长半轴为 a，

$$E'=-\frac{GM(m+\delta m)}{2a}$$

如用上述 E' 的一级近似式，

$$E'=-\frac{1}{2}(m+3\delta m)v^2$$

则

$$-\frac{1}{2}(m+3\delta m)v^2=-\frac{GM(m+\delta m)}{2a}$$

代入$GM = Rv^2$，得

$$a=\left(\frac{m+\delta m}{m+3\delta m}\right)R$$
$$\approx\left(1+\frac{\delta m}{m}\right)\left(1-\frac{3\delta m}{m}\right)R$$
$$\approx\left(1-\frac{2\delta m}{m}\right)R$$

在吸附的那个时刻，卫星处于远地点.

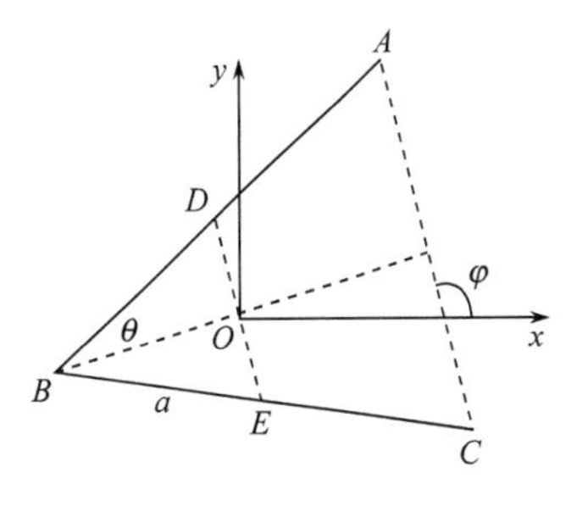

图 6.31

6.3.4 两根质量为m、长$2a$完全相同的均质杆AB和BC于B点自由铰接，在一光滑的水平桌上运动. 用两杆的夹角2θ、AC和平面上固定方向间的夹角φ及其对时间的导数表示系统在其质心平动参考系中的动能.

解 取固连于质心平动参考系的坐标系，原点位于质心，x轴沿平面上的固定方向，如图 6.31 所示. 图中E、D分别为BC杆、AB杆的质心.

$$OD = OE = a\sin\theta$$
$$x_D = a\sin\theta\cos\varphi$$
$$y_D = a\sin\theta\cos\left(\varphi-\frac{\pi}{2}\right) = a\sin\theta\sin\varphi$$
$$x_E = a\sin\theta\cos(\pi-\varphi) = -a\sin\theta\cos\varphi$$
$$y_E = -a\sin\theta\sin(\pi-\varphi) = -a\sin\theta\sin\varphi$$

BO与x轴的夹角为$\varphi-\frac{\pi}{2}$，BA与x轴的夹角为$-\frac{\pi}{2}+\varphi+\theta$,$BC$与$x$轴的夹角为$-\frac{\pi}{2}+\varphi-\theta$，

$$\omega_{AB}=\frac{\mathrm{d}}{\mathrm{d}t}\left(-\frac{\pi}{2}+\varphi+\theta\right)=\dot{\varphi}+\dot{\theta}$$
$$\omega_{BC}=\frac{\mathrm{d}}{\mathrm{d}t}\left(-\frac{\pi}{2}+\varphi-\theta\right)=\dot{\varphi}-\dot{\theta}$$

在质心平动参考系中系统的动能为

$$T=\frac{1}{2}m\left(\dot{x}_D^2+\dot{y}_D^2\right)+\frac{1}{2}\cdot\frac{1}{12}m(2a)^2\,\omega_{AB}^2$$
$$+\frac{1}{2}m\left(\dot{x}_E^2+\dot{y}_E^2\right)+\frac{1}{2}\cdot\frac{1}{12}m(2a)^2\,\omega_{BC}^2$$
$$\dot{x}_D = a\cos\theta\cos\varphi\dot{\theta}-a\sin\theta\sin\varphi\dot{\varphi}$$
$$\dot{y}_D = a\cos\theta\sin\varphi\dot{\theta}+a\sin\theta\cos\varphi\dot{\varphi}$$
$$\dot{x}_E = -a\cos\theta\cos\varphi\dot{\theta}+a\sin\theta\sin\varphi\dot{\varphi}$$

$$\dot{y}_E = -a\cos\theta\sin\varphi\dot{\theta} - a\sin\theta\cos\varphi\dot{\varphi}$$

$$T = \frac{1}{3}ma^2\left[\left(1+3\cos^2\theta\right)\dot{\theta}^2 + \left(1+3\sin^2\theta\right)\dot{\varphi}^2\right]$$

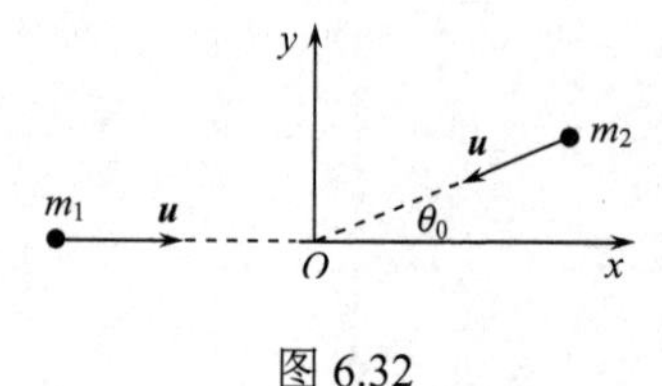

图 6.32

6.3.5　两个质量均为 m 、速率均为 u 的粒子做斜碰，如图 6.32 所示.

(1) 求质心平动参考系的速度 V ;

(2) 将在质心平动参考系中的总能量与在静参考系中的总能量进行比较.

解　若碰撞时取为时间的零点，则 $t<0$ 时，m_1、m_2 两粒子的位矢为

$$\boldsymbol{r}_1 = ut\boldsymbol{i}$$

$$\boldsymbol{r}_2 = -ut\left(\cos\theta_0\boldsymbol{i} + \sin\theta_0\boldsymbol{j}\right)$$

质心的位矢为

$$\boldsymbol{r}_\text{c} = \frac{m_1\boldsymbol{r}_1 + m_2\boldsymbol{r}_2}{m_1+m_2} = \frac{1}{2}\left(\boldsymbol{r}_1 + \boldsymbol{r}_2\right) = \frac{1}{2}ut\left[\left(1-\cos\theta_0\right)\boldsymbol{i} - \sin\theta_0\boldsymbol{j}\right]$$

(1) 质心平动参考系的速度也即质心的速度

$$\boldsymbol{V} = \dot{\boldsymbol{r}}_\text{c} = \frac{1}{2}u\left[\left(1-\cos\theta_0\right)\boldsymbol{i} - \sin\theta_0\boldsymbol{j}\right]$$

(2) 在静参考系中系统的能量为

$$E = \frac{1}{2}m_1u^2 + \frac{1}{2}m_2u^2 = mu^2$$

在质心平动参考系中两粒子的速度分别为

$$\boldsymbol{v}_1' = \dot{\boldsymbol{r}}_1 - \boldsymbol{V} = u\boldsymbol{i} - \frac{1}{2}u\left[\left(1-\cos\theta_0\right)\boldsymbol{i} - \sin\theta_0\boldsymbol{j}\right] = \frac{1}{2}u\left[\left(1+\cos\theta_0\right)\boldsymbol{i} + \sin\theta_0\boldsymbol{j}\right]$$

$$\boldsymbol{v}_2' = \dot{\boldsymbol{r}}_2 - \boldsymbol{V} = -u\left(\cos\theta_0\boldsymbol{i} + \sin\theta_0\boldsymbol{j}\right) - \frac{1}{2}u\left[\left(1-\cos\theta_0\right)\boldsymbol{i} - \sin\theta_0\boldsymbol{j}\right] = -\frac{1}{2}u\left[\left(1+\cos\theta_0\right)\boldsymbol{i} + \sin\theta_0\boldsymbol{j}\right]$$

在质心平动参考系中系统的能量为

$$E' = \frac{1}{2}m_1v_1'^2 + \frac{1}{2}m_2v_2'^2 = \frac{1}{2}mu^2\left(1+\cos\theta_0\right)$$

比较 E' 与 E ,

$$E' = \frac{1}{2}\left(1+\cos\theta_0\right)E$$

6.3.6　一个质量为 M、半径为 R 的匀质圆柱体置于光滑的水平面上，可绕其竖直的

对称轴自由转动，两个质量均为 m 的质点，用长度均为 a 的不可伸长的轻绳连接在圆柱底部的一条直径两端的钩子上，将绳子按顺时针方向完全绕在圆柱体上，再用钩子将两质点直接挂在圆柱体上. 证明：整个系统不论以什么角速度绕对称轴逆时针转动时，先让直接钩住质点的两钩子脱钩，只要绳子长度合适，当绳子完全展开时再让直径两端的钩子脱钩，圆柱体都将停止转动. 求绳长 a 与 m、M、R 的关系.

证明 对于圆柱体与两质点组成的系统，对圆柱的对称轴角动量守恒. 绳子在光滑的水平面上展开，重力与水平面的支持力相抵消，机械能守恒.

设开始两质点相对于圆柱静止时系统的角速度为 ω_0，完全展开时圆柱体停止转动，质点的速率为 v. 则由上述的角动量守恒和机械能守恒，可列出下列两式：

$$\left(\frac{1}{2}MR^2+2mR^2\right)\omega_0=2mva$$

$$\frac{1}{2}\left(\frac{1}{2}MR^2+2mR^2\right)\omega_0^2=2\times\frac{1}{2}mv^2$$

注意：写上述第一个式子时涉及对"绳子完全展开"的理解，绳子完全展开应理解为绳子刚处于与圆柱体完全不缠绕的状态，如图 6.33 所示.

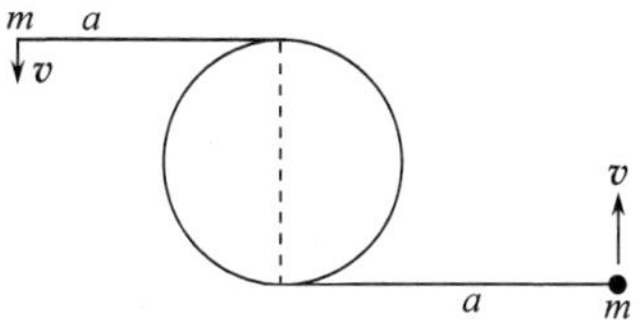

两式消去 v，可得

$$2ma^2=\left(\frac{1}{2}M+2m\right)R^2$$

$$a=\frac{1}{2}\left(\frac{M+4m}{m}\right)^{1/2}R$$

图 6.33

与 ω_0 无关，说明只要 a 与 M、m、R 满足上述关系，不论 ω_0 多大，完全展开后，圆柱将处于静止状态，此时使绳子脱钩，圆柱就可保持静止.

6.3.7 在光滑的水平桌上，有两个质量为 m 的质点，用一根长度为 a 的不可伸长的轻绳相连结. 两质点原先静止，绳子处于拉直状态，$t=0$ 时，给一个质点垂直于绳的冲量 I. 求证此后两质点做旋轮线运动，该质点与另一质点的能量之比为 $\cot^2\left(\dfrac{It}{2ma}\right)$.

证明 取固定坐标系 $O\xi\eta$，原点位于开始时两质点系统的质心，开始两质点位于 ξ 轴上，$\xi=\dfrac{1}{2}a$ 的那个质点于 $t=0$ 时受到冲量 I ,沿 $\boldsymbol{I}$ 的方向取 η 轴.

取动坐标系 Cxy，原点总取在质心 C，动坐标系随质心做平动，x、y 轴分别与 ξ、η 轴平行（y 轴与 η 轴重合).

此质点系在水平方向未受外力，动量守恒，质心做匀速运动. 在质心平动参考系中，两质点始终受到有心力作用，力心位于质心，故每个质点对质心的角动量守恒，绳子不可伸长，每个质点均绕质心做匀速率圆周运动.

给两个质点标号，受冲击的为质点 1，另一个为质点 2.

$$t=0\text{时}，\ \dot{\xi}_{10}=0,\ \ \dot{\eta}_{10}=\frac{I}{m},\ \ \dot{\xi}_{20}=\dot{\eta}_{20}=0$$

$$\dot{\xi}_{\mathrm{C}}=\dot{\xi}_{\mathrm{C}0}=0,\ \ \dot{\eta}_{\mathrm{C}}=\dot{\eta}_{\mathrm{C}0}=\frac{I}{2m}$$

$$\dot{y}_{10}=\dot{\eta}_{10}-\dot{\eta}_{\mathrm{C}0}=\frac{I}{m}-\frac{I}{2m}=\frac{I}{2m}$$

在质心平动参考系中，两质点围绕质心做半径为$\frac{1}{2}a$的匀速率圆周运动的角速度为

$$\omega=\omega_0=\dot{y}_{10}\Big/\frac{1}{2}a=\frac{I}{2m}\Big/\frac{1}{2}a=\frac{I}{ma}$$

根据以上所述，t时刻两质点的位置如图 6.34 所示，

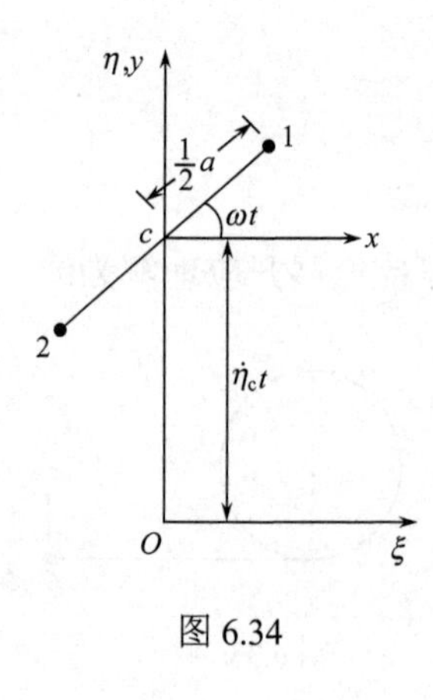

图 6.34

$$\xi_1=\frac{1}{2}a\cos\omega t=\frac{1}{2}a\cos\left(\frac{It}{ma}\right)$$

$$\eta_1=\dot{\eta}_{\mathrm{c}}t+\frac{1}{2}a\sin\omega t$$

$$=\frac{I}{2m}t+\frac{1}{2}a\sin\left(\frac{It}{ma}\right)$$

$$\xi_2=-\frac{1}{2}a\cos\left(\frac{It}{ma}\right)$$

$$\eta_2=\frac{I}{2m}t-\frac{1}{2}a\sin\left(\frac{It}{ma}\right)$$

两质点的运动学方程已表明两质点均做旋轮线运动.

$$\dot{\xi}_1=-\frac{I}{2m}\sin\left(\frac{It}{ma}\right)$$

$$\dot{\eta}_1=\frac{I}{2m}+\frac{I}{2m}\cos\left(\frac{It}{ma}\right)$$

$$\dot{\xi}_2=\frac{I}{2m}\sin\left(\frac{It}{ma}\right)$$

$$\dot{\eta}_2=\frac{I}{2m}-\frac{I}{2m}\cos\left(\frac{It}{ma}\right)$$

两质点的能量之比为

$$\frac{E_1}{E_2}=\frac{\frac{1}{2}m\left(\dot{\xi}_1^2+\dot{\eta}_1^2\right)}{\frac{1}{2}m\left(\dot{\xi}_2^2+\dot{\eta}_2^2\right)}=\cot^2\left(\frac{It}{2ma}\right)$$

6.3.8 两个质量均为m的质点，连在一根长l、质量可忽略不计的刚性杆的两端，该系统在光滑水平面上以质心速度为$\boldsymbol{v}$、角速度为$\boldsymbol{\omega}$（其方向垂直于运动平面）运动时，其一端的一个质点与另一个质量也为m的静止质点做完全非弹性碰撞，碰撞时运动的质点的速度方向与质心的速度方向相反. 求：

(1)碰撞以后的角速度；

(2)在碰撞中损失的机械能.

解　(1)碰撞后三个质点构成的系统的质心速度为

$$v_C = \frac{1}{3m}(2mv) = \frac{2}{3}v$$

质心位于离质量为$2m$的质点$\frac{1}{3}l$处.

碰撞前后系统的运动情况如图6.35(a)、(b)所示.

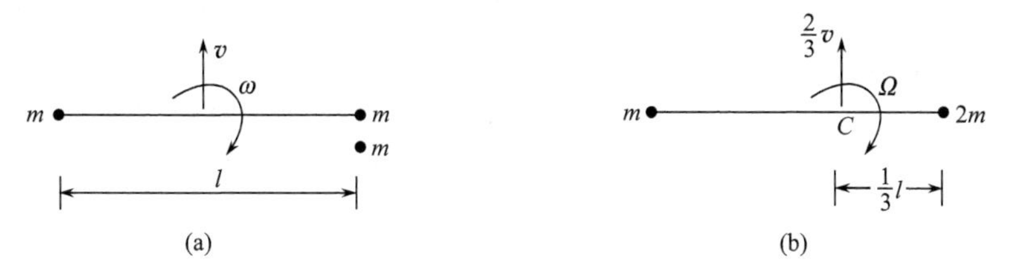

图 6.35

碰撞过程系统对任何固定点的角动量都是守恒的. 考虑对碰后瞬时质心所在点的角动量守恒，设碰后的角速度为Ω，则

$$\left[2m\left(\frac{1}{3}l\right)^2 + m\left(\frac{2}{3}l\right)^2\right]\Omega = 2m\left(\frac{1}{2}l\right)^2\omega + 2mv\left(\frac{1}{2}l - \frac{1}{3}l\right)$$

可得

$$\Omega = \frac{3l\omega + 2v}{4l}$$

(2)碰撞前系统的机械能为

$$E_1 = \frac{1}{2}\times 2mv^2 + 2\times\frac{1}{2}m\left(\frac{1}{2}l\right)^2\omega^2 = m\left(v^2 + \frac{1}{4}l^2\omega^2\right)$$

碰撞后系统的机械能为

$$E_2 = \frac{1}{2}\times 3m\left(\frac{2}{3}v\right)^2 + \frac{1}{2}m\left(\frac{2}{3}l\right)^2\Omega^2 + \frac{1}{2}\times 2m\left(\frac{1}{3}l\right)^2\Omega^2$$

$$= \frac{3}{4}mv^2 + \frac{1}{16}m\left(3l^2\omega^2 + 4l\omega v\right)$$

碰撞过程中系统损失的机械能为

$$-\Delta E = E_1 - E_2 = \frac{1}{4}mv^2 + \frac{1}{16}ml\left(l\omega^2 - 4\omega v\right)$$

说明：完全非弹性碰撞并不意味着碰撞的两个质点粘在一起，我们上述的计算是考虑粘在一起的，如不粘在一起，(1)问的计算仍有效.(2)问的计算，E_2应改为

$$E_2 = \frac{1}{2}m\left(\frac{2}{3}v + \frac{2}{3}l\Omega\right)^2 + \frac{1}{2}m\left(\frac{2}{3}v - \frac{1}{3}l\Omega\right)^2\times 2$$

代入Ω值，经计算可得

$$E_2=\frac{3}{4}mv^2+\frac{1}{16}ml\left(3l\omega^2+4\omega v\right)$$

结果是一样的. 这不奇怪，因为碰后瞬时，三个质点的速度两种情况没有区别. 再以后，两种情况的运动状况是有所不同的.

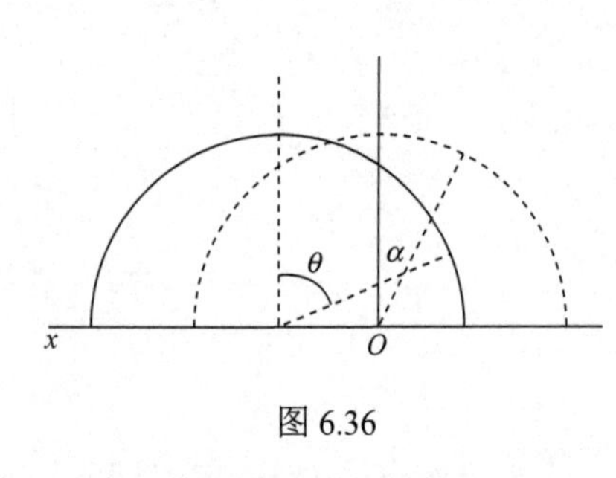

图 6.36

6.3.9 质量为M、半径为a的半球，其底面放在光滑的水平面上. 有一质量为m的质点沿此半球下滑，初始位置与球心的连线和铅垂线成α角，系统开始是静止的，求质点绕球心的角速度.

解 取图 6.36 所示的x轴沿水平方向，且是m与球心所在的竖直平面与水平面的交线，原点取在开始时球心的位置. 当m滑到与球心的连线与铅垂线成θ角时，半球移动了x.

由于水平方向未受外力，m、M系统的质心的x坐标x_C不变，

$$Mx+m\left(x-a\sin\theta\right)=\left(m+M\right)x_C=\text{常量}$$

$$M\dot{x}+m\left(\dot{x}-a\cos\theta\dot{\theta}\right)=0$$

$$\dot{x}=\frac{ma}{m+M}\cos\theta\dot{\theta}$$

由机械能守恒，

$$\frac{1}{2}M\dot{x}^2+\frac{1}{2}m\left[\left(\dot{x}-a\dot{\theta}\cos\theta\right)^2+\left(a\dot{\theta}\sin\theta\right)^2\right]+mga\cos\theta=mga\cos\alpha$$

$$\frac{1}{2}\left(M+m\right)\dot{x}^2+\frac{1}{2}ma^2\dot{\theta}^2-ma\dot{x}\dot{\theta}\cos\theta=mga\left(\cos\alpha-\cos\theta\right)$$

代入$\dot{x}$，解得

$$\dot{\theta}^2=\frac{g\left(\cos\alpha-\cos\theta\right)}{\frac{1}{2}a-\frac{ma}{2\left(m+M\right)}\cos^2\theta}$$

$$\dot{\theta}=\left[\frac{2g}{a}\frac{\cos\alpha-\cos\theta}{1-\frac{m}{m+M}\cos^2\theta}\right]^{1/2}$$

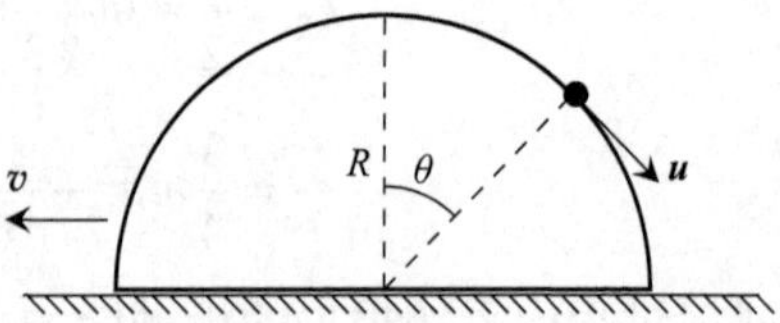

6.3.10 一个质量为M、半径为R的光滑半球放置在一个光滑水平面上，处于静止状态. 另有一个质量为$m=\frac{1}{2}M$的小球(可视为质点)从半球面顶端无初速下滑. 如图 6.37 所示. 问θ多大时小球将脱离半球面？

图 6.37

解 图中所示，当小球位于圆心角为θ时，半球面的速度为$\boldsymbol{v}$，小球相对于半球的

速度为 $\boldsymbol{u}$，沿半球的切线方向，小球在地面参考系中的速度为 $\boldsymbol{u}+\boldsymbol{v}$.

由机械能守恒，动能的增量等于势能的减量，

$$\frac{1}{2}Mv^2+\frac{1}{2}m(v^2+u^2-2vu\cos\theta)=mgR(1-\cos\theta) \tag{1}$$

在水平方向系统动量守恒

$$Mv+m(v-u\cos\theta)=0 \tag{2}$$

小球和半球刚分离时，二者之间无相互作用力. 因此此刻半球的加速度为零. 用半球参考系(此刻为惯性系)，此时小球仍可看作圆周运动，其向心力由重力的分力提供.

$$m\frac{u^2}{R}=mg\cos\theta \tag{3}$$

由式(2)得

$$v=\frac{mu}{M+m}\cos\theta \tag{4}$$

由式(1)、(4)得

$$-\frac{m}{M+m}u^2\cos^2\theta+mu^2=2gR(1-\cos\theta)$$

代入式(3)，消去上式中的 u^2，并用 $M=2m$，可得刚脱离半球时 θ 满足的方程

$$\cos^3\theta-9\cos\theta+6=0$$

用数值计算方法计算 0 到 1 之间的根得

$$\cos\theta=0.70572,\quad \theta=45.11°$$

6.3.11　一根长为 $2a$ 不可伸长的轻绳，中点连着一个质量为 M 的质点，两端各连一个质量为 m 的质点，在一光滑的水平面上成一正好拉直的直线. 给 M 一个垂直于绳的水平初速 v. 证明：若时间 τ 以后两端的质点发生碰撞时，质量为 M 的质点从开始位置位移 $b=\dfrac{Mv\tau+2ma}{M+2m}$，并证明正要发生碰撞之前，绳子张力 $T=\dfrac{mM^2v^2}{(M+2m)^2a}$.

证明

$$v_c=\frac{Mv}{M+2m}$$

$$(2m+M)x_c=Mx_1+2mx_2 \tag{1}$$

x_1、x_2 分别表示 M 和两个 m 在 t 时刻的位置，如图 6.38 所示.

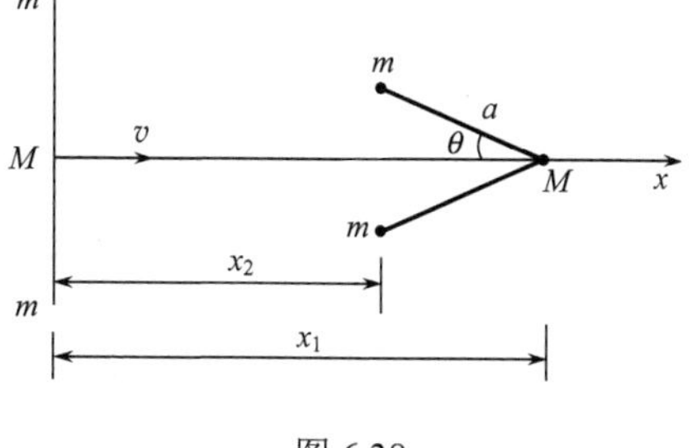

图 6.38

碰撞时刻 $t=\tau$，

$$x_1=b,\quad x_2=b-a$$

$$x_c=v_c\tau=\frac{Mv}{M+2m}\tau$$

将碰撞时刻的 x_1、x_2 和 x_c 值代入式(1)，

$$Mv\tau=(M+2m)b-2ma$$

$$b=\frac{1}{M+2m}(Mv\tau+2ma)$$

在刚要碰撞时，

$$\dot{x}_1=\dot{x}_2=v_c=\frac{Mv}{M+2m} \tag{2}$$

机械能守恒，

$$\frac{1}{2}M\dot{x}_1^2+2\left[\frac{1}{2}m\left(\dot{x}_2^2+\dot{y}_2^2\right)\right]=\frac{1}{2}Mv^2$$

将式(2)代入上式，解出 $\dot{y}_2^2$，得

$$\dot{y}_2^2=\frac{M}{M+2m}v^2$$

因为

$$y_2=a\sin\theta,\quad \dot{y}_2=a\cos\theta\dot{\theta}$$

碰撞时，$\theta=0,\dot{y}_2=a\dot{\theta}$，所以

$$a^2\dot{\theta}^2=\frac{Mv^2}{M+2m},\quad \dot{\theta}^2=\frac{Mv^2}{(M+2m)a^2}$$

动量守恒，

$$M\dot{x}_1+2m\dot{x}_2=Mv \tag{3}$$

因为

$$x_2=x_1-a\cos\theta,\quad \dot{x}_2=\dot{x}_1+a\sin\theta\dot{\theta}$$

式(3)改写为

$$(M+2m)\dot{x}_1+2ma\sin\theta\dot{\theta}=Mv$$

上式两边对 t 求导，

$$(M+2m)\ddot{x}_1+2ma\sin\theta\ddot{\theta}+2ma\cos\theta\dot{\theta}^2=0$$

在碰撞时，$\theta=0,\dot{\theta}^2=\dfrac{Mv^2}{(M+2m)a^2}$，代入上式，可得碰撞时的 $\ddot{x}_1$ 为

$$\ddot{x}_1=-\frac{2mMv^2}{(M+2m)^2a}$$

此时 M 满足的牛顿方程

$$M\ddot{x}_1=-2T$$

从而

$$T=-\frac{1}{2}M\ddot{x}_1=\frac{mM^2v^2}{(M+2m)^2a}$$

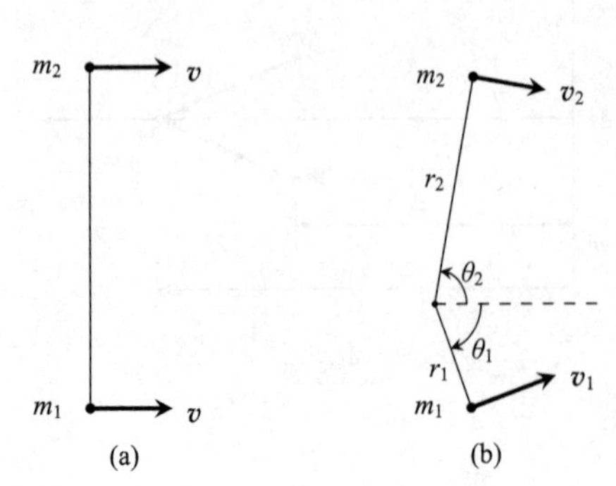

图 6.39

6.3.12　质量均为 m 的小球 1 和 2，用长为 $4a$ 不可伸长的细线相连，以速度 v 沿着与线垂直的方向在光滑水平台面上运动，线处于伸直状态. 在运

动过程中，线上距离小球 1 为 a 的一点与固定在台面上的一竖直光滑细钉相碰. 设在以后的运动中两球不相碰. 试求小球 1 与钉的最大距离(要求精确到 $0.01a$)以及此时绳中的张力.

解　在碰到细钉以前，两球运动情况如图 6.39(a) 所示. 碰到细钉以后运动情况如图 6.38(b) 所示. 在水平面内，两个小球均只受细线的拉力. 力的作用线均通过细钉. 故每个小球均有对细钉的角动量守恒加上机械能守恒以及细线不可伸长，可列出以下四个方程：

$$mr_1^2\dot{\theta}_1 = -mav \tag{1}$$

$$mr_2^2\dot{\theta}_2 = -3mav \tag{2}$$

$$\frac{1}{2}m(\dot{r}_1^2 + r_1^2\dot{\theta}_1^2) + \frac{1}{2}m(\dot{r}_2^2 + r_2^2\dot{\theta}_2^2) = 2 \cdot \frac{1}{2}mv^2 = mv^2 \tag{3}$$

$$r_1 + r_2 = 4a \tag{4}$$

小球 1 处在离细钉最大位置时 $\dot{r}_1 = 0$，由式(4)，也有 $\dot{r}_2 = 0$. 此时式(3)应改为

$$\frac{1}{2}mr_1^2\dot{\theta}_1^2 + \frac{1}{2}mr_2^2\dot{\theta}_2^2 = mv^2 \tag{5}$$

用式(1)、(2)消去式(5)中的 $\theta_1'^2$、$\theta_2'^2$、再用式(4). 消去式(5)中的 r_2. 可得

$$r_1^4 - 8ar_1^3 + 11a^2r_1^2 + 4a^3r_1 - 8a^4 = 0 \tag{6}$$

令 $r_1 = ax$，式(6)可改为

$$x^4 - 8x^3 + 11x^2 + 4x - 8 = 0$$

$$(x-1)(x^3 - 7x^2 + 4x - 8) = 0 \tag{7}$$

式(7)的方程，有四个实根. $x = 1$ 以外，可用迭代法或用 Mathematica 程序求三次方程的三个根. 在 $0 < r_1 < 4a$ 范围内有 $x = 1.653$. $x = 1$ 即 $r_1 = a$ 对应于刚碰到细钉时小球 1 距细钉的距离. $x = 1.653$ 即 $r_1 = 1.653a$ 对应于运动过程中小球 1 距细钉的最大距离

$$r_{1\max} = 1.653a$$

下面求当 $r = r_{1\max}$ 时绳中的张力.

小球 1、2 的径向方程为

$$m(\ddot{r}_1 - r_1\dot{\theta}_1^2) = -T$$

$$m(\ddot{r}_2 - r_2\dot{\theta}_2^2) = -T$$

两式相加，因 $r_1 + r_2 = 4a$，$\ddot{r}_1 + \ddot{r}_2 = 0$. 并用角动量守恒的式(1)、(2)，

$$T = \frac{1}{2}m(r_1\dot{\theta}_1^2 + r_2\dot{\theta}_2^2) = \frac{1}{2}m\left[\frac{a^2v^2}{r_1^3} + \frac{9a^2v^2}{(4a - r_1)^3}\right]$$

代入 $r_1 = 1.653a$，此时绳中张力

$$T = 0.459\frac{mv^2}{a}$$

思考题：考虑一下如何求绳的张力的最大值和最小值？

6.3.13　一种测量泊松比的简易装置，用一个一端封闭的U形管. 装入待测气体和水银，即可测量. 图 6.40

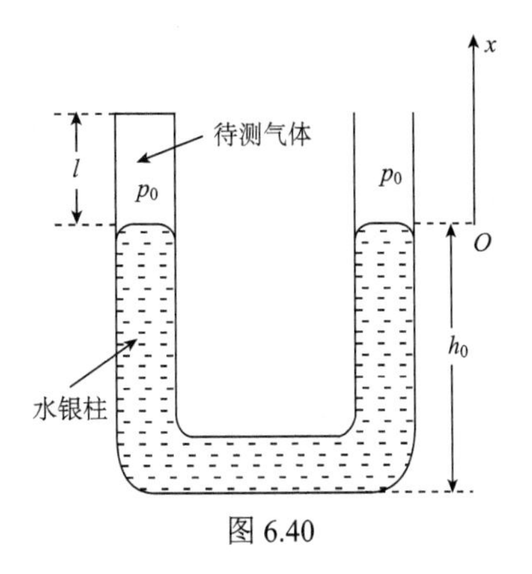

图 6.40

给出了处于平衡状态的一组数据. U 形管粗细均匀. 水银柱长度为 L，平衡时，气柱长度为 l，水银柱高度为 h_0，求：

(1) 水银柱在平衡位置作微振动的周期；

(2) 如何求泊松比 γ？

解　(1) 设 U 形管截面积为 S. 水银密度为 ρ. 取 x 轴竖直向上，原点取在平衡时水银面的位置.

给予一个微小的扰动，右管的水银柱上升高度 x，此时水银柱的速率为 $\dot{x}$，水银柱可视为理想流体. 受到的力有管子底部的支持力(它不做功)、重力、待测气体的压力还有开口的右管处空气的压力，这些力作功用引入相应的势能来处理. 所有的势能均取 $x=0$ 时为势能零点. 考虑右管水银柱面处于 x 时. 左管水银柱面下降 x. 重力势能等于质量为 ρSx 的水银面从左管位置升高到右管的位置. 升高的距离为 x. 其余部分高度没有变化，故重力势能为 $\rho Sxg\cdot x=\rho Sgx^2$，空气压力是恒力为 $-p_0S$. 它的势能为 $-\int_0^x(-p_0S)\mathrm{d}x=p_0Sx$. 下面我们来求待测气体压力的势能.

待测气体可视为理想气体，水银柱振荡时，气体状态的变化可视为准静态绝热过程，过程方程为

$$p\left[(1+x)S\right]^{\gamma}=p_0(lS)^{\gamma}$$

其中 $p_0=\rho gh_0$.

$$p=p_0\left(\frac{l}{l+x}\right)^{\gamma}=p_0\left(1+\frac{x}{l}\right)^{-\gamma}\approx p_0\left(1-\frac{\gamma}{l}x\right)$$

待测气体对水银柱的压力为 $pS=p_0S\left(1-\frac{\gamma}{l}x\right)$，待测气体压力势能为

$$-\int_0^x pS\mathrm{d}x=-\int_0^x p_0S\left(1-\frac{\gamma}{l}x\right)\mathrm{d}x=-p_0S\left(x-\frac{\gamma}{2l}x^2\right)$$

水银柱振荡过程中机械能守恒

$$\frac{1}{2}\rho SL\dot{x}^2+\rho Sgx^2+p_0Sx-p_0S\left(x-\frac{\gamma}{2l}x^2\right)=\text{常量}$$

除以 ρS (为常量)，两边对 t 求导

$$L\dot{x}\ddot{x}+2gx\dot{x}+p_0\frac{\gamma}{2\rho l}\cdot 2x\dot{x}=0$$

代入 $p_0=\rho gh_0$，可得

$$\ddot{x}+\left[\frac{2g}{L}\left(1+\frac{\gamma h_0}{2l}\right)\right]x=0$$

这是一个简谐振动的方程，其圆频率和周期为

$$\omega=\sqrt{\frac{2g}{L}\left(1+\frac{rh_0}{2l}\right)}$$

$$T=\frac{2\pi}{\omega}=2\pi\sqrt{\frac{Ll}{(2l+\gamma h_0)g}}$$

(2) 只要测出水银柱作围绕平衡位置的微振动的圆频率或周期，测出平衡时三个长度 l、h_0 和 L 即能计算待测气体的泊松比 γ

$$\gamma=\frac{2l}{h_0}\left(\frac{\omega^2 L}{2g}-1\right)\quad 或\quad \gamma=\frac{2l}{h_0}\left(\frac{2\pi^2 L}{T^2 g}-1\right)$$

思考：(1) 假如用牛顿方程如何选取研究对象来列方程求解？(2) 假如 U 形管两端都封以同样的气体，水银振动频率如何变化？

6.3.14　一质量为 M、半径为 R 的重星以速度 $\boldsymbol{V}$ 通过质量密度为 ρ 的非常稀薄的气体，由于它的引力场，重星将吸引迎面接近它的气体分子，并将它俘获在表面上，相对于 V，气体分子的热运动可以忽略，气体分子间的相互作用力也可以忽略不计. 求星体在此刻受到来自气体分子的阻力.

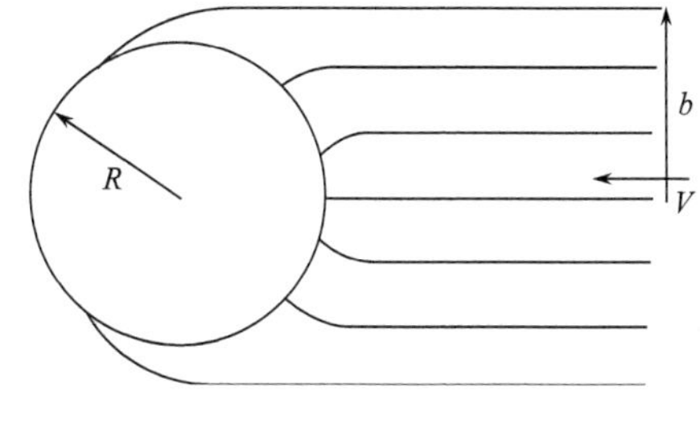

图 6.41

解法一　取 t 时刻的星体为参考系，气体分子在无穷远处以 $-\boldsymbol{V}$ 的速度向星体运动，在星体引力场的作用下，气体分子的轨道如图 6.41 所示.

设刚能被星体俘获的气体分子的瞄准距离为 b，刚能被俘获的这个分子被俘获前的速率为 v，由角动量守恒

$$vR=bV \tag{1}$$

由机械能守恒，设 m 为气体分子质量，

$$\frac{1}{2}mv^2-\frac{GMm}{R}=\frac{1}{2}mV^2 \tag{2}$$

由式(1)、(2)两式消去 v，解出

$$b^2=\left(\frac{R}{V}\right)^2\left(V^2+\frac{2GM}{R}\right)$$

式中的 V 是 t 时刻重星的速率，$\boldsymbol{V}$ 的方向向右.

星体受到的气体阻力等于单位时间俘获的气体分子的动量，

$$\boldsymbol{F}=\frac{\mathrm{d}\boldsymbol{P}}{\mathrm{d}t}=\lim_{\Delta t\to 0}\frac{\pi b^2 V\Delta t\cdot\rho(-\boldsymbol{V})}{\Delta t}$$
$$=-\pi\rho b^2 V\boldsymbol{V}=-\frac{\pi\rho}{V}R^2\left(V^2+\frac{2GM}{R}\right)\boldsymbol{V}$$

这是重星在速度为 $\boldsymbol{V}$ 时受到的气体阻力.

解法二　作为变质量质点的运动问题，取重星为本体，m 表示星体的质量，它是 t 的函数(在解法一中 m 表示气体分子的质量，勿混淆).

$$m\frac{\mathrm{d}V}{\mathrm{d}t}+(V-u)\frac{\mathrm{d}m}{\mathrm{d}t}=F_m^{(e)}+F_{\mathrm{d}m}^{(e)}$$

这里取静参考系，u 是微粒(气体分子)的速度，$u=0, F_m^{(e)}$、$F_{\mathrm{d}m}^{(e)}$ 分别是作用于本体和微粒的外力(对本体和微粒组成的系统)，均为零，

$$\frac{\mathrm{d}m}{\mathrm{d}t}=\rho\pi b^2 V$$

重星所受的阻力为

$$F=m\frac{\mathrm{d}V}{\mathrm{d}t}=F_m^{(e)}+F_{\mathrm{d}m}^{(e)}-(V-u)\frac{\mathrm{d}m}{\mathrm{d}t}=-V\frac{\mathrm{d}m}{\mathrm{d}t}=-\rho\pi b^2 V^2$$

代入方法一中解得的 $b^2=\left(\frac{R}{V}\right)^2\left(V^2+\frac{2GM}{R}\right)$，

$$F=-\pi\rho R^2\left(V^2+\frac{2GM}{R}\right)$$

6.4　两 体 问 题

6.4.1　一个双原子分子由质量为 m_1、m_2 的两个原子组成，它们之间相互作用势能为

$$V(r)=\frac{a^2}{4r^4}-\frac{b^2}{3r^3}$$

式中 r 为两原子的间距，a、b 均为常量.

(1)假设分子不转动，求原子的平衡间距 r_0 以及在平衡位置附近微振动的频率. 为使处于平衡的分子破裂，必须供给分子多大的能量？

(2)假定分子中原子沿圆轨道运动，确定分子不破裂所能具有的最大角动量，并求在不破裂时的最大原子间距.

(3)计算在分子破裂时，每个原子在实验室参考系中的速度(假设质心静止).

解　(1)原子间相互作用力沿径向，

$$F=-\frac{\mathrm{d}V}{\mathrm{d}r}=\frac{a^2}{r^5}-\frac{b^2}{r^4}$$

分子不转动，平衡间距 r_0 满足

$$F=\frac{a^2}{r_0^5}-\frac{b^2}{r_0^4}=0 \tag{1}$$

得

$$r_0=\frac{a^2}{b^2} \tag{2}$$

作为两体问题，径向动力学方程为

$$\mu\ddot{r}=\frac{a^2}{r^5}-\frac{b^2}{r^4}$$

其中 $\mu=\dfrac{m_1m_2}{m_1+m_2}$ 为折合质量，在平衡位置附近作微振动. 令 $r=r_0+\delta$ ，δ 为小量. 作近似下面各项展开只保留一级小量.

$$\frac{a^2}{r^5}=\frac{a^2}{(r_0+\delta)^5}=\frac{a^2}{r_0^5}\frac{1}{(1+\delta/r_0)^5}\approx\frac{a^2}{r_0^5}\left(1-\frac{5\delta}{r_0}\right)$$

$$\frac{b^2}{r^4}=\frac{b^2}{(r_0+\delta)^4}=\frac{b^2}{r_0^4}\frac{1}{(1+\delta/r_0)^4}\approx\frac{b^2}{r_0^4}\left(1-\frac{4\delta}{r_0}\right)$$

动力学方程化为

$$\mu\ddot{\delta}=\frac{a^2}{r_0^5}\left(1-\frac{5\delta}{r_0}\right)-\frac{b^2}{r_0^4}\left(1-\frac{4\delta}{r_0}\right)$$

用平衡条件式(1)，微振动的微分方程为

$$\mu\ddot{\delta}+\left(\frac{5a^2}{r_0^6}-\frac{4b^2}{r_0^5}\right)\delta=0$$

代入式(2)，上式可简化为

$$\mu\ddot{\delta}+\frac{b^{12}}{a^{10}}\delta=0$$

在平衡位置附近作微振动的圆频率为

$$\omega_0=\sqrt{\frac{b^{12}}{\mu a^{10}}}=\sqrt{\frac{m_1+m_2}{m_1m_2}}\frac{b^6}{a^5}$$

分子破裂时 $V_\infty=0$ ，使处于平衡位置的分子破裂必须给予分子的最小能量为

$$W=V_\infty-V(r_0)=-\frac{a^2}{4r_0^4}+\frac{b^2}{3r_0^3}$$

代入式(2)得

$$W=\frac{b^8}{12a^6}$$

(2) 考虑尚未破裂的临界状态. 此时原子间距为 r_c ，两原子的相对速度的大小为 v_c . 则由

$$\frac{1}{2}\mu v_c^2+\frac{a^2}{4r_c^4}-\frac{b^2}{3r_c^3}=0$$

$$\mu\frac{v_1^2}{r_c}=-\frac{a^2}{r_c^5}+\frac{b^2}{r_c^4}$$

可解得

$$r_c=\frac{3a^2}{2b^2}$$

$$v_c=\frac{1}{\sqrt{2\mu}}-\frac{4b^4}{9a^3}=\frac{4}{9\sqrt{2}}\sqrt{\frac{m_1+m_2}{m_1m_2}}\frac{b^4}{a^3}$$

不破裂时的最大角动量

$$J_{\max}=\mu r_1 v_1=\mu\frac{3a^2}{2b^2}\frac{1}{\sqrt{2\mu}}\frac{4b^4}{9a^3}=\frac{\sqrt{2\mu}}{3}\frac{b^2}{a}=\frac{1}{3}\sqrt{\frac{2m_1m_2}{m_1+m_2}}\cdot\frac{b^2}{a}$$

(3)假设质心静止. 破裂时每个原子在实验室参考系中的速度大小为

$$v_{1c}=\frac{m_2}{m_1+m_2}v_c=\frac{4}{9}\sqrt{\frac{m_2}{2m_1(m_1+m_2)}}\frac{b^4}{a^3}$$

$$v_{2c}=\frac{m_1}{m_1+m_2}v_c=\frac{4}{9}\sqrt{\frac{m_1}{2m_2(m_1+m_2)}}\frac{b^4}{a^3}$$

6.4.2　两颗星的质量分别为M和m，相距为d，两星绕着不动的质心做圆周运动. 两颗星近似为质点，质量为M的星发生爆炸，损失质量ΔM，爆炸是瞬时的、球对称的，对残余体的合力为零，爆炸时对另一颗星无直接作用. 证明：当$\Delta M<\frac{1}{2}(M+m)$时，余下的双星系统的运动仍是有界的.

证法一　用m星平动参考系，M星的质量改为折合质量$\mu=\frac{mM}{m+M}$，做半径为d的圆周运动，设角速度为ω，由牛顿运动第二定律，

$$\frac{mM}{m+M}d\omega^2=\frac{GmM}{d^2}$$

$$\omega=\sqrt{\frac{G(m+M)}{d^3}}$$

M星发生爆炸后，对静参考系来说，m星的速度没变，M星的残余体的速度也没变. 可是双星系统的质心位置变了，系统的质心速度不再为零.

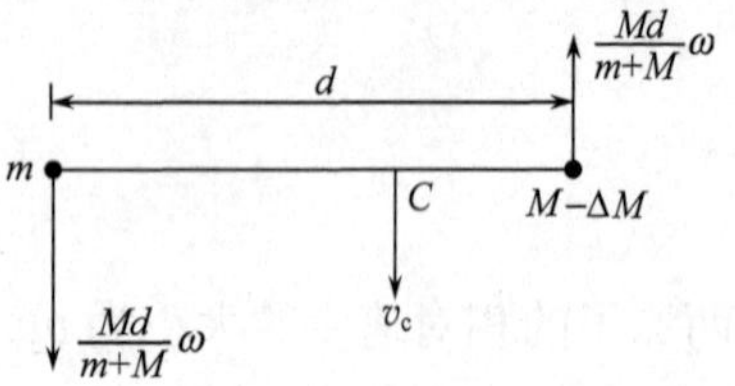

图 6.42

m、M两星距原质心的距离分别为$\frac{M}{m+M}d$和$\frac{m}{m+M}d$,m、M两星对静参考系的速度分别为$\frac{Md}{m+M}\omega$和$\frac{md}{m+M}\omega$，它们也是M星爆炸后瞬时m星和M星残余体对静系的速度. 如图 6.42 所示.

由质心的定义，新质心C的速度大小v_C由下式确定：

$$(M-\Delta M+m)v_C=m\left(\frac{Md}{m+M}\omega\right)-(M-\Delta M)\left(\frac{md}{m+M}\omega\right)=\frac{m\Delta M}{m+M}\omega d$$

$$v_C=\frac{\Delta M}{M-\Delta M+m}\cdot\frac{m}{m+M}\omega d$$

以下采用新的质心平动参考系. M星残余体的速度为

$$v' = \frac{md}{m+M}\omega - (-v_C) = \frac{md}{m+M}\omega + v_C$$
$$= \frac{m}{m+M}\omega d\left(1 + \frac{\Delta M}{M - \Delta M + m}\right) = \frac{m}{M - \Delta M + m}\omega d$$

M 星残余体的动能为

$$T' = \frac{1}{2}(M - \Delta M)\frac{m^2}{(M - \Delta M + m)^2}\omega^2 d^2$$

求 M 星残余体的势能如下：

$$F = -\frac{Gm(M - \Delta M)}{r^2}$$

其中 r 是 m 星和 M 星残余体间的距离，需将 F 表成残余体离质心的距离 r' 的函数，

$$r' = \frac{m}{M - \Delta M + m}r, \quad r = \frac{M - \Delta M + m}{m}r'$$

$$F = -\frac{Gm^3(M - \Delta M)}{(M - \Delta M + m)^2 r'^2}$$

$$V'(r') = -\int_{\infty}^{r'} F\mathrm{d}r' = -\frac{Gm^3(M - \Delta M)}{(M - \Delta M + m)^2 r'}$$

在爆炸后的瞬时，$r' = \dfrac{m}{M - \Delta M + m}d$，此时，

$$V' = -\frac{Gm^3(M - \Delta M)}{(M - \Delta M + m)^2}\Bigg/\left(\frac{md}{M - \Delta M + m}\right) = -\frac{Gm^2(M - \Delta M)}{(M - \Delta M + m)d}$$

M 星残余体的总能量

$$E' = T' + V' = \frac{1}{2}(M - \Delta M)\frac{m^2\omega^2 d^2}{(M - \Delta M + m)^2} - \frac{Gm^2(M - \Delta M)}{(M - \Delta M + m)d}$$

代入 $\omega = \sqrt{\dfrac{G(m+M)}{d^3}}$，经计算可得

$$E' = \frac{Gm^2(M - \Delta M)}{(M - \Delta M + m)^2 d}\left[\Delta M - \frac{1}{2}(m+M)\right]$$

M 星残余物做有界运动也是新的双星系统做有界运动的条件是 $E' < 0$，即

$$\Delta M - \frac{1}{2}(m+M) < 0 \quad 或 \quad \Delta M < \frac{1}{2}(m+M)$$

这个有界运动是对新的质心平动参考系或对一个星体平动参考系而言的，是指 m 星与 M 星残余体之间的距离保持有限的运动. 对静参考系这个双星系统可一起运动到无限远处.

证法二　爆炸后仍用 m 星平动参考系，考虑 M 星残余体的运动，可直接写出爆炸后瞬时的势能和动能，

$$V=-\frac{Gm(M-\Delta M)}{d}$$

$$T=\frac{1}{2}\frac{m(M-\Delta M)}{M-\Delta M+m}(\omega d)^2=\frac{Gm(M-\Delta M)(m+M)}{(M-\Delta M+m)d}$$

其中$\frac{m(M-\Delta M)}{M-\Delta M+m}$是$M$星残余体的折合质量，$\omega d$是它的速率.

$$E=T+V=\frac{Gm(M-\Delta M)}{(M-\Delta M+m)d}\left[\Delta M-\frac{1}{2}(m+M)\right]$$

在m星平动参考系中，M星残余体做有界运动的条件是$E<0$，得$\Delta M<\frac{1}{2}(m+M)$.

用此法可以不计算v_C和V'，因而简捷得多. 但需注意计算动能时别忘了用折合质量.

6.4.3　有两个质量均为m的质点用一根劲度系数为k、未伸长时长a的轻弹簧连起来，静置在光滑的水平面上. 第三个质量也为m的质点以垂直于弹簧的速度V运动，并射中一个质点粘在上面. 要使弹簧拉伸到最大长度为$3a$，V应多大?

解　先用静参考系考虑碰撞过程. 因碰撞是完全非弹性碰撞，且两碰撞质点粘在一起，质量为$2m$，由动量守恒，该质量为$2m$的质点的速度为$v=\frac{1}{2}V$.

以下用几种方法解.

方法一：作为两体问题，采用质点 1(未受碰质点)平动参考系，另一质点改用折合质量，

$$\mu=\frac{2m\cdot m}{2m+m}=\frac{2}{3}m$$

由机械能守恒，

$$\frac{1}{2}\mu\left(\dot{r}^2+r^2\dot{\varphi}^2\right)+\frac{1}{2}k(r-a)^2=\frac{1}{2}\mu v^2=\frac{1}{8}\mu V^2 \tag{1}$$

由对质点 1(取为原点)的角动量守恒，

$$\mu r^2\dot{\varphi}=\mu va=\frac{1}{2}\mu aV \tag{2}$$

当$r=r_{\max}=3a$时，$\dot{r}=0$，代入式(1)、(2)，

$$9\mu a^2\dot{\varphi}^2+4ka^2=\frac{1}{4}\mu V^2 \tag{3}$$

$$9a\dot{\varphi}=\frac{1}{2}V \tag{4}$$

从式(3)、(4)解出V，并代入$\mu=\frac{2}{3}m$得

$$V=\sqrt{\frac{18ka^2}{\mu}}=3a\sqrt{\frac{3k}{m}}$$

方法二：采用碰撞后的质心平动参考系. 该参考系对静参考系的速度为

$$v_c = \frac{mV}{m+m+m} = \frac{1}{3}V$$

考虑质量为$2m$的质点，刚碰后

$$v' = \frac{1}{2}V - v_c = \frac{1}{6}V$$

$$r' = \frac{1}{3}a$$

对原点(质心)的角动量为

$$2m \cdot \frac{1}{6}V \cdot \frac{1}{3}a = \frac{1}{9}maV$$

仍用r表示弹簧的长度，该质点受到的弹簧力

$$\begin{aligned} F &= -k(r-a) = -k(3r'-a) \\ &= -3k\left(r' - \frac{1}{3}a\right) = -k'\left(r' - \frac{1}{3}a\right) \end{aligned}$$

考虑弹簧未伸长压缩时势能为零. 下面积分时下限取$r' = \frac{1}{3}a$,

$$V' = -\int_{\frac{1}{3}a}^{r'} F(r')\mathrm{d}r' = \frac{1}{2}k'\left(r' - \frac{1}{3}a\right)^2 = \frac{3}{2}k\left(r' - \frac{1}{3}a\right)^2$$

最大伸长时，

$$r = r_{\max} = 3a,\quad r' = r'_{\max} = \frac{1}{3}r_{\max} = a$$

机械能守恒，

$$\frac{1}{2} \times 2m\left(\dot{r}'^2 + r'^2\dot{\varphi}^2\right) + \frac{3}{2}k\left(r' - \frac{1}{3}a\right)^2 = \frac{1}{2} \times 2m\left(\frac{1}{6}V\right)^2$$

对质心的角动量守恒，

$$2mr'^2\dot{\varphi} = \frac{1}{9}maV$$

代入$r' = r'_{\max} = a$，$\dot{r}' = 0$，消去$\dot{\varphi}$，解出

$$V = 3a\sqrt{\frac{3k}{m}}$$

方法三：采用碰撞后的质心转动参考系，既跟随质心平动、又随两质点连线转动. 用这个非惯生参考系，对于质量为$2m$的质点，除受弹簧力这个真实力外，还受到惯性力：惯性离轴力、$-2m\dfrac{\mathrm{d}\boldsymbol{\omega}}{\mathrm{d}t} \times \boldsymbol{r}'$和科里奥利力，后两个惯性力不做功，用有效势能考虑弹簧力和惯性离轴力做的功.

机械能(包括动能和有效势能)守恒，

$$\frac{1}{2}(2m)\dot{r}'^2+\frac{1}{2}(3k)\left(r'-\frac{1}{3}a\right)^2+\frac{(2m)h'^2}{2r'^2}=\frac{(2m)h'^2}{2\cdot\left(\frac{1}{3}a\right)^2}$$

其中

$$h'=\frac{1}{6}V\cdot\frac{1}{3}a=\frac{1}{18}aV$$

当$r'=r'_{\max}=a$时，$\dot{r}'=0$，把它们及$h'=\frac{1}{18}aV$代入上式，可解出

$$V=3a\sqrt{\frac{3k}{m}}$$

6.4.4　一个质量为m的中子以速率v与一个质量为M的静止的原子发生弹性碰撞. 试用静参考系和作为两体问题引入折合质量的办法，证明碰后原子的最大速率为$V=\frac{2m}{m+M}v$.

证法一　用静参考系，要碰后原子得到最大速率只能是正碰.

设正碰后中子的速度为v'，原子的速度为V，均沿$\boldsymbol{v}$的方向为正.

由动量守恒和机械能守恒，

$$mv'+MV=mv$$

$$\frac{1}{2}mv'^2+\frac{1}{2}MV^2=\frac{1}{2}mv^2$$

解出

$$V=\frac{2m}{m+M}v$$

关于正碰时原子获得的速率最大说明如下：将中子的碰前速度$\boldsymbol{v}$按碰撞时连心线方向及其垂直的方向分解为

$$mv'_{/\!/}+MV=mv\cos\theta \tag{1}$$

$$mv'_{\perp}=mv\sin\theta \tag{2}$$

其中θ是$\boldsymbol{v}$与连心线间的夹角，

$$\frac{1}{2}m\left(v'^2_{/\!/}+v'^2_{\perp}\right)+\frac{1}{2}MV^2=\frac{1}{2}mv^2 \tag{3}$$

式(1)的平方+式(2)的平方−式(3)×2m，约去各项的MV，可得

$$MV+2mv'_{/\!/}-mV=0 \tag{4}$$

用式(1)消去式(4)中的$v'_{/\!/}$，可得

$$MV+2(mv\cos\theta-MV)-mV=0$$

$$V=\frac{2mv\cos\theta}{m+M}$$

显然当$\cos\theta=1$，即$\theta=0$，发生正碰时，V最大，且为$V=\frac{2mv}{m+M}$.

证法二　作为两体问题. 采用中子平动参考系，原子的质量改用折合质量$\mu=\dfrac{mM}{m+M}$.

考虑正碰，碰前原子的速度为$-v$，因弹性碰撞，改用折合质量后也有机械能守恒，碰后原子的速度为v.

碰后中子对静参考系的速度不再是v，设为v'，由静参考系中中子、原子系统动量守恒，

$$mv'+M\left(v'+v\right)=mv$$

其中$v'+v$是碰后原子对静参考系的速度，

$$v'=\frac{m-M}{m+M}v$$

碰后原子在静参考系中的速度为

$$V=v'+v=\frac{m-M}{m+M}v+v=\frac{2m}{m+M}v$$

在证法一中，采用静参考系，证明了要使原子获得最大速率必须是正碰. 在证法二中，作为两体问题，要作这样的证明是困难的，因为要求碰后中子的速度，还得用静参考系.

一般地讲，不受外力的两个质点系统，如求与它们的相对运动有关的量，作为两体问题处理较为有利，如求一个质点的绝对运动有关的量，作为两体问题处理没有优越性.

6.4.5　两个质量分别为m_1和m_2的行星围绕太阳做长半轴分别为a_1和a_2的椭圆轨道运动，证明它们的周期比为

$$\frac{T_1}{T_2}=\left[\frac{a_1^3\left(M+m_2\right)}{a_2^3\left(M+m_1\right)}\right]^{1/2}$$

其中M是太阳的质量.

证明　可以证明，对于平方反比律力作用下的有心运动，有下列形式的运动微分方程：

$$m\ddot{\boldsymbol{r}}=-\frac{m\alpha}{r^3}\boldsymbol{r} \tag{1}$$

$\alpha>0$，且做椭圆轨道运动，则运动周期

$$T=\frac{2\pi}{\alpha^{1/2}}a^{3/2}$$

其中a是椭圆轨道的长半轴.

今考虑太阳的质量M不大于大于行星的质量m，则取太阳平动参考系，用折合质量$\dfrac{mM}{m+M}$取代行星质量m，行星的运动微分方程可写为

$$\frac{mM}{m+M}\ddot{\boldsymbol{r}}=-\frac{GmM}{r^3}\boldsymbol{r} \tag{2}$$

将式(2)改写成式(1)形式，

$$m\ddot{\boldsymbol r}=-\frac{m+M}{M}\cdot\frac{GmM}{r^3}\boldsymbol r=-\frac{mG(m+M)}{r^3}\boldsymbol r$$

把等号右边写成$-\dfrac{m\alpha}{r^3}\boldsymbol r$，其中$\alpha=G(m+M)$，则

$$T=\frac{2\pi}{\alpha^{1/2}}a^{3/2}=\frac{2\pi}{\left[G(m+M)\right]^{1/2}}a^{3/2}$$

所以

$$T_1=\frac{2\pi}{\left[G(m_1+M)\right]^{1/2}}a_1^{3/2}$$

$$T_2=\frac{2\pi}{\left[G(m_2+M)\right]^{1/2}}a_2^{3/2}$$

$$\frac{T_1}{T_2}=\left[\frac{a_1^3(m_2+M)}{a_2^3(m_1+M)}\right]^{1/2}$$

6.4.6　质量分别为$4m$和m的两质点A和B能沿x轴无摩擦地运动，两质点间有大小为kr的相互吸引力，其中k是正值常量，r是两质点间的距离. $t=0$时，质点A位于$x=5a$处，质点B位于$10a$处，均处于静止状态. 求：

(1)两质点发生碰撞的x值；

(2)在将发生碰撞的时刻两质点的相对速度；

(3)如碰撞是弹性的，碰撞后到再次发生碰撞经历的时间.

解　(1)取质点A参考系，质点B的运动微分方程为

$$\frac{4m\cdot m}{4m+m}\ddot r=-kr\quad 即\quad \frac{4}{5}m\ddot r+kr=0$$

$t=0$时，$x_1=5a$，$x_2=10a$，$\dot x_1=\dot x_2=0$，

$$r=x_2-x_1=5a,\ \dot r=\dot x_2-\dot x_1=0$$

微分方程的通解为

$$r=C\cos\left(\sqrt{\frac{5k}{4m}}t+\alpha\right)$$

由初条件定出$C=5a$，$\alpha=0$.

$$r=5a\cos\left(\sqrt{\frac{5k}{4m}}t\right)\tag{1}$$

$$\dot x_2-\dot x_1=\dot r=-5a\sqrt{\frac{5k}{4m}}\sin\left(\sqrt{\frac{5k}{4m}}t\right)\tag{2}$$

由动量守恒，

$$4m\dot x_1+m\dot x_2=0\tag{3}$$

由式(2)、(3)两式解出

$$\dot{x}_1 = a\sqrt{\frac{5k}{4m}}\sin\left(\sqrt{\frac{5k}{4m}}t\right)$$

积分上式，用初始条件：$t=0$ 时，$x_1=5a$，得

$$x_1 = 5a + \int_0^t a\sqrt{\frac{5k}{4m}}\sin\left(\sqrt{\frac{5k}{4m}}t\right)\mathrm{d}t$$

$$= 5a - a\left[\cos\left(\sqrt{\frac{5k}{4m}}t\right) - 1\right]$$

碰撞时，$r=0$，由式(1)知，此时 $t=t_1$，

$$\sqrt{\frac{5k}{4m}}t_1 = \frac{\pi}{2},\quad t_1 = \frac{\pi}{2}\sqrt{\frac{4m}{5k}} = \pi\sqrt{\frac{m}{5k}}$$

$$x_1 = 5a - a\left[\cos\frac{\pi}{2} - 1\right] = 6a$$

碰撞时，$x_2 = x_1 = 6a$.

(2) 在将发生碰撞的时刻，相对速率为

$$\left|\dot{x}_2(t_1) - \dot{x}_1(t_1)\right| = \left|-5a\sqrt{\frac{5k}{4m}}\sin\left(\sqrt{\frac{5k}{4m}}t_1\right)\right|$$

$$= \left|-5a\sqrt{\frac{5k}{4m}}\right| = \frac{5a}{2}\sqrt{\frac{5k}{m}}$$

(3) 方法一：考虑到完全弹性碰撞，$\dot{x}_2$、$\dot{x}_1$ 在碰撞后仅改变正负号，$\dot{r}$ 也因此改变正负号. 式(2)的定义域为 $0\leqslant t\leqslant t_1$，

$$\dot{r} = 5a\sqrt{\frac{5k}{4m}}\sin\left(\sqrt{\frac{5k}{4m}}t\right),\quad t_1\leqslant t < t_2$$

t_2 是再次发生碰撞的时刻.

上式对 t 积分，积分下限为 $t = t_1 = \pi\sqrt{\frac{m}{5k}}$，则

$$r = \int_{\pi\sqrt{\frac{m}{5k}}}^t \dot{r}\mathrm{d}t = \int_{\pi\sqrt{\frac{m}{5k}}}^t 5a\sqrt{\frac{5k}{4m}}\sin\left(\sqrt{\frac{5k}{4m}}t\right)\mathrm{d}t = -5a\cos\left(\sqrt{\frac{5k}{4m}}t\right)$$

再次发生碰撞时，$r=0$，$t=t_2$，所以

$$\sqrt{\frac{5k}{4m}}t_2 = \frac{3}{2}\pi,\quad t_2 = 3\pi\sqrt{\frac{m}{5k}}$$

相继两次碰撞间经历的时间为

$$\Delta t = t_2 - t_1 = 3\pi\sqrt{\frac{m}{5k}} - \pi\sqrt{\frac{m}{5k}} = 2\pi\sqrt{\frac{m}{5k}}$$

方法二：和方法一不同之处仅在时间的零点重新规定. 令第一次碰撞时为 $t=0$.

考虑到完全弹性碰撞. $t=0$ 时，$\dot{x}_1=-a\sqrt{\frac{5k}{4m}}$，$\dot{x}_2=-4\dot{x}_1=4a\sqrt{\frac{5k}{4m}}$，$t$ 时刻，

$$\dot{x}_1=-a\sqrt{\frac{5k}{4m}}\sin\left[\sqrt{\frac{5k}{4m}}(t+t_1)\right]=-a\sqrt{\frac{5k}{4m}}\cos\left(\sqrt{\frac{5k}{4m}}t\right)$$

$$\dot{x}_2=4a\sqrt{\frac{5k}{4m}}\cos\left(\sqrt{\frac{5k}{4m}}t\right)$$

$$\dot{r}=\dot{x}_2-\dot{x}_1=5a\sqrt{\frac{5k}{4m}}\cos\left(\sqrt{\frac{5k}{4m}}t\right)$$

$$r=\int_0^t\dot{r}\mathrm{d}t=5a\sin\left(\sqrt{\frac{5k}{4m}}t\right)$$

再次发生碰撞时，

$$\sqrt{\frac{5k}{4m}}t=\pi$$

$$t=\pi\sqrt{\frac{4m}{5k}}=2\pi\sqrt{\frac{m}{5k}}$$

6.4.7 质量分别为 m 和 M 的两个质点分别连在一个原长为 a、劲度系数为 k 的轻弹簧的两端，开始两质点均处于静止状态，m 位于 M 正上方 a 处. $t=0$ 时给 m 一个竖直向上的速率 v，求以后任何时刻两质点的位置.

解 采用 M 平动参考系，取固连于它的 y 坐标，原点取在质点 M 处，向上为正. 另一质点的运动微分方程为

$$\frac{mM}{m+M}\ddot{y}=-k(y-a)$$

初始条件：$t=0$ 时，$y=a$，$\dot{y}=v$，解得

$$y=a+v\sqrt{\frac{mM}{k(m+M)}}\sin\left(\sqrt{\frac{k(m+M)}{mM}}t\right)$$

用静参考系，由质心运动定理，

$$(m+M)\ddot{x}_{\mathrm{c}}=-(m+M)g$$

x 轴是固定的竖直向上的坐标，原点取在 $t=0$ 时质点 M 所在位置，则 $t=0$ 时，$x_{\mathrm{c}}=\frac{m}{m+M}a$，$\dot{x}_{\mathrm{c}}=\frac{m}{m+M}v$，积分得

$$x_{\mathrm{c}}=\frac{ma}{m+M}+\frac{mv}{m+M}t-\frac{1}{2}gt^2$$

m、M 两质点的位置为

$$x_m = x_c + \frac{M}{m+M}y$$

$$= a + \frac{mv}{m+M}t - \frac{1}{2}gt^2 + \frac{Mv}{m+M}\sqrt{\frac{mM}{k(m+M)}}\sin\left(\sqrt{\frac{k(m+M)}{mM}}t\right)$$

$$x_M = x_c - \frac{m}{m+M}y$$

$$= \frac{mv}{m+M}t - \frac{1}{2}gt^2 - \frac{mv}{m+M}\sqrt{\frac{mM}{k(m+M)}}\sin\left(\sqrt{\frac{k(m+M)}{mM}}t\right)$$

6.4.8　质量为m、带电荷e的两个相同的带电粒子，开始相距很远，一个粒子是静止的，另一个以速率v、瞄准距离$\rho = 2ke^2/mv^2$向静止的粒子方向运动. 求质心系中和实验室参考系中的散射角θ_c、θ_r，两粒子的最近距离及最近距离时两粒子的相对速率和绝对速率，其中k是$F = \frac{ke^2}{r^2}$中的系数.

解法一　采用散射粒子平动参考系，

$$\mu = \frac{m \cdot m}{m+m} = \frac{1}{2}m$$

$$F = \frac{ke^2}{r^2} = -\frac{\mu\alpha}{r^2} = -\frac{1}{2}m\left(\frac{ke^2}{-\frac{1}{2}m}\right)\frac{1}{r^2}$$

$$\alpha = -\frac{2ke^2}{m} < 0$$

$$h = \rho v = \frac{2ke^2}{mv^2}v = \frac{2ke^2}{mv}$$

$$E = \frac{1}{2}\mu v^2 = \frac{1}{2}\times\frac{1}{2}mv^2 = \frac{1}{4}mv^2$$

用平方反比律力作用下运动学方程的公式，因$\alpha<0$，用公式$r = \dfrac{h^2/(-\alpha)}{-1+\dfrac{Ah^2}{(-\alpha)}\cos\varphi}$（参看《经典力学》上册，强元棨编著. 科学出版社. §4.4）

$$r_{12} = \frac{h^2/(-\alpha)}{-1+e\cos\varphi_{12}}$$

$$\frac{h^2}{-\alpha} = \left(\frac{2ke^2}{mv}\right)^2 \Big/ \frac{2ke^2}{m} = \frac{2ke^2}{mv^2}$$

$$e = \sqrt{1+\frac{2h^2E}{m\alpha^2}} = \sqrt{1+\frac{2\left(\frac{2ke^2}{mv}\right)^2\cdot\frac{1}{4}mv^2}{m\left(-\frac{2ke}{m}\right)^2}} = \sqrt{2}$$

$$r_{12}=\frac{2ke^2/mv^2}{-1+\sqrt{2}\cos\varphi_{12}}$$

当 $\varphi_{12}=0$ 时，

$$r_{12}=r_{\min}=\frac{2ke^2}{mv^2}\left(1+\sqrt{2}\right)$$

当 $-1+\sqrt{2}\cos\varphi_{12}=0$ 时，$r_{12}\to\infty$，

$$\varphi_{12}(\infty)=\arccos\frac{1}{\sqrt{2}}=\pm\frac{\pi}{4}$$

$$\theta_c=\theta_{12}=\pi-2\left|\varphi_{12}(\infty)\right|=\frac{\pi}{2}$$

由实验室参考系中的散射角 θ_r 与质心平动参考系中的散射角 θ_c 之间的关系

$$\tan\theta_r=\frac{\sin\theta_c}{\dfrac{m_1}{m_2}+\cos\theta_c}=1,\quad \theta_r=\frac{\pi}{4}$$

其中 m_1、m_2 分别是被散射粒子和散射粒子的质量，这里 $m_1=m_2=m$.

最近距离处两粒子的相对速率为 v_r，

$$v_r\cdot r_{\min}=h$$

$$v_r=\frac{h}{r_{\min}}=\frac{2ke^2/mv}{2ke^2\left(1+\sqrt{2}\right)/mv^2}=\frac{v}{1+\sqrt{2}}=\left(\sqrt{2}-1\right)v$$

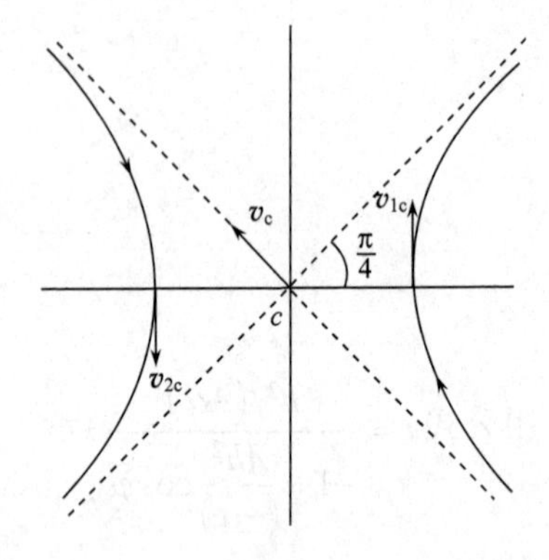

图 6.43

设粒子 1、2 相对于质心平动参考系的速度分别为 $\boldsymbol{v}_{1c}$、$\boldsymbol{v}_{2c}$，它们是平行的，方向相反，因为

$$m_1=m_2=m,\quad v_{1c}=v_{2c}$$

$$\boldsymbol{v}_r=\boldsymbol{v}_{1c}-(-\boldsymbol{v}_{2c})=\boldsymbol{v}_{1c}+\boldsymbol{v}_{2c}=2\boldsymbol{v}_{1c}$$

所以

$$v_{1c}=v_{2c}=\frac{1}{2}v_r=\frac{1}{2}\left(\sqrt{2}-1\right)v$$

由图 6.43 可知，在 $r=r_{\min}$ 处，$\boldsymbol{v}_c$ 与 $\boldsymbol{v}_{1c}$ 的夹角为 $\frac{\pi}{4}$，$\boldsymbol{v}_c$ 与 $\boldsymbol{v}_{2c}$ 的夹角为 $\frac{3}{4}\pi$.

$$v_c=\frac{mv}{m+m}=\frac{1}{2}v$$

$$v_1^2=v_c^2+v_{1c}^2+2v_cv_{1c}\cos\frac{\pi}{4}=v^2\left(\frac{3}{2}-\frac{3}{4}\sqrt{2}\right)$$

$$v_1=\frac{v}{2}\sqrt{3\left(2-\sqrt{2}\right)}$$

$$v_2^2=v_c^2+v_{2c}^2+2v_cv_{2c}\cos\frac{3}{4}\pi=\frac{1}{4}v^2\left(2-\sqrt{2}\right)$$

$$v_2=\frac{1}{2}v\sqrt{2-\sqrt{2}}$$

解法二　采用质心平动参考系，

$$F=\frac{ke^2}{r^2}=\frac{ke^2}{(2r')^2}=\frac{ke^2}{4r'^2}=-\frac{m\alpha'}{r'^2}$$

$$\alpha'=-\frac{ke^2}{4m}$$

$$h'=\rho'v'=\frac{1}{2}\rho\cdot\frac{1}{2}v=\frac{1}{4}\rho v=\frac{ke^2}{2mv}$$

$$E'=\frac{1}{2}mv'^2=\frac{1}{8}mv^2$$

$$e'=\sqrt{1+\frac{2h'^2E'}{mv'^2}}=\sqrt{2}$$

$$r'=\frac{h'^2/(-\alpha')}{-1+e\cos\varphi_c}=\frac{ke^2/mv^2}{-1+\sqrt{2}\cos\varphi_c}$$

$$r'_{\min}=\frac{ke^2/mv^2}{-1+\sqrt{2}}=\frac{ke^2}{mv^2}\left(\sqrt{2}+1\right)$$

在 $r'=r'_{\min}$ 处，

$$v'_{1c}=\frac{h'}{r'_{\min}}=\frac{1}{2}\left(\sqrt{2}-1\right)v$$

由 $r'(\varphi_c)$ 的表达式可知，当 $\sqrt{2}\cos\varphi_c=1$ 时，$r'\to\infty$，由此得出

$$\varphi_c(\infty)=\arccos\frac{\sqrt{2}}{2}=\pm\frac{\pi}{4}$$

在质心平动参考系中粒子 1 的散射角(考虑到对称性，也是粒子 2 的散射角)为

$$\theta_c=\pi-2\left|\varphi_c(\infty)\right|=\frac{\pi}{2}$$

两粒子的相对速率为

$$v_r=2v_{1c}=\left(\sqrt{2}-1\right)v$$

以下求两粒子的绝对速率 v_1、v_2 同解法一.

解法三　用散射粒子平动参考系，不同于解法一之处在于不用关于平方反比律力作用下运动学方程的公式，而用 $r_{\min}$ 满足的方程和比耐公式

$$\mu=\frac{1}{2}m,\ \ h=\rho v=\frac{2ke^2}{mv}$$

$r_{\min}$ 满足的方程 $U(r_{\min})=E$ (其中 U 为被散射粒子的有效势能)，具体写为

$$\frac{1}{2}\times\frac{1}{2}m\left(\frac{2ke^2}{mv}\right)^2\frac{1}{r_{\min}^2}+\frac{ke^2}{r_{\min}}=\frac{1}{2}\times\frac{1}{2}mv^2$$

这里用了在 $r=r_{\min}$ 处 $\dot{r}=0$. 解出 $r_{\min}$ 为

$$r_{\min}=\frac{2ke^2}{mv^2}\left(1+\sqrt{2}\right)$$

已舍去了另一无物理意义的负根.

$$v_r=\frac{h}{r_{\min}}=\left(\sqrt{2}-1\right)v$$

由比耐公式,

$$-\frac{1}{2}m\left(\frac{2ke^2}{mv}\right)^2u^2\left(\frac{\mathrm{d}^2u}{\mathrm{d}\varphi^2}+u\right)=ke^2u^2$$

$$\frac{\mathrm{d}^2u}{\mathrm{d}\varphi^2}+u=-\frac{mv^2}{2ke^2}$$

令 $u'=u+\dfrac{mv^2}{2ke^2}$, 上述方程变为

$$\frac{\mathrm{d}^2u'}{\mathrm{d}\varphi^2}+u'=0$$

$$u'=A\cos\varphi,\ u=-\frac{mv^2}{2ke^2}+A\cos\varphi$$

当 $\varphi=0$ 时, $u=u_{\max}$,

$$u_{\max}=\frac{1}{r_{\min}}=\frac{mv^2}{2ke^2\left(1+\sqrt{2}\right)}$$

由此定出

$$A=\frac{\sqrt{2}mv^2}{2ke^2}$$

$$u=-\frac{mv^2}{2ke^2}+\frac{\sqrt{2}mv^2}{2ke^2}\cos\varphi$$

$r\to\infty$ 时, $u=0$, 此时 $\varphi=\varphi(\infty)$,

$$\cos\varphi(\infty)=\frac{\dfrac{mv^2}{2ke^2}}{\dfrac{\sqrt{2}mv^2}{2ke^2}}=\frac{\sqrt{2}}{2}$$

$$\varphi(\infty)=\pm\frac{\pi}{4}$$

以下同解法一.

6.5　变质量质点的运动

6.5.1　初始质量为 m_0 的火箭在均匀重力场中以不变加速度 ng (其中 g 是重力加速

度)铅直地上升，不计空气阻力，燃气喷射的相对速率 v_r 不变，求火箭质量的变化规律.

解

$$m\frac{dv}{dt}+v_r\frac{dm}{dt}=-mg$$

$$\frac{dv}{dt}=ng$$

$$v_r\frac{dm}{dt}=-m(n+1)g$$

$$\int_{m_0}^{m}\frac{dm}{m}=-\int_0^t\frac{(n+1)g}{v_r}dt$$

$$m=m_0\exp\left(-\frac{n+1}{v_r}gt\right)$$

6.5.2 火箭在均匀重力场中以不变的加速度 a 向上运动，不计空气阻力，燃气喷射的相对速率 v_r 不变. 求火箭质量降为二分之一所需的时间.

解

$$m\frac{dv}{dt}+v_r\frac{dm}{dt}=-mg,\quad \frac{dv}{dt}=a$$

$$v_r\frac{dm}{dt}=-m(g+a)$$

$$-\int_{m_0}^{\frac{1}{2}m_0}\frac{dm}{m}=\int_0^t\frac{g+a}{v_r}dt$$

$$\ln\left(\frac{m_0}{\frac{1}{2}m_0}\right)=\frac{g+a}{v_r}t$$

其中 t 为火箭质量降为二分之一所需的时间.

$$t=v_r\ln 2/(g+a)$$

6.5.3 初速为零的变质量质点，以不变的加速度 a 沿水平方向运动，燃气喷射的相对速率 v_r 是常量，不计阻力，求质量减为 $\frac{1}{k}$ 时所走过的路程.

解

$$m\frac{dv}{dt}+v_r\frac{dm}{dt}=0,\quad \frac{dv}{dt}=a$$

$$\int_{m_0}^{\frac{1}{k}m_0}\frac{dm}{m}=-\int_0^t\frac{a}{v_r}dt$$

$$\ln\frac{1}{k}=-\frac{a}{v_r}t$$

$$t=\frac{1}{a}v_r\ln k$$

$$s=\frac{1}{2}at^2=\frac{1}{2a}(v_r\ln k)^2$$

6.5.4 如上题的变质量质点受到滑动摩擦力，摩擦因数为 μ. 求所走过的路程.

解
$$m\frac{\mathrm{d}v}{\mathrm{d}t}+v_{\mathrm{r}}\frac{\mathrm{d}m}{\mathrm{d}t}=-\mu mg$$
$$\frac{\mathrm{d}v}{\mathrm{d}t}=a$$
$$\int_{m_0}^{\frac{1}{k}m_0}\frac{\mathrm{d}m}{m}=-\int_0^t\frac{\mu g+a}{v_{\mathrm{r}}}\mathrm{d}t$$
$$\ln\frac{1}{k}=-\frac{\mu g+a}{v_{\mathrm{r}}}t$$
$$t=\frac{1}{\mu g+a}v_{\mathrm{r}}\ln k$$
$$s=\frac{1}{2}at^2=\frac{a\left(v_{\mathrm{r}}\ln k\right)^2}{2\left(\mu g+a\right)^2}$$

6.5.5　初始质量为m_0的火箭在自由空间由静止出发，火箭的排气速率为常量v_0，求火箭的动量达到最大值时火箭的剩余质量.

解
$$m\frac{\mathrm{d}v}{\mathrm{d}t}+v_{\mathrm{r}}\frac{\mathrm{d}m}{\mathrm{d}t}=0$$
$$v_{\mathrm{r}}=v_0$$
$$m\frac{\mathrm{d}v}{\mathrm{d}t}=-v_0\frac{\mathrm{d}m}{\mathrm{d}t}$$
$$\int_0^v\mathrm{d}v=-\int_{m_0}^m v_0\frac{\mathrm{d}m}{m},\quad v=-v_0\ln\frac{m}{m_0}$$
$$p=mv=-mv_0\ln\frac{m}{m_0}$$

火箭的动量为最大值时，有$\frac{\mathrm{d}p}{\mathrm{d}m}=0$，即
$$-v_0\ln\frac{m}{m_0}-v_0=0$$
$$\ln\frac{m}{m_0}=-1,\quad\frac{m}{m_0}=\mathrm{e}^{-1}$$

所以此时火箭的剩余质量为
$$m=\frac{m_0}{\mathrm{e}}$$

6.5.6　一火箭无初速、垂直向上发射. 它靠喷射质量推进，相对于火箭喷射速率u不变，质量变化率为常量，此常量由火箭的初加速度为零确定，设重力加速度为常量. 求：

(1) 火箭的加速度与时间的关系；

(2) 火箭的高度与时间的关系(不必求出积分).

解　(1)
$$m\frac{\mathrm{d}v}{\mathrm{d}t}+u\frac{\mathrm{d}m}{\mathrm{d}t}=-mg$$

设 $t=0$ 时 $m=m_0$，又因 $\frac{\mathrm{d}m}{\mathrm{d}t}=$ 常量，$t=0$ 时 $\frac{\mathrm{d}v}{\mathrm{d}t}=0$，在 $t=0$ 时用上式，

$$u\frac{\mathrm{d}m}{\mathrm{d}t}=-m_0 g,\quad \frac{\mathrm{d}m}{\mathrm{d}t}=-\frac{m_0}{u}g$$

积分上式，可得火箭质量 m 随时间的变化关系

$$m=m_0-\frac{m_0}{u}gt$$

用 m、$\frac{\mathrm{d}m}{\mathrm{d}t}$ 与 t 的关系，运动微分方程可改写为

$$\left(m_0-\frac{m_0 g}{u}t\right)\frac{\mathrm{d}v}{\mathrm{d}t}=\frac{m_0 g^2}{u}t$$

$$\left(1-\frac{g}{u}t\right)\frac{\mathrm{d}v}{\mathrm{d}t}=\frac{g^2}{u}t$$

所以

$$\frac{\mathrm{d}v}{\mathrm{d}t}=\frac{g^2 t}{u-gt}$$

(2)

$$\frac{\mathrm{d}v}{\mathrm{d}t}=\frac{g^2 t}{u-gt}$$

$$\begin{aligned}v&=\int_0^t\frac{g^2 t}{u-gt}\mathrm{d}t\\&=g\left[\int_0^t\frac{-u+gt}{u-gt}\mathrm{d}t+u\int_0^t\frac{1}{u-gt}\mathrm{d}t\right]\\&=-gt+u\ln\frac{u}{u-gt}\end{aligned}$$

$$h=\int_0^t v\mathrm{d}t=-\frac{1}{2}gt^2+u\int_0^t\ln\frac{u}{u-gt}\mathrm{d}t$$

到此已符合题目要求，其实积分也不难积，可得

$$h=ut-\frac{1}{2}gt^2-\frac{u}{g}(u-gt)\ln\frac{u}{u-gt}$$

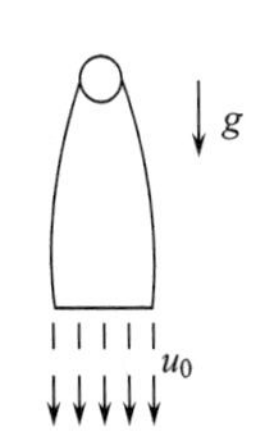

图 6.44

6.5.7　质量为 M_0 并装了质量为 m_0 的燃料的火箭船在均匀重力场中垂直起飞，如图 6.44 所示. 相对于火箭船以速率 u_0 喷射燃料，在 T_0 时间内全部喷出. 求 T_0 时火箭船的速度.

解　设 M 是火箭船(包括尚未喷出的燃料)的质量，

$$M\frac{\mathrm{d}v}{\mathrm{d}t}+u_0\frac{\mathrm{d}M}{\mathrm{d}t}=-Mg$$

$$\mathrm{d}v=-g\mathrm{d}t-\frac{u_0}{M}\mathrm{d}M$$

$$\int_0^v\mathrm{d}v=-g\int_0^{T_0}\mathrm{d}t-u_0\int_{M_0+m_0}^{M_0}\frac{1}{M}\mathrm{d}M$$

$$v(T_0)=-gT_0+u_0\ln\frac{M_0+m_0}{M_0}$$

6.5.8　一个瞬时质量为m的火箭受到一个恒定推力F的作用，此推力是由发射推进剂取得的，发射的相对速率较大，$\frac{dm}{dt}$较小，推力总沿速度方向. 火箭沿在一个平面内的近似螺旋线的轨道从开始离地球中心距离r_1运动到r_2，r_1与地球半径r_0接近，那里的重力加速度为g_0，$r_2\gg r_0$，火箭离地球中心的角坐标为φ.

(1)火箭的单位质量角动量是否是运动常数?

(2)导出关于瞬时速率和重力加速度用r、r_0、$\dot{r}$及$\dot{\varphi}$表达的式子;

(3)导出用上述各量及m表示的$\ddot{r}$及$\ddot{\varphi}$的表达式.

解　(1)在火箭运动的平面取极坐标系，原点位于地球中心.

火箭的角动量$J=mr^2\dot{\varphi}$，单位质量角动量为$j=\frac{J}{m}=r^2\dot{\varphi}$；受到的力，重力是有心力，推力不是有心力，合力不是有心力，对地球中心的力矩不为零，j显然不是运动常数.

(2)瞬时速率的表达式为

$$v=\sqrt{\dot{r}^2+r^2\dot{\varphi}^2}$$

重力加速度的表达式为

$$g=\frac{GM}{r^2}=\frac{GM}{r_0^2}\frac{r_0^2}{r^2}=g_0\frac{r_0^2}{r^2}$$

(3)

$$m\frac{d\boldsymbol{v}}{dt}-\boldsymbol{v}_r\frac{dm}{dt}=m\boldsymbol{g}$$

$$m\frac{d\boldsymbol{v}}{dt}=\boldsymbol{v}_r\frac{dm}{dt}+m\boldsymbol{g}=\boldsymbol{F}+m\boldsymbol{g}$$

将上式写成极坐标系的分量表达式,

$$m(\ddot{r}-r\dot{\varphi}^2)=\frac{F\dot{r}}{\sqrt{\dot{r}^2+r^2\dot{\varphi}^2}}-\frac{mg_0r_0^2}{r^2}$$

$$m(r\ddot{\varphi}+2\dot{r}\dot{\varphi})=\frac{Fr\dot{\varphi}}{\sqrt{\dot{r}^2+r^2\dot{\varphi}^2}}$$

解出$\ddot{r}$、$\ddot{\varphi}$即得它们用r、r_0、$\dot{r}$、$\dot{\varphi}$和m表示的式子.

6.5.9　火箭在无引力场和无阻力的情况下做直线运动，设火箭的初始质量为m_0，最终质量为m_1，喷射的相对速率为常量v_r. 求从开始到全部燃料烧完时推力所做的功.

解

$$m\frac{dv}{dt}+v_r\frac{dm}{dt}=0$$

$$dv=-v_r\frac{dm}{m}$$

$$v=-v_r\ln\frac{m}{m_0}$$

$$W=\int\left(-v_{\mathrm{r}}\frac{\mathrm{d}m}{\mathrm{d}t}\right)v\mathrm{d}t=\int_{m_0}^{m_1}\left(-v_{\mathrm{r}}\ln\frac{m}{m_0}\right)(-v_{\mathrm{r}})\mathrm{d}m$$

$$=v_{\mathrm{r}}^2\left[\left(m\ln\frac{m}{m_0}\right)\Bigg|_{m_0}^{m_1}-\int_{m_0}^{m_1}m\frac{1}{m}\mathrm{d}m\right]$$

$$=v_{\mathrm{r}}^2\left[m_1\ln\frac{m_1}{m_0}-(m_1-m_0)\right]=m_1v_{\mathrm{r}}^2\left(\frac{m_0}{m_1}-1-\ln\frac{m_0}{m_1}\right)$$

6.5.10　一根其上端受到一个向上的力 F 作用的线密度为 μ 的均质链条，垂直地下放到桌面上，如图 6.45 所示. 求桌面以上的链条端点高度 h 所满足的运动微分方程.

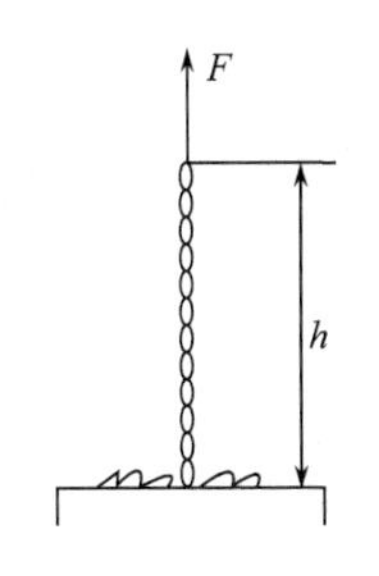

图 6.45

解法一
$$m\frac{\mathrm{d}v}{\mathrm{d}t}+(v-\boldsymbol{u})\frac{\mathrm{d}m}{\mathrm{d}t}=\boldsymbol{F}_m^{(e)}+\boldsymbol{F}_{\mathrm{d}m}^{(e)}$$

取桌面以上的链条段为本体，则 $m=\mu h$，规定向上为正，$v=\dot{h}$，$u=0$

$$F_m^{(e)}=F-\mu hg,\ F_{\mathrm{d}m}^{(e)}=N$$

其中 N 是桌面或已落到桌面上的链条段对微粒(将落到桌面上的链条元)的作用力

$$\mu h\ddot{h}+\dot{h}\left(\mu\dot{h}\right)=F-\mu hg+N \tag{1}$$

对微粒在 $t\sim t+\Delta t$ 间用动量定理,

$$\mu\Delta h\left(\dot{h}-0\right)=N\Delta t \tag{2}$$

注意：由于本体与微粒分离时处于松弛状态，相互间无作用力.

由式(2)可得(令 $\Delta t\to 0$)

$$N=\mu\dot{h}^2 \tag{3}$$

将式(3)代入式(1)，即得 h 满足的运动微分方程为

$$\mu h\ddot{h}=F-\mu hg$$

解法二　由于微粒从本体分离时，对本体无作用力，可直接对 t 时刻的本体用牛顿运动第二定律,

$$\mu h\frac{\mathrm{d}v}{\mathrm{d}t}=F-\mu hg$$

$$v=\dot{h}$$

所以

$$\mu h\ddot{h}=F-\mu hg$$

6.5.11　火箭在真空和无引力情况下做直线运动，初始质量和最终质量分别为 m_0 和 m_1. 定义火箭的机械效率为燃料烧完后火箭的动能与所消耗的能量之比，问齐奥尔可夫斯基数 $z=\dfrac{m_0}{m_1}$ 多大时火箭的效率最大. 设喷射速率 v_{r} 不变.

解
$$m\frac{\mathrm{d}v}{\mathrm{d}t}+v_{\mathrm{r}}\frac{\mathrm{d}m}{\mathrm{d}t}=0$$

$$\int_0^v \mathrm{d}v = -\int_{m_0}^{m_1} v_\mathrm{r} \frac{\mathrm{d}m}{m}$$

燃料烧完后火箭的速度为

$$v = -v_\mathrm{r} \ln\frac{m_1}{m_0} = v_\mathrm{r} \ln\frac{m_0}{m_1}$$

燃料烧完后火箭的动能为

$$T = \frac{1}{2}m_1 v^2 = \frac{1}{2}m_1 v_\mathrm{r}^2 \left(\ln\frac{m_0}{m_1}\right)^2$$

燃料烧完所消耗的能量等于 6.5.9 题中计算的从开始到全部燃料烧完时推力所做的功，

$$W = m_1 v_\mathrm{r}^2 \left(\frac{m_0}{m_1} - 1 - \ln\frac{m_0}{m_1}\right)$$

火箭的机械效率为

$$\eta = \frac{T}{W} = \frac{\frac{1}{2}m_1 v_\mathrm{r}^2 \left(\ln\frac{m_0}{m_1}\right)^2}{m_1 v_\mathrm{r}^2 \left(\frac{m_0}{m_1} - 1 - \ln\frac{m_0}{m_1}\right)} = \frac{1}{2}\frac{(\ln z)^2}{z - 1 - \ln z}$$

η 最大所要求的 z 值满足下列方程：

$$\frac{\mathrm{d}\eta}{\mathrm{d}z} = 0$$

即

$$\frac{1}{z}(z - 1 - \ln z) - \frac{1}{2}\ln z\left(1 - \frac{1}{z}\right) = 0$$

化简后可得

$$\ln z = \frac{2(z-1)}{z+1}$$

用牛顿法可得齐奥尔可夫斯基数 $z = \frac{m_0}{m_1} = 1.031$ 时火箭的机械效率最大，$\eta = 0.9898$.

6.5.12 一根质量为 M、长度为 L 的均质链条原先静止盘在地面. 从 $t = 0$ 时刻开始，一端受到一个竖直向上的恒力 F 作用. 求解链条的运动.

解 这是变质量质点的运动问题

$$m\frac{\mathrm{d}v}{\mathrm{d}t} + (v - u)\frac{\mathrm{d}m}{\mathrm{d}t} = F_m^{(e)} + F_{dm}^{(e)}$$

今取坐标 x 轴竖直向上，地面坐标 $x = 0$. 取离开地面的部分链条为本体. t 时刻，本体长度为 x，速度为 v，本体质量 $m = \frac{M}{L}x$，微粒加入前速度为零 $u = 0$. $F_m^{(e)} = F - \frac{M}{L}xg$，$F_{\mathrm{d}m}^{(e)} = 0$.

$$\frac{M}{L}x\frac{\mathrm{d}v}{\mathrm{d}t}+v\frac{M}{L}\frac{\mathrm{d}x}{\mathrm{d}t}=F-\frac{M}{L}gx$$

用$\frac{\mathrm{d}v}{\mathrm{d}t}=\frac{\mathrm{d}v}{\mathrm{d}x}\frac{\mathrm{d}x}{\mathrm{d}t}=v\frac{\mathrm{d}v}{\mathrm{d}x}$，上式可改写为

$$xv\mathrm{d}v+v^2\mathrm{d}x=\left(\frac{FL}{M}-gx\right)\mathrm{d}x$$

两边乘x，左边是$\frac{1}{2}x^2v^2$的全微分

$$\mathrm{d}\left(\frac{1}{2}x^2v^2\right)=\left(\frac{FL}{2M}-gx\right)x\mathrm{d}x$$

积分两边，用初条件$t=0$时，$x=0$，$v=0$. 得

$$\frac{1}{2}x^2v^2=\frac{FL}{2M}x^2-\frac{1}{3}gx^3$$

因$t>0$时，$x\neq 0$. 两边除以x^2，可得

$$v^2=\frac{FL}{M}-\frac{2}{3}gx \tag{1}$$

$$\frac{\mathrm{d}x}{\mathrm{d}t}=\sqrt{\frac{FL}{M}-\frac{2}{3}gx}$$

$$t=\int_0^x\frac{\mathrm{d}x}{\sqrt{\frac{FL}{M}-\frac{2}{3}gx}}=\frac{3}{g}\sqrt{\frac{FL}{M}}-\frac{3}{g}\sqrt{\frac{FL}{M}-\frac{2}{3}gx}$$

$$x=\frac{3FL}{2Mg}-\frac{1}{6}g\left(t-\frac{3}{g}\sqrt{\frac{FL}{M}}\right)^2=\sqrt{\frac{FL}{M}}t-\frac{1}{6}gt^2 \tag{2}$$

当$x=L$时. 链条另一端离开地面. 此时

$$t=t_1=\frac{3}{g}\sqrt{\frac{FL}{M}}-\frac{3}{g}\sqrt{\frac{FL}{M}-\frac{2}{3}gL} \tag{3}$$

链条的速度为

$$v_1=\sqrt{\frac{FL}{M}-\frac{2}{3}gL} \tag{4}$$

以后链条的运动是质点的匀加速运动

$$M\ddot{x}=F-Mg \tag{5}$$

$t\leqslant t_1$时. x表示链条上端的坐标，$t>t_1$仍用x表示上端的坐标. 则以后的运动. 运动学方程为

$$x=L+v_1(t-t_1)+\frac{F-Mg}{2M}(t-t_1)^2$$

积分式(5)时用了初条件$t=t_1$时$x=L$，$\dot{x}=v_1$.

从$t=0$开始链条的运动学方程为

$$x=\begin{cases}\sqrt{\dfrac{FL}{M}}t-\dfrac{1}{6}gt^2, & 0\leqslant t\leqslant t_1\\ L+v_1(t-t_1)+\dfrac{F-Mg}{2M}(t-t_1)^2, & t\geqslant t_1\end{cases}\tag{6}$$

其中$t_1=\dfrac{3}{g}\sqrt{\dfrac{FL}{M}}-\dfrac{3}{g}\sqrt{\dfrac{FL}{M}-\dfrac{2}{3}gL}$，$v_1=\sqrt{\dfrac{FL}{M}-\dfrac{2}{3}gL}$.

以上讨论适用于$F\geqslant Mg$的情形. 如$\dfrac{2}{3}Mg<F\leqslant Mg$，则式(6)中$t\geqslant t_1$的式子只适用于$t_1\leqslant t\leqslant t_2$. t_2时刻链条的下端又下降碰到地面，即$x=L$的时刻. t_2满足下列方程：

$$v_1(t_2-t_1)+\frac{F-Mg}{2M}(t_2-t_1)^2=0$$

$$t_2=t_1+\frac{2Mv_1}{Mg-F}$$

$t>t_2$以后又得作为变质量质点的运动问题求解. 这里就不作下一步运算了.

如$F\leqslant\dfrac{2}{3}Mg$. 则式(6)中的$0\leqslant t\leqslant t_1$式子的适用时间间隔将小于$t_1$. 因为在$x=x_0<L$时，上端的速度$v(x_0)=0$由式(1)可得出$x_0=\dfrac{3FL}{2Mg}$，由$x_0=\sqrt{\dfrac{FL}{M}}t_0-\dfrac{1}{2}gt_0^2$可得$t_0$. 这样式(6)中的$0\leqslant t\leqslant t_1$适用的时间间隔将改为$0\leqslant t\leqslant t_0$，$t\geqslant t_0$链条受到向下的合力. 又将回落. 又是一个变质量质点的运动问题. 这里也不作下一步运算了.

6.5.13　一张桌子高1.0m，在其表面有一个洞，一根长1.0m的链条盘绕着放在洞口，一端穿过洞口一点点，然后松开，让它自然下落，忽略摩擦，经过多长时间链条两端都到达地面？(可以保留定积分，不要求积出来.)

解　这是个变质量质点的运动问题

$$m\frac{\mathrm{d}v}{\mathrm{d}t}+(v-u)\frac{\mathrm{d}m}{\mathrm{d}t}=F_m^{(e)}+F_{dm}^{(e)}$$

其中v是本体的速度，u是微粒加入本体前或从本体分出后的速度，m是本体质量，$F_m^{(e)}$、$F_{dm}^{(e)}$分别是作用于本体和微粒的外力.

今取离开桌面部分为主体，设链条线密度为λ. 链条长度为L. 取x轴竖直向下，洞口处$x=0$. t时刻，本体质量$m=\lambda x$，速度为v，微粒加入本体前速度为零，$u=0$，$F_m^{(e)}=\lambda xg$，$F_{dm}^{(e)}=0$.

$$\lambda x\frac{\mathrm{d}v}{\mathrm{d}t}+v\lambda\frac{\mathrm{d}x}{\mathrm{d}t}=\lambda xg$$

用$\dfrac{\mathrm{d}v}{\mathrm{d}t}=\dfrac{\mathrm{d}v}{\mathrm{d}x}\dfrac{\mathrm{d}x}{\mathrm{d}t}=v\dfrac{\mathrm{d}v}{\mathrm{d}x}$，上式可改写为

$$xv\mathrm{d}v+v^2\mathrm{d}x=gx\mathrm{d}x$$

两边乘x，得

$$x^2v\mathrm{d}v+xv^2\mathrm{d}x=gx^2\mathrm{d}x$$

$$\frac{1}{2}\mathrm{d}(x^2v^2)=\frac{1}{3}g\mathrm{d}x^3$$

用初始条件，$t=0$ 时，$x=0$，$v=0$. 积分上式得

$$\frac{1}{2}x^2v^2=\frac{1}{3}gx^3$$

因 $t>0$ 时，$x\neq 0$，两边除以 x^2，得

$$v^2=\frac{2}{3}gx$$

考虑到 $x>0$ 时，$v>0$，上式开方时取正号，

$$v=\frac{\mathrm{d}x}{\mathrm{d}t}=\sqrt{\frac{2}{3}gx}$$

设链条下端到达地面的时刻为

$$t_1=\int_0^{t_1}\mathrm{d}t=\int_0^L\frac{\mathrm{d}x}{\sqrt{\frac{2}{3}gx}}=\sqrt{\frac{3}{2g}}\cdot 2\sqrt{L}=\sqrt{\frac{6L}{g}}$$

链条以后的运动，仍是变质量质点运动的问题. 取 x 轴竖直向上，原点取在地面处，链条下端刚到达地面时 $t=0$. 取尚未落地的那部分链条为本体，t 时刻，有 x 长度的链条落地，本体质量为 $m=\lambda(L-x)$，微粒从本体分出后速度为零，$u=0$，$F_m^{(e)}=-\lambda(L-x)g$. 微粒从速度为 v，突然变为零，受到地面的冲量 I，故 $F_{dm}^{(e)}\neq 0$.

为求 $F_{dm}^{(e)}$，在落地的瞬间. 用动量定理

$$\mathrm{d}m(0-v)=F_{dm}^{e}\mathrm{d}t$$

由于微粒所受的重力、本体给予的力，较之地面给予的冲力均可以略去不计.

$$F_{dm}^{(e)}=-v\frac{\mathrm{d}m}{\mathrm{d}t}$$

代入 $m\dfrac{\mathrm{d}v}{\mathrm{d}t}+(v-u)\dfrac{\mathrm{d}m}{\mathrm{d}t}=F_m^{(e)}+F_{dm}^{(e)}$ 得

$$\lambda(L-x)\frac{\mathrm{d}v}{\mathrm{d}t}+\lambda v\frac{\mathrm{d}(-x)}{\mathrm{d}t}=-\lambda(L-x)g-\lambda v\frac{\mathrm{d}(-x)}{\mathrm{d}t}$$

$$(L-x)\frac{\mathrm{d}v}{\mathrm{d}t}-2v\frac{\mathrm{d}x}{\mathrm{d}t}=-(L-x)g$$

用 $\dfrac{\mathrm{d}v}{\mathrm{d}t}=\dfrac{\mathrm{d}v}{\mathrm{d}x}\dfrac{\mathrm{d}x}{\mathrm{d}t}=v\dfrac{\mathrm{d}v}{\mathrm{d}x}$，上式可改写为

$$(L-x)v\mathrm{d}v-2v^2\mathrm{d}x=-(L-x)g\mathrm{d}x$$

$$\frac{1}{2}(L-x)\mathrm{d}(v^2)-2v^2\mathrm{d}x=-(L-x)g\mathrm{d}x$$

设 $f(x)$ 为积分因子，它满足的微分方程为

$$\frac{\partial}{\partial x}\left[\frac{1}{2}(L-x)f(x)\right]=\frac{\partial}{\partial(v^2)}\left[-2v^2 f(x)\right]$$

$$-\frac{1}{2}f(x)+\frac{1}{2}(L-x)\frac{\mathrm{d}f(x)}{\mathrm{d}x}=-2f(x)$$

$$\frac{\mathrm{d}f}{f}=-3\frac{\mathrm{d}x}{L-x}=3\frac{\mathrm{d}(L-x)}{L-x}$$

$$f(x)=(L-x)^3$$

$$\frac{1}{2}(L-x)(L-x)^3\mathrm{d}(v^2)-2v^2(L-x)^3\mathrm{d}x=-(L-x)\bullet(L-x)^3\mathrm{d}x$$

$$(L-x)^4\mathrm{d}(v^2)-4v^2(L-x)^3\mathrm{d}x=-2(L-x)4g\mathrm{d}x$$

$$\mathrm{d}\left[(L-x)^4v^2\right]=\frac{2g}{5}\mathrm{d}(L-x)^5$$

用初始条件：$t=0$ 时，$x=0$，$v=-\sqrt{\frac{2}{3}gL}$ [①]，积分上式

$$(L-x)^4v^2=L^4\left(-\sqrt{\frac{2}{3}gL}\right)^2=\frac{2}{5}(L-x)^5g-\frac{2}{5}L^5g$$

$$(L-x)^4v^2=\frac{2}{5}(L-x)^5g+\frac{4}{15}L^5g$$

$$v=\sqrt{\frac{2(L-x)^5}{5(L-x)^4}g+\frac{4L^5g}{15(L-x)^4}}=\sqrt{\frac{2}{5}(L-x)g+\frac{4L^5g}{15(L-x)^4}}$$

$$\frac{\mathrm{d}x}{\mathrm{d}t}=\sqrt{\frac{2}{5}(L-x)g+\frac{4L^5g}{15(L-x)^4}}$$

$$t_2=\int_0^L\frac{\mathrm{d}x}{\sqrt{\frac{2}{5}(L\cdot x)g+\frac{4L^5g}{15(L-x)^4}}}$$

从开始自然下滑到两端都到达经历的时间为

$$t=t_1+t_2=\sqrt{\frac{6L}{g}}+\int_0^L\frac{\mathrm{d}x}{\sqrt{\frac{2}{5}(L-x)g+\frac{4L^5g}{15(L-x)^4}}}$$

思考题：能否作为自由落体计算 t_2?给出令人信服的理由.

6.5.14　物体沿水平轨道滑行，燃气以不变的相对于物体的速率 v_r 铅直地向下排出，物体的初速度为 v_0．设物体的质量按规律 $m=m_0\mathrm{e}^{-\alpha t}$ (其中 α 为常量) 变化，滑动摩擦因数为 μ，求此物体速度和位移的变化规律. 又问：当 α 值多大时，物体将以不变的速度

---

① 从前段求 t_1 的计算可得链条下端刚到达地面的时刻的速度为 $v(t_1)=\sqrt{\frac{2}{3}gL}$.

运动?

解

$$m\frac{\mathrm{d}\boldsymbol{v}}{\mathrm{d}t}-\boldsymbol{v}_{\mathrm{r}}\frac{\mathrm{d}m}{\mathrm{d}t}=\boldsymbol{F}_m^{(e)}+\boldsymbol{F}_{\mathrm{d}m}^{(e)} \tag{1}$$

$$m=m_0\mathrm{e}^{-\alpha t},\quad \boldsymbol{v}=v\boldsymbol{i}$$

$$\boldsymbol{v}_{\mathrm{r}}=-v_{\mathrm{r}}\boldsymbol{j}$$

$$\boldsymbol{F}_m^{(e)}=-\mu N\boldsymbol{i}+\left(N-mg\right)\boldsymbol{j}=-\mu N\boldsymbol{i}+\left(N-m_0\mathrm{e}^{-\alpha t}g\right)\boldsymbol{j}$$

$$\boldsymbol{F}_{\mathrm{d}m}^{(e)}=0$$

其中$\boldsymbol{i}$是沿水平向前方向的单位矢量，$\boldsymbol{j}$是沿竖直向上方向的单位矢量，N是水平轨道的支持力.

式(1)的分量方程为

$$m_0\mathrm{e}^{-\alpha t}\frac{\mathrm{d}v}{\mathrm{d}t}=-\mu N \tag{2}$$

$$v_{\mathrm{r}}\frac{\mathrm{d}m}{\mathrm{d}t}=N-m_0\mathrm{e}^{-\alpha t}g \tag{3}$$

由式(3)及$m=m_0\mathrm{e}^{-\alpha t}$，可得

$$N=m_0\mathrm{e}^{-\alpha t}g-\alpha v_{\mathrm{r}}m_0\mathrm{e}^{-\alpha t}=m_0\left(g-\alpha v_{\mathrm{r}}\right)\mathrm{e}^{-\alpha t}$$

将N代入式(2)，约去等号两边的共同因子$m_0\mathrm{e}^{-\alpha t}$，

$$\frac{\mathrm{d}v}{\mathrm{d}t}=-\mu\left(g-\alpha v_{\mathrm{r}}\right)$$

$$\int_{v_0}^{v}\mathrm{d}v=-\int_0^t\mu\left(g-\alpha v_{\mathrm{r}}\right)\mathrm{d}t$$

$$v=v_0-\mu\left(g-\alpha v_{\mathrm{r}}\right)t$$

$$s=\int_0^s v\mathrm{d}t=v_0t-\frac{1}{2}\mu\left(g-\alpha v_{\mathrm{r}}\right)t^2$$

物体要以不变的速度运动，即$\frac{\mathrm{d}v}{\mathrm{d}t}=0$，则

$$g-\alpha v_{\mathrm{r}}=0,\quad \alpha=\frac{g}{v_{\mathrm{r}}}$$

6.5.15　一球状尘埃在均匀密度的水蒸气云雾中形成液滴，降落时液滴上的沉积率正比于单位时间内液滴扫过的体积. 如果液滴在云雾中由静止开始运动，求液滴的加速度值.

解　水蒸气是静止的，故微粒的速度$u=0$，

$$m\frac{\mathrm{d}v}{\mathrm{d}t}+v\frac{\mathrm{d}m}{\mathrm{d}t}=mg \tag{1}$$

$t=0$时，因尘埃的半径极小，形成的液滴的半径也是很小的，可作$t=0$时，$r=0$近似.

设液滴的密度为ρ，t时液滴半径为r，则

$$m(t)=\frac{4}{3}\pi r^3\rho \tag{2}$$

$$\frac{\mathrm{d}m}{\mathrm{d}t}=4\pi r^2\frac{\mathrm{d}r}{\mathrm{d}t}\rho \tag{3}$$

根据题意，液滴上的沉积率正比于单位时间内液滴扫过的体积，

$$\frac{\mathrm{d}m}{\mathrm{d}t}=\alpha\pi r^2 v \tag{4}$$

其中α为液滴扫过单位体积云雾时增加的质量.

比较式(3)、(4)两式，可得

$$v=\frac{4\rho}{\alpha}\frac{\mathrm{d}r}{\mathrm{d}t} \tag{5}$$

将式(2)、(4)、(5)代入式(1)，约去共同因子后，可得

$$r\ddot{r}+3\dot{r}^2=\frac{\alpha g}{4\rho}r$$

因为$\ddot{r}=\frac{\mathrm{d}\dot{r}}{\mathrm{d}r}\dot{r}$，上式可改写为

$$r\dot{r}\mathrm{d}\dot{r}+3\dot{r}^2\mathrm{d}r=\frac{\alpha g}{4\rho}r\mathrm{d}r$$

也就是

$$\frac{1}{2}r\mathrm{d}\dot{r}^2+3\dot{r}^2\mathrm{d}r=\frac{\alpha g}{4\rho}r\mathrm{d}r$$

试用积分因子$f(r)$，由恰当微分条件，$f(r)$应为下列常微分方程的解：

$$\frac{\partial}{\partial r}\left[\frac{1}{2}rf(r)\right]=\frac{\partial}{\partial \dot{r}^2}\left[3\dot{r}^2 f(r)\right]$$

$$\frac{1}{2}f(r)+\frac{1}{2}r\frac{\mathrm{d}f(r)}{\mathrm{d}r}=3f(r)$$

$$r\frac{\mathrm{d}f(r)}{\mathrm{d}r}=5f(r)$$

$$\frac{\mathrm{d}f}{f}=5\frac{\mathrm{d}r}{r}$$

解出

$$f(r)=r^5$$

$$\frac{1}{2}r\cdot r^5\mathrm{d}\dot{r}^2+3\dot{r}^2\cdot r^5\mathrm{d}r=\frac{\alpha g}{4\rho}r\cdot r^5\mathrm{d}r$$

$$\mathrm{d}\left(\frac{1}{2}r^6\dot{r}^2\right)=\frac{\alpha g}{28\rho}\mathrm{d}r^7$$

用初始条件：$t=0$时，$r=0$，$\dot{r}=0$，积分上式得

$$\frac{1}{2}r^6\dot{r}^2=\frac{\alpha g}{28\rho}r^7$$

$$\dot{r}^2=\frac{\alpha g}{14\rho}r$$

$$\frac{\mathrm{d}r}{\mathrm{d}t}=\dot{r}=\sqrt{\frac{\alpha g}{14\rho}}\sqrt{r}$$

$$\int_0^r\frac{\mathrm{d}r}{\sqrt{r}}=\int_0^t\sqrt{\frac{\alpha g}{14\rho}}\mathrm{d}t$$

$$2\sqrt{r}=\sqrt{\frac{\alpha g}{14\rho}}t,\quad r=\frac{\alpha g}{56\rho}t^2$$

用式(5)，得

$$v=\frac{4\rho}{\alpha}\frac{\mathrm{d}r}{\mathrm{d}t}=\frac{1}{7}gt$$

$$a=\frac{\mathrm{d}v}{\mathrm{d}t}=\frac{1}{7}g$$

6.5.16　如图 6.46 所示，一质量为m_0、横截面积为A的宇宙飞船以速度v_0航行，穿过一密度为ρ的处于静止状态的尘云，如尘埃粘贴到宇宙飞船上. 求以后宇宙飞船的运动(设A不随时间变化).

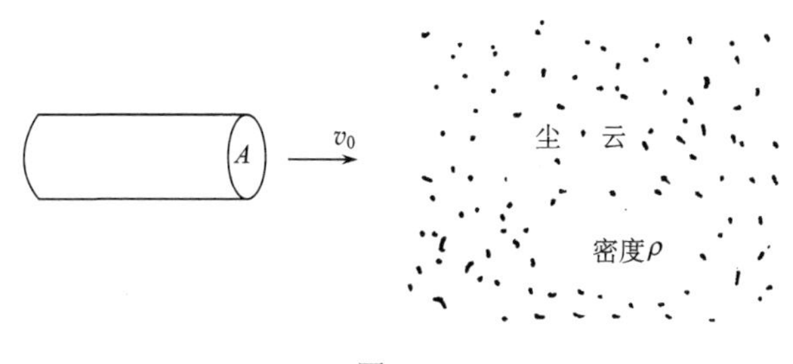

图 6.46

解　因尘埃是静止的，微粒的速度$u=0$，

$$m\frac{\mathrm{d}v}{\mathrm{d}t}+v\frac{\mathrm{d}m}{\mathrm{d}t}=0$$

$$\frac{\mathrm{d}}{\mathrm{d}t}(mv)=0$$

$$mv=m_0v_0$$

$$\mathrm{d}m=\rho vA\mathrm{d}t$$

因为

$$m=\frac{m_0v_0}{v}$$

$$\mathrm{d}m=-m_0v_0\frac{1}{v^2}\mathrm{d}v=\rho vA\mathrm{d}t$$

$$-\int_{v_0}^{v}\frac{\mathrm{d}v}{v^3}=\frac{\rho A}{m_0 v_0}\int_0^t \mathrm{d}t$$

$$\frac{1}{2}\left(\frac{1}{v^2}-\frac{1}{v_0^2}\right)=\frac{\rho A}{m_0 v_0}t$$

解出

$$v^2=\frac{m_0 v_0^2}{m_0+2\rho A v_0 t}$$

$$v=\sqrt{\frac{m_0}{m_0+2\rho A v_0 t}}v_0$$

$$s=\int_0^t v\mathrm{d}t=\int_0^t\sqrt{\frac{m_0}{m_0+2\rho A v_0 t}}v_0\mathrm{d}t$$

$$=\frac{\sqrt{m_0}}{\rho A}\left(\sqrt{m_0+2\rho A v_0 t}-\sqrt{m_0}\right)$$

以上均取飞船进入尘云时为$t=0$.

6.5.17　一股横截面积为A、密度为ρ，以绝对速度v_0在水平方向运动的水流，无弹性地射中一质量为m的木块，即水离开木块时有相对于木块的水平速度分量为零. 若木块与它在其上滑动的水平面间的摩擦因数为μ. 求木块的最终速度.

解法一　先作为变质量质点的运动问题来处理. 木块视为本体，入射到木块的水流是微粒1，使本体质量增加，离开木块的水流是微粒2，使本体的质量减少，总的结果，木块的质量不变.

$$\frac{\mathrm{d}m}{\mathrm{d}t}=\frac{\mathrm{d}m_1}{\mathrm{d}t}+\frac{\mathrm{d}m_2}{\mathrm{d}t}=0$$

其中

$$\frac{\mathrm{d}m_1}{\mathrm{d}t}>0,\quad \frac{\mathrm{d}m_2}{\mathrm{d}t}<0$$

$$\frac{\mathrm{d}m_1}{\mathrm{d}t}=\rho(v_0-v)A$$

这是由$t\sim t+\mathrm{d}t$时间内，射到木块上的水的质量$\mathrm{d}m=\rho(v_0-v)A\mathrm{d}t$得出的，

$$\frac{\mathrm{d}m_2}{\mathrm{d}t}=-\frac{\mathrm{d}m_1}{\mathrm{d}t}=-\rho(v_0-v)A$$

微粒1并入本体前的水平速度为v_0，微粒2从本体分离后的水平速度为v，与木块的速度相同，

$$m\frac{\mathrm{d}v}{\mathrm{d}t}+(v-v_0)\frac{\mathrm{d}m_1}{\mathrm{d}t}+(v-v)\frac{\mathrm{d}m_2}{\mathrm{d}t}=-\mu mg$$

代入$\frac{\mathrm{d}m_1}{\mathrm{d}t}$的表达式，上式变为

$$m\frac{\mathrm{d}v}{\mathrm{d}t}-\rho(v-v_0)^2A=-\mu mg$$

达到最终速度时，$\frac{\mathrm{d}v}{\mathrm{d}t}=0$，此时，

$$\rho\left(v-v_0\right)^2 A=\mu mg$$

注意 $v<v_0$，

$$v_0-v=\left(\frac{\mu mg}{\rho A}\right)^{1/2}$$

木块的最终速度

$$v=v_0-\left(\frac{\mu mg}{\rho A}\right)^{1/2}$$

解法二　不用变质量质点的运动微分方程，而用质点系的动量定理.

考虑木块已达到最终速度 v 后的 $\mathrm{d}t$ 时间内对以木块和在此期间与之发生完全非弹性碰撞的水流为系统用动量定理.

在此 $t\sim t+\mathrm{d}t$ 时间内，木块的动量无增量，水流的质量为 $\rho\left(v_0-v\right)A\mathrm{d}t$，速度从 v_0 变为 v，水流的动量的增量为

$$\rho\left(v_0-v\right)A\mathrm{d}t\cdot\left(v-v_0\right)=-\rho\left(v_0-v\right)^2 A\mathrm{d}t$$

它也是所述系统的动量增量，由动量定理，它应等于摩擦力对木块的冲量 $-\mu mg\mathrm{d}t$，

$$-\rho\left(v_0-v\right)^2 A\mathrm{d}t=-\mu mg\mathrm{d}t$$

解出

$$v=v_0-\left(\frac{\mu mg}{\rho A}\right)^{1/2}$$

6.5.18　一质量为 M（无水时）的水桶开始处于静止状态，桶中装有质量为 m 的水，通过一根绳子施以恒力 F 将桶从井中提上来，桶中的水以不变的速率从桶中漏出来，经过时间 T 桶变成空的. 求变成空桶的瞬间桶的速度.

解法一　取水桶及桶中的水为变质量质点，

$t=0$ 时，该质点质量为 $M+m$. 桶中的水以不变的速率从桶中漏出，说明 $\frac{\mathrm{d}m}{\mathrm{d}t}$ 为常量. 经过时间 T，桶中的水全部漏掉，可见 t 时刻桶中的水的质量为 $m-\frac{m}{T}t$. 系统在 t 时刻的质量为 $M+m-\frac{m}{T}t$.

水从桶中漏出时对桶的相对速度为零. 变质量质点的运动微分方程为

$$\left(M+m-\frac{m}{T}t\right)\frac{\mathrm{d}v}{\mathrm{d}t}=F-\left(M+m-\frac{m}{T}t\right)g$$

$$\int_0^v\mathrm{d}v=\int_0^T\left(\frac{F}{M+m-\frac{m}{T}t}-g\right)\mathrm{d}t$$

$t=T$ 时，水桶的速度

$$v=-\frac{FT}{m}\ln\left(\frac{M+m-\frac{m}{T}T}{M+m}\right)-gT$$

$$=\frac{FT}{m}\ln\left(\frac{M+m}{M}\right)-gT$$

解法二　不用变质量质点的运动微分方程，而用对质点系(系统的质量必须是不变的)的动量定理.

这里考虑的系统是t时刻的水桶及桶中的水，在$t\sim t+\mathrm{d}t$时间内用动量定理.

t时刻，系统的质量为$M+m-\frac{m}{T}t$，速度为v，动量为$\left(M+m-\frac{m}{T}t\right)v$；

$t+\mathrm{d}t$时刻，桶中的水有$\frac{m}{T}\mathrm{d}t$质量的水漏出. 它们的速度为v，动量为$\frac{m}{T}v\mathrm{d}t$，桶和桶中的水的质量为$M+m-\frac{m}{T}t-\frac{m}{T}\mathrm{d}t$，速度为$v+\mathrm{d}v$，它们的动量为$\left(M+m-\frac{m}{T}t-\frac{m}{T}\mathrm{d}t\right)(v+\mathrm{d}v)$，系统的动量为$\left(M+m-\frac{m}{T}t-\frac{m}{T}\mathrm{d}t\right)(v+\mathrm{d}v)+\frac{m}{T}v\mathrm{d}t$.

外力在此期间对系统的冲量为$\left[F-\left(M+m-\frac{m}{T}t\right)g\right]\mathrm{d}t$.

由动量定理，

$$\left(M+m-\frac{m}{T}t-\frac{m}{T}\mathrm{d}t\right)(v+\mathrm{d}v)+\frac{m}{T}v\mathrm{d}t-\left(M+m-\frac{m}{T}t\right)v$$

$$=\left[F-\left(M+m-\frac{m}{T}t\right)g\right]\mathrm{d}t$$

略去二级小量，可得

$$\left(M+m-\frac{m}{T}t\right)\mathrm{d}v=\left[F-\left(M+m-\frac{m}{T}t\right)g\right]\mathrm{d}t$$

以下积分略.

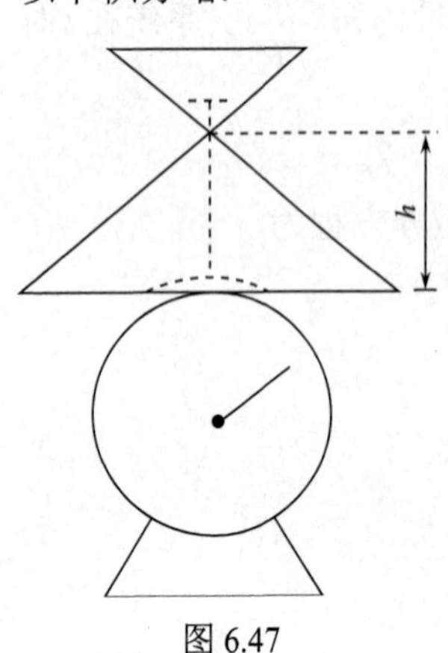

图 6.47

6.5.19　一个砂漏如图 6.47 所示，置于一个磅秤上，容器的质量为M，砂子质量为m. 在$t<0$时，砂子置于容器的上部；$t=0$时，打开中间的活门，让砂子下落，若单位时间内有λ(正的常数)的砂子离开容器的上部，自由下落的距离为h. 问$t\geqslant 0$时，磅秤的读数将如何变化?设砂子刚到达容器底部时，上部还有砂子.

解　砂子自由下落至底部所需时间为

$$t_1=\sqrt{\frac{2h}{g}}$$

设$t=t_2$时，砂子刚全部离开容器上部，$t_2=\dfrac{m}{\lambda}$；$t=t_1+t_2$时，砂子刚全部到达底部.

$0\leqslant t\leqslant t_1$期间：

变质量质点取容器及在其上部的砂子，在此期间，底部尚无砂子.

变质量质点的质量为$M+m-\lambda t$，速度$v=0$不变，故$\dfrac{\mathrm{d}v}{\mathrm{d}t}=0$，砂子离开上部时速度$u=0$，

$$(M+m-\lambda t)\cdot 0+(0-0)\frac{\mathrm{d}m}{\mathrm{d}t}=-N+(M+m-\lambda t)g$$

其中N是磅秤对容器的支持力，其数值也是磅秤的读数.

$$N=(M+m-\lambda t)g$$

$t_1\leqslant t<t_2$期间：

变质量质点取容器及其上部和已到达底部的砂子，在此期间，上部始终有离开下落的砂子，底部始终有到达的砂子，离开的砂子和到达的砂子始终相抵，变质量质点的质量为$M+m-\lambda t_1$，始终不变. 有两种微粒：

一种微粒从本体中分离出来，$\dfrac{\mathrm{d}m_1}{\mathrm{d}t}=-\lambda<0$分离后速度为零.

另一种微粒并入本体，$\dfrac{\mathrm{d}m_2}{\mathrm{d}t}=\lambda>0$，并入前速度为$\sqrt{2gh}$.

本体速度v和加速度$\dfrac{\mathrm{d}v}{\mathrm{d}t}$始终为零，

$$\begin{aligned}&(M+m-\lambda t_1)\cdot 0+(0-0)(-\lambda)+\left(0-\sqrt{2gh}\right)\lambda\\&=-N+(M+m-\lambda t_1)g\end{aligned}$$

$$N=(M+m-\lambda t_1)g+\lambda\sqrt{2gh}$$

代入$t_1=\sqrt{\dfrac{2h}{g}}$，可得

$$N=(M+m)g$$

$t_2\leqslant t<t_1+t_2$期间：

变质量质点取容器和已到达底部的砂子，在此期间，容器上部已无砂子，变质量质点的质量为上一阶段的质量加上$t\sim t_2$期间到达底部的砂子，故质量为$M+m-\lambda t_1+\lambda(t-t_2)$，变质量质点的速度$v=0$，加速度$\dfrac{\mathrm{d}v}{\mathrm{d}t}=0$.

只有一种微粒并入本体，$\dfrac{\mathrm{d}m}{\mathrm{d}t}=\lambda$，并入前微粒速度为$\sqrt{2gh}$，

$$\begin{aligned}&\left[M+m-\lambda t_1+\lambda(t-t_2)\right]\cdot 0+\left(0-\sqrt{2gh}\right)\lambda\\&=-N+\left[M+m-\lambda t_1+\lambda(t-t_2)\right]g\end{aligned}$$

其中$t_1=\sqrt{\dfrac{2h}{g}}$，$t_2=\dfrac{m}{\lambda}$，

$$N=\left[M+m-\lambda t_1+\lambda\left(t-t_2\right)\right]g+\lambda\sqrt{2gh}=\left(M+\lambda t\right)g$$

$t\geqslant t_1+t_2$期间：

在此期间，砂子已全部到达容器底部，质点已不再是变质量的，质量为$M+m,\dfrac{\mathrm{d}v}{\mathrm{d}t}=0$，

$$\left(M+m\right)\cdot 0=-N+\left(M+m\right)g$$

$$N=\left(M+m\right)g$$

磅秤读数与时间的关系如图 6.48 所示.

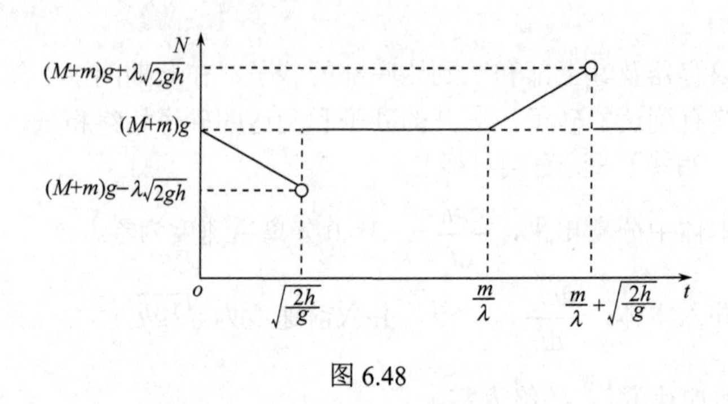

图 6.48

此题也可用质点系的动量定理求解.

6.6　位 力 定 理

6.6.1　质点系中各质点的质量和矢径分别m_i和$\boldsymbol{r}_i$，分别受到净作用力$\boldsymbol{F}_i$.

(1)各质点的位矢$\boldsymbol{r}_i$和速度$\dot{\boldsymbol{r}}_i$都是有界的，即在所有时间内保持有限值，证明位力定理：

$$\overline{T}=-\frac{1}{2}\overline{\sum_i \boldsymbol{F}_i\cdot\boldsymbol{r}_i}$$

其中T为系统的总动能，顶横“——”表示对时间求平均；

(2)对于一个质点只受平方反比有心力的情况，且满足位力定理条件，证明

$$\overline{T}=-\frac{1}{2}\overline{V}$$

其中V是势能.

证明　(1)令　$$S=\sum_i m_i\dot{\boldsymbol{r}}_i\cdot\boldsymbol{r}_i$$

$$\frac{\mathrm{d}S}{\mathrm{d}t}=\sum_i\left(m_i\ddot{\boldsymbol{r}}_i\cdot\boldsymbol{r}_i+m_i\dot{\boldsymbol{r}}_i\cdot\dot{\boldsymbol{r}}_i\right)=\sum_i\boldsymbol{F}_i\cdot\boldsymbol{r}_i+2T$$

在 $0\sim\tau$ 时间内求平均值，

$$\overline{\frac{\mathrm{d}S}{\mathrm{d}t}}=\frac{1}{\tau}\int_0^\tau\left(\sum_i \boldsymbol{F}_i\cdot\boldsymbol{r}_i+2T\right)\mathrm{d}t$$

$$\frac{1}{\tau}\left[S(\tau)-S(0)\right]=\overline{\sum_i \boldsymbol{F}_i\cdot\boldsymbol{r}_i}+\overline{2T}$$

如果运动是周期的，取 τ 为周期或周期的整数倍，则 $S(\tau)=S(0)$，如运动不是周期的，只要 τ 足够长，因 S 是有限的，上式左边等于零(周期运动)或趋于零(非周期运动)，所以

$$\overline{\sum_i \boldsymbol{F}_i\cdot\boldsymbol{r}_i}+\overline{2T}=0$$

$$\overline{T}=-\frac{1}{2}\overline{\sum_i \boldsymbol{F}_i\cdot\boldsymbol{r}_i}$$

(2) 质点受平方反比有心力的情况，

$$\boldsymbol{F}=\frac{k}{r^3}\boldsymbol{r}$$

其中 k 为常量，

$$V=-\int_\infty^r \boldsymbol{F}\cdot\mathrm{d}\boldsymbol{r}=-\int_\infty^r\frac{k}{r^3}\boldsymbol{r}\cdot\mathrm{d}\boldsymbol{r}=\int_r^\infty\frac{k}{r^3}\boldsymbol{r}\cdot\mathrm{d}\boldsymbol{r}=\int\frac{k}{r^2}\mathrm{d}r=\frac{k}{r}$$

用位力定理，

$$\overline{T}=-\frac{1}{2}\overline{\sum_i \boldsymbol{F}_i\cdot\boldsymbol{r}_i}=-\frac{1}{2}\overline{\boldsymbol{F}\cdot\boldsymbol{r}}=-\frac{1}{2}\overline{\frac{k}{r}}=-\frac{1}{2}\overline{V}$$

注意：质点受平方反比有心力的情况，质点的运动轨道可能是椭圆，也可能是抛物线、双曲线，只有轨道是椭圆才符合位力定理成立的条件. 因此，对于质点受平方反比有心力的情况，如质点的运动轨道为抛物线或双曲线，$\overline{T}\neq-\frac{1}{2}\overline{V}$.

6.6.2　用位力定理解 6.1.16 题.

提示：在质心平动参考系中对系统中一个质点使用位力定理.

解　用 6.1.15 题已得到的、在质心平动参考系中质量为 m_1 的质点受到的力为

$$\boldsymbol{F}_1=-\frac{Gm_1(m_1+m_2+m_3)}{a^3}\boldsymbol{r}_1$$

该质点绕系统质心作半径为 r_1 的圆周运动，动能为

$$T_1=\frac{1}{2}m_1(\omega r_1)^2$$

$$\boldsymbol{F}_1\cdot\boldsymbol{r}_1=-\frac{Gm_1(m_1+m_2+m_3)}{a^3}r_1^2$$

由位力定理，$\overline{T}_1=-\frac{1}{2}\overline{\boldsymbol{F}_1\cdot\boldsymbol{r}_1}$，并注意到 r_1 为常量，

$$\frac{1}{2}m_1(\omega r_1)^2=\frac{Gm_1(m_1+m_2+m_3)}{2a^3}r_1^2$$

所以

$$\omega=\sqrt{\frac{G\left(m_1+m_2+m_3\right)}{a^3}}$$

6.6.3　有一群质量为 m 的粒子，它们围绕同一个中心做圆轨道运动，每个粒子具有相同的动能 T，作用力只有相互间的万有引力. 求粒子数密度与离中心的距离 r 间的函数关系(假设密度是球对称的).

解　由于粒子数密度和质量密度是球对称的，都围绕同一中心做圆周运动，处于做半径为 r 的圆周运动上的粒子，其势能如同处于中心的质量为 $M(r)$ 的粒子引起，$M(r)$ 是在半径为 r 的球内的粒子的总质量.

对这个粒子用位力定理，

$$V(r)=-\frac{GM(r)m}{r}$$

$$\boldsymbol{F}(r)=-\frac{\partial V}{\partial r}\boldsymbol{e}_r=-\frac{GM(r)m}{r^2}\boldsymbol{e}_r$$

注意：$M(r)$ 中的 r 只是标记半径为 r 的球内的粒子总质量，求 $\dfrac{\partial V}{\partial r}$ 时不对 $M(r)$ 求导.

$$\overline{T}=-\frac{1}{2}\overline{\boldsymbol{F}(r)\cdot\boldsymbol{r}}$$

这个粒子做半径为 r 的圆周运动，

$$T=-\frac{1}{2}\left[-\frac{GM(r)m}{r^2}\boldsymbol{e}_r\cdot r\boldsymbol{e}_r\right]=\frac{GM(r)m}{2r}$$

$$M(r)=\frac{2Tr}{Gm}$$

$$\mathrm{d}M(r)=\frac{2T}{Gm}\mathrm{d}r$$

用粒子数密度 $n(r)$ 来表达 $\mathrm{d}M(r)$，

$$\mathrm{d}M(r)=m\cdot n(r)\cdot 4\pi r^2\mathrm{d}r$$

所以

$$m\cdot n(r)\cdot 4\pi r^2\mathrm{d}r=\frac{2T}{Gm}\mathrm{d}r$$

$$n(r)=\frac{T}{2\pi Gm^2r^2}$$

6.6.4　证明：如果作用于质点系的力 $\boldsymbol{F}_i$ 是非摩擦力 $\boldsymbol{F}_i'$ 和正比于速度的摩擦力 $\boldsymbol{f}_i$ 之和，位力只与 $\boldsymbol{F}_i'$ 有关，没有来自 $\boldsymbol{f}_i$ 的贡献.

证明　由位力定理，

$$\overline{T}=-\frac{1}{2}\overline{\sum_i\boldsymbol{F}_i\cdot\boldsymbol{r}_i}=-\frac{1}{2}\overline{\sum_i\boldsymbol{F}_i'\cdot\boldsymbol{r}_i}-\frac{1}{2}\overline{\sum_i\boldsymbol{f}_i\cdot\boldsymbol{r}_i}$$

$$\begin{aligned}\sum_i \boldsymbol{f}_i \cdot \boldsymbol{r}_i &= k\sum_i m_i \dot{\boldsymbol{r}}_i \cdot \boldsymbol{r}_i \\ &= k\sum_i \frac{1}{2} m_i \frac{\mathrm{d}}{\mathrm{d}t}(\boldsymbol{r}_i \cdot \boldsymbol{r}_i) = \frac{1}{2}k\frac{\mathrm{d}}{\mathrm{d}t}\left(\sum_i m_i r_i^2\right) \\ \overline{\sum_i \boldsymbol{f}_i \cdot \boldsymbol{r}_i} &= \frac{1}{\tau}\int_0^\tau \frac{1}{2}k\frac{\mathrm{d}}{\mathrm{d}t}\left(\sum_i m_i r_i^2\right)\mathrm{d}t \\ &= \frac{k}{2\tau}\left(\sum_i m_i r_i^2 - \sum_i m_i r_{i0}^2\right)\end{aligned}$$

因为$\sum_i m_i r_i^2$有限(这是位力定理适用范围要求的)，即使不是周期运动，τ足够长，上式右边趋于零，故有

$$\sum_i \boldsymbol{f}_i \cdot \boldsymbol{r}_i = 0$$

$\boldsymbol{f}_i$对位力无贡献.

第七章　刚体动力学

7.1　刚体的平衡和平动

7.1.1　轴 AB 与铅直的 ζ 轴成 α 角，长度为 a 的悬臂 CD 垂直地固连在轴上，CD 与铅直面 ζAB 成 θ 角，如图 7.1 所示. 一铅直向下的力 $\boldsymbol{P}$ 作用于 D 点，求此力对 AB 轴的力矩.

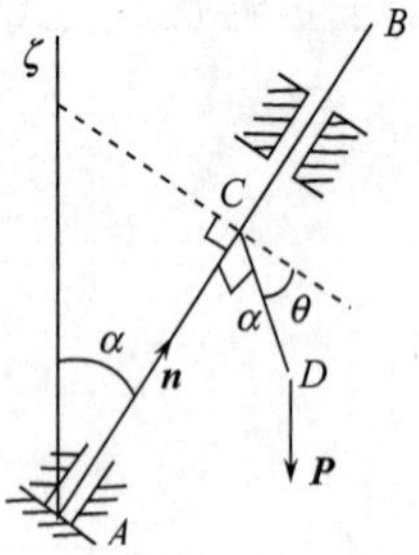

解　取坐标系 $\xi\eta\zeta$，AB 轴位于 $\eta\zeta$ 平面内，ξ 轴垂直纸面向上

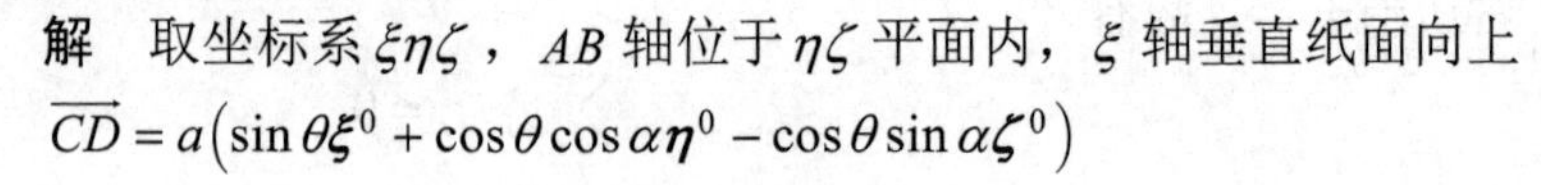

$$\overrightarrow{CD}=a\left(\sin\theta\boldsymbol{\xi}^0+\cos\theta\cos\alpha\boldsymbol{\eta}^0-\cos\theta\sin\alpha\boldsymbol{\zeta}^0\right)$$

$$\boldsymbol{P}=-P\boldsymbol{\zeta}^0$$

AB 轴的单位矢量

$$\boldsymbol{n}=\sin\alpha\boldsymbol{\eta}^0+\cos\alpha\boldsymbol{\zeta}^0$$

图 7.1

力 $\boldsymbol{P}$ 对 $\overrightarrow{AB}$ 轴的力矩为

$$\begin{aligned}M_{AB}&=\boldsymbol{n}\cdot\left(\overrightarrow{CD}\times\boldsymbol{P}\right)\\&=\left(\sin\alpha\boldsymbol{\eta}^0+\cos\alpha\boldsymbol{\zeta}^0\right)\cdot\left[a\left(\sin\theta\boldsymbol{\xi}^0+\cos\theta\cos\alpha\boldsymbol{\eta}^0-\cos\theta\sin\alpha\boldsymbol{\zeta}^0\right)\times\left(-P\boldsymbol{\zeta}^0\right)\right]\\&=\left(\sin\alpha\boldsymbol{\eta}^0+\cos\alpha\boldsymbol{\zeta}^0\right)\cdot\left[-aP\cos\theta\cos\alpha\boldsymbol{\xi}^0+aP\sin\theta\boldsymbol{\eta}^0\right]\\&=aP\sin\alpha\sin\theta\end{aligned}$$

7.1.2　一个力系由三个力组成：$\boldsymbol{F}_1=3\boldsymbol{i}+2\boldsymbol{j}+a\boldsymbol{k}$，作用于原点；$\boldsymbol{F}_2=-\boldsymbol{i}+3\boldsymbol{j}-2\boldsymbol{k}$，作用于(2，1，0)点；$\boldsymbol{F}_3=2\boldsymbol{i}-\boldsymbol{j}+5\boldsymbol{k}$，作用于(0，–1，–2)点，力的单位为牛顿，坐标取米为单位. 问 a 取何值时，可等效于一个单力，该等效的单力作用线在何处?

解　$$\begin{aligned}\boldsymbol{F}&=\boldsymbol{F}_1+\boldsymbol{F}_2+\boldsymbol{F}_3\\&=(3\boldsymbol{i}+2\boldsymbol{j}+a\boldsymbol{k})+(-\boldsymbol{i}+3\boldsymbol{j}-2\boldsymbol{k})+(2\boldsymbol{i}-\boldsymbol{j}+5\boldsymbol{k})=4\boldsymbol{i}+4\boldsymbol{j}+(3+a)\boldsymbol{k}\end{aligned}$$

先取原点为矩心最方便，因为：第一，各力的作用点对矩心的位矢写起来方便；第二，有一个力的作用点就在原点，此力对此矩心的力矩为零.

$$\begin{aligned}\boldsymbol{M}_0&=\boldsymbol{r}_2\times\boldsymbol{F}_2+\boldsymbol{r}_3\times\boldsymbol{F}_3\\&=(2\boldsymbol{i}+\boldsymbol{j})\times(-\boldsymbol{i}+3\boldsymbol{j}-2\boldsymbol{k})+(-\boldsymbol{j}-2\boldsymbol{k})\times(2\boldsymbol{i}-\boldsymbol{j}+5\boldsymbol{k})=-9\boldsymbol{i}+9\boldsymbol{k}\end{aligned}$$

要力系能等效于一个单力，必须 $\boldsymbol{F}\perp\boldsymbol{M}_0$，即 $\boldsymbol{F}\cdot\boldsymbol{M}_0=0$，

$$\left[4\boldsymbol{i}+4\boldsymbol{j}+(3+a)\boldsymbol{k}\right]\cdot(-9\boldsymbol{i}+9\boldsymbol{k})=0$$

$$-36+9(3+a)=0$$

得

$$a=1$$

$$\boldsymbol{F}=4\boldsymbol{i}+4\boldsymbol{j}+4\boldsymbol{k}$$

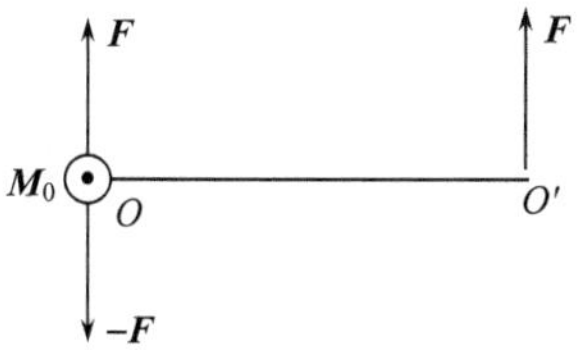

设该单力的作用点位于O'点，即以O为简化中心时，力系等效于作用于O点的力$\boldsymbol{F}$和力矩$\boldsymbol{M}_0$，图 7.2 中所用符号表示力矩的方向垂直纸面向上，改用O'为简化中心，力系可简化为作用于O'点的一个单力. 因此$\boldsymbol{M}_0$应等于作用于O点的力$-\boldsymbol{F}$和作用于O'点的力$\boldsymbol{F}$这一对力偶的力矩，

图 7.2

$$OO' = \frac{M_0}{F} \quad 或 \quad \overrightarrow{OO'} = \frac{\boldsymbol{F}\times\boldsymbol{M}_0}{F^2}$$

$$\overrightarrow{OO'} = \frac{4(\boldsymbol{i}+\boldsymbol{j}+\boldsymbol{k})\times(-9\boldsymbol{i}+9\boldsymbol{k})}{4^2+4^2+4^2} = \frac{3}{4}(\boldsymbol{i}-2\boldsymbol{j}+\boldsymbol{k})$$

作用点O'为$\left(\frac{3}{4},-\frac{3}{2},\frac{3}{4}\right)$，作用线方向的单位矢量为

$$\boldsymbol{n} = \frac{\boldsymbol{F}}{F} = \frac{4(\boldsymbol{i}+\boldsymbol{j}+\boldsymbol{k})}{\sqrt{4^2+4^2+4^2}} = \frac{\sqrt{3}}{3}(\boldsymbol{i}+\boldsymbol{j}+\boldsymbol{k})$$

作用线方程为

$$x = \frac{3}{4}+t,\ \ y = -\frac{3}{2}+t,\ \ z = \frac{3}{4}+t$$

其中t为参量.

在作用线上的任何点作为简化中心，力系都简化为一个单力.

7.1.3　一条螺旋线的弧形的金属丝，螺旋线的方程为$x = a\cos\theta$，$y = a\sin\theta$，$z = a\theta\tan\alpha$，θ由 0 变到$\frac{\pi}{2}$，金属丝每一线元$\mathrm{d}s$受外力，大小为$p\mathrm{d}s$，方向从线元作z轴的垂线离开z轴的指向. 证明整个金属丝所受的力等效于一个力螺旋的作用，作用线为$x = y$，$z = \frac{1}{4}\pi a\tan\alpha$，并求这个力螺旋的螺距(螺距为沿作用线的主矩与主矢之比，力矩的正方向规定与主矢的正方向一致).

解

$$\boldsymbol{F} = \int p(\cos\theta\boldsymbol{i}+\sin\theta\boldsymbol{j})\mathrm{d}s$$

$$\begin{aligned}\mathrm{d}s &= \left[(\mathrm{d}x)^2+(\mathrm{d}y)^2+(\mathrm{d}z)^2\right]^{\frac{1}{2}} \\ &= \left[(-a\sin\theta\mathrm{d}\theta)^2+(a\cos\theta\mathrm{d}\theta)^2+(a\tan\alpha\mathrm{d}\theta)^2\right]^{\frac{1}{2}} = a\sec\alpha\mathrm{d}\theta\end{aligned}$$

$$\begin{aligned}\boldsymbol{F} &= \int_0^{\frac{\pi}{2}} p(\cos\theta\boldsymbol{i}+\sin\theta\boldsymbol{j})a\sec\alpha\mathrm{d}\theta \\ &= pa\sec\alpha(\sin\theta\boldsymbol{i}-\cos\theta\boldsymbol{j})\Big|_{\theta=0}^{\theta=\frac{\pi}{2}} = pa\sec\alpha(\boldsymbol{i}+\boldsymbol{j})\end{aligned}$$

$$
\begin{aligned}
\boldsymbol{M}_0 &= \int \boldsymbol{r} \times p(\cos\theta \boldsymbol{i} + \sin\theta \boldsymbol{j}) \mathrm{d}s \\
&= \int_0^{\frac{\pi}{2}} (a\cos\theta \boldsymbol{i} + a\sin\theta \boldsymbol{j} + a\theta\tan\alpha \boldsymbol{k}) \times p(\cos\theta \boldsymbol{i} + \sin\theta \boldsymbol{j}) \cdot a\sec\alpha \mathrm{d}\theta \\
&= \int_0^{\frac{\pi}{2}} pa^2 \sec\alpha \tan\alpha (-\theta\sin\theta \boldsymbol{i} + \theta\cos\theta \boldsymbol{j}) \mathrm{d}\theta \\
&= pa^2 \sec\alpha \tan\alpha \left[-\boldsymbol{i} + \left(\frac{\pi}{2} - 1\right)\boldsymbol{j}\right]
\end{aligned}
$$

将 $\boldsymbol{M}_0$ 按平行于 $\boldsymbol{F}$ 和垂直于 $\boldsymbol{F}$ 的方向分解，

$$
\begin{aligned}
M_{0/\!/} &= \boldsymbol{M}_0 \cdot \frac{\boldsymbol{F}}{F} = \boldsymbol{M}_0 \cdot \frac{1}{\sqrt{2}}(\boldsymbol{i} + \boldsymbol{j}) \\
&= \frac{1}{\sqrt{2}} pa^2 \sec\alpha \tan\alpha \left(\frac{\pi}{2} - 2\right)
\end{aligned}
$$

$$
\begin{aligned}
\boldsymbol{M}_{0/\!/} &= M_{0/\!/} \cdot \frac{1}{\sqrt{2}}(\boldsymbol{i} + \boldsymbol{j}) = \frac{1}{2} pa^2 \sec\alpha \tan\alpha \left(\frac{\pi}{2} - 2\right)(\boldsymbol{i} + \boldsymbol{j}) \\
&= pa^2 \sec\alpha \tan\alpha \left(\frac{\pi}{4} - 1\right)(\boldsymbol{i} + \boldsymbol{j})
\end{aligned}
$$

$$
\begin{aligned}
\boldsymbol{M}_{0\perp} &= \boldsymbol{M}_0 - \boldsymbol{M}_{0/\!/} \\
&= pa^2 \sec\alpha \tan\alpha \left[-\boldsymbol{i} + \left(\frac{\pi}{2} - 1\right)\boldsymbol{j}\right] - pa^2 \sec\alpha \tan\alpha \left(\frac{\pi}{4} - 1\right)(\boldsymbol{i} + \boldsymbol{j}) \\
&= pa^2 \sec\alpha \tan\alpha \left(-\frac{\pi}{4}\boldsymbol{i} + \frac{\pi}{4}\boldsymbol{j}\right)
\end{aligned}
$$

简化中心从 O (原点)改为 O' 点，

$$
\begin{aligned}
\overrightarrow{OO'} &= \frac{\boldsymbol{F} \times \boldsymbol{M}_{0\perp}}{F^2} = a\tan\alpha \frac{(\boldsymbol{i} + \boldsymbol{j}) \times \left(-\frac{\pi}{4}\right)(\boldsymbol{i} - \boldsymbol{j})}{\left(\sqrt{2}\right)^2} \\
&= \frac{1}{4} a\pi \tan\alpha \boldsymbol{k}
\end{aligned}
$$

力螺旋的作用点为 $\left(0, 0, \frac{1}{4} a\pi \tan\alpha\right)$，作用线通过作用点，沿 $\boldsymbol{F}$ 的方向.

作用线方向的单位矢量

$$
\boldsymbol{n} = \frac{\boldsymbol{F}}{F} = \frac{1}{\sqrt{2}}(\boldsymbol{i} + \boldsymbol{j})
$$

作用线方程可写成

$$
x = t, \quad y = t, \quad z = \frac{1}{4} a\pi \tan\alpha
$$

消去参数 t，也可写成

$$x = y,\ z = \frac{1}{4}a\pi\tan\alpha$$

$$螺距 = \frac{M_{0//}}{F} = \left(\frac{\pi}{4} - 1\right)a\tan\alpha$$

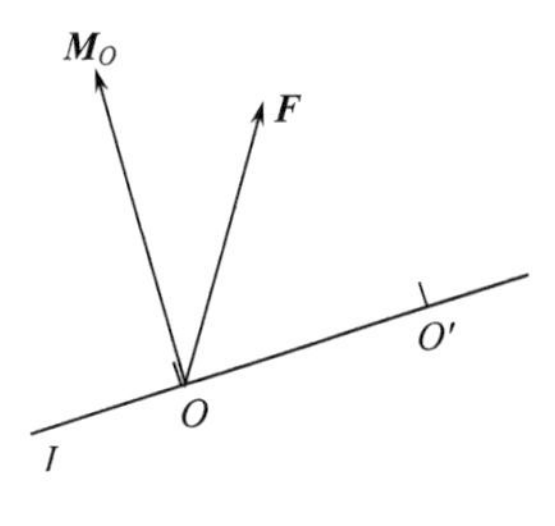

图 7.3

7.1.4 证明一个力系总能简化为通过一给定点O的一个力和作用在任一个给定的不包含O点的平面上的一个力.

证明 一个力系能简化为通过O点的一个力$\boldsymbol{F}$和对O点的力矩$\boldsymbol{M}_O$. 过O点作$\boldsymbol{M}_O$的垂直平面I，如图 7.3 所示，图中O点和$\boldsymbol{M}_O$的作用线在纸面上，$\boldsymbol{F}$的作用线一般不在纸面上，平面I是垂直于纸面的，给定平面(图中未画)不垂直于纸面，给定平面与平面I的交线通过纸面上的O'点，交线不垂直于纸面. 这条交线就是要找的在一给定的不包含O点的平面上的一个力$\boldsymbol{f}$的作用线.

$$\overrightarrow{OO'} \times \boldsymbol{f} = \boldsymbol{M}_O$$

设$\overrightarrow{OO'}$与$\boldsymbol{f}$的夹角为α，

$$OO' \cdot f\sin\alpha = M_O$$

$$f = \frac{M_O}{OO'\sin\alpha}$$

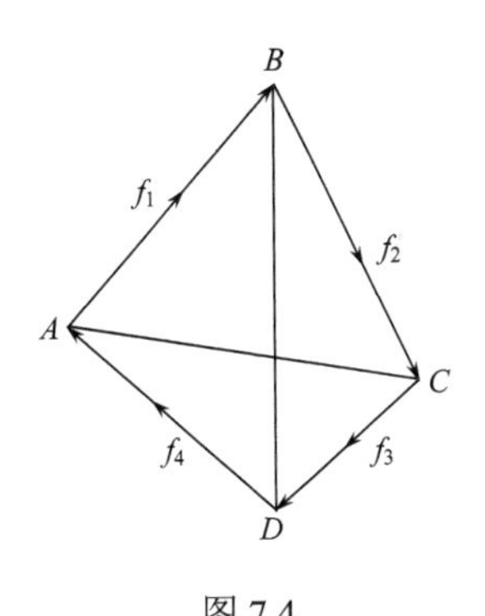

图 7.4

$\boldsymbol{F}$、$\boldsymbol{M}_O$以及OO'、$\boldsymbol{f}$的作用线位置和α均是可求的，因而$\boldsymbol{f}$也可求，原力系可简化为作用于O点的力$\boldsymbol{F}-\boldsymbol{f}$和在给定平面(不包含$O$点)上的一个力$\boldsymbol{f}$，$\boldsymbol{f}$的作用线是上述的交线，作用点可以是$O'$点或作用线上的任何点.

7.1.5 如图 7.4 所示，一个力系由四个力组成，其作用线组成四面体$ABCD$，这四个力$\boldsymbol{f}_1 = k\overrightarrow{AB}$，$\boldsymbol{f}_2 = k\overrightarrow{BC}$，$\boldsymbol{f}_3 = k\overrightarrow{CD}$，$\boldsymbol{f}_4 = k\overrightarrow{DA}$，其中$k$是一常量. 证明这个力系等效于一个力偶，其大小为$\dfrac{6kV}{d}$，其中$V$是四面体的体积，$d$是两条边$AC$和$BD$间的最短距离.

提示：任意两条直线l_1、l_2，若分别通过M_1、M_2点，方向矢量分别为$\boldsymbol{S}_1$、$\boldsymbol{S}_2$，则此两直线间的最短距离为

$$d = \frac{\left|\overrightarrow{M_1M_2} \cdot (\boldsymbol{S}_1 \times \boldsymbol{S}_2)\right|}{\left|\boldsymbol{S}_1 \times \boldsymbol{S}_2\right|}$$

证明 $\boldsymbol{F}=\boldsymbol{f}_1 + \boldsymbol{f}_2 + \boldsymbol{f}_3 + \boldsymbol{f}_4 = k\overrightarrow{AB} + k\overrightarrow{BC} + k\overrightarrow{CD} + k\overrightarrow{DA} = 0$

主矢为零时，对任何简化中心，主矩都一样，今取A点为简化中心，

$$\begin{aligned}\boldsymbol{M}_A &= \overrightarrow{AB} \times \boldsymbol{f}_2 + \overrightarrow{AC} \times \boldsymbol{f}_3 \\ &= \overrightarrow{AB} \times k\overrightarrow{BC} + \overrightarrow{AC} \times k\overrightarrow{CD} \\ &= \overrightarrow{AC} \times k\overrightarrow{BC} + \overrightarrow{AC} \times k\overrightarrow{CD} \\ &= k\overrightarrow{AC} \times \left(\overrightarrow{BC} + \overrightarrow{CD}\right) = k\overrightarrow{AC} \times \overrightarrow{BD}\end{aligned}$$

由提示,

$$d=\frac{\left|\overrightarrow{AB}\cdot\left(\frac{\overrightarrow{AC}}{AC}\times\frac{\overrightarrow{BD}}{BD}\right)\right|}{\left|\frac{\overrightarrow{AC}}{AC}\times\frac{\overrightarrow{BD}}{BD}\right|}=\frac{\left|\overrightarrow{AB}\cdot\left(\overrightarrow{AC}\times\overrightarrow{BD}\right)\right|}{\left|\overrightarrow{AC}\times\overrightarrow{BD}\right|}$$

$$\left|\overrightarrow{AB}\cdot\left(\overrightarrow{AC}\times\overrightarrow{BD}\right)\right|=\left|\overrightarrow{BD}\cdot\left(\overrightarrow{AB}\times\overrightarrow{AC}\right)\right|=6V$$

所以

$$M=M_A=k\left|\overrightarrow{AC}\times\overrightarrow{BD}\right|=\frac{k\left|\overrightarrow{AB}\cdot\left(\overrightarrow{AC}\times\overrightarrow{BD}\right)\right|}{d}=\frac{6kV}{d}$$

7.1.6　两个相同的长度为 $2a$、质量为 M 的均质梯子 AB 和 BC 在 B 点光滑铰接在一起，端点 A、C 静置于粗糙的水平面上，梯子与水平面间摩擦因数为 μ，$\angle ABC=2\alpha$，一个质量为 m 的人要能爬到 B 点，求 μ 需满足的条件.

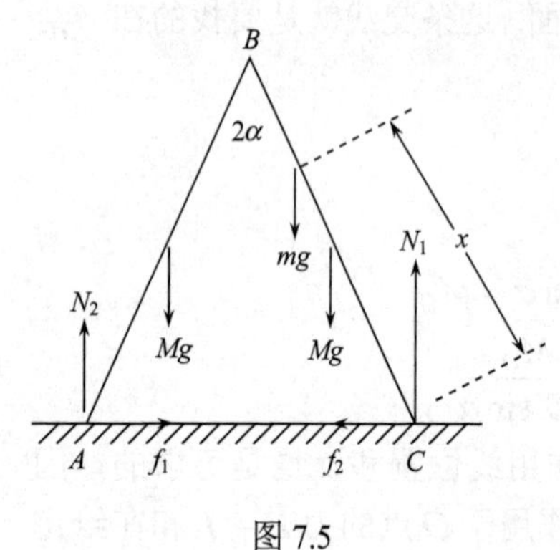

图 7.5

解　取两个梯子和人为系统，受力情况如图 7.5 所示. 平衡方程为

$$(2M+m)g=N_1+N_2$$

$$f_1=f_2$$

$$M_A=Mg(a+3a)\sin\alpha+mg(4a-x)\sin\alpha-N_1\cdot 4a\sin\alpha=0$$

可得

$$N_1=Mg+\frac{mg}{4a}(4a-x)$$

$$N_2=Mg+\frac{mg}{4a}x$$

因为 $0\leqslant x\leqslant 2a$，所以 $N_1\geqslant N_2$.

平衡时的摩擦力不能超过最大静摩擦力，$\mu N_2\geqslant f_2$，$\mu N_1\geqslant f_1$. 今 $N_1\geqslant N_2$，如有 $\mu N_2\geqslant f_2$，因为 $f_1=f_2$，必有 $\mu N_1\geqslant f_1$.

求 f_2 必须另取矩心，今取梯子 AB 为系统，取 B 为矩心，

$$M_B=-f_2\cdot 2a\cos\alpha-Mga\sin\alpha+N_2\cdot 2a\sin\alpha=0$$

$$f_2=\frac{1}{2}(2N_2-Mg)\tan\alpha$$

用 $\mu N_2\geqslant f_2$，

$$\mu N_2\geqslant\frac{1}{2}(2N_2-Mg)\tan\alpha$$

$$\mu\geqslant\frac{(2N_2-Mg)\tan\alpha}{2N_2}$$

代入 N_2 的式子，得

$$\mu \geqslant \frac{Mg+\frac{1}{2a}mgx}{2Mg+\frac{1}{2a}mgx}\tan\alpha = f(x)$$

$$\frac{\mathrm{d}f(x)}{\mathrm{d}x}=\frac{Mmg^2\tan\alpha}{2a\left(2Mg+\frac{1}{2a}mgx\right)^2}>0$$

不等式右边的项是 x 的单调递增函数，当 $x=2a$ 时，右边的项达最大值，要能爬到 B 点，必须

$$\mu \geqslant f(2a)$$

即

$$\mu \geqslant \frac{M+m}{2M+m}\tan\alpha$$

7.1.7　质量均为 m、长度均为 L 的三根相同的匀质细棒对称地搁在地面上，三棒的顶端 O 用绞链相连，底端 A、B、C 的间距均为 L，如图 7.6(a)所示.

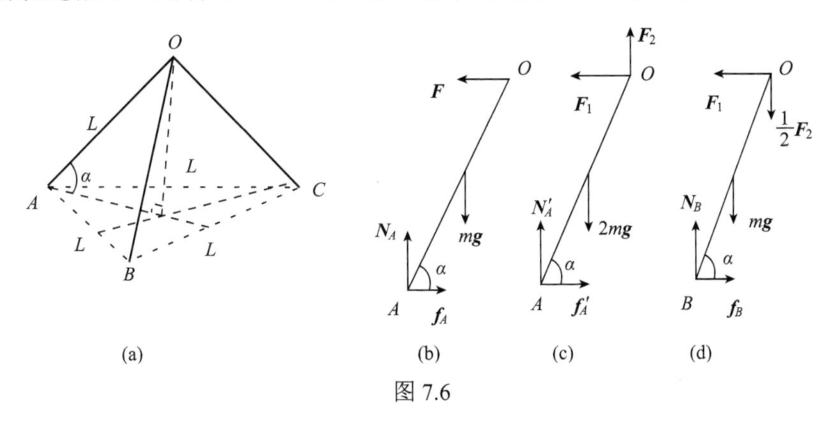

图 7.6

(1) 求 OA 棒顶端 O 所受的作用力 $\boldsymbol{F}$ 的大小；

(2) 若有一个质量也为 m 的人(视为质点)坐在 OA 棒的中点处，三棒仍然保持不动，这时 OA 棒顶端 O 所受的作用力 $\boldsymbol{F}$ 的大小多大？方向如何？

(3) 在(2)所述情况下，问地面与棒之间的静摩擦因数至少为多大？

解　(1) 根据对称性考虑铰链的平衡. 绞链对三根棒的作用力必沿水平方向，且在该棒所在的竖直平面内，OA 棒受力情况如图 7.6(b)所示. 其中 $\boldsymbol{N}_A$ 是地面的支持力. $\boldsymbol{f}_A$ 是地面给予的静摩擦力. $\boldsymbol{F}$、$m\boldsymbol{g}$、$\boldsymbol{N}_A$、$\boldsymbol{f}_A$ 均在 OA 棒所在的竖直平面内.

OA 棒对 A 点的力矩为零，

$$mg\cdot\frac{L}{2}\cos\alpha - FL\sin\alpha$$

$$\cos\alpha=\frac{\sqrt{3}}{3},\quad \sin\alpha=\frac{\sqrt{6}}{3}$$

可得

$$F=\frac{\sqrt{2}}{4}mg$$

(2)质量为 m 的人坐在 OA 棒中点处后，受力情况如图 7.6(b)所示. 由于 OB 棒、OC 棒仍具有对称性. 它们的受力情况应该相同. 各棒受绞链的力既有水平方向. 又有竖直方向. 考虑绞链的平衡条件可知,各棒受绞链的力仍在各棒所在的竖直平面内. 各棒受绞链的力的水平分量仍相等. 设此时 OA 棒受力情况如图 7.6(c)所示，受绞链的力，水平方向为 F_1，竖直方向为 F_2，向上. 则此时 OB 棒受力方向如图 7.6(d)所示. 因 OC 棒受力情况与 OB 棒相同. 考虑绞链竖直方向平衡条件，OB 棒受绞链竖直方向的力为 $\frac{1}{2}F_2$，向下.

OA 棒对 A 点的力矩为零，

$$2mg\cdot\frac{L}{2}\cos\alpha-F_1L\sin\alpha-F_2L\cos\alpha=0$$

OB 棒对 B 点的力矩为零，

$$mg\cdot\frac{L}{2}\cos\alpha-F_1L\sin\alpha+\frac{1}{2}F_2L\cos\alpha=0$$

可解得

$$F_1=\frac{\sqrt{2}}{3}mg,\quad F_2=\frac{1}{3}mg$$

$$F=\sqrt{F_1^2+F_2^2}=\frac{\sqrt{3}}{3}mg$$

$\boldsymbol{F}$ 与竖直方向的夹角为 $\arctan\sqrt{2}$.

(3)在(2)所述情况下，由图 7.6(c)、(d)考虑 OA 棒、OB 棒平衡条件，

$$N_A'+F_2-2mg=0$$

$$F_1-f_A'=0$$

$$N_B-mg-\frac{1}{2}F_2=0$$

$$F_1-f_B=0$$

可得

$$N_A'=2mg-F_2=\frac{5}{3}mg$$

$$f_A'=F_1=\frac{\sqrt{2}}{3}mg$$

$$N_B=mg+\frac{1}{2}F_2=\frac{7}{6}mg$$

$$f_B = F_1 = \frac{\sqrt{2}}{3}mg$$

要使 OA 棒平衡. 静摩擦力必须不大于最大静摩擦力，即 $f_A' \leqslant \mu N_A'$. 则要求静摩擦因数 $\mu \geqslant \dfrac{f_A'}{N_A}$，即 $\mu \geqslant \dfrac{\sqrt{2}}{5}$. 同样考虑 OB 棒平衡要求 $\mu \geqslant \dfrac{f_B}{N_B}$ 即 $\mu \geqslant \dfrac{2\sqrt{2}}{7}$. 要使三棒平衡，必须取两者的较大者. 故要求 $\mu_{\min} = \dfrac{2\sqrt{2}}{7}$.

7.1.8　两个相同的质量为 M、半径为 a 的粗糙的均质圆柱体置于粗糙的水平面上，两轴线相距 $2\sqrt{2}a$. 第三个半径为 a、质量为 $2M$ 的粗糙均质圆柱体对称地置于上述两个圆柱体上面. 证明：要能平衡，圆柱体间的摩擦因数必须大于 $\tan\dfrac{\pi}{8}$，圆柱体与平面间的摩擦因数必须大于 $\dfrac{1}{2}\tan\dfrac{\pi}{8}$.

证明　$AB = 2\sqrt{2}a$，$AD = \sqrt{2}a$，$AC = 2a$，

$$CD = \sqrt{AC^2 - AD^2} = \sqrt{2}a$$

所以

$$\angle CAB = \angle ACD = 45°$$

图 7.7 画出了圆柱体 C 和圆柱体 A 的受力情况，数值相等的作用力反作用力用同一文字表示.

对圆柱体 C 列平衡方程，

$$2f_1 \cdot \frac{\sqrt{2}}{2} + 2N_1 \cdot \frac{\sqrt{2}}{2} = 2Mg$$

可化为

$$f_1 + N_1 = \sqrt{2}Mg \tag{1}$$

对圆柱体 A 列平衡方程，

$$N_1 \cdot \frac{\sqrt{2}}{2} + f_1 \cdot \frac{\sqrt{2}}{2} + Mg = N_2 \tag{2}$$

$$N_1 \frac{\sqrt{2}}{2} = f_1 \cdot \frac{\sqrt{2}}{2} + f_2 \tag{3}$$

$$f_1 a = f_2 a \tag{4}$$

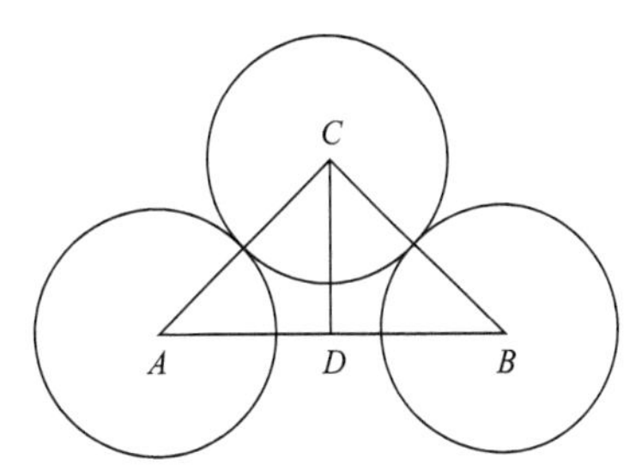

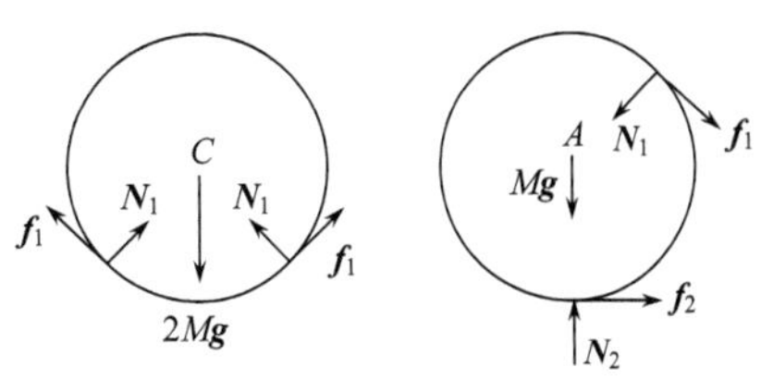

图 7.7

由式(4)，$f_1 = f_2$，式(3)可改为

$$f_1\left(\frac{\sqrt{2}}{2} + 1\right) - N_1\frac{\sqrt{2}}{2} = 0 \tag{5}$$

式 $(1) \times \dfrac{\sqrt{2}}{2} + (5)$ 式得

$$f_1 = \frac{Mg}{\sqrt{2}+1} = \left(\sqrt{2}-1\right)Mg$$

$$N_1 = \sqrt{2}Mg - f_1 = Mg$$

摩擦力不能大于最大静摩擦，即

$$\mu_1 N_1 \geqslant f_1$$

所以

$$\mu_1 \geqslant \sqrt{2} - 1$$

因为

$$\tan\frac{\pi}{8} = \frac{\sin\frac{\pi}{8}}{\cos\frac{\pi}{8}} = \sqrt{\frac{1-\cos\frac{\pi}{4}}{1+\cos\frac{\pi}{4}}} = \sqrt{\frac{1-\frac{\sqrt{2}}{2}}{1+\frac{\sqrt{2}}{2}}} = \sqrt{\frac{2-\sqrt{2}}{2+\sqrt{2}}}$$

$$= \sqrt{\frac{\left(2-\sqrt{2}\right)^2}{4-2}} = \frac{1}{\sqrt{2}}\left(2-\sqrt{2}\right) = \sqrt{2} - 1$$

所以

$$\mu_1 \geqslant \tan\frac{\pi}{8}$$

$$N_2 = \frac{\sqrt{2}}{2}N_1 + \frac{\sqrt{2}}{2}f_1 + Mg = 2Mg$$

$$f_2 = f_1 = \left(\sqrt{2}-1\right)Mg$$

$$\mu_2 N_2 \geqslant f_2$$

所以

$$\mu_2 \geqslant \frac{1}{2}\left(\sqrt{2}-1\right) = \frac{1}{2}\tan\frac{\pi}{8}$$

7.1.9　一个均质的梯子靠在粗糙的地板和同样粗糙的墙上，摩擦角为 ε，处于平衡的极限状态，求梯子与水平线间的夹角.

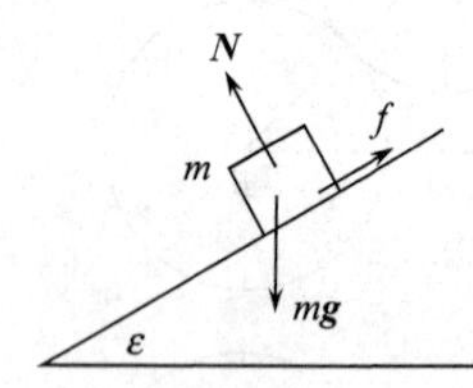

图 7.8

解　先说明一下摩擦角的定义：摩擦角是指逐渐增大斜面的倾角，增大到摩擦角 ε 时，原静置于斜面上的物体刚能不发生滑动. 此时摩擦力正好等于最大静摩擦，见图 7.8，

$$N = mg\cos\varepsilon$$

$$mg\sin\varepsilon - \mu N = 0$$

消去 N 得

$$\mu = \tan\varepsilon$$

可见静摩擦因数等于摩擦角的正切.

处于平衡的极限状态，梯子与地板间、梯子与墙间的摩擦力均已达到最大静摩擦，此时梯子受力情况如图 7.9 所示.

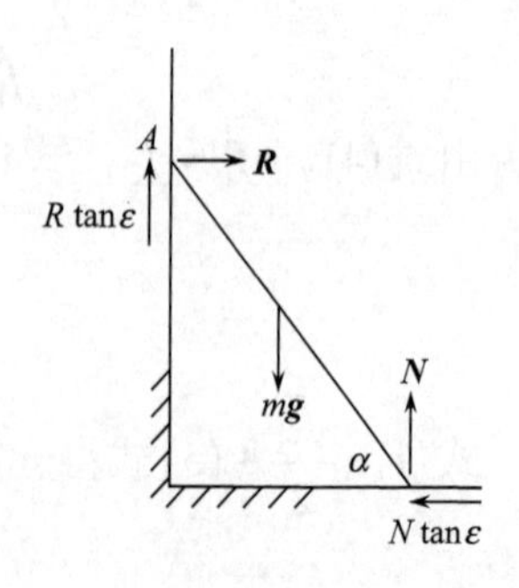

图 7.9

设梯子质量为 m、长 l，

$$N + R\tan\varepsilon = mg \tag{1}$$

$$R = N\tan\varepsilon \tag{2}$$

$$M_A = mg \cdot \frac{l}{2}\cos\alpha + Nl\tan\varepsilon\sin\alpha - Nl\cos\alpha = 0 \tag{3}$$

由式(1)、(2)解出

$$N = mg\cos^2\varepsilon \tag{4}$$

由式(3)、(4)得

$$\tan\alpha = \frac{2\cos^2\varepsilon - 1}{2\sin\varepsilon\cos\varepsilon} = \frac{\cos 2\varepsilon}{\sin 2\varepsilon} = \cot 2\varepsilon = \tan\left(\frac{\pi}{2} - 2\varepsilon\right)$$

所以

$$\alpha = \frac{\pi}{2} - 2\varepsilon$$

7.1.10　长为l的均质重杆AB的A端能在一光滑的铅垂线上运动，B端能沿一条粗糙的水平直线运动，两条直线间的最短距离为a，$a<l$，B端与水平直线间的静摩擦因数为μ，若$l>a\sqrt{1+\mu^2}$，A端高于B端，证明杆在位置

$$\arcsin\frac{a}{l} \leqslant \theta \leqslant \arccos\left[\sqrt{\frac{l^2 - a^2(1+\mu^2)}{l^2(1+4\mu^2)}}\right]$$

(其中θ是AB杆与竖直向下直线间的夹角)平衡.

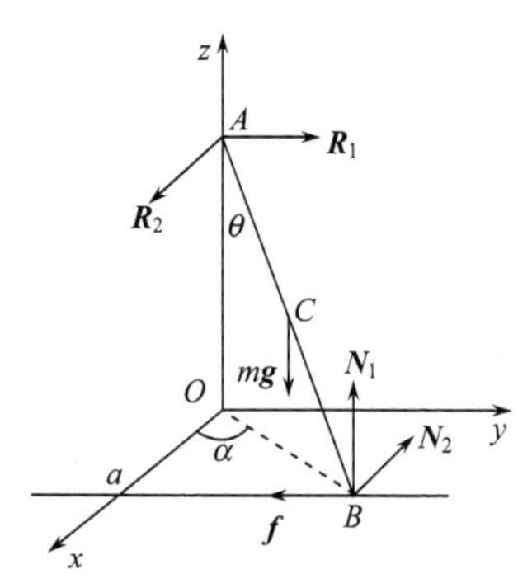

图 7.10

证明　设杆的质量为m，取图 7.10 坐标$Oxyz$，光滑的铅垂线为z轴，粗糙的水平直线位于xy平面上$x=a$处. 图中所画的杆的位置是能平衡的极限位置，图中画出了杆的受力情况.

$$AO = l\cos\theta,\quad OB = l\sin\theta$$

$$\cos\alpha = \frac{a}{OB} = \frac{a}{l\sin\theta},\quad \sin\alpha = \frac{\sqrt{l^2\sin^2\theta - a^2}}{l\sin\theta}$$

A点坐标为$(0,0,l\cos\theta)$，B点坐标为$\left(a,\sqrt{l^2\sin^2\theta - a^2},0\right)$，$C$点坐标为$\left(\frac{a}{2},\frac{1}{2}\sqrt{l^2\sin^2\theta - a^2},\frac{1}{2}l\cos\theta\right)$.

由主矢$\boldsymbol{F}=0$和对A点的主矩$\boldsymbol{M}_A=0$，有

$$N_1 = mg$$

$$\overrightarrow{AB} \times (-N_2\boldsymbol{i} - f\boldsymbol{j} + N_1\boldsymbol{k}) + \overrightarrow{AC} \times (-mg)\boldsymbol{k} = 0$$

$$\overrightarrow{AB} = \boldsymbol{r}_B - \boldsymbol{r}_A = a\boldsymbol{i} + \sqrt{l^2\sin^2\theta - a^2}\,\boldsymbol{j} - l\cos\theta\boldsymbol{k}$$

$$\overrightarrow{AC} = \frac{1}{2}\overrightarrow{AB}$$

将$\overrightarrow{AB}$、$\overrightarrow{AC}$的式子及$N_1 = mg$代入上式，

$$\left(a\boldsymbol{i} + \sqrt{l^2\sin^2\theta - a^2}\,\boldsymbol{j} - l\cos\theta\boldsymbol{k}\right) \times \left[-N_2\boldsymbol{i} - f\boldsymbol{j} + \left(mg - \frac{1}{2}mg\right)\boldsymbol{k}\right] = 0$$

可得

$$\frac{1}{2}mg\sqrt{l^2\sin^2\theta-a^2}-fl\cos\theta=0$$

$$N_2 l\cos\theta-\frac{1}{2}mga=0$$

$$-af+N_2\sqrt{l^2\sin^2\theta-a^2}=0$$

解出

$$f=\frac{mg}{2l\cos\theta}\sqrt{l^2\sin^2\theta-a^2}$$

$$N_2=\frac{mga}{2l\cos\theta}$$

$$\sqrt{N_1^2+N_2^2}=\frac{mg}{2l\cos\theta}\sqrt{4l^2\cos^2\theta+a^2}$$

$$\mu\sqrt{N_1^2+N_2^2}=f\left(\text{平衡的极限状态}\right)$$

$$\frac{\mu mg}{2l\cos\theta}\sqrt{4l^2\cos^2\theta+a^2}=\frac{mg}{2l\cos\theta}\sqrt{l^2\sin^2\theta-a^2}$$

从上式可解出

$$\cos\theta=\sqrt{\frac{l^2-\left(1+\mu^2\right)a^2}{\left(1+4\mu^2\right)l^2}}$$

所以

$$\theta_{\max}=\arccos\sqrt{\frac{l^2-\left(1+\mu^2\right)a^2}{\left(1+4\mu^2\right)l^2}}$$

当杆端 B 处于坐标 $(a,0,0)$ 时，显然也可以平衡，此处 $\theta=\theta_{\min}=\arcsin\dfrac{a}{l}$.

故杆能处于平衡的 θ 值处于下列范围：

$$\arcsin\frac{a}{l}\leqslant\theta\leqslant\arccos\sqrt{\frac{l^2-\left(1+\mu^2\right)a^2}{\left(1+4\mu^2\right)l^2}}$$

7.1.11　一圆筒形玻璃杯盛满了冰，重量为空杯时的六倍. 若空杯时质心位于离底面四分之一高度处，问将冰装到什么高度杯子最不容易倾倒.

解　设杯子高度为 h，质量为 m. 冰装到离底面高度为 x 时，冰的质量为 $\dfrac{x}{h}\times 6m$，此时装了冰的杯子的质心高度为 h_c，由质心的定义，

$$\left(\frac{x}{h}\times 6m+m\right)h_c=\frac{x}{h}\times 6m\cdot\frac{x}{2}+m\cdot\frac{h}{4}$$

解出

$$h_c=\frac{12x^2+h^2}{4(6x+h)}$$

显然，质心高度越低，越不容易倾倒，质心越靠近底面，放在斜面上不发生倾倒所允许的斜面最大倾角越大.

求 $h_c(x)$ 最小的 x 值，

$$\frac{\mathrm{d}h_c}{\mathrm{d}x}=\frac{24x(6x+h)-6(12x^2+h^2)}{4(6x+h)^2}=0$$

化简后得

$$12x^2+4hx-h^2=0$$

$$(2x+h)(6x-h)=0$$

$$x=-\frac{1}{2}h \text{ 及 } x=\frac{1}{6}h$$

$x=-\frac{1}{2}h$ 的解无物理意义，所以 $x=\frac{1}{6}h$，

$$h_c\left(\frac{1}{6}h\right)=\frac{12\left(\frac{h}{6}\right)^2+h^2}{4\left(6\times\frac{h}{6}+h\right)}=\frac{1}{6}h$$

$$h_c(0)=\frac{1}{4}h$$

可见 $x=\frac{1}{6}h$，即冰装到六分之一高度，质心最低，最不容易倾倒.

7.1.12　杆 BC、BD、CD、CE、CG、DG 由铰链连接，位于立方体的边和对角线上，如图 7.11 所示. 铰链 B、E、G 是固定的，各杆不计质量，在节点 D 有作用力 Q 沿对角线 ED 方向，在节点 C 有作用力 $\boldsymbol{P}$ 沿 CG 方向，处于平衡状态，求各杆的内力.

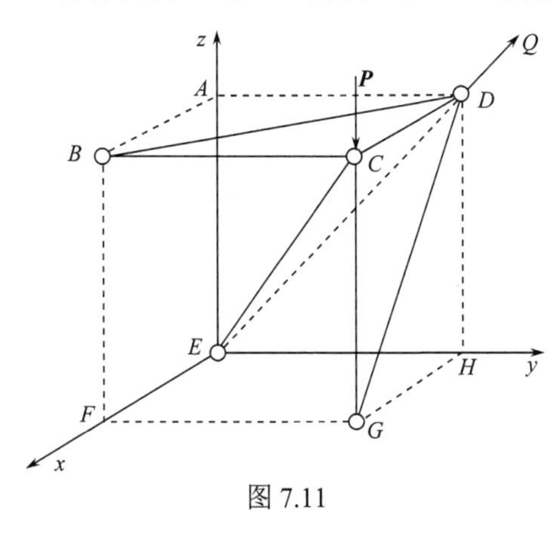

图 7.11

解　设立方体边长为 a，六个面上的对角线长均为 $\sqrt{2}a$，立方体对角线如 CE 等长 $\sqrt{3}a$.

EC 方向的单位矢量 $\boldsymbol{n}_{E\to C}=\frac{\sqrt{3}}{3}(\boldsymbol{i}+\boldsymbol{j}+\boldsymbol{k})$，照此表示法，$\boldsymbol{n}_{B\to D}=\frac{\sqrt{2}}{2}(-\boldsymbol{i}+\boldsymbol{j})$，

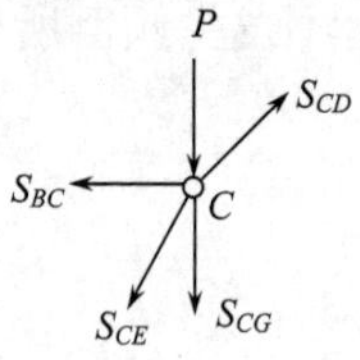

$$\boldsymbol{n}_{D\to G}=\frac{\sqrt{2}}{2}(\boldsymbol{i}-\boldsymbol{k}).$$

图 7.12

假设各杆的内力均为拉力，即杆中任何一点的两边都是互相拉伸的力，用 S_{CE} 表示杆 CE 中的内力.

铰链 C 受到的力如图 7.12 所示.

$$\boldsymbol{P}=-P\boldsymbol{k}，\boldsymbol{S}_{BC}=-S_{BC}\boldsymbol{j}$$

$$\boldsymbol{S}_{CG}=-S_{CG}\boldsymbol{k}，\boldsymbol{S}_{CD}=-S_{CD}\boldsymbol{i}$$

$$\boldsymbol{S}_{CE}=-S_{CE}\boldsymbol{n}_{E\to C}=-\frac{\sqrt{3}}{3}S_{CE}(\boldsymbol{i}+\boldsymbol{j}+\boldsymbol{k})$$

铰链 C 所受合力为零，

$$-S_{CD}-\frac{\sqrt{3}}{3}S_{CE}=0 \tag{1}$$

$$-S_{BC}-\frac{\sqrt{3}}{3}S_{CE}=0 \tag{2}$$

$$-P-S_{CG}-\frac{\sqrt{3}}{3}S_{CE}=0 \tag{3}$$

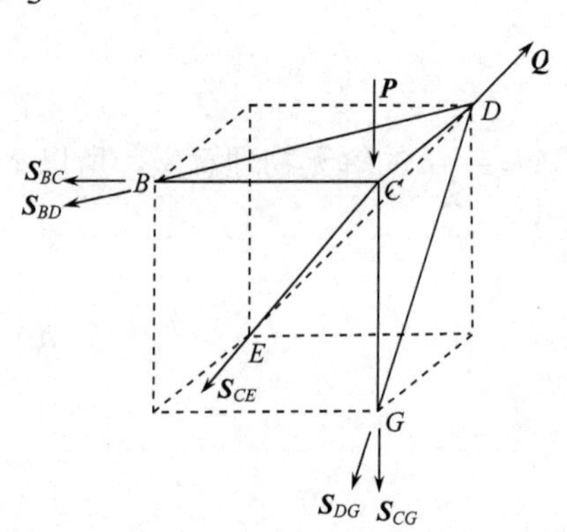

图 7.13

系统所受的外力如图 7.13 所示，其中作用于 B 点的外力 $\boldsymbol{S}_{BC}$、$\boldsymbol{S}_{BD}$ 分别与 BC 杆、BD 杆的内力数值相等，是考虑 B 点所受合力为零得出的.

系统所受外力对 C 点的力矩为零，

$$\begin{aligned}\boldsymbol{M}_C&=-a\boldsymbol{j}\times(-S_{BD})\boldsymbol{n}_{B\to D}-a\boldsymbol{k}\times S_{DG}\boldsymbol{n}_{D\to G}-a\boldsymbol{i}\times Q\boldsymbol{n}_{E\to D}\\&=-a\boldsymbol{j}\times\left(-\frac{\sqrt{2}}{2}S_{BD}\right)(-\boldsymbol{i}+\boldsymbol{j})-a\boldsymbol{k}\times\frac{\sqrt{2}}{2}S_{DG}(\boldsymbol{i}-\boldsymbol{k})-a\boldsymbol{i}\times\frac{\sqrt{2}}{2}Q(\boldsymbol{j}+\boldsymbol{k})\\&=\frac{\sqrt{2}}{2}a(Q-S_{DG})\boldsymbol{j}+\frac{\sqrt{2}}{2}a(S_{BD}-Q)\boldsymbol{k}=0\end{aligned}$$

可得

$$S_{DG}=Q \tag{4}$$

$$S_{BD}=Q \tag{5}$$

系统所受的合外力为零，

$$\boldsymbol{S}_{BC}+\boldsymbol{S}_{BD}+\boldsymbol{S}_{CE}+\boldsymbol{S}_{CG}+\boldsymbol{S}_{DG}+\boldsymbol{P}+\boldsymbol{Q}=0$$

代入

$$\boldsymbol{S}_{BC}=-S_{BC}\boldsymbol{j}，\boldsymbol{S}_{BD}=\frac{\sqrt{2}}{2}S_{BD}(\boldsymbol{i}-\boldsymbol{j})$$

$$\boldsymbol{S}_{CE}=-\frac{\sqrt{3}}{3}S_{CE}(\boldsymbol{i}+\boldsymbol{j}+\boldsymbol{k})，\boldsymbol{S}_{CG}=-S_{CG}\boldsymbol{k}$$

$$\boldsymbol{S}_{DG}=\frac{\sqrt{2}}{2}S_{DG}(\boldsymbol{i}-\boldsymbol{k})，\boldsymbol{P}=-P\boldsymbol{k}$$

$$\boldsymbol{Q}=\frac{\sqrt{2}}{2}Q(\boldsymbol{j}+\boldsymbol{k})$$

可得

$$\frac{\sqrt{2}}{2}S_{BD}-\frac{\sqrt{3}}{3}S_{CE}+\frac{\sqrt{2}}{2}S_{DG}=0 \tag{6}$$

$$-S_{BC}-\frac{\sqrt{2}}{2}S_{BD}-\frac{\sqrt{3}}{3}S_{CE}+\frac{\sqrt{2}}{2}Q=0 \tag{7}$$

$$-\frac{\sqrt{3}}{3}S_{CE}-S_{CG}-\frac{\sqrt{2}}{2}S_{DG}-P+\frac{\sqrt{2}}{2}Q=0 \tag{8}$$

将式(4)、(5)代入式(6)，得

$$S_{CE}=\sqrt{6}Q \tag{9}$$

将式(5)、(9)代入式(7)得或由式(2)、(9)得

$$S_{BC}=-\sqrt{2}Q \tag{10}$$

由式(1)、(9)得

$$S_{CD}=-\sqrt{2}Q$$

由式(3)、(9)得

$$S_{CG}=-P-\sqrt{2}Q$$

正值表示内力为拉力，负号表示内力为压力.

7.1.13　一桁架由 11 根等长的杆组成，$A,B,\ldots,G$ 是铰链，如图 7.14 所示. A 点刚性固定，G 点只在竖直方向支撑住，忽略杆的重量，一重物 W 挂在 E 处，求 A、G 点的竖直支撑力和每根杆的内力.

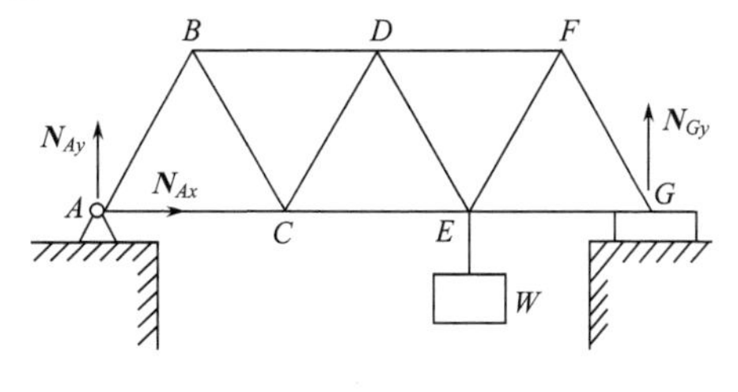

图 7.14

解　对整个桁架列平衡方程，

$$N_{Ax}=0$$

$$N_{Ay}+N_{Gy}-W=0$$

$$W\cdot AE-N_{Gy}\cdot AG=0$$

可得

$$N_{Ax}=0,\ N_{Gy}=\frac{2}{3}W,\ N_{Ay}=\frac{1}{3}W$$

设每根杆的内力均为张力. 根据这种假设画出铰链 A，B，…，F 的受力图如图 7.15 所示.

列出各铰链所受合力为零的分量方程.

A：

$$S_{AB}\cos 30°+N_{Ay}=0$$

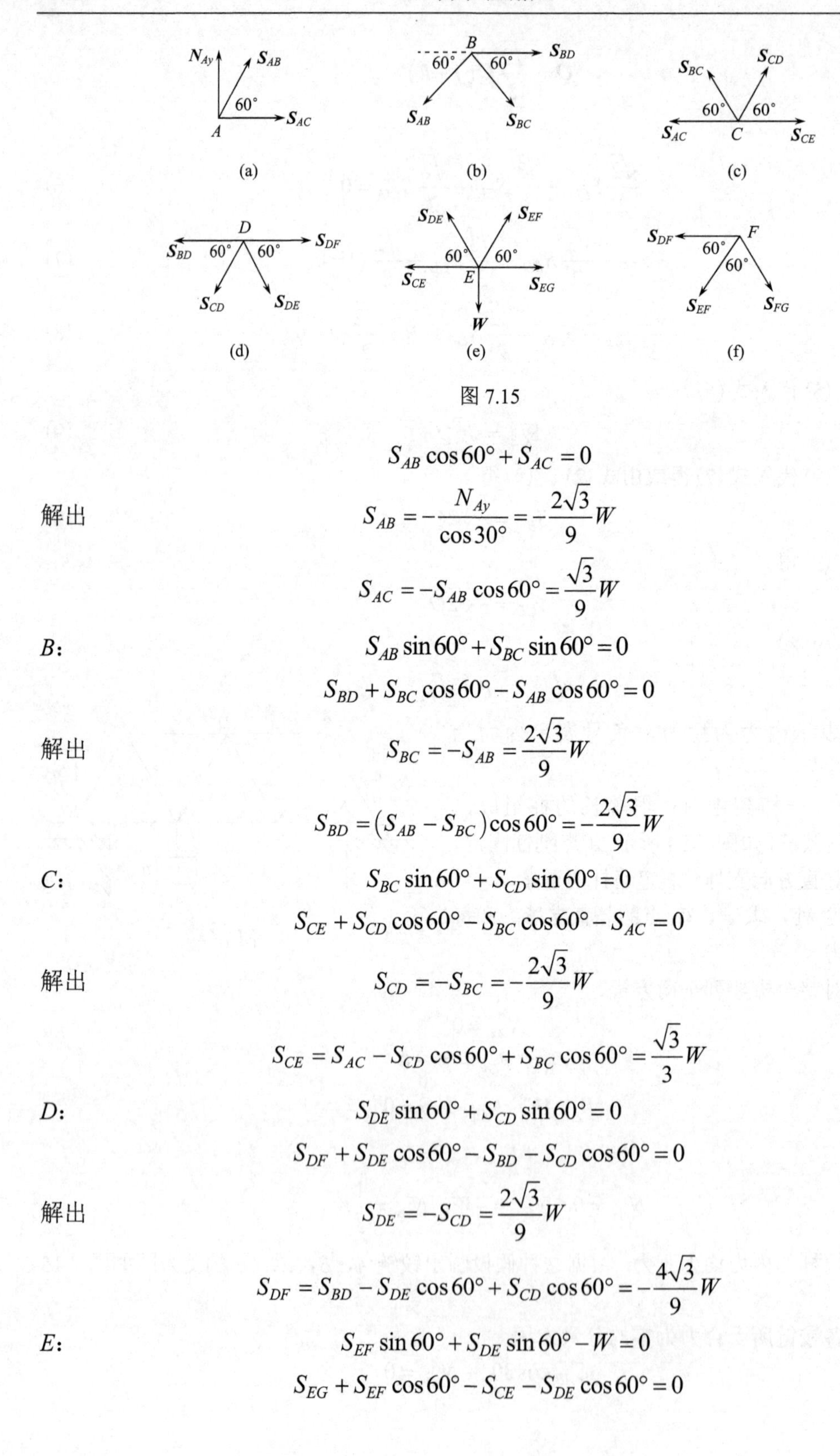

图 7.15

$$S_{AB}\cos 60° + S_{AC} = 0$$

解出

$$S_{AB} = -\frac{N_{Ay}}{\cos 30°} = -\frac{2\sqrt{3}}{9}W$$

$$S_{AC} = -S_{AB}\cos 60° = \frac{\sqrt{3}}{9}W$$

B:

$$S_{AB}\sin 60° + S_{BC}\sin 60° = 0$$

$$S_{BD} + S_{BC}\cos 60° - S_{AB}\cos 60° = 0$$

解出

$$S_{BC} = -S_{AB} = \frac{2\sqrt{3}}{9}W$$

$$S_{BD} = (S_{AB} - S_{BC})\cos 60° = -\frac{2\sqrt{3}}{9}W$$

C:

$$S_{BC}\sin 60° + S_{CD}\sin 60° = 0$$

$$S_{CE} + S_{CD}\cos 60° - S_{BC}\cos 60° - S_{AC} = 0$$

解出

$$S_{CD} = -S_{BC} = -\frac{2\sqrt{3}}{9}W$$

$$S_{CE} = S_{AC} - S_{CD}\cos 60° + S_{BC}\cos 60° = \frac{\sqrt{3}}{3}W$$

D:

$$S_{DE}\sin 60° + S_{CD}\sin 60° = 0$$

$$S_{DF} + S_{DE}\cos 60° - S_{BD} - S_{CD}\cos 60° = 0$$

解出

$$S_{DE} = -S_{CD} = \frac{2\sqrt{3}}{9}W$$

$$S_{DF} = S_{BD} - S_{DE}\cos 60° + S_{CD}\cos 60° = -\frac{4\sqrt{3}}{9}W$$

E:

$$S_{EF}\sin 60° + S_{DE}\sin 60° - W = 0$$

$$S_{EG} + S_{EF}\cos 60° - S_{CE} - S_{DE}\cos 60° = 0$$

解出
$$S_{EF}=-S_{DE}+\frac{W}{\sin 60^\circ}=\frac{4\sqrt{3}}{9}W$$

$$S_{EG}=S_{CE}+S_{DE}\cos 60^\circ-S_{EF}\cos 60^\circ=\frac{2\sqrt{3}}{9}W$$

F:
$$S_{FG}\sin 60^\circ+S_{EF}\sin 60^\circ=0$$

$$S_{FG}\cos 60^\circ-S_{DF}-S_{EF}\cos 60^\circ=0$$

解出
$$S_{FG}=-S_{EF}=-\frac{4\sqrt{3}}{9}W$$

最后关于铰链 G 的方程中各量前面已算出，代入可作为验算用. S_{AB}、S_{BD}、S_{CD}、S_{DF}、S_{FG} 均为负值，说明杆 AB、BD、CD、DF、FG 的内力不是张力而是压力.

7.1.14　一桁架结构及负荷情况如图 7.16 所示，所有的杆质量不计，用光滑铰链连接，求 CE、ED、FD 三杆的内力.

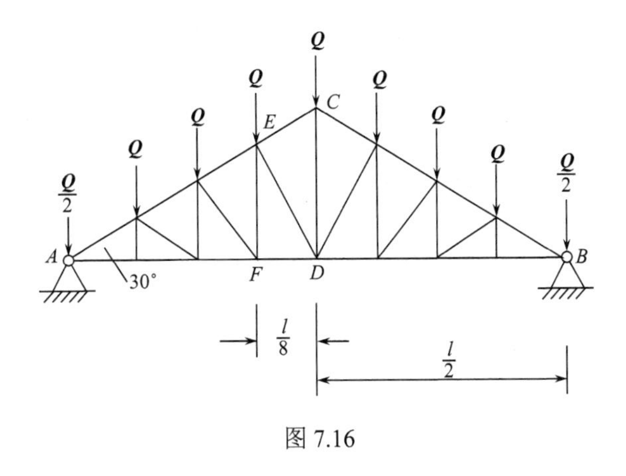

图 7.16

解　由于结构及负荷具有对称性，A、B 处底座的支撑力 $N_{Ay}=N_{By}$，$N_{Ax}+N_{Bx}=0$. 这里取 y 轴竖直向上，x 轴水平向右，

$$N_{Ay}=N_{By}=\frac{1}{2}\left(7Q+2\times\frac{Q}{2}\right)=4Q$$

取结构中 AEF 部分为系统，受力情况如图 7.17 所示，

$$EF=\frac{3}{8}l\tan 30^\circ=\frac{\sqrt{3}}{8}l$$

$$ED=\sqrt{EF^2+FD^2}=\sqrt{\frac{3}{64}l^2+\frac{1}{64}l^2}=\frac{1}{4}l$$

$$\sin\theta=\frac{FD}{ED}=\frac{1}{2},\quad \theta=30^\circ$$

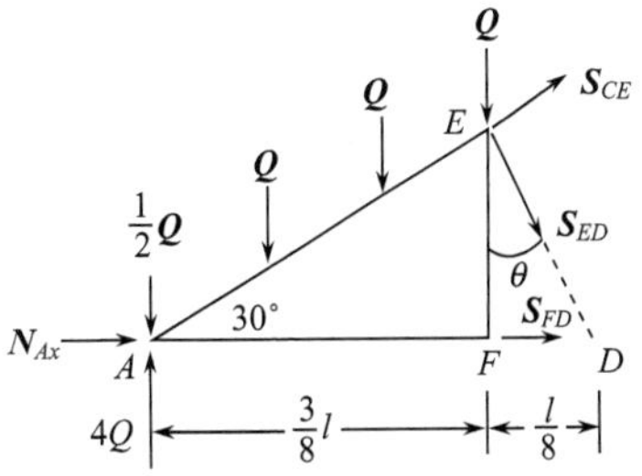

图 7.17

这个桁架结构安装得好，可使 $N_{Ax}=N_{Bx}=0$，安装不好，N_{Ax} 可取任何值，变成静不定问题，这里考虑理想情况，$N_{Ax}=N_{Bx}=0$.

平衡方程为

$$S_{FD} + S_{CE}\cos 30° + S_{ED}\sin 30° = 0 \tag{1}$$

$$4Q + S_{CE}\sin 30° - S_{ED}\cos 30° - \frac{7}{2}Q = 0 \tag{2}$$

$$M_E = S_{FD}\cdot EF + Q\cdot\frac{l}{8} + Q\cdot\frac{l}{4} - \left(4Q - \frac{Q}{2}\right)\cdot\frac{3}{8}l = 0$$

代入$EF = \frac{\sqrt{3}}{8}l$，由上式可解出

$$S_{FD} = \frac{5}{2}\sqrt{3}Q \tag{3}$$

由式(1)、(2)、(3)可得

$$S_{CE} = -4Q,\ S_{ED} = -\sqrt{3}Q$$

作为验证，再算$M_D = 0$，

$$M_D = Q\cdot\frac{1}{8}l + Q\cdot\frac{1}{4}l + Q\cdot\frac{3}{8}l - \frac{7}{2}Q\cdot\frac{1}{2}l$$

$$- S_{CE}\cos 60°\cdot\frac{l}{8} - S_{CE}\cos 30°\cdot\frac{\sqrt{3}}{8}l = 0$$

可得$S_{CE} = -4Q$，结果相同，说明计算正确.

7.1.15　一根质量为M的刚性细杆由两个距离为a的快速旋转的转轮支撑着. 设开始时细杆不对称地静止地放在此两轮上，转轮与细杆之间的动摩擦因数为μ.

(1)设转轮的旋转方向互为反向，如图7.18(a)所示，试写出杆的运动微分方程，并由此解出杆的质心相对于转轮1的位移$x(t)$，设开始时$x(0) = x_0$，$\dot{x}(0) = 0$；

(2)如两转轮的转向都反向，如图7.18(b)所示，再计算$x(t)$，仍设$x(0) = x_0$，$\dot{x}(0) = 0$.

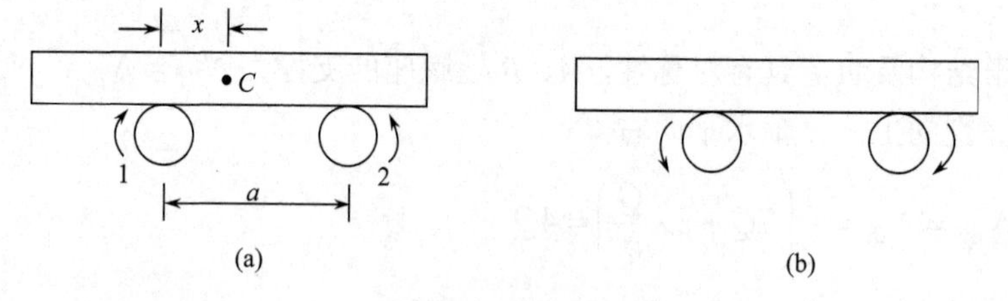

图7.18

解　(1)设细杆受到轮1、轮2竖直向上的支持力为N_1、N_2. 由质心运动定理，

$$M\ddot{x} = \mu N_1 - \mu N_2 \tag{1}$$

$$N_1 + N_2 - Mg = 0 \tag{2}$$

再由细杆作平动的条件，在质心平动参考系中对质心的力矩之和等于零，

$$N_1 x - N_2(a - x) = 0 \tag{3}$$

由式(2)、(3)可解出N_1、N_2为

$$N_1 = \frac{a-x}{a}Mg, \quad N_2 = \frac{x}{a}Mg$$

代入式(1)，得细杆的运动微分方程为

$$M\ddot{x} = \frac{\mu Mg}{a}(a-2x)$$

令 $x' = x - \frac{a}{2}$，

$$\ddot{x}' + \frac{2\mu g}{a}x' = 0$$

$$x = x' + \frac{a}{2} = \frac{a}{2} + A\cos\sqrt{\frac{2\mu g}{a}}t + B\sin\sqrt{\frac{2\mu g}{a}}t$$

由初始条件：$t=0$ 时，$x = x_0$，$\dot{x} = 0$ 定 A、B，得

$$x = \frac{a}{2} + \left(x_0 - \frac{a}{2}\right)\cos\sqrt{\frac{2\mu g}{a}}t$$

(2) 如两转轮的转向都反向，微分方程改为

$$M\ddot{x} = -\mu N_1 + \mu N_2$$

$$\ddot{x} = \frac{\mu g}{a}(2x-a)$$

令 $x' = x - \frac{a}{2}$，

$$\ddot{x}' - \frac{2\mu g}{a}x' = 0$$

$$x = x' + \frac{a}{2} = \frac{a}{2} + Ae^{\sqrt{\frac{2\mu g}{a}}t} + Be^{-\sqrt{\frac{2\mu g}{a}}t}$$

由初始条件：$t=0$ 时，$x = x_0$，$\dot{x} = 0$ 定 A、B，得

$$x = \frac{a}{2} + \left(x_0 - \frac{a}{2}\right)\mathrm{ch}\left(\sqrt{\frac{2\mu g}{a}}t\right)$$

7.2　转动惯量和惯量张量

7.2.1　两个金属圆盘具有相同的质量 M 和相同的厚度 t，都是均质的，盘 1 的密度为 ρ_1，盘 2 的密度为 ρ_2，且 $\rho_2 < \rho_1$. 问哪个盘的转动惯量较大?

解　设 R_1、R_2 分别是盘 1 和盘 2 的半径，因两盘的质量相同.

$$\rho_1 \pi R_1^2 t = \rho_2 \pi R_2^2 t$$

$$\left(\frac{R_1}{R_2}\right)^2 = \frac{\rho_2}{\rho_1}$$

比较绕通过盘心的垂直轴的两个转动惯量，

$$I_1=\frac{1}{2}MR_1^2,\ I_2=\frac{1}{2}MR_2^2$$

$$\frac{I_1}{I_2}=\frac{R_1^2}{R_2^2}=\frac{\rho_2}{\rho_1}<1,\ I_1<I_2$$

比较绕通过一条半径的中点的垂直轴的两个转动惯量，

$$I_1=\frac{1}{2}MR_1^2+M\left(\frac{1}{2}R_1\right)^2=\frac{3}{4}MR_1^2$$

同样

$$I_2=\frac{3}{4}MR_2^2$$

$$\frac{I_1}{I_2}=\frac{R_1^2}{R_2^2}=\frac{\rho_2}{\rho_1}<1,\ I_1<I_2$$

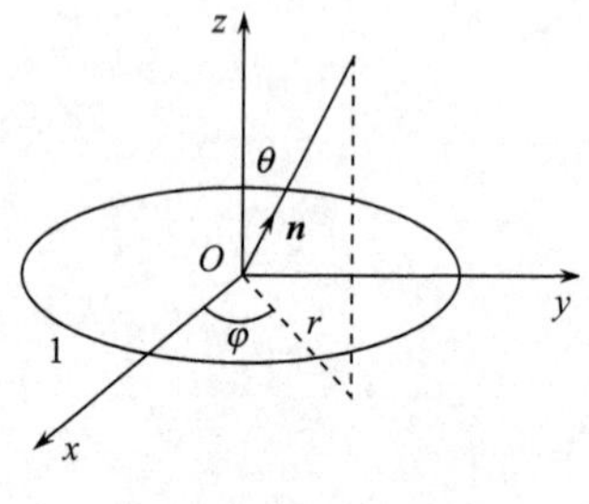

图 7.19

比较绕通过盘心与垂线成θ角的轴的两个转动惯量：取图 7.19 所示的坐标，圆盘 1 对质心O的惯量张量为

$$\vec{\boldsymbol{I}}=\begin{bmatrix}\frac{1}{4}MR_1^2 & 0 & 0\\ 0 & \frac{1}{4}MR_1^2 & 0\\ 0 & 0 & \frac{1}{2}MR_1^2\end{bmatrix}$$

转轴的方向矢量为$\boldsymbol{n}=(\sin\theta\cos\varphi,\sin\theta\sin\varphi,\cos\theta)$对此转轴的转动惯量为

$$I_1=(\sin\theta\cos\varphi\quad\sin\theta\sin\varphi\quad\cos\theta)\begin{bmatrix}\frac{1}{4}MR_1^2 & 0 & 0\\ 0 & \frac{1}{4}MR_1^2 & 0\\ 0 & 0 & \frac{1}{2}MR_1^2\end{bmatrix}\begin{bmatrix}\sin\theta\cos\varphi\\ \sin\theta\sin\varphi\\ \cos\theta\end{bmatrix}$$

$$=\frac{1}{4}MR_1^2\left(1+\cos^2\theta\right)$$

同样

$$I_2=\frac{1}{4}MR_2^2\left(1+\cos^2\theta\right)$$

$$\frac{I_1}{I_2}=\frac{R_1^2}{R_2^2}=\frac{\rho_2}{\rho_1}<1,\ I_1<I_2$$

再用关于转动惯量的平行轴定理，对通过半径上离盘心$\frac{R_i}{n}$的一点的平行轴，也有$I_1<I_2$.

综上所述，圆盘 2 的转动惯量较大，但如果转轴通过圆盘的不是上述的对应位置或轴的方向矢量不同，谁大谁小是不能一概而论的.

7.2.2　已知一个均质立方体对于通过其质心和一个面的中心的轴的转动惯量为I_0，求对通过质心和一个角的轴的转动惯量.

解　取坐标系原点位于质心，取通过相互垂直的三个面的中心的三个轴为x、y、z轴，则由对称性可知，

$$I_{xx}=I_{yy}=I_{zz}=I_0,\ I_{xy}=I_{xz}=I_{yz}=0$$

对于通过质心的任何轴，其方向余弦为

$$(\cos\alpha,\cos\beta,\cos\gamma)$$

$$\begin{aligned}I&=I_0\cos^2\alpha+I_0\cos^2\beta+I_0\cos^2\gamma\\&=I_0\left(\cos^2\alpha+\cos^2\beta+\cos^2\gamma\right)=I_0\end{aligned}$$

7.2.3　一半径为R、质量为M的均质薄圆盘，另有一点质量$m=\dfrac{5}{4}M$附在它的边缘上，取图7.20的坐标（z轴垂直纸面向上）. 求：

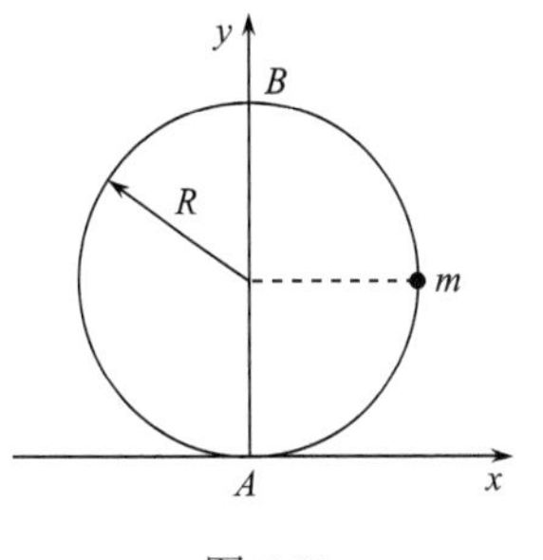

图 7.20

(1) 圆盘与点质量系统关于A点的惯量张量，

(2) 关于A点的惯量主轴和主转动惯量.

解　(1) $I_{xx}=\dfrac{5}{4}MR^2+mR^2=\dfrac{5}{4}MR^2+\dfrac{5}{4}MR^2=\dfrac{5}{2}MR^2$，其中$\dfrac{5}{4}MR^2$是圆盘对$I_{xx}$的贡献，用了平行轴定理$\dfrac{1}{4}MR^2+MR^2=\dfrac{5}{4}MR^2$，

$$I_{yy}=\frac{1}{4}MR^2+mR^2=\frac{1}{4}MR^2+\frac{5}{4}MR^2=\frac{3}{2}MR^2$$

用关于转动惯量的垂直轴定理，

$$I_{zz}=I_{xx}+I_{yy}=\frac{5}{2}MR^2+\frac{3}{2}MR^2=4MR^2$$

$$I_{xy}=-\sum_i m_i x_i y_i=-\frac{5}{4}MR^2,\ I_{yx}=-\frac{5}{4}MR^2$$

其中考虑到圆盘对I_{xy}的贡献为零，

$$I_{xz}=I_{yz}=0$$

系统关于A点的惯量张量为

$$\begin{bmatrix}\dfrac{5}{2}MR^2 & -\dfrac{5}{4}MR^2 & 0\\ -\dfrac{5}{4}MR^2 & \dfrac{3}{2}MR^2 & 0\\ 0 & 0 & 4MR^2\end{bmatrix}$$

(2) 因为$I_{xz}=0$，$I_{yz}=0$，可见z轴是一个惯量主轴，$I_3=I_{zz}=4MR^2$为一个主转动惯量.

另两个主转动惯量为下列二次方程的根：

$$\begin{vmatrix} \frac{5}{2}MR^2 - I & -\frac{5}{4}MR^2 \\ -\frac{5}{4}MR^2 & \frac{3}{2}MR^2 - I \end{vmatrix} = 0$$

$$I^2 - 4MR^2 I + \frac{35}{16}\left(MR^2\right)^2 = 0$$

解出

$$I_1 = \left(2 + \frac{1}{4}\sqrt{29}\right)MR^2 = 3.346MR^2$$

$$I_2 = \left(2 - \frac{1}{4}\sqrt{29}\right)MR^2 = 0.654MR^2$$

设惯量主轴 1、2 的单位矢量分别为$\left(e_{1x}，e_{1y}\right)$和$\left(e_{2x}，e_{2y}\right)$，则

$$\begin{bmatrix} \frac{5}{2} - \left(2 + \frac{1}{4}\sqrt{29}\right) & -\frac{5}{4} \\ -\frac{5}{4} & \frac{3}{2} - \left(2 + \frac{1}{4}\sqrt{29}\right) \end{bmatrix} \begin{bmatrix} e_{1x} \\ e_{1y} \end{bmatrix} = 0$$

$$e_{1x}^2 + e_{1y}^2 = 1$$

只有两个独立方程，即

$$\left(\frac{1}{2} - \frac{1}{4}\sqrt{29}\right)e_{1x} - \frac{5}{4}e_{1y} = 0$$

$$e_{1x}^2 + e_{1y}^2 = 1$$

解出

$$e_{1x} = \frac{5}{\sqrt{58 - 4\sqrt{29}}} = 0.828$$

$$e_{1y} = \frac{2 - \sqrt{29}}{\sqrt{58 - 4\sqrt{29}}} = -0.561$$

$$\begin{bmatrix} \frac{5}{2} - \left(2 - \frac{1}{4}\sqrt{29}\right) & -\frac{5}{4} \\ -\frac{5}{4} & \frac{3}{2} - \left(2 - \frac{1}{4}\sqrt{29}\right) \end{bmatrix} \begin{bmatrix} e_{2x} \\ e_{2y} \end{bmatrix} = 0$$

$$e_{2x}^2 + e_{2y}^2 = 1$$

$$\left(\frac{1}{2} + \frac{1}{4}\sqrt{29}\right)e_{2x} - \frac{5}{4}e_{2y} = 0$$

$$e_{2x}^2 + e_{2y}^2 = 1$$

解出

$$e_{2x}=\frac{5}{\sqrt{58+4\sqrt{29}}}=0.561$$

$$e_{2y}=\frac{2+\sqrt{29}}{\sqrt{58+4\sqrt{29}}}=0.828$$

三个主转动惯量及相应惯量主轴的单位矢量如下：

$$I_1=3.346MR^2,\ \boldsymbol{e}_1=(0.828,\ -0.561,\ 0)$$

$$I_2=0.654MR^2,\ \boldsymbol{e}_2=(0.561,\ 0.828,\ 0)$$

$$I_3=4MR^2,\ \boldsymbol{e}_3=(0,\ 0,\ 1)$$

7.2.4　如图 7.21 所示，四个质量均为m的质点位于xy平面上，坐标分别为$(a,0)$、$(-a,0)$、$(0,2a)$、$(0,-2a)$，它们被可不计质量的杆连成一刚体，求：

(1) 对原点的惯量张量；

(2) 绕过原点的与x、y、z轴的夹角都相等的轴的转动惯量；

(3) 在某时刻沿(2)问所述的轴转动，求此时刚体对原点的角动量矢量和该轴的夹角.

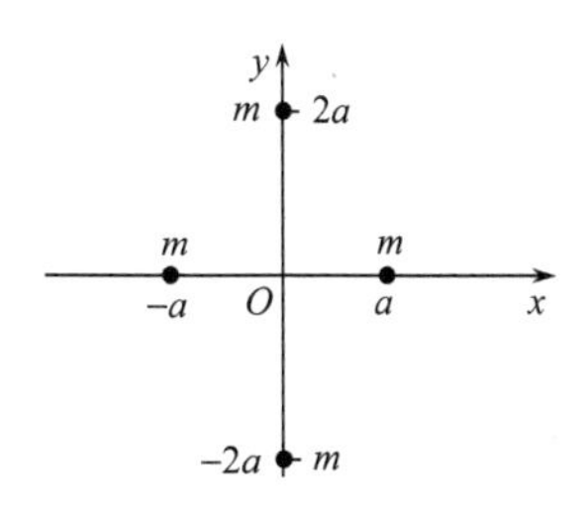

图 7.21

解　(1)

$$I_{xx}=2m(2a)^2=8ma^2$$

$$I_{yy}=2ma^2,\ I_{zz}=10ma^2$$

$$I_{xy}=I_{xz}=I_{yz}=0$$

关于原点的惯量张量为

$$\vec{\boldsymbol{I}}(O)=\begin{bmatrix}8ma^2 & 0 & 0\\ 0 & 2ma^2 & 0\\ 0 & 0 & 10ma^2\end{bmatrix}$$

(2) 该转轴的单位矢量

$$\boldsymbol{n}=\cos\alpha\boldsymbol{i}+\cos\beta\boldsymbol{j}+\cos\gamma\boldsymbol{k}$$

$$\alpha=\beta=\gamma,\quad \cos^2\alpha+\cos^2\beta+\cos^2\gamma=1$$

$$3\cos^2\alpha=1,\ \alpha=\beta=\gamma=\arccos\frac{\sqrt{3}}{3}$$

$$I=\boldsymbol{n}\cdot\vec{\boldsymbol{I}}(O)\cdot\boldsymbol{n}=8ma^2\cos^2\alpha+2ma^2\cos^2\beta+10ma^2\cos^2\gamma=\frac{20}{3}ma^2$$

(3)

$$\boldsymbol{\omega}=\omega\boldsymbol{n}=\frac{\sqrt{3}}{3}\omega(\boldsymbol{i}+\boldsymbol{j}+\boldsymbol{k})$$

$$J=\overleftrightarrow{I}(O)\cdot\boldsymbol{\omega}=\begin{bmatrix}8ma^2 & 0 & 0\\ 0 & 2ma^2 & 0\\ 0 & 0 & 10ma^2\end{bmatrix}\begin{bmatrix}\frac{\sqrt{3}}{3}\omega\\ \frac{\sqrt{3}}{3}\omega\\ \frac{\sqrt{3}}{3}\omega\end{bmatrix}$$

$$=\frac{\sqrt{3}}{3}\omega ma^2(8\boldsymbol{i}+2\boldsymbol{j}+10\boldsymbol{k})$$

$$J=\frac{\sqrt{3}}{3}\omega ma^2\sqrt{8^2+2^2+10^2}=\frac{\sqrt{3}}{3}\sqrt{168}ma^2\omega$$

设$\boldsymbol{J}$与$\boldsymbol{n}$之间的夹角θ，

$$\theta=\arccos\left(\frac{\boldsymbol{J}\cdot\boldsymbol{n}}{J}\right)=\arccos\left(\frac{\frac{\sqrt{3}}{3}\omega ma^2\cdot\frac{\sqrt{3}}{3}(8+2+10)}{\frac{\sqrt{3}}{3}\sqrt{168}ma^2\omega}\right)$$

$$=\arccos\left(\frac{\sqrt{3}}{3}\quad\frac{20}{\sqrt{168}}\right)=\arccos 0.8909=27°$$

7.2.5　一个质点系由位于点$(a,-a,\ a)$质量为$4m$的质点、位于点$(-a,a,a)$质量为$3m$的质点和位于点(a,a,a)质量为$2m$的质点组成.

(1)求关于坐标原点的惯量张量;

(2)用(1)问的结果求通过原点、单位方向矢量$\boldsymbol{n}=\frac{1}{\sqrt{2}}\boldsymbol{i}+\frac{1}{\sqrt{2}}\boldsymbol{j}$的轴的转动惯量.

解　(1)

$$I_{xx}=4m\left[(-a)^2+a^2\right]+3m(a^2+a^2)+2m(a^2+a^2)=18ma^2$$

$$I_{yy}=4m(a^2+a^2)+3m\left[a^2+(-a^2)\right]+2m(a^2+a^2)=18ma^2$$

$$I_{zz}=4m\left[a^2+(-a)^2\right]+3m\left[(-a)^2+a^2\right]+2m(a^2+a^2)=18ma^2$$

$$I_{xy}=I_{yz}=-\left[4ma(-a)+3m(-a)a+2ma\cdot a\right]=5ma^2$$

$$I_{xz}=I_{zx}=-\left[4ma\cdot a+3m(-a)\cdot a+2ma\cdot a\right]=-3ma^2$$

$$I_{yz}=I_{zy}=-\left[4m(-a)a+3ma\cdot a+2ma\cdot a\right]=-ma^2$$

关于原点的惯量张量为

$$\overleftrightarrow{I}(O)=ma^2\begin{bmatrix}18 & 5 & -3\\ 5 & 18 & -1\\ -3 & -1 & 18\end{bmatrix}$$

$$(2)\ I=\boldsymbol{n}\cdot\vec{\boldsymbol{I}}(O)\cdot\boldsymbol{n}=\begin{pmatrix}\frac{1}{\sqrt{2}} & \frac{1}{\sqrt{2}} & 0\end{pmatrix}\begin{bmatrix}18 & 5 & -3\\5 & 18 & -1\\-3 & -1 & 18\end{bmatrix}\begin{bmatrix}\frac{1}{\sqrt{2}}\\\frac{1}{\sqrt{2}}\\0\end{bmatrix}ma^2=23ma^2$$

7.2.6　一个质点系包括位于点$(a,-a,0)$质量为$4m$的质点、位于$(-a,\ a,0)$质量为$3m$的质点和位于$(a,\ a,0)$质量为$2m$的质点. 求：

(1) 关于坐标原点的惯量张量；

(2) 关于原点的主转动惯量.

解　(1)

$$I_{xx}=4m\left[\left(-a^2\right)+0^2\right]+3m\left(a^2+0^2\right)+2m\left(a^2+0^2\right)=9ma^2$$

$$I_{yy}=4m\left(0^2+a^2\right)+3m\left[0^2+\left(-a\right)^2\right]+2m\left(0^2+a^2\right)=9ma^2$$

$$I_{zz}=4m\left[\left(-a\right)^2+a^2\right]+3m\left[\left(-a\right)^2+a^2\right]+2m\left(a^2+a^2\right)=18ma^2$$

$$I_{xy}=I_{yx}=-\left[4ma\left(-a\right)+3m\left(-a\right)a+2ma\cdot a\right]=5ma^2$$

$$I_{xz}=I_{zx}=-\left[4ma\cdot 0+3m\left(-a\right)\cdot 0+2ma\cdot 0\right]=0$$

$$I_{yz}=I_{zy}=-\left[4m\left(-a\right)\cdot 0+3ma\cdot 0+2ma\cdot 0\right]=0$$

所以

$$\vec{\boldsymbol{I}}(O)=ma^2\begin{bmatrix}9 & 5 & 0\\5 & 9 & 0\\0 & 0 & 18\end{bmatrix}$$

(2) 因为$I_{xz}=I_{yz}=0$，z轴已是惯量主轴，$I_3=I_{zz}=18ma^2$已是一个主转动惯量.

另两个主转动惯量是下列方程的根：

$$\begin{vmatrix}9ma^2-I & 5ma^2\\5ma^2 & 9ma^2-I\end{vmatrix}=0$$

$$I^2-18ma^2I+56\left(ma^2\right)^2=0$$

$$\left(I-4ma^2\right)\left(I-14ma^2\right)=0$$

所以另两个主转动惯量为

$$I_1=4ma^2,\ I_2=14ma^2$$

7.2.7　求底面半径为r、高为h、质量为m的均质圆锥体相对于底面中心的惯量张量. 当r与h之比为何值时，过此点的任何轴都是惯量主轴，并在此情况下，找出质心的位置以及关于质心的主转动惯量.

解　取坐标轴原点位于底面中心，x、y在底面上，z轴为圆锥的对称轴，顶点的坐标为$(0,0,h)$. 设圆锥密度为ρ，

$$m=\rho\int_0^h \mathrm{d}z\int_0^{\frac{h-z}{h}r} 2\pi r'\mathrm{d}r'=2\pi\rho\int_0^h \frac{1}{2}\left(\frac{h-z}{h}r\right)^2 \mathrm{d}z=\frac{1}{3}\rho\pi r^2 h$$

$$\rho=\frac{3m}{\pi r^2 h}$$

$$I_{xx}=I_{yy}=\int\left(y^2+z^2\right)\mathrm{d}m$$

$$\mathrm{d}m=\rho r'\mathrm{d}r'\mathrm{d}\varphi\mathrm{d}z$$

$$y=r'\sin\varphi$$

$$\begin{aligned}I_{xx}=I_{yy}&=\rho\int_0^h \mathrm{d}z\int_0^{\frac{h-z}{h}r} r'\mathrm{d}r'\int_0^{2\pi}\left(r'^2\sin^2\varphi+z^2\right)\mathrm{d}\varphi\\&=\rho\int_0^h \mathrm{d}z\int_0^{\frac{h-z}{h}r} r'\cdot 2\pi\left(\frac{1}{2}r'^2+z^2\right)\mathrm{d}r'\\&=\rho\int_0^h \pi\left[\frac{1}{4}\left(\frac{h-z}{h}r\right)^4+z^2\left(\frac{h-z}{h}r\right)^2\right]\mathrm{d}z\\&=\rho\pi\left(\frac{1}{20}r^4h+\frac{1}{30}r^2h^3\right)=\frac{1}{20}m\left(3r^2+2h^2\right)\end{aligned}$$

$$I_{zz}=\int\frac{1}{2}r'^2\mathrm{d}m,\ \ \mathrm{d}m=\rho\pi r'^2\mathrm{d}z$$

$$I_{zz}=\int_0^h\frac{1}{2}r'^2\cdot\rho\pi r'^2\mathrm{d}z$$

$$r'=\frac{h-z}{h}r$$

$$I_{zz}=\frac{1}{2}\rho\pi\int_0^h\left(\frac{h-z}{h}r\right)^4\mathrm{d}z=\frac{1}{10}\rho\pi r^4h=\frac{3}{10}mr^2$$

根据质量分布的对称性，可知

$$I_{xy}=I_{xz}=I_{yz}=0$$

$$\overleftrightarrow{I}(O)=\begin{bmatrix}\frac{1}{2}m\left(3r^2+2h^2\right) & 0 & 0\\ 0 & \frac{1}{20}m\left(3r^2+2h^2\right) & 0\\ 0 & 0 & \frac{3}{10}mr^2\end{bmatrix}$$

如

$$\frac{1}{20}m\left(3r^2+2h^2\right)=\frac{3}{10}mr^2$$

即

$$3r^2+2h^2=6r^2,\quad 2h^2=3r^2$$

则 $h=\sqrt{\frac{3}{2}}r$ 时，过 O 点的任何轴都是惯量主轴，且转动惯量 $I=\frac{3}{10}mr^2$.

下面求质心 C 的坐标，显然，$x_C=y_C=0$.

$$z_C=\frac{1}{m}\int_0^h\rho\pi r'^2z\mathrm{d}z=\frac{1}{m}\int_0^h\rho\pi\left(\frac{h-z}{h}r\right)^2z\mathrm{d}z=\frac{1}{4}h$$

现考虑 $h=\sqrt{\frac{3}{2}}r$ 的情况.

$$z_C=\frac{1}{4}\cdot\sqrt{\frac{3}{2}}r=\frac{1}{8}\sqrt{6}r$$

由关于转动惯量的平行轴定理，

$$I_{xx}(C)=I_{yy}(C)=I_{xx}(O)-mz_C^2=\frac{3}{10}mr^2-m\left(\frac{1}{8}\sqrt{6}r\right)^2=\frac{33}{160}mr^2$$

$$I_{zz}(C)=I_{zz}(O)=\frac{3}{10}mr^2$$

由质量分布的对称性，通过质心的 x、y、z 轴（z 轴是对称轴）仍是关于质心的惯量主轴；上述 $I_{xx}(C)$、$I_{yy}(C)$、$I_{zz}(C)$ 是关于质心的主转动惯量.

7.2.8　半径为 R 的非均匀圆球，在距中心 r 处的密度可用下式表示：

$$\rho=\rho_0\left(1-a\frac{r^2}{R^2}\right)$$

式中 ρ_0 及 a 为常量. 试求：

(1) 绕过球心的任何轴的转动惯量；

(2) 关于球面上一点的三个主转动惯量；

(3) 关于球面上一点的惯量张量，要用下列坐标表达它，取 x、y、z 坐标后，球心的坐标为 $(R\cos\alpha, R\cos\beta, R\cos\gamma)$.

解

$$\begin{aligned}m&=\int\rho r^2\sin\theta\mathrm{d}\theta\mathrm{d}\varphi\mathrm{d}r\\&=\int_0^R\mathrm{d}r\int_0^\pi\rho_0\left(1-a\frac{r^2}{R^2}\right)r^2\sin\theta\mathrm{d}\theta\int_0^{2\pi}\mathrm{d}\varphi\\&=\frac{4}{15}\pi\rho_0(5-3a)R^3\end{aligned}$$

(1)

$$\begin{aligned}I&=\int(r\sin\theta)^2\rho r^2\sin\theta\mathrm{d}r\mathrm{d}\theta\mathrm{d}\varphi\\&=2\pi\int_0^R\rho_0\left(1-a\frac{r^2}{R^2}\right)r^4\mathrm{d}r\int_0^\pi\sin^3\theta\mathrm{d}\theta\\&=\frac{8\pi}{3}\rho_0\left(\frac{1}{5}-\frac{1}{7}a\right)R^5=\frac{14-10a}{35-21a}mR^2\end{aligned}$$

(2) 取所考虑的球面上的那点为坐标原点，z 轴通过质心（球心），则

$$I_3=\frac{14-10a}{35-21a}mR^2$$

$$I_1=I_2=\frac{14-10a}{35-21a}mR^2+mR^2=\frac{49-31a}{35-21a}mR^2$$

(3)用关于任何一点的惯量张量元素与关于质心的惯量张量元素间的下列关系：

$$I_{jk}(A)=I_{jk}(C)+m\left[R_C^2(A)\delta_{jk}-x_{jC}(A)x_{kC}(A)\right]$$

其中$\boldsymbol{R}_C(A)$是质心C相对于A的位矢.

今

$$\vec{\boldsymbol{I}}(C)=\begin{bmatrix}\frac{14-10a}{35-21a}mR^2 & 0 & 0\\ 0 & \frac{14-10a}{35-21a}mR^2 & 0\\ 0 & 0 & \frac{14-10a}{35-21a}mR^2\end{bmatrix}$$

$$\boldsymbol{R}_C(A)=R\cos\alpha\boldsymbol{i}+R\cos\beta\boldsymbol{j}+R\cos\gamma\boldsymbol{k}$$

$$\begin{aligned}I_{xx}(A)&=I_{xx}(C)+m\left[(R\cos\alpha)^2+(R\cos\beta)^2+(R\cos\gamma)^2-R\cos\alpha\cdot R\cos\alpha\right]\\&=I_{xx}(C)+mR^2\sin^2\alpha\end{aligned}$$

$$I_{yy}(A)=I_{yy}(C)+mR^2\sin^2\beta$$

$$I_{zz}(A)=I_{zz}(C)+mR^2\sin^2\gamma$$

$$I_{xy}(A)=I_{xy}(C)+m[-R\cos\alpha\cdot R\cos\beta]=-mR^2\cos\alpha\cos\beta$$

$$I_{xz}(A)=-mR^2\cos\alpha\cos\gamma$$

$$I_{yz}(A)=-mR^2\cos\beta\cos\gamma$$

关于球面上一点A的惯量张量为

$$\vec{\boldsymbol{I}}(A)=\begin{bmatrix}\left(\frac{14-10a}{35-21a}+\sin^2\alpha\right)mR^2 & -mR^2\cos\alpha\cos\beta & -mR^2\cos\alpha\cos\gamma\\ -mR^2\cos\alpha\cos\beta & \left(\frac{14-10a}{35-21a}+\sin^2\beta\right)mR^2 & -mR^2\cos\beta\cos\gamma\\ -mR^2\cos\alpha\cos\gamma & -mR^2\cos\beta\cos\gamma & \left(\frac{14-10a}{35-21a}+\sin^2\gamma\right)mR^2\end{bmatrix}$$

当$\alpha=\beta=\frac{\pi}{2}$，$\gamma=\pi$时，$x$、$y$、$z$轴是关于$A$的三个惯量主轴，代入上式，得到的惯量张量正是所期待的，与用平行轴定理由$\vec{\boldsymbol{I}}(C)$得到的结果相同.

7.2.9　质量为m的均质椭球，椭球方程为

$$\frac{x^2}{a^2}+\frac{y^2}{b^2}+\frac{z^2}{c^2}=1$$

试求此椭球绕过其质心的三个惯量主轴的转动惯量.

解　设均质椭球的密度为ρ.

$$m=\rho\int_{-a}^{a}\mathrm{d}x\int_{-b\sqrt{1-\frac{x^2}{a^2}}}^{b\sqrt{1-\frac{x^2}{a^2}}}\mathrm{d}y\int_{-c\sqrt{1-\frac{x^2}{a^2}-\frac{y^2}{b^2}}}^{c\sqrt{1-\frac{x^2}{a^2}-\frac{y^2}{b^2}}}\mathrm{d}z$$

$$=8\rho\int_0^a\mathrm{d}x\int_0^{b\sqrt{1-\frac{x^2}{a^2}}}\mathrm{d}y\int_0^{c\sqrt{1-\frac{x^2}{a^2}-\frac{y^2}{b^2}}}\mathrm{d}z$$

$$=8\rho\int_0^a\mathrm{d}x\int_0^{b\sqrt{1-\frac{x^2}{a^2}}}c\sqrt{1-\frac{x^2}{a^2}-\frac{y^2}{b^2}}\mathrm{d}y$$

用积分公式

$$\int\left(a^2-x^2\right)^{\frac{1}{2}}\mathrm{d}x=\frac{1}{2}\left(x\sqrt{a^2-x^2}+a^2\arcsin\frac{x}{a}\right)$$

$$m=8\rho bc\int_0^a\left[\frac{1}{2}\quad\frac{y}{b}\left(1-\frac{x^2}{a^2}-\frac{y^2}{b^2}\right)^{\frac{1}{2}}\Bigg|_0^{b\sqrt{1-\frac{x^2}{a^2}}}\right.$$

$$\left.+\frac{1}{2}\left(1-\frac{x^2}{a^2}\right)\arcsin\left(\frac{y}{b}\Big/\sqrt{1-\frac{x^2}{a^2}}\right)\Bigg|_0^{b\sqrt{1-\frac{x^2}{a^2}}}\right]\mathrm{d}x=\frac{4}{3}\rho\pi abc$$

$$I_1=\int\left(y^2+z^2\right)\mathrm{d}m=\int\left(y^2+z^2\right)\rho\mathrm{d}x\mathrm{d}y\mathrm{d}z$$

$$=8\rho\int_0^a\mathrm{d}x\int_0^{b\sqrt{1-\frac{x^2}{a^2}}}\mathrm{d}y\int_0^{c\sqrt{1-\frac{x^2}{a^2}-\frac{y^2}{b^2}}}\left(y^2+z^2\right)\mathrm{d}z$$

在以下的运算中将用以下积分公式：

$$\int u^2\sqrt{a^2-u^2}\mathrm{d}u=\frac{u}{8}\left(2u^2-a^2\right)\sqrt{a^2-u^2}+\frac{a^4}{8}\arcsin\frac{u}{a}$$

$$\int\left(a^2-u^2\right)^{\frac{3}{2}}\mathrm{d}u=\frac{u}{8}\left(5a^2-2u^2\right)\sqrt{a^2-u^2}+\frac{3}{8}a^4\arcsin\frac{u}{a}$$

可得

$$I_1=\frac{1}{5}m\left(b^2+c^2\right)$$

同样可得

$$I_2=\frac{1}{5}m\left(c^2+a^2\right),\quad I_3=\frac{1}{5}m\left(a^2+b^2\right)$$

7.2.10　上题如不取三个惯量主轴为坐标，而取上述坐标绕 z 轴转 α 角的 x 、y 、z 坐标，求关于质心的惯量张量.

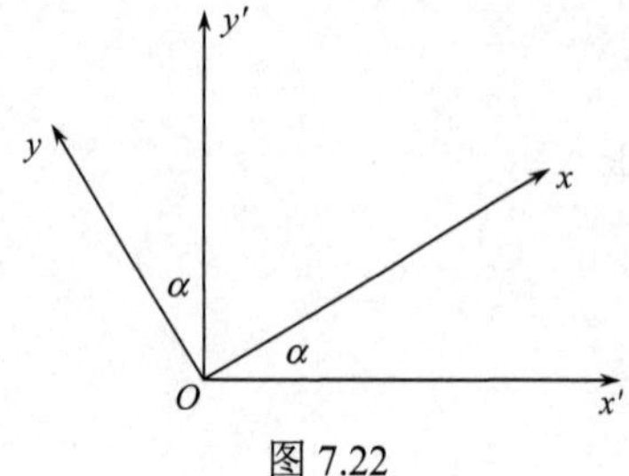

图 7.22

解　图 7.22 中 O 为质心，x' 、y' 轴是惯量主轴，x 、y 轴是题目所要取的坐标.

$$\boldsymbol{i}=\cos\alpha\boldsymbol{i}'+\sin\alpha\boldsymbol{j}'$$

$$\boldsymbol{j}=-\sin\alpha\boldsymbol{i}'+\cos\alpha\boldsymbol{j}'$$

$$\boldsymbol{k}=\boldsymbol{k}'$$

用 x' 、y' 、z' 坐标，关于质心的惯量张量为

$$\begin{bmatrix}\frac{1}{5}m\left(b^2+c^2\right) & 0 & 0\\ 0 & \frac{1}{5}m\left(c^2+a^2\right) & 0\\ 0 & 0 & \frac{1}{5}m\left(a^2+b^2\right)\end{bmatrix}$$

用 x 、y 、z 坐标，关于质心的惯量张量各元素计算如下：
用《经典力学》下册 p.116(9.3.12)式，

$$I_{xx}=\left(\cos\alpha\quad\sin\alpha\quad 0\right)\begin{bmatrix}\frac{1}{5}m\left(b^2+c^2\right) & 0 & 0\\ 0 & \frac{1}{5}m\left(c^2+a^2\right) & 0\\ 0 & 0 & \frac{1}{5}m\left(a^2+b^2\right)\end{bmatrix}\begin{bmatrix}\cos\alpha\\ \sin\alpha\\ 0\end{bmatrix}$$

$$=\frac{1}{5}m\left[b^2+c^2+\left(a^2-b^2\right)\sin^2\alpha\right]$$

$$I_{yy}=\left(-\sin\alpha\quad\cos\alpha\quad 0\right)\begin{bmatrix}\frac{1}{5}m\left(b^2+c^2\right) & 0 & 0\\ 0 & \frac{1}{5}m\left(c^2+a^2\right) & 0\\ 0 & 0 & \frac{1}{5}m\left(a^2+b^2\right)\end{bmatrix}\begin{bmatrix}-\sin\alpha\\ \cos\alpha\\ 0\end{bmatrix}$$

$$=\frac{1}{5}m\left[c^2+a^2+\left(b^2-a^2\right)\sin^2\alpha\right]$$

$$I_{zz}=I_{z'z'}=\frac{1}{5}m\left(a^2+b^2\right)$$

$$I_{xy}=\begin{pmatrix}\cos\alpha & \sin\alpha & 0\end{pmatrix}\begin{bmatrix}\frac{1}{5}m\left(b^2+c^2\right) & 0 & 0\\ 0 & \frac{1}{5}m\left(c^2+a^2\right) & 0\\ 0 & 0 & \frac{1}{5}m\left(a^2+b^2\right)\end{bmatrix}\begin{bmatrix}-\sin\alpha\\ \cos\alpha\\ 0\end{bmatrix}$$

$$=\frac{1}{5}m\left(a^2-b^2\right)\sin\alpha\cos\alpha$$

用强元棨《经典力学》下册 P.116 式(9.3.12′)计算 I_{xz}、I_{yz} 或考虑到 z 轴仍是惯量主轴均有

$$I_{xz}=I_{yz}=0$$

用题目规定的 xyz 坐标，关于质心的惯量张量为

$$\begin{bmatrix}\frac{1}{5}m\left[b^2+c^2+\left(a^2-b^2\right)\sin^2\alpha\right] & \frac{1}{5}m\left(a^2-b^2\right)\sin\alpha\cos\alpha & 0\\ \frac{1}{5}m\left(a^2-b^2\right)\sin\alpha\cos\alpha & \frac{1}{5}m\left[c^2+a^2+\left(b^2-a^2\right)\sin^2\alpha\right] & 0\\ 0 & 0 & \frac{1}{5}m\left(a^2+b^2\right)\end{bmatrix}$$

当 $\alpha=0$ 时可得应有的结果.

7.2.11　一个质量为 m、边长为 a 的均质立方体，试求：

(1) 关于质心的惯量张量；

(2) 关于一个顶点取过此点的三条边为 x、y、z 轴时的惯量张量；

(3) 关于一个顶点的三个主转动惯量；

(4) 写出(2)、(3)问两种取法时的惯量椭球方程.

解　(1) 取过质心 C 的三个笛卡儿坐标分别平行于通过一个顶点的三条边. 它们都是惯量主轴，而且惯量椭球是球型的.

$$I_1=I_2=I_3=\int_{-\frac{a}{2}}^{\frac{a}{2}}\rho\mathrm{d}x\int_{-\frac{a}{2}}^{\frac{a}{2}}\mathrm{d}y\int_{-\frac{a}{2}}^{\frac{a}{2}}\left(y^2+z^2\right)\mathrm{d}z$$

$$=8\rho\cdot\frac{a}{2}\int_0^{\frac{a}{2}}\left[\frac{a}{2}y^2+\frac{1}{3}\left(\frac{a}{2}\right)^3\right]\mathrm{d}y=\frac{1}{6}\rho a^5=\frac{1}{6}ma^2$$

所有惯量积均为零，因为惯量椭球是球型的，过质心任取互相垂直的三个坐标为 x、y、z 轴，惯量张量均为

$$\vec{I}(C)=\begin{bmatrix}\frac{1}{6}ma^2 & 0 & 0\\ 0 & \frac{1}{6}ma^2 & 0\\ 0 & 0 & \frac{1}{6}ma^2\end{bmatrix}$$

(2) 用关于转动惯量的平行轴定理可得

$$I_{xx}=I_{yy}=I_{zz}=I_{xx}(C)+md^2$$

其中 d 为两个平行轴间的距离，这里 d 等于立方体一个面的对角线长度的一半，$d=\frac{\sqrt{2}}{2}a$，

$$I_{xx}=I_{yy}=I_{zz}=\frac{1}{6}ma^2+m\left(\frac{\sqrt{2}}{2}a\right)^2=\frac{2}{3}ma^2$$

$$I_{xy}=-\int_0^a\rho x\mathrm{d}x\int_0^a y\mathrm{d}y\int_0^a\mathrm{d}z=-\frac{1}{4}\rho a^5=-\frac{1}{4}ma^2$$

同样可得

$$I_{xz}=I_{yz}=-\frac{1}{4}ma^2$$

惯量张量为

$$\vec{\boldsymbol{I}}=\begin{bmatrix}\frac{2}{3}ma^2 & -\frac{1}{4}ma^2 & -\frac{1}{4}ma^2\\ -\frac{1}{4}ma^2 & \frac{2}{3}ma^2 & -\frac{1}{4}ma^2\\ -\frac{1}{4}ma^2 & -\frac{1}{4}ma^2 & \frac{2}{3}ma^2\end{bmatrix}$$

(3) 取过此顶点的立方体的对角线为 z 轴，它通过质心，且是关于质心的惯量主轴. 对这个轴上的任何点来说，这个轴都是惯量主轴. 因此对此顶点，z 轴是一个惯量主轴.

$$I_3=\frac{1}{6}ma^2$$

因为过质心的任何轴都是关于质心的惯量主轴，且主转动惯量均为 $\frac{1}{6}ma^2$. 根据平行轴定理，对顶点而言，与 z 轴垂直的任何两个互相垂直的轴作 x、y 轴，都有相同的转动惯量，都是惯量主轴.

$$I_1=I_2=I_{xx}(C)+md^2=\frac{1}{6}ma^2+m\left(\frac{\sqrt{3}}{2}a\right)^2=\frac{11}{12}ma^2$$

(4) 取 (2) 问的坐标系，将 (2) 问中得到的 I_{xx} 等代入下式：

$$I_{xx}x^2+I_{yy}y^2+I_{zz}z^2+2I_{xy}xy+2I_{xz}xz+2I_{yz}yz=1$$

得惯量椭球方程为

$$\frac{2}{3}ma^2\left(x^2+y^2+z^2\right)-\frac{1}{2}ma^2\left(xy+xz+yz\right)=1$$

取 (3) 问的坐标系，惯量椭球方程为

$$\frac{11}{12}ma^2\left(x^2+y^2\right)+\frac{1}{6}ma^2z^2=1$$

7.2.12　上题所述的立方体，取一个角为坐标系原点，三条边为 x 、 y 、 z 轴，求绕过原点方向矢量为 $\boldsymbol{n}=\left(\dfrac{\sqrt{3}}{3},\dfrac{\sqrt{2}}{2},\dfrac{\sqrt{6}}{6}\right)$ 的轴的转动惯量，并给出此轴与惯量椭球面交点的坐标.

解　上题已求得用此坐标系的惯量张量为

$$\vec{\boldsymbol{I}}=\begin{bmatrix}\dfrac{2}{3}ma^2 & -\dfrac{1}{4}ma^2 & -\dfrac{1}{4}ma^2\\ -\dfrac{1}{4}ma^2 & \dfrac{2}{3}ma^2 & -\dfrac{1}{4}ma^2\\ -\dfrac{1}{4}ma^2 & -\dfrac{1}{4}ma^2 & \dfrac{2}{3}ma^2\end{bmatrix}$$

绕过原点方向矢量为 $\boldsymbol{n}$ 的轴的转动惯量为

$$I=\boldsymbol{n}\cdot\vec{\boldsymbol{I}}\cdot\boldsymbol{n}=\begin{pmatrix}\dfrac{\sqrt{3}}{3} & \dfrac{\sqrt{2}}{2} & \dfrac{\sqrt{6}}{6}\end{pmatrix}\begin{bmatrix}\dfrac{2}{3}ma^2 & -\dfrac{1}{4}ma^2 & -\dfrac{1}{4}ma^2\\ -\dfrac{1}{4}ma^2 & \dfrac{2}{3}ma^2 & -\dfrac{1}{4}ma^2\\ -\dfrac{1}{4}ma^2 & -\dfrac{1}{4}ma^2 & \dfrac{2}{3}ma^2\end{bmatrix}\begin{bmatrix}\dfrac{\sqrt{3}}{3}\\ \dfrac{\sqrt{2}}{2}\\ \dfrac{\sqrt{6}}{6}\end{bmatrix}$$

$$=\frac{1}{12}\left(8-\sqrt{2}-\sqrt{3}-\sqrt{6}\right)ma^2$$

也可用上题得到的椭球方程

$$\frac{2}{3}ma^2\left(x^2+y^2+z^2\right)-\frac{1}{2}ma^2\left(xy+xz+yz\right)=1$$

考虑到该轴与椭球面的交点 Q 的 x 、 y 、 z 坐标为 $\left(\dfrac{n_x}{\sqrt{I}},\dfrac{n_y}{\sqrt{I}},\dfrac{n_z}{\sqrt{I}},\right)$ ，代入椭球方程，

$$\frac{2}{3}ma^2\left[\left(\frac{n_x}{\sqrt{I}}\right)^2+\left(\frac{n_y}{\sqrt{I}}\right)^2+\left(\frac{n_z}{\sqrt{I}}\right)^2\right]$$

$$-\frac{1}{2}ma^2\left[\frac{n_x}{\sqrt{I}}\frac{n_y}{\sqrt{I}}+\frac{n_x}{\sqrt{I}}\frac{n_z}{\sqrt{I}}+\frac{n_y}{\sqrt{I}}\frac{n_z}{\sqrt{I}}\right]=1$$

解出

$$I=\frac{2}{3}ma^2\left(n_x^2+n_y^2+n_z^2\right)-\frac{1}{2}ma^2\left(n_xn_y+n_xn_z+n_yn_z\right)$$

代入 $n_x=\dfrac{\sqrt{3}}{3}$, $n_y=\dfrac{\sqrt{2}}{2}$， $n_z=\dfrac{\sqrt{6}}{6}$ ，即得

$$I=\frac{1}{12}\left(8-\sqrt{2}-\sqrt{3}-\sqrt{6}\right)ma^2$$

交点 Q 的坐标为 $\frac{1}{\sqrt{I}}\left(\frac{\sqrt{3}}{3},\frac{\sqrt{2}}{2},\frac{\sqrt{6}}{6}\right)$，另一个交点的坐标为 $-\frac{1}{\sqrt{I}}\left(\frac{\sqrt{3}}{3},\frac{\sqrt{2}}{2},\frac{\sqrt{6}}{6}\right)$.

7.2.13　考虑一薄板位于 x - y 平面，证明对板上任何一点的惯量张量有如下形式：

$$\begin{bmatrix} A & -C & 0 \\ -C & B & 0 \\ 0 & 0 & A+B \end{bmatrix}$$

证明　由惯量积的定义可得 $I_{xz}=I_{yz}=0$．设 $I_{xx}=A$，$I_{yy}=B$，$I_{xy}=-C$，要证明 $I_{zz}=A+B$.

$$I_{zz}=\int\left(x^2+y^2\right)\mathrm{d}m=\int\left(x^2+z^2\right)\mathrm{d}m+\int\left(y^2+z^2\right)\mathrm{d}m=I_{yy}+I_{xx}=B+A$$

这里用了薄板上各质元的 z 坐标均为零.

7.2.14　若上题的坐标改用绕 z 轴旋转 θ 角后的坐标，证明惯量张量为

$$\begin{bmatrix} A' & -C' & 0 \\ -C' & B' & 0 \\ 0 & 0 & A'+B' \end{bmatrix}$$

其中

$$A'=A\cos^2\theta+B\sin^2\theta-C\sin 2\theta$$
$$B'=A\sin^2\theta+B\cos^2\theta+C\sin 2\theta$$
$$C'=C\cos 2\theta-\frac{1}{2}(B-A)\sin 2\theta$$

并由此证明：如转角

$$\theta=\frac{1}{2}\arctan\left(\frac{2C}{B-A}\right)$$

转后的 x、y 轴为惯量主轴.

证明　设原来的坐标为 x、y、z，转后的坐标表示为 x'、y'、z'，

$$\boldsymbol{i}'=\cos\theta\boldsymbol{i}+\sin\theta\boldsymbol{j}$$
$$\boldsymbol{j}'=-\sin\theta\boldsymbol{i}+\cos\theta\boldsymbol{j}$$
$$\boldsymbol{k}'=\boldsymbol{k}$$

与解 7.2.10 题一样，

$$I_{x'x'}=\begin{pmatrix}\cos\theta & \sin\theta & 0\end{pmatrix}\begin{bmatrix} A & -C & 0 \\ -C & B & 0 \\ 0 & 0 & A+B \end{bmatrix}\begin{bmatrix}\cos\theta \\ \sin\theta \\ 0\end{bmatrix}$$
$$=A\cos^2\theta-2C\sin\theta\cos\theta+B\sin^2\theta$$
$$=A\cos^2\theta+B\sin^2\theta-C\sin 2\theta=A'$$

$$I_{y'y'}=\begin{pmatrix}-\sin\theta & \cos\theta & 0\end{pmatrix}\begin{bmatrix}A & -C & 0\\ -C & B & 0\\ 0 & 0 & A+B\end{bmatrix}\begin{bmatrix}-\sin\theta\\ \cos\theta\\ 0\end{bmatrix}$$

$$=A\sin^2\theta+B\cos^2\theta+C\sin 2\theta=B'$$

$$I_{z'z'}=I_{x'x'}+I_{y'y'}=A'+B'\text{（上题已证明）}$$

$$I_{x'y'}=\begin{pmatrix}\cos\theta & \sin\theta & 0\end{pmatrix}\begin{bmatrix}A & -C & 0\\ -C & B & 0\\ 0 & 0 & A+B\end{bmatrix}\begin{bmatrix}-\sin\theta\\ \cos\theta\\ 0\end{bmatrix}$$

$$=-C\cos 2\theta+\frac{1}{2}(B-A)\sin 2\theta=-C'$$

由惯量积的定义，$I_{x'z'}=I_{y'z'}=0$.

把上述惯量张量各元素代入惯量张量的矩阵，正是所要证明的惯量张量. 如

$$\theta=\frac{1}{2}\arctan\left(\frac{2C}{B-A}\right)$$

$$C'=C\cos\left[\arctan\left(\frac{2C}{B-A}\right)\right]-\frac{1}{2}(B-A)\sin\left[\arctan\left(\frac{2C}{B-A}\right)\right]$$

因为

$$\arctan\left(\frac{2C}{B-A}\right)=2\theta$$

$$\tan 2\theta=\frac{2C}{B-A}$$

$$\cos 2\theta=\frac{1}{\sqrt{1+\tan^2 2\theta}}=\frac{B-A}{\sqrt{(B-A)^2+4C^2}}$$

$$\sin 2\theta=\cos 2\theta\cdot\tan 2\theta=\frac{2C}{\sqrt{(B-A)^2+4C^2}}$$

$$C'=C\cos 2\theta-\frac{1}{2}(B-A)\sin 2\theta$$

$$=C\frac{B-A}{\sqrt{(B-A)^2+4C^2}}-\frac{1}{2}(B-A)\frac{2C}{\sqrt{(B-A)^2+4C^2}}=0$$

所以

$$I_{x'y'}=I_{y'x'}=0$$

$I_{x'y'}=0$，$I_{x'z'}=0$ 说明 x' 轴是惯量主轴. $I_{y'x'}=0$，$I_{y'z'}=0$ 说明 y' 轴是惯量主轴. 或反过来证明，转后的 x' 、y' 轴要成为惯量主轴，必须 $C'=0$，立即得

$$\theta=\frac{1}{2}\arctan\left(\frac{2C}{B-A}\right)$$

7.2.15　如图 7.23 所示，一个质量为m的均质圆锥，其底面边缘的方程为$(x-a)^2+z^2=a^2$和$y=0$，顶点位于$(a,ka,0)$. 求关于原点的惯量张量.

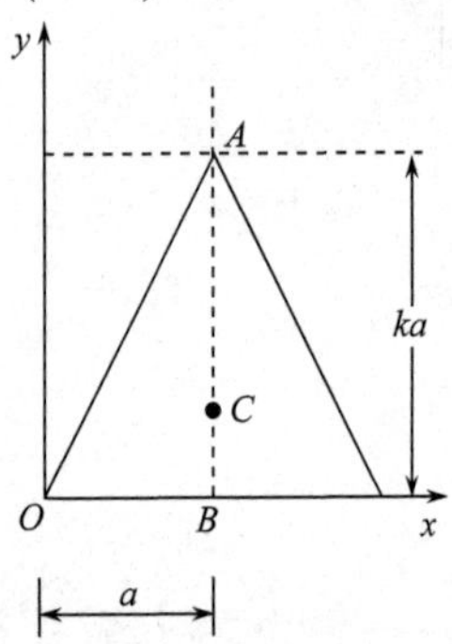

图 7.23

解　$m=\dfrac{1}{3}\rho\pi a^2ka=\dfrac{1}{3}\rho\pi ka^3$，质心坐标：$x_C=a$，$z_C=0$.

$$y_C=\frac{1}{m}\int_0^{ka}y\rho\pi\left(\frac{ka-y}{ka}a\right)^2\mathrm{d}y=\frac{1}{12}\frac{\rho\pi}{m}k^2a^4=\frac{1}{4}ka$$

利用 7.2.7 题已算得的结果，关于底面中心B的惯量张量可写出

$$\overset{\leftrightarrow}{\boldsymbol{I}}(B)=\frac{1}{20}ma^2\begin{bmatrix}3+2k^2 & 0 & 0\\ 0 & 6 & 0\\ 0 & 0 & 3+2k^2\end{bmatrix}$$

注意写上述惯量张量时，坐标系原点位于B，须将上图中的xyz轴向右平移.

用关于任何一点的惯量张量元素与关于质心的惯量张量元素间的下列关系：

$$I_{jk}(C)=I_{jk}(B)-m\left[R_C^2(B)\delta_{jk}-x_{jC}(B)x_{kC}(B)\right]$$

$$\boldsymbol{R}_C(B)=x_C(B)\boldsymbol{i}+y_C(B)\boldsymbol{j}+z_C(B)\boldsymbol{k}$$

是质心C相对于B点的位矢，

$$\boldsymbol{R}_C(B)=\frac{1}{4}ka\boldsymbol{j}$$

$$I_{xx}(C)=\frac{1}{20}ma^2(3+2k^2)-m\left(\frac{1}{4}ka\right)^2=\frac{3}{80}ma^2(4+k^2)$$

$$I_{yy}(C)=\frac{6}{20}ma^2-m\left[\left(\frac{1}{4}ka\right)^2-\left(\frac{1}{4}ka\right)^2\right]=\frac{3}{10}ma^2$$

$$I_{zz}(C)=I_{xx}(C)=\frac{3}{80}ma^2(4+k^2)$$

取y轴为对称轴，以质心为原点的x、y、z轴都是关于质心的惯量主轴.

$$I_{xy}(C)=I_{xz}(C)=I_{yz}(C)=0$$

$$\overset{\leftrightarrow}{\boldsymbol{I}}(C)=\frac{3}{80}ma^2\begin{bmatrix}4+k^2 & 0 & 0\\ 0 & 8 & 0\\ 0 & 0 & 4+k^2\end{bmatrix}$$

$$I_{jk}(O)=I_{jk}(C)+m\left[R_C^2(O)\delta_{jk}-x_{jC}(O)x_{kC}(O)\right]$$

$$\boldsymbol{R}_C(O)=a\boldsymbol{i}+\frac{1}{4}ka\boldsymbol{j}$$

$$I_{xx}(O)=\frac{3}{80}ma^2(4+k^2)+m\left[a^2+\left(\frac{1}{4}ka\right)^2-a^2\right]=\frac{1}{20}ma^2(3+2k^2)$$

$$I_{yy}(O)=\frac{3}{10}ma^2+m\left[a^2+\left(\frac{1}{4}ka\right)^2-\left(\frac{1}{4}ka\right)^2\right]=\frac{13}{10}ma^2$$

$$I_{zz}(O)=\frac{3}{80}ma^2\left(4+k^2\right)+m\left[a^2+\left(\frac{1}{4}ka\right)^2-0\right]=\frac{1}{20}ma^2\left(23+2k^2\right)$$

$$I_{xy}(O)=0+m\left(-a\cdot\frac{1}{4}ka\right)=-\frac{1}{4}mka^2$$

$$I_{xz}(O)=0+m(-a\cdot 0)=0$$

$$I_{yz}(O)=0+m\left(-\frac{1}{4}ka\cdot 0\right)=0$$

$$\vec{I}(O)=\frac{1}{20}ma^2\begin{bmatrix}3+2k^2 & -5k & 0\\ -5k & 26 & 0\\ 0 & 0 & 23+2k^2\end{bmatrix}$$

7.2.16 证明：(1)对于过一点的三个互相垂直的轴的转动惯量，对任一个轴的转动惯量都不能超过对另两个轴的转动惯量之和；

(2)在刚体上取 $Oxyz$ 与 $Ox'y'z'$ 两坐标系，如两坐标系不仅有公共的原点，x、y、x'、y' 轴还在同一平面上，则刚体对各轴的转动惯量有下列关系：

$$I_{xx}+I_{yy}=I_{x'x'}+I_{y'y'}$$

并给予物理解释.

证明 (1)

$$I_{xx}=\int\left(y^2+z^2\right)\mathrm{d}m$$

$$I_{yy}=\int\left(z^2+x^2\right)\mathrm{d}m,\quad I_{zz}=\int\left(x^2+y^2\right)\mathrm{d}m$$

$$I_{xx}+I_{yy}=\int\left(x^2+y^2+2z^2\right)\mathrm{d}m\geqslant I_{zz}$$

除了刚体的所有质元的 z 坐标均为零，即刚体是位于 xy 平面的薄板有 $I_{xx}+I_{yy}=I_{zz}$ 外，均有 $I_{xx}+I_{yy}>I_{zz}$.

同样有 $I_{yy}+I_{zz}\geqslant I_{xx}$，$I_{zz}+I_{xx}\geqslant I_{yy}$. 这就证明了对任一轴的转动惯量不能超过对另两个轴的转动惯量之和.

(2)方法一：两个坐标系有公共的原点，且 x、y、x'、y' 轴在同一平面上，则 z、z' 轴必共线，可以是同向的，也可以是反向的，

$$I_{xx}=\int\left(y^2+z^2\right)\mathrm{d}m$$

$$I_{yy}=\int\left(z^2+x^2\right)\mathrm{d}m$$

$$I_{xx}+I_{yy}=\int\left(x^2+y^2+2z^2\right)\mathrm{d}m$$

$$I_{x'x'}+I_{y'y'}=\int\left(x'^2+y'^2+2z'^2\right)\mathrm{d}m$$

对于刚体上的任一质元，其 z 、z' 坐标或相等(z 、z' 轴同向)或绝对值相同但正负号相反(z 、z' 轴反向). 不管哪种情况，$z^2 = z'^2$ 、$x^2 + y^2$ 、$x'^2 + y'^2$ 分别是该质元至 z 轴、z' 轴的距离的平方，z 、z' 轴共线，故有

$$x^2 + y^2 = x'^2 + y'^2$$

对任一质元有

$$x^2 + y^2 + 2z^2 = x'^2 + y'^2 + 2z'^2$$

对所有质元有

$$\int\left(x^2 + y^2 + 2z^2\right)\mathrm{d}m = \int\left(x'^2 + y'^2 + 2z'^2\right)\mathrm{d}m$$

即

$$I_{xx} + I_{yy} = I_{x'x'} + I_{y'y'}$$

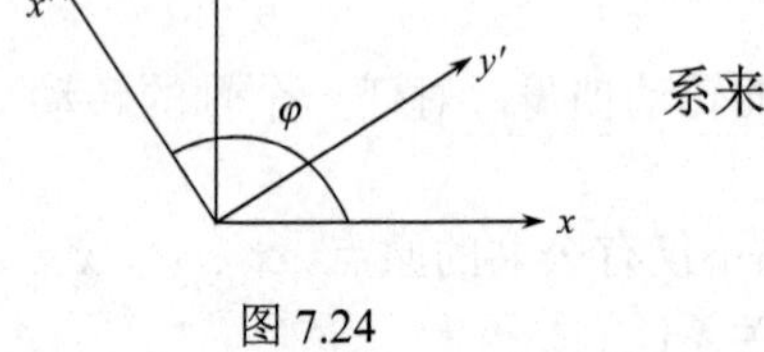

图 7.24

这种证法在证明的过程中已包含了物理解释.

方法二：用惯量张量从一组坐标到另一组坐标的变换关系来证明：

$$I_{j'k'} = \begin{pmatrix} e_{j'1} & e_{j'2} & e_{j'3} \end{pmatrix}\begin{bmatrix} I_{11} & I_{12} & I_{13} \\ I_{21} & I_{22} & I_{23} \\ I_{31} & I_{32} & I_{33} \end{bmatrix}\begin{bmatrix} e_{k'1} \\ e_{k'2} \\ e_{k'3} \end{bmatrix}$$

就这里 z 、z' 轴反向(图 7.24)的情况证明如下：

$$\boldsymbol{i}' = \cos\varphi\boldsymbol{i} + \cos\left(\varphi - \frac{\pi}{2}\right)\boldsymbol{j} = \cos\varphi\boldsymbol{i} + \sin\varphi\boldsymbol{j}$$

$$\boldsymbol{j}' = \cos\left(\varphi - \frac{\pi}{2}\right)\boldsymbol{i} + \cos(\pi - \varphi)\boldsymbol{j} = \sin\varphi\boldsymbol{i} - \cos\varphi\boldsymbol{j}$$

$$I_{x'x'} = \begin{pmatrix} \cos\varphi & \sin\varphi & 0 \end{pmatrix}\begin{bmatrix} I_{xx} & I_{xy} & I_{xz} \\ I_{yx} & I_{yy} & I_{yz} \\ I_{zx} & I_{zy} & I_{zz} \end{bmatrix}\begin{bmatrix} \cos\varphi \\ \sin\varphi \\ 0 \end{bmatrix}$$

$$= \begin{pmatrix} \cos\varphi & \sin\varphi & 0 \end{pmatrix}\begin{bmatrix} I_{xx}\cos\varphi + I_{xy}\sin\varphi \\ I_{xy}\cos\varphi + I_{yy}\sin\varphi \\ I_{xz}\cos\varphi + I_{zy}\sin\varphi \end{bmatrix}$$

$$= I_{xx}\cos^2\varphi + 2I_{xy}\sin\varphi\cos\varphi + I_{yy}\sin^2\varphi$$

$$I_{y'y'} = \begin{pmatrix} \sin\varphi & -\cos\varphi & 0 \end{pmatrix}\begin{bmatrix} I_{xx} & I_{xy} & I_{xz} \\ I_{yx} & I_{yy} & I_{yz} \\ I_{zx} & I_{zy} & I_{zz} \end{bmatrix}\begin{bmatrix} \sin\varphi \\ -\cos\varphi \\ 0 \end{bmatrix}$$

$$= I_{xx}\sin^2\varphi - 2I_{xy}\sin\varphi\cos\varphi + I_{yy}\cos^2\varphi$$

所以

$$I_{x'x'} + I_{y'y'} = I_{xx} + I_{yy}$$

同样可对 z 、z' 轴同向的情况证明上式成立. 这种证法没有包含物理解释.

7.2.17 如图 7.25 所示，质量为 m 的均质薄片，由 x 轴、y 轴及圆心在 $(R,\ R)$、半径为 R 的圆弧围成它的边界. 求绕过原点的、在 xy 平面上与 x 轴夹角为 30°的轴的转动惯量.

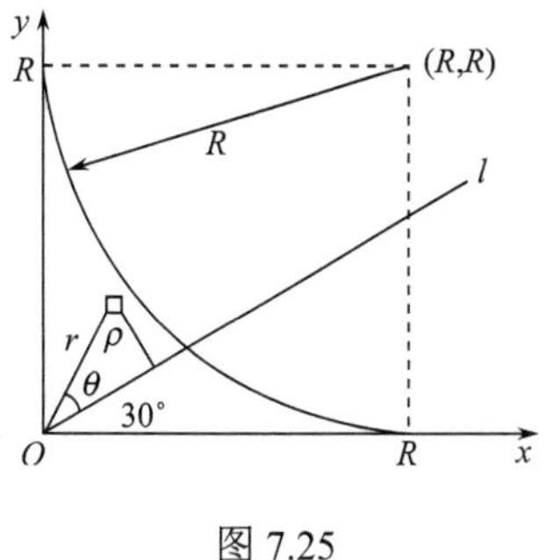

图 7.25

解法一 设面密度为 σ，考虑 $(x,\ y)$ 处质元 $\sigma \mathrm{d}x\mathrm{d}y$，它到所要考虑的 l 轴的距离为 ρ，质元对 l 轴的转动惯量为

$$\mathrm{d}I = \rho^2 \mathrm{d}m = (r\sin\theta)^2 \sigma \mathrm{d}x\mathrm{d}y = |\boldsymbol{r}\times \boldsymbol{l}^\circ|^2 \sigma \mathrm{d}x\mathrm{d}y$$

$\boldsymbol{l}^\circ$ 是 l 轴的单位矢量.

$$\boldsymbol{l}^\circ = \cos 30° \boldsymbol{i} + \sin 30° \boldsymbol{j} = \frac{\sqrt{3}}{2}\boldsymbol{i} + \frac{1}{2}\boldsymbol{j}$$

$$\boldsymbol{r} = x\boldsymbol{i} + y\boldsymbol{j}$$

$$\mathrm{d}I = \left(\frac{1}{2}x - \frac{\sqrt{3}}{2}y\right)^2 \sigma \mathrm{d}x\mathrm{d}y$$

$$I = \int_0^R \mathrm{d}y \int_0^{R-\sqrt{R^2-(y-R)^2}} \left(\frac{1}{2}x - \frac{\sqrt{3}}{2}y\right)^2 \sigma \mathrm{d}x$$

$$= \frac{1}{48}\sigma R^4 \left[48 - 19\sqrt{3} + \pi\left(6\sqrt{3} - 15\right)\right]$$

$$m = \sigma\left(R^2 - \frac{1}{4}\pi R^2\right) = \left(1 - \frac{\pi}{4}\right)\sigma R^2$$

$$I = \frac{1}{12(4-\pi)}\left[48 - 19\sqrt{3} + \pi\left(6\sqrt{3} - 15\right)\right] mR^2$$

解法二 用公式 $I = \boldsymbol{l}^\circ \cdot \vec{\boldsymbol{I}} \cdot \boldsymbol{l}^\circ$ 计算.

$$I_{xx} = I_{yy} = \int_0^R \left(x^2 + z^2\right)\mathrm{d}x \int_0^{R-\sqrt{R^2-(x-R)^2}} \sigma \mathrm{d}y$$

$$= \sigma \int_0^R x^2 \left[R - \sqrt{R^2 - (x-R)^2}\right]\mathrm{d}x$$

用积分公式

$$\int x^2\sqrt{a^2 - x^2}\,\mathrm{d}x = -\frac{x}{4}\sqrt{\left(a^2 - x^2\right)^3} + \frac{a^2}{8}\left(x\sqrt{a^2 - x^2} + a^2 \arcsin\frac{x}{a}\right)$$

可得

$$I_{xx} = I_{yy} = \frac{1}{16}(16 - 5\pi)\sigma R^4$$

$$I_{xy}=-\int_0^R x\mathrm{d}x\int_0^{R-\sqrt{R^2-(x-R)^2}} y\sigma\mathrm{d}y=-\frac{1}{24}(19-16\pi)\sigma R^4$$

$$I_{xz}=I_{yz}=0,\ I_{zz}=I_{xx}+I_{yy}$$

在这里可以不作 I_{xz}、I_{yz}、I_{zz} 的计算.

$$I=\begin{pmatrix}\frac{\sqrt{3}}{2} & \frac{1}{2} & 0\end{pmatrix}\begin{bmatrix}\frac{1}{16}(16-5\pi)\sigma R^4 & -\frac{1}{24}(19-6\pi)\sigma R^4 & 0\\ -\frac{1}{24}(19-6\pi)\sigma R^4 & \frac{1}{16}(16-5\pi)\sigma R^4 & 0\\ 0 & 0 & I_{zz}\end{bmatrix}\begin{bmatrix}\frac{\sqrt{3}}{2}\\ \frac{1}{2}\\ 0\end{bmatrix}$$

$$=\frac{1}{48}\left[48-19\sqrt{3}+\pi\left(6\sqrt{3}-15\right)\right]\sigma R^4$$

$$=\frac{1}{12(4-\pi)}\left[48-19\sqrt{3}+\pi\left(6\sqrt{3}-15\right)\right]mR^2$$

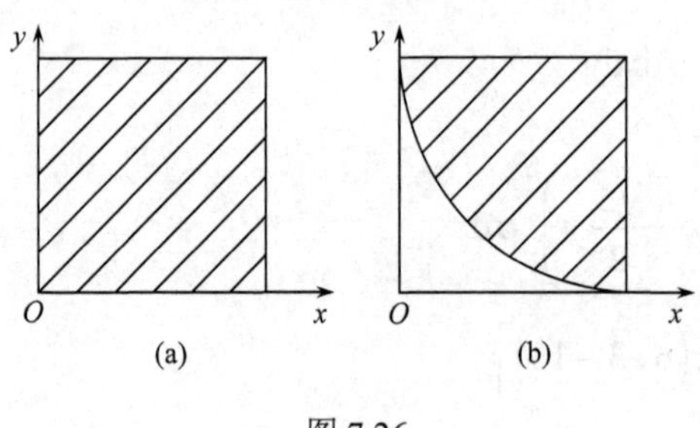

图 7.26

解法三　用叠加法计算 $\overleftrightarrow{\boldsymbol{I}}$.

用 I_1、I_2 分别表示图 7.26(a)、(b)中阴影部分对 l 轴的转动惯量，$\overleftrightarrow{\boldsymbol{I}}_1$、$\overleftrightarrow{\boldsymbol{I}}_2$ 分别表示相应部分对 O 点的惯量张量.

$$I_{1xx}=I_{1yy}=\frac{1}{3}\left(\sigma R^2\right)R^2=\frac{1}{3}\sigma R^4$$

$$I_{1xy}=-\int_0^R x\mathrm{d}x\int_0^R y\sigma\mathrm{d}y=-\frac{1}{4}\sigma R^4$$

$$I_1=\boldsymbol{l}^\circ\cdot\overleftrightarrow{\boldsymbol{I}}_1\cdot\boldsymbol{l}^\circ=I_{1xx}\left(\frac{\sqrt{3}}{2}\right)^2+I_{1yy}\left(\frac{1}{2}\right)^2+2I_{1xy}\left(\frac{\sqrt{3}}{2}\right)\cdot\frac{1}{2}=\left(\frac{1}{3}-\frac{\sqrt{3}}{8}\right)\sigma R^4$$

$$I_{2xx}=I_{2yy}=\int_0^R\mathrm{d}y\int_{R-\sqrt{R^2-(y-R)^2}}^R\left(x^2+z^2\right)\sigma\mathrm{d}x=\left(-\frac{2}{3}+\frac{5}{16}\pi\right)\sigma R^4$$

$$I_{2xy}=-\int_0^R y\mathrm{d}y\int_{R-\sqrt{R^2-(y-R)^2}}^R x\sigma\mathrm{d}x=\left(\frac{13}{24}-\frac{\pi}{4}\right)\sigma R^4$$

$$I_2=\boldsymbol{l}^\circ\cdot\overleftrightarrow{\boldsymbol{I}}_2\cdot\boldsymbol{l}^\circ=I_{2xx}\left(\frac{\sqrt{3}}{2}\right)^2+I_{2yy}\left(\frac{1}{2}\right)^2+2I_{2xy}\left(\frac{\sqrt{3}}{2}\right)\cdot\frac{1}{2}$$

$$=\left(-\frac{2}{3}-\frac{13}{48}\sqrt{3}+\frac{5}{16}\pi-\frac{\sqrt{3}}{8}\pi\right)\sigma R^4$$

$$I=I_1-I_2=\frac{1}{48}\left(48-19\sqrt{3}-15\pi+6\sqrt{3}\pi\right)\sigma R^4$$

$$=\frac{1}{12(4-\pi)}\left[48-19\sqrt{3}+\pi\left(6\sqrt{3}-15\right)\right]mR^2$$

7.3　刚体的定轴转动

7.3.1　一质量为300kg、直径为1m 厚度均匀的均质圆盘状的飞轮以每分钟 1200 转的转速旋转，为了使它在 2 分钟内停下来，所需的不变的力矩多大?

解

$$I = \frac{1}{2}m\left(\frac{d}{2}\right)^2 = \frac{1}{2}\times 300\left(\frac{1}{2}\right)^2 = 37.5(\text{kgm}^2)$$

$$\omega_0 = \frac{1200\times 2\pi}{60} = 40\pi(\text{rad/s})$$

$$I\frac{\text{d}\omega}{\text{d}t} = M，\ I\text{d}\omega = M\text{d}t$$

$$\int_{\omega_0}^{0} I\text{d}\omega = \int_0^{2\times 60} M\text{d}t$$

$$M = \frac{1}{120}I\left(0-\omega_0\right) = -\frac{37.5\cdot 40\pi}{120} = -39.3\left(\text{Nm}\right)$$

7.3.2　一个扭摆由一根竖直的金属丝下挂一个物体组成，物体可绕此竖直的金属丝在金属丝的扭转力矩作用下转动. 现有三个扭摆，它们由相同的金属丝和相同的均质实心立方体组成，一个挂在立方体的角上，一个挂在一个面的中心，还有一个挂在一条棱边的中点，如图 7.27 所示. 求三个扭摆转动时的周期之比.

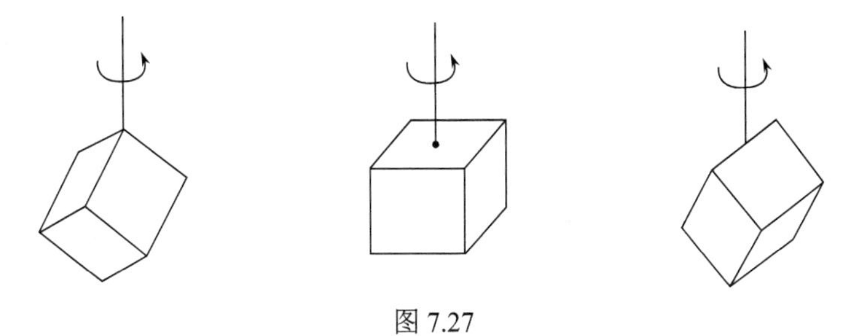

图 7.27

解　三个扭摆的转轴均通过质心. 均质立方体关于质心的惯量椭球是球型的，绕通过质心的任何轴的转动惯量都一样大. 三个扭摆所用的金属丝相同，与扭转形变相应的弹性模量相同，影响运动周期的两个物理量——转动惯量和弹性模量均相同. 三个扭摆有相同的周期，任何两个的周期之比均等于 1.

7.3.3　求两扭摆的周期之比，它们之间的不同仅在于其中之一粘上两个圆柱，每个圆柱的半径和圆盘半径之比为$\frac{1}{4}$，每个圆柱和圆盘均是均质的，质量为M，如图 7.28 所示.

解　设I_1、I_2分别是左、右边扭摆的转动惯量，

$$I_1 = \frac{1}{2}MR^2$$

$$I_2 = \frac{1}{2}MR^2 + 2\left[\frac{1}{2}M\left(\frac{1}{4}R\right)^2 + M\left(\frac{3}{4}R\right)^2\right] = \frac{27}{16}MR^2$$

设与扭转形变相应的弹性模量为k，

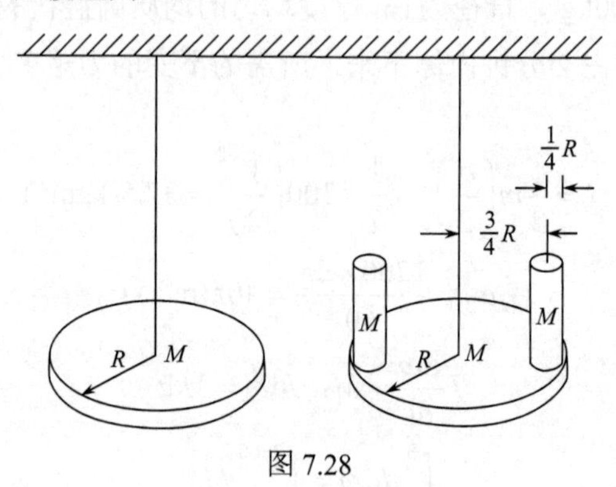

图 7.28

$$I_1\ddot{\theta}_1 = -k\theta_1,\ I_2\ddot{\theta}_2 = -k\theta_2$$

$$\omega_1 = \sqrt{\frac{k}{I_1}},\quad \omega_2 = \sqrt{\frac{k}{I_2}}$$

振动周期之比

$$\frac{T_1}{T_2} = \frac{\omega_2}{\omega_1} = \sqrt{\frac{I_1}{I_2}} = \frac{2}{9}\sqrt{6}$$

7.3.4 一个正常身材的人以每秒钟走一步的自然摆动的步频行走是很舒服的，试图以较快或较慢的步频行走都会感到不舒服，略去膝关节的效应，试利用一种最简单的模型来估算一下决定该步频频率的与人腿的那种特征有关.

解 人做匀速运动时，膝关节也做匀速运动，以膝关节为参考系，人腿做定轴转动. 用最简单的模型，视人腿为均质杆，设腿的质量为m、长为l，绕膝关节转动的转动惯量为$\frac{1}{3}ml^2$. 定轴转动的运动微分方程为

$$\frac{1}{3}ml^2\ddot{\theta} = -mg\cdot\frac{l}{2}\sin\theta$$

粗略考虑，用近似$\sin\theta \approx \theta$，

$$\ddot{\theta} + \frac{3g}{2l}\theta = 0$$

振动角频率

$$\omega = \sqrt{\frac{3g}{2l}}$$

可见决定步频频率是腿的长度.

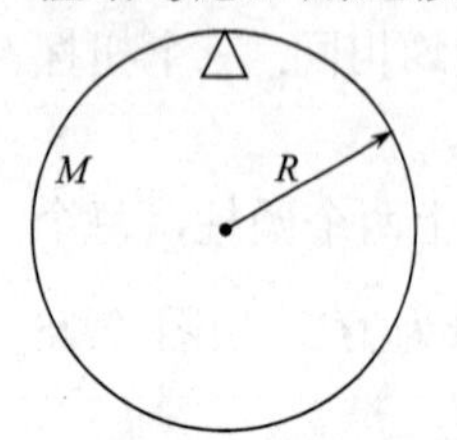

图 7.29

7.3.5 一质量为M、半径为R的均质圆环悬挂在一铅垂面内，支撑物是安置在圆周内侧上一点的刀刃，求圆环做小振动的角频率. (图 7.29)

解 圆环绕圆周上一点的转动惯量为

$$I = MR^2 + MR^2 = 2MR^2$$

圆环绕刀刃做小振动的运动微分方程为

$$I\ddot{\theta} = -MgR\sin\theta \approx -MgR\theta$$

$$\omega = \sqrt{\frac{MgR}{I}} = \sqrt{\frac{g}{2R}}$$

7.3.6　一个人想用杆子打在岩石上的办法把杆子折断. 他用手拿住杆子一端，让杆子绕该端做无位移转动，如图 7.30 所示. 这个人希望杆子打在岩石上的瞬时手不受到较大力的冲击，问杆子的哪一点打在岩石上为好?(不考虑重力.)

解　杆子绕手握住的一端做无位移转动，换句话说，杆子绕该端做定轴转动. 打在岩石上以前，转动角速度设为ω，不考虑重力，做恒定角速度转动时，在垂直于杆的方向轴处不受力，打到岩石上后，角速度变为零. 要在打击过程中手不受较大的力冲击，即手握的一端杆不受手的冲力.

设杆长为l，质量为m，杆与岩石的接触点离手握的一端距离为x (图 7.31). 在打击岩石的极短时间内对杆用对固定轴的角动量定理和质心运动定理.

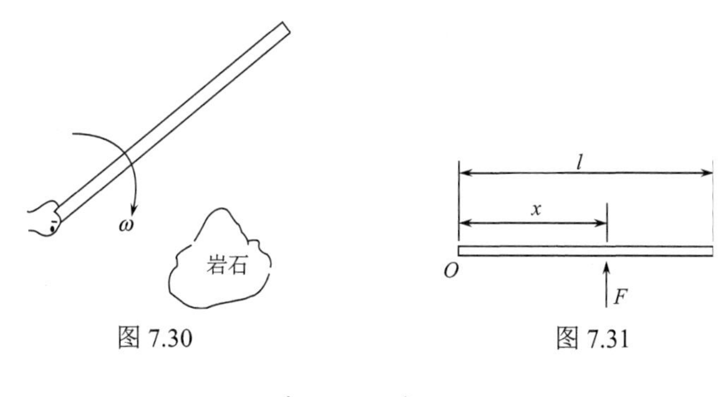

图 7.30　　　　图 7.31

$$\int I\mathrm{d}\omega = -\int Fx\mathrm{d}t$$

$$\int m\mathrm{d}v_C = -\int F\mathrm{d}t$$

其中

$$I = \frac{1}{3}ml^2，\ v_C = \frac{1}{2}l\omega$$

F 是打击岩石期间岩石作用于杆的冲力，

$$x = \frac{\int I\mathrm{d}\omega}{\int m\mathrm{d}v_C} = \frac{\frac{1}{3}ml^2(0-\omega)}{m\frac{1}{2}l(0-\omega)} = \frac{2}{3}l$$

为在打击岩石时手不受较大的冲力，需让杆离手握的一端三分之二杆长的那一点击中岩石.

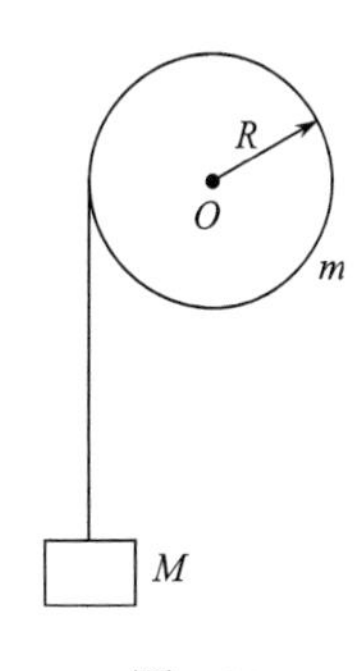

图 7.32

7.3.7　一半径为R、质量为m的均质轮子可绕通过其轮心的、垂直于轮子的水平轴自由转动，一根不可伸长的轻绳绕在轮边，一端固定在轮上，另一端挂着一质量为 M 的物体，如图 7.32 所示，问物体下落时绳中张力多大?

解　设绳中的张力为 T，取竖直向下的 x 轴，

$$\frac{1}{2}mR^2\frac{\mathrm{d}\omega}{\mathrm{d}t}=TR \tag{1}$$

$$M\ddot{x}=Mg-T \tag{2}$$

$$\dot{x}=R\omega \tag{3}$$

将式(3)代入式(2)，

$$MR\frac{\mathrm{d}\omega}{\mathrm{d}t}=Mg-T \tag{4}$$

由式(1)、(4)消去 $\frac{\mathrm{d}\omega}{\mathrm{d}t}$，可得

$$\frac{Mg-T}{T}=\frac{2M}{m}$$

$$T=\frac{mM}{2M+m}g$$

7.3.8　两飞轮半径 $R_1=2R_2$，可绕彼此平行的对称轴无摩擦转动，转动惯量 $I_1=16I_2$，开始时两轮无接触，大轮的转速为 $n_0=2000\mathrm{r/min}$. 小轮静止. 如果移动这两根平行轴使两飞轮接触，求达到稳定(即接触点无滑动，两飞轮转速不再变化)后小轮的角速度.

解　从开始接触到达到稳定为止分别对两飞轮用对固定轴的角动量定理. 两飞轮的角速度的正方向及相互作用力 f 的正方向如图 7.33 所示.

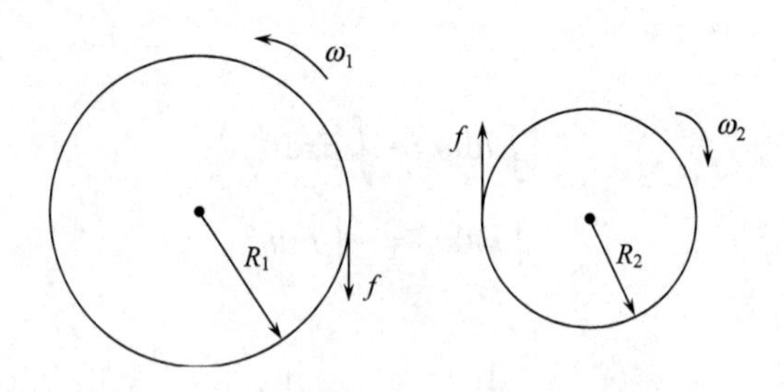

图 7.33

$$I_1\frac{\mathrm{d}\omega_1}{\mathrm{d}t}=-fR_1$$

$$I_2\frac{\mathrm{d}\omega_2}{\mathrm{d}t}=fR_2$$

$$\int I_1\mathrm{d}\omega_1=-\int fR_1\mathrm{d}t,\ I_2\int\mathrm{d}\omega_2=\int fR_2\mathrm{d}t$$

开始接触时，$\omega_1=2\pi n_0$，$\omega_2=0$，达到稳定时，设 $\omega_1=\Omega_1$，$\omega_2=\Omega_2$，则

$$I_1(\Omega_1-2\pi n_0)=-R_1\int f\mathrm{d}t$$

$$I_2(\Omega_2-0)=R_2\int f\mathrm{d}t$$

两式相除，并代入 $I_1=16I_2$， $R_1=2R_2$，得

$$8(\Omega_1-2\pi n_0)=-\Omega_2$$

再由接触点无滑动条件，

$$R_1\Omega_1=R_2\Omega_2 \quad \text{即} \quad 2\Omega_1=\Omega_2$$

从两式消去 Ω_1，可得

$$\Omega_2=\frac{16}{5}\pi n_0=\frac{16}{5}\pi\cdot\frac{2000}{60}=335.1(\text{rad/s})$$

7.3.9 两个均质的圆柱体环绕各自的对称轴自由转动，若两圆柱体的半径分别为 r_1 和 r_2，质量分别为 m_1 和 m_2，角速度分别为 ω_1 和 ω_2，如图 7.34 所示. 让它们互相靠拢直到互切并达到不再随时间变化的稳定运动状态，求稳定运动后两圆柱体的角速度.

解 设两圆柱体从接触到达到稳定运动状态期间相互作用的冲量 I，如图 7.35 所示，它们一定大小相同，方向相反(根据牛顿运动第三定律得此结论).

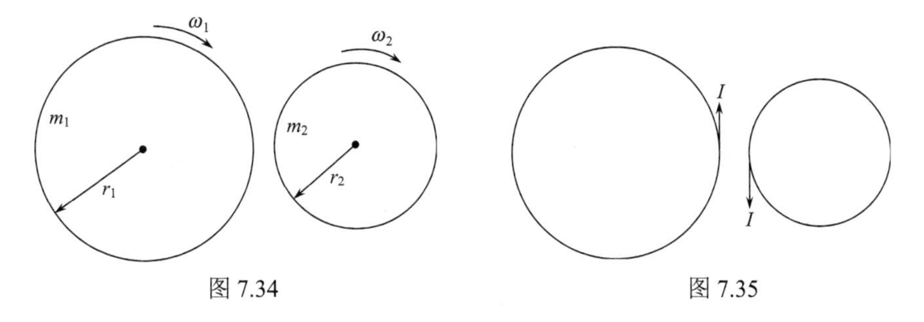

图 7.34　　　　图 7.35

由对固定轴的角动量定理

$$\frac{1}{2}m_1r_1^2(\Omega_1-\omega_1)=-Ir_1 \tag{1}$$

$$\frac{1}{2}m_2r_2^2(\Omega_2-\omega_2)=-Ir_2 \tag{2}$$

达到稳定运动状态时，两圆柱体接触点的速度相同.

$$r_1\Omega_1=-r_2\Omega_2 \tag{3}$$

列上述各式时，ω_1、ω_2、Ω_1、Ω_2 的正负号规定均如图 7.33 所示.

由式(1)、(2)得

$$m_1r_1(\Omega_1-\omega_1)=m_2r_2(\Omega_2-\omega_2) \tag{4}$$

由式(3)、(4)两式解出

$$\Omega_1=\frac{m_1r_1\omega_1-m_2r_2\omega_2}{(m_1+m_2)r_1}$$

$$\Omega_2=-\frac{r_1\Omega_1}{r_2}=\frac{m_2r_2\omega_2-m_1r_1\omega_1}{(m_1+m_2)r_2}$$

7.3.10　三个全同的均质圆柱体以相同的角速度Ω围绕各自的对称轴(相互平行)转动，使圆柱体互相接触，保持轴平行，最后每个圆柱体和相邻的圆柱体间无滑动时达到稳定运动状态，问三个圆柱体的总动能最终还留下多少?

解　从三个圆柱开始接触到最终达到稳定状态经历的时间相同，由牛顿运动第三定律，相互作用力总是大小相等、方向相反，因而相互作用的冲量也是大小相等，方向相反的. 由于三个圆柱半径相同，相互作用的冲量矩是大小相等、方向相同的(三个圆柱的角动量的正负号规定是一致的)，图 7.36 画出了在此期间三个圆柱受到的冲量矩，所用的符号⊗表示冲量矩的方向垂直纸面向下，其中M_{12}是圆柱 2 作用于圆柱 1 的冲量矩，M_{21}是圆柱 1 作用于圆柱 2 的冲量矩，以此类推. 由上所述

$$M_{12}=M_{21},\ M_{23}=M_{32}$$

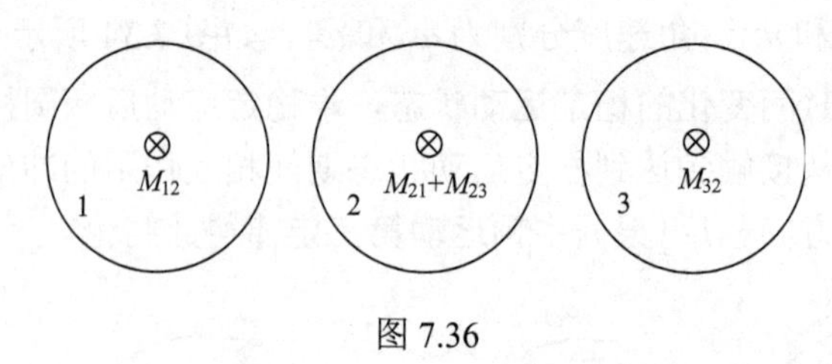

图 7.36

达到稳定运动后，相接触的两圆柱体间无滑动，考虑到三个圆柱半径相同，1、2、3 三个圆柱体的最终的角速度必依次为Ω'、$-\Omega'$、Ω'. 对三个圆柱体分别用对固定轴的角动量定理：

$$I\left(\Omega'-\Omega\right)=M_{12} \tag{1}$$

$$I\left(-\Omega'-\Omega\right)=M_{21}+M_{23} \tag{2}$$

$$I\left(\Omega'-\Omega\right)=M_{32} \tag{3}$$

式(1)加式(3)减去式(2)，用$M_{12}=M_{21}$，$M_{23}=M_{32}$，

$$I\left(3\Omega'-\Omega\right)=0$$

$$\Omega'=\frac{1}{3}\Omega$$

最终三个圆柱体的总动能T'与最初的总动能T之比为

$$\frac{T'}{T}=\frac{2\cdot\frac{1}{2}I\Omega'^2+\frac{1}{2}I\left(-\Omega'\right)^2}{3\cdot\frac{1}{2}I\Omega^2}=\frac{1}{9}$$

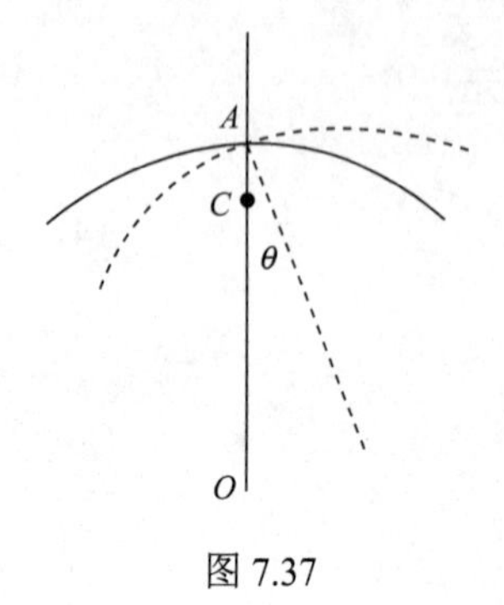

图 7.37

7.3.11　一段曲率半径为R的均质圆弧绕通过弧线中心并与纸面垂直的水平轴线无摩擦地摆动. 证明微振动周期与圆弧的长度无关，并求作此微振动的圆弧的等值单摆长.

解　设圆弧质量为m，图 7.37 中A点是圆弧的弧线中心，C、O是处于平衡位置时，圆弧的质心和曲率中心的位置，用

θ 表示圆弧摆动时的角位移.

I_A、I_C、I_O 分别表示处于平衡位置的圆弧绕过此三点 A、C、O 的垂直于纸面的轴转动的转动惯量，

$$I_O = mR^2$$

$$I_C = I_O - m\left(\overline{OC}\right)^2 = mR^2 - m\left(\overline{OC}\right)^2$$

$$I_A = I_C + m\left(\overline{AC}\right)^2 = mR^2 - m\left(\overline{OC}\right)^2 + m\left[R - \left(\overline{OC}\right)\right]^2 = 2mR\left(R - \overline{OC}\right)$$

对圆弧用对固定轴的角动量定理，

$$I_A\ddot{\theta} = -mg\left(R - \overline{OC}\right)\sin\theta \approx -mg\left(R - \overline{OC}\right)\theta$$

即

$$2mR\left(R - \overline{OC}\right)\ddot{\theta} = -mg\left(R - \overline{OC}\right)\theta$$

$$\ddot{\theta} + \frac{g}{2R}\theta = 0$$

$$\omega = \sqrt{\frac{g}{2R}},\quad T = \frac{2\pi}{\omega} = 2\pi\sqrt{\frac{2R}{g}}$$

与圆弧的质量 m 及圆弧的长度均无关.

与单摆的周期

$$T = 2\pi\sqrt{\frac{l}{g}}$$

比较，可得半径为 R 的均质圆弧做微振动时的等值单摆长为 $2R$.

7.3.12　半径为 R 的均质圆扇形面绕垂直于其平面，且通过其中心角顶点的光滑水平轴做微振动. 扇形的角度多大时，此摆的等值单摆长等于扇形弧长的一半(图 7.38).

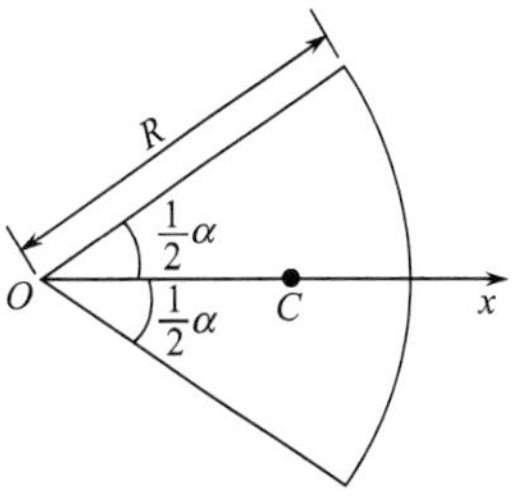

图 7.38

解　设扇形的中心角为 α，取扇形中心角的顶点为坐标系原点，用极坐标表示扇形质元的位置，取其中线为极轴，显然质心 C 位于极轴上，设扇形面密度为 σ，

$$x_C = \overline{OC} = \frac{1}{\frac{1}{2}R^2\alpha\sigma}\int_{-\frac{\alpha}{2}}^{\frac{\alpha}{2}}\mathrm{d}\varphi\int_{\sigma}^{R}\sigma r\cos\varphi \cdot r\mathrm{d}r$$

$$= \frac{2}{R^2\alpha}\cdot\frac{1}{3}R^3\int_{-\frac{\alpha}{2}}^{\frac{\alpha}{2}}\cos\varphi\mathrm{d}\varphi = \frac{4R}{3\alpha}\sin\frac{\alpha}{2}$$

设扇形面的质量为 m，绕转轴的转动惯量为 $I = \frac{1}{2}mR^2$，用对固定轴的角动量定理，

$$I\ddot{\theta} = -mg\overline{OC}\sin\theta \approx -mg\overline{OC}\cdot\theta$$

代入 I 和 $\overline{OC}$ 得

$$\frac{1}{2}mR^2\ddot{\theta}+mg\left(\frac{4R}{3\alpha}\sin\frac{\alpha}{2}\right)\theta=0$$

$$\ddot{\theta}+\left[\frac{8g\sin\frac{\alpha}{2}}{3R\alpha}\right]\theta=0$$

$$\omega=\sqrt{\frac{8g\sin\frac{\alpha}{2}}{3R\alpha}}$$

$$T=2\pi\sqrt{\frac{3R\alpha}{8g\sin\frac{\alpha}{2}}}$$

等值单摆长为

$$l=\frac{3R\alpha}{8\sin\frac{\alpha}{2}}$$

等值单摆长要等于弧长的一半，

$$l=\frac{1}{2}R\alpha \quad 即 \quad \frac{3R\alpha}{8\sin\frac{\alpha}{2}}=\frac{1}{2}R\alpha$$

要求

$$\sin\frac{\alpha}{2}=\frac{3}{4}$$

$$\alpha=2\arcsin\frac{3}{4}=97.18°$$

7.3.13　一个人用棒打垒球，打在何处才能在打击的瞬间，握棒的手不受到冲击力. 设棒绕手做定轴转动时的转动惯量为 I，棒的质量为 m，棒的质心离手握住的一端的距离为 d.

解　设击球点离手握的棒端的距离为 x，握棒的手不受到冲击力，击球点受到的冲力很大，在打击期间，所有的有限力与冲力相比均可忽略. 设击球期间棒受到球的冲量为 $I_{冲}$，棒在击球前的角速度为 ω，击球后变为静止，击球前棒的质心速度为 $v_C=\omega d$.

在打击期间用对固定轴的角动量定理和质心运动定理，

$$I(0-\omega)=-I_{冲}x$$

$$m(0-\omega d)=-I_{冲}$$

消去 $I_{冲}$，得

$$I\omega=m\omega \mathrm{d}x$$

$$x=\frac{I}{md}$$

7.3.14　有一半径为r、质量为M的均质圆球，在球面处通过装在无摩擦的、质量可以不计的、大小相同的球壳内连接于长度为l、质量为m的均质杆的一端，杆的另一端由无摩擦的铰链悬挂于一固定点，杆可在竖直平面内运动形成一个摆. 试求此摆做微振动的周期. 若圆球与杆固连，微振动的周期多大?

解　球壳保证杆的延长线总是通过球心，没有固连. 球可在壳内无摩擦运动.

$$\left[\frac{1}{3}ml^2+M(l+r)^2\right]\ddot{\theta}=-mg\cdot\frac{1}{2}l\sin\theta-Mg(l+r)\sin\theta$$

$$\approx-\left[\left(\frac{1}{2}m+M\right)l+Mr\right]g\theta$$

$$\ddot{\theta}+\frac{3}{2}\left[\frac{(m+2M)l+2Mr}{ml^2+3M(l+r)^2}\right]g\theta=0$$

$$\omega=\sqrt{\frac{3}{2}\left[\frac{(m+2M)l+2Mr}{ml^2+3M(l+r)^2}\right]g}$$

$$T=\frac{2\pi}{\omega}=2\pi\sqrt{\frac{2\left[ml^2+3M(l+r)^2\right]}{3\left[(m+2M)l+2Mr\right]g}}$$

若圆球固连于杆，

$$\left[\frac{1}{3}ml^2+\frac{2}{5}Mr^2+M(l+r)^2\right]\ddot{\theta}=-mg\cdot\frac{1}{2}l\sin\theta-Mg(l+r)\sin\theta$$

$$=-\left[\left(\frac{1}{2}m+M\right)l+Mr\right]g\theta$$

$$\omega^2=\frac{\left[\left(\frac{1}{2}m+M\right)l+Mr\right]g}{\frac{1}{3}ml^2+\frac{2}{5}Mr^2+M(l+r)^2}=\frac{15}{2}\left[\frac{(m+2M)l+2Mr}{5ml^2+6Mr^2+15M(l+r)^2}\right]g$$

从而微振动周期为

$$T=\frac{2\pi}{\omega}=2\pi\sqrt{\frac{2}{15g}\left[\frac{5ml^2+6Mr^2+15M(l+r)^2}{(m+2M)l+2Mr}\right]}$$

7.3.15　质量m、长b的均质细棒用一根不可伸长的轻绳拴在劲度系数为k的弹簧上，弹簧的另一端固定，绳跨过一固定于P点的光滑小滑轮. 棒可无摩擦地绕A端在竖直平面内转动. 如图7.39所示，$-\pi<\theta<\pi$，当$c=0$时，弹簧为自然长度，$b<a$，A端与滑轮间的距离为a，求：

(1) 系统处于平衡时的θ值，讨论平衡的稳定性；

(2) 稳定平衡位置附近的小振动的角频率(注意PA线是竖直的).

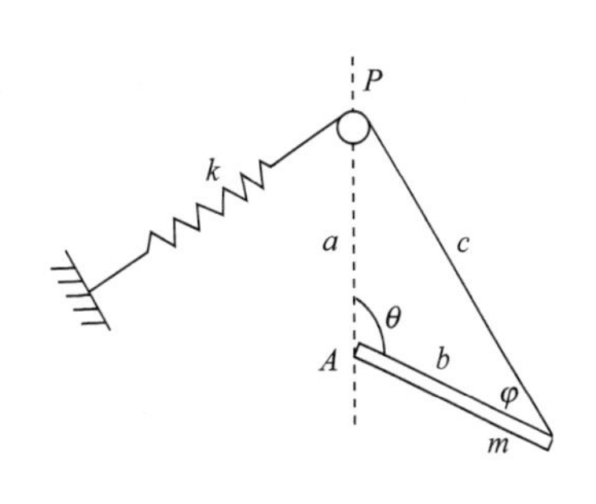

图 7.39

解　(1)规定垂直纸面向外的方向为力矩的正向，取 A 点为矩心.

重力矩：
$$M_g = -mg\cdot\frac{b}{2}\sin\theta$$

弹簧力矩：
$$M_s = kcb\sin\varphi$$

其中 φ 为棒与绳子间的夹角.

由正弦定理，

$$\frac{a}{\sin\varphi}=\frac{c}{\sin\theta},\sin\varphi=\frac{a}{c}\sin\theta$$

$$M_s = kab\sin\theta$$

平衡时

$$M_g + M_s = 0$$

$$-\frac{1}{2}mgb\sin\theta + kab\sin\theta = 0$$

有以下三种情况：

(i)若 $ka=\frac{1}{2}mg$，对任何 θ，平衡条件均成立，是随遇平衡的情况.

(ii)若 $ka<\frac{1}{2}mg$，平衡条件要成立，必须 $\sin\theta=0$，$\theta=0$ 或 $\theta=\pi$.

在 $\theta=0$ 附近，$\sin\theta\approx\theta$，

$$M\approx-\frac{1}{2}mgb\theta+kab\theta$$

$\theta>0$ 时，$M<0$，$\theta<0$ 时，$M>0$. 受的力矩不是恢复力矩. 故 $\theta=0$ 为不稳定平衡位置；

在 $\theta=\pi$ 附近，$\theta<\pi$，$\sin\theta>0$，$M<0$；$\theta>\pi$，$\sin\theta<0$，$M>0$，所受力矩是恢复力矩，故 $\theta=\pi$ 为稳定平衡位置.

(iii)若 $ka>\frac{1}{2}mg$，同样可以得到

$$\theta=0 \quad 和 \quad \theta=\pi$$

均为平衡位置，但它们的稳定性和(ii)的情况相反，$\theta=0$ 为稳定平衡位置，$\theta=\pi$ 为不稳定平衡位置.

(2)对于 $ka>\frac{1}{2}mg$ 的情况，讨论在稳定平衡位置 $\theta=0$ 附近的小振动.

由对固定轴的角动量定理，

$$-\frac{1}{3}mb^2\ddot{\theta}=\left(-\frac{1}{2}mgb+kab\right)\theta$$

$$\ddot{\theta}+\frac{3(2ka-mg)}{2mb}\theta=0$$

$$\omega=\sqrt{\frac{3(2ka-mg)}{2mb}}$$

对于 $ka<\frac{1}{2}mg$ 的情况，可得在平衡位置 $\theta=\pi$ 附近小振动的角频率为

$$\omega=\sqrt{\frac{3(2ka-mg)}{2mb}}$$

7.3.16　质量为 M 、半径为 R 的均质细圆环在光滑的桌面上可绕枢轴无摩擦转动. 一只质量为 m 的甲虫相对于圆环以速率 u 沿着圆环爬行，如图 7.40 所示. 甲虫和圆环原来是静止的. 当甲虫爬到与枢轴同一直径的另一端 A 点时，甲虫相对于桌面的速率多大?

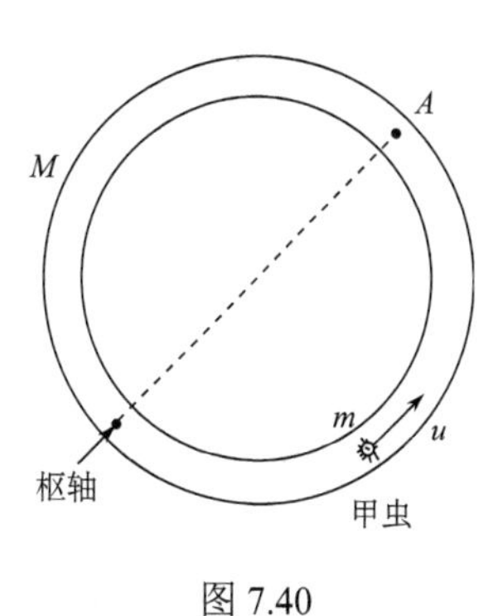

图 7.40

解　甲虫和圆环组成的系统对枢轴的角动量是守恒的，开始时系统静止，角动量等于零. 甲虫相对于圆环做逆时针转动，圆环相对于桌面有垂直纸面向下的角速度.

设甲虫爬到 A 点时圆环的角速度为 ω. 因圆环绕枢轴的转动惯量为

$$I=I_{\mathrm{C}}+MR^2=MR^2+MR^2=2MR^2$$

甲虫相对于桌面的速率为

$$v=u-2R\omega$$

规定垂直纸面向上的角动量为正，

$$mv\cdot 2R-2MR^2\omega=0$$

$$m(u-2R\omega)\cdot 2R-2MR^2\omega=0$$

$$\omega=\frac{mu}{(M+2m)R}$$

所以

$$v=u-2R\cdot\frac{mu}{(M+2m)R}=\frac{M}{M+2m}u$$

7.3.17　如图 7.41，一个高度为 h 、底面半径为 R 的正圆锥绕其竖直轴转动，圆锥表面有一条从锥顶到锥底的光滑细直槽，圆锥起初以角速度 ω_0 转动. 一个质量为 m 的小珠在槽的顶端被释放，在重力作用下滑下. 假设小珠只能在槽中运动，圆锥绕轴的转动惯量为 I ，求:

(1) 小珠到达底部时圆锥的角速度;

(2) 小珠刚离开圆锥时相对于实验室的速率.

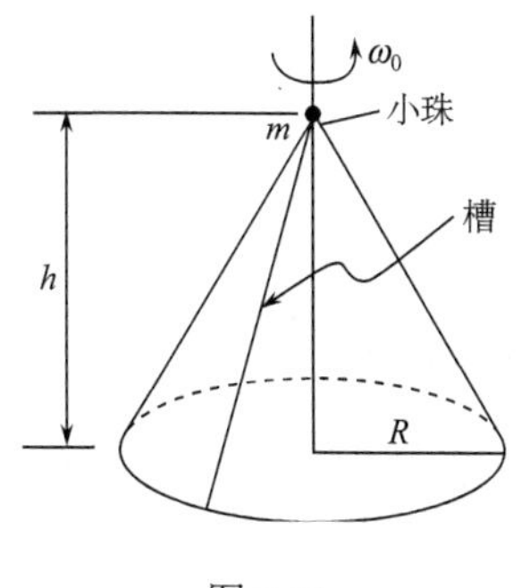

图 7.41

解　(1) 设小珠到达圆锥底部时圆锥的角速度为 ω，由系统(包括圆锥和小珠)对固定轴的角动量守恒，

$$(I+mR^2)\omega=I\omega_0$$

$$\omega=\frac{I}{I+mR^2}\omega_0$$

(2) 设小珠到达圆锥底部，也就是小珠刚离开圆锥时在实验室参考系中的速率为 v.

由系统在此参考系中机械能守恒，

$$\frac{1}{2}mv^2+\frac{1}{2}I\omega^2=\frac{1}{2}I\omega_0^2+mgh$$

$$v^2=\frac{1}{m}I\left(\omega_0^2-\omega^2\right)+2gh=\frac{2IR^2+mR^4}{\left(I+mR^2\right)^2}+2gh$$

$$v=\sqrt{\frac{2IR^2+mR^4}{\left(I+mR^2\right)^2}+2gh}$$

7.3.18　质量为M、半径为R的均质实心球，绕一固定的竖直的直径以角速度ω在空间自由转动，另有一个质量为m的质点最初位于球的一极，以恒定速率v沿球的一个大圆运动. 证明：当质点到达另一极时球的转动被延迟的角度为

$$\alpha=\frac{\pi R\omega}{v}\left(1-\sqrt{\frac{2M}{2M+5m}}\right)$$

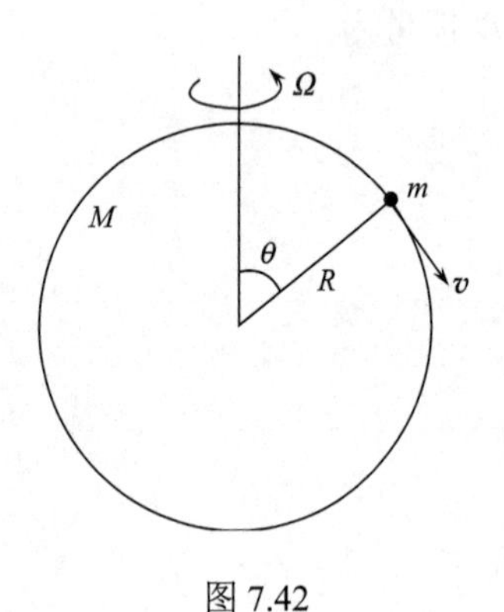

图 7.42

证明　设当质点运动到图 7.42 的θ角位置时，球的角速度为Ω，由系统对转轴的角动量守恒，

$$\left(\frac{2}{5}MR^2+mR^2\sin^2\theta\right)\Omega=\frac{2}{5}MR^2\omega$$

质点相对于球以恒定速率v沿大圆运动，

$$v=R\dot{\theta},\quad \theta=\frac{v}{R}t$$

$$\Omega=\frac{\frac{2}{5}MR^2\omega}{\frac{2}{5}MR^2+mR^2\sin^2\left(\frac{v}{R}t\right)}=\frac{2M\omega}{2M+5m\sin^2\left(\frac{v}{R}t\right)}$$

质点从$\theta=0$到$\theta=\pi$，经历的时间为

$$\tau=\frac{\pi R}{v}$$

在$0\sim\tau$期间，因质点的运动，球的转动被延迟的角度为

$$\alpha=\omega\tau-\int_0^\tau\Omega\mathrm{d}t=\frac{\pi R}{v}\omega-\int_0^\pi\Omega(\theta)\frac{R}{v}\mathrm{d}\theta=\frac{R}{v}\left(\pi\omega-\int_0^\pi\frac{2M\omega}{2M+5m\sin^2\theta}\mathrm{d}\theta\right)$$

因为$\int_{\frac{\pi}{2}}^{\pi}\frac{2M\omega}{2M+5m\sin^2\theta}\mathrm{d}\theta$作变量代换，令$\theta=\pi-\varphi$，$\mathrm{d}\theta=-\mathrm{d}\varphi$，$\varphi$的积分限为$\frac{\pi}{2}$和 0，

$$\int_{\frac{\pi}{2}}^{\pi}\frac{2M\omega}{2M+5m\sin^2\theta}\mathrm{d}\theta=\int_{\frac{\pi}{2}}^{0}\frac{2M\omega}{2M+5m\sin^2(\pi-\varphi)}(-\mathrm{d}\varphi)=\int_0^{\frac{\pi}{2}}\frac{2M\omega}{2M+5m\sin^2\varphi}\mathrm{d}\varphi$$

所以

$$\alpha=\frac{R}{v}\left(\pi\omega-2\int_0^{\frac{\pi}{2}}\frac{2M\omega}{2M+5m\sin^2\theta}\mathrm{d}\theta\right)$$

用积分公式

$$\int \frac{\mathrm{d}x}{a+b\sin^2 x}=\frac{1}{\sqrt{a^2+ab}}\arctan\left(\frac{\sqrt{a^2+ab}}{a}\tan x\right)$$

$$\int_0^{\frac{\pi}{2}}\frac{\mathrm{d}\theta}{2M+5m\sin^2\theta}=\frac{1}{\sqrt{4M^2+10Mm}}\arctan\left(\frac{\sqrt{4M^2+10Mm}}{2M}\tan\theta\right)\Bigg|_0^{\frac{\pi}{2}}$$

$$=\frac{1}{\sqrt{4M^2+10Mm}}\cdot\frac{\pi}{2}$$

$$\alpha=\frac{R}{v}\left(\pi\omega-4M\omega\cdot\frac{1}{\sqrt{4M^2+10Mm}}\cdot\frac{\pi}{2}\right)=\frac{\pi Rw}{v}\left(1-\sqrt{\frac{2M}{2M+5m}}\right)$$

7.3.19　一个均质的立方体绕其对角线自由转动. 证明：若一条边突然地被固定，让其绕该边转动，其动能损失了$\dfrac{11}{12}$.

证明　设立方体边长为a，质量为m，绕对角线转动的角速度为ω_0.

对角线通过质心，对质心而言惯量椭球是球型的，对通过质心的任何轴的转动惯量都一样. 设此转动惯量为I_C.

$$I_C=\int\left(x^2+y^2\right)\mathrm{d}m=\int_0^a\mathrm{d}z\int_0^a\mathrm{d}x\int_0^a\left(x^2+y^2\right)\rho\mathrm{d}y$$

$$=8\rho\int_0^{\frac{a}{2}}\mathrm{d}z\int_0^{\frac{a}{2}}\mathrm{d}x\int_0^{\frac{a}{2}}\left(x^2+y^2\right)\mathrm{d}y=\frac{1}{6}\rho a^5=\frac{1}{6}ma^2$$

设I是绕一条边转动的转动惯量.

$$I=I_C+m\left(\frac{\sqrt{2}}{2}a\right)^2=\frac{2}{3}ma^2$$

当一条边突然被固定时，冲量通过该条边上一点，对这条边的冲量矩为零. 从原来绕对角线的转动突然变为绕这条边的转动，外力对这条边的冲量矩为零，前后两个转动中系统的角动量在这条边方向的分量应不变.

绕对角线转动时，

$$\boldsymbol{J}_0=I_C\boldsymbol{\omega}_0$$

在这条边上的角动量分量为$\dfrac{1}{\sqrt{3}}I_C\omega_0$.

绕一条边转动时，设角速度为ω，绕该轴的角动量也就是对转轴上一点的角动量在这条边方向的分量为$I\omega$，所以

$$I\omega=\frac{1}{\sqrt{3}}I_C\omega_0$$

$$\omega=\frac{1}{\sqrt{3}}\frac{I_C}{I}\omega_0=\frac{1}{\sqrt{3}}\frac{\frac{1}{6}ma^2}{\frac{2}{3}ma^2}\omega_0=\frac{1}{4\sqrt{3}}\omega_0$$

前后两个转动时系统的动能分别为

$$T_0=\frac{1}{2}I_C\omega_0^2=\frac{1}{2}\times\frac{1}{6}ma^2\omega_0^2=\frac{1}{12}ma^2\omega_0^2$$

$$T=\frac{1}{2}I\omega^2=\frac{1}{2}\times\frac{2}{3}ma^2\left(\frac{1}{4\sqrt{3}}\omega_0\right)^2=\frac{1}{144}ma^2\omega_0^2$$

动能损失与原动能之比为

$$\frac{T_0-T}{T_0}=\frac{11}{12}$$

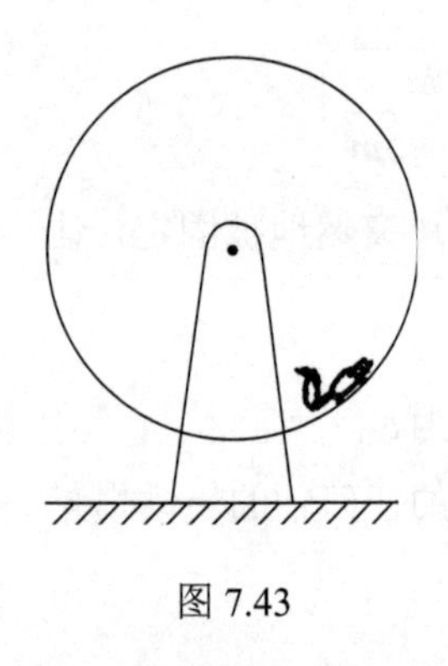

图 7.43

7.3.20　一质量为m的松鼠在一个半径为R、转动惯量为I的圆柱形活动鼠笼中以相对于鼠笼的匀速率v_0奔跑，如图 7.43 所示. 鼠笼受到的阻力矩和它的角速度成正比，与鼠笼的半径R相比，可以略去松鼠的大小. 若初始时刻鼠笼是静止的，松鼠从鼠笼的底部起跑. 用松鼠相对于竖直方向的角度表示角位移. 求在弱阻尼小振动情况下松鼠对静参考系的运动，无阻尼情况下松鼠的角速度，要有这种情况鼠笼应怎样设计?

解　用θ、φ分别表示松鼠和鼠笼相对于竖直方向的角位移，逆时针转动方向为正.

松鼠和鼠笼间有相对运动，它们之间的摩擦力不是静摩擦力，其方向必须判明，松鼠受到鼠笼施以的摩擦力大小为f，沿顺时针方向. 设鼠笼受到的阻力矩大小与其角速度成正比的比例系数为k. 设鼠笼绕该轴的转动惯量为I.

对松鼠和鼠笼分别用对固定轴的角动量定理.

$$mR^2\ddot{\theta}=-fR-mgR\sin\theta \tag{1}$$

$$I\ddot{\varphi}=fR-k\dot{\varphi} \tag{2}$$

松鼠相对于鼠笼的速率为v_0，有

$$R\left(\dot{\theta}-\dot{\varphi}\right)=v_0 \tag{3}$$

所以

$$\dot{\varphi}=\dot{\theta}-\frac{v_v}{R},\ \ddot{\varphi}=\ddot{\theta} \tag{4}$$

式(1)加式(2)，并用式(4)的两个关系消去$\dot{\varphi}$、$\ddot{\varphi}$，则

$$\left(I+mR^2\right)\ddot{\theta}+k\dot{\theta}=-mgR\sin\theta+\frac{kv_0}{R}$$

考虑小振动，$\sin\theta\approx\theta$，

$$\left(I+mR^2\right)\ddot{\theta}+k\dot{\theta}+mgR\theta-\frac{kv_0}{R}=0$$

令$\theta'=\theta-\dfrac{kv_0}{mgR^2}$，微分方程化为

$$\left(I+mR^2\right)\ddot{\theta}'+k\dot{\theta}'+mgR\theta'=0$$

$$\ddot{\theta}'+\frac{k}{I+mR^2}\dot{\theta}'+\frac{mgR}{I+mR^2}\theta'=0$$

令

$$\beta=\frac{k}{2\left(I+mR^2\right)},\quad \omega_0^2=\frac{mgR}{I+mR^2} \tag{5}$$

今为弱阻尼情况，$\beta<\omega_0$，通解为

$$\theta'=\mathrm{e}^{-\beta t}\left(A\sin\omega t+B\cos\omega t\right)$$

其中

$$\omega=\sqrt{\omega_0^2-\beta^2}=\frac{\sqrt{4mgR\left(I+mR^2\right)-k^2}}{2\left(I+mR^2\right)}$$

$$\theta=\frac{kv_0}{mgR^2}+\mathrm{e}^{-\beta t}\left(A\sin\omega t+B\cos\omega t\right) \tag{6}$$

初始条件：$t=0$ 时，$\theta=0$，$\varphi=0$，$\dot{\varphi}=0$，故 $\dot{\theta}=\dfrac{v_0}{R}$，定出 A、B，得

$$\theta=\frac{kv_0}{mgR^2}-\frac{kv_0}{mgR^2}\mathrm{e}^{-\beta t}\left[\cos\omega t+\left(\frac{\beta}{\omega}-\frac{mgR}{k\omega}\right)\sin\omega t\right] \tag{7}$$

对于无阻尼情况，$k=0$，松鼠的运动微分方程为

$$\left(I+mR^2\right)\ddot{\theta}+mgR\theta=0$$

满足初条件的解为

$$\theta=\frac{v_0}{R\omega_0}\sin\omega_0 t \tag{8}$$

所以

$$\dot{\theta}=\frac{v_0}{R}\cos\omega_0 t \tag{9}$$

式(8)也可从式(7)令 $k=0$ 或→0 获得. 式(7)、(9)中的 β、ω_0、ω 由式(5)、(6)给出.

要近似成为这种无阻尼情况，应使 β 尽量小，即 $I+mR^2\gg k$，鼠笼的半径 R 不能太大，可使其转动惯量 I 尽可能大些.

7.3.21　质量为 m 的卫星以角速度 ω 绕质量为 M 的行星沿轨道运行. 假定 $m\ll M$，卫星的自转可以忽略，行星以角速度 Ω 自转，自转轴垂直于卫星的轨道平面. I 为行星绕其轴的转动惯量，D 为卫星至行星中心的距离.

(1) 求行星卫星系统关于其质心的总角动量 J 和总能量 E 的表达式，从这两个表达式中消去 D；

(2) 通常两个角速度 ω 和 Ω 是不相等的. 假定有一种机制，例如潮汐摩擦在 $\omega\neq\Omega$ 时能使 E 减少但角动量守恒. 从 E 作为 ω 的函数考虑，证明存在一初始条件范围使最终 $\omega=\Omega$，且为最后的稳定的位形.

这一效应的著名例子出现在水星和它的卫星间还有金星和它的卫星间. (但是，在这

些例子中是与较轻的物体的自转有关联的).

解　(1)由于$m \ll M$，系统的质心可认为位于行星的中心.

$$J = I\Omega + mD^2\omega \tag{1}$$

$$E = \frac{1}{2}I\Omega^2 + \frac{1}{2}mD^2\omega^2 - \frac{GMm}{D} \tag{2}$$

由前式解出D，代入后式得

$$E = \frac{1}{2}I\Omega^2 + \frac{1}{2}(J - I\Omega)\omega - GMm\sqrt{\frac{m\omega}{J - I\Omega}}$$

(2)考虑E作为ω的函数，潮汐摩擦使E减小，J不变，m仍近似围绕M做圆周运动，D与ω之间总有下列关系：

$$\frac{GMm}{D^2} = mD\omega^2 \tag{3}$$

用式(1)、式(3)，可将式(2)改写为

$$E = \frac{1}{2}I\Omega^2 - \frac{1}{2}mD^2\omega^2 \tag{2'}$$

由式(3)得

$$\frac{GM}{D^3} = \omega^2$$

$$-\frac{3GM}{D^4}\mathrm{d}D = 2\omega\mathrm{d}\omega$$

$$\frac{\mathrm{d}D}{\mathrm{d}\omega} = -\frac{2\omega D^4}{3GM} = -\frac{2D}{3\omega} \tag{4}$$

由式(1)及$\mathrm{d}J = 0$，得

$$I\mathrm{d}\Omega + mD^2\mathrm{d}\omega + 2mD\omega\mathrm{d}D = 0$$

再用式(4)，上式可改写为

$$I\mathrm{d}\Omega - \frac{1}{3}mD^2\mathrm{d}\omega = 0$$

$$\frac{\mathrm{d}\Omega}{\mathrm{d}\omega} = \frac{mD^2}{3I} \tag{5}$$

对式(2′)两边对ω求导，并用式(4)、(5)，得

$$\frac{\mathrm{d}E}{\mathrm{d}\omega} = I\Omega\frac{\mathrm{d}\Omega}{\mathrm{d}\omega} - mD^2\omega - mD\omega^2\frac{\mathrm{d}D}{\mathrm{d}\omega} = \frac{1}{3}mD^2(\Omega - \omega) \tag{6}$$

潮汐摩擦是耗散力，E必然减小，因此在达到稳定运动以前，必有$\mathrm{d}E<0$，达到稳定运动时$\mathrm{d}E = 0$，$\frac{\mathrm{d}E}{\mathrm{d}\omega} = 0$，$\Omega = \omega$.

还要求$\left.\frac{\mathrm{d}^2E}{\mathrm{d}\omega^2}\right|_{\Omega=\omega}>0$，即在$\Omega = \omega$时$E$取极小值. 由式(6)及式(4)、(5)得

$$\frac{\mathrm{d}^2E}{\mathrm{d}\omega^2} = -\frac{4}{9}\frac{mD^2}{\omega}(\Omega - \omega) + \frac{1}{3}mD^2\left(\frac{mD^2}{3I} - 1\right)$$

$$\left.\frac{\mathrm{d}^2 E}{\mathrm{d}\omega^2}\right|_{\Omega=\omega}>0$$

要求初始条件满足的范围为

$$\frac{mD^2}{3I}-1>0 \quad 或 \quad D^2>\frac{3I}{m}$$

说明：从题目所述，$\boldsymbol{\omega}$与$\boldsymbol{\Omega}$是平行的，未说明同向还是反向. 以上的解是考虑它们是同向的. 如果是反向的. 则式(1)应改为

$$J=I\Omega-mD^2\omega$$

式(5)改为

$$\frac{\mathrm{d}\Omega}{\mathrm{d}\omega}=-\frac{mD^2}{3I}$$

式(6)改为

$$\frac{\mathrm{d}E}{\mathrm{d}\omega}=-\frac{1}{3}mD^2(\Omega+\omega)$$

可得在初始条件范围$D^2>\dfrac{3I}{m}$情况下，当$\Omega+\omega=0$时，达到最后的稳定运动. 最后的稳定运动和对初始条件范围的要求结果相同.

7.3.22　7.2.3题所述的刚体被图7.19中A和B处的支点约束以角速度$\boldsymbol{\omega}=\omega\boldsymbol{j}$绕$y$轴旋转，写出作为时间函数的对$A$点的角动量，并求出在$B$处所受的垂直于$y$轴的外力分量(不计重力).

解　图7.19所画的$Axyz$坐标是固定坐标，设$t=0$时，刚体在图示位置. 另取$Ax'y'z'$坐标系固连于刚体，在$t=0$时，x'、y'、z'轴分别与x、y、z轴重合.

7.2.3题解中得到的关于A点的惯量张量

$$\vec{\boldsymbol{I}}(A)=\begin{bmatrix}\frac{5}{2}MR^2 & -\frac{5}{4}MR^2 & 0\\ -\frac{5}{4}MR^2 & \frac{3}{2}MR^2 & 0\\ 0 & 0 & 4MR^2\end{bmatrix}$$

是用$Ax'y'z'$坐标系表达的. 由于$Ax'y'z'$坐标系固连于刚体，它适用于任何时刻，

$$\boldsymbol{\omega}=\omega\boldsymbol{j}' \quad (因为\ \boldsymbol{j}=\boldsymbol{j}')$$

$$\boldsymbol{J}(A)=\vec{\boldsymbol{I}}(A)\cdot\boldsymbol{\omega}=\begin{bmatrix}\frac{5}{2}MR^2 & -\frac{5}{4}MR^2 & 0\\ -\frac{5}{4}MR^2 & \frac{3}{2}MR^2 & 0\\ 0 & 0 & 4MR^2\end{bmatrix}\begin{bmatrix}0\\ \omega\\ 0\end{bmatrix}$$

$$=-\frac{5}{4}MR^2\omega\boldsymbol{i}'+\frac{3}{2}MR^2\omega\boldsymbol{j}'$$

它也适用于任何时刻，其中 $\boldsymbol{i}'$ 是时间的函数.

$$\boldsymbol{i}'=\cos\omega t\boldsymbol{i}-\sin\omega t\boldsymbol{k},\quad \boldsymbol{j}'=\boldsymbol{j},\quad \boldsymbol{k}'=\sin\omega t\boldsymbol{i}+\cos\omega t\boldsymbol{k}$$

把 $\boldsymbol{J}(A)$ 写成时间 t 的显函数为

$$\boldsymbol{J}(A)=-\frac{5}{4}MR^2\omega\cos\omega t\boldsymbol{i}+\frac{3}{2}MR^2\omega\boldsymbol{j}+\frac{5}{4}MR^2\omega\sin\omega t\boldsymbol{k}$$

$$\frac{\mathrm{d}\boldsymbol{J}(A)}{\mathrm{d}t}=\frac{5}{4}MR^2\omega^2\sin\omega t\boldsymbol{i}+\frac{5}{4}MR^2\omega^2\cos\omega t\boldsymbol{k}$$

设 B 处支点给予刚体的约束力为

$$\boldsymbol{f}_B=f_{Bx}\boldsymbol{i}+f_{By}\boldsymbol{j}+f_{Bz}\boldsymbol{k}$$

质点 m 受重力

$$\boldsymbol{f}_m=-mg\boldsymbol{j}'=-\frac{5}{4}Mg\boldsymbol{j}'$$

刚体受到的对 A 点的外力矩

$$\begin{aligned}\boldsymbol{M}_A&=\boldsymbol{r}_B\times\boldsymbol{f}_B+\boldsymbol{r}_m\times\boldsymbol{f}_m\\&=2R\boldsymbol{j}\times\left(f_{Bx}\boldsymbol{i}+f_{By}\boldsymbol{j}+f_{Bz}\boldsymbol{k}\right)+\left(R\boldsymbol{i}'+R\boldsymbol{j}'\right)\times\left(-\frac{5}{4}Mg\boldsymbol{j}'\right)\\&=2Rf_{Bz}\boldsymbol{i}-2Rf_{Bx}\boldsymbol{k}-\frac{5}{4}MgR\boldsymbol{k}'\\&=\left(2Rf_{Bz}-\frac{5}{4}MgR\sin\omega t\right)\boldsymbol{i}-\left(2Rf_{Bx}+\frac{5}{4}MgR\cos\omega t\right)\boldsymbol{k}\end{aligned}$$

对固定点 A 的角动量定理

$$\frac{\mathrm{d}\boldsymbol{J}(A)}{\mathrm{d}t}=\boldsymbol{M}_A$$

$$\begin{aligned}&\frac{5}{4}MR^2\omega^2\sin\omega t\boldsymbol{i}+\frac{5}{4}MR^2\omega^2\cos\omega t\boldsymbol{k}\\&=\left(2Rf_{Bz}-\frac{5}{4}MgR\sin\omega t\right)\boldsymbol{i}-\left(2Rf_{Bx}+\frac{5}{4}MgR\cos\omega t\right)\boldsymbol{k}\end{aligned}$$

可得

$$\frac{5}{4}MR^2\omega^2\sin\omega t=2Rf_{Bx}-\frac{5}{4}MgR\sin\omega t$$

$$\frac{5}{4}MR^2\omega^2\cos\omega t=-\left(2Rf_{Bx}+\frac{5}{4}MgR\cos\omega t\right)$$

$$f_{Bx}=-\frac{5}{8}M\left(R\omega^2+g\right)\cos\omega t$$

$$f_{Bz}=\frac{5}{8}M\left(R\omega^2+g\right)\sin\omega t$$

考虑到对称性，$f_{Ax}=f_{Bx}$，$f_{Az}=f_{Bz}$，即得方法一所得的结果.

7.3.23 一个高速转子由质量为 M、半径为 R、宽度为 $2l$ 的均质圆盘组成，将它安装在一根轴上，轴的轴承相距$2d$，两块质量均为m的附加质量块对称地安置在转子上，如图 7.44 所示. 若转子以角速度ω高速旋转，求作用在轴承上的随时间变化的力(重力可以不计).

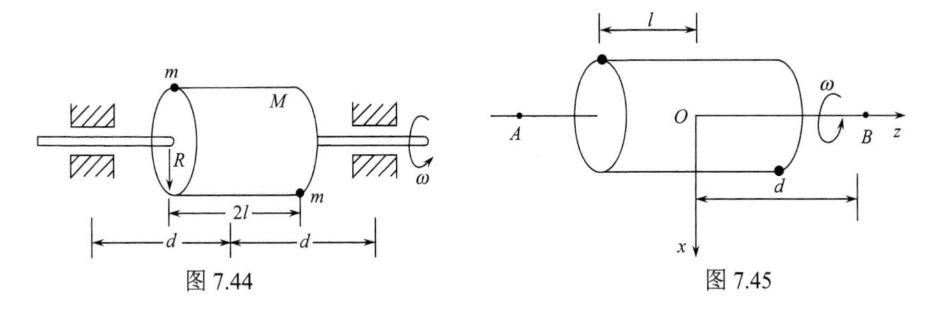

图 7.44　　图 7.45

解法一　由于质心在固定转轴上，质心加速度为零，因此在转子旋转时轴承附加的合力等于零，但合力矩不为零.

取固连于刚体的$Oxyz$坐标，原点位于质心，附加的两质量块在xz平面上，如图 7.45 所示.

由对O点用角动量定理，

$$\frac{\mathrm{d}}{\mathrm{d}l}\left(\vec{\boldsymbol{I}}(O)\cdot\boldsymbol{\omega}\right)=\boldsymbol{M}$$

其中

$$\boldsymbol{\omega}=\omega\boldsymbol{k}$$

$$I_{xz}\dot{\omega}-I_{yz}\omega^2=M_x \tag{1}$$

$$I_{yz}\dot{\omega}+I_{xz}\omega^2=M_y \tag{2}$$

$$I_{zz}\dot{\omega}=M_z$$

今

$$\dot{\omega}=0,\quad I_{xz}=-2mRl,\quad I_{yz}=0 \tag{3}$$

$\boldsymbol{f}_A$、$\boldsymbol{f}_B$是两轴承处轴承对轴的作用力，

$$\boldsymbol{f}_A=f_{Ax}\boldsymbol{i}+f_{Ay}\boldsymbol{j},\ \boldsymbol{f}_B=f_{Bx}\boldsymbol{i}+f_{By}\boldsymbol{j}$$

因为

$$\boldsymbol{f}_A+\boldsymbol{f}_B=0$$

所以

$$f_{Ax}=-f_{Bx},\ f_{Ay}=-f_{By}$$

$$\begin{aligned}\boldsymbol{M}&=d\boldsymbol{k}\times\left(f_{Bx}\boldsymbol{i}+f_{By}\boldsymbol{j}\right)+\left(-d\boldsymbol{k}\right)\times\left(f_{Ax}\boldsymbol{i}+f_{Ay}\boldsymbol{j}\right)\\&=-2f_{By}d\boldsymbol{i}+2f_{Bx}d\boldsymbol{j}\end{aligned} \tag{4}$$

由式(1)、(3)、(4)得

$$f_{By}=0$$

由式(2)、(3)、(4)得

$$f_{Bx}=-mRl\omega^2/d$$

$$\boldsymbol{f}_A = f_{Ax}\boldsymbol{i} = -f_{Bx}\boldsymbol{i} = \left(mRl\omega^2 / d\right)\boldsymbol{i}$$

$$\boldsymbol{f}_B = -\boldsymbol{f}_A = -\left(mRl\omega^2 / d\right)\boldsymbol{i}$$

如取图 7.45 中的 x 坐标与固定的 ξ 坐标（图中未画）重合时为 $t=0$，则 $\boldsymbol{i} = \cos\omega t\boldsymbol{\xi}^0 + \sin\omega t\boldsymbol{\eta}^0$，

$$\boldsymbol{f}_A = \frac{mRl\omega^2}{d}\left(\cos\omega t\boldsymbol{\xi}^0 + \sin\omega t\boldsymbol{\eta}^0\right)$$

$$\boldsymbol{f}_B = -\frac{mRl\omega^2}{d}\left(\cos\omega t\boldsymbol{\xi}^0 + \sin\omega t\boldsymbol{\eta}^0\right)$$

作用在轴承 A、B 上的力是它们的反作用力.

解法二　用转动参考系.

用固连于刚体的 $Oxyz$ 坐标系为参考系，受到的真实力和惯性力如图 7.46 所示. f_A、f_B 是轴承 A、B 作用于轴的真实力，两个 $mR\omega^2$ 是作用于附加质量块上的惯性力.

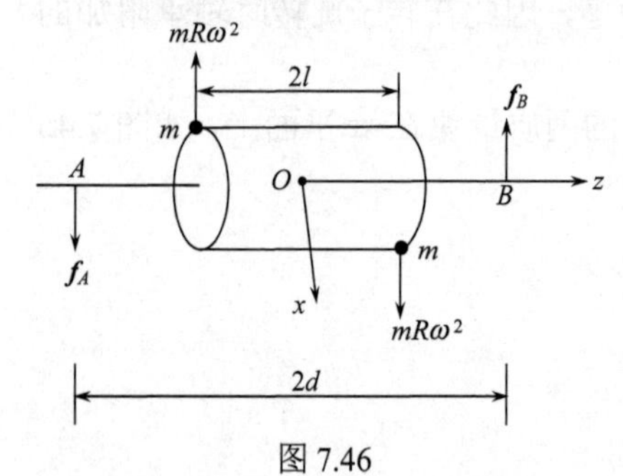

图 7.46

合力为零，$f_A = f_B$.

合力矩为零.

$$mR\omega^2 \cdot 2l = f_A \cdot 2d$$

$$f_A = f_B = \frac{1}{d}mR\omega^2 l$$

以下略.

7.3.24　一个 S 形曲轴由两个半径为 a、质量为 $\frac{1}{2}m$ 的均质半圆圈连成一个平面，中心与两端在一条直线上. 让它围绕与此直线相重合的光滑杆转动，在时间 τ 内，转动由静止状态以恒定的角加速度加速至角速度 Ω. 求为产生这种运动所必须给予的沿杆的方向的力矩以及杆给予曲轴的力矩.

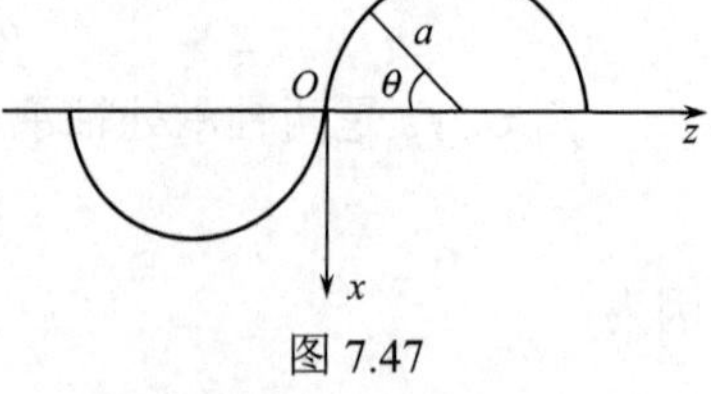

图 7.47

解　取固连于曲轴的 $Oxyz$ 坐标如图 7.47 所示，y 轴垂直纸面向下. 设曲轴的线密度为 η，

$$m = 2\pi a\eta$$

$$I_{zz} = \frac{1}{2}ma^2$$

$z>0$ 处的质元，$x<0$；$z<0$ 处的质元，$x>0$. 故 $z>0$ 部分的半圆圈对 I_{xz} 的贡献和 $z<0$ 部分的半圆圈对 I_{xz} 的贡献是一样的. 计算 $z>0$ 部分的贡献的两倍即可.

$$I_{xz} = -\int xz\mathrm{d}m = -\int xz\eta a\mathrm{d}\theta$$

$$= -2\int_0^{\pi}(-a\sin\theta)\cdot a(1-\cos\theta)\eta a\mathrm{d}\theta = 4\eta a^3 = \frac{4\eta a^3}{2\pi a\eta}m = \frac{2}{\pi}ma^2$$

$$I_{yz} = 0$$

由对 O 点的角动量定理

$$\frac{\mathrm{d}}{\mathrm{d}t}\left(\vec{\boldsymbol{I}}(O)\cdot\boldsymbol{\omega}\right)=\boldsymbol{M}$$

$$\boldsymbol{\omega}=\omega\boldsymbol{k}$$

$$I_{xz}\dot{\omega}-I_{yz}\omega^2=M_x$$

$$I_{yz}\dot{\omega}+I_{xz}\omega^2=M_y$$

$$I_{zz}\dot{\omega}=M_z$$

今 $\dot{\omega}=\dfrac{\Omega}{\tau}$， $\omega=\dfrac{\Omega}{\tau}t$，可得

$$M_z=\frac{1}{2\tau}ma^2\Omega$$

$$M_x=\frac{2}{\pi\tau}ma^2\Omega$$

$$M_y=\frac{2}{\pi\tau^2}ma^2\Omega^2t^2,\quad 0\leqslant t\leqslant\tau$$

为产生这种运动必须给予沿杆方向的力矩为 $M_z=\dfrac{ma^2\Omega}{2\tau}$，杆给予曲轴的力矩在曲轴平面内的分量为 $M_x=\dfrac{2ma^2\Omega}{\pi\tau}$ 和 $M_z=\dfrac{ma^2\Omega}{2\tau}$， 垂直于曲轴平面的分量 $M_y=\dfrac{2ma^2\Omega^2t^2}{\pi\tau^2}$.

7.3.25 求 7.3.19 题前后两个定轴转动的角动量大小之比，以及在固定过程中给予的外力矩之冲量的大小与原角动量大小之比.

解 取后一转动的轴(立方体被突然固定的边)为 z 轴，取其正向，使 $\boldsymbol{\omega}=\omega\boldsymbol{k}$，取此轴与原来的转轴的交点为坐标系原点，取过此点(立方体的一个角)另两条立方体的边为 x 和 y 轴. 7.3.19 题已求得关于此原点用这样的坐标系表达的惯量张量为

$$\vec{\boldsymbol{I}}=\begin{bmatrix}\frac{2}{3}ma^2 & -\frac{1}{4}ma^2 & -\frac{1}{4}ma^2\\ -\frac{1}{4}ma^2 & \frac{2}{3}ma^2 & -\frac{1}{4}ma^2\\ -\frac{1}{4}ma^2 & -\frac{1}{4}ma^2 & \frac{2}{3}ma^2\end{bmatrix}$$

$$\boldsymbol{J}=\vec{\boldsymbol{I}}\cdot\boldsymbol{\omega}=ma^2\begin{bmatrix}\frac{2}{3} & -\frac{1}{4} & -\frac{1}{4}\\ -\frac{1}{4} & \frac{2}{3} & -\frac{1}{4}\\ -\frac{1}{4} & -\frac{1}{4} & \frac{2}{3}\end{bmatrix}\begin{bmatrix}0\\0\\\omega\end{bmatrix}$$

$$=ma^2\left(-\frac{1}{4}\omega\boldsymbol{i}-\frac{1}{4}\omega\boldsymbol{j}+\frac{2}{3}\omega\boldsymbol{k}\right)$$

$$J=ma^2\omega\sqrt{\left(-\frac{1}{4}\right)^2+\left(-\frac{1}{4}\right)^2+\left(\frac{2}{3}\right)^2}=\frac{1}{6}\sqrt{\frac{41}{2}}ma^2\omega$$

$$J_0=I_{\mathrm{C}}\omega_0=\frac{1}{6}ma^2\omega_0$$

用 7.3.19 题得到的结果，

$$\omega = \frac{1}{4\sqrt{3}}\omega_0$$

$$\frac{J}{J_0} = \frac{\frac{1}{6}\sqrt{\frac{41}{2}}ma^2\omega}{\frac{1}{6}ma^2\omega_0}\frac{1}{4}\sqrt{\frac{41}{6}}$$

在固定过程中，立方体受到的冲量矩为

$$\begin{aligned}\boldsymbol{J} - \boldsymbol{J}_0 &= ma^2\omega\left(-\frac{1}{4}\boldsymbol{i} - \frac{1}{4}\boldsymbol{j} + \frac{2}{3}\boldsymbol{k}\right) \\ &\quad - \frac{1}{6}ma^2\omega_0\left(\frac{1}{\sqrt{3}}\boldsymbol{i} + \frac{1}{\sqrt{3}}\boldsymbol{j} + \frac{1}{\sqrt{3}}\boldsymbol{k}\right) \\ &= -\frac{11}{48\sqrt{3}}ma^2\omega_0(\boldsymbol{i} + \boldsymbol{j})\end{aligned}$$

$$|\boldsymbol{J} - \boldsymbol{J}_0| = \frac{11\sqrt{2}}{48\sqrt{3}}ma^2\omega_0$$

在固定过程中给予的冲量矩的大小与原角动量大小之比为

$$\frac{|\boldsymbol{J} - \boldsymbol{J}_0|}{J_0} = \frac{\frac{11\sqrt{2}}{48\sqrt{3}}ma^2\omega_0}{\frac{1}{6}ma^2\omega_0} = \frac{11}{24}\sqrt{6}$$

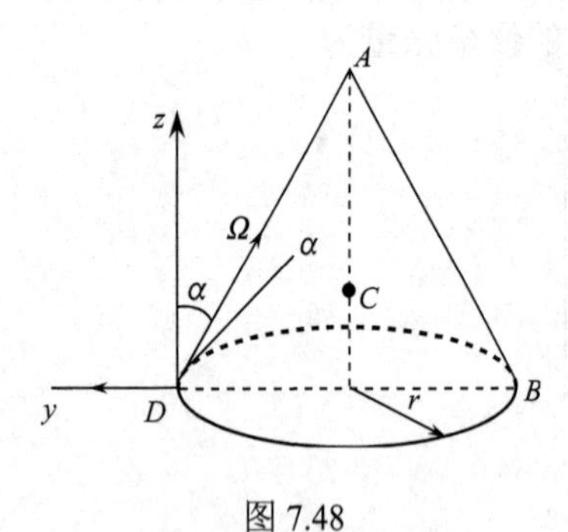

图 7.48

7.3.26　如图 7.48 所示，一个均质的正圆锥底面半径为 r、高为 $\sqrt{\frac{3}{2}}r$，其质心的位置以及关于质心的惯量张量可利用 7.2.8 题的结果. 此圆锥绕一条母线转动，角速度为 Ω，突然放开这条母线，固定与此母线相交的底面的直径. 求此刻绕底面直径转动的角速度以及前后动能之比.

解　用 7.2.7 题的结果，可得，绕底面一条直径的转动惯量为

$$I = \frac{1}{20}m(3r^2 + 2h^2) = \frac{1}{20}m\left(3r^2 + 2\times\frac{3}{2}r^2\right) = \frac{3}{10}mr^2$$

关于质心 C 的惯量张量为

$$\vec{\boldsymbol{I}}(C) = \begin{bmatrix}\frac{33}{160}mr^2 & 0 & 0 \\ 0 & \frac{33}{160}mr^2 & 0 \\ 0 & 0 & \frac{3}{10}mr^2\end{bmatrix}$$

质心 C 离顶点 A 的距离为

$$\frac{3}{4}h=\frac{3}{4}\sqrt{\frac{3}{2}}r$$

求关于 D 点(被放开的母线与底面直径的交点)的惯量张量，用

$$I_{jk}(D)=I_{jk}(C)+m\left[R_{C}^{2}(D)\delta_{jk}-x_{jC}(D)x_{kC}(D)\right]$$

这里

$$\boldsymbol{R}_{C}(D)=-r\boldsymbol{j}+\frac{1}{4}\sqrt{\frac{3}{2}}r\boldsymbol{k}$$

$$I_{xx}(D)=\frac{33}{160}mr^{2}+m\left[(-r)^{2}+\left(\frac{1}{4}\sqrt{\frac{3}{2}}r\right)^{2}\right]=\frac{13}{10}mr^{2}$$

$$I_{yy}(D)=\frac{33}{160}mr^{2}+m\left[(-r)^{2}+\left(\frac{1}{4}\sqrt{\frac{3}{2}}r\right)^{2}-(-r)^{2}\right]=\frac{3}{10}mr^{2}$$

$$I_{zz}(D)=\frac{3}{10}mr^{2}+m\left[(-r)^{2}+\left(\frac{1}{4}\sqrt{\frac{3}{2}}r\right)^{2}-\left(\frac{1}{4}\sqrt{\frac{3}{2}}r\right)^{2}\right]=\frac{13}{10}mr^{2}$$

$$I_{xy}(D)=0+m\left[-0(-r)\right]=0$$

$$I_{xz}(D)=0+m\left[-0\left(\frac{1}{4}\sqrt{\frac{3}{2}}r\right)\right]=0$$

$$I_{yz}(D)=0+m\left[-(-r)\left(\frac{1}{4}\sqrt{\frac{3}{2}}r\right)\right]=\frac{1}{4}\sqrt{\frac{3}{2}}mr^{2}$$

$$\vec{\boldsymbol{I}}(D)=mr^{2}\begin{bmatrix}\frac{13}{10} & 0 & 0\\ 0 & \frac{3}{10} & \frac{1}{4}\sqrt{\frac{3}{2}}\\ 0 & \frac{1}{4}\sqrt{\frac{3}{2}} & \frac{13}{10}\end{bmatrix}$$

绕母线 DA 转动的角速度为

$$\boldsymbol{\Omega}=-\Omega\sin\alpha\boldsymbol{j}+\Omega\cos\alpha\boldsymbol{k}$$

$$\boldsymbol{J}_{0}=\boldsymbol{J}_{DA}=\vec{\boldsymbol{I}}(D)\cdot\boldsymbol{\Omega}=mr^{2}\begin{bmatrix}\frac{13}{10} & 0 & 0\\ 0 & \frac{3}{10} & \frac{1}{4}\sqrt{\frac{3}{2}}\\ 0 & \frac{1}{4}\sqrt{\frac{3}{2}} & \frac{13}{10}\end{bmatrix}\begin{bmatrix}0\\ -\Omega\sin\alpha\\ \Omega\cos\alpha\end{bmatrix}$$

$$= \left(-\frac{3}{10}\sin\alpha + \frac{1}{4}\sqrt{\frac{3}{2}}\cos\alpha \right) mr^2 \boldsymbol{\Omega}\boldsymbol{j} + \left(-\frac{1}{4}\sqrt{\frac{3}{2}}\sin\alpha + \frac{13}{10}\cos\alpha \right) mr^2 \boldsymbol{\Omega}\boldsymbol{k}$$

设绕底面直径 DB 转动的角速度为 $\boldsymbol{\omega}$，如图 7.47 所示，$\boldsymbol{\omega} = \omega\boldsymbol{j}$，

$$\boldsymbol{J} = \boldsymbol{J}_{DB} = \vec{\boldsymbol{I}}(D) \cdot \boldsymbol{\omega} = \frac{3}{10} mr^2 \omega \boldsymbol{j} + \frac{1}{4}\sqrt{\frac{3}{2}} mr^2 \omega \boldsymbol{k}$$

固定过程中对 y 轴的冲量矩为零. 应有

$$J_{0y} = J_y$$

即

$$\left(-\frac{3}{10}\sin\alpha + \frac{1}{4}\sqrt{\frac{3}{2}}\cos\alpha \right) mr^2 \Omega = \frac{3}{10} mr^2 \omega$$

$$\tan\alpha = \frac{r}{h} = \frac{r}{\sqrt{\frac{3}{2}}r} = \sqrt{\frac{2}{3}}$$

可得

$$\cos\alpha = \frac{1}{\sqrt{1+\tan^2\alpha}} = \sqrt{\frac{3}{5}}, \sin\alpha = \sqrt{\frac{2}{5}}$$

$$\omega = \frac{1}{4}\sqrt{\frac{2}{5}}\Omega$$

$$T_0 = \frac{1}{2}\boldsymbol{\Omega} \cdot \vec{\boldsymbol{I}}(D) \cdot \boldsymbol{\Omega}$$

$$= \frac{1}{2} mr^2 \Omega^2 (0 - \sin\alpha\cos\alpha) \begin{bmatrix} \frac{13}{10} & 0 & 0 \\ 0 & \frac{3}{10} & \frac{1}{4}\sqrt{\frac{3}{2}} \\ 0 & \frac{1}{4}\sqrt{\frac{3}{2}} & \frac{13}{10} \end{bmatrix} \begin{bmatrix} 0 \\ -\sin\alpha \\ \cos\alpha \end{bmatrix}$$

$$= \frac{3}{10} mr^2 \Omega^2$$

$$T = \frac{1}{2}\boldsymbol{\omega} \cdot \vec{\boldsymbol{I}}(D) \cdot \boldsymbol{\omega} \quad 或 \quad \frac{1}{2} I_{DB}\omega^2$$

其中

$$I_{DB} = \frac{33}{160} mr^2 + m\left(\frac{1}{4}h\right)^2 = \frac{33}{160} mr^2 + m\left(\frac{1}{4}\sqrt{\frac{3}{2}}r\right)^2 = \frac{3}{10} mr^2$$

可得

$$T = \frac{3}{800} m r^2 \Omega^2$$

所以

$$\frac{T_0}{T} = 80$$

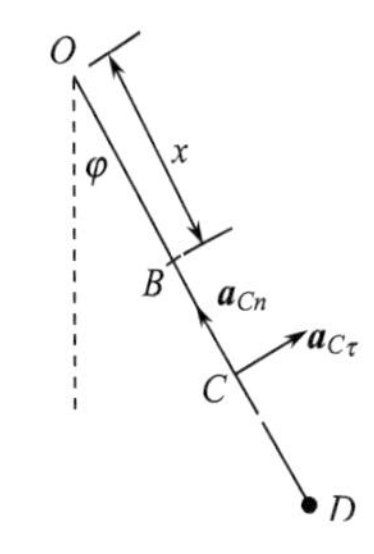

图 7.49

7.3.27　长为l、重P的均匀直杆在铅垂平面内绕其上端O自由摆动. 试求当杆子处在与铅垂线成φ角时，距O点为x处的杆子截面A的弯曲力矩的大小，并问此时弯曲力矩具有最大值的截面在何处?

提示:截面A处杆的两边除相互有作用力外,还有相互作用的力矩,现在要求的就是这相互作用的力矩.

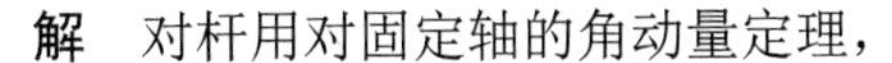

解　对杆用对固定轴的角动量定理，

$$\frac{1}{3} m l^2 \dot{\omega} = -mg \cdot \frac{l}{2} \sin\varphi \tag{1}$$

对图 7.49 中BD段杆用质心运动定理. C是BD段杆的质心，C离固定轴O点的距离为

$$x + \frac{1}{2}(l - x) = \frac{1}{2}(l + x)$$

将质心加速度按切向、法向分解，分别为图中的$\boldsymbol{a}_{C\tau}$和$\boldsymbol{a}_{Cn}$，

$$a_{C\tau} = \frac{1}{2}(l + x)\dot{\omega} \tag{2}$$

设OB段杆作用于BD段杆的力沿$\boldsymbol{a}_{C\tau}$方向的力为F. BD段杆质心运动定理的切向方程为

$$\frac{m}{l}(l - x) a_{C\tau} = F - \frac{m}{l}(l - x) g \sin\varphi \tag{3}$$

从式(3)解出F，并代入式(1)、(2)，

$$\begin{aligned} F &= \frac{m}{l}(l - x) \cdot \frac{1}{2}(l + x)\left(-\frac{3g}{2l}\sin\varphi\right) + \frac{m}{l}(l - x) g \sin\varphi \\ &= \frac{P}{4l^2}\left(l^2 - 4lx + 3x^2\right)\sin\varphi \end{aligned}$$

对OB段杆用对O点固定轴的角动量定理，

$$\frac{1}{3}\left(\frac{m}{l}x\right)x^2 \dot{\omega} = -\left(\frac{m}{l}x\right) g \cdot \frac{x}{2}\sin\varphi - Fx + M$$

其中M是BD段杆作用于OB段杆的弯曲力矩，其绝对值就是所要求的距O点为x处的杆子截面在杆子处于与铅垂线成φ角时的弯曲力矩的大小，

$$\begin{aligned} M &= \frac{m}{3l} x^3 \left(-\frac{3g}{2l}\sin\varphi\right) + \frac{mg}{2l} x^2 \sin\varphi + \frac{P}{4l}\left(l^2 - 4lx + 3x^2\right) x \sin\varphi \\ &= \frac{P}{4l^2}(l - x)^2 x \sin\varphi \end{aligned}$$

所求力矩的大小为$|M| = \dfrac{P}{4l^2}(l - x)^2 x |\sin\varphi|$.

弯曲力矩具有最大值的位置处，

$$\frac{\mathrm{d}|M|}{\mathrm{d}x}=0$$

$$\frac{\mathrm{d}}{\mathrm{d}x}\left[(l-x)^2x\right]=(l-x)^2-2(l-x)x=(l-x)(l-3x)=0$$

所以

$$x=l,\ x=\frac{1}{3}l$$

$$\frac{\mathrm{d}^2}{\mathrm{d}x^2}\left[(l-x)^2x\right]=\frac{\mathrm{d}}{\mathrm{d}x}\left[(l-x)(l-3x)\right]=-4l+4x$$

在 $x=l$ 处，$\frac{\mathrm{d}^2|M|}{\mathrm{d}x^2}=0$，$\frac{\mathrm{d}^3|M|}{\mathrm{d}x^3}=4>0$，$|M|$ 为极小值，在 $x=\frac{1}{3}l$ 处，$\frac{\mathrm{d}^2|M|}{\mathrm{d}x^2}<0$，$|M|$ 为极大值.

结论是不论 φ 取何值，均在离 O 点距离 $\frac{1}{3}l$ 处截面上两边相互作用的弯曲力矩值最大.

7.3.28 图 7.50 中画的是一个凸轮轴的简化抽象图，质量为 m 和 $2m$ 的四个质点固定在无质量的杆上，并都处在一个平面内. 它以恒定的角速度 ω 绕 OO' 轴转动，轴承处无摩擦，问：

(1) 轴承施加的力对质心的力矩多大?

(2) 绕质点所在平面中哪一个轴做定轴转动时不论 ω 多大轴承处没有附加压力?

解　取转轴为 z 轴，坐标原点 O 取在质心，x 轴取在四个质点所在的平面内.

(1) 取图 7.51 所示的坐标，由对 O 点的角动量定理，

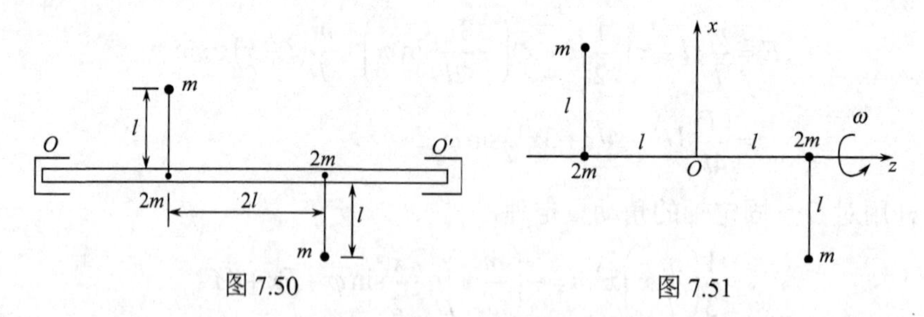

图 7.50　　图 7.51

$$\frac{\mathrm{d}\boldsymbol{J}}{\mathrm{d}t}=\frac{\tilde{\mathrm{d}}\boldsymbol{J}}{\mathrm{d}t}+\boldsymbol{\omega}\times\boldsymbol{J}=\boldsymbol{M}$$

$$I_{xz}\dot{\omega}-I_{yz}\omega^2=M_x$$

$$I_{yz}\dot{\omega}+I_{xz}\omega^2=M_y$$

$$I_{zz}\dot{\omega}=M_z$$

今 $\dot{\omega}=0$，$I_{yz}=0$，可得

$$M_x=0,\ M_z=0$$

$$M_y=I_{xz}\omega^2$$

因为

$$I_{xz}=-\left[ml(-l)+m(-l)l\right]=2ml^2$$

所以

$$M_y=2ml^2\omega^2$$

(2)要ω不论多大轴承处没有附加压力，必须$F_x=0$，$F_y=0$，$M_x=0$，$M_y=0$.

由质心运动定理，

$$m\frac{\mathrm{d}\boldsymbol{v}_C}{\mathrm{d}t}=m\left(\frac{\tilde{\mathrm{d}}\boldsymbol{v}_C}{\mathrm{d}t}+\boldsymbol{\omega}\times\boldsymbol{v}_C\right)=\boldsymbol{F}$$

$$\boldsymbol{v}_C=\boldsymbol{\omega}\times\boldsymbol{r}_C$$

对于$\boldsymbol{\omega}=\omega\boldsymbol{k}$可得

$$-my_C\dot{\omega}-mx_C\omega^2=F_x$$

$$mx_C\dot{\omega}-my_C\omega^2=F_y$$

$$0=F_z$$

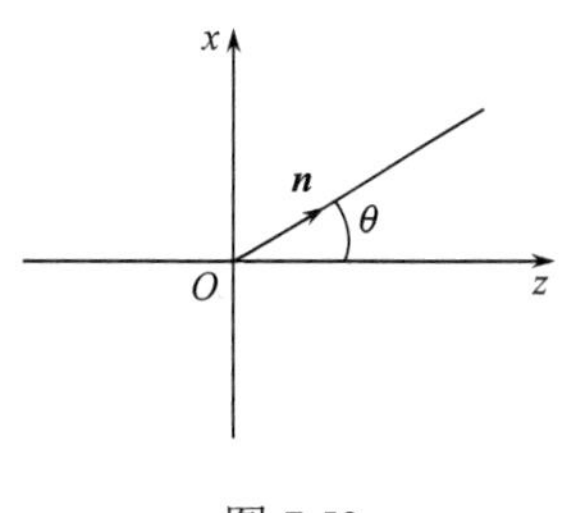

图 7.52

要使F_x、F_y均为零始终成立，必须取转轴为z轴，而且z轴通过质心，这样$x_C=y_C=0$. 从(1)问中写出的关于O点的角动量定理的分量方程看，要M_x、M_y均为零，必须$I_{xz}=0$，$I_{yz}=0$，即转轴必须是惯量主轴.

今要在质点所在平面内找惯量主轴，即在图 7.52 的xz平面内找惯量主轴，设在此平面内与z轴夹角为θ的轴是惯量主轴，(注意. 因为$I_{xy}=0$，$I_{yz}=0$，y轴是惯量主轴)，该轴的单位矢量为

$$\boldsymbol{n}=\sin\theta\boldsymbol{i}+\cos\theta\boldsymbol{k}$$

由$I=\boldsymbol{n}\cdot\vec{\boldsymbol{I}}\cdot\boldsymbol{n}$可得绕该轴的转动惯量为

$$I=I_{xx}\sin^2\theta+2I_{xz}\sin\theta\cos\theta+I_{zz}\cos^2\theta$$

绕惯量主轴的转动惯量必须是极大值或极小值，故有

$$\frac{\mathrm{d}I}{\mathrm{d}\theta}=0$$

$$\begin{aligned}\frac{\mathrm{d}I}{\mathrm{d}\theta}&=2I_{xx}\sin\theta\cos\theta+2I_{xz}\left(-\sin^2\theta+\cos^2\theta\right)-2I_{zz}\sin\theta\cos\theta\\&=\left(I_{xx}-I_{zz}\right)\sin2\theta+2I_{xz}\cos2\theta=0\end{aligned}$$

$$\tan2\theta=\frac{2I_{xz}}{I_{zz}-I_{xx}}$$

今

$$I_{xx}=2(m+2m)l^2=6ml^2$$

$$I_{zz}=2ml^2$$

$$I_{xz}=2ml^2$$

$$\tan2\theta=\frac{2\times2ml^2}{2ml^2-6ml^2}=-1$$

$$2\theta = -45° \quad 或 \quad 135°$$

$$\theta = -22.5° \quad 或 \quad 67.5°$$

7.3.29　图 7.53 所示的曲轴由均质细杆组成，曲轴以恒定的角速度$\boldsymbol{\omega}$绕固定轴无摩擦转动，不计重力，求作用在轴承上的合力，在图中画出这些力和角动量的方向.

解法一　取固连于刚体的 $Oxyz$ 坐标如图 7.54 所示. 用对 O 点的角动量定理.

$$\frac{\tilde{\mathrm{d}}\boldsymbol{J}}{\mathrm{d}t} + \boldsymbol{\omega} \times \boldsymbol{J} = \boldsymbol{M}$$

$$\boldsymbol{\omega} = \omega \boldsymbol{i}$$

$$\boldsymbol{J} = \vec{\mathbf{I}} \cdot \boldsymbol{\omega} = I_{xx}\omega \boldsymbol{i} + I_{xy}\omega \boldsymbol{j} + I_{xz}\omega \boldsymbol{k}$$

$$\boldsymbol{\omega} \times \boldsymbol{J} = -I_{xz}\omega^2 \boldsymbol{j} + I_{xy}\omega^2 \boldsymbol{k}$$

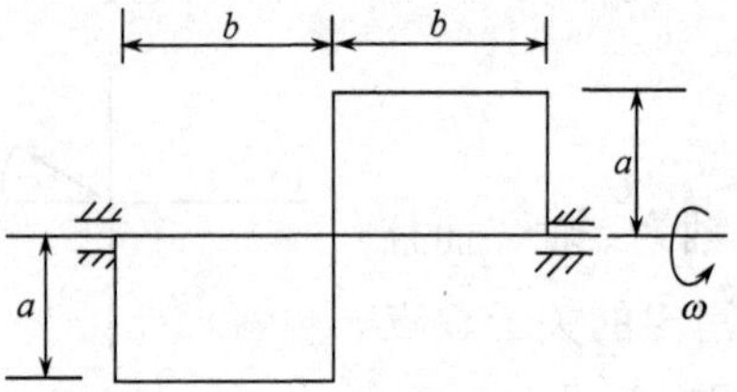

图 7.53

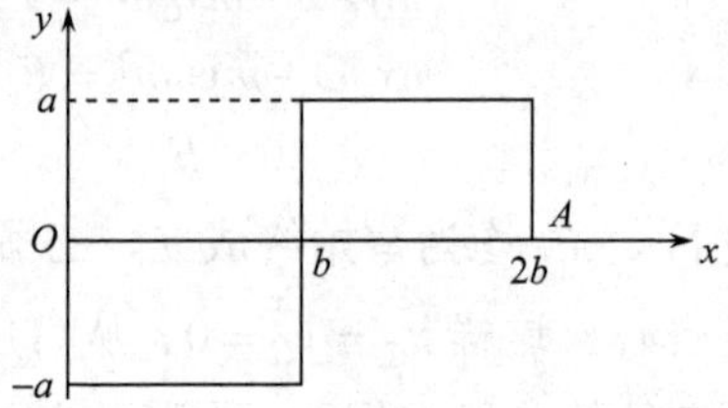

图 7.54

所以

$$I_{xx}\dot{\omega} = M_x$$

$$I_{xy}\dot{\omega} - I_{xz}\omega^2 = M_y$$

$$I_{xz}\dot{\omega} + I_{xy}\omega^2 = M_z$$

今 $\dot{\omega} = 0$，$I_{xz} = 0$，$I_{xx} = 2\eta ba^2$，其中 η 是杆的线密度.

$$\begin{aligned} I_{xy} &= -\int xy\mathrm{d}m \\ &= -\int_0^b x(-a)\eta\mathrm{d}x - \int_{-a}^a by\eta\mathrm{d}y - \int_b^{2b} ax\eta\mathrm{d}x - \int_0^a 2by\eta\mathrm{d}y \\ &= -\eta ab(a+b) \end{aligned}$$

轴承作用于曲轴的对 O 点的力矩为

$$\boldsymbol{M} = 2b\boldsymbol{i} \times \left(N_{Ax}\boldsymbol{i} + N_{Ay}\boldsymbol{j} + N_{Az}\boldsymbol{k}\right) = -2bN_{Az}\boldsymbol{j} + 2bN_{Ay}\boldsymbol{k}$$

可得

$$M_y = 0 \quad 所以 \quad N_{Az} = 0$$

$$-\eta ab(a+b)\omega^2 = 2bN_{Ay}$$

$$N_{Ay} = -\frac{1}{2}\eta a(a+b)\omega^2$$

根据质心运动定理，因为 $\boldsymbol{a}_C = 0$，

$$\boldsymbol{N}_A + \boldsymbol{N}_O = 0$$

O 处轴承作用在轴上的力

$$\boldsymbol{N}_O = -\boldsymbol{N}_A = \frac{1}{2}\eta a(a+b)\omega^2 \boldsymbol{j}$$

作用在 A 处、O 处轴承上的合力是 $\boldsymbol{N}_A$、$\boldsymbol{N}_O$ 的反作用力 $\boldsymbol{N}'_A$、$\boldsymbol{N}'_O$，其方向如图 7.55 所示. 曲轴对 O 点的角动量

$$\boldsymbol{J} = 2\eta ba^2\omega \boldsymbol{i} - \eta ab(a+b)\omega \boldsymbol{j}$$

角动量的方向也在图 7.55 中画出.

解法二　取固连于刚体的 $Oxyz$ 转动参考系，引入惯性力，用平衡条件求解.

图 7.55 中杆 1 和杆 5 受到的惯性力分别沿 y 轴的负向和正向，大小相等.

$$f_1 = f_5 = \int_0^a y\omega^2 \cdot \eta \mathrm{d}y = \frac{1}{2}\eta a^2\omega^2$$

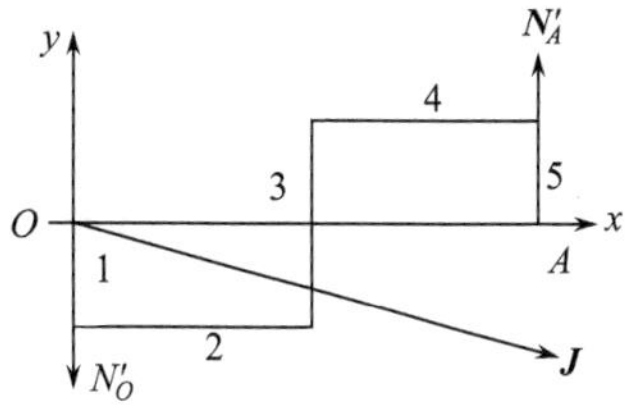

杆 2 和杆 4 受到的惯性力分别沿 y 轴的负向和正向，大小相等，

$$f_2 = f_4 = \eta ba\omega^2$$

图 7.55

作用点在两杆的中点.

杆 3 受到的惯性力为零.

惯性力和真实力的合力为零，惯性力的合力为零，故真实力的合力为零.

惯性力的力矩之和为

$$(f_1 \cdot 2b + f_2 \cdot b)\boldsymbol{k} = \eta ab(a+b)\omega^2 \boldsymbol{k}$$

真实力的力矩与惯性力的力矩之和等于零，故真实力的力矩为

$$-\eta ab(a+b)\omega^2 \boldsymbol{k}$$

两轴承施加的作用力为 $\boldsymbol{N}_O$、$\boldsymbol{N}_A$，均沿 y 轴. 设 $\boldsymbol{N}_O = N_O \boldsymbol{j}$，则以 A 为矩心，有

$$-2b\boldsymbol{i} \times N_O \boldsymbol{j} = -\eta ab(a+b)\omega^2 \boldsymbol{k}$$

得

$$N_O = \frac{1}{2}\eta a(a+b)\omega^2$$

即

$$\boldsymbol{N}_O = \frac{1}{2}\eta a(a+b)\omega^2 \boldsymbol{j}, \boldsymbol{N}_A = -\boldsymbol{N}_O = -\frac{1}{2}\eta a(a+b)\omega^2 \boldsymbol{j}$$

7.3.30　哑铃由质量为 m 的两个相同的质点固连在一根长度为 $2A$ 的无质量的刚杆两端组成，刚杆绕一通过杆的中心并与杆成 θ 角的轴旋转，取杆的中心为坐标原点，z 轴沿转轴，角速度 ω 不随时间而变，$t=0$ 时哑铃处于 xz 平面内，如图 7.56 所示.

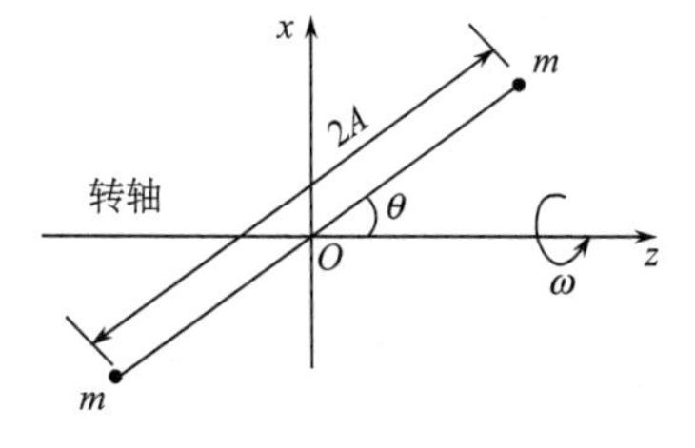

图 7.56

(1) 计算关于 O 点的惯量张量；

(2) 用算得的惯量张量，求在实验室参考系中哑铃关于 O 点的角动量随时间变化的规律；

(3) 用 $\boldsymbol{J} = \sum_i \boldsymbol{r}_i \times \boldsymbol{p}_i$ 计算哑铃的角动量，并证明它与

(2)问的答案一致;

(4)计算作用在轴上的力矩随时间变化的规律;

(5)计算哑铃的动能.

解 (1) $I_{xx}=2mA^2\cos^2\theta$, $I_{yy}=2mA^2$, $I_{zz}=2mA^2\sin^2\theta$,

$$I_{xy}=I_{yz}=0$$

$$I_{xz}=-2mA^2\sin\theta\cos\theta=-mA^2\sin 2\theta$$

$$\vec{\boldsymbol{I}}(O)=\begin{bmatrix}2mA^2\cos^2\theta & 0 & -mA^2\sin 2\theta\\ 0 & 2mA^2 & 0\\ -mA^2\sin 2\theta & 0 & 2mA^2\sin^2\theta\end{bmatrix}$$

(2)取实验室坐标系 $O\xi\eta\zeta$, $t=0$ 时 z、y、z 轴分别与 ξ、η、ζ 轴重合,则

$$\boldsymbol{i}=\cos\omega t\boldsymbol{\xi}^0+\sin\omega t\boldsymbol{\eta}^0$$

$$\boldsymbol{k}=\boldsymbol{\zeta}^0$$

$$\boldsymbol{J}(O)=\vec{\boldsymbol{I}}(O)\cdot\boldsymbol{\omega}=\begin{bmatrix}2mA^2\cos\theta & 0 & -mA^2\sin 2\theta\\ 0 & 2mA^2 & 0\\ -mA^2\sin 2\theta & 0 & 2mA^2\sin^2\theta\end{bmatrix}\begin{bmatrix}0\\0\\\omega\end{bmatrix}$$

$$=-mA^2\omega\sin 2\theta\boldsymbol{i}+2mA^2\omega\sin^2\theta\boldsymbol{k}$$

$$=mA^2\omega\left[-\sin 2\theta\left(\cos\omega t\boldsymbol{\xi}^0+\sin\omega t\boldsymbol{\eta}^0\right)+2\sin^2\theta\boldsymbol{\zeta}^0\right]$$

(3) $\boldsymbol{J}=\sum_i\boldsymbol{r}_i\times\boldsymbol{p}_i=\sum_i\boldsymbol{r}_i\times m_i\boldsymbol{v}_i$

$$=A(\cos\theta\boldsymbol{k}+\sin\theta\boldsymbol{i})\times m\left[\omega\boldsymbol{k}\times A(\cos\theta\boldsymbol{k}+\sin\theta\boldsymbol{i})\right]$$
$$+\left[-A(\cos\theta\boldsymbol{k}+\sin\theta\boldsymbol{i})\right]\times m\left\{\omega\boldsymbol{k}\times\left[-A(\cos\theta\boldsymbol{k}+\sin\theta\boldsymbol{i})\right]\right\}$$
$$=A(\cos\theta\boldsymbol{k}+\sin\theta\boldsymbol{i})\times m\omega A\sin\theta\boldsymbol{j}-A(\cos\theta\boldsymbol{k}+\sin\theta\boldsymbol{i})\times m\omega A\sin\theta(-\boldsymbol{j})$$
$$=2mA^2\omega(-\sin\theta\cos\theta\boldsymbol{i}+\sin^2\theta\boldsymbol{k})$$
$$=mA^2\omega(-\sin 2\theta\boldsymbol{i}+2\sin^2\theta\boldsymbol{k})$$
$$=mA^2\omega\left[-\sin 2\theta\left(\cos\omega t\boldsymbol{\xi}^0+\sin\omega t\boldsymbol{\eta}^0\right)+2\sin^2\theta\boldsymbol{\zeta}^0\right]$$

(4)
$$\boldsymbol{M}=\frac{\mathrm{d}\boldsymbol{J}}{\mathrm{d}t}=mA^2\omega^2\sin 2\theta\left(\sin\omega t\boldsymbol{\xi}^0-\cos\omega t\boldsymbol{\eta}^0\right)$$

(5)
$$T=\frac{1}{2}I_{zz}\omega^2=mA^2\omega^2\sin^2\theta$$

7.3.31 一个均匀薄圆盘,半径为 a、质量为 m,以匀角速度 ω 通过其中心的固定竖直轴无摩擦地自由转动,转轴与圆盘对称轴的夹角为 α,求圆盘和轴之间作用的力矩和净力的大小和方向.

解 取固连于圆盘的坐标系. 原点位于质心, z 轴取圆盘的对称轴,取 x 轴和 z 轴的正向使 $\boldsymbol{\omega}$ 的 x、z 轴分量均为正值.

$$\boldsymbol{\omega}=\omega\sin\alpha\boldsymbol{i}+\omega\cos\alpha\boldsymbol{k}$$

$$I_{xx}=\frac{1}{4}ma^2,\quad I_{yy}=\frac{1}{4}ma^2,\quad I_{zz}=\frac{1}{2}ma^2$$

$$I_{xy}=I_{xz}=I_{yz}=0$$

$$\boldsymbol{J}=\ddot{\boldsymbol{I}}\cdot\boldsymbol{\omega}=\frac{1}{4}ma^2\omega(\sin\alpha\boldsymbol{i}+2\cos\alpha\boldsymbol{k})$$

故轴作用于圆盘的力矩为

$$\begin{aligned}\boldsymbol{M}&=\frac{\mathrm{d}\boldsymbol{J}}{\mathrm{d}t}=\frac{\tilde{\mathrm{d}}\boldsymbol{J}}{\mathrm{d}t}+\boldsymbol{\omega}\times\boldsymbol{J}\\&=\omega(\sin\alpha\boldsymbol{i}+\cos\alpha\boldsymbol{k})\times\frac{1}{4}ma^2\omega(\sin\alpha\boldsymbol{i}+2\cos\alpha\boldsymbol{k})\\&=-\frac{1}{4}ma^2\omega^2\sin\alpha\cos\alpha\boldsymbol{j}=-\frac{1}{8}ma^2\omega^2\sin2\alpha\boldsymbol{j}\end{aligned}$$

由于质心固定，圆盘所受合力为零，轴作用于圆盘的净力 $\boldsymbol{F}$ 等于重力 $m\boldsymbol{g}$ 的负值.

$$\boldsymbol{F}=-m\boldsymbol{g}=mg(\sin\alpha\boldsymbol{i}+\cos\alpha\boldsymbol{k})$$

(这里考虑 $\boldsymbol{\omega}$ 的方向是竖直向上的.)

7.3.32　一块边长为 a 与 $2a$ 质量为 M 的均质薄矩形片以恒定的角速度 ω 绕其对角线定轴转动，转轴由对角上的轴承支撑，如图 7.57 所示，忽略重力与摩擦力. 求出每个轴承施加在轴上的力与时间的关系.

解　取固连于薄板的 $Oxyz$ 坐标系，O 为质心，z 轴沿对角线，$\boldsymbol{\omega}$ 的方向为其正向，x 轴在薄板上，如图 7.58 所示.

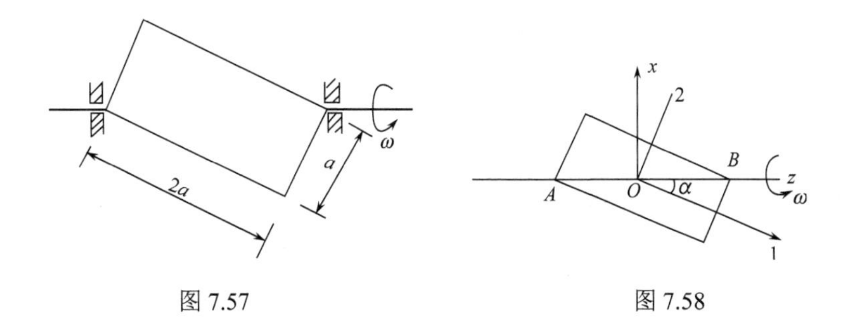

图 7.57　　图 7.58

设轴承 A、B 施加在轴上的作用力分别为

$$\boldsymbol{N}_A=N_{Ax}\boldsymbol{i}+N_{Ay}\boldsymbol{j},\quad \boldsymbol{N}_B=N_{Bx}\boldsymbol{i}+N_{By}\boldsymbol{j}.$$

由质心运动定理，又 $\boldsymbol{a}_C=0$，

$$\boldsymbol{N}_A+\boldsymbol{N}_B=0\quad 即\quad N_{Ax}+N_{Bx}=0 \tag{1}$$

$$N_{Ay}+N_{By}=0 \tag{2}$$

由对固定点 O 的角动量定理，

$$\boldsymbol{I}_{xz}\dot{\omega}-\boldsymbol{I}_{yz}\omega^2=\boldsymbol{M}_x \tag{3}$$

$$\boldsymbol{I}_{yz}\dot{\omega}+\boldsymbol{I}_{xz}\omega^2=M_y \tag{4}$$

$$\boldsymbol{I}_{zz}\dot{\omega}=M_z$$

$$\begin{aligned}\boldsymbol{M}&=\frac{\sqrt{5}}{2}a\boldsymbol{k}\times\boldsymbol{N}_B-\frac{\sqrt{5}}{2}a\boldsymbol{k}\times\boldsymbol{N}_A\\&=\frac{\sqrt{5}}{2}a\left(N_{Ay}-N_{By}\right)\boldsymbol{i}+\frac{\sqrt{5}}{2}a\left(N_{Bx}-N_{Ax}\right)\boldsymbol{j}\end{aligned} \tag{5}$$

因为所有质元的 y 坐标均为零，由惯量积的定义，

$$I_{xy}=-\sum_i m_i x_i y_i=0,\quad I_{yz}=-\sum_i m_i y_i z_i=0$$

为了计算 I_{xx}，取图中 1、2、3 三个惯量主轴，3 轴即 y 轴，

$$I_1=\frac{1}{12}ma^2,\quad I_2=\frac{1}{12}m\left(2a\right)^2=\frac{1}{3}ma^2$$

$$\begin{aligned}I_{zz}&=I_1\cos^2\alpha+I_2\sin^2\alpha\\&=\frac{1}{12}ma^2\left[\frac{a}{\sqrt{\left(\frac{a}{2}\right)^2+a^2}}\right]^2+\frac{1}{3}ma^2\left[\frac{\frac{a}{2}}{\sqrt{\left(\frac{a}{2}\right)^2+a^2}}\right]^2=\frac{2}{15}ma^2\end{aligned}$$

用 7.2.16 题所证明的结论

$$I_1+I_2=I_{xx}+I_{zz}$$

所以

$$I_{xx}=I_1+I_2-I_{zz}=\frac{17}{60}ma^2$$

由 $I=\boldsymbol{n}\cdot\vec{\boldsymbol{I}}\cdot\boldsymbol{n}$ 计算 I_2，其中 $\boldsymbol{n}=\cos\alpha\boldsymbol{i}+\sin\alpha\boldsymbol{k}$，可得

$$I_2=I_{xx}\cos^2\alpha+I_{zz}\sin^2\alpha+2I_{xz}\sin\alpha\cos\alpha$$

可得

$$I_{xz}=\frac{1}{10}ma^2$$

由 $\dot{\omega}=0, I_{xy}=I_{yz}=0, I_{xz}=\frac{1}{10}ma^2$，及由式(5)给出的 M_x、M_y 及式(3)、(4)，得到

$$N_{Ay}-N_{By}=0 \tag{6}$$

$$N_{Bx}-N_{Ax}=\frac{1}{5\sqrt{5}}ma\omega^2 \tag{7}$$

由式(1)、(2)、(6)、(7)解得

$$N_{Ax}=-\frac{1}{10\sqrt{5}}ma\omega^2$$

$$N_{Bx}=\frac{1}{10\sqrt{5}}ma\omega^2$$

$$N_{Ay}=N_{By}=0$$

即

$$\boldsymbol{N}_A=-\frac{1}{10\sqrt{5}}ma\omega^2\boldsymbol{i},\quad \boldsymbol{N}_B=\frac{1}{10\sqrt{5}}ma\omega^2\boldsymbol{i}$$

取固定坐标系 $O\xi\eta\zeta, t=0$ 时，$Oxyz$ 与 $O\xi\eta\zeta$ 重合，则 $\boldsymbol{i}=\cos\omega t\boldsymbol{\xi}^0+\sin\omega t\boldsymbol{\eta}^0$.

$$\boldsymbol{N}_A=-\frac{1}{10\sqrt{5}}ma\omega^2\left(\cos\omega t\boldsymbol{\xi}^0+\sin\omega t\boldsymbol{\eta}^0\right)$$

$$\boldsymbol{N}_B=\frac{1}{10\sqrt{5}}ma\omega^2\left(\cos\omega t\boldsymbol{\xi}^0+\sin\omega t\boldsymbol{\eta}^0\right)$$.

7.3.33　一个边长为 a、质量为 m 的均质薄正方形板绕一个与它的法线成 θ 角、通过中心的轴以恒定角速度 ω 转动. 选取下列两组坐标：两个坐标系的原点均取在板的中心，$O\xi\eta\zeta$ 是实验室坐标系，取转轴为 ξ 轴；$Oxyz$ 固连于薄板，z 轴沿板的法线方向，x、y 轴在薄板平面上，取与 ζ 轴垂直的一个方向为 y 轴，x、y 轴不必一定与正方形的边平行或垂直. $t=0$ 时，y 轴和 η 轴重合，如图 7.59 所示. 求：

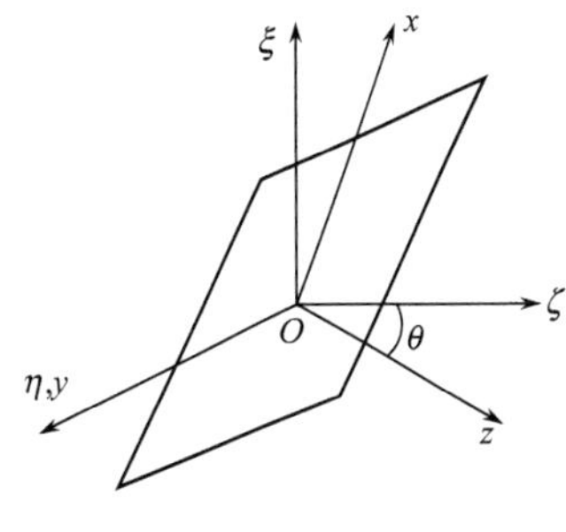

图 7.59

(1) 用两组坐标系表达的角动量；

(2) 用两组坐标系表达的作用在轴上的力对 O 点的力矩.

解　(1) $Oxyz$ 坐标系固连于正方形板上，z 轴沿法线，是惯量主轴，对板的中心而言，在板上任何轴都是惯量主轴，而且主转动惯量相等，

$$I_{xx}=I_{yy}=\frac{1}{12}ma^2$$

$$I_{zz}=I_{xx}+I_{yy}=\frac{1}{6}ma^2$$

关于 O 点的惯量张量为

$$\vec{\boldsymbol{I}}(O)=\begin{bmatrix}\frac{1}{12}ma^2 & 0 & 0\\ 0 & \frac{1}{12}ma^2 & 0\\ 0 & 0 & \frac{1}{6}ma^2\end{bmatrix}$$

用 $Oxyz$ 坐标系表达的角速度为

$$\boldsymbol{\omega}=\omega(\sin\theta\boldsymbol{i}+\cos\theta\boldsymbol{k})$$

用 $Oxyz$ 坐标系表达的角动量为

$$J=\begin{bmatrix}\frac{1}{12}ma^2 & 0 & 0\\ 0 & \frac{1}{12}ma^2 & 0\\ 0 & 0 & \frac{1}{6}ma^2\end{bmatrix}\begin{bmatrix}\omega\sin\theta\\ 0\\ \omega\cos\theta\end{bmatrix}$$

$$=\frac{1}{12}ma^2\omega\sin\theta\boldsymbol{i}+\frac{1}{6}ma^2\omega\cos\theta\boldsymbol{k}$$

只要把 $\boldsymbol{i}$、$\boldsymbol{k}$ 表示成与 $\boldsymbol{\xi}^0$、$\boldsymbol{\eta}^0$、$\boldsymbol{\zeta}^0$ 随时间变化的关系，就能得到用 $O\xi\eta\zeta$ 坐标系表达的角动量.

$$\boldsymbol{i}=\cos\theta\cos\omega t\boldsymbol{\xi}^0+\cos\theta\sin\omega t\boldsymbol{\eta}^0+\sin\theta\boldsymbol{\zeta}^0$$

$$\boldsymbol{k}=-\sin\theta\cos\omega t\boldsymbol{\xi}^0-\sin\theta\sin\omega t\boldsymbol{\eta}^0+\cos\theta\boldsymbol{\zeta}^0$$

$$\begin{aligned}\boldsymbol{J}&=\frac{1}{12}ma^2\omega\sin\theta\left(\cos\theta\cos\omega t\boldsymbol{\xi}^0+\cos\theta\sin\omega t\boldsymbol{\eta}^0+\sin\theta\boldsymbol{\zeta}^0\right)\\&\quad+\frac{1}{6}ma^2\omega\cos\theta\left(-\sin\theta\cos\omega t\boldsymbol{\xi}^0-\sin\theta\sin\omega t\boldsymbol{\eta}^0+\cos\theta\boldsymbol{\zeta}^0\right)\\&=-\frac{1}{24}ma^2\omega\left[\sin2\theta\left(\cos\omega t\boldsymbol{\xi}^0+\sin\omega t\boldsymbol{\eta}^0-(3+\cos2\theta)\boldsymbol{\zeta}^0\right]\right.\end{aligned}$$

（2）　$$\boldsymbol{M}=\frac{\mathrm{d}\boldsymbol{J}}{\mathrm{d}t}=\frac{\tilde{\mathrm{d}}\boldsymbol{J}}{\mathrm{d}t}+\boldsymbol{\omega}\times\boldsymbol{J}=\boldsymbol{\omega}\times\boldsymbol{J}$$

$$=\omega(\sin\theta\boldsymbol{i}+\cos\theta\boldsymbol{k})\times\left(\frac{1}{12}ma^2\omega\sin\theta\boldsymbol{i}+\frac{1}{6}ma^2\omega\cos\theta\boldsymbol{k}\right)=-\frac{1}{24}ma^2\omega^2\sin2\theta\boldsymbol{j}$$

$$\boldsymbol{j}=-\sin\omega t\boldsymbol{\xi}^0+\cos\omega t\boldsymbol{\eta}^0$$

也可由 $\boldsymbol{j}=\boldsymbol{k}\times\boldsymbol{i}$ 得到上式.

用 $O\xi\eta\zeta$ 坐标系表达的力矩为

$$\boldsymbol{M}=-\frac{1}{24}ma^2\omega^2\sin2\theta\left(-\sin\omega t\boldsymbol{\xi}^0+\cos\omega t\boldsymbol{\eta}^0\right)$$

也可直接由用 $O\xi\eta\zeta$ 坐标系表达的 $\boldsymbol{J}$ 对 t 求导而得，

$$\boldsymbol{M}=\frac{\mathrm{d}\boldsymbol{J}}{\mathrm{d}t}=\frac{\mathrm{d}}{\mathrm{d}t}\left\{-\frac{1}{24}ma^2\omega\left[\sin2\theta\left(\cos\omega t\boldsymbol{\xi}^0+\sin\omega t\boldsymbol{\eta}^0\right)-(3+\cos2\theta)\boldsymbol{\xi}^0\right]\right\}$$

$$=-\frac{1}{24}ma^2\omega^2\sin2\theta\left(-\sin\omega t\boldsymbol{\xi}^0+\cos\omega t\boldsymbol{\eta}^0\right)$$

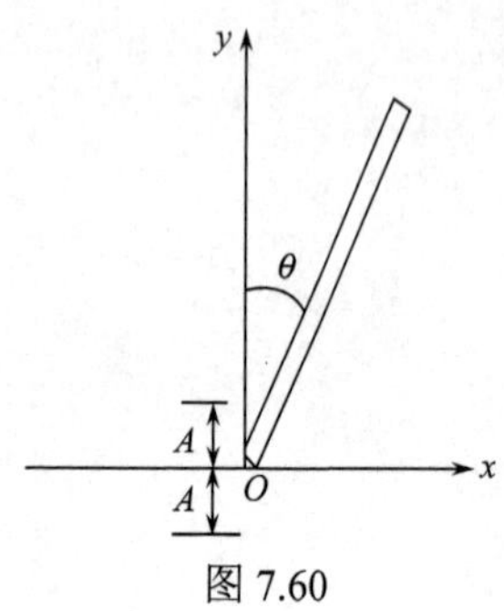

图 7.60

7.3.34　一根长 l、质量为 m 的均质杆，其下端以与时间有正弦函数关系作振幅 A 角频率 ω 的上下振动，如图 7.60 所示. 适当选择参数 m、l、A 和 ω，此摆将围绕 $\theta=0$ 这个在下端不动时的不稳定平衡位置作振动.

（1）列出作用于杆上的力的分量；

（2）杆的角动量守恒吗？

（3）杆的动量守恒吗？

(4) 杆的能量守恒吗?

(5) 求质心的加速度分量，用 $\theta(t)$ 写成时间的函数；

(6) 用作用于杆的力写出杆的角运动的微分方程；

(7) 在实验室参考系中得到关于 $\theta(t)$ 的运动微分方程；

(8) 在支端平动参考系中得到关于 $\theta(t)$ 的运动微分方程；

(9) 定性说明当 $A=0$ 时发生什么样的运动；

(10) 从物理上解释为什么能发生竖直向上的摆动.

(杆限于在图示的 xy 平面内运动).

解　(1) 作用于杆上的力有重力 $-mg\boldsymbol{j}$，作用于杆的质心，还有作用于活动支端上的力 $f_x\boldsymbol{i}+f_y\boldsymbol{j}$.

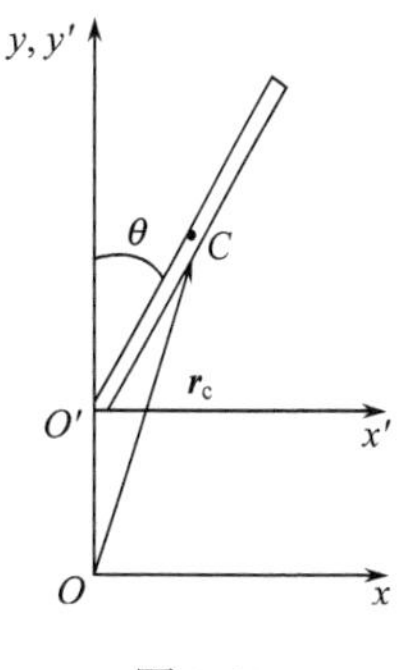

图 7.61

(2) 用实验室参考系，对任何固定点，都没有(1)问中所述的两个力的力矩之和恒为零，故对任何固定点，角动量均不守恒.

(3) 因杆所受合外力不为零，在实验室参考系中动量不守恒.

(4) 因作用于活动支端的力不是保守力，在实验室参考系中机械能不守恒.

(5) 选取活动支端为原点的平动坐标系 $O'x'y'z'$，如图 7.61 所示.

质心的位矢为

$$\boldsymbol{r}_C = y_{O'}\boldsymbol{j}+\frac{l}{2}\sin\theta\boldsymbol{i}+\frac{l}{2}\cos\theta\boldsymbol{j}$$

$$=\frac{l}{2}\sin\theta\boldsymbol{i}+\left(A\sin\omega t+\frac{l}{2}\cos\theta\right)\boldsymbol{j}$$

$$\dot{\boldsymbol{r}}_C=\frac{l}{2}\dot{\theta}\cos\theta\boldsymbol{i}+\left(A\omega\cos\omega t-\frac{l}{2}\dot{\theta}\sin\theta\right)\boldsymbol{j}$$

$$\ddot{\boldsymbol{r}}_C=\left(\frac{l}{2}\ddot{\theta}\cos\theta-\frac{l}{2}\dot{\theta}^2\sin\theta\right)\boldsymbol{i}-\left(A\omega^2\sin\omega t+\frac{l}{2}\ddot{\theta}\sin\theta+\frac{l}{2}\dot{\theta}^2\cos\theta\right)\boldsymbol{j}$$

质心加速度的分量为

$$\ddot{x}_C=\frac{l}{2}\ddot{\theta}\cos\theta-\frac{l}{2}\dot{\theta}^2\sin\theta$$

$$\ddot{y}_C=-\left(A\omega^2\sin\omega t+\frac{l}{2}\ddot{\theta}\sin\theta+\frac{l}{2}\dot{\theta}^2\cos\theta\right)$$

(6) 用质心运动定理，

$$\frac{1}{2}ml\left(\ddot{\theta}\cos\theta-\dot{\theta}^2\sin\theta\right)=f_x$$

$$-m\left(A\omega^2\sin\omega t+\frac{1}{2}l\ddot{\theta}\sin\theta+\frac{1}{2}l\dot{\theta}^2\cos\theta\right)=f_y-mg$$

(7) 为了用对 z 轴的角动量定理. 先求杆对 z 轴的角动量，

$$J_z=\boldsymbol{k}\cdot\boldsymbol{J}_O$$

其中 $\boldsymbol{J}_O$ 是杆对 O 点的角动量，它等于杆在质心平动参考系中对质心的角动量，与位于质心的质量为杆的质量以质心速度运动的质点对 O 点的角动量之矢量和.

$$\begin{aligned}\boldsymbol{J}_O &= -\frac{1}{12}ml^2\dot{\theta}\boldsymbol{k} + \boldsymbol{r}_C \times m\dot{\boldsymbol{r}}_C \\ &= -\frac{1}{12}ml^2\dot{\theta}\boldsymbol{k} + \left[\frac{l}{2}\sin\theta\boldsymbol{i} + \left(A\sin\omega t + \frac{l}{2}\cos\theta\right)\boldsymbol{j}\right] \\ &\quad \times m\left[\frac{l}{2}\dot{\theta}\cos\theta\boldsymbol{i} + \left(A\omega\cos\omega t - \frac{l}{2}\dot{\theta}\sin\theta\right)\boldsymbol{j}\right] \\ &= \left(-\frac{1}{3}ml^2\dot{\theta} + \frac{1}{2}mAl\omega\sin\theta\cos\omega t - \frac{1}{2}mAl\dot{\theta}\cos\theta\sin\omega t\right)\boldsymbol{k}\end{aligned}$$

$$\boldsymbol{J}_z = -\frac{1}{3}ml^2\dot{\theta} + \frac{1}{2}mAl\omega\sin\theta\cos\omega t - \frac{1}{2}mAl\dot{\theta}\cos\theta\sin\omega t$$

$$\frac{\mathrm{d}J_z}{\mathrm{d}t} = -\frac{1}{3}ml^2\ddot{\theta} - \frac{1}{2}mAl\omega^2\sin\theta\sin\omega t - \frac{1}{2}mAl\left(\ddot{\theta}\cos\theta\sin\omega t - \dot{\theta}^2\sin\theta\sin\omega t\right)$$

$$\begin{aligned}M_z &= \boldsymbol{k}\cdot\boldsymbol{M}_O \\ &= \boldsymbol{k}\cdot\left[y_{O'}\boldsymbol{j}\times\left(f_x\boldsymbol{i} + f_y\boldsymbol{j}\right) + \boldsymbol{r}_C\times(-mg)\boldsymbol{j}\right] \\ &= -f_xA\sin\omega t - \frac{1}{2}mgl\sin\theta\end{aligned}$$

由

$$\frac{\mathrm{d}J_z}{\mathrm{d}t} = M_z$$

$$\begin{aligned}&\frac{1}{3}ml^2\ddot{\theta} + \frac{1}{2}mAl\omega^2\sin\theta\sin\omega t + \frac{1}{2}mAl\left(\ddot{\theta}\cos\theta\sin\omega t - \dot{\theta}^2\sin\theta\sin\omega t\right) \\ &\qquad = f_xA\sin\omega t + \frac{1}{2}mgl\sin\theta\end{aligned}$$

代入 $f_x = \frac{1}{2}ml\left(\ddot{\theta}\cos\theta - \dot{\theta}^2\sin\theta\right)$，可得

$$\frac{1}{3}ml^2\ddot{\theta} = -\frac{1}{2}mAl\omega^2\sin\theta\sin\omega t + \frac{1}{2}mgl\sin\theta$$

$$l\ddot{\theta} = -\frac{3}{2}A\omega^2\sin\theta\sin\omega t + \frac{3}{2}g\sin\theta$$

(8) 用支端平动参考系，它是非惯性系，需考虑惯性力. 它等于 $-m\ddot{y}_O\boldsymbol{j} = mA\omega^2\sin\omega t\boldsymbol{j}$，作用于质心.

在支端平动参考系中用对 z' 轴的角动量定理，立即可得

$$-\frac{1}{3}ml^2\ddot{\theta} = \frac{l}{2}mA\omega^2\sin\theta\sin\omega t - \frac{l}{2}mg\sin\theta$$

与 (7) 问所得结果一致.

(9) 当 $A=0$ 时，

$$l\ddot{\theta}=\frac{3}{2}g\sin\theta$$

在$\theta=0$是平衡位置，但是一个不稳定的平衡位置，无论向$\theta>0$方向偏离还是$\theta<0$方向偏离$\theta=0$，都不可能回到$\theta=0$，而是更加远离它，杆将绕固定轴做顺时针(如开始向$\theta>0$方向偏离)转动或做逆时针(如开始向$\theta<0$方向偏离)转动. 角速度的大小都是由小到大而后又由大到小变化的.

(10)在(8)问中我们写出了作用于质心的惯性力为$mA\omega^2\sin\omega t\boldsymbol{j}$，与重力$-mg\boldsymbol{j}$的方向有时相同有时相反，因为$\sin\omega t$有时正有时负，当惯性力方向与重力方向相反时，选择$A$、$\omega$越大、$l$越大，就可以在较长时间内有

$$A\omega^2\sin\omega t>g$$

惯性力和重力的合力矩将是恢复力矩，在位于$\theta=0$的时刻$t=t_0(\neq 0)$，有$A\omega^2\sin\omega t_0>g$，且$|\dot{\theta}|$不太大时，有可能在一段时间内出现围绕$\theta=0$作摆动，当然不可能长期保持.

7.4　刚体的平面平行运动

7.4.1　质量为10.0kg、半径为0.070m的均质圆柱体在一倾角为30°的斜坡上做纯滚动，一条不可伸长的轻绳缠绕在圆柱上，绳子跨过无摩擦的滑轮并在另一端连着一个2.0kg的重物，如图7.62所示. 求：

(1)当重物下降1.0m时圆柱竖直向上运动的距离；

(2)圆柱中心的加速度；

(3)作用在接触点P上的静摩擦力.

解　(1)取x轴沿斜坡的方向，向上为正；y轴沿垂直于斜坡的方向，向上为正. 用x、y坐标表示圆柱中心的位置. 取z轴竖直向下，z坐标表示重物的位置.

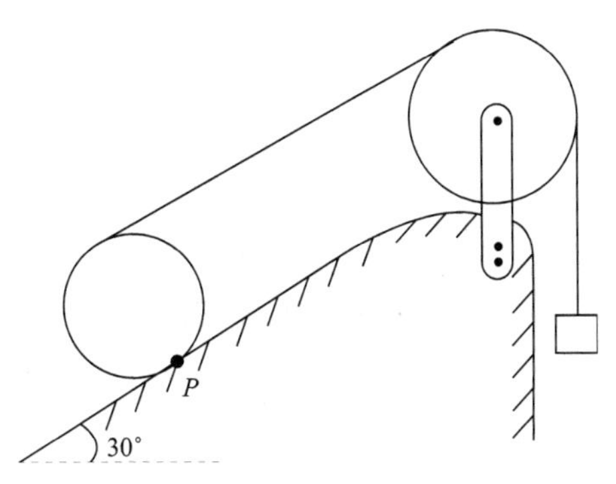

图 7.62

设圆柱半径为R，θ表示圆柱的角位移，沿斜坡向上运动，$\theta>0$.

由圆柱做纯滚动和绳子不可伸长的条件，

$$\dot{x}_P=\dot{x}-R\dot{\theta}=0$$

$$\dot{z}=\dot{x}+R\dot{\theta}$$

所以

$$\dot{z}=2\dot{x}$$

$$\Delta_z=\int\dot{z}\mathrm{d}t=\int 2\dot{x}\mathrm{d}t=2\Delta x$$

当 $\Delta z=1.0\text{m}$ 时，

$$\Delta x=\frac{1}{2}\Delta z=0.50\text{m}$$

圆柱竖直向上运动的距离为

$$\Delta h=\Delta x\sin 30°=0.25\text{m}$$

(2) 设 M、m 分别为圆柱和重物的质量，绳子张力为 T，斜坡作用于圆柱体上 P 点的静摩擦力为 f，方向沿斜坡向上.

$$M\ddot{x}=T+f-Mg\sin 30°$$

$$\frac{1}{2}MR^2\ddot{\theta}=TR-fR$$

$$2m\ddot{x}=mg-T$$

第三个式子用了(1)问中得到的 $\dot{z}=2\dot{x}$，再用(1)问中得到的 $\dot{x}-R\dot{\theta}=0$，第二式可改写为

$$\frac{1}{2}M\ddot{x}=T-f$$

可解得

$$\ddot{x}=\frac{2m-M\sin 30°}{4m+\dfrac{3}{2}M}g=-0.43\text{m/s}^2$$

圆柱中心的加速度大小为 $0.43\text{m}/\text{s}^2$，方向沿斜坡向下.

(3) 由(2)问中给出的方程可解出

$$f=(M+2m)\ddot{x}-mg+Mg\sin 30°=23\text{N}$$

静摩擦力大小为23N，方向沿斜坡向上.

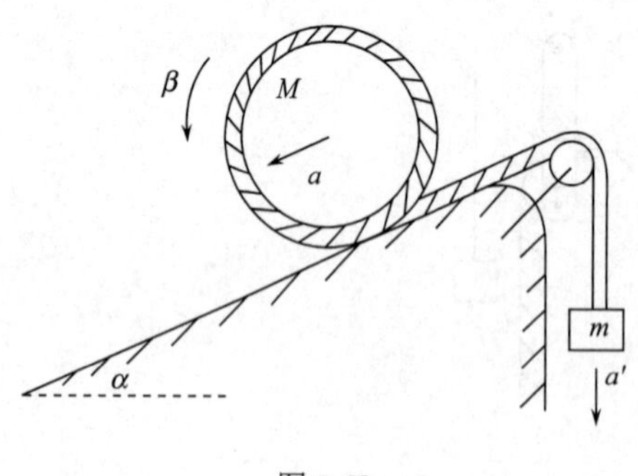

图 7.63

7.4.2　一均质圆柱质量为 M、半径为 r，放在完全光滑的斜面上，斜面的倾角为 α. 圆柱外卷有可以弯曲、无重量、不可伸长的绳子，此绳子沿着斜面经过一个质量可以忽略不计的滑轮后在下端悬一质量为 m 的重物. 试求圆柱质心的加速度 a、重物的加速度 a'，圆柱的角加速度 β 及绳子张力 T.

解　设圆柱质心加速度 a、角加速度 β 及重物加速度 a' 的正方向如图 7.63 所示，

$$ma'=mg-T \tag{1}$$

$$Ma=Mg\sin\alpha-T \tag{2}$$

$$\frac{1}{2}Mr^2\beta = Tr \tag{3}$$

设圆柱质心速度为v，沿斜面向下方向为正，角速度为ω. 逆时针转动方向为正，重物速度为v'，铅直向下为正，

$$v - \omega r = -v'$$

两边对t求导，

$$a - \beta r = -a' \tag{4}$$

由式(1)、(4)消去a'得

$$m(a - \beta r) = T - mg \tag{5}$$

由式(3)、(5)消去T得

$$ma - \left(m + \frac{1}{2}M\right)r\beta = -mg \tag{6}$$

由式(2)、(5)消去T得

$$(m + M)a - mr\beta = Mg\sin\alpha - mg \tag{7}$$

由式(6)、(7)解出β和a，

$$\beta = \frac{2mg(1 + \sin\alpha)}{(M + 3m)r}$$

$$a = \frac{(M + 2m)\sin\alpha - m}{M + 3m}g$$

由式(4)，

$$a' = \beta r - a = \frac{3m - M\sin\alpha}{M + 3m}g$$

说明：滑轮轴承处一般均不受到摩擦力矩，除非特别说明它的存在. 因此，滑轮质量可以不计时，绳子与滑轮间不论有无相对滑动均不能有摩擦力(如摩擦因数不为零，一定无相对滑动)，因而滑轮两边以及与滑轮接触处绳子张力都相等.

7.4.3　一均质球以初速v_0沿水平窄道抛出，开始做纯滑动，球的质量为m，与地板间的静摩擦因数为μ_s、滑动摩擦因数为μ_d，忽略空气阻力的影响，求球开始做无滑滚动时的速度.

解法一　直到开始做无滑滚动前，球受到的摩擦力为

$$f = -\mu_d mg$$

$$ma = f = -\mu_d mg$$

$$\frac{2}{5}mR^2\beta = -fR = \mu_d mgR$$

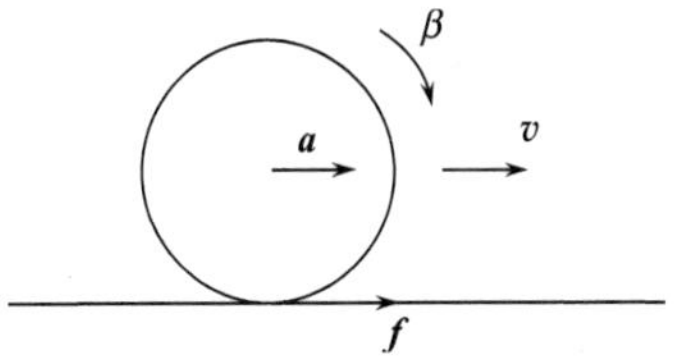

图 7.64

其中f、a、β的正方向规定如图 7.64 所示，

$$\int_{v_0}^{v} \mathrm{d}v = -\int_0^t \mu_d g \mathrm{d}t$$

$$v = v_0 - \mu_d gt$$

$$\int_0^{\omega} \mathrm{d}\omega = \int_0^t \frac{5\mu_d g}{2R} \mathrm{d}t$$

$$\omega = \frac{5\mu_d g}{2R} t$$

设 $t = t_1$ 时开始做无滑滚动，

$$v(t_1) = R\omega(t_1)$$

$$v_0 - \mu_d g t_1 = \frac{5\mu_d g}{2} t_1$$

$$t_1 = \frac{2v_0}{7\mu_d g}$$

所以

$$v(t_1) = v_0 - \mu_d g t_1 = \frac{5}{7} v_0$$

解法二　球在窄道上运动时受到的重力与窄道的支持力的合力为零，受到窄道的摩擦力沿窄道方向，对窄道上的固定点(球与窄道开始接触的点)的力矩为零，故球在窄道上运动时始终有对这个固定点的角动量保持不变，

$$\frac{2}{5} mR^2 \omega(t_1) + mRv(t_1) = mRv_0$$

再用纯滚动条件

$$R\omega(t_1) = v(t_1)$$

可解出

$$v(t_1) = \frac{5}{7} v_0$$

7.4.4　一绕其对称轴以角速度 ω 旋转的半径为 R 的硬币，让转轴处于水平地放置在水平面上. 当它停止滑动以后，质心速度多大?

解法一　设硬币开始做顺时针转动，$t = 0$ 时放置在水平面上时，角速度为 ω，质心速度为零，取图 7.65 所示的坐标，x 轴向右为正方向，顺时针转动的角位移为正值. 在硬币做纯滚动以前，硬币上与水平面接触的 P 点的速度 $\dot{x}_P < 0$，故摩擦力 $f > 0$，

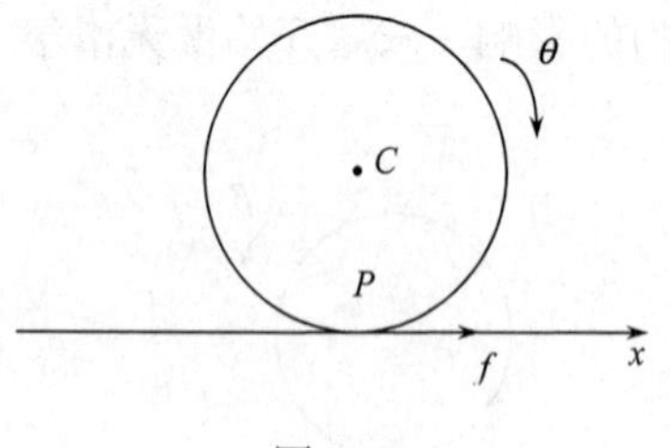

图 7.65

$$m\ddot{x}_C = f = \mu mg$$

$$\frac{1}{2} mR^2 \ddot{\theta} = -\mu mgR$$

其中 μ 是硬币与水平面间的摩擦因数.

$$\dot{x}_C = \mu g t$$

$$\dot{\theta} = -\frac{2\mu g}{R} t + \omega$$

当 $t = t_1$ 时，接触点的速度 $\dot{x}_P = 0$，

$$\dot{x}_C(t_1) - R\dot{\theta}(t_1) = 0$$

即

$$\mu g t_1 - R\left(\omega - \frac{2\mu g}{R} t_1\right) = 0$$

$$t_1 = \frac{R\omega}{3\mu g}$$

所以

$$\dot{x}_C\left(t_1\right) = \frac{1}{3} R\omega$$

解法二　考虑对硬币与水平面开始相接触的点的角动量守恒，

$$\frac{1}{2} mR^2 \omega\left(t_1\right) + m\dot{x}_C\left(t_1\right) R = \frac{1}{2} mR^2 \omega$$

纯滚动条件

$$R\omega\left(t_1\right) = \dot{x}_C\left(t_1\right)$$

可得

$$\dot{x}_C\left(t_1\right) = \frac{1}{3} R\omega$$

7.4.5　一个质量为 M 、半径为 R 的轮子以质心速度 v_0、角速度 ω_0 沿水平表面投射，如图 7.66 所示，ω_0 倾向于产生与 v_0 相反方向的质心速度. 轮子与表面间的摩擦因数为 μ .

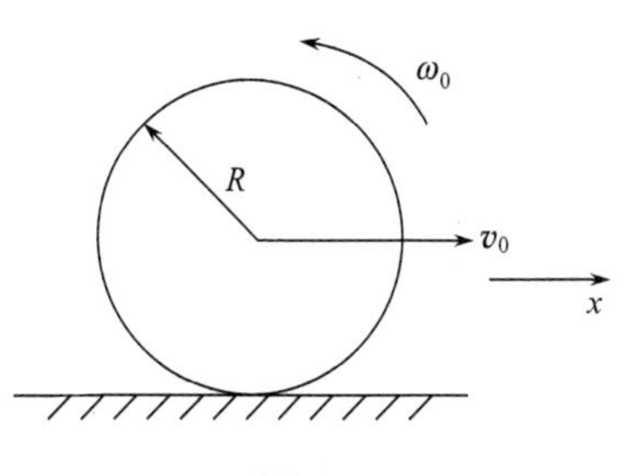

图 7.66

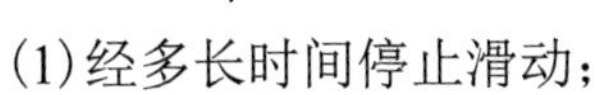
(1) 经多长时间停止滑动；

(2) 滑动停止时轮子的质心速度多大?

解　(1) 取向右为 x 的正向，顺时针转动为 θ 的正向，

$$M\ddot{x} = -\mu Mg,$$

$$\frac{1}{2} MR^2 \ddot{\theta} = \mu MgR$$

$t = 0$ 时， $\dot{x} = v_0, \dot{\theta} = -\omega_0$. 积分两式可得

$$\dot{x} = v_0 - \mu g t$$

$$\dot{\theta} = -\omega_0 + \frac{2\mu g}{R} t$$

设 $t = t_1$ 时轮子停止滑动，

$$\dot{x}\left(t_1\right) = R\dot{\theta}\left(t_1\right)$$

即

$$v_0 - \mu g t_1 = -R\omega_0 + 2\mu g t_1$$

$$t_1 = \frac{1}{3\mu g}\left(v_0 + R\omega_0\right)$$

(2)

$$\dot{x}\left(t_1\right) = v_0 - \mu g t_1 = \frac{1}{3}\left(2v_0 - R\omega_0\right)$$

说明：此题也可用前两题的方法二，先用对 $t = 0$ 时的接触点的角动量守恒求出

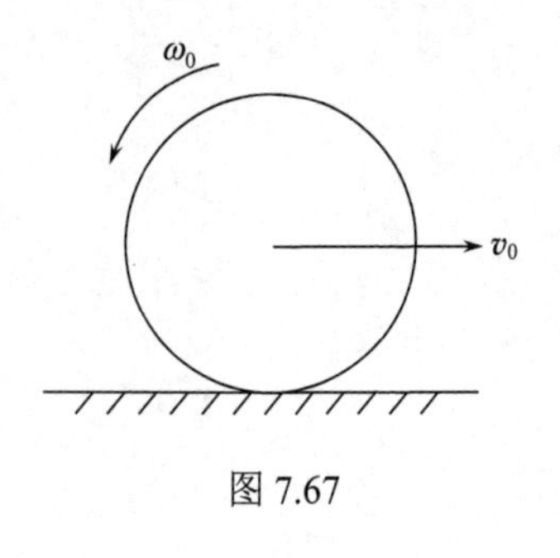

图 7.67

$\dot{x}(t_1)$，再用质心运动定理求 t_1.

7.4.6　一个半径为 R、质量为 M 的薄圆筒以质心速度 v_0、角速度 $\omega_0=\frac{2v_0}{R}$ 往回自转(如图 7.67 所示)在光滑的地板上运动，进入粗糙区域后继续沿直线运动，由于摩擦，它最终做纯滚动. 求质心的末速度 v_f.

解　设最终末速度 $\boldsymbol{v}_f$ 仍与 $\boldsymbol{v}_0$ 方向相同. 用对圆筒与刚进入粗糙区域的接触点的角动量守恒，

$$Mv_0R-MR^2\cdot\frac{2v_0}{R}=MR^2\omega_f+Mv_fR$$

其中 ω_f 是圆筒的末角速度，方向与 ω_0 相反.

纯滚动条件

$$R\omega_f=v_f$$

可得

$$v_f=-\frac{1}{2}v_0$$

负号说明圆筒最终以 $\frac{1}{2}v_0$ 的速率往回运动.

7.4.7　一个 100m^2 的太阳能配电板连接到一个飞轮上，它把入射的太阳光能转换为机械的转动能，效率 1%.

(1) 在这个太阳能配电板曝光 8h 后. 这个质量为 500kg、半径为 50cm 的实圆柱形飞轮将有多大的角速度(假定它开始是静止的)？

在整个时间间隔中太阳常数为 $2\text{cal}/\text{cm}^2\cdot\text{min}(1\text{cal}=4.2\text{J})$.

(2) 假如飞轮(它的轴是水平的)突然从它的固定轴承上被释放，让它在一个滑动摩擦因数 $\mu=0.1$ 的水平面上开始运动，在它停止滑动前走过多远?

(3) 这时质心速度多大?

(4) 以热的形式耗散了多少能量?

解　(1) 设 E 为由太阳光能转换获得的机械的转动能，

$$E=2\times4.2\times100\times10^4\times8\times60\times1\%=4.0\times10^7\,(\text{J})$$

$$E=\frac{1}{2}I\omega^2=\frac{1}{4}mR^2\omega^2$$

其中 $m=500\text{kg}$，$R=0.50\text{m}$，

$$\omega=\sqrt{\frac{4E}{mR^2}}=\sqrt{\frac{4\times4.0\times10^7}{500\times(0.50)^2}}=1.1\times10^3(\text{rad/s})$$

(2) 由于飞轮在变为纯滚动以前受到的摩擦力是恒量，质心加速度和飞轮的角加速度均为恒量. 设变为纯滚动后的角速度为 Ω，由质心运动定理和质心平动参考系中对质心的角动量定理.

$$m\frac{\Omega R-0}{\tau}=\mu mg$$

$$\frac{1}{2}mR^2\frac{\Omega-\omega}{\tau}=-\mu mgR$$

其中 τ 是从开始在有摩擦的水平面上运动到停止滑动所经历的时间，解得

$$\Omega=\frac{1}{3}\omega,\quad \tau=\frac{\omega R}{3\mu g}$$

停止滑动前走过的距离为

$$s=\frac{1}{2}\frac{\Omega R}{\tau}\tau^2=\frac{R^2\omega^2}{18\mu g}=1.7\times10^4\,\mathrm{m}$$

(3) 质心速度为

$$R\Omega=\frac{1}{3}R\omega=1.8\times10^2\,\mathrm{m/s}$$

(4) 以热的形式耗散的能量等于飞轮在此期间机械能的减量

$$Q=\frac{1}{2}\times\frac{1}{2}mR^2\omega^2-\left[\frac{1}{2}m\left(R\Omega\right)^2+\frac{1}{2}\cdot\frac{1}{2}mR^2\Omega^2\right]$$

$$=\frac{1}{6}mR^2\omega^2=2.5\times10^7\,\mathrm{J}$$

说明：因为用了 $1\mathrm{cal}=4.2\mathrm{J}$，$E$ 的计算中只保留了两位有效数字，以后各量 ω、S 和 Q 也都相应的只保留两位有效数字.

7.4.8 一均质细圆环从倾角为 θ 的斜面上滚下，求使它不发生滑动的最小摩擦因数.

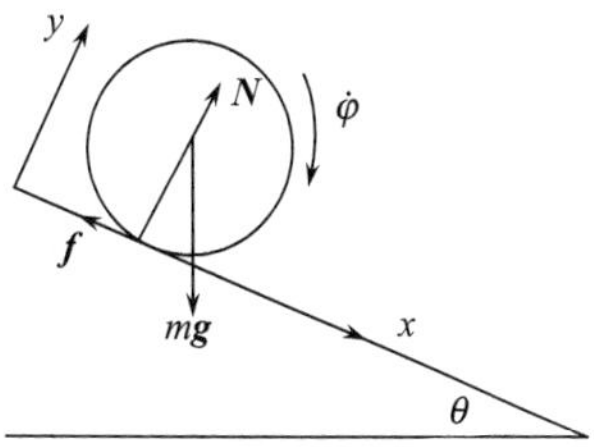

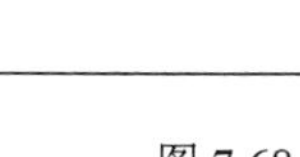

图 7.68

解 采用图 7.68 所示的坐标系，并设 m 为圆环质量，R 为圆环半径，用 x、y 表示质心坐标，

$$m\ddot{x}=mg\sin\theta-f$$

$$m\ddot{y}=N-mg\cos\theta=0$$

$$mR^2\ddot{\varphi}=fR$$

$$\dot{x}-R\dot{\varphi}=0$$

可解得

$$N=mg\cos\theta$$

$$f=\frac{1}{2}mg\sin\theta$$

不发生滑动要求所需的静摩擦力 f 小于等于所能提供的最大静摩擦力 μN，即

$$f\leqslant\mu N$$

$$\frac{1}{2}mg\sin\theta\leqslant\mu mg\cos\theta$$

$$\mu_{\min}=\frac{1}{2}\tan\theta$$

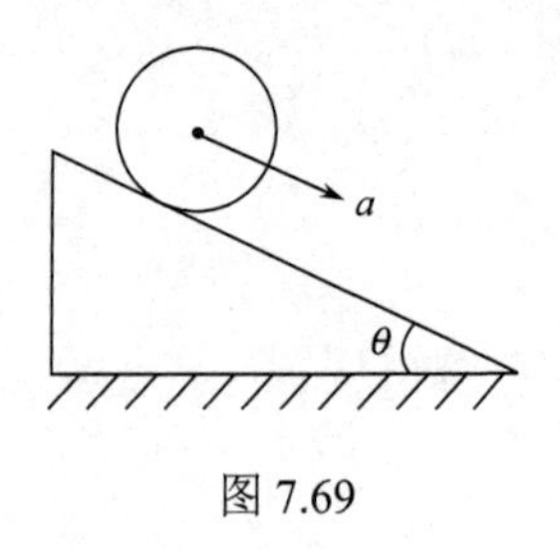

图 7.69

7.4.9 一质量为m、半径为R的均质圆柱体放置在与水平面成θ角的斜面上，如图 7.69 所示. 图中a表示圆柱体的轴沿斜面运动的加速度，圆柱体和斜面之间的摩擦因数为μ，当θ小于某个临界角θ_C时，圆柱体将无滑动地沿斜面滚下.

(1) θ_C等于多少?

(2) 当$\theta<\theta_C$时，a等于多少?

解 (1) 摩擦力f，支持力N、重力mg，见上题的图，

$$ma = mg\sin\theta - f$$

$$N - mg\cos\theta = 0$$

$$\frac{1}{2}mR^2\ddot{\varphi} = fR$$

$$a = R\ddot{\varphi}$$

$$f \leqslant \mu N$$

可解得

$$a = \frac{2}{3}g\sin\theta, \quad N = mg\cos\theta$$

$$f = \frac{1}{3}mg\sin\theta$$

$$\frac{1}{3}mg\sin\theta \leqslant \mu mg\cos\theta$$

$$\tan\theta \leqslant 3\mu$$

所以

$$\theta_C = \arctan 3\mu$$

(2) 在$\theta<\theta_C$时，$a=\dfrac{2}{3}g\sin\theta$.

7.4.10 一半径为r、质量为m、转动惯量$I=mk^2$(关于对称轴的)的轮子沿着水平面被拉着运动，水平拉力$\boldsymbol{F}$作用在一根从半径为b的轴上展开的绳子上，如图 7.70 所示. 假定轮和水平面间的摩擦力足以使轮作无滑动滚动，$I=mk^2$ 中k为常量，具有长度的量纲. 求：

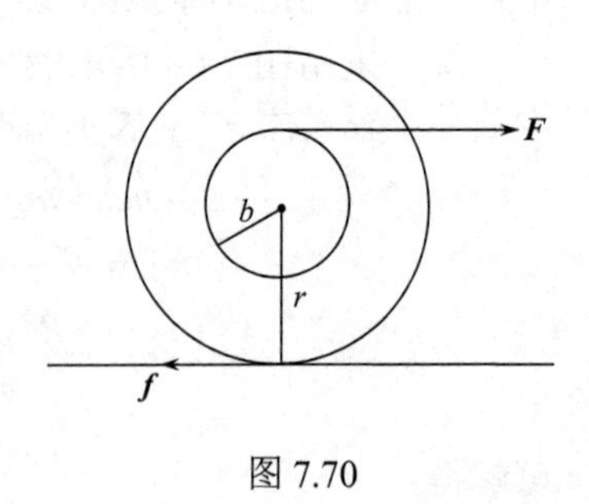

图 7.70

(1) 轮轴的加速度；

(2) 作用在轮上的摩擦力.

解 用x表示质心沿水平方向的位移，向右为正，用φ表示轮子的角位移，顺时针方向为正. $\ddot{x}$为轮轴的加速度，f为所求的摩擦力，

(1)
$$m\ddot{x} = F - f \tag{1}$$

$$mk^2\ddot{\varphi} = Fb + fr \tag{2}$$

$$\dot{x} - r\dot{\varphi} = 0, \ddot{x} = r\ddot{\varphi} \tag{3}$$

用式(3)消去式(2)中的$\ddot{\varphi}$，

$$mk^2\ddot{x} = Fbr + fr^2 \tag{4}$$

式(1)×r^2+式(4)，可消去 f，解出 $\ddot{x}$ 得

$$\ddot{x} = \frac{Fr(b+r)}{m(k^2+r^2)}$$

(2)
$$f = F - m\ddot{x} = \frac{k^2 - br}{k^2 + r^2}F$$

7.4.11　一质量 $m = 1.8\text{kg}$、半径 $r = 0.2\text{m}$ 的扁平均质圆盘平放在无摩擦的水平桌面上，一根缠绕在此盘的圆柱面上的绳子受到沿正北方向的3N 的作用力，如图 7.71 所示. 求质心的加速度 a (大小和方向) 和圆盘绕其质心的角加速度 β. $a = r\beta$ 吗?为什么?

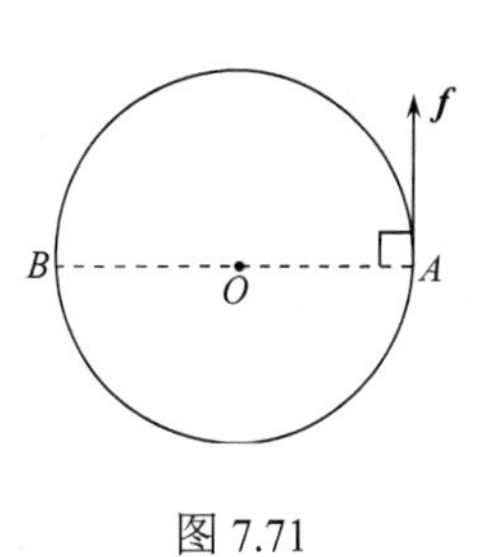

图 7.71

解

$$ma = f$$

$$\frac{1}{2}mr^2\beta = fr$$

$a = \dfrac{f}{m} = \dfrac{3}{1.8} = 1.6\text{m}\cdot\text{s}^{-2}$. 沿正北方向.

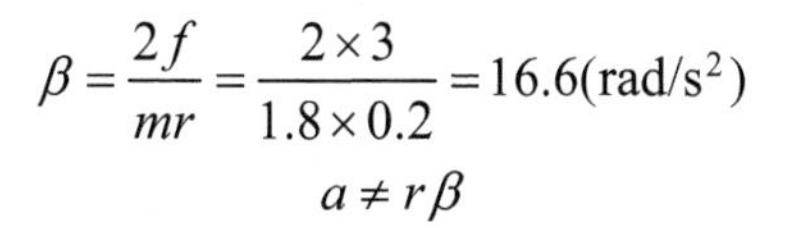

$$\beta = \frac{2f}{mr} = \frac{2\times 3}{1.8\times 0.2} = 16.6(\text{rad/s}^2)$$

$$a \neq r\beta$$

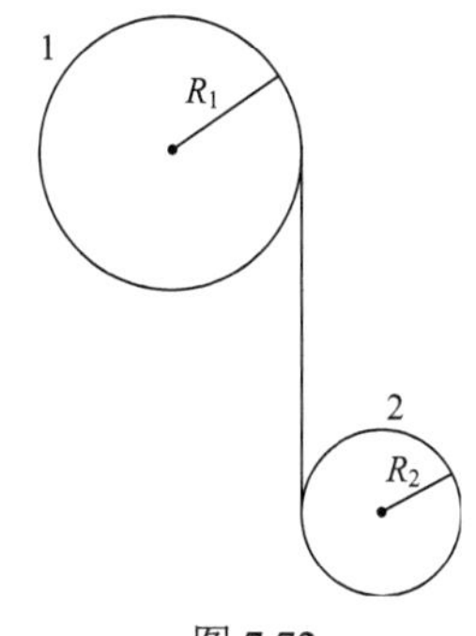

图 7.72

要所问的关系成立，必须有 $v = r\omega$. 要图中的 B 点为瞬时转动中心，题目所给的条件没有给出这种约束. 自然不能要求有此关系.

7.4.12　两个均质圆盘质量分别为 M_1 和 M_2，半径分别为 R_1 和 R_2，由一根环绕它们各自圆周的、不可伸长的轻绳连结，如图 7.72 所示. 圆盘 1 绕其水平的对称轴做无摩擦定轴转动，两圆盘在同一竖直平面内，让圆盘 2 自由下落. 列出可求其质心加速度的方程.

解　用 θ_1、θ_2 分别表示圆盘 1、圆盘 2 的转角，顺时针方向为正，x_2 表示圆盘 2 质心的位移，向下为正. T 表示绳子张力.

$$\frac{1}{2}M_1R_1^2\ddot{\theta}_1 = TR_1 \tag{1}$$

$$\frac{1}{2}M_2R_2^2\ddot{\theta}_2 = TR_2 \tag{2}$$

$$M_2\ddot{x}_2 = M_2g - T \tag{3}$$

连接两圆盘的绳子在两切点间各点(包括切点)有相同的速度，

$$R_1\dot{\theta}_1 = \dot{x}_2 - R_2\dot{\theta}_2$$

由此两边求导，

$$R_1\ddot{\theta}_1 = \ddot{x}_2 - R_2\ddot{\theta}_2 \tag{4}$$

式(1)、(2)、(3)、(4)中共有四个未知量：$\ddot{\theta}_1$、$\ddot{\theta}_2$、$\ddot{x}_2$ 和 T，由此可解出 $\ddot{x}_2$.

7.4.13 质量为 M 的一种玩具由两个半径为 R、厚度为 t 的大圆盘和一根半径为 r、长度为 t 的圆棒固连而成，如图 7.73(a)所示，假定各处密度均匀，求此玩具在重力作用下下落时(图 7.73(b))无质量不可伸长的绳中的张力 T.

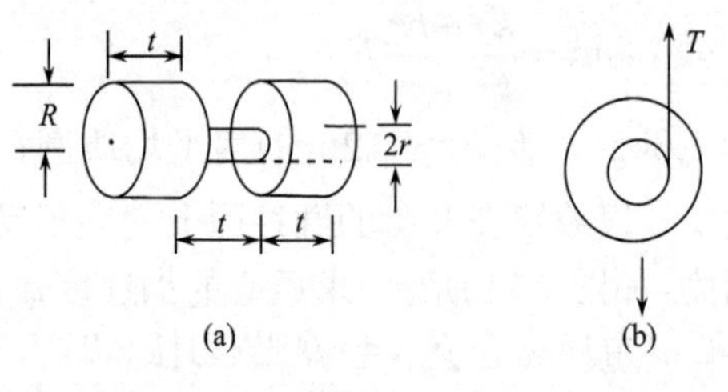

图 7.73

解 先求此玩具绕其对称轴的转动惯量. 设密度为 ρ，

$$
\begin{aligned}
I &= 2\times\frac{1}{2}\left(\rho\pi R^2 t\right)R^2+\frac{1}{2}\left(\rho\pi r^2 t\right)r^2 \\
&= \rho\cdot\frac{1}{2}\pi t\left(2R^4+r^4\right) \\
&= \frac{M}{2\pi R^2 t+\pi r^2 t}\cdot\frac{1}{2}\pi t\left(2R^4+r^4\right)=\frac{1}{2}M\frac{2R^4+r^4}{2R^2+r^2}
\end{aligned}
$$

$$M\ddot{x}=Mg-T$$

$$I\ddot{\varphi}=Tr$$

有约束方程，

$$\dot{x}-r\dot{\varphi}=0$$

可得

$$T=\frac{IMg}{I+Mr^2}=\frac{2R^4+r^4}{2R^4+4R^2r^2+3r^4}Mg$$

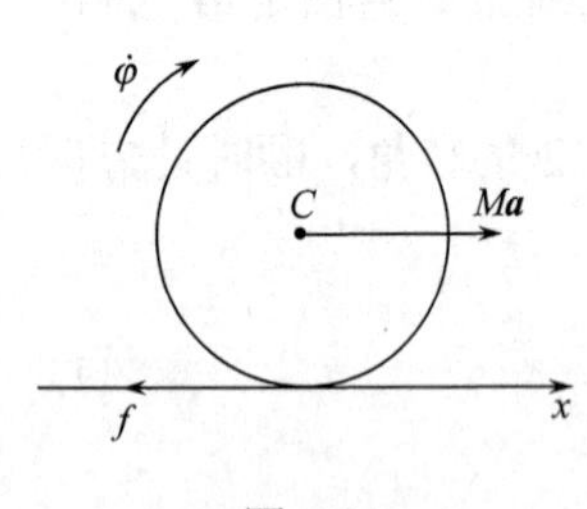

图 7.74

7.4.14 一质量为 M、半径为 R 的均质球置于某一卡车的平板上，此卡车自静止开始以恒定加速度 a 运动. 假定球无滑动滚动，求球的质心相对于卡车的加速度.

解 取卡车为参考系，需考虑惯性力，若卡车对静参考系(惯性系)的加速度向左，则球受到的惯性力为 Ma，作用于球心，方向向右. 取固连于卡车的 x 轴沿球运动的方向，惯性力的方向为正. 取 φ 表示球绕球心的角位移，顺时针方向为正，如图 7.74 所示，设卡车作用于球的静摩擦力 f 向左，

$$M\ddot{x}_{\rm C}=Ma-f$$

$$\frac{2}{5}MR^2\ddot{\varphi}=fR$$

可解出

$$\dot{x}_C-R\dot{\varphi}=0,\quad \ddot{x}_C-R\ddot{\varphi}=0$$

$$\ddot{x}_C = \frac{5}{7}a$$

球的质心相对于卡车的加速度为$\frac{5}{7}a$，方向与卡车的加速度方向相反.

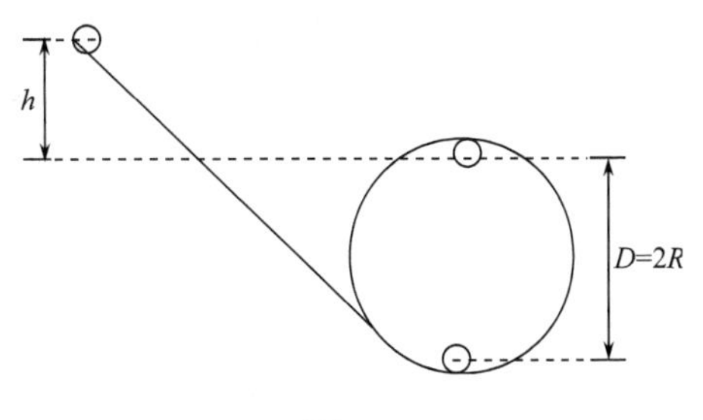

图 7.75

7.4.15　半径为r的均质球做无滑滚动，要始终保持与环的轨道接触，最小的高于圆环顶端的高度h多大?图 7.75)

解　球做纯滚动，要刚能始终保持与环的轨道接触，必须当球运动到环的顶端时球对圆环的压力等于零. 也就是说在这个位置，球不受圆环的作用力. 在此处对球用质心运动定理，设球的质量为m，

$$m\frac{v^2}{R} = mg$$

其中v为球的质心的速率，质心的加速度为$\frac{v^2}{R}$，

$$v^2 = Rg$$

在此处，球的动能为

$$T = \frac{1}{2}mv^2 + \frac{1}{2}\times\frac{2}{5}mr^2\omega^2$$

其中ω是球在其质心平动参考系中围绕质心的转动角速度，由于球做纯滚动，与轨道的接触点速度为零.

$$v - r\omega = 0$$

所以

$$T = \frac{1}{2}mv^2 + \frac{1}{2}\times\frac{2}{5}mv^2 = \frac{7}{10}mv^2 = \frac{7}{10}mgR$$

该动能是由比它的位置高h处的球的势能(在那里球自静止开始运动，动能为零)转化而得的，由机械能守恒，

$$mgh = T = \frac{7}{10}mgR$$

所以

$$h = \frac{7}{10}R$$

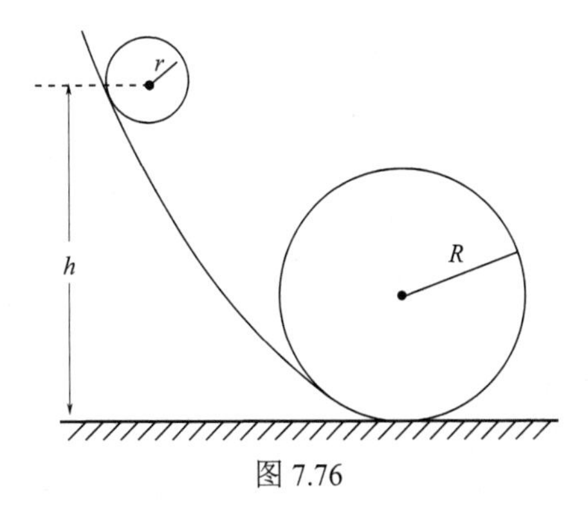

图 7.76

7.4.16　如图 7.76 所示，有一半径为r的匀质圆柱体，从其质心距地面高为h的滑道上由静止滚动而下，进入半径为R的圆形滑道，仍作纯滚动. h需要有多大的值，圆柱体能在圆环形滑道内完成圆周运动？

解　由于圆柱体作纯滚动，重力作功用引入重

力势能处理. 摩擦力滑道的支持力均不做功. 圆柱体机械能守恒. 设圆柱体质量为 m，到达圆形滑道的最高点时，质心速度为 v_C. 围绕其对称轴的角速度为 ω.

$$\frac{1}{2}mv_C^2+\frac{1}{2}I\omega^2+mg(2R-r)=mgh$$

其中 $I=\frac{1}{2}mr^2$，因作纯滚动又有 $v_C=r\omega$，由上式得

$$v_C^2=\frac{4}{3}g(h-2R+r)$$

在到达最高点时. 用质心运动定理，法向方程为

$$m\frac{v_C^2}{R-r}=N+mg$$

其中 N 是环形轨道对圆柱的作用力，从而

$$N=m\frac{v_C^2}{R-r}-mg=\frac{4h-11R+7r}{3(R-r)}$$

圆柱体要在圆环滑道上完成圆周运动. 必须在达到最高点时 $N\geqslant 0$. 即需有

$$4h-11R+7r\geqslant 0$$

即得

$$h\geqslant\frac{11}{4}R-\frac{7}{4}r$$

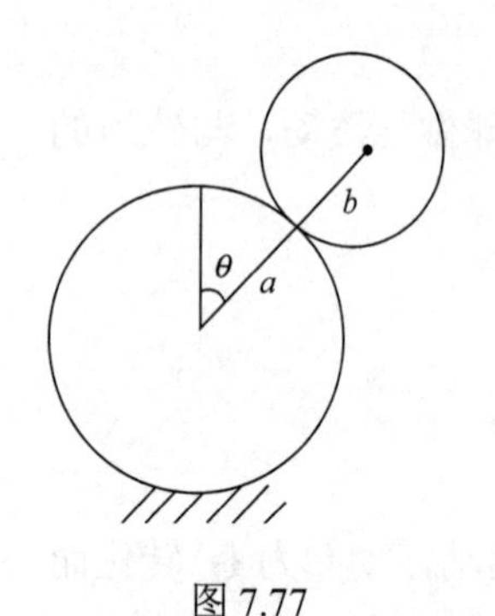

图 7.77

7.4.17　一个半径为 b 的球，在 $\theta=0$ 处静止在另一个半径为 $a(>b)$ 的固定不动的球上. 在重力作用下上面的球因微扰而滚动(图 7.77)，静摩擦因数 $\mu_s>0$，滑动摩擦因数 $\mu_d=0$.

(1) 简单地描述球做滚动、滑动和分离的先后次序，并作解释；

(2) 写出上面的球在下面的球上做纯滚动的约束方程；

(3) 用 $\ddot{\theta}$ 和 θ 写出球做纯滚动时的运动微分方程；

(4) 求有关 $\dot{\theta}$ 和 θ 满足的方程；

(5) 假定 $0<\theta(0)\ll\theta(t)$，解出 $\theta(t)$.

提示：可能用到如下的积分：$\int\frac{\mathrm{d}x}{\sin\frac{x}{2}}=2\ln\tan\frac{x}{4}$.

解　(1) 开始先做纯滚动，以后做有滑动的滚动，最后与下面的球脱离接触. 解释如下：

由于静摩擦力不做功，因滑动摩擦因数 $\mu_d=0$，滑动摩擦力不存在，在整个运动过程中机械能守恒，小球的动能由于势能的减小而增大，质心速度也是随 θ 的增大而增大的.

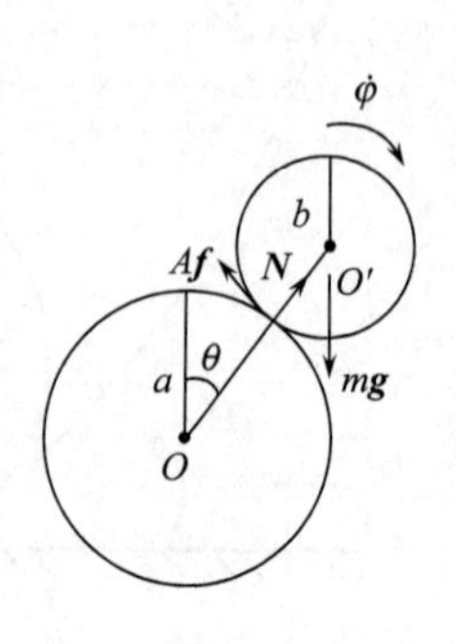

图 7.78

开始 θ 较小时，质心速率 v 较小. 按质心运动定理的法向方程，因法向加速度较小，重力的法向分量较大，故支持力 N 较大. 由对瞬轴的角动量定理，随着 θ 的增大，重力对瞬轴的力矩由小变大，故 $\ddot{\varphi}$

由小变大，$\dot{\varphi}$ 也由小变大. 再用质心平动参考系对质心的角动量定理，重力和支持力均通过质心，对质心的力矩为零，要有同样的 $\ddot{\varphi}$、$\dot{\varphi}$，静摩擦力 f 必须有图示的方向，且随着 θ 的增大，也要求 f 随之增大. 另一方面，N 随 θ 的增大而减小. 因此能提供的最大静摩擦力 $\mu_s N$ 随 θ 增大而减小，开始 θ 较小时，纯滚动要求的静摩擦力 f 较小，而能提供的最大静摩擦力 $\mu_s N$ 较大，$f<\mu_s N$ 能满足，故为纯滚动；到 θ 达到一定值时，纯滚动需要的 f 和能提供的 $\mu_s N$ 有 $f=\mu_s N$ 时达到临界状态，θ 再大时，就要出现滑动，摩擦力变为零，因为小球已有 $\dot{\varphi}(>0)$，不可能是纯滑动，而是保持临界状态时的 $\dot{\varphi}$ 值做有滑动的滚动. θ 继续增大，v 也继续增大，所需的法向力继续增大，而重力的法向分量是减小的，支持力必定是继续减小，当减小到 $N=0$，不能再变成 $N<0$，小球就开始脱离大球. 因为 $f=\mu_s N$ 的临界状态时，$N\neq 0$ 因此必将经历一个有滑动的滚动的阶段.

再补充说明两点：i) 刚体的角速度与基点的选择无关，因而其角加速度也和基点的选择无关，质心和瞬心都是刚体上的点，都可选作基点；ii) 对于本题所给的刚体，对瞬轴的角动量定理和质心平动参考系中对通过质心的轴的角动量定理有同样的形式. 虽然涉及的转动惯量不同，同一时刻两个力矩也不同，但随 θ 的增大，变化的趋势是一致的，都随 θ 增大而增大.

(2) 纯滚动条件为

$$(a+b)\dot{\theta}-b\dot{\varphi}=0$$

$t=0$ 时，$\theta=0$，选 φ 的零点，也有 $t=0$ 时，$\varphi=0$，则上式也可写成

$$(a+b)\theta-b\varphi=0$$

(3)
$$m(a+b)\ddot{\theta}=mg\sin\theta-f$$

$$\frac{2}{5}mb^2\ddot{\varphi}=fb$$

其中 m 为小球的质量. 加上纯滚动条件得

$$(a+b)\ddot{\theta}-b\ddot{\varphi}=0$$

可得

$$\ddot{\theta}=\frac{5}{7}\frac{g}{a+b}\sin\theta$$

(4)
$$\ddot{\theta}=\frac{\mathrm{d}\dot{\theta}}{\mathrm{d}\theta}\dot{\theta}=\frac{1}{2}\frac{\mathrm{d}\dot{\theta}^2}{\mathrm{d}\theta}$$

代入式 (3) 问得到的式子，可得

$$\mathrm{d}\dot{\theta}^2=\frac{10}{7}\frac{g}{a+b}\sin\theta\mathrm{d}\theta$$

两边积分，用初始条件：$t=0$ 时，$\theta=0,\dot{\theta}=0$，得

$$\dot{\theta}^2=\frac{10}{7}\frac{g}{a+b}(1-\cos\theta)$$

这是在做纯滚动期间 $\dot{\theta}$ 和 θ 的关系、由于未给 μ_s 值，不能算出结束纯滚动的 θ 值，也就不讨论在做有滑滚动期间 $\dot{\theta}$ 和 θ 的关系了.

(5)
$$\dot{\theta}=\left[\frac{10}{7}\frac{g}{a+b}(1-\cos\theta)\right]^{\frac{1}{2}}=\left(\frac{20}{7}\frac{g}{a+b}\right)^{\frac{1}{2}}\sin\frac{\theta}{2}$$

$$\int_{\theta(0)}^{\theta}\frac{\mathrm{d}\theta}{\sin\frac{\theta}{2}}=\int_0^t\left[\frac{20}{7}\frac{g}{a+b}\right]^{\frac{1}{2}}\mathrm{d}t$$

$$2\ln\frac{\tan\frac{\theta}{4}}{\tan\frac{\theta(0)}{4}}=\left[\frac{20}{7}\frac{g}{a+b}\right]^{\frac{1}{2}}t$$

$$\theta(t)=4\arctan\left[\tan\frac{\theta(0)}{4}\mathrm{e}^{\alpha t}\right]$$

其中$\alpha=\left(\frac{5}{7}\frac{g}{a+b}\right)^{1/2}$.

这个$\theta(t)$也只适用于做纯滚动期间.

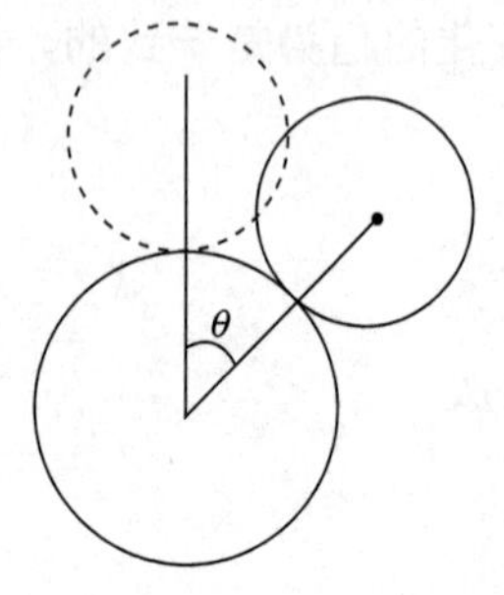

图 7.79

7.4.18　一质量为m、半径为a的均质球在一半径为$b(>a)$的固定圆柱体的顶端从静止状态开始无滑动地滚下. 求：

(1) 此球脱离圆柱体的角度$\theta_{\max}$；

(2) 当球脱离圆柱体的瞬间，球心的速度.

解　根据题意，球在脱离圆柱体前没有经过上题所述的有滑动地滚动阶段，说明静摩擦因数μ_s足够大，在支持力N不等于零时，最大静摩擦力$\mu_s N$总大于维持纯滚动所需的静摩擦力.

(1) 可用上题得到的结果，在做纯滚动期间，

$$\dot{\theta}^2=\frac{10}{7}\frac{g}{a+b}(1-\cos\theta) \tag{1}$$

再列出质心运动定理的法向分量方程

$$m(a+b)\dot{\theta}^2=mg\cos\theta-N$$

脱离圆柱体时，$N=0$. 代入上式，可得脱离时的$\dot{\theta}^2$为

$$\dot{\theta}^2=\frac{g}{a+b}\cos\theta_{\max} \tag{2}$$

在$\theta=\theta_{\max}$时用式(1)，得到的$\dot{\theta}^2$应与式(2)相等，

$$\frac{10}{7}(1-\cos\theta_{\max})=\cos\theta_{\max}$$

$$\cos\theta_{\max}=\frac{10}{17},\theta_{\max}=\arccos\frac{10}{17}$$

(2) 在分离瞬间，球心的速度其大小为

$$(a+b)\dot{\theta}\big|_{\theta=\theta_{\max}}=\sqrt{\frac{10}{17}(a+b)g}$$

其方向与水平线的夹角为$\theta_{\max}$即$\arccos\dfrac{10}{17}$.

7.4.19　一个质量为m、半径为r的均质小球在一个半径为R不动的大球的项部从静止开始运动，假定摩擦因数为μ，在何处小球开始出现滑动?

解　用 7.4.16 题的θ、φ分别表示小球质心的位置和在其质心平动参考系中小球绕质心的转角. 在小球做纯滚动期间

$$m(R+r)\ddot{\theta}=mg\sin\theta-f \tag{1}$$

$$m(R+r)\dot{\theta}^2=mg\cos\theta-N \tag{2}$$

$$\frac{2}{5}mr^2\ddot{\varphi}=fr \tag{3}$$

$$(R+r)\dot{\theta}-r\dot{\varphi}=0 \tag{4}$$

用式(4)、式(3)可改写为

$$\frac{2}{5}m(R+r)\ddot{\theta}=f \tag{5}$$

由式(1)、式(5)解出

$$\ddot{\theta}=\frac{5}{7}\frac{g}{R+r}\sin\theta \tag{6}$$

$$f=\frac{2}{7}mg\sin\theta \tag{7}$$

用$\ddot{\theta}=\dfrac{\mathrm{d}\dot{\theta}}{\mathrm{d}\theta}\dot{\theta}=\dfrac{1}{2}\dfrac{\mathrm{d}\dot{\theta}^2}{\mathrm{d}\theta}$.式(6)可改写为

$$\mathrm{d}\dot{\theta}^2=\frac{10}{7}\frac{g}{R+r}\sin\theta\mathrm{d}\theta$$

两边积分，用$\theta=0$时$\dot{\theta}=0$，

$$\dot{\theta}^2=\frac{10}{7}\frac{g}{R+r}(1-\cos\theta) \tag{8}$$

由式(2)、式(8)得

$$N=mg\cos\theta-m(R+r)\dot{\theta}^2=\frac{1}{7}mg(17\cos\theta-10)$$

在$\theta=\theta_{\mathrm{C}}$时，小球开始做有滑动地滚动，此时

$$f=\mu N$$

即

$$\frac{2}{7}mg\sin\theta_{\mathrm{C}}=\frac{1}{7}\mu mg(17\cos\theta_{\mathrm{C}}-10)$$

$$2\sin\theta_C = 17\mu\cos\theta_C - 10\mu$$

$$4\sin^2\theta_C = 289\mu^2\cos^2\theta_C + 100\mu^2 - 340\mu\cos\theta_C$$

$$\left(289\mu^2+4\right)\cos^2\theta_C - 340\mu^2\cos\theta_C + \left(100\mu^2-4\right) = 0$$

$$\cos\theta_C = \frac{340\mu^2 + \sqrt{\left(-340\mu^2\right)^2 - 4\left(289\mu^2+4\right)\left(100\mu^2-4\right)}}{2\left(289\mu^2+4\right)}$$

$$= \frac{170\mu^2 + 2\sqrt{250\mu^4+189\mu^2+4}}{289\mu^2+4}$$

从而

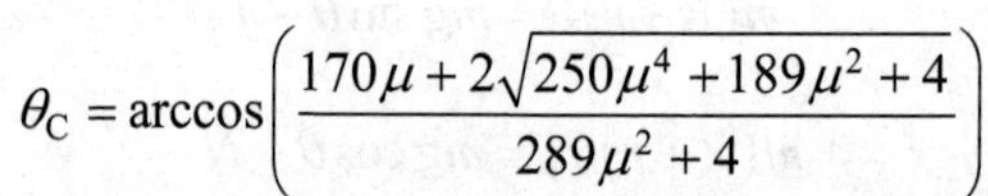

$$\theta_C = \arccos\left(\frac{170\mu + 2\sqrt{250\mu^4+189\mu^2+4}}{289\mu^2+4}\right)$$

舍去了另一较大的根，因为取 θ_C 的较小的解时已达到纯滚动和有滑动地滚动的临界状态，θ_C 的较大的解不可能又成为临界状态.

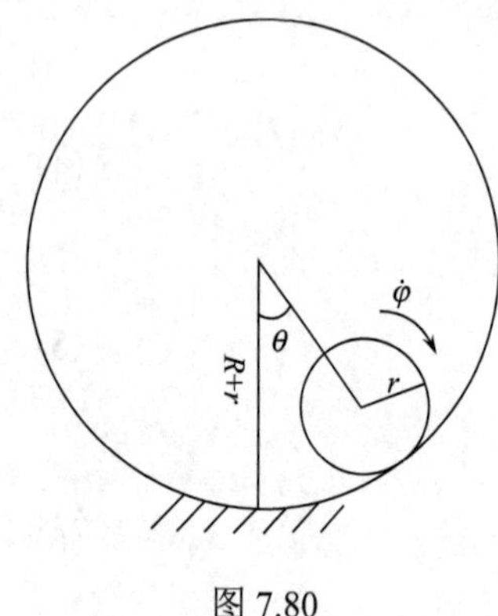

图 7.80

7.4.20　一半径为 r 的均质小球，沿一半径为 $R+r$ 的竖直的固定的圆环内侧运动. 考虑两种情况：i) 纯滚动；ii) 无摩擦的纯滑动. 求：

(1) 在每一种情况下，为使小球到达环顶部而不致落下，在环底部时须具有的最小质心速度 v_1.

(2) 在纯滑动情况下，若在环底部时质心速度比 v_1 小 10%，小球在何处开始落下?

解　(1) 取 θ 表示小球质心的位置，φ 表示在其质心平动参考系中小球围绕质心的转角，它们的正方向如图 7.80 所示.

i) 纯滚动情况.

因静摩擦力不做功，小球运动时机械能守恒.

设小球质量为 m，小球的动能

$$T = \frac{1}{2}m\left(R\dot{\theta}\right)^2 + \frac{1}{2}\cdot\frac{2}{5}mr^2\dot{\varphi}^2$$

纯滚动的约束条件为

$$R\dot{\theta} - r\dot{\varphi} = 0$$

$$T = \frac{1}{2}m\left(R\dot{\theta}\right)^2 + \frac{1}{5}m\left(R\dot{\theta}\right)^2 = \frac{7}{10}m\left(R\dot{\theta}\right)^2$$

机械能守恒，写出在底部和顶端机械能相等，

$$\frac{7}{10}m\left(R\dot{\theta}\right)^2\Big|_{\theta=0} = \frac{7}{10}m\left(R\dot{\theta}\right)^2\Big|_{\theta=\pi} + mg\cdot 2R$$

由质心运动定理，在 $\theta=\pi$ 处，

$$mR\dot{\theta}^2\Big|_{\theta=\pi} = mg + N$$

其中 N 是圆环对小球的作用力，要能通过顶端不落下必须 $N\geqslant 0$，刚能不落下要求 $N=0$.

此时

$$\left(R\dot{\theta}\right)^2\big|_{\theta=\pi}=gR,\quad \left(R\dot{\theta}\right)\big|_{\theta=0}=v_1$$

$$\frac{7}{10}mv_1^2=\frac{7}{10}mgR+2mgR$$

$$v_1=\sqrt{\frac{27}{7}gR}$$

ii) 纯滑动的情况.

小球的动能

$$T=\frac{1}{2}m\left(R\dot{\theta}\right)^2$$

小球在底部和顶端机械能相等，

$$\frac{1}{2}m\left(R\dot{\theta}\right)^2\big|_{\theta=\pi}=\frac{1}{2}m\left(R\dot{\theta}\right)^2\big|_{\theta=\pi}+mg\cdot 2R$$

用质心运动定理和纯滚动情况没有差别，刚能通过顶端不落下要求

$$\left(R\dot{\theta}\right)^2\big|_{\theta=\pi}=gR$$

所以

$$\frac{1}{2}mv_1^2=\frac{1}{2}mgR+2mgR$$

$$v_1=\sqrt{5gR}$$

(2) 设 $\theta=\theta_{\max}$ 为做纯滑动的小球沿圆环运动所能达到的位置，

$$\frac{1}{2}m\left(R\dot{\theta}\right)^2\bigg|_{\theta=0}=\frac{1}{2}m\left(R\dot{\theta}\right)^2\big|_{\theta=\theta_{\max}}+mgR\left(1-\cos\theta_{\max}\right)$$

在 $\theta=\theta_{\max}$ 处， $N=0$，由质心运动定理

$$mR\dot{\theta}^2\big|_{\theta=\theta_{\max}}=mg\cos\left(\pi-\theta_{\max}\right)=-mg\cos\theta_{\max}$$

$$\left(R\dot{\theta}\right)^2\bigg|_{\theta=0}=\left(0.9v_1\right)^2=0.81\times 5gR$$

所以

$$\frac{1}{2}m\times 0.81\times 5gR=\frac{1}{2}m\left(-gR\cos\theta_{\max}\right)+mgR\left(1-\cos\theta_{\max}\right)$$

$$\cos\theta_{\max}=\frac{1}{3}\times\left(2-4.05\right)=-0.6833$$

$$\theta_{\max}\operatorname{arc}\cos\left(-0.6833\right)=133°$$

7.4.21　足球射到球门上方横梁上时，因速度不同. 射在横梁上的位置不同，都会影响足球落地的位置. 若球门的横梁是圆柱形的，足球以水平方向的速度沿垂直于横梁的方向无旋转地射到横梁上，球与横梁间的摩擦因数 $\mu=0.70$，球与横梁碰撞时的恢复系数 $e=0.70$. 试问足球射在栋梁上什么位置才能使球心落在球门线内(含球门线上)？用图 7.81 中的 θ 来表示撞击点的位

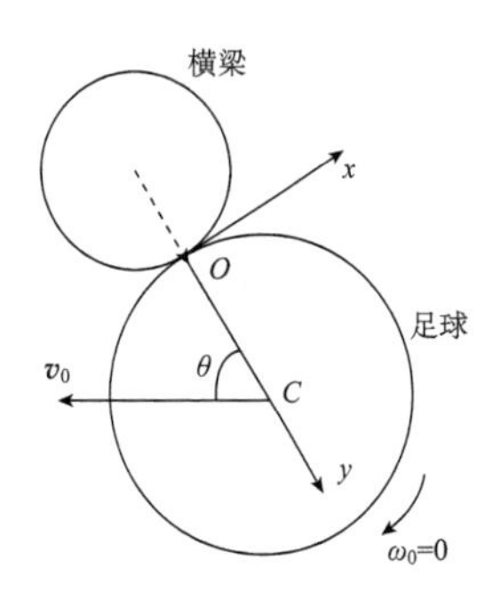

图 7.81

置，θ 为足球入射的速度方向与球心，撞击点连线 CO 的夹角.

解 图中 v_0 是足球射到横梁时球心的速度，$\omega_0=0$ 表示入射时足球没有旋转. C 是球心. O 是入射点，O、C、v_0 在同一竖直平面内，在此平面内取 Oxy 坐标，y 轴沿 OC 方向，x 轴与足球、横梁相切，O 为坐标原点.

设撞击后瞬时，球心速度为 $\boldsymbol{v}$，角速度为 ω(顺时针方向). 碰撞期间横梁给予足球的冲量

$$\boldsymbol{I}=I_x\boldsymbol{i}+I_y\boldsymbol{j}$$

如碰撞导致足球纯滚动. 则碰撞期间，摩擦力为静摩擦力，小于或等于最大静摩擦力. 故有

$$I_x \leqslant \mu I_y \tag{1}$$

出现纯滚动时，上式取小于等于号，碰撞后，在 O 点发生滑动的情况，则上式取等号.

对足球用质心运动定理和在其质心平动参考系中对质心的角动量定理. 设足球质量为 m，半径为 R，则绕过球心的轴的转动惯量为 $\frac{2}{3}mR^2$.

$$I_x = mv_x - mv_{ox} \tag{2}$$

$$I_y = mv_y - mv_{oy} \tag{3}$$

$$\frac{2}{3}mR^2\omega = I_x R \tag{4}$$

由式(1)、(2)、(3)得

$$v_x - v_{ox} \leqslant \mu(v_y - v_{oy}) \tag{5}$$

纯滚动时，上式取“⩽”号，发生滑动时取“=”号.

根据恢复系数的定义

$$e=\frac{v_y-0}{-v_{oy}-0}$$

给出

$$v_y = -ev_{oy} \tag{6}$$

足球被球门横梁反弹后落在球门线内的条件是球心撞后速度沿初速度方向的分量大于等于零，即

$$-v_y\cos\theta - v_x\sin\theta \geqslant 0 \qquad 或 \qquad v_y\cos\theta + v_x\sin\theta \leqslant 0 \tag{7}$$

现讨论 θ 在什么范围将出现纯滚动.

纯滚动时. 足球碰撞点的速度为零

$$v_x + R\omega = 0 \tag{8}$$

由式(2)、(4)得

$$R\omega = \frac{3}{2}(v_x - v_{ox}) \tag{9}$$

由式(8)、(9)得

$$v_x = -\frac{3}{2}(v_x - v_{ox})$$

解出

$$v_x = \frac{3}{5}v_{ox} \tag{10}$$

将式(10)、(6)代入式(5)得

$$-\frac{2}{5}v_{ox} \leqslant -\mu(e+1)v_{oy}$$

因 $v_{ox} = -v_0\sin\theta$， $v_{oy} = -v_0\cos\theta$，上式可改为

$$\frac{2}{5}\sin\theta \leqslant \mu(e+1)\cos\theta$$

$$\tan\theta \leqslant \frac{5}{2}\mu(e+1) = 0.975$$

$$\theta \leqslant 71.4°$$

下面分两种情形讨论.

(1) $\theta \geqslant 71.4°$ 碰撞后出现滑动情形. 式(8)不成立，因而式(9)、(10)均不成立. 但式(5)取等号

$$v_x - v_{ox} = \mu(v_y - v_{oy}) \tag{11}$$

用式(11)、(6)得

$$v_x = v_{ox} - \mu(e+1)v_{oy} \tag{12}$$

将式(6)、(11)，并用 $v_{ox} = -v_0\sin\theta$， $v_{oy} = -v_0\cos\theta$ 代入式(7)得

$$e\cos^2\theta - \sin^2\theta + \mu(e+1)\sin\theta\cos\theta \leqslant 0$$

两边除以 $\cos^2\theta$，

$$e - \tan^2\theta + \mu(e+1)\tan\theta \leqslant 0$$

$$\tan^2\theta - \mu(e+1)\tan\theta - e \geqslant 0$$

代入 $\mu = 0.70$， $e = 0.70$，可得

$$\tan\theta \geqslant 1.62$$

$$\theta \geqslant 58.3°$$

这里只取在第一象限的 θ 值.

可见出现滑动的情形都能满足式(7). 因此 $71.4 \leqslant \theta \leqslant 90°$，足球球心都能落在球门线内.

(2) $\theta < 71.4°$ 出现纯滚动的情形. 这时式(5)取“≤”号，可用式(10)，用 $v_{ox} = -v_0\sin\theta$， $v_{oy} = -v_0\cos\theta$，由式(7)可得

$$ev_0\cos^2\theta - \frac{3}{5}v_0\sin^2\theta \leqslant 0$$

$$\tan\theta \geqslant \sqrt{\frac{5e}{3}} = 1.080$$

$$\theta \geqslant 47.2°$$

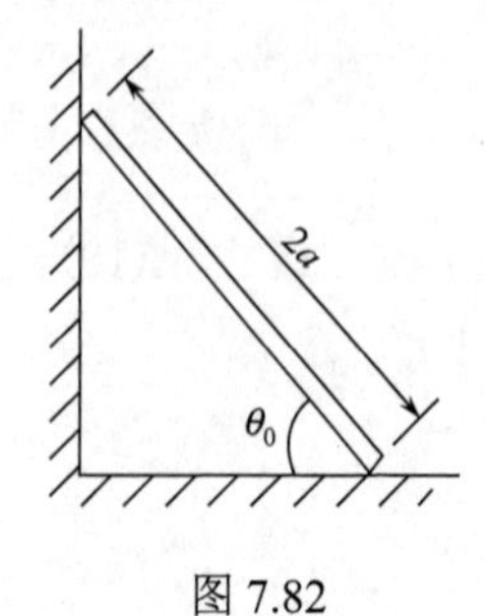

图 7.82

这样考虑到出现纯滚动的情形. 要让足球球心落在球门线内的范围扩大了，只要$47.2° \leqslant \theta \leqslant 90°$，都能落在球门线内. 能扩大$\theta$范围是可以预期的. 因为纯滚动时$I_x$变小了，阻碍足球进入的一个因素减弱了.

7.4.22　一块长$2a$的均质薄平板一端靠在光滑的竖直墙壁上，另一端放在光滑的地板上，与地板的夹角为θ_0，如图 7.82 所示. 当松开平板后，平板在重力作用下下滑. 求：

(1) 平板脱离墙壁前到达θ时的时间$t(\theta)$(可表为积分形式)；

(2) 平板脱离墙壁的θ值.

解　(1) 由机械能守恒，设平板质量为m，

$$\frac{1}{2}m\left(a\dot{\theta}\right)^2+\frac{1}{2}\cdot\frac{1}{12}m\left(2a\right)^2\dot{\theta}^2+mga\sin\theta=mga\sin\theta_0$$

$$\frac{2}{3}ma^2\dot{\theta}^2=mga\left(\sin\theta_0-\sin\theta\right)$$

$$\dot{\theta}=-\sqrt{\frac{3g}{2a}\left(\sin\theta_0-\sin\theta\right)}$$

$$t=-\int_{\theta_0}^{\theta}\frac{\mathrm{d}\theta}{\sqrt{\frac{3g}{2a}\left(\sin\theta_0-\sin\theta\right)}}$$

(2) 取x坐标沿水平方向，墙位于$x=0$处，

$$m\ddot{x}_{\mathrm{C}}=N$$

其中N为墙对平板的作用力. 平板脱离墙壁时$N=0$，故

$$\ddot{x}_{\mathrm{C}}=0$$

$$x_{\mathrm{C}}=a\cos\theta$$

$$\ddot{x}_{\mathrm{C}}=-a\sin\theta\ddot{\theta}-a\dot{\theta}^2\cos\theta=0 \tag{1}$$

前面已求得

$$\dot{\theta}^2=\frac{3g}{2a}\left(\sin\theta_0-\sin\theta\right) \tag{2}$$

$$\left.\begin{aligned}2\dot{\theta}\ddot{\theta}&=-\frac{3g}{2a}\cos\theta\cdot\dot{\theta}\\ \ddot{\theta}&=-\frac{3g}{4a}\cos\theta\end{aligned}\right. \tag{3}$$

将式(2)、式(3)代入式(1)，得平板脱离墙壁时θ满足的关系

$$3\sin\theta=2\sin\theta_0$$

所以

$$\theta=\arcsin\left(\frac{2}{3}\sin\theta_0\right)$$

7.4.23　一质量为m的均质细杆下端置于光滑的桌面上，从与铅垂线成θ_0角静止释

放，求释放后的瞬间桌子对杆的作用力.

解　取图 7.83 所示的 x、y 坐标，原点与杆释放时的下端 A 点重合. 设杆长为 l.

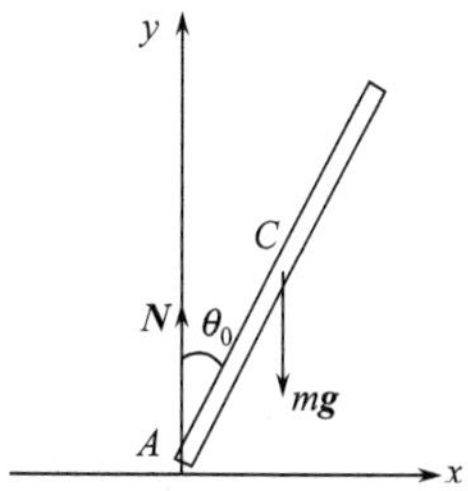

在释放杆的瞬间列质心运动定理和在质心平动参考系中对质心的角动量定理的方程.

$$m\ddot{y}_C\Big|_{\theta=\theta_0}=N-mg \tag{1}$$

$$\frac{1}{12}ml^2\ddot{\theta}\Big|_{\theta=\theta_0}=N\cdot\frac{l}{2}\sin\theta_0 \tag{2}$$

图 7.83

杆的下端 A 在一段时间内不能脱离地面，在一段时间内有 $\dot{y}_A=0$，故在释放的瞬时有

$$\ddot{y}_A=0$$

在一段时间内

$$\dot{y}_A=\dot{y}_C+\frac{l}{2}\dot{\theta}\sin\theta$$

$$\ddot{y}_A=\ddot{y}_C+\frac{1}{2}l\ddot{\theta}\sin\theta+\frac{1}{2}l\dot{\theta}^2\cos\theta$$

在 $\theta=\theta_0$ 时，$\dot{\theta}=0$，故

$$\ddot{y}_A\Big|_{\theta=\theta_0}=\ddot{y}_C\Big|_{\theta=\theta_0}+\frac{1}{2}l\ddot{\theta}\Big|_{\theta=\theta_0}\sin\theta_0=0 \tag{3}$$

用式(1)、(2)消去式(3)中的 $\ddot{y}_C\big|_{\theta=\theta_0}$ 和 $\ddot{\theta}\big|_{\theta=\theta_0}$，

$$\frac{N}{m}-g+\frac{1}{2}l\left(\frac{6N}{ml}\sin\theta_0\right)\sin\theta_0=0$$

$$N=\frac{mg}{1+3\sin^2\theta_0}$$

7.4.24　质量为 m、半径为 r 的均质圆柱置于粗糙的斜面上，斜面倾角 $\alpha=30°$、质量为 m，置于粗糙的水平面上. 圆柱与斜面间、斜面与水平面间的摩擦因数均为 $\mu=0.1$. 开始圆柱与斜面均从静止状态开始运动. 求圆柱质心的运动学方程以及圆柱的角速度.

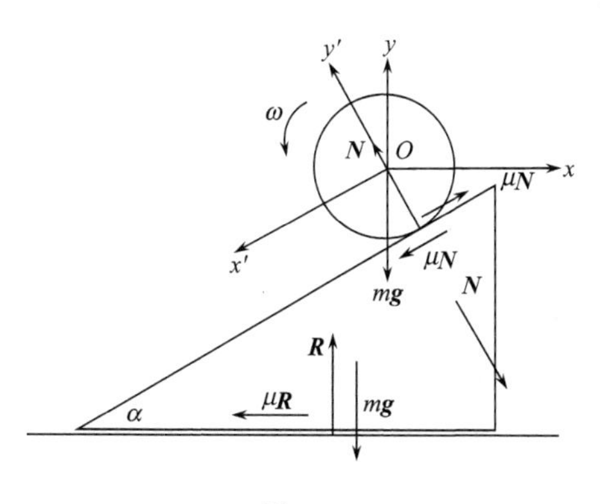

图 7.84

解　取图 7.84 所示的两组坐标系：$Oxyz$ 为静系，$O'x'y'z'$ 为固连于斜面的动系，图中画出了 $t=0$ 两坐标系的原点重合于圆柱的对称轴上的情况，图中还画出了圆柱和斜面所受的力. μN 是圆柱与斜面间的滑动摩擦力(暂设接触点处有相对运动，是否如此，得出结果后再作判断).

对斜面用静参考系，

$$m\ddot{x} = N\sin\alpha - \mu N\cos\alpha - \mu R \tag{1}$$

$$0 = m\ddot{y} = R - mg - N\cos\alpha - \mu N\sin\alpha \tag{2}$$

对圆柱在斜面参考系中用质心运动定理和在其质心平动参考系中用对质心的角动量定理，

$$m\ddot{x}_C' = mg\sin\alpha - \mu N + m\ddot{x}\cos\alpha \tag{3}$$

$$0 = m\ddot{y}_C' = N - mg\cos\alpha + m\ddot{x}\sin\alpha \tag{4}$$

$$\frac{1}{2}mr^2\dot{\omega} = \mu Nr \tag{5}$$

其中 $m\ddot{x}\cos\alpha$、$m\ddot{x}\sin\alpha$ 是由于采用斜面参考系这个非惯性系引入的惯性力.

由式(1)、式(2)消去 R 得

$$m\ddot{x} = -\mu mg + N\left(1-\mu^2\right)\sin\alpha - 2\mu N\cos\alpha \tag{6}$$

从式(4)、式(6)中消去 N，解出

$$\ddot{x} = \frac{\left[\left(1-\mu^2\right)\sin\alpha - 2\mu\cos\alpha\right]g\cos\alpha - \mu g}{1+\left[\left(1-\mu^2\right)\sin\alpha - 2\mu\cos\alpha\right]\sin\alpha} \tag{7}$$

将式(7)代入式(4)得

$$N = \frac{mg\left(\cos\alpha + \mu\sin\alpha\right)}{1+\left[\left(1-\mu^2\right)\sin\alpha - 2\mu\cos\alpha\right]\sin\alpha} \tag{8}$$

将式(8)代入式(5)，用初始条件 $t=0, \omega=0$，积分得圆柱的角速度

$$\omega = \frac{\cos\alpha + \mu\sin\alpha}{1+\left[\left(1-\mu^2\right)\sin\alpha - 2\mu\cos\alpha\right]\sin\alpha}\cdot\frac{2\mu g}{r}t$$

将式(7)、式(8)代入式(3)，得

$$\ddot{x}_C' = \frac{2\left[\left(1-\mu^2\right)\sin\alpha - 2\mu\cos\alpha\right]}{1+\left[\left(1-\mu^2\right)\sin\alpha - 2\mu\cos\alpha\right]\sin\alpha}g$$

用初始条件 $t=0, \dot{x}_C'=0, x_C'=0$，对上式作两次积分，得

$$\dot{x}_C' = \frac{2\left[\left(1-\mu^2\right)\sin\alpha - 2\mu\cos\alpha\right]}{1+\left[\left(1-\mu^2\right)\sin\alpha - 2\mu\cos\alpha\right]\sin\alpha}gt$$

$$x_C' = \frac{\left(1-\mu^2\right)\sin\alpha - 2\mu\cos\alpha}{1+\left[\left(1-\mu^2\right)\sin\alpha - 2\mu\cos\alpha\right]\sin\alpha}gt^2$$

对式(7)积分，用初始条件 $t=0$ 时 $\dot{x}_{O'}=0, x_{O'}=0$,

$$\dot{x}_{O'} = \frac{\left[\left(1-\mu^2\right)\sin\alpha - 2\mu\cos\alpha\right]\cos\alpha - \mu}{1+\left[\left(1-\mu^2\right)\sin\alpha - 2\mu\cos\alpha\right]\sin\alpha}gt$$

$$x_{O'}=\frac{\left[\left(1-\mu^2\right)\sin\alpha-2\mu\cos\alpha\right]\cos\alpha-\mu}{1+\left[\left(1-\mu^2\right)\sin\alpha-2\mu\cos\alpha\right]\sin\alpha}\cdot\frac{1}{2}gt^2$$

圆柱质心的运动学方程为

$$\begin{aligned}x_C&=x'_O-x'_C\cos\alpha\\&=-\frac{\left[\left(1-\mu^2\right)\sin\alpha-2\mu\cos\alpha\right]\cos\alpha+\mu}{1+\left[\left(1-\mu^2\right)\sin\alpha-2\mu\cos\alpha\right]\sin\alpha}\cdot\frac{1}{2}gt^2\\y_C&=-x'_C\sin\alpha\\&=-\frac{\left[\left(1-\mu^2\right)\sin\alpha-2\mu\cos\alpha\right]\sin\alpha}{1\left[\left(1-\mu^2\right)\sin\alpha-2\mu\cos\alpha\right]\sin\alpha}gt^2\end{aligned}$$

必须对前面所作的假设(圆柱与斜面的两接触点间有相对运动)进行检验. 为此，计算一下圆柱上与斜面接触的点 A 相对于斜面的速度 $\dot{x}'_A$.

$$\dot{x}'_A=\dot{x}'_C-\omega r=\frac{2\left[\left(1-2\mu^2\right)\sin\alpha-3\mu\cos\alpha\right]gt}{1+\left[\left(1-\mu^2\right)\sin\alpha-2\mu\cos\alpha\right]\sin\alpha}$$

将 $\mu=0.1$，$\alpha=30°$ 代入，在 $t>0$ 时，$\dot{x}'_A>0$. 说明以上得到的结果是有效的.

7.4.25 一个质量为 m、半径为 r 的均质实心圆柱体沿着一个楔的倾斜表面向下运动，楔的质量为 M，它可以沿一个光滑的水平面自由运动.

(1) 如圆柱体与楔之间无摩擦，圆柱体自静止开始下滑，下降高度 h 时，楔运动了多大距离?

(2) 如圆柱体与楔之间有摩擦力，圆柱体自静止开始纯滚动，下降高度 h 时，楔运动了多大距离?

(3) 比较两种情况，圆柱体到达楔底时哪种情况更快些?与圆柱的半径有无关系?

解 (1) 对于圆柱和楔这个系统，在水平方向未受任何外力，动量的水平分量守恒.

设圆柱体质心相对于楔的下滑速度为 v，楔对静参考系的向右速度为 V，则

$$m\left(V-v\cos\theta\right)+MV=0$$

其中 θ 是楔的倾角，

$$V=\frac{m}{m+M}v\cos\theta$$

圆柱体质心铅直向下的速度为 $v\sin\theta$.

设圆柱体下降高度 h 经历的时间为 t_1，则

$$h=\int_0^{t_1}v\sin\theta\mathrm{d}t$$

在 0～t_1 期间，楔向右运动的距离

$$\begin{aligned}s&=\int_0^{t_1}V\mathrm{d}t=\int_0^{t_1}\frac{m}{m+M}v\cos\theta\mathrm{d}t\\&=\frac{m}{m+M}\frac{\cos\theta}{\sin\theta}\int_0^{t_1}v\sin\theta\mathrm{d}t=\frac{m}{m+M}\cot\theta\end{aligned}$$

(2) 上面在导出 s 的式子时所用的质点系，在水平方向动量守恒得到的 V 与 v 的关系，及以后的关于 h 和 s 的计算对于圆柱体做纯滑动还是做纯滚动或做有滑动的滚动都毫无关系，差别仅在于圆柱体下降高度 h 所用的时间 t_1 不同. 但经过不同的 t_1 后结果是一样的. 故仍有

$$s=\frac{mh}{m+M}\cot\theta$$

(3) 先讨论纯滑动情况. 用 l、s 分别表示圆柱体质心相对于楔和楔相对于静参考系的坐标. 以楔为参考系，圆柱体的运动微分方程为

$$m\ddot{l}=mg\sin\theta+m\ddot{s}\cos\theta$$
$$0=N-mg\cos\theta+m\ddot{s}\sin\theta$$

楔取静参考系，运动微分方程为

$$M\ddot{s}=N\sin\theta$$

由后两式消去 N，可解出

$$\ddot{s}=\frac{1}{M+m\sin^2\theta}mg\sin\theta\cos\theta$$

积分上式，用初始条件 $t=0$ 时，$s=0,\dot{s}=0,$

$$s=\frac{m}{2\left(M+m\sin^2\theta\right)}\sin\theta\cos\theta\cdot gt^2$$

将 $t=t_1^{(1)}$ 时 $s=\dfrac{mh}{m+M}\cot\theta$ 代入上式，得

$$t_1^{(1)}=\sqrt{\frac{2\left(M+m\sin^2\theta\right)h}{(m+M)g\sin^2\theta}}$$

再讨论纯滚动情况. 运动微分方程为

$$m\ddot{l}=mg\sin\theta+m\ddot{s}\cos\theta-f$$
$$0=N-mg\cos\theta+m\ddot{s}\sin\theta$$
$$\frac{1}{2}mr^2\frac{\ddot{l}}{r}=fr\quad\text{(考虑了纯滚动约束)}$$
$$M\ddot{s}=N\sin\theta-f\cos\theta$$

其中 f 是静摩擦力，这里设对圆柱体的摩擦力是沿斜面向上的，可得

$$\ddot{s}=\frac{2m\sin\theta\cos\theta}{3M+m\left(1+2\sin^2\theta\right)}g$$

用初始条件 $t=0,s=0,\dot{s}=0$，积分上式得

$$s=\frac{m\sin\theta\cos\theta}{3M+m\left(1+2\sin^2\theta\right)}gt^2$$

将 $t=t_1^{(2)}$ 时 $s=\dfrac{mh}{m+M}\cot\theta$ 代入上式，得

$$t_1^{(2)}=\sqrt{\frac{\left[3M+m\left(1+2\sin^2\theta\right)\right]h}{(m+M)g\sin^2\theta}}$$

$$3M+m\left(1+2\sin^2\theta\right)-2\left(M+m\sin^2\theta\right)=M+m>0$$

可见 $t_1^{(1)}<t_1^{(2)}$.

圆柱体从同一高度静止开始运动，第一种情况即纯滑动的情况比第二种纯滚动情况更快些. 这结论与圆柱半径无关.

这一结论也可以不作(3)问的定量计算而得到. 在圆柱下降过程中，圆柱质心竖直下降的速度、圆柱的质心相对于楔的速度值，与楔对静系的速度值有一定的比例关系，两种情况圆柱下降同样高度时，系统获得的总动能是相同的，而圆柱体的动能除了平动动能以外还有转动动能. 因此纯滚动时，圆柱的质心相对于楔的速率和楔对静系的速率，以及圆柱质心下降的速率都比纯滑动时的小(圆柱体下降同样高度时相比)，这就说明了 $t_1^{(1)}<t_1^{(2)}$. 从这里也可以看出，不论 m、M、θ、h 多大，结论都一样，与 r 无关.

7.4.26　长为 $2a$ 的均质棒 AB，A 端连于固定的光滑铰链，棒自水平位置无初速地开始运动，当棒通过铅直位置时，铰链脱开. 证明此后运动中棒的质心沿抛物线轨道运动，并求从脱开到质心再下降 h 高度时棒转过的圈数.

解　设棒的质量为 m，绕端点转动的转动惯量为

$$I=\frac{1}{3}m(2a)^2=\frac{4}{3}ma^2$$

从水平位置转到铅直位置时，由机械能守恒，可求出铰链刚脱落时的角速度和质心速度如下：

$$\frac{1}{2}I\omega^2=mga$$

$$\omega=\sqrt{\frac{2mga}{I}}=\sqrt{\frac{3g}{2a}}$$

$$v_C=a\omega=\sqrt{\frac{3}{2}ga},\quad \text{沿水平方向}$$

在铰链脱落后，棒只受到作用于质心的重力，由质心运动定理，质心将做抛物运动. 证明如下：

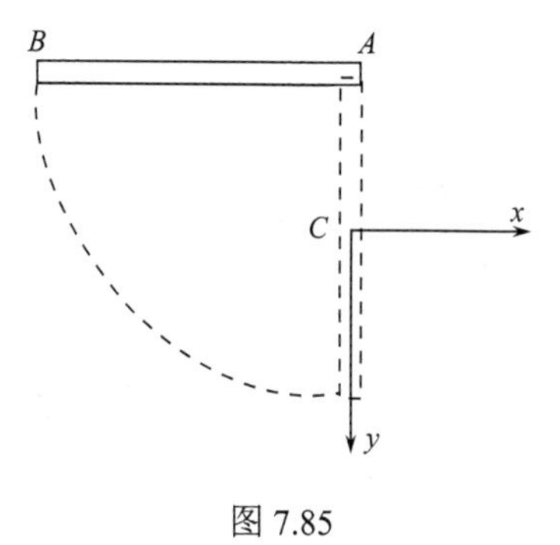

图 7.85

取铰链脱落时质心 C 的位置为坐标系原点，x 轴沿质心速度方向，是水平的，y 轴竖直向下，如图 7.85 所示. 脱落时取为 $t=0$，

$$m\ddot{x}_C=0,\quad m\ddot{y}_C=mg$$

$t=0$ 时，$x_C=0,\quad y_C=0\quad \dot{x}_C=\sqrt{\frac{3}{2}ga},\quad \dot{y}_C=0$

积分可得

$$x_C=\sqrt{\frac{3}{2}ga}t,\quad y_C=\frac{1}{2}gt^2$$

消去t，$y_C=\frac{1}{2}g\frac{x_C^2}{\frac{3}{2}ga}=\frac{1}{3a}x_C^2$，因此铰链脱落，质心就开始做抛物线轨道运动.

在质心平动参考系中用对质心的角动量定理，因对质心的力矩为零. 保持角速度ω不变，即脱落后棒的角速度保持脱落时的角速度.

质心从铰链脱落时的位置$(y=0)$再下降h高度$(y=h)$，经历的时间为$\Delta t=\sqrt{\frac{2h}{g}}$. 在此期间，棒转过的圈数$n$为

$$n=\frac{1}{2\pi}\omega\Delta t=\frac{1}{2\pi}\sqrt{\frac{3g}{2a}}\sqrt{\frac{2h}{g}}=\frac{1}{2\pi}\sqrt{\frac{3h}{a}}$$

7.4.27　重W的均质棒两端用两条平行的绳悬挂，棒在水平位置处于平衡如其中一条绳断了(图 7.86). 求此瞬时另一绳子中的张力.

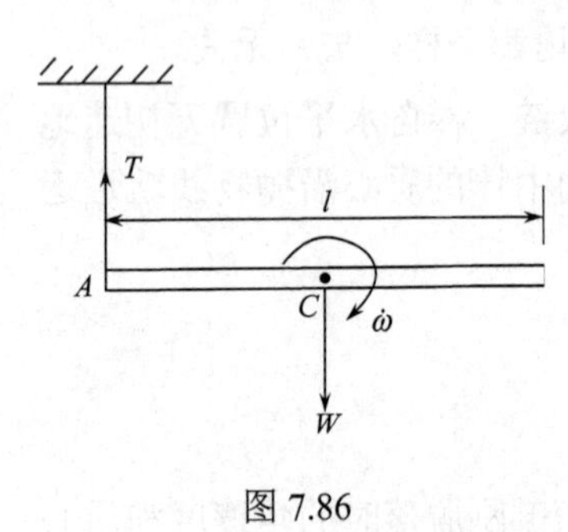

图 7.86

解　设棒长为l，由质心运动定理，

$$\frac{W}{g}a_C=W-T$$

由质心平动参考系中对质心的角动量定理，

$$\frac{1}{12}\frac{W}{g}l^2\dot{\omega}=T\cdot\frac{l}{2}$$

两式均只适用于绳断的瞬时，此时A点(见图 7.86)的加速度为零，

$$a_C=\frac{l}{2}\dot{\omega}$$

从三式中消去a_C和$\dot{\omega}$，可解出$T=\frac{1}{4}W$.

7.4.28　两根相同的均质棒AB和BC，质量均为m，B点用光滑铰链连接，A端被光滑铰链到一个固定点，棒限于在竖直平面内，A、C原在同一水平线上，$\angle ABC=90°$. 求刚释放时两棒的初角加速之比.

解　设棒长为l，取x轴与刚释放时的BC棒平行，y轴与刚释放时的AB棒平行，如图 7.87 所示.

设B端铰链对AB棒的作用力N_x、N_y,分别沿x轴、y轴的正向，则B端铰链对BC棒的作用力N_x、N_y分别沿x轴、y轴的负向，如图 7.88 所示.

AB棒做定轴转动，

$$\frac{1}{3}ml^2\beta_{AB}=mg\cdot\frac{l}{2}\cdot\frac{\sqrt{2}}{2}-N_xl \tag{1}$$

BC棒做平面平行运动. 设D为其质心.

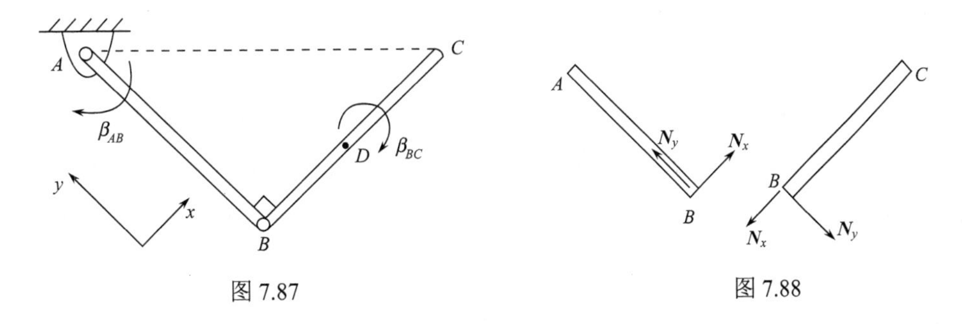

图 7.87　　图 7.88

$$m\ddot{x}_D = -N_x - mg \cdot \frac{\sqrt{2}}{2} \tag{2}$$

$$m\ddot{y}_D = -N_y - mg \cdot \frac{\sqrt{2}}{2} \tag{3}$$

$$\frac{1}{12}ml^2\beta_{BC} = -N_y \cdot \frac{l}{2} \tag{4}$$

以上方程均只适用于刚释放的瞬间，β_{AB}、β_{BC} 的正向规定如图 7.87 所示.

考虑 B 点的加速度，可得到两个约束关系：

从 AB 棒考虑

$$\ddot{x}_B = -l\beta_{AB}$$

$$\ddot{y}_B = 0$$

从 BC 棒考虑

$$\ddot{x}_B = \ddot{x}_D$$

$$\ddot{y}_B = \ddot{y}_D + \frac{l}{2}\beta_{BC}$$

得到的两个约束关系为

$$\ddot{x}_D = -l\beta_{AB} \tag{5}$$

$$\ddot{y}_D = -\frac{l}{2}\beta_{BC} \tag{6}$$

用式(5)、式(6)，式(2)、式(3)可改写为

$$-ml\beta_{AB} = -N_x - \frac{\sqrt{2}}{2}mg \tag{7}$$

$$-\frac{1}{2}ml\beta_{BC} = -N_y - \frac{\sqrt{2}}{2}mg \tag{8}$$

式(1)、式(7)消去 N_x，可解出 β_{AB}，

$$\beta_{AB} = \frac{9\sqrt{2}}{16}\frac{g}{l}$$

式(4)、式(8)消去 N_y，可解出 β_{BC}，

$$\beta_{BC} = \frac{3\sqrt{2}}{4}\frac{g}{l}$$

所以

$$\frac{\beta_{AB}}{\beta_{BC}}=\frac{3}{4}$$

7.4.29 一个质量为m、半径为a的均质实圆柱体在一个固定的、粗糙的、内半径为b、轴线水平的空圆柱体内部做无滑滚动. 若运动的圆柱体在最低位置的角速度为Ω，证明：如$\Omega\geqslant\left[\frac{11}{3}(b-a)g\right]^{1/2}\Big/a$，实圆柱体可通过最高位置绕空圆柱体做完全的转动，并求两圆柱体间的摩擦力.

解 圆柱体要能通过最高点做完全的转动，必须在最高位置时固定圆柱给予的力$N\geqslant0$.

由质心运动定理，

$$\frac{mv_{C\min}^2}{b-a}=mg+N\geqslant mg \tag{1}$$

由机械能守恒，

$$\begin{aligned}&\frac{1}{2}mv_{C\min}^2+\frac{1}{2}\times\frac{1}{2}ma^2\omega_{\min}^2+mg\cdot2(b-a)\\&=\frac{1}{2}\times\frac{1}{2}ma^2\Omega^2+\frac{1}{2}mv_{C\max}^2\end{aligned} \tag{2}$$

纯滚动条件，

$$v_{C\min}=a\omega_{\min},\quad v_{C\max}=a\Omega$$

式(2)可改写为

$$\frac{3}{4}mv_{C\min}^2+2m(b-a)g=\frac{3}{4}ma^2\Omega^2 \tag{3}$$

用式(1)消去式(3)中的$v_{C\min}$，得

$$\frac{3}{4}a^2\Omega^2\geqslant\frac{3}{4}(b-a)g+2(b-a)g$$

$$\Omega\geqslant\left[\frac{11}{3}(b-a)g\right]^{1/2}\Big/a$$

用θ表示两圆柱体的轴线构成的平面与铅垂线的夹角，圆柱体在最低位置时$\theta=0$. 再列在任意θ均适用的机械能守恒关系，

$$\frac{1}{2}mv_C^2+\frac{1}{2}\times\frac{1}{2}ma^2\omega^2+mg(b-a)(1-\cos\theta)=\text{常量}$$

再用纯滚动条件$v_C=a\omega$，

$$\frac{3}{4}mv_C^2+mg(b-a)(1-\cos\theta)=\text{常量}$$

$$v_C=(b-a)\dot{\theta}$$

$$\frac{3}{4}(b-a)^2\dot{\theta}^2+g(b-a)(1-\cos\theta)=\text{常量}$$

两边对t求导，约去不为零的相同因子$\dot{\theta}$，得

$$\frac{3}{2}(b-a)^2\ddot{\theta}+(b-a)g\sin\theta=0$$

$$\ddot{\theta}=-\frac{2g}{3(b-a)}\sin\theta$$

再用质心运动定理，

$$m\frac{\mathrm{d}v_C}{\mathrm{d}t}=-mg\sin\theta-f$$

其中 f 为固定圆柱对运动圆柱的摩擦力，规定沿 θ 减小的方向为正，

$$f=-m\frac{\mathrm{d}v_C}{\mathrm{d}t}-mg\sin\theta$$

$$=-m(b-a)\ddot{\theta}-mg\sin\theta=-\frac{1}{3}mg\sin\theta$$

可见，运动圆柱体受到的摩擦力其大小为 $\frac{1}{3}mg\sin\theta$，沿 θ 增大的方向.

也可用在质心平动参考系中对质心的角动量定理求摩擦力.

7.4.30　要使一个半径为 a 的乒乓球在获得一个向前的质心初速度 $\boldsymbol{v}_0$ 和一个初角速度 $\boldsymbol{\omega}_0$ 后，由于水平桌面的摩擦力作用，最终乒乓球有与初速度 $\boldsymbol{v}_0$ 方向相反的质心速度. 问 $\boldsymbol{v}_0$ 和 $\boldsymbol{\omega}_0$ 应有什么样的关系.

图 7.89

解　由于摩擦力对乒乓球在桌面上的初接触点的力矩为零，因此在乒乓球在桌面的摩擦力作用下，从最初的向前做有滑动的滚动变为最终的向后纯滚动过程中对桌面上的这个固定点的角动量守恒.

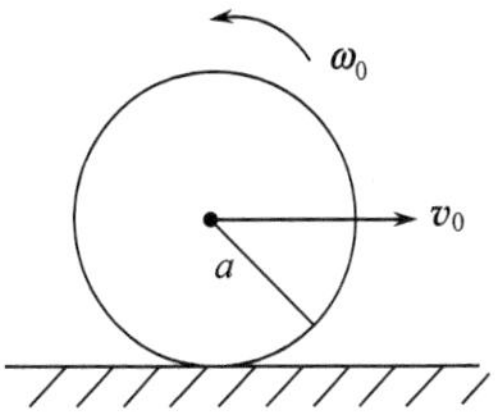

球的质心初速度 v_0 和初角速度如图 7.89 所示. 规定垂直纸面向上的角动量为正，要最终乒乓球做向左的纯滚动，须

$$-mv_0a+\frac{2}{5}ma^2\omega_0>0$$

$$a\omega_0>\frac{5}{2}v_0$$

$\boldsymbol{v}_0$、$\boldsymbol{\omega}_0$ 必须有图示的方向及上述的大小关系.

7.4.31　一个半径为 a、质量为 m 的均质圆环被投射到一个倾角为 α 的粗糙斜面上，开始有向下的质心速度 v 和一个使环沿斜面向上运动倾向的角速度，开始环的位置距斜面底部的高度 h 处，圆环保持在一个竖直平面内运动，如到达斜面底部时刚好处于静止，求：

(1) 圆环与斜面间的摩擦因数；

(2) 圆环的初始角速度.

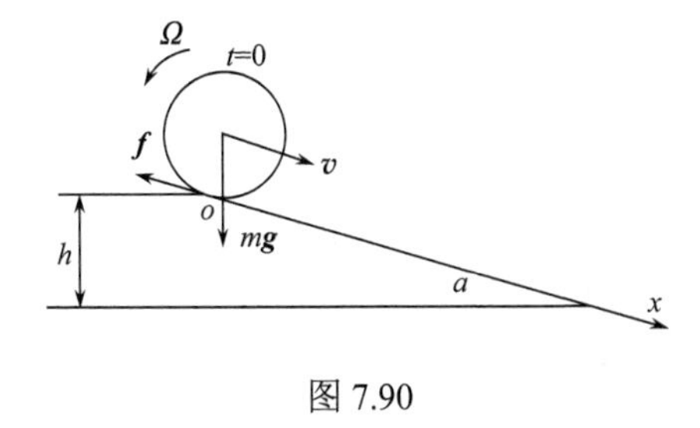

图 7.90

解　(1) 图 7.90 画了 $t=0$ 时圆环在斜面上的位置，取图示的 x 坐标，沿斜面向下，原点位于 $t=0$ 时圆环与斜面的接触点，因此圆环到达斜面底部

时，圆环质心的坐标也是圆环与斜面接触点的坐标，为$x=h\csc\alpha$，图中f为滑动摩擦力，$f=\mu mg\cos\alpha$. 根据题意，圆环向下运动，设初角速度为Ω，$v-a\Omega>0$，故摩擦力f有图示的向上方向. 环到达底部刚好静止，说明到底部时质心速度和角速度均为零. 在此之前圆环的运动都是有滑动的滚动，摩擦力始终有图示的方向，且

$$f=\mu mg\cos\alpha, f>mg\sin\alpha$$

由质心运动定理

$$m\ddot{x}=mg\sin\alpha-\mu mg\cos\alpha \tag{1}$$

用$\ddot{x}=\dfrac{\mathrm{d}\dot{x}}{\mathrm{d}x}\dot{x}$，上式可改写为

$$\frac{1}{2}\mathrm{d}\dot{x}^2=(g\sin\alpha-\mu g\cos\alpha)\mathrm{d}x$$

两边积分，用初始条件$t=0$时$x=0$、$\dot{x}=v$，和到达底部时$x=h\csc\alpha$、$\dot{x}=0$，

$$-\frac{1}{2}v^2=(g\sin\alpha-\mu g\cos g\alpha)h\csc\alpha=gh-\mu gh\cot\alpha$$

所以

$$\mu=\frac{gh+\frac{1}{2}v^2}{gh\cot\alpha}=\left(1+\frac{v^2}{2gh}\right)\tan\alpha$$

(2) 设初角速度为Ω，对圆环从开始运动到最后静止用动能定理，

$$0-\frac{1}{2}mv^2-\frac{1}{2}ma^2\Omega^2=mgh-\mu mg\cos\alpha\cdot h\csc\alpha$$

注意：上面写的式子是错误的，错在最后一项摩擦力做的功的计算：摩擦力作用的距离不是$h\csc\alpha$，那是质心运动的距离，不是摩擦力作用点移动的距离，$h\csc\alpha$应改为$\int_0^{t_1}(\dot{x}+a\dot{\theta})\mathrm{d}t$，其中$\dot{\theta}$规定沿斜面向上转动的角速度为正，$\dot{x}+a\dot{\theta}$是圆环与斜面接触点的速度，$t_1$是到达斜面底部的时刻. 用动能定理的式子应为

$$0-\frac{1}{2}mv^2-\frac{1}{2}ma^2\Omega^2=mgh-\mu mg\cos\alpha\int_0^{t_1}(\dot{x}+a\dot{\theta})\mathrm{d}t \tag{2}$$

式(2)中含有积分$\int_0^{t_1}(\dot{x}+a\dot{\theta})\mathrm{d}t$，计算它需求出被积函数在$0\sim t_1$期间与$t$的关系，并求出$t_1$值. 为此作以下计算：

对式(1)积分，用初始条件$t=0$时$\dot{x}=v$可得$\dot{x}(t)$，

$$\dot{x}=v+(g\sin\alpha-\mu g\cos\alpha)t \tag{3}$$

因为$t=t_1$时$\dot{x}=0$，由式(3)可求出t_1，

$$0=v+(g\sin\alpha-\mu g\cos\alpha)t_1$$

$$t_1=\frac{v}{g(\mu\cos\alpha-\sin\alpha)}=\frac{2h}{v\sin\alpha} \tag{4}$$

这里用了 $\mu=\left(1+\dfrac{v^2}{2gh}\right)\tan\alpha$.

在质心平动参考系中用对质心的角动量定理,

$$ma^2\ddot{\theta}=-(\mu mg\cos\alpha)a$$

积分上式，用初始条件：$t=0$ 时 $\dot{\theta}=\Omega$，

$$\dot{\theta}=\Omega-\left(\frac{1}{a}\mu g\cos\alpha\right)t \tag{5}$$

将式(3)、式(4)、式(5)代入式(2)，可求出 Ω.

这里介绍一个更简便的方法.

由式(5)，令 $\dot{\theta}=0$，也可得 t_1，

$$t_1=\frac{\Omega a}{\mu g\cos\alpha}=\frac{\Omega a}{\left(1+\dfrac{v^2}{2gh}\right)g\sin\alpha} \tag{6}$$

由式(4)、式(6)可得

$$\frac{\Omega a}{\left(1+\dfrac{v^2}{2gh}\right)g\sin\alpha}=\frac{2h}{v\sin\alpha}$$

$$\Omega=\frac{2h}{va}\left(1+\frac{v^2}{2gh}\right)g=\frac{v^2+2gh}{av}$$

7.4.32　两个质量均为 M、半径均为 a 的均质轮子，其质量均集中于轮子边缘，两根不计质量的杆 O_1A、O_2B 分别固连于两个轮子，质量为 m 的均质杆通过 A、B 两个光滑轴承将两个轮子连接起来. $O_1A=O_2B=b$. 运动中，$O_1A\,/\!/\,O_2B$，O_2 处通过一个劲度系数为 k 的水平弹簧连在一固定点，如图 7.91 所示，AB 处于最低位置时，弹簧无形变. 若轮子在水平面上的平衡位置附近做小振动(纯滚动)，求振动周期.

解　取 x 轴水平向左，取 O_1A、O_2B 逆时针转动的角度为正，平衡位置处，$x=0,\varphi=0$.

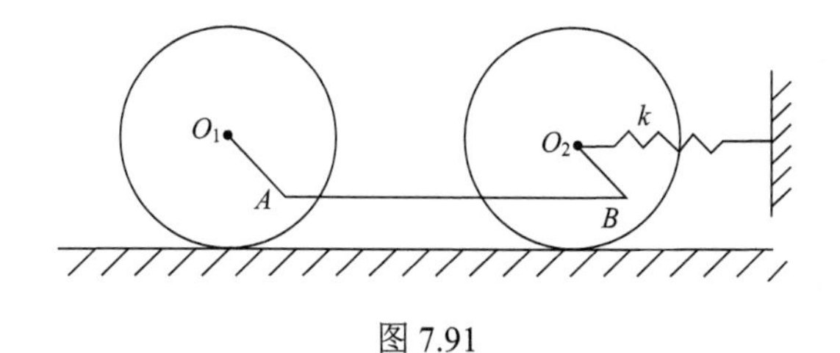

图 7.91

由纯滚动，$\dot{x}-a\dot{\varphi}=0$，一个轮子的动能为

$$\frac{1}{2}M\dot{x}^2+\frac{1}{2}Ma^2\dot{\varphi}^2=Ma^2\dot{\varphi}^2$$

杆 AB 的动能为

$$
\begin{aligned}
&\frac{1}{2}m\left[\left(\dot{x}-b\dot{\varphi}\cos\varphi\right)^2+\left(b\dot{\varphi}\sin\varphi\right)^2\right]\\
&=\frac{1}{2}m\left(\dot{x}^2-2b\dot{x}\dot{\varphi}\cos\varphi+b^2\dot{\varphi}^2\right)\\
&=\frac{1}{2}m\left(a^2-2ab\cos\varphi+b^2\right)\dot{\varphi}^2\approx\frac{1}{2}m\left(a-b\right)^2\dot{\varphi}^2
\end{aligned}
$$

这里考虑到小振动，$\cos\varphi\approx1$，杆 AB 做平动.

轮子、弹簧系统的势能为

$$
mgb\left(1-\cos\varphi\right)+\frac{1}{2}kx^2\approx\frac{1}{2}\left(mgb+ka^2\right)\varphi^2
$$

由机械能守恒，

$$
2Ma^2\dot{\varphi}^2+\frac{1}{2}m\left(a-b\right)^2\dot{\varphi}^2+\frac{1}{2}\left(mgb+ka^2\right)\varphi^2=\text{常量}
$$

将上式对 t 求导，

$$
\left[4Ma^2+m\left(a-b\right)^2\right]\dot{\varphi}\ddot{\varphi}+\left(mgb+ka^2\right)\varphi\dot{\varphi}=0
$$

$$
\left[4Ma^2+m\left(a-b\right)^2\right]\ddot{\varphi}+\left(mgb+ka^2\right)\varphi=0
$$

振动角频率为

$$
\omega=\sqrt{\frac{mgb+ka^2}{4Ma^2+m\left(a-b\right)^2}}
$$

振动周期为

$$
T=\frac{2\pi}{\omega}=2\pi\sqrt{\frac{4Ma^2+m\left(a-b\right)^2}{mgb+ka^2}}
$$

7.4.33　两个全同的均质球，一个以质心速度 v 无滑动地滚向处于静止状态的另一个球，发生正碰. 假定碰撞时可忽略所有摩擦力，且可认为碰撞是完全弹性的.

(1)计算碰撞后两球最后变为纯滚动时的质心速度；

(2)计算后来由于摩擦力作用损失的机械能与初始能量之比.

解　设两球的质量均为 m，半径均为 r .

(1)碰前，质心速度：　$v_{10}=v,\quad v_{20}=0$

角速度：　$\omega_{10}=\dfrac{v}{r},\quad \omega_{20}=0$

由于碰撞时不计摩擦力，且为完全弹性碰撞，可知，

碰后，质心速度：　$v_1=0,\quad v_2=v$

角速度：　$\omega_1=\omega_{10}=\dfrac{v}{r},\quad \omega_2=\omega_{20}=0$

以后，由于摩擦力的作用，两球最终都将变为纯滚动.

两球碰后都在一条直线上运动，对于与平面的任一固定接触点，摩擦力的力矩为零，两球分别对此固定点的角动量守恒.

设 v_1'、v_2' 分别为最终做纯滚动时两球的质心速度，ω_1'、ω_2' 分别是它们的角速度，则 ω_1' 与 v_1'、ω_2' 与 v_2' 间有关系

$$\omega_1' = \frac{v_1'}{r}, \quad \omega_2' = \frac{v_2'}{r}$$

两球的角动量守恒关系为

$$mv_1'r + \frac{2}{5}mr^2\frac{v_1'}{r} = \frac{2}{5}mr^2\frac{v}{r}$$

$$mv_2'r + \frac{2}{5}mr^2\frac{v_2'}{r} = mvr$$

可得

$$v_1' = \frac{2}{7}v, \quad v_2' = \frac{5}{7}v$$

(2) 对瞬轴的转动惯量为

$$\frac{2}{5}mr^2 + mr^2 = \frac{7}{5}mr^2$$

碰前两球具有的机械能为

$$\frac{1}{2}\times\frac{7}{5}mr^2\left(\frac{v}{r}\right)^2 = \frac{7}{10}mv^2$$

最终两球均为纯滚动后具有的机械能为

$$\frac{1}{2}\times\frac{7}{5}mr^2\left(\frac{2}{7}\frac{v}{r}\right)^2 + \frac{1}{2}\times\frac{7}{5}mr^2\left(\frac{5}{7}\frac{v}{r}\right)^2 = \frac{29}{70}mv^2$$

损失的机械能为

$$\frac{7}{10}mv^2 - \frac{29}{70}mv^2 = \frac{2}{7}mv^2$$

损失的机械能与初始机械能之比为 $\frac{20}{49}$.

7.4.34　一个有一定厚度的半径为 R，质量为 M 的均质半圆盘，放在水平地面上，盘面与水平面垂直. 半圆盘与地面间的摩擦因数为 μ.

(1) 求该半圆盘绕过它平衡时与地面的接触点垂直于半圆盘的轴的转动惯量；

(2) 一个垂直于地面的冲量 $\boldsymbol{K}$ 突然作用于盘的边缘 B，以后半圆作纯滚动，一直与地面保持接触. 求能使半圆盘翻转的最小冲量.

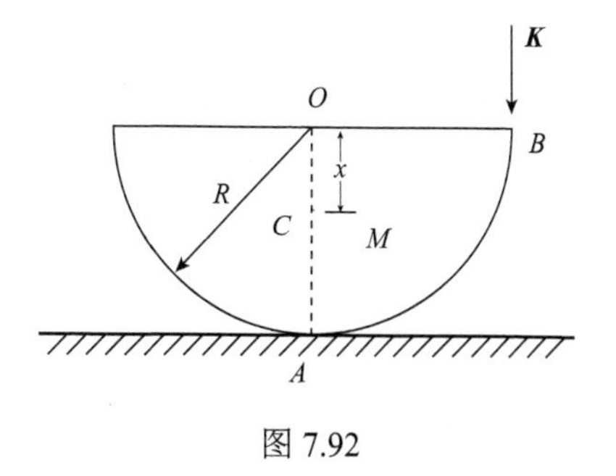

图 7.92

解　(1) 按巴普斯(Pappus)定理，一个质量均匀分布的平面物体，若各质元均沿垂直于平面的方向运动，则在空间扫过的体积等于平面物体的面积乘以物体质心在运动过程中经过的路程. 由此可定出半圆盘质心的位置. 由对称性，质心必位于 OA 线上，设 C 离 O 的距离为 x，如图 7.92 所示. 令以半圆盘直边为轴，旋转 $360°$ 得一球体. 球体体积

为$\frac{4}{3}\pi R^3$，质心在旋转中经过的路程为$2\pi x$，半圆盘面积为$\frac{1}{2}\pi R^2$，则按巴普斯定理

$$\frac{1}{2}\pi R^2 \times 2\pi x = \frac{4}{3}\pi R^3$$

$$x = \frac{4}{3\pi}R$$

用关于转动惯量的平行轴定理

$$I_O = I_C + Mx^2$$

$$I_A = I_C + M(R-x)^2$$

$$I_O = \frac{1}{2}MR^2$$

I_O、I_C、I_A分别是绕过O、C、A的垂直于盘面的轴的转动惯量.

$$I_A = I_O - Mx^2 + M(R-x)^2 = \frac{1}{2}MR^2 + MR^2 - 2MRx = \frac{q\pi - 16}{6\pi}MR^2$$

(2)垂直于地面的冲量$\boldsymbol{K}$作用于半圆盘的边缘的瞬时. 由于作用时间极短，可以认为半圆盘的位置没变. 盘面上原与地面接触的A点仍未脱离地面，半圆盘获得角速度ω，在质心平动参考系用对质心的角动量定理，只有冲量$\boldsymbol{K}$对质心C的冲量矩不为零

$$I_C = KR$$

$$I_C = I_0 - Mx^2 = \frac{1}{2}MR^2 - \frac{16}{9\pi^2}MR^2 = \frac{9\pi^2 - 32}{18\pi^2}MR^2$$

$$\omega_0 = \frac{KR}{I_C} = \frac{18\pi^2 k}{(9\pi^2 - 32)MR}$$

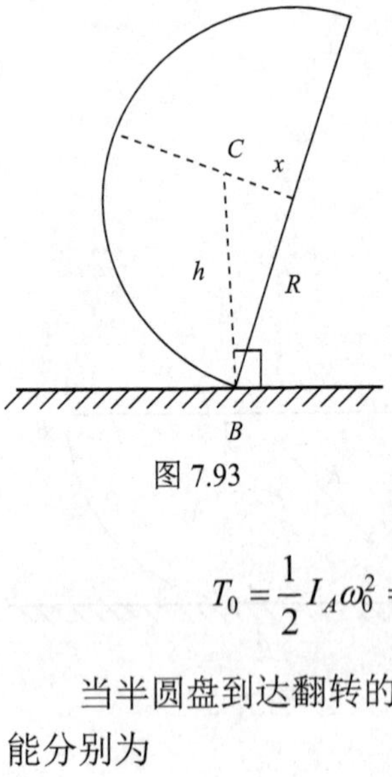

此时半圆盘重力势能为

$$V_0 = Mg(R-x) = Mg\left(1 - \frac{4}{3\pi}\right)R$$

此时半圆盘对静参考系的动能可以用柯尼希定理，质点系在静参考系中的动能等于静参考系中等效质点的动能和在质心平动参考系中质点系的动能之和，在这里质点系是刚体，它的动能可以用对瞬轴的转动动能来计算.

图 7.93

$$T_0 = \frac{1}{2}I_A\omega_0^2 = \frac{1}{2}\cdot\frac{9\pi - 16}{6\pi}MR^2\left[\frac{18\pi^2 k}{(9\pi^2 - 32)MR}\right]^2 = \frac{27(9\pi - 16)}{(9\pi^2 - 32)^2}\frac{K^2}{M}$$

当半圆盘到达翻转的临界状态，如图 7.93 所示. 此时 CB 与地面成直角. 势能和动能分别为

$$V_f = Mgh = Mg\sqrt{R^2 + x^2} = MgR\sqrt{1 + \frac{16}{9\pi^2}}$$

$$T_f = 0$$

虽有摩擦力，因作纯滚动摩擦力不做功. 有机械能守恒关系

$$V_f + T_f = \nabla_0 + T_0$$

$$MgR\sqrt{1+\frac{16}{9\pi^2}} = MgR\left(1-\frac{4}{3\pi}\right)+\frac{27(9\pi-16)}{(9\pi^2-32)^2}\cdot\frac{K^2}{M}$$

解出

$$K^2 = \frac{(9\pi^2-32)^2}{27(9\pi-16)}\left[\sqrt{1+\frac{16}{9\pi^2}}-\left(1-\frac{4}{3\pi}\right)\right]M^2gR$$

故

$$K_{\min} = \sqrt{\frac{(9\pi^2-32)^2}{27(9\pi-16)}\left[\sqrt{1+\frac{16}{9\pi^2}}-\left(1-\frac{4}{3\pi}\right)\right]M^2gR}$$

当 K 略大于 $K_{\min}$ 即能翻转.

7.4.35　用一水平台球棒打击一半径为 R、质量为 M 的台球，击球点在台球桌面上方高 h 处，如图 7.94 所示，已知球绕对称轴的转动惯量为 $\frac{2}{5}MR^2$，求使台球做无滑动滚动的 h 值.

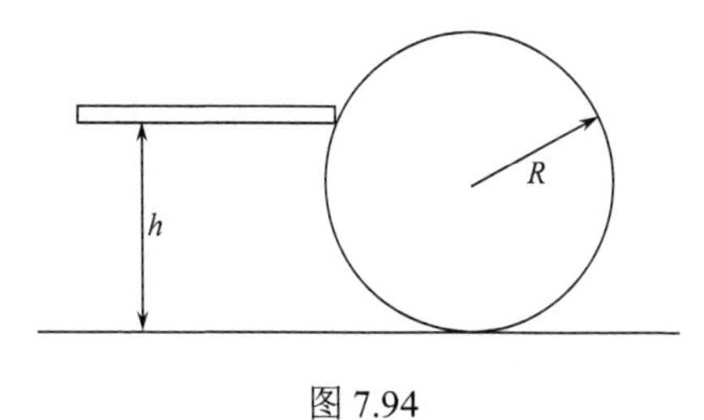

图 7.94

解　设台球棒击球时给予台球的冲量为 I_f，由于冲力很大，作用时间极短，冲力又是水平方向的，冲击期间台球对桌面的正压力不受影响，仍是有限的，因而摩擦力也是有限的，在冲击期间，一切有限的力的冲量都是可以忽略的.

用质心运动定理

$$M(v-0) = I_f$$

用质心平动参考系中对质心的角动量定理，

$$\frac{2}{5}MR^2(\omega-0) = I_f(h-R)$$

打击后要做纯滚动，

$$v - R\omega = 0$$

从上述三式可解出

$$h = \frac{7}{5}R$$

7.4.36　光滑的水平面上有两根均质细杆 A 和 B，长度均为1m，质量分别为 1kg 和 2kg，两杆彼此平行，杆 B 静止地放置在 $y=0$、$x=0$ 到 $x=1\text{m}$ 处，A 以 10m / s 的速度沿 y 方向运动，在与 B 碰撞前，一端保持在 $x=(-1+\varepsilon)(\text{m})$ 处，另一端保持在 $x=\varepsilon(\text{m})$ 处 $(0<\varepsilon\ll1)$. 在 $t=0$ 时，A 到达 $y=0$ 处同 B 发生完全弹性碰撞. 不计两杆再次碰撞的可能性，求碰后两杆的运动.

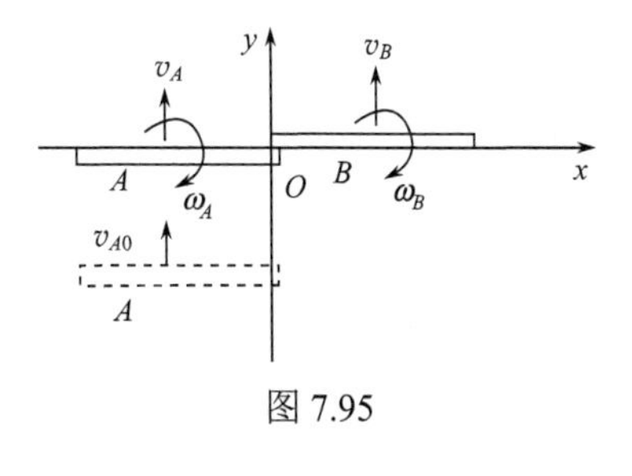

图 7.95

解　图 7.95 中 v_{A0} 是杆 A 碰前的速度，v_A、v_B 是碰后杆 A 和杆 B 的质心速度，ω_A、ω_B 是碰后杆 A 和杆 B 的角速度.

对两杆构成的系统，用质心运动定理，碰撞前后动量守恒，

$$m_A v_A + m_B v_B = m_A v_{A_0} \tag{1}$$

设碰撞期间两杆相互作用的冲量大小为I_f，B受到的冲量沿y正向，A受到的冲量沿y负向.

两杆分别为系统，对各自的质心平动参考系用对质心的角动量定理，

$$\frac{1}{12}m_A l^2 \omega_A = I_f \cdot \frac{l}{2}$$

$$\frac{1}{12}m_B l^2 \omega_B = I_f \cdot \frac{l}{2}$$

两式消去I_f可得

$$m_A \omega_A = m_B \omega_B \tag{2}$$

对两杆系统，碰撞是内力的相互作用，整个系统对任何固定点的角动量都是守恒的. 今考虑对坐标系原点的角动量守恒，规定沿z轴负向的角动量为正.

$$m_A v_A \cdot \frac{l}{2} + \frac{1}{12}m_A l^2 \omega_A - m_B v_B \cdot \frac{l}{2} + \frac{1}{12}m_B l^2 \omega_B = m_A v_{A0} \cdot \frac{l}{2}$$

上式可化简为[化简中用了式(1)]

$$\frac{1}{12}m_A l \omega_A + \frac{1}{12}m_B l \omega_B = m_B v_B \tag{3}$$

用式(2)消去式(3)中$m_A \omega_A$，可得

$$v_B = \frac{1}{6} l \omega_B \tag{4}$$

由于做完全弹性碰撞，机械能守恒，

$$\frac{1}{2}m_A v_A^2 + \frac{1}{2}\times\frac{1}{12}m_A l^2 \omega_A^2 + \frac{1}{2}m_B v_B^2 + \frac{1}{2}\times\frac{1}{12}m_B l^2 \omega_B^2 = \frac{1}{2}m_A v_{A0}^2 \tag{5}$$

代入数据$m_A = 1\text{kg}, m_B = 2\text{kg}, l = 1\text{m}, v_{A0} = 10\text{m/s}$，式(1)、式(2)、式(4)、式(5)分别为

$$v_A + 2v_B = 10 \tag{6}$$

$$\omega_A = 2\omega_B \tag{7}$$

$$v_B = \frac{1}{6}\omega_B \tag{8}$$

$$v_A^2 + \frac{1}{12}\omega_A^2 + 2v_B^2 + \frac{1}{6}\omega_B^2 = 100 \tag{9}$$

用式(7)、式(8)将式(9)中的ω_B、ω_A均化成v_A的函数，式(9)变为

$$v_A^2 + \frac{1}{12}(2\times 6)^2 v_B^2 + 2v_B^2 + \frac{1}{6}(6v_B)^2 = 100$$

即

$$v_A^2 + 20v_B^2 = 100 \tag{10}$$

式(10) - 式(6)的平方，可得

$$16v_B^2 - 4v_A v_B = 0$$

$$4v_B = v_A \tag{11}$$

由式(6)、式(11)得

$$v_A=\frac{20}{3}\,\text{m/s},\quad v_B=\frac{5}{3}\,\text{m/s}$$

由式(8)，得

$$\omega_B=6v_B=10\,\text{rad/s}$$

由式(7)，得

$$\omega_A=2\omega_B=20\,\text{rad/s}$$

把各量写成矢量，则有

$$\boldsymbol{v}_A=\frac{20}{3}\boldsymbol{j},\quad \boldsymbol{v}_B=\frac{5}{3}\boldsymbol{j},\quad \boldsymbol{\omega}_A=-20\boldsymbol{k},\quad \boldsymbol{\omega}_B=-10\boldsymbol{k}$$

各量单位均采用SI制.

7.4.37　一半径为a的均质实心球以速度v在水平面上滚动时遇到一个高度为$h(<a)$的台阶，若碰撞是完全非弹性的，在碰撞点无滑动，问球若要跃上台阶其速度v需多大?

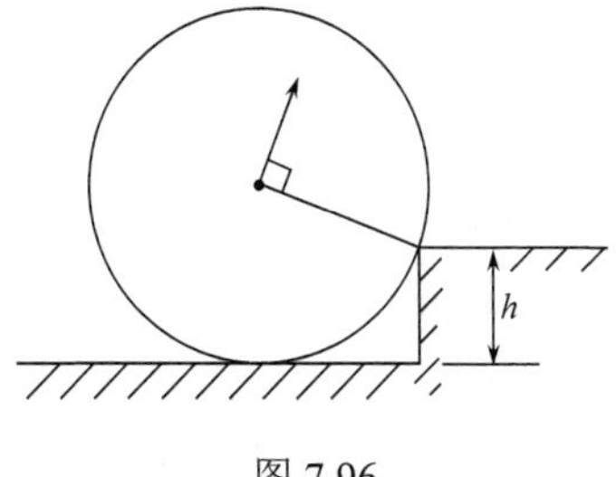

图 7.96

解　球与台阶碰撞期间受到台阶给予的冲量可按水平和竖直两方向分解，从球的质心速度在碰撞前后看，碰前沿水平方向，碰后方向垂直于球心与碰撞点的连线，如图7.96 所示. 台阶给予球竖直方向的冲量是使球获得竖直向上的动量的结果，水平面的支持力仍是有限的，因而在碰撞期间摩擦力也只能是有限的. 在碰撞期间一切有限大小的力的冲量都是可以忽略的，因此碰撞期间对接触点的角动量是守恒的. 设球的质量为m.

取垂直纸面向里的角动量为正.

碰前做纯滚动，质心速度为v，角速度为$\dfrac{v}{a}$，对接触点的角动量为

$$mv(a-h)+\frac{2}{5}ma^2\left(\frac{v}{a}\right)$$

碰后做围绕接触点的定轴转动. 设转动角速度为ω'，则对接触点的角动量为

$$\left(\frac{2}{5}ma^2+ma^2\right)\omega'$$

所以

$$\left(\frac{2}{5}ma^2+ma^2\right)\omega'=mv(a-h)+\frac{2}{5}ma^2\left(\frac{v}{a}\right)$$

$$\omega'=\frac{7a-5h}{7a^2}v$$

要能跃上台阶，碰后球的动能必须略大于跃上台阶需增加的势能，因为定轴转动上台阶的过程机械能守恒，要保证爬上台阶后仍有略大于零的动能.

$$\frac{1}{2}\times\frac{7}{5}ma^2\omega'^2>mgh$$

$$\frac{7}{10}ma^2\left(\frac{7a-5h}{7a^2}v\right)^2>mgh$$

$$v>\frac{a}{7a-5h}\sqrt{70gh}$$

7.4.38　一质量为m的质点以垂直于原静止的均质细杆的速度v在杆端与杆做弹性碰撞，如图 7.97 所示. 碰撞后质点静止，求细杆的质量M.

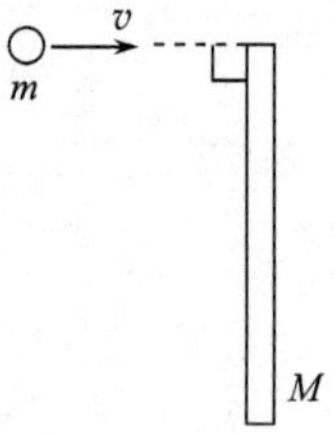

图 7.97

解　设细杆长度为l，碰后杆的质心速度为v_C，角速度为ω.

对静参考系，质点细杆系统动量、机械能和对任何固定点(今取杆的质心在碰撞期间所在的点)的角动量都是守恒量，有以下三个方程：

$$mv = Mv_C$$

$$\frac{1}{2}mv^2 = \frac{1}{2}Mv_C^2 + \frac{1}{2}\left(\frac{1}{12}Ml^2\right)\omega^2$$

$$mv \cdot \frac{l}{2} = \frac{1}{12}Ml^2\omega$$

三个方程中共有三个未知量：v_C、$l\omega$和M，可解出$M = 4m$.

7.4.39　两个相同的梯子，一端用铰链连接起来，下部再用绳子连接，以 60°角置于光滑的水平面上. 如果绳子突然切断，求此瞬时铰链的加速度. 通常把梯子抽象为均质薄板或细杆.

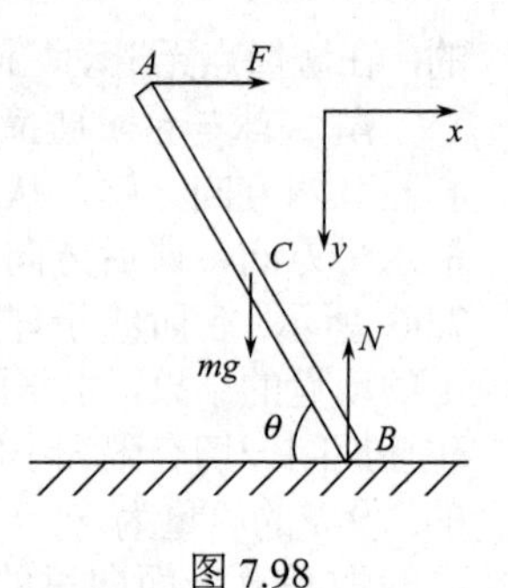

图 7.98

解　设梯子质量为m、长度为l. 考虑对称性，两个梯子在铰链处受到的作用力是水平的.

考虑右边的梯子，取x轴水平向右，y轴竖直向下. 图 7.98 画出了绳子刚被切断时的受力情况，$\theta = 60°$. 在此时有下列方程：

$$m\ddot{x}_C = F \tag{1}$$

$$m\ddot{y}_C = mg - N \tag{2}$$

$$\begin{aligned}\frac{1}{12}ml^2\ddot{\theta} &= F \cdot \frac{l}{2}\sin 60° - N \cdot \frac{l}{2}\cos 60° \\ &= \frac{\sqrt{3}}{4}Fl - \frac{1}{4}Nl\end{aligned} \tag{3}$$

在此时，B点的速度为零，在此后一段时间内，将具有x方向的速度，故在此时有$\ddot{y}_B = 0$. 在此时，A点速度为零，此后将有竖直向下的速度，故在此时有$\ddot{x}_A = 0$.

用关于相对运动的加速度合成公式，A点(B点)的加速度等于C点的加速度与A点(B点)在质心平动参考系中的加速度的矢量和. 在质心平动参考系中，A点、B点均做圆周运动，此时$\dot{\theta} = 0$，都没有法向加速度.

$$\ddot{y}_B = \ddot{y}_C + \frac{1}{2}l\ddot{\theta}\cos 60° = \ddot{y}_C + \frac{1}{4}l\ddot{\theta} = 0 \tag{4}$$

$$\ddot{x}_A = \ddot{x}_C + \frac{1}{2}l\ddot{\theta}\sin 60° = \ddot{x}_C + \frac{\sqrt{3}}{4}l\ddot{\theta} = 0 \tag{5}$$

所要求的铰链的加速度为

$$\ddot{y}_A = \ddot{y}_C - \frac{1}{2}l\ddot{\theta}\cos 60° = \ddot{y}_C - \frac{1}{4}l\ddot{\theta} \tag{6}$$

由式(1)、式(3)消去F，得

$$\frac{1}{3}ml\ddot{\theta} = \sqrt{3}m\ddot{x}_C - N \tag{7}$$

由式(2)、式(7)消去N，得

$$\frac{1}{3}l\ddot{\theta} = \sqrt{3}\ddot{x}_C + \ddot{y}_C - g \tag{8}$$

用式(5)消去式(8)中的$\ddot{x}_C$，得

$$\frac{13}{12}l\ddot{\theta} - \ddot{y}_C = -g \tag{9}$$

联立式(4)、式(9)，解出

$$l\ddot{\theta} = -\frac{3}{4}g,\quad \ddot{y}_C = \frac{9}{48}g$$

代入式(6)，即得

$$\ddot{y}_A = \frac{9}{48}g - \frac{1}{4}\left(-\frac{3}{4}g\right) = \frac{3}{8}g$$

7.4.40　一辆停放着的卡车的后门敞开着，如图 7.99(a)所示. 从时刻$t=0$开始，卡车以恒定加速度a加速运动. 在t时刻，后门在与原位置成θ角的位置，如图 7.94(b)所示. 假定后门是均质分布的，质量为m、宽度为L.

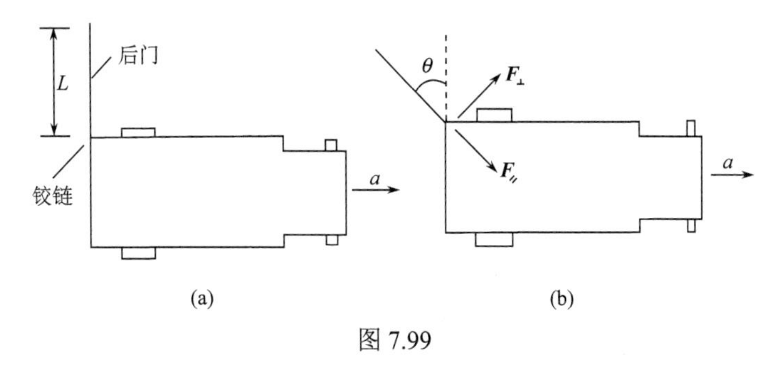

图 7.99

(1)写出θ及其对时间的导数与门轴上受力的两个分量$F_{/\!/}$、$F_{\perp}$（图 7.99(b)）相联系的动力学方程；

(2)用θ、m、L和a表示$\ddot{\theta}$、$F_{/\!/}$和$F_{\perp}$；

(3)求从开始加速到后门关闭所需的时间的一个表达式(不必积分).

解法一　(1)在静参考系中，卡车后门做平面平行运动，在卡车参考系中，卡车后门做定轴转动. 用卡车参考系，需引入惯性力.

在卡车参考系中用质心运动定理，按切向法向写分量方程，

$$m\cdot\frac{L}{2}\ddot{\theta} = -F_{\perp} + ma\cos\theta \tag{1}$$

$$m\cdot\frac{L}{2}\dot{\theta}^2=F_{/\!/}-ma\sin\theta \tag{2}$$

在卡车后门的质心平动参考系中用对质心的角动量定理

$$\frac{1}{12}mL^2\ddot{\theta}=F_{\perp}\cdot\frac{L}{2} \tag{3}$$

(2) 由式(1)、式(3)消去$F_{\perp}$，得

$$\ddot{\theta}=\frac{3a}{2L}\cos\theta \tag{4}$$

由式(3)、式(4)得

$$F_{\perp}=\frac{1}{4}ma\ \cos\theta$$

用$\ddot{\theta}=\frac{\mathrm{d}\dot{\theta}}{\mathrm{d}\theta}\dot{\theta}=\frac{1}{2}\frac{\mathrm{d}\dot{\theta}^2}{\mathrm{d}\theta}$，式(4)可改写为

$$\mathrm{d}\dot{\theta}^2=\frac{3a}{L}\cos\theta\mathrm{d}\theta$$

积分上式，用初始条件$t=0$时，$\theta=0,\dot{\theta}=0$,

$$\dot{\theta}^2=\frac{3a}{L}\sin\theta \tag{5}$$

由式(2)、式(5)得

$$F_{/\!/}=\frac{1}{2}mL\dot{\theta}^2+ma\sin\theta=\frac{5}{2}ma\sin\theta$$

(3) 由式(5)得

$$\dot{\theta}=\sqrt{\frac{3a}{L}\sin\theta}$$

从开始加速到后门关闭所需时间为

$$t=\int_0^{\pi}\frac{\mathrm{d}\theta}{\sqrt{\frac{3a}{L}\sin\theta}}=\sqrt{\frac{L}{3a}}\int_0^{\pi}\frac{\mathrm{d}\theta}{\sqrt{\sin\theta}}$$

解法二　作为平面平行运动问题求解.

(1) 用静参考系. 列质心运动定理按图 7.94(b) 中$F_{\perp}$、$F_{/\!/}$的两个方向写分量方程，写质心的加速度时又用相对运动理论中加速度合成公式. 考虑卡车为动参考系，

$$a_{C\perp}=\frac{L}{2}\ddot{\theta}-a\cos\theta$$

$$a_{C/\!/}=\frac{L}{2}\dot{\theta}^2+a\sin\theta$$

$$ma_{C\perp}=-F_{\perp},\quad ma_{C/\!/}=F_{/\!/}$$

写出的也就是方法一中的式(1)、(2)两式.

以下同解法一.

7.4.41　一根质量为m、长L的均质细棒两端用两根无质量的、劲度系数分别为k_1和k_2的弹簧悬挂在两个固定点，平衡时棒是水平的，如图 7.100 所示，弹簧只做竖直方向的运动，分别两种情况：$k_1=k_2$和$k_1\neq k_2$，求棒在平衡位置附近做小振动的振动角频率.

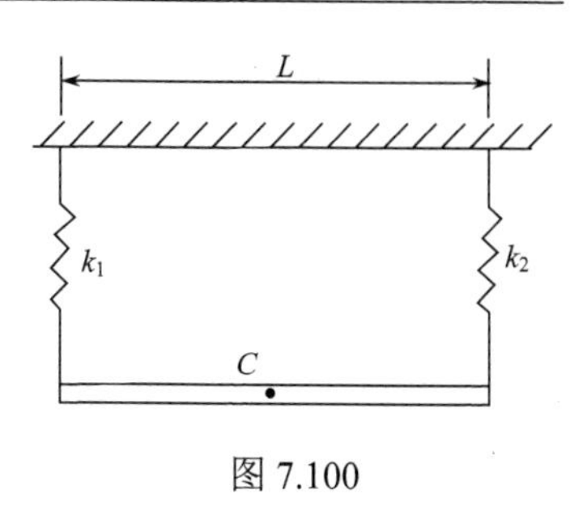

图 7.100

解　设棒的左、右端偏离平衡位置竖直向上的位移分别为y_1和y_2，则质心C竖直向上的位移为$\frac{1}{2}(y_1+y_2)$.

用质心运动定理，

$$m\cdot\frac{1}{2}(\ddot{y}_1+\ddot{y}_2)=-k_1y_1-k_2y_2 \tag{1}$$

由于$y_1=0$和$y_2=0$为平衡位置，重力已包含在$-k_1y_1$和$-k_2y_2$中.

用质心平动参考系中对质心的角动量定理，

$$\frac{1}{12}mL^2\ddot{\theta}=k_2y_2\cdot\frac{L}{2}-k_1y_1\cdot\frac{L}{2}$$

这里取顺时针方向的角位移为正，力矩的写法已考虑到y_1、y_2是小量，因而θ也是小量，

$$\cos\theta\approx 1,\theta\approx\frac{y_1-y_2}{L}.$$

角动最定理的式子改写为

$$m(\ddot{y}_1-\ddot{y}_2)=6(k_2y_2-k_1y_1) \tag{2}$$

(1) $k_1=k_2$的情况.

式(1)、式(2)可简化为

$$\ddot{y}_1+\ddot{y}_2=-\frac{2k}{m}(y_1+y_2)$$

$$\ddot{y}_1-\ddot{y}_2=-\frac{6k}{m}(y_1-y_2)$$

前一方程可解得

$$y_1+y_2=A\cos\sqrt{\frac{2k}{m}}t$$

考虑到棒的两端情况具有对称性，故有

$$y_1=y_2=\frac{A}{2}\cos\sqrt{\frac{2k}{m}}t$$

就是说，这种振动方式，两端做偏离平衡位置时小振动，而且不仅角频率相同，振幅和相位都相同.

后一方程的解为

$$y_1-y_2=B\cos\sqrt{\frac{6k}{m}}t$$

考虑到棒的两端情况具有对称性，

$$y_1 = \frac{B}{2}\cos\sqrt{\frac{6k}{m}}t$$

$$y_2 = -\frac{B}{2}\cos\sqrt{\frac{6k}{m}}t = \frac{B}{2}\cos\left[\sqrt{\frac{6k}{m}}t + \pi\right]$$

这种振动方式，两端偏离平衡位置的小振动的角频率均为$\sqrt{\frac{6k}{m}}$，振幅相同，但相位相反.

(2) 对于$k_1 \neq k_2$的一般情况.

令$y_1 = A_1 e^{i\omega t}$，$y_2 = A_2 e^{i\omega t}$，其中ω是振动的角频率，代入式(1)、式(2)，得

$$\left(\frac{2k_1}{m} - \omega^2\right)A_1 + \left(\frac{2k_2}{m} - \omega^2\right)A_2 = 0$$

$$\left(\frac{6k_1}{m} - \omega^2\right)A_1 - \left(\frac{6k_2}{m} - \omega^2\right)A_2 = 0$$

这是关于A_1、A_2的齐次线性代数方程，要有非零解，其系数行列式必须等于零，即

$$\begin{vmatrix} \frac{2k_1}{m} - \omega^2 & \frac{2k_2}{m} - \omega^2 \\ \frac{6k_1}{m} - \omega^2 & -\left(\frac{6k_2}{m} - \omega^2\right) \end{vmatrix} = 0$$

$$\omega^4 - \frac{4}{m}(k_1 + k_2)\omega^2 + \frac{12k_1k_2}{m^2} = 0$$

$$\omega^2 = \frac{2}{m}\left[(k_1 + k_2) \pm \sqrt{k_1^2 - k_1k_2 + k_2^2}\right]$$

$$\omega = \sqrt{\frac{2}{m}\left[(k_1 + k_2) \pm \sqrt{k_1^2 - k_1k_2 + k_2^2}\right]}$$

当$k_1 = k_2$时，可得$\omega = \sqrt{\frac{2k}{m}}$，$\sqrt{\frac{6k}{m}}$，与前面得到的结果相同.

7.4.42　一个质量为M、边长为a的均质立方体静置在一个光滑的水平桌面上，在通过它的质心且平行于两个竖直面的平面上有一根质量为$\frac{1}{3}M$、长度为$4a$的光滑均质杆，其一端放在光滑桌面上，另一端靠在立方体竖直面的最高点，在此位置释放这个系统. 证明：

(1) 当杆与立方体仍保持接触期间

$$\dot{\theta}^2 = \frac{3g(1 - 4\sin\theta)}{a(16 - 3\sin^2\theta)}$$

其中θ是杆与水平面间的夹角；

(2) 在$\sin\theta$满足

$$3\sin^3\theta - 48\sin\theta + 8 = 0$$

时，杆与立方体开始分离.

证明　(1) 取图 7.101 的坐标系，用 A 点的坐标 x 表示立方体的位置，x_C、y_C 表示杆的质心 C 的位置.

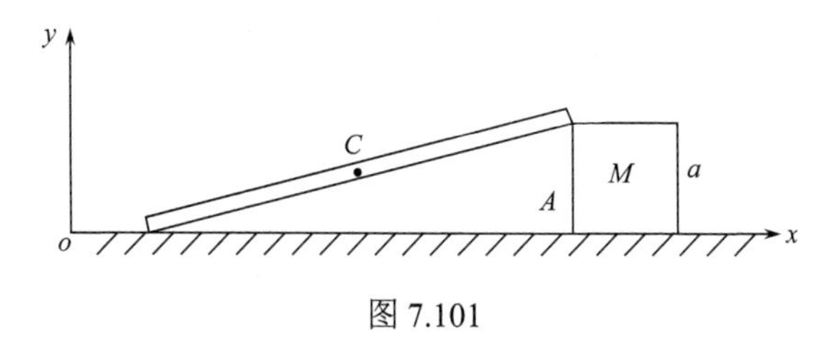

图 7.101

由机械能守恒，

$$\begin{aligned}&\frac{1}{2}M\dot{x}^2+\frac{1}{2}\left(\frac{1}{3}M\right)\left(\dot{x}_C^2+\dot{y}_C^2\right)+\frac{1}{2}\cdot\frac{1}{12}\left(\frac{M}{3}\right)(4a)^2\dot{\theta}^2\\&+\left(\frac{1}{3}M\right)g\cdot 2a\sin\theta=\left(\frac{1}{3}M\right)g\cdot\frac{a}{2}\end{aligned}\tag{1}$$

由水平方向动量守恒，

$$M\dot{x}+\left(\frac{1}{3}M\right)\dot{x}_C=0\tag{2}$$

x、x_C、y_C 与 θ 间存在下列约束关系：

$$y_C=2a\sin\theta$$

$$x_C=x-2a\cos\theta$$

上两式对 t 求导，

$$\dot{y}_C=2a\dot{\theta}\cos\theta\tag{3}$$

$$\dot{x}_C=\dot{x}+2a\dot{\theta}\sin\theta\tag{4}$$

由式(2)、式(4)可得

$$\dot{x}=-\frac{1}{2}a\dot{\theta}\sin\theta\tag{5}$$

$$\dot{x}_C=\frac{3}{2}a\dot{\theta}\sin\theta\tag{6}$$

将式(3)、式(5)、式(6)代入式(1)，得

$$\left(\frac{8}{9}-\frac{1}{6}\sin^2\theta\right)a^2\dot{\theta}^2=\frac{1}{6}ga(1-4\sin\theta)$$

$$\dot{\theta}^2=\frac{3g(1-4\sin\theta)}{a(16-3\sin^2\theta)}$$

(2) 把 $\dot{\theta}^2$ 的表达式代入式(5)，

$$\dot{x}^2=\frac{1}{4}a^2\dot{\theta}^2\sin^2\theta=\frac{3ga(1-4\sin\theta)}{4(16-3\sin^2\theta)}\sin^2\theta$$

对t求导，

$$2\dot{x}\ddot{x}=\frac{3}{4}ga\left[\frac{\mathrm{d}}{\mathrm{d}\theta}\left(\frac{\sin^2\theta-4\sin^3\theta}{16-3\sin^2\theta}\right)\right]\dot{\theta}$$

$$\ddot{x}=\frac{3}{4}ga\frac{\dot{\theta}}{2\dot{x}}\left[\frac{\mathrm{d}}{\mathrm{d}\theta}\left(\frac{\sin^2\theta-4\sin^3\theta}{16-3\sin^2\theta}\right)\right] \tag{7}$$

对立方体用牛顿运动第二定律，

$$M\ddot{x}=N$$

其中N为杆对立方体的作用力. 在杆与立方体开始分离时，$N=0$，$\ddot{x}=0$，此时$\dot{\theta}$、$\dot{x}$均不为零.

由式(7)和$\ddot{x}=0$、$\dot{\theta}\neq 0$，$\dot{x}\neq 0$可得

$$\frac{\mathrm{d}}{\mathrm{d}\theta}\left(\frac{\sin^2\theta-4\sin^3\theta}{16-3\sin^2\theta}\right)=0$$

因为在分离时$\theta\neq\frac{\pi}{2}$，故$\cos\theta\neq 0$，可把各项中具有的共同因子$\cos\theta$约去，可得

$$\left(3\sin^3\theta-48\sin\theta+8\right)\sin\theta=0$$

$\sin\theta=0$，即$\theta=0$，可以是杆与立方体分离的情况，可在θ未降为零以前，θ满足

$$3\sin^3\theta-48\sin\theta+8=0$$

时杆与立方体就已分离了. 因此，开始分离出现在满足上述关系的θ值或$\sin\theta$值.

7.4.43　匀质杆AB、BD和DE用光滑铰链B、D连接，如图7.102所示. 三杆长度分别为a、b、d，质量均为m. 杆AB和DE分别可绕铅直的固定轴A和E在水平面上的某一范围内无摩擦摆动. 设在图示时刻，AB与BD成一直线，$BD\perp DE$，此时杆AB的角速度为ω，角加速度为零，求此时BD杆在B、D端受到的外力.

解　各杆的角速度的正向规定如图7.103所示. 此时

$$\boldsymbol{v}_B=\omega a\boldsymbol{j},\quad \boldsymbol{v}_D=-\omega_{DE}d\boldsymbol{i}$$

刚体上任何两点的速度在其连线方向的分量应相等，所以v_B、v_D在BD方向的分量应相等，

$$v_{Dx}=v_{Bx}=0\quad 所以\quad \boldsymbol{v}_D=0\quad \omega_{DE}=0$$

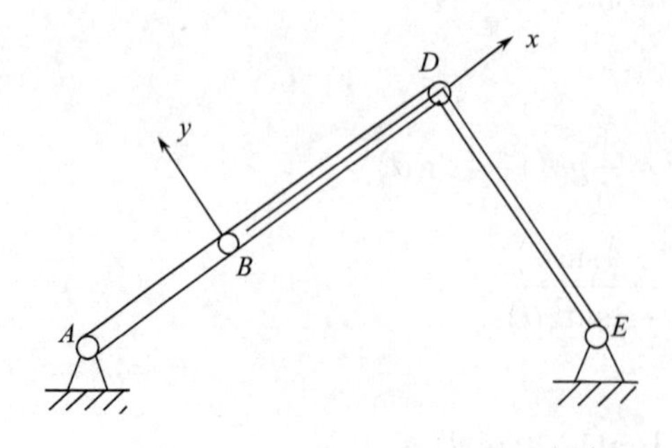

图7.102

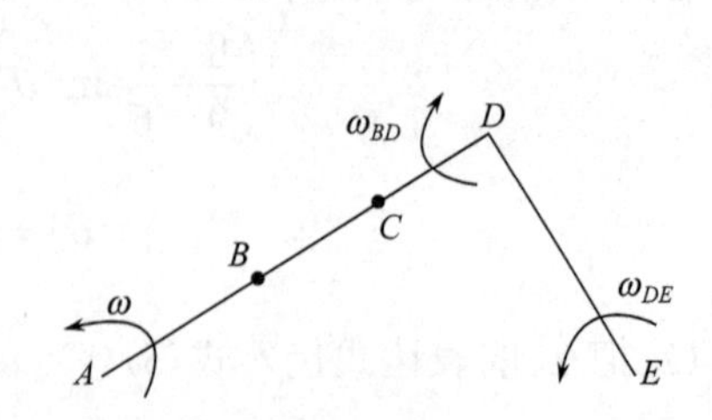

图7.103

可见，此刻 BD 杆做平面平行运动的瞬心位于 D 点.

以 D 为基点，B 点的速度又可表示为

$$\boldsymbol{v}_B = \omega_{BD} \cdot b\boldsymbol{j}$$

比较 $\boldsymbol{v}_B$ 的两个表达式，得

$$\omega_{BD} b = \omega a \quad \text{所以} \quad \omega_{BD} = \frac{a}{b}\omega$$

考虑到此刻 AB 杆无角加速度和 DE 杆无角速度，分别以 B、E 为基点，写此刻 D 点的加速度，

$$\begin{aligned}\boldsymbol{a}_D &= -a\omega^2\boldsymbol{i} - b\omega_{BD}^2\boldsymbol{i} - b\beta_{BD}\boldsymbol{j} \\ &= -a\left(1+\frac{a}{b}\right)\omega^2\boldsymbol{i} - b\beta_{BD}\boldsymbol{j}\end{aligned}$$

$$\boldsymbol{a}_D = -\beta_{DE} d\boldsymbol{i}$$

比较上述两式，得

$$\beta_{DE} = \frac{a}{d}\left(1+\frac{a}{b}\right)\omega^2$$

$$\beta_{BD} = 0$$

以 B 为基点，写 BD 杆的质心 C 的加速度，

$$\begin{aligned}\boldsymbol{a}_{\mathrm{C}} &= -a\omega^2\boldsymbol{i} - \frac{1}{2}b\omega_{BD}^2\boldsymbol{i} \\ &= -a\omega^2\boldsymbol{i} - \frac{1}{2}b\left(\frac{a}{b}\omega\right)^2\boldsymbol{i} = -a\left(1+\frac{a}{2b}\right)\omega^2\boldsymbol{i}\end{aligned}$$

对 BD 杆用质心运动定理，

$$-ma\left(1+\frac{a}{2b}\right)\omega^2 = X_B + X_D \tag{1}$$

$$0 = Y_B + Y_D \tag{2}$$

其中 X_B、Y_B 是 B 端受力沿 x、y 轴的分量，X_D、Y_D 是 D 端受力沿 x、y 轴的分量.

AB 杆的运动是已知的，对 AB 杆用对 A 点的角动量定理，可知

$$Y_B = 0 \tag{3}$$

DE 杆的运动也已求得，对 DE 杆用对 E 点的角动量定理，可得

$$\begin{gathered}\frac{1}{3}md^2\beta_{DE} = X_D d \\ X_D = \frac{1}{3}md\beta_{DE} = \frac{1}{3}ma\left(1+\frac{a}{b}\right)\omega^2\end{gathered} \tag{4}$$

将式(3)、式(4)分别代入式(2)和式(1)，即得

$$Y_D = 0$$

$$X_B = -ma\left(1+\frac{a}{2b}\right)\omega^2 - \frac{1}{3}ma\left(1+\frac{a}{b}\right)\omega^2 = -\frac{1}{3}ma\left(4+\frac{5a}{2b}\right)\omega^2$$

7.4.44 证明刚体做平面平行运动时关于瞬心的角动量定理还可以有下列形式:

$$I_{O'}\frac{\mathrm{d}\boldsymbol{\omega}}{\mathrm{d}t} = M_{O'} - \frac{\boldsymbol{\omega}}{\omega}\cdot\left(m\boldsymbol{r}_C'\times\ddot{\boldsymbol{r}}_{O'}\right)$$

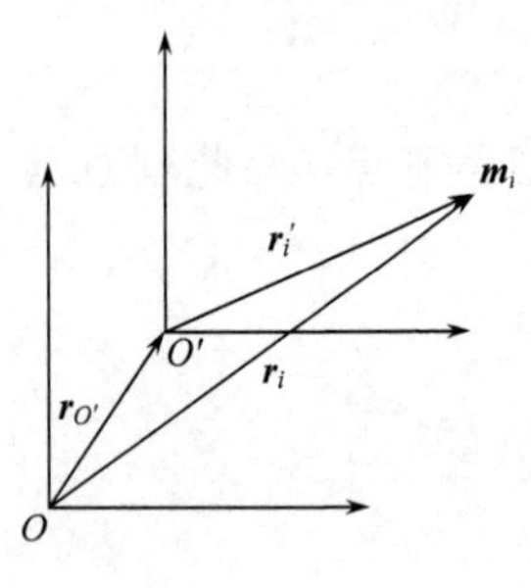

图 7.104

其中 O' 是刚体上为瞬心的那一点, $\ddot{\boldsymbol{r}}_{O'}$ 是瞬心平动参考系原点 O' 的加速度,即瞬心的加速度,

$$\frac{\mathrm{d}\left(I_{O'}\boldsymbol{\omega}\right)}{\mathrm{d}t} = M_{O'} - m\omega\left(\dot{\boldsymbol{r}}_{O'}\cdot\boldsymbol{r}_C'\right)$$

其中 O' 是与瞬心重合的空间点, $\dot{\boldsymbol{r}}_{O'}$ 是随瞬心沿空间极迹平动的坐标系的速度.

证明 图 7.104 画出了两个坐标系,原点为 O 的固连于静参考系,原点为 O' 的固连于 O' 平动参考系. $\dot{\boldsymbol{r}}_i$ 是第 i 个质点对静参考系的速度(绝对速度), $\sum\limits_i\left(\boldsymbol{r}_i'\times m_i\dot{\boldsymbol{r}}_i\right)$ 为系统对 O' 点的绝对角动量,

$$\begin{aligned}
\frac{\mathrm{d}}{\mathrm{d}t}\sum_i\left(\boldsymbol{r}_i'\times m_i\dot{\boldsymbol{r}}_i\right) &= \frac{\mathrm{d}}{\mathrm{d}t}\left[\left(\boldsymbol{r}_i-\boldsymbol{r}_{O'}\right)\times m_i\dot{\boldsymbol{r}}_i\right] \\
&= \frac{\mathrm{d}}{\mathrm{d}t}\sum_i\left(\boldsymbol{r}_i\times m_i\dot{\boldsymbol{r}}_i\right) - \frac{\mathrm{d}}{\mathrm{d}t}\sum_i\left(\boldsymbol{r}_{O'}\times m_i\dot{\boldsymbol{r}}_i\right) \\
&= \sum_i\left(\dot{\boldsymbol{r}}_i\times m_i\dot{\boldsymbol{r}}_i\right) + \sum_i\left(\boldsymbol{r}_i\times m_i\ddot{\boldsymbol{r}}_i\right) - \dot{\boldsymbol{r}}_{O'}\times\sum_i m_i\dot{\boldsymbol{r}}_i - \boldsymbol{r}_{O'}\times\sum_i m_i\ddot{\boldsymbol{r}}_i \\
&= \sum_i\left(\boldsymbol{r}_i\times\boldsymbol{F}_i\right) - \dot{\boldsymbol{r}}_{O'}\times\sum_i m_i\dot{\boldsymbol{r}}_i - \boldsymbol{r}_{O'}\times\sum_i\boldsymbol{F}_i \\
&= \sum_i\left[\left(\boldsymbol{r}_i-\boldsymbol{r}_{O'}\right)\times\boldsymbol{F}_i\right] - \dot{\boldsymbol{r}}_{O'}\times m\dot{\boldsymbol{r}}_C \\
&= \sum_i\left(\boldsymbol{r}_i'\times\boldsymbol{F}_i\right) - \dot{\boldsymbol{r}}_{O'}\times m\dot{\boldsymbol{r}}_C = \boldsymbol{M}_{O'} - \dot{\boldsymbol{r}}_{O'}\times m\dot{\boldsymbol{r}}_C
\end{aligned} \tag{1}$$

在推导上式的过程中, $m_i\ddot{\boldsymbol{r}}_i = \boldsymbol{F}_i$, $\boldsymbol{F}_i$ 不仅包括外力,还包括内力,而在 $\sum\limits_i\left(\boldsymbol{r}_i\times\boldsymbol{F}_i\right)$ 等式子中内力的求和为零,即 $\sum\limits_i\left(\boldsymbol{r}_i\times\boldsymbol{F}_i^{(i)}\right)=0$,因此对所有质点求和的式子中的 $\boldsymbol{F}_i$ 都可只考虑外力, $\boldsymbol{M}_{O'}$ 是作用于系统的外力对 O' 点的力矩之矢量和.

下面再考虑对平动参考系中的 O' 点的角动量(称为相对角动量).

对平动参考系,只要引入惯性力,可以直接写出对它的固定点 O' 的角动量定理,

$$\begin{aligned}
\frac{\mathrm{d}}{\mathrm{d}t}\sum_i\left(\boldsymbol{r}_i'\times m_i\dot{\boldsymbol{r}}_i'\right) &= \boldsymbol{M}_{O'} + \sum_i\left[\boldsymbol{r}_i'\times\left(-m_i\ddot{\boldsymbol{r}}_{O'}\right)\right] \\
&= \boldsymbol{M}_{O'} - \left(\sum_i m_i\boldsymbol{r}_i'\right)\times\ddot{\boldsymbol{r}}_{O'} = \boldsymbol{M}_{O'} - m\boldsymbol{r}_C'\times\ddot{\boldsymbol{r}}_{O'}
\end{aligned} \tag{2}$$

其中 $\boldsymbol{M}_{O'}$ 是真实外力对 O' 点的力矩,与式(1)中的 $\boldsymbol{M}_{O'}$ 是相同的,式(1)中的 $\dot{\boldsymbol{r}}_{O'}$ 和 $\dot{\boldsymbol{r}}_C$ 分

别是O'点和质心C的绝对速度，式(2)中的$\ddot{\boldsymbol{r}}_{O'}$是$O'$点的绝对加速度，$\boldsymbol{r}_C'$是质心$C$对动系原点$O'$的位矢.

式(1)、式(2)适用于一般的质点系，静参考系是惯性系，平动参考系可以是任意的平动参考系.

现考虑的系统是做平面平行运动的刚体，O'点是与瞬心重合的空间的点，考虑对通过O'点的轴的角动量的时间变化率遵从的规律，简称为对瞬轴的角动量定理.

O'点是与瞬心重合的空间点，平动参考系以瞬心沿空间极迹运动的速度做平动.

$$\boldsymbol{r}_i'=\boldsymbol{\omega}\times\boldsymbol{r}_i' \qquad \text{（瞬心的定义得出）}$$

$$\begin{aligned}
\frac{\boldsymbol{\omega}}{\omega}\cdot\sum_i\left(\boldsymbol{r}_i'\times m_i\dot{\boldsymbol{r}}_i\right)&=\frac{\boldsymbol{\omega}}{\omega}\cdot\sum_i\left[\boldsymbol{r}_i'\times m_i\left(\boldsymbol{\omega}\times\boldsymbol{r}_i'\right)\right]\\
&=\frac{\boldsymbol{\omega}}{\omega}\cdot\sum_i\left[m_i\boldsymbol{\omega}\left(\boldsymbol{r}_i'\cdot\boldsymbol{r}_i'\right)-m_i\boldsymbol{r}_i'\left(\boldsymbol{\omega}\cdot\boldsymbol{r}_i'\right)\right]\\
&=\sum_i\left[\omega m_i r_i'^2-m_i\frac{1}{\omega}\left(\boldsymbol{\omega}\cdot\boldsymbol{r}_i'\right)^2\right]\\
&=\sum_i\left[\omega m_i r_i'^2-m_i\omega r_i'^2\cos^2\alpha_i\right]\\
&=\sum_i\omega m_i\left(r_i\sin\alpha_i\right)^2=\omega\sum_i m_i d_i^2=I_{O'}\omega
\end{aligned}\tag{3}$$

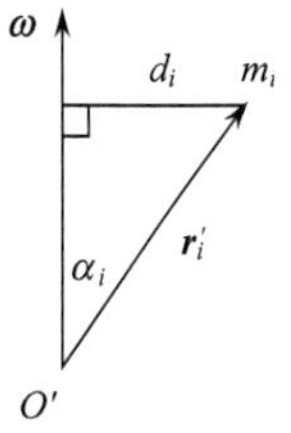

其中α_i，d_i参看图 7.105，$I_{O'}$是刚体绕瞬轴的转动惯量.

图 7.105

对刚体做平面平行运动用式(1)，用在$\dfrac{\boldsymbol{\omega}}{\omega}$不变的时间段内(刚体做平面平行运动，在基点平动参考系中转轴是不变的，但$\boldsymbol{\omega}$可以反向，$\dfrac{\boldsymbol{\omega}}{\omega}$可能改变为相反方向).

$$\frac{\boldsymbol{\omega}}{\omega}\cdot\frac{\mathrm{d}}{\mathrm{d}t}\sum_i\left(\boldsymbol{r}_i'\times m_i\dot{\boldsymbol{r}}_i\right)=\frac{\mathrm{d}}{\mathrm{d}t}\left[\frac{\boldsymbol{\omega}}{\omega}\cdot\sum_i\left(\boldsymbol{r}_i'\times m_i\dot{\boldsymbol{r}}_i\right)\right]$$

由式(1)

$$\begin{aligned}
\frac{\boldsymbol{\omega}}{\omega}\cdot\left(\boldsymbol{M}_{O'}-\dot{\boldsymbol{r}}_{O'}\times m\dot{\boldsymbol{r}}_{\mathrm{C}}\right)&=M_{O'}-m\frac{\boldsymbol{\omega}}{\omega}\cdot\left[\dot{\boldsymbol{r}}_{O'}\times\left(\boldsymbol{\omega}\times\boldsymbol{r}_C'\right)\right]\\
&=M_{O'}-m\frac{\boldsymbol{\omega}}{\omega}\cdot\left[\boldsymbol{\omega}\left(\dot{\boldsymbol{r}}_{O'}\cdot\boldsymbol{r}_C'\right)-\boldsymbol{r}_C'\left(\boldsymbol{\omega}\cdot\dot{\boldsymbol{r}}_{O'}\right)\right]\\
&=M_{O'}-m\omega\left(\dot{\boldsymbol{r}}_{O'}\cdot\boldsymbol{r}_C'\right)
\end{aligned}\tag{4}$$

这里用了$\boldsymbol{\omega}\cdot\dot{\boldsymbol{r}}_{O'}=0$,所以

$$\frac{\mathrm{d}}{\mathrm{d}t}\left[\frac{\boldsymbol{\omega}}{\omega}\cdot\sum_i\left(\boldsymbol{r}_i'\times m_i\dot{\boldsymbol{r}}_i\right)\right]=M_{O'}-m\omega\left(\dot{\boldsymbol{r}}_{O'}\cdot\boldsymbol{r}_C'\right)$$

用式(3)，上式可写为

$$\frac{\mathrm{d}}{\mathrm{d}t}\left(I_{O'}\omega\right)=M_{O'}-m\omega\left(\dot{\boldsymbol{r}}_{O'}\cdot\boldsymbol{r}_C'\right)$$

这就是要证明的第二个式子.

考虑另一种平动参考系，它部分固连于刚体，在某时刻，固连于它的坐标系原点 O' 是瞬心，别的时刻它仍是刚体上的点，但不是瞬心. 要导出 O' 为瞬心那个时刻的对瞬轴的角动量定理.

在 O' 为瞬心的那时刻，$\dot{\boldsymbol{r}}_i=\boldsymbol{\omega}\times\boldsymbol{r}_i'$，但要求 $\dfrac{\mathrm{d}}{\mathrm{d}t}\sum\limits_i\left(\boldsymbol{r}_i'\times m_i\dot{\boldsymbol{r}}_i\right)$，其中的 $\dot{\boldsymbol{r}}_i$ 必须适用于那时刻前后均能适用的式子，即需用

$$\dot{\boldsymbol{r}}_i=\dot{\boldsymbol{r}}_{O'}+\boldsymbol{\omega}\times\boldsymbol{r}_i'$$

在 O' 为瞬心的那时刻，$\dot{\boldsymbol{r}}_{O'}=0$，但 $\ddot{\boldsymbol{r}}_{O'}\neq0$，

$$\begin{aligned}\sum_i\left(\boldsymbol{r}_i'\times m_i\dot{\boldsymbol{r}}_i\right)&=\sum_i\left[\boldsymbol{r}_i'\times m_i\left(\dot{\boldsymbol{r}}_{O'}+\boldsymbol{\omega}\times\boldsymbol{r}_i'\right)\right]\\&=\sum_i\left(\boldsymbol{r}_i'\times m_i\dot{\boldsymbol{r}}_{O'}\right)+\sum_i m_i\left[\boldsymbol{r}_i'\times\left(\boldsymbol{\omega}\times\boldsymbol{r}_i'\right)\right]\\&=m\boldsymbol{r}_C'\times\dot{\boldsymbol{r}}_{O'}+\sum_i m_i\left[\boldsymbol{r}_i'\times\left(\boldsymbol{\omega}\times\boldsymbol{r}_i'\right)\right]\end{aligned}$$

注意：在 O' 为瞬心的那时刻，因 $\dot{\boldsymbol{r}}_{O'}=0$，第一项等于零，但在求该时刻的 $\dfrac{\mathrm{d}}{\mathrm{d}t}\sum\limits_i\left(\boldsymbol{r}_i'\times m_i\dot{\boldsymbol{r}}_i\right)$ 时，第一项是有贡献的.

$$\begin{aligned}\frac{\boldsymbol{\omega}}{\omega}\cdot\sum_i\left(\dot{\boldsymbol{r}}_i'\times \boldsymbol{m}_i\dot{\boldsymbol{r}}_i\right)&=\frac{\boldsymbol{\omega}}{\omega}\cdot m\boldsymbol{r}_C'\times\dot{\boldsymbol{r}}_{O'}+\frac{\boldsymbol{\omega}}{\omega}\cdot\sum_i m_i\left[\boldsymbol{r}_i'\times\left(\boldsymbol{\omega}\times\boldsymbol{r}_i'\right)\right]\\&=\frac{\boldsymbol{\omega}}{\omega}\cdot m\boldsymbol{r}_C'\times\dot{\boldsymbol{r}}_{O'}+I_{O'}\omega\end{aligned}$$

最后一项的计算是重复式(3)的运算得到的.

在 $\boldsymbol{\omega}$ 不改变方向的时间段内，$\dfrac{\boldsymbol{\omega}}{\omega}$ 为常量，

$$\begin{aligned}\frac{\mathrm{d}}{\mathrm{d}t}\left[\frac{\boldsymbol{\omega}}{\omega}\cdot\sum_i\left(\boldsymbol{r}_i'\times m_i\dot{\boldsymbol{r}}_i\right)\right]&=\frac{\mathrm{d}}{\mathrm{d}t}\left(I_{O'}\omega\right)+m\frac{\boldsymbol{\omega}}{\omega}\cdot\left(\dot{\boldsymbol{r}}_C'\times\dot{\boldsymbol{r}}_{O'}\right)+m\frac{\boldsymbol{\omega}}{\omega}\cdot\left(\boldsymbol{r}_C'\times\ddot{\boldsymbol{r}}_{O'}\right)\\&=I_{O'}\frac{\mathrm{d}\omega}{\mathrm{d}t}+m\frac{\boldsymbol{\omega}}{\omega}\cdot\left(\dot{\boldsymbol{r}}_C'\times\dot{\boldsymbol{r}}_{O'}\right)+m\frac{\boldsymbol{\omega}}{\omega}\cdot\left(\boldsymbol{r}_C'\times\ddot{\boldsymbol{r}}_{O'}\right)\end{aligned}$$

上式对任何时刻均适用，故保留了含 $\dot{\boldsymbol{r}}_{O'}$ 的项，因为 O' 是刚体上的点，平面平行运动时转轴不变，故用此部分固连的参考系，$I_{O'}$ 是常量.

只考虑 O' 为瞬心的时刻用上式，则

$$\frac{\mathrm{d}}{\mathrm{d}t}\left[\frac{\boldsymbol{\omega}}{\omega}\cdot\sum_i\left(\boldsymbol{r}_i'\times m_i\dot{\boldsymbol{r}}_i\right)\right]=I_{O'}\frac{\mathrm{d}\omega}{\mathrm{d}t}+m\frac{\boldsymbol{\omega}}{\omega}\cdot\left(\boldsymbol{r}_C'\times\ddot{\boldsymbol{r}}_{O'}\right)$$

式(1)右边的项点乘 $\dfrac{\boldsymbol{\omega}}{\omega}$ 后为

$$\frac{\boldsymbol{\omega}}{\omega}\cdot\left(\boldsymbol{M}_{O'}-\dot{\boldsymbol{r}}_{O'}\times m\dot{\boldsymbol{r}}_C\right)=M_{O'}-m\omega\left(\dot{\boldsymbol{r}}_{O'}\cdot\boldsymbol{r}_C'\right)$$

其推导过程可参看式(4)的推导，因为 $\dot{\boldsymbol{r}}_{O'}\times\dot{\boldsymbol{r}}_C=\dot{\boldsymbol{r}}_{O'}\times\left(\dot{\boldsymbol{r}}_{O'}+\omega\times\boldsymbol{r}_C'\right)=\dot{\boldsymbol{r}}_{O'}\times\left(\boldsymbol{\omega}\times\boldsymbol{r}_C'\right)$，因此结

果与式(4)结果相同，此结果不限于O'为瞬心的时刻，适用于任何时刻. 在O'为瞬心的时刻，因为$\dot{\boldsymbol{r}}_{O'}=0$，$\dfrac{\boldsymbol{\omega}}{\omega}\cdot\left(\boldsymbol{M}_{O'}-\dot{\boldsymbol{r}}_{O'}\times m\dot{\boldsymbol{r}}_C\right)=M_{O'}$.

对于这个部分固连平动系，在O'为瞬心的那时刻用式(1). 对瞬轴的角动量定理可写成

$$I_{O'}\frac{\mathrm{d}\omega}{\mathrm{d}t}+m\frac{\boldsymbol{\omega}}{\omega}\cdot\left(\boldsymbol{r}'_C\times\ddot{\boldsymbol{r}}_{O'}\right)=M_{O'}$$

或

$$I_{O'}\frac{\mathrm{d}\omega}{\mathrm{d}t}=M_{O'}-\frac{\boldsymbol{\omega}}{\omega}\cdot\left(m\boldsymbol{r}'_C\times\ddot{\boldsymbol{r}}_{O'}\right)$$

这就证明了第一个式子.

证明这两个式子都用了$\dfrac{\boldsymbol{\omega}}{\omega}$为常量，前已指出，平面平行运动可能出现$\boldsymbol{\omega}$反向的情况. 两个式子还能不能用?回答是可以分段使用，出现反向是在$\boldsymbol{\omega}=0$的时刻. 前一阶段得到$\boldsymbol{\omega}=0$的运动状态作为后一阶段的初始状态，这样前后两个阶段都可以用两个式子.

7.4.45　证明刚体做平面平行运动时关于瞬心的角动量定理还可以有如下形式：

$$\frac{\mathrm{d}\left(I_{O'}\omega\right)}{\mathrm{d}t}=M_{O'}-\frac{\boldsymbol{\omega}}{\omega}\cdot\left(\dot{\boldsymbol{r}}_{O'}\times m\dot{\boldsymbol{r}}_C\right)$$

其中O'是与瞬心重合的空间点，$\dot{\boldsymbol{r}}_{O'}$是随瞬心沿空间极迹平动的坐标系的速度；

$$I_{O'}=\frac{\mathrm{d}\omega}{\mathrm{d}t}=M_{O'}+m\omega\left(\dot{\boldsymbol{r}}_{O'}\cdot\boldsymbol{r}'_C\right)$$

其中O'与$\dot{\boldsymbol{r}}_{O'}$的物理意义与上式相同.

证明　上题证明第二个式子时已证明了这里要证明的第一个式子，简要重复一下.

上题导出的式(3)为

$$\frac{\boldsymbol{\omega}}{\omega}\cdot\sum_i\left(\boldsymbol{r}'_i\times m_i\dot{\boldsymbol{r}}_i\right)=I_{O'}\omega$$

上题式(1)两边点乘以$\dfrac{\boldsymbol{\omega}}{\omega}$，

$$\frac{\boldsymbol{\omega}}{\omega}\cdot\frac{\mathrm{d}}{\mathrm{d}t}\sum_i\left(\boldsymbol{r}'_i\times m_i\dot{\boldsymbol{r}}_i\right)=\frac{\boldsymbol{\omega}}{\omega}\cdot\left(\boldsymbol{M}_{O'}-\dot{\boldsymbol{r}}_{O'}\times m\dot{\boldsymbol{r}}_C\right)$$

在$\dfrac{\boldsymbol{\omega}}{\omega}$不变的时间段内，

$$左边=\frac{\mathrm{d}}{\mathrm{d}t}\left[\frac{\boldsymbol{\omega}}{\omega}\cdot\sum_i\left(\boldsymbol{r}'_i\times m_i\dot{\boldsymbol{r}}_i\right)\right]=\frac{\mathrm{d}\left(I_{O'}\omega\right)}{\mathrm{d}t}$$

$$右边=M_{O'}-\frac{\boldsymbol{\omega}}{\omega}\cdot\left(\dot{\boldsymbol{r}}_{O'}\times m\dot{\boldsymbol{r}}_C\right)$$

所以

$$\frac{\mathrm{d}\left(I_{O'}\omega\right)}{\mathrm{d}t}=M_{O'}-\frac{\boldsymbol{\omega}}{\omega}\cdot\left(\dot{\boldsymbol{r}}_{O'}\times m\dot{\boldsymbol{r}}_C\right)$$

这就是本题要证明的第一个式子.

现在用上题已证明的第一个式子来证明第二个式子.

$$I_{O'}\frac{\mathrm{d}\omega}{\mathrm{d}t}=M_{O'}-\frac{\boldsymbol{\omega}}{\omega}\cdot\left(m\boldsymbol{r}_C'\times\ddot{\boldsymbol{r}}_{O'}\right)$$

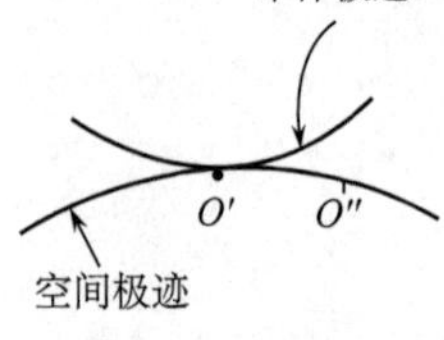

图 7.106

现在要改写 $\ddot{\boldsymbol{r}}_{O'}$，$\ddot{\boldsymbol{r}}_{O'}$ 是刚体上此刻为瞬心的那一点的绝对加速度.

做平面平行运动的刚体的运动可以看作本体极迹曲线在空间极迹曲线上的纯滚动. 设 t 时刻瞬心位于图 7.106 的 O' 点，在 $t+\Delta t$ 时刻瞬心位于 O'' 点；在 t 时刻，刚体上为瞬心的那点的速度为零，故 t 时刻，$\ddot{\boldsymbol{r}}_{O'}$（刚体上瞬心那点的加速度）没有法向加速度，只有切向加速度，其方向是沿两极迹曲线的公共法线方向，也就是本题 O' 点轨道的法线方向.

下面用加速度的定义来计算 $\ddot{\boldsymbol{r}}_{O'}$. 下面写的 $\dot{\boldsymbol{r}}_{O'}$，$O'$ 是刚体上的点，不是本题要证明的式子中的 O'，切勿混淆.

$$\dot{\boldsymbol{r}}_{O'}(t)=0\quad(t\text{时刻}O'\text{为瞬心})$$

$t+\Delta t$ 时刻，瞬心位于 O'' 点，由 $\boldsymbol{v}=\boldsymbol{\omega}\times\boldsymbol{r}$，

$$\dot{\boldsymbol{r}}_{O'}(t+\Delta t)=\boldsymbol{\omega}(t+\Delta t)\times\overrightarrow{O''O'}=\boldsymbol{\omega}(t+\Delta t)\times\left(-\dot{\boldsymbol{r}}_{O's}(t)\Delta t\right)$$

其中 $\dot{\boldsymbol{r}}_{O's}(t)$ 是 t 时刻瞬心沿空间极迹移动的速度，即要证明的式子中的 $\dot{\boldsymbol{r}}_{O'}$，

$$\ddot{\boldsymbol{r}}_{O'}=\lim_{\Delta t\to 0}\frac{\dot{\boldsymbol{r}}_{O'}(t+\Delta t)-\dot{\boldsymbol{r}}_{O'}(t)}{\Delta t}=\boldsymbol{\omega}(t)\times\left(-\dot{\boldsymbol{r}}_{O's}(t)\right)=\dot{\boldsymbol{r}}_{O's}\times\boldsymbol{\omega}$$

$$\begin{aligned}\frac{\boldsymbol{\omega}}{\omega}\cdot\left(m\boldsymbol{r}_C'\times\ddot{\boldsymbol{r}}_{O'}\right)&=\frac{\boldsymbol{\omega}}{\omega}\cdot\left[m\boldsymbol{r}_C'\times\left(\dot{\boldsymbol{r}}_{O's}\times\boldsymbol{\omega}\right)\right]\\&=\frac{\boldsymbol{\omega}}{\omega}\cdot\left[\dot{\boldsymbol{r}}_{O's}\left(m\boldsymbol{r}_C'\cdot\omega\right)-\boldsymbol{\omega}\left(m\boldsymbol{r}_C'\cdot\dot{\boldsymbol{r}}_{O's}\right)\right]=-m\omega\left(\boldsymbol{r}_C'\cdot\dot{\boldsymbol{r}}_{O's}\right)\end{aligned}$$

这里用了 $\boldsymbol{\omega}\cdot\dot{\boldsymbol{r}}_{O's}=0$，

$$I_{O'}\frac{\mathrm{d}\omega}{\mathrm{d}t}=M_{O'}-\frac{\boldsymbol{\omega}}{\omega}\cdot\left(m\boldsymbol{r}_C'\times\ddot{\boldsymbol{r}}_{O'}\right)=M_{O'}+m\omega\left(\boldsymbol{r}_C'\cdot\dot{\boldsymbol{r}}_{O's}\right)$$

将 $\dot{\boldsymbol{r}}_{O's}$ 换回本题所用的 $\dot{\boldsymbol{r}}_{O'}$，就证明了第二式.

7.4.46　长为 $2a$、质量为 m 的均质杆在光滑的水平桌面上，由静止的竖直位置在重力的作用下倒下，试用几种方法列出关于 θ 满足的运动微分方程，θ 为杆与铅垂线的夹角.

解法一　取图 7.107 的坐标，

$$m\ddot{z}_C=-mg+N\tag{1}$$

$$\frac{1}{3}ma^2\ddot{\theta}=Na\sin\theta\tag{2}$$

$$z_C=a\cos\theta$$

$$\dot{z}_C=-a\dot{\theta}\sin\theta$$

$$\ddot{z}_C=-a\ddot{\theta}\sin\theta-a\dot{\theta}^2\cos\theta$$

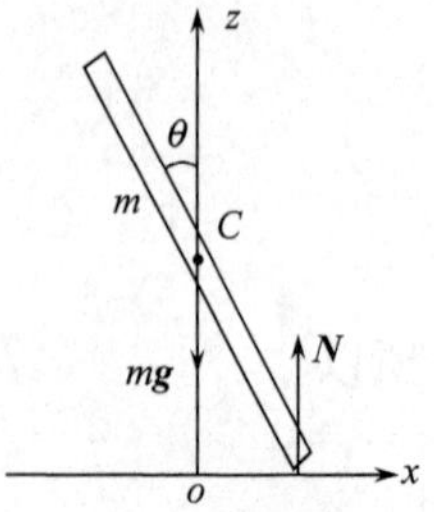

图 7.107

用上式，式(1)改写为

$$-ma\ddot{\theta}\sin\theta - ma\dot{\theta}^2\cos\theta = -mg + N \tag{3}$$

式(2)、式(3)消去N，得

$$a\left(1+3\sin^2\theta\right)\ddot{\theta} + 3a\sin\theta\cos\theta\dot{\theta}^2 = 3g\sin\theta$$

解法二　用机械能守恒，

$$\frac{1}{2}m\dot{z}_C^2 + \frac{1}{2}\cdot\frac{1}{3}ma^2\dot{\theta}^2 + mgz_C = mga$$

$$z_C = a\cos\theta,\quad \dot{z}_C = -a\dot{\theta}\sin\theta$$

$$\frac{1}{2}a\dot{\theta}^2\sin^2\theta + \frac{1}{6}a\dot{\theta}^2 + g\cos\theta = g$$

两边对t求导，

$$a\dot{\theta}\ddot{\theta}\sin^2\theta + a\dot{\theta}^3\sin\theta\cos\theta + \frac{1}{3}a\dot{\theta}\ddot{\theta} - g\sin\theta\dot{\theta} = 0$$

约去$\dot{\theta}$，可得

$$a\left(1+3\sin^2\theta\right)\ddot{\theta} + 3a\dot{\theta}^2\sin\theta\cos\theta - 3g\sin\theta = 0$$

解法三　用

$$I_{O'}\frac{\mathrm{d}\omega}{\mathrm{d}t} = M_{O'} - \frac{\boldsymbol{\omega}}{\omega}\cdot\left(m\boldsymbol{r}_C'\times\ddot{\boldsymbol{r}}_{O'}\right)$$

$$\frac{\boldsymbol{\omega}}{\omega} = -\boldsymbol{j},\quad \boldsymbol{r}_C' = -a\sin\theta\boldsymbol{i},\quad \frac{\mathrm{d}\omega}{\mathrm{d}t} = \ddot{\theta}$$

(参看图 7.108，$\boldsymbol{r}_C' = \overrightarrow{O'C}$，$O'$是杆在图示位置时的瞬心，是由$C$点速度向下，$A$点速度向右确定瞬心位置的.)

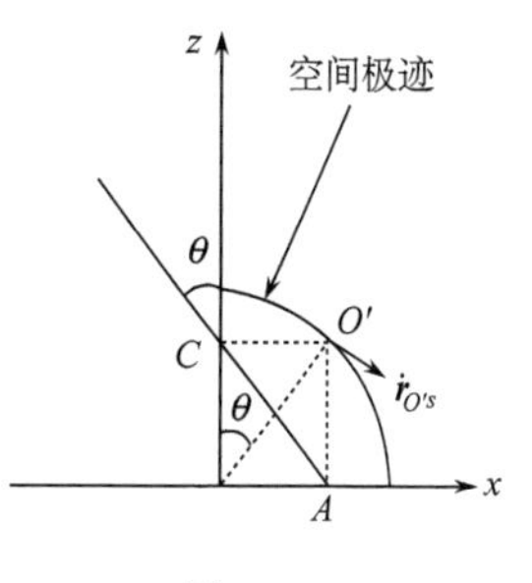

图 7.108

$\ddot{\boldsymbol{r}}_{O'} = \dot{\boldsymbol{r}}_{O's}\times\boldsymbol{\omega}$，$\dot{\boldsymbol{r}}_{O's}$是瞬心在空间沿空间极迹移动的速度.

从几何上可知

$$\left|\dot{\boldsymbol{r}}_{O's}\right| = a\dot{\theta}$$

$$\dot{\boldsymbol{r}}_{O's} = a\dot{\theta}\left(\cos\theta\boldsymbol{i} - \sin\theta\boldsymbol{k}\right)$$

$$\begin{aligned}\ddot{\boldsymbol{r}}_{O'} &= a\dot{\theta}\left(\cos\theta\boldsymbol{i} - \sin\theta\boldsymbol{k}\right)\times\left(-\dot{\theta}\boldsymbol{j}\right)\\ &= a\dot{\theta}^2\left(-\cos\theta\boldsymbol{k} - \sin\theta\boldsymbol{i}\right)\end{aligned}$$

$$\boldsymbol{r}_C'\times\ddot{\boldsymbol{r}}_{O'} = -a^2\dot{\theta}^2\sin\theta\cos\theta\boldsymbol{j}$$

$$\frac{\boldsymbol{\omega}}{\omega}\cdot\left(m\boldsymbol{r}_C'\times\ddot{\boldsymbol{r}}_{O'}\right) = ma^2\dot{\theta}^2\sin\theta\cos\theta$$

$$I_{O'} = \frac{1}{3}ma^2 + m\left(a\sin\theta\right)^2 = ma^2\left(\frac{1}{3}+\sin^2\theta\right)$$

$$M_{O'} = mga\sin\theta$$

所以

$$ma^2\left(\frac{1}{3}+\sin^2\theta\right)\ddot{\theta} = mga\sin\theta - ma^2\dot{\theta}^2\sin\theta\cos\theta$$

化简后得到与其他方法相同的结果.

解法四 用
$$\frac{\mathrm{d}\left(I_{O'}\omega\right)}{\mathrm{d}t}=M_{O'}-m\omega\left(\dot{\boldsymbol{r}}_{O'}\cdot\boldsymbol{r}_C'\right)$$

$$I_{O'}\omega=\frac{1}{3}ma^2\left(1+3\sin^2\theta\right)\dot{\theta}$$

$$\frac{\mathrm{d}}{\mathrm{d}t}\left(I_{O'}\omega\right)=\frac{1}{3}ma^2\left(1+3\sin^2\theta\right)\ddot{\theta}+2ma^2\dot{\theta}^2\sin\theta\cos\theta$$

$$\dot{\boldsymbol{r}}_{O'}=a\dot{\theta}\left(\cos\theta\boldsymbol{i}-\sin\theta\boldsymbol{k}\right),\boldsymbol{r}_C'=-a\sin\theta\boldsymbol{i}$$

$$\dot{\boldsymbol{r}}_{O'}\cdot\boldsymbol{r}_C'=-a\dot{\theta}\sin\theta\cos\theta$$

$M_{O'}$同解法三. 代入上式，可得预期的结果.

解法五 用
$$-\frac{\mathrm{d}\left(I_{O'}\omega\right)}{\mathrm{d}t}=M_{O'}-\frac{\boldsymbol{\omega}}{\omega}\cdot\left(\dot{\boldsymbol{r}}_{O'}\times m\dot{\boldsymbol{r}}_C\right)$$

$$\dot{\boldsymbol{r}}_{O'}=a\dot{\theta}\left(\cos\theta\boldsymbol{i}-\sin\theta\boldsymbol{k}\right)$$

$$\boldsymbol{r}_C=a\cos\theta\boldsymbol{k},\quad \dot{\boldsymbol{r}}_C=-a\dot{\theta}\sin\theta\boldsymbol{k}$$

$$\dot{\boldsymbol{r}}_{O'}\times m\dot{\boldsymbol{r}}_C=ma^2\dot{\theta}^2\sin\theta\cos\theta\boldsymbol{j}$$

$$\frac{\boldsymbol{\omega}}{\omega}\cdot\left(\dot{\boldsymbol{r}}_{O'}\times m\dot{\boldsymbol{r}}_C\right)=-ma^2\dot{\theta}^2\sin\theta\cos\theta$$

$\frac{\mathrm{d}}{\mathrm{d}t}\left(I_{O'}\omega\right)$、$M_{O'}$均与解法四给出的相同. 代入上式，可得预期的结果.

解法六 用
$$I_{O'}\frac{\mathrm{d}\omega}{\mathrm{d}t}=M_{O'}+m\omega\left(\dot{\boldsymbol{r}}_{O'}\cdot\boldsymbol{r}_C'\right)$$

式中所有的各量前面都已给出，代入上式可得预期结果.

7.4.47 半径为r的均质轮子沿着与水平面成α角的斜面无滑动地滚下. 问当滚动摩阻因数δ为何值时，轮子质心做等速运动.

解
$$ma_C=mg\sin\alpha-f=0$$

$$mr^2\frac{\mathrm{d}\omega}{\mathrm{d}t}=fr-\delta N=0$$

$$N-mg\cos\alpha=0$$

其中f为静摩擦力，设沿斜面向上，N为支持力. 这里考虑轮子的质量都集中在边缘.

$$mg\sin\alpha\cdot r=fr=\delta\cdot N=\delta\cdot mg\cos\alpha$$

$$\delta=r\tan\alpha$$

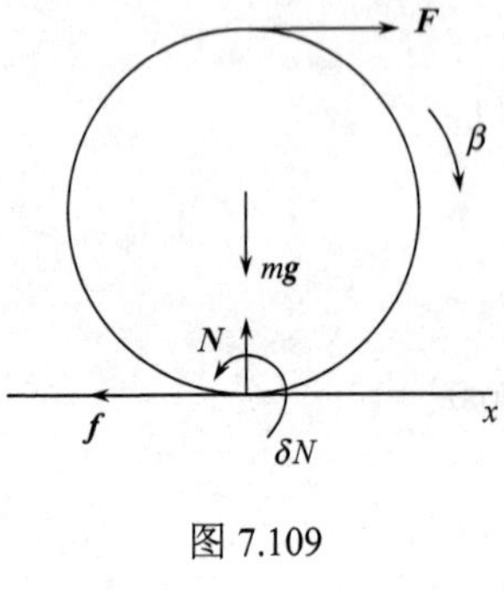

图 7.109

7.4.48 一个半径为R的均质轮子(质量均分布在边缘)在铅直直径的上端施以水平力$\boldsymbol{F}$，轮子与水平面间的滚动摩阻因数为δ，要在此力作用下轮子做纯滚动，滑动摩擦因数应满足什么条件?

解 取图 7.109 所示的坐标，设轮子质量为m，

$$m\ddot{x}=F-f \tag{1}$$

$$mR^2\beta = FR + fR - \delta N \tag{2}$$

$$N = mg \tag{3}$$

$$|f| \leqslant \mu N \tag{4}$$

$$\ddot{x} = R\beta \tag{5}$$

由式(1)、式(5)，

$$mR^2\beta = FR - fR \tag{6}$$

式(2)+式(6)，

$$2mR^2\beta = 2FR - \delta N \tag{7}$$

由式(3)、式(7)得

$$\beta = \frac{2FR - \delta mg}{2mR^2} \tag{8}$$

由式(1)、式(5)、式(8)，

$$m\ddot{x} = mR\beta = \frac{2FR - \delta mg}{2R} = F - f$$

解出

$$f = \frac{\delta mg}{2R} \tag{9}$$

由式(4)、式(5)、式(9)得

$$\mu \geqslant \frac{\delta}{2R}$$

7.4.49　质量为M、半径为R的均质圆柱放在倾角为α的斜面上，吊有质量为m的重物经不可伸长的轻绳跨过定滑轮系于圆柱的轴心上. 圆柱、滑轮间的绳子与斜面平行，圆柱与斜面间的滚动摩阻因数为δ，问：

(1)要能维持圆柱体在斜面上处于平衡，重物的质量m应满足什么条件?

(2)圆柱与斜面间的摩擦因数μ满足什么条件才能保持圆柱体平衡?

解　设静摩擦力为f，平衡时对圆柱体质心的力矩必须为零，静摩擦力又不能大于最大静摩擦，即

$$fR - \delta N = 0$$

$$f \leqslant \mu N$$

$$f = \frac{\delta N}{R} \leqslant \mu N$$

所以

$$\mu \geqslant \frac{\delta}{R}$$

这就是要保持圆柱体平衡，圆柱体与斜面间的摩擦因数应满足的条件.

下面讨论m应满足什么条件. 需分别两种保持平衡的情况：

有向上滑动趋势的平衡情况：

$$mg - Mg\sin\alpha - f = 0$$
$$N - Mg\cos\alpha = 0$$
$$f \leqslant \mu N$$

可得

$$mg - Mg\sin\alpha = f \leqslant \mu Mg\cos\alpha$$

所以

$$m \leqslant M(\sin\alpha + \mu\cos\alpha)$$

因为

$$\mu \geqslant \frac{\delta}{R}$$
$$m \leqslant M\left(\sin\alpha + \frac{\delta}{R}\cos\alpha\right)$$

有向下滑动趋势的平衡情况:

$$Mg\sin\alpha - f - mg = 0$$
$$N - Mg\cos\alpha = 0$$
$$f \leqslant \mu N$$

可得

$$Mg\sin\alpha - mg = f \leqslant \mu Mg\cos\alpha$$
$$m \geqslant M(\sin\alpha - \mu\cos\alpha)$$

因为

$$\mu \geqslant \frac{\delta}{R}$$
$$m \geqslant M\left(\sin\alpha - \frac{\delta}{R}cos\alpha\right)$$

所以圆柱体在斜面上处于平衡，要求重物的质量m处在以下范围内:

$$M\left(\sin\alpha - \frac{\delta}{R}\cos\alpha\right) \leqslant m \leqslant M\left(\sin\alpha + \frac{\delta}{R}\cos\alpha\right)$$

7.5 刚体的定点转动、一般运动及其他

7.5.1 一回转仪的中心惯量椭球有旋转对称轴，且有$I_1 = I_2 = 2I_3$，今绕质心做定点自由转动，其自转角速度为ω_1，自转轴与进动轴间的夹角$\theta = 60°$，求进动角速度ω_2.

解 考虑到$I_1 = I_2 = 2I_3$及自由转动: $M_x = M_y = M_z = 0$ (x、y、z 轴固连于刚体，原点在质心，且为惯量主轴)，由欧拉动力学方程,

$$2I_3\dot{\omega}_x - (2I_3 - I_3)\omega_y\omega_z = 0$$
$$2I_3\dot{\omega}_y - (I_3 - 2I_3)\omega_z\omega_x = 0$$
$$I_3\dot{\omega}_z - (2I_3 - 2I_3)\omega_x\omega_z = 0$$

化简为

$$2\dot{\omega}_x - \omega_y \omega_z = 0 \tag{1}$$

$$2\dot{\omega}_y + \omega_z \omega_x = 0 \tag{2}$$

$$\dot{\omega}_z = 0 \tag{3}$$

由欧拉运动学方程，并代入规则进动，$\dot{\theta} = 0$，$\theta = 60°$，$\dot{\psi} = \omega_1$ 和待求的 $\dot{\varphi} = \omega_2$，

$$\omega_x = \omega_2 \sin 60° \sin\psi \tag{4}$$

$$\omega_y = \omega_2 \sin 60° \cos\psi \tag{5}$$

$$\omega_z = \omega_2 \cos 60° + \omega_1 \tag{6}$$

由式(3)得

$$\omega_z = 常量$$

再由式(6)可知

$$\omega_2=常量$$

由式(4)对 t 求导，

$$\dot{\omega}_x = \omega_2 \sin 60° \cos\psi\dot{\psi} = \omega_1\omega_2 \sin 60° \cos\psi \tag{7}$$

将式(5)、式(6)、式(7)代入式(1)，

$$2\omega_1\omega_2 \sin 60° \cos\psi - \omega_2 \sin 60° \cos\psi\left(\omega_2 \cos 60° + \omega_1\right) = 0$$

可得

$$\omega_2\left(\omega_1 - \omega_2 \cos 60°\right)\cos\psi = 0$$

因为

$$\omega_2 \neq 0, \cos\psi不恒为零$$

所以

$$\omega_1 - \omega_2 \cos 60° = 0$$

$$\omega_2 = 2\omega_1$$

7.5.2　一个刚性轮子关于其质心的固连于它的三个主轴 x_1、x_2、x_3 的转动惯量为 $I_1 = I_2 \neq I_3$，如图 7.110 所示. 轮子质心处装一轴承，轴承可绕空间任何轴做无摩擦转动. 轮子处于“动平衡”，即它以 $\omega \neq 0$ 的恒定角速度转动，且它的轴承不受到力矩作用，$\boldsymbol{\omega}$ 的分量必须满足什么条件?概略说明允许的运动.

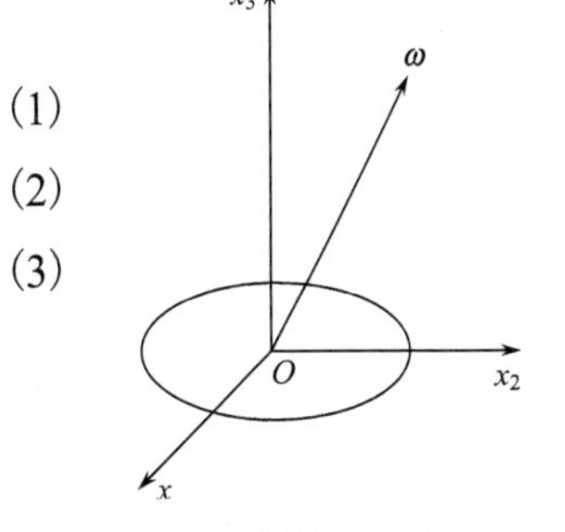

图 7.110

解　由欧拉动力学方程，

$$I_1\dot{\omega}_1 - \left(I_2 - I_3\right)\omega_2\omega_3 = 0 \tag{1}$$

$$I_2\dot{\omega}_2 - \left(I_3 - I_1\right)\omega_3\omega_1 = 0 \tag{2}$$

$$I_3\dot{\omega}_3 - \left(I_1 - I_2\right)\omega_1\omega_2 = 0 \tag{3}$$

设 $I_1 = I_2 = I$，由式(3)得

$$\omega_3 = \Omega \text{（常量）}$$

式(1)、(2)改写为

$$\dot{\omega}_1 = \frac{I - I_3}{I}\Omega\omega_2$$

$$\dot{\omega}_2 = -\frac{I - I_3}{I}\Omega\omega_1$$

前式对 t 求导，再将后式代入得

$$\ddot{\omega}_1=\frac{I-I_3}{I}\Omega\dot{\omega}_2=-\left(\frac{I-I_3}{I}\Omega\right)^2\omega_1=-\alpha^2\omega_1$$

其中

$$\alpha=\frac{|I-I_3|}{I}\Omega=\frac{I_3-I}{I}\Omega$$

通解为

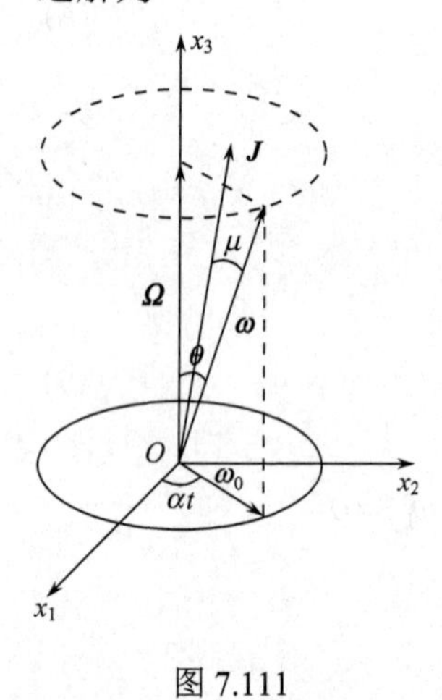

图 7.111

$$\omega_1=\omega_0\cos(\alpha t+\varepsilon)$$

$$\omega_2=-\frac{1}{\alpha}\dot{\omega}_1=\omega_0\sin(\alpha t+\varepsilon)$$

总角速度为

$$\boldsymbol{\omega}=\omega_0\cos(\alpha t+\varepsilon)\boldsymbol{i}+\omega_0\sin(\alpha t+\varepsilon)\boldsymbol{j}+\boldsymbol{\Omega k}$$

其中 $\boldsymbol{i}$、$\boldsymbol{j}$、$\boldsymbol{k}$ 分别是 x_1、x_2、x_3 轴的单位矢量，

$$\omega=\sqrt{\omega_1^2+\omega_2^2+\omega_3^2}=\sqrt{\omega_0^2+\Omega^2}$$

ω 和 Ω 均为常量，$\boldsymbol{\omega}$ 和 $\boldsymbol{\Omega}$ 的夹角 $\theta=\arccos\dfrac{\Omega}{\omega}$ 持不变，ω 围绕 x_3 轴以角速度 α 转动，转动周期为

$$\frac{2\pi}{\alpha}=\frac{2\pi I}{(I_3-I)\Omega}$$

这是轮子运动的大致图像，如图 7.111 所示. 但要注意 x_3 轴是固连于轮子的，不是空间的固定轴. 因此 $\boldsymbol{\omega}$ 虽然大小不变，方向也是随时间变化的. 因为 $\boldsymbol{M}=0$，故对 O 点的角动量 $\boldsymbol{J}$ 是恒矢量.

$$\begin{aligned}\boldsymbol{J}&=I_1\omega_1\boldsymbol{i}+I_2\omega_2\boldsymbol{j}+I_3\omega_3\boldsymbol{k}\\&=I\omega_0\cos(\alpha t+\varepsilon)\boldsymbol{i}+I\omega_0\sin(\alpha t+\varepsilon)\boldsymbol{j}+I_3\boldsymbol{\Omega k}\end{aligned}$$

$\boldsymbol{\omega}$ 与 $\boldsymbol{J}$ 的夹角

$$\mu=\arccos\frac{\boldsymbol{J}\cdot\boldsymbol{\omega}}{J\cdot\omega}=\arccos\left[\frac{I\omega_0^2+I_3\Omega^2}{\sqrt{\omega_0^2+\Omega^2}\cdot\sqrt{(I\omega_0)^2+(I_3\Omega)^2}}\right]$$

与 $\theta=\arccos\dfrac{\Omega}{\omega}=\arccos\dfrac{\Omega}{\sqrt{\omega_0^2+\Omega^2}}$ 比较，因为

$$\left(I\omega_0^2+I_3\Omega^2\right)^2>\Omega^2\left(I^2\omega_0^2+I_3^2\Omega^2\right)$$

所以

$$\frac{I\omega_0^2+I_3\Omega^2}{\sqrt{\omega_0^2+\Omega^2}\cdot\sqrt{(I\omega_0)^2+(I_3\Omega)^2}}>\frac{\Omega}{\sqrt{\omega_0^2+\Omega^2}},\quad \mu<\theta$$

J 始终在 $\boldsymbol{\omega}$ 与 $\boldsymbol{\Omega}$ 所张的平面内，且在 $\boldsymbol{\omega}$ 与 $\boldsymbol{\Omega}$ 之间，如图 7.111 所示.

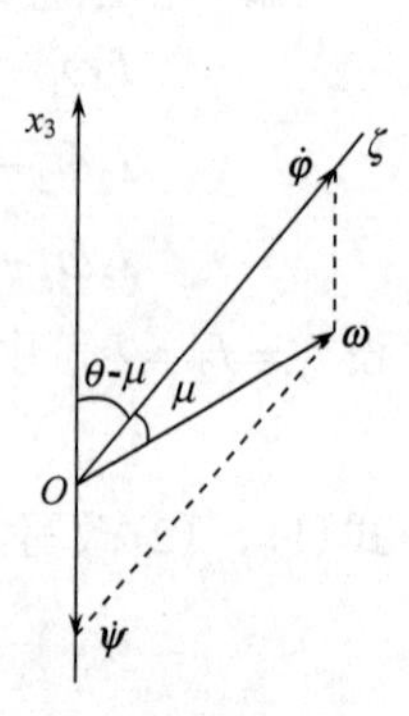

图 7.112

在空间，$\boldsymbol{J}$ 的大小和方向都是不变的，$\boldsymbol{\omega}$ 以与它的夹角 μ，以角

速度α绕$\boldsymbol{J}$转动. 通常取固定坐标ζ轴沿$\boldsymbol{J}$的方向，则轮子的定点转动是规则进动：一方面绕x_3轴自转，但自转角速度不是Ω；一方面自转轴x_3又绕ζ轴做进动，自转角速度$\dot{\boldsymbol{\psi}}$和进动角速度$\dot{\boldsymbol{\varphi}}$之矢量和为总角速度$\boldsymbol{\omega}$，如图 7.112 所示. 由图可以看出$\dot{\boldsymbol{\psi}}$与$\boldsymbol{\Omega}$方向相反，$\dot{\boldsymbol{\varphi}}$、$\dot{\boldsymbol{\psi}}$与$\omega$、$\theta$、$I$、$I_3$的关系可以由图 7.111 的矢量关系求出. 这里就不作计算了.

7.5.3　在空间有一刚体，所有外界影响(包括重力)全可忽略.

(1)用牛顿定律证明角动量守恒；

(2)假设刚体的质心在一个惯性系中静止，它的旋转轴一定要有一个固定方向吗?

解　(1)刚体不受外力，只有内力作用. 设刚体内第i个质元的质量为m_i，受到第j个质元的作用力为$\boldsymbol{F}_{ij}$，则由牛顿运动第二定律.

$$m_i \frac{\mathrm{d}^2 \boldsymbol{r}_i}{\mathrm{d}t^2} = \sum_{j \neq i} \boldsymbol{F}_{ij}$$

$$\boldsymbol{r}_i \times m_i \frac{\mathrm{d}^2 \boldsymbol{r}_i}{\mathrm{d}t^2} = \boldsymbol{r}_i \times \sum_{j \neq i} \boldsymbol{F}_{ij}$$

$$\sum_i \left(\boldsymbol{r}_i \times m_i \frac{\mathrm{d}^2 \boldsymbol{r}_i}{\mathrm{d}t^2} \right) = \sum_i \left(\boldsymbol{r}_i \times \sum_{j \neq i} \boldsymbol{F}_{ij} \right) = \sum_i \sum_{j \neq i} \left(\boldsymbol{r}_i \times \boldsymbol{F}_{ij} \right) \tag{1}$$

由牛顿运动第三定律，

$$\boldsymbol{F}_{ij} = -\boldsymbol{F}_{ji}$$

且在i、j两质点的连线上，由图 7.113 可见，

$$\begin{aligned} &\boldsymbol{r}_i \times \boldsymbol{F}_{ij} + \boldsymbol{r}_j \times \boldsymbol{F}_{ji} \\ &= \boldsymbol{r}_i \times \boldsymbol{F}_{ij} + \boldsymbol{r}_j \times \left(-\boldsymbol{F}_{ij} \right) = \left(\boldsymbol{r}_i - \boldsymbol{r}_j \right) \times \boldsymbol{F}_{ij} = 0 \end{aligned}$$

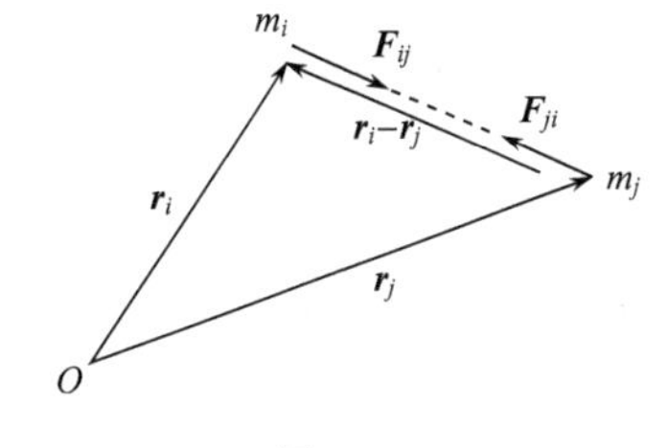

图 7.113

$\sum_i \sum_{j \neq i} \boldsymbol{r}_i \times \boldsymbol{F}_{ij}$ 中各项都像上述那样成对出现的，故有

$$\sum_i \sum_{j \neq i} \left(\boldsymbol{r}_i \times \boldsymbol{F}_{ij} \right) = 0$$

代入式(1)得

$$\sum_i \left(\boldsymbol{r}_i \times m_i \frac{\mathrm{d}^2 \boldsymbol{r}_i}{\mathrm{d}t^2} \right) = 0 \tag{2}$$

刚体关于固定点O的角动量定义为

$$\boldsymbol{J} = \sum_i \left(\boldsymbol{r}_i \times m_i \dot{\boldsymbol{r}}_i \right)$$

$$\begin{aligned} \frac{\mathrm{d}\boldsymbol{J}}{\mathrm{d}t} &= \frac{\mathrm{d}}{\mathrm{d}t} \sum_i \left(\boldsymbol{r}_i \times m_i \dot{\boldsymbol{r}}_i \right) \\ &= \sum_i \left(\dot{\boldsymbol{r}}_i \times m_i \dot{\boldsymbol{r}}_i \right) + \sum_i \left(\boldsymbol{r}_i \times m_i \ddot{\boldsymbol{r}}_i \right) \\ &= \sum_i \left(\boldsymbol{r}_i \times m_i \ddot{\boldsymbol{r}}_i \right) = 0 \end{aligned}$$

所以

$$\boldsymbol{J}=\text{常量}$$

因为固定点O可以任取，因此刚体对任何固定点的角动量都是守恒的.

(2) 在质心为静止的惯性系中，刚体做围绕质心的定点转动，根据上述论证，由于不受任何外力，刚体对质心的角动量是恒矢量，而刚体的角速度$\boldsymbol{\omega}$一般不与$\boldsymbol{J}$同向，$\boldsymbol{J}$是常量，$\boldsymbol{\omega}$不是常量，旋转轴一般没有固定的方向. 而只有当刚体绕一个惯量主轴转动时，才有$\boldsymbol{J}\parallel\boldsymbol{\omega}$，例如$z$轴(固连于刚体)是惯量主轴，又绕$z$轴转动，则

$$\boldsymbol{J}=\begin{pmatrix} I_{xx} & I_{xy} & 0 \\ I_{yx} & I_{yy} & 0 \\ 0 & 0 & I_{zz} \end{pmatrix}\begin{pmatrix} 0 \\ 0 \\ \omega \end{pmatrix}=I_{zz}\omega\boldsymbol{k}=I_{zz}\boldsymbol{\omega}$$

在这种情况下，因为$\boldsymbol{J}$的方向不变，转轴有固定的方向.

说明：由于不受包括重力的所有外力，只要在一个惯性系中刚体有一点保持不动，上述的结论都是有效的. 如果在某个对惯性系做平动的非惯性系中刚体的质心是静止的，由于惯性力对质心这个固定点的力矩为零，上述的结论也是有效的.

7.5.4 一个理想的自由回转仪，即一个有旋转对称性的刚体(主转动惯量为$I_1=I_2<I_3$)，能围绕它的质心自由地转动，运动时不受到力矩作用. 设$\boldsymbol{u}(t)$是t时刻沿刚体的对称轴(与转动惯量I_3相联系的轴)的单位矢量. 导出用$t=0$时的$\boldsymbol{u}(0)$和初角速度$\boldsymbol{\omega}(0)$表达的$\boldsymbol{J}(t)$ (关于质心的角动量)、$\boldsymbol{\omega}(t)$和$\boldsymbol{u}(t)$的表达式.

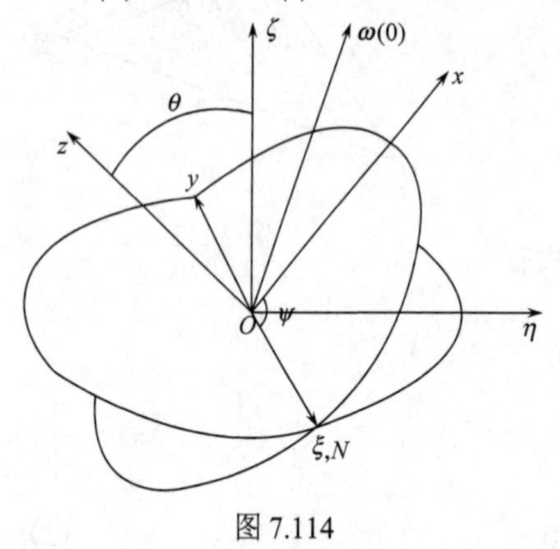

图 7.114

解法一 通过刚体质心，取两组坐标系：一个固定的坐标系$O\xi\eta\zeta$，ζ轴与初始角动量方向一致；一个固连于刚体的坐标系$Oxyz$，z轴沿刚体的对称轴,选取x、y轴时,使初角速度矢量在y轴方向的分量为零，即$\omega_y(0)=0$，并使$\omega_x(0)>0$，选取ξ、η轴时,使$\omega_\xi(0)=0$、$\omega_\eta(0)>0$. 这样选取两坐标系后，$t=0$时，z、ζ、x、η四个轴和$\boldsymbol{\omega}(0)$共面，两组坐标系在$t=0$时的位置如图 7.114 所示. ξ轴与 ON 重合，ON 与y轴共线，在y轴反向.

列出部分欧拉动力学方程和欧拉运动学方程，

$$I_3\dot{\omega}_z=0 \tag{1}$$

$$\omega_x=\dot{\varphi}\sin\theta\sin\psi+\dot{\theta}\cos\psi \tag{2}$$

$$\omega_z=\dot{\varphi}\cos\theta+\dot{\psi} \tag{3}$$

其中θ、φ、ψ是三个欧拉角，分别为章动角、进动角和自转角.

$t=0$时，$\varphi=0$，$\psi=\dfrac{\pi}{2}$，

$$\boldsymbol{\omega}(0)=\omega_{x0}\boldsymbol{i}+\omega_{z0}\boldsymbol{k}$$

因$\boldsymbol{\omega}(0)$相对于旋转对称轴的位置是已知的. ω_{x0}和ω_{z0}是已知的. 由式(1)可得

$$\omega_z=\omega_{z0} \tag{4}$$

$$\boldsymbol{J}=I_1\omega_x\boldsymbol{i}+I_1\omega_y\boldsymbol{j}+I_3\omega_z\boldsymbol{k}=I_1\omega_x\boldsymbol{i}+I_1\omega_y\boldsymbol{j}+I_3\omega_{z0}\boldsymbol{k}$$

因为$\boldsymbol{J}=$常量，所以$J=$常量.

$$J=J(0)=\sqrt{I_1^2\omega_{x0}^2+I_1^2\omega_{y0}^2+I_3^2\omega_{z0}^2}=\sqrt{I_1^2\omega_{x_0}^2+I_3^2\omega_{z0}^2} \tag{5}$$

$$\boldsymbol{J}=J\sin\theta\sin\psi\boldsymbol{i}+J\sin\theta\cos\psi\boldsymbol{j}+J\cos\theta\boldsymbol{k} \tag{6}$$

由式(4)、式(6)，得

$$\omega_x=\frac{J}{I_1}\sin\theta\sin\psi=\sqrt{\frac{I_1^2\omega_{x0}^2+I_3^2\omega_{z0}^2}{I_1}}\sin\theta\sin\psi \tag{7}$$

$$\omega_y=\frac{J}{I_1}\sin\theta\cos\psi=\sqrt{\frac{I_1^2\omega_{x0}^2+I_3^2\omega_{z0}^2}{I_1}}\sin\theta\cos\psi \tag{8}$$

$$I_3\omega_{z0}=J\cos\theta$$

所以

$$\cos\theta=\frac{I_3\omega_{z0}}{J}=\frac{I_3\omega_{z0}}{\sqrt{I_1^2\omega_{x0}^2+I_3^2\omega_{z0}^2}} \tag{9}$$

$$\dot\theta=0 \tag{10}$$

由式(2)、式(7)、式(8)、式(9)、式(10)可得

$$\dot\varphi=\sqrt{\frac{I_1^2\omega_{x0}^2+I_3^2\omega_{z0}^2}{I_1}} \tag{11}$$

$$\omega_x=\omega_{x0}\sin\psi,\quad \omega_y=\omega_{x0}\cos\psi \tag{12}$$

由式(3)、式(9)、式(11)及$\omega_z=\omega_{z0}$得

$$\dot\psi=\omega_z-\dot\varphi\cos\theta=\left(1-\frac{I_3}{I_1}\right)\omega_{z0} \tag{13}$$

积分式(11)、式(13)，注意初条件：$t=0$时，$\varphi=0$，$\psi=\dfrac{\pi}{2}$，得

$$\varphi=\frac{\sqrt{I_1^2\omega_{x0}^2+I_3^2\omega_{z0}^2}}{I_1}t \tag{14}$$

$$\psi=\frac{\pi}{2}+\left(1-\frac{I_3}{I_1}\right)\omega_{z0}t \tag{15}$$

$$\boldsymbol{\omega}(t)=\omega_{x0}\sin\psi\boldsymbol{i}+\omega_{x0}\cos\psi\boldsymbol{j}+\omega_{z0}\boldsymbol{k} \tag{16}$$

虽然ψ已由式(15)给出，$\boldsymbol{i}$、$\boldsymbol{j}$、$\boldsymbol{k}$还是t的函数，不能说$\boldsymbol{\omega}(t)$作为t的函数关系已经获得.我们已经证明了$\dot\varphi$、$\dot\psi$均为常量，$\dot\theta=0$，证明了回转仪的运动是规则进动，根据定点转动可形象地表示为本体极面在空间极面上纯滚动，已能写出$\boldsymbol{i}(t)$、$\boldsymbol{j}(t)$和$\boldsymbol{k}(t)$，我们用$\boldsymbol{i}$、$\boldsymbol{j}$、$\boldsymbol{k}$与$\boldsymbol{\xi}^0$、$\boldsymbol{\eta}^0$、$\boldsymbol{\zeta}^0$的关系得$\boldsymbol{i}(t)$等，

$$\begin{aligned}\boldsymbol{i}&=\cos\psi\cos\varphi\boldsymbol{\xi}^0+\cos\psi\sin\varphi\boldsymbol{\eta}^0+\sin\psi\sin\theta\boldsymbol{\zeta}^0+\sin\psi\cos\theta\left[\cos\left(\varphi+\frac{\pi}{2}\right)\boldsymbol{\xi}^0+\cos\varphi\boldsymbol{\eta}^0\right]\\&=(\cos\psi\cos\varphi-\sin\varphi\cos\theta\sin\varphi)\boldsymbol{\xi}^0+(\cos\psi\sin\varphi+\sin\psi\cos\theta\cos\varphi)\boldsymbol{\eta}^0+\sin\psi\sin\theta\boldsymbol{\xi}^0\end{aligned} \tag{17}$$

$$\boldsymbol{j}=\cos\left(\psi+\frac{\pi}{2}\right)\cos\varphi\boldsymbol{\xi}^0+\cos\left(\psi+\frac{\pi}{2}\right)\sin\varphi\boldsymbol{\eta}^0$$
$$+\sin\left(\psi+\frac{\pi}{2}\right)\sin\theta\boldsymbol{\zeta}^0+\sin\left(\psi+\frac{\pi}{2}\right)\cos\theta\left[\cos\left(\varphi+\frac{\pi}{2}\right)\boldsymbol{\xi}^0+\cos\varphi\boldsymbol{\eta}^0\right]$$
$$=(-\sin\psi\cos\varphi-\cos\psi\cos\theta\sin\varphi)\boldsymbol{\xi}^0+(-\sin\psi\sin\varphi+\cos\psi\cos\theta\cos\varphi)\boldsymbol{\eta}^0+\cos\psi\sin\theta\boldsymbol{\zeta}^0 \tag{18}$$

$$\boldsymbol{k}=\sin\theta\cos\left(\frac{\pi}{2}-\varphi\right)\boldsymbol{\xi}^0+\sin\theta\cos(\pi-\varphi)\boldsymbol{\eta}^0+\cos\theta\boldsymbol{\xi}^0 \tag{19}$$
$$=\sin\theta\sin\varphi\boldsymbol{\xi}^0-\sin\theta\cos\varphi\boldsymbol{\eta}^0+\cos\boldsymbol{\zeta}^0$$

将式(17)、式(18)、式(19)代入式(16)得

$$\omega_\xi(t)=\omega_{x0}\sin\psi(\cos\psi\cos\varphi-\sin\psi\cos\theta\sin\varphi)+$$
$$\omega_{x0}\cos\psi(-\sin\psi\cos\varphi-\cos\psi\cos\theta\sin\varphi)+\omega_{z0}(\sin\theta\sin\varphi)$$
$$=-\omega_{x0}\cos\theta\sin\varphi+\omega_{z0}\sin\theta\sin\varphi$$
$$=\frac{I_1-I_3}{\sqrt{I_1^2\omega_{x0}^2+I_3^2\omega_{z0}^2}}\omega_{x0}\omega_{z0}\sin\left[\frac{\sqrt{I_1^2\omega_{x0}^2+I_3^2\omega_{z0}^2}}{I_1}t\right]$$

$$\omega_\mu(t)=\omega_{x0}\sin\psi(\cos\psi\sin\varphi+\sin\psi\cos\theta\cos\varphi)$$
$$+\omega_{x0}\cos\psi(-\sin\psi\sin\varphi+\cos\psi\cos\theta\cos\varphi)+\omega_{z0}(-\sin\theta\cos\varphi)$$
$$=\omega_{x0}\cos\theta\cos\varphi-\omega_{z0}\sin\theta\cos\varphi$$
$$=\frac{I_3-I_1}{\sqrt{I_1^2\omega_{x0}^2+I_3^2\omega_{z0}^2}}\omega_{x0}\omega_{z0}\cos\left[\frac{\sqrt{I_1\omega_{x0}^2+I_3^2\omega_{z0}^2}}{I_1}t\right]$$

$$\omega_\xi(t)=\omega_{x0}\sin\psi(\sin\psi\sin\theta)+\omega_{x0}\cos\psi(\cos\psi\sin\theta)+\omega_{z0}(\cos\theta)$$
$$=\omega_{x0}\sin\theta+\omega_{z0}\cos\theta=\frac{I_1\omega_{x0}^2+I_3\omega_{z0}^2}{\sqrt{I_1^2\omega_{x0}^2+I_3^2\omega_{z0}^2}}$$

在得到上述结果时用了式(9)和式(14).

解法二 直接用关于 ω_ξ、ω_η、ω_ζ 的欧拉运动学方程,

$$\omega_\xi=\dot{\theta}\cos\varphi+\dot{\psi}\sin\theta\sin\varphi$$
$$\omega_\eta=\dot{\theta}\sin\varphi-\dot{\psi}\sin\theta\cos\varphi$$
$$\omega_\xi=\dot{\varphi}+\dot{\varphi}\cos\theta$$

用已求得的 $\dot{\theta}$、$\dot{\varphi}$、$\cos\theta$,立即可得

$$\omega_\xi(t)=\left(1-\frac{I_3}{I_1}\right)\omega_{z0}\frac{I_1\omega_{x0}}{\sqrt{I_1^2\omega_{x0}^2+I_3^2\omega_{z0}^2}}\sin\varphi$$

$$\omega_\eta(t)=-\left(1-\frac{I_3}{I_1}\right)\omega_{z0}\frac{I_1\omega_{x0}}{\sqrt{I_1^2\omega_{x0}^2+I_3^2\omega_{z0}^2}}\cos\varphi$$

$$\omega_\xi(t)=\frac{\sqrt{I_1^2\omega_{x0}^2+I_3^2\omega_{z0}^2}}{I_1}+\left(1-\frac{I_3}{I_1}\right)\omega_{z0}\frac{I_3\omega_{z0}}{\sqrt{I_1^2\omega_{x0}^2+I_3^2\omega_{z0}^2}}$$

不难看出，两种方法的结果完全一致.

因为

$$\boldsymbol{J}=\boldsymbol{J}(0)$$

所以

$$\boldsymbol{J}=J\boldsymbol{\xi}^0=\sqrt{I_1^2\omega_{x0}^2+I_3^2\omega_{z0}^2}\,\boldsymbol{\xi}^0$$

$$\boldsymbol{u}(t)=\boldsymbol{k}(t)=\sin\theta\sin\varphi\boldsymbol{\xi}^0-\sin\theta\cos\varphi\boldsymbol{\eta}^0+\cos\theta\boldsymbol{\zeta}^0$$

$$=\frac{I_1\omega_{x0}}{\sqrt{I_1^2\omega_{x0}^2+I_3^2\omega_{z0}^2}}\left(\sin\varphi\boldsymbol{\xi}^0-\cos\varphi\boldsymbol{\eta}^0\right)+\frac{I_3\omega_{z0}}{\sqrt{I_1^2\omega_{x0}^2+I_3^2\omega_{z0}^2}}\boldsymbol{\zeta}^0$$

如要用 $\boldsymbol{u}(0)$ 来表示 $\boldsymbol{u}(t)$，因为

$$\boldsymbol{u}(0)=\boldsymbol{k}(0)=-\sin\theta\boldsymbol{\eta}^0+\cos\theta\boldsymbol{\xi}^0$$

$$u_{\eta 0}=-\sin\theta,\quad u_{\xi 0}=\cos\theta$$

$$\boldsymbol{u}(t)=-u_{\eta 0}\sin\varphi\boldsymbol{\xi}^0+u_{\eta 0}\cos\varphi\boldsymbol{\eta}^0+u_{\xi 0}\boldsymbol{\xi}^0$$

由于 φ,ψ 及 $\cos\theta$ 已知，$\boldsymbol{\xi}^0$、$\boldsymbol{\eta}^0$、$\boldsymbol{\zeta}^0$ 均为已知的量.

7.5.5　均匀圆盘绕其质心做定点自由转动，开始时，圆盘绕与圆盘的对称轴成 45°的轴线转动，角速度为 ω_0. 证明在以后的运动中，圆盘的轴线绘出一个正圆锥面，此圆锥面的轴线与初始转动轴的夹角为 $\arctan\left(\frac{1}{3}\right)$，并证明圆盘轴线以等角速 $\frac{1}{2}\sqrt{10}\omega_0$ 转动.

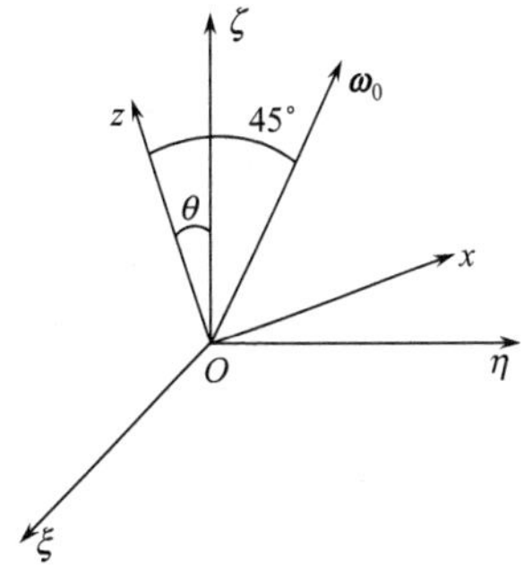

图 7.115

证明　可利用上题结果，取与上题相同的坐标，O 为质心，z 轴取圆盘的对称轴，沿对 O 点的角动量 $\boldsymbol{J}$ 的方向取 ζ 轴，$t=0$ 时，z、ζ、x 轴与 $\boldsymbol{\omega}_0$ 共面，如图 7.115 所示，设圆盘质量为 m、半径为 R.

$$\omega_{x0}=\omega_{z0}=\omega_0\cos 45^\circ=\frac{\sqrt{2}}{2}\omega_0$$

$$I_1=I_2=\frac{1}{2}mR^2, I_3=I_1+I_2=mR^2$$

上题已证明 $\dot{\theta}=0,\dot{\varphi}$、$\dot{\psi}$ 为常量，刚体的定点转动是规则进动，z 轴和 $\boldsymbol{\omega}$ 均围绕 ζ 轴做等角速转动，z 轴即圆盘的轴线绘出一正圆锥，此圆锥面的轴线即 ζ 轴，它与初始转轴的夹角为 $45^\circ-\theta$.

上题已求出

$$\cos\theta=\frac{I_3\omega_{z0}}{\sqrt{I_1^2\omega_{x0}^2+I_3^2\omega_{z0}^2}}$$

代入本题的 I_1、I_3、ω_{x0} 和 ω_{z0}，可得

$$\cos\theta = \frac{2}{\sqrt{5}},\quad \tan\theta = \frac{1}{2}$$

$$\tan(45° - \theta) = \frac{\tan 45° - \tan\theta}{1 + \tan 45 \cdot \tan\theta} = \frac{1}{3}$$

所以圆锥面的轴线(即 ζ 轴)与初始转动轴(沿图中 $\boldsymbol{\omega}_0$ 方向)的夹角为 $\arctan\left(\frac{1}{3}\right)$.

圆盘轴线(即 z 轴)的转动角速度为定点转动中的进动角速度 $\dot{\varphi}$，上题已求出，

$$\dot{\varphi} = \frac{\sqrt{I_1^2\omega_{x0}^2 + I_3^2\omega_{z0}^2}}{I_1}$$

代入本题的 I_1、I_3、ω_{x0}、ω_{z0},可得

$$\dot{\varphi} = \frac{1}{2}\sqrt{10}\omega_0$$

7.5.6　一个质量为 m、半径为 a 的均质圆盘绕通过质心与其垂线成 α 角的轴以角速度 Ω 转动，圆盘突然被释放，让其绕质心自由转动.

(1) 证明转轴在空间描绘出一个圆锥，相对于圆盘也描绘出一个圆锥；

(2) 求转轴在空间描绘圆锥一周所需的时间；

(3) 求转轴相对于圆盘描绘圆锥一周所需的时间.

解　此题也可利用 7.5.4 题解得的结果.

(1) 证明 7.5.4 题已证明具有旋转对称轴围绕其质心的自由转动是规则进动，这就证明了本体极面和空间极面都是正圆锥面. 转轴在空间描绘出的是空间极面，转轴相对于圆盘描绘出的是本体极面，这就证明了所要的结论：转轴在空间描绘出正圆锥，相对于圆盘也描绘出正圆锥.

(2) 转轴在空间描绘圆锥的角速度为圆盘的进动角速度 $\dot{\varphi}$.

今取 7.5.4 题解的两组坐标，已得

$$\dot{\varphi} = \frac{\sqrt{I_1^2\omega_{x0}^2 + I_3^2\omega_{z0}^2}}{I_1}$$

这里，

$$I_1 = \frac{1}{2}ma^2,\quad I_3 = ma^2$$

$$\omega_{x_0} = \Omega\sin\alpha,\quad \omega_{z0} = \Omega\cos\alpha$$

$$\dot{\varphi} = \frac{1}{\frac{1}{2}ma^2}\sqrt{\left(\frac{1}{2}ma^2\Omega\sin\alpha\right)^2 + \left(ma^2\Omega\cos\alpha\right)^2} = \sqrt{1 + 3\cos^2\alpha}\,\Omega$$

转轴在空间描绘圆锥一周所需的时间为

$$T_1 = \frac{2\pi}{|\dot{\varphi}|} = \frac{2\pi}{\sqrt{1 + 3\cos^2\alpha}\,\Omega}$$

(3) 转轴相对于圆盘描绘圆锥的角速度为圆盘的自转角速度 $\dot{\psi}$，用 7.5.4 题得到的结果：

$$\dot{\psi}=\left(1-\frac{I_3}{I_1}\right)\omega_{z0}=\left[1-\frac{ma^2}{\frac{1}{2}ma^2}\right]\Omega\cos\alpha=-\Omega\cos\alpha$$

转轴相对于圆盘描绘圆锥一周所需时间为

$$T_2=\frac{2\pi}{|\dot{\psi}|}=\frac{2\pi}{\Omega\cos\alpha}$$

7.5.7　一回转仪可绕其质心做定点自由转动，若 $I_1=I_2=nI_3$，$t=0$时，对称轴与进动轴之间的夹角为θ_0，证明：

(1)刚体作规则进动；

(2)自转角速度$\dot{\psi}$与进动角速度$\dot{\varphi}$间有如下关系：

$$\dot{\psi}=(n-1)\dot{\varphi}\cos\theta_0$$

证明　(1)本题也可用 7.5.4 题的结果，那里已证明了$\dot{\theta}=0$，$\dot{\varphi}$、$\dot{\psi}$均为常量，足以说明该定点转动是规则进动，这里不再重复.

(2)像 7.5.4 题那样取两组坐标系，也可利用 7.5.4 题解的结果

$$\dot{\varphi}=\frac{\sqrt{I_1^2\omega_{x0}^2+I_3^2\omega_{z0}^2}}{I_1} \tag{1}$$

$$\dot{\psi}=\left(1-\frac{I_3}{I_1}\right)\omega_{z0} \tag{2}$$

$$\cos\theta=\cos\theta_0=\frac{I_3\omega_{z0}}{\sqrt{I_1^2\omega_{x0}^2+I_3^2\omega_{z0}^2}} \tag{3}$$

由式(1)、式(3)，可得

$$\cos\theta_0=\frac{I_3\omega_{z0}}{I_1\dot{\varphi}}$$

$$\dot{\varphi}=\frac{I_3\omega_{z0}}{I_1\cos\theta_0} \tag{4}$$

由式(2)、式(4)，得

$$\frac{\dot{\psi}}{\dot{\varphi}}=\frac{1-\frac{I_3}{I_1}}{\frac{I_3}{I_1\cos\theta_0}}=\left(\frac{I_1}{I_3}-1\right)\cos\theta_0$$

代入$I_1=nI_3$，上式即可写为

$$\dot{\psi}=(n-1)\dot{\varphi}\cos\theta_0$$

7.5.8　若刚体关于质心的三个主转动惯量不相等，且$I_1>I_2>I_3$，刚体绕质心做定点自由转动时，如让刚体绕一惯量主轴转动，它将继续围绕该轴转动. 如果初始的转轴非常接近某一惯量主轴但不与之成一直线，以后转轴会不会远离这一惯量主轴，如不远离，围绕这惯量主轴的转动是稳定的，用欧拉动力学方程证明：绕与I_1和I_3（它们分别是最

大和最小的主转动惯量)相应的惯量主轴的运动是稳定的.

证明 设ω_1、ω_2、ω_3分别是角速度沿三个惯量主轴的分量，由欧拉动力学方程.

$$I_1\dot{\omega}_1-(I_2-I_3)\omega_2\omega_3=0$$
$$I_2\dot{\omega}_2-(I_3-I_1)\omega_3\omega_1=0$$
$$I_3\dot{\omega}_3-(I_1-I_2)\omega_1\omega_2=0$$

设初始时刻转轴非常接近x轴. 即$t=0$时

$$\boldsymbol{\omega}=(\omega_0+\delta_0)\boldsymbol{i}+\varepsilon_0\boldsymbol{j}+\sigma_0\boldsymbol{k}$$

δ_0、ε_0、σ_0均为小量. 以后的角速度表为

$$\boldsymbol{\omega}=(\omega_0+\delta)\boldsymbol{i}+\varepsilon\boldsymbol{j}+\sigma\boldsymbol{k}$$

如δ、ε、σ仍保持小量，则绕与I_1相应的x轴的转动是稳定的，如不能都保持小量，则是不稳定的.

设δ、ε、σ均为小量，代入欧拉动力学方程，

$$I_1(\dot{\omega}_o+\dot{\delta})-(I_2-I_3)\varepsilon\sigma=0$$
$$I_2\dot{\varepsilon}-(I_3-I_1)\sigma(\omega_0+\delta)=0$$
$$I_3\dot{\sigma}-(I_1-I_2)(\omega_0+\delta)\varepsilon=0$$

注意$\dot{\omega}_0=0$，并略去二阶小量$\varepsilon\sigma$、$\sigma\delta$、$\delta\varepsilon$，上述三式变为

$$I_1\dot{\delta}=0 \tag{1}$$

$$I_2\dot{\varepsilon}-(I_3-I_1)\omega_0\sigma=0 \tag{2}$$

$$I_3\dot{\sigma}-(I_1-I_2)\omega_0\varepsilon=0 \tag{3}$$

对式(1)积分，用初始条件得$\delta=\delta_0$，即

$$\omega_x=\omega_0+\delta=\omega_0+\delta_0$$

式(2)对t求导，再将式(3)代入得

$$\ddot{\varepsilon}+\frac{(I_1-I_3)(I_1-I_2)}{I_2I_3}\omega_0^2\varepsilon=0 \tag{4}$$

同样，式(3)对t求导，再将式(2)代入得

$$\ddot{\sigma}+\frac{(I_1-I_3)(I_1-I_2)}{I_2I_3}\omega_0^2\sigma=0 \tag{5}$$

因为

$$I_1>I_3,I_1>I_2$$

所以

$$\frac{(I_1-I_3)(I_1-I_2)}{I_2I_3}\omega_0^2>0$$

只要初始条件ε_0、σ_0为小量，由式(4)、(5)可知，以后ε、σ均为小量. 这就证明了绕相应于最大主转动惯量的轴的定点转动是稳定的.

讨论绕相应于最小主转动惯量的轴的定点转动是否稳定的问题，可以不必另列欧拉动力学方程，仍可利用上面的式(4)、(5)，把I_1、I_2、I_3的大小关系改为$I_1<I_2$，$I_1<I_3$即可，此时，$I_1-I_3<0$，$I_1-I_2<0$. 但仍有

$$\frac{(I_1-I_3)(I_1-I_2)}{I_2I_3}\omega_0^2>0$$

因此相应于最小主转动惯量的轴的定点转动也是稳定的.

如$I_1>I_2$，$I_1<I_3$或$I_1>I_3$，$I_1<I_2$，都有$\dfrac{(I_1-I_3)(I_1-I_2)}{I_2I_3}\omega_0^2<0$，因此绕相应于既不最大又不最小的主转动惯量的轴的定点转动是不稳定的.

7.5.9　一个物体围绕其质心做定点自由转动，主转动惯量$I_1>I_2>I_3$. 若开始时，$\omega_{z0}>0$，$\omega_{x0}<0$，且有$J^2=2I_2T$，其中J是对固定点的角动量，T是动能. 证明：

$$\omega_x=-\frac{J}{I_2}\left[\frac{I_2(I_2-I_3)}{I_1(I_1-I_3)}\right]^{1/2}\operatorname{sech}\tau$$

$$\omega_y=\frac{J}{I_2}\tanh\tau$$

$$\omega_z=\frac{J}{I_2}\left[\frac{I_2(I_1-I_2)}{I_3(I_1-I_3)}\right]^{1/2}\operatorname{sech}\tau$$

其中

$$\tau=\frac{J}{I_2}\left[\frac{(I_1-I_2)(I_2-I_3)}{I_1I_3}\right]^{1/2}t$$

当t趋于无穷大时，将发生什么情况?

证明

$$I_1\dot{\omega}_x-(I_2-I_3)\omega_y\omega_z=0 \tag{1}$$

$$I_2\dot{\omega}_y-(I_3-I_1)\omega_z\omega_x=0 \tag{2}$$

$$I_3\dot{\omega}_z-(I_1-I_2)\omega_x\omega_y=0 \tag{3}$$

$$\begin{aligned}J^2&=I_1^2\omega_x^2+I_2^2\omega_y^2+I_3^2\omega_z^2\\&=2I_2T=I_2\left(I_1\omega_x^2+I_2\omega_y^2+I_3\omega_z^2\right)\end{aligned}$$

所以

$$I_1(I_1-I_2)\omega_x^2+I_3(I_3-I_2)\omega_z^2=0$$

$$\omega_x=-\sqrt{\frac{I_3(I_2-I_3)}{I_1(I_1-I_2)}}\omega_z \tag{4}$$

只取负值是考虑到初始条件$\omega_{z0}>0$，$\omega_{x0}<0$.

再用$J^2=I_1^2\omega_x^2+I_2^2\omega_y^2+I_3^2\omega_z^2$，将$\omega_y$表成$\omega_z$的函数，

$$
\begin{aligned}
I_2^2\omega_y^2 &= J^2 - I_1^2\omega_x^2 - I_3^2\omega_z^2 \\
&= J^2 - \frac{I_1 I_3 (I_2 - I_3)}{I_1 - I_2}\omega_z^2 - I_3^2\omega_z^2 \\
&= J^2 - \frac{I_2 I_3 (I_1 - I_3)}{I_1 - I_2}\omega_z^2 \\
\omega_y &= \sqrt{\frac{J^2}{I_2^2} - \frac{I_3(I_1 - I_3)}{I_2(I_1 - I_2)}\omega_z^2} \\
&= \sqrt{\frac{J^2}{I_2^2}\frac{I_2(I_1 - I_2)}{I_3(I_1 - I_3)} - \omega_z^2} \cdot \sqrt{\frac{I_3(I_1 - I_3)}{I_2(I_1 - I_2)}}
\end{aligned} \tag{5}
$$

将式(4)、式(5)代入式(3)，

$$
\dot{\omega}_z + \sqrt{\frac{(I_1 - I_3)(I_2 - I_3)}{I_1 I_2}} \cdot \sqrt{\frac{J^2}{I_2^2}\frac{I_2(I_1 - I_2)}{I_3(I_1 - I_3)} - \omega_z^2}\,\omega_z = 0
$$

$$
\int \frac{\mathrm{d}\omega_z}{\omega_z\left(a^2 - \omega_z^2\right)^{1/2}} = -\int \sqrt{\frac{(I_1 - I_3)(I_2 - I_3)}{I_1 I_2}}\mathrm{d}t
$$

其中

$$
a^2 = \frac{J^2}{I_2^2}\frac{I_2(I_1 - I_2)}{I_3(I_1 - I_3)}
$$

用积分公式

$$
\int \frac{\mathrm{d}u}{u\left(a^2 - u^2\right)^{1/2}} = -\frac{1}{a}\operatorname{arccos h}\left(\frac{a}{u}\right)
$$

$$
\begin{aligned}
-\frac{1}{a}\operatorname{arccos h}\left(\frac{a}{\omega_z}\right) = -\sqrt{\frac{(I_1 - I_3)(I_2 - I_3)}{I_1 I_2}}\,t\,\operatorname{arccos h}&\left[\frac{J}{I_2}\sqrt{\frac{I_2(I_1 - I_2)}{I_3(I_1 - I_3)}}\Big/\omega_z\right] \\
&= \frac{J}{I_2}\sqrt{\frac{I_2(I_1 - I_2)}{I_3(I_1 - I_3)}} \cdot \sqrt{\frac{(I_1 - I_3)(I_2 - I_3)}{I_1 I_2}}\,t \\
&= \frac{J}{I_2}\sqrt{\frac{(I_1 - I_2)(I_2 - I_3)}{I_1 I_3}}\,t
\end{aligned}
$$

令

$$
\tau = \frac{J}{I_2}\sqrt{\frac{(I_1 - I_2)(I_1 - I_3)}{I_1 I_3}}\,t
$$

$$
\frac{J}{I_2}\sqrt{\frac{I_2(I_1 - I_2)}{I_3(I_1 - I_3)}}\Big/\omega_z = \cosh\tau
$$

$$
\omega_z = \frac{J}{I_2}\sqrt{\frac{I_2(I_1 - I_2)}{I_3(I_1 - I_3)}}\operatorname{sech}\tau
$$

$$\omega_x=-\sqrt{\frac{I_3(I_2-I_3)}{I_1(I_1-I_3)}}\omega_z=-\frac{J}{I_2}\sqrt{\frac{I_2(I_2-I_3)}{I_1(I_1-I_3)}}\operatorname{sech}\tau$$

$$\omega_y=\sqrt{\frac{I_3(I_1-I_3)}{I_2(I_1-I_2)}}\left[\frac{J^2}{I_2^2}\frac{I_2(I_1-I_2)}{I_3(I_1-I_3)}-\frac{J^2}{I_2^2}\frac{I_2(I_1-I_2)}{I_3(I_1-I_3)}\operatorname{sech}^2\tau\right]^{\frac{1}{2}}=\frac{J}{I_2}\tanh\tau$$

当$t\to\infty$时，$\operatorname{sech}\tau\to 0,\tanh\tau\to 1$，所以$\omega_x\to 0$，$\omega_y\to\dfrac{J}{I_2}$，$\omega_z\to 0$.

最终将变成围绕固连于刚体的过质心的y轴(主转动惯量居中的惯量主轴)以恒定角速度$\dfrac{J}{I_2}$转动，y轴的正向与$\boldsymbol{J}$的方向一致.

7.5.10　一个直径为20cm、密度为5g/cm^{3}的球在自由空间以2πrad/s的角速度转动. 有一只质量为10^{-3}g的聪明的小跳蚤居住在固定在球面上又在转轴上的一所无质量的小房子里，如图7.116所示，为了让小房子位于原赤道处，小跳蚤很快地跳到纬度45°处，呆在那里等适当的时间，问要等多长时间实现这种转移.

(注意：忽略小跳蚤在球面上跳动期间发生的微小进动.)

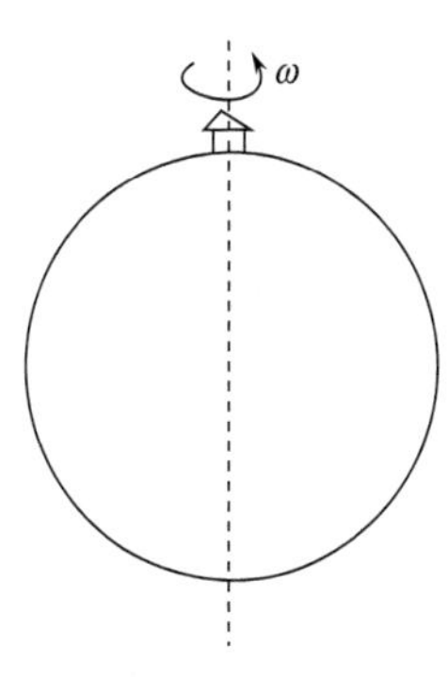

图7.116

解　自由空间是指系统在空间中不受任何外力，系统以一定角速度转动，必然是在一个惯性系中围绕通过质心的某个惯量主轴做恒定角速度的转动.

忽略由于小跳蚤跳到纬度45°这一过程引起的微小进动，可把跳蚤跳到45°处时视为$t=0$，原来的角速度$\boldsymbol{\omega}$叫视为初始条件，考虑系统(包括球和跳蚤)以后的运动. $t=0$时，$\boldsymbol{\omega}$不与系统的一条惯量主轴共线，转轴不能保持原来的方向，或者说$\boldsymbol{\omega}$将随t发生变化. 由于跳蚤的质量比球的质量小得多，可认为球心是系统的质心，以后的运动是围绕球心的定点转动，围绕质心的定点自由转动是欧拉情形. 由于系统有旋转对称轴，取适当的动、静两组坐标，它将是规则进动.

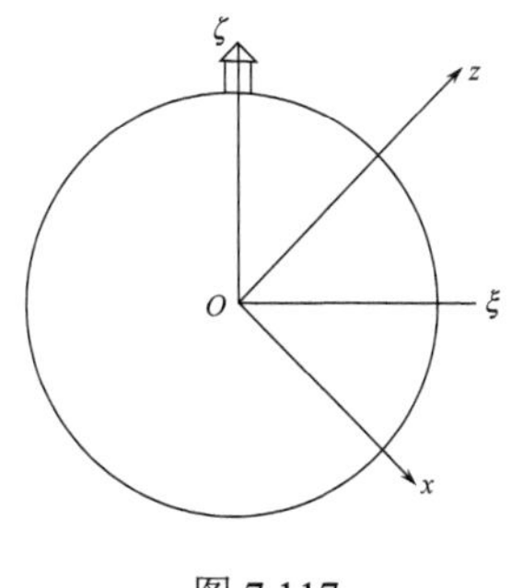

图7.117

取图7.117所示的两组坐标系，$O\xi\eta\zeta$为静系，ζ轴沿原来$\boldsymbol{\omega}$的方向，$Oxyz$为动系，固连于球，z轴通过跳蚤的新位置，$t=0$时，x、ξ、z和ζ轴共面，图7.117画的就是$t=0$时的情况. z轴不仅是惯量主轴，而且是旋转对称轴，$I_1=I_2$，欧拉动力学方程为

$$I_1\dot{\omega}_x-(I_1-I_3)\omega_y\omega_z=0 \tag{1}$$

$$I_1\dot{\omega}_y-(I_3-I_1)\omega_z\omega_x=0 \tag{2}$$

$$I_3\dot{\omega}_z=0 \tag{3}$$

由式(3)积分得

$$\omega_z=\omega_{z0}$$

代入式(1)、式(2)，联立两式消去ω_y可得

$$\ddot{\omega}_x + \Omega^2 \omega_x = 0$$

其中 $\Omega = \dfrac{I_1 - I_3}{I_1}\omega_{z0}$，这里 $I_1 > I_3$，

$$\omega_x = A\sin(\Omega t + \alpha) \tag{4}$$

$$\omega_y = \frac{1}{\Omega}\dot{\omega}_x = A\cos(\Omega t + \alpha) \tag{5}$$

其中 A、α 可由初始条件决定.

欧拉运动学方程为

$$\omega_x = \dot{\varphi}\sin\theta\sin\psi + \dot{\theta}\cos\psi$$
$$\omega_y = \dot{\varphi}\sin\theta\cos\psi - \dot{\theta}\sin\psi$$
$$\omega_z = \dot{\varphi}\cos\theta + \dot{\psi}$$

又有 J 和 $J_z = I_3\omega_{z0}$ 为常量. 故 $\cos\theta = \dfrac{J_z}{J}$ 为常量，$\theta = \theta_0$，$\dot{\theta} = 0$.

欧拉运动学方程在此情况下可写成

$$\omega_x = \dot{\varphi}\sin\theta_0\sin\psi \tag{6}$$

$$\omega_y = \dot{\varphi}\sin\theta_0\cos\psi \tag{7}$$

比较式(4)、式(5)与式(6)、式(7)，可得

$$\dot{\psi} = \Omega = \frac{I_1 - I_3}{I_1}\omega_{z0}$$

由图可以看出，当

$$t = \frac{\pi}{|\dot{\psi}|} = \frac{\pi}{|\Omega|} = \frac{\pi I_1}{(I_1 - I_3)\omega_{z0}}$$

时，跳蚤居住的小房子到达原赤道的位置.

今球的质量为

$$M = \frac{4}{3}\pi R^3 \rho \quad (R\text{为半径})$$

$$I_1 = \frac{2}{5}MR^2 + mR^2 \quad (m\text{为跳蚤的质量})$$

$$I_3 = \frac{2}{5}MR^2, \quad \omega_{z0} = \omega_0\cos 45^\circ = \frac{\sqrt{2}}{2}\omega_0$$

$$t = \frac{\pi\left(\dfrac{2}{5}MR^2 + mR^2\right)}{mR^2\cdot\dfrac{\sqrt{2}}{2}\omega_0} \approx \frac{\pi\cdot\dfrac{2}{5}\times\dfrac{4}{3}\pi R^3\rho}{m\cdot\dfrac{\sqrt{2}}{2}\omega_0}$$

代入 $R = 20\text{cm}$，$\rho = 5\text{g/cm}^3$，$m = 10^{-3}\text{g}$，$\omega_0 = 2\pi\,\text{rad/s}$，可得 $t = 4.7\times10^7\,\text{s}$.

说明：所谓“忽略小跳蚤在跳动期间发生的微小进动”，是指可以近似采用我们用的初始条件. 实际上跳动的结果不仅引起了以后的规则进动，也使 $t = 0$ 时的角速度偏离了

ζ 轴方向，因为系统的角动量是守恒量，跳动前后均沿 ζ 轴方向，跳动后，转轴不沿惯量主轴，角速度方向不再与角动量一致，而是围绕 ζ 轴(角动量方向)做进动. $t=0$ 时已具有了自转角速度和进动角速度，它们分别沿 z 轴和 ζ 轴方向，角速度方向将偏离 ζ 轴，但自转角速度很小，偏离 ζ 轴也很小，所用近似还是合理的.

7.5.11　质量为 M 、半径为 R 的均质球固连在一根长度为 $l(l \gg R)$ 无质量的刚性杆的一端，球可以绕杆自转，被置于地球的均匀重力场中，球和杆可以围绕杆的另一端做无摩擦定点转动. 若此杆和球绕竖直轴以不变的角速度 $\boldsymbol{\omega}$ 转动，方向向上，没有章动，球和杆又绕杆以 $\boldsymbol{\Omega}$ 的恒定角速度转动，方向沿杆指向外，求章动角 θ .

解　这是拉格朗日情形，刚体又做规则进动，且有旋转对称轴，可取 NKZ 坐标系[①]，

$$\begin{cases} I_1\dot{\omega}_x + I_3\Omega_y\omega_z - I_1\Omega_z\omega_y = M_x \\ I_1\dot{\omega}_y + I_1\Omega_z\omega_x - I_3\Omega_x\omega_z = M_y \\ I_3\dot{\omega}_z + I_1(\Omega_x\omega_y - \Omega_y\omega_x) = M_z \end{cases} \tag{1}$$

注意式中的 $\boldsymbol{\omega}$ 与 $\boldsymbol{\Omega}$ 均不是题目中的 $\boldsymbol{\omega}$ 与 $\boldsymbol{\Omega}$ ，这里的 $\boldsymbol{\Omega}$ 是 NKZ 坐标系的角速度，它随刚体进动，即是题目中的 $\boldsymbol{\omega}$，这里的 $\boldsymbol{\omega}$ 是题目中的 $\boldsymbol{\omega}+\boldsymbol{\Omega}$，不要混淆. 在导出对本题有用的公式以前都不改用本题的符号.

一般情况，NKZ 坐标系还随刚体进动和章动，不随刚体自转，总可使 x 轴与 N 轴重合

$$\boldsymbol{\Omega} = \dot{\boldsymbol{\theta}} + \dot{\boldsymbol{\varphi}}$$

$$\Omega_x = \dot{\theta}, \quad \Omega_y = \dot{\varphi}\sin\theta, \quad \Omega_z = \dot{\varphi}\cos\theta \tag{2}$$

$$\begin{aligned} \boldsymbol{\omega} &= \dot{\boldsymbol{\varphi}} + \dot{\boldsymbol{\theta}} + \dot{\boldsymbol{\psi}} = \boldsymbol{\Omega} + \dot{\boldsymbol{\psi}} \\ &= \dot{\theta}\boldsymbol{i} + \dot{\varphi}\sin\theta\boldsymbol{j} + (\dot{\varphi}\cos\theta + \dot{\psi})\boldsymbol{k} \end{aligned} \tag{3}$$

外力矩是重力产生的，取竖直向上为 ζ 轴正向，设质心的坐标为 $(0,0,l)$ ，

$$\begin{aligned} \boldsymbol{M} &= l\boldsymbol{k} \times mg(-\boldsymbol{\zeta}^0) \\ &= l\boldsymbol{k} \times (-mg\sin\theta\boldsymbol{j} - mg\cos\theta\boldsymbol{k}) = mgl\sin\theta\boldsymbol{i} \end{aligned} \tag{4}$$

将式(2)、式(3)、式(4)代入方程组(1)，

$$I_1\ddot{\theta} + I_3(\dot{\varphi}\sin\theta)(\dot{\varphi}\cos\theta + \dot{\psi}) - I_1\dot{\varphi}^2\sin\theta\cos\theta = mgl\sin\theta \tag{5}$$

$$I_1\frac{\mathrm{d}}{\mathrm{d}t}(\dot{\varphi}\sin\theta) + I_1(\dot{\varphi}\cos\theta)\dot{\theta} - I_3\dot{\theta}(\dot{\varphi}\cos\theta + \dot{\psi}) = 0 \tag{6}$$

$$I_3\frac{\mathrm{d}}{\mathrm{d}t}(\dot{\varphi}\cos\theta + \dot{\psi}) = 0 \tag{7}$$

在推导式(4)时，用了 x 轴与 N 轴重合，因而 $\psi=0$. 但注意用 NKZ 坐标系，$\psi=0$ 并不意味着 $\dot{\psi}=0$.

由规则进动，$\theta=\theta_0$ ，故 $\dot{\theta}=\ddot{\theta}=0$ ，式(5)简化为

① NKZ 坐标系或称莱沙尔(Resal)坐标系，适用于旋转对称刚体，参见强元棨，经典力学(下)，北京：科学出版社, 2003, P168.

$$I_3\dot{\varphi}(\dot{\varphi}\cos\theta+\dot{\psi})-I_1\dot{\varphi}^2\cos\theta_0=mgl$$

今

$$I_1=\frac{2}{5}MR^2+Ml^2,\quad I_3=\frac{2}{5}MR^2$$

$$\dot{\varphi}=\omega,\quad \dot{\psi}=\Omega,\quad m=M$$

代入上式，得

$$\frac{2}{5}MR^2\omega(\omega\cos\theta_0+\Omega)-\left(\frac{2}{5}MR^2+Ml^2\right)\omega^2\cos\theta_0=Mgl$$

解出

$$\cos\theta_0=\frac{2R^2\omega\Omega-5gl}{5l^2\omega^2}$$

$$\theta_0=\arccos\left(\frac{2R^2\omega\Omega-5gl}{5l^2\omega^2}\right)$$

7.5.12　垃圾箱上有一锥形盖由一个安在盖中心的轴支承着. 假定使盖的圆锥倾斜，并使它很快地绕自己的对称轴旋转，如图 7.118 所示. 问对自旋方向$\boldsymbol{\omega}$而言，盖进动的方向相同还是相反?并求进动角速度.

解法一　垃圾箱盖具有旋转对称轴，可采用 NKZ 坐标系，取 z 轴沿对称轴，ζ 轴竖直向上，如图 7.119 所示，图中 C 为质心，设离固定点 O 的距离为 l. 取 NKZ 坐标系，可使 $m\boldsymbol{g}$、y、ζ、z 轴保持共面，则 x 轴总与 N 轴重合. (设盖的质量为 m.)

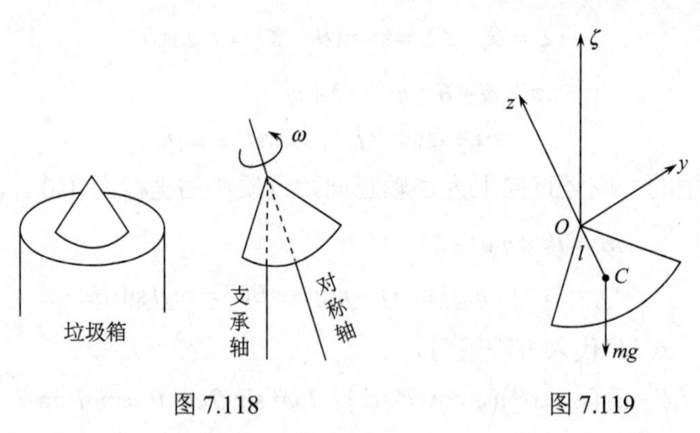

图 7.118　　图 7.119

$$\boldsymbol{M}=-l\boldsymbol{k}\times mg(-\boldsymbol{\zeta}^0)=-l\boldsymbol{k}\times(-mg\sin\theta\boldsymbol{j}-mg\cos\theta\boldsymbol{k})=-mgl\sin\theta\boldsymbol{i}$$

用上题得到的式(1)、(2)、(3)，

$$I_1\ddot{\theta}+I_3\dot{\varphi}\sin\theta(\dot{\varphi}\cos\theta+\dot{\psi})-I_1\dot{\varphi}^2\sin\theta\cos\theta=-mgl\sin\theta \tag{1}$$

$$I_1\frac{\mathrm{d}}{\mathrm{d}t}(\dot{\varphi}\sin\theta)+I_1\dot{\varphi}\dot{\theta}\cos\theta-I_3\dot{\theta}(\dot{\varphi}\cos\theta+\dot{\psi})=0 \tag{2}$$

$$I_3\frac{\mathrm{d}}{\mathrm{d}t}(\dot{\varphi}\cos\theta+\dot{\psi})=0 \tag{3}$$

由式(3)得

$$\dot{\varphi}\cos\theta+\dot{\psi}=\omega_{z0} \tag{4}$$

因为ω很大，在不长时间内

$$\dot{\psi} \approx \omega \tag{5}$$

近似为规则进动，则

$$\theta \approx \theta_0, \quad \dot{\theta} \approx 0, \quad \ddot{\theta} \approx 0 \tag{6}$$

由式(1)、(4)、(6)，进动角速度$\dot{\varphi}$近似满足下列方程：

$$I_1\dot{\varphi}^2 \cos\theta_0 - I_3\omega_{z0}\dot{\varphi} - mgl = 0$$

$$\dot{\varphi}_{1,2} \approx \frac{I_3\omega_{z0} \pm \sqrt{I_3^2\omega_{z0}^2 + 4I_1 mgl\cos\theta_0}}{2I_1\cos\theta_0}$$

今$0 < \theta_0 < \dfrac{\pi}{2}$. 故$\cos\theta_0 > 0$，从$\boldsymbol{M}$沿$-\boldsymbol{i}$方向可知$\dot{\varphi} < 0$，故只能取

$$\dot{\varphi} \approx \frac{I_3\omega_{z0} - \sqrt{I_3^2\omega_{z0}^2 + 4I_1 mgl\cos\theta_0}}{2I_1\cos\theta_0}$$

因为ω很大，由式(4)和式(5)，

$$\omega_{z0} \approx \omega$$

$$I_3^2\omega_{z0}^2 \gg 4I_1 mgl\cos\theta_0$$

$$\dot{\varphi} \approx \frac{1}{2I_1\cos\theta_0}\left[I_3\omega_{z0} - I_3\omega_{z0}\left(1 + \frac{2I_1 mgl\cos\theta_0}{I_3^2\omega_{z0}^2}\right)\right]$$

$$= -\frac{2I_1 mgl\cos\theta_0}{2I_1\cos\theta_0 \cdot I_3\omega_{z0}} \approx -\frac{mgl}{I_3\omega}$$

从上往下看，自转做逆时针转动，进动做顺时针转动，两者转向相反.

解法二　用高速陀螺的初级理论.

因为ω很大，可用高速陀螺的初级理论，

$$\boldsymbol{J} \approx I_3\omega_{z0}\boldsymbol{k}$$

$$\frac{\mathrm{d}\boldsymbol{J}}{\mathrm{d}t} = \boldsymbol{M}$$

$$\frac{\mathrm{d}\boldsymbol{J}}{\mathrm{d}t} = \boldsymbol{\omega}_p \times \boldsymbol{J} \approx \dot{\varphi}\boldsymbol{\zeta}^0 \times I_3\omega_{z0}\boldsymbol{k} = I_3\omega_{z0}\dot{\varphi}\boldsymbol{\zeta}^0 \times \boldsymbol{k}$$

其中$\boldsymbol{\omega}_p$是进动角速度，

$$\boldsymbol{M} = -l\boldsymbol{k} \times \left(-mg\boldsymbol{\zeta}^0\right) = -mgl\boldsymbol{\zeta}^0 \times \boldsymbol{k}$$

所以

$$I_3\omega_{x0}\dot{\varphi} \approx -mgl$$

$$\dot{\varphi} \approx -\frac{mgl}{I_3\omega_{z0}} \approx -\frac{mgl}{I_3\omega}$$

7.5.13　一个刚性、方形的无质量框架包含四个转动着的圆盘，如图 7.120 所示. 每个圆盘的质量均为m、转动惯量均为I，转动角速度均为ω_0. 框架的一个角装上枢轴绕

支座自由地转动时框架是水平的，求进动角速度.

解　取固连于框架的 x、y、z 坐标如图 7.121 所示，z 轴竖直向上. 设框架的进动角速度为 Ω .

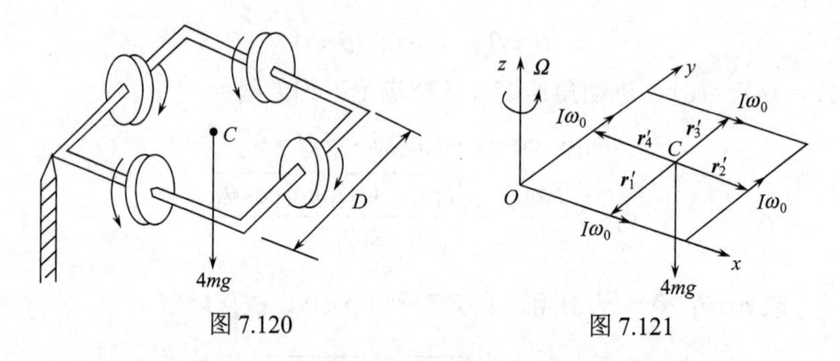

图 7.120　　图 7.121

计算四圆盘对 O 点的角动量，先计算四圆盘对质心 C 的角动量，

$$\begin{aligned}\boldsymbol{J}_C = & I\omega_0\boldsymbol{i}+\boldsymbol{r}_1'\times m\left(\Omega\boldsymbol{k}\times\boldsymbol{r}_1'\right)+I\omega_0\boldsymbol{j}+\boldsymbol{r}_2'\times m\left(\Omega\boldsymbol{k}\times\boldsymbol{r}_2'\right)\\ & +I\omega_0\boldsymbol{i}+\boldsymbol{r}_3'\times m\left(\Omega\boldsymbol{k}\times\boldsymbol{r}_3'\right)+I\omega_0\boldsymbol{j}+\boldsymbol{r}_4'\times m\left(\Omega\boldsymbol{k}\times\boldsymbol{r}_4'\right)\end{aligned}$$

其中 $\boldsymbol{r}_1'=-\dfrac{D}{2}\boldsymbol{j}$，$\boldsymbol{r}_2'=\dfrac{D}{2}\boldsymbol{i}$，$\boldsymbol{r}_3'=\dfrac{D}{2}\boldsymbol{j}$，$\boldsymbol{r}_4'=-\dfrac{D}{2}\boldsymbol{i}$. 代入上式，经计算得

$$\boldsymbol{J}_C = 2I\omega_0\left(\boldsymbol{i}+\boldsymbol{j}\right)+mD^2\Omega\boldsymbol{k}$$

现在计算四圆盘对 O 点的角动量，

$$\begin{aligned}\boldsymbol{J} &= \boldsymbol{J}_C+\overrightarrow{OC}\times 4m\left(\Omega\boldsymbol{k}\times\overrightarrow{OC}\right)\\ &= \boldsymbol{J}_C+4m\left[\Omega\boldsymbol{k}\left(\overrightarrow{OC}\cdot\overrightarrow{OC}\right)-\overrightarrow{OC}\left(\overrightarrow{OC}\cdot\Omega\boldsymbol{k}\right)\right]\\ &= \boldsymbol{J}_C+4m(OC)^2\,\Omega\boldsymbol{k}=2I\omega_0\left(\boldsymbol{i}+\boldsymbol{j}\right)+3mD^2\Omega\boldsymbol{k}\end{aligned}$$

$$\begin{aligned}\frac{\mathrm{d}\boldsymbol{J}}{\mathrm{d}t} &= \frac{\tilde{\mathrm{d}}\boldsymbol{J}}{\mathrm{d}t}+\Omega\boldsymbol{k}\times\boldsymbol{J}\\ &= 0+\Omega\boldsymbol{k}\times\left[2I\omega_0\left(\boldsymbol{i}+\boldsymbol{j}\right)+3mD^2\Omega\boldsymbol{k}\right]\\ &= 2I\omega_0\Omega\left(\boldsymbol{j}-\boldsymbol{i}\right)\end{aligned}$$

$$\begin{aligned}\boldsymbol{M} &= \overrightarrow{OC}\times\left(-4mg\boldsymbol{k}\right)\\ &= \frac{D}{2}\left(\boldsymbol{i}+\boldsymbol{j}\right)\times\left(-4mg\boldsymbol{k}\right)=2mgD\left(\boldsymbol{j}-\boldsymbol{i}\right)\end{aligned}$$

因为

$$\frac{\mathrm{d}\boldsymbol{J}}{\mathrm{d}t}=\boldsymbol{M}$$

所以

$$2I\omega_0\Omega\left(\boldsymbol{j}-\boldsymbol{i}\right)=2mgD\left(\boldsymbol{j}-\boldsymbol{i}\right)$$

$$\Omega=\frac{mgD}{I\omega_0}$$

进动角速度的方向竖直向上，从上往下看做逆时针转动.

7.5.14　在北纬 45°处，将一个回转仪安装在轴承上，轴承给予的约束使对称轴只能在水平面内运动，此外，无其他外力矩. 考虑地球的自转，证明对称轴沿当地的南北方向时的运动是稳定的，假定转子可近似为一个薄圆环(即轮辐和其他部分的质量可忽略)，求对称轴围绕这个南北方向的小振动周期.

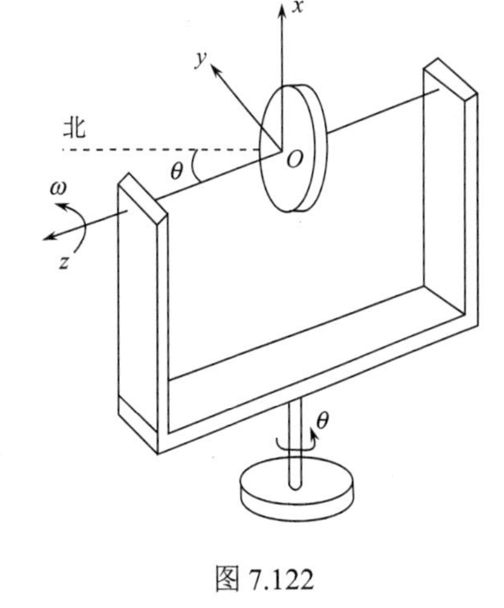

图 7.122

解　取坐标系原点O在转子中心，动坐标系$Oxyz$既部分固连于转子，z轴为转子的对称轴，又部分固连于地球，x轴竖直向上. 转子围绕x、y、z轴的转动惯量为I_1、I_1、I_3，z轴与正北方向的夹角为θ，如图 7.122 所示. y轴、z轴和南北方向均在水平面内.

设转子的自转角速度为ω，转子的角速度为

$$\dot{\theta}\boldsymbol{i}+\omega\boldsymbol{k}$$

转子的角动量为

$$\boldsymbol{J}=I_1\dot{\theta}\boldsymbol{i}+I_3\omega\boldsymbol{k}$$

设地球的自转角速度大小为Ω，地球的角速度为

$$\begin{aligned}\boldsymbol{\Omega}&=\Omega\cos 45°\boldsymbol{i}+\Omega\sin 45°(\sin\theta\boldsymbol{j}+\cos\theta\boldsymbol{k})\\&=\frac{\sqrt{2}}{2}\Omega(\boldsymbol{i}+\sin\theta\boldsymbol{j}+\cos\theta\boldsymbol{k})\end{aligned}$$

这是用动坐标系表达的对惯性系(随地球公转的平动参考系)的角速度.

动坐标系相对于地球的角速度为$\dot{\theta}\boldsymbol{i}$，对惯性系的角速度为

$$\boldsymbol{\omega}'=\boldsymbol{\Omega}+\dot{\theta}\boldsymbol{i}=\left(\frac{\sqrt{2}}{2}\Omega+\dot{\theta}\right)\boldsymbol{i}+\frac{\sqrt{2}}{2}\Omega(\sin\theta\boldsymbol{j}+\cos\theta\boldsymbol{k})$$

对惯性系中的固定点O的角动量定理

$$\frac{\mathrm{d}\boldsymbol{J}}{\mathrm{d}t}=\boldsymbol{M}\tag{1}$$

$$\begin{aligned}\frac{\mathrm{d}\boldsymbol{J}}{\mathrm{d}t}&=\frac{\tilde{\mathrm{d}}\boldsymbol{J}}{\mathrm{d}t}+\boldsymbol{\omega}'\times\boldsymbol{J}\\&=I_1\ddot{\theta}\boldsymbol{i}+I_3\dot{\omega}\boldsymbol{k}+\left[\left(\frac{\sqrt{2}}{2}\Omega+\dot{\theta}\right)\boldsymbol{i}+\frac{\sqrt{2}}{2}\Omega(\sin\theta\boldsymbol{j}+\cos\theta\boldsymbol{k})\right]\times(I_1\dot{\theta}\boldsymbol{i}+I_3\omega\boldsymbol{k})\\&=\left(I_1\ddot{\theta}+\frac{\sqrt{2}}{2}I_3\Omega\omega\sin\theta\right)\boldsymbol{i}+\left[\frac{\sqrt{2}}{2}I_1\Omega\dot{\theta}\cos\theta-I_3\omega\left(\frac{\sqrt{2}}{2}\Omega+\dot{\theta}\right)\right]\boldsymbol{j}+\\&\quad\left(I_3\dot{\omega}-\frac{\sqrt{2}}{2}I_1\Omega\dot{\theta}\sin\theta\right)\boldsymbol{k}\end{aligned}\tag{2}$$

作用于转子的外力有重力和轴承处受到的作用力，重力作用于O点，对O点的力矩为零，轴承处受到的力是使转子的对称轴限在水平面内的力，必沿x轴方向，且与z轴相交，

故有

$$M_x = 0,\quad M_z = 0 \tag{3}$$

用式(1)、式(2)、式(3)，写式(1)的三个分量方程：

$$I_1\ddot{\theta} + \frac{\sqrt{2}}{2} I_3 \Omega\omega \sin\theta = 0 \tag{4}$$

$$\frac{\sqrt{2}}{2} I_1 \Omega\dot{\theta}\cos\theta - I_3\omega\left(\frac{\sqrt{2}}{2}\Omega + \dot{\theta}\right) = M_y \tag{5}$$

$$I_3\dot{\omega} - \frac{\sqrt{2}}{2} I_1 \Omega\dot{\theta}\sin\theta = 0 \tag{6}$$

可以看出，当$\theta = 0$，$\dot{\theta} = 0$，$\ddot{\theta} = 0, \omega =$常量时，式(4)、式(5)、式(6)均能满足. 说明这种运动是存在的.

对于θ很小的运动，$\sin\theta \approx \theta$，$\dot{\theta}$，$\ddot{\theta}$均为一级小量，由式(6)可知$\dot{\omega}$也是小量，

$$\omega = \omega_0 + \varepsilon,\quad \varepsilon\text{为一级小量}.$$

在上述运动($\theta = 0$、$\omega = \omega_0$)受到微扰时，式(4)保留一级小量的方程为

$$I_1\ddot{\theta} + \frac{\sqrt{2}}{2} I_3 \Omega\omega_0 \theta = 0$$

$$\ddot{\theta} + \frac{\sqrt{2} I_3 \Omega\omega_0}{2 I_1}\theta = 0$$

这是一个简谐振动的微分方程，θ将继续保持为小量，这就证明了上述运动是稳定的.

小振动的角频率为

$$\sqrt{\frac{\sqrt{2}}{2}\frac{I_3}{I_1}\Omega\omega_0}$$

小振动周期为

$$T = 2\pi\sqrt{\sqrt{2}\frac{I_1}{I_3\Omega\omega_0}}$$

若把转子近似为薄圆环，设质量为m、半径为R，则$I_1 = \frac{1}{2}mR^2, I_3 = mR^2$，

$$T = \frac{2\pi}{\sqrt{\sqrt{2}\Omega\omega_0}}$$

7.5.15　一个有固定点的重对称陀螺，以恒定的角速度Ω绕竖直轴进动，章动角为θ_0不变，陀螺质量为m，质心离固定点的距离为h，对固定点的三个主转动惯量为I_1、$I_2 = I_1$和I_3，求自转角速度$\dot{\psi}$.

解　取ζ轴竖直向上，z轴沿对称轴，

$$\begin{aligned}\boldsymbol{M} &= h\boldsymbol{k} \times \left(-mg\boldsymbol{\zeta}^0\right) \\ &= h\boldsymbol{k} \times (-mg)\left(\sin\theta\sin\psi\,\boldsymbol{i} + \sin\theta\sin\psi\,\boldsymbol{j} + \cos\theta\boldsymbol{k}\right) \\ &= mgh\sin\theta\cos\psi\,\boldsymbol{i} - mgh\sin\theta\cos\psi\,\boldsymbol{j}\end{aligned}$$

$$I_1\dot{\omega}_x-(I_1-I_3)\omega_y\omega_z=mgh\sin\theta\cos\psi \tag{1}$$

$$I_1\dot{\omega}_y-(I_3-I_1)\omega_z\omega_x=-mgh\sin\theta\sin\psi$$

$$I_3\dot{\omega}_z=0 \tag{2}$$

由式(1)、式(2)可得

$$I_1\dot{\omega}_x-(I_1-I_3)\omega_y\omega_{z0}=mgh\sin\theta\cos\psi \tag{3}$$

$$\omega_x=\dot{\varphi}\sin\theta\sin\psi+\dot{\theta}\cos\psi$$

$$\omega_y=\dot{\varphi}\sin\theta\cos\psi-\dot{\theta}\sin\psi$$

$$\omega_z=\dot{\varphi}\cos\theta+\dot{\psi}$$

今 $\dot{\varphi}=\Omega,\theta=\theta_0$不变,即$\dot{\theta}=0$，则

$$\omega_x=\Omega\sin\theta_0\sin\psi$$

$$\omega_y=\Omega\sin\theta_0\cos\psi \tag{4}$$

$$\omega_z=\Omega\cos\theta_0+\dot{\psi} \tag{5}$$

$$\dot{\omega}_x=\Omega\sin\theta_0\cos\psi\dot{\psi} \tag{6}$$

将式(4)、式(5)、式(6)代入式(3)，并代入$\theta=\theta_0$，

$$I_1\Omega\dot{\psi}\sin\theta_0\cos\psi-(I_1-I_3)\Omega\sin\theta_0\cos\psi(\Omega\cos\theta_0+\dot{\psi})=mgh\sin\theta_0\cos\psi$$

可解出

$$\dot{\psi}=\left[(I_1-I_2)\Omega^2\cos\theta_0+mgh\right]/I_3\Omega$$

7.5.16　六个质量均为m的质点位于三个长度为$2l$、互相正交的无质量的刚性杆的两端，如图7.123所示. 绕O点做无摩擦定点转动. 要使此系统能绕竖直轴(即$\theta=0$)稳定地自转，其自转角速度s应当多大?

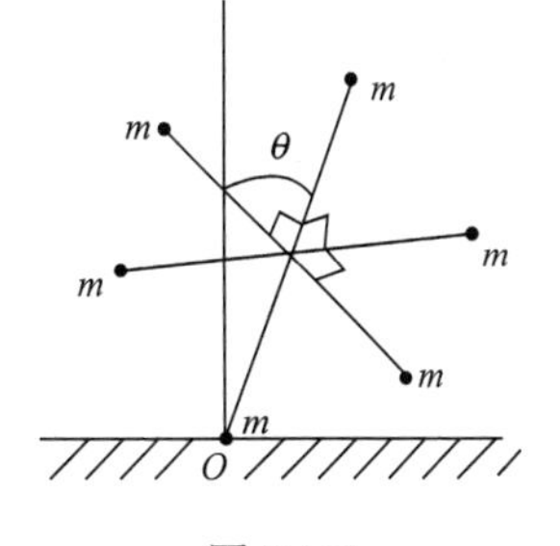

图 7.123

解　以固定点O为原点，选取两组坐标系，静系ζ轴竖直向上，动系z轴沿旋转对称轴，

$$I_1=I_2=m(2l)^2+2ml^2+2m\left(\sqrt{2}l\right)^2=10ml^2$$

$$I_3=4ml^2$$

$$\begin{aligned}\boldsymbol{M}&=l\boldsymbol{k}\times(-6mg)\zeta^0\\&=l\boldsymbol{k}\times(-6mg)(\sin\theta\sin\psi\boldsymbol{i}+\sin\theta\cos\psi\boldsymbol{j}+\cos\theta\boldsymbol{k})\\&=6mgl\sin\theta\cos\psi\boldsymbol{i}-6mgl\sin\theta\sin\psi\boldsymbol{j}\end{aligned}$$

由欧拉动力学方程得

$$10\dot{\omega}_x-6\omega_y\omega_z=\frac{6g}{l}\sin\theta\cos\psi \tag{1}$$

$$10\dot{\omega}_y+6\omega_x\omega_z=-\frac{6g}{l}\sin\theta\sin\psi \tag{2}$$

$$\dot{\omega}_z=0 \tag{3}$$

式(1)×cosψ−式(2)×sinψ，得

$$10\dot{\omega}_x\cos\psi-10\dot{\omega}_y\sin\psi-6\omega_y\omega_z\cos\psi-6\omega_x\omega_z\sin\psi=\frac{6g}{l}\sin\theta \tag{4}$$

$$\omega_x=\dot{\varphi}\sin\theta\sin\psi+\dot{\theta}\cos\psi \tag{5}$$

$$\omega_y=\dot{\varphi}\sin\theta\cos\psi-\dot{\theta}\sin\psi \tag{6}$$

$$\dot{\omega}_x=\ddot{\varphi}\sin\theta\sin\psi+\dot{\varphi}\dot{\theta}\cos\theta\sin\psi+\dot{\varphi}\dot{\psi}\sin\theta\cos\psi+\ddot{\theta}\cos\psi-\dot{\theta}\dot{\psi}\sin\psi \tag{7}$$

$$\dot{\omega}_y=\ddot{\varphi}\sin\theta\cos\psi+\dot{\varphi}\dot{\theta}\cos\theta\cos\psi-\dot{\varphi}\dot{\psi}\sin\theta\sin\psi-\ddot{\theta}\sin\psi-\dot{\theta}\dot{\psi}\cos\psi \tag{8}$$

式(7)×cosψ−式(8)×sinψ，得

$$\dot{\omega}_x\cos\psi-\dot{\omega}_y\sin\psi=\dot{\varphi}\dot{\psi}\sin\theta+\ddot{\theta} \tag{9}$$

式(6)×cosψ+式(5)×sinψ，得

$$\omega_y\cos\psi+\omega_x\sin\psi=\dot{\varphi}\sin\theta \tag{10}$$

用式(3)得

$$\omega_z=\omega_{z0} \tag{11}$$

用式(9)、式(10)、式(11)，式(4)可改写为

$$5\ddot{\theta}+5\dot{\varphi}\dot{\psi}\sin\theta-3\dot{\varphi}\omega_{z0}\sin\theta=\frac{3g}{l}\sin\theta \tag{12}$$

设进动角速度 $\dot{\varphi}=\omega$，自转角速度 $\dot{\psi}=s$，要绕竖直轴($\theta=0$)稳定地自转，偏离 $\theta=0$ 要很小，$\sin\theta\approx\theta,\cos\theta\approx 1,\omega_{z0}=\dot{\varphi}\cos\theta+\dot{\psi}\approx\omega+s$.

在 θ 很小时，式(12)在代入上述各近似式后得

$$5\ddot{\theta}+\left(2\omega s-3\omega^2-\frac{3g}{l}\right)\theta=0$$

在 $\theta=0$ 稳定自转，要求自转角速度 s 满足下列关系：

$$2\omega s-3\omega^2-\frac{3g}{l}>0$$

$$s>\frac{3}{2}\omega+\frac{3g}{2\omega l}$$

ω 是进动角速度，满足上式的自转角速度可保持在 $\theta=0$ 附近运动.

7.5.17　证明上题的转动系统围绕 O 点做规则进动时，如章动角为60°，则角速度在对称轴上的分量不小于 $\sqrt{\dfrac{15g}{2l}}$.

证明　用上题导出的式(12)，

$$5\ddot{\theta}+5\dot{\varphi}\dot{\psi}\sin\theta-3\dot{\varphi}\omega_{z0}\sin\theta=\frac{3g}{l}\sin\theta$$

今做规则进动，$\ddot{\theta}=0$，且有 $\theta=60°$，

$$5\dot{\varphi}\dot{\psi}-3\dot{\varphi}\omega_{z0}=\frac{3g}{l} \tag{1}$$

$$\omega_{z0} = \dot{\psi} + \dot{\varphi}\cos 60° = \dot{\psi} + \frac{1}{2}\dot{\varphi}$$

$$\dot{\psi} = \omega_{z0} - \frac{1}{2}\dot{\varphi} \tag{2}$$

将式(2)代入式(1)，

$$5\dot{\varphi}\left(\omega_{z0} - \frac{1}{2}\dot{\varphi}\right) - 3\dot{\varphi}\omega_{z0} = \frac{3g}{l}$$

$$-\frac{5}{2}\dot{\varphi}^2 + 2\omega_{z0}\dot{\varphi} - \frac{3g}{l} = 0$$

$\dot{\varphi}$ 要有实数解必须其系数满足下列不等式：

$$(2\omega_{z0})^2 - 4\left(-\frac{5}{2}\right)\left(-\frac{3g}{l}\right) \geqslant 0$$

所以

$$\omega_{z0} \geqslant \sqrt{\frac{15g}{2l}}$$

7.5.18　一个由四叶片螺旋桨推进的飞机，相对于惯性系以不变的角速度 Ω 在一个水平圆周上做逆时针飞行(从上方看)，螺旋桨以不变的角速度 ω 做顺时针旋转(由驾驶员看)．要保持这样的飞行，轴承加在螺旋桨上的力矩应多大?方向如何?

解法一　螺旋桨为系统，坐标系原点在螺旋桨的中心，z 轴沿对称轴，x、y 轴在叶片上，$Oxyz$ 固连于螺旋桨.

螺旋桨的角速度由两部分组成：一部分是自转角速度 ω，另一部分是做水平圆周运动的角速度 Ω.

中心主转动惯量为

$$I_1 = I_2, \quad I_3 = 2I_1$$

为了不发生螺旋桨的角速度与上述的自转角速度混淆，我们用 ω' 表示螺旋桨的角速度.

欧拉动力学方程为

$$I_1\dot{\omega}_x' + I_1\omega_y'\omega_z' = M_x \tag{1}$$

$$I_2\dot{\omega}_y' - I_1\omega_x'\omega_z' = M_y \tag{2}$$

$$2I_1\dot{\omega}_z' = M_z \tag{3}$$

系统的运动是已知的，令 $\omega_z' = \omega$，取时间的零点，可把 ω_x'、ω_y' 写成

$$\omega_x' = \Omega\sin\omega t$$

$$\omega_y' = \Omega\cos\omega t$$

写上述两式时，考虑到题目中讲的“螺旋桨以不变的角速度 ω 做顺时针旋转”图 7.124 中画出了 $t=0$ 时驾驶员看到的 x、y 轴的位置，y 轴竖直向上.

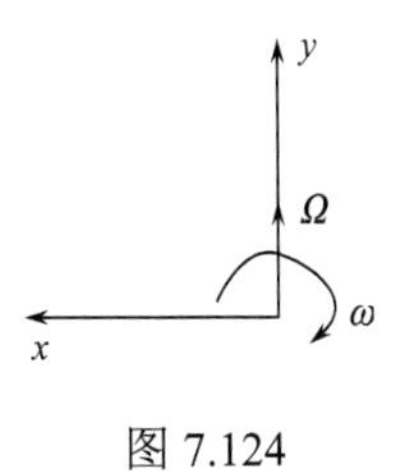

图 7.124

$$\dot{\omega}_x' = \Omega\omega\cos\omega t = \omega\omega_y'$$

$$\dot{\omega}_y' = -\Omega\omega\sin\omega t = -\omega\omega_x'$$

将ω_x'、ω_y'、$\dot{\omega}_x'$、$\dot{\omega}_y'$及$\omega_z'=\omega$代入式(1)、式(2)、式(3)，得

$$M_x = 2I_1\omega\omega_y' = I_3\omega\omega_y'$$

$$M_y = -2I_1\omega\omega_x' = -I_3\omega\omega_x'$$

$$M_z = 0$$

$$\boldsymbol{M} = I_3\omega\omega_y'\boldsymbol{i} - I_3\omega\omega_x'\boldsymbol{j}$$

因为

$$\boldsymbol{\Omega} = \omega_x'\boldsymbol{i} + \omega_y'\boldsymbol{j}$$

$$\boldsymbol{\omega} = \omega\boldsymbol{k}$$

$$\boldsymbol{\Omega}\times\boldsymbol{\omega} = \left(\omega_x'\boldsymbol{i} + \omega_y'\boldsymbol{j}\right)\times\omega\boldsymbol{k} = \omega\omega_y'\boldsymbol{i} - \omega\omega_x'\boldsymbol{j}$$

所以

$$\boldsymbol{M} = \boldsymbol{\Omega}\times I_3\boldsymbol{\omega}$$

$\boldsymbol{\Omega}$ 方向竖直向上，$\boldsymbol{\omega}$方向向前，故$\boldsymbol{M}$ 的方向在驾驶员看来是向左的，从上往下看，飞机在水平面上做逆时针的圆周运动，因此$\boldsymbol{M}$ 的方向指向圆形轨道的中心.

$$M = I_3\omega\Omega \quad (\text{因为}\boldsymbol{\Omega}\perp\boldsymbol{\omega})$$

解法二　直接用角动量定理的矢量式更加简单,

$$\boldsymbol{J} = I_1\boldsymbol{\Omega} + I_3\boldsymbol{\omega}$$

$$\frac{\mathrm{d}\boldsymbol{J}}{\mathrm{d}t} = \frac{\tilde{\mathrm{d}}\boldsymbol{J}}{\mathrm{d}t} + \boldsymbol{\Omega}\times\boldsymbol{J} = \boldsymbol{\Omega}\times I_3\boldsymbol{\omega}$$

$$\boldsymbol{M} = \frac{\mathrm{d}\boldsymbol{J}}{\mathrm{d}t} = \boldsymbol{\Omega}\times I_3\boldsymbol{\omega}$$

$$M = I_3\omega\Omega$$

说明：我们采用的是质心平动参考系，虽然它是非惯性系，但在这个参考系中对质心的角动量定理有与对惯性系中的固定点的角动量定理不仅有相同的表达式，而且无需考虑惯性力. 因此，以上两种方法求得的力矩均是真实外力的力矩.

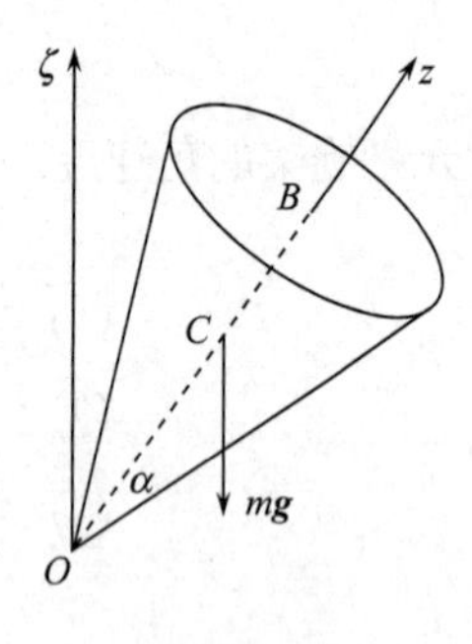

图 7.125

7.5.19　一个高度为h、底面半径为a、质量为m的均质正圆锥绕其顶点做规则进动，对称轴与铅垂线的夹角为θ_0，围绕对称轴的角速度为Ω，求进动角速度ω_p.

解　由 7.2.7 题解得的关于图 7.125 中B点的惯量张量

$$\vec{\boldsymbol{I}}(B) = \begin{pmatrix} \frac{1}{20}m\left(3a^2+2h^2\right) & 0 & 0 \\ 0 & \frac{1}{20}m\left(3a^2+2h^2\right) & 0 \\ 0 & 0 & \frac{3}{10}ma^2 \end{pmatrix}$$

取对称轴为z轴，质心C的z坐标为

$$z_C=\frac{1}{m}\int_0^h \rho\pi(z\tan\alpha)^2 z\mathrm{d}z=\frac{1}{4m}\rho\pi h^4\tan^2\alpha$$

其中α为正圆锥的半顶角，

$$m=\int_0^h \rho\pi(z\tan\alpha)^2\mathrm{d}z=\frac{1}{3}\rho\pi h^3\tan^2\alpha$$

所以

$$z_C=\frac{3}{4}h$$

因z轴对C点和O点都是惯量主轴，而且是旋转对称轴，对C点和O点，与z轴垂直的轴都是惯量主轴，先后用平行轴定理，依次可求出关于C点和O点的惯量张量：

$$\vec{\boldsymbol{I}}(C)=\begin{pmatrix}\frac{1}{20}m(3a^2+2h^2)-m\left(\frac{h}{4}\right)^2 & 0 & 0\\ 0 & \frac{1}{20}m(3a^2+2h^2)-m\left(\frac{h}{4}\right)^2 & 0\\ 0 & 0 & \frac{3}{10}ma^2\end{pmatrix}$$

$$=\begin{pmatrix}\frac{1}{80}m(12a^2+3h^2) & 0 & 0\\ 0 & \frac{1}{80}m(12a^2+3h^2) & 0\\ 0 & 0 & \frac{3}{10}ma^2\end{pmatrix}$$

$$\vec{\boldsymbol{I}}(O)=\begin{pmatrix}\frac{1}{80}m(12a^2+3h^2)+m\left(\frac{3h}{4}\right)^2 & 0 & 0\\ 0 & \frac{1}{80}m(12a^2+3h^2)+m\left(\frac{3h}{4}\right)^2 & 0\\ 0 & 0 & \frac{3}{10}ma^2\end{pmatrix}$$

$$=\begin{pmatrix}\frac{3}{20}m(a^2+4h^2) & 0 & 0\\ 0 & \frac{3}{20}m(a^2+4h^2) & 0\\ 0 & 0 & \frac{3}{10}ma^2\end{pmatrix}$$

欧拉动力学方程为

$$\frac{3}{20}m\left(a^2+4h^2\right)\dot{\omega}_x-\left[\frac{3}{20}m\left(a^2+4h^2\right)-\frac{3}{10}ma^2\right]\omega_y\omega_z=M_x$$

$$\frac{3}{20}m\left(a^2+4h^2\right)\dot{\omega}_y-\left[\frac{3}{10}ma^2-\frac{3}{20}m\left(a^2+4h^2\right)\right]\omega_x\omega_z=M_y$$

$$\frac{3}{10}ma^2\dot{\omega}_z=M_z$$

其中

$$\begin{aligned}\boldsymbol{M}&=\frac{3}{4}h\boldsymbol{k}\times(-mg)\boldsymbol{\zeta}^0\\&=\frac{3}{4}h\boldsymbol{k}\times(-mg)\left(\sin\theta\sin\psi\boldsymbol{i}+\sin\theta\cos\psi\boldsymbol{j}+\cos\theta\boldsymbol{k}\right)\\&=\frac{3}{4}mgh\sin\theta\cos\psi\boldsymbol{i}-\frac{3}{4}mgh\sin\theta\sin\psi\boldsymbol{j}\end{aligned}$$

可得

$$\omega_z=\omega_{z0}$$

$$\left(a^2+4h^2\right)\dot{\omega}_x+\left(a^2-4h^2\right)\omega_{z0}\omega_y=5gh\sin\theta\cos\psi \tag{1}$$

$$\left(a^2+4h^2\right)\dot{\omega}_y-\left(a^2-4h^2\right)\omega_{z0}\omega_x=-5gh\sin\theta\sin\psi \tag{2}$$

欧拉运动学方程

$$\omega_x=\dot{\varphi}\sin\theta\sin\psi+\dot{\theta}\cos\psi$$

$$\omega_y=\dot{\varphi}\sin\theta\cos\psi-\dot{\theta}\sin\psi$$

$$\omega_z=\dot{\varphi}+\dot{\varphi}\cos\theta$$

$$\dot{\omega}_x=\ddot{\varphi}\sin\theta\sin\psi+\dot{\varphi}\dot{\theta}\cos\theta\sin\psi+\dot{\varphi}\dot{\psi}\sin\theta\cos\psi+\ddot{\theta}\cos\psi-\dot{\theta}\dot{\psi}\sin\psi \tag{3}$$

$$\dot{\omega}_y=\ddot{\varphi}\sin\theta\cos\psi+\dot{\varphi}\dot{\theta}\cos\theta\cos\psi-\dot{\varphi}\dot{\psi}\sin\theta\sin\psi-\ddot{\theta}\sin\psi-\dot{\theta}\dot{\psi}\cos\psi \tag{4}$$

式$(1)\times\cos\psi-$式$(2)\times\sin\psi$，并将式(3)、式(4)代入，得

$$\left(a^2+4h^2\right)\dot{\varphi}\dot{\psi}\sin\theta+\left(a^2+4h^2\right)\ddot{\theta}+\left(a^2-4h^2\right)\omega_{z0}\dot{\varphi}\sin\theta=5gh\sin\theta$$

今为规则进动，$\ddot{\theta}=0,\theta=\theta_0,\dot{\psi}=\varOmega$，要求$\dot{\varphi}$即$\omega_p$，代入上式，得

$$\left(a^2+4h^2\right)\omega_p\varOmega\sin\theta_0+\left(a^2-4h^2\right)\omega_p\left(\varOmega+\omega_p\cos\theta_0\right)\sin\theta_0=5gh\sin\theta_0$$

整理后得

$$\left(a^2-4h^2\right)\sin\theta_0\cos\theta_0\omega_p^2+\left(2a^2\varOmega\sin\theta_0\right)\omega_p-5gh\sin\theta_0=0$$

$$\left(a^2-4h^2\right)\cos\theta_0\omega_p^2+2a^2\varOmega\omega_p-5gh=0$$

$$\omega_p=\frac{a^2\varOmega\pm\sqrt{a^4\varOmega^2+5gh\left(a^2-4h^2\right)\cos\theta_0}}{\left(4h^2-a^2\right)\cos\theta_0}$$

7.5.20　一个半径为a的均质圆盘围绕其对称轴的角速度为$\varOmega$，同时对称轴又在水

平面内围绕竖直轴做进动，若圆盘的中心离固定点O的距离为l，如图 7.126 所示，求进动角速度$\boldsymbol{\omega}_p$.

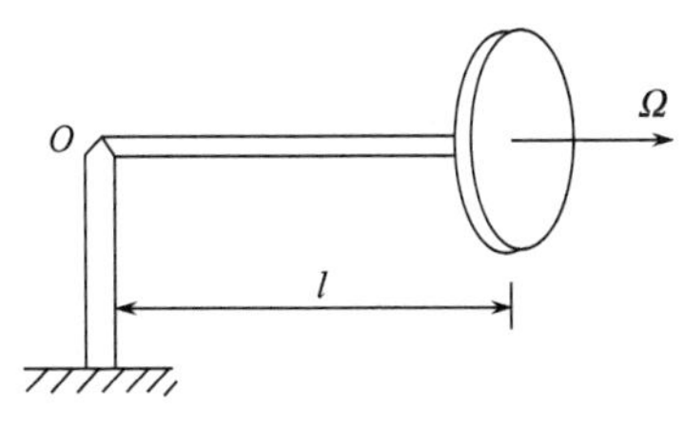

图 7.126

解法一　取圆盘的对称轴为z轴，ζ轴竖直向上，

$\theta=\dfrac{\pi}{2}$，

$$I_1=I_2=\frac{1}{4}ma^2+ml^2, I_3=\frac{1}{2}ma^2$$

由欧拉动力学方程，可得

$$\left(\frac{1}{4}ma^2+ml^2\right)\dot{\omega}_x-\left(ml^2-\frac{1}{4}ma^2\right)\omega_y\omega_z=mgl\sin\theta\cos\psi \tag{1}$$

$$\left(\frac{1}{4}ma^2+ml^2\right)\dot{\omega}_y+\left(ml^2-\frac{1}{4}ma^2\right)\omega_z\omega_x=-mgl\sin\theta\sin\psi \tag{2}$$

$$\dot{\omega}_z=0 \tag{3}$$

欧拉运动学方程

$$\omega_x=\dot{\varphi}\sin\theta\sin\psi+\dot{\theta}\cos\psi \tag{4}$$

$$\omega_y=\dot{\varphi}\sin\theta\cos\psi-\dot{\theta}\sin\psi \tag{5}$$

$$\omega_z=\dot{\psi}+\dot{\varphi}\cos\theta \tag{6}$$

像上题那样，用式(1)、(2)、(4)、(5)及式(4)、(5)对t求导的式子，可得

$$\left(\frac{1}{4}ma^2+ml^2\right)\left(\ddot{\theta}+\dot{\varphi}\dot{\psi}\sin\theta\right)-\left(ml^2-\frac{1}{4}ma^2\right)\dot{\varphi}\omega_z\sin\theta=mgl\sin\theta$$

考虑规则进动，$\ddot{\theta}=0$, 且$\theta=\dfrac{\pi}{2}, \dot{\psi}=\Omega$，再积分式(3)，用式(6)和$\theta=\dfrac{\pi}{2}$得到的$\omega_z=\omega_{z0}=\dot{\psi}=\Omega$，上式化为

$$\left(\frac{1}{4}ma^2+ml^2\right)\Omega\dot{\varphi}-\left(ml^2-\frac{1}{4}ma^2\right)\Omega\dot{\varphi}=mgl$$

$$\frac{1}{2}a^2\Omega\dot{\varphi}=gl$$

所以

$$\omega_p=\dot{\varphi}=\frac{2gl}{a^2\Omega}$$

$\dot{\varphi}>0$说明$\boldsymbol{\omega}_p$的方向竖直向上.

解法二　直接用角动量定理的矢量式比较简单.

$$\boldsymbol{J}=I_1\omega_p\boldsymbol{\zeta}^0+I_3\Omega\boldsymbol{k}$$

$$\frac{\mathrm{d}\boldsymbol{J}}{\mathrm{d}t}=I_3\Omega\frac{\mathrm{d}\boldsymbol{k}}{\mathrm{d}t}=I_3\Omega\cdot\left(\boldsymbol{\omega}_p\times\boldsymbol{k}\right)=I_3\Omega\omega_p\boldsymbol{\zeta}^0\times\boldsymbol{k}$$

$$\boldsymbol{M}=l\boldsymbol{k}\times\left(-mg\boldsymbol{\zeta}^0\right)=mgl\boldsymbol{\zeta}^0\times\boldsymbol{k}$$

$$\frac{\mathrm{d}\boldsymbol{J}}{\mathrm{d}t}=\boldsymbol{M}$$

所以

$$I_3\Omega\omega_p\boldsymbol{\zeta}^0\times\boldsymbol{k}=mgl\boldsymbol{\zeta}^0\times\boldsymbol{k}$$

$$I_3\Omega\omega_p=mgl$$

$$\omega_p=\frac{mgl}{I_3\Omega}=\frac{mgl}{\frac{1}{2}ma^2\Omega}=\frac{2gl}{a^2\Omega}$$

$$\boldsymbol{\omega}_p=\frac{2gl}{a^2\Omega}\boldsymbol{\zeta}^0$$

7.5.21　一个有旋转对称轴的刚体质量 $m=1\text{kg}$，绕对称轴上一点做定点转动，对此点三个主转动惯量分别为 $I_1=I_2=1\text{kgm}^2, I_3=2\text{kgm}^2$，质心离固定点的距离 $l=0.2\text{m}, t=0$ 时，$\dot\varphi_0=0,\dot\psi_0=100\text{s}^{-1},\dot\theta_0=2\text{s}^{-1},\theta_0=30°$，质心位于固定点的上方，求运动中章动角的上下边界，并画出对称轴上一点在空间中描绘出的曲线的草图.

解　定点转动的刚体具有旋转对称轴，可以取 NKZ 坐标系，此坐标系的 z 轴为对称轴，坐标系随刚体进动和章动，x 轴为 N 轴（xy 平面与 $\xi\eta$ 平面的交线，$\boldsymbol{n}^0$ 与 $\boldsymbol{\zeta}^0\times\boldsymbol{k}$ 的方向一致）. 设 $\boldsymbol{\Omega}$ 为坐标系的角速度，则

$$\boldsymbol{\Omega}=\dot\theta\boldsymbol{i}+\dot\varphi\sin\theta\boldsymbol{j}+\dot\varphi\cos\theta\boldsymbol{k}\tag{1}$$

刚体的角速度

$$\begin{aligned}\boldsymbol{\omega}&=\dot{\boldsymbol{\varphi}}+\dot{\boldsymbol{\theta}}+\dot{\boldsymbol{\psi}}=\boldsymbol{\Omega}+\dot{\boldsymbol{\psi}}\\&=\dot\theta\boldsymbol{i}+\dot\varphi\sin\theta\boldsymbol{j}+\left(\dot\varphi\cos\theta+\dot\psi\right)\boldsymbol{k}\end{aligned}\tag{2}$$

刚体对固定点的角动量

$$\boldsymbol{J}=I_1\omega_x\boldsymbol{i}+I_1\omega_y\boldsymbol{j}+I_3\omega_z\boldsymbol{k}$$

刚体对固定点的角动量定理，用 NKZ 坐标系表达为

$$\begin{cases}I_1\dot\omega_x+I_3\Omega_y\omega_z-I_1\Omega_z\omega_y=M_x\\I_1\dot\omega_y+I_1\Omega_z\omega_x-I_3\Omega_x\omega_z=M_y\\I_3\dot\omega_z+I_1\left(\Omega_x\omega_y-\Omega_y\omega_x\right)=M_z\end{cases}\tag{3}$$

因为 x 轴总与 ζ 轴垂直，

$$\boldsymbol{\zeta}^0=\sin\theta\boldsymbol{j}+\cos\theta\boldsymbol{k}$$

刚体受到的外力矩仅由重力引起，取 ζ 轴竖直向上，

$$\begin{aligned}\boldsymbol{M}&=l\boldsymbol{k}\times\left(-mg\boldsymbol{\zeta}^0\right)\\&=l\boldsymbol{k}\times\left(-mg\sin\theta\boldsymbol{j}-mg\cos\theta\boldsymbol{k}\right)\\&=mgl\sin\theta\boldsymbol{i}\end{aligned}\tag{4}$$

将式(1)、式(2)、式(4)代入方程组(3)，得

$$I_1\ddot\theta+I_3\left(\dot\varphi\sin\theta\right)\left(\dot\varphi\cos\theta+\dot\psi\right)-I_1\dot\varphi^2\sin\theta\cos\theta=mgl\sin\theta\tag{5}$$

$$I_1\frac{\mathrm{d}}{\mathrm{d}t}\left(\dot\varphi\sin\theta\right)+I_1\left(\dot\varphi\cos\theta\right)\dot\theta-I_3\dot\theta\left(\dot\varphi\cos\theta+\dot\psi\right)=0\tag{6}$$

$$I_3\frac{\mathrm{d}}{\mathrm{d}t}\left(\dot{\varphi}\cos\theta+\dot{\psi}\right)=0 \tag{7}$$

由式(7)得

$$\dot{\varphi}\cos\theta+\dot{\psi}=\omega_{z0} \tag{8}$$

将上式代入式(6)，然后两边乘以$\sin\theta$，可写成全微分形式，

$$I_1\sin\theta\frac{\mathrm{d}}{\mathrm{d}t}\left(\dot{\varphi}\sin\theta\right)+I_1\dot{\varphi}\sin\theta\cos\theta\dot{\theta}-I_3\omega_{z0}\dot{\theta}\sin\theta=0$$

即

$$\frac{\mathrm{d}}{\mathrm{d}t}\left(I_1\dot{\varphi}\sin^2\theta+I_3\omega_{z0}\cos\theta\right)=0$$

$$I_1\dot{\varphi}\sin^2\theta+I_3\omega_{z0}\cos\theta=\alpha \tag{9}$$

α为常量，也可用$\boldsymbol{J}$在ζ轴的分量J_ζ为守恒量得出，

$$\boldsymbol{J}\cdot\boldsymbol{\zeta}^0=I_1\omega_y\sin\theta+I_3\omega_{z0}\cos\theta=\alpha$$

式$(5)\times\dot{\theta}+$式$(6)\times\dot{\varphi}\sin\theta$，可得

$$I_1\dot{\theta}\ddot{\theta}+I_1\dot{\varphi}\sin\theta\frac{\mathrm{d}}{\mathrm{d}t}\left(\dot{\varphi}\sin\theta\right)=mgl\dot{\theta}\sin\theta$$

积分上式得

$$\frac{1}{2}I_1\dot{\theta}^2+\frac{1}{2}I_1\dot{\varphi}^2\sin^2\theta=-mgl\cos\theta+h \tag{10}$$

其中h为常量，h与机械能有关，两边加$\frac{1}{2}I_3\omega_{z0}^2$，则有

$$\frac{1}{2}I_1\dot{\theta}^2+\frac{1}{2}I_1\dot{\varphi}^2\sin^2\theta+\frac{1}{2}I_3\omega_{z0}^2+mgl\cos\theta=h+\frac{1}{2}I_3\omega_{z0}^2=E \tag{11}$$

左边前三项是刚体的动能，第四项为势能，故E为机械能.

用式(9)解出$\dot{\varphi}$，代入式(11)得

$$\frac{1}{2}I_1\dot{\theta}^2+\frac{\left(\alpha-I_3\omega_{z0}\cos\theta\right)^2}{2I_1\sin^2\theta}+\frac{1}{2}I_3\omega_{z0}^2+mgl\cos\theta=E \tag{12}$$

令$u=\cos\theta$，则 $\dot{u}=-\sin\theta\dot{\theta}=-\sqrt{1-\cos^2\theta}\dot{\theta}=-\sqrt{1-u^2}\dot{\theta}$

$$\dot{\theta}=-\frac{\dot{u}}{\left(1-u^2\right)^{1/2}}$$

引入$u=\cos\theta$和$\dot{\theta}=-\frac{1}{\left(1-u^2\right)^{1/2}}\dot{u}$，可将式(12)变为$u$和$\dot{u}$满足的方程，解出$\dot{u}^2$得

$$\dot{u}^2=\frac{1-u^2}{I_1}\left(2E-2mglu-I_3\omega_{z0}^2\right)-\frac{1}{I_1^2}\left(\alpha-I_3\omega_{z0}u\right)^2$$

由$\dot{u}=0$，即

$$\frac{1-u^2}{I_1}\left(2E-2mglu-I_3\omega_{z0}^2\right)-\frac{1}{I_1^2}\left(\alpha-I_3\omega_{z0}u\right)^2=0 \tag{13}$$

即可求出 $\dot{\theta}=0$ 的两个 u 值，因为 $u=\cos\theta$，也就得到了章动角的上下边界.

今 $I_1=1\text{kg}\cdot\text{m}^2, I_3=2\text{kg}\cdot\text{m}^2, m=1\text{kg}$；$l=0.2\text{m}, t=0$ 时，$\dot{\varphi}_0=0, \dot{\psi}_0=100\text{s}^{-1}, \dot{\theta}_0=2\text{s}^{-1}$，$\theta_0=30°$，$\boldsymbol{r}_C=l\boldsymbol{k}$（质心在固定点的上方）.

由式(8)，

$$\omega_{z0}=\dot{\psi}_0+\dot{\varphi}_0\cos\theta_0=100\text{s}^{-1}$$

由式(9)，

$$\alpha=I_1\dot{\varphi}_0\sin^2\theta_0+I_3\omega_{z0}\cos\theta_0=173.2\text{kg}\cdot\text{m}^2\cdot\text{s}^{-1}$$

由式(11)，

$$E=\frac{1}{2}\left(I_1\dot{\theta}_0^2+I_1\dot{\varphi}_0{}^2\sin^2\theta_0+I_3\omega_{z0}^2\right)+mgl\cos\theta_0=1.000\times10^4\,\text{N}\cdot\text{m}$$

由式(13)，

$$\left(1-u^2\right)\left(7.370-3.92u\right)-\left(173.2-200u\right)^2=0$$

用逐级近似法可求得

$$u_1=0.8609,\quad u_2=0.8709$$

相应的

$$\theta_1=30.58°,\quad \theta_2=29.44°$$

由式(9)可算出在两个章动角边界时的进动角速度为

$$\dot{\varphi}\left(\theta_1\right)=3.94\text{s}^{-1},\quad \dot{\varphi}\left(\theta_2\right)=-4.06\text{s}^{-1}$$

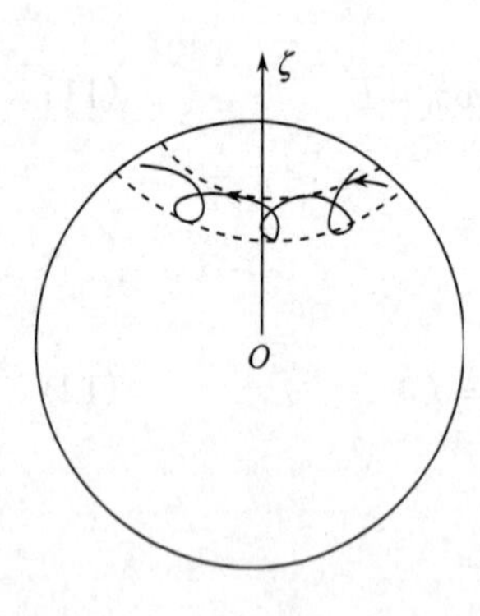

图 7.127

注意：在 $\theta_{\min}$ 即 $\theta_2, \dot{\varphi}<0$；在 $\theta_{\max}$ 即 $\theta_1, \dot{\varphi}>0$. 对称轴上一点在空间描绘出的曲线的示意图如图 7.127 所示，注意箭头方向.

7.5.22 求上题的刚体运动中最小的自转角速度及其相应的章动角.

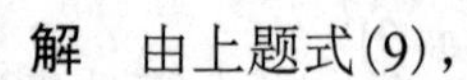

解 由上题式(9)，

$$I_1\dot{\varphi}\sin^2\theta+I_3\omega_{z0}\cos\theta=\alpha$$

$$\dot{\varphi}=\frac{\alpha-I_3\omega_{z0}\cos\theta}{I_1\sin^2\theta}=\frac{\alpha-I_3\omega_{z0}u}{I_1\left(1-u^2\right)}$$

由上题式(8)，并代入上式，

$$\dot{\psi}=\omega_{z0}-\dot{\varphi}u=\omega_{z0}-\frac{\alpha-I_3\omega_{z0}u}{I_1}\cdot\frac{u}{1-u^2}$$

由 $\dfrac{\mathrm{d}\dot{\psi}}{\mathrm{d}u}=0$ 求 $\dot{\psi}$ 的极值，

$$\frac{\mathrm{d}}{\mathrm{d}u}\left[-\left(\alpha-I_3\omega_{z0}u\right)\frac{u}{1-u^2}\right]=0$$

经计算可得

$$-\left[\alpha u^2-2I_3\omega_{z0}u+\alpha\right]=0$$

$$u=\frac{1}{\alpha}\left(I_3\omega_{z0}\pm\sqrt{I_3^2\omega_{z0}^2-\alpha^2}\right)$$

上题已算得

$$\omega_{z0}=100\text{s}^{-1},\quad \alpha=173.2\text{kg}\cdot\text{m}^2\cdot\text{s}^{-1}$$

题目给出的$I_3=2\text{kg}\cdot\text{m}^2$，代入上式得

$$u=0.5774\quad 及\quad u=1.732$$

$|u|=|\cos\theta|\leqslant 1$,只能取$u=0.5774$,

$$\theta=\arccos(0.5774)=54.73°$$

这个章动角已超出了上题算出的章动角的取值范围，说明无极值.

用章动角的上下边界相应的两个u值代入$-\left[au^2-2I_3\omega_{z0}u+\alpha\right]$均得大于零，说明$\dot\psi$在运动所允许的$u$取值范围内是随$u$的增大而单调递增的，故在$u$的最小值处，$\dot\psi$有最小值. 即在$u=u_1=0.8609,\theta=\theta_1=30.58°$时，

$$\dot\psi=\dot\psi_{\min}=\omega_{z0}-\frac{\alpha-I_3\omega_{z0}u_1}{I_1}\cdot\frac{u_1}{1-u_1^2}=96.6\text{s}^{-1}$$

由于在刚体运动范围内，$\dot\psi$随θ(或u)单调变化(无极值)，可计算章动角的上下边界处相应的$\dot\psi$得到上述结论，在$\theta=\theta_2=29.44°,\dot\psi=\dot\psi_{\max}=103.5\text{s}^{-1}$.

7.5.23　一个有旋转对称轴的刚体，质量$m=10\text{kg}$，绕对称轴上一点做定点转动，对此点三个主转动惯量分别为$I_1=I_2=1\text{kg}\cdot\text{m}^2,I_3=2\text{kg}\cdot\text{m}^2$，质心离固定点的距离$l=0.1\text{m}$，位于固定点的上方，$t=0$时，$\dot\varphi_0=-10\text{s}^{-1},\dot\psi=100\text{s}^{-1},\dot\theta_0=0,\theta_0=30°$. 求运动中章动角的上下边界，并画出对称轴上一点在空间中描绘出的曲线的草图.

解　由 7.5.21 题的式(8)，有

$$\omega_{z0}=\dot\psi_0+\dot\varphi_0\cos\theta_0=100+(-10)\cos 30°=91.34\text{s}^{-1}$$

由 7.5.21 题的式(9)，

$$\begin{aligned}\alpha&=I_1\dot\varphi_0\sin^2\theta_0+I_3\omega_{z0}\cos\theta_0\\&=1\times(-10)(\sin 30°)^2+2\times 91.34\cos 30°=155.7(\text{kg}\cdot\text{m}^2\cdot\text{s}^{-1})\end{aligned}$$

由 7.5.21 题的式(11)，

$$\begin{aligned}E&=\frac{1}{2}\left(I_1\dot\theta_0^2+I_1\dot\varphi_0^2\sin^2\theta_0+I_3\omega_{z0}^2\right)+mgl\cos\theta_0\\&=\frac{1}{2}\left[1\times(-10)^2\sin^2 30°+2\times(91.34)^2\right]+10\times 9.8\times 0.1\cos 30°=8364(\text{N}\cdot\text{m})\end{aligned}$$

由 7.5.21 题的式(13)，

$$\frac{1-u^2}{I_1}\left(2E-2mglu-I_3\omega_{z0}^2\right)-\frac{1}{I_1^2}\left(\alpha-I_3\omega_{z0}u\right)^2=0$$

可得

$$u^3-1705u^2+2902u-1235=0$$

题目给出的$\theta=\theta_0=30°$时,$\dot{\theta}=0$，显然是章动角的一个边界，因此$u=\cos 30°=0.8660$必为上式的一个解，用$u-0.866$除上式，得

$$u^2-1704u+1426=0$$

$$u=852-\sqrt{(852)^2-1426}=0.8373$$

已将另一个$u>1$的解舍去，故另一个边界为

$$\theta=\arccos 0.8373=33.15°.$$

由 7.5.21 题的式(9)，

$$\dot{\varphi}=\frac{\alpha-I_3\omega_{z0}\cos\theta}{I_1\sin^2\theta}$$

可算出

$$\dot{\varphi}(\theta)\Big|_{\theta=30°}=-10.0\text{s}^{-1}$$

$$\dot{\varphi}(\theta)\Big|_{\theta=33.15°}=9.2\text{s}^{-1}$$

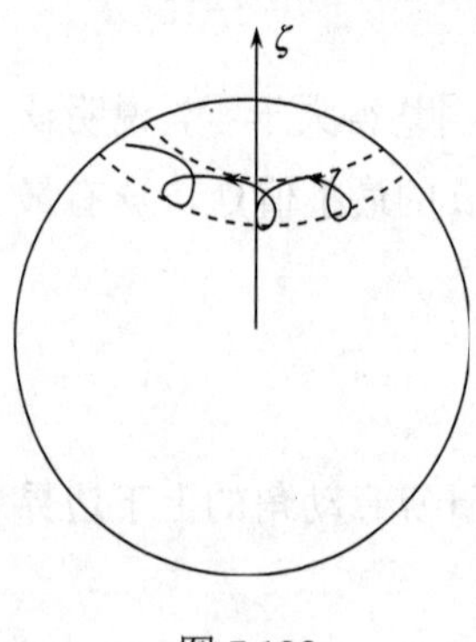

图 7.128

对称轴上一点在空间中描绘出的曲线的草图如图 7.128 所示，与 7.5.21 题的曲线相似.

7.5.24　一个有旋转对称轴的刚体质量$m=1\text{kg}$，绕对称轴上一点做定点转动，对此点三个主转动惯量分别为$I_1=I_2=1\text{kg}\cdot\text{m}^2, I_3=2\text{kg}\cdot\text{m}^2$,，质心离固定点的距离$l=0.5\text{m}$，位于固定点的上方，$t=0$时，$\dot{\varphi}_0=0,\dot{\psi}_0=100\text{s}^{-1},\dot{\theta}_0=10\text{s}^{-1},\theta_0=60°$.求运动中进动角速度的最大值和最小值(考虑代数值)，它们相应的章动角为何值?在此两时刻，自转角速度多大?

解　由 7.5.21 题的式(8)，

$$\omega_{z0}=\dot{\psi}_0+\dot{\varphi}_0\cos\theta_0=100+0=100(\text{s}^{-1})$$

由 7.5.21 题的式(9)，

$$\alpha=I_1\dot{\varphi}_0\sin^2\theta_0+I_3\omega_{z0}\cos\theta_0=0+2\times100\cos 60°=100\text{kg}\cdot\text{m}^2\cdot\text{s}^{-1}$$

由 7.5.21 题的式(11)，

$$\begin{aligned}E&=\frac{1}{2}\left(I_1\dot{\theta}_0^2+I_1\dot{\varphi}_0^2\sin^2\theta_0+I_3\omega_{z0}^2\right)+mgl\cos\theta_0\\&=\frac{1}{2}\left[1\times10^2+0+2\times(100)^2\right]+1\times9.8\times0.5\cos 60°\\&=1.0054\times10^4\text{kg}\cdot\text{m}\end{aligned}$$

由 7.5.21 题的式(13)，

$$\frac{1-u^2}{I_1}\left(2E-2mglu-I_3\omega_{z0}^2\right)-\frac{1}{I_1^2}\left(\alpha-I_3\omega_{z0}u\right)^2=0$$

可得

$$u^3-4092.7u^2+4080.6u-1009.4=0$$

由逐步逼近法解得

$$u_1 = 0.4553, \quad \theta_1 = 62.92°$$
$$u_2 = 0.5426, \quad \theta_2 = 57.14°$$

由 7.5.21 题的式(9)，

$$\dot{\varphi} = \frac{\alpha - I_3\omega_{z0}u}{I_1\left(1-u^2\right)}$$

求 $\dot{\varphi}(u)$ 的极值位置，

$$\frac{\mathrm{d}\dot{\varphi}}{\mathrm{d}u} = -\frac{I_3\omega_{z0}}{I_1\left(1-u^2\right)} - \frac{\alpha - I_3\omega_{z0}u}{I_1\left(1-u^2\right)^2}(-2u) = 0$$

$$-I_3\omega_{z0}\left(1-u^2\right) + 2u\left(\alpha - I_3\omega_{z0}u\right) = 0$$

$$-I_3\omega_{z0}u^2 + 2\alpha u - I_3\omega_{z0} = 0$$

因为

$$(2\alpha)^2 - 4\left(-I_3\omega_{z0}\right)\left(-I_3\omega_{z0}\right) = (2\times 100)^2 - 4\times(2\times 100)^2 < 0$$

$\dfrac{\mathrm{d}\dot{\varphi}}{\mathrm{d}u} = 0$ 无实根，故在 $u_1 \leqslant u \leqslant u_2$ 间 $\dot{\varphi}$ 无极值, $\dot{\varphi}_{\max}$ 和 $\dot{\varphi}_{\min}$ 必在 u 或 θ 的上下边界，分别计算 $\dot{\varphi}(\theta_1)$、$\dot{\varphi}(\theta_2)$ 可知

在 $\theta = \theta_1 = 62.92°$: $\dot{\varphi} = \dot{\varphi}_{\max} = 11.28\mathrm{s}^{-1}$

在 $\theta = \theta_2 = 57.14°$: $\dot{\varphi} = \dot{\varphi}_{\min} = -12.07\mathrm{s}^{-1}$

由 7.5.21 题的式(8)得

$$\dot{\psi} = \omega_{z0} - \dot{\varphi}\cos\theta$$

$$\dot{\psi}(\theta_1) = 100 - 11.28\times 0.4553 = 94.86(\mathrm{s}^{-1})$$

$$\dot{\psi}(\theta_2) = 100 - (-12.07)\times 0.5426 = 106.5(\mathrm{s}^{-1})$$

7.5.25　求上题运动过程中自转角速度的最大值.

解　在 7.5.22 题已由

$$\dot{\psi} = \omega_{z0} - \frac{\alpha - I_3\omega_{z0}u}{I_1}\frac{u}{1-u^2}$$

$$\frac{\mathrm{d}\dot{\psi}}{\mathrm{d}u} = 0$$

得出 $\dot{\psi}$ 的极值位置在

$$u = \frac{1}{\alpha}\left[I_3\omega_{z0} \pm \sqrt{I_3^2\omega_{z0}^2 - \alpha^2}\right]$$

代入 $I_3 = 2\mathrm{kgm}^2, \omega_{z0} = 100\mathrm{s}^{-1}, \alpha = 100\mathrm{s}^{-1}$，舍去 $u>1$ 的解，

$$u = 0.2679, \quad \theta = \arccos u = 74.46°$$

已超出运动中章动角的取值范围，说明在运动中，$\dot{\psi}_{\max}$ 只能出现在章动角的上下边界，比较 $\dot{\psi}(\theta_1)$ 和 $\dot{\psi}(\theta_2)$ 是找 $\dot{\psi}_{\max}$ 的最简单的办法，上题已算出 $\dot{\psi}(\theta_1)$ 和 $\dot{\psi}(\theta_2)$，可知

$$\dot{\psi}_{\max}=\dot{\psi}(\theta_2)=106.5\text{s}^{-1}$$

7.5.26 在一个绕铅直轴以恒定角速度Ω转动的水平面上，置一个质量为m、半径为a、围绕过球心的任何轴转动的转动惯量均为I的球，球与水平面间的摩擦力使球在水平面上做纯滚动. 证明：不论给球一个什么样的初始条件，在静参考系中，球心必做圆周运动，且做此圆周运动的角速度ω_C仅与转动平面的角速度以及球的质量分布有关，具有下式：

$$\omega_C=\frac{\Omega}{1+\dfrac{ma^2}{I}}$$

证明 用静参考系，并取静坐标系，其原点O取在转动的水平面的固定点.

水平面上的P点对O点的位矢为$\boldsymbol{r}_p$，其速度为

$$\boldsymbol{v}_p=\boldsymbol{\Omega}\times\boldsymbol{r}_p$$

设t时刻，球心的位矢为$\boldsymbol{r}$，球心的速度为$\dot{\boldsymbol{r}}$，则此刻，球与水平面接触点(因球做纯滚动，此接触点既是球上的点，又是水平面上的点)的速度为

$$\boldsymbol{v}_s=\dot{\boldsymbol{r}}+\boldsymbol{\omega}\times\boldsymbol{R}$$

其中$\boldsymbol{\omega}$是球的角速度，$\boldsymbol{R}$是接触点对球心的位矢，

$$\dot{\boldsymbol{r}}+\boldsymbol{\omega}\times\boldsymbol{R}=\boldsymbol{\Omega}\times\left(\boldsymbol{r}+\vec{\boldsymbol{R}}\right)$$

上式等号两边对t求导，注意$\dot{\boldsymbol{\Omega}}=0,\dot{\boldsymbol{R}}=0$,

$$\ddot{\boldsymbol{r}}+\dot{\boldsymbol{\omega}}\times\boldsymbol{R}=\boldsymbol{\Omega}\times\dot{\boldsymbol{r}} \tag{1}$$

由质心运动定理，

$$m\ddot{\boldsymbol{r}}=\boldsymbol{F} \tag{2}$$

$\boldsymbol{F}$是作用于球的摩擦力.

在质心平动参考系中对质心的角动量定理

$$\frac{\mathrm{d}\boldsymbol{J}}{\mathrm{d}t}=I\dot{\boldsymbol{\omega}}=\boldsymbol{R}\times\boldsymbol{F} \tag{3}$$

由式(2)、式(3)消去$\boldsymbol{F}$，然后解出$\dot{\boldsymbol{\omega}}$,

$$I\dot{\boldsymbol{\omega}}=\boldsymbol{R}\times m\ddot{\boldsymbol{r}}$$

$$\dot{\boldsymbol{\omega}}=\frac{m}{I}\boldsymbol{R}\times\ddot{\boldsymbol{r}} \tag{4}$$

将式(4)代入式(1)，

$$\ddot{\boldsymbol{r}}+\frac{m}{I}(\boldsymbol{R}\times\ddot{\boldsymbol{r}})\times\boldsymbol{R}=\boldsymbol{\Omega}\times\dot{\boldsymbol{r}}$$

因为

$$(\boldsymbol{R}\times\ddot{\boldsymbol{r}})\times\boldsymbol{R}=\ddot{\boldsymbol{r}}(\boldsymbol{R}\cdot\boldsymbol{R})-\boldsymbol{R}(\boldsymbol{R}\cdot\ddot{\boldsymbol{r}})=\ddot{\boldsymbol{r}}R^2=a^2\ddot{\boldsymbol{r}}$$

这里考虑到$\boldsymbol{R}\perp\ddot{\boldsymbol{r}}$，故有$\boldsymbol{R}\cdot\ddot{\boldsymbol{r}}=0$. 上式可改写为

$$\left(1+\frac{ma^2}{I}\right)\ddot{\boldsymbol{r}}=\boldsymbol{\Omega}\times\dot{\boldsymbol{r}} \tag{5}$$

式(5)两边点乘$\dot{\boldsymbol{r}}$,因为混合积$\dot{\boldsymbol{r}}\cdot(\boldsymbol{\Omega}\times\dot{\boldsymbol{r}})=0$，可得, $\dot{\boldsymbol{r}}\cdot\ddot{\boldsymbol{r}}=0$. 所以

$$\ddot{\boldsymbol{r}}\perp\dot{\boldsymbol{r}}$$

球心的加速度与球心的速度垂直，说明质心加速度只有法向分量，没有切向分量，球心的速率不变，即$|\dot{\boldsymbol{r}}|=$常量.

另一种讲法：$\dot{\boldsymbol{r}}\cdot\ddot{\boldsymbol{r}}=0,\dot{\boldsymbol{r}}\cdot\dfrac{\mathrm{d}\dot{\boldsymbol{r}}}{\mathrm{d}t}=0,\dfrac{1}{2}\times\dfrac{\mathrm{d}(\dot{\boldsymbol{r}}\cdot\dot{\boldsymbol{r}})}{\mathrm{d}t}=0,\dfrac{\mathrm{d}|\dot{\boldsymbol{r}}|^2}{\mathrm{d}t}=0,|\dot{\boldsymbol{r}}|=$常量，再考虑式(5)两边大小相等,

$$\left(1+\frac{ma^2}{I}\right)|\ddot{\boldsymbol{r}}|=|\boldsymbol{\Omega}\times\dot{\boldsymbol{r}}|=\Omega|\dot{\boldsymbol{r}}| \tag{6}$$

这里用了$\boldsymbol{\Omega}\perp\dot{\boldsymbol{r}},\boldsymbol{\Omega}$与$\dot{\boldsymbol{r}}$的夹角为$\dfrac{\pi}{2},\sin\dfrac{\pi}{2}=1$.

前已证明了$|\dot{\boldsymbol{r}}|=$常量，则由式(6)，因为$\Omega|\dot{\boldsymbol{r}}|=$常量,

$$|\ddot{\boldsymbol{r}}|=\text{常量}$$

$\ddot{\boldsymbol{r}}$只有法向加速度，上式也说明了法向加速度不变. 由速率、法向加速度和曲率半径之间的关系，因速率和法向加速度均不变，可得出曲率半径不变，这就证明了球心将围绕一个固定的中心做圆周运动，我们用的是静参考系，又用静坐标系表达，这固定的中心当然是对静系而言的，但固定的中心一般不会是水平面的固定点，与所给的初条件有关.

下面接着求球心做圆周运动的角速度ω_C.

球心既作圆周运动，其位矢可写成

$$\boldsymbol{r}=\boldsymbol{r}_{O'}+\boldsymbol{\rho}$$

其中O'是静系中的固定点，$\boldsymbol{\rho}$是球心对O'点的位矢. 取O'点为球心做圆周运动的中心，则ρ就是所做的圆周运动的半径.

$$\dot{\boldsymbol{r}}=\dot{\boldsymbol{r}}_{O'}+\dot{\boldsymbol{\rho}}=\dot{\boldsymbol{\rho}}=\boldsymbol{\omega}_C\times\boldsymbol{\rho} \tag{7}$$

$$\begin{aligned}\ddot{\boldsymbol{r}}&=\frac{\mathrm{d}(\boldsymbol{\omega}_C\times\boldsymbol{\rho})}{\mathrm{d}t}=\dot{\boldsymbol{\omega}}_C\times\boldsymbol{\rho}+\boldsymbol{\omega}_C\times\dot{\boldsymbol{\rho}}\\&=\boldsymbol{\omega}_C\times(\boldsymbol{\omega}_C\times\boldsymbol{\rho})=\boldsymbol{\omega}_C(\boldsymbol{\omega}_C\cdot\boldsymbol{\rho})-\boldsymbol{\rho}(\boldsymbol{\omega}_C\cdot\boldsymbol{\omega}_C)\\&=-\omega_C^2\boldsymbol{\rho}\end{aligned} \tag{8}$$

这里用了$\boldsymbol{\omega}_C\perp\boldsymbol{\rho},\boldsymbol{\omega}_C\cdot\boldsymbol{\rho}=0$. $\dot{\boldsymbol{\omega}}_C=0$(因为球心的切向加速度为零).

将式(7)、式(8)代入式(6),

$$\left(1+\frac{ma^2}{I}\right)|-\omega_C^2\boldsymbol{\rho}|=\Omega|\boldsymbol{\omega}_C\times\boldsymbol{\rho}|$$

$$\left(1+\frac{ma^2}{I}\right)\omega_C^2\rho=\Omega\omega_C\rho$$

$$\omega_C=\frac{\Omega}{1+\dfrac{ma^2}{I}}$$

初始条件不同，球心做圆周运动的中心不同，圆周运动的半径也不同，球心做圆周运动

的速率不同，但做圆周运动的角速度是相同的，与初始条件无关，它只决定于水平面的转动角速度和球的质量分布$\dfrac{ma^2}{I}$，对于均质球，$I=\dfrac{2}{5}ma^2, \dfrac{ma^2}{I}=\dfrac{5}{2}$；对于均质薄球壳，$I=\dfrac{2}{3}ma^2$，$\dfrac{ma^2}{I}=\dfrac{3}{2}$. 两者不同是因为质量分布所致. 虽然，这两种情况有$\dfrac{ma^2}{I}$等于一个与质量 m 和球的半径 a 无关的数，但不能说"球心做圆周运动的角速度和球的质量、球的半径都无关，质量分布不同，$\dfrac{ma^2}{I}$等于不同的数"，例如内半径为b、外半径为a的均质球壳的$\dfrac{ma^2}{I}$既与b有关又与a有关.

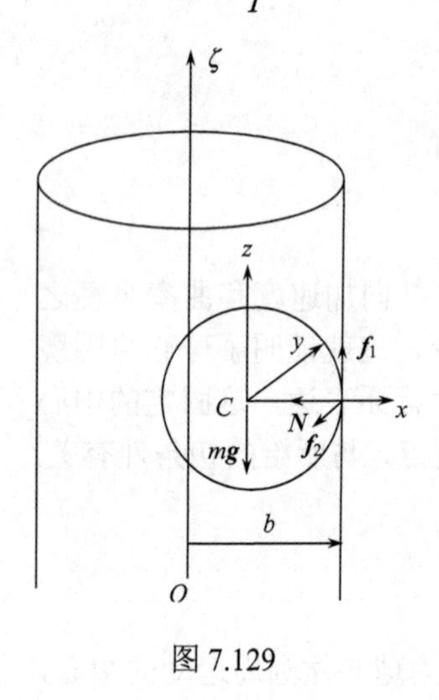

图 7.129

7.5.27　半径为a、质量为m的球在半径为b、内面粗糙的固定竖直圆柱内壁上做纯滚动. 试证其在铅直方向的运动将是简谐振动.

证明　用静参考系，用图 7.129 所示的动坐标系，动系原点取球心C, z 轴竖直向上，x 轴永远指向球与圆柱的接触点，动系只有C点固连于球，一方面随着原点C做平动，另一方面又以$\Omega\boldsymbol{k}$的角速度绕固定的ζ轴转动.

用x、y、ζ表示球的质心的位置坐标.

$$\ddot{x}=-(b-a)\Omega^2,\quad \ddot{y}=(b-a)\dot{\Omega}$$

这是考虑到C点在xy平面内绕ζ轴做圆周运动写出的.

由质心运动定理，

$$m\ddot{x}=-m(b-a)\Omega^2=-N$$

$$m\ddot{y}=-m(b-a)\dot{\Omega}=-f_2 \tag{1}$$

$$m\ddot{\zeta}=f_1-mg \tag{2}$$

其中 $\boldsymbol{f}_1$、$\boldsymbol{f}_2$ 都是摩擦力，如图 7.129 所示.

在质心平动参考系中用对质心的角动量定理，先计算球受到的对质心的外力矩，

$$\boldsymbol{M}=a\boldsymbol{i}\times(f_1\boldsymbol{k}-f_2\boldsymbol{j})=-af_1\boldsymbol{j}-af_2\boldsymbol{k}$$

再计算球关于质心的角动量，

$$\boldsymbol{J}=I(\omega_x\boldsymbol{i}+\omega_y\boldsymbol{j}+\omega_z\boldsymbol{k})$$

其中$I=\dfrac{2}{5}ma^2$.

$$\begin{aligned}\frac{\mathrm{d}\boldsymbol{J}}{\mathrm{d}t}&=\frac{\tilde{\mathrm{d}}\boldsymbol{J}}{\mathrm{d}t}+\boldsymbol{\Omega}\times\boldsymbol{J}\\&=I(\dot{\omega}_x\boldsymbol{i}+\dot{\omega}_y\boldsymbol{j}+\dot{\omega}_z\boldsymbol{k})+\Omega\boldsymbol{k}\times I(\omega_x\boldsymbol{i}+\omega_y\boldsymbol{j}+\omega_z\boldsymbol{k})\\&=(I\dot{\omega}_x-I\Omega\omega_y)\boldsymbol{i}+(I\dot{\omega}_y+I\Omega\omega_x)\boldsymbol{j}+I\dot{\omega}_x\boldsymbol{k}\end{aligned}$$

由

$$\frac{\mathrm{d}\boldsymbol{J}}{\mathrm{d}t}=\boldsymbol{M}$$

$$I\dot{\omega}_x-I\Omega\omega_y=0 \tag{3}$$

$$I\dot{\omega}_y+I\Omega\omega_x=-af_1 \tag{4}$$

$$I\dot{\omega}_z=-af_2 \tag{5}$$

由纯滚动条件 $\boldsymbol{v}_C+\boldsymbol{\omega}\times a\boldsymbol{i}=0$ 得

$$\Omega\boldsymbol{k}\times\left[(b-a)\boldsymbol{i}+\zeta\boldsymbol{k}\right]+\dot{\zeta}\boldsymbol{k}+\left(\omega_x\boldsymbol{i}+\omega_y\boldsymbol{j}+\omega_z\boldsymbol{k}\right)\times a\boldsymbol{i}=0$$

$$(b-a)\Omega\boldsymbol{j}+\dot{\zeta}\boldsymbol{k}-a\omega_y\boldsymbol{k}+a\omega_z\boldsymbol{j}=0$$

$$(b-a)\Omega+a\omega_z=0 \tag{6}$$

$$\dot{\zeta}-a\omega_y=0 \tag{7}$$

由式(1)、(5)消去 f_2，得

$$ma(b-a)\dot{\Omega}-I\dot{\omega}_z=0 \tag{8}$$

由式(6)、(8)可得

$$\dot{\Omega}=\dot{\omega}_z=0$$

这里用了两式的系数行列式不等于零，所以 Ω、ω_z 均为常量.

由式(2)、(4)消去 f_1 得

$$ma\ddot{\zeta}+I\dot{\omega}_y+I\Omega\omega_x=-mga \tag{9}$$

由式(3)、(7)得

$$\omega_y=\frac{\dot{\zeta}}{a} \tag{10}$$

$$\dot{\omega}_x=\Omega\omega_y=\frac{\Omega}{a}\dot{\zeta}$$

$$\omega_x=\frac{\Omega}{a}\zeta+\text{常量} \tag{11}$$

将式(10)、(11)代入式(9)，可得

$$\left(I+ma^2\right)\ddot{\zeta}+I\Omega^2\zeta=\text{常量}$$

代入 $I=\dfrac{2}{5}ma^2$，上式改为

$$\ddot{\zeta}+\frac{2}{7}\Omega^2\zeta=\text{常量}$$

上式是简谐振动的微分方程，其解为

$$\zeta=\text{常量}+\zeta_0\cos\left(\sqrt{\frac{2}{7}}\Omega t+\alpha\right)$$

7.5.28 一质量为 m、长度为 $2a$ 的均质棒被两根长度均为 $2a$ 的、不可伸长的、平行

的绳子系于两端悬挂起来，在水平位置处于平衡状态，突然给棒一个绕过其中心的竖直轴的角速度ω，如图 7.130 所示. 求：

(1)棒上升的高度；

(2)每根绳子中的张力的初始增量.

解　取图 7.131 所示的固定坐标系，原点取在$t=0$(棒刚获得角速度的时刻)时棒的中心所在位置. z轴竖直向上，x轴沿$t=0$时棒的方向，向右.

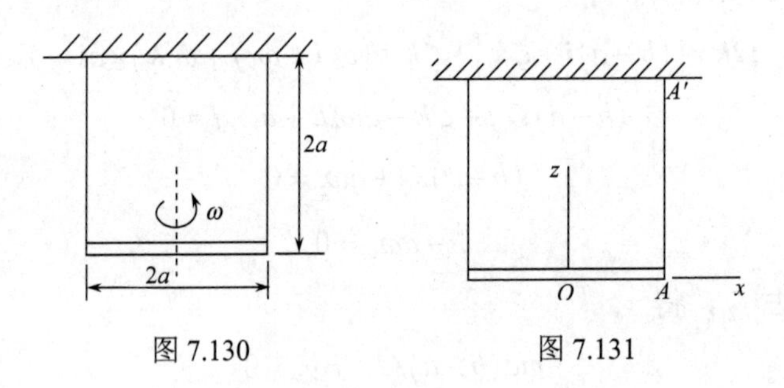

图 7.130　　图 7.131

(1)取在xy平面上即$z=0$处为棒的势能零点. 在$t=0$时，棒的机械能只有动能.

$$E=\frac{1}{2}I\omega^2=\frac{1}{6}ma^2\omega^2$$

这里用了$I=\frac{1}{12}m(2a)^2=\frac{1}{3}ma^2$.

在棒上升过程中，绳子张力不做功(因为绳子不可伸长，棒端在绳子张力方向无位移，得此结论)，引入重力势能，机械能守恒，当$z=h,\omega=0$时，达到最大高度，此时动能为零，势能为mgh.

$$\frac{1}{6}ma^2\omega^2=mgh$$

$$h=\frac{a^2\omega^2}{6g}$$

(2)在运动过程中，棒始终处于水平面上，即棒上各点在同一时刻都有相同的z坐标，棒的中心始终在z轴上. 设t时刻，棒的中心坐标为$(0,0,z)$，棒与x轴的夹角为θ，则图 7.126 中A点的坐标为$(a\cos\theta,a\sin\theta,z)$，悬点$A'$的坐标为$(a,0,2a)$，绳子不可伸长，$A$、$A'$距离不变.

$$a^2(1-\cos\theta)^2+(-a\sin\theta)^2+(2a-z)^2=(2a)^2$$

即

$$z^2-4az+2a^2(3-\cos\theta)=0$$

上式对t求导两次，得

$$z\ddot{z}-2a\ddot{z}+\dot{z}^2+a^2\ddot{\theta}\sin\theta+a^2\dot{\theta}^2\cos\theta=0$$

在$t=0$时，$z=\dot{z}=0,\theta=0,\dot{\theta}=\omega$，代入上式，可得

$$\ddot{z}\big|_{t=0}=\frac{1}{2}a\omega^2$$

在$t=0$时，用质心运动定理，

$$m\ddot{z}\big|_{t=0}=2T-mg$$

$$T=\frac{1}{2}\left(mg+m\ddot{z}\big|_{t=0}\right)=\frac{1}{2}mg+\frac{1}{4}ma\omega^2$$

在棒获得角速度前，每根绳中张力为$T_0=\dfrac{1}{2}mg$.

$t=0$时，每根绳中的张力增量为

$$\Delta T=T-T_0=\frac{1}{4}ma\omega^2$$

7.5.29　一根长$2a$、质量为m的均匀杆铰接于A，可在图 7.132 所示的xz平面内绕A自由运动. 在x轴上的A端随x轴以恒定角速度ω绕竖直的z轴做圆心为B、半径为b的水平的圆周运动，杆与竖直线的夹角为θ，地球的重力场在竖直方向.

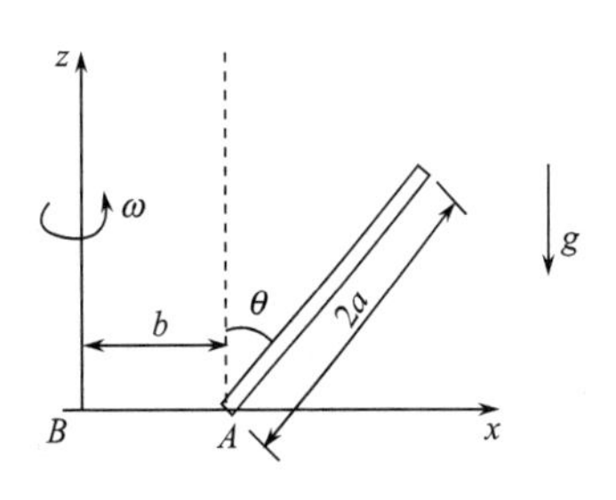

图 7.132

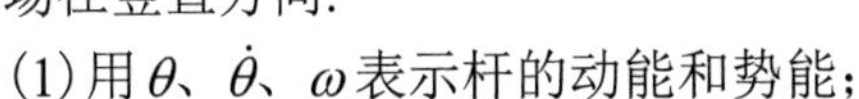

(1)用θ、$\dot{\theta}$、ω表示杆的动能和势能；

(2)找出杆的可能平衡位置的一般表达式；

(3)用图解法解(2)问中找到的表达式，找出θ从0到2π每个象限中的平衡位置；

(4)哪些平衡位置是稳定的，哪些是不稳定的?对于θ的每个象限，平衡位置是否存在，与参量ω、b和a有何关系?

(5)在θ的每个象限中画出受力图以定性证实平衡位置的存在和稳定性.

解　在静参考系中，杆的运动是刚体的一般运动，今讨论平衡问题，采用以恒定角速度ω绕z轴转动的参考系，图中的x、z坐标都是固连于这个参考系的(z轴对静参考系也是固定的).

(1)杆在此参考系中做定轴转动，动能为

$$T=\frac{1}{2}I\dot{\theta}^2=\frac{1}{2}\cdot\frac{1}{3}m(2a)^2\dot{\theta}^2=\frac{2}{3}ma^2\dot{\theta}^2$$

此参考系是非惯性系，需考虑惯性力，可以引入惯性力势能.

考虑杆在θ位置时，杆从l至$l+\mathrm{d}l$段质元所受的惯性离轴力为$\dfrac{m}{2a}(b+l\sin\theta)\omega^2\mathrm{d}l$，从$\theta$到$\theta+\mathrm{d}\theta$运动时，该惯性离轴力对质元所做的功为

$$\frac{m}{2a}(b+l\sin\theta)\omega^2\mathrm{d}l\cdot\cos\theta l\mathrm{d}\theta$$

取杆位于$\theta=0$处为惯性离轴力势能的零点，杆处于θ位置时的惯性离轴力势能为

$$-\int_0^\theta\mathrm{d}\theta\int_0^{2a}\frac{m}{2a}(b+l\sin\theta)l\omega^2\cos\theta\mathrm{d}l=-ma\omega^2\sin\theta\left(b+\frac{2}{3}a\sin\theta\right)$$

杆的势能为惯性离轴力势能与重力势能之和，重力势能也取$\theta=0$处为其势能零点，

$$V=-ma\omega^2\sin\theta\left(b+\frac{2}{3}a\sin\theta\right)-mga(1-\cos\theta)$$

(2)杆的平衡位置满足关系$\dfrac{\mathrm{d}V}{\mathrm{d}\theta}=0$，得到平衡位置必须满足的一般表达式为

$$\omega^2\left(b+\frac{4}{3}a\sin\theta\right)\cos\theta+g\sin\theta=0$$

$$g\tan\theta=-a\omega^2\left(\frac{b}{a}+\frac{4}{3}\sin\theta\right)$$

(3)用图解法解(2)问中得到的平衡位置θ满足的方程，横坐标为θ，纵坐标为y_1和y_2.

$$y_1=\tan\theta,\quad y_2=-\frac{b\omega^2}{g}-\frac{4a\omega^2}{3g}\sin\theta$$

画出两条曲线$y_1(\theta)$和$y_2(\theta)$，两条曲线的交点的θ值为平衡位置，y_2曲线我们画了两种情况：一种情况，$\dfrac{4}{3}a<b$；另一种情况$\dfrac{4}{3}a>b$.

由图 7.133 可见，θ在第一象限没有平衡位置，在第二和第四象限各有一个平衡位置，在第三象限，可能没有，也可能有一个，有两个平衡位置. 如$\dfrac{4}{3}a<b$，没有平衡位置，如$\dfrac{4}{3}a>b$，可能没有、可能有一个、也可能有两个.

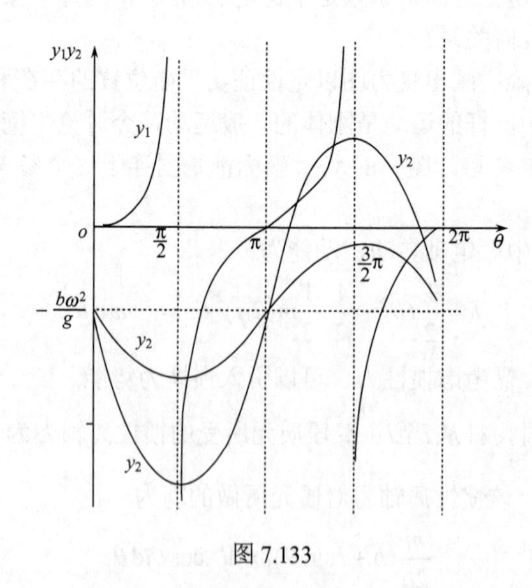

图 7.133

(4)在平衡位置处，如$\dfrac{\mathrm{d}^2V}{\mathrm{d}\theta^2}>0$，则该处的平衡是稳定的；如$\dfrac{\mathrm{d}^2V}{\mathrm{d}\theta^2}<0$，则该处的平衡是不稳定的.

$$\frac{\mathrm{d}V}{\mathrm{d}\theta}=-ma\omega^2\left(b+\frac{4}{3}a\sin\theta\right)\cos\theta-mag\sin\theta$$

$$\frac{\mathrm{d}^2V}{\mathrm{d}\theta^2}=ma\omega^2\left(b+\frac{4}{3}a\sin\theta\right)\sin\theta-\frac{4}{3}ma^2\omega^2\cos^2\theta-mag\cos\theta$$

在平衡位置，$\frac{\mathrm{d}V}{\mathrm{d}\theta}=0$，用

$$mag\sin\theta=-ma\omega^2\left(b+\frac{4}{3}a\sin\theta\right)\cos\theta$$

$$\begin{aligned}\frac{\mathrm{d}^2V}{\mathrm{d}\theta^2}&=ma\omega^2\left(b+\frac{4}{3}a\sin\theta\right)\sin\theta-\frac{4}{3}ma^2\omega^2\cos^2\theta+ma\omega^2\left(b+\frac{4}{3}a\sin\theta\right)\cos\theta\cdot\frac{\cos\theta}{\sin\theta}\\&=mab\omega^2\csc\theta+\frac{4}{3}ma^2\omega^2\sin^2\theta\end{aligned}\tag{1}$$

也可表成

$$\frac{\mathrm{d}^2V}{\mathrm{d}\theta^2}=-mag\sec\theta-\frac{4}{3}ma^2\omega^2\cos^2\theta\tag{2}$$

在第二象限，用式(1)，因为$\csc\theta>0$，第一项、第二项均为正值，$\frac{\mathrm{d}^2V}{\mathrm{d}\theta^2}>0$，故平衡是稳定的.

在第四象限，用式(2)，因为$\sec\theta>0$，第一项、第二项均为负值，$\frac{\mathrm{d}^2V}{\mathrm{d}\theta^2}<0$，故平衡是不稳定的.

在第三象限，$\csc\theta<0,\sec\theta<0$，如果有平衡位置存在，无论用式(1)还是式(2)，都是一项正一项负，$\frac{\mathrm{d}^2V}{\mathrm{d}\theta^2}>0$还是$<0$都可能，与参量$a$、$b$和$\omega$都有关.

从图 7.128 看，平衡位置与参量a、b和ω的关系如下：在第二象限和第四象限，平衡位置各有一个，与参量a、b和ω均无关；在第三象限平衡位置是否存在，存在一个还是两个，与参量a、b有关，与ω无关.

(5)在每个象限中，杆受力情况如图 7.134(a)、(b)、(c)、(d)、(e)所示，(c)、(d)图是在第三象限的无平衡位置和有平衡位置的两种情况，mg是重力，作用点均在质心C,$\boldsymbol{F}$为惯性离轴力，作用点一般均不在质心C，其大小等于各质元所受惯性离轴力之和，其作用点可由各质元所受惯性力对质心的力矩之和等于合惯性力对质心的力矩来确定，由此可以确定它的位置向何方偏离质心；N为铰链对杆的作用力，(b)、(d)、(e)是在平衡位置，N一般不沿杆的方向，在平衡位置，$\boldsymbol{N}+\boldsymbol{F}+m\boldsymbol{g}=0$,$\boldsymbol{N}$、$\boldsymbol{F}$、$m\boldsymbol{g}$的作用线交于一点，如图 7.129 所示，平衡时，$m\boldsymbol{g}$和$\boldsymbol{F}$对A的力矩大小相等、方向相反. 由此可见，(a)、(c)的情况不可能有平衡位置，这就说明了在第一角限没有平衡位置，在第三象限可能没有平衡位置，(b)、(d)、(e)的情况说明在第二、第四象限均有平衡位置，在第三象限可能有平衡位置. (a)、(c)图不是平衡位置，铰链对杆的作用力N的方向不好确定，图中就不好画了.

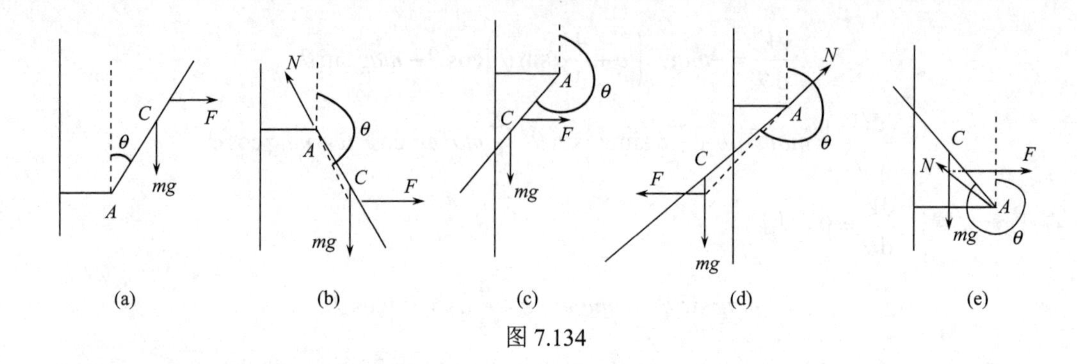

图 7.134

考虑杆的位置少许偏离平衡位置，对于第二象限的(b)图，如θ减小，mg大小不变，力臂增大，F变大，作用点可能少许外移，但力臂不一定增大，$\boldsymbol{F}$对A点的力矩的绝对值可能变大也可能变小，$\boldsymbol{mg}$对A点的力矩的绝对值一定增大，合力矩可能是恢复力矩(定性地不能说明一定是)，因此这里定性地说，可以理解在第二象限的平衡是稳定平衡. 对于第四象限的(e)图，如θ增大，F增大，如略去其作用点的移动，力臂增大，$\boldsymbol{F}$对A点的力矩的绝对值增大，而$\boldsymbol{mg}$对A点的力矩的绝对值减小(因力臂减小了)，因此合力矩将使偏离加剧，在第四象限的平衡是不稳定的. 考虑作用点的移动，是向质心方向移动，更是使力臂增大，因此定性说明也能作出第四象限的平衡不稳定的结论. (d)图在第三象限的平衡，定量的表达式不代入参量值前都无法说明稳定还是不稳定，定性地看自然也不能得出肯定的结论.

7.5.30　由于两极处略扁，地球绕极轴的转动惯量比绕赤道轴的转动惯量稍大，假定极轴是旋转对称轴.

(1) 证明在地球表面外的引力势(即单位质量质点具有的势能)的主要项可展成

$$U=-\frac{GM_{\mathrm{e}}}{r}\left[1-\frac{C-A}{2M_{\mathrm{e}}a^2}\left(\frac{a}{r}\right)^2\left(3\cos^2\theta-1\right)\right]$$

其中C和A分别是地球绕极轴和赤道轴的转动惯量，M_{e}是地球质量，a是地球的平均半径，r是到地球质心的距离，θ是$\boldsymbol{r}$与极轴的夹角，系数$\dfrac{C-A}{M_{\mathrm{e}}a^2}\sim10^{-3}$；

(2) 第二项对于围绕地球做圆周运动的卫星有什么长期效应?

(3) 如果卫星的运动平面的法线与地球的极轴夹角为α，取圆形轨道的时间平均导出这个效应大小的表达式.

解　(1) 取极轴为z轴，赤道面为xy平面，原点取地球中心，$\boldsymbol{r}=x\boldsymbol{i}+y\boldsymbol{j}+z\boldsymbol{k}$表示卫星的位矢，$\boldsymbol{r}'=x'\boldsymbol{i}+y'\boldsymbol{j}+z'\boldsymbol{k}$表示地球一质元$\mathrm{d}M_{\mathrm{e}}$的位矢，质元与卫星的距离为$|\boldsymbol{r}-\boldsymbol{r}'|$.

引力势(卫星的每单位质量的势能)为

$$U=-\int\frac{G\mathrm{d}M_{\mathrm{e}}}{|\boldsymbol{r}-\boldsymbol{r}'|}=-\int\frac{G\mathrm{d}M_{\mathrm{e}}}{\left(r^2-2\boldsymbol{r}\cdot\boldsymbol{r}'+\boldsymbol{r}'^2\right)^{1/2}}$$

$$=-\int\frac{G}{r}\left[1-\frac{2\boldsymbol{r}\cdot\boldsymbol{r}'}{r^2}+\frac{r'^2}{r^2}\right]^{-\frac{1}{2}}\mathrm{d}M_{\mathrm{e}}$$

作泰勒展开，略去$\left(\dfrac{r'}{r}\right)^3$及更高级小量，

$$U=-\int\frac{G}{r}\left[1+\frac{\boldsymbol{r}\cdot\boldsymbol{r}'}{r^2}-\frac{r'^2}{2r^2}+\frac{3}{2}\frac{(\boldsymbol{r}\cdot\boldsymbol{r}')^2}{r^4}\right]\mathrm{d}M_{\mathrm{e}}$$

积分中$\boldsymbol{r}$是常矢量，又假定地球是一个旋转对称的椭球，

$$\int\boldsymbol{r}\cdot\boldsymbol{r}'\mathrm{d}M_{\mathrm{e}}=\boldsymbol{r}\cdot\int\boldsymbol{r}'\mathrm{d}M_{\mathrm{e}}=0$$

$$\begin{aligned}U&=-\frac{GM_{\mathrm{e}}}{r}-\frac{G}{r^3}\int\left[\frac{3}{2}\frac{(\boldsymbol{r}\cdot\boldsymbol{r}')^2}{r^2}-\frac{r'^2}{2}\right]\mathrm{d}M_{\mathrm{e}}\\&=-\frac{GM_{\mathrm{e}}}{r}-\frac{G}{r^3}\int\frac{3(xx'+yy'+zz')^2-(x^2+y^2+z^2)(x'^2+y'^2+z'^2)}{2r^2}\mathrm{d}M_{\mathrm{e}}\end{aligned}$$

由于对称，含$x'y'$、$y'z'$、$z'x'$诸因子的项的积分都为零，

$$U=-\frac{GM_{\mathrm{e}}}{r}-\frac{G}{r^3}\int\frac{2(x^2x'^2+y^2y'^2+z^2z'^2)-(x^2y'^2+x^2z'^2+y^2x'^2+y^2z'^2+z^2x'^2+z^2y'^2)}{2r^2}\mathrm{d}M_{\mathrm{e}}$$

又因x和y轴的选取可以是任意的(只要在赤道面上)，含x'^2项和含y'^2项(系数是相同的常量)的积分相等，例如$\int\dfrac{x^2}{2r^2}y'^2\mathrm{d}M_{\mathrm{e}}=\int\dfrac{x^2}{2r^2}x'^2\mathrm{d}M_{\mathrm{e}}$，于是

$$\begin{aligned}U&=-\frac{GM_{\mathrm{e}}}{r}-\frac{G}{r^3}\int\frac{x^2x'^2+y^2y'^2+2z^2z'^2-x^2z'^2-y^2z'^2-2z^2x'^2}{2r^2}\mathrm{d}M_{\mathrm{e}}\\&=-\frac{GM_{\mathrm{e}}}{r}-\frac{G}{r^3}\int\frac{(x^2+y^2)x'^2-2z^2x'^2+(2z^2-x^2-y^2)z'^2}{2r^2}\mathrm{d}M_{\mathrm{e}}\\&=-\frac{GM_{\mathrm{e}}}{r}-\frac{G}{r^3}\int\frac{(3z^2-r^2)(z'^2-x'^2)}{2r^2}\mathrm{d}M_{\mathrm{e}}\\&=-\frac{GM_{\mathrm{e}}}{r}-\frac{G}{r^3}\int\left(\frac{3z^2}{2r^2}-\frac{1}{2}\right)(z'^2+y'^2-x'^2-y'^2)\,\mathrm{d}M_{\mathrm{e}}\\&=-\frac{GM_{\mathrm{e}}}{r}-\frac{G}{2r^3}\left(\frac{3z^2}{r^2}-1\right)(I_{xx}-I_{zz})\end{aligned}$$

又因$I_{xx}=I_{yy}=A,I_{zz}=C,z=r\cos\theta$，

$$\begin{aligned}U&=-\frac{GM_{\mathrm{e}}}{r}-\frac{G}{2r^3}(3\cos^2\theta-1)(A-C)\\&=-\frac{GM_{\mathrm{e}}}{r}\left[1-\frac{C-A}{2M_{\mathrm{e}}a^2}\left(\frac{a}{r}\right)^2(3\cos^2\theta-1)\right]\end{aligned}$$

(2) U的展开式中的第二项为

$$U_2 = G(C-A)\left(\frac{3z^2}{2r^5}-\frac{1}{2r^3}\right)$$

它对卫星的每单位质量引起附加力

$$\boldsymbol{F} = -\nabla U_2$$

因 $\nabla r = \frac{\boldsymbol{r}}{r}, \nabla r^{-5} = -\frac{5\boldsymbol{r}}{r^7}, \nabla r^{-3} = -\frac{3\boldsymbol{r}}{r^5}, \nabla z^2 = 2z\boldsymbol{k},$

$$\boldsymbol{F} = \frac{3G(A-C)}{2r^5}\left[\left(1-\frac{5z^2}{r^2}\right)\boldsymbol{r} + 2z\boldsymbol{k}\right]$$

方括号中的第一部分仍是有心力，但它不是与距离平方成反比的有心力，它不会改变卫星关于地球中心的角动量(大小、方向均不变)，因而不影响轨道平面，只是使卫星稍偏离圆形轨道，第二部分的力

$$\boldsymbol{F}_2 = \frac{3G(A-C)}{r^5}z\boldsymbol{k}$$

不是有心力，它使轨道平面绕 z 轴进动.

(3) 由于卫星的运动非常接近于绕原点为圆心的匀速率圆周运动，由对称性，在卫星旋转一周过程中 $\int_t^{t+T}\boldsymbol{F}_2\mathrm{d}t = 0$，一周后，动量回到原来值，但 $\boldsymbol{F}_2$ 对地球中心有力矩

$$\boldsymbol{M} = \boldsymbol{r}\times\boldsymbol{F}_2 = (x\boldsymbol{i}+y\boldsymbol{j}+z\boldsymbol{k})\times\frac{3G(A-C)}{r^5}z\boldsymbol{k}$$

$$= \frac{3G(A-C)}{r^5}(yz\boldsymbol{i}-xz\boldsymbol{j})$$

若始终取卫星的轨道平面与地球的赤道平面的交线为 x 轴，如图 7.135 所示. 当卫星沿轨道运行时，$y>0$时$,z>0;y<0$时$,z<0.$ 故$yz>0$，而轨道上 x 坐标相同的有两处，它们的 z 坐标绝对值相同，正负号相反，故 xz 的平均值为零，在卫星旋转一周的过程中，$\boldsymbol{M}$ 的平均值在 x 轴负向.

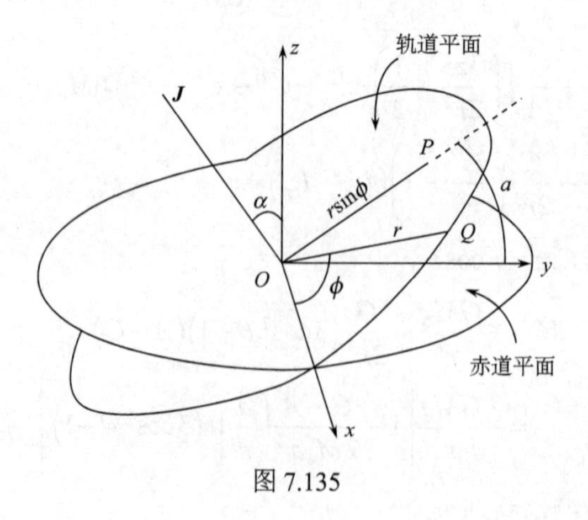

图 7.135

即使不考虑 $\boldsymbol{M}$ 的平均值，在任何时刻也均有

$$\boldsymbol{M}\cdot\boldsymbol{k}=0$$

因 $\dfrac{\mathrm{d}\boldsymbol{J}}{\mathrm{d}t}=\boldsymbol{M}$,

$$\frac{\mathrm{d}\boldsymbol{J}}{\mathrm{d}t}\cdot\boldsymbol{k}=\boldsymbol{M}\cdot\boldsymbol{k}=0$$

$\boldsymbol{k}$ 是常矢量,

$$\frac{\mathrm{d}(\boldsymbol{J}\cdot\boldsymbol{k})}{\mathrm{d}t}=0,\quad J_z=\text{常量}$$

$\boldsymbol{J}$ 沿卫星轨道平面的法线方向. 上式说明卫星轨道平面的法线与 z 轴的夹角 α 不变，轨道平面的法线绕 z 轴(地球极轴)进动，由于 $\boldsymbol{M}$ 是小量，进动角速度是很小的.

进动角速度不是恒量，我们考虑其平均值，为此计算 $\boldsymbol{M}$ 的平均值 $\overline{\boldsymbol{M}}$.

设 ϕ 是卫星的位矢与 x 轴的夹角，取卫星位于 $\phi=0$ 时为 $t=0$，设卫星做圆周运动的角速度为 ω, t 时刻，$\phi=\omega t$，此时卫星位于图中的 Q 点，卫星的圆轨道半径为 r，图中的 OP 是 OQ 在 yz 平面上的投影. OP 又在轨道平面上，故 $\overrightarrow{OP}\perp\boldsymbol{J}, \boldsymbol{J}$、$z$、$OP$ 和 y 轴在同一平面内，所以 OP 与 y 轴的夹角为 α.

t 时刻，卫星的 x、y、z 坐标分别为 $r\cos\phi$、$r\sin\phi\cos\alpha$、$r\sin\phi\sin\alpha$，

$$\begin{aligned}\overline{\boldsymbol{M}}&=\frac{1}{T}\int_0^T\boldsymbol{M}\mathrm{d}t=\frac{3G(A-C)}{Tr^5}\int_0^T(yz\boldsymbol{i}-xz\boldsymbol{j})\,\mathrm{d}t\\&=\frac{3G(A-C)}{Tr^5}\int_0^T(r\sin\phi\cos\alpha\cdot r\sin\phi\sin\alpha)\,\boldsymbol{i}\mathrm{d}t\\&=\frac{3G(A-C)\sin2\alpha}{2Tr^3}\boldsymbol{i}\int_0^T\frac{1-\cos2\phi}{2}\,\mathrm{d}t\end{aligned}$$

因为

$$\int_0^T\cos2\phi\mathrm{d}t=\int_0^T\cos2\omega t\mathrm{d}t=\frac{1}{2\omega}\sin2\omega t\Big|_{t=0}^{t=T}=0$$

$$\overline{\boldsymbol{M}}=-\frac{3G(C-A)\sin2\alpha}{4r^3}\boldsymbol{i}$$

设轨道平面的进动角速度为 $\boldsymbol{\Omega}=\Omega\boldsymbol{k}, \boldsymbol{\Omega}$ 也是 $Oxyz$ 坐标系绕 z 轴的转动角速度,

$$\overline{\frac{\mathrm{d}\boldsymbol{J}}{\mathrm{d}t}}=\frac{\tilde{\mathrm{d}}\boldsymbol{J}}{\mathrm{d}t}+\overline{\boldsymbol{\Omega}}\times\boldsymbol{J}=\overline{\boldsymbol{M}}$$

因为

$$\frac{\tilde{\mathrm{d}}\boldsymbol{J}}{\mathrm{d}t}=0$$

$$\overline{\boldsymbol{\Omega}}\times\boldsymbol{J}=\overline{\boldsymbol{M}}$$

式中 $\boldsymbol{J}$ 为卫星单位质量的对地球中心的角动量,

$$\boldsymbol{J}=r^2\omega(-\sin\alpha\,\boldsymbol{j}+\cos\alpha\,\boldsymbol{k})$$

$$\overline{\boldsymbol{\Omega}}\boldsymbol{k}\times r^{2}\omega(-\sin\alpha\boldsymbol{j}+\cos\alpha\boldsymbol{k})=-\frac{3G(C-A)\sin2\alpha}{4r^{3}}\boldsymbol{i}$$

$$\overline{\Omega}=-\frac{3G(C-A)\cos\alpha}{2r^{5}\omega}$$

结论是取圆形轨道的时间平均，卫星的运动平面的法线与地球的极轴的夹角α不变，但法线将以$\overline{\boldsymbol{\Omega}}=-\dfrac{3G(C-A)\cos\alpha}{2r^{5}\omega}\boldsymbol{k}$的平均角速度绕极轴进动，这个$\left|\overline{\Omega}\right|$是非常小的. 设卫星以$r=a$紧靠地球表面做圆周运动，其角速度$\omega=\sqrt{\dfrac{g}{a}}\sim10^{-3}\text{s}^{-1}$,用$\dfrac{C-A}{M_{\text{e}}a^{2}}\sim10^{-3}$，可算出$\left|\overline{\Omega}\right|\sim10^{-7}\text{s}$. 比卫星做圆周运动的角速度小得多.

7.5.31　(1)一个有限的轴对称物体，质量密度为$\rho=\rho(x,y,z)=\rho(r,\theta)$ (r,θ为球坐标)，在距离物体比较远的地方，引力势形式为

$$U=-\frac{GM}{r}+\frac{f(\theta)}{r^{2}}+\cdots$$

其中

$$\begin{aligned}M&=\int\rho(x',y',z')\mathrm{d}x'\mathrm{d}y'\mathrm{d}z'\\&=2\pi\int\rho(r',\theta')r'^{2}\sin\theta'\mathrm{d}r'\mathrm{d}\theta'\end{aligned}$$

是总质量. 求$f(\theta)$；

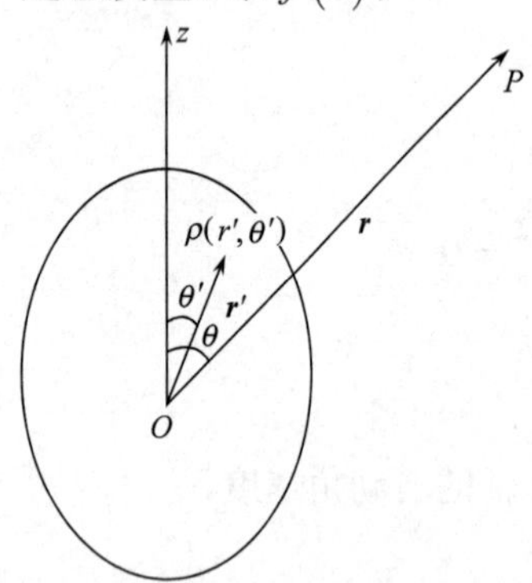

图 7.136

(2)一个小的检验体，密度为$\sigma(x,y,z)$，被放置在引力势$U(x,y,z)$的地方，求小检验体的引力势能；

(3)若上述小检验体放在一个球对称的引力势$U=-\dfrac{GM}{r}$的势场中，使检验体的质心在$(0,0,r_{0})$，试证：r_{0}足够大处引力势能为

$$V=-\frac{mMG}{r_{0}}+\frac{d}{r_{0}^{2}}+O\left(1/r_{0}^{3}\right)$$

其中$m=\int_{\tau}\sigma(x,y,z)\mathrm{d}x\mathrm{d}y\mathrm{d}z$，并求$d$.

解　(1)题目已经要求取对称轴为z轴，在图 7.136 中远离物体的P点的引力势为

$$U(r,\theta)=-\int\frac{G\rho(r',\theta')}{\left|\boldsymbol{r}-\boldsymbol{r}'\right|}\mathrm{d}V'$$

其中V'是物体的体积，

$$\mathrm{d}V'=r'^{2}\sin\theta'\mathrm{d}r'\mathrm{d}\theta'\mathrm{d}\varphi'$$

由于物体轴对称，被积函数与φ'无关，可对φ'积分，

$$U=-\int\frac{G\rho(r',\theta')}{|\boldsymbol{r}-\boldsymbol{r}'|}\cdot 2\pi r'^2\sin\theta'\mathrm{d}r'\mathrm{d}\theta'$$

$$\frac{1}{|\boldsymbol{r}-\boldsymbol{r}'|}=\frac{1}{r}\left(1-\frac{2\boldsymbol{r}\cdot\boldsymbol{r}'}{r^2}+\frac{r'^2}{r^2}\right)^{-\frac{1}{2}}$$

因为$r\gg r'$，略去二级及二级以上小量，

$$\frac{1}{|\boldsymbol{r}-\boldsymbol{r}'|}=\frac{1}{r}\left(1+\frac{\boldsymbol{r}\cdot\boldsymbol{r}'}{r^2}\right)\approx\frac{1}{r}\left[1+\frac{r'}{r}\cos(\theta-\theta')\right]$$

$$\begin{aligned}U&=-2\pi G\int\frac{1}{r}\rho(r',\theta')\left[1+\frac{r'}{r}\cos(\theta-\theta')\right]r'^2\sin\theta'\mathrm{d}r'\mathrm{d}\theta'\\&=-\frac{G}{r}\cdot 2\pi\int\rho(r',\theta')r'^2\sin\theta'\mathrm{d}r'\mathrm{d}\theta'-\frac{G}{r^2}\cdot 2\pi\int\rho(r',\theta')r'^3\cos(\theta-\theta')\sin\theta'\mathrm{d}r'\mathrm{d}\theta'\\&=-\frac{GM}{r}+\frac{f(\theta)}{r^2}\end{aligned}$$

其中

$$f(\theta)=-2\pi G\int\rho(r',\theta')r'^3\cos(\theta-\theta')\sin\theta'\mathrm{d}r'\mathrm{d}\theta'$$

(2) 既然是小检验体，其自身产生的引力势与势场的引力势$U(x,y,z)$相比是可以不计的，小检验体的引力势能为

$$V=\int_\tau\sigma(x,y,z)U(x,y,z)\mathrm{d}x\mathrm{d}y\mathrm{d}z$$

其中τ是小检验体的体积.

(3) 令$U(x,y,z)=-\dfrac{GM}{r}$，检验体的势能为

$$V=-\int_\tau\sigma(x,y,z)\frac{GM}{r}\mathrm{d}x\mathrm{d}y\mathrm{d}z$$

设C为检验体的质心，位于相对于质心的位矢$\boldsymbol{r}'$处的体积元$\mathrm{d}\tau$的(图7.137)位矢为

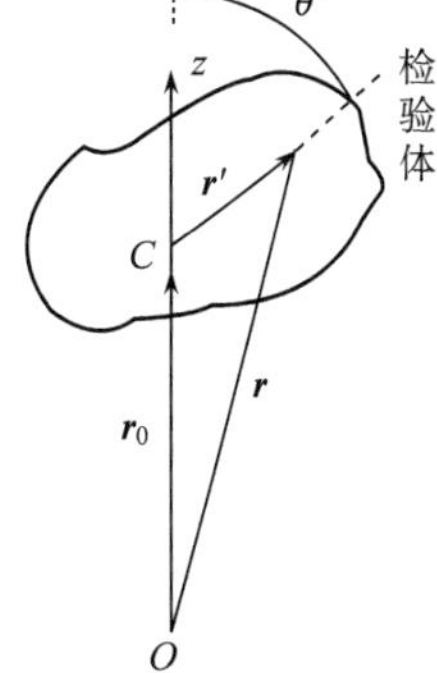

图 7.137

$$\boldsymbol{r}=\boldsymbol{r}_0+\boldsymbol{r}'$$

则

$$\begin{aligned}r^2&=r_0^2+r'^2+2\boldsymbol{r}_0\cdot\boldsymbol{r}'\\&=r_0^2+r'^2+2r_0r'\cos\theta'\end{aligned}$$

$$\begin{aligned}\frac{1}{r}&=\frac{1}{r_0}\left(1+\frac{r'^2}{r_0^2}+\frac{2r'}{r_0}\cos\theta'\right)^{-\frac{1}{2}}\\&=\frac{1}{r_0}\left[1-\frac{r'}{r_0}\cos\theta'+O\left(\frac{1}{r_0^2}\right)\right]\end{aligned}$$

检验体的引力势能为

$$
\begin{aligned}
V &= -\frac{GM}{r_0}\int_\tau \sigma(r',\theta',\varphi')\left[1-\frac{r'}{r_0}\cos\theta' + O\left(\frac{1}{r_0^2}\right)\right] r'^2 \sin\theta' \mathrm{d}r'\mathrm{d}\theta'\mathrm{d}\varphi' \\
&= -\frac{GMm}{r_0} + \frac{GM}{r_0^2}\int_\tau \sigma(r',\theta',\varphi') r'^3 \cos\theta' \sin\theta' \mathrm{d}r'\mathrm{d}\theta'\mathrm{d}\varphi' + O\left(\frac{1}{r_0^3}\right) \\
&= -\frac{GMm}{r_0} + \frac{d}{r_0^2} + O\left(\frac{1}{r_0^3}\right)
\end{aligned}
$$

其中

$$
d = \frac{GM}{2}\int_\tau \sigma(r',\theta',\varphi') r'^3 \sin 2\theta' \mathrm{d}r'\mathrm{d}\theta'\mathrm{d}\varphi'
$$

第八章　流体力学基础

8.1　流体运动学

8.1.1　已知流体运动的速度场为

$$v_x = x + t,\ v_y = y + t,\ v_z = 0$$

求用拉格朗日变量表示的速度分布.

解

$$\frac{\mathrm{d}x}{\mathrm{d}t} = x + t$$

$$\mathrm{d}x - (x + t)\mathrm{d}t = 0$$

设有积分因子 $\varphi(t)$，即

$$\varphi(t)\mathrm{d}x - (x + t)\varphi(t)\mathrm{d}t = 0$$

为恰当微分. 由全微分条件，

$$\frac{\mathrm{d}\varphi}{\mathrm{d}t} = -\varphi$$

积分得

$$\varphi(t) = \mathrm{e}^{-t}$$

$$\mathrm{e}^{-t}\mathrm{d}x - x\mathrm{e}^{-t}\mathrm{d}t - t\mathrm{e}^{-t}\mathrm{d}t = 0$$

$$\mathrm{d}\left(x\mathrm{e}^{-t}\right) + \mathrm{d}\left(-\int t\mathrm{e}^{-t}\mathrm{d}t\right) = 0$$

$$-\int t\mathrm{e}^{-t}\mathrm{d}t = \int t\mathrm{d}\mathrm{e}^{-t} = t\mathrm{e}^{-t} - \int \mathrm{e}^{-t}\mathrm{d}t = (t+1)\mathrm{e}^{-t}$$

$$\mathrm{d}\left[(x + t + 1)\mathrm{e}^{-t}\right] = 0$$

$$(x + t + 1)\mathrm{e}^{-t} = C\ (C\text{为常量})$$

$$x = C\mathrm{e}^{t} - (t + 1)$$

若 $t = 0$ 时，$x = x_0$，则

$$C = x_0 + 1$$

$$x = (x_0 + 1)\mathrm{e}^{t} - (t + 1)$$

$$v_x = (x_0 + 1)\mathrm{e}^{t} - 1$$

同样解微分方程

$$\frac{\mathrm{d}y}{\mathrm{d}t} = y + t$$

若 $t = 0$ 时，$y = y_0$，因与上述的微分方程同型，可直接写出

$$v_y = (y_0 + 1)\mathrm{e}^{t} - 1$$

$$\frac{\mathrm{d}z}{\mathrm{d}t} = 0,\quad z = z_0$$

$$v_z = 0$$

故用拉格朗日变量表示的速度分布为

$$v_x = (x_0 + 1)e^t - 1$$

$$v_y = (y_0 + 1)e^t - 1$$

$$v_z = 0$$

8.1.2　某一流体流动的拉格朗日描述是

$$x = \sqrt{x_0^2 + y_0^2}\cos\left(\omega t + \arctan\frac{y_0}{x_0}\right)$$

$$y = \sqrt{x_0^2 + y_0^2}\sin\left(\omega t + \arctan\frac{y_0}{x_0}\right)$$

其中ω是常量，求出用欧拉方式描述的速度场.

解

$$v_x = \frac{\partial x}{\partial t} = -\sqrt{x_0^2 + y_0^2}\,\omega\sin\left(\omega t + \arctan\frac{y_0}{x_0}\right) = -\omega y$$

$$v_y = \frac{\partial y}{\partial t} = \sqrt{x_0^2 + y_0^2}\,\omega\cos\left(\omega t + \arctan\frac{y_0}{x_0}\right) = \omega x$$

用欧拉方式描述的速度分布为

$$\boldsymbol{v} = -\omega y\boldsymbol{i} + \omega x\boldsymbol{j}$$

8.1.3　流体运动的速度场为

$$v_x = yzt,\ \ v_y = zxt,\ \ v_z = 0$$

问当$t = 10$时，在点(2，5，3)处的质元的加速度为何值?

解　今知用欧拉变量描述的$\boldsymbol{v}$，用欧拉变量描述的$\boldsymbol{a}$与$\boldsymbol{v}$有下列关系:

$$\boldsymbol{a} = \frac{\partial \boldsymbol{v}}{\partial t} + (\boldsymbol{v}\cdot\nabla)\boldsymbol{v}$$

故

$$\begin{aligned} a_x &= \frac{\partial v_x}{\partial t} + \boldsymbol{v}\cdot\nabla v_x \\ &= \frac{\partial(yzt)}{\partial t} + yzt\frac{\partial(yzt)}{\partial x} + zxt\frac{\partial(yzt)}{\partial y} + 0 \\ &= yz + xz^2t^2 \end{aligned}$$

$$\begin{aligned} a_y &= \frac{\partial v_y}{\partial t} + \boldsymbol{v}\cdot\nabla v_y \\ &= \frac{\partial(zxt)}{\partial t} + yzt\frac{\partial(zxt)}{\partial x} + zxt\frac{\partial(zxt)}{\partial y} + 0 \\ &= zx + yz^2t^2 \end{aligned}$$

$$a_z = \frac{\partial v_z}{\partial t} + \boldsymbol{v}\cdot\nabla v_z = 0$$

故 $t=10$ 时，在点 $(2,5,3)$ 处质元的加速度为

$$a_x = 5\times 3 + 2\times 3^2 \times 10^2 = 1815$$

$$a_y = 3\times 2 + 5\times 3^2 \times 10^2 = 4506$$

$$a_z = 0$$

8.1.4　流体沿 x 方向定常运动，速度按线性规律递增，已知流体质元流经相距 $l=50\text{cm}$ 的 A、B 两点的速度 $v_A = 2\text{m}\cdot\text{s}^{-1}$、$v_B = 6\text{m}\cdot\text{s}^{-1}$，如图 8.1 所示. 试求流经这两点时质元的加速度.

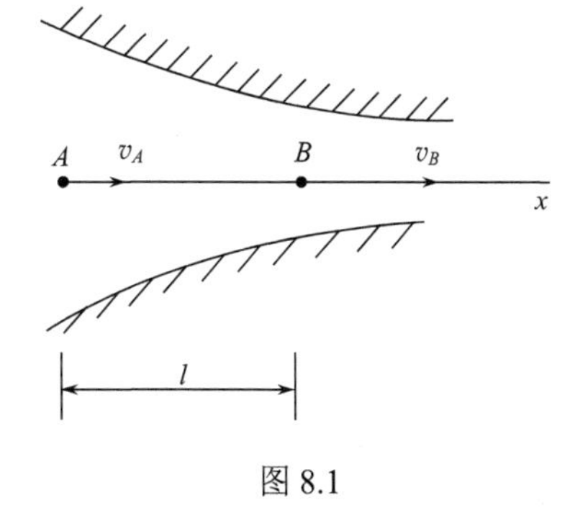

图 8.1

解　速度按线性规律递增，

$$v = \alpha + \beta x$$

α、β 均为常量，取 A 点为 x 轴的原点，则

$$x=0,\ v = v_A = 2\text{m}\cdot\text{s}^{-1}$$

$$x = l = 0.50\text{m},\quad v = v_B = 6\text{m}\cdot\text{s}^{-1}$$

可定出 $\alpha = 2$，$\beta = 8$，

$$v = 2 + 8x$$

$$a = \frac{\partial v}{\partial t} + v\frac{\partial v}{\partial x} = 16(1+4x)$$

故在 A 点，$x=0$，$a_A = 16\text{m}\cdot\text{s}^{-2}$；在 B 点，$x=0.5\text{m}$，$a_B = 48\text{m}\cdot\text{s}^{-2}$.

8.1.5　流体在平面上做定常流动，其速度场用极坐标表示为

$$\boldsymbol{v}(r,\ \varphi) = br\boldsymbol{e}_\varphi$$

其中 b 为常量，求该流动的加速度场.

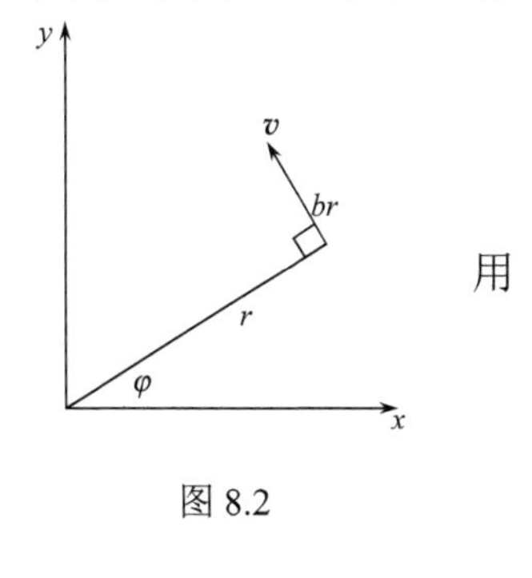

图 8.2

解　将速度场改用直角坐标表示，参看图 8.2，

$$v_x = -br\sin\varphi = -by$$

$$v_y = br\cos\varphi = bx$$

用

$$\boldsymbol{a} = \frac{\partial \boldsymbol{v}}{\partial t} + \boldsymbol{v}\cdot\nabla\boldsymbol{v}$$

$$a_x = \frac{\partial v_x}{\partial t} + \boldsymbol{v}\cdot\nabla v_x$$

$$= 0 + (-by)\frac{\partial(-by)}{\partial x} + bx\frac{\partial(-by)}{\partial y} = -b^2 x$$

$$a_y = \frac{\partial v_y}{\partial t} + \boldsymbol{v}\cdot\nabla v_y$$

$$= 0 + (-by)\frac{\partial(bx)}{\partial x} + bx\frac{\partial(bx)}{\partial y} = -b^2 y$$

所以

$$\boldsymbol{a} = -b^2(x\boldsymbol{i} + y\boldsymbol{j}) \quad 或 \quad \boldsymbol{a} = -b^2 r\boldsymbol{e}_r$$

8.1.6　已知一定常流动的速度场为

$$v_x = 2kx,\ v_y = 2ky,\ v_z = -4kz$$

其中k为常量，试求通过(1, 1, 1)点的流线方程.

解　流线满足的常微分方程为

$$\frac{\mathrm{d}x}{2kx} = \frac{\mathrm{d}y}{2ky} = \frac{\mathrm{d}z}{-4kz}$$

由

$$2ky\mathrm{d}x = 2kx\mathrm{d}y$$

$$\frac{\mathrm{d}x}{x} = \frac{\mathrm{d}y}{y}$$

$$\ln x = \ln y + \ln c_1 \tag{1}$$

$$x = c_1 y$$

由

$$-4kz\mathrm{d}x = 2kx\mathrm{d}z,$$

$$-2\frac{\mathrm{d}x}{x} = \frac{\mathrm{d}z}{z}$$

$$z = \frac{c_2}{x^2} \tag{2}$$

要通过(1,1,1)点，将$x=1$，$y=1$代入式(1)，定出$c_1=1$，将$x=1$，$z=1$代入式(2)，定出$c_2=1$，故通过(1,1,1)点的流线方程为

$$x = y,\quad z = \frac{1}{x^2}$$

8.1.7　已知某运动的速度场为

$$\boldsymbol{v} = (1+At)\boldsymbol{i} + 2x\boldsymbol{j}$$

其中A为常量. 求:

(1) $t=t_0$时通过(x_0, y_0)点的流线方程;

(2) $t=t_0$时位于(x_0, y_0)点的流体质元的轨道方程;

(3) $t=t_0$时位于(x_0, y_0)点的流体质元在t时刻的速度.

解　(1)流线满足的常微分方程为

$$\frac{\mathrm{d}x}{1+At} = \frac{\mathrm{d}y}{2x}$$

其中t是参量

$$\int_{x_0}^{x} 2x\mathrm{d}x = \int_{y_0}^{y} (1+At)\Big|_{t=t_0} \mathrm{d}y$$

$$x^2 - x_0^2 = (1+At_0)(y-y_0)$$

或

$$y - y_0 = \frac{1}{1+At_0}(x^2 - x_0^2)$$

(2) 轨道方程满足的常微分方程为

$$\frac{\mathrm{d}x}{1+At}=\frac{\mathrm{d}y}{2x}=\mathrm{d}t$$

$$\int_{x_0}^{x}\mathrm{d}x=\int_{t_0}^{t}(1+At)\mathrm{d}t$$

$$x-x_0=\left(t+\frac{1}{2}At^2\right)\Big|_{t=t_0}^{t}=(t-t_0)+\frac{1}{2}A\left(t^2-t_0^2\right)$$

$$\int_{y_0}^{y}\mathrm{d}y=\int_{t_0}^{t}2x\mathrm{d}t=2\int_{t_0}^{t}\left[x_0+(t-t_0)+\frac{1}{2}A\left(t^2-t_0^2\right)\right]\mathrm{d}t$$

$$y-y_0=2x_0(t-t_0)+(t-t_0)^2+\frac{1}{3}A\left(t^3-3t_0^2t+2t_0^3\right)$$

(3) 将 (2) 问中求得的轨道方程亦即运动学方程对 t 求导，即得

$$v_x=\frac{\mathrm{d}x}{\mathrm{d}t}=1+At$$

$$v_y=\frac{\mathrm{d}y}{\mathrm{d}t}=2x_0+2(t-t_0)+A\left(t^2-t_0^2\right)$$

它们是 t_0 时刻位于 $(x_0,\ y_0)$ 的流体质元在 t 时刻的速度分量，写成矢量式为

$$\boldsymbol{v}=(1+At)\boldsymbol{i}+\left[2x_0+2(t-t_0)+A\left(t^2-t_0^2\right)\right]\boldsymbol{j}$$

8.1.8　流体运动的速度分布若为

$$\boldsymbol{v}=(x+t)\boldsymbol{i}-(y-t)\boldsymbol{j}$$

求通过 $(-1,\ -1)$ 点的流线及 $t=0$ 时通过 $(-1,\ -1)$ 点的迹线.

解　流线满足的微分方程为

$$\frac{\mathrm{d}x}{x+t}=\frac{\mathrm{d}y}{-(y-t)}$$

其中 t 是参量，

$$\ln(x+t)=-\ln(y-t)+\ln C$$

$$(x+t)(y-t)=C$$

将 $x=-1$，$y=-1$ 代入上式定 C，

$$C=(-1+t)(-1-t)=-\left(t^2-1\right)$$

$$(x+t)(y-t)=-\left(t^2-1\right)$$

$$xy+yt-xt-1=0$$

上式就是通过 $(-1,\ -1)$ 点的流线方程，t 是参量，给定 t 值，就给出了此时流线的 x、y 的曲线方程.

迹线满足的微分方程为

$$\frac{\mathrm{d}x}{x+t}=\frac{\mathrm{d}y}{-(y-t)}=\mathrm{d}t$$

即

$$\frac{\mathrm{d}x}{\mathrm{d}t}=x+t \tag{1}$$

$$\frac{\mathrm{d}y}{\mathrm{d}t}=-(y-t)$$

两式均是非齐次的一阶常系数线性微分方程，我们用常数变易法，先求相应的齐次方程的解.

$$\frac{\mathrm{d}x}{\mathrm{d}t}=x$$

$$x=c\mathrm{e}^{t}$$

把常数c变成t的函数

$$x=c(t)\mathrm{e}^{t} \tag{2}$$

$$\dot{x}=\dot{c}\mathrm{e}^{t}+c\mathrm{e}^{t} \tag{3}$$

将式(2)、(3)代入式(1)得$c(t)$满足的微分方程

$$\dot{c}\mathrm{e}^{t}=t$$

$$c=\int t\mathrm{e}^{-t}\mathrm{d}t=-t\mathrm{e}^{-t}+\int \mathrm{e}^{-t}\mathrm{d}t=-t\mathrm{e}^{-t}-\mathrm{e}^{-t}+c_1$$

所以

$$x=-(t+1)+c_1\mathrm{e}^{t}$$

同样用常数变易解$\frac{\mathrm{d}y}{\mathrm{d}t}=-(y-t)$，可得

$$y=t-1+c_2\mathrm{e}^{-t}$$

由$t=0$时，$x=-1$，$y=-1$，可定出$c_1=0$，$c_2=0$.

带参量t的在$t=0$通过(–1，–1)点的迹线方程为

$$x=-(t+1),\quad y=t-1$$

上两式消去t，即得不带参量的迹线方程

$$x+y+2=0$$

8.1.9　流体运动的轨迹为

$$x=x_0\mathrm{e}^{-2bt},\quad y=y_0\mathrm{e}^{bt},\quad z=z_0\mathrm{e}^{bt}$$

其中b为非零常量. 判断此流动是否定常流动?

解

$$v_x=\frac{\mathrm{d}x}{\mathrm{d}t}=-2bx_0\mathrm{e}^{-2bt}=-2bx$$

$$v_y=\frac{\mathrm{d}y}{\mathrm{d}t}=by_0\mathrm{e}^{bt}=by$$

$$v_z=\frac{\mathrm{d}z}{\mathrm{d}t}=bz_0\mathrm{e}^{bt}=bz$$

$$\boldsymbol{v}=-2bx\boldsymbol{i}+by\boldsymbol{j}+bz\boldsymbol{k}$$

因为$\dfrac{\partial \boldsymbol{v}}{\partial t}=0$，此流动是定常流动.

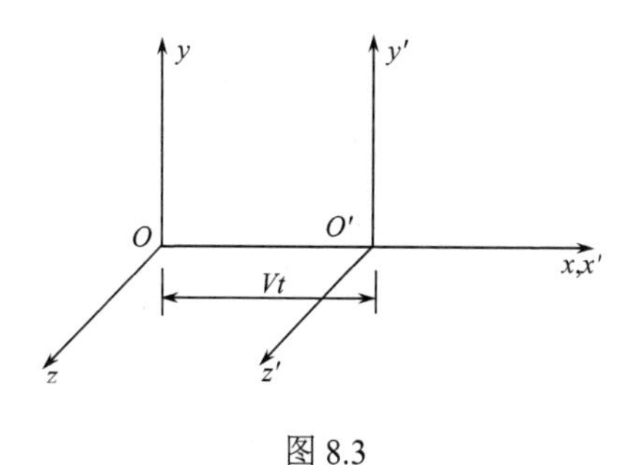

图 8.3

8.1.10　对 8.1.5 题所述的流体运动，如取以恒定速度V沿x轴向正方向运动的参考系S'，固连于它的两个坐标轴x'、y'轴分别与x、y轴平行，且$t=0$时，两坐标系完全重合. 问在S'系中看此流动是否是定常流动?给出t时刻通过任意点(x_0', y_0')的流线方程.

解　8.1.5 题所述的流体运动的速度场为

$$\boldsymbol{v}(r, \varphi)=br\boldsymbol{e}_\varphi$$

用直角坐标系表示，

$$v_x=-br\sin\varphi=-by$$

$$v_y=br\cos\varphi=bx$$

改用S'参考系，参看图 8.3，

$$x=x'+Vt$$

$$y=y'$$

$$v_x=\frac{\mathrm{d}x}{\mathrm{d}t}=\frac{\mathrm{d}x'}{\mathrm{d}t}+V=v_x'+V$$

$$v_y=\frac{\mathrm{d}y}{\mathrm{d}t}=\frac{\mathrm{d}y'}{\mathrm{d}t}=v_{y'}$$

所以

$$v_{x'}=v_x-V=-by'-V$$

$$v_{y'}=v_y=bx=b(x'+Vt)$$

$$\frac{\partial v_{y'}}{\partial t}\neq 0$$

所以在S'系中看流动不是定常流动.

在S'系中流线满足的微分方程为

$$\frac{\mathrm{d}x'}{-by'-V}=\frac{\mathrm{d}y'}{b(x'+Vt)}$$

其中t为参量.

$$\int_{x_0'}^{x'}b(x'+Vt)\mathrm{d}x'=-\int_{y_0'}^{y'}(by'+V)\mathrm{d}y'$$

$$\frac{1}{2}b(x'+Vt)^2-\frac{1}{2}b(x_0'+Vt)^2=-\frac{1}{2b}\left[(by'+V)^2-(by_0'+V)^2\right]$$

t时刻在S'系中看通过(x_0', y_0')的流线方程为

$$(x'+Vt)^2+\left(y'+\frac{V}{b}\right)^2=(x_0'+Vt)^2+\left(y_0'+\frac{V}{b}\right)^2$$

8.1.11　判断下述不可压缩流体的运动是否可能存在：

(1) $v_x = x$，$v_y = y$，$v_z = z$；

(2) $v_x = 2x^2 + y, v_y = 2y^2 + z, v_z = -4(x+y)z + xy$；

(3) $v_x = yzt$，$v_y = xzt$，$v_z = xyt$.

解　流体的运动都得遵从由质量守恒定律导出的连续性方程，连续性方程的一种表达式为

$$\frac{\mathrm{d}\rho}{\mathrm{d}t} + \rho\nabla \cdot \boldsymbol{v} = 0$$

不可压缩流体，密度 ρ 是常量，不随时间而变，也不随位置而变，$\frac{\mathrm{d}\rho}{\mathrm{d}t} = 0$，故不可压缩流体的运动，必须满足

$$\nabla \cdot \boldsymbol{v} = 0$$

由此式来判断所给的三个运动是否可能存在.

(1)
$$\nabla \cdot \boldsymbol{v} = \frac{\partial v_x}{\partial x} + \frac{\partial v_y}{\partial y} + \frac{\partial v_z}{\partial z} = 3 \neq 0$$

这个运动不可能存在.

(2)
$$\frac{\partial v_x}{\partial x} = 4x,\quad \frac{\partial v_y}{\partial y} = 4y,\quad \frac{\partial v_z}{\partial z} = -4(x+y)$$

$$\nabla \cdot \boldsymbol{v} = 4x + 4y - 4(x+y) = 0$$

这个运动可能存在.

(3)
$$\frac{\partial v_x}{\partial x} = 0,\quad \frac{\partial v_y}{\partial y} = 0,\quad \frac{\partial v_z}{\partial z} = 0,\quad \nabla \cdot \boldsymbol{v} = 0$$

这个运动也可能存在.

8.1.12　分别判断 8.1.5 题，8.1.9 题所述流动的流体是不是不可压缩流体?

解　如上题所述，不可压缩流体的运动必须满足的连续性方程为

$$\nabla \cdot \boldsymbol{v} = 0$$

8.1.5 题和 8.1.9 题所述的流动未限定是不可压缩流体，运动肯定存在，如运动不满足 $\nabla \cdot \boldsymbol{v} = 0$，流体是可压缩的，如满足 $\nabla \cdot \boldsymbol{v} = 0$，则流体是不可压缩的.

8.1.5　题所述的运动，速度场为

$$\boldsymbol{v}(r,\ \varphi) = br\boldsymbol{e}_\varphi$$

改用直角坐标，速度场可表示为

$$v_x = -by,\qquad v_y = bx$$

$$\nabla \cdot \boldsymbol{v} = \frac{\partial v_x}{\partial x} + \frac{\partial v_y}{\partial y} = 0$$

说明做 8.1.5 题所述的流动的流体是不可压缩的.

也可以不改用直角坐标，直接用极坐标的散度公式计算 $\nabla \cdot \boldsymbol{v}$，

$$\nabla \cdot \boldsymbol{v} = \frac{1}{r}\frac{\partial (rv_r)}{\partial r} + \frac{1}{r}\frac{\partial (v_\varphi)}{\partial \varphi}$$

令

$$v_r = 0,\ \ v_\varphi = br$$

$$\nabla \cdot \boldsymbol{v} = \frac{1}{r}\frac{\partial(br)}{\partial \varphi} = 0$$

也可得出同样的结论.

8.1.9　题所述的运动

$$v_x = -2bx,\ \ v_y = by,\ \ v_z = bz$$

$$\nabla \cdot \boldsymbol{v} = \frac{\partial v_x}{\partial x} + \frac{\partial v_y}{\partial y} + \frac{\partial v_z}{\partial z} = -2b + b + b = 0$$

说明做此流动的流体也是不可压缩的.

8.1.13　某流体沿截面积不变的直圆管流动，流速为

$$v = \frac{1}{2}(v_1 + v_2) + \frac{1}{2}(v_2 - v_1)\text{th}x$$

其中v_1、v_2为常量，在$x = -\infty$处，密度$\rho = \rho_1$. 问此流体是否可压缩?并求沿管道的密度分布.

解　$\dfrac{\partial v}{\partial x} = \dfrac{1}{2}(v_2 - v_1)\dfrac{\text{dth}x}{\text{d}x} = \dfrac{1}{2}(v_2 - v_1)\text{sech}^2 x \neq 0$，流体是可压缩的.

由连续性方程

$$\frac{\partial \rho}{\partial t} + \boldsymbol{v} \cdot \nabla \rho + \rho \nabla \cdot \boldsymbol{v} = 0$$

及$\dfrac{\partial v}{\partial t} = 0$为定常流动，$\dfrac{\partial \rho}{\partial t} = 0$得

$$v\frac{\text{d}\rho}{\text{d}x} + \rho\frac{\text{d}v}{\text{d}x} = 0$$

$$v\text{d}\rho + \rho\text{d}v = 0$$

$$\frac{\text{d}\rho}{\rho} = -\frac{\text{d}v}{v}$$

在$x = -\infty$处，$\rho = \rho_1$，

$$v = \frac{1}{2}(v_1 + v_2) + \frac{1}{2}(v_2 - v_1)\text{th}x\Big|_{x=-\infty} = v_1$$

$$\int_{\rho_1}^{\rho} \frac{\text{d}\rho}{\rho} = -\int_{v_1}^{v} \frac{\text{d}v}{v}$$

$$\ln\frac{\rho}{\rho_1} = -\ln\frac{v}{v_1}$$

$$\rho = \frac{\rho_1 v_1}{v}$$

将$v = \dfrac{1}{2}(v_1 + v_2) + \dfrac{1}{2}(v_2 - v_1)\text{th}x$代入，可得

$$\rho = \rho_1 v_1\left[\frac{1}{2}(v_1 + v_2) + \frac{1}{2}(v_2 - v_1)\text{th}x\right]^{-1}$$

8.1.14 判断以下流动的类型：定常不定常，有旋无旋，如果是无旋的，求出速度势，流体可否压缩?

(1) $v_x = -\dfrac{2xyz}{\left(x^2+y^2\right)^2}$， $v_y = \dfrac{\left(x^2-y^2\right)z}{\left(x^2+y^2\right)^2}$， $v_z = \dfrac{y}{x^2+y^2}$；

(2) $v_r = (n+1)ar^n \mathrm{e}^{-k(n+1)\varphi}$，$v_\varphi = -k(n+1)ar^n \mathrm{e}^{-k(n+1)\varphi}$，$v_z = 0$，

其中k、n、a均为常量.

解 (1) $\dfrac{\partial \boldsymbol{v}}{\partial t} = 0$，是定常流动.

$$\nabla \times \boldsymbol{v} = \left(\frac{\partial v_z}{\partial y} - \frac{\partial v_y}{\partial z}\right)\boldsymbol{i} + \left(\frac{\partial v_x}{\partial z} - \frac{\partial v_z}{\partial x}\right)\boldsymbol{j} + \left(\frac{\partial v_y}{\partial x} - \frac{\partial x_x}{\partial y}\right)\boldsymbol{k}$$

$$\frac{\partial v_z}{\partial y} = \frac{1}{x^2+y^2} - \frac{y\cdot 2y}{\left(x^2+y^2\right)^2} = \frac{x^2-y^2}{\left(x^2+y^2\right)^2}$$

$$\frac{\partial v_y}{\partial z} = \frac{x^2-y^2}{\left(x^2+y^2\right)^2}$$

$$\frac{\partial v_x}{\partial z} = -\frac{2xy}{\left(x^2+y^2\right)^2}$$

$$\frac{\partial v_z}{\partial x} = -\frac{2xy}{\left(x^2+y^2\right)^2}$$

$$\frac{\partial v_y}{\partial x} = \frac{2xz}{\left(x^2+y^2\right)^2} - \frac{\left(x^2-y^2\right)z}{\left(x^2+y^2\right)^4}\cdot 2\left(x^2+y^2\right)\cdot 2x$$

$$= \frac{2xz\left(-x^2+3y^2\right)}{\left(x^2+y^2\right)^3}$$

$$\frac{\partial v_x}{\partial y} = -\frac{2xz}{\left(x^2+y^2\right)^2} + \frac{2xyz}{\left(x^2+y^2\right)^4}\cdot 2\left(x^2+y^2\right)\cdot 2y$$

$$= \frac{2xz\left(-x^2+3y^2\right)}{\left(x^2+y^2\right)^3}$$

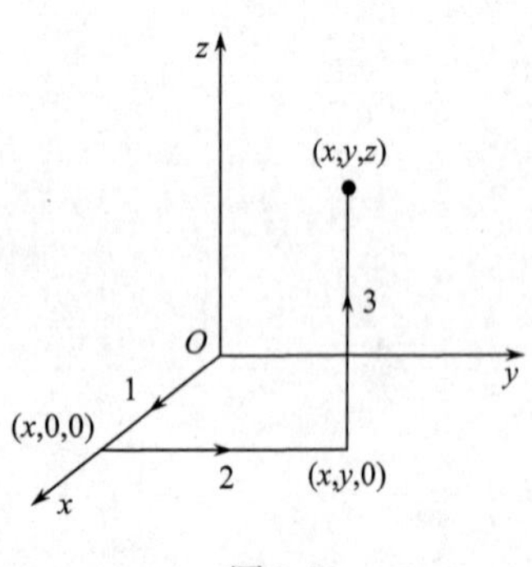

图 8.4

可见$\nabla\times\boldsymbol{v}=0$，因而流动是无旋的，存在速度势.
下面求速度势ϕ：

$$\phi = \int\left[-\frac{2xyz}{\left(x^2+y^2\right)^2}\mathrm{d}x + \frac{\left(x^2-y^2\right)z}{\left(x^2+y^2\right)^2}\mathrm{d}y + \frac{y}{x^2+y^2}\mathrm{d}z\right]$$

选择图 8.4 的积分路线：

路段 1：$y=0$，$z=0$，故$\mathrm{d}y=0$，$\mathrm{d}z=0$，x从 0 积到x；

路段 2：x保持不变，$\mathrm{d}x=0$，$z=0$，$\mathrm{d}z=0$，y从 0 积到y；

路段 3：x、y 均保持不变，$\mathrm{d}x=0$，$\mathrm{d}y=0$，z 从 0 积到 z.

$$\phi=\int_0^x\left[-\frac{2xyz}{\left(x^2+y^2\right)^2}\right]\Bigg|_{\substack{y=0\\z=0}}\mathrm{d}x+\int_0^y\frac{\left(x^2-y^2\right)z}{\left(x^2+y^2\right)^2}\Bigg|_{\substack{z=0\\x\text{不变}}}\mathrm{d}y+\int_0^z\frac{y}{x^2+y^2}\Bigg|_{x,\ y\text{不变}}\mathrm{d}z$$

$$=\frac{yz}{x^2+y^2}$$

这里取原点为速度势的零点，零点的选取是随意的，选择不同的零点，速度势有不同的函数，但选同样的零点，速度势的函数不受积分路径选取的影响.

$$\frac{\partial v_x}{\partial x}=-\frac{2yz}{\left(x^2+y^2\right)^2}+\frac{2xyz}{\left(x^2+y^2\right)^4}\cdot 2\left(x^2+y^2\right)\cdot 2x$$

$$=\frac{2yz\left(3x^2-y^2\right)}{\left(x^2+y^2\right)^3}$$

$$\frac{\partial v_y}{\partial y}=-\frac{2yz}{\left(x^2+y^2\right)^2}-\frac{\left(x^2-y^2\right)z}{\left(x^2+y^2\right)^4}\cdot 2\left(x^2+y^2\right)\cdot 2y$$

$$=-\frac{2yz\left(3x^2-y^2\right)}{\left(x^2+y^2\right)^3}$$

$$\frac{\partial v_z}{\partial z}=0$$

$$\nabla\cdot\boldsymbol{v}=\frac{\partial v_x}{\partial x}+\frac{\partial v_y}{\partial y}+\frac{\partial v_z}{\partial z}=0$$

流体是不可压缩的.

(2) $\dfrac{\partial \boldsymbol{v}}{\partial t}=0$，是定常流动.

用柱坐标的旋度公式

$$\nabla\cdot\boldsymbol{v}=\left(\frac{1}{r}\frac{\partial v_z}{\partial\varphi}-\frac{\partial v_\varphi}{\partial z}\right)\boldsymbol{e}_r+\left(\frac{\partial v_r}{\partial z}-\frac{\partial v_z}{\partial r}\right)\boldsymbol{e}_\varphi+\left[\frac{1}{r}\frac{\partial\left(rv_\varphi\right)}{\partial r}-\frac{1}{r}\frac{\partial v_r}{\partial\varphi}\right]\boldsymbol{k}$$

这里

$$\frac{1}{r}\frac{\partial v_z}{\partial\varphi}=0,\quad \frac{\partial v_\varphi}{\partial z}=0,\quad \frac{\partial v_r}{\partial z}=0,\quad \frac{\partial v_z}{\partial r}=0$$

$$\frac{1}{r}\frac{\partial(rv_\varphi)}{\partial r}=\frac{1}{r}\cdot\frac{\partial}{\partial r}\left[-k(n+1)ar^{n+1}\mathrm{e}^{-k(n+1)\varphi}\right]$$
$$=-k(n+1)^2ar^{n-1}\mathrm{e}^{-k(n+1)\varphi}$$
$$\frac{1}{r}\frac{\partial v_r}{\partial\varphi}=\frac{1}{r}\frac{\partial}{\partial\varphi}\left[(n+1)ar^n\mathrm{e}^{-k(n+1)\varphi}\right]$$
$$=-k(n+1)^2ar^{n-1}\mathrm{e}^{-k(n+1)\varphi}$$

$\nabla\times\boldsymbol{v}=0$，流动是无旋的.

$$\boldsymbol{v}=\nabla\phi=\frac{\partial\phi}{\partial r}\boldsymbol{e}_r+\frac{1}{r}\frac{\partial\phi}{\partial\varphi}\boldsymbol{e}_\varphi+\frac{\partial\phi}{\partial z}\boldsymbol{k}=v_r\boldsymbol{e}_r+v_\varphi\boldsymbol{e}_\varphi+v_z\boldsymbol{k}$$
$$\frac{\partial\phi}{\partial r}=v_r=(n+1)ar^n\mathrm{e}^{-k(n+1)\varphi}$$

上式对 r 积分

$$\phi=\int(n+1)ar^n\mathrm{e}^{-k(n+1)\varphi}\mathrm{d}r+f(\varphi)=ar^{n+1}\mathrm{e}^{-k(n+1)\varphi}+f(\varphi)$$
$$\frac{1}{r}\frac{\partial\phi}{\partial\varphi}=-k(n+1)ar^n\mathrm{e}^{-k(n+1)\varphi}+\frac{1}{r}f'(\varphi)$$

又有 $\frac{1}{r}\frac{\partial\phi}{\partial\varphi}=v_\varphi=-k(n+1)ar^n\mathrm{e}^{-k(n+1)\varphi}$.

两式比较，可得

$$f'(\varphi)=0,\quad f(\varphi)=常量$$

速度势的零点可以随意选取，故令 $f(\varphi)=0$.

$$\phi=ar^{n+1}\mathrm{e}^{-k(n+1)\varphi}$$

这样选取 $f(\varphi)=0$，是选原点为速度势的零点.

也可用(1)问中求 ϕ 的方法，选取图 8.5 的积分路径，

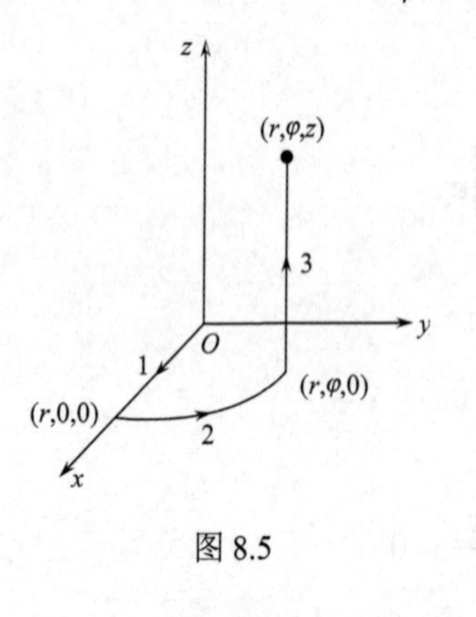

图 8.5

$$\phi=\int\frac{\partial\phi}{\partial r}\mathrm{d}r+\frac{\partial\phi}{\partial\varphi}\mathrm{d}\varphi+\frac{\partial\phi}{\partial z}\mathrm{d}z$$
$$=\int v_r\mathrm{d}r+rv_\varphi\mathrm{d}\varphi+v_z\mathrm{d}z$$
$$=\int_0^r(n+1)ar^n\mathrm{e}^{-k(n+1)\varphi}\Big|_{\substack{\varphi=0\\z=0}}\mathrm{d}r$$
$$+\int_0^\varphi r\left[-k(n+1)ar^n\mathrm{e}^{-k(n+1)\varphi}\right]\Big|_{\substack{r不变\\z=0}}\mathrm{d}\varphi$$
$$+\int_0^z 0\cdot\mathrm{d}z$$
$$=ar^{n+1}+ar^{n+1}\mathrm{e}^{-k(n+1)\varphi}-ar^{n+1}=ar^{n+1}\mathrm{e}^{-k(n+1)\varphi}$$

与上法结果相同.

$$\nabla \cdot \boldsymbol{v} = \frac{1}{r}\frac{\partial(rv_r)}{\partial r} + \frac{1}{r}\frac{\partial v_\varphi}{\partial \varphi} + \frac{\partial v_z}{\partial z}$$
$$= (1-k^2)(n+1)^2 ar^{n-1}\mathrm{e}^{-k(n+1)\varphi} \neq 0$$

流体是可压缩的.

8.2　流体静力学

8.2.1　如图 8.6 所示，一根横截面积为 1cm^2 的管子铅直地连在一个容器上，容器高度为 1cm，横截面积为 100cm^2. 今把水注入到离容器底面的高度 100cm，管子上端封闭，并将水面上方的气体抽空，求：

(1) 水对容器底面的作用力：

(2) 系统内水的重量；

(3) 解释 (1) 问和 (2) 问所得数值为何不同?

(4) 如置于磅秤上，磅秤示重多大?(容器质量可忽略不计).

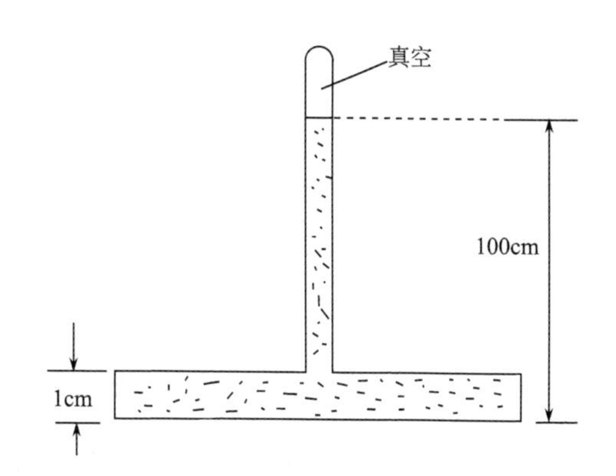

图 8.6

解　(1) $F = \rho g h S = \left(\dfrac{1\times10^{-3}}{10^{-6}}\right)\times 9.8\times1\times100\times10^{-4} = 98(\text{N})$.

(2) $W = \rho V g = \left(\dfrac{1\times10^{-3}}{10^{-6}}\right)\times\left(0.01\times100\times10^{-4} + 1\times10^{-4}\times0.99\right)\times9.8 = 1.95(\text{N})$.

(3) 水对容器底面的作用力所以大于水的重量，是因为还有容器顶部给水的作用力，处于平衡时，水的压强的大小与截面的取向无关，在容器顶部，顶部给予水的力等于那里水的压强与顶部面积的乘积，它正好等于 $F-W$.

(4) 以容器、管子及水为系统，磅秤的示数等于磅秤的支持力大小 N，不计容器质量.

$$N = W = 1.95\text{N} = \frac{1.95}{9.8} = 0.199(\text{kg力})$$

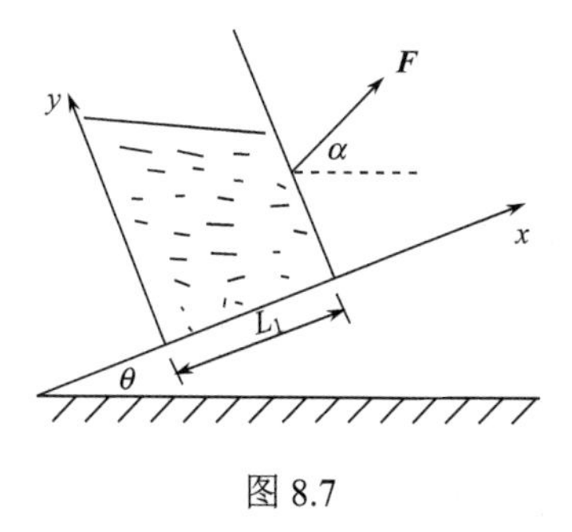

图 8.7

8.2.2　设一盛着水的长方体水箱以与水平面夹角为 α 的恒力 F 往斜面上拉，斜面的倾角为 θ. 取固连于水箱的 x、y、z 坐标，如图 8.7 所示. 水箱置于水平面上静止时，水面高度为 h，水箱 x 方向的边长为 L_1，z 方向的边长为 L_2，水的密度为 ρ，大气压强为 p_0，求相对于水箱平衡后：

(1) 水的压强分布 $\rho(x、y)$；

(2) $x=0$ 处的水箱壁受到的总压力 $\boldsymbol{N}$ (水箱的质量可以忽略不计).

解　(1) 需用水箱为参考系，它是个非惯性系，设加速度为 $\boldsymbol{a}$，它沿 x 方向，

$$\rho L_1 L_2 h a = F\cos(\alpha-\theta)$$
$$a=\frac{F}{\rho L_1 L_2 h}\cos(\alpha-\theta)$$

在水箱参考系中水处于平衡状态，平衡方程为

$$\rho \boldsymbol{f}=\nabla p$$

其中 $\boldsymbol{f}$ 是单位质量所受的质量力(或叫彻体力). 这里质量力包含两种力：一是惯性力；一是重力.

$$\boldsymbol{f}=(-a-g\sin\theta)\boldsymbol{i}-g\cos\theta\boldsymbol{j}$$

平衡方程为

$$-\rho(a+g\sin\theta)\boldsymbol{i}-\rho g\cos\theta\boldsymbol{j}=\frac{\partial p}{\partial x}\boldsymbol{i}+\frac{\partial p}{\partial y}\boldsymbol{j}$$

$$\frac{\partial p}{\partial x}=-\rho(a+g\sin\theta)$$
$$\frac{\partial p}{\partial y}=-\rho g\cos\theta$$
$$\mathrm{d}p=\frac{\partial p}{\partial x}\mathrm{d}x+\frac{\partial p}{\partial y}\mathrm{d}y=-\rho(a+g\sin\theta)\mathrm{d}x-\rho g\cos\theta\mathrm{d}y$$
$$p=-\rho(a+g\sin\theta)x-\rho g\cos\theta y+c$$

由 $x=\frac{1}{2}L_1$、 $y=h$ 处 $p=p_0$ 可定常量 c，

$$p_0=-\rho(a+g\sin\theta)\cdot\frac{1}{2}L_1-\rho g\cos\theta\cdot h+c$$
$$c=p_0+\frac{1}{2}\rho L_1(a+g\sin\theta)+\rho gh\cos\theta$$

所以

$$p=p_0-\rho(a+g\sin\theta)\left(x-\frac{1}{2}L_1\right)-\rho g(y-h)\cos\theta$$

其中 $a=\dfrac{F\cos(\alpha-\theta)}{\rho L_1 L_2 h}$.

(2) $x=0$ 处的压强分布为

$$p=p_0+\frac{1}{2}\rho L_1(a+g\sin\theta)-\rho g(y-h)\cos\theta$$

要计算 $x=0$ 处水箱壁受到的总压力，需要作积分，积分上限是此处水面的高度，设此处水面高度为 H，在 $y=H$ 处， $p=p_0$，代入上式可求 H，

$$p=p_0+\frac{1}{2}\rho L_1(a+g\sin\theta)-\rho g(H-h)\cos\theta$$
$$H=h+\frac{L_1(a+g\sin\theta)}{2g\cos\theta}$$

水对 $x=0$ 处容器壁的总压力为

$$\boldsymbol{N}=-\boldsymbol{i}\int_0^H\left[p_0+\frac{1}{2}\rho L_1\left(a+g\sin\theta\right)-\rho g\left(y-h\right)\cos\theta\right]L_2\mathrm{d}y$$

$$=-\boldsymbol{i}\left\{\left[p_0+\frac{1}{2}\rho\left(a+g\sin\theta\right)L_1\right]L_2H-\frac{1}{2}\rho g\left(H^2-2Hh\right)L_2\cos\theta\right\}$$

其中

$$H=h+\frac{L_1\left(a+g\sin\theta\right)}{2g\cos\theta},\quad a=\frac{F\cos\left(\alpha-\theta\right)}{\rho L_1L_2h}$$

8.2.3　在平行放置的半径为 a、相距为 $2b$ 的两个金属环之间张一肥皂薄膜，如图 8.8 所示. 求肥皂膜达到平衡后的形状(重力忽略不计).

解　取图 8.9 所示的柱坐标，用 $r=r(z)$ 来表示平衡后的肥皂膜的形状.

考虑位于 $z\sim z+\mathrm{d}z$ 的薄膜受两边的力的合力为零. 设肥皂膜的表面张力系数为 σ. 注意每个金属环上张的薄膜有紧挨的内外两层，在 z 方向.

$$\left(2\sigma\cdot2\pi r\cos\theta\right)\Big|_z-\left(2\sigma\cdot2\pi r\cos\theta\right)\Big|_{z+\mathrm{d}z}=0 \tag{1}$$

其中 θ 是薄膜的切平面与 z 轴的夹角，

$$\tan\theta=\frac{\mathrm{d}r}{\mathrm{d}z} \tag{2}$$

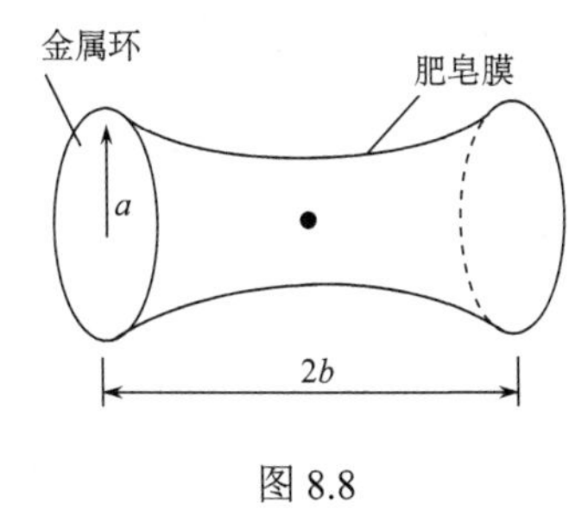

图 8.8

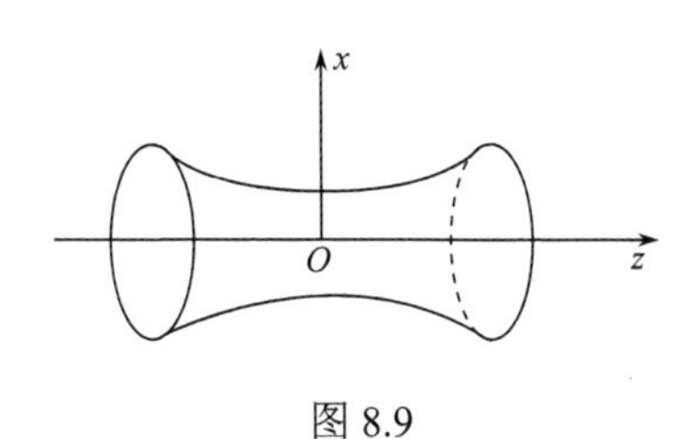

图 8.9

式(1)左边第二项作泰勒展开，仅保留一级小量，

$$\frac{\mathrm{d}}{\mathrm{d}z}\left(r\cos\theta\right)=0$$

积分上式，并注意在 $z=0$ 处 $\theta=0$，设 $z=0$ 处 $r=r_0$，则

$$r\cos\theta=r_0 \tag{3}$$

用式(2)消去式(3)中的 $\cos\theta$，得到

$$\frac{r}{\sqrt{1+\left(\dfrac{\mathrm{d}r}{\mathrm{d}z}\right)^2}}=r_0$$

$$\frac{\mathrm{d}r}{\mathrm{d}z}=\sqrt{\frac{r^2}{r_0^2}-1}$$

$$\int_0^z \mathrm{d}z = \int_{r_0}^r \frac{r_0\mathrm{d}r}{\sqrt{r^2 - r_0^2}}$$

$$z = r_0 \mathrm{arcch}\left(\frac{r}{r_0}\right)$$

这里用了 $\mathrm{arcch}1 = 0$，

$$r = r_0 \mathrm{ch}\left(\frac{z}{r_0}\right)$$

其中 r_0 可由 $z = b$ 时，$r = a$ 定出，即 r_0 满足的式子为

$$a = r_0 \mathrm{ch}\left(\frac{b}{r_0}\right)$$

不难看出，得到的 $r = r(z)$ 不仅 $z>0$ 处适用，$z<0$ 处也适用.

8.2.4　一桶水围绕它的竖直对称轴以恒定的角速度 ω 旋转，求稳定后水的表面的形状.

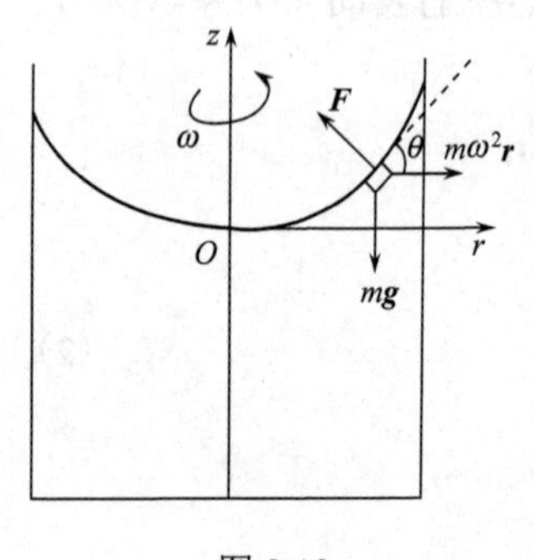

图 8.10

解法一　考虑液体表面处一质量为 m 的水的质元，它位于 $(r,\ \varphi,\ z)$，如图 8.10 所示，r、φ、z 是柱坐标，随圆桶一起绕 z 轴以恒定角速度转动. 该质元受到三个力：$\boldsymbol{F}$ 是周围的水和大气对它的作用力，它一定垂直于水的表面；重力 $-mg\boldsymbol{k}$；惯性离轴力 $m\omega^2 r\boldsymbol{e}_r$（采用此坐标系为参考系）. 在此转动参考系中，水是平衡的. 在与 $\boldsymbol{F}$ 垂直的方向合力为零，

$$m\omega^2 r\cos\theta - mg\sin\theta = 0 \tag{1}$$

其中 θ 是在质元所在的竖直平面与水的表面的交线的切线方向与水平面的夹角.

$$\frac{\mathrm{d}z}{\mathrm{d}r} = \tan\theta \tag{2}$$

由式(1)、(2)两式消去 θ，得到反映水的表面形状的 $z = z(r)$ 满足的微分方程

$$\frac{\mathrm{d}z}{\mathrm{d}r} = \frac{\omega^2 r}{g}$$

$$\int_0^z \mathrm{d}z = \int_0^r \frac{\omega^2 r}{g}\mathrm{d}r,\ z = \frac{\omega^2}{2g}r^2$$

解法二　用平衡方程 $\rho\boldsymbol{F} = \nabla p$.

采用转动参考系，利用上述平衡方程求出压强分布，式中 $\boldsymbol{F}$ 是彻体力，包括重力和惯性离轴力，用图示的柱坐标，

$$\boldsymbol{F} = \omega^2 r\boldsymbol{e}_r - g\boldsymbol{k}$$

$$\rho\omega^2 r\boldsymbol{e}_r - \rho g\boldsymbol{k} = \nabla p = \frac{\partial p}{\partial r}\boldsymbol{e}_r + \frac{1}{r}\frac{\partial p}{\partial\varphi}\boldsymbol{e}_\varphi + \frac{\partial p}{\partial z}\boldsymbol{k}$$

$$\frac{\partial p}{\partial r}=\rho\omega^2 r$$

$$\frac{\partial p}{\partial \varphi}=0$$

$$\frac{\partial p}{\partial z}=-\rho g$$

$$\mathrm{d}p=\frac{\partial p}{\partial r}\mathrm{d}r+\frac{\partial p}{\partial \varphi}\mathrm{d}\varphi+\frac{\partial p}{\partial z}\mathrm{d}z=\rho\omega^2 r\mathrm{d}r-\rho g\mathrm{d}z$$

$$p=\frac{1}{2}\rho\omega^2 r^2-\rho gz+c$$

在 $r=0$、$z=0$ 处，$p=p_0$（大气压）. 定出 $c=p_0$，

$$p=p_0+\frac{1}{2}\rho\omega^2 r^2-\rho gz$$

在表面，$p=p_0$，代入上式，即得反映表面形状的 $r=r(z)$，

$$\frac{1}{2}\rho\omega^2 r^2-\rho gz=0$$

$$z=\frac{\omega^2}{2g}r^2$$

解法三　在转动参考系中讨论，水与水桶一起平稳转动以后(水相对于水桶转动非惯性系静止)，这是静平衡问题. 在转动参考系中，水表面静止不动，无表面方向的流动，即平衡的水面是一个等势面(重力和惯性离心力共同作用的结果).

在转动参考系中，离心势能为

$$U_i=-\frac{1}{2}m\omega^2 r^2+C_i$$

重力势能

$$U_g=mgz+C_g$$

上面 C_i、C_g 都是常量，依赖于势能零点的选取。按前面分析，平衡的水面是一个等势面

$$U=U_i+U_g=mgz-\frac{1}{2}m\omega^2 r^2+C_i+C_g=C$$

这给出水面形状. 适当选取常量 C_i、C_g 与 C 使得

$$mgz=\frac{1}{2}m\omega^2 r^2$$

这相当于取中心液面位置 z_0=0. 上式也就是

$$z=\frac{\omega^2}{2g}r^2$$

与前面解法的结果相同.

8.2.5　在底面半径为 a、高为 h 的圆柱形木桶中装水，平衡时水面高于底面 $\frac{2}{3}h$. 现盛水的木桶绕自身的竖直的对称轴以恒定角速度 ω 转动，忽略水的表面张力，求水不溢

出木桶的最大角速度Ω.

解　上题已求得以恒定角速度ω绕自身的竖直对称轴旋转，稳定后水的表面形状. 用柱坐标(图 8.10)可表为

$$z=\frac{\omega^2}{2g}r^2$$

水不溢出木桶的条件是旋转抛物面与水面最高处所在平面包围的体积小于等于整个木桶容积的三分之一，即

$$\int_0^{z_1}\pi r^2\mathrm{d}z\leqslant\frac{1}{3}\pi a^2h$$

代入$z=\dfrac{\omega^2}{2g}r^2$，积分上式可得

$$\frac{\pi g}{\omega^2}z_1^2\leqslant\frac{1}{3}\pi a^2h$$

又有

$$z_1=\frac{\omega^2}{2g}a^2$$

两式消去z_1，即得不溢出要求转动角速度

$$\omega\leqslant\sqrt{\frac{4gh}{3a^2}}$$

水不溢出木桶的最大角速度为$\Omega=\sqrt{\dfrac{4gh}{3a^2}}$.

8.2.6　若上题的圆桶半径为R，装入密度为ρ的不可压缩的液体，不转动时可装到桶底以上h处，以恒定角速度ω转动后达到稳定状态，液体既未溢出，底部仍处处充满液体. 求：

(1) 在底部上方高度为z处的圆桶壁上的压强$p_1(z)$的表达式；

(2) 沿轴线在底部上方高度为z处的压强$p_0(z)$的表达式；

(3) 在一位静止的观察者看来，流体的运动是不是无旋流动?

解　根据题意，坐标系的原点应取在底部的圆心，仍可用上题求出的压强分布带有待定常数c的式子.

$$p=\frac{1}{2}\rho\omega^2r^2-\rho gz+c$$

设在轴线上液体表面的z坐标为h_0，由旋转与不旋转不可压缩液体体积相同求h_0.

$$\begin{aligned}\pi R^2h&=\pi R^2h_0+\int_0^{\frac{\omega^2}{2g}R^2}\left(\pi R^2-\pi r^2\right)\mathrm{d}z'\\&=\pi R^2h_0+\pi R^2\frac{\omega^2R^2}{2g}-\pi\cdot\frac{2g}{\omega^2}\cdot\frac{1}{2}\left(\frac{\omega^2}{2g}R^2\right)^2\\&=\pi R^2h_0+\frac{\pi R^4\omega^2}{4g}\end{aligned}$$

这里 z' 轴的零点取上题 z 轴的零点，

$$h_0 = h - \frac{R^2\omega^2}{4g}$$

由 $r=0$，$z=h_0$ 处 $p=p_0$ 定 c，得

$$c = p_0 + \rho g h_0 = p_0 + \rho g\left(h - \frac{R^2\omega^2}{4g}\right)$$

$$p = p_0 + \frac{1}{2}\rho\omega^2 r^2 - \rho g z + pg\left(h - \frac{R^2\omega^2}{4g}\right)$$

(1) 在底部上方高度 z 处圆桶壁上的压强分布为

$$\begin{aligned} p_1(z) &= p(R,\ z) \\ &= p_0 + \frac{1}{2}\rho\omega^2 R^2 - \rho g z + \rho g\left(h - \frac{R^2\omega^2}{4g}\right) \\ &= p_0 + \frac{1}{4}\rho\omega^2 R^2 - \rho g(z-h), \quad 0 \leqslant z \leqslant h_1 \end{aligned}$$

其中 h_1 是在圆桶壁处液体表面的 z 坐标，

$$h_1 = h_0 + \frac{\omega^2}{2g}R^2 = h + \frac{R^2\omega^2}{4g}$$

(2) 沿轴线在底部上方高度为 z 处的压强，

$$p_0(z) = p(0,\ z) = p_0 - \rho g\left(z - h + \frac{R^2\omega^2}{4g}\right), \quad 0 \leqslant z \leqslant h_0$$

其中 $h_0 = h - \frac{R^2\omega^2}{4g}$.

(3) 在静参考系中，液体的速度为

$$\boldsymbol{v} = \boldsymbol{\omega} \times \boldsymbol{r} = \omega\boldsymbol{k} \times (x\boldsymbol{i} + y\boldsymbol{j} + z\boldsymbol{k}) = -\omega y\boldsymbol{i} + \omega x\boldsymbol{j}$$

$$\nabla \times \boldsymbol{v} = \begin{vmatrix} \boldsymbol{i} & \boldsymbol{j} & \boldsymbol{k} \\ \dfrac{\partial}{\partial x} & \dfrac{\partial}{\partial y} & \dfrac{\partial}{\partial z} \\ -\omega y & \omega x & 0 \end{vmatrix} = 2\omega\boldsymbol{k} \neq 0$$

在静止的观察者看来，流动是有旋的.

8.2.7　一个由竖直的细管和水平的粗管如图 8.11 所示那样连在一起的装置，浸入一个密度为 ρ_f 的液体中，外部大气的密度和压强分别为 ρ_a 和 p_a，水平管的另一端被封闭，随后使装置如图 8.11 所示以恒定角速度 ω 旋转，可把空气处处看作固定温度下的理想气体，忽略空气密度随高度的变化，忽略毛细现象和表面摩擦. 求液体在竖直管中上升的高度 h (准确到 ω^2 项).

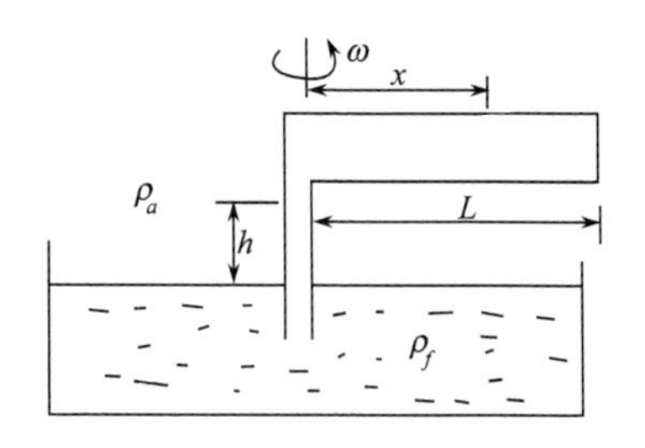

图 8.11

解　在水平管中由于装置的转动空气的压强 p 和密度 ρ 是不均匀的，用转动参考系，水平管中的空气处于平衡状态. 设水平管的截面积为 S，考虑离轴 $x \sim x+\mathrm{d}x$ 段空气，在 x 方向受到的合力为零，

$$p(x)S+\rho(x)S\omega^2 x\mathrm{d}x-p(x+\mathrm{d}x)S=0$$

$$\frac{\mathrm{d}p}{\mathrm{d}x}=\omega^2\rho(x)x \tag{1}$$

由理想气体的状态方程

$$pV=\frac{m}{M}RT$$

其中 m 和 V 分别是气体的质量和体积，M 为气体的摩尔质量，T 为绝对温度，R 为普适气体常数，上式也可表示为

$$\rho=\frac{m}{V}=\frac{pM}{RT} \tag{2}$$

用式(2)消去式(1)中的 $\rho(x)$，可得

$$\frac{\mathrm{d}p}{p}=\frac{M\omega^2}{RT}x\mathrm{d}x$$

积分上式，得

$$\ln\frac{p}{p_0}=\frac{M\omega^2}{2RT}x^2$$

其中 p_0 是管中 $x=0$ 处的空气压强，

$$p=p_0\exp\left(\frac{M\omega^2}{2RT}x^2\right) \tag{3}$$

由式(2)，因为 M、R、T 均为常量(其中 T 因各处温度相同，故在此为常量)，

$$\frac{\rho}{p}=\frac{M}{RT}=\text{常量}$$

因此 $\rho(x)$ 与 $p(x)$ 有类似的关系

$$\rho=\rho_0\exp\left(\frac{M\omega^2}{2RT}x^2\right) \tag{4}$$

其中 ρ_0 是管中 $x=0$ 处的空气密度.

考虑到管中的空气质量在转动前和转动后没有变化，竖直管是细管，其中的空气质量可以不计，

$$\int_0^L \rho(x)S\mathrm{d}x=\rho_a SL \tag{5}$$

对于适度的 ω 值，$\frac{M\omega^2}{2RT}$ 为小量，

$$\exp\left(\frac{M\omega^2}{2RT}x^2\right)\approx 1+\frac{M\omega^2}{2RT}x^2 \tag{6}$$

将式(6)代入式(4)，再代入式(5)，可得

$$\rho_0 \approx \frac{\rho_a}{1+\dfrac{M\omega^2L^2}{6RT}} \approx \rho_a\left(1-\frac{M\omega^2L^2}{6RT}\right) \tag{7}$$

再次考虑 $p(x)$ 与 $\rho(x)$ 有类似的关系，

$$p_0 \approx p_a\left(1-\frac{M\omega^2L^2}{6RT}\right) \tag{8}$$

对在竖直管中上升的液体用平衡条件

$$p_0 + \rho_f gh = p_a \tag{9}$$

将式(8)代入式(9)，解出

$$h = \frac{M\omega^2L^2}{6RTg}\frac{p_a}{\rho_f}$$

外部的大气也遵从理想气体的状态方程，也有同样的温度 T，由式(2)，

$$\rho_a = \frac{p_aM}{RT}$$

$$h = \frac{\rho_a\omega^2L^2}{6\rho_f g}$$

8.2.8　杆式天平被用来测量密度 ρ_1 很低、体积为 V_1 的固体的质量 m_1. 将固体放在天平的左盘，将具有很高密度的金属砝码放在天平的右盘，使之达到平衡.

(1) 如先在空气中实现平衡，然后将天平罩抽成真空，还能保持平衡吗?若不能，哪边的盘子将下沉?

(2) 确定在空气(密度为 ρ_A)中达到平衡测得的质量 m_1 的百分数误差.

解　(1) 在空气中达到平衡，则

$$(m_1g-\rho_AV_1g)l = (m_2g-\rho_AV_2g)l$$

其中 l 是天平的盘子的悬点至刀刃的距离，也是平衡时固体和砝码的力臂，V_2 是砝码的体积，ρ_AV_1g 和 ρ_AV_2g 分别是固体和砝码受到的空气的浮力，m_2 为砝码的质量.

天平罩被抽成真空后，浮力不存在了，因 $\rho_1 \ll \rho_2$，有 $V_1 \gg V_2$，$m_1gl > m_2gl$，因此置有固体的左盘将下沉.

(2) 考虑到 $\rho_1 \ll \rho_2$，因而 $V_2 \ll V_1$，

$$m_1 - \rho_AV_1 \approx m_2$$

上式中 m_1 是固体的真实质量，m_2 是测出的固体质量，故测量的百分数误差

$$\frac{m_1-m_2}{m_1} \approx \frac{\rho_AV_1}{\rho_1V_1} = \frac{\rho_A}{\rho_1}\times 100\%$$

固体的密度 ρ_1 愈低，测量的百分数误差愈大.

8.2.9　组成天体的一种假想物质具有状态方程

$$p=\frac{1}{2}k\rho^2$$

其中 p 是压强，ρ 是质量密度，k 为常量.

(1) 证明对于这种物质，在流体静力学平衡条件下，密度和引力势之间有线性关系，注意正比项的代数符号；

(2) 写出在流体静力学平衡时密度所满足的微分方程，可用什么边界条件或别的物理约束?

(3) 假定是球对称的，求出平衡时天体的半径.

解　(1) 设作用在这种物质单位体积上的外力为 $\boldsymbol{f}$，考虑 $x\sim x+\mathrm{d}x$、$y\sim y+\mathrm{d}y$、$z\sim z+\mathrm{d}z$ 围成的体积元，在 x 轴方向的平衡方程为

$$f_x(x,y,z)\mathrm{d}x\mathrm{d}y\mathrm{d}z+p(x,y,z)\mathrm{d}y\mathrm{d}z-p(x+\mathrm{d}x,y,z)\mathrm{d}y\mathrm{d}z=0$$

$$f_x(x,y,z)=\frac{\partial p}{\partial x}$$

同样考虑 y 轴、z 轴方向，列平衡方程，可得

$$f_y=\frac{\partial p}{\partial y},\quad f_z=\frac{\partial p}{\partial z}$$

可把三式合写成

$$\boldsymbol{f}=\nabla p$$

设 $\boldsymbol{F}$ 为作用在单位质量物质上的外力，$\boldsymbol{f}=\rho\boldsymbol{F}$，平衡方程为

$$\rho\boldsymbol{F}=\nabla p$$

单位质量物质所受外力是由天体自身的引力势 U 引起的，

$$\boldsymbol{F}=-\nabla U$$

$$-\rho\nabla U=\nabla p$$

将状态方程 $p=\frac{1}{2}k\rho^2$ 代入上式，

$$-\rho\nabla U=\frac{1}{2}k\nabla\rho^2=k\rho\nabla\rho \tag{1}$$

$$\nabla U=-k\nabla\rho$$

把上式写成分量方程，

$$\frac{\partial U}{\partial x}=-k\frac{\partial\rho}{\partial x}$$

$$\frac{\partial U}{\partial y}=-k\frac{\partial\rho}{\partial y}$$

$$\frac{\partial U}{\partial z}=-k\frac{\partial U}{\partial z}$$

三式分别对 x、y、z 积分，对 x 积分时，x、z 视为参量，余类推，得

$$U=-k\rho+f_1(y,\ z)$$
$$U=-k\rho+f_2(z,\ x)$$
$$U=-k\rho+f_3(x,\ y)$$

三式都得满足，只能是

$$U=-k\rho+\text{常量}$$

(2) 引力势满足泊松方程

$$\nabla^2U=4\pi G\rho \tag{2}$$

将式(1)两边求散度，与式(2)比较，

$$\nabla\cdot\nabla U=\nabla^2U=-k\nabla\cdot\nabla\rho=-k\nabla^2\rho$$
$$-k\nabla^2\rho=4\pi G\rho$$

流体静力学平衡时，密度满足的偏微分方程为

$$\nabla^2\rho=-\frac{4\pi G}{k}\rho \tag{3}$$

可用的边界条件是在天体的边缘 $p=0$，由状态方程，这里也有 $\rho=0$，还有在天体内部各处密度 $\rho\geqslant0$ 且有限.

(3) 方法一：对于球对称的天体，可采用球坐标，原点取在天体的中心.

用球坐标，

$$\nabla^2\rho=\frac{\partial^2\rho}{\partial r^2}+\frac{2}{r}\frac{\partial\rho}{\partial r}+\frac{1}{r^2}\frac{\partial^2\rho}{\partial\theta^2}+\frac{\cot\theta}{r}\frac{\partial\rho}{\partial\theta}+\frac{1}{r^2\sin^2\theta}\frac{\partial^2\rho}{\partial\varphi^2}$$

今密度 ρ 具有球对称性，即 $\rho=\rho(r)$.

$$\nabla^2\rho=\frac{\mathrm{d}^2\rho}{\mathrm{d}r^2}+\frac{2}{r}\frac{\mathrm{d}\rho}{\mathrm{d}r}$$

式(3)可写为

$$\frac{\mathrm{d}^2\rho}{\mathrm{d}r^2}+\frac{2}{r}\frac{\mathrm{d}\rho}{\mathrm{d}r}=-\frac{4\pi G}{k}\rho \tag{4}$$

令 $\omega^2=\dfrac{4\pi G}{k}$，并作变量代换：$u=\rho r$ 或 $\rho=\dfrac{u}{r}$，因

$$\frac{\mathrm{d}\rho}{\mathrm{d}r}=-\frac{1}{r^2}u+\frac{1}{r}\frac{\mathrm{d}u}{\mathrm{d}r}$$
$$\frac{\mathrm{d}^2\rho}{\mathrm{d}r^2}=\frac{1}{r}\frac{\mathrm{d}^2u}{\mathrm{d}r^2}-\frac{2}{r^2}\frac{\mathrm{d}u}{\mathrm{d}r}+\frac{2}{r^3}u$$

式(4)改写为

$$\frac{\mathrm{d}^2u}{\mathrm{d}r^2}+\omega^2u=0$$

立刻可写出其解为

$$u=u_0\sin(\omega r+\beta)$$
$$\rho=\frac{u}{r}=\frac{r_0\rho_0}{r}\sin(\omega r+\beta) \tag{5}$$

边界条件：$r=R$ 处，$\rho=0,R$ 为天体半径，

$$\frac{r_0\rho_0}{R}\sin(\omega R+\beta)=0$$

$$\omega R+\beta=n\pi,\quad n=1,2,3,\cdots\quad (因为\rho\geqslant 0,n\neq 0)$$

再用天体内部各处 $\rho\geqslant 0,\sin(\omega r+\beta)\geqslant 0,\omega r+\beta\leqslant\pi,n$ 只能取 $n=1$，

$$\beta=\pi-\omega R$$

$$\rho=\frac{r_0\rho_0}{r}\sin(\omega r+\pi-\omega R)=\frac{r_0\rho_0}{r}\sin\left[\omega(R-r)\right]\tag{6}$$

又由 $\boldsymbol{F}=-\nabla U=k\nabla\rho$，球坐标的梯度表达式为

$$\nabla\rho=\frac{\partial\rho}{\partial r}\boldsymbol{e}_r+\frac{1}{r}\frac{\partial\rho}{\partial\theta}\boldsymbol{e}_\theta+\frac{1}{r\sin\theta}\frac{\partial\rho}{\partial\varphi}\boldsymbol{e}_\varphi$$

这里 $\rho=\rho(r),\nabla\rho=\frac{\mathrm{d}\rho}{\mathrm{d}r}\boldsymbol{e}_r$.

$$\boldsymbol{F}=k\nabla\rho=\boldsymbol{e}_r\frac{\mathrm{d}}{\mathrm{d}r}\left[\frac{r_0\rho_0}{r}\sin(\omega R-\omega r)\right]k$$

$$=-\left[\frac{1}{r^2}kr_0\rho_0\sin(\omega R-\omega r)+\frac{1}{r}kr_0\rho_0\omega\cos(\omega R-\omega r)\right]\boldsymbol{e}_r$$

由于球对称，在 $r=0$ 处 $\boldsymbol{F}=0$，由此可得出

$$\omega R=\pi\tag{7}$$

这样，

$$R=\frac{\pi}{\sqrt{\frac{4\pi G}{k}}}=\sqrt{\frac{\pi k}{4G}}$$

$$\boldsymbol{F}=-kr_0\rho_0\left[\frac{\sin\omega r-\omega r\cos\omega r}{r^2}\right]\boldsymbol{e}_r$$

当 $r\to 0$ 时，有 $\boldsymbol{F}=0$，根据如下：

$$\lim_{r\to 0}\frac{\sin\omega r-\omega r\cos\omega r}{r^2}$$

$$=\lim_{r\to 0}\frac{\omega\cos\omega r-\omega\cos\omega r+\omega^2 r\sin\omega r}{2r}$$

$$=\lim_{r\to 0}\frac{1}{2}\omega^2\sin\omega r=0$$

方法二：式(7)可从式(5)，考虑 $r=0$ 处 ρ 有限得出 $\beta=0$，再用式(6)得到 $\omega R=\pi$，所以天体的半径为

$$R=\frac{\pi}{\omega}=\sqrt{\frac{\pi k}{4G}}$$

8.2.10　为描述由于行星的缓慢转动使赤道鼓起，计算旋转的表面形状. 假定行星完全由不可压缩的密度为 ρ、总质量为 M 以恒定角速度 ω 转动的流体组成. 转动时，行星

中心至两极的平衡距离为 R_{p} .

(1) 写出本题的流体静力学平衡方程；

(2) 作粗糙近似，即用靠近表面处引力场写为 $-\dfrac{GM}{r^2}\boldsymbol{e}_r$，求行星表面附近的压强；

(3) 求出行星表面的方程；

(4) 如赤道鼓起 $R_{\mathrm{e}}-R_{\mathrm{p}}$ 是行星半径的小部分，对 (3) 问得到的表达式作近似，用以描述表面对球状的偏离；

(5) 对于地球的情形 $(R_{\mathrm{p}}=6400\mathrm{km},\ M=6\times10^{24}\mathrm{kg})$，对赤道鼓起的高度作一数值估计.

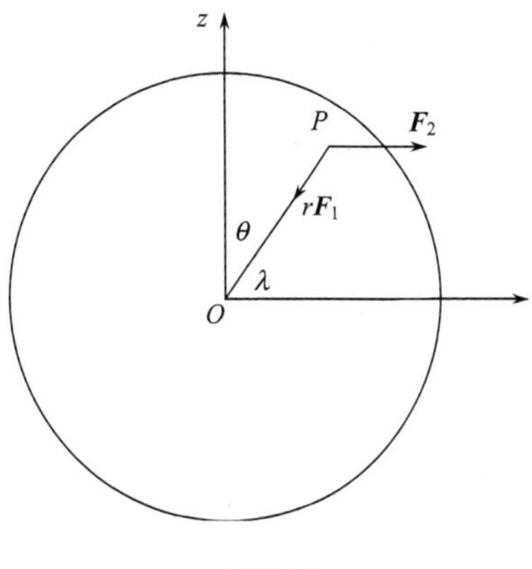

图 8.12

解　(1) 用此行星参考系，它是对惯性系做绕行星的对称轴(极轴)以恒定角速度 ω 转动的转动参考系，用固连于它的球坐标，原点在行星的中心，极轴为 z 轴，如图 8.12 所示. 图中画出了行星上任意点 $P(r,\ \theta,\ \varphi)$ 处单位质量受到的两个彻体力：

$$\boldsymbol{F}_1=-F_1\boldsymbol{e}_r$$

$$\boldsymbol{F}_2=\omega^2 r\cos\lambda\left(\cos\lambda\boldsymbol{e}_r+\sin\lambda\boldsymbol{e}_\theta\right)$$

$\boldsymbol{F}_1$ 是星体其余部分对它的万有引力，$\boldsymbol{F}_2$ 是惯性离轴力，其中 λ 是 P 点所在处的纬度，$\lambda=\dfrac{\pi}{2}-\theta$.

用球坐标的梯度表达式

$$\nabla p=\frac{\partial p}{\partial r}\boldsymbol{e}_r+\frac{1}{r}\frac{\partial p}{\partial\theta}\boldsymbol{e}_\theta+\frac{1}{r\sin\theta}\frac{\partial p}{\partial\varphi}\boldsymbol{e}_\varphi$$

平衡方程为

$$\rho\boldsymbol{F}=\nabla p$$

代入 $\boldsymbol{F}=\boldsymbol{F}_1+\boldsymbol{F}_2$，并写成分量方程

$$\rho\left(-F_1+\omega^2 r\cos^2\lambda\right)=\frac{\partial p}{\partial r}$$

$$\rho\omega^2 r\cos\lambda\sin\lambda=\frac{1}{r}\frac{\partial p}{\partial\theta}=-\frac{1}{r}\frac{\partial p}{\partial\lambda}$$

$$0=\frac{\partial p}{\partial\varphi}$$

(2) 求行星表面附近的压强. 按题目所述作粗糙近似，

$$\boldsymbol{F}_1=-\frac{GM}{r^2}\boldsymbol{e}_r$$

$$\frac{\partial p}{\partial r}=-\frac{\rho GM}{r^2}+\rho\omega^2 r\cos^2\lambda$$

$$\frac{\partial p}{\partial \lambda}=-\rho\omega^2 r^2\cos\lambda\sin\lambda$$

$$\frac{\partial p}{\partial \varphi}=0$$

$$\mathrm{d}p=\frac{\partial p}{\partial r}\mathrm{d}r+\frac{\partial p}{\partial \lambda}\mathrm{d}\lambda+\frac{\partial p}{\partial \varphi}\mathrm{d}\varphi$$

$$=\left(-\frac{\rho GM}{r^2}+\rho\omega^2 r\cos^2\lambda\right)\mathrm{d}r-\rho\omega^2 r^2\cos\lambda\sin\lambda\mathrm{d}\lambda$$

因为

$$\frac{\partial}{\partial \lambda}\left(-\frac{\rho GM}{r^2}+\rho\omega^2 r\cos^2\lambda\right)=\frac{\partial}{\partial r}\left(-\rho\omega^2 r^2\cos\lambda\sin\lambda\right)$$

上述$\mathrm{d}p$的式子为恰当微分，

$$\mathrm{d}p=\mathrm{d}\left(\frac{\rho GM}{r}+\frac{1}{2}\rho\omega^2 r^2\cos^2\lambda\right)$$

$$p=\frac{\rho GM}{r}+\frac{1}{2}\rho\omega^2 r^2\cos^2\lambda+c$$

用$r=R$处$p=0$，定出c，

$$c=-\frac{\rho GM}{R}-\frac{1}{2}\rho\omega^2 R^2\cos^2\lambda$$

所以

$$p=\rho GM\left(\frac{1}{r}-\frac{1}{R}\right)+\frac{1}{2}\rho\omega^2\left(r^2-R^2\right)\cos^2\lambda$$

对于纬度λ处，在表面以下深h的一点，

$$r=R-h,\quad h\ll R$$

$$\frac{1}{r}-\frac{1}{R}=\frac{1}{R-h}-\frac{1}{R}=\frac{1}{R}\left(1-\frac{h}{R}\right)^{-1}-\frac{1}{R}\approx\frac{h}{R^2}$$

$$r^2-R^2=R^2\left(1-\frac{h}{R}\right)^2-R^2\approx R^2\left(1-\frac{2h}{R}\right)-R^2=-2Rh$$

$$p(h,\lambda)=\left(\frac{GM}{R^2}-R\omega^2\cos^2\lambda\right)\rho h$$

(3) 行星表面是一个等势面，单位质量的势能是万有引力势和惯性离轴力势之和，

$$U=U_1+U_2$$

$$U_1=-\frac{GM}{r}+\text{常量}$$

$$\boldsymbol{F}_2=\omega^2 r\cos^2\lambda\boldsymbol{e}_r+\omega^2 r\cos\lambda\sin\lambda\boldsymbol{e}_\theta$$

与

$$\boldsymbol{F}_2=-\nabla U_2=-\frac{\partial U_2}{\partial r}\boldsymbol{e}_r-\frac{1}{r}\frac{\partial U_2}{\partial \theta}\boldsymbol{e}_\theta$$

比较可得

$$\frac{\partial U_2}{\partial r} = -\omega^2 r \cos^2 \lambda$$

$$\frac{\partial U_2}{\partial \theta} = -\omega^2 r^2 \cos\lambda \sin\lambda$$

因为

$$\frac{\partial U_2}{\partial \theta} = -\frac{\partial U_2}{\partial \lambda}$$

后式可改写为

$$\frac{\partial U_2}{\partial \lambda} = \omega^2 r^2 \cos\lambda \sin\lambda$$

$$\begin{aligned} \mathrm{d}U_2 &= \frac{\partial U_2}{\partial r}\mathrm{d}r + \frac{\partial U_2}{\partial \lambda}\mathrm{d}\lambda \\ &= -\omega^2 r \cos^2 \lambda \mathrm{d}r + \omega^2 r^2 \cos\lambda \sin\lambda \mathrm{d}\lambda \\ &= -\mathrm{d}\left(\frac{1}{2}\omega^2 r^2 \cos^2 \lambda\right) \end{aligned}$$

$$U_2 = -\frac{1}{2}\omega^3 r^2 \cos^2 \lambda + 常量$$

$$U = U_1 + U_2 = -\frac{GM}{r} - \frac{1}{2}\omega^2 r^2 \cos^2 \lambda + 常量$$

在行星表面，$U = 常量$，

$$-\frac{GM}{r} - \frac{1}{2}\omega^2 r^2 \cos^2 \lambda = c$$

由两极离中心的距离为 R_{p}，代入 $\lambda = \pm\frac{\pi}{2}, r = R_{\mathrm{p}}$ 可定出 c 为

$$c = -\frac{GM}{R_{\mathrm{p}}}$$

行星表面的方程为

$$\frac{GM}{r} + \frac{1}{2}\omega^2 r^2 \cos^2 \lambda = \frac{GM}{R_{\mathrm{p}}}$$

或

$$\frac{1}{2}\omega^2 r^3 \cos^2 \lambda - \frac{GM}{R_{\mathrm{p}}} r + GM = 0$$

(4) 在赤道处，$\lambda = 0, r = R_{\mathrm{e}}$，代入上式得

$$\omega^2 R_{\mathrm{e}}^3 = 2GM \frac{R_{\mathrm{e}} - R_{\mathrm{p}}}{R_{\mathrm{p}}}$$

表面对球状的偏离为

$$\frac{R_e - R_p}{R_p} = \frac{\omega^2 R_e^3}{2GM} \approx \frac{\omega^2 R_p^3}{2GM}$$

(5) 对于地球，$R_p = 6400\text{km}, M = 6\times10^{24}\text{kg}$,

$$\omega = \frac{2\pi}{24\times3600} = 7.27\times10^{-5}(\text{s})$$

又

$$G = 6.67\times10^{-11}\text{N}\cdot\text{m}^2\cdot\text{kg}^{-2}$$

$$R_e - R_p \approx \frac{\left(6.4\times10^6\right)^4\times\left(7.27\times10^{-5}\right)^2}{2\times6.67\times10^{-11}\times6\times10^{24}} = 1.1\times10^4(\text{m})$$

$$\frac{R_e - R_p}{R_p} \approx 1.8\times10^{-3} = 0.18\%$$

赤道鼓起的高度约 11 公里，偏离球状约 0.18%.

思考：读者也可考虑用其他方法导出本题第(3)小题中的惯性离轴力势.

8.2.11　用图 8.13 所示的 U 形管测量汽车的加速度. 当汽车加速行驶时，测得 $h=100\text{mm}$，求汽车的加速度(图中 $L=200\text{mm}$).

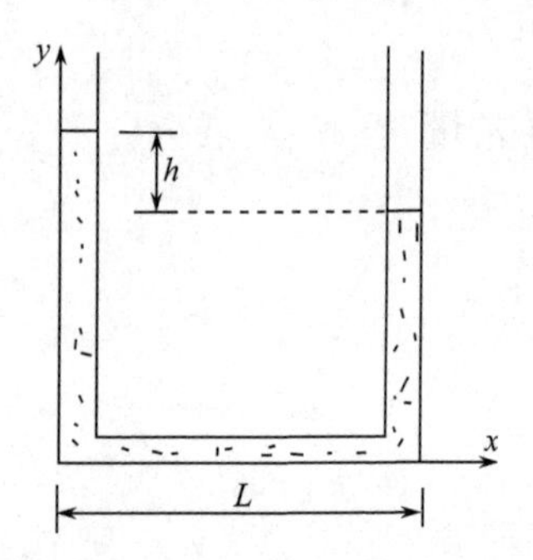

图 8.13

解　设汽车的加速度为 a，必沿 x 轴正向，用汽车参考系，U 形管内的水处于平衡状态. 由平衡方程

$$\rho\boldsymbol{F} = \nabla p$$

$$\rho\left(-a\boldsymbol{i} - g\boldsymbol{j}\right) = \nabla\rho$$

$$\frac{\partial p}{\partial x} = -\rho a,\quad \frac{\partial p}{\partial y} = -\rho g$$

$$\text{d}p = -\rho a\text{d}x - \rho g\text{d}y$$

$$p = -\rho\left(ax + gy\right) + c$$

设 $x=0$ 处水面高度为 y_1，$x=L$ 处水面高度为 y_2，$y_1 - y_2 = h$. 在 $\left(0, y_1\right)$ 处及 $\left(L, y_2\right)$ 处，压强均为大气压,

$$-\rho\left(a\cdot0 + gy_1\right) + c = -\rho\left(aL + gy_2\right) + c$$

$$aL = \left(y_1 - y_2\right)g = hg$$

$$a = \frac{h}{L}g = \frac{100\times10^{-3}}{200\times10^{-3}}\times9.8 = 4.9(\text{m}\cdot\text{s}^{-2})$$

8.2.12　具有铅垂轴的、半径为 r 的半球内盛满液体. 求被两个互相垂直的平面所切出的八分之一球面上压力的合力 $\boldsymbol{N}$ 及其作用线. 设自由面上压力为零，液体的密度为 ρ.

解　如图 8.14 所示，考虑 $x\geqslant0$、$y\geqslant0$、$z\geqslant0$ 的处于四分之一的半球内的液体为系统.

对八分之一球面的压力的合力 $\boldsymbol{N}$ 可写成

$$\boldsymbol{N} = N_x\boldsymbol{i} + N_y\boldsymbol{j} + N_z\boldsymbol{k}$$

N_x 等于 $x\leqslant0$、$y\geqslant0$、$z\geqslant0$ 处四分之一半球内的液体对系统的作用力.

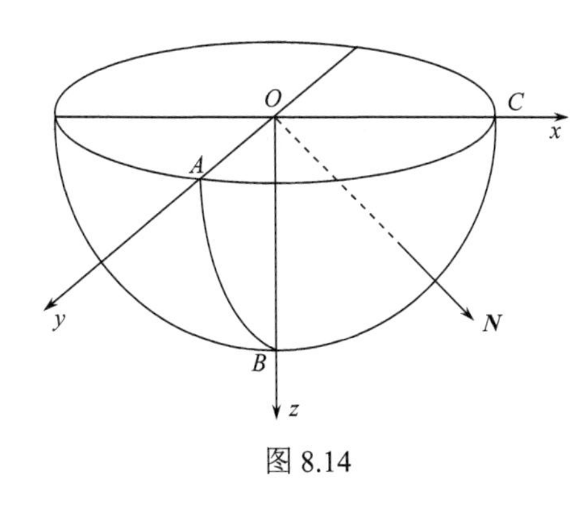

图 8.14

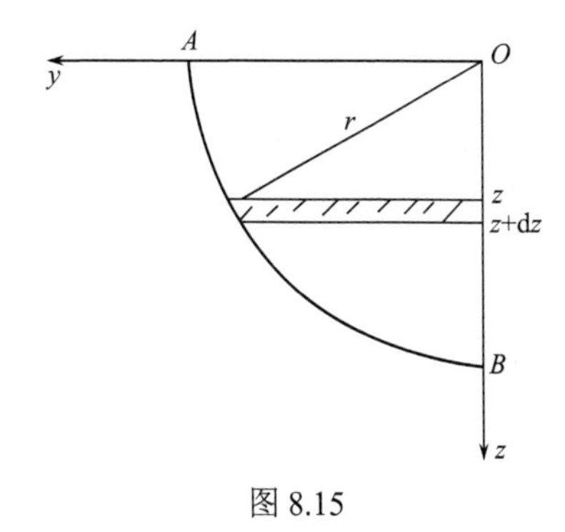

图 8.15

界面 OAB 上在 $z \sim z+\mathrm{d}z$ 间作用于系统的压力为(图 8.15)

$$\mathrm{d}N_x = \rho g z\sqrt{r^2 - z^2}\ \mathrm{d}z$$

通过 OAB 面对系统的作用力

$$\begin{aligned} N_x &= \int_0^r \rho g z\sqrt{r^2 - z^2}\mathrm{d}z \\ &= -\frac{1}{2}\rho g\int\sqrt{r^2 - z^2}\mathrm{d}\left(-z^2\right) = \frac{1}{3}\rho g r^3 \end{aligned}$$

根据对称性，可以写出

$$N_y = \frac{1}{3}\rho g r^3$$

N_z 的大小等于八分之一球面 ABC 对系统的作用力的 z 方向的分量，等于这八分之一球体内液体的重量，

$$N_z = \frac{1}{8}\times\frac{4}{3}\pi r^3\rho g = \frac{1}{6}\pi\rho g r^3$$

所以

$$\boldsymbol{N} = \frac{1}{3}\rho g r^3\boldsymbol{i} + \frac{1}{3}\rho g r^3\boldsymbol{j} + \frac{1}{6}\pi\rho g r^3\boldsymbol{k}$$

$$N = \sqrt{N_x^2 + N_y^2 + N_z^2} = \frac{1}{6}\rho g r^3\sqrt{8+\pi^2}$$

八分之一球面 ABC 上各处的压力均沿球面的法线方向，其作用线都交汇于球心 O，其合力的作用线亦必通过共点力系的作用线交点 O，设合力的作用点为 (x, y, z)，则

$$\boldsymbol{N}\times\left(x\boldsymbol{i} + y\boldsymbol{j} + z\boldsymbol{k}\right) = 0$$

$$\begin{vmatrix} \boldsymbol{i} & \boldsymbol{j} & \boldsymbol{k} \\ N_x & N_y & N_z \\ x & y & z \end{vmatrix} = 0$$

$$N_x y - N_y x = 0$$

$$N_y z - N_z y = 0$$

代入 N_x、N_y、N_z，从上述两个方程可得

$$x = y, \quad z = \frac{\pi}{2} y$$

作用线是这两个平面的交线，作用点是此交线与八分之一球面 ABC 的交点. 两式与 $x^2 + y^2 + z^2 = r^2$ 联立解得

$$x = y = \frac{2r}{\sqrt{8 + \pi^2}}, \quad z = \frac{\pi r}{\sqrt{8 + \pi^2}}$$

作用线也可表示为参数方程形式,

$$x = \frac{2r}{\sqrt{8 + \pi^2}} t, \quad y = \frac{2r}{\sqrt{8 + \pi^2}} t, \quad z = \frac{\pi r}{\sqrt{8 + \pi^2}} t$$

其中 t 为参数.

8.2.13 证明: 任意曲面在彻体力仅有重力的静止流体中，所受的总压力的水平分量等于该曲面在垂直面上的投影面积上所受的总压力.

证明 把曲面看成无限个面元组成，每个面元是一个平面. 取任一面元，面积为 ΔS，其法线方向的单位矢量为 $\boldsymbol{n} = n_x \boldsymbol{i} + n_y \boldsymbol{j} + n_z \boldsymbol{k}$. z 轴沿竖直方向. 该面元所受的压力为

$$p \Delta S \boldsymbol{n}$$

其水平的 x 分量为

$$p \Delta S \boldsymbol{n} \cdot \boldsymbol{i} = p \Delta S n_x = p \Delta S \cos\alpha = p (\Delta S)_{yz}$$

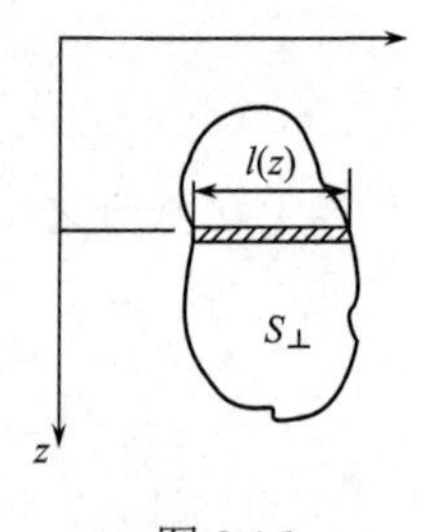

图 8.16

其中 α 是 $\boldsymbol{n}$ 与 x 轴的夹角，也是 ΔS 与垂直于 x 轴的竖直平面 yz 的夹角，$(\Delta S)_{yz}$ 是 ΔS 面在 yz 平面上的投影. 这就证明了对于任一面元所受的压力的水平分量，等于该面元在垂直于这个水平方向的投影面积上所受的压力.

彻体力仅有重力，p 只与 z 有关，如曲面所受总压力的水平分量沿某一方向，其单位矢量用 $\boldsymbol{n}_h$ 表示，则

$$\int p \boldsymbol{n} \cdot \boldsymbol{n}_h \mathrm{d}S = \int p(z) l(z) \mathrm{d}z$$

$l(z)$ 如图 8.16 所示，闭合曲线围成的面积 $S_\perp$ 是曲面所受压力的水平分量相垂直的投影面积，$l(z)\mathrm{d}z$ 是投影面积的面元，$\int p(z) l(z) \mathrm{d}z$ 是垂直的投影面积上所受的总压力. 这个总压力当然沿其法线方向，法线的单位矢量为 $\boldsymbol{n}_h$. 如彻体力还有其他力，则 p 将是 x、y、z 的函数，上述等式不能成立，也就不能得出所要证明的结论.

8.2.14 一半径为 R 的圆柱形容器，其顶盖中心装有一敞口的测压管(图 8.17). 容器装满密度为 ρ 的水，测压管中的水面比顶盖高 h，大气压为 p_0，当容器绕其对称轴以角速度 ω 旋转时，顶盖受到水向上的作用力有多大?

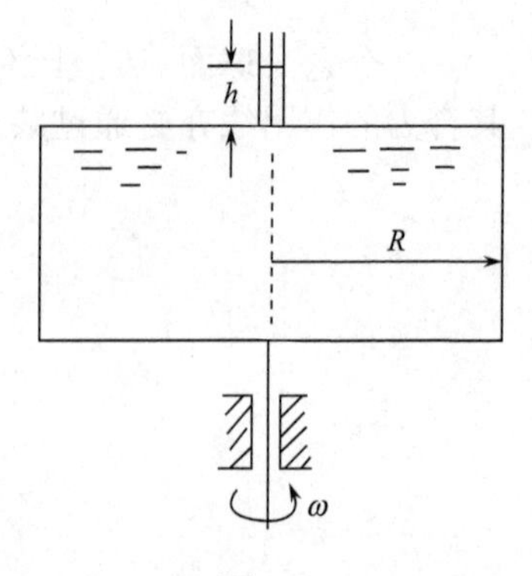

图 8.17

解 取以 ω 的角速度旋转的转动参考系，可用平衡方程，取顶盖中心为坐标原点，z 轴竖直向上.

$$\rho\left(\omega^2 r\boldsymbol{e}_r - g\boldsymbol{k}\right) = \nabla p$$

$$\nabla p = \frac{\partial p}{\partial r}\boldsymbol{e}_r + \frac{1}{r}\frac{\partial p}{\partial \varphi}\boldsymbol{e}_\varphi + \frac{\partial p}{\partial z}\boldsymbol{k}$$

$$\frac{\partial p}{\partial r} = \rho\omega^2 r$$

$$\frac{\partial p}{\partial z} = -\rho g$$

$$\frac{\partial p}{\partial \varphi} = 0$$

$$\mathrm{d}p = p\omega^2 r\mathrm{d}r - \rho g\mathrm{d}z$$

$$p = \frac{1}{2}\rho\omega^2 r^2 - \rho g z + c$$

在 $r=0$、$z=h$ 处，$p=p_0$，

$$p_0 = -\rho g h + c, c = p_0 + \rho g h$$

$$p = p_0 + \frac{1}{2}\rho\omega^2 r^2 - pg\left(z-h\right)$$

顶盖处，$z=0$，顶盖受到水向上的作用力为

$$F = \int_0^R p\left(r,0\right)\cdot 2\pi r\mathrm{d}r$$

$$= \int_0^R \left(p_0 + \frac{1}{2}\rho\omega^2 r^2 + \rho g h\right)\cdot 2\pi r\mathrm{d}r$$

$$= \pi R^2\left(p_0 + \rho g h + \frac{1}{4}\rho\omega^2 R^2\right)$$

8.2.15　一离心分离机，其容器半径为 R，高度为 H. 容器静止时装水高度为 h，水的密度为 ρ. 为使水不溢出，角速度不能超过何值?

解　利用上题得到的 $p\left(r,z\right)$，

$$p = \frac{1}{2}\rho\omega^2 r^2 - \rho g z + c$$

当 $\omega = \omega_{\max}$ 时，水刚好不溢出，$r=R, z=H$ 处，$p=p_0$，由此定 c.

$$p_0 = \frac{1}{2}\rho\omega_{\max}^2 R^2 - \rho g H + c$$

$$c = p_0 - \frac{1}{2}\rho\omega_{\max}^2 R^2 + \rho g H$$

$$p = p_0 + \frac{1}{2}\rho\omega_{\max}^2\left(r^2 - R^2\right) - \rho g\left(z-H\right)$$

令 $p=p_0$，可由上式得到水面的方程

$$\frac{1}{2}\omega_{\max}^2\left(r^2 - R^2\right) = g\left(z-H\right) \tag{1}$$

$$r^2 = R^2 + \frac{2g(z-H)}{\omega_{\max}^2}$$

设水面最低点的 z 坐标为 $z = h'$，那里 $r = 0$，由式(1)，

$$h' = H - \frac{1}{2g}\omega_{\max}^2 R^2$$

水的密度 ρ 为常量，是不可压缩的，旋转时水不溢出的条件下，旋转时水的体积与不旋转时的体积相等.

$$\int_{h'}^{H} \pi\left[R^2 - r^2(z)\right]\mathrm{d}z + \pi R^2 h' = \pi R^2 h$$

$$\begin{aligned}左边 &= -\frac{2\pi g}{\omega_{\max}^2}\int_{h'}^{H}(z-H)\mathrm{d}z + \pi R^2\left(H - \frac{1}{2g}\omega_{\max}^2 R^2\right) \\ &= -\frac{\pi g}{\omega_{\max}^2}\left(H^2 - h'^2\right) + \frac{2\pi g H}{\omega_{\max}^2}(H - h') + \pi R^2\left(H - \frac{1}{2g}\omega_{\max}^2 R^2\right)\end{aligned}$$

代入 $h' = H - \frac{1}{2g}\omega_{\max}^2 R^2$，化简后可得

$$左边 = \pi R^2 H - \frac{1}{4\mathrm{g}}\pi\omega_{\max}^2 R^4$$

所以

$$\pi R^2 H - \frac{1}{4g}\pi\omega_{\max}^2 R^4 = \pi R^2 h$$

解出

$$\omega_{\max} = \frac{2}{R}\sqrt{g(H-h)}$$

8.2.16　设有单位质量受到的彻体力场为

$$F_x = \frac{1}{2}\left(y^2 + z^2\right) + 2\lambda(y+z)x$$

$$F_y = \frac{1}{2}\left(z^2 + x^2\right) + 2\mu(z+x)y$$

$$F_z = \frac{1}{2}\left(x^2 + y^2\right) + 2\nu(x+y)z$$

其中 λ、μ、ν 均为常数. 问 λ、μ、ν 为何值时，在此力场作用下的不可压缩均质流体可能达到平衡.

解　不可压缩的均质流体，ρ 为常量. 平衡方程

$$\rho \boldsymbol{F} = \nabla p$$

可改为

$$\boldsymbol{F} = \nabla\left(\frac{1}{\rho}p\right)$$

因梯度的旋度等于零，均质流体的平衡方程为

$$\nabla\times\boldsymbol{F}=0$$

对于题目给的彻体力$\boldsymbol{F}$，

$$\frac{\partial F_x}{\partial y}=y+2\lambda x,\quad \frac{\partial F_y}{\partial x}=x+2\mu y$$

$$\frac{\partial F_y}{\partial z}=z+2\mu y,\quad \frac{\partial F_z}{\partial y}=y+2\nu z$$

$$\frac{\partial F_z}{\partial x}=x+2\nu z,\quad \frac{\partial F_x}{\partial z}=z+2\lambda x$$

只有当$\lambda=\mu=\nu=\dfrac{1}{2}$时，

$$\frac{\partial F_x}{\partial y}=\frac{\partial F_y}{\partial x},\quad \frac{\partial F_y}{\partial z}=\frac{\partial F_z}{\partial y}$$

$$\frac{\partial F_z}{\partial x}=\frac{\partial F_x}{\partial z}$$

$\nabla\times\boldsymbol{F}=0$可能达到平衡.

8.2.17　一个充满水的密闭容器，以等角速度ω绕一水平轴旋转，能否达到相对平衡?如能达到相对平衡，求出等压面方程.

解　取固连于密闭容器的x、y、z轴，其中x轴取水平转轴，用绕x轴等角速ω转动的参考系.

单位质量受到的彻体力为

$$\boldsymbol{F}=\omega^2 y\boldsymbol{j}+\omega^2 z\boldsymbol{k}+g\cos(\omega t+\alpha)\boldsymbol{j}+g\sin(\omega t+\alpha)\boldsymbol{k}$$

$\boldsymbol{F}$显含时间t，不可能相对平衡.

8.2.18　图 8.18 中圆形截面的活塞直径$d=4\text{cm}$，圆柱体状重物W的底面直径$D=24\text{cm}$. 当作用在活塞上的力$\boldsymbol{F}$为100N时，能举起重物的质量多大?

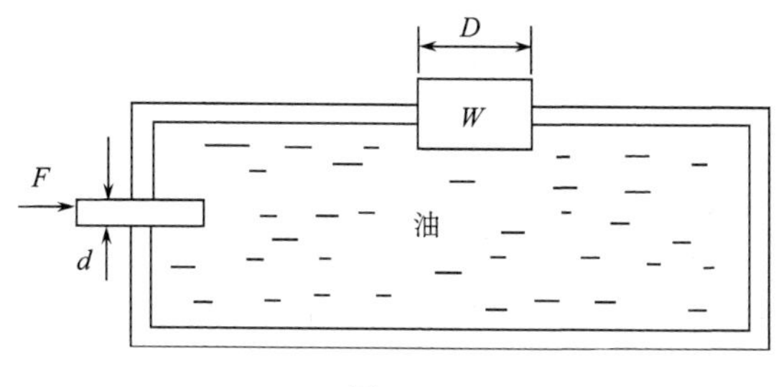

图 8.18

解　重物处的压强与活塞处的压强以及各处油的压强均相等，由此可计算能举起的重物质量为

$$m=\frac{W}{g}=\frac{1}{g}\cdot\frac{F}{\frac{1}{4}\pi d^2}\cdot\frac{1}{4}\pi D^2=\frac{100}{9.8}\times\frac{(0.24)^2}{(0.04)^2}=367(\text{kg})$$

8.2.19　许多初等教科书表述流体静力学的帕斯卡原理为："封闭液体压强的任何变化可无缩减地、瞬时地传递到该液体的所有其他部分．"这是否违背相对论?解释清楚这里所说的"瞬时地"意味着什么?

解　帕斯卡原理只适用于不可压缩的液体，任何流体都不是绝对不可压缩的，所谓不可压缩的流体只是对一类可压缩性较小的流体的一种近似，一种简化了的模型. 正如对于低速的机械运动可用牛顿的力学理论一样，不能认为它们违背了相对论.

液体内压强的变化是以在该液体中传播声波的速度传播的，因通常容器的尺度比较小，声速又相当大，压强变化传递到容器内各处的液体所需时间非常短，几乎可以忽略. 就像一些碰撞问题冲力很大但作用时间极短一样，都可作"瞬时地"处理.

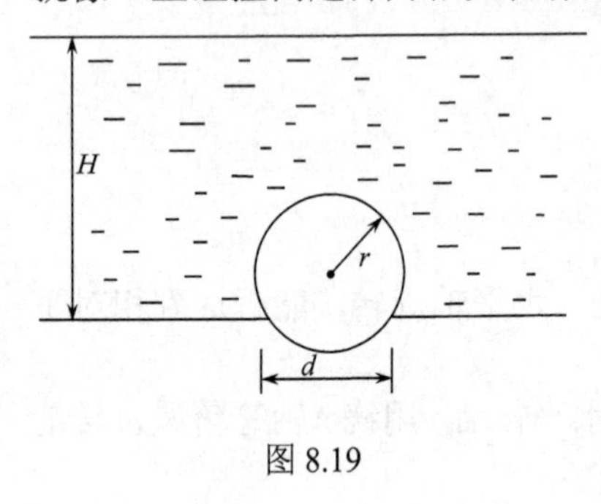

图 8.19

8.2.20　如图 8.19 所示，盛水容器底部开有直径 $d=5\text{cm}$ 的圆孔，用空心金属球封住. 球重 2.45N，半径 $r=4\text{cm}$，水深 $H=20\text{cm}$. 试求升起该球所需之力.

解　水对金属球的浮力等于被金属球排开的水的重量.

取 z 轴竖直向下，原点取在金属球的中心，被金属球排开的水的体积为

$$V=\frac{4}{3}\pi r^3-\int_{\sqrt{r^2-\left(\frac{d}{2}\right)^2}}^{r}\pi\left(r^2-z^2\right)\mathrm{d}z$$

$$=\frac{4}{3}\pi r^3-\pi r^2\left[r-\sqrt{r^2-\left(\frac{d}{2}\right)^2}\right]+\frac{1}{3}\pi\left\{r^3-\left[\sqrt{r^2-\left(\frac{d}{2}\right)^2}\right]^3\right\}$$

$$=\frac{2}{3}\pi r^3+\pi\sqrt{r^2-\frac{1}{4}d^2}\left(\frac{2}{3}r^2+\frac{1}{12}d^2\right)=2.59\times10^{-4}\text{m}^3$$

升起该球所需之力为

$$F=W-\rho gV+\rho gH\cdot\frac{1}{4}\pi d^2$$

$$=2.45-10^3\times9.8\times2.59\times10^{-4}+10^3\times9.8\times0.20\times\frac{\pi}{4}(0.05)^2$$

$$=3.76(\text{N})$$

注意：由于圆孔处无水，水对金属球的作用力不是浮力，而是压力. 这里设想在圆孔处有一个向上的力，又有一个同样大小的向下的力，前者与金属球与水接触面所受的压力一起成为对金属球的浮力，后者就是 $\rho gH\cdot\frac{1}{4}\pi d^2$.

如直接计算水对金属球的作用力，根据对称性，其合力必沿竖直方向. 设合力向上

(实际是向下的)，采用球坐标的θ作为积分变量. 合力为

$$\int_{\theta_0}^{\pi}\rho g\left[r\cos\theta+H-\sqrt{r^2-\left(\frac{1}{2}d\right)^2}\right]\cos\theta\cdot 2\pi r\sin\theta\cdot r\mathrm{d}\theta$$

其中 $\theta_0=\arcsin\left(\dfrac{d}{2r}\right)$，$\rho g\left[r\cos\theta+H-\sqrt{r^2-\left(\frac{1}{2}d\right)^2}\right]$ 是在 z 处水的压强，$\rho g\left[r\cos\theta+H-\sqrt{r^2-\left(\frac{1}{2}d\right)^2}\right]\cos\theta$ 是 z 处的压强在竖直向上方向的分量，$2\pi r\sin\theta\cdot r\mathrm{d}\theta$ 是金属球面上处于$\theta\sim\theta+\mathrm{d}\theta$间的面积.

$$F=W-\int_{\theta_0}^{\pi}\rho g\left[r\cos\theta+H-\sqrt{r^2-\left(\frac{1}{2}d\right)^2}\right]\cos\theta\cdot 2\pi r^2\sin\theta\mathrm{d}\theta$$

经计算可得同样结果.

8.2.21　一个均质的正立方体木块，边长为1m，加重物后浸入水中达到平衡时，恰好一半浸入水中，重心位置如图8.20(a)所示，当木块转过45°角，如图8.20(b)所示. 求此位置木块受到的恢复力矩.

解
$$W=\rho\cdot\frac{1}{2}Vg=1\times10^3\times\frac{1}{2}\times1^3\times9.8=4.9\times10^3(\mathrm{N})$$
$$M=4.9\times10^3\times0.25\times\sin45^\circ=866(\mathrm{N\cdot m})$$

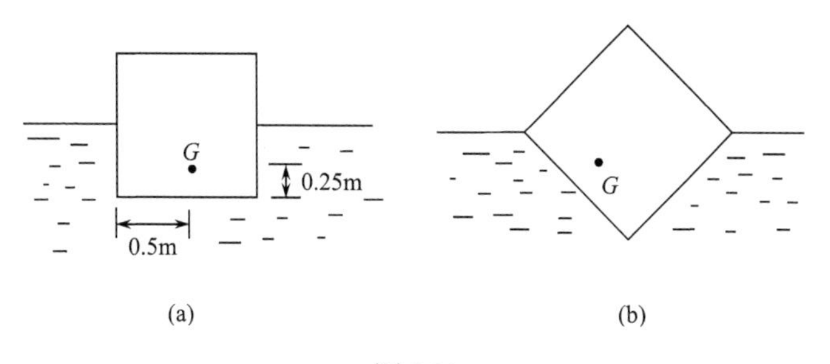

图 8.20

8.2.22　一个空间站是一个充满空气的半径为a的大圆筒，圆筒围绕其对称轴以角速度ω自旋，以提供边缘的加速度等于地球表面的重力加速度. 若空间站内部温度T是常数，求圆筒中心处的压强与边缘处的压强之比.

解　取空间站为参考系，空气处于平衡状态，由平衡方程

$$\rho\boldsymbol{F}=\nabla p$$

其中彻体力$\boldsymbol{F}$是惯性离轴力，

$$\boldsymbol{F}=\omega^2 r\boldsymbol{e}_r$$

代入上式

$$\rho\omega^2 r\boldsymbol{e}_r = \frac{\partial p}{\partial r}\boldsymbol{e}_r + \frac{1}{r}\frac{\partial p}{\partial \varphi}\boldsymbol{e}_\varphi + \frac{\partial p}{\partial z}\boldsymbol{k}$$

今 $\dfrac{\partial p}{\partial \varphi}=0, \dfrac{\partial p}{\partial z}=0, p$ 只是 r 的函数，从而

$$\rho\omega^2 r = \frac{\mathrm{d}p}{\mathrm{d}r} \tag{1}$$

这里 ρ 不是常量，是 r 的函数.

空气虽是黏性气体，随圆筒一起旋转，处于相对平衡状态. 采用局部平衡近似时仍可用理想气体状态方程. 设空气的摩尔体积为 v，状态方程为

$$pv = RT$$

其中 R 是普适气体常数.

设空气的摩尔质量为 μ，

$$\mu = \rho v$$

$$p = \frac{1}{v}RT = \frac{\rho}{\mu}RT$$

从而

$$\rho = \frac{\mu p}{RT} \tag{2}$$

将式(2)代入式(1)，变量分离后可得

$$\frac{\mathrm{d}p}{p} = \frac{\mu\omega^2}{RT}r\mathrm{d}r$$

$$p = c\exp\left\{\frac{\mu\omega^2 r^2}{2RT}\right\} \tag{3}$$

在圆筒边缘对静参考系的加速度等于地球表面的重力加速度，

$$\omega^2 a = g$$

$$\omega^2 = \frac{g}{a} \tag{4}$$

将式(4)代入式(3)，

$$p = c\exp\left(\frac{\mu g r^2}{2aRT}\right)$$

圆筒中心处的压强与边缘处的压强之比为

$$\frac{p(o)}{p(a)} = \frac{c}{c\exp\left(\dfrac{\mu g a}{2RT}\right)} = \exp\left(-\frac{\mu g a}{2RT}\right)$$

8.2.23　一个由气体组成的、半径为 R 的球状物体具有球对称性，密度 $\rho=\rho(r)$，引

力势$U=U(r)$，由压力支承自身的引力，压强$p=p(r)$. 下列哪些式子是物体的引力势能V的正确表达式. 而另一些仅差一个正的或负的数字因子.

$$\text{(i)}\ -4\pi\int_0^R \rho\frac{\mathrm{d}u}{\mathrm{d}r}r^3\mathrm{d}r,\quad \text{(ii)}\ \frac{1}{G}\int_0^R\left(\frac{\mathrm{d}U}{\mathrm{d}r}\right)^2 r^2\mathrm{d}r$$

$$\text{(iii)}\ 2\pi\int_0^R \rho U r^2\mathrm{d}r,\quad \text{(iv)}\ -4\pi\int_0^R pr^2\mathrm{d}r$$

解　对于密度为$\rho(x,y,z)$、体积为τ的孤立系统，其自身引起的引力势能为

$$V=\frac{1}{2}\int_\tau \rho(x,y,z)U(x,y,z)\mathrm{d}x\mathrm{d}y\mathrm{d}z$$

对于半径为R的球对称的球状气体系统，自身引起的引力势能为

$$\begin{aligned}V&=\frac{1}{2}\int_0^R\rho(r)U(r)\cdot 4\pi r^2\mathrm{d}r\\&=2\pi\int_0^R\rho U r^2\mathrm{d}r\end{aligned}\tag{1}$$

这正是(iii)的表达式. 可见(iii)的表达式是正确的.

自身的引力由压力支承处于平衡状态，由平衡条件

$$\rho\boldsymbol{F}=\nabla p$$

今$\boldsymbol{F}=-\dfrac{\mathrm{d}U}{\mathrm{d}r}\boldsymbol{e}_r,\nabla p=\dfrac{\mathrm{d}p}{\mathrm{d}r}\boldsymbol{e}_r$ (球对称)，

$$\frac{\mathrm{d}p}{\mathrm{d}r}=-\rho\frac{\mathrm{d}U}{\mathrm{d}r}\tag{2}$$

又引力势满足泊松方程

$$\nabla^2U=4\pi G\rho$$

对于球对称情形，上式可写成

$$\frac{1}{r^2}\frac{\mathrm{d}}{\mathrm{d}r}\left(r^2\frac{\mathrm{d}U}{\mathrm{d}r}\right)=4\pi G\rho$$

所以

$$\rho=\frac{1}{4\pi G}\cdot\frac{1}{r^2}\frac{\mathrm{d}}{\mathrm{d}r}\left(r^2\frac{\mathrm{d}U}{\mathrm{d}r}\right)\tag{3}$$

将式(3)代入式(2)，

$$\frac{\mathrm{d}p}{\mathrm{d}r}=-\frac{1}{4\pi G}\cdot\frac{1}{r^2}\frac{\mathrm{d}}{\mathrm{d}r}\left(r^2\frac{\mathrm{d}U}{\mathrm{d}r}\right)\cdot\frac{\mathrm{d}U}{\mathrm{d}r}$$

在球体以外，$p=0,\dfrac{\mathrm{d}p}{\mathrm{d}r}=0$，故

$$\left.\frac{\mathrm{d}p}{\mathrm{d}r}\right|_{r=R}=0,\quad \left.\frac{\mathrm{d}U}{\mathrm{d}r}\right|_{r=R}=0\tag{4}$$

式(1)也即(iii)的表达式，可改写

$$V=2\pi\int_0^R\frac{1}{4\pi G}U\frac{\mathrm{d}}{\mathrm{d}r}\left(r^2\frac{\mathrm{d}U}{\mathrm{d}r}\right)\mathrm{d}r$$

$$=\frac{1}{2G}\left[\left(Ur^2\frac{\mathrm{d}U}{\mathrm{d}r}\right)\bigg|_0^R-\int_0^R r^2\left(\frac{\mathrm{d}U}{\mathrm{d}r}\right)^2\mathrm{d}r\right]$$

$$=-\frac{1}{2G}\int_0^R r^2\left(\frac{\mathrm{d}U}{\mathrm{d}r}\right)^2\mathrm{d}r \tag{5}$$

计算中用了式(4).

将式(5)与(ii)的表达式比较，可见(ii)的表达式缺了一个因子“$-\frac{1}{2}$”.

将式(3)代入(i)的表达式，

$$-4\pi\int_0^R\rho\frac{\mathrm{d}U}{\mathrm{d}r}r^3\mathrm{d}r=-\frac{1}{G}\int_0^R r\frac{\mathrm{d}U}{\mathrm{d}r}\cdot\frac{\mathrm{d}}{\mathrm{d}r}\left(r^2\frac{\mathrm{d}U}{\mathrm{d}r}\right)\mathrm{d}r$$

$$=-\frac{1}{G}\left[\left(r\frac{\mathrm{d}U}{\mathrm{d}r}\cdot r^2\frac{\mathrm{d}U}{\mathrm{d}r}\right)\bigg|_0^R-\int_0^R r^2\frac{\mathrm{d}U}{\mathrm{d}r}\cdot\mathrm{d}\left(r\frac{\mathrm{d}U}{\mathrm{d}r}\right)\right]$$

$$=\frac{1}{G}\int_0^R r\left(r\frac{\mathrm{d}U}{\mathrm{d}r}\right)\mathrm{d}\left(r\frac{\mathrm{d}U}{\mathrm{d}r}\right)$$

$$=\frac{1}{2G}\int_0^R r\mathrm{d}\left(r\frac{\mathrm{d}U}{\mathrm{d}r}\right)^2$$

$$=\frac{1}{2G}\left[r^3\left(\frac{\mathrm{d}U}{\mathrm{d}r}\right)^2\right]\bigg|_0^R-\frac{1}{2G}\int_0^R r^2\left(\frac{\mathrm{d}U}{\mathrm{d}r}\right)^2\mathrm{d}r$$

$$=-\frac{1}{2G}\int_0^R r^2\left(\frac{\mathrm{d}U}{\mathrm{d}r}\right)^2\mathrm{d}r$$

此式与式(5)相同，式(5)是正确的表达式(iii)改写的，可见(i)的表达式也是正确的.

(iv)的表达式作如下改写：

$$-4\pi\int_0^R pr^2\mathrm{d}r=-\frac{4\pi}{3}\int p\mathrm{d}r^3$$

$$=-\frac{4\pi}{3}\left[\left(r^3p\right)\big|_0^R-\int_0^R r^3\frac{\mathrm{d}p}{\mathrm{d}r}\mathrm{d}r\right]$$

$$=\frac{4\pi}{3}\int_0^R\left(-\rho\frac{\mathrm{d}U}{\mathrm{d}r}\right)r^3\mathrm{d}r=-\frac{4\pi}{3}\int_0^R\rho\frac{\mathrm{d}U}{\mathrm{d}r}r^3\mathrm{d}r$$

在计算中用了式(2).

将上式与正确的(i)的表达式比较，可见(iv)的表达式多了一个因子“$\frac{1}{3}$”.

8.3　流体动力学

8.3.1　如图 8.21 所示，一低速风洞具有开口式的试验段，其横截面直径为d，一杯式酒精压力计连接于风洞较粗段上，此处横截面的直径为D．当重力作用下的、密度为ρ的理想气体流过时，压力计高度读数为h，大气压强为p_0．酒精密度为ρ'，流动是定常的．求试验段流体的速度．

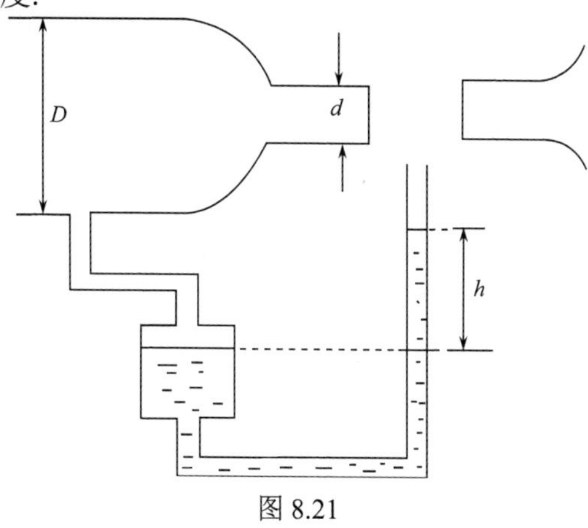

图 8.21

解　设理想流体在直径为D的粗段和直径为d的细段的流速分别为v_1、v_2．由连续性方程，

$$\frac{1}{4}\pi D^2 v_1 = \frac{1}{4}\pi d^2 v_2 \tag{1}$$

由伯努利方程，

$$\frac{1}{2}\rho v_1^2 + p_1 = \frac{1}{2}\rho v_2^2 + p_2 \tag{2}$$

$$p_2 = p_0 \quad (p_0\text{为大气压}) \tag{3}$$

$$p_1 = p_0 + \rho' g h \tag{4}$$

由式(1)，

$$v_1 = \left(\frac{d}{D}\right)^2 v_2 \tag{5}$$

将式(3)、(4)、(5)代入式(2)，解出v_2，得

$$v_2 = \frac{D^2}{\sqrt{D^4 - d^4}}\sqrt{\frac{2\rho' g h}{\rho}}$$

8.3.2　一个由旋转对称性的表面的水壶，对称轴沿竖直方向，壶底有一个半径为r的小孔，为使液体从底部小孔流出过程中液面下降的速率保持不变，壶的形状应是怎样的？

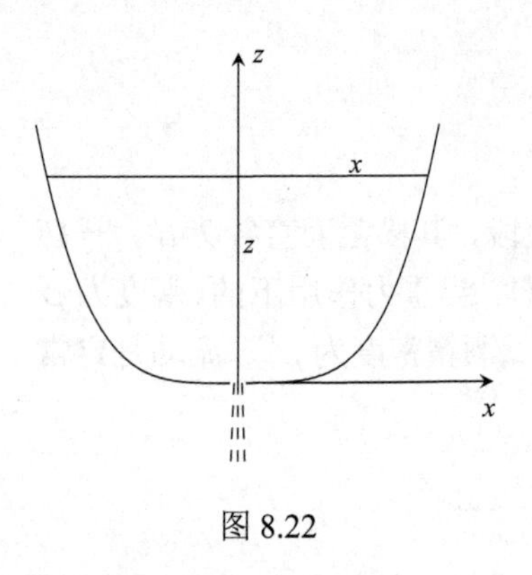

图 8.22

解 如图 8.22 所示，取竖直方向为 z 轴，水平方向为 x 轴，小孔处为坐标原点. 取柱坐标，为了不与液体密度 ρ 发生混淆我们用 x 表示柱坐标中的 ρ.

设液面高度为 z 时，液面的圆半径为 x，此时液体从底部小孔中流出的速率为 v. 液面以恒定速率 u 下降. p_0 为大气压强，ρ 为液体密度. 则由伯努利方程

$$p_0+\frac{1}{2}\rho v^2=p_0+\frac{1}{2}\rho u^2+\rho gz$$

由连续性方程

$$u\pi x^2=v\pi r^2$$

可解出

$$z=\frac{u^2(x^4-r^4)}{2gr^4}$$

其中 u 是常量. 这就是所要求的表示壶的形状的 z 与 x 的关系. 因 $r\ll x$. 上式可简化为

$$z=\frac{u^2x^4}{2gr^4}$$

这正是古代用液面下降计时的漏壶的形状.

8.3.3 密度为 ρ 的水从一大容器流入一喇叭型导管，入口和出口处截面积分别为 S_1 和 S_2，导管长 H，如图 8.23 所示，大气压强为 p_0，运动是定常的，问 h 多大时，导管入口处压强为零.

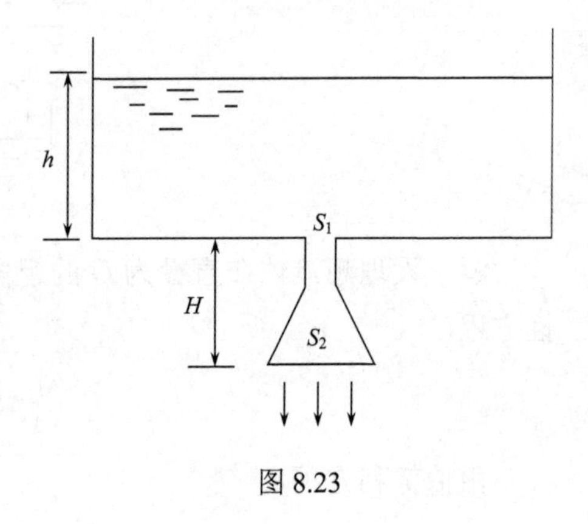

图 8.23

解 由伯努利方程，

$$p_0+\rho g\left(h+H\right)=p_0+\frac{1}{2}\rho v_2^2 \tag{1}$$

$$p_0+\frac{1}{2}\rho v_2^2=\frac{1}{2}\rho v_1^2+\rho gH \tag{2}$$

其中 v_1、v_2 分别是导管入口和出口处的流速(这里考虑到要求入口处压强为零，即 p_1=0).

由连续性方程

$$S_1v_1=S_2v_2 \tag{3}$$

由式(1)可得

$$h=\frac{v_2^2}{2g}-H \tag{4}$$

由式(2)、(3)消去 v_1，解出 v_2^2，得

$$v_2^2=\frac{2\left(p_0-\rho gH\right)S_1^2}{\rho\left(S_2^2-S_1^2\right)}$$

将上式代入式(4)，得

$$h=\frac{S_1^2}{S_2^2-S_1^2}\left(\frac{p_0}{\rho g}-\frac{S_2^2}{S_1^2}H\right)$$

8.3.4　如图 8.24 所示，压强为$1.08\times10^5\,\text{Pa}$的空气以$30\text{ms}^{-1}$的速度从 A、B 两个进口流进箱内，进口面积都为 5cm^2，箱内的空气经过 C 排气口排入大气，排气压强等于大气压强，为 $1.013\times10^5\text{Pa}$. 气体不可压缩，密度为 1.225kg/m^3，进出口 A、B、C 处于同一高度，设为定常流动. 试求反作用力 R_1 和 R_2.

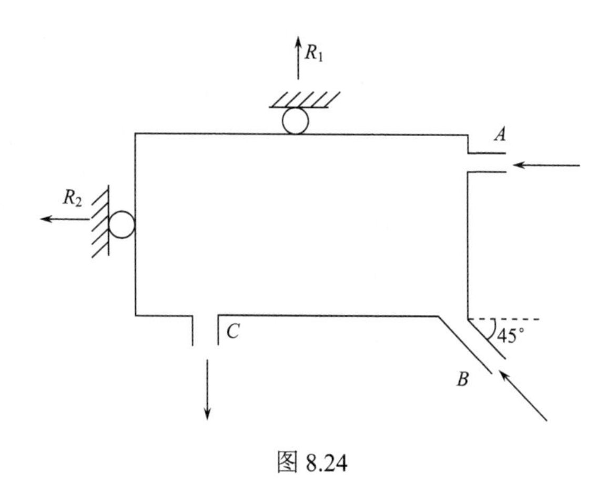

图 8.24

解　已知 $p_A=p_B=1.08\times10^5\,\text{Pa}$，

$$v_A=v_B=30\text{m/s}$$

$$p_C=p_0=1.013\times10^5\,\text{Pa}$$

箱内压强为 p_C，

$$\rho=1.225\text{kg/m}^3$$

$$S_A=S_B=5\times10^{-4}\,\text{m}^2$$

对箱内气体用动量定理，

$$(p_A-p_C)S_A+(p_B-p_C)S_B\sin45°-R_2=Q_Av_A+Q_Bv_B\sin45° \tag{1}$$

$$(p_B-p_C)S_B\sin45°-R_1=Q_Bv_B\sin45°-Q_Cv_C \tag{2}$$

其中 Q_A、Q_B、Q_C 分别是单位时间内从 A、B 两个进口流入的空气质量和从 C 出口流出的空气质量.

$$Q_A=\rho v_AS_A \tag{3}$$

$$Q_B=\rho v_BS_B=\rho v_AS_A \tag{4}$$

$$Q_C=Q_A+Q_B=2\rho v_AS_A \tag{5}$$

将式(3)、(4)代入式(1)，解出

$$R_2=(p_A-p_C)S_A(1+\sin45°)-\rho v_A^2S_A(1+\sin45°)$$

代入数据，经计算得

$$R_2 = 6.66\text{N}$$

对 A、C 两点用伯努利方程,

$$\frac{1}{2}\rho v_A^2 + p_A = \frac{1}{2}\rho v_C^2 + p_C$$

$$v_C = \sqrt{\frac{2(p_A - p_C)}{\rho} - v_A^2}$$

代入数据可得 $v_C = 100\text{m/s}$. 将式(4)、(5)代入式(2),解出

$$R_1 = (p_B - p_C)S_A \sin 45° - \rho v_A^2 S_A \sin 45° + 2\rho v_A S_A v_C$$

代入数据后,可得 $R_1 = 5.65\text{N}$.

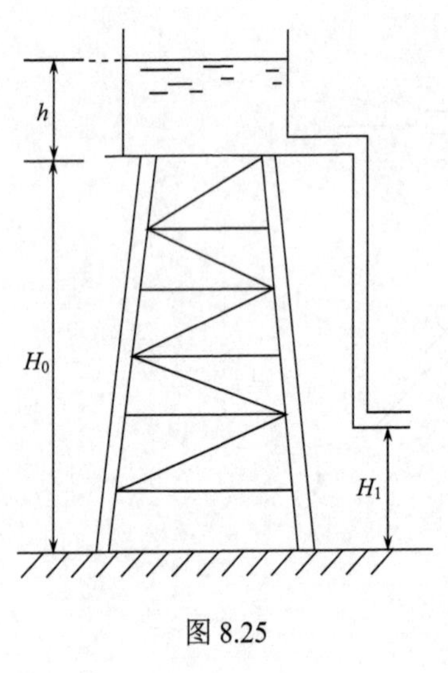

图 8.25

8.3.5　一水塔的蓄水箱底离地面的高度 $H_0 = 20\text{m}$,其横截面为半径 $R = 2\text{m}$ 的圆,蓄水深 $h = 1\text{m}$,如果用装在高 $H_1 = 5\text{m}$ 处截面积为 2cm^2 的水龙头放水,假定始终都是定常流动,问需多久才能将水放完?

解　设大气压强为 p_0,当蓄水箱中水面比箱底高 $x(\text{m})$时,水面处的流速为 v_0,水龙头流出的水速为 v,

由伯努利方程,

$$\frac{1}{2}\rho v^2 + \rho g H_1 + p_0 = \frac{1}{2}\rho v_0^2 + \rho g(H_0 + x) + p_0$$

由连续性方程

$$Sv = \pi R^2 v_0$$

其中 S 是水龙头的截面积.

从上述两式可解出 v_0 与 x 的函数关系为

$$v_0 = \sqrt{\frac{S^2}{\pi^2 R^4 - S^2} \cdot 2g(H_0 - H_1 + x)}$$

$$\frac{\mathrm{d}x}{\mathrm{d}t} = -v_0 = -\sqrt{\frac{S^2}{\pi^2 R^4 - S^2} \cdot 2g(H_0 - H_1 + x)}$$

将水放完所需的时间 t 为

$$\begin{aligned} t &= -\int_h^0 \sqrt{\frac{\pi^2 R^4 - S^2}{2gS^2}} \cdot \frac{1}{\sqrt{H_0 - H_1 + x}} \mathrm{d}x \\ &= \sqrt{\frac{\pi^2 R^4 - S^2}{2gS^2}} \cdot 2\sqrt{H_0 - H_1 + x}\Big|_0^h \\ &= \sqrt{\frac{2(\pi^2 R^4 - S^2)}{gS^2}}\left(\sqrt{H_0 - H_1 + h} - \sqrt{H_0 - H_1}\right) \end{aligned}$$

代入 $R=2\text{m}, S=2\times10^{-4}\text{m}^2, H_0=20\text{m}, H_1=5\text{m}, h=1\text{m}, g=9.8\text{ms}^{-2}$ 可得

$$t=3.61\times10^3\text{s}$$

8.3.6 在桌边放着装有液体的圆柱形容器，容器侧壁靠近底部处开个小孔，液体经小孔水平流出，液柱射在地板上的 P 点，桌面高度为 H，小孔的面积是容器底面积的 $1/k$，原来容器中液面高 h_0，求落点 P 沿地板移动的速度及所有液体从容器中流出所需时间.

解 水柱从离面高度为 H 处水平射出，水平射程随从小孔出射的初速度减小而减小，设容器中液面高度为 h 时，液面下降速度为 v，液体从小孔出射的初速度为 V. 由连续性方程，$V=kv$. 再由伯努利方程，有

$$p_0+\frac{1}{2}\rho V^2=p_0+\rho gh+\frac{1}{2}\rho v^2$$

其中 p_0 是大气压强，ρ 是液体密度. 代入 $v=\frac{1}{k}V$. 解出小孔出射的速度为

$$V=\frac{k\sqrt{2gh}}{\sqrt{k^2-1}}$$

水平方向保持出射的速度. 从出射到落地需时 $\sqrt{\frac{2H}{g}}$. 水平射程为

$$S=\frac{k\sqrt{2gh}}{\sqrt{k^2-1}}\sqrt{\frac{2H}{g}}=2k\sqrt{\frac{H}{k^2-1}}\sqrt{h}$$

可见落点 P 将随着 h 的减小而向小孔的正下方移动.

落点 P 移动的速度

$$V_P=\frac{\mathrm{d}S}{\mathrm{d}t}=2k\sqrt{\frac{H}{k^2-1}}\frac{\mathrm{d}\sqrt{h}}{\mathrm{d}t}=k\sqrt{\frac{H}{k^2-1}}\frac{1}{\sqrt{h}}\frac{\mathrm{d}h}{\mathrm{d}t}$$

$$\frac{\mathrm{d}h}{\mathrm{d}t}=-v=-\frac{1}{k}V=-\frac{1}{k}\frac{k\sqrt{2gh}}{\sqrt{k^2-1}}=-\frac{\sqrt{2gh}}{\sqrt{k^2-1}}$$

代入上式

$$V_P=k\sqrt{\frac{H}{k^2-1}}\frac{1}{\sqrt{h}}\left(-\frac{\sqrt{2gh}}{\sqrt{k^2-1}}\right)=-\frac{k}{k^2-1}\sqrt{2gH}$$

$V_P<0$ 说明 P 点沿 S 的负向即向小孔正下方移动. 移动速度一定与液面高度无关.

$t=0$ 时，$h=h_0$，射流射程为

$$S_0=2k\sqrt{\frac{Hh_0}{k^2-1}}$$

液体全部流出时，$h=0$，$S=0$. 故容器中液体全部流出所需时间为

$$t=\frac{0-S_0}{V_P}=\frac{-2k\sqrt{\frac{Hh_0}{k^2-1}}}{-\frac{k}{k^2-1}\sqrt{2gH}}=\sqrt{\frac{2(k^2-1)h_0}{g}}$$

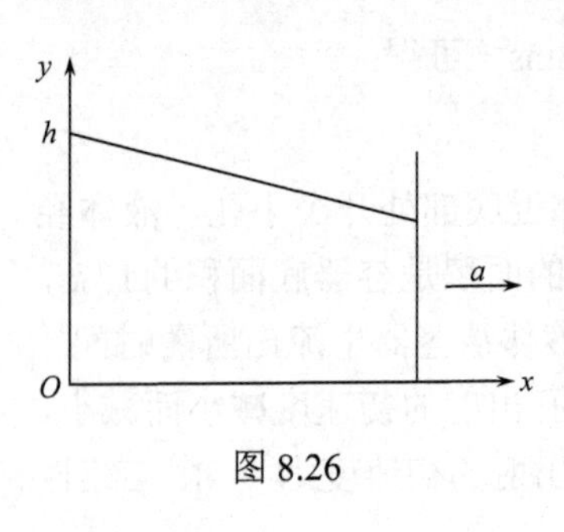

图 8.26

8.3.7 洒水车的大水槽的后端底部有一小孔，当洒水车以匀加速 a 前进时，后端水面的高度为 h. 求此刻水从小孔流出的速率.(以洒水车为参考系)

解 虽然水从后端底部的小孔流出，以洒水车为参考系，仍可近似认为洒水车中的水处于平衡状态. 说得更确切些，水从小孔中流出的过程是一个准静态过程.

取固连于洒水车的 xy 坐标，如图 8.26 所示，原点取在洒水车的大水槽的后端底部，x 轴水平沿车前进的方向，y 轴竖直向上.

单位质量的水受到的彻体力为

$$\boldsymbol{F}=-a\boldsymbol{i}-g\boldsymbol{j}$$

由平衡方程 $\rho\boldsymbol{F}=\nabla p$，得

$$\frac{\partial p}{\partial x}=-\rho a,\quad \frac{\partial p}{\partial y}=-\rho g$$

$$\mathrm{d}p=\frac{\partial p}{\partial x}\mathrm{d}x+\frac{\partial p}{\partial y}\mathrm{d}y=-\rho a\mathrm{d}x-\rho g\mathrm{d}y$$

积分得

$$p=-\rho ax-\rho gy+c$$

由 $x=0, y=h$ 处 $p=p_0$ (大气压)定出

$$c=p_0+\rho gh$$

从而

$$p=p_0+\rho gh-\rho(ax+gy)$$

上述压强分布适用于大水槽内部(包括小孔附近，那里水的流速 $v\approx 0$)，小孔附近的外部，$p=p_0$. 对小孔附近内、外两点用伯努利方程，

$$p_0+\rho gh=p_0+\frac{1}{2}\rho v^2$$

其中 v 为从小孔流出的水的速率(相对于洒水车)，即给出

$$v=\sqrt{2gh}$$

8.3.8 半径为 R 的圆柱形水槽绕自身的铅直对称轴以匀角速 ω 转动，水槽侧壁有一小孔，水面最低处在小孔上方 h 处. 求此刻水从小孔流出时相对于水槽的速率.

解 取水槽为参考系，取固连于它的柱坐标系，原点取在对称轴上，与侧壁的小孔同高度处，z 轴沿竖直的对称轴，向上为正.

单位质量的水受到的彻体力为

$$\boldsymbol{F}=\omega^2 r\boldsymbol{e}_r-g\boldsymbol{k}$$

由平衡方程，$\rho\boldsymbol{F}=\nabla p$，

$$\frac{\partial p}{\partial r}=\rho\omega^2 r,\quad \frac{\partial p}{\partial z}=-\rho g$$

$$\mathrm{d}p=\rho\omega^2 r\mathrm{d}r-\rho g\mathrm{d}z$$

$$p=\frac{1}{2}\rho\omega^2 r^2-\rho gz+c$$

水面最低处，$r=0,z=h,p=p_0$，定出

$$c=p_0+\rho gh$$

所以

$$p=p_0+\rho gh+\frac{1}{2}\rho\omega^2 r^2-\rho gz$$

对小孔附近内、外两点用伯努利方程，

$$p_0+\rho gh+\frac{1}{2}\rho\omega^2 R^2=p_0+\frac{1}{2}\rho v^2$$

$$v=\sqrt{2gh+\omega^2 R^2}$$

注意：用伯努利方程的两点必须处在同一条流线上. 考虑小孔附近内、外两点都确保在同一条流线上. 但对无旋流动不必要求同一流线.

8.3.9 密度为ρ的理想流体通过截面积为正方形的、水平的圆弧形管道(图 8.27)做定常流动，正方形边长为$2L$，圆形轨道的中心线的半径为R，测得通道在同一高度上内外侧压差为Δp，通道内水流速度为$v_r=v_z=0,v_\varphi=\dfrac{A}{r}$, A为待定常数. 试证明通过通道的水流质量流量为

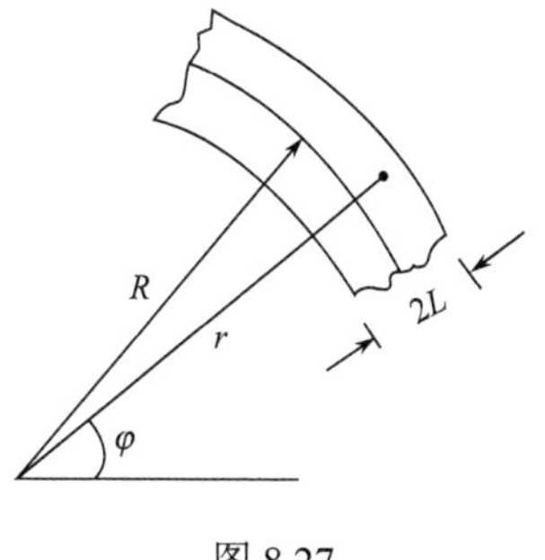

图 8.27

$$Q=\sqrt{\frac{2\rho L\Delta p}{R}}\left(R^2-L^2\right)\ln\left(\frac{R+L}{R-L}\right)$$

证明 该流动为无旋定常流动，证明无旋如下：

$$\nabla\times\boldsymbol{v}=\left(\frac{1}{r}\frac{\partial v_z}{\partial\varphi}-\frac{\partial v_\varphi}{\partial z}\right)\boldsymbol{e}_r+\left(\frac{\partial v_r}{\partial z}-\frac{\partial v_z}{\partial r}\right)\boldsymbol{e}_\varphi+\left[\frac{1}{r}\frac{\partial\left(rv_\varphi\right)}{\partial r}-\frac{1}{r}\frac{\partial v_r}{\partial\varphi}\right]\boldsymbol{k}$$

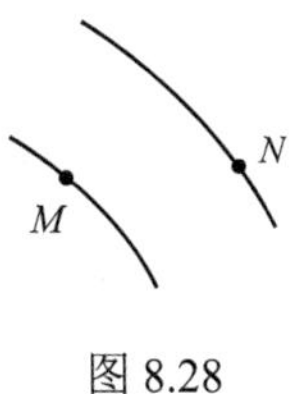

图 8.28

今$v_r=0,v_z=0,\dfrac{\partial v_\varphi}{\partial z}=0,\dfrac{\partial\left(rv_\varphi\right)}{\partial r}=0$. 可见，$\nabla\times\boldsymbol{v}=0$，流动是无旋的.

对于理想流体做无旋的定常流动，对任何两点(不要求在同一流线上)都有伯努利积分，即有同样的伯努利常数.

今对正方形截面的圆形管道的内外两侧，即$r=R-L$和$r=R+L$的两侧上的两点M、N (图 8.28)写伯努利积分.

$$v_M=\frac{A}{R-L},\quad v_N=\frac{A}{R+L}$$

$$\frac{1}{2}\rho\left(\frac{A}{R-L}\right)^2+p_M=\frac{1}{2}\rho\left(\frac{A}{R+L}\right)^2+p_N$$

$$\Delta p=p_N-p_M=\frac{1}{2}\rho A^2\left[\frac{1}{(R-L)^2}-\frac{1}{(R+L^2)}\right]=\rho A^2\frac{2RL}{(R^2-L^2)^2}$$

$$A=\sqrt{\frac{\Delta p}{2\rho RL}}(R^2-L^2)$$

通过通道的水流质量流量为

$$Q=\int_{R-L}^{R+L}\rho\frac{A}{r}2L\mathrm{d}r=2\rho AL\ln\left(\frac{R+L}{R-L}\right)$$

$$=\sqrt{\frac{2\rho L\Delta p}{R}}(R^2-L^2)\ln\left(\frac{R+L}{R-L}\right)$$

8.3.10 密度为ρ的理想流体做定常流动，其流场的速度分布为

$$\boldsymbol{v}=\begin{cases}r\omega\boldsymbol{e}_\varphi, & 0\leqslant r\leqslant r_0\\ \dfrac{r_0^2\omega}{r}\boldsymbol{e}_\varphi, & r\geqslant r_0\end{cases}$$

其中ω为常量，求此流场的压强分布. 设$r\to\infty$时，$p=p_0$为周围的大气压强(不计重力的影响).

提示：可采用绕对称轴以恒定角速度ω转动的参考系或解用柱坐标表示的微分方程，

$$\frac{\partial\boldsymbol{v}}{\partial t}+\boldsymbol{v}\cdot\nabla\boldsymbol{v}=\boldsymbol{F}-\frac{1}{\rho}\nabla p$$

解法一 采用绕对称轴以恒定角速度ω转动的参考系，考虑$0\leqslant r\leqslant r_0$区域的压强分布，此区域处于平衡状态，由平衡方程

$$\rho\boldsymbol{F}=\nabla p$$

$$\rho\omega^2r\boldsymbol{e}_r=\frac{\partial p}{\partial r}\boldsymbol{e}_r+\frac{1}{r}\frac{\partial p}{\partial\varphi}\boldsymbol{e}_\varphi+\frac{\partial p}{\partial z}\boldsymbol{k}$$

$$\rho\omega^2r=\frac{\partial p}{\partial r},\quad 0=\frac{\partial p}{\partial\varphi},\quad 0=\frac{\partial p}{\partial z}$$

$$\mathrm{d}p=\rho\omega^2r\mathrm{d}r$$

$$p=\frac{1}{2}\rho\omega^2r^2+c \tag{1}$$

再用静参考系考虑$r\geqslant r_0$区域的压强分布，此区域的流动正如上题已证明的那样为无旋定常流动，对$r\geqslant r_0$的各点有同样的伯努利常数，

$$\frac{1}{2}\rho v^2+p=\text{常量}\ (r\geqslant r_0)$$

即

$$\frac{1}{2}\rho\left(\frac{r_0^2\omega}{r}\right)^2+p(r)=\frac{1}{2}\rho\left(\frac{r_0^2\omega}{r_0}\right)^2+p(r_0)$$

将式(1)代入上式，得

$$\frac{1}{2}\rho\left(\frac{r_0^2\omega}{r}\right)^2+p(r)=\rho r_0^2\omega^2+c$$

$$p(r)=-\frac{1}{2}\rho\left(\frac{r_0^2\omega}{r}\right)^2+\rho r_0^2\omega+c \tag{2}$$

用 $r\to\infty$ 时，由 $p=p_0$ 定 c，得

$$c=p_0-\rho r_0^2\omega^2 \tag{3}$$

将式(3)代入式(1)、(2)

$$p(r)=\begin{cases}p_0-\rho_0^2\omega^2+\dfrac{1}{2}\rho r^2\omega^2, & 0\leqslant r\leqslant r_0\\ p_0-\dfrac{1}{2}\rho r_0^4\omega^2\Big/r^2, & r\geqslant r_0\end{cases}$$

解法二　用柱坐标表示的微分方程，

$$\frac{\partial\boldsymbol{v}}{\partial t}+(\boldsymbol{v}\cdot\nabla)\boldsymbol{v}=\boldsymbol{F}-\frac{1}{\rho}\nabla p \tag{1}$$

用柱坐标，

$$\boldsymbol{v}=v_r\boldsymbol{e}_r+v_\varphi\boldsymbol{e}_\varphi+v_z\boldsymbol{k}$$

注意柱坐标中单位矢量 $\boldsymbol{e}_r$、$\boldsymbol{e}_\varphi$ 是随 t 而变的，

$$\begin{aligned}\frac{\partial\boldsymbol{v}}{\partial t}&=\frac{\partial v}{\partial t}\boldsymbol{e}_r+v_r\frac{\mathrm{d}\boldsymbol{e}_r}{\mathrm{d}t}+\frac{\partial v_\varphi}{\mathrm{d}t}\boldsymbol{e}_\varphi+v_\varphi\frac{\mathrm{d}\boldsymbol{e}_\varphi}{\mathrm{d}t}+\frac{\partial v_z}{\partial t}\boldsymbol{k}\\&=\left(\frac{\partial v_r}{\partial t}-\dot{\varphi}v_\varphi\right)\boldsymbol{e}_r+\left(\frac{\partial v_\varphi}{\partial t}+\dot{\varphi}v_r\right)\boldsymbol{e}_\varphi+\frac{\partial v_z}{\partial t}\boldsymbol{k}\end{aligned}$$

式(1)的分量方程为

$$\begin{cases}\dfrac{\partial v_r}{\partial t}-\dot{\varphi}v_\varphi+\boldsymbol{v}\cdot\nabla v_r=F_r-\dfrac{1}{\rho}\dfrac{\partial p}{\partial r}\\ \dfrac{\partial v_\varphi}{\partial t}+\dot{\varphi}v_r+\boldsymbol{v}\cdot\nabla v_\varphi=F_\varphi-\dfrac{1}{\rho r}\dfrac{\partial p}{\partial\varphi}\\ \dfrac{\partial v_z}{\partial t}+\boldsymbol{v}\cdot\nabla v_z=F_z-\dfrac{1}{\rho}\dfrac{\partial p}{\partial z}\end{cases} \tag{2}$$

$$\begin{aligned}\boldsymbol{v}\cdot\nabla v_r&=(v_r\boldsymbol{e}_r+v_\varphi\boldsymbol{e}_\varphi+v_z\boldsymbol{k})\cdot\left(\frac{\partial v_r}{\partial r}\boldsymbol{e}_r+\frac{1}{r}\frac{\partial v}{\partial\varphi}\boldsymbol{e}_\varphi+\frac{\partial v_r}{\partial z}\boldsymbol{k}\right)\\&=v_r\frac{\partial v_r}{\partial r}+\frac{v_\varphi}{r}\frac{\partial v_r}{\partial\varphi}+v_z\frac{\partial v_r}{\partial z}\end{aligned}$$

$$\boldsymbol{v}\cdot\nabla v_\varphi=\left(v_r\boldsymbol{e}_r+v_\varphi\boldsymbol{e}_\varphi+v_z\boldsymbol{k}\right)\cdot\left(\frac{\partial v_\varphi}{\partial r}\boldsymbol{e}_r+\frac{1}{r}\frac{\partial v_\varphi}{\partial\varphi}\boldsymbol{e}_\varphi+\frac{\partial v_\varphi}{\partial z}\boldsymbol{k}\right)$$

$$=v_r\frac{\partial v_\varphi}{\partial r}+\frac{v_\varphi}{r}\frac{\partial v_\varphi}{\partial\varphi}+v_z\frac{\partial v_\varphi}{\partial z}$$

$$\boldsymbol{v}\cdot\nabla v_z=v_r\frac{\partial v_z}{\partial r}+\frac{v_\varphi}{r}\frac{\partial v_z}{\partial\varphi}+v_z\frac{\partial v_z}{\partial z}$$

代入方程组(2),

$$\begin{cases}\dfrac{\partial v_r}{\partial t}-\dot{\varphi}v_\varphi+v_r\dfrac{\partial v_r}{\partial r}+\dfrac{v_\varphi}{r}\dfrac{\partial v_r}{\partial\varphi}+v_z\dfrac{\partial v_r}{\partial z}=F_r-\dfrac{1}{\rho}\dfrac{\partial p}{\partial r}\\ \dfrac{\partial v_\varphi}{\partial t}+\dot{\varphi}v_r+v_r\dfrac{\partial v_\varphi}{\partial r}+\dfrac{v_\varphi}{r}\dfrac{\partial v_\varphi}{\partial\varphi}+v_z\dfrac{\partial v_\varphi}{\partial z}=F_\varphi-\dfrac{1}{\rho r}\dfrac{\partial p}{\partial\varphi}\\ \dfrac{\partial v_z}{\partial t}+v_r\dfrac{\partial v_z}{\partial r}+\dfrac{v_\varphi}{r}\dfrac{\partial v_z}{\partial\varphi}+v_z\dfrac{\partial v_z}{\partial z}=F_z-\dfrac{1}{\rho}\dfrac{\partial p}{\partial z}\end{cases}\tag{3}$$

令 $v_r=0,v_z=0,\dfrac{\partial v_\varphi}{\partial\varphi}=0,\dfrac{\partial v_\varphi}{\partial z}=0,F_r=F_\varphi=F_z=0$ 代入方程组(3),可得

$$\frac{\partial p}{\partial r}=\rho\dot{\varphi}v_\varphi$$

$$\frac{\partial p}{\partial\varphi}=0$$

$$\frac{\partial p}{\partial z}=0$$

在 $0\leqslant r\leqslant r_0$ 区域,

$$v_\varphi=r\omega,\quad \dot{\varphi}=\frac{v_\varphi}{r}=\omega$$

$$\frac{\partial p}{\partial r}=\rho\omega^2 r,\quad \frac{\partial p}{\partial\varphi}=0,\quad \frac{\partial p}{\partial z}=0$$

$$p=\frac{1}{2}\rho\omega^2r^2+c_1$$

在 $r\geqslant r_0$ 区域,

$$v_\varphi=\frac{r_0^2\omega}{r},\quad \dot{\varphi}=\frac{v_\varphi}{r}=\frac{r_0^2\omega}{r^2}$$

$$\frac{\partial p}{\partial r}=\frac{\rho r_0^4\omega^2}{r^3},\quad \frac{\partial p}{\partial\varphi}=0,\quad \frac{\partial p}{\partial z}=0$$

$$p=-\frac{\rho r_0^4\omega^2}{2r^2}+c_2$$

用 $r\to\infty$、$p=p_0$ 定出 $c_2=p_0$,

$$p=p_0-\frac{\rho r_0^4\omega^2}{2r^2},\quad r\geqslant r_0$$

在 $r=r_0$,

$$\frac{1}{2}\rho\omega^2 r_0^2 + c_1 = p_0 - \frac{\rho r_0^4 \omega^2}{2r_0^2}$$

定出 $c_1 = p_0 - \rho r_0^2 \omega^2$ ，所以

$$p = p_0 - \rho r_0^2 \omega^2 + \frac{1}{2}\rho\omega^2 r^2, \quad 0 \leqslant r \leqslant r_0$$

与解法一得到的结果完全相同.

8.3.11　理想流体沿水平圆环做二维定常流动，不计重力的影响，若 $v_r = 0, v_\varphi$ 不随 φ 变化，试求：

(1) p 和 v_φ、r 满足的微分方程；

(2) 分别对 $v_\varphi = k$、$v_\varphi = kr$ 和 $v_\varphi = \frac{k}{r}$ 三种情况写出 p 与 r 的函数关系.

解　(1) 用上题方法二给出的方程组(3)，且和上题一样，$v_r = 0$ ，$v_z = 0$ ，$\frac{\partial v_\varphi}{\partial z} = 0$ ，$\frac{\partial v_\varphi}{\partial \varphi} = 0$ ，$F_r = F_\varphi = F_z = 0$ ，则

$$\frac{\partial p}{\partial r} = \frac{\rho}{r} v_\varphi^2$$

$$\frac{\partial p}{\partial \varphi} = 0$$

$$\frac{\partial p}{\partial z} = 0$$

p 只是 r 的函数. p、v_φ、r 满足的微分方程为

$$\frac{\mathrm{d}p}{\mathrm{d}r} = \rho \frac{v_\varphi^2}{r}$$

(2) $v_\varphi = k$ 的情况：

$$\frac{\mathrm{d}p}{\mathrm{d}r} = \frac{\rho k^2}{r}$$

$$p = \rho k^2 \ln r + c$$

$v_\varphi = kr$ 的情况：

$$\frac{\mathrm{d}p}{\mathrm{d}r} = \rho k^2 r$$

$$p = \frac{1}{2}\rho k^2 r^2 + c$$

$v_\varphi = \frac{k}{r}$ 的情况：

$$\frac{\mathrm{d}p}{\mathrm{d}r} = \rho \frac{k^2}{r^3}$$

$$p = -\frac{\rho k^2}{2r^2} + c$$

三式中的 c 均为常量.

8.3.12　密度为 ρ 的理想流体运动的速度势 $\phi = a\left(x^2 - y^2\right)$，其中 a 为常量，若静止处压强为 p_0 求压强分布(不计重力).

解

$$\frac{\partial \boldsymbol{v}}{\partial t} + (\boldsymbol{v}\cdot\nabla)\boldsymbol{v} = \boldsymbol{F} - \frac{1}{\rho}\nabla p \tag{1}$$

令 $\dfrac{\partial \boldsymbol{v}}{\partial t} = 0, \boldsymbol{F} = 0,$ ，则

$$\boldsymbol{v} = \nabla\phi = 2ax\boldsymbol{i} - 2ay\boldsymbol{j}$$

式(1)的分量方程为

$$2ax\frac{\partial(2ax)}{\partial x} = -\frac{1}{\rho}\frac{\partial p}{\partial x}$$

$$-2ay\frac{\partial(-2ay)}{\partial y} = -\frac{1}{\rho}\frac{\partial p}{\partial y}$$

$$0 = \frac{\partial p}{\partial z}$$

$$\frac{\partial p}{\partial x} = -4\rho a^2 x, \quad \frac{\partial p}{\partial y} = -4\rho a^2 y, \quad \frac{\partial p}{\partial z} = 0$$

$$\mathrm{d}p = -4\rho a^2 x\mathrm{d}x - 4\rho a^2 y\mathrm{d}y$$

$$p = -2\rho a^2\left(x^2 + y^2\right) + c$$

静止处 $\boldsymbol{v} = 0$，其位置在 $x = 0$、$y = 0$ 处. 此处，$p = p_0$，定出 $c = p_0$，所以

$$p = p_0 - 2\rho a^2\left(x^2 + y^2\right)$$

8.3.13　一种自己有引力作用的气体在没有压力的情况下球对称膨胀,未给膨胀的初条件，但知当密度为 ρ_0 时，在离中心半径为 R_0 处的表面流体元的速率为 v_0，即 $v(R_0) = v_0$.

(1)求 $v(R)$；

(2)用 v_0、R_0 和 ρ_0 描述气体的最终结局.

解　(1)考虑气体表面单位质量的运动，由机械能守恒，

$$\frac{1}{2}v^2 - \frac{GM}{R} = \frac{1}{2}v_0^2 - \frac{GM}{R_0}$$

其中 $M = \dfrac{4}{3}\pi R_0^3\rho_0$ 是气体的总质量. v 是球膨胀到半径为 R 时表面气体的速率，

$$v(R) = \left[v_0^2 + \frac{8}{3}\pi G R_0^3\rho_0\left(\frac{1}{R} - \frac{1}{R_0}\right)\right]^{1/2}$$

(2)由上面得到的 $v(R)$ 可见，R 增大时，表面气体的速率 v 减小，最终结局是膨胀到半径满足下列方程的 R：

$$v_0^2+\frac{8}{3}\pi GR_0^3\rho_0\left(\frac{1}{R}-\frac{1}{R_0}\right)=0$$

时，表面的气体的速率 $v=0$，停止膨胀.

$$R=\frac{8\pi GR_0^3\rho_0}{8\pi GR_0^2\rho_0-3v_0^2}$$

气体在此半径的球内达到平衡状态.

讨论：原题有膨胀时保持气体均匀之意. 我们把它改成了只是在半径为 R_0 时气体密度为 ρ_0 是均匀的. 如果膨胀过程中球内各处总是均匀的，最终结局也应该是均匀的. 整个过程气体的机械能守恒. 最终气体处于平衡后的势能应等于气体的球半径为 R_0 时的动能和势能之和. 下面的计算说明，不可能是均匀膨胀的情况.

假定均匀膨胀，则球半径为 r 时，密度为 ρ，因气体质量一定，

$$\frac{4}{3}\pi r^3\rho=M=\text{常量}$$

$$3r^2\rho\mathrm{d}r+r^3\mathrm{d}\rho=0$$

$$\frac{\mathrm{d}\rho}{\rho}=-\frac{3}{r}\mathrm{d}r=-\frac{3}{r}v\mathrm{d}t$$

$$\frac{1}{\rho}\frac{\mathrm{d}\rho}{\mathrm{d}t}=-\frac{3}{r}v$$

上式也可适用于球的内部. 在同一时刻，内部各处 ρ 相同，$\frac{\mathrm{d}\rho}{\mathrm{d}t}$ 也相同，$\frac{v}{r}=$常量.

在球半径为 R_0 时，

$$\frac{v}{r}=\frac{v_0}{R_0}$$

$$v=\frac{r}{R_0}v_0$$

此时，气体的动能为

$$T=\int_0^{R_0}\frac{1}{2}\left(\frac{r}{R_0}v_0\right)^2\cdot\rho_0\cdot 4\pi r^2\mathrm{d}r=\frac{2}{5}\pi\rho_0R_0^3v_0^2$$

气体的势能为

$$V=\frac{1}{2}\int_0^{R_0}\left[-\frac{G\cdot\frac{4}{3}\pi r^3\rho_0}{r}\right]\rho_0\cdot 4\pi r^2\mathrm{d}r=-\frac{8}{15}\pi^2G\rho_0^2R_0^5$$

气体的机械能 E 为

$$E=T+V=\frac{2}{5}\pi\rho_0R_0^3v_0^2-\frac{8}{15}\pi^2G\rho_0^2R_0^5$$

气体均匀膨胀，最终达到平衡，当然也应是均匀的. 由此可算出最终气体的密度为

$$\rho = \left(\frac{R_0}{R}\right)^3 \rho_0 = \left(\frac{8\pi G\rho_0 R_0^2 - 3v_0^2}{8\pi G\rho_0 R_0^2}\right)^3 \rho_0$$

平衡后的势能为

$$V(R) = \frac{1}{2}\int_0^R \left[-\frac{G\cdot\frac{4}{3}\pi r^3\rho}{r}\right]\rho\cdot 4\pi r^2 \mathrm{d}r = -\frac{8}{15}\pi^2 G\rho^2 R^5$$

代入 $R = \dfrac{8\pi G R_0^3 \rho_0}{8\pi G R_0^2 \rho_0 - 3v_0^2}$ 和上述的 ρ，经计算可得

$$V(R) = \frac{1}{5}\pi\rho_0 R_0^3 v_0^2 - \frac{8}{15}\pi^2 G\rho_0^2 R_0^5$$

$$V(R) \neq E$$

但是机械能应该是守恒的，出现上述不合理情况的原因是均匀膨胀的假定不成立.

不是均匀膨胀，还不能作出结论最终的平衡状态各处密度就一定不均匀，还需作进一步的讨论. 假定最终密度均匀，则由流体静力学平衡方程

$$\rho \boldsymbol{F} = \nabla p$$

可求出压强是 r 的函数， $p = p(r)$.

气体还得满足热力学平衡时的状态方程. 一般讲，上述的压强分布 $p(r)$ 不会恰好满足所要求的状态方程. 因此最终的平衡态，密度是球对称的，但不是均匀的.

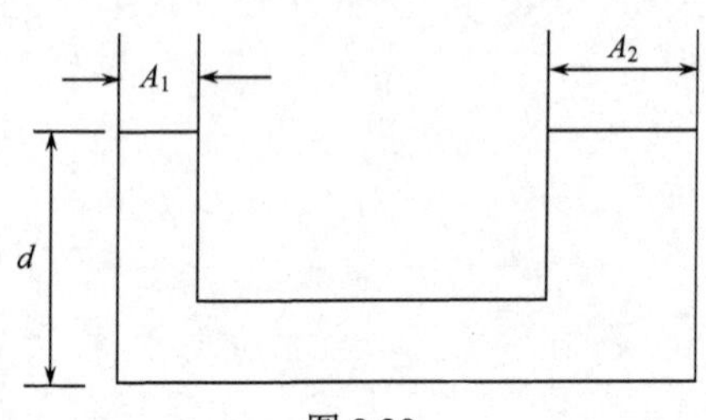

图 8.29

8.3.14　(1) 一艘质量为 M 的船浮在有竖直侧壁的深水槽中，一块质量为 m 的石头投入船内，槽中的水平面升高多少?如果石头没击中船而是落入水中，水平面升高多少?(如果需要，你可以对水槽、船和石头假设一个合理的形状)；

(2) 一个两臂有不同的截面积 A_1、A_2 的 U 形管装入不可压缩的液体，液面高度为 d，如图 8.29 所示. 空气被冲击性地吹入管的一端，忽略表面张力效应和液体的黏性，定量地描述液体以后的运动.

解　(1) 设 ρ_{w} 和 ρ_r 分别为水和石头的密度，设船和水槽都是长方体，S_{b} 和 S_{t} 分别是船和水槽的水平的截面积.

石头投入船内时，设船排水深度的增量为 Δh，

$$mg = \rho_{\mathrm{w}} S_{\mathrm{b}} \Delta h \cdot g$$

$$\Delta h = \frac{m}{\rho_{\mathrm{w}} S_{\mathrm{b}}}$$

设引起水槽内水面增高 ΔH，则

$$\left(S_{\mathrm{t}}-S_{\mathrm{b}}\right)\Delta H=S_{\mathrm{b}}\Delta h$$

$$\Delta H=\frac{S_{\mathrm{b}}}{S_{\mathrm{t}}-S_{\mathrm{b}}}\Delta h=\frac{m}{\rho_{\mathrm{w}}\left(S_{\mathrm{t}}-S_{\mathrm{b}}\right)}$$

如石头投入水槽中，水槽中水面升高$\Delta H'$，

$$\left(S_{\mathrm{t}}-S_{\mathrm{b}}\right)\Delta H'=\frac{m}{\rho_r}$$

$$\Delta H'=\frac{m}{\left(S_{\mathrm{t}}-S_{\mathrm{b}}\right)\rho_r}$$

(2) 这是一个理想流体做无旋的不定常流动，用这种运动的拉格朗日积分

$$\frac{\partial\phi}{\partial t}+\frac{1}{2}v^2+U+\frac{p}{\rho}=f(t)$$

其中ϕ是速度势，$v=\nabla\phi$, U是单位质量所受的外力的势能，$f(t)$是时间的某一函数. 在同一时刻，考虑管子两臂面上的两点 1、2，分别偏离平衡位置x_1,x_2，如图 8.30 所示，用上式，

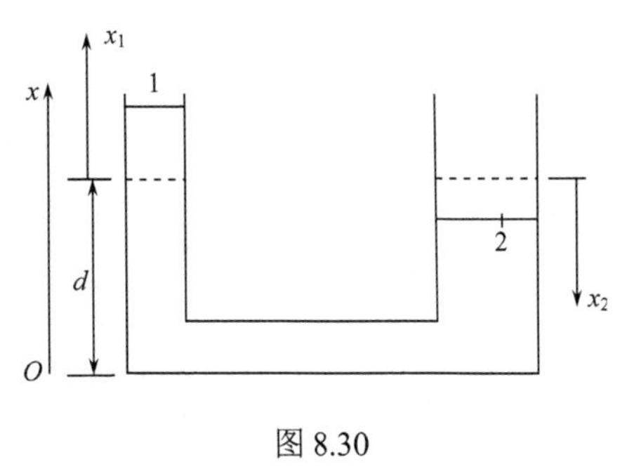

图 8.30

$$\frac{\partial\phi_1}{\partial t}+\frac{1}{2}v_1^2+U_1+\frac{p_1}{\rho}$$

$$=\frac{\partial\phi_2}{\partial t}+\frac{1}{2}v_2^2+U_2+\frac{p_2}{\rho}$$

其中$p_1=p_2=p_0$（大气压），

$$U_1=g\left(d+x_1\right),\quad U_2=g\left(d-x_2\right),v_1=\dot{x}_1$$

$$v_2=\dot{x}_2$$

用不可压缩流体的连续性方程$\nabla \boldsymbol{v}=0$，这里有$\dfrac{\partial \boldsymbol{v}}{\partial \boldsymbol{x}}=0$，

$$\phi_1=\int_0^x v_1\mathrm{d}x=\int_0^x \dot{x}_1(t)\mathrm{d}x=\dot{x}_1x$$

$$\phi_2=\int_0^x(-v_2)\mathrm{d}x=-\int_0^x\dot{x}_2\mathrm{d}x=-\dot{x}_2x$$

速度势的零点可以任取. 这里取平衡位置为它的零点.

$$\frac{\partial\phi_1}{\partial t}=\ddot{x}_1x,\quad \frac{\partial\phi_2}{\partial t}=-\ddot{x}_2x$$

对图 8.29 中 1，2 两点写拉格朗日积分

$$\ddot{x}_1(d+x_1)+\frac{1}{2}\dot{x}_1^2+g(d+x_1)+\frac{p_1}{\rho}=-\ddot{x}_2(d-x_2)+\frac{1}{2}\dot{x}_2^2+g(d-x_2)+\frac{p_2}{\rho}$$

这里x_1、x_2、$\dot{x}_1$、$\dot{x}_2$、$\ddot{x}_1$、$\ddot{x}_2$均为小量积分时，只保留一级小量，并用p_1=p_2=p_0.

上述拉格朗日积分可近似为

$$\ddot{x}_1d+g\left(d+x_1\right)=-\ddot{x}_2d+g\left(d-x_2\right)$$

或者

$$\ddot{x}_1+\ddot{x}_2+\frac{g}{d}\left(x_1+x_2\right)=0$$

用连续性方程，

$$A_1x_1=A_2x_2$$

可得

$$\ddot{x}_1+\frac{g}{d}x_1=0$$

$$\ddot{x}_2+\frac{g}{d}x_2=0$$

因此液体随后的运动是做角频率为$\sqrt{\frac{g}{d}}$的简谐振动.

8.3.15　一个半径为R的球在不可压缩的($\nabla\cdot\boldsymbol{v}(\boldsymbol{r})=0,\boldsymbol{v}(\boldsymbol{r})$为以球为参考系时在位矢$\boldsymbol{r}$处流体的速度)、无黏性理想流体中做速度为$\boldsymbol{u}$的匀速运动.

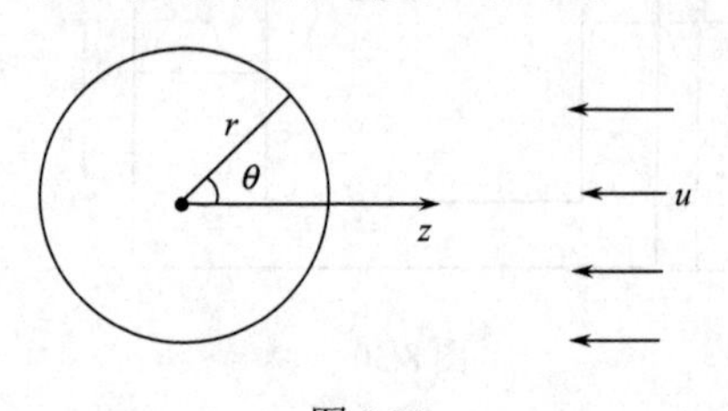

图 8.31

(1) 以球为参考系，求流体流过球表面任何点时的速度$\boldsymbol{v}$；

(2) 求出球的表面处的压强分布；

(3) 求保持球做匀速运动所必需的力.

解　(1) 取球为参考系，流体做图 8.31 中所画的运动. 用球坐标r、θ、φ，原点位于球心，流体的速度沿$\theta=\pi$的方向. 定义速度势ϕ为

$$\boldsymbol{v}=\nabla\phi$$

因流体不可压缩，

$$\nabla\cdot\boldsymbol{v}=0$$

故速度势ϕ满足拉普拉斯方程

$$\nabla^2\phi=0$$

边界条件为

$$\left.\frac{\partial\phi}{\partial r}\right|_{r=R}=0 \tag{1}$$

这是因为球面是不可穿透的，

$$\phi\big|_{r\to\infty}=-ur\cos\theta \tag{2}$$

这是因为在远离球的地方，$\boldsymbol{v}=-\boldsymbol{u}$，用球坐标表达为

$$\boldsymbol{v}\big|_{r\to\infty}=-u\cos\theta\boldsymbol{e}_r+u\sin\theta\boldsymbol{e}_\theta$$

与

$$
\begin{aligned}
\nabla\phi\big|_{r\to\infty} &= -u\nabla(r\cos\theta) \\
&= -u\left[\frac{\partial(r\cos\theta)}{\partial r}\boldsymbol{e}_r + \frac{1}{r}\frac{\partial(r\cos\theta)}{\partial\theta}\boldsymbol{e}_\theta + \frac{1}{r\sin\theta}\frac{\partial(r\cos\theta)}{\partial\varphi}\boldsymbol{e}_\varphi\right] \\
&= -u\cos\theta\boldsymbol{e}_r + u\sin\theta\boldsymbol{e}_\theta
\end{aligned}
$$

完全相同，可见边界条件式(2)是正确的.

拉普拉斯方程的一般解为

$$\phi = \sum_{n=0}^{\infty}\sum_{m=0}^{\infty}\left(a'_n r^n + b'_n r^{-n-1}\right)\mathrm{P}_n^m(\cos\theta)\left(c_m\cos m\varphi + d_m\sin m\varphi\right)$$

其中 $P_n^m(x)$ 是连带勒让德函数，

$$\mathrm{P}_n^m(x) = (-1)^m\frac{\left(1-x^2\right)^{m/2}}{2^n n!}\frac{\mathrm{d}^{n+m}}{\mathrm{d}x^{n+m}}\left(x^2-1\right)^n$$

考虑到具有柱对称性，ϕ 与 φ 无关，只能取 $m=0$，故 ϕ 为

$$\phi = \sum_{n=0}^{\infty}\left(a_n r^n + b_n r^{-n-1}\right)\mathrm{P}_n(\cos\theta)$$

其中 $P_n(x)$ 是勒让德多项式，

$$\mathrm{P}_n(x) = \frac{1}{2^n n!}\frac{\mathrm{d}^n}{\mathrm{d}x^n}\left(x^2-1\right)^n \tag{3}$$

下面用边界条件确定 a_n 和 b_n .

由式(2)，即 $\phi\big|_{r\to\infty} = -ur\cos\theta$ ，可定出

$$a_1 r\mathrm{P}_1(\cos\theta) = -ur\cos\theta$$

由式(3)可知， $\mathrm{P}_1(\cos\theta) = \frac{1}{2}\frac{\mathrm{d}}{\mathrm{d}x}\left(x^2-1\right)\Big|_{x=\cos\theta} = \cos\theta$ ，所以

$$a_1 = -u$$

$$a_n = 0 \quad (n\neq 1)$$

由式(1)即 $\left.\frac{\partial\phi}{\partial r}\right|_{r=R} = 0,$

$$\phi = -ur\cos\theta + \sum_{n=0}^{\infty} b_n r^{-n-1}\mathrm{P}_n(\cos\theta)$$

$$\left.\frac{\partial\phi}{\partial r}\right|_{r=R} = -u\cos\theta + \sum_{n=0}^{\infty}(-n-1)b_n R^{-n-2}\mathrm{P}_n(\cos\theta) = 0$$

可定出

$$b_n = 0 \quad (n\neq 1)$$

$$-u\cos\theta - 2b_1 R^{-3}\cos\theta = 0$$

$$b_1 = -\frac{1}{2}uR^3$$

所以

$$\phi = -ur\cos\theta - \frac{1}{2}uR^3r^{-2}\cos\theta$$

在球面上点(R,θ)处流体的速度为

$$\boldsymbol{v}(R,\theta) = \nabla\phi\big|_{r=R} = \frac{\partial\phi}{\partial r}\bigg|_{r=R}\boldsymbol{e}_r + \frac{1}{R}\frac{\partial\phi}{\partial\theta}\bigg|_{r=R}\boldsymbol{e}_\theta = \frac{3}{2}u\sin\theta\boldsymbol{e}_\theta$$

(2)以球为参考系，理想流体做定常流动，注意流体未受彻体力(不计重力)，对同一流线上两点写伯努利积分，

$$\frac{1}{2}\rho v^2 + p = \frac{1}{2}\rho u^2 + p_0$$

等号右边取无穷远处，

$$v = u,\quad p = p_0$$

左边取球面上的点(R,θ)，

$$\frac{1}{2}\rho\left(\frac{3}{2}u\sin\theta\right)^2 + p(R,\theta) = \frac{1}{2}\rho u^2 + p_0$$

所以

$$p(R,\theta) = p_0 + \frac{1}{2}\rho u^2\left(1 - \frac{9}{4}\sin^2\theta\right)$$

(3)流体作用于球向左的合力

$$\begin{aligned}F &= \int p(R,\theta)\cos\theta\mathrm{d}S\\ &= \int_0^\pi\left[p_0 + \frac{1}{2}\rho u^2\left(1 - \frac{9}{4}\sin^2\theta\right)\right]\cos\theta\cdot 2\pi R\sin\theta\cdot R\mathrm{d}\theta = 0\end{aligned}$$

因此，保持球做匀速运动无需给球外加作用力，这正是预期的结果，因为球在无摩擦情况下做匀速运动.

8.3.16　两个倾斜的、可视为无穷大的平行平板，倾角为α，相距为b，如图 8.32 所示. 其间有密度为ρ、黏度为η的不可压缩流体做定常的二维流动，平均速度为$\overline{v}$，考虑重力的影响，求图中 1、2 两点的压强差.

解　取x沿流体运动的反方向，z轴垂直于平行的平板，向上为正，两平板的z坐标分别为$z=0$和$z=b$.

考虑$x\sim x+\mathrm{d}x$、$y\sim y+\mathrm{d}y$、$z\sim z+\mathrm{d}z$的一块质元，在x和z方向受力分别如图 8.33(a)和(b)所示. 在x方向无加速度，

$$p\big|_x\mathrm{d}y\mathrm{d}z - p\big|_{z+\mathrm{d}z}\mathrm{d}y\mathrm{d}z + \eta\frac{\mathrm{d}v}{\mathrm{d}z}\bigg|_{z+\mathrm{d}z}\mathrm{d}x\mathrm{d}y - \eta\frac{\mathrm{d}v}{\mathrm{d}z}\bigg|_z\mathrm{d}x\mathrm{d}y - \rho g\sin\alpha\mathrm{d}x\mathrm{d}y\mathrm{d}z = 0$$

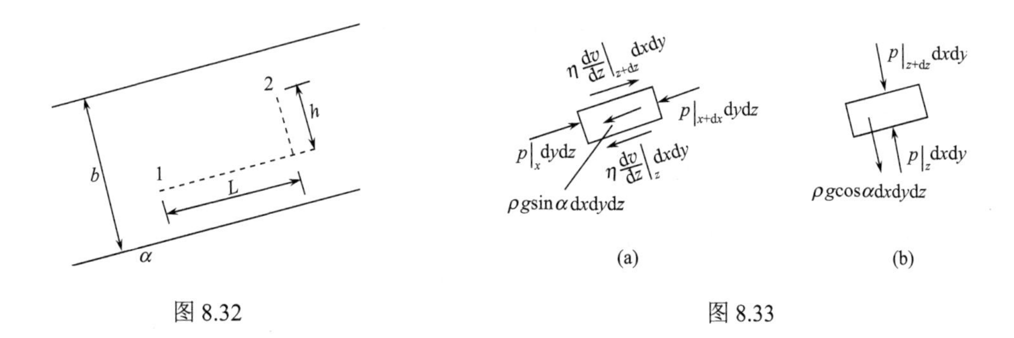

图 8.32　　　　　　　　　　图 8.33

对 $\left.\frac{\mathrm{d}v}{\mathrm{d}z}\right|_{z+\mathrm{d}z}$ 和 $p|_{x+\mathrm{d}x}$ 分别作泰勒展开，

$$\left.\frac{\mathrm{d}v}{\mathrm{d}z}\right|_{z+\mathrm{d}z}=\left.\frac{\mathrm{d}v}{\mathrm{d}z}\right|_{z}+\left.\frac{\mathrm{d}^2v}{\mathrm{d}z^2}\right|_{z}\mathrm{d}z+\cdots$$

$$p|_{x+\mathrm{d}x}=p|_x+\left.\frac{\partial p}{\partial x}\right|_x\mathrm{d}x+\cdots$$

代入上式，略去高级小量，可得

$$\frac{\partial p}{\partial x}=\eta\frac{\mathrm{d}^2v}{\mathrm{d}z^2}-\rho g\sin\alpha \tag{1}$$

在 z 方向无运动，

$$p|_z\mathrm{d}x\mathrm{d}y-p|_{z+\mathrm{d}z}\mathrm{d}x\mathrm{d}y-\rho g\cos\alpha\mathrm{d}x\mathrm{d}y\mathrm{d}z=0$$

$$p|_{z+\mathrm{d}z}=p|_z+\left.\frac{\partial p}{\partial z}\right|_z\mathrm{d}z+\cdots$$

代入上式，略去高级小量，可得

$$\frac{\partial p}{\partial z}=-\rho g\cos\alpha \tag{2}$$

积分式(2)，

$$p(x,z)=-\rho gz\cos\alpha+f(x) \tag{3}$$

$f(x)$是 x 的某种函数.

由式(3)可知，$\frac{\partial p}{\partial x}$ 只能是 x 的函数，由连续性方程，因 ρ 为常量，流体在 y、z 方向无运动，可得 $\frac{\partial v_x}{\partial x}=0$，也即 $\frac{\partial v}{\partial x}=0$（注意 v 是 z 的函数，$\frac{\mathrm{d}^2v}{\mathrm{d}z^2}\neq 0$），$\frac{\mathrm{d}^2v}{\mathrm{d}z^2}$ 和 $\rho g\sin\alpha$ 都不是 x 的函数，因此式(1)中的 $\frac{\partial p}{\partial x}$ 也不能是 x 的函数，只能是常量. 再由式(1)，$\frac{\mathrm{d}^2v}{\mathrm{d}z^2}$ 也是常量.

式(1)改写为

$$\frac{d^2v}{dz^2}=\frac{1}{\eta}\frac{\partial p}{\partial x}+\frac{\rho g}{\eta}\sin\alpha$$

对上式积分两次，得

$$v(z)=\frac{1}{2\eta}\left(\frac{\partial p}{\partial x}+\rho g\sin\alpha\right)z^2+c_1z+c_2$$

由边界条件：$z=0$ 处 $v=0$，及 $z=b$ 处 $v=0$，定出

$$c_2=0,\quad c_1=-\frac{b}{2\eta}\left(\frac{\partial p}{\partial x}+\rho g\sin\alpha\right)$$

所以

$$v(z)=\frac{1}{2\eta}\left(\frac{\partial p}{\partial x}+\rho g\sin\alpha\right)(z-b)z$$

$$\overline{v}=\frac{1}{b}\int_0^b v(z)dz=\frac{1}{2\eta b}\left(\frac{\partial p}{\partial x}+\rho g\sin\alpha\right)\int_0^b(z^2-bz)dz=-\frac{b^2}{12\eta}\left(\frac{\partial p}{\partial x}+\rho g\sin\alpha\right) \tag{4}$$

$$\frac{\partial p}{\partial x}=-\frac{12\eta\overline{v}}{b^2}-\rho g\sin\alpha$$

由式(2)、(4)，

$$dp=-\left(\frac{12\eta\overline{v}}{b^2}+\rho g\sin\alpha\right)dx-\rho g\cos\alpha dz$$

$$p=-\left(\frac{12\eta\overline{v}}{b^2}+\rho g\sin\alpha\right)x-\rho gz\cos\alpha+c$$

$$p_2-p_1=-\left(\frac{12\eta\overline{v}}{b^2}+\rho g\sin\alpha\right)(x_2-x_1)-\rho g(z_2-z_1)\cos\alpha$$

$$=-\left(\frac{12\eta\overline{v}}{b^2}+\rho g\sin\alpha\right)L-\rho gh\cos\alpha$$

8.3.17　如图 8.34 所示，某不可压缩的密度为 ρ、黏度为 η 的流体，在重力作用下沿倾角为 α 的固定平面做二维的定常层流型流动，流层厚度为 b，有自由表面，求：

(1) 垂直于纸面的单位宽度流量；

(2) 在自由表面下深度 d 为何值，该处的流速等于流动的平均速度.

解　(1) 沿斜面流动方向取 x 轴，z 轴垂直于斜面向上.

未给平均速度 $\overline{v}$，也未给 $\frac{\partial p}{\partial x}$，仅说“在重力作用下……做二维的定常层流型流动”，意味着靠重力抵消黏性力以维持定常流动，即 $\frac{\partial p}{\partial x}=0$.

取 $x\sim x+dx$、$z\sim z+dz$、y 方向单位宽度的质元，x 方向受力如图 8.35 所示. 由于 $\frac{\partial p}{\partial x}=0$，图中未画前后的压力.

在 x 方向无加速度，

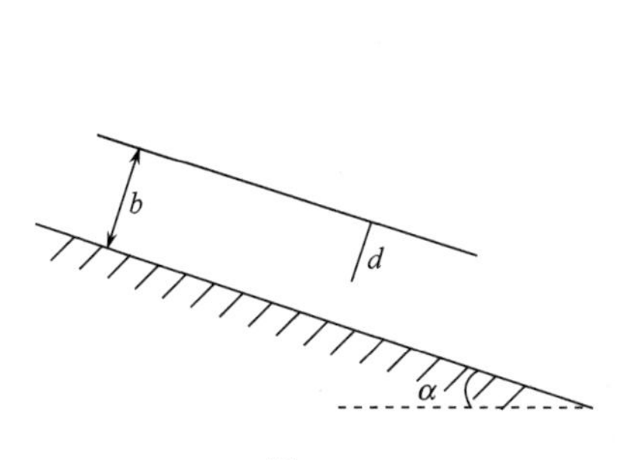

图 8.34

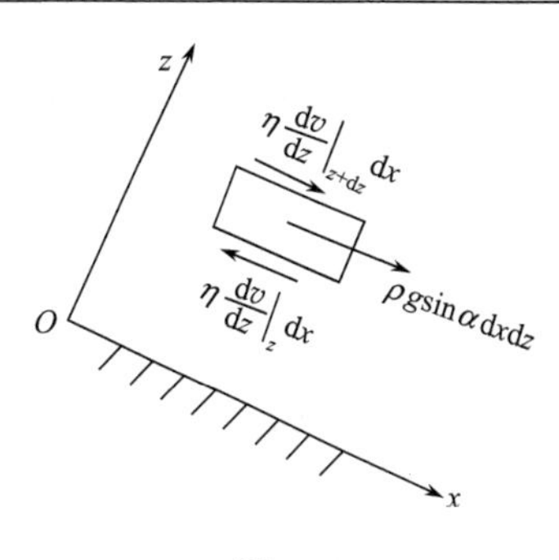

图 8.35

$$\eta\frac{\mathrm{d}v}{\mathrm{d}z}\bigg|_{z+\mathrm{d}z}\mathrm{d}x-\eta\frac{\mathrm{d}v}{\mathrm{d}z}\bigg|_{z}\mathrm{d}x+\rho g\sin\alpha\mathrm{d}x\mathrm{d}z=0$$

$$\frac{\mathrm{d}v}{\mathrm{d}z}\bigg|_{z+\mathrm{d}z}=\frac{\mathrm{d}v}{\mathrm{d}z}\bigg|_{z}+\frac{\mathrm{d}^2v}{\mathrm{d}z^2}\bigg|_{z}\mathrm{d}z+\cdots$$

代入上式，略去高级小量，

$$\frac{\mathrm{d}^2v}{\mathrm{d}z^2}=-\frac{\rho g}{\eta}\sin\alpha$$

积分上式，

$$\frac{\mathrm{d}v}{\mathrm{d}z}=-\frac{\rho g}{\eta}z\sin\alpha+c_1$$

在 $z=b$ 处为自由面，$\frac{\mathrm{d}v}{\mathrm{d}z}\bigg|_{z=b}=0$ 定出

$$c_1=\frac{\rho g}{\eta}b\sin\alpha$$

$$\frac{\mathrm{d}v}{\mathrm{d}z}=-\frac{\rho g}{\eta}(z-b)\sin\alpha$$

$$v=-\frac{\rho g}{2\eta}\left(z^2-2bz\right)\sin\alpha+c_2$$

在 $z=0$ 处，$v=0$，定出 $c_2=0$，

$$v=-\frac{\rho g}{2\eta}\left(z^2-2bz\right)\sin\alpha$$

垂直于纸面的单位宽度流量 q 为

$$q=\int_0^b vdz=-\frac{\rho g}{2\eta}\sin\alpha\int_0^b\left(z^2-2bz\right)\mathrm{d}z=\frac{\rho gb^3}{3\eta}\sin\alpha$$

(2)
$$\overline{v}=\frac{q}{b}=\frac{\rho gb^2}{3h}\sin\alpha$$

在 $z=b-d$ 处，$v=\overline{v}$，

$$-\frac{\rho g}{2\eta}\left[(b-d)^2-2b(b-d)\right]\sin\alpha=\frac{\rho g b^2}{3\eta}\sin\alpha$$

解出

$$d=\frac{\sqrt{3}}{3}b$$

8.3.18　以长为1m、半径为1mm的圆形管道连接两水槽. 试求两水槽水面差为50cm时管道中心线处的流速及流量. 已知水在20℃时黏度为$1.00\times10^{-3}\,\mathrm{N\cdot s\cdot m^{-2}}$.

解　用不可压缩的黏性流体在圆管中做层流流动的公式

$$v(r)=\frac{p_1-p_2}{4\eta L}\left(R^2-r^2\right)$$

今 $p_1-p_2=\rho gh, h=0.50\mathrm{m}, L=1\mathrm{m}, R=1\times10^{-3}\mathrm{m}, \eta=1.00\times10^{3}\,\mathrm{N\cdot s\cdot m^{-2}}$,

$$v(0)=\frac{\rho gh}{4\eta L}R^2=\frac{10^3\times9.8\times0.50}{4\times1.00\times10^{-3}\times1}\left(1\times10^{-3}\right)^2=1.23(\mathrm{m/s})$$

用计算流量的泊肃叶公式，

$$Q=\frac{(p_1-p_2)\pi\rho R^4}{8\eta L}=\frac{\pi\rho^2 ghR^4}{8\eta L}=1.92\times10^{-3}\,\mathrm{kg/s}$$

8.3.19　以 400kW 的泵在 4km 的距离上要以 $1.5\mathrm{m^3/s}$ 通过一水平圆管输送重燃油. 若效率为75%，此油的密度为$0.929/\mathrm{cm^3}$，黏度为0.19Pa·s. 求圆管的半径至少多大?

解　用 N 表示功率，

$$N=(p_1-p_2)\frac{Q}{\rho}$$

泊肃叶公式，

$$Q=\frac{(p_1-p_2)\pi\rho R^4}{8\eta L}$$

$$\frac{Q}{N}=\frac{\pi\rho^2R^4}{8\eta LQ}$$

$$R=\left(\frac{8\eta LQ^2}{\pi\rho^2N}\right)^{1/4}$$

今 $\eta=0.19\mathrm{Pa\cdot s}, L=4\times10^3\mathrm{m}, \dfrac{Q}{\rho}=1.5\mathrm{m^3/s}, N=400\times10^3\times0.75\mathrm{W}$,

$$R=\left[\frac{8\times0.19\times4\times10^3\times(1.5)^2}{\pi\times400\times10^3\times0.75}\right]^{\frac{1}{4}}=0.347(\mathrm{m})$$

8.3.20　就一定常的圆管中的层流，离中心线 r 多大处的速度等于平均速度?

解　用不可压缩的黏性流体在圆管中做层流流动的公式

$$v(r)=\frac{p_1-p_2}{4\eta L}\left(R^2-r^2\right)$$

$$\begin{aligned}\overline{v}&=\frac{1}{\pi R^2}\int_0^R v(r)\cdot 2\pi r\mathrm{d}r\\&=\frac{1}{\pi R^2}\frac{p_1-p_2}{4\eta L}\cdot 2\pi\left[R^2\cdot\frac{1}{2}R^2-\frac{1}{4}R^4\right]\\&=\frac{(p_1-p_2)R^2}{8\eta L}\end{aligned}$$

或用泊肃叶公式和 $\overline{v}=\dfrac{Q}{\rho\pi R^2}$ 得到上式，

$$v(r)=\overline{v}$$

$$\frac{p_1-p_2}{4\eta L}\left(R^2-r^2\right)=\frac{(p_1-p_2)R^2}{8\eta L}$$

解出

$$r=\frac{\sqrt{2}}{2}R$$

8.3.21　水在20℃时通过一直径为0.20m的水平圆管，当平均速度为2.5m/s时，管中每米有3.77Pa/m的压强降落．问与用泊肃叶公式计算的所需压强降落比较有多大的误差?水在此温度下的黏度为 $1.53\times10^{-3}\,\mathrm{Pa\cdot s}$．

解　按泊肃叶公式，

$$\overline{v}=\frac{Q}{\rho\pi R^2}=\frac{(p_1-p_2)R^2}{8\eta L}$$

$$\frac{p_1-p_2}{L}=\frac{8\eta\overline{v}}{R^2}=\frac{8\times1.53\times10^{-3}\times2.5}{(0.20/2)^2}=3.1(\mathrm{Pa/m})$$

$$误差=\frac{3.77-3.1}{3.1}=21.6\%$$

8.3.22　密度 $\rho=0.93\mathrm{g/cm^3}$、黏度 $\eta=1.48\times10^{-1}\,\mathrm{Pa\cdot s}$ 的原油沿一半径 $r=1.27\mathrm{cm}$ 的铅直圆管做定常的层流流动．相距 15m 的上下两个压力计的读数分别为 $1.72\times10^5\,\mathrm{Pa}$ 和 $4.13\times10^5\,\mathrm{Pa}$．

(1)确定流动的方向；

(2)求出流量．

解　(1)铅直圆管的层流流动，必须考虑重力的作用，用推导泊肃叶公式的办法．

如向上流动，取 z 轴向上为正，公式中的 $\dfrac{\mathrm{d}p}{\mathrm{d}z}=\dfrac{p_2-p_1}{L}$ 应改为 $\dfrac{\mathrm{d}p}{\mathrm{d}z}+\rho g$，即 $\dfrac{p_2-p_1}{L}$ 改为 $\dfrac{p_2-p_1}{L}+\rho g$．

质量流量 Q 为

$$Q=\frac{1}{8\eta}\left(\frac{p_1-p_2}{L}-\rho g\right)\rho\pi R^4$$

p_1、p_2 分别是 z_1、z_2 处的压强，$z_1<z_2$．

如向下流动，取 z 轴向下为正，

$$Q=\frac{1}{8\eta}\left(\frac{p_1-p_2}{L}+\rho g\right)\rho\pi R^4$$

p_1、p_2 分别是 z_1、z_2 处的压强，$z_1<z_2$.

假定流动是自上而下的.

$$\frac{p_1-p_2}{L}+\rho g=\frac{1.72\times10^5-4.13\times10^5}{15}+0.93\times10^3\times9.8$$
$$=-6.95\times10^4\left(\text{Pa/m}\right)<0$$

则 $Q<0$ ，说明不可能自上而下流动.

不必再考虑流动是自下而上的，因为

$$\frac{p_1-p_2}{L}-\rho g=\frac{4.13\times10^5-1.72\times10^5}{15}-0.93\times10^3\times9.8$$
$$=6.95\times10^4\left(\text{Pa/m}\right)>0$$

正好是前一计算的负值. 结论是流动是自下而上的.

(2)用上面已给出的自下而上流动的质量流量公式

$$Q=\frac{1}{8\eta}\left(\frac{p_1-p_2}{L}-\rho g\right)\rho\pi R^4$$
$$=\frac{1}{8\times1.48\times10^{-1}}6.95\times10^4\times0.93\times10^3\times\pi\left(1.27\times10^{-2}\right)^4$$
$$=4.46(\text{kg/s})$$

8.3.23 设 8.3.4 题的水塔中，蓄水箱是大容器，其中的水是黏性流体，黏度为 $\eta=1.00\times10^{-3}\,\text{Pa}\cdot\text{s}$.

(1)假定流体做定常的层流流动，求流量；

(2)若水是理想流体，并假定做定常的层流流动，求流量；

(3)计算雷诺数，判断流动的真实类型.

解 (1) $v(r)=\dfrac{1}{4\eta}\left(\dfrac{p_1-p_2}{L}+\rho g\right)\left(R^2-r^2\right)$

$$\overline{v}=\frac{1}{\pi R^2}\int_0^R v(r)\cdot2\pi r\mathrm{d}r$$
$$=\frac{1}{\pi R^2}\frac{p_1-p_2+\rho gL}{4\eta L}\cdot2\pi\cdot\left(\frac{1}{2}R^4-\frac{1}{4}R^4\right)=\frac{p_1-p_2+\rho gL}{8\eta L}R^2$$
$$Q=\overline{v}\cdot\pi R^2\rho=\frac{\left(p_1-p_2+\rho gL\right)\pi\rho R^4}{8\eta L}$$

令 $\alpha=\dfrac{p_1-p_2+\rho gL}{L}$ ，则

$$\overline{v}=\frac{R^2}{8\eta}\alpha \tag{1}$$

$$Q=\frac{\pi\rho R^4}{8\eta}\alpha \tag{2}$$

设B、B'是蓄水箱出口内外的两点，水从蓄水箱的自由面流至B'这一段可视为理想流体，B点处的流速$v_B\approx 0$.

对B、B'点写伯努利方程，

$$p_0+\rho gh=p_{B'}+\frac{1}{2}\rho\overline{v}^2 \tag{3}$$

设A为水龙头出口处一点，对B'、A这一段黏性流体的定常层流流动用修改了的伯努利方程，注意由连续性方程，流速v相同.

$$p_{B'}+\rho gH_0=p_0+\rho gH_1+e \tag{4}$$

其中e是在这段路程中输送单位体积流体所需做的功.

由式(3)解出$p_{B'}$，

$$p_{B'}=p_0+\rho gh-\frac{1}{2}\rho\overline{v}^2 \tag{5}$$

将式(1)代入式(5)，再代入式(4)，得

$$p_0+\rho gh-\frac{1}{2}\rho\frac{R^4}{64\eta^2}\alpha^2+\rho gH_0=p_0+\rho gH_1+e \tag{6}$$

$$\begin{aligned}e&=\frac{N}{Q/\rho}=\left(p_1-p_2+\rho gL\right)\frac{Q}{\rho}\Big/\frac{Q}{\rho}=p_1-p_2+\rho gL\\&=L\alpha=\left(H_0-H_1\right)\alpha\end{aligned} \tag{7}$$

将式(7)代入式(6)，可得

$$\frac{\rho R^4}{128\eta^2}\alpha^2+\left(H_0-H_1\right)\alpha-\rho g\left(h+H_0-H_1\right)=0$$

这是α的二次代数方程，解出α，因$e>0$，舍去$\alpha<0$的解，

$$\alpha=\frac{64\eta^2}{\rho R^4}\left[\sqrt{\left(H_0-H_1\right)^2+\frac{\rho^2gR^4}{32\eta^2}\left(h+H_0-H_1\right)}-\left(H_0-H_1\right)\right]$$

$$Q=\frac{\pi\rho R^4}{8\eta}\alpha=8\pi\eta\left[\sqrt{\left(H_0-H_1\right)^2+\frac{\rho^2gR^4}{32\eta^2}\left(h+H_0-H_1\right)}-\left(H_0-H_1\right)\right]$$

代入$\eta=1\cdot 10^{-3}\,\text{Pa}\cdot\text{s},\rho=1\cdot 10^3\,\text{kg/m}^3,R=\sqrt{\frac{2\cdot 10^{-4}}{\pi}}\text{m},h=1\text{m},H_0=20\text{m},H_1=5\text{m},$可得

$$Q=3.18\text{kg/s}$$

(2)若水是理想流体，对B、A两点用伯努利方程，可得在水龙头出口处的流速为

$$v=\sqrt{2g\left(h+H_0-H_1\right)}$$

$$Q=\rho vS=\rho S\sqrt{2g\left(h+H_0-H_1\right)}=3.54\text{kg/s}$$

其中用了$S=2\times 10^{-4}\,\text{m}^2$.

(3)
$$R_e = \frac{\rho \overline{v} R}{\eta}$$

$$\overline{v} = \frac{Q}{S\rho} = \frac{3.18}{2\times10^{-4}\times10^3} = 15.9(\mathrm{m/s})$$

$$R = \sqrt{\frac{S}{\pi}} = \sqrt{\frac{2\times10^{-4}}{\pi}} = 7.98\times10^{-3}(\mathrm{m})$$

$$R_e = \frac{10^3\times15.9\times7.98\times10^{-3}}{1\times10^{-3}} = 1.27\times10^5$$

雷诺数已大大超过在圆管中做层流型流动的下临界雷诺数 1000，应判断为：真实的流动不是层流型的，而是湍流型的.

8.3.24　试用纳维尔-斯托克斯方程导出适用于不可压缩的黏性流体在不计重力的圆管中做定常流动的关于流量的泊肃叶公式.

解　适用于不可压缩的黏性流体的纳维尔-斯托克斯方程为

$$\rho\frac{\partial \boldsymbol{v}}{\partial t} + \rho(\boldsymbol{v}\cdot\nabla)\boldsymbol{v} - \eta\nabla^2\boldsymbol{v} + \nabla p = \rho\boldsymbol{F} \tag{1}$$

取柱坐标 r、φ、z，原点取在圆管的对称轴上，对称轴为 z 轴.

不计重力，在圆管中做层流型流动具有对称性，$v_r = 0, v_\varphi = 0, v_z = v$，即

$$\boldsymbol{v} = v\boldsymbol{k}$$

且 $v = v(r)$，即 $\dfrac{\partial v}{\partial \varphi} = 0, \dfrac{\partial v}{\partial z} = 0. \boldsymbol{F} = 0$，因定常流动，$\dfrac{\partial \boldsymbol{v}}{\partial t} = 0$,

$$(\boldsymbol{v}\cdot\nabla)\boldsymbol{v} = v\boldsymbol{k}\cdot\nabla v\boldsymbol{k} = v\frac{\partial v}{\partial z}\boldsymbol{k} = 0$$

这里用了 $\dfrac{\partial v}{\partial z} = 0$.

式(1)化简为

$$\nabla p = \eta\nabla^2\boldsymbol{v}$$

$$\frac{\partial p}{\partial r}\boldsymbol{e}_r + \frac{1}{r}\frac{\partial p}{\partial \varphi}\boldsymbol{e}_\varphi + \frac{\partial p}{\partial z}\boldsymbol{k} = \eta\nabla^2 v\boldsymbol{k}$$

$$\frac{\partial p}{\partial r} = \frac{\partial p}{\partial \varphi} = 0$$

$$\frac{\partial p}{\partial z} = \eta\nabla^2 v = \eta\left[\frac{1}{r}\frac{\partial}{\partial r}\left(r\frac{\partial v}{\partial r}\right) + \frac{1}{r^2}\frac{\partial^2 v}{\partial \varphi^2} + \frac{\partial^2 v}{\partial z^2}\right]$$

又因 $v = v(r)$，故 $\dfrac{\partial^2 v}{\partial \varphi^2} = 0, \dfrac{\partial^2 v}{\partial z^2} = 0$,

$$\frac{\partial p}{\partial z} = \frac{\eta}{r}\frac{\partial}{\partial r}\left(r\frac{\partial v}{\partial r}\right) = \frac{\eta}{r}\frac{\mathrm{d}}{\mathrm{d}r}\left(r\frac{\mathrm{d}v}{\mathrm{d}r}\right)$$

上式等号右边只能是 r 的函数或是常量，与 φ、z 无关，可见 $\dfrac{\partial p}{\partial z}$ 与 z 无关，又 $\dfrac{\partial p}{\partial r}$、$\dfrac{\partial p}{\partial \varphi}$ 均

为零，$\dfrac{\partial p}{\partial z}=\dfrac{\mathrm{d}p}{\mathrm{d}z}$为常量，

$$\frac{\mathrm{d}p}{\mathrm{d}z}=\frac{\Delta p}{L}=-\frac{p_1-p_2}{L}$$

$$\frac{\eta}{r}\frac{\mathrm{d}}{\mathrm{d}r}\left(r\frac{\mathrm{d}v}{\mathrm{d}r}\right)=-\frac{p_1-p_2}{L}$$

$$\mathrm{d}\left(r\frac{\mathrm{d}v}{\mathrm{d}r}\right)=-\frac{p_1-p_2}{\eta L}r\mathrm{d}r$$

$$r\frac{\mathrm{d}v}{\mathrm{d}r}=-\frac{p_1-p_2}{2\eta L}r^2+c_1$$

$$\frac{\mathrm{d}v}{\mathrm{d}r}=-\frac{p_1-p_2}{2\eta L}r+\frac{c_1}{r}$$

$$v=-\frac{p_1-p_2}{4\eta L}r^2+c_1\ln r+c_2$$

因为$v(r)$有限，在$r=0$处，$v(0)$有限，必须$c_1=0$．在管壁处，$v=0$，即$v(R)=0$，定出

$$c_2=\frac{p_1-p_2}{4\eta L}R^2$$

所以

$$v=\frac{p_1-p_2}{4\eta L}\left(R^2-r^2\right)$$

单位时间内流过管子的流体质量为

$$Q=\rho\int_0^R v(r)\cdot 2\pi r\mathrm{d}r=\frac{1}{8\eta L}\left(p_1-p_2\right)\pi\rho R^4$$